한 번에 합격하기

2023 최신판

2022년 CBT 기출복원문제 수록

실내건축 산업기사 필기

적중예상문제

차경석 · 정하정 지음

BM (주)도서출판 성안당

■ 도서 A/S 안내

성안당에서 발행하는 모든 도서는 저자와 출판사, 그리고 독자가 함께 만들어 나갑니다.

좋은 책을 펴내기 위해 많은 노력을 기울이고 있습니다. 혹시라도 내용상의 오류나 오탈자 등이 발견되면 "좋은 책은 나라의 보배"로서 우리 모두가 함께 만들어 간다는 마음으로 연락주시기 바랍니다. 수정 보완하여 더 나은 책이 되도록 최선을 다하겠습니다.

성안당은 늘 독자 여러분들의 소중한 의견을 기다리고 있습니다. 좋은 의견을 보내주시는 분께는 성안당 쇼핑몰의 포인트(3,000포인트)를 적립해 드립니다.

잘못 만들어진 책이나 부록 등이 파손된 경우에는 교환해 드립니다.

저자 문의 e-mail : summerchung@hanmail.net(정하정)

본서 기획자 e-mail : coh@cyber.co.kr(최옥현)

홈페이지 : http://www.cyber.co.kr 전화 : 031) 950-6300

머리말

고도의 경제 성장과 더불어 인간의 생활수준이 향상됨에 따라 생활상의 여러 가지의 요구가 증대하게 되었고, 이를 충족시키기 위해서 건축물의 기능과 양식이 날로 다양해지고, 복잡해지는 것이 현실이라고 하겠다.

최근에 들어와서 실내건축 분야는 고유 영역을 확보하여 체계적이고 발전적인 학문적 이론을 바탕으로 현장 실무가 더욱 더 발전하고 있다. 이에 부응하기 위하여 실내건축 분야의 산업기사 시험도 열기를 더해 급속적인 발전을 하고 있는 추세이다. 이렇게 실내건축의 역할이 중요시되고 있는 가운데 실내건축 분야의 자격증 시험을 준비함에 있어서 이 책 한 권을 습득하면 무난히 자격증 취득을 할 수 있도록 산업인력공단의 출제기준에 의거한 과년도 기출문제를 철저히 분석하여 출제가 예상되는 적중예상문제만을 엄선하여 구성하였다.

이 책의 특징을 보면,

첫째, 2022년 개정된 출제기준에 맞추어 출제 가능성이 매우 높은 문제를 중심으로 과목별, 단원별, 난이도별로 내용을 구성하였다.

둘째, 지난 20여 년간 출제기준에 빠져 있던 건축시공 및 안전관리 분야의 문제를 총망라하여 시험 준비에 만전을 기할 수 있도록 기본적이고, 다양한 문제들로 구성하였다. 특히, 건축시공과 안전관리 부분은 타 시험에서 출제된 문제를 바탕으로 세심하고, 신중하게 문제를 구성하였다.

셋째, 해당 문제 및 응용문제도 쉽게 풀이할 수 있도록 모든 문제마다 명쾌하고 자세한 해설을 수록하였다.

그러나, 학문적 역량이 부족한 저자로서는 최선을 다 하였다고 하나 본의 아닌 오류가 있을지도 모르므로 차후 여러분의 조언과 지도를 받아 보완하여 완벽을 기할 것을 다짐하는 바이다.

끝으로 이 책의 출판 기회를 마련해 주신 도서출판 성안당 이종춘 회장님, 김민수 사장님, 최옥현 전무님을 비롯한 임직원 여러분 그리고 원고 정리에 힘써준 제자들의 노고에 심심한 사의를 표하는 바이다.

2023. 1. 사무실에서
저 자 드림

출제기준

필기

직무 분야	건설	중직무 분야	건축	자격 종목	실내건축산업기사	적용 기간	2022.1.1. ~ 2024.12.31.

○ 직무내용 : 기능적, 미적요소를 고려하여 건축 실내공간을 계획하고, 제반 설계도서를 작성하며, 완료된 설계도서에 따라 시공 및 공정관리를 수행하는 직무이다.

필기검정방법	객관식	문제 수	60	시험시간	1시간 30분

필기과목명	문제수	주요항목	세부항목	세세항목
1. 실내디자인 계획	20	1. 실내디자인 기본계획	1. 디자인 요소	1. 점, 선, 면, 형태 2. 질감, 문양, 공간 등
			2. 디자인 원리	1. 스케일과 비례 2. 균형, 리듬, 강조 3. 조화, 대비, 통일 등
			3. 실내디자인 요소	1. 고정적 요소(1차적 요소) 2. 가동적 요소(2차적 요소)
			4. 공간 기본구상	1. 조닝 계획 2. 동선 계획
			5. 공간 기본계획	1. 주거공간 계획 2. 업무공간 계획 3. 상업공간 계획 4. 전시공간 계획
		2. 실내디자인 색채계획	1. 색채 구상	1. 색채 기본 구상 2. 부위 및 공간별 색채 구상
			2. 색채 적용 검토	1. 부위 및 공간별 색채 적용 검토 2. 색채 지각 3. 색채 분류 및 표시 4. 색채조화 5. 색채 심리 6. 색채 관리
			3. 색채계획	1. 부위 및 공간별 색채계획 2. 용도와 특성에 맞는 색채계획
		3. 실내디자인 가구계획	1. 가구 자료 조사	1. 가구 디자인 역사 · 트렌드 2. 가구 구성 재료
			2. 가구 적용 검토	1. 사용자의 행태적 · 심리적 특성 2. 가구의 종류 및 특성
			3. 가구계획	1. 공간별 가구계획 2. 업종별 가구계획

필기과목명	문제수	주요항목	세부항목	세세항목
1. 실내디자인 계획	20	4. 실내건축설계 시각화 작업	1. 2D표현	1. 2D 설계도면의 종류 및 이해 2. 2D 설계도면 작성 기준
			2. 3D표현	1. 3D 설계도면의 종류 및 이해 2. 3D 설계도면 작성 기준
			3. 모형제작	1. 모형제작 계획
2. 실내디자인 시공 및 재료	20	1. 실내디자인 마감계획	1. 목공사	1. 목공사 조사 분석 2. 목공사 적용 검토 3. 목공사 시공 4. 목공사 재료
			2. 석공사	1. 석공사 조사 분석 2. 석공사 적용 검토 3. 석공사 시공 4. 석공사 재료
			3. 조적공사	1. 조적공사 조사 분석 2. 조적공사 적용 검토 3. 조적공사 시공 4. 조적공사 재료
			4. 타일공사	1. 타일공사 조사 분석 2. 타일공사 적용 검토 3. 타일공사 시공 4. 타일공사 재료
			5. 금속공사	1. 금속공사 조사 분석 2. 금속공사 적용 검토 3. 금속공사 시공 4. 금속공사 재료
			6. 창호 및 유리공사	1. 창호 및 유리공사 조사 분석 2. 창호 및 유리공사 적용 검토 3. 창호 및 유리공사 시공 4. 창호 및 유리공사 재료
			7. 도장공사	1. 도장공사 조사 분석 2. 도장공사 적용 검토 3. 도장공사 시공 4. 도장공사 재료
			8. 미장공사	1. 미장공사 조사 분석 2. 미장공사 적용 검토 3. 미장공사 시공 4. 미장공사 재료
			9. 수장공사	1. 수장공사 조사 분석 2. 수장공사 적용 검토 3. 수장공사 시공 4. 수장공사 재료

출제기준

필기과목명	문제수	주요항목	세부항목	세세항목
2. 실내디자인 시공 및 재료	20	2. 실내디자인 시공관리	1. 공정계획관리	1. 설계도 해석 · 분석 2. 소요 예산 계획 3. 공정계획서 4. 공사 진도관리 5. 자재 성능 검사
			2. 안전관리	1. 안전관리 계획 수립 2. 안전관리 체크리스트 작성 3. 안전시설 설치 4. 안전교육 5. 피난계획 수립
			3. 실내디자인 협력공사	1. 가설공사 2. 콘크리트공사 3. 방수 및 방습공사 4. 단열 및 음향공사 5. 기타 공사
			4. 시공 감리	1. 공사 품질관리 기준 2. 자재 품질 적정성 판단 3. 공사 현장 검측 4. 시공 결과 적정성 판단 5. 검사장비 사용과 검 · 교정
		3. 실내디자인 사후관리	1. 유지관리	1. 하자요인 유지관리지침 2. 하자 대처방안
3. 실내디자인 환경	20	1. 실내디자인 자료 조사 분석	1. 주변 환경 조사	1. 열 및 습기환경 2. 공기환경 3. 빛환경 4. 음환경
			2. 건축법령 분석	1. 총칙 2. 건축물의 구조 및 재료 3. 건축설비 4. 보칙
			3. 건축관계법령 분석	1. 건축물의 설비기준 등에 관한 규칙 2. 건축물의 피난 · 방화구조 등의 기준에 관한 규칙 3. 장애인 · 노인 · 임산부 등의 편의증진 보장에 관한 법률
			4. 화재예방, 소방시설 설치 · 유지 및 안전관리에 관한 법령 분석	1. 총칙 2. 소방시설의 설치 및 유지관리 등 3. 소방대상물의 안전관리

필기과목명	문제수	주요항목	세부항목	세세항목
3. 실내디자인 환경	20	2. 실내디자인 조명계획	1. 실내조명 자료 조사	1. 조명 방법 2. 조도 분포와 조도 측정
			2. 실내조명 적용 검토	1. 조명 연출
			3. 실내조명 계획	1. 공간별 조명 2. 조명 설계도서 3. 조명기구 시공계획 4. 물량 산출
		3. 실내디자인 설비계획	1. 기계설비 계획	1. 기계설비 조사 · 분석 2. 기계설비 적용 검토 3. 각종 기계설비 계획
			2. 전기설비 계획	1. 전기설비 조사 · 분석 2. 전기설비 적용 검토 3. 각종 전기설비 계획
			3. 소방설비 계획	1. 소방설비 조사 · 분석 2. 소방설비 적용 검토 3. 각종 소방설비 계획

차례

INDUSTRIAL ENGINEER INTERIOR ARCHITECTURE

PART 1

실내디자인 계획

INDUSTRIAL ENGINEER INTERIOR ARCHITECTURE

| 적중예상문제 |

실내디자인 계획

실내디자인 기본계획

1 디자인 요소

1. 점, 선, 면, 형태

01 |

디자인 요소 중 점에 관한 설명으로 옳지 않은 것은?

① 공간에 한 점을 두면 집중 효과가 생긴다.
② 다수의 점을 근접시키면 면으로 지각된다.
③ 같은 점이라도 밝은 점은 작고 좁게, 어두운 점은 크고 넓게 보인다.
④ 점은 선과 마찬가지로 형태의 외곽을 시각적으로 설명하는데 사용될 수 있다.

해설 동일한 크기의 점이면 밝은 점은 확대되어 보이므로 크고 넓고, 어두운 점은 축소되어 보이므로 작고 좁게 지각된다.

02 |

점에 대한 설명으로 옳은 것은?

① 기하학에서 점은 그 자체로서 형을 나타낸다.
② 하나의 점은 방향성을 가지고 있다.
③ 많은 점들이 밀집되어 면과 형을 만들 수 있다.
④ 두 점의 크기가 같을 때 주의력은 한 점에만 작용한다.

해설 다수의 점은 면으로 지각되고 점이 연속되면 선으로 느끼게 한다.

03 |

점의 조형 효과에 관한 설명으로 옳지 않은 것은?

① 점이 연속되면 선으로 느끼게 한다.
② 두 개의 점이 있을 경우 두 점의 크기가 같을 때 주의력은 균등하게 작용한다.
③ 배경의 중심에 있는 하나의 검은 점에 시선을 집중시키고 역동적인 효과를 느끼게 한다.
④ 배경의 중심에서 벗어난 하나의 점은 점을 둘러싼 영역과의 사이에 시각적 긴장감을 생성한다.

해설 점의 조형 효과
㉠ 공간 내에 놓인 한 점은 위치에 따라 주의력이 집중되며 시각적 긴장감이 생긴다.
㉡ 평면상의 점은 공간 내에서 기둥 요소가 된다.
㉢ 같은 점이라도 밝은 점은 크고 넓게, 어두운 점은 작고 좁게 지각된다.
㉣ 두 개의 점 사이에는 서로 잡아당기는 인장력이 지각된다.
㉤ 점의 크기가 다를 때에는 주의력은 작은 점에서 큰 점으로 이행된다.
㉥ 두 개의 점은 축을 한정하고 공간의 영역을 제한한다.
㉦ 다수의 점은 면으로 지각되고 점이 연속되면 선으로 느끼게 한다.
㉧ 점의 크기가 다를 때에는 동적인 면이 지각되며, 같을 때는 정적인 면이 지각된다.

04 |

디자인의 기본 요소에 대한 설명 중 옳지 않은 것은?

① 점은 선의 양끝, 선의 교차, 선의 굴절, 면과 선의 교차에서 나타난다.
② 점은 어떤 형상을 규정하거나 한정하고, 면적을 분할한다.
③ 2차원적 형상에 깊이나 볼륨을 더하면 3차원적 형태가 창조된다.
④ 평면이란 완전히 평평한 면을 말하는데 이는 선들이 교차함으로써 이루어진다.

정답 01. ③ 02. ③ 03. ③ 04. ②

해설 점은 공간 내의 위치만을 표시할 뿐 길이, 폭, 깊이 등도 없고 어떤 공간도 형성하지 않는다.

05 |

점의 인식에 대한 설명 중에서 적당하지 않은 것은?

① 가까운 거리에 위치하는 두 개의 점은 장력의 작용으로 선이 생긴다.
② 나란히 있는 점은 간격에 따라 집합, 분리의 효과를 얻는다.
③ 공간의 중심에 점이 있음으로써 단순하지만, 주목성을 높인다.
④ 많은 점이 근접해 있을 경우 각 점의 독립성이 강조된다.

해설 다수의 점은 면으로 지각되고 점이 연속되면 선으로 느끼게 한다.

06 |

실내디자인 요소의 하나인 점에 관한 설명 중 옳지 않은 것은?

① 점이 많은 경우는 긴 선이나 면으로 발전한다.
② 두 점의 크기에 차이가 있으면 큰 점에서 작은 점으로 주의력이 흐른다.
③ 점은 구심점이므로 면 또는 공간에 하나의 점이 놓여지면 주의력이 집중된다.
④ 2개의 점 사이에는 눈에 보이지 않는 선(negative line)이 생기고 서로 당기는 힘 즉, 인장력이 생긴다.

해설 점의 크기가 다를 때에는 주의력은 작은 점에서 큰 점으로 이행되고, 큰 점이 작은 점을 끌어당기는 것처럼 지각된다.

07 |

실내디자인 요소 중 점에 관한 설명으로 옳지 않은 것은?

① 점이 많은 경우에는 선이나 면으로 지각된다.
② 공간에 하나의 점이 놓이면 주의력이 집중되는 효과가 있다.
③ 점의 연속이 점진적으로 축소 또는 팽창 나열되면 원근감이 생긴다.
④ 동일한 크기의 점인 경우 밝은 점은 작고 좁게, 어두운 점은 크고 넓게 지각된다.

해설 ㉠ 같은 크기의 점일 때 밝은 점은 확대하여 보이므로 크고 넓고, 어두운 점은 축소되어 보이므로 작고 좁게 지각된다.
㉡ 점은 공간 내의 위치만을 표시할 뿐 길이, 폭, 깊이 등도 없고 어떤 공간도 형성하지 않는다.
㉢ 점은 선의 양끝, 선의 교차, 굴절 및 면과 선의 교차 등에서도 나타난다.
㉣ 일반적으로 점은 원형상태를 가지나 3각형, 4각형, 그 밖의 불규칙적인 형이라도 작으면 점이 되며, 입체라도 작으면 점으로 지각된다.

㉤ 면 또는 공간에 1개의 점이 주어지면 그 부분에 시각적인 힘이 생기고 점은 면이나 공간 내에서 안정된다.

08 |

점에 대한 설명으로 옳지 않은 것은?

① 모든 방향으로 펼쳐진 무한히 넓은 영역이며 면들의 교차에서 나타난다.
② 하나의 점은 관찰자의 시선을 화면 안에 특정한 위치로 이끈다.
③ 두 점의 크기가 같을 때 주의력은 균등하게 작용한다.
④ 많은 점이 같은 조건으로 집결되면 평면감을 준다.

해설 점은 선의 양끝, 선의 교차, 굴절 및 면과 선의 교차 등에서도 나타난다.

정답 05. ④ 06. ② 07. ④ 08. ①

09

다음 그림과 같이 많은 점이 근접되었을 때 효과로 가장 알맞은 것은?

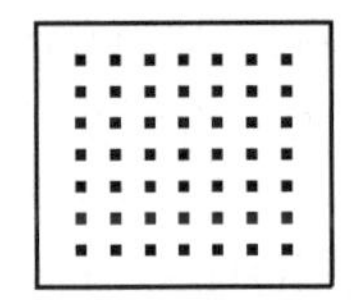

① 면으로 지각　② 부피로 지각
③ 물체로 지각　④ 공간으로 지각

다수의 점은 선이나 면으로 지각되며, 점의 크기가 다를 때에는 동적인 면이 지각되며, 같을 때에는 정적인 면이 지각된다.

10

다음 중 집중 효과가 가장 큰 것은?

①　②

③　④

해설 하나의 점은 공간의 구심점으로, 면 또는 공간에 하나의 점이 놓이면 주의력이 집중되는 효과가 있다.

11

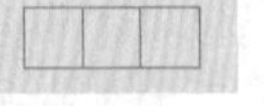

다음 그림들을 설명한 것 중 옳은 것은?

① : 팽창과 수축

② : 시선의 방향 이동

③ : 집합, 분리 효과

④ : 변화의 깊이

해설 ㉠ 점의 크기가 다를 때에는 주의력은 작은 점에서 큰 점으로 이행되며 큰 점이 작은 점을 끌어당기는 것처럼 지각된다.
㉡ 다수의 점은 선이나 면으로 발전한다.
㉢ 점이 가까이 있는 2개 또는 2 이상이 있을 때 접근성(factor of proximity)에 의하여 요소들이 집합이나 분리 효과로 지각될 가능성이 크다
㉣ 2개의 점 사이에는 눈에 보이지 않는 선(negative line)이 생기고 서로 당기는 힘 즉, 인장력이 생기며 도형으로 지각된다.

12

디자인의 요소 중 점에 대한 다음 그림을 보고 옳게 설명한 것은?

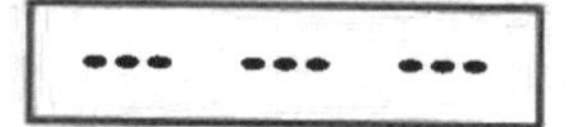

① 집중 효과가 있다.
② 선이나 형의 효과가 생긴다.
③ 면으로 지각된다.
④ 집합, 분리의 효과를 얻는다.

해설 점이 2개 또는 2개 이상이 가까이 있을 때 접근성(factor of proximity)에 의하여 요소들이 집합이나 분리 효과로 지각될 가능성이 크다.

13

다음은 무엇을 설명하는 것인가?

• 같은 조건으로 집결되면 평면감을 준다.
• 선의 양끝, 선의 교차, 선의 굴절에서 나타난다.

① 입체
② 면
③ 곡선
④ 점

해설 점은 선의 양끝, 선의 교차, 굴절 및 면과 선의 교차 등에서도 나타난다.

정답 09. ① 10. ① 11. ③ 12. ④ 13. ④

14

디자인 요소 중 선에 관한 설명으로 옳지 않은 것은?

① 선은 면이 이동한 궤적이다.
② 선을 포개면 패턴을 얻을 수 있다.
③ 많은 선을 나란히 놓으면 면을 느낀다.
④ 선은 어떤 형상을 규정하거나 한정한다.

해설 선(line)
㉠ 선은 점이 이동된 궤적으로 점이 확장되어 선이 된다.
㉡ 선은 위치, 길이, 방향의 개념은 있으나 폭과 깊이의 개념은 없다.
㉢ 선은 폭이 넓어지면 면이 되고, 굵기를 늘리면 입체 또는 공간이 된다.
㉣ 어떤 형상을 규정하거나 한정하고 면적을 분할하며 길이, 속도, 굵기, 색깔에 따라 다양한 느낌을 받을 수 있다.
㉤ 모든 표현 및 이차원적인 장식을 위한 기본이 되며 디자인 요소 중 가장 감정적인 느낌을 갖게 한다.

15

선에 관한 설명 중 적합한 것은?

① 어떤 현상을 규정하거나 한정한다.
② 길이와 위치는 알 수 없다.
③ 면의 한계에서 나타나며, 교차는 나타나지 않는다.
④ 면적을 분할하며 폭과 부피를 나타낸다.

해설 어떤 형상을 규정하거나 한정하고 면적을 분할하며 길이, 속도, 굵기, 색깔에 따라 다양한 느낌을 나타낼 수 있다.

16

실내디자인 요소 중 선에 관한 설명으로 옳지 않은 것은?

① 많은 선을 근접시키면 면으로 인식된다.
② 수직선은 공간을 실제보다 더 높아 보이게 한다.
③ 수평선은 무한, 확대, 안정 등 주로 정적인 느낌을 준다.
④ 곡선은 약동감, 생동감 넘치는 에너지와 운동감, 속도감을 준다.

해설 곡선
㉠ 우아함과 부드러움, 미묘, 불명료, 간접, 섬세하고 여성적인 감을 준다.
㉡ 자유 곡선은 경쾌한 느낌을 주는 반면에 나약함을 느끼게 한다.
㉢ 사선은 약동감, 불안감, 생동감 넘치는 에너지와 운동감, 속도감을 준다.

17

선에 관한 설명으로 옳지 않은 것은?

① 선의 외관은 명암, 색채, 질감 등의 특성을 가질 수 있다.
② 많은 선을 근접시키거나 굵기 자체를 늘리면 면으로 인식되기도 한다.
③ 기하학적 관점에서 높이, 깊이, 폭이 없으며 단지 길이의 1차원만을 갖는다.
④ 점이 이동한 궤적에 의한 선은 네거티브 선, 면의 한계 또는 면들의 교차에 의한 선은 포지티브 선으로 구분하기도 한다.

해설 선(line)
㉠ 선은 점이 이동된 궤적으로 점이 확장되어 선이 된다.
㉡ 선은 위치, 길이, 방향의 개념은 있으나 폭과 깊이의 개념은 없다.
㉢ 선은 폭이 넓어지면 면이 되고, 굵기를 늘리면 입체 또는 공간이 된다.
㉣ 어떤 형상을 규정하거나 한정하고 면적을 분할하며 길이, 속도, 굵기, 색깔에 따라 다양한 느낌을 받을 수 있다.
㉤ 모든 표현 및 이차원적인 장식을 위한 기본이 되며 디자인 요소 중 가장 감정적인 느낌을 갖게 한다.

18

다음 중 디자인 요소로서 선이 갖고 있지 않은 특성은?

① 질감(texture)
② 방향성(direction)
③ 형(shape)
④ 길이(length)

해설 선은 위치, 길이, 방향의 개념은 있으나 폭과 깊이의 개념은 없다.

정답 14. ① 15. ① 16. ④ 17. ④ 18. ①

19

고딕 건축에서 엄숙함, 위엄 등의 느낌을 주기 위해 사용한 디자인 요소는?

① 곡선
② 사선
③ 수평선
④ 수직선

해설 고딕 건축의 특성은 구조적(첨두형 아치, 리브 볼트, 플라잉 버트레스 등), 입면상(첨두 아치, 종탑, 첨탑, 창호의 증대와 스테인드 글라스, 외벽 조각) 및 수직성(신과 인간의 거리를 상징적으로 단축, 높은 곳으로 향하는 인간의 희망을 구현) 등이다.
- 수직선 : 지각적으로는 구조적 높이감을 주며 심리적으로는 상승감, 존엄성, 엄숙함, 위엄, 절대, 고상, 단정, 희망, 신앙 및 강한 의지의 느낌을 준다.

20

수평선에 관한 설명으로 옳지 않은 것은?

① 차분하고 고요한 느낌을 준다.
② 안정감과 정지된 느낌을 준다.
③ 엄숙함과 고양감을 느끼게 한다.
④ 무한함과 평화스러움을 느끼게 한다.

해설
- 수직선 : 지각적으로는 구조적 높이감을 주며 심리적으로는 상승감, 존엄성, 엄숙함, 위엄, 절대, 고상, 단정, 희망, 신앙 및 강한 의지의 느낌을 준다.
- 수평선 : 가장 단순한 직선 형태로서 안전하고 편안하며 차분, 냉정, 평화, 친근, 안락, 평등, 침착 등의 느낌을 준다.

21

다음 중 엄숙, 의지, 신앙, 상승 등을 연상하게 하는 선은?

① 수직선
② 수평선
③ 사선
④ 곡선

해설 수직선은 지각적으로는 구조적 높이감을 주며 심리적으로는 상승감, 존엄성, 엄숙함, 위엄, 절대, 고상, 단정, 희망, 신앙 및 강한 의지의 느낌을 준다.

22

다음 중 곡선이 주는 느낌과 가장 거리가 먼 것은?

① 우아함
② 안정감
③ 유연함
④ 불명료함

해설 곡선
㉠ 우아함과 부드러움, 미묘, 불명료, 간접, 섬세하고 여성적인 감을 준다.
㉡ 자유 곡선은 경쾌한 느낌을 주는 반면에 나약함을 느끼게 한다.

23

디자인 요소인 선에 관한 설명으로 알맞지 않은 것은?

① 사선은 기울기가 있는 선으로 약동감을 느끼게 한다.
② 곡선은 유연, 우아, 풍요, 여성스러운 느낌을 주며 기하 곡선과 자유 곡선이 있다.
③ 수직선은 구조적인 높이와 존엄성을 느끼게 한다.
④ 수평선은 방향성과 생동감을 느끼게 한다.

해설
- 사선 : 역동적이며 시각적으로 위험, 변화, 활동감, 약동감, 생동감 등을 준다.
- 수평선 : 가장 단순한 직선 형태로서 안전하고 편안하며 차분, 냉정, 평화, 친근, 안락, 평등, 침착 등의 느낌을 준다.

24

실내디자인의 요소인 선에 관한 설명 중 옳지 않은 것은?

① 선은 무수한 점의 흔적으로 평면적이며 실내디자인의 중요한 요소이다.
② 수직선은 공간을 실제보다 더 높아 보이게 한다.
③ 수평선은 바닥이나 천장 등의 건물구조에 많이 이용된다.
④ 곡선은 단조로움을 없애주고 약동감과 생동감 있는 분위기를 연출하는 데 가장 효과적이다.

해설 곡선
㉠ 우아함과 부드러움, 미묘, 불명료, 간접, 섬세하고 여성적인 감을 준다.
㉡ 자유 곡선은 경쾌한 느낌을 주는 반면에 나약함을 느끼게 한다.

정답 19. ④ 20. ③ 21. ① 22. ② 23. ④ 24. ④

25

선에 대한 설명으로 적당하지 않은 것은?

① 수직선은 구조적인 높이와 존엄성을 느끼게 한다.
② 수평선은 편안하고 안락한 느낌을 준다.
③ 선은 점이 이동한 궤적이며 면의 한계, 교차에서 나타난다.
④ 선은 폭과 길이는 있으나 방향성은 없다.

해설 선은 위치, 길이, 방향의 개념은 있으나 폭과 깊이의 개념은 없다.

26

선의 종류별 조형 효과로 옳지 않은 것은?

① 사선 – 생동감
② 곡선 – 우아, 풍요
③ 수직선 – 평화, 침착
④ 수평선 – 안정, 편안함

해설
- 수직선 : 지각적으로는 구조적 높이감을 주며 심리적으로는 상승감, 존엄성, 엄숙함, 위엄, 절대, 고상, 단정, 희망, 신앙 및 강한 의지의 느낌을 준다.
- 수평선 : 가장 단순한 직선 형태로서 안전하고 편안하며 차분, 냉정, 평화, 친근, 안락, 평등, 침착 등의 느낌을 준다.

27

점과 선에 관한 설명으로 옳지 않은 것은?

① 선은 면의 한계, 면들의 교차에서 나타난다.
② 크기가 같은 두 개의 점에는 주의력이 균등하게 작용한다.
③ 곡선은 약동감, 생동감 넘치는 에너지와 속도감을 준다.
④ 배경의 중심에 있는 하나의 점은 시선을 집중시키는 효과가 있다.

해설
- 곡선은 우아함과 부드러움, 미묘, 불명료, 간접, 섬세하고 여성적인 감을 준다.
  (자유 곡선은 경쾌한 느낌을 주는 반면에 나약함을 느끼게 한다.)
- 사선은 약동감, 불안감, 생동감 넘치는 에너지와 운동감, 속도감을 준다.

28

점과 선에 관한 설명으로 옳지 않은 것은?

① 점은 선과 선이 교차할 때 발생한다.
② 선은 기하학적 관점에서 폭은 있으나 방향성이 없다.
③ 하나의 점은 관찰자의 시선을 화면 안의 특정한 위치로 이끈다.
④ 점이 이동한 궤적에 의해 생성된 선을 포지티브 선이라고도 한다.

해설
- 선은 위치, 길이, 방향의 개념은 있으나 폭과 깊이의 개념은 없다.
- 점은 공간 내의 위치만을 표시할 뿐 길이, 폭, 깊이 등도 없고 어떤 공간도 형성하지 않는다.

29

점과 선에 관한 설명으로 옳지 않은 것은?

① 공간에 한 점을 두면 집중 효과가 있다.
② 점은 기하학적으로 크기는 없고 위치만 존재한다.
③ 사선은 유연함, 우아함, 부드러움 등의 여성적인 느낌을 준다.
④ 여러 개의 선을 이용하여 움직임, 속도감을 시각적으로 표현할 수 있다.

해설
- 곡선은 우아함과 부드러움, 미묘, 불명료, 간접, 섬세하고 여성적인 감을 준다.
  (자유 곡선은 경쾌한 느낌을 주는 반면에 나약함을 느끼게 한다.)
- 사선은 약동감, 불안감, 생동감 넘치는 에너지와 운동감, 속도감을 준다.

30

디자인 요소에 관한 설명으로 옳은 것은?

① 사선은 여성적, 예민함 등의 느낌을 준다.
② 기하 곡선은 기계적 단순성의 조형성이 있다.
③ 불규칙한 선은 질서, 안정감 등의 느낌을 준다.
④ 정다각형은 풍요로운 느낌을 주며 방향성이 있다.

정답 25. ④ 26. ③ 27. ③ 28. ② 29. ③ 30. ②

해설 • 사선은 약동감, 불안감, 생동감 넘치는 에너지와 운동감, 속도감을 준다.
• 곡선은 우아함과 부드러움, 미묘, 불명료, 간접, 섬세하고 여성적인 감을 준다.
• 직사각형의 평면형을 갖는 공간 형태는 강한 방향성을 갖는다.

31

디자인의 요소 중 면에 관한 설명으로 옳은 것은?

① 면 자체의 절단에 의해 새로운 면을 얻을 수 있다.
② 면이 이동한 궤적으로 물체가 점유한 공간을 의미한다.
③ 점이 이동한 궤적으로 면의 한계 또는 교차에서 나타난다.
④ 위치만 있고 크기는 없는 것으로 선의 한계 또는 교차에서 나타난다.

해설 면의 의미
㉠ 면은 점의 확대, 집합이나 선의 이동, 폭의 증대 및 선의 집합 또는 입체의 절단으로 만들어진다.
㉡ 면은 길이와 폭, 위치, 방향을 갖지만, 두께는 없다.
㉢ 곡면은 온화, 유연하며 동적인 표정을 갖고, 평면은 단순하며, 직접적인 표정이 있다.
㉣ 현대 조형의 긴결성을 표현하는데 적당하며 형태와 공간의 볼륨(volume)을 한정한다.

32

다음의 디자인 요소에 관한 설명 중 옳지 않은 것은?

① 질감은 촉각 또는 시각으로 지각할 수 있는 어떤 물체 표면상의 특징을 말한다.
② 공간은 항상 보는 자와 일정한 관계를 갖는다.
③ 선은 면 위에 있을 때는 폭이 있고, 공간 내에 있을 때는 굵기가 있다.
④ 면은 길이와 깊이가 있다.

해설 면은 길이와 폭, 위치, 방향을 갖지만, 두께는 없다.

33

다음 설명과 가장 관련이 깊은 그림은?

2차원적 형상의 절단을 통해 새로운 2차원적 형상을 예감할 수 있다.

① 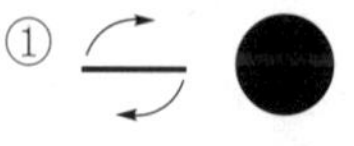
② 
③ 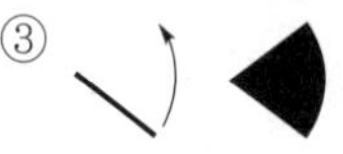
④ 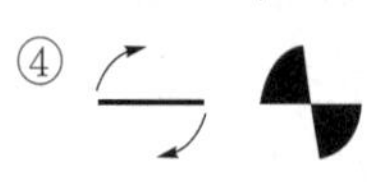

해설 하나의 공간을 곡선화된 이형의 형태로 분절함으로써 또 다른 현상으로 예감할 수 있도록 한다. 나머지 항목들은 회전에 의한 이동이나 운동감을 줄 수 있다.

34

바탕과 도형의 관계에서 도형이 되기 쉬운 조건에 관한 설명으로 옳지 않은 것은?

① 규칙적인 것은 도형으로 되기 쉽다.
② 바탕 위에 무리로 된 것은 도형으로 되기 쉽다.
③ 명도가 높은 것보다 낮은 것이 도형으로 되기 쉽다.
④ 이미 도형으로서 체험한 것은 도형으로 되기 쉽다.

해설 도형으로 지각되는 조건
형태는 반드시 그 형 자체를 지각시키는 물체가 되는데 시각적 대상이 되는 것을 '도형', 그 둘레를 '지각'이라 한다.
㉠ 상하로 구분된 도형은 하부가 도가 되고, 상부는 지가 된다.
㉡ 요철형에서는 대칭형이 도가 되기 쉽다.
㉢ 선에 의해 폐쇄된 공간은 도가 되고, 외부는 지가 된다.
㉣ 면적이 작은 부분이 도가 되고, 큰 부분이 지가 된다.
㉤ 규칙적인 것은 도형으로 되기 쉽다.
㉥ 바탕 위에 무리로 된 것은 도형으로 되기 쉽다.
㉦ 이미 도형으로서 체험한 것은 도형으로 되기 쉽다.
㉧ 명도가 높은 것이 낮은 것보다 도형으로 되기 쉽다.

정답 31. ① 32. ④ 33. ② 34. ③

35

형태의 지각에 관한 설명으로 옳지 않은 것은?

① 대상을 가능한 한 복합적인 구조로 지각하려 한다.
② 형태를 있는 그대로가 아니라 수정된 이미지로 지각하려 한다.
③ 이미지를 파악하기 위하여 몇 개의 부분으로 나누어 지각하려 한다.
④ 가까이 있는 유사한 시각적 요소들은 하나의 그룹으로 지각하려 한다.

해설 단순성으로 눈에 간단한 형태나 구조로만 지각되는 현상이다.

36

형태의 지각 심리 중 루빈의 항아리와 가장 관계가 깊은 것은?

① 유사성 ② 폐쇄성
③ 형과 배경의 법칙 ④ 프래그낸즈의 법칙

해설 도형으로 지각되는 조건

형태는 반드시 그 형 자체를 지각시키는 물체가 되는데 시각적 대상이 되는 것을 '도형', 그 둘레를 '지각'이라 한다.

㉠ 상하로 구분된 도형은 하부가 도가 되고, 상부는 지가 된다.
㉡ 요철형에서는 대칭형이 도가 되기 쉽다.

㉢ 선에 의해 폐쇄된 공간은 도가 되고, 외부는 지가 된다.
㉣ 면적이 작은 부분이 도가 되고, 큰 부분이 지가 된다.

37

3차원 형상에 관한 설명으로 옳은 것은?

① 면과 선의 교차에서 나타난다.
② 2차원적 형상에 깊이나 볼륨을 더하여 강조된다.
③ 어떤 형상을 규정하거나 한정하고, 면적을 분할한다.
④ 삼각형, 사각형, 다각형, 원, 기타 기하학적 형태로 존재한다.

해설 2차원적 형상(면)에 깊이나 볼륨을 더하면 3차원 형상이 창조된다.

38

다음 설명과 가장 관련이 깊은 형태의 지각 심리는?

> 한 종류의 형들이 동등한 간격으로 반복되어 있을 때는 이를 그룹화하여 평면처럼 지각되고 상하와 좌우의 간격이 다를 경우 수평, 수직으로 지각된다.

① 유사성
② 연속성
③ 폐쇄성
④ 근접성

해설 게슈탈트(Gestalt)의 4법칙(형태의 지각 심리)

㉠ 접근성(근접성, factor of proximity) : 가까이 있는 2개 또는 2 이상의 시각 요소들은 패턴이나 그룹으로 지각될 가능성이 크다는 법칙이다.
㉡ 유사성(factor of similarity) : 형태, 규모, 색채, 질감 등에 있어서 유사한 시각적 요소들이 서로 연관되어 자연스럽게 그룹핑(grouping)하여 하나의 패턴으로 보이는 법칙이다.
㉢ 연속성(factor of continuity) : 유사한 배열이 하나의 묶음(grouping)으로 지각되는 것으로, 공동운명의 법칙이라고도 한다.
㉣ 폐쇄성(factor of closure) : 감각 자료에서 얻어진 형태가 완전한 형태를 이룰 수 있는 방향으로 체계화가 이루어진 것이다.

39

다음 그림은 게슈탈트(Gestalt)의 법칙 중 무엇에 해당하는가?

● ● ● ● ●
● ● ● ● ●
● ● ● ● ●
● ● ● ● ●
● ● ● ● ●

① 접근성
② 단순성
③ 연속성
④ 폐쇄성

정답 35. ① 36. ③ 37. ② 38. ④ 39. ①

해설 게슈탈트(Gestalt) 4법칙

㉠ 유사성(Factor of similarity) : 형태, 규모, 색채, 질감 등에 있어서 유사한 시각적 요소들이 서로 연관되어 자연스럽게 그룹핑(Grouping)하여 하나의 패턴으로 보이는 법칙이다.

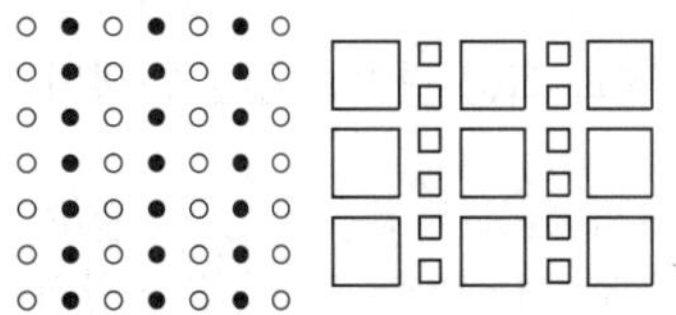

㉡ 폐쇄성(Factor of closure) : 감각 자료에서 얻어진 형태가 완전한 형태를 이룰 수 있는 방향으로 체계화가 이루어진 것이다.

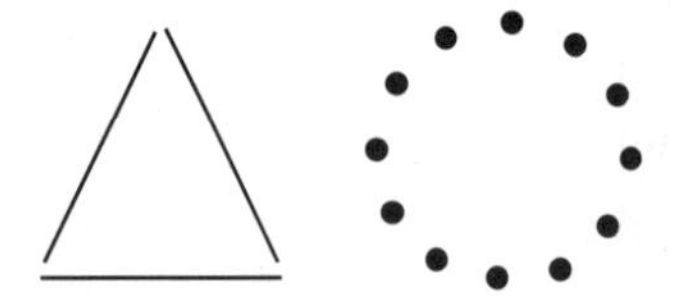

㉢ 접근성(Factor of proximity) : 가까이 있는 2개 또는 2 이상의 시각 요소들은 패턴이나 그룹으로 지각될 가능성이 크다는 법칙이다.

㉣ 연속성(Factor of continuity) : 유사한 배열이 하나의 묶음(Grouping)으로 지각되는 것으로, 공동운명의 법칙이라고도 한다.

40

다음의 게슈탈트 이론에 대한 설명 중 옳지 않은 것은?

① 접근성 : 보다 더 가까이 있는 2개 이상의 시각 요소들은 패턴이나 그룹으로 지각될 가능성이 크다.
② 연속성 : 창호의 완자살이 좋은 예이다.
③ 유사성 : 형태, 규모, 색채, 질감이 완전히 다르더라도 접근성에 의해 하나의 패턴으로 지각된다.
④ 폐쇄성 : 패쇄된 형태는 패쇄되지 않은 형태보다 시각적으로 더 안정감이 있다.

해설 유사성(factor of similarity) : 형태, 규모, 색채, 질감 등에 있어서 유사한 시각적 요소들이 서로 연관되어 자연스럽게 그룹핑(Grouping)하여 하나의 패턴으로 보이는 법칙이다.

41

다음 설명에 알맞은 형태의 지각심리는?

비슷한 형태, 규모, 색채, 질감, 명암, 패턴의 그룹을 하나의 그룹으로 지각하려는 경향

① 근접성　② 연속성
③ 유사성　④ 폐쇄성

해설 유사성(factor of similarity) : 형태, 규모, 색채, 질감 등에 있어서 유사한 시각적 요소들이 서로 연관되어 자연스럽게 그룹핑(grouping)하여 하나의 패턴으로 보이는 법칙이다.

42

다음 그림과 같이 '동일한 것이 군화(群化)한다.'라는 지각 체제화의 원리와 가장 관련이 있는 것은?

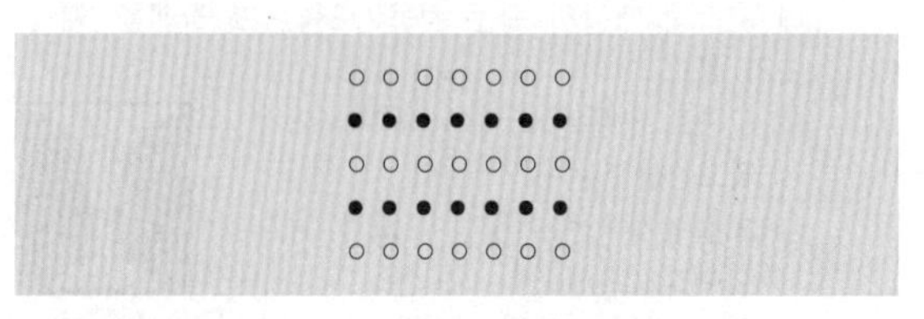

① 대칭성의 원리　② 유사성의 원리
③ 간소화의 원리　④ 폐쇄성의 원리

해설 유사성(factor of similarity) : 형태, 규모, 색채, 질감 등에 있어서 유사한 시각적 요소들이 서로 연관되어 자연스럽게 그룹핑(grouping)하여 하나의 패턴으로 보이는 법칙이다.

43

불완전한 형을 사람들에게 순간적으로 보여줄 때 이를 완전한 형으로 지각한다는 것과 관련된 형태의 지각 심리는?

① 근접성　② 유사성
③ 연속성　④ 폐쇄성

정답 40. ③ 41. ③ 42. ② 43. ④

해설 폐쇄성(factor of closure) : 감각 자료에서 얻어진 형태가 완전한 형태를 이룰 수 있는 방향으로 체계화가 이루어진 것이다.

44

형태를 현실적 형태와 이념적 형태로 구분할 경우, 다음 중 이념적 형태에 관한 설명으로 옳은 것은?

① 주위에 실제 존재하는 모든 물상을 말한다.
② 인간의 지각으로는 직접 느낄 수 없는 형태이다.
③ 자연계에 존재하는 모든 것으로부터 보이는 형태를 말한다.
④ 기본적으로 모든 이념적 형태들은 휴먼스케일과 일정한 관계를 갖는다.

해설 형태의 분류와 특징
㉠ 이념적 형태
- 순수 형태 : 인간의 지각, 촉각으로 직접 느낄 수 없는 형태로서 인간의 머릿속에서만 생각되는 것
- 추상 형태 : 점, 선, 면, 입체 등의 형태를 기하학적으로 취급한 형태

㉡ 현실적 형태
- 자연 형태는 일반적으로 그 형태가 부정형이고 단순한 여러 기하학적인 형태를 취하는 것이 특징적이다.
- 인위적 형태에서는 수학적인 기본 요소들이 직관적으로 이해될 수 있는 미를 창출한다는 것을 의미한다.
- 기하학적인 형태는 불규칙한 형태보다 가볍게 느껴진다.

45

형태에 관한 설명으로 옳지 않은 것은?

① 디자인에 있어서 형태는 대부분이 자연 형태이다.
② 추상적 형태는 구체적 형태를 생략 또는 과장의 과정을 거쳐 재구성된 형태이다.
③ 자연 형태는 단순한 부정형의 형태를 취하기도 하지만 경우에 따라서는 체계적이고 기하학적인 특징을 갖는다.
④ 순수 형태는 인간의 지각, 즉 시각과 촉각 등으로는 직접 느낄 수 없고 개념적으로만 제시될 수 있는 형태이다.

해설 현실적 형태
㉠ 자연 형태는 일반적으로 그 형태가 부정형이고 단순한 여러 기하학적인 형태를 취하는 것이 특징적이다.
㉡ 인위적 형태에서는 수학적인 기본 요소들이 직관적으로 이해될 수 있는 미를 창출한다는 것을 의미한다.
㉢ 기하학적인 형태는 불규칙한 형태보다 가볍게 느껴진다.

46

형태의 분류 중 인간의 지각, 즉 시각과 촉각으로는 직접 느낄 수 없고 개념적으로만 제시할 수 있는 형태로서 순수 형태라고도 하는 것은?

① 인위적 형태 ② 현실적 형태
③ 이념적 형태 ④ 직설적 형태

해설 이념적 형태
㉠ 순수 형태 : 인간의 지각, 촉각으로 직접 느낄 수 없는 형태로서 인간의 머릿속에서만 생각되는 것
㉡ 추상 형태 : 점, 선, 면, 입체 등의 형태를 기하학적으로 취급한 형태

47

기하학적으로 취급한 점, 선, 면, 입체 등이 속하는 형태의 종류는?

① 현실적 형태 ② 이념적 형태
③ 추상적 형태 ④ 3차원적 형태

해설 이념적 형태에서 기하학적으로 취급한 형태는 점, 선, 면, 입체 등의 추상적인 형태이다.

48

이념적 형태에 관한 설명으로 옳은 것은?

① 순수 형태 또는 상징적 형태라고도 한다.
② 자연계에 존재하는 모든 것으로부터 보이는 형태를 말한다.
③ 구체적 형태를 생략 또는 과장의 과정을 거쳐 재구성된 형태이다.
④ 인간에 의해 인위적으로 만들어진 모든 사물, 구조체에서 볼 수 있는 형태이다.

정답 44. ② 45. ① 46. ③ 47. ③ 48. ①

해설 형태의 분류와 특징

㉠ 이념적 형태
- 순수 형태 : 인간의 지각, 촉각으로 직접 느낄 수 없는 형태로서 인간의 머릿속에서만 생각되는 것
- 추상 형태 : 점, 선, 면, 입체 등의 형태를 기하학적으로 취급한 형태

㉡ 현실적 형태
- 자연 형태는 일반적으로 그 형태가 부정형이고 단순한 여러 기하학적인 형태를 취하는 것이 특징적이다.
- 인위적 형태에서는 수학적인 기본 요소들이 직관적으로 이해될 수 있는 미를 창출한다는 것을 의미한다.
- 기하학적인 형태는 불규칙한 형태보다 가볍게 느껴진다.

49

다음 중 기하학적 형태의 특징이 아닌 것은?

① 기하학적 형태는 유기적 형태이다.
② 기하학적 형태는 규칙적이다.
③ 기하학적 형태는 단순 명쾌한 느낌을 준다.
④ 수학적인 법칙이 있으며 질서를 갖는다.

해설 기하학적 형태

㉠ 이념적 형태에서 기학적으로 취급한 형태는 점, 선, 면, 입체 등의 추상적인 형태이다.
㉡ 자연 형태는 일반적으로 그 형태가 부정형이고 단순한 여러 기하학적인 형태를 취하는 것이 특징적이다.
㉢ 수학적인 기본 요소들이 직관적으로 이해될 수 있는 미를 창출한다는 것을 의미한다.
㉣ 기하학적인 형태는 불규칙한 형태보다 가볍게 느껴진다.

50

자연 형태에 관한 설명으로 옳지 않은 것은?

① 현실적 형태이다.
② 조형의 원형으로서도 작용하며 기능과 구조의 모델이 되기도 한다.
③ 단순한 부정형의 형태를 취하기도 하지만 경우에 따라서는 체계적인 기하학적인 특징을 갖는다.
④ 디자인에 있어서 형태는 대부분이 자연 형태이므로 착시 현상으로 일어나는 형태의 오류를 수정하도록 해야 한다.

해설
- 자연 형태는 일반적으로 그 형태가 부정형이고 단순한 여러 기하학적인 형태를 취하는 것이 특징적이다.
- 디자인에 있어 형태는 인위적 형태로 수학적인 기본 요소들이 직관적으로 이해될 수 있는 미를 창출한다는 것을 의미한다.

51

자연 현상이나 생물의 성장에 따라 형성된 형태는?

① 추상적 형태 ② 유기적 형태
③ 조형적 형태 ④ 기하학적 형태

해설 유기적 형태는 자연물로부터 그 모티브를 얻는 것으로 동적인 움직임과 함께 편안하고 친근한 분위기를 연출할 수 있다. 꽃, 구름, 나무, 파도 등의 형태를 변형시켜 인공적인 실내에 자연에서 느낀다.

52

착시 현상에 관한 설명으로 옳지 않은 것은?

① 같은 길이의 수직선이 수평선보다 길어 보인다.
② 사선이 2개 이상의 평행선으로 중단되면 서로 어긋나 보인다.
③ 같은 크기의 2개의 부채꼴에서 아래쪽의 것이 위의 것보다 커 보인다.
④ 달 또는 태양이 지평선에 가까이 있을 때가 중천에 떠 있을 때보다 작아 보인다.

해설 달 또는 태양이 지평선에 가까이 있을 때가 중천에 떠 있을 때보다 수평선의 시각적인 간섭이 없어 더 커 보이게 된다.

53

거리, 길이, 방향, 크기의 착시와 같은 기하학적 착시의 사례에 속하지 않는 것은?

① 분트 도형 ② 뮐러-리어 도형
③ 포겐도르프 도형 ④ 펜로즈의 삼각형

해설 펜로즈의 삼각형
막대 세 개로 만들어진 삼각형 모양의 도형으로 3차원의 공간에서 불가능하지만 하지만 2차원의 평면에서 가능한 것처럼 그려 놓은 도형이다.

정답 49. ① 50. ④ 51. ② 52. ④ 53. ④

54

그리스의 파르테논 신전에서 사용된 착시교정 수법에 관한 설명으로 옳지 않은 것은?

① 기둥의 중앙부를 약간 부풀어 오르게 했다.
② 모서리 쪽의 기둥 간격을 보다 좁혀지게 했다.
③ 기둥과 같은 수직 부재를 위쪽으로 갈수록 바깥쪽으로 약간 기울어지게 했다.
④ 아키트레이브, 코니스 등에 의해 형성되는 긴 수평선을 위쪽으로 약간 볼록하게 만들었다.

해설 파르테논 신전의 착시교정법

㉠ 배흘림(entasis) : 수직 기둥의 길이가 길면 중앙부가 오목해 보이는 착시 현상이 발생되는데 이것을 방지하기 위하여 상하부의 지름보다 중앙부의 지름을 약간 크게 하는 기법이다.
㉡ 라이즈(rise) : 수평적으로 긴 보나 기단은 중앙부가 처져 보이는 착시 현상이 발생되는데 이것을 방지하기 위하여 중앙부를 미리 추켜올려서 만드는 기법이다.
㉢ 안쏠림 : 건물의 양쪽 끝의 기둥의 위쪽이 바깥으로 벌어져 보이는 착시 현상이 발생되는데 이것을 방지하기 위하여 기둥의 상부를 안쪽으로 기울이는 기법이다.
㉣ 기둥 지름의 변화 : 건물을 정면에서 볼 때 뒤에 벽이 있는 중앙부 기둥의 직경이 벽이 없는 끝부분 기둥의 지름보다 두껍게 보이는 착시 현상이 발생하는데 이것을 방지하기 위하여 끝쪽 기둥의 지름을 3~5cm 정도 크게 한다.
㉤ 기둥 간격 : 건물을 정면에서 볼 때 중앙에서 끝 쪽으로 갈수록 기둥의 간격이 넓어 보이는 착시 현상이 발생되므로 중앙에서 끝쪽으로 갈수록 기둥의 간격을 좁게 한다. 파르테논 신전의 기둥 간격은 중앙부가 2.4m, 모서리는 1.8m이다.

55

다음 중 다의 도형 착시와 가장 관계가 깊은 것은?

① 루빈의 항아리　② 포겐도르프 도형
③ 쾨니히의 목걸이　④ 펜로즈의 삼각형

해설 도형으로 지각되는 조건

형태는 반드시 그 형 자체를 지각시키는 물체가 되는데 시각적 대상이 되는 것을 '도형', 그 둘레를 '지각'이라 한다.

㉠ 상하로 구분된 도형은 하부가 도가 되고, 상부는 지가 된다.
㉡ 요철형에서는 대칭형이 도가 되기 쉽다.
㉢ 선에 의해 폐쇄된 공간은 도가 되고, 외부는 지가 된다.
㉣ 면적이 작은 부분이 도가 되고, 큰 부분이 지가 된다.

56

다음과 같은 방향의 착시 현상과 가장 관계가 깊은 것은?

> 사선이 2개 이상의 평행선으로 중단되면 서로 어긋나 보인다.

① 분트 도형　② 폰초 도형
③ 쾨니히의 목걸이　④ 포겐도르프 도형

해설 포겐도르프 도형은 시선이 2개 이상의 평행선으로 중단되면 서로 어긋나 보이는 착시 현상을 말한다.

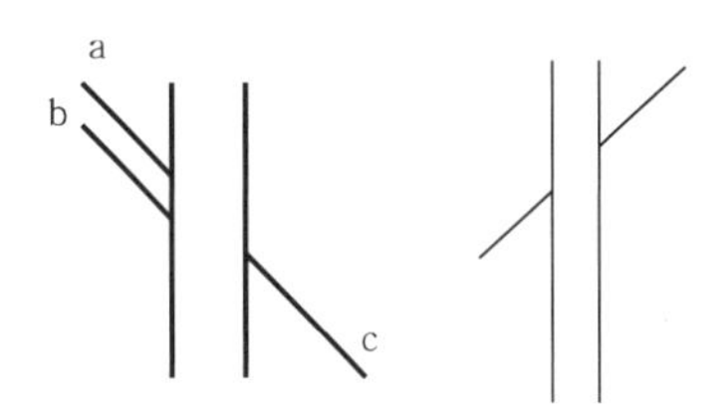

57

역리 도형 착시의 사례로 가장 알맞은 것은?

① 헤링 도형　② 자스트로의 도형
③ 펜로즈의 삼각형　④ 쾨니히의 목걸이

해설 펜로즈의 삼각형(역리 착시)

막대 세 개로 만들어진 삼각형 모양의 도형으로 3차원의 공간에서 불가능하지만 2차원의 평면에서 가능한 것처럼 그려 놓은 도형이다.

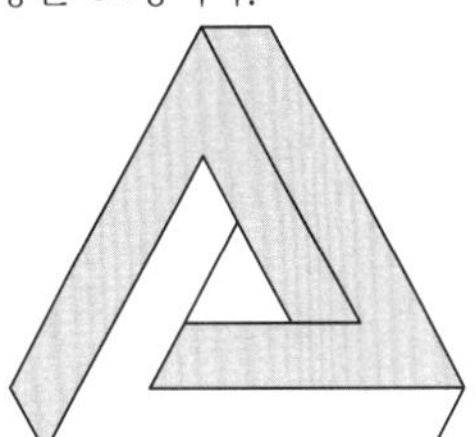

정답 54. ③ 55. ① 56. ④ 57. ③

58 |

그림과 같이 (a)와 (b) 각각의 중앙부 각도는 같으나 (b)의 각도가 (a)의 각도보다 작게 보이는 착시 현상을 무엇이라 하는가?

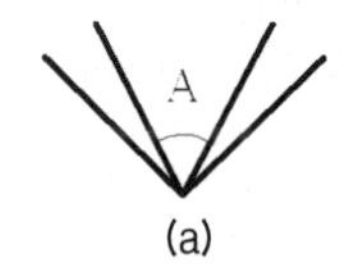

(a)

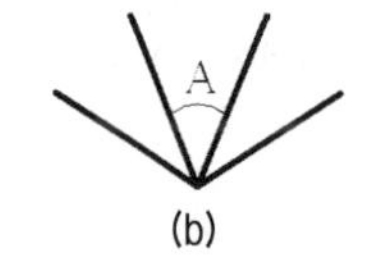

(b)

① 분할의 착시 ② 방향의 착시
③ 대소의 착시 ④ 동화의 착시

해설 대소의 착시
안쪽에 있는 각은 똑같으나, 안에 있는 각을 에워싸고 있는 각이 더 좁은, 왼쪽 그림의 안에 있는 각의 각도가 더 크게 보인다.

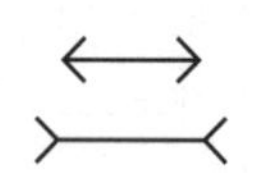

㉮ 뮐러-라이어 착시

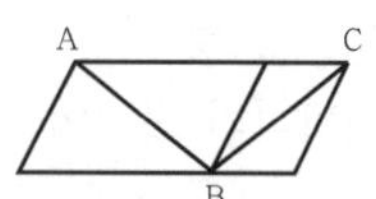

㉯ 뮐러-라이어 착시

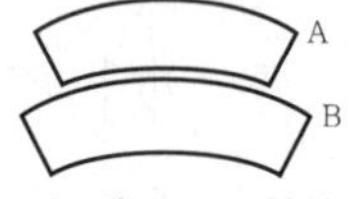

㉰ 제스트로 착시

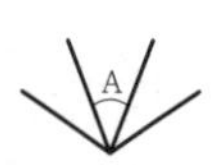

㉱ 대소의 착시

59 |

그림과 같이 가운데 위치한 두 원의 크기는 같을 때 나타나는 착시 현상을 무엇이라 하는가?

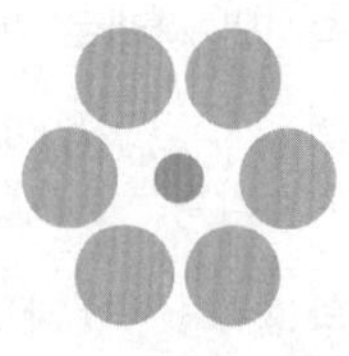

① 분할의 착시 ② 만곡의 착시
③ 대소의 착시 ④ 각도의 착시

해설 두 그림에 중심원의 크기는 같지만, 왼쪽 그림은 중심의 원보다 작은 원에 둘러싸여 있고 오른쪽 그림은 중심의 원보다 큰 원으로 둘러싸여 있어 오른쪽 그림의 중심원은 왼쪽의 중심원에 비해 작게 보이는 대소의 착시 현상으로서 크기가 같은데도 대소를 구분할 수 있다고 생각하게 되는 착시 현상이다.

60 |

그림과 같은 착시 현상과 가장 관계가 깊은 것은?

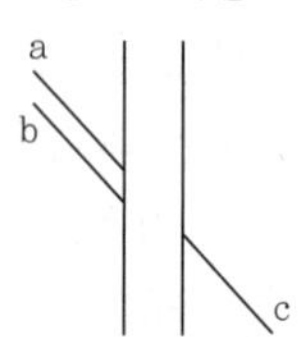

① Kohler의 착시(윤곽 착오)
② Hering의 착시(분할 착오)
③ Poggendorf의 착시(위치 착오)
④ Muller-Lyer의 착시(동화 착오)

해설 Poggendorf의 착시(위치 착오)
시선이 2개 이상의 평행선으로 중단되면 서로 어긋나 보인다.

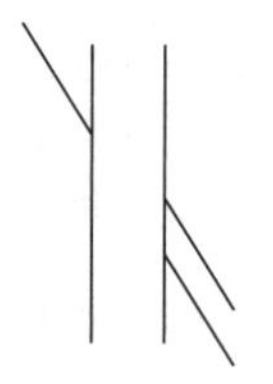

2. 질감, 문양, 공간 등

01 |

촉각 또는 시각으로 지각할 수 있는 어떤 물체 표면상의 특징을 의미하는 것은?

① 모듈
② 패턴
③ 스케일
④ 질감

해설 질감(texture)
어떤 물체가 가진 표면상의 특징으로서 만져보거나 눈으로만 보아도 알 수 있는 촉각적, 시각적으로 지각되는 재질감을 말한다.

정답 58. ③ 59. ③ 60. ③ / 01. ④

02

질감에 대한 올바른 설명은?

① 질감 선택 시 고려해야 할 사항은 스케일, 빛의 반사와 흡수, 촉감 등의 요소이다.
② 매끄러운 재료는 빛을 흡수한다.
③ 거친 표면은 색을 더욱 선명하게 보이게 한다.
④ 일반적으로 자연적인 것보다 인위적으로 만들어진 것이 내구성, 가공, 생산성 등에서 우수성이 있다.

해설 질감(texture)

어떤 물체가 가진 표면상의 특징으로서 만져보거나 눈으로만 보아도 알 수 있는 촉각적, 시각적으로 지각되는 재질감을 말한다.

㉠ 따뜻한 차가움, 거침과 부드러움, 가벼움과 무거움 등의 느낌을 말한다.
㉡ 색채와 조명을 동시에 고려했을 때 효과적이다.
㉢ 매끄러운 재질을 사용하면 빛을 많이 반사하므로 가볍고 환한 느낌을 주며 거칠면 거칠수록 많은 빛을 흡수하여 무겁고 안정된 느낌을 준다.
㉣ 나무, 돌, 흙 등의 자연 재료는 따뜻함과 친근감을 준다.
㉤ 단일색상의 실내에서는 질감 대비를 통하여 풍부한 변화와 극적인 분위기를 연출할 수 있다.

03

질감에 관한 설명으로 옳지 않은 것은?

① 매끄러운 재료가 반사율이 높다.
② 효과적인 질감 표현을 위해서는 색채와 조명을 동시에 고려해야 한다.
③ 좁은 실내공간을 넓게 느껴지도록 하기 위해서는 표면이 거칠고 어두운 재료를 사용하는 것이 좋다.
④ 질감은 시각적 환경에서 여러 종류의 물체들을 구분하는데 도움을 줄 수 있는 중요한 특성 가운데 하나이다.

해설 매끄러운 재질에 밝은 재료를 사용하면 빛을 많이 반사하므로 가볍고 환한 느낌을 주어 좁은 공간을 넓게 보이도록 하며, 거칠면 거칠수록 많은 빛을 흡수하여 무겁고 안정된 느낌을 주어 공간이 좁게 보인다.

04

실내 마감 재료의 질감은 시각적으로 변화를 주는 중요한 요소이다. 다음 중 재료의 질감을 바르게 활용하지 못한 것은?

① 창이 작은 실내는 거친 질감을 사용하여 안정감을 준다.
② 좁은 실내는 곱고 매끄러운 재료를 사용한다.
③ 차고 딱딱한 대리석 위에 부드러운 카펫을 사용하여 질감 대비를 주는 것이 좋다.
④ 넓은 실내는 거친 재료를 사용하여 무겁고 안정감을 느끼도록 한다.

해설 질감(texture)

어떤 물체가 가진 표면상의 특징으로서 만져보거나 눈으로만 보아도 알 수 있는 촉각적, 시각적으로 지각되는 재질감을 말한다.

㉠ 따뜻한 차가움, 거침과 부드러움, 가벼움과 무거움 등의 느낌을 말한다.
㉡ 색채와 조명을 동시에 고려했을 때 효과적이다.
㉢ 매끄러운 재질을 사용하면 빛을 많이 반사하므로 가볍고 환한 느낌을 주며 거칠면 거칠수록 많은 빛을 흡수하여 무겁고 안정된 느낌을 준다.
㉣ 나무, 돌, 흙 등의 자연 재료는 따뜻함과 친근감을 준다.
㉤ 단일색상의 실내에서는 질감 대비를 통하여 풍부한 변화와 극적인 분위기를 연출할 수 있다.

05

다음 중 질감(texture)에 관한 설명으로 옳은 것은?

① 스케일에 영향을 받지 않는다.
② 무게감은 전달할 수 있으나 온도감은 전달할 수 없다.
③ 촉각 또는 시각으로 지각할 수 있는 어떤 물체 표면상의 특징을 말한다.
④ 유리, 빛을 내는 금속류, 거울 같은 재료는 반사율이 낮아 차갑게 느껴진다.

해설 질감(texture) : 어떤 물체가 가진 표면상의 특징으로서 만져보거나 눈으로만 보아도 알 수 있는 촉각적, 시각적으로 지각되는 재질감을 말한다.

※ 질감의 선택 시 고려해야 할 사항은 색채, 스케일, 빛의 반사와 흡수 등의 요소이다.

정답 02. ① 03. ③ 04. ① 05. ③

06 |

다음의 질감(texture)에 대한 설명 중 옳지 않은 것은?

① 촉각 또는 시각으로 지각할 수 있는 어떤 물체 표면상의 특징을 말한다.
② 매끄러운 재료는 빛을 흡수하여 안정적인 느낌을 준다.
③ 질감의 선택에서 중요한 것은 스케일, 빛의 반사와 흡수, 촉감 등이다.
④ 나무, 돌, 흙 등의 자연 재료는 인공적인 재료에 비해 따뜻함과 친근감을 준다.

해설 매끄러운 재질을 사용하면 빛을 많이 반사하므로 가볍고 환한 느낌을 주며 거칠면 거칠수록 많은 빛을 흡수하여 무겁고 안정된 느낌을 준다.

07 |

질감(texture)으로 느낄 수 있는 효과에 관한 설명으로 옳지 않은 것은?

① 질감은 공간에 있어서 형태나 위치를 강조한다.
② 거친 재질은 빛을 흡수하고 음영의 효과가 있다.
③ 질감으로는 변화 및 다양성의 효과를 낼 수 없다.
④ 매끄러운 재료는 반사율 때문에 거울과 같은 효과가 있다.

해설 단일색상의 실내에서는 질감 대비를 통하여 풍부한 변화와 극적인 분위기를 연출할 수 있다.

08 |

질감에 관한 설명으로 옳지 않은 것은?

① 질감의 선택 시 고려해야 할 사항은 스케일, 빛의 반사와 흡수 등의 요소이다.
② 질감은 실내디자인을 통일시키거나 파괴할 수도 있는 중요한 디자인 요소이다.
③ 좁은 실내공간을 넓게 느껴지도록 하기 위해서는 표면이 곱고 매끄러운 재료를 사용하는 것이 좋다.
④ 시각으로 지각할 수 있는 어떤 물체 표면상의 특징을 양감이라고 하며, 촉각으로 지각할 수 있는 것을 질감이라고 한다.

해설 • 양감(volume) : 물체의 크기, 부피, 입체감을 느끼게 해주는 요소로 중량감이라고도 한다.
• 질감(texture) : 어떤 물체가 가진 표면상의 특징으로서 만져 보거나 눈으로만 보아도 알 수 있는 촉각적, 시각적으로 지각되는 재질감을 말한다.

09 |

일반적으로 목재와 같은 자연적인 재료의 질감이 주는 느낌은?

① 친근감
② 차가움
③ 세련됨
④ 현대적임

해설 목재는 색채와 질감이 사람에게 친근감을 주는 자연적 재료이다. 열전도율이 낮아 보온성이 좋으며, 가볍고 가공하기 쉽고, 무게와 비교해서 강도가 높아서 구조재, 마감재 및 창호재로 사용된다.

10 |

공간에 관한 설명으로 옳지 않은 것은?

① 내부공간의 형태는 바닥, 벽, 천장의 수직, 수평적 요소에 의해 이루어진다.
② 평면, 입면, 단면의 비례에 의해 내부공간의 특성이 달라지며 사람은 심리적으로 다르게 영향을 받는다.
③ 내부공간의 형태에 따라 가구 유형과 형태, 가구배치 등 실내 제요소들이 달라진다.
④ 불규칙적 형태의 공간은 일반적으로 한 개 이상의 축을 가지며 자연스럽고 대칭적이어서 안정되어 있다.

해설 불규칙적 형태의 공간은 일반적으로 한 개 이상의 축을 가지며 자연스러우나 비대칭적이어서 불안정한 느낌을 가지게 한다.

정답 06. ② 07. ③ 08. ④ 09. ① 10. ④

11 |

공간에 관한 설명 중 옳지 않은 것은?

① 직사각형의 평면형을 갖는 공간 형태는 강한 방향성을 갖는다.
② 공간은 사용자가 보는 위치에 따라 시각적으로 수없이 변화한다.
③ 실내의 공간은 건축물의 구조적 요소인 벽, 바닥, 기초, 천장, 가구에 의해 한정된다.
④ 공간은 적극적인 공간(positive space)과 소극적인 공간(negative space)으로 나눌 수 있다.

해설 실내의 공간은 건축물의 구조적 요소인 벽, 바닥, 천장에 의해 한정된다.

12 |

공간의 가변성을 위해 필요한 계획적 요소는?

① 설비의 고정화
② 내벽의 구조화
③ 모듈과 시스템화
④ 공간 기능의 집적화

해설 모듈(module)
척도 또는 기준 치수를 뜻하며, 치수 측정 단위로는 자(尺), 피트(feet), 미터법(M)을 이용하여 인체 치수를 근거로 하여서 만든 표준 치수이다. 따라서, 건축 전반에 사용되는 재료를 규격화하는 데 의의가 있다.

13 |

실내공간에 대한 설명 중 옳지 않은 것은?

① 정방형 공간은 크기와 방향성을 갖는다.
② 직사각형의 공간에서는 깊이를 느낄 수 있다.
③ 천장이 모인 삼각형 공간은 높이에 관심이 집중된다.
④ 원형의 공간은 중심성을 갖는다.

해설 직사각형의 평면형을 갖는 공간 형태는 강한 방향성을 갖는다.

14 |

단차에 의한 공간의 효과에 관한 설명으로 옳지 않은 것은?

① 단수가 적은 오르는 계단은 기대감을 줄 수 있다.
② 약간 내려가는 계단은 아늑한 곳으로 인도하는 느낌을 준다.
③ 계단 위를 볼 수 없을 정도가 되면 불안감을 줄 가능성이 있다.
④ 작은 방에서 큰 방으로의 연결은 내려오는 계단으로 되어야만 안정된 느낌을 준다.

해설 큰 방에서 작은 방으로 내려가는 계단으로 연결할 경우 아늑하고 안정된 느낌을 준다.

15 |

다음 중 상징적 경계에 관한 설명으로 가장 알맞은 것은?

① 슈퍼그래픽을 말한다.
② 경계를 만들지 않는 것이다.
③ 담을 쌓은 후 상징물을 설치하는 것이다.
④ 물리적 성격이 약화된 시각적 영역표시를 말한다.

해설 공간의 분할(division of space)
㉠ 차단적 분할(물리적 분할) : 물리적, 시각적으로 공간의 폐쇄성을 갖는 것으로 차단막을 구성하는 재료와 형태 및 높이에 따라 커다란 영향을 받게 되며 높이는 눈높이인 1.5m 이상이다. 차단막에는 고정벽, 이동벽, 블라인드, 유리창, 열주, 수납장 등이 이용된다.
㉡ 상징적 분할(암시적 분할) : 공간을 완전히 차단하지 않고 가구, 식물, 벽난로, 바닥면의 레벨차, 천장의 높이차 등을 이용하여 공간의 영역을 분할하는 방법으로 공간의 활용도가 높아지게 된다.
㉢ 지각적 분할(심리적 분할) : 느낌에 의한 분할 방법으로 조명, 색채, 패턴, 마감재의 변화, 개구부, 동선이나 평면 형태의 변화에 의해서도 자연스럽게 분할된다.

정답 11. ③ 12. ③ 13. ① 14. ④ 15. ④

16

다음 중 두 공간을 상징적으로 분리, 구분하는 상징적 경계를 나타내는 것은?

① 60cm 높이의 벽이나 담장
② 120cm 높이의 벽이나 담장
③ 150cm 높이의 벽이나 담장
④ 180cm 높이의 벽이나 담장

해설 벽 높이에 따른 종류
㉠ 상징적 벽체 : 영역의 한정을 구분할 뿐 통행이나 시각적인 방해가 되지 않는 600mm 이하의 낮은 벽체이다.
㉡ 개방적 벽체 : 눈높이보다 낮은 모든 벽체로 시각적인 개방감은 좋으나 동작의 움직임은 제한되는 900~1,200mm 정도의 높이로 레스토랑, 사우나, 커피숍 등에 이용된다.
㉢ 차단적 벽체 : 눈높이보다 높은 가장 일반적인 벽체로 자유로운 동작을 완전히 제한하는 1,700~1,800mm 이상의 높이로 시각적 프라이버시가 보장된다.

17

다음 설명에 알맞은 공간의 분할 방법은?

> 칸막이에 의해 내부공간을 수평, 수직 방향으로 구획해서 몇 개의 실을 만드는 것이다.

① 차단적 구획
② 상징적 구획
③ 심리적 구획
④ 지각적 구획

해설 차단적 분할(물리적 분할) : 물리적, 시각적으로 공간의 폐쇄성을 갖는 것으로 차단막을 구성하는 재료와 형태 및 높이에 따라 커다란 영향을 받게 되며 높이는 눈높이인 1.5m 이상이다. 차단막에는 고정벽, 이동벽, 블라인드, 유리창, 열주, 수납장 등이 이용된다.

18

실내공간을 심리적으로 구획하는 데 사용하는 일반적인 방법이 아닌 것은?

① 화분　　② 기둥
③ 조각　　④ 커튼

해설 차단적 분할(물리적 분할) : 물리적, 시각적으로 공간의 폐쇄성을 갖는 것으로 차단막을 구성하는 재료와 형태 및 높이에 따라 커다란 영향을 받게 되며 높이는 눈높이인 1.5m 이상이다. 차단막에는 고정벽, 이동벽, 블라인드, 유리창, 열주, 수납장 등이 이용된다.

19

공간의 분할에서 공간을 구획하는 실내 구성 요소에 따른 구분에 속하지 않는 것은?

① 차단적 분할
② 기계적 분할
③ 지각적 분할
④ 상징적 분할

해설 공간의 분할(division of space)
㉠ 차단적 분할(물리적 분할) : 물리적, 시각적으로 공간의 폐쇄성을 갖는 것으로 차단막을 구성하는 재료와 형태 및 높이에 따라 커다란 영향을 받게 되며 높이는 눈높이인 1.5m 이상이다. 차단막에는 고정벽, 이동벽, 블라인드, 유리창, 열주, 수납장 등이 이용된다.
㉡ 상징적 분할(암시적 분할) : 공간을 완전히 차단하지 않고 가구, 식물, 벽난로, 바닥면의 레벨차, 천장의 높이차 등을 이용하여 공간의 영역을 분할하는 방법으로 공간의 활용도가 높아지게 된다.
㉢ 지각적 분할(심리적 분할) : 느낌에 의한 분할 방법으로 조명, 색채, 패턴, 마감재의 변화, 개구부, 동선이나 평면 형태의 변화에 의해서도 자연스럽게 분할된다.

20

공간의 차단적 분할에 사용되는 요소에 속하지 않는 것은?

① 커튼
② 열주
③ 조명
④ 스크린 벽

해설 차단적 구획(물리적 구획) : 내부공간을 수평, 수직 방향으로 구획해서 몇 개의 실을 만드는 것으로 고정벽, 이동벽, 커튼, 블라인드, 유리창, 열주, 붙박이형 수납장 등을 사용

정답 16. ① 17. ① 18. ④ 19. ② 20. ③

21

실내공간의 구성 기법에 관한 설명으로 옳지 않은 것은?

① 폐쇄 공간 구성은 독립된 여러 실을 두는 것으로 프라이버시 확보에 유리하지만 융통성이 부족하다.
② 격자형 공간 구성은 조직화를 통해 시각적인 애매함을 제거하여 보다 논리적이고 객관적인 작업을 가능하게 한다.
③ 다목적 공간 구성은 장래의 공간 활용에 있어 양적, 질적 변화와 사회적 변화에 대처하기 위한 것으로 가변성이 높다.
④ 개방 공간 구성은 필수적인 공간을 제외하고는 가능한 한 폐쇄 공간을 두지 않는 구성 방법으로 에너지 절약에 가장 효과적이다.

해설 개방형이 에너지 절약에 효과적이지는 못하다.

22

실내공간의 형태에 관한 설명으로 옳지 않은 것은?

① 원형의 공간은 중심성을 갖는다.
② 정방형의 공간은 방향성을 갖는다.
③ 직사각형의 공간에서는 깊이를 느낄 수 있다.
④ 천장이 모인 삼각형 공간은 높이에 관심이 집중된다.

해설 실내공간의 형태

㉠ 원형의 공간은 내부로 향한 집중감을 주어 중심이 더욱 강조된다.
㉡ 정사각형의 공간은 조용하고 정적인 반면, 딱딱하고 형식적인 느낌을 준다.
㉢ 직사각형의 공간에서 길이가 폭의 두 배를 넘게 되면 공간의 사용과 가구 배치가 자유롭지 못하게 된다.
㉣ 천장이 모아지는 삼각형의 공간은 높이에 관심이 집중되며 사선적 구성 요소는 방향성과 속도감, 긴장감을 준다.

23

다음의 공간을 구획하는 요소들에 대한 설명 중 옳지 않은 것은?

① 블라인드와 커튼은 시각적 연결감을 주면서 프라이버시를 확보할 수 있다.
② 낮은 간막이는 영역을 구분하는 역할을 하며 특히 시선의 높이 정도에 따라 구획 정도가 달라진다.
③ 식물은 전체의 분위기를 흩트리지 않고 자연스럽게 공간을 구획할 수 있다.
④ 가구는 공간 구획을 쉽게 할 수 있는 방법으로 특히 고정시키지 아니한 가구는 보다 쉽게 공간을 변화시킬 수 있다.

해설 차단적 분할(물리적 분할) : 물리적, 시각적으로 공간의 폐쇄성을 갖는 것으로 차단막을 구성하는 재료와 형태 및 높이에 따라 커다란 영향을 받게 되며 높이는 눈높이인 1.5m 이상이다. 차단막에는 고정벽, 이동벽, 블라인드, 유리창, 열주, 수납장 등이 이용된다.

24

좁은 공간을 시각적으로 넓게 보이게 하는 방법에 관한 설명으로 옳지 않은 것은?

① 한쪽 벽면 전체에 거울을 부착시키면 공간이 넓게 보인다.
② 가구의 높이를 일정 높이 이하로 낮추면 공간이 넓게 보인다.
③ 어둡고 따뜻한 색으로 공간을 구성하면 공간이 넓게 보인다.
④ 한정되고 좁은 공간에 소규모의 가구를 놓으면 시각적으로 넓게 보인다.

해설 고명도, 고채도, 난색계의 색은 진출·팽창되어 보이고, 저명도, 저채도, 한색계의 색은 후퇴·수축되어 보이며, 배경색은 채도가 낮은 것에 비하여 높은 색이 진출성이 있다.

정답 21. ④ 22. ② 23. ① 24. ③

25 |

다음 공간의 분류에 있어 잘못 연결된 것은?

① 주거공간 – 아파트
② 사무공간 – 은행
③ 상업공간 – 쇼룸
④ 전시공간 – 박물관

해설 공간 대상
㉠ 주거공간 : 호텔의 객실, 콘도미니엄, 방갈로는 주거공간으로 보기가 어렵다.
㉡ 상업공간 : 상점, 백화점, 레스토랑, 시장 등
㉢ 업무공간 : 순수한 사무소, 병원, 은행, 오피스텔, 관청 등
㉣ 전시공간 : 미술관, 박물관, 기념관, 박람회, 쇼룸 등
㉤ 특수공간 : 자동차, 카라반(Caravan), 기차, 선박, 비행기, 우주선, 우주 정거장 등

26 |

실내공간의 사용 목적에 의한 분류 중 틀린 것은?

① 숙박공간 – 호텔, 유스호스텔, 오피스텔
② 전시공간 – 박물관, 미술관
③ 판매공간 – 백화점, 쇼핑센터, 전문점
④ 주거공간 – 단독주택, 공동주택

해설 • 업무공간 : 순수한 사무소, 병원, 은행, 오피스텔, 관청 등
• 숙박공간 : 호텔, 유스호스텔, 콘도미니엄, 방갈로 등

2 디자인 원리

1. 스케일과 비례

01 |

스케일(scale)에 대한 설명 중 옳지 않은 것은?

① 휴먼스케일은 인간의 신체를 기준으로 파악하고 측정되는 척도 기준이다.
② 휴먼스케일이 잘 적용된 실내공간은 심리적, 시각적으로 안정되고 편안한 느낌을 준다.
③ 휴먼스케일의 적용은 추상적, 상징적 척도를 추구하는 것이다.
④ 기념비적인 스케일은 엄숙함, 경건함 등의 분위기를 창출하는 데 사용된다.

해설 스케일(scale : 척도)
㉠ 스케일은 라틴어에서 유래된 것으로 도구를 나타내는 것, 즉 계단, 사다리를 뜻하는 고어이다.
㉡ 가구, 실내, 건축물 등 물체와 인체와의 관계 및 물체 상호 간의 관계를 말한다. 이때 물체 상호 간에는 서로 같은 비율로 규정되어야 한다.
㉢ 스케일은 디자인이 적용되는 공간에서 인간과 공간 내의 사물과의 종합적인 연관을 고려하는 공간 관계 형성의 측정 기준으로 쾌적한 활동 반경의 측정에 두어야 한다.
㉣ 휴먼스케일(human scale)은 인간의 신체를 기준으로 파악하고 측정되는 척도 기준이다.
㉤ 생활 속의 모든 스케일 개념은 인간 중심으로 결정되어야 한다. 휴먼스케일(human scale)이 잘 적용된 실내는 안락한 느낌을 준다.

02 |

모듈(module)에 대한 설명 중 올바른 것은?

① 건축, 실내가구의 디자인에서 종류, 규모에 따라 계획자가 정하는 상대적, 구체적인 기준의 단위이다.
② 공간 크기를 계량하는 기본으로 피보나치수열을 인간 치수에 적용한 단위이다.
③ 미터법과 같은 절대적, 추상적 단위로 건축, 가구 디자인 등에 응용된다.
④ 모듈을 설정할 때 설계 기간이나 시공 기간이 증가하며 생산비용 또한 증가한다.

정답 25. ③ 26. ① / 01. ③ 02. ①

해설 모듈(module)

㉠ 모듈이란 건축, 실내가구의 디자인에서 종류, 규모에 따라 계획자가 정하는 상대적, 수체적인 기준의 단위, 즉 구성재의 크기를 정하기 위한 치수의 조직이다.
㉡ 설계와 시공을 연결하는 치수 시스템으로 실내와 가구 분야까지 확장, 적용될 수 있다.
㉢ 모듈 시스템을 적용하면 설계 작업이 단순화되고, 건축 구성재의 대량 생산이 쉬워지고 생산단가가 저렴해지고, 현장 작업이 단순하므로 공사 기간을 단축할 수 있다.
㉣ 근대적인 건축이나 디자인에 있어서 모듈의 단위는 르 코르뷔지에가 황금비를 인체에 적용하여 만든 것이다.

• 모듈러 플래닝(MP : Modular Planning) : 모듈을 기본 척도로 하여 그리드 플랜(grid plan)을 적용하는 것으로 실의 크기와 가구의 배치 등에 모듈을 적합하게 이용한다.

03 |

디자인 원리 중 모듈(module)과 가장 관련이 깊은 것은?

① 리듬　② 척도
③ 반복　④ 통일

해설 모듈(module)

척도 또는 기준 치수를 뜻하며, 치수 측정 단위로는 자(尺), 피트(feet), 미터법(M)을 이용하여 인체 치수를 근거로 하여서 만든 표준 치수이다. 따라서 건축 전반에 사용되는 재료를 규격화하는 데 의의가 있다.

04 |

다음 중 실내공간 계획에서 가장 중요하게 고려하여야 하는 것은?

① 조명스케일　② 가구스케일
③ 공간스케일　④ 인체스케일

해설 인간스케일(human scale) – 인체스케일

실내공간에서 스케일의 기준은 인간을 중심으로 공간 구성의 제요소들이 적절한 크기를 갖고 있어야 한다. 따라서 인체 측정을 통한 비례의 적용은 추상적, 상징적 비율이 아닌 기능적인 비율을 추구하는 것으로 실내디자인의 한 요소로 사용하므로 심리적, 시각적으로 안락하고 편안한 감을 준다.

05 |

실내디자인의 원리 중 휴먼스케일에 관한 설명으로 옳지 않은 것은?

① 인간의 신체를 기준으로 파악되고 측정되는 척도 기준이다.
② 공간의 규모가 웅대한 기념비적인 공간은 휴먼스케일을 적용하는데 용이하다.
③ 휴먼스케일이 잘 적용된 실내공간은 심리적, 시각적으로 안정된 느낌을 준다.
④ 휴먼스케일의 적용은 추상적, 상징적이 아닌 기능적인 척도를 추구하는 것이다.

해설 휴먼스케일(human scale)

공간과 공간 내에 배치되는 물체들의 상호 간에 유지되어야 할 적정 크기의 관계로 실질적 상호 간의 수리적 관계를 말하며, 실내의 크기나 그 내부에 배치되는 가구, 집기 등의 체적 그리고 인간의 척도의 동작 범위를 고려하는 공간 관계의 형성의 측정 기준으로 공간의 규모가 클수록 휴먼스케일을 적용하는데 어렵다.

06 |

실내의 크기를 결정하는데 가장 기본적인 기준이 되는 것은?

① 창　② 인간
③ 공간의 형태　④ 가구

해설 실내의 크기를 결정하는데 가장 기본적인 기준이 되는 것은 인간이다.

인체 측정을 통한 비례의 적용은 추상적, 상징적 비율이 아닌 기능적인 비율을 추구하는 것으로 실내디자인의 한 요소로 사용하므로 심리적, 시각적으로 안락하고 편안한 감을 준다.

07 |

다음 설명이 의미하는 것은?

• 르 코르뷔지에가 창안　• 인체를 황금비로 분석
• 공업 생산에 적용

① 패턴　② 조닝
③ 모듈러　④ 그리드

정답 03. ② 04. ④ 05. ② 06. ② 07. ③

해설 르 코르뷔지에는 인간 생활에 적합한 건축물을 위하여 인체 치수를 기준으로 한 비례(황금비 1 : 1.618)를 적용하여야 한다고 주장하였다.

08

다음의 ( ) 안에 들어갈 용어로 알맞은 것은?

(㉠)은/는 상대적인 크기 즉, 척도를 말하며 (㉡)은/는 인간의 신체를 기준으로 파악, 측정되는 척도 기준이다.

① ㉠ 모듈, ㉡ 스케일
② ㉠ 스케일, ㉡ 휴먼스케일
③ ㉠ 모듈, ㉡ 그리드
④ ㉠ 그리드, ㉡ 황금비

해설 • 스케일(scale)은 가구, 실내, 건축물 등 물체와 인체와의 관계 및 물체 상호 간의 관계를 말한다. 이때 물체 상호 간에는 서로 같은 비율로 규정되어야 한다.
• 휴먼스케일(human scale)은 인체 측정을 통한 비례의 적용은 추상적, 상징적 비율이 아닌 기능적인 비율을 추구하는 것으로 실내디자인의 한 요소로 사용하므로 심리적, 시각적으로 안락하고 편안한 감을 준다.

09

디자인의 기본 원리 중 척도(scale)와 비례에 관한 설명으로 옳지 않은 것은?

① 비례는 인간과 물체와의 관계이며, 척도는 물체와 물체 상호 간의 관계를 갖는다.
② 비례는 물리적 크기를 선으로 측정하는 기하학적인 개념이다.
③ 공간 내의 비례 관계는 평면, 입면, 단면에 있어서 입체적으로 평가되어야 한다.
④ 비례는 대소의 분량, 장단의 차이, 부분과 부분 또는 부분과 전체와의 수량적 관계를 비율로써 표현 가능한 것이다.

해설 비례(proportion)
㉠ 디자인의 각 부분 간의 개념적인 의미이며, 부분과 전체 또는 부분 사이에 관계를 말한다.
㉡ 실내공간에는 항상 비례가 존재하며 스케일과 밀접한 관계가 있다.
㉢ 색채, 명도, 질감, 문양, 조형 등의 공간 속의 여러 요소에 의해 영향을 받는다.
㉣ 비율, 분할, 사물의 균형을 의미하기도 하며 즉, 대소의 분량, 장단의 차이, 부분과 부분 또는 부분과 전체의 수량적 관계가 미적으로 분할할 때 좋은 비례가 생긴다.
• 스케일(scale)은 가구, 실내, 건축물 등 물체와 인체와의 관계 및 물체 상호 간의 관계를 말한다. 이때 물체 상호 간에는 서로 같은 비율로 규정되어야 한다.

10

비례에 대한 설명 중 틀린 것은?

① 디자인의 각 부분 간의 개념적인 의미이며, 부분과 전체 또는 부분 사이의 관계를 말한다.
② 실내공간에는 항상 비례가 존재하며 스케일과 밀접한 관계가 있다.
③ 색채, 명도, 질감, 문양, 조형 등의 공간 속의 여러 요소에 의해 영향을 받는다.
④ 이상적인 비례란 추상적으로 조화를 이루는 관계를 말한다.

해설 비례(proportion)
비율, 분할, 사물의 균형을 의미하기도 하며 즉, 대소의 분량, 장단의 차이, 부분과 부분 또는 부분과 전체의 수량적 관계가 미적으로 분할할 때 좋은 비례가 생긴다.

11

디자인에서 형태의 부분과 부분, 부분과 전체 사이의 크기, 모양 등의 시각적 질서를 결정하는 데 사용되는 디자인의 원리는?

① 비례 ② 강조
③ 점이 ④ 리듬

해설 비례(proportion)
㉠ 디자인의 각 부분 간의 개념적인 의미이며, 부분과 전체 또는 부분 사이에 관계를 말한다.
㉡ 실내공간에는 항상 비례가 존재하며 스케일과 밀접한 관계가 있다.
㉢ 색채, 명도, 질감, 문양, 조형 등의 공간 속의 여러 요소에 의해 영향을 받는다.
㉣ 비율, 분할, 사물의 균형을 의미하기도 하며 즉, 대소의 분량, 장단의 차이, 부분과 부분 또는 부분과 전체의 수량적 관계가 미적으로 분할할 때 좋은 비례가 생긴다.

정답 08. ② 09. ① 10. ④ 11. ①

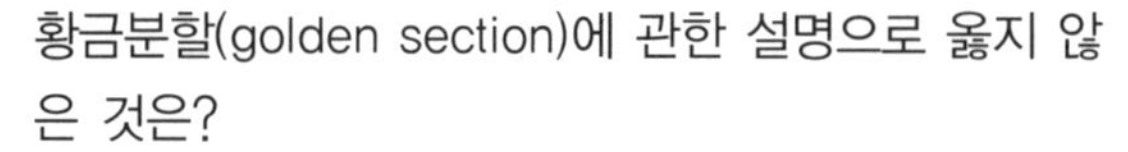

12 |

황금분할(golden section)에 관한 설명으로 옳지 않은 것은?

① 1 : 1.618의 비율이다.
② 기하학적 분할 방식이다.
③ 루트 직사각형 비와 동일하다.
④ 고대 그리스인들이 창안하였다.

해설 황금비(Gold section)
고대 그리스인들이 발견한 기하학적 분할법으로 조형에서 작은 부분과 큰 부분 간의 비율이 큰 부분의 전체에 대한 비율과 같도록 하는 분할 방법이며, 비율은 1 : 1.618이다.
• 루트의 비는 $1:\sqrt{2}$, $1:\sqrt{3}$ 등으로 황금비와는 다르다.

13 |

황금비례에 관한 설명으로 옳은 것은?

① 1 : 3.14의 비율이다.
② 건축에만 적용되었다.
③ 기하학적 분할 방식이다.
④ 고대 로마인들이 창안하였다.

해설 황금비례(golden section)
고대 그리스인들이 발견한 기하학적 분할법으로 조형에서 작은 부분과 큰 부분 간의 비율이 큰 부분의 전체에 대한 비율과 같도록 하는 분할 방법이며, 비율은 1 : 1.618이다.

[황금 분할 작도법]

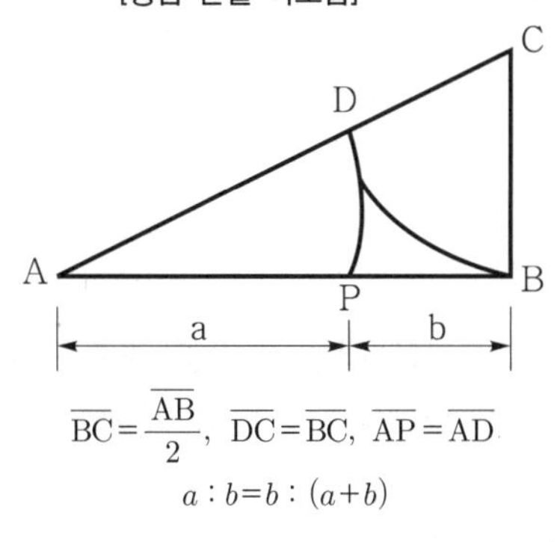

14 |

황금비례에 관한 설명으로 옳지 않은 것은?

① 1:1.618의 비례이다.
② 기하학적인 분할 방식이다.
③ 고대 이집트인들이 창안하였다.
④ 몬드리안의 작품에서 예를 들 수 있다.

해설 황금비(Gold section)
고대 그리스인들이 발견한 기하학적 분할법으로 조형에서 작은 부분과 큰 부분 간의 비율이 큰 부분의 전체에 대한 비율과 같도록 하는 분할 방법이며, 비율은 1:1.618이다.

15 |

피보나치 수열에 관한 설명으로 옳지 않은 것은?

① 디자인 조형의 비례에 이용된다.
② 1, 2, 3, 5, 8, 13, 21, …의 수열을 말한다.
③ 황금비와는 전혀 다른 비례를 나타낸다.
④ 13세기 초 이탈리아의 수학자인 피보나치가 발견한 수열이다.

해설 피보나치 수열
1 : 2 : 3 : 5 : 8 … 과 같이 앞의 두 항의 합이 다음 항과 같은 비로 자연계의 일반 법칙을 잘 나타내고 있다.

16 |

기념비적인 스케일에서 일반적으로 느껴지는 감정은?

① 소박함
② 안도감
③ 친밀감
④ 엄숙함

해설 기념비적인 공간은 규모가 웅대하여 엄숙함과 경건함 및 압도하는 느낌을 준다.

정답 12. ③ 13. ③ 14. ③ 15. ③ 16. ④

2. 균형, 리듬, 강조

01

실내디자인의 구성원리 중 균형에 대한 설명으로 가장 알맞은 것은?

① 일반적으로 규칙적인 요소들의 반복으로 디자인에 시각적인 질서를 부여하는 통제된 운동감각을 말한다.
② 실내에서 시각적으로 관심의 초점이자 흥미의 중심이 되는 것을 말한다.
③ 서로 다른 요소들 사이에서 평형을 이루는 상태로서 실내구성 요소 간에 시각적, 물리적 중압감을 느끼도록 하는 본능적인 형태 감정을 말한다.
④ 이질의 각 구성요소들이 전체로서 동일한 이미지를 갖게 하는 것으로, 변화와 함께 모든 조형에 대한 미의 근원이 되는 원리이다.

해설 균형(balance)

2개의 디자인 요소의 상호작용이 중심점에서 역학적으로 평행을 가졌을 때를 말한다.

㉠ 대칭적 균형(symmetry balance) – 정형적 균형(formal balance) : 형태나 크기, 위치 등이 축을 중심으로 양편에 균등하게 놓이는 경우로 안정감과 엄숙함, 완고함, 단순함 등의 느낌을 주며, 공간에 질서를 부여하고 보다 정적이며 부드러운 느낌을 주나 활기가 부족하고 비독창적인 느낌을 주기 쉽다.
㉡ 비대칭적 균형(asymmetry balance) – 비정형적 균형(unformal balance) : 물리적으로 불균형이지만 시각적으로는 균형을 이루는 것으로 자유분방하고 경우에 따라서 아름답고 미묘한 처리가 가능하며, 긴장감, 율동감 등의 생명감을 느끼는 효과가 있다.

02

디자인의 원리 중 균형에 대한 설명으로 가장 적당한 것은?

① 자유로운 형과 변화를 가지고 있으면서 전체로서 조화와 힘의 안정을 유지하고 있는 상태
② 순차적으로 조금씩 변화해 가는 현상
③ 성질이나 질량이 전혀 다른 둘 이상의 것이 동일한 공간에 배열될 때 서로의 특질을 한층 돋보이게 하는 현상
④ 두 요소가 서로 조화되지 않고 경쟁 관계에 있으면서 항상 갈등의 상태에 있는 것

해설 균형(balance)의 종류

㉠ 대칭적 균형(symmetry balance) – 정형적 균형(formal balance) : 형태나 크기, 위치 등이 축을 중심으로 양편에 균등하게 놓이는 경우로 안정감과 엄숙함, 완고함, 단순함 등의 느낌을 주며, 공간에 질서를 부여하고 보다 정적이며 부드러운 느낌을 주나 활기가 부족하고 비독창적인 느낌을 주기 쉽다.
㉡ 비대칭적 균형(asymmetry balance) – 비정형적 균형(unformal balance) : 물리적으로 불균형이지만 시각적으로는 균형을 이루는 것으로 자유 분방하고 경우에 따라서 아름답고 미묘한 처리가 가능하며, 긴장감, 율동감 등의 생명감을 느끼는 효과가 있다.
㉢ 방사상 균형(radiative balance) : 하나의 점을 중심으로 규칙적인 방사상 또는 환상으로 퍼져나가는 것을 말한다.

② 리듬에서 점이, 점진, 점증, 계조에 대한 설명이다.
③ 강조에 대한 설명이다.
④ 대비에 대한 설명이다.

03

가장 완전한 균형의 상태로 공간에 질서를 주기가 용이하며, 정적, 안정, 엄숙 등의 성격으로 규명할 수 있는 것은?

① 비정형 균형　② 대칭적 균형
③ 비대칭 균형　④ 능동의 균형

해설 대칭적 균형(symmetry balance) – 정형적 균형(formal balance)

형태나 크기, 위치 등이 축을 중심으로 양편에 균등하게 놓이는 경우로 안정감과 엄숙함, 완고함, 단순함 등의 느낌을 주며, 공간에 질서를 부여하고 보다 정적이며 부드러운 느낌을 주나 활기가 부족하고 비독창적인 느낌을 주기 쉽다.

04

균형(balance)에 대한 설명 중 옳지 않은 것은?

① 대칭의 균형은 일반적으로 방계 대칭과 방사 대칭으로 나눈다.
② 방사 대칭으로는 대칭형, 확대형, 회전형이 있다.
③ 방계 대칭은 상하 또는 좌우와 같이 한 방향에 대한 대칭이다.
④ 균제와 균형은 안정감을 주나 정연감이 지나쳐 자유롭고 경쾌하다.

정답 01. ③ 02. ① 03. ② 04. ④

해설 대칭적 균형(symmetry balance) – 정형적 균형(formal balance)
형태나 크기, 위치 등이 축을 중심으로 양편에 균등하게 놓이는 경우로 안정감과 엄숙함, 완고함, 단순함 등의 느낌을 주며, 공간에 질서를 부여하고 보다 정적이며 부드러운 느낌을 주나 활기가 부족하고 비독창적인 느낌을 주기 쉽다.

05 |

디자인의 원리 중 균형에 관한 설명으로 옳지 않은 것은?

① 대칭적 균형은 가장 완전한 균형의 상태이다.
② 비대칭 균형은 능동의 균형, 비정형 균형이라고도 한다.
③ 방사형 균형은 한 점에서 분산되거나 중심점에서부터 원형으로 분산되어 표현된다.
④ 명도에 의해서 균형을 이끌어 낼 수 있으나 색채에 의해서는 균형을 표현할 수 없다.

해설 균형(balance)의 종류
㉠ 대칭적 균형(symmetry balance) – 정형적 균형(formal balance) : 형태나 크기, 위치 등이 축을 중심으로 양편에 균등하게 놓이는 경우로 안정감과 엄숙함, 완고함, 단순함 등의 느낌을 주며, 공간에 질서를 부여하고 보다 정적이며 부드러운 느낌을 주나 활기가 부족하고 비독창적인 느낌을 주기 쉽다.
㉡ 비대칭적 균형(asymmetry balance) – 비정형적 균형(unformal balance) : 물리적으로 불균형이지만 시각적으로는 균형을 이루는 것으로 자유 분방하고 경우에 따라서 아름답고 미묘한 처리가 가능하며, 긴장감, 율동감 등의 생명감을 느끼는 효과가 있다.
㉢ 방사상 균형(radiative balance) : 하나의 점을 중심으로 규칙적인 방사상 또는 환상으로 퍼져나가는 것을 말한다.
• 명도에 의해서 균형을 이끌어 낼 수 있으며 색채에 의해서도 균형을 표현할 수 있다.

06 |

디자인 원리 중 균형(balance)에 관한 설명으로 옳지 않은 것은?

① 정형 균형은 흥미로움을 주며 율동감, 약진감이 있다.
② 대칭적 균형은 가장 완전한 균형의 상태로 공간에 질서를 주기가 용이하다.
③ 비정형 균형은 물리적으로는 불균형이지만 시각적으로는 힘의 정도에 의해 균형을 이룬 것이다.
④ 디자인에서의 균형은 인간의 주의력에 의해 감지되는 시각적 무게의 평형 상태를 뜻하는 가장 일반적인 미학이다.

해설 균형은 실내공간에 편안감과 침착함 및 안정감을 주며 눈이 지각하는 것처럼 중량감을 느끼도록 한다.

07 |

균형의 원리에 관한 설명으로 옳지 않은 것은?

① 수평선이 수직선보다 시각적 중량감이 크다.
② 크기가 큰 것이 작은 것보다 시각적 중량감이 크다.
③ 불규칙적인 형태가 기하학적 형태보다 시각적 중량감이 크다.
④ 복잡하고 거친 질감이 단순하고 부드러운 것보다 시각적 중량감이 크다.

해설 균형(balance)
균형은 실내공간에 편안감과 침착함 및 안정감을 주며, 눈이 지각하는 것처럼 중량감을 느끼도록 한다.
㉠ 기하학적인 형태는 불규칙한 형태보다 가볍게 느껴진다.
㉡ 작은 것은 큰 것보다 가볍게 느껴진다.
㉢ 부드럽고 단순한 것은 거칠거나 복잡하고 거친 것보다 가볍게 느껴진다.
㉣ 사선은 수평선, 수직선보다 시각적으로 가볍게 느껴진다.
㉤ 수평선이 수직선보다 시각적으로 가볍게 느껴진다.

정답 05. ④ 06. ① 07. ①

08 |

균형의 원리에 관한 설명으로 옳지 않은 것은?

① 어두운 색이 밝은 색보다 무겁게 느껴진다.
② 차가운 색이 따뜻한 색보다 무겁게 느껴진다.
③ 기하학적인 형태가 불규칙적인 형태보다 무겁게 느껴진다.
④ 복잡하고 거친 질감이 단순하고 부드러운 것보다 무겁게 느껴진다.

해설 균형(Balance)
실내공간에 편안감과 침착함, 안정감을 주며 중량감을 느끼도록 하며 기하학적 형태는 불규칙적인 형태보다 정돈되고 가볍게 느껴진다.

09 |

디자인에서 시각적 무게감에 관한 설명으로 옳지 않은 것은?

① 밝은 색이 어두운 색보다 가볍게 느껴진다.
② 따뜻한 색이 차가운 색보다 가볍게 느껴진다.
③ 기하학적 형태가 불규칙한 형태보다 무겁게 느껴진다.
④ 거칠고 복잡한 질감이 미끈하고 단순한 질감보다 무겁게 느껴진다.

해설 균형(Balance)
실내공간에 편안감과 침착함, 안정감을 주며 중량감을 느끼도록 하며 기하학적 형태는 불규칙적인 형태보다 정돈되고 가볍게 느껴진다.

10 |

균형의 유형 중 방사형 균형을 의미하는 것은?

① 중심점을 갖고 바깥쪽으로 확장되도록 배열
② 중심에 거울이 놓여 있듯이 형태가 양분되도록 배열
③ 시각적 배열이나 중량감이 동일하지 않으나 상호작용에 의한 배열
④ 동등한 영상은 갖지 않으나 큰 물체와 작은 그룹과의 안정된 배열

해설 방사상 균형(radiative balance)
하나의 점을 중심으로 규칙적인 방사상 또는 환상으로 퍼져나가는 것을 말한다.

11 |

비정형 균형에 관한 설명으로 옳은 것은?

① 좌우대칭, 방사대칭으로 주로 표현된다.
② 대칭의 구성 형식이며, 가장 완전한 균형의 상태이다.
③ 단순하고 엄숙하며 완고하고 변화가 없는 정적인 것이다.
④ 물리적으로는 불균형이지만 시각상으로 힘의 정도에 의해 균형을 이룬 것이다.

해설 비대칭적 균형(asymmetry balance) – 비정형적 균형(unformal balance)
물리적으로 불균형이지만 시각적으로는 균형을 이루는 것으로 자유분방하고 경우에 따라서 아름답고 미묘한 처리가 가능하며, 긴장감, 율동감 등의 생명감을 느끼는 효과가 있다.

12 |

비정형 균형에 관한 설명으로 옳지 않은 것은?

① 능동의 균형, 비대칭 균형이라고도 한다.
② 대칭 균형보다 자연스러우며 풍부한 개성을 표현할 수 있다.
③ 가장 완전한 균형의 상태로 공간에 질서를 주기가 용이하다.
④ 물리적으로는 불균형이지만 시각상 힘의 정도에 의해 균형을 이루는 것을 말한다.

해설 비대칭적 균형(asymmetry balance)
물리적으로 불균형이지만 시각적으로는 균형을 이루는 것으로 대칭적 균형은 딱딱하고 융통성이 없으나 비대칭적 균형은 자유분방하고 경우에 따라서 아름답고 미묘한 처리가 가능하며 긴장감, 율동감 등의 생명감을 느끼는 효과가 크다. 비정형적 균형(unformal balance)이라고도 한다.

정답 08. ③ 09. ③ 10. ① 11. ④ 12. ③

13 |

시각적인 무게나 시선을 끄는 정도는 같으나 그 형태나 구성이 다른 경우의 균형을 무엇이라고 하는가?

① 정형 균형 ② 좌우 불균형
③ 대칭적 균형 ④ 비대칭형 균형

해설 비대칭적 균형(asymmetry balance) – 비정형적 균형(unformal balance)
물리적으로 불균형이지만 시각적으로는 균형을 이루는 것으로 자유분방하고 경우에 따라서 아름답고 미묘한 처리가 가능하며, 긴장감, 율동감 등의 생명감을 느끼는 효과가 있다.

14 |

디자인 원리 중 일반적으로 규칙적인 요소들의 반복으로 나타나는 통제된 운동감으로 정의되는 것은?

① 강조 ② 균형
③ 비례 ④ 리듬

해설 리듬(rhythm)
음악적 감각인 청각적 원리를 시각적으로 표현하는 것으로, 부분과 부분 사이에 시각적으로 강약의 힘이 규칙적으로 연속될 때 나타나며 규칙적인 요소들의 반복으로 나타나는 통제된 운동감이다.
㉠ 반복
㉡ 점이(점진, 점층, 계조)
㉢ 대립(교체)
㉣ 변이(대조)
㉤ 방사

15 |

어떤 공간에 규칙성의 흐름을 주어 경쾌하고 활기 있는 표정을 주고자 한다. 다음의 디자인 원리 중 가장 관계가 깊은 것은?

① 조화 ② 리듬
③ 강조 ④ 통일

해설 리듬(rhythm)
음악적 감각인 청각적 원리를 시각적으로 표현하는 것으로, 부분과 부분 사이에 시각적으로 강약의 힘이 규칙적으로 연속될 때 나타나며 규칙적인 요소들의 반복으로 나타나는 통제된 운동감이다.
반복(Repetition), 점이(Gradation), 대립(Opposition), 변이(Transition), 방사(Radiation) 등이 해당한다.

16 |

다음 중 리듬을 이루는 원리와 가장 거리가 먼 것은?

① 균형 ② 반복
③ 점이 ④ 방사

해설 리듬은 규칙적인 요소들의 반복으로 나타내는 통제된 운동감이다.
㉠ 반복
㉡ 점이(점진, 점층, 계조)
㉢ 대립(교체)
㉣ 변이(대조)
㉤ 방사

17 |

다음 중 리듬(rhythm)에 의한 디자인 사례와 가장 거리가 먼 것은?

① 나선형의 계단
② 교회의 높은 천장고
③ 강렬한 붉은 색의 의자가 반복적으로 배열된 객석
④ 위쪽의 밝은 색에서 아래쪽의 어두운 색으로 변화하는 벽면

해설 리듬에서 ① 방사, ③ 반복, ④ 점이에 대한 사례이다.

18 |

리듬에 관한 설명으로 가장 알맞은 것은?

① 모든 조형에 대한 미의 근원이 된다.
② 서로 다른 요소들 사이에서 평형을 이루는 상태이다.
③ 음악적 감각인 청각적 원리를 촉각적으로 표현한 것이다.
④ 규칙적인 요소들의 반복으로 디자인에 시각적인 질서를 부여하는 통제된 운동감각을 말한다.

해설 ① 통일, 변화에 대한 설명이다.
② 균형에 대한 설명이다.
③ 리듬(Rhythm)은 음악적 감각인 청각적 원리를 시각적으로 표현하는 것이다.

정답 13. ④ 14. ④ 15. ② 16. ① 17. ② 18. ④

19

형태의 크기, 방향 및 색상의 점차적인 변화로 생기는 리듬감을 무엇이라 하는가?

① 점이(gradation)
② 변이(transition)
③ 반복(repetition)
④ 대립(opposition)

해설 점이(gradation)
㉠ 형태의 크기, 방향 및 색채의 점차적인 변화로 생기는 리듬이다.
㉡ 극적이고 창의적인 효과를 얻을 수 있다.
㉢ 점진, 점층, 계조라고도 한다.

20

디자인의 원리 중 강조에 관한 설명으로 가장 알맞은 것은?

① 서로 다른 요소들 사이에서 평형을 이루는 상태이다.
② 규칙적인 요소들의 반복으로 디자인에 시각적인 질서를 부여한다.
③ 이질의 각 구성 요소들이 전체로서 동일한 이미지를 갖게 하는 것이다.
④ 최소한의 표현으로 최대의 가치를 표현하고 미의 상승효과를 가져오게 한다.

해설 강조(emphasis)
시각적인 힘의 강약에 단계를 주어 디자인의 일부분에 주어지는 초점이나 흥미를 중심으로 변화를 의도적으로 조성하는 것으로 규칙성이 갖는 단조로움을 극복하기 위해 사용한다.
㉠ 실내에서의 강조란 흥미나 관심으로 눈이 상대적으로 오래 머무는 곳이다.
㉡ 강조나 초점은 한 공간에서의 통일감과 질서를 느끼게 한다.
㉢ 거실의 벽난로, 응접세트, 미술품, 예술품 등은 눈길을 끄는 요소가 된다.
㉣ 벽, 천장, 바닥 중의 한 곳이 될 수 있다.

21

다음 중 평범하고 단순한 실내를 흥미롭게 만드는데 가장 효과적인 디자인 원리는?

① 조화　② 강조
③ 통일　④ 균형

해설 강조(emphasis)
시각적인 힘의 강약에 단계를 주어 디자인의 일부분에 주어지는 초점이나 흥미를 중심으로 변화를 의도적으로 조성하는 것으로 규칙성이 갖는 단조로움을 극복하기 위해 사용한다.
㉠ 실내에서의 강조란 흥미나 관심으로 눈이 상대적으로 오래 머무는 곳이다.
㉡ 강조나 초점은 한 공간에서의 통일감과 질서를 느끼게 한다.
㉢ 거실의 벽난로, 응접세트, 미술품, 예술품 등은 눈길을 끄는 요소가 된다.
㉣ 벽, 천장, 바닥 중의 한 곳이 될 수 있다.

22

다음 중 도시의 랜드마크에 가장 중요시 되는 디자인 원리는?

① 점이　② 대립
③ 강조　④ 반복

해설 강조(emphasis)
시각적인 힘의 강약에 단계를 주어 중요한 것과 그렇지 않은 것을 구별하는 것으로 도시의 랜드마크는 지역을 식별하고 정보를 제공하는 중요한 역할을 한다.

3. 조화, 대비, 통일 등

01

다음 중 조화에 대한 설명으로 가장 알맞은 것은?

① 전체 성질이 다른 요소를 동시 공간에 배열하는 것이다.
② 전체적인 조립 방법이 모순 없이 질서를 잡는 것이다.
③ 규칙적인 요소들의 반복으로 디자인에 시각적인 질서를 부여하는 통제된 운동 감각을 의미한다.
④ 어떠한 요소가 일정한 간격으로 되풀이되는 현상을 말하는 것이다.

정답 19. ① 20. ④ 21. ② 22. ③ / 01. ②

해설 조화(harmony)

두 개 이상의 조형 요소가 부분과 부분 사이, 부분과 전체 사이에서 공통성과 이질성이 공존하면서 감각적으로 융합해 새로운 성격을 창출하며, 쾌적한 아름다움이 성립될 때를 말한다.

02 |

두 가지 이상의 요소가 서로 배척하지 않고 통일되어 전체적으로 미적, 감각적인 효과를 발휘하는 디자인의 형식 원리를 무엇이라 하는가?

① 강조 ② 조화
③ 대칭 ④ 율동

해설 조화(harmony)

두 개 이상의 조형 요소가 부분과 부분 사이, 부분과 전체 사이에서 공통성과 이질성이 공존하면서 감각적으로 융합해 새로운 성격을 창출하며, 쾌적한 아름다움이 성립될 때를 말한다.

03 |

실내 건축의 요소들이 한 공간에서 표현될 때 상호 관계에 대한 미적 판단이 되는 원리는?

① 리듬 ② 균형
③ 강조 ④ 조화

해설 조화(harmony)

두 개 이상의 조형 요소가 부분과 부분 사이, 부분과 전체 사이에서 공통성과 이질성이 공존하면서 감각적으로 융합해 새로운 성격을 창출하며, 쾌적한 아름다움이 성립될 때를 말한다.

04 |

디자인의 원리 중 조화(harmony)와 밀접한 관계가 있는 것은?

① 균형과 리듬 ② 반복과 교체
③ 반복과 대비 ④ 통일성과 다양성

해설 조화(harmony)

두 개 이상의 조형 요소가 부분과 부분 사이, 부분과 전체 사이에서 공통성과 이질성이 공존하면서 감각적으로 융합해 새로운 성격을 창출하며, 쾌적한 아름다움이 성립될 때를 말한다.

05 |

조화에 대한 설명 중 틀린 것은?

① 조화란 전체적인 조립 방법이 모순 없이 질서를 잡는 것이다.
② 대비성을 살린 조화는 감정의 온화성, 안정성이 있으나 통합이 어려우므로 피하는 것이 좋다.
③ 단순조화는 제반 요소를 단순화하여 실내를 조화롭게 하는 것으로 한정된 작은 규모에 적절하다.
④ 전통 한옥의 경우는 자연감과의 일체성에 의한 조화이다.

해설 대비조화(contrast harmony, 복합조화)

질적, 양적으로 전혀 상반된 두 개의 요소가 조합되었을 때 상호 간의 반대성에 의해 성립되므로 상반 요소가 밀접하게 접근하면 할수록 대비의 효과는 증대한다. 강력, 화려, 남성적이나 지나치게 큰 대비는 난잡하며 혼란스럽고 공간의 통일성을 방해할 우려가 있다.

06 |

디자인의 원리 중 대비에 관한 설명으로 가장 알맞은 것은?

① 제반요소를 단순화하여 실내를 조화롭게 하는 것이다.
② 저울의 원리와 같이 중심에서 양측에 물리적 법칙으로 힘의 안정을 구하는 현상이다.
③ 모든 시각적 요소에 대하여 극적 분위기를 주는 상반된 성격의 결합에서 이루어진다.
④ 디자인 대상의 전체에 미적 질서를 부여하는 것으로 모든 형식의 출발점이며 구심점이다.

해설 대비조화(contrast harmony, 복합조화)

㉠ 질적, 양적으로 전혀 상반된 두 개의 요소가 조합되었을 때 상호 간의 반대성에 의해 성립되므로 상반 요소가 밀접하게 접근하면 할수록 대비의 효과는 증대한다.
㉡ 강력, 화려, 남성적이나 지나치게 큰 대비는 난잡하며 혼란스럽고 공간의 통일성을 방해할 우려가 있다.
㉢ 조형 요소로서 대비의 개념은 직선과 곡선, 밝음과 어두움, 크고 작음, 길고 짧음, 무거움과 가벼움, 투명과 불투명, 높음과 낮음, 추위와 더위, 두꺼움과 얇음, 집중과 반사, 움직임과 고요함, 나오고 들어감 등이다.

정답 02. ② 03. ④ 04. ④ 05. ② 06. ③

07 |

다음의 설명에 알맞은 조화의 종류는?

- 다양한 주제와 이미지들이 요구될 때 주로 사용하는 방식이다.
- 각각의 요소가 하나의 객체로 존재하는 동시에 공존의 상태에서는 조화를 이루는 경우를 말한다.

① 단순조화　② 유사조화
③ 동등조화　④ 복합조화

해설 대비조화(contrast harmony, 복합조화)
질적, 양적으로 전혀 상반된 두 개의 요소가 조합되었을 때 상호 간의 반대성에 의해 성립되므로 상반 요소가 밀접하게 접근하면 할수록 대비의 효과는 증대한다. 강력, 화려, 남성적이나 지나치게 큰 대비는 난잡하며 혼란스럽고 공간의 통일성을 방해할 우려가 있다.

08 |

디자인 원리 중 조화에 관한 설명으로 옳지 않은 것은?

① 단순조화는 대체적으로 온화하며 부드럽고 안정감이 있다.
② 복합조화는 다양한 주제와 이미지들이 요구될 때 주로 사용된다.
③ 대비조화에서 대비를 많이 사용할수록 뚜렷하고 선명한 이미지를 준다.
④ 유사조화는 형식적, 외형적으로 시각적인 동일 요소의 조합을 통하여 성립한다.

해설 대비조화(contrast harmony, 복합조화)
㉠ 질적, 양적으로 전혀 상반된 두 개의 요소가 조합되었을 때 상호 간의 반대성에 의해 성립되므로 상반 요소가 밀접하게 접근하면 할수록 대비의 효과는 증대한다.
㉡ 강력, 화려, 남성적이나 지나치게 큰 대비는 난잡하며 혼란스럽고 공간의 통일성을 방해할 우려가 있다.
㉢ 조형 요소로서 대비의 개념은 직선과 곡선, 밝음과 어두움, 크고 작음, 길고 짧음, 무거움과 가벼움, 투명과 불투명, 높음과 낮음, 추위와 더위, 두꺼움과 얇음, 집중과 반사, 움직임과 고요함, 나오고 들어감 등이다.

09 |

디자인 원리에 관한 설명으로 옳지 않은 것은?

① 대비조화는 부드럽고 차분한 여성적인 이미지를 준다.
② 유사조화는 시각적으로 동일한 요소들에 의해 이루어진다.
③ 조화란 전체적인 조립 방법이 모순 없이 질서를 잡는 것이다.
④ 통일은 변화와 함께 모든 조형에 대한 미의 근원이 되는 원리이다.

해설 대비조화(contrast harmony, 복합조화)
질적, 양적으로 전혀 상반된 두 개의 요소가 조합되었을 때 상호 간의 반대성에 의해 성립되므로 상반 요소가 밀접하게 접근하면 할수록 대비의 효과는 증대한다. 강력, 화려, 남성적이나 지나치게 큰 대비는 난잡하며 혼란스럽고 공간의 통일성을 방해할 우려가 있다.

10 |

실내디자인의 원리 중 조화에 관한 설명으로 옳지 않은 것은?

① 복합조화는 동일한 색채와 질감이 자연스럽게 조합되어 만들어진다.
② 유사조화는 시각적으로 성질이 동일한 요소의 조합에 의해 만들어진다.
③ 동일성이 높은 요소들의 결합은 조화를 이루기 쉬우나 무미건조, 지루할 수 있다.
④ 성질이 다른 요소들의 결합에 의한 조화는 구성이 어렵고 질서를 잃기 쉽지만 생동감이 있다.

해설 조화(harmony)
㉠ 대비조화(contrast harmony, 복합조화) : 질적, 양적으로 전혀 상반된 두 개의 요소가 조합되었을 때 상호 간의 반대성에 의해 성립되므로 상반 요소가 밀접하게 접근하면 할수록 대비의 효과는 증대한다.
- 강력, 화려, 남성적이나 지나치게 큰 대비는 난잡하며 혼란스럽고 공간의 통일성을 방해할 우려가 있다.
- 조형 요소로서 대비의 개념은 직선과 곡선, 밝음과 어두움, 크고 작음, 길고 짧음, 무거움과 가벼움, 투명과 불투명, 높음과 낮음, 추위와 더위, 두꺼움과 얇음, 집중과 반사, 움직임과 고요함, 나오고 들어감 등이다.

정답 07. ④ 08. ③ 09. ① 10. ①

㉡ 유사조화(similar harmony, 동일한 요소의 조합): 형식적, 외형적으로 시각적인 동일한 요소의 조합에 의해 성립된다. 개개의 요소 중에는 공통성이 존재하므로 온화하며 부드럽고 여성적인 안정감이 있으나, 지나치면 단조롭게 되어 신성함을 상실할 우려가 있다.

11

디자인의 원리 중 대비에 관한 설명으로 옳지 않은 것은?

① 극적인 분위기를 연출하는 데 효과적이다.
② 상반 요소가 밀접하게 접근하면 할수록 대비의 효과는 감소한다.
③ 강력하고 화려하며 남성적인 이미지를 주지만 지나치게 크거나 많은 대비의 사용은 통일성을 방해할 우려가 있다.
④ 질적, 양적으로 전혀 다른 둘 이상의 요소가 동시에 혹은 계속적으로 배열될 때 상호의 특징이 한층 강하게 느껴지는 통일적 현상이다.

해설 대비(contrast)

질적, 양적으로 전혀 상반된 두 개의 요소가 조합되었을 때 상호 간의 반대성에 의해 성립되므로 상반 요소가 밀접하게 접근하면 할수록 대비의 효과는 증대한다.

㉠ 강력, 화려, 남성적이나 지나치게 큰 대비는 난잡하며 혼란스럽고 공간의 통일성을 방해할 우려가 있다.
㉡ 조형 요소로서 대비의 개념은 직선과 곡선, 밝음과 어두움, 크고 작음, 길고 짧음, 무거움과 가벼움, 투명과 불투명, 높음과 낮음, 추위와 더위, 두꺼움과 얇음, 집중과 반사, 움직임과 고요함, 나오고 들어감 등이다.

12

서로 다른 성질을 가진 조형 요소를 병립시킴으로써 일어나는 갈등 구조를 미학적으로 여과시키는 행위를 의미하는 디자인의 원리는?

① 통일
② 비례
③ 대비
④ 리듬

해설 대비(contrast)

질적, 양적으로 전혀 상반된 두 개의 요소가 조합되었을 때 상호 간의 반대성에 의해 성립되므로 상반 요소가 밀접하게 접근하면 할수록 대비의 효과는 증대한다.

13

디자인 원리 중 대칭에 관한 설명으로 옳지 않은 것은?

① 이동대칭은 형태가 하나의 축을 중심으로 겹쳐지는 대칭이다.
② 방사대칭은 정점으로부터 확산되거나 집중된 양상을 보인다.
③ 확대대칭은 형태가 일정한 비율로 확대되어 이루어진 대칭이다.
④ 역대칭은 형태를 180도 회전하여 상호의 형태가 반대로 되는 대칭이다.

해설 대칭의 종류

㉠ 대칭 : 형태나 크기, 위치 등이 축을 중심으로 양편에 균등하게 놓이는 대칭이다.
㉡ 비대칭 : 물리적으로 불균형이지만 시각적으로는 균형을 이루는 대칭이다.
㉢ 방사대칭 : 하나의 점을 중심으로 규칙적인 방사상 또는 환상으로 퍼져 나가는 대칭이다.
㉣ 확대대칭 : 형태가 일정한 비율로 확대되어 이루어진 대칭이다.
㉤ 역대칭 : 형태를 180도 회전하여 상호의 형태가 반대로 되는 대칭이다.
㉥ 이동대칭 : 도형이 일정한 규칙에 따라 평행으로 이동해서 생기는 형태의 대칭이다.

14

대칭은 좌우대칭과 방사대칭으로 나눌 수 있다. 방사대칭의 예가 아닌 것은?

① 눈의 결정체
② 파르테논 신전
③ 붉은 장미꽃
④ 비치파라솔

해설 방사대칭은 하나의 점을 중심으로 규칙적인 방사상 또는 환상으로 퍼져나가는 대칭으로 눈의 결정체, 붉은 장미꽃, 비치파라솔, 물결 등이 예이다.

정답 11. ② 12. ③ 13. ① 14. ②

15 |

디자인 원리인 통일과 변화에 대한 설명으로 맞는 것은?

① 변화는 적절한 절제가 되지 않으면 공간의 통일성을 깨뜨린다.
② 조형에 대한 부수적 요소가 된다.
③ 디자인에서 통일은 다양한 변화를 의미한다.
④ 통일과 변화는 상호 대립된 관계로 서로 공존할 수 없다.

해설 통일성
㉠ 공간이든 물체든 질서가 있고 미적으로 즐거움을 주는 공간이 창조되도록 하는 기본 원리이다.
㉡ 변화(variety)와 함께 모든 공간과 조형에 대한 미의 근원이 되며 변화는 단순히 무질서한 변화가 아니라 통일 속의 변화이다.

16 |

디자인에 있어서 구상적 활동으로 변화와 함께 모든 조형에 대한 미의 근원이 되는 디자인 원리는?

① 통일
② 대비
③ 균형
④ 리듬

해설 통일성
㉠ 공간이든 물체든 질서가 있고 미적으로 즐거움을 주는 공간이 창조되도록 하는 기본 원리이다.
㉡ 변화(variety)와 함께 모든 공간과 조형에 대한 미의 근원이 되며 변화는 단순히 무질서한 변화가 아니라 통일 속의 변화이다.

17 |

미의 구성 원리 중 구성체의 각 요소 간에 이질감이 느껴지지 않고 전체로서 하나와 같은 이미지를 주는 것은?

① 통일성
② 대칭성
③ 리듬
④ 균형

해설 통일성
㉠ 공간이든 물체든 질서가 있고 미적으로 즐거움을 주는 공간이 창조되도록 하는 기본 원리이다.
㉡ 변화(variety)와 함께 모든 공간과 조형에 대한 미의 근원이 되며 변화는 단순히 무질서한 변화가 아니라 통일 속의 변화이다.

18 |

다음 설명에 알맞은 디자인 원리는?

- 디자인 대상의 전체에 미적 질서를 주는 기본 원리이다.
- 변화와 함께 모든 조형에 대한 미의 근원이 된다.

① 리듬
② 통일
③ 균형
④ 대비

해설 통일성
㉠ 공간이든 물체든 질서가 있고 미적으로 즐거움을 주는 공간이 창조되도록 하는 기본 원리이다.
㉡ 변화(Variety)와 함께 모든 공간과 조형에 대한 미의 근원이 되며 변화는 단순히 무질서한 변화가 아니라 통일 속의 변화이다.

19 |

다음 중 디자인 원리에 관한 설명으로 옳지 않은 것은?

① 대칭은 완전한 균형의 상태로 흥미로운 역동성을 나타낸다.
② 율동은 규칙적이거나 조화된 순환으로 나타나는 통제된 운동감이다.
③ 다양한 형태와 색의 결합에 있어 조화가 결여된다면 통일성이 없다.
④ 커튼, 소파, 벽지 등을 동일한 색상과 무늬로 연출하는 것은 반복에 해당한다.

해설 대칭(symmetry)
형태나 크기, 위치 등이 축을 중심으로 양편에 균등하게 놓이는 경우로 시각적 안정감과 엄숙함, 완고함, 단순함 등의 느낌을 주며, 공간에 질서를 부여하고 보다 정적이며 부드러운 느낌을 주나 활기가 부족하고 비독창적인 느낌을 주기 쉽다.

정답 15. ① 16. ① 17. ① 18. ② 19. ①

20

디자인의 원리에 관한 설명 중 옳지 못한 것은?

① 스케일은 물체의 크기와 인체의 관계 그리고 물체 상호 간의 관계를 말한다.
② 균형은 실내 분위기에 평형 감각과 침착함, 안정감 그리고 중량감을 준다.
③ 리듬은 일반적으로 규칙적인 요소들의 반복으로 나타나는 통제된 운동감이다.
④ 조화란 1개 이상의 조형 요소 또는 부분과 전체 사이에 공통성이 있다.

해설 조화(harmony)
두 개 이상의 조형 요소가 부분과 부분 사이, 부분과 전체 사이에서 공통성과 이질성이 공존하면서 감각적으로 융합해 새로운 성격을 창출하며, 쾌적한 아름다움이 성립될 때를 말한다.

21

디자인의 원리에 관한 설명으로 옳지 않은 것은?

① 균형에는 대칭적 균형과 비대칭 균형, 방사상 균형이 있다.
② 스케일은 인간 척도를 기준으로 공간구성 요소들이 크기를 갖는 기하학적 개념이다.
③ 리듬은 규칙적인 요소들의 반복으로 시각적인 질서를 부여하며, 점층, 대립, 변이 등이 사용된다.
④ 통일은 이질의 구성 요소들이 전체로서 동일한 이미지를 갖게 하는 것으로 조형미의 근원이 되는 원리이다.

해설 휴먼스케일(human scale) – 인체 스케일
디자인이 적용되는 실내공간에서 스케일의 기준은 인간을 중심으로 공간 구성의 제요소들이 적절한 크기를 갖고 있어야 한다. 따라서 인체 측정을 통한 비례의 적용은 추상적, 상징적 비율이 아닌 기능적인 비율을 추구하는 것이다.

22

디자인의 원리에 대한 설명 중 옳지 않은 것은?

① 반복은 인간의 주의력에 의해 감지되는 시각적 무게의 평형 상태를 의미한다.
② 디자인에서 균형은 형, 질감, 색채, 명암, 형태의 크기와 양, 배치 등의 시각적인 처리 방법에 따라 이루어질 수 있다.
③ 강조는 구성의 구조 안에서 각 요소들의 시각적 계층 관계를 기본으로 한다.
④ 유사조화는 형식적, 외형적으로 시각적인 동일 요소의 조합을 통하여 성립된다.

해설 반복은 동일한 형태, 색채, 문양, 질감 등의 요소가 단일로 해서 2개 이상 배열하여 되풀이됨으로써 통일된 질서의 미와 연속성, 리듬감이 생긴다.

정답 20. ④ 21. ② 22. ①

3 실내디자인 요소

1. 고정적 요소(1차적 요소) – 천장, 바닥, 벽, 기둥, 개구부

01

실내디자인의 요소 중 천장의 기능에 관한 설명으로 옳은 것은?

① 바닥에 비해 시대와 양식에 의한 변화가 거의 없다.
② 외부로부터 추위와 습기를 차단하고 사람과 물건을 지지한다.
③ 공간을 에워싸는 수직적 요소로 수평방향을 차단하여 공간을 형성한다.
④ 접촉빈도가 낮고 시각적 흐름이 최종적으로 멈추는 곳으로 다양한 느낌을 줄 수 있다.

해설 천장(ceiling)
바닥과 함께 실내공간을 형성하는 수평적 요소로서 인간을 외기로부터 보호해 주는 역할을 하며, 다양한 형태나 패턴 처리로 공간의 형태를 통하여 시대적 양식의 변화가 다양하다.
㉠ 천장이 낮으면 친근하고 포근하며 아늑한 공간이 될 뿐만 아니라 공간의 영역 구분이 가능하며 천장을 높이면 시원함과 확대감 및 풍만감을 주어 공간의 활성화를 기대할 수 있다.
㉡ 내림천장 등 천장의 고저차나 천창(skylight)을 설치하여 정적인 실내공간 분위기를 동적인 공간으로 활성화할 수가 있다.

02

천장에 관한 설명으로 옳지 않은 것은?

① 바닥면과 함께 공간을 형성하는 수평적 요소이다.
② 천장은 마감 방식에 따라 마감 천장과 노출 천장으로 구분할 수 있다.
③ 시각적 흐름이 최종적으로 멈추는 곳이기에 지각의 느낌에 영향을 미친다.
④ 공간의 개방감과 확장성을 도모하기 위하여 입구는 높게 하고 내부공간은 낮게 처리한다.

해설 천장(ceiling)
바닥과 함께 실내공간을 형성하는 수평적 요소로서 인간을 외기로부터 보호해 주는 역할을 하며, 다양한 형태나 패턴 처리로 공간의 형태를 통하여 시대적 양식의 변화가 다양하다.
㉠ 천장이 낮으면 친근하고 포근하며 아늑한 공간이 될 뿐만 아니라 공간의 영역 구분이 가능하며 천장을 높이면 시원함과 확대감 및 풍만감을 주어 공간의 활성화를 기대할 수 있다.
㉡ 내림 천장 등 천장의 고저차나 천창(skylight)을 설치하여 정적인 실내공간 분위기를 동적인 공간으로 활성화할 수가 있다.

03

다음의 실내공간 구성요소 중 촉각적 요소보다 시각적 요소가 상대적으로 가장 많은 부분을 차지하는 것은?

① 벽　　② 바닥
③ 천장　　④ 기둥

해설 천장은 바닥과 함께 실내공간을 구성하는 수평적 요소로서 외부로부터 추위를 차단하고, 인간의 감각 중 촉각적 요소보다 시각적 요소와 밀접한 관계를 갖는 가장 기본적인 요소이다.

04

천장의 연출 방법에 대한 설명 중 옳지 않은 것은?

① 건축에 의한 연출방법은 구조상 필요한 보나 서까래 등을 그대로 노출시킨 것으로 연등천장 등이 있다.
② 디자인에 의한 연출방법은 장식천장 등 인테리어 스타일을 적용한 천장이다.
③ 소재에 의한 연출방법은 소재가 지닌 아름다움을 그대로 살린 천장이다.
④ 공공 공간의 천장 처리는 입구는 높게 하고 내부 공간은 낮게 처리하여 개방감과 확장성을 도모한다.

해설 공공 공간의 천장 처리는 입구 및 내부공간의 천장을 높게 처리하므로 개방감과 확장성을 도모한다.

정답 01. ④ 02. ④ 03. ③ 04. ④

05

다음과 같은 단면을 갖는 천장의 유형은?

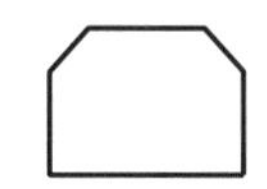

① 나비형　　② 단지형
③ 경사형　　④ 꺽임형

해설 천장의 유형(단면)

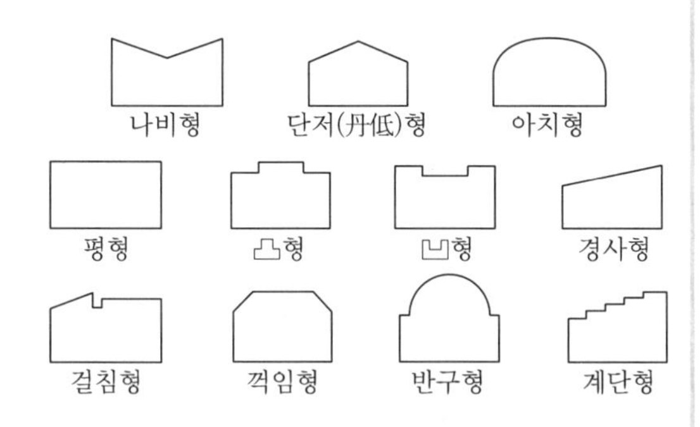

06

천장고와 층고에 관한 설명으로 옳은 것은?

① 천장고는 한 층의 높이를 말한다.
② 일반적으로 천장고는 어디서나 동일하다.
③ 한 층의 천장고는 어디서나 동일하다.
④ 천장고와 층고는 항상 동일한 의미로 사용된다.

해설
- 층고 : 방의 바닥 면에서 위층 바닥 구조체의 표면까지의 높이이다.
- 천장고 : 방의 바닥 면에서 천장까지의 높이이다. (반자 높이)

07

실내공간을 형성하는 기본 요소 중 바닥에 관한 설명으로 옳지 않은 것은?

① 바닥은 모든 공간의 기초가 되므로 항상 수평면이어야 한다.
② 하강된 바닥면은 내향적이며 주변의 공간에 대해 아늑한 은신처로 인식된다.
③ 다른 요소들이 시대와 양식에 의한 변화가 현저한데 비해 바닥은 매우 고정적이다.
④ 상승된 바닥면은 공간의 흐름이나 동선을 차단하지만 주변의 공간과는 다른 중요한 공간으로 인식된다.

해설 바닥은 실내공간을 구성하는 수평적 요소로서 인간의 감각 중 시각적, 촉각적 요소와 밀접한 관계를 갖는 가장 기본적인 요소이며 고저의 정도에 따라 시간이나 공간의 연속성 조절도 가능하다.

08

바닥에 관한 설명으로 옳지 않은 것은?

① 공간을 구성하는 수평적 요소이다.
② 고저의 차로 공간의 영역을 조정할 수 있다.
③ 촉각적으로 만족할 수 있는 조건을 요구한다.
④ 벽, 천장에 비해 시대와 양식에 의한 변화가 현저하다.

해설
- 바닥 : 천장과 더불어 실내공간을 구성하는 수평적 요소로서 외부로부터 추위와 습기를 차단하고, 인간의 감각 중 시각적, 촉각적 요소와 밀접한 관계를 갖는 가장 기본적인 요소이다. 색, 질감, 마감 재료 등을 사용하여 다양한 변화를 줄 수 있고 고저의 차가 가능하므로 필요에 따라 공간의 영역을 조정할 수 있다.
- 천장 : 바닥과 함께 수평적 요소로서 인간을 외기로부터 보호해 주는 역할을 하며, 형태나 색채와 다양성을 통하여 시대적 양식의 변화가 다양하였다.

09

실내를 구성하는 기본 요소 중 바닥에 관한 설명으로 옳지 않은 것은?

① 외부로부터 추위와 습기를 차단한다.
② 수평 방향을 차단하여 공간을 형성한다.
③ 고저차에 의해 공간의 영역을 조정할 수 있다.
④ 인간의 감각 중 촉각적 요소와 관계가 밀접하다.

해설 벽은 수평 방향 요소를 차단한다. 즉 인간의 시선과 동작을 차단하며, 공기의 움직임을 제어할 수 있는 수직적 요소이다.

정답 05. ④ 06. ② 07. ① 08. ④ 09. ②

10

실내공간을 형성하는 주요 기본 요소로서, 다른 요소들이 시대와 양식에 의한 변화가 현저한 데 비해 매우 고정적인 것은?

① 벽 ② 천장
③ 바닥 ④ 기둥

해설 바닥
㉠ 실내공간을 구성하는 수평적 요소로서 인간의 감각 중 시각적, 촉각적 요소와 밀접한 관계를 갖는 가장 기본적인 요소이다.
㉡ 고저의 정도에 따라 시간이나 공간의 연속성 조절도 가능하다.
㉢ 바닥면의 모서리는 형태나 색채, 질감, 마감재를 다르게 하거나 조명을 설치함으로써 시각적인 구분을 명확하게 한다.
㉣ 바닥 재료의 색채는 저명도에 중채도나 저채도의 색상으로 선택하는 것이 좋다.

11

공간을 구성하는 수평적 요소로 물체의 무게와 움직임을 안전하게 지탱해주는 것은?

① 계단 ② 반자
③ 벽면 ④ 바닥

해설 바닥은 실내공간을 구성하는 수평적 요소로서 인간의 감각 중 시각적, 촉각적 요소와 밀접한 관계를 갖는 가장 기본적인 요소로 안전성이 고려되어야 한다.

12

다음 중 실내의 바닥을 마감하는 바닥재의 선택 시 가장 먼저 고려해야 할 사항은?

① 색상 ② 안전성
③ 재질 ④ 패턴

해설 바닥은 실내공간을 구성하는 수평적 요소로서 인간의 감각 중 시각적, 촉각적 요소와 밀접한 관계를 갖는 가장 기본적인 요소로 안전성이 고려되어야 한다.

13

바닥재의 종류 중 유지 관리가 쉽고 선택의 범위가 넓은 재료는?

① 석재 ② 목재
③ 비닐류 ④ 바닥깔개

해설 비닐류 바닥재의 특성
값이 비교적 싸고 착색이 자유로우며, 내마멸성, 내약품성이 있고 보행감을 좋게 하도록 중간층에 얇은 스펀지 시트를 첨가하는 경우도 있다.

14

실내공간의 구성요소 중 벽에 관한 설명으로 옳은 것은?

① 가구, 조명 등 실내에 놓이는 설치물에 대한 배경적 요소이다.
② 시각적 흐름이 최종적으로 멈추는 곳으로 지각의 느낌에 영향을 미친다.
③ 공간을 구성하는 수평적 요소로서 생활을 지탱하는 가장 기본적인 요소이다.
④ 다른 요소들이 시대와 양식에 의한 변화가 현저한데 비해 벽은 매우 고정적이다.

해설 재질감이나 색채, 패턴, 조명 등은 바닥이나 천장, 특히 실내·외벽은 내부공간을 한정하여 공간이 갖는 기본적인 성격을 결정짓는다.

15

공간을 에워싸는 수직적 요소로 수평 방향을 차단하여 공간을 형성하는 기능을 하는 것은?

① 벽 ② 보
③ 바닥 ④ 천장

해설 벽
인간의 시선과 동작을 차단하며, 공기의 움직임을 제어하고 소리의 전파, 열의 이동을 제어할 수 있는 수직적 요소이다. 재질감이나 색채, 패턴, 조명 등은 바닥이나 천장, 특히 실내·외벽은 내부공간을 한정하여 공간이 갖는 기본적인 성격을 결정짓는다.

정답 10. ③ 11. ④ 12. ② 13. ③ 14. ① 15. ①

16

다음 중 벽의 기능에 대한 설명으로 옳지 않은 것은?

① 외부로부터의 방어와 프라이버시 확보
② 가구를 놓거나 배치하기 위한 기준면 제공
③ 공간과 공간을 구분
④ 공간의 형태 결정

해설 벽의 기능
㉠ 공간의 형태와 크기를 결정
㉡ 인간의 시선이나 동선을 차단
㉢ 프라이버시의 확보
㉣ 외부로부터의 확보
㉤ 공간 사이의 구분
㉥ 동선이나 공기의 움직임, 소리의 전파, 열의 이동을 제어
② 바닥에 대한 설명이다.

17

벽의 기능에 관한 설명으로 옳지 않은 것은?

① 공간과 공간을 구분한다.
② 인간의 시선이나 동선을 차단한다.
③ 수평적 요소로서 생활을 지탱하는 기본적 요소이다.
④ 공기의 움직임, 소리의 전파, 열의 이동을 제어한다.

해설 벽의 기능
㉠ 공간의 형태와 크기를 결정
㉡ 인간의 시선이나 동선을 차단
㉢ 프라이버시의 확보
㉣ 외부로부터의 확보
㉤ 공간 사이의 구분
㉥ 동선이나 공기의 움직임, 소리의 전파, 열의 이동을 제어
③ 바닥에 대한 설명이다.

18

실내공간의 구성 요소인 벽에 관한 설명으로 옳지 않은 것은?

① 벽면의 형태는 동선을 유도하는 역할을 담당하기도 한다.
② 벽체는 공간의 폐쇄성과 개방성을 조절하여 공간감을 형성한다.
③ 비내력벽은 건물이 하중을 지지하며 공간과 공간을 분리하는 칸막이 역할을 한다.
④ 낮은 벽은 영역과 영역을 구분하고 높은 벽은 공간의 폐쇄성이 요구되는 곳에 사용된다.

해설 벽의 종류(구조적 기능에 따라 구분)
㉠ 내력벽 : 건물의 하중을 받아 기초에 전달하는 역할을 하는 벽으로 두껍고 튼튼하고 차음성이 있으며 프라이버시의 확보에 유리하다.
㉡ 비내력벽 : 건물의 하중을 받지 않는 벽으로 공간과 공간을 분리하는 칸막이 역할을 하며 장막벽, 칸막이벽이라고도 한다.

19

실내공간을 구성하는 기본 요소 중 벽에 관한 설명으로 옳지 않은 것은?

① 외부로부터의 방어와 프라이버시의 확보 역할을 한다.
② 수직적 요소로서 수평 방향을 차단하여 공간을 형성한다.
③ 다른 요소들이 시대와 양식에 의한 변화가 현저한 데 비해 벽은 매우 고정적이다.
④ 인간의 시선이나 동선을 차단하고 공기의 움직임, 소리의 전파, 열의 이동을 제어한다.

해설 벽, 천장, 기둥은 시대에 따라 양식의 변화가 다양하게 이루어지고 발전해 왔으나 바닥은 그 기능이나 형태의 변화가 크지 않았다.

20

실내디자인의 요소 중 벽에 관한 설명으로 옳지 않은 것은?

① 높이 1,800mm 정도의 벽은 두 공간을 상징적으로 분리, 구분한다.
② 바닥에 대한 직각적인 벽은 공간 요소 중 가장 눈에 띄기 쉬운 요소이다.
③ 실내 분위기를 형성하며 특히 색, 패턴, 질감, 조명 등에 의해 그 분위기가 조절된다.
④ 공간을 에워싸는 수직적 요소로 수평 방향을 차단하여 공간을 형성하는 기능을 갖는다.

정답 16. ② 17. ③ 18. ③ 19. ③ 20. ①

해설 벽 높이에 따른 종류

㉠ 상징적 벽체 : 영역의 한정을 구분할 뿐 통행이나 시각적인 방해가 되지 않는 600mm 이하의 낮은 벽체이다.

㉡ 개방적 벽체 : 눈높이보다 낮은 모든 벽체로 시각적인 개방감은 좋으나 동작의 움직임은 제한되는 900~1,200mm 정도의 높이로 레스토랑, 사우나, 커피숍 등에 이용된다.

㉢ 차단적 벽체 : 눈높이보다 높은 가장 일반적인 벽체로 자유로운 동작을 완전히 제한하는 1,700~1,800mm 이상의 높이로 시각적 프라이버시가 보장된다.

21

벽의 높이에 따른 심리적 효과로 옳지 않은 것은?

① 눈높이의 벽 : 시각적 차단의 기준이 된다.
② 가슴 높이의 벽 : 시각적으로 연속성을 주면서 감싸는 분위기를 연출한다.
③ 60cm 높이의 벽 : 통행이나 시선이 통과하여 어떠한 공간도 형성하지 못한다.
④ 키를 넘는 높이 : 공간의 영역이 완전히 차단되어 분리된 공간을 연출할 수 있다.

해설 상징적 벽체
영역의 한정을 구분할 뿐 통행이나 시각적인 방해가 되지 않는 600mm 이하의 낮은 벽체이다.

22

주변 공간과 시각적인 연속성은 유지된 상태에서 공간을 감싸는 분위기를 조성하는 벽의 높이는?

① 눈높이
② 가슴높이
③ 무릎높이
④ 키보다 큰 높이

해설 개방적 벽체
눈높이보다 낮은 모든 벽체로 시각적인 개방감은 좋으나 동작의 움직임은 제한되는 900~ 1,200mm 정도의 높이로 레스토랑, 사우나, 커피숍 등에 이용된다.

23

실내를 구성하고 있는 다음 요소 중에서 수직적 요소로 볼 수 있는 것은?

① 창 ② 기둥
③ 바닥 ④ 천장

해설 실내를 구성하는 벽과 기둥은 수직적 요소이다.

24

개구부에 대한 설명으로 옳지 않은 것은?

① 문, 창문과 같이 벽 일부분이 오픈된 부분을 총칭하여 이르는 말이다.
② 실내공간의 성격을 규정하는 요소이다.
③ 프라이버시 확보의 역할을 한다.
④ 가구 배치와 동선에 영향을 주지 않는다.

해설 창과 문(창호-개구부)

㉠ 벽을 구성하지 않는 부분을 총칭한다.
㉡ 실내공간의 성격을 규정한다.
㉢ 동선이나 가구 배치에 결정적인 영향을 주는 요소이다.
㉣ 채광과 통풍을 가능하게 한다.

25

창과 문에 관한 설명으로 옳지 않은 것은?

① 문은 인접된 공간을 연결시킨다.
② 창과 문의 위치는 동선에 영향을 주지 않는다.
③ 창은 공기와 빛을 통과시켜 통풍과 채광을 가능하게 한다.
④ 창의 크기와 위치, 형태는 창에서 보이는 시야의 특성을 결정한다.

해설 창과 문(창호-개구부)

㉠ 벽을 구성하지 않는 부분을 총칭한다.
㉡ 실내공간의 성격을 규정한다.
㉢ 동선이나 가구 배치에 결정적인 영향을 주는 요소이다.
㉣ 채광과 통풍을 가능하게 한다.

정답 21. ③ 22. ② 23. ② 24. ④ 25. ②

26

문과 창에 관한 설명으로 옳지 않은 것은?

① 문은 공간과 인접 공간을 연결해 준다.
② 문의 위치는 가구 배치와 동선에 영향을 준다.
③ 이동창은 크기와 형태에 제약 없이 자유로이 디자인할 수 있다.
④ 창은 시야, 조망을 위해서는 크게 하는 것이 좋으나 보온과 개폐의 문제를 고려하여야 한다.

해설
- 이동창(movable window) : 창이 좌우, 상하로 개폐가 가능한 창으로 환기, 채광, 조망이 가능하다. 그러나 크기와 형태에 제약을 받으며 자유로운 디자인이 어렵다.
- 고정창(붙박이창) : 창을 열지 못하도록 고정된 창으로 채광과 조망을 위하여 형태와 크기를 자유롭게 디자인할 수 있으며, 시각적으로 내·외부 공간을 연장시켜 주므로 실내공간을 더 넓게 보이게 하는 장점이 있다.

27

문(門)에 관한 설명으로 옳지 않은 것은?

① 문의 위치는 가구 배치에 영향을 준다.
② 문의 위치는 공간에서의 동선을 결정한다.
③ 회전문은 출입하는 사람이 충돌할 위험이 없다는 장점이 있다.
④ 미닫이문은 문틀에 경첩을 부착한 것으로 개폐를 위한 면적이 필요하다.

해설 미닫이문

문틀 홈으로 문이 미끄러지듯 움직여 개폐되는 것으로 문이 벽체의 내부로 들어가도록 처리하거나 좌우 옆벽에 밀어붙여 개폐하도록 처리한다.

28

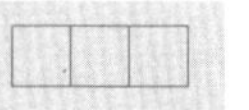

다음의 문에 대한 설명 중 옳은 것은?

① 미서기문은 필요에 따라 개폐의 정도를 조정할 수 있다.
② 미닫이문은 아코디언문이라고도 하며 칸막이 역할을 하는 간이문이나 커튼의 대용으로 사용된다.
③ 여닫이문은 슬라이딩 도어라고도 하며, 미끄럼을 원활히 하기 위해 행거 레일을 설치하기도 한다.
④ 접이문은 자유경첩의 스프링에 의해 내외 어느 쪽으로도 열 수 있을 뿐만 아니라 자력으로 닫혀지는 문이다.

해설 문의 종류

㉠ 미닫이문 : 한 짝이나 두 짝으로 만들어지고, 문이 열리면 문이 벽 쪽으로 가서 겹치도록 하거나 벽 내부로 문이 들어가도록 처리한 것이다.
㉡ 회전문 : 4장의 유리문을 기밀하게 한 원통형의 중심축에 서로 직교하게 달아 회전시켜 출입하는 문으로 방풍, 방한, 방수 및 출입 인원을 조절할 목적으로 호텔이나 대형 건물 등의 출입문으로 사용한다.
㉢ 여닫이문 : 한 짝이나 두 짝으로 만들어 문틀에 경첩을 사용하여 개폐하거나 유리문처럼 플로어 힌지를 사용하여 내외 어느 쪽으로도 개폐가 가능한 문으로 개폐를 위한 면적이 필요하다.
㉣ 미서기문 : 2짝, 3짝, 4짝 등으로 만들어 여닫는데 여분의 공간이 필요 없으며, 공간이 좁을 때 사용하면 편리하나 문 폭의 1/2 또는 1/3만 열린다.
㉤ 접이문(주름문) : 문을 몇 쪽으로 나누어 병풍과 같이 접어가며 열 수 있는 형식으로 개구부가 클 때 이용하면 편리하다.
㉥ 자동문 : 전가 감지 장치를 이용하여 문 앞뒤의 일정한 공간에 사람이 서면 문이 자동으로 열리도록 한 것으로 장애인용이나 짐을 많이 들고 출입하는 상점 건물에 사용하면 편리하다.

29

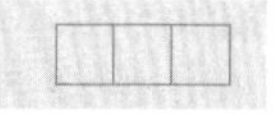

출입구에 통풍 기류를 방지하고 출입 인원을 조절할 목적으로 설치하는 문은?

① 접이문
② 회전문
③ 여닫이문
④ 미닫이문

해설 회전문 : 4장의 유리문을 기밀하게 한 원통형의 중심축에 서로 직교하게 달아 회전시켜 출입하는 문으로 방풍, 방한, 방수 및 출입 인원을 조절할 목적으로 호텔이나 대형 건물 등의 출입문으로 사용한다.

정답 26. ③ 27. ④ 28. ① 29. ②

30

창에 관한 설명으로 옳지 않은 것은?

① 고정창은 비교적 크기와 형태의 제약 없이 자유로이 디자인할 수 있다.
② 창의 높낮이는 가구의 높이와 사람의 시선 높이에 영향을 받는다.
③ 충분한 보온과 개폐의 용이성을 위해 창은 가능한 크게 하는 것이 좋다.
④ 창은 채광, 조망, 환기, 통풍의 역할을 하며 벽과 천장에 위치할 수 있다.

해설 창
전망(조망), 채광, 환기의 역할을 하며 실의 성격이나 디자인에 따라 형태, 크기, 개수를 결정하게 되며 특히 창의 형태는 기능적이고 개성적이며, 감각적인 패턴으로 실내외의 효과를 상승시키는 연출이 되도록 한다.

31

측창에 관한 설명으로 옳지 않은 것은?

① 투명 부분을 설치하면 해방감이 있다.
② 같은 면적의 천창보다 광량이 3배 정도 많다.
③ 근린의 상황에 의한 채광 방해가 발생할 수 있다.
④ 남측창일 경우 실 전체의 조도 분포가 비교적 균일하지 않다.

해설 천창(skylight, top light)
건축의 지붕이나 천장면에 따라 채광, 환기의 목적으로 설치하는 채광 방식이다.
㉠ 같은 면적의 측창보다 3배 정도 광량(光量)이 많다.
㉡ 조도 분포가 균일하여 광창(光窓)이라고도 한다.
㉢ 형태는 넓고 얇은 것이 좁고 깊은 것보다 빛의 손실이 적어 효과적이다.

32

벽의 상부에 위치하는 창으로 환기 또는 채광의 목적으로 이용되는 창은?

① 고정창
② 미서기창
③ 천창
④ 고창

해설
- 고정창(붙박이창) : 창을 열지 못하도록 고정된 창으로 채광과 조망을 위하여 설치한다.
- 미서기창 : 문틀 홈으로 문이 미끄러지듯 움직여 개폐되는 것으로, 문짝이 서로 겹치는 것이 특징이다.
- 천창(skylight, top light) : 지붕이나 천장면을 따라 채광, 환기의 목적으로 설치하는 채광 방법으로 같은 면적의 측창보다 3배 정도 광량이 많고, 조도 분포가 균일하며 광창이라고도 한다.
- 고창(cerestory window) : 벽의 상부에 설치하여 채광과 프라이버시 확보에 유리한 창이다.

33

다음 설명에 알맞은 창의 종류는?

- 천장 가까이에 있는 벽에 위치한 좁고 긴 창문으로 채광을 얻고 환기를 시킨다.
- 욕실, 화장실 등과 같이 높은 프라이버시를 필요로 하는 실이나 부엌과 같이 환기를 필요로 하는 실에 적합하다.

① 측창
② 고창
③ 윈도창
④ 베이 윈도

해설
- 측창 : 벽체에 수직으로 설치되는 가장 일반적인 창 형태로 눈부심이 적고, 입체감이 우수하다. 편측창, 양측창, 고창 등이 있다.
- 고창(cerestory window) : 벽의 상부에 설치하여 채광과 프라이버시 확보에 유리한 창이다.
- 윈도 월(window wall) : 벽면 전체가 창으로 처리된 것으로 시각적 개방감과 확대감을 얻을 수 있다.
- 베이 윈도(bay window) : 벽면보다 돌출된 창으로 특히 둥글게 돌출된 형태의 창을 보우 윈도(bow window)라 한다.

34

다음 중 천창(天窓)에 대한 설명으로 옳지 않은 것은?

① 벽면을 다양하게 활용할 수 있다.
② 같은 면적의 측창보다 채광량이 많다.
③ 차열, 통풍에 불리하고 개방감도 적다.
④ 시공과 개폐 및 기타 보수관리가 용이하다.

정답 30. ③ 31. ② 32. ④ 33. ② 34. ④

해설 천창(skylight, toplight)

지붕면, 천장면에 수평 또는 수평에 가깝게 채광을 목적으로 설치하는 창이다.

㉠ 장점
- 채광량이 많아서 매우 유리하다(측창의 3배 효과가 있다).
- 조명도가 균일하다.
- 벽면을 다양하게 활용할 수 있다.
- 채광상 이웃 건물에 의한 영향을 거의 받지 않는다.

㉡ 단점
- 평면 계획과 시공, 관리가 어렵고, 빗물이 새기 쉽다.
- 비개방적이고 폐쇄된 느낌을 준다.
- 통풍과 단열에 불리하다.

35 |

실내디자인 요소에 관한 설명 중 옳지 않은 것은?

① 베이 윈도(bay window)는 바닥부터 천장까지 닿는 커다란 창들을 통칭하는 것이다.
② 블라인드(blind)는 일조, 조망과 시각 차단을 조정하는 기계적인 창가리개이다.
③ 드레이퍼리(drapery)는 창문에 느슨하게 걸려 있는 무거운 커튼으로 장식적인 목적으로 이용된다.
④ 플러시 도어(flush door)는 일반적으로 사용되는 목재문을 말한다.

해설
- 윈도 월(window wall) : 벽면 전체가 창으로 처리된 것으로 시각적 개방감과 확대감을 얻을 수 있다.
- 베이 윈도(bay window) : 벽면보다 돌출된 창으로 특히 둥글게 돌출된 형태의 창을 보우 윈도(bow window)라 한다.

36 |

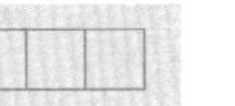

실내공간을 구성하는 기본 요소에 관한 설명으로 옳지 않은 것은?

① 바닥은 고저차로 공간의 영역을 조정할 수 있다.
② 천장을 높이면 영역의 구분이 가능하며 친근하고 아늑한 공간이 된다.
③ 다른 요소들이 시대와 양식에 의한 변화가 현저한데 비해 바닥은 매우 고정적이다.
④ 벽은 공간을 에워싸는 수직적 요소로 수평 방향을 차단하여 공간을 형성하는 기능을 한다.

해설 천장(ceiling)

바닥과 함께 실내공간을 형성하는 수평적 요소로서 다양한 형태나 패턴 처리로 공간의 형태를 변화시킬 수 있다. 즉 천장이 낮으면 친근하고 포근하며 아늑한 공간이 될 뿐만 아니라 공간의 영역 구분이 가능하며 천장을 높이면 시원함과 확대감 및 풍만감을 주어 공간의 활성화를 기대할 수 있다. 또한 내림 천장 등 천장의 고저차나 천창(skylight)을 설치하여 정적인 실내공간 분위기를 동적인 공간으로 활성화할 수가 있다.

37 |

채광을 조절하는 일광 조절 장치와 관련이 없는 것은?

① 루버(louver)
② 커튼(curtain)
③ 디퓨저(diffuser)
④ 베니션 블라인드(venetian blind)

해설 ㉠ 디퓨져(diffuser) : 오일 향이나 향수를 리드의 작은 구멍들 사이로 압력 차(모세 현상)에 의해 올라온 향을 퍼지게 하는 실내 장식 소품이다.

㉡ 일광 조절 장치
- 커튼 : 강한 일광을 차단하여 실내의 밝음을 부드럽고 은은하게 해주며 시선을 차단하여 프라이버시를 높여준다.
- 블라인드 : 날개의 각도를 조절하여 일광, 조망, 시각의 차단 정도를 조절하는 창가리개이다.
- 루버 : 창 외부에 덧문으로 날개형 루버를 설치하여 일조를 차단하는 것으로 수직형, 격자형 등이 있다.

38 |

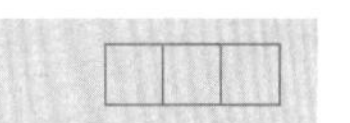

커튼(curtain)에 관한 설명으로 옳지 않은 것은?

① 드레이퍼리 커튼은 일반적으로 투명하고 막과 같은 직물을 사용한다.
② 새시 커튼은 창문 전체를 커튼으로 처리하지 않고 반 정도만 친 형태이다.
③ 글라스 커튼은 실내로 들어오는 빛을 부드럽게 하며 약간의 프라이버시를 제공한다.
④ 드로우 커튼은 창문 위의 수평 가로대에 설치하는 커튼으로 글라스 커튼보다 무거운 재질의 직물로 처리한다.

정답 35. ① 36. ② 37. ③ 38. ①

해설 커튼(curtain)의 종류

㉠ 새시 커튼(sash curtain) : 부분 커튼으로 창문의 1/2 정도만 가리도록 만든 것이다.

㉡ 글라스 커튼(glass curtain) : 투시성이 있는 얇은 커튼의 통칭으로 일명 레이스 커튼이라고도 한다. 실내에 유입되는 빛을 부드럽게 한다.

㉢ 드로우 커튼(draw curtain) : 드레이퍼리와 글라스 커튼의 중간 것으로 일명 케이스먼트라 하며, 좌우 이동성을 의미하기도 한다.

㉣ 드레이퍼리 커튼(drapery curtain) : 두꺼운 커튼의 총칭으로 중후함과 호화로움을 준다.

39

다음 설명에 알맞은 커튼의 종류는?

- 유리 바로 앞에 치는 커튼으로 일반적으로 투명하고 막과 같은 직물을 사용한다.
- 실내로 들어오는 빛을 부드럽게 하며 약간의 프라이버시를 제공한다.

① 새시 커튼
② 글라스 커튼
③ 드로우 커튼
④ 드레이퍼리 커튼

해설 글라스 커튼(Glass curtain) : 투시성이 있는 얇은 커튼의 통칭으로 일명 레이스 커튼이라고도 한다. 실내에 유입되는 빛을 부드럽게 한다.

40

날개의 각도를 조절하여 일광, 조망, 시각의 차단 정도를 조정하는 것은?

① 드레이퍼리
② 롤 블라인드
③ 로만 블라인드
④ 베니션 블라인드

해설
- 베니션 블라인드(venetian blind) : 수평 블라인드로 날개의 각도 조절, 승강 조절이 가능하나 먼지가 쌓이면 제거하기가 어려운 단점이 있다.
- 버티컬 블라인드(vertical blind) : 수직 블라인드로 날개를 세로로 하여 180° 회전하는 홀더 체인으로 연결되어 있으며, 좌우 개폐가 가능하고 천장 높이가 높은 은행 영업장이나 대형 창에 많이 쓰인다.

41

베니션 블라인드에 관한 설명으로 옳지 않은 것은?

① 수평형 블라인드이다.
② 날개 사이에 먼지가 쌓이기 쉽다는 단점이 있다.
③ 셰이드라고도 하며 단순하고 깔끔한 느낌을 준다.
④ 날개의 각도를 조절하여 일광, 조망 및 시각의 차단 정도를 조정하는 장치이다.

해설
- 베니션 블라인드(venetian blind) : 수평 블라인드로 각도 조절, 승강 조절이 가능하나 먼지가 쌓이면 제거하기가 어려운 단점이 있다.
- 롤 블라인드(roller blind) : 셰이드 블라인드라고도 하며, 천을 감아 올려 높이 조절이 가능하며 칸막이나 스크린 효과를 얻을 수 있다.

42

수평 블라인드로 날개의 각도, 승강으로 일광, 조망, 시각의 차단 정도를 조절할 수 있는 것은?

① 롤 블라인드
② 로만 블라인드
③ 베니션 블라인드
④ 버티컬 블라인드

해설 블라인드(blind)

날개의 각도를 조절하여 일광, 조망, 시각의 차단 정도를 조절하는 창가리개이다.

㉠ 롤 블라인드(roller blind) : 셰이드 블라인드라고도 하며, 천을 감아 올려 높이 조절이 가능하며 칸막이나 스크린 효과를 얻을 수 있다.

㉡ 로만 블라인드(roman blind) : 천의 내부에 설치된 풀코드나 체인에 의해 당겨져 아래가 접혀 올라가므로 풍성한 느낌과 우아한 실내 분위기를 만든다.

㉢ 베니션 블라인드(venetian blind) : 수평 블라인드로 각도 조절, 승강 조절이 가능하나 먼지가 쌓이면 제거하기가 어려운 단점이 있다.

㉣ 버티컬 블라인드(vertical blind) : 수직 블라인드로 날개를 세로로 하여 180° 회전하는 홀더 체인으로 연결되어 있으며, 좌우 개폐가 가능하고 천장 높이가 높은 은행 영업장이나 대형 창에 많이 쓰인다.

정답 39. ② 40. ④ 41. ③ 42. ③

43

다음 설명에 알맞은 블라인드의 종류는?

- 셰이드(shade) 블라인드라고도 한다.
- 천을 감아 올려 높이 조절이 가능하며 칸막이나 스크린의 효과도 얻을 수 있다.

① 롤 블라인드　② 로만 블라인드
③ 베니션 블라인드　④ 버티컬 블라인드

해설
- 로만 블라인드(roman blind) : 천의 내부에 설치된 풀코드나 체인에 의해 당겨져 아래가 접혀 올라가므로 풍성한 느낌과 우아한 실내 분위기를 만든다.
- 베니션 블라인드(venetian blind) : 수평 블라인드로 각도 조절, 승강 조절이 가능하나 먼지가 쌓이면 제거하기가 어려운 단점이 있다.
- 버티컬 블라인드(vertical blind) : 수직 블라인드로 날개를 세로로 하여 180° 회전하는 홀더 체인으로 연결되어 있으며, 좌우 개폐가 가능하고 천장 높이가 높은 은행 영업장이나 대형 창에 많이 쓰인다.

44

실내공간을 구성하는 기본 요소에 관한 설명으로 옳은 것은?

① 공간의 분할 요소로는 수직적 요소만이 사용된다.
② 바닥은 인체와 항상 접촉하므로 안전성이 고려되어야 한다.
③ 천장은 시각적 효과보다 촉각적 효과를 더 크게 고려하여야 한다.
④ 공간의 영역을 상징적으로 분할하는 벽체의 최대 높이는 180cm이다.

해설 바닥

㉠ 실내공간을 구성하는 수평적 요소로서 인간의 감각 중 시각적, 촉각적 요소와 밀접한 관계를 갖는 가장 기본적인 요소이다.
㉡ 고저의 정도에 따라 시간이나 공간의 연속성 조절도 가능하다.
㉢ 바닥면의 모서리는 형태나 색채, 질감, 마감재를 다르게 하거나 조명을 설치함으로써 시각적인 구분을 명확하게 한다.
㉣ 바닥 재료의 색채는 저명도에 중채도나 저채도의 색상으로 선택하는 것이 좋다.

45

실내공간을 구성하는 주요 기본구성 요소에 관한 설명으로 옳지 않은 것은?

① 벽은 공간을 에워싸는 수직적 요소로 수평 방향을 차단하여 공간을 형성한다.
② 바닥은 신체와 직접 접촉하기에 촉각적으로 만족할 수 있는 조건을 요구한다.
③ 천장은 외부로부터 추위와 습기를 차단하고 사람과 물건을 지지하여 생활 장소를 지탱하게 해준다.
④ 기둥은 선형의 수직요소로 크기, 형상을 가지고 있으며 구조적 요소로 사용되거나 또는 강조적 · 상징적 요소로 사용된다.

해설
- 천장 : 바닥과 함께 수평적 요소로서 인간을 외기로부터 보호해 주는 역할을 하며, 형태나 색채와 다양성을 통하여 시대적 양식의 변화가 다양하였다.
- 바닥 : 사람과 물건을 지지하여 생활 장소를 지탱하게 해준다.

46

실내공간 구성 요소에 관한 설명으로 옳지 않은 것은?

① 천장의 높이는 실내공간의 사용 목적과 깊은 관계가 있다.
② 바닥을 높이거나 작게 함으로써 공간영역을 구분, 분리할 수 있다.
③ 여닫이문은 밖으로 여닫는 것이 원칙이나 비상문의 경우 안여닫이로 한다.
④ 벽의 높이가 가슴 정도이면 주변 공간에 시각적 연속성을 주시하면서도 특정 공간을 감싸주는 느낌을 준다.

해설 여닫이문은 안으로 여닫는 것이 원칙이나 비상문의 경우 밖여닫이로 하는 것이 피난에 유리하다.

정답 43. ① 44. ② 45. ③ 46. ③

47 |

실내디자인 요소에 관한 설명으로 옳지 않은 것은?

① 디자인에서의 형태는 점, 선, 면, 입체로 구성되어 있다.
② 벽면, 바닥면, 문, 창 등은 모두 실내의 면적 요소이다.
③ 수직선이 강조된 실내에서는 아늑하고 안정감이 있으며 평온한 분위기를 느낄 수 있다.
④ 실내공간에서의 선은 상대적으로 가느다란 형태를 나타내므로 폭을 갖는 창틀이나 부피를 갖는 기둥도 선적 요소이다.

해설 • 수직선은 지각적으로는 구조적 높이감을 주며 심리적으로는 상승감, 존엄성, 엄숙함, 위엄, 절대, 고상, 단정, 희망, 신앙 및 강한 의지의 느낌을 준다.
• 수평선은 가장 단순한 직선 형태로서 안전하고 편안하며 차분, 냉정, 평화, 친근, 안락, 평등, 침착 등의 느낌을 준다. 따라서 수평선이 강조된 실내가 되어야 한다.

48 |

다음 중 실내공간에 있어 각 부분의 치수 계획이 가장 바람직하지 않은 것은?

① 주택의 복도폭 : 1,500mm
② 주택의 침실문 폭 : 600mm
③ 주택 현관문의 폭 : 900mm
④ 주택 거실의 천장 높이 : 2,300mm

해설 • 주택의 복도 폭 : 900~1,500mm
• 주택의 침실문 폭 : 900mm 이상
• 주택의 현관문 폭 : 900mm 이상
• 주택의 천장 높이 : 2,300mm 이상

2. 가동적 요소(2차적 요소) – 가구, 조명, 액세서리

01 |

디자인 요소 중 2차원적 형태가 가지는 물리적 특성이 아닌 것은?

① 질감　② 명도
③ 패턴　④ 부피

해설 실내디자인의 요소
㉠ 고정적 요소 : 천장, 벽, 바닥, 기둥, 개구부, 통로, 실내 환경 시스템
㉡ 가동적 요소 : 가구, 조명, 액세서리
㉢ 심미적 요소 : 색채, 질감, 직물, 문양, 형태, 전시

02 |

다음 그림은 디자인의 원리 중 무엇을 설명하는 그림인가?

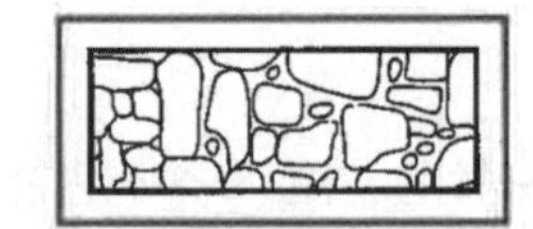

① 문양　② 질감
③ 양감　④ 변화

해설 문양(Pattern)
일반적으로 2차원적이거나 3차원적인 장식의 질서를 부여하는 배열로써 선, 형태, 공간, 조명, 색채의 사용으로 만들어진다.

03 |

실내디자인에서 장식물(accessories)에 관한 설명으로 옳지 않은 것은?

① 장식물에는 화분, 용기, 직물류, 예술품 등이 있다.
② 모든 장식물은 기능성이 부가되면 장식성이 반감된다.
③ 장식물은 실내공간의 분위기를 생기있게 하는 역할을 한다.
④ 미적이나 기능적인 면에서는 필수적이지는 않지만 강조하고 싶은 요소를 보완해 주는 물건이다.

정답 47. ③ 48. ② / 01. ④ 02. ① 03. ②

해설 장식물(accessory)
실내를 구성하는 여러 가지 요소 중 시각적 효과를 강조하고 실내에 활력과 즐거움을 부여한다. 리듬과 짜임새 있는 공간을 구성하며 전체 공간에 있어 주된 포인트와 부수적인 액센트를 강조하여 통일된 분위기와 예술적 세련미를 주어 개성의 표현, 미적 충족과 극적인 효과를 내는 역할을 한다.

04 |

실내 소품 및 액세서리를 계획할 때 다양한 요소를 혼란스럽지 않게 하는 방법인 통합 디자인의 수단과 가장 관계가 먼 것은?

① 가급적 기능을 복합화시켜 요소를 단순화한다.
② 색조, 재료, 패턴의 통합으로 단조로움을 기한다.
③ 척도 조정으로 시스템화한다.
④ 기성품을 다양하게 많이 사용한다.

해설 좋은 것이라고 해서 많은 것을 진열하지 않으며 가능한 형태, 스타일, 색상 등이 놓여지는 위치와 어울리는 것만을 사용한다.

05 |

액세서리에 관한 설명으로 옳지 않은 것은?

① 강조하고 싶은 요소들을 보완해 주는 물건이다.
② 액세서리에는 장식물, 회화, 공예품 등이 있다.
③ 공간의 분위기를 생기있게 하는 실내디자인의 최종 작업이다.
④ 액세서리는 생활에 있어서의 실질적인 기능과는 전혀 무관하다.

해설 장식물의 종류
㉠ 실용적 장식물(기능적 장식물) : 실생활 용품으로 사용되지만 장식적인 효과도 무시 못하는 물품으로 가전제품류(전자레인지, TV, 에어컨, 전기밥통, 냉장고, 비디오, 오디오 등), 조명 기구류(플로어 스탠드, 테이블 램프, 샹들리에, 브래킷, 펜던트 등), 담배 세트(담배함, 라이터, 재떨이 등), 꽃꽂이 용구(화병, 수반) 등이다.
㉡ 감상용 장식물 : 실생활의 사용보다는 실내 분위기를 북돋우는 감상 위주의 물품으로 실내 전체 디자인과 조화를 고려하여 적당한 수량, 크기, 색채와 주제가 결정되어야 한다. 골동품, 조각, 수석, 모형, 인형, 완구류, 분재, 관상수, 화초류 등이 이에 속한다.
㉢ 기념적 장식물 : 개인의 취미 활동이나 전문 직종의 활동 실적에 따른 기념적 요소가 강한 물품이다. 트로피, 상패, 배지, 메달, 펜던트, 탁본, 박제류, 총포, 악기류, 운동기구, 악기, 악보, 서적, 기념사진 등이 이에 속한다.

06 |

장식물의 선정과 배치상의 주의 사항으로 옳지 않은 것은?

① 좋고 귀한 것은 돋보일 수 있도록 많이 진열한다.
② 여러 장식품들이 서로 조화를 이루도록 배치한다.
③ 계절에 따른 변화를 시도할 수 있는 여지를 남긴다.
④ 형태, 스타일, 색상 등이 실내공간과 어울리도록 한다.

해설 장식물 선정 배치상 주의점
㉠ 좋은 장식물이라도 많이 전시하지 말 것
㉡ 형태, 스타일, 색상이 실내공간과 잘 어울릴 것
㉢ 주인의 개성이 반영되도록 할 것
㉣ 각 요소가 서로 균형 있게 유지될 것
㉤ 계절에 따른 변화를 시도할 수 있는 여지는 남길 것

07 |

실내디자인의 요소에 관한 설명 중 적합하지 않은 것은?

① 스툴(stool) : 등받이가 없는 의자
② 다운 라이트(down light) : 바닥 매입형 조명
③ 유틸리티(utility) : 다용도실
④ 캐스케이드(cascade) : 계단식 폭포

해설 다운 라이트(down light)
매입형 조명 기구를 천장면 속으로 집어 넣어 내장시키는 매입 방법으로, 직접 조명과 간접 조명 방식이 있다.

정답 04. ④ 05. ④ 06. ① 07. ②

4 공간 기본구상

1. 조닝 계획

01 |

실내디자인의 프로그래밍 진행단계로 알맞은 것은?

① 분석 – 목표설정 – 종합 – 조사 – 결정
② 종합 – 조사 – 분석 – 목표설정 – 결정
③ 목표설정 – 조사 – 분석 – 종합 – 결정
④ 조사 – 분석 – 목표설정 – 종합 – 결정

해설 실내디자인의 프로그래밍(programming)
목표설정(공간 설정)–자료 조사–분석–종합–결정–실행

02 |

다음 중 실내디자인 프로세스의 순서로 가장 알맞은 것은?

① 문제인식 → 대안모색 → 정보수집 → 의사결정 → 실행
② 정보수집 → 문제인식 → 대안모색 → 의사결정 → 실행
③ 문제인식 → 의사결정 → 대안모색 → 정보수집 → 실행
④ 문제인식 → 정보수집 → 대안모색 → 의사결정 → 실행

해설 실내디자인의 전개 과정
문제인식(dentity) – 아이디어 수집(gathering) – 아이디어 정선(refine) – 분석(analysis) – 결정(decide) – 실행(implement)

03 |

실내디자인 프로세스의 작업 단계별 순서로 가장 알맞은 것은?

① 구상–설계–기획–구현–완공
② 기획–설계–구상–구현–완공
③ 구상–기획–구현–설계–완공
④ 기획–구상–설계–구현–완공

해설 실내디자인 프로세스
㉠ 기획 : 공간의 사용 목적(조건 설정), 예산 등을 종합적으로 비교·검토하여 설계에 대한 희망, 요구 사항 등을 결정하는 작업으로 시공·완성 후 관리·운영에 이르기까지의 예견과 운영 방법, 경영의 타당성까지 포함된다.
㉡ 기본 계획 : 단위 공간별 분위기를 설정하여 계획안 전체의 기본이 되는 형태, 기능, 마감 재료 등을 도면이나 스케치, 다이어그램 등으로 표현한다.
㉢ 기본 설계 : 2~3개 이상의 기본 계획안을 분석·평가하여 전체 공간과 조화를 이루도록 하며, 고객의 요구 조건에 합치되는가를 평가하여 하나의 안이 결정되도록 하는 과정이다.
㉣ 실시 설계 : 기본 설계의 최종 결정안을 시공 및 제작을 위한 작업 단계로, 본설계를 말한다.

04 |

실내디자인의 프로세스(process)가 옳게 나열된 것은?

① 기본 계획 → 기획 → 기본 설계 → 실시 설계
② 기획 → 기본 설계 → 기본 계획 → 실시 설계
③ 기본 설계 → 기획 → 기본 계획 → 실시 설계
④ 기획 → 기본 계획 → 기본 설계 → 실시 설계

해설 실내디자인 프로세스 : 기획 – 기본 계획 – 기본 설계 – 실시 설계
㉠ 기획 : 공간의 사용 목적, 예산 등을 종합적으로 비교·검토하여 설계에 대한 희망, 요구 사항 등을 결정하는 작업으로 시공·완성 후 관리 운영에 이르기까지의 예견과 운영 방법, 경영의 타당성까지 포함한다.
㉡ 기본 계획 : 단위 공간별 분위기를 설정하여 계획안 전체의 기본이 되는 형태, 기능, 마감 재료 등을 도면이나 스케치, 다이어그램 등으로 표현한다.
㉢ 기본 설계 : 2~3개 이상의 기본 계획안을 분석·평가하여 전체 공간과 조화를 이루도록 하며, 고객 요구 조건에 합치되는 가를 평가하여 하나의 안이 결정되도록 하는 과정이다.
㉣ 실시 설계 : 기본 설계의 최종 결정안을 시공 및 제작을 위한 작업 단계로 본설계를 말한다.

정답 01. ③ 02. ④ 03. ④ 04. ④

05

실내디자인 프로젝트의 범주에 대한 설명으로 잘못된 것은?

① 기존 공간의 개보수(renovation)나 신축 공간을 대상으로 한다.
② 신축 공간의 경우 항상 건축물이 준공된 후 실내 용도가 결정된다.
③ 개보수의 경우 실측과 검사를 통해 실체를 명확히 파악해야 한다.
④ 개보수의 경우 기존 도면이 있더라도 새롭게 실측과 검사를 해야 한다.

해설 신축되는 공간의 경우에는 건축 설계와 병행하여 디자인하는 것이 합리적이다.

06

실내디자인의 전개 과정에서 실내디자인을 착수하기 전, 프로젝트의 전모를 분석하고 개념화하며 목표를 명확하게 하는 초기 단계는?

① 조닝(zoning)
② 레이아웃(layout)
③ 프로그래밍(programming)
④ 개요 설계(schematic design)

해설 실내디자인 프로세스에서 프로그래밍 단계는 기본 계획 및 기본 설계 단계로 들어가기 전 단계로 프로젝트를 분석하고 개념화하여 목표를 명확하게 하는 기초단계이다.

07

실내디자인 프로세스에서 실내디자이너나 의뢰인이 공간의 사용 목적, 예산 등을 종합적으로 검토하여 설계에 대한 희망, 요구 사항을 정하는 작업은?

① 기획 ② 기본 설계
③ 실시 설계 ④ 평가

해설 실내디자인 프로세스

㉠ 기획 : 공간의 사용 목적, 예산 등을 종합적으로 비교 · 검토하여 설계에 대한 희망, 요구 사항 등을 결정하는 작업으로 시공 완성 후 관리 운영에 이르기까지 예견과 운영 방법, 경영의 타당성까지 포함한다.
㉡ 기본 계획 : 단위 공간별 분위기를 설정하여 계획안 전체의 기본이 되는 형태, 기능, 마감 재료 등을 도면이나 스케치, 다이어그램, 스터디 모델링 작업 등으로 표현한다.
㉢ 기본 설계 : 2~3개 이상의 기본 계획안을 분석 · 평가하여 전체 공간과 조화를 이루도록 하며, 고객 요구 조건에 합치되는가를 평가하여 하나의 안이 결정되도록 하는 과정이다.
㉣ 실시 설계 : 기본 설계의 최종 결정안을 시공 및 제작을 위한 작업 단계로, 본설계를 말한다.

08

실내디자인 프로세스에서 요구 조건을 파악한 후 이를 분석하는 방법으로 가장 적절하지 못한 것은?

① 요구 조건의 항목들을 유사한 것끼리 그룹화하여 분석을 용이하게 한다.
② 전체적인 디자인 이미지에 부합하지 않은 요구 항목은 제거한다.
③ 요구 조건 중 해결해야 할 중요성을 고려하여 우선순위를 정한다.
④ 제약 조건 등을 반영하여 해결의 용이성과 가능성을 검토한다.

해설 전체적인 디자인의 이미지에 부합하지 않는 요구 항목은 문제의 조사, 자료의 수집, 예비적 아이디어의 수집을 통합하여 자료를 분석하고 부분적 해결안의 작성, 복합적 해결안의 작성, 창조적 사고를 모아 합리적 해결안을 결정한다.

09

실내디자인의 프로세스를 조사분석 단계와 디자인 단계로 나눌 경우 다음 중 조사분석 단계에 속하지 않는 것은?

① 종합 분석 ② 정보의 수집
③ 문제점의 인식 ④ 아이디어 스케치

해설 실내디자인 프로세스의 조사분석(programming) 단계는 공간의 사용 목적, 예산 등을 종합적으로 비교 검토하여 설계에 대한 희망, 요구 사항 등을 결정하는 작업 과정이며. 디자인 단계는 조사분석 단계에서 결정된 사항을 스케치, 다이어그램 등으로 표현하는 기본 설계과정이다.

정답 05. ② 06. ③ 07. ① 08. ② 09. ④

10

실내디자인의 과정을 조사분석 단계와 디자인 단계로 나눌 때 디자인 단계에 속하지 않는 것은?

① 디자인의 목적과 범위 설정
② 디자인의 개념 및 방향 설정
③ 아이디어의 시각화 및 대안의 설정
④ 대안의 평가 및 최종안의 결정

해설 디자인의 목적과 범위 설정 단계는 조사분석 단계에 해당한다.

11

실내디자인 프로세스 중 실제 프로젝트에서 요구되는 조건 사항들을 정하고 이들의 실행 가능성 여부를 파악하는 단계는?

① 개요 설계 단계　② 조건 설정 단계
③ 기본 설계 단계　④ 실시 설계 단계

해설 기본 계획
단위 공간별 분위기를 설정하여 전체의 기본이 되는 형태, 기능, 마감 재료 등을 도면이나 다이어그램 등으로 표현하는 조건 설정 단계이다.

12

실내디자인 프로세스 중 조건 설정 과정에서 고려하지 않아도 되는 사항은?

① 유지관리계획
② 도로와의 관계
③ 사용자의 요구 사항
④ 방위 등의 자연적 조건

해설 조건 설정 과정에서 고려할 사항
㉠ 내부적 조건
- 사용자의 요구 사항 파악(공간 사용자의 수)
- 고객의 예산
- 주어진 공간의 법적 제한 사항 및 주변 환경
- 건축의 3대 요소에 부합

㉡ 외부적 조건
- 입지적 조건 : 계획 대상 지역에 대한 교통수단, 도로 관계, 상권 등 지역의 규모와 방위, 기후, 일조 조건 등 자연적 조건
- 건축적 조건 : 공간의 형태, 규모, 건물의 주 출입구에서 대상 공간까지의 접근, 천장고, 창문, 문 등 개구부의 위치와 수, 채광 상태, 방음 상태, 층수, 규모, 마감 재료 상태, 파사드, 비상구 등
- 설비적 조건 : 계획 대상 건물의 위생 설비의 설치물, 배관 위치, 급·배수 설비의 상하 수도관 위치, 환기, 냉·난방 설비의 위치와 방법, 소화 설비의 위치와 방화 구획, 전기설비 시설 등
- 기타 : 건물주와 의뢰인의 친밀도, 임차계약 관계, 건물 등기, 건물 관리자의 요구 사항 등

13

실내디자인에 앞서 대상 공간에 대해 디자이너가 파악해야 할 외적 작용 요소가 아닌 것은?

① 공간 사용자의 수
② 전기, 냉난방 설비 시설
③ 비상구 등 긴급 피난 시설
④ 기존 건물의 용도 및 법적인 규정

해설 외부적 조건
㉠ 입지적 조건 : 계획 대상 지역에 대한 교통수단, 도로 관계, 상권 등 지역의 규모와 방위, 기후, 일조 조건 등 자연적 조건
㉡ 건축적 조건 : 공간의 형태, 규모, 건물의 주출입구에서 대상 공간까지의 접근, 천장고, 창문, 문 등 개구부의 위치와 수, 채광상태, 방음 상태, 층수, 규모, 마감 재료 상태, 파사드, 비상구 등
㉢ 설비적 조건 : 계획 대상 건물의 위생 설비의 설치물, 배관 위치, 급·배수 설비의 상하 수도관의 위치, 환기, 냉·난방 설비의 위치와 방법, 소화 설비의 위치와 방화 구획, 전기설비 시설 등
※ 공간 사용자의 수, 사용자의 요구 사항은 내부적 조건에 해당한다.

14

실내디자인의 계획조건 중 외부적 조건에 속하지 않는 것은?

① 계획 대상에 대한 교통수단
② 소화 설비의 위치와 방화 구획
③ 기둥, 보, 벽 등의 위치와 간격 치수
④ 실의 규모에 대한 사용자의 요구 사항

정답 10. ① 11. ② 12. ① 13. ① 14. ④

해설 외부적 조건

㉠ 입지적 조건 : 계획대상지역에 대한 교통수단, 도로 관계, 상권 등 지역의 규모와 방위, 기후, 일조 조건 등 자연적 조건
㉡ 건축적 조건 : 공간의 형태, 규모, 건물의 주출입구에서 대상 공간까지의 접근, 천장고, 창문, 문 등 개구부의 위치와 수, 채광상태, 방음상태, 층수, 규모, 마감재료 상태, 파사드, 비상구 등
㉢ 설비적 조건 : 계획대상 건물의 위생 설비의 설치물, 배관 위치, 급·배수 설비의 상하 수도관의 위치, 환기, 냉·난방 설비의 위치와 방법, 소화설비의 위치와 방화 구획, 전기설비 시설 등
※ 실의 규모에 대한 사용자의 요구 사항, 공간 사용자의 수는 내부적 조건에 해당한다.

15

실내디자인의 프로세스 중 기본 계획에 관한 설명으로 옳지 않은 것은?

① 스터디 모델링 작업이 이루어진다.
② 기본 개념과 제한 요소를 설정하여 기본구상을 진행한다.
③ 디자인 의도를 시공자에게 정확히 전달하기 위해 키 플랜(key plan) 등을 제작한다.
④ 계획안 전체의 기본이 되는 형태, 기능 등을 스케치나 다이어그램 등으로 표현한다.

해설 • 디자인 의도를 시공자에게 정확히 전달하기 위해 키 플랜(key plan) 등을 제작하는 작업은 실시 설계 단계이다.
• 기본 계획 : 단위 공간별 분위기를 설정하여 계획안 전체의 기본이 되는 형태, 기능, 마감 재료 등을 도면이나 스케치, 다이어그램, 스터디 모델링 작업 등으로 표현한다.

16

실내디자인 프로세스를 기획, 설계, 시공, 사용 후 평가단계의 4단계로 구분할 때, 디자인 의도와 고객이 추구하는 방향에 맞추어 대상 공간에 대한 디자인을 도면으로 제시하는 단계는?

① 기획 단계 ② 설계 단계
③ 시공 단계 ④ 사용 후 평가단계

해설 실내디자인 프로세스

기획－설계－시공－사용 후 평가 단계로 나눈다면
㉠ 기획 : 공간의 사용 목적, 예산 등을 종합적으로 비교·검토하여 설계에 대한 희망, 요구 사항 등을 결정하는 작업으로 시공 완성 후 관리 운영에 이르기까지 예견하여 운영 방법, 경영의 타당성까지 포함하여 단위 공간별 분위기를 설정하여 계획안 전체의 기본이 되는 형태, 기능, 마감 재료 등을 도면이나 스케치, 다이어그램 등으로 표현한다.
㉡ 설계 : 2~3개 이상의 기본 계획안을 분석·평가하여 전체 공간과 조화를 이루도록 하며, 고객 요구 조건에 합치되는가를 평가하여 하나의 안이 결정되면 기본 설계의 최종 결정안을 시공 및 제작을 위한 작업 단계를 말한다.
㉢ 시공 : 설계 도면에 맞게 실내공간을 만드는 과정이다.
㉣ 사용 후 평가

17

디자인 프로세스에 대한 설명으로 옳지 않은 것은?

① 디자인을 수행하면서 체계적으로 획일화한 프로세스는 모든 디자인 문제를 해결할 수 있다.
② 디자인 문제 해결 과정이라 할 수 있다.
③ 창조적인 사고, 기술적인 해결 능력, 경제 및 인간 가치 등의 종합적이고 학제적인 접근이 필요하다.
④ 디자인의 결과는 디자인 프로세스에 의해 영향을 받게 되므로 반드시 필요하다.

해설 실내디자인 프로세스

기획 － 기본 계획 － 기본 설계 － 실시 설계
㉠ 기획 : 공간의 사용 목적, 예산 등을 종합적으로 비교·검토하여 설계에 대한 희망, 요구 사항 등을 결정하는 작업으로 시공 완성 후 관리 운영에 이르기까지 예견하여 운영 방법, 경영의 타당성까지 포함한다.
㉡ 기본 계획 : 단위 공간별 분위기를 설정하여 계획안 전체의 기본이 되는 형태, 기능, 마감 재료 등을 도면이나 스케치, 다이어그램 등으로 표현한다.
㉢ 기본 설계 : 2~3개 이상의 기본 계획안을 분석·평가하여 전체 공간과 조화를 이루도록 하며, 고객의 요구 조건에 합치되는가를 평가하여 하나의 안이 결정되도록 하는 과정이다.
㉣ 실시 설계 : 기본 설계의 최종 결정안을 시공 및 제작을 위한 작업 단계로 본 설계를 말한다.

정답 15. ③ 16. ② 17. ①

18

디자인 프로세스 중 기획 단계에서 진행되는 내용이 아닌 것은?

① 고객 조사
② 부지 조사
③ 이미지 개념 도출
④ 법규 등 건축 규제 조사

해설
- 기획 : 공간의 사용 목적, 예산 등을 종합적으로 비교·검토하여 설계에 대한 희망, 요구 사항 등을 결정하는 작업으로 시공 완성 후 관리 운영에 이르기까지 예견하여 운영 방법, 경영의 타당성까지 포함한다.
- 기본 계획 : 단위 공간별 분위기를 설정하여 계획안 전체의 기본이 되는 형태, 기능, 마감 재료 등을 도면이나 스케치, 다이어그램, 스터디 모델링 작업 등으로 표현한다.

19

실내디자인 프로세스 중 실시 설계에 관한 설명으로 옳지 않은 것은?

① 공사 및 조립 등의 구체적인 근거를 제시한다.
② 내부적, 외부적 요구 사항의 계획 조건 파악에 의거하여 기본 개념과 제한 요소를 설정한다.
③ 가구는 디자인되거나 기성품 중에서 선택, 결정되어 가구 배치도, 가구도 등이 작성된다.
④ 디자인의 경제성, 내구성, 효과 등을 높이기 위해 사용 재료 및 설치물의 치수와 질 등을 지정한다.

해설 실시 설계는 결정된 설계도로 시공 및 제작을 위한 도면을 작성하는 단계로 평면, 천장, 입면, 전개도, 재료 마감표, 상세도, 창호도, 사인, 그래픽 등과 설비 설계도 및 난방부하도, 시방서 등을 작성한다.

20

실내디자인 프로세스에서 공사 시공에 필요한 설계도를 작성하는 단계는?

① 기본 구상 단계 ② 기본 계획 단계
③ 기본 설계 단계 ④ 실시 설계 단계

해설 실시 설계는 결정된 설계도로 시공 및 제작을 위한 도면을 작성하는 단계로 평면, 천장, 입면, 전개도, 재료 마감표, 상세도, 창호도, 사인, 그래픽 등과 설비 설계도 및 난방부하도, 시방서 등을 작성한다.

21

단위 공간 사용자의 특성, 사용 목적, 사용 시간, 사용 빈도 등을 고려하여 전체 공간을 몇 개의 생활권으로 구분하는 실내디자인의 과정은?

① 치수 계획 ② 조닝 계획
③ 규모 계획 ④ 재료 계획

해설 조닝(zoning)
단위 공간을 사용자의 특성, 사용 목적, 사용 시간, 사용 빈도, 행위의 연결 등을 고려하여 공간의 기능이나 성격이 유사한 것끼리 묶어 배치하여 전체 공간을 몇 개의 기능적인 공간으로 구분하는 것이다.

22

다음 중 조닝(zoning) 계획 시 고려해야 할 사항과 가장 거리가 먼 것은?

① 행동 반사 ② 사용 목적
③ 사용 빈도 ④ 지각 심리

해설 조닝(zoning)
단위 공간을 사용자의 특성, 사용 목적, 사용 시간, 사용 빈도, 행위의 연결 등을 고려하여 공간의 기능이나 성격이 유사한 것끼리 묶어 배치하여 전체 공간을 몇 개의 기능적인 공간으로 구분하는 것이다.

23

주택의 평면 계획 시 공간의 조닝 방법에 속하지 않는 것은?

① 사용 빈도에 의한 조닝
② 사용 시간에 의한 조닝
③ 실의 크기에 의한 조닝
④ 사용자의 특성에 의한 조닝

해설 주택의 공간 구역 구분(zoning)은 주행동에 의한 구분, 사용 시간에 따른 분류, 행동 반사에 따른 분류, 사용자의 특성에 따라 공간의 성격이 달라진다.

정답 18. ③ 19. ② 20. ④ 21. ② 22. ④ 23. ③

24

공간의 레이아웃 작업이 아닌 것은?

① 공간의 배분 계획
② 공간별 재료 마감 계획
③ 동선 계획
④ 가구 배치 계획

해설 레이아웃(layout)

생활 행위를 분석하여 공간 배분 계획에 따라 하는 배치를 말하는 것으로 실내디자인의 기본 요소인 바닥, 벽, 천장과 기구, 집기들의 위치를 결정하는 것을 말한다.

㉠ 공간 상호 간의 연계성
㉡ 공간의 출입 형식(배분 계획)
㉢ 동선 체계
㉣ 인체 공학적 치수와 가구 설치(가구 배치 계획)

25

다음 중 실내디자인의 레이아웃(Layout) 단계에서 고려해야 할 내용과 가장 거리가 먼 것은?

① 출입 형식 및 동선 체계
② 인체 공학적 치수와 가구의 크기
③ 바닥, 벽, 천장의 치수 및 색채 선정
④ 공간 간의 상호 연계성

해설 레이아웃(layout)

생활 행위를 분석하여 공간 배분 계획에 따라 하는 배치를 말하는 것으로 실내디자인의 기본 요소인 바닥, 벽, 천장과 기구, 집기들의 위치를 결정하는 것을 말한다.

㉠ 공간 상호 간의 연계성
㉡ 공간의 출입 형식(배분 계획)
㉢ 동선 체계
㉣ 인체 공학적 치수와 가구 설치(가구 배치 계획)

26

공간의 레이아웃(lay-out)과 가장 밀접한 관계를 가지고 있는 것은?

① 재료 계획　② 동선 계획
③ 설비 계획　④ 색채 계획

해설 레이아웃(layout)

생활 행위를 분석하여 공간 배분 계획에 따라 하는 배치를 말하는 것으로 실내디자인의 기본 요소인 바닥, 벽, 천장과 기구, 집기들의 위치를 결정하는 것을 말한다.

㉠ 공간 상호 간의 연계성
㉡ 공간의 출입 형식(배분 계획)
㉢ 동선 체계
㉣ 인체 공학적 치수와 가구 설치(가구 배치 계획)

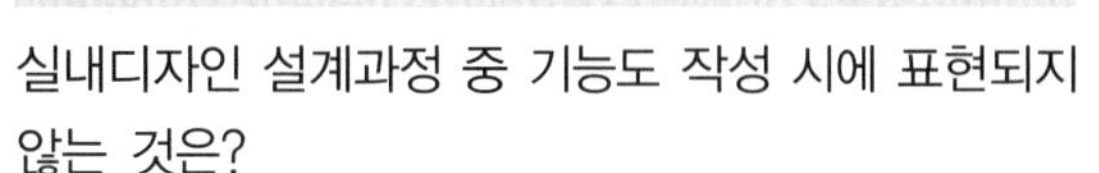

27

실내디자인 설계과정 중 기능도 작성 시에 표현되지 않는 것은?

① 평면 조닝
② 각 공간의 위치적 근접성
③ 동선
④ 가구 배치

해설 실내디자인 설계과정 중 기능도 작성 시에 평면 조닝, 각 공간의 위치적 근접성, 동선은 표현하며 가구 배치는 표현되지 않는다.

28

실내디자인에 대한 설명 중 옳은 것은?

① 동선계획은 이용자의 규모에 따라 수량, 크기, 위치 등이 결정되며, 모든 동선은 공간의 체험을 위해 길수록 좋다.
② 스케일이란 절대적인 척도를 말하는 것이며, 비례는 비교되는 사물 간의 상대적 척도를 의미한다.
③ 조닝은 사용자의 특성 등을 고려하여 전체 공간을 구획하는 것으로 성격이 같은 것은 독립성 확보를 위해 인접하지 않도록 분리 배치하는 것이 좋다.
④ 양호한 실내디자인을 위해 레이아웃에는 동선 계획이나 시선 계획도 포함하는 것이 좋다.

해설 레이아웃(layout)

생활 행위를 분석하여 공간 배분 계획에 따라 하는 동선 계획, 가구의 배치, 공간의 상호 연계성 등을 계획하며 동시에 시선 계획도 함께하는 것이 좋다.

정답 24. ② 25. ③ 26. ② 27. ④ 28. ④

2. 동선 계획

01

동선 계획 시 고려해야 할 내용과 가장 거리가 먼 것은?

① 각 동선의 분리
② 동선별 이용 빈도
③ 재료와 색채
④ 출입구의 위치

해설 동선의 계획은 사람이나 물건의 통행량을 우선적으로 고려하여 적절하고도 충분한 통로 폭을 가져야 하며, 이는 주로 출입구의 위치나 통로의 위치, 동선의 방향, 교차, 이동 등에 의해서 결정된다.

02

다음의 동선 계획에 대한 설명 중 옳지 않은 것은?

① 동선의 유형 중 직선형은 최단 거리의 연결로 통과시간이 가장 짧다.
② 많은 사람이 통행하는 곳은 공간 자체에 방향성을 부여하고 주요 통로를 식별할 수 있도록 한다.
③ 통로가 교차하는 지점은 잠시 멈추어 방향을 결정할 수 있도록 어느 정도 충분한 공간을 마련해 준다.
④ 동선의 유형 중 혼합형은 직선형과 방사형을 혼합한 것으로 통로 간의 위계적 질서를 고려하지 않고 단순하게 동선을 처리한다.

해설 동선의 유형
㉠ 직선형 : 최단거리의 연결로 통과시간이 가장 짧다.
㉡ 방사형 : 중앙에서부터 시작하여 바깥쪽으로 그 주위를 회전하면서 목적하는 지점에 이르는 형
㉢ 격자형 : 규칙적인 간격을 두고 정방향 공간을 가짐으로 평행하는 동선
㉣ 혼합형 : 모든 형을 종합하여 사용, 통로 간에 위계 질서를 갖도록 한다.

동선처리원칙
㉠ 단순, 명쾌, 빈도가 높은 동선은 짧게 한다.
㉡ 서로 다른 동선은 가능한 한 분리시킨다.
㉢ 필요 이상의 교차를 피한다.

03

동선 계획에 관한 설명으로 옳은 것은?

① 동선의 속도가 빠른 경우 단 차이를 두거나 계단을 만들어 준다.
② 동선의 빈도가 높은 경우 동선 거리를 연장하고 곡선으로 처리한다.
③ 동선의 하중이 큰 경우 통로의 폭을 좁게 하고 쉽게 식별할 수 있도록 한다.
④ 동선이 복잡해질 경우 별도의 통로 공간을 두어 동선을 독립시킨다.

해설 동선 계획
㉠ 중요한 동선부터 우선 처리한다.
㉡ 교통량이 많은 동선은 직선으로 최단 거리로 한다.
㉢ 빈도와 하중이 큰 동선은 중요한 동선으로 처리한다.
㉣ 서로 다른 동선은 가능한 분리하고 필요 이상의 교차는 피해야 한다.
㉤ 동선이 복잡해질 경우 별도의 통로 공간을 두어 동선을 독립시킨다.

04

동선에 관한 설명으로 옳지 않은 것은?

① 동선이란 사람이나 물건이 이동하는 궤적을 연결하여 만든 긴 공간 개념의 선을 말한다.
② 동선은 통행량, 동선의 방향, 교차 및 이동 시의 동작 등을 고려하여 계획한다.
③ 각 실내에서의 동선은 융통성이 없으므로 조절하기 어렵다.
④ 동선 계획의 요점은 특수한 경우를 제외하고는 짧고 직선적이어야 한다.

해설 동선
㉠ 사람이나 물건이 이동할 때 나타내는 궤적을 동선이라고 하며 동선의 3요소는 속도, 빈도, 하중이다.
㉡ 중복되거나 교차는 피해야 한다.
㉢ 교통량이 많은 공간은 동선의 길이를 짧게 한다.
㉣ 주택에서는 주부의 동선을 중요시 하며, 상업 공간은 고객의 동선을 중요시 한다.
㉤ 사람의 동선은 물건을 가진다든지, 손을 위로 올린다든지 하면 좁아지기도 하고 넓어지기도 한다.

정답 01. ③ 02. ④ 03. ④ 04. ③

05 |

다음 동선에 대한 설명 중 옳지 않은 것은?

① 동선 계획 시 통행량, 이동 상태, 물건의 부피 등에 따라 적정 통로 폭을 결정한다.
② 동선 계획 시 출입구의 위치는 고려하지 않는다.
③ 동선이 교차하는 위치는 통로를 넓혀 혼잡을 피하도록 한다.
④ 동선이 짧을수록 효과적이나 공간에 따라 많은 시간을 머물도록 유도하기도 한다.

해설 동선 계획
㉠ 중요한 동선부터 우선 처리한다.
㉡ 교통량이 많은 동선은 직선으로 최단 거리로 한다.
㉢ 빈도와 하중이 큰 동선은 중요한 동선으로 처리한다.
㉣ 서로 다른 동선은 가능한 분리하고 필요 이상의 교차는 피해야 한다.
㉤ 동선이 복잡해질 경우 별도의 통로 공간을 두어 동선을 독립시킨다.
※ 동선 계획에서 출입구의 위치를 고려하여야 한다.

06 |

동선의 3요소에 해당하지 않는 것은?

① 빈도 ② 속도
③ 하중 ④ 방향성

해설 동선의 3요소 : 빈도, 하중, 속도

07 |

동선의 유형 중 최단 거리의 연결로 통과시간이 가장 짧은 것은?

① 직선형 ② 나선형
③ 방사형 ④ 혼합형

해설 • 동선의 유형 중 직선형은 최단 거리의 연결로 통과시간이 가장 짧다.
• 혼합형은 여러 가지 형태가 종합적으로 구성되며, 통로 간의 위계적 질서를 고려하여 계획한다.

5 공간 기본계획

1. 주거공간 계획

01 |

다음 중 주거공간 계획에서 가장 큰 비중을 두어야 할 사항은?

① 부엌의 위치 ② 침실의 위치
③ 거실의 위치 ④ 주부의 동선

해설 주거공간 계획에서 가장 큰 비중을 두어야 할 사항은 주부의 동선이다. 주택에서 장시간 주부의 가사노동을 경감하기 위해 주부의 동선은 짧고 단순하게 처리한다.

02 |

주거공간의 주행동에 따른 분류에 속하지 않는 것은?

① 개인공간 ② 정적공간
③ 작업공간 ④ 사회공간

해설 주행동에 의한 구분
㉠ 개인공간 : 각 개인의 사적 생활 공간으로 프라이버시가 요구되는 공간이다(침실, 노인방, 자녀방, 작업실, 서재 등).
㉡ 사회적공간 : 모든 가족의 공동 이용 공간으로 놀이, 단란, 휴식을 위한 공간이다(거실, 식당, 응접실, 현관 등).
㉢ 노동공간 : 주부의 가사노동 공간으로, 작업 공간이라고도 한다(부엌, 세탁실, 창고, 다용도실, 가사실 등).
㉣ 보건 · 위생공간 : 화장실, 욕실 등

03 |

주거 공간을 가장 잘 구분한 것은?

① 개인공간, 보건위생공간, 노동공간, 업무공간
② 사회공간, 노동공간, 업무공간, 보건위생공간
③ 보건위생공간, 사회공간, 개인공간, 업무공간
④ 노동공간, 개인공간, 사회공간, 보건위생공간

해설 주행동에 의한 구분
㉠ 개인공간 : 각 개인의 사적생활 공간으로 프라이버시가 요구되는 공간이다(침실, 노인방, 자녀방, 작업실, 서재 등).

정답 05. ② 06. ④ 07. ① / 01. ④ 02. ② 03. ④

㉡ 사회적공간 : 모든 가족의 공동 이용 공간으로 놀이, 단란, 휴식을 위한 공간이다(거실, 식당, 응접실, 현관 등).
㉢ 노동공간 : 주부의 가사노동 공간으로, 작업 공간이라고도 한다(부엌, 세탁실, 창고, 다용도실, 가사실 등).
㉣ 보건 · 위생공간 : 화장실, 욕실 등

04 |

주택의 개인공간에 대한 설명 중 잘못된 것은?

① 개인의 기호, 취미나 개성이 나타나도록 계획한다.
② 침실, 주방, 서재, 공부방 등을 말한다.
③ 프라이버시(privacy)가 존중되어야 한다.
④ 욕실, 화장실, 세면실 등의 생리 위생 공간도 개인 공간에 해당한다.

해설 개인공간 : 각 개인의 사적 생활공간으로 프라이버시가 요구되는 공간이다(침실, 노인방, 자녀방, 작업실, 서재 등).

05 |

주거공간을 주 행동에 따라 개인공간, 사회공간, 노동공간 등으로 구분할 경우, 다음 중 사회공간에 속하지 않는 것은?

① 거실 ② 식당
③ 서재 ④ 응접실

해설 • 사회적 공간 : 모든 가족의 공동 이용 공간으로 놀이, 단란, 휴식을 위한 공간이다(거실, 식당, 응접실, 현관 등).
• 서재는 개인의 사적 생활공간으로 프라이버시가 요구되는 개인 공간에 속한다.

06 |

주거공간을 행동 반사에 따라 정적 공간과 동적 공간으로 구분할 수 있다. 다음 중 정적 공간에 속하는 것은?

① 서재 ② 식당
③ 거실 ④ 부엌

해설 정적 공간
조용한 분위기를 요구하는 독립적 공간으로 시각적, 청각적 프라이버시가 요구되며 개인 공간인 침실, 노인방, 자녀방, 작업실, 서재 등이 속한다.

07 |

다음 중 가장 최소의 공간을 차지하는 계단형식은?

① 나선계단
② 직선계단
③ U형 꺾인계단
④ L형 꺾인계단

해설 나선계단은 좁은 공간을 이용하여 위층으로 올라가기 위하여 만든 계단으로 층마다 돌아서 올라가는 형태로 되어 있다(계단의 유효 폭은 중심축에서 30cm를 제외한다).

08 |

다음의 통로 공간에 대한 설명 중 틀린 것은?

① 실내공간의 성격과 활동 유형에 따라 복도와 통로의 형태, 크기 등이 달라진다.
② 계단과 경사로는 수직방향으로 공간을 연결하는 상하 통행 공간이다.
③ 복도는 기능이 같은 공간만을 이어주는 연결 공간이다.
④ 홀은 동선이 집중되었다가 분산되는 곳이다.

해설 통로(복도, 라운지)
공간 사이를 연결해 주는 공간을 말한다.
㉠ 복도는 폭의 결정 요소 : 공간의 성격, 사용 목적, 통행 목적(일반 보행, 산책, 피난 등), 동선의 속도, 빈도, 하중, 통행 방법(휠체어, 지팡이, 물건을 지지한 상태 등), 벽의 유무(벽, 난간, 칸막이, 계단 등), 복도의 열린 상태, 복도의 공간과의 연결 상태 등
㉡ 라운지 : 넓은 복도
㉢ 계단 및 경사로 : 수직 방향으로 공간을 연결하는 상하 통행 공간을 말한다.

정답 04. ② 05. ③ 06. ① 07. ① 08. ③

09 |

노인 침실계획에 관한 설명으로 옳지 않은 것은?

① 일조량이 충분하도록 남향에 배치한다.
② 식당이나 화장실, 욕실 등에 가깝게 배치한다.
③ 바닥에 단 차이를 두어 공간에 변화를 주는 것이 바람직하다.
④ 소외감을 갖지 않도록 가족 공동 공간과의 연결성에 주의한다.

해설 노인 침실계획

㉠ 일조가 충분한 남향에 조용한 곳으로 아동실에서 좀 떨어진 곳으로 식당이나 화장실, 욕실이 근접하며 정원을 내다 볼 수 있는 곳이 좋다.
㉡ 노인 침실계획 시 화장실, 욕실은 미끄럼을 방지하도록 하며, 바닥에 단 차이를 두면 이동 시 안전사고가 발생될 수 있다.

10 |

주거공간에 있어 욕실에 관한 설명으로 옳지 않은 것은?

① 조명은 방습형 조명기구를 사용하도록 한다.
② 방수·방오성이 큰 마감재를 사용하는 것이 기본이다.
③ 변기 주위에는 냄새가 나므로 책, 화분 등을 놓지 않는다.
④ 욕실의 크기는 욕조, 세면기, 변기를 한 공간에 둘 때 일반적으로 $4m^2$ 정도가 적당하다.

해설 욕실

㉠ 바닥은 미끄러지지 않도록 안전성에 유의한다.
㉡ 청소하기 쉽고 방수 및 방오성이 큰 마감재를 사용한다.
㉢ 몸을 편안하게 하고 스트레스를 푸는 휴식 장소로 화분, 서적, 잡지, 신문 등을 배치하여 사용되도록 한다.
㉣ 욕실의 크기는 욕조, 세면기, 변기를 한 공간에 두는 경우와 샤워실(욕조), 세면실, 화장실을 구분하여 설치하여 쾌적성과 편리성을 높일 수 있다.

11 |

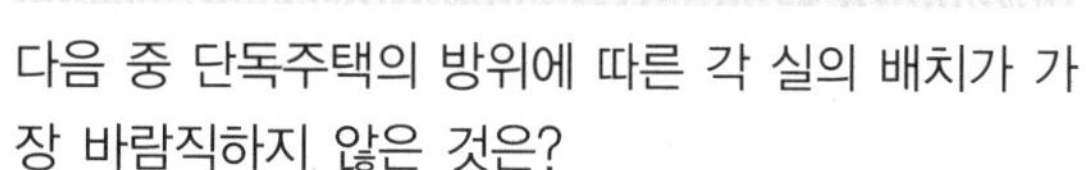

다음 중 단독주택의 방위에 따른 각 실의 배치가 가장 바람직하지 않은 것은?

① 동－침실　　② 서－부엌
③ 남－거실　　④ 북－창고

해설 방위에 따른 적당한 방 배치

㉠ 남쪽 : 식당, 아동실, 거실, 테라스, 정원
㉡ 동쪽 : 현관, 포치, 부엌, 식료품실, 침실, 식사실
㉢ 동남쪽 : 서재, 공부방, 부엌, 식당, 거실
㉣ 북쪽 : 작업실, 냉동실, 창고, 차고, 변소
㉤ 동북쪽 : 세탁실, 다리미실, 유틸리티실, 작업일반실
㉥ 서쪽 : 건조실, 갱의실, 욕실, 변소
㉦ 북서쪽 : 계단실, 복도, 창고, 차고, 현관, 포치
㉧ 남서쪽 : 접객실, 음악실, 현관, 홀, 유희실, 도서실, 흡연실

12 |

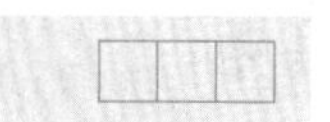

단독주택의 현관에 관한 설명으로 옳은 것은?

① 거실의 일부를 현관으로 만드는 것이 좋다.
② 바닥은 저명도·저채도의 색으로 계획하는 것이 좋다.
③ 전실을 두지 않으며 현관문은 미닫이문을 사용하는 것이 좋다.
④ 현관문은 외기와의 환기를 위해 거실과 직접 연결되도록 하는 것이 좋다.

해설 주택의 현관계획

㉠ 현관의 위치는 도로와의 관계, 대지의 형태 등에 의해 결정된다.
㉡ 주택 내·외부의 동선이 연결되는 곳으로 거실이나 침실에 직접 연결하지 않도록 한다.
㉢ 출입문과 출입문 밖의 포치(porch), 출입문 안의 현관, 홀 등으로 구성된다.
㉣ 복도나 계단실 같은 연결 통로에 근접시켜 배치한다.
㉤ 바닥 마감재로는 내수성이 강한 석재, 타일, 인조석 등이 바람직하다.
㉥ 바닥은 저명도·저채도의 색으로 계획하는 것이 좋다.
㉦ 거실이나 침실의 내부와 직접 연결되도록 전실을 두고 에너지 절약을 위해 중간문을 설치한다.

정답 09. ③ 10. ③ 11. ② 12. ②

13

주택의 현관에 관한 설명 중 옳은 것은?

① 출입문의 폭은 최소 600mm 이상이 되도록 한다.
② 남쪽에 현관을 배치하는 것은 가급적 피하는 편이 좋다.
③ 현관문은 외기와의 환기를 위해 거실과 직접 연결되도록 하는 것이 좋다.
④ 전실을 두지 않으며 출입문은 스윙 도어(swing door)를 사용하는 것이 좋다.

해설 현관의 위치 결정 요소
㉠ 도로의 위치
㉡ 경사로
㉢ 대지의 형태
㉣ 방위와는 무관하다.

14

다음 중 단독주택의 현관 위치 결정에 가장 주된 영향을 끼치는 것은?

① 건폐율 ② 도로의 위치
③ 주택의 규모 ④ 거실의 크기

해설 현관의 위치 결정 요소
㉠ 도로의 위치
㉡ 경사로
㉢ 대지의 형태
㉣ 방위와는 무관하다.

15

주택의 현관에 관한 설명으로 옳지 않은 것은?

① 거실 일부를 현관으로 만들지 않는 것이 좋다.
② 현관에서 정면으로 화장실 문이 보이지 않도록 하는 것이 좋다.
③ 현관홀의 내부에는 외기, 바람 등의 차단을 위해 설치할 필요가 있다.
④ 연면적 $50m^2$ 이하의 소규모 주택에서는 연면적의 10% 정도를 현관 면적으로 계획하는 것이 일반적이다.

해설 주택의 현관
최소 크기는 폭 1.2m, 길이 0.9m 정도이며 연면적의 7% 정도이다.

16

주택의 실내공간 중 가족의 휴식, 대화, 단란한 공동생활의 중심이 되는 곳은?

① 거실 ② 주방
③ 침실 ④ 응접실

해설 거실의 기능
가족 단란, 휴식, 사교, 접객, 오락, 독서, 식사, 어린이 놀이, 가사 작업 등으로 나눌 수 있다.

17

주택의 거실에 관한 설명 중 옳지 않은 것은?

① 다목적 기능을 가진 공간이다.
② 형태는 정방형보다 짧은 변이 너무 좁지 않은 장방형이 좋다.
③ 가족의 휴식, 대화, 단란한 공동생활의 중심이 되는 곳이다.
④ 전체 평면의 중앙에 거실을 배치하면 독립된 실로서의 안정감이 커진다.

해설 거실
㉠ 기능
가족 단란, 휴식, 사교, 접객, 오락, 독서, 식사, 어린이 놀이, 가사 작업 등으로 나눌 수 있다.
㉡ 위치
- 주택 내 중심의 위치에 있어야 하며, 가급적 현관에서 가까운 곳에 위치하되 직접 면하는 것은 피한다.
- 방위상 위치는 남쪽, 남동쪽, 남서쪽이 바람직하다.
- 평면상의 위치
  - 중앙에 위치한 경우 : 일반적으로 많이 이용되는 형태로 안정된 분위기 조성이 어려운 결점이 있다(소규모 주택에 적합).
  - 한쪽에 치우쳐 위치한 경우 : 정적인 공간과 동적인 공간의 분리가 비교적 정확히 이루어지고, 가족 개인의 프라이버시가 확보되며 쾌적한 분위기 조성에 유리하다.
    각 실과의 동선 처리에 문제가 생겨 통로의 면적 증대가 우려되며 통풍에 불리할 경우가 많다.
  - 층으로 구분하여 위치한 경우 : 정적인 공간과 동적인 공간을 층으로 구분 배치한 형태로 각 기능을 충분히 충족시킬 수 있다. 계단의 위치, 욕실, 현관의 관계 등을 잘 고려하여야 하며 소규모 주택에서는 선택하기 어렵다.

정답 13. ② 14. ② 15. ④ 16. ① 17. ④

18

주택의 거실에 관한 설명으로 옳지 않은 것은?

① 현관에서 가까운 곳에 위치하되 직접 면하는 것은 피하는 것이 좋다.
② 주택의 중심에 두어 공간과 공간을 연결하는 통로 기능을 갖도록 한다.
③ 거실의 규모는 가족수, 가족 구성, 전체 주택의 규모, 접객 빈도 등에 따라 결정된다.
④ 평면의 동쪽 끝이나 서쪽 끝에 배치하면 정적인 공간과 동적인 공간이 분리가 비교적 정확히 이루어져 독립적 안정감 조성에 유리하다.

해설 거실의 위치는 온 가족이 쉽게 모일 수 있는 주택의 중심에 두는 것이 좋으며, 각 실을 연결하는 동선의 분기점 역할을 하도록 하며 통로의 기능을 갖지 않도록 한다.

19

다음 중 주택의 거실에 대한 설명으로 옳지 않은 것은?

① 거실의 기능은 각 가족의 생활주기와 생활양식에 따라, 또 주택의 규모나 방의 수에 따라 다르다.
② 거실은 실내의 다른 공간과 유기적으로 연결될 수 있도록 하되 거실이 통로화되지 않도록 주의해야 한다.
③ 거실의 평면은 정사각형보다 한 변이 너무 짧지 않은 직사각형이 가구 배치와 TV 시청에 효과적이다.
④ 거실의 면적은 일률적으로 규정하기 어려우나 일반적으로 가족 1인당 1~2m^2 정도로 계획하는 것이 가장 바람직하다.

해설 거실의 크기
㉠ 주택 전체 면적의 20~25%, 연면적의 33% 정도이고, 가족 1인당 약 4m^{2}로 한다.
㉡ 양식 거실의 경우 6m×8m 이상이 필요하다.

20

다음 중 단독주택에서 거실의 규모 결정 요소와 가장 거리가 먼 것은?

① 가족수　② 가족 구성
③ 가구 배치형식　④ 전체 주택의 규모

해설 거실은 가족원 모두가 공동으로 사용하는 다목적, 다기능의 공간으로서 전 생활공간의 중심이 된다. 따라서 규모 결정 요소에는 가족수, 가족 구성, 주택의 규모, 생활 방식 등이 있다.

21

일반적으로 주거공간 계획에서 동선 처리의 분기점이 되는 곳은?

① 침실　② 거실
③ 식당　④ 다용도실

해설 거실의 위치는 온 가족이 쉽게 모일 수 있는 주택의 중심에 두는 것이 좋으며, 각 실을 연결하는 동선의 분기점 역할을 하도록 하며 통로의 기능을 갖지 않도록 한다.

22

주택의 거실에서 스크린(화면)을 중심으로 텔레비전을 시청하기에 적합한 최대 범위는?

① 45° 이내　② 50° 이내
③ 60° 이내　④ 70° 이내

해설 주택의 거실에서 TV 시청을 위한 거리는 TV 화면 폭의 6배 정도 거리와 오디오 청취 거리는 화면 중심으로부터 60° 이내에서 청취하는 것이 적합하다.

23

주택의 실 구성 형식에 관한 설명으로 옳지 않은 것은?

① DK형은 이상적인 식사공간 분위기 조성이 비교적 어렵다.
② LD형은 식사 도중 거실의 고유 기능과의 분리가 어렵다.
③ LDK형은 거실, 식당, 부엌 각 실의 독립적인 안정성 확보에 유리하다.
④ LDK형은 공간을 효율적으로 활용할 수 있어서 소규모 주택에 주로 이용된다.

정답 18. ② 19. ④ 20. ③ 21. ② 22. ③ 23. ③

해설 LDK(Living Dining Kitchen)

㉠ 거실, 식당, 부엌의 기능을 한 곳에서 수행할 수 있도록 계획된 것이다.
㉡ 공간을 효율적으로 활용할 수 있어서 소규모의 주택이나 아파트에서 많이 이용되는 형식으로, 가족수가 적은 핵가족에서 적합하다.
㉢ 부엌에서 일하면서 다른 가족과 대화할 수 있고 식당이나 거실에 있는 자녀를 돌볼 수 있는 장점이 있다.
㉣ 손님이 방문하였을 때 독립성 유지가 곤란하며, 식사할 때나 거실에서 휴식할 때 안정된 분위기를 즐길 수 없다.
㉤ 복잡한 조리를 즐기는 가족에는 적당하지 않다.

24 |

소규모 주택에서 식당, 거실, 부엌을 하나의 공간에 배치한 형식은?

① 다이닝 키친
② 리빙 다이닝
③ 다이닝 테라스
④ 리빙 다이닝 키친

해설 리빙 다이닝 키친(Living Dining Kitchen : LDK형)

㉠ 거실, 식당, 부엌의 기능을 한 곳에서 수행할 수 있도록 계획된 것이다.
㉡ 공간을 효율적으로 활용할 수 있어서 소규모의 주택이나 아파트에서 많이 이용되는 형식으로, 가족수가 적은 핵가족에 적합하다.
㉢ 부엌에서 일하면서 다른 가족과 대화할 수 있고 식당이나 거실에 있는 자녀를 돌볼 수 있는 장점이 있다.
㉣ 손님이 방문하였을 때 독립성 유지가 곤란하며, 식사할 때나 거실에서 휴식할 때 안정된 분위기를 즐길 수 없다.

25 |

주택 계획에서 LDK(Living Dining Kitchen)형에 관한 설명으로 옳지 않은 것은?

① 동선을 최대한 단축하게 할 수 있다.
② 소요 면적이 커 소규모 주택에서는 도입이 어렵다.
③ 거실, 식당, 부엌을 개방된 하나의 공간에 배치한 것이다.
④ 부엌에서 조리하면서 거실이나 식당의 가족과 대화할 수 있는 장점이 있다.

해설 ㉠ 거실, 식당, 부엌의 기능을 한 곳에서 수행할 수 있도록 계획된 것이다.
㉡ 공간을 효율적으로 활용할 수 있어서 소규모의 주택이나 아파트에서 많이 이용되는 형식으로, 가족수가 적은 핵가족에서 적합하다.
㉢ 부엌에서 일하면서 다른 가족과 대화할 수 있고 식당이나 거실에 있는 자녀를 돌볼 수 있는 장점이 있다.
㉣ 손님이 방문하였을 때 독립성 유지가 곤란하며, 식사할 때나 거실에서 휴식할 때 안정된 분위기를 즐길 수 없다.
㉤ 복잡한 조리를 즐기는 가족에는 적당하지 않다.

26 |

주택의 실 구성 형식 중 LDK형에 관한 설명으로 옳은 것은?

① 식사실이 거실, 주방과 완전히 독립된 형식이다.
② 주부의 동선이 짧은 관계로 가사노동이 절감된다.
③ 대규모 주택에 적합하며 식사실 위치 선정이 자유롭다.
④ 식사 공간에서 주방이 지저분한 싱크대, 조리 중인 그릇, 음식들이 보이지 않는다.

해설 LDK(Living Dining Kitchen)

㉠ 거실, 식당, 부엌의 기능을 한 곳에서 수행할 수 있도록 계획된 것이다.
㉡ 공간을 효율적으로 활용할 수 있어서 소규모의 주택이나 아파트에서 많이 이용되는 형식으로, 가족수가 적은 핵가족에 적합하다.
㉢ 부엌에서 일하면서 다른 가족과 대화할 수 있고 식당이나 거실에 있는 자녀를 돌볼 수 있는 장점이 있다.
㉣ 손님이 방문하였을 때 독립성 유지가 곤란하며, 식사할 때나 거실에서 휴식할 때 안정된 분위기를 즐길 수 없다.
㉤ 복잡한 조리를 즐기는 가족에는 적당하지 않다.

27 |

주택의 실 구성 형식 중 LD형에 관한 설명으로 옳은 것은?

① 식사공간이 부엌과 다소 떨어져 있다.
② 이상적인 식사공간 분위기 조성이 용이하다.
③ 식당 기능만으로 할애된 독립된 공간을 구비한 형식이다.
④ 거실, 식당, 부엌의 기능을 한 곳에서 수행할 수 있도록 계획된 형식이다.

정답 24. ④ 25. ② 26. ② 27. ①

해설 LD형

거실과 식당을 개방시켜 한 공간에 만들고, 부엌을 따로 독립시킨 형식으로 사회적 공간과 가사 작업 공간을 분리함으로써 기능적으로 주거공간을 단순화시킨 것이다.

28

주택에서 부엌과 식당을 겸용하는 다이닝 키친(Dining Kitchen)의 가장 큰 장점은?

① 평면 계획이 자유롭다.
② 이상적인 식사 공간 분위기 조성이 용이하다.
③ 공사비가 절약된다.
④ 주부의 동선이 단축된다.

해설 다이닝 키친(Dining Kitchen : DK형)

거실을 독립시키고 식당과 부엌을 한 공간에 둔 평면 형식으로 주부의 동선을 단축할 수 있고 가족의 대화 장소이며, 휴식 공간인 거실을 독립시킴으로써 거실다운 기능을 수행할 수 있다(조리 시 냄새와 음식 찌꺼기 등에 의해 분위기를 해칠 우려가 있다).

29

규모가 큰 주택에서 부엌과 식당 사이에 식품, 식기 등을 저장하기 위해 설치한 실을 무엇이라 하는가?

① 배선실(pantry)
② 가사실(utility room)
③ 서비스 야드(service yard)
④ 다용도실(multipurpose room)

해설 배선실은 부엌과 식당 사이에 식기 및 식품을 저장하기 위하여 설치한 실이다.

30

다음 중 주택의 실내공간 구성에 있어서 다용도실(utility area)과 가장 밀접한 관계가 있는 곳은?

① 현관
② 부엌
③ 거실
④ 침실

해설 다용도실(多用途室)

가정에서 일상적으로 사용하지 않는 세탁기나 건조기, 다리미판, 작업대, 보일러 등을 보관하는 방으로 실용적이고 다양한 용도로 사용할 수 있도록 설계되어 있으며 주로 세탁실 내지는 부엌 관련 용도로 이용한다.

31

단독주택의 부엌 계획에 관한 설명으로 옳지 않은 것은?

① 가사 작업은 인체의 활동 범위를 고려하여야 한다.
② 부엌은 넓으면 넓을수록 동선이 길어지기 때문에 편리하다.
③ 부엌은 작업대를 중심으로 구성하되 충분한 작업대의 면적이 필요하다.
④ 부엌의 크기는 식생활 양식, 부엌 내에서의 가사 작업 내용, 작업대의 종류, 각종 수납공간의 크기 등에 영향을 받는다.

해설 부엌과 식당은 주거공간에서 필수적인 가사 작업 공간이므로 주부의 노동력을 고려하여 가사 작업을 절감시키기 위해서 동선을 짧게 하여야 하므로 작업대의 배치를 가장 먼저 고려하여야 한다. 부엌의 크기는 주택의 크기, 가족수, 식생활의 방식, 생활 수준에 따라 다르나 일반적으로 주택 면적의 10%로 한다.

32

다음 중 주거공간의 부엌을 계획할 때 계획 초기에 가장 중점적으로 고려해야 할 사항은?

① 위생적인 급 · 배수 방법
② 실내 분위기를 위한 마감 재료와 색채
③ 실내 조도 확보를 위한 조명 기구의 위치
④ 조리순서에 따른 작업대의 배치 및 배열

해설
- 부엌과 식당은 주거공간에서 필수적인 가사작업공간이므로 주부의 노동력을 고려하여 가사 작업을 절감시키기 위해서 작업대의 배치를 가장 먼저 고려하여야 한다.
- 부엌은 주부가 장시간 머무는 곳으로 항상 쾌적하고 일광에 의한 건조 소독을 할 수 있는 남쪽이나 동쪽이 이상적이며 주부의 작업 동선이나 피로를 감소시킬 수 있는 공간 계획이 되어야 한다.

정답 28. ④ 29. ① 30. ② 31. ② 32. ④

33 |

주택의 부엌 계획에 관한 설명으로 옳은 것은?

① 부엌의 색채는 가급적 고채도, 저명도의 색을 사용하는 것이 좋다.
② 작업대 하나의 길이는 400mm를 기준으로 하되, 작업 영역 치수인 1,500mm를 넘지 않도록 한다.
③ 부엌의 분위기는 일반적으로 수납장의 색깔과 질감보다는 벽체의 마감 재료에 의해 결정된다.
④ 아일랜드형의 부엌은 주로 개방된 공간의 오픈 시스템에서 사용되며, 공간이 큰 경우에 적합하다.

해설 아일랜드형(섬형)
식탁과 가열대를 겸한 작업대를 다른 작업대 앞쪽에 섬처럼 독립 배치하는 형식으로 가열대가 부엌을 시각적으로 차단해 주며 테이블 설치공간과 동선을 위한 공간이 필요하므로 부엌의 크기와 관계있다.

34 |

일반적인 부엌의 작업 순서에 따른 작업대의 배치 순서로 가장 알맞은 것은?

㉠ 개수대	㉡ 조리대
㉢ 준비대	㉣ 배선대
㉤ 가열대	

① ㉠→㉡→㉢→㉣→㉤
② ㉡→㉣→㉢→㉤→㉠
③ ㉢→㉠→㉡→㉤→㉣
④ ㉣→㉤→㉡→㉠→㉢

해설 준비대→개수대→조리대→가열대→배선대 순이다.

35 |

부엌 작업대의 배치 유형에 관한 설명 중 옳은 것은?

① 일렬형은 부엌의 폭이 넓은 경우에 주로 사용된다.
② 병렬형은 작업대가 마주 보고 있어 동선이 짧아 가사노동 경감에 효과적이다.
③ ㄱ자형은 인접한 세 벽면에 작업대를 붙여 배치한 형태로 비교적 규모가 큰 공간에 적합하다.
④ ㄷ자형은 식당과 부엌이 개방되지 않고 외부로 통하는 출입구가 필요한 경우에 적합하다.

해설 작업대의 배치유형
㉠ 일렬형(직선형, ㅡ자형) : 좁은 부엌에 알맞고 동선의 혼란이 없는 반면 움직임이 많아 동선이 길어진다. 작업대 전체 길이가 2,700~3,000 mm 이상이 넘지 않도록 한다(냉장고를 넣었을 때 3,600mm 이내가 효과적이다).
㉡ 병렬형 : 작업 동선을 단축하게 할 수 있지만, 몸을 앞뒤로 바꾸면서 작업을 해야 하는 불편이 있고, 양쪽 작업대 사이가 너무 길면 오히려 불편하므로 약 1,200~1,500mm가 이상적인 간격이다.
㉢ ㄱ자형(코너형) : 정방형의 부엌에 적당하며, 두 벽면을 이용하여 작업대를 배치한 형태로, 한쪽 면에 싱크대를, 다른 면에는 가스레인지를 설치하면 능률적이며, 작업대를 설치하지 않은 남은 공간을 식사나 세탁 등의 용도로 사용할 수 있다.
㉣ ㄷ자형 : 부엌 내의 세 벽면을 이용하여 작업대를 배치한 형태로써 매우 효율적인 형태가 된다. 다른 동선과 완전 분리가 가능하며 ㄷ자형의 사이를 1,000~ 1,500mm 정도 확보하는 것이 좋으나 외부로 통하는 출입구의 설치가 곤란하다.

36 |

부엌 가구의 배치 유형 중 L자형에 관한 설명으로 옳지 않은 것은?

① 부엌과 식당을 겸할 때 많이 활용된다.
② 두 벽면을 이용하여 작업대를 배치한 형식이다.
③ 작업 면이 가장 넓은 형식으로 작업 효율도 가장 좋다.
④ 한쪽 면에 싱크대를, 다른 면에 가열대를 설치하면 능률적이다.

해설 ㄱ자(L자, 코너)형
정방형의 부엌에 적당하며, 두 벽면을 이용하여 작업대를 배치한 형태로, 한쪽 면에 싱크대를, 다른 면에는 가스레인지를 설치하면 능률적이며, 작업대를 설치하지 않은 남은 공간을 식사나 세탁 등의 용도로 사용할 수 있다. 비교적 넓은 부엌에서 능률이 높으나 두 면의 어느 쪽도 너무 길어지지 않도록 하고 모서리 부분의 이용도가 낮다.
③ ㄷ자형의 특징에 해당한다.

정답 33. ④ 34. ③ 35. ② 36. ③

37

다음과 같은 특징을 갖는 부엌 작업대의 배치유형은?

- 부엌의 폭이 좁은 경우나 규모가 작아 공간의 여유가 없을 경우에 적용한다.
- 작업대는 길이가 길면 작업 동선이 길어지므로 총 길이는 3,000mm를 넘지 않도록 한다.

① 일렬형　② 병렬형
③ ㄱ자형　④ ㄷ자형

해설 일렬형(일자형, 직선형)
좁은 부엌에 알맞고 동선의 혼란이 없는 반면 움직임이 많아 동선이 길어진다. 작업대 전체 길이가 2,700~3,000mm 이상이 넘지 않도록 한다(냉장고를 넣었을 때 3,600mm 이내가 효과적이다).

38

부엌 작업대의 배치유형 중 작업대를 부엌의 중앙공간에 설치한 것으로 주로 개방된 공간의 오픈 시스템에서 사용되는 것은?

① 일렬형　② 병렬형
③ ㄱ자형　④ 아일랜드형

해설 아일랜드형(섬형)
식탁과 가열대를 겸한 작업대를 다른 작업대 앞쪽에 섬처럼 독립 배치하는 형식으로 가열대가 부엌을 시각적으로 차단해 주며 테이블 설치공간과 동선을 위한 공간이 필요하므로 부엌의 크기와 관계있다.

39

다음 그림과 같은 주택 부엌 가구의 배치유형은?

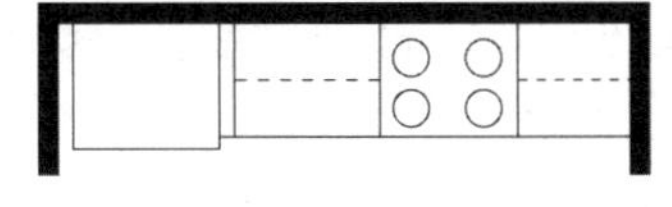

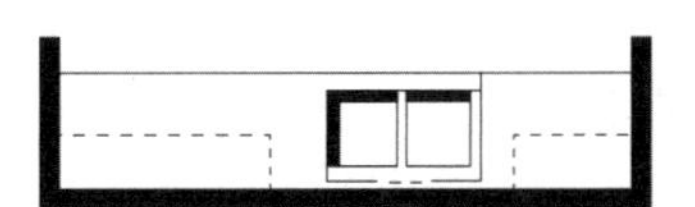

① 일렬형
② ㄷ자형
③ 병렬형
④ 아일랜드형

해설 병렬형
작업 동선을 단축할 수 있지만, 몸을 앞뒤로 바꾸면서 작업을 해야 하는 불편이 있고, 양쪽 작업대 사이가 너무 길면 오히려 불편하므로 약 1,200~1,500mm가 이상적인 간격이다.

40

작업대의 길이가 2m 정도인 간이부엌으로 사무실이나 독신자 아파트에 주로 설치되는 부엌의 유형은?

① 키친네트(kitchenette)
② 오픈 키친(open kitchen)
③ 다용도 부엌(utility kitchen)
④ 아일랜드 키친(island kitchen)

해설 키친네트(kitchenette, 간이부엌)
작업대의 길이가 2m 내외인 간이부엌의 형태로 사무실이나 독신자 아파트에 적합하다.

41

주택에서 부엌의 작업대에 관한 설명으로 옳지 않은 것은?

① 작업 삼각형은 개수대, 가열대, 냉장고를 잇는 형태이다.
② 작업대의 배치유형 중 "ㄷ"자 형이 가장 효율적인 형태이다.
③ 작업대의 배치순서는 준비대-개수대-가열대-조리대-배선대이다.
④ 작업대의 높이를 결정하는 기본 치수는 작업하는 사람의 팔꿈치 높이이다.

해설 작업대의 배치순서는 준비대-개수대-조리대-가열대-배선대이다.

정답 37. ① 38. ④ 39. ③ 40. ① 41. ③

42

주택의 각 실 계획에 관한 다음 설명 중 가장 부적절한 것은?

① 부엌은 작업 공간이므로 밝게 처리하였다.
② 현관은 좁은 공간이므로 신발장에 거울을 붙였다.
③ 침실은 충분한 수면을 취해야 하므로 창을 내지 않았다.
④ 거실은 가족 단란을 위한 공간이므로 온화한 베이지색을 사용하였다.

해설 침실의 기본적인 기능은 휴식과 수면의 장소이며, 이 외에도 독서, 탈의, 음악 감상 등의 기능을 포함하므로 쾌적하고 좋은 환경을 만들기 위하여 일조가 좋고 통풍이 잘되며 아름다운 풍경을 조망하기 위한 창이 설치되어야 한다.

43

원룸 시스템(one room system)에 관한 설명으로 옳지 않은 것은?

① 제한된 공간에서 벗어나므로 공간의 활용이 자유롭다.
② 데드 스페이스를 만듦으로써 공간 사용의 극대화를 도모할 수 있다.
③ 원룸 시스템화된 공간은 크게 느껴지게 되므로 좁은 공간의 활용에 적합하다.
④ 간편하고 이동이 용이한 조립식 가구나 다양한 기능을 구사하는 다목적 가구의 사용이 효과적이다.

해설 공간 이용의 극대화를 위하여 데드 스페이스가 없도록 하고 공간의 활용이 자유로우며 공간 분할은 칸막이 또는 가구로 자연스럽게 한다.

44

원룸 시스템에 대한 설명으로 옳은 것은?

① 소음 조절이 어렵고 개인적 프라이버시가 모자라기 쉽다.
② 좁은 공간에서는 적용할 수 없다.
③ 공간 활용이 자유롭지만, 가구 배치가 고정적이다.
④ 통행이 필요한 공간을 따로 구획하여야 한다.

해설 원룸 시스템(one room system)은 하나의 공간 속에 영역만을 구분하여 사용하는 것으로 좁은 공간에서 데드 스페이스(dead space)가 생기지 않아 공간 활용의 극대화가 가능하며, 공간을 더 넓게 할 수 있고 공간의 활용이 자유로우며 자연스러운 가구 배치가 가능하다.

45

실내 치수 계획으로 가장 부적절한 것은?

① 주택 출입문의 폭 : 90cm
② 부엌 조리대의 높이 : 85cm
③ 주택 침실의 반자 높이 : 2.3m
④ 상점 내의 계단 단 높이 : 40cm

해설 건축법 시행령 제34조 계단의 설치에 관한 규정에는 계단의 폭은 규정되어 있으나 단 높이, 단 너비에 대한 규정은 없다. 단, 건축계획상에서 계단을 가장 효과적으로 오를 수 있는 경사도는 30°이고, 이때의 계단 단 높이와 단 너비는 17cm×29cm가 적당하며 단 높이는 20cm 이하가 되도록 한다.

46

다음의 아파트 평면형식 중 프라이버시가 가장 양호한 것은?

① 홀형 ② 집중형
③ 편복도형 ④ 중복도형

해설 홀형
세대의 사생활 침해가 적고, 경제적이며 다양한 평면 구성이 가능하고 채광, 통풍이 좋아 균질의 주거를 공급할 수 있다.

47

공동주택의 평면형식 중 계단실형(홀형)에 관한 설명으로 옳은 것은?

① 통행부의 면적이 작아 건물의 이용도가 높다.
② 1대의 엘리베이터에 대한 이용 가능한 세대수가 가장 많다.
③ 각 층에 있는 공용 복도를 통해 각 세대로 출입하는 형식이다.
④ 대지의 이용률이 높아 도심지 내의 독신자용 공동주택에 주로 이용된다.

정답 42. ③ 43. ② 44. ① 45. ④ 46. ① 47. ①

해설 • 계단실형(홀형) : 계단실 또는 엘리베이터 홀에서 직접 단위 주거로 들어가는 형식으로 통행부의 면적이 작아 건물의 면적 이용도가 높으며, 단위 주거에 따라 2단위 주거형, 다수 단위 주거형으로 구분하며 1대의 엘리베이터에 대한 이용률이 가장 낮다.
• 편복도형 : 엘리베이터 1대당 이용 단위 주거의 수를 늘릴 수 있으므로 계단실형보다 효율적이며 공용 복도를 통해 각 세대에 출입하는 형식으로 긴 주동 계획에 이용된다.
• 중복도형 : 대지의 이용률이 높아 시가지 내에서 소규모 단위 주거를 고밀도로 계획할 때 적당하고 도심부의 독신자 아파트에도 적합하다.

48 |

공동주택의 2세대 이상이 공동으로 사용하는 복도의 유효 폭은 최소 얼마 이상이어야 하는가? (단, 갓복도인 경우)

① 90cm ② 120cm
③ 150cm ④ 180cm

해설 공동주택의 2세대 이상이 공동으로 사용하는 복도의 유효 폭은 편복도 일 때는 120cm 이상, 중복도 일 때는 180cm이상. 다만 세대수가 5세대 이하면 150cm 이상으로 할 수 있다.

49 |

계단 및 경사로의 계획 시 우선적으로 고려하지 않아도 될 사항은?

① 각 실과의 동선 관계
② 건축법규에 의한 설치 규정
③ 통행자의 빈도, 연령 및 성별
④ 강도, 내구성, 경제성

해설 계단 및 경사로의 계획 시 건축법규에 의한 설치 규정과 함께 각 실과의 동선 관계를 검토하고 강도, 내구성, 경제성 등을 고려한다.

2. 업무공간 계획

01 |

OA에 관한 설명 중 틀린 것은?

① 기기의 사용으로 업무 절차가 간소화된다.
② 생산성은 증대하나 개인과 조직의 융통성은 모자란다.
③ 개인의 프라이버시가 침해당할 수 있다.
④ 업무의 정확성이 개선된다.

해설 OA 가구(Office Automation : 사무 자동화)
㉠ 사무 자동화로 사무실의 제반 업무 처리 과정에서 능률 향상을 위해 컴퓨터, 기술 통신, 기술 시스템 과학 및 행동 과학 적용
㉡ 오픈 오피스 소요 면적 : 5~8.5m^2/인
㉢ OA 사무실에서 터미널 사용자 : 4.6~9.5m^2/인
㉣ 경영자(중역 접견 공간 포함) : 19~32m^2/인
㉤ OA 최소 면적 : 4.8m^2/인

02 |

사무소 건축의 실 단위 계획 중 개실시스템에 관한 설명으로 옳지 않은 것은?

① 독립성이 우수하다는 장점이 있다.
② 일반적으로 복도를 통해 각 실로 진입한다.
③ 실의 길이와 깊이에 변화를 주기 용이하다.
④ 프라이버시의 확보와 응접이 요구되는 최고경영자나 전문직 개실에 사용된다.

해설 개실 사무소(single office : 복도형)
복도를 통하여 각 층의 여러 부분으로 들어가는 방법으로 독립성과 쾌적성 및 자연 채광 조건이 좋으나 공사비가 비교적 높으며 방 길이에는 변화를 줄 수 있지만 연속된 복도 때문에 방 깊이에는 변화를 줄 수 없다.
㉠ 세포형 오피스 : 개실의 규모가 20~30m^2 정도의 일반 사무실로 1~2인 정도의 소수 인원을 위하여 부서별로 개별적인 사무실을 제공한다.
㉡ 집단형 오피스 : 개실의 규모가 7~8인의 그룹을 위한 실로 구성되며 직제별 사무 작업성의 필요 면적, 가구 배치형식, 단위 그룹별 인원, 작업 종류 등에 의해 규모가 결정된다.

정답 48. ② 49. ③ / 01. ② 02. ③

03

세포형 오피스(cellular type office)에 관한 설명으로 옳지 않은 것은?

① 연구원, 변호사 등 지식 집약형 업종에 적합하다.
② 조직 구성 간의 커뮤니케이션에 문제점이 있을 수 있다.
③ 개인별 공간을 확보하여 스스로 작업 공간의 연출과 구성이 가능하다.
④ 하나의 평면에서 직제가 명확한 배치로 상하급의 상호 감시가 용이하다.

해설
- 오픈 플랜 형식(open type office)은 개방된 넓은 공간에 서열에 따른 책상 배치를 함으로써 상호 감시가 용이하나 프라이버시의 침해가 우려된다.
- 세포형 오피스(cellular type office)는 개실의 규모가 20~30m^2 정도의 일반 사무실로 1~2인 정도의 소수 인원을 위하여 부서별로 개별적인 사무실을 제공한다.

04

개방형(open plan) 사무공간에 있어서 평면 계획의 기준이 되는 것은?

① 책상 배치
② 설비 시스템
③ 조명의 분포
④ 출입구의 위치

해설 개방형(open plan) 사무 공간에 있어서 책상의 배치는 의사 전달과 작업 흐름의 실제적 패턴에 기초하여 작업장의 집단을 자유롭게 그룹핑하는 불규칙한 책상 배치가 평면 계획의 기준이 되며 이러한 평면을 유도하기 위하여 실내 고정 및 반고정칸막이를 하지 않는다.

05

업무공간 계획 중 오픈 오피스(open office)의 장·단점으로 틀린 것은?

① 공간의 이용성이 높다.
② 소음의 우려가 있다.
③ 시설비, 관리비가 많이 든다.
④ 업무의 적응성이 높다.

해설 오픈 오피스(open office)의 장·단점

㉠ 장점
- 커뮤니케이션에 융통성이 있고 장애 요인은 제거된다.
- 작업 패턴에 따라 조절 가능한 낮은 이동식 칸막이를 사용한다.
- 데드 스페이스를 제거(공간 절약)한다.
- 친밀한 인간 관계로 작업 능률 향상을 도모한다.

㉡ 단점
- 프라이버시(청각 프라이버시)의 확보가 어렵다.
- 소음으로 인한 집중력 저하로 능률이 떨어진다.
- 무질서하게 보일 수 있다.

06

사무소 건축의 실 단위 계획 중 개방식 배치에 대한 설명으로 옳지 않은 것은?

① 독립성과 쾌적감의 이점이 있으나 방 길이에는 변화를 줄 수 없다.
② 청각적 프라이버시의 확보가 어렵다.
③ 개실 시스템보다 공사비가 저렴하다.
④ 전면적을 유용하게 이용할 수 있다

해설 개방식 계획(open plan)

㉠ 보편적으로 개방된 대규모 공간을 기본적으로 계획하고 그 내부에 작은 개실들을 분리하여 구성하는 형식이다.
㉡ 모든 면적을 유용하게 이용할 수 있으며, 칸막이벽이 없는 관계로 공사비가 저렴하다는 특성이 있다.
㉢ 방의 길이나 깊이에 변화를 줄 수 있다.
㉣ 소음이 크고 독립성(프라이버시)이 떨어지며 자연채광에 인공조명이 필요하다.

07

사무소 건축의 실단위 계획 중 개방식 배치에 관한 설명으로 옳지 않은 것은?

① 소음의 우려가 있다.
② 프라이버시의 확보가 용이하다.
③ 모든 면적을 유용하게 이용할 수 있다.
④ 방의 길이나 깊이에 변화를 줄 수 있다.

해설 개방식 계획(open plan)

㉠ 보편적으로 개방된 대규모 공간을 기본적으로 계획하고 그 내부에 작은 개실들을 분리하여 구성하는 형식이다.

정답 03. ④ 04. ① 05. ③ 06. ① 07. ②

㉡ 모든 면적을 유용하게 이용할 수 있으며, 칸막이벽이 없는 관계로 공사비가 저렴하다는 특성이 있다.
㉢ 방의 길이나 깊이에 변화를 줄 수 있다.
㉣ 소음이 크고 독립성(프라이버시)이 떨어지며 자연채광에 인공조명이 필요하다.

08

사무소 건축의 오피스 랜드스케이프(Office Landscape)에 관한 설명으로 옳지 않은 것은?

① 공간을 절약할 수 있다.
② 개방식 배치의 한 형식이다.
③ 조경면적 확대를 목적으로 하는 친환경 디자인 기법이다.
④ 커뮤니케이션의 융통성이 있고, 장애 요인이 거의 없다.

해설 오피스 랜드스케이프(office landscape)
개방식 배치 형식으로 배치는 의사 전달과 작업 흐름의 실제적 패턴에 기초로 하여 작업장의 집단을 자유롭게 그룹핑하여 불규칙한 평면을 유도하는 방식으로 칸막이를 제거함으로써 청각적 문제에 주의를 요하게 되었으나 조경면적의 확대는 관계가 없다.

09

개방식 배치의 한 형식으로 업무와 환경을 경영 관리 및 환경적 측면에서 개선한 것으로 오피스 작업을 사람의 흐름과 정보의 흐름을 매체로 효율적인 네트워크가 되도록 배치하는 방법은?

① 싱글 오피스
② 세포형 오피스
③ 집단형 오피스
④ 오피스 랜드스케이프

해설 오피스 랜드스케이프(office landscape)
개방식 배치 형식으로 배치는 의사 전달과 작업 흐름의 실제적 패턴에 기초로 하여 작업장의 집단을 자유롭게 그룹화하여 불규칙한 평면을 유도하는 방식으로 칸막이를 제거함으로써 청각적 문제에 주의를 필요로 하게 되며 독립성도 떨어진다.

10

오피스 랜드스케이프에 관한 설명으로 옳지 않은 것은?

① 독립성과 쾌적감의 이점이 있다.
② 밀접한 팀워크가 필요할 때 유리하다.
③ 유효 면적이 크므로 그만큼 경제적이다.
④ 작업 패턴의 변화에 따른 조절이 가능하다.

해설 오피스 랜드스케이프의 단점
㉠ 소음에 대한 프라이버시 결여
㉡ 대형 가구 등 소리를 반향시키는 기자재 사용 곤란

11

오피스 랜드스케이프(office landscape)의 구성 요소와 가장 관계가 먼 것은?

① 식물　② 가구
③ 낮은 파티션　④ 고정 칸막이

해설 오피스 랜드스케이프는 고정 칸막이를 설치하지 않고, 업무의 흐름에 따라 조절 가능한 낮은 이동식 칸막이와 화분이나 파티션으로 프라이버시를 확보하고 커뮤니케이션의 용이성을 조화시킨 사무실 배치 계획이다.

12

사무 공간의 소음방지 대책으로 옳지 않은 것은?

① 개인 공간이나 회의실의 구역을 한정한다.
② 낮은 칸막이, 식물 등의 흡음체를 적당히 배치한다.
③ 바닥, 벽에는 흡음재를, 천장에는 음의 반사재를 사용한다.
④ 소음원을 일반 사무 공간으로부터 가능한 한 멀리 떼어 놓는다.

해설 바닥, 천장에는 흡음재를 벽에는 반사재를 사용한다.

13

다음 중 대형 업무용 빌딩에서 공적인 문화공간의 역할을 담당하기에 가장 적절한 공간은?

① 로비 공간　② 회의실 공간
③ 직원 라운지　④ 비즈니스센터

정답 08. ③ 09. ④ 10. ① 11. ④ 12. ③ 13. ①

해설 업무용 빌딩의 로비 공간은 휴식, 담화, 전시 등의 다목적 기능을 수용할 수 있고 문화공간으로서 공공공간으로 이용될 수 있다.

14

사무소 건축의 거대화는 상대적으로 공적 공간의 확대를 도모하게 되고 이로 인해 특별한 공간적 표현이 가능하게 되었다. 이러한 거대한 공간적 인상에 자연을 도입하여 여러 환경적 이점을 갖게 하는 공간구성은?

① 포티코(portico)
② 콜로네이드(colonnade)
③ 아케이드(arcade)
④ 아트리움(atrium)

해설 아트리움(atrium)

고대 로마 건축의 실내에 설치된 넓은 마당 또는 주위에 건물이 둘러있는 안마당을 뜻하며, 현대 건축에서는 실내에 자연광을 유입시켜 옥외 공간의 분위기를 조성하기 위하여 설치한 자그마한 정원이나 연못이 딸린 정원을 뜻한다.

㉠ 실내 조경을 통한 자연 요소의 도입이 근무자의 정서를 돕는다.
㉡ 풍부한 빛 환경의 조건에 있어 전력 에너지의 절약이 이루어진다.
㉢ 아트리움의 향위와 관련되지만, 어느 정도 공기 조화의 자연화가 가능하다.
㉣ 각종 이벤트가 가능할 만한 공간적 성능이 마련된다.
㉤ 내부공간의 긴장감을 이완(弛緩)시키는 지각적 카타르시스가 가능하다.

15

다음 설명에 알맞은 건축의 구성 요소는?

> 고대 로마 건축의 실내에 설치된 넓은 마당 또는 주위에 건물이 둘러 있는 안마당을 뜻하며 현대 건축에서는 이를 실내화시킨 것을 말한다.

① 몰(mall)
② 코어(core)
③ 아트리움(atrium)
④ 랜드스케이프(landscape)

해설 아트리움(atrium)

고대 로마 건축의 실내에 설치된 넓은 마당 또는 주위에 건물이 둘러있는 안마당을 뜻하며, 현대 건축에서는 실내에 자연광을 유입시켜 옥외 공간의 분위기를 조성하기 위하여 설치한 자그마한 정원이나 연못이 딸린 정원을 뜻한다.

㉠ 실내 조경을 통한 자연 요소의 도입이 근무자의 정서를 돕는다.
㉡ 풍부한 빛 환경의 조건에 있어 전력 에너지의 절약이 이루어진다.
㉢ 아트리움의 향위와 관련되지만, 어느 정도 공기 조화의 자연화가 가능하다.
㉣ 각종 이벤트가 가능할 만한 공간적 성능이 마련된다.
㉤ 내부공간의 긴장감을 이완(弛緩)시키는 지각적 카타르시스가 가능하다.

16

사무소의 로비에 설치하는 안내 데스크에 관한 설명으로 옳지 않은 것은?

① 로비에서 시각적으로 찾기 쉬운 곳에 배치한다.
② 회사의 이미지, 스타일을 시각적으로 적절히 표현하는 것이 좋다.
③ 스툴 의자는 일반 의자보다 데스크 근무자의 피로도가 높다.
④ 바닥의 레벨을 높여 데스크 근무자가 방문객 및 로비의 상황을 내려 볼 수 있도록 한다.

해설 바닥의 레벨은 같게 하고 안내 데스크 높이를 낮게 설치하여 친근감을 준다.

17

다음 설명에 알맞은 사무 공간의 책상 배치 유형은?

> • 대향형과 동향형의 양쪽 특성을 절충한 형태이다.
> • 조직 관리 지연에서 조직의 융합을 꾀하기 쉽고 정보 처리나 잡무 동작의 효율이 좋다.
> • 배치에 따른 면적 손실이 크며 커뮤니케이션의 형성에 불리하다.

① 좌우대향형 ② 십자형
③ 자유형 ④ 삼각형

정답 14. ④ 15. ③ 16. ④ 17. ①

해설 사무 공간의 책상 배치 유형

㉠ 대향형
- 책상이 서로 마주 보도록 하는 배치로 면적 효율이 높고 소통의 형성에 유리하며 전화와 전기 등의 배선 관리가 쉽다.
- 대면 시선에 의해 사생활의 침해당하기 쉽다.
- 일반 업무, 특히 공동작업으로 자료를 처리하는 영업 관리 업무에 적합하다.

㉡ 동향형
- 책상을 같은 방향으로 배치하는 가장 일반적인 형식이다.
- 대면 시선에 의한 프라이버시의 침해를 최소화할 수 있다.
- 통로가 명확히 구분되고 잡담을 줄일 수 있다.
- 대향형에 비해 면적 효율이 떨어진다.

㉢ 좌우대향형
- 대향형과 동향형의 양쪽 특성을 절충한 형태이다.
- 업무조직의 융합을 꾀할 수 있다.
- 정보 처리나 직무 동작의 효율이 높다.
- 커뮤니케이션의 형성에 불리하다.
- 배치에 따른 면적 손실이 크다.

18 |

사무실의 책상 배치 유형 중 대향형에 관한 설명으로 옳지 않은 것은?

① 면적 효율이 좋다.
② 각종 배선의 처리가 용이하다.
③ 커뮤니케이션 형성에 유리하다.
④ 시선에 의해 프라이버시를 침해할 우려가 없다.

해설 대향형

책상이 서로 마주 보도록 하는 배치로 면적 효율이 높고 커뮤니케이션의 형성이 유리하며 전화와 전기 등의 배선 관리가 용이하다. 반면에 대면 시선에 의해 프라이버시가 침해당하기 쉽다. 일반 업무, 특히 공동작업으로 처리하는 영업관리 업무에 적합하다.

19 |

사무소 건축에서 코어의 기능에 관한 설명으로 옳지 않은 것은?

① 내력적 구조체로서의 기능을 수행할 수 있다.
② 공용부분을 집약시켜 사무소의 유효 면적이 증가한다.
③ 엘리베이터, 파이프 샤프트, 덕트 등의 설비 요소를 집약시킬 수 있다.
④ 설비 및 교통 요소들이 존(zone)을 형성함으로써 업무공간의 융통성이 감소된다.

해설 코어의 역할

㉠ 공용부분을 한 곳에 집약시키므로 사무소의 유효면적이 증가되는 평면적 역할을 한다.
㉡ 주내력적 구조체로서 기능을 수행하는 구조적 역할을 한다.
㉢ 설비 시설 등을 집약하므로 설비 계통의 순환이 좋아지며 각 층에서의 설비 및 교통 요소들이 집약되므로 업무공간의 융통성이 증대되는 설비적 역할을 한다.

20 |

다음과 같은 특징을 갖는 사무소 건축의 코어 형식은?

- 유효율이 높은 계획이 가능하다.
- 코어 프레임이 내력벽 및 내진 구조가 가능하므로 구조적으로 바람직한 유형이다.

① 중심 코어
② 편심 코어
③ 양단 코어
④ 독립 코어

해설 사무소 건축의 코어 형식

㉠ 중심 코어형(중앙 코어형) : 고층, 초고층에 내력벽 및 내진 구조의 역할을 하므로 구조적으로 가장 바람직하며, 바닥면적이 클 때 적합하다.
㉡ 편심 코어형(편단 코어형) : 기준층 바닥면적이 적었을 때 적합하며, 바닥면적이 커지면 코어 이외에 피난 시설, 설비 샤프트 등이 필요해진다. 너무 저층일 때 구조상 좋지 않게 된다.
㉢ 양단 코어형(분리 코어형) : 한 개의 대 공간이 있어야 하는 전용 사무소에 적합하고, 2방향 피난에 이상적이며 방재상 유리하다.
㉣ 독립 코어형(외코어형) : 편심 코어형에서 발전된 형이며, 자유로운 사무실 공간을 코어와 관계없이 마련할 수 있고 설비 덕트나 배관을 코어로부터 사무실까지 끌어내는데 제약이 있다. 방재상 불리하고 바닥면적이 커지면 피난시설을 포함한 서브 코어가 필요해진다.

정답 18. ④ 19. ④ 20. ①

21

다음 설명에 맞는 사무소 코어의 유형은?

- 단일용도의 대규모 전용사무실에 적합하다.
- 2방향 피난에 이상적이다.

① 편심 코어형
② 중심 코어형
③ 독립 코어형
④ 양단 코어형

해설 사무소 건축의 코어 형식
㉠ 편심 코어형(평단 코어형) : 기준층 바닥면적이 적었을 때 적합하며, 바닥면적이 커지면 코어 이외에 피난 시설, 설비 샤프트 등이 필요해진다. 너무 저층일 때 구조상 좋지 않게 된다.
㉡ 중앙 코어형(중심 코어형) : 고층, 초고층에 내력벽 및 내진 구조의 역할을 하므로 구조적으로 가장 바람직하며, 바닥 면적이 클 경우에 적합하다.
㉢ 외 코어형(독립 코어형) : 편심 코어형에서 발전된 형이며, 자유로운 사무실 공간을 코어와 관계없이 마련할 수 있고 설비 덕트나 배관을 코어로부터 사무실까지 끌어내는데 제약이 있다. 방재상 불리하고 바닥 면적이 커지면 피난시설을 포함한 서브 코어가 필요해진다.
㉣ 양단 코어형(분리 코어형) : 한 개의 대공간이 있어야 하는 전용 사무실에 적합하다. 2방향 피난에는 이상적이며 방재상 유리하다.

22

사무소 건물의 엘리베이터 계획에 관한 설명으로 옳지 않은 것은?

① 조닝 영역별 관리 운전의 경우 동일 조닝 내의 서비스층은 같게 한다.
② 서비스를 균일하게 할 수 있도록 건축물의 중심부에 설치한다.
③ 교통 수요량이 많은 경우는 출발 기준층이 2개 이상이 되도록 계획한다.
④ 초고층, 대규모 빌딩의 경우는 서비스 그룹을 분할(조닝)하는 것을 검토한다.

해설 교통 수요량이 많을 경우에는 출발 층에 2개소 이상 조닝하여 분산시키는 것이 효과적이다.

23

사무소 건축의 엘리베이터 계획에 관한 설명으로 옳지 않은 것은?

① 출발 기준층은 2개 층 이상으로 한다.
② 승객의 층별 대기 시간은 평균 운전 간격 이하가 되게 한다.
③ 군 관리 운전의 경우 동일 군 내의 서비스층은 같게 한다.
④ 초고층, 대규모 빌딩인 경우는 서비스 그룹을 분할(조닝)하는 것을 검토한다.

해설 사무소 건축의 엘리베이터는 가능한 1개소에 집중해서 배치하며, 1개소에 8대 이하로 배치한다.

24

화장실 계획 시 고려해야 할 사항으로 거리가 먼 것은?

① 동선 계획을 고려한다.
② 사용 인원에 맞추도록 한다.
③ 설비와의 관계를 고려한다.
④ 계단, 엘리베이터와 멀리한다.

해설 화장실의 위치
㉠ 각 사무실에서 동선이 간단할 것
㉡ 계단실, 엘리베이터, 홀 등에 접근할 것
㉢ 각 층 마다 공통의 위치에 있을 것
㉣ 분산시키지 말고, 되도록 각 층의 1 또는 2개소 이내에 집중해 있을 것
㉤ 가능하면 중정 또는 뒤쪽의 외기에 접하는 위치로 할 것
㉥ 건물 가운데 있어서 외기에 면하지 않는 경우에는 환기를 충분히 하고 항상 일반실보다 저기압으로 할 것
㉦ 조명은 형광등으로 하고 살균등 등을 설비하는 것이 바람직하다.

25

실내계획에 있어서 그리드 플래닝(grid planning)을 적용하는 전형적인 프로젝트는?

① 사무소 ② 미술관
③ 단독주택 ④ 레스토랑

정답 21. ④ 22. ③ 23. ① 24. ④ 25. ①

해설 그리드 플래닝(grid planning)

㉠ 사무소 계획에 가장 적절하다.
㉡ 그리드 플래닝은 관련 디자인상의 재요소를 종합하여 균형 잡힌 계획으로 정리하기 위한 계획 방법이다.
㉢ 그리드는 단위 작업 공간이 워크스테이션 또는 단위 그룹별의 능률적인 작업을 위한 최소 면적 치수를 기본으로 건축에 적용된 설비, 기둥 간격과 배치를 고려하여 크기, 방향, 형태가 결정된다.
㉣ 그리드의 형태는 삼각형, 사각형, 육각형 등 다양하다. 그리드의 한 변은 어떠한 가구와도 조합될 수 있는 통일된 치수 체계를 갖도록 한다.

26

은행의 영업 카운터의 전체 높이로 가장 알맞은 것은?

① 700~800mm
② 500~650mm
③ 600~700mm
④ 1,000~1,050mm

해설 은행 영업 카운터의 높이는 1,000~1,050mm 정도이며, 폭은 600~750mm로 한다.

3. 상업공간 계획

01

상업공간의 기획 단계에 해당하는 항목과 가장 관계가 먼 것은?

① 경제성의 타당성 검토
② 교통, 상품 파악
③ 고객 분석
④ 디스플레이 방법 결정

해설 기획 단계(조건 설정)

㉠ 입지적 특성(주변 환경 여건 조사)
㉡ 시장 조사
㉢ 대상 고객 설정 및 소비 동향 분석
㉣ 관리 경영적 측면의 파악
㉤ 상점 이미지 컨셉 설정

02

상업공간 실내 계획의 조건 설정 단계에서 고려해야 할 사항으로 옳은 것은?

① 대상 고객층 및 취급 상품의 결정
② 가구 배치 및 동선 계획
③ 파사드 이미지 결정
④ 재료 마감과 시공법의 확정

해설 기획 단계(조건 설정)

㉠ 입지적 특성(주변 환경 여건 조사)
㉡ 시장 조사
㉢ 대상 고객 설정 및 소비 동향 분석
㉣ 관리 경영적 측면의 파악
㉤ 상점 이미지 컨셉 설정

03

상업공간에서 디스플레이의 목적과 가장 거리가 먼 것은?

① 교육적 목적 ② 이미지 차별화
③ 선전 효과의 기능 ④ 역사적 의미 접근

해설 디스플레이(display)의 목적

㉠ **교육적 목적** : 신상품의 소개, 상품의 사용법, 가치 등을 교육적 차원에서 사전에 미리 알린다.
㉡ **선전 효과의 기능** : 신상품을 눈에 띄도록 보다 알기 쉽고 보기 쉽게 하여 선전의 효과를 갖도록 한다.
㉢ **이미지 차별화** : 쾌적한 환경 조성으로 다른 가게, 다른 브랜드와의 이미지 차별화를 꾀한다.
㉣ **신유행 유도** : 신상품에 대한 새로운 유행을 창조·주지·유도한다.
㉤ **지역의 문화 공간 조성** : 새로운 문화 공간의 조성으로 지역 발전에 기여한다.

04

상점에서 쇼윈도, 출입구 및 홀의 입구 부분을 포함한 평면적인 구성요소와 아케이드, 광고판, 사인 및 외부 장치를 포함한 입면적인 구성 요소의 총체를 뜻하는 용어는?

① VMD ② 파사드
③ AIDMA ④ 디스플레이

정답 26. ④ / 01. ④ 02. ① 03. ④ 04. ②

해설 파사드(facade)

쇼윈도, 출입구 및 홀의 입구부분을 포함한 평면적인 구성 요소와 광고판, 사인 외부 장치를 포함한 입체적인 구성 요소의 총칭이다.

05 |

상점의 파사드(facade) 구성 요소에 속하지 않는 것은?

① 광고판 ② 출입구
③ 쇼케이스 ④ 쇼윈도

해설 파사드(facade)

쇼윈도, 출입구 및 홀의 입구 부분을 포함한 평면적인 구성 요소와 광고판, 사인 외부 장치를 포함한 입체적인 구성요소의 총칭이다.

06 |

상점 건축의 파사드(facade)와 숍 프론트(shop front) 디자인에 요구되는 조건으로 옳지 않은 것은?

① 대중성을 배제할 것
② 개성적이고 인상적일 것
③ 상품 이미지가 반영될 것
④ 상점 내로 유도하는 효과를 고려할 것

해설 상점 디자인의 고려사항

㉠ 취급 상품 분위기 연출 및 시각적 요소의 적정 배치
㉡ 상점 내부로 고객 유도 효과
㉢ 손님 쪽에서 상품이 효과적으로 보일 것
㉣ 감시하기 쉬우나 손님에게 감시한다는 인상을 주지 않을 것
㉤ 개성있고 인상적인 표현 효과
㉥ 경제성을 고려한 시각적 효과

07 |

상점의 숍 프런트(shop front) 구성 형식 중 출입구 이외에는 벽 등으로 외부와의 경계를 차단한 형식은?

① 개방형 ② 폐쇄형
③ 돌출형 ④ 만입형

해설 상점의 숍 프런트(shop front) 구성 형식

㉠ 개방형 : 점두 전체가 출입구처럼 트여 있는 것으로, 과거부터 가장 많이 사용해 오던 형식이다. 손님의 출입이 많은 상점 또는 손님이 점내에 잠시 머무르는 상점에 적합하다(서적상, 빵집, 철물점, 지물포 등).
㉡ 폐쇄형 : 출입구 이외에는 벽 또는 장식장으로 외부와 차단하는 형식이며, 손님이 점포에 비교적 오래 머물러 있는 경우나 또는 손님이 적은 점포에 쓰인다(이발소, 미용원, 보석상, 카메라점, 귀금속상 등).
㉢ 돌출형 : 종래에 많이 사용된 형식으로, 특수 소매상 등에 쓰인다.
㉣ 만입형 : 점두의 일부를 만입시켜 혼잡한 도로에서 마음 놓고 진열 상품을 볼 수 있게 하고, 점두의 진열면 증대에 의하여 점내에 들어가지 않고도 품목을 알 수 있는 이점이 있다.

08 |

상점의 공간은 판매공간, 부대공간, 파사드공간으로 구분할 수 있다. 다음 중 판매공간에 속하는 것은?

① 종업원의 후생 복지를 목적으로 하는 부분
② 진열장, 판매대 등 상품이 전시되는 부분
③ 상품을 하역하거나 발송하며 보관하는데 필요한 부분
④ 사무실 등 영업에 관련된 업무를 일반적으로 취급하는 부분

해설 상점의 공간 구분

㉠ 판매 부분 : 매장은 도입 공간, 통로 공간, 상품 전시 공간, 서비스 공간으로 구성된다.
㉡ 부대 부분 : 상품 관리 공간, 판매원의 후생 공간, 시설 관리 부분, 영업 관리 부분, 주차장으로 이루어진다.
㉢ 시설 관리 부분 : 전기, 공기 조화, 급배수 등의 기계실과 사무실, 대합실, 고객용 주차장, 화물용 주차장 등을 이루어진다.
㉣ 파사드(facade) : 쇼윈도, 출입구 및 홀의 입구부분을 포함한 평면적인 구성 요소와 광고판, 사인 외부 장치를 포함한 입체적인 구성요소의 총칭이다.

09 |

상점 계획에 관한 설명 중 옳지 않은 것은?

① 매장 바닥은 요철, 소음 등이 없도록 한다.
② 대면 판매 형식은 판매원 위치가 안정된다.
③ 측면 판매 형식은 진열면이 협소한 반면 친밀감을 줄 수 있다.
④ 레이아웃은 고객에게 심리적 부담감이나 저항감이 생기지 않도록 한다.

정답 05. ③ 06. ① 07. ② 08. ② 09. ③

해설 측면 판매 형식 : 진열 상품을 소비자와 같이 바라보며 판매하는 방식으로 판매력은 증가하나 판매원의 위치가 불분명하고 포장이 쉽지 않다.

10

상점의 판매 형식 중 대면 판매에 관한 설명으로 옳지 않은 것은?

① 종업원의 정위치를 정하기 어렵다.
② 포장대나 계산대를 별도로 둘 필요가 없다.
③ 고객과 마주 대하기 때문에 상품 설명이 용이하다.
④ 소형 고가품인 귀금속, 카메라 등의 판매에 적합하다.

해설 대면 판매

고객과 종업원이 진열장을 사이에 놓고 상담 판매하는 형식으로 소형 상품의 고가품인 귀금속, 의약품, 카메라, 화장품 판매점에 적합하다.

㉠ 장점
- 고객과 마주 대하고 상품을 설명하므로 상품 설명이 용이하다.
- 종업원 동선이 안정적이다.
- 포장대나 계산대를 별도로 둘 필요가 없다.

㉡ 단점
- 판매원의 고정 통로에 의해서 진열 면적이 협소하다.
- 대면에 따른 심리적 부담감으로 분위기가 딱딱해 질 수 있다.

※ 측면 판매 형식 : 진열 상품을 소비자와 같이 바라보며 판매하는 방식으로 판매력은 증가하나 판매원의 위치가 불분명하고 포장이 쉽지 않다.

11

상점의 판매 형식 중 측면 판매에 관한 설명으로 옳지 않은 것은?

① 직원 동선의 이동성이 많다.
② 고객이 직접 진열된 상품을 접촉할 수 있다.
③ 대면 판매에 비해 넓은 진열 면적의 확보가 가능하다.
④ 시계, 귀금속점, 카메라점 등 전문성이 있는 판매에 주로 사용된다.

해설 측면 판매

고객이 직접 상품과 접촉하도록 하여 충동적 구매를 유도하는 판매 형식으로 서적, 의류, 침구, 운동용품, 문방구류, 전기제품 판매점에 적합하다.

㉠ 장점
- 상품을 직접 만지고 고르므로 선택이 용이하다.
- 진열 면적이 넓고 고객과의 친밀감이 크다.

㉡ 단점
- 판매원의 위치를 정하기가 어렵다.
- 상품 설명이 어렵고 포장대, 캐시대가 별도로 요구된다.

※ 대면 판매 형식 : 고객과 소비자가 진열대를 가운데 두고 판매하는 형식으로 진열면적이 작고 주로 고가상품인 귀금속, 시계, 화장품 판매에 이용된다.

12

보석점 계획에 대한 설명 중 옳지 않은 것은?

① 직접 판매와 포장을 할 수 있는 측면 판매 형식이 바람직하다.
② 쇼케이스 안의 조도를 상점 내부의 조도보다 높게 한다.
③ 계산대, 포장대는 쇼케이스와 겸용하는 것을 고려한다.
④ 쇼케이스 배치는 고객 동선을 고려하여 결정한다.

해설 대면 판매 형식 : 고객과 소비자가 진열대를 가운데 두고 판매하는 형식으로 진열면적이 작고 주로 고가상품인 귀금속, 시계, 화장품 판매에 이용된다.

13

상점의 매장 계획에 관한 설명으로 옳지 않은 것은?

① 매장의 개성 표현을 위해 바닥에 고저차를 두는 것이 바람직하다.
② 진열대의 배치 형식 중 굴절배열형은 대면 판매와 측면 판매 방식이 조합된 형식이다.
③ 바닥, 벽, 천장은 상품에 대해 배경적 역할을 해야 하며 상품과 적절한 균형이 이루도록 한다.
④ 상품군의 배치에 있어 중점 상품은 주통로에 접하는 부분에 상호 연관성을 고려한 상품을 연속시켜 배치한다.

해설 상점 매장의 바닥은 손님의 안전과 이동의 편의성을 위해 고저차를 주지 않으며, 자연스럽게 매장으로 유도되면서 매장 내부는 미끄러지거나 요철이 없도록 한다.

정답 10. ① 11. ④ 12. ① 13. ①

14

상점의 판매 형식 중 측면 판매에 관한 설명으로 옳지 않은 것은?

① 대면 판매에 비해 넓은 진열 면적의 확보가 가능하다.
② 판매원이 고정된 자리 및 위치를 설정하기가 어렵다.
③ 소형으로 고가품인 귀금속, 시계, 화장품 판매점 등에 적합하다.
④ 고객이 직접 진열된 상품을 접촉할 수 있는 관계로 상품의 선택이 용이하다.

해설
- 대면 판매 형식 : 고객과 소비자가 진열대를 가운데 두고 판매하는 형식으로 진열면적이 작고 **주로 고가 상품인 귀금속, 시계, 화장품 판매에 이용된다.**
- 측면 판매 형식 : 진열 상품을 소비자와 같이 바라보며 판매하는 방식으로 판매력은 향상하나 판매원의 위치가 불분명하고 포장이 쉽지 않다.

15

다음 중 상점에서 대면 판매의 적용이 가장 곤란한 상품은?

① 화장품　② 운동복
③ 귀금속　④ 의약품

해설
- 대면 판매 : 고객과 종업원이 진열장을 사이에 놓고 상담 판매하는 형식으로 소형 상품의 고가품인 귀금속, 의약품, 카메라, 화장품 판매점에 적합하다.
- **측면 판매** : 고객이 직접 상품과 접촉하도록 하여 충동적 구매를 유도하는 판매 형식으로 **서적, 의류, 침구, 운동용품, 문방구류, 전기제품 판매점에 적합하다.**

16

상점의 평면 배치에서 고객의 흐름이 빠르며 대량 판매가 가능한 형식으로 고객이 직접 취사선택할 수 있도록 하는 업종에 가장 적절한 것은?

① 굴절 배열형
② 직렬 배열형
③ 환상 배열형
④ 복합 배열형

해설 상점의 평면형식

㉠ 직렬 배열형
- 진열 케이스, 진열대, 진열창 등을 입구에서부터 안을 향해 직선으로 구성하는 형식으로, **고객의 흐름이 빠르고 부분별 진열이 용이하여 대량 판매가 가능한 형식이다.**
- 침구점, 실용 의복점, 가전 판매점, 식기 판매점, 서점 등에 적합하다.

㉡ 굴절 배열형
- 진열 케이스 배치와 고객의 동선을 굴절시켜 곡선으로 구성하며, 대면 판매와 측면 판매를 조합하여 이루어진다.
- 양품점, 모자 판매점, 안경점, 문구점 등에 적합하다.

㉢ 환상 배열형
- 중앙 쇼케이스, 테 등으로 직선 또는 곡선에 의한 환상 부분을 설치하며 레지스터리, 포장대 등을 안에 놓는 형식으로 중앙의 대면 판매 부분에서는 소형 상품과 고액인 상품을 진열하고 벽에는 대형 상품을 진열한다.
- 민예품점, 수예품점 등에 적합하다.

㉣ 복합 배열형
- 직렬, 굴절, 환상 형식을 적절히 조합시킨 형식으로, 뒷면부에 대면 판매 또는 접객 부분을 설치한다.
- 서점, 피혁 제품점, 부인용품점 등에 적합하다.

17

상업 공간 진열장의 종류 중에서 시선 아래의 낮은 진열대를 말하며 의류를 펼쳐 놓거나 작은 가구를 이용하여 디스플레이할 때 주로 이용되는 것은?

① 쇼 케이스(show case)
② 하이 케이스(high case)
③ 샘플 케이스(sample case)
④ 디스플레이 테이블(display table)

해설
- 쇼 케이스(show case) : 상품을 진열하기 위하여 유리 따위로 칸막이를 하여 상품을 진열해 놓을 수 있게 만든 진열장이다.
- **디스플레이 테이블(display table) : 시선보다 낮은 곳에 의류나 작은 상품을 진열하기 위하여 사용되는 테이블이다.**

정답 14. ③ 15. ② 16. ② 17. ④

18 |

상업공간에서 고객을 위한 주통로 폭은 최소 얼마 이상으로 하는가?

① 60cm ② 90cm
③ 120cm ④ 150cm

해설 고객을 위한 주통로의 폭은 최소 900mm 이상으로 하며, 종업원의 동선의 폭은 최소 750mm 이상으로 한다.

19 |

상업공간의 동선 계획에 관한 설명으로 옳지 않은 것은?

① 고객 동선은 가능한 한 길게 배치하는 것이 좋다.
② 판매 동선은 고객 동선과 일치해야 하며 길고 자연스러워야 한다.
③ 상업공간 계획 시 가장 우선순위는 고객의 동선을 원활히 처리하는 것이다.
④ 관리 동선은 사무실을 중심으로 매장, 창고, 작업장 등이 최단 거리로 연결되는 것이 이상적이다.

해설 고객 동선

㉠ 고객 동선은 가능한 한 길게 배치하여 고객이 상점 내에 오래 머무르도록 한다.
㉡ 동선이 자연스럽게 상품에 접근할 수 있어야 하며 시선 계획을 함께 고려한다.
㉢ 성별, 연령층에 따른 행동, 습관, 심리적 상태 등을 고려하여 계획한다.
㉣ 주동선의 최소 폭은 900mm 이상으로 한다.
㉤ 고객 동선은 흐름의 연속성이 상징적 · 지각적으로 분할되지 않는 수평적 바닥이 되도록 하는 것이 좋다.
㉥ 종업원 동선과 고객 동선은 교차하지 않도록 하며 교차부에는 카운터, 쇼케이스를 배치한다.

종업원(판매원) 동선

㉠ 최대한 짧게 계획하는 것이 좋다.
㉡ 종업원 동선과 고객 동선은 교차하지 않도록 하며 교차부에는 카운터, 진열대를 배치한다.
㉢ 성격이 다른 동선은 교차시키지 않도록 한다.

20 |

상점 내 동선 계획에 관한 설명으로 옳지 않은 것은?

① 고객 동선은 짧고 간단하게 하는 것이 좋다.
② 직원 동선은 되도록 짧게 하여 보행 및 서비스 거리를 최대한 줄이는 것이 좋다.
③ 고객 동선과 직원 동선이 만나는 곳에는 카운터 및 쇼케이스를 배치하는 것이 좋다.
④ 고객 동선은 흐름의 연속성이 상징적 · 지각적으로 분할되지 않는 수평적 바닥이 되도록 하는 것이 좋다.

해설
- 고객 동선은 가능한 한 길게 배치하여 고객이 상점 내에 오래 머무르도록 한다.
- 동선이 자연스럽게 상품에 접근할 수 있어야 하며 시선 계획을 함께 고려한다.

21 |

판매 공간의 동선에 관한 설명으로 옳지 않은 것은?

① 판매원 동선은 고객 동선과 교차하지 않도록 계획한다.
② 고객 동선은 고객의 움직임이 자연스럽게 유도될 수 있도록 계획한다.
③ 판매원 동선은 가능한 한 짧게 만들어 일의 능률이 저하되지 않도록 한다.
④ 고객 동선은 고객의 원하는 곳으로 바로 접근할 수 있도록 가능한 한 짧게 계획한다.

해설
- 고객 동선은 가능한 한 길게 배치하여 고객이 상점 내에 오래 머무르도록 한다.
- 동선이 자연스럽게 상품에 접근할 수 있어야 하며 시선 계획을 함께 고려한다.

22 |

다음 중 상점 내에 진열 케이스를 배치할 때 가장 우선적으로 고려해야 할 사항은?

① 고객의 동선
② 마감재의 종류
③ 실내의 색채 계획
④ 진열 케이스의 수량

정답 18. ② 19. ② 20. ① 21. ④ 22. ①

해설 상업 공간의 고객 동선

㉠ 판매를 목적으로 매장 내 진열장 배치를 효율적으로 함으로 고객 동선을 가능한 한 길게 배치한다.
㉡ 동선이 자연스럽게 상품에 접근할 수 있어야 하며 시선 계획을 함께 고려한다.
㉢ 성별, 연령층에 따른 행동, 습관, 심리적 상태 등을 고려하여 계획한다.
㉣ 주동선의 최소폭은 900mm 이상으로 한다.

23

상점의 상품 진열에 관한 설명으로 옳지 않은 것은?

① 운동기구 등 무게가 많이 나가는 물품은 바닥에 가깝게 배치하는 것이 좋다.
② 상품의 진열범위 중 골든 스페이스(golden space)는 600~900mm의 높이이다.
③ 눈높이 1,500mm을 기준으로 상향 10°에서 하향 20° 사이가 고객이 시선을 두기 가장 편한 범위이다.
④ 사람의 시각적 특징에 따라 좌측에서 우측으로, 작은 상품에서 큰 상품으로 진열의 흐름도를 만드는 것이 효과적이다.

해설 상품 유효 진열 범위

㉠ 눈높이는 1,500mm 기준으로 하며 시야 범위는 상향 10°에서 하향 20°가 가장 좋다.
㉡ 상품 진열범위는 바닥에서 600~2,100mm 이하이며 가장 편안한 높이(golden space)는 850~1,250mm이다.
㉢ 상품 진열 위치
- 소량의 상품 진열은 1,200mm 이하
- 풍부한 진열은 1,200~1,350mm
- 수납 공간 이용은 2,200~2,700mm

24

상품의 유효 진열 범위에서 고객의 시선이 자연스럽게 머물고, 손으로 잡기에 편한 높이인 골든 스페이스(Golden Space)의 범위는?

① 450~850mm
② 850~1,250mm
③ 1,300~1,500mm
④ 1,500~1,700mm

해설 눈높이는 1,500mm 기준으로 하며 시야 범위는 상향 10°에서 하향 20°가 가장 좋다. 따라서 상품 진열범위는 바닥에서 600~2,100mm 이하이며 가장 편안한 높이(golden space)는 850~1,250mm이다.

25

다음 그림과 같은 쇼윈도의 조명 방식은?

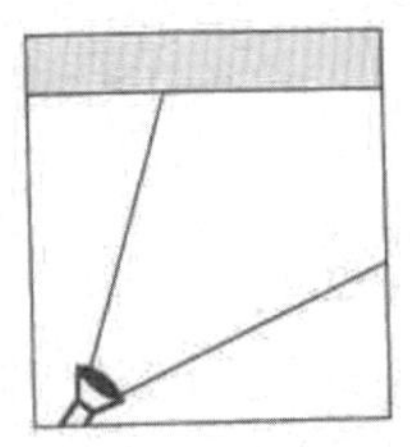

① 백 라이트
② 플로어 라이트
③ 펜던트
④ 스포트라이트

해설 ① 백 라이트(back light 후광 조명) 기법 : 간판, Sign물에 많이 사용되는 것으로 글자나 형상 등을 반투명 재료와 불투명 재료를 대조시켜 빛을 통과 시킴으로써 효과를 얻는 조명 방식이다.
③ 펜던트(pendant) : 천장에서 파이프나 와이어로 늘어뜨려 연결한 조명 방식이다.
④ 스포트라이트(spotlight) : 특별 부위에 집중하여 조사하기 위한 조명 방식으로 국지 조명의 일종이다.

26

쇼룸(showroom)에 관한 설명으로 옳지 않은 것은?

① 일반적으로 PR보다는 판매를 위주로 한다.
② 일반 매장과는 다르게 공간적으로 여유가 있다.
③ 쇼룸의 연출은 되도록 개념, 대상물, 효과라는 3단계가 종합적으로 디자인되어야 한다.
④ 상업적 쇼룸에는 필요한 경우 사용이나 작동을 위한 테스팅 룸(testing room)을 배치한다.

해설 쇼룸의 공간구성

㉠ 상품 진열 공간 : 전시 상품을 디스플레이 하기 위한 공간으로 진열장 쇼케이스, 디스플레이 테이블, 진열 소기구, 연출 기구가 필요하다.
㉡ 어트랙션 공간 : 입구에서 관객을 쇼룸의 내부로 유도하고 관람객의 시선을 끌어 전시에 흥미를 갖게 하는 것으로 입구 부분과 전시공간 내에서 비중이 크므로 중심이 되는 곳에 배치하는 것이 일반적이다.
㉢ 서비스 공간 : 전시장의 입구나 입구 부근에 전시 상품에 대한 정보를 알리기 위한 진열대, 안내 카운터 책상 등이 배치된 공간이다.

정답 23. ② 24. ② 25. ② 26. ①

㉣ 상담 공간 : 관람자에게 상품에 대한 지식, 효용성 등의 정보를 설명하거나 구매 상담을 하기 위한 공간이다.
㉤ 파사드 : 쇼윈도, 출입구, 홀의 입구뿐만 아니라 광고판, 광고탑, 사인 등으로 기업 및 상품에 대한 첫 인상을 주는 곳이며 강한 이미지를 줄 수 있도록 계획한다.

27

쇼윈도에 대한 다음 설명 중 옳지 않은 것은?

① 쇼윈도의 바닥 높이는 진열되는 상품의 종류에 따라 고저를 결정하며 운동 용구, 구두, 시계 및 귀금속은 높게 할수록 좋다.
② 쇼윈도는 상점 파사드의 일부분으로 통행인에게 상점의 특색이나 취급 상품을 알리는 기능을 담당한다.
③ 쇼윈도의 눈부심을 방지하기 위해 외부측에 차양을 설치하여 그늘을 만들어 준다.
④ 쇼윈도의 바닥면에 사용되는 재료는 상품의 색상과 재질의 특성에 따라 달리하는 것이 바람직하다.

해설 상품 유효 진열 범위
㉠ 눈높이는 1,500mm를 기준으로 하며, 시야 범위는 상향 10° 에서 하향 20°가 가장 좋다.
㉡ 상품 진열 범위는 바닥에서 600~2,100mm 이하이며, 가장 편안한 높이는 850~1,250mm이다.
㉢ 상품 진열장의 위치
- 소량 상품 진열 : 1,200mm 이하
- 풍부하게 진열 : 1,200~1,350mm
- 수납 공간 이용 : 2,200~2,700mm

※ 운동 기구 중 중량의 물건은 바닥에 가깝게 배치하는 것이 좋다.

28

쇼윈도 조명 계획에 대한 설명 중 가장 부적당한 것은?

① 근접한 타 상점의 조도, 통과하는 보행자의 속도에 상응하여 주목성 있는 조도를 결정한다.
② 상점 내부의 전체 조명보다 2~4배 정도 높은 조도로 한다.
③ 진열 상품의 입체감은 밝은 하이라이트 부분과 그림자 부분이 명확히 구분되어 형상의 입체감이 강조되도록 한다.
④ 광원이 보는 사람의 눈에 직접 보이게 한다.

해설 광원에 의해 눈부심이 생기지 않도록 한다.

29

상점 진열창(show window)의 눈부심을 방지하는 방법으로 옳지 않은 것은?

① 유리면을 경사지게 한다.
② 외부에 차양을 설치한다.
③ 특수한 곡면 유리를 사용한다.
④ 진열창의 내부 조도를 외부보다 낮게 한다.

해설 눈부심 방지 요령
㉠ 광원의 휘도를 줄이고 수를 늘리며 보는 사람의 눈에 직접 보이지 않게 한다.
㉡ 내부 조도를 외부 조도보다 높게 하여 되비침 현상을 방지한다.
㉢ 창문을 높이 설치하고 창 가리개를 설치한다.
㉣ 창 안쪽에 수직 날개를 달아 직접 시선이 닿는 것을 방지한다.
㉤ 간접 조명의 수준을 높인다.
㉥ 방사광이 눈에 비치지 않도록 하며 무광택 도료로 마감 처리한다.
㉦ 경사 유리나 곡면 유리를 사용하여 빛의 반사에 의한 눈부심을 방지한다.

30

다음 중 6층 규모의 백화점 매장 계획에 있어서 1층에 진열되는 상품으로 가장 적합하지 않은 것은?

① 액세서리 ② 화장품
③ 구두 ④ 가구

해설 층별 상품 배치 계획
㉠ 지하층 : 고객이 마지막으로 구매하는 상품 배치 – 식료품, 주방용품, 슈퍼
㉡ 1층 : 상품 선택에 시간이 오래 걸리지 않는 상품 배치 – 화장품, 신발, 구두, 핸드백, 속옷(내의)
㉢ 2~3층 : 고가의 상품으로 매상이 가장 큰 상품 배치 – 귀금속, 신사복, 숙녀복, 아동복, 고급 잡화
㉣ 4~5층 : 잡화 상품 배치 – 문구, 식기류, 침구류, 장난감류
㉤ 6~7층 : 면적을 넓게 차지하는 상품 배치 – 가전제품, 악기류, 가구류, 식당, 휴게 공간, 사무실

정답 27. ① 28. ④ 29. ④ 30. ④

31

백화점 진열장의 배치 방법 중 판매장의 유효 면적을 최대로 할 수 있으나, 단조로운 배치가 되기 쉬운 것은?

① 직각 배치법 ② 사행 배치법
③ 방사 배치법 ④ 자유 곡선 배치법

해설 진열장의 배치

㉠ 직각 배치법
- 가구를 열 지어 직각 배치함으로써 직교하는 통로가 나게 하는 배치하는 형식이다.
- 가장 간단한 배치 방법으로 매장 면적을 최대한으로 이용할 수 있다.
- 단조로운 배치 방법으로 고객의 통행량에 따른 통로 폭을 조절하기 어려워 국부적 혼란을 일으키기 쉽다.

㉡ 사행 배치법
- 주통로를 직각 배치하고 부통로를 주통로에 45° 경사지게 배치하는 형식이다.
- 좌우 주통로에 가까운 길을 택할 수 있고 주통로에서 부통로의 상품이 잘 보인다.
- 이형의 판매대가 많이 필요하다.

㉢ 자유 유동 배치법(자유 곡선 배치법)
- 통로를 고객이 유동 방향에 따라 자유로운 곡선으로 배치하는 형식이다.
- 전시에 변화를 주고 매장의 특수성을 살릴 수 있다.
- 판매대나 유리 케이스에 특수성이 있어야 하므로 고가이다.

㉣ 방사 배치법
- 판매장의 통로를 방사형으로 배치하는 형식이다.
- 일반적으로 사용하기 곤란한 형식이다.

32

백화점 실내계획에 대한 설명으로 옳은 것은?

① 매장의 배치유형 중 직각 배치형은 면적의 이용도가 높고 다른 배치 방법과 비교해 배치가 비교적 간단하다.
② 고객의 주동선인 통로폭은 3인 이상이 자유롭게 통행할 수 있도록 1.8~2.5m 정도로 한다.
③ 동선의 혼잡도는 고객의 정지상태와 이동변수와 무관한 고정적 · 절대적인 요소이다.
④ 고객동선과 종업원 동선은 자주 교차되도록 한다.

해설 직각 배치법

㉠ 가구를 열 지어 직각 배치함으로써 직교하는 통로가 나게 하는 배치하는 형식이다.
㉡ 가장 간단한 배치 방법으로 매장 면적을 최대한으로 이용할 수 있다.
㉢ 단조로운 배치 방법으로 고객의 통행량에 따른 통로 폭을 조절하기 어려워 국부적 혼란을 일으키기 쉽다.

33

백화점의 매장 계획에서 공간 계획 방법으로 옳은 것은?

① 전략적 상품군과 수익성이 큰 상품은 주동선에서 떨어진 별도의 동선에 배치한다.
② 고객을 위한 휴식 공간과 편의 시설은 한 층이나 한 장소에 집중 배치한다.
③ 최소의 인원으로 매장을 관리할 수 있도록 상품을 배치한다.
④ 각 층의 입구 부분에 인기 품목을 배치한다.

해설 공간 계획 방법

㉠ 전략적 상품군과 수익성이 큰 상품은 에스컬레이터, 엘리베이터 등 주동선에 접하여 배치하거나 가까운 부분에 배치한다.
㉡ 최소의 인원으로 최대의 매출을 증대할 수 있도록 매장을 조정하여 상품을 배치한다.
㉢ 고객을 위한 휴식 공간, 편의 시설에는 많은 동선이 집중되므로 한 층이나 한 장소에 모든 시설을 배치하지 않고 분산 배치한다.
㉣ 서로 관련된 상품군을 선정 배치하여 매장과 매장이 자연스럽게 연결되도록 한다.
㉤ 인기 품목을 부진한 품목 위치와 인접하여 배치하면 부진한 품목의 매출을 촉진할 수 있다.
㉥ 각 층의 입구에 섰을 때 매장 구성과 상품 배치의 식별이 용이하고 고객의 시선을 유도하여 빠른 동선의 흐름으로 혼잡하지 않도록 한다. 특히 입구 부분에 인기 품목을 배치할 경우 혼잡하기 쉬우므로 주의한다.
㉦ 디스플레이는 VMD 전략에 입각해 상품을 이해하기 쉽고 보기 쉽도록 하며 각 품목마다의 독특한 개성의 아이덴티티를 표현하도록 한다. 따라서, 매장 구성의 계획은 공간을 큰 단위로부터 세분화시켜 가면서 계획한다. 또한 품목의 적절한 위치 선정과 연관해서 매장을 단계적으로 구성한다.

정답 31. ① 32. ① 33. ③

34

백화점의 에스컬레이터에 관한 설명으로 옳지 않은 것은?

① 건축적 점유면적이 가능한 한 작게 배치한다.
② 승객의 보행거리가 가능한 한 길게 되도록 한다.
③ 출발 기준층에서 쉽게 눈에 띄도록 하고 보행 동선 흐름의 중심에 설치한다.
④ 일반적으로 수직 이동 서비스 대상 인원이 70~80% 정도를 부담하도록 계획한다.

해설 에스컬레이터의 특성
㉠ 수송 능력이 엘리베이터에 비해 크다.
㉡ 대기 시간이 없는 연속적인 수송설비이다.
㉢ 승강 중 주위가 오픈되므로 주변 광고 효과가 크다.
㉣ 일반적으로 서비스 대상 인원의 70~80% 정도를 부담하도록 한다.
㉤ 건축적 점유면적이 가능한 한 작게 배치한다.
㉥ 출발 기준층에서 쉽게 눈에 띄도록 하고 보행 동선 흐름의 중심에 설치한다.

35

백화점의 에스컬레이터에 관한 설명으로 옳지 않은 것은?

① 수송 능력이 엘리베이터에 비해 크다.
② 대기 시간이 없고 연속적인 수송설비다.
③ 승강 중 주위가 오픈되므로 주변 광고 효과가 크다.
④ 서비스 대상 인원의 10~20% 정도를 에스컬레이터가 부담하도록 한다.

해설 에스컬레이터는 일반적으로 서비스 대상 인원의 70~80% 정도를 부담하도록 한다.

36

백화점의 에스컬레이터에 관한 설명으로 옳지 않은 것은?

① 건축적 점유면적이 가능한 한 작게 배치한다.
② 복렬형 배열 방법은 주로 대규모 백화점에 사용된다.
③ 출발 기준층에서 쉽게 눈에 띄도록 하고 보행 동선 흐름의 중심에 설치한다.
④ 일반적으로 서비스 대상 인원의 70~80% 정도를 에스컬레이터가 부담하도록 한다.

해설 백화점의 에스컬레이터 배열방법
㉠ 복렬형 : 승강과 하강이 분리되어 순서대로 갈아타면서 승·하강할 수 있다. 중소규모의 백화점에 많으며, 일반적으로 승강 또는 하강 전용으로 되어 있다.
㉡ 교차형 : 승강과 하강을 모두 연속적으로 갈아타면서 승하강할 수 있다. 승·하강 시 승강구가 혼잡하지 않으며, 일반적으로 대형 백화점에 많이 설치한다.

37

백화점의 엘리베이터 계획에 관한 설명으로 옳지 않은 것은?

① 교통 동선의 중심에 설치하여 보행거리가 짧도록 배치한다.
② 여러 대의 엘리베이터를 설치하는 경우, 그룹별 배치와 군 관리 운전 방식으로 한다.
③ 일렬 배치는 6대를 한도로 하고, 엘리베이터 중심 간 거리는 8m 이하가 되도록 한다.
④ 엘리베이터 홀은 엘리베이터 정원 합계의 50% 정도를 수용할 수 있어야 하며, 1인당 점유면적은 0.5~0.8m^2로 계산한다.

해설 엘리베이터의 배치
- 가급적 집중하여 배치하며, 6대 이상일 때 분산 배치한다.
- 대면 거리는 3.5~4.5m로 한다.
- 고객용, 화물용, 사무용으로 구분 배치한다.
- 중소 백화점의 경우는 출입구의 반대 측에, 대형 백화점의 경우는 중앙에 배치한다.

38

상점 구성의 기본이 되는 상품 계획을 시각적으로 구체화함으로 상점 이미지를 경영 전략적 차원에서 고객에게 인식시키는 표현 전략은?

① VMD ② 슈퍼그래픽
③ 토큰 디스플레이 ④ 스테이지 디스플레이

정답 34. ② 35. ④ 36. ② 37. ③ 38. ①

해설 VMD 전개의 목적

㉠ 상점과 상품의 이미지를 높인다.
㉡ 타 상점과의 차별화하기 위해 활용한다.
㉢ 즐거운 쇼핑 분위기를 제공한다.
㉣ 고객은 고르기 쉽고 사기 쉬우며, 판매자는 판매하기 쉽고 관리하기 쉬운 매장을 구성한다.

39

비주얼 머천다이징(VMD)에 관한 설명으로 옳지 않은 것은?

① VMD의 구성은 IP, PP, VP 등이 포함된다.
② VMD의 구성 중 IP는 상점의 이미지와 패션 테마의 종합적인 표현을 일컫는다.
③ 상품 계획, 상점 계획, 판촉 등을 시각화시켜 상점 이미지를 고객에게 인식시키는 판매 전략을 말한다.
④ VMD란 상품과 고객 사이에서 치밀하게 계획된 정보 전달 수단으로서 디스플레이의 기법 중 하나이다.

해설 비주얼 머천다이징(V.M.D) 요소

㉠ VP(Visual Presentation) : 상점 연출의 종합적 표현으로, 상점과 상품의 이미지를 높인다. (쇼윈도우, 층별 메인 스테이지)
㉡ PP(Point of sale Presentation) : 블록별 상품 이미지를 높이며, 상품의 중요한 점을 표현한다. (테이블, 벽면 상단, 집기류 상판)
㉢ IP(Item Presentation) : 상품을 분리 · 정리하여 구매하기 쉽고 판매하기 쉬운 매장을 만든다. (행거, 선반, 쇼케이스)

40

VMD(visual merchandising)의 구성에 속하지 않는 것은?

① VP ② PP
③ IP ④ POP

해설 비주얼 머천다이징(V.M.D) 요소

㉠ VP(Visual Presentation) : 상점 연출의 종합적 표현으로, 상점과 상품의 이미지를 높인다(쇼윈도우, 층별 메인 스테이지).
㉡ PP(Point of sale Presentation) : 블록별 상품 이미지를 높이며, 상품의 중요점을 표현한다(테이블, 벽면 상단, 집기류 상판).
㉢ IP(Item Presentation) : 상품을 분리 · 정리하여 구매하기 쉽고 판매하기 쉬운 매장을 만든다(행거, 선반, 쇼케이스).

41

소비자 구매 심리 5단계의 순서로 옳은 것은?

① 주의(A) – 흥미(I) – 욕망(D) – 확신(C) – 구매(A)
② 흥미(I) – 주의(A) – 욕망(D) – 확신(C) – 구매(A)
③ 확신(C) – 욕망(D) – 흥미(I) – 주의(A) – 구매(A)
④ 욕망(D) – 흥미(I) – 주의(A) – 확신(C) – 구매(A)

해설 AIDCA 법칙

㉠ 주의(Attention ; A) : 상품에 관한 관심으로 주의를 갖게 한다.
㉡ 흥미(Interest ; I) : 상품에 대한 흥미를 갖게 한다.
㉢ 욕망(Desire ; D) : 상품 구매에 대한 강한 욕망을 갖게 한다.
㉣ 확신(Confidence ; C) : 확신을 심어 준다.
㉤ 행동(Action ; A) : 구매 행위를 실행케 한다.

42

상점의 광고 요소로써 AIDMA 법칙의 구성에 속하지 않는 것은?

① Attention
② Interest
③ Development
④ Memory

해설 AIDMA 법칙

㉠ 주의(Attention ; A) : 상품에 관한 관심으로 주의를 갖게 한다.
㉡ 흥미(Interest ; I) : 상품에 대한 흥미를 갖게 한다.
㉢ 욕망(Desire ; D) : 상품 구매에 대한 강한 욕망을 갖게 한다.
㉣ 기억(Memory ; M) : 미래의 상품 구매를 위한 강한 이미지를 갖게 한다.
㉤ 행동(Action ; A) : 구매 행위를 실행케 한다
※ Development : 개발, 발달이란 뜻이다.

정답 39. ② 40. ④ 41. ① 42. ③

43

상업공간 중 음식점의 동선 계획에 관한 설명으로 옳지 않은 것은?

① 주방 및 팬트리의 문은 손님의 눈에 안 보이는 것이 좋다.
② 팬트리에서 일반석의 서비스 동선과 연회실의 동선으로 분리한다.
③ 출입구 홀에서 일반석으로의 진입과 연회석으로의 진입을 서로 구별한다.
④ 일반석의 서비스 동선은 가급적 막다른 통로 형태로 구성하는 것이 좋다.

해설 음식점의 동선 계획
㉠ 주방 기구를 보관하는 배선실(pantry)로의 물품 반입, 쓰레기 반출, 고객의 출입구는 명확히 구분한다.
㉡ 배선실(pantry)에서 식당 간의 종업원 동선과 고객의 동선과 관계없이 바닥의 고저차가 없게 한다.
㉢ 요리의 출구와 식기의 회수를 분리하여 종업원의 동선을 단순화시킨다.
㉣ 주방 및 배선실의 문은 고객의 눈에 안 보이는 것이 좋다.
㉤ 화장실과 세면실은 식당에서 직접 들어가지 않고, 로비나 라운지 등에서 연결되도록 한다.
㉥ 연회장과 집회장이 있는 경우에는 전용 클러크 룸, 대기실, 서비스 배선실을 만드는 것이 좋다.
㉦ 고객과 종업원의 동선을 분리하여 주는 것이 좋다.

44

레스토랑 평면 계획에 대한 설명 중 옳지 않은 것은?

① 카운터는 출입구 부분에 위치시키는 것이 좋다.
② 고객의 동선과 주방의 동선이 교차하지 않도록 한다.
③ 요리의 출구와 식기의 회수 동선은 분리하는 것이 바람직하다.
④ 공간의 다양성을 위해 서비스 동선이 이루어지는 곳은 바닥의 고저차가 있는 것이 좋다.

해설 서비스는 wagon을 사용하는 경우도 있으므로 통로에는 바닥의 레벨차를 없애도록 해야 한다.

45

시티 호텔(City Hotel) 계획에서 크게 고려하지 않아도 되는 것은?

① 주차장 ② 발코니
③ 연회장 ④ 레스토랑

해설 시티 호텔은 관광이나 휴양목적으로 세워지는 것이 아니며 도시에 세워지므로 발코니를 만드는 것은 중요하지 않다.

46

호텔 객실 중 보통 하나 혹은 그 이상의 침실에 거실을 연결시켜 놓은 것을 일컫는 것으로 일반 객실보다 규모가 크고 더 안락하게 구성된 특별 객실의 이름은?

① 트윈 룸(twin room)
② 스튜디오(studio)
③ 스위트 룸(suite room)
④ 더블 룸(double room)

해설 스위트 룸
침실과 응접실이 별도로 있는 객실로 주로 전망이 좋은 장소에 위치하며 일반 객실 면적의 2배이다.

47

호텔의 중심 기능으로 모든 동선 체계의 시작이 되는 공간은?

① 객실 ② 로비
③ 클로크 ④ 린넨실

해설 로비
고객 움직임의 중심이며 객실을 포함하여 모든 공공시설로 진입하는 통로이다.

48

식음 시설 계획할 때 고려사항이 아닌 것은?

① 서비스 스타일
② 출입구와 주방의 위치
③ 음식의 가격
④ 판매 요리의 종류

정답 43. ④ 44. ④ 45. ② 46. ③ 47. ② 48. ③

해설 식음 시설 계획 시 고려사항
㉠ 레스토랑의 규모
㉡ 판매 요리의 결정
㉢ 서비스의 스타일
㉣ 좌석의 배치유형

4. 전시공간 계획

01

다음 중 전시공간의 규모 설정에 영향을 주는 요인과 가장 거리가 먼 것은?

① 전시방법
② 전시의 목적
③ 전시공간의 평면 형태
④ 전시자료의 크기와 수량

해설 전시공간의 계획
㉠ 전시주제의 설정(main theme의 구성) : 전시이념, 전시물의 특성, 교육적·학문적 효과 등을 검토한다.
㉡ 전시방법의 설정 : 어떤 배열 방법을 사용할 것인가를 결정하여 관람객의 움직임을 원활하게 한다.
㉢ 전시공간의 유형 결정 : 전시자료의 크기와 수량

02

전시공간의 설계 시 고려해야 할 기본 사항이 아닌 것은?

① 전시물의 특성 ② 관람객의 움직임
③ 관람 방식 ④ 관람료 및 출구

해설 전시공간의 계획
㉠ 전시주제의 설정(main theme의 구성) : 전시이념, 전시물의 특성, 교육적, 학문적 효과 등을 검토한다.
㉡ 전시방법의 설정 : 어떤 배열 방법을 사용할 것인가를 결정하여 관람객의 움직임을 원활하게 한다.
㉢ 전시공간의 유형 : 전시자료의 크기와 수량

03

다음 중 전시 목적 공간에 해당하지 않는 것은?

① 쇼룸 ② 박물관
③ 박람회 ④ 컨벤션홀

해설 전시공간
㉠ 전시공간은 일반적으로 감상, 교육, 계몽, 전달, 판매 서비스 등을 목적으로 전시되며, 영리적인 측면에서 보면 비영리적인 전시와 구분된다.
㉡ 비영리적인 전시는 예술성이 강한 작품의 발표 또는 일반 대중의 문화적인 사고계발과 교육을 목적으로 하며, 미술관, 박물관, 기념관, 박람회 등이 여기에 속한다.
㉢ 영리적 전시는 전시자의 명성이나 선전 효과를 이용하여 판매 촉진을 목적으로 하는 것으로, 쇼룸(showroom)이 대표적이다.
※ 컨벤션이란 다수의 사람이 특정한 활동을 하거나 협의하기 위해 한 장소에 모이는 회의(meeting)와 같은 의미라 할 수 있으며 전시회를 포함하는 좀 더 포괄적인 의미로 쓰이기도 한다.

04

전시공간의 순회유형에 관한 설명으로 옳지 않은 것은?

① 연속순회형식에서 관람객은 연속적으로 이어진 동선을 따라 관람하게 된다.
② 갤러리 및 복도형은 각 실을 독립적으로 폐쇄할 수 있다는 장점이 있다.
③ 연속순회형식은 한 실을 폐쇄하면 다음 실로의 이동할 수 없는 단점이 있다.
④ 중앙홀형은 대지 이용률은 낮으나, 중앙홀이 작아도 동선의 혼란이 없다는 장점이 있다.

해설 전시실의 형식
㉠ 연속순로(순회)형식 : 다각형의 전시실이 연속적으로 연결된 형식으로 소규모 전시에 적합하며 동선이 단순하고 공간 절약의 장점이 있으나 많은 실을 순서대로 관람하기 때문에 관람객이 지루함과 피곤함을 느끼기 쉽고, 중간실을 폐쇄하면 동선이 막힌다.
㉡ 갤러리 및 복도형 : 복도에 의해 각 실을 연결하는 형식으로, 복도가 중정을 둘러싸고 회랑을 구성하는 경우가 많다. 관람자가 전시실을 선택할 수 있으며, 필요에 따라 독립적으로 폐쇄할 수 있다.
㉢ 중앙홀형 : 중앙에 큰 홀을 두고 그 주위에 전시실을 배치하는 형식으로 부지 이용률이 높고, 중앙홀이 크면 동선의 혼잡이 없다.

정답 01. ③ 02. ④ 03. ④ 04. ④

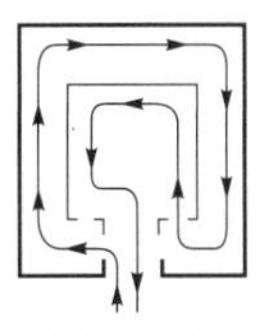

㉮ 연속 순회형 ㉯ 갤러리 및 복도형

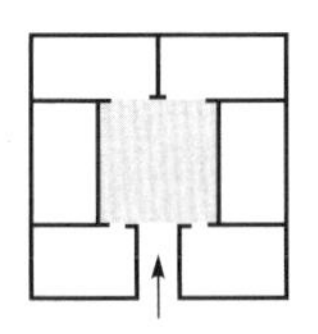

㉰ 중앙홀형

[전시실의 순회유형]

05

전시공간의 순회유형 중 연속순회형식에 관한 설명으로 옳지 않은 것은?

① 관람객은 연속적으로 이어진 동선을 따라 관람하게 된다.

② 동선에 따른 공간이 요구되므로 소규모 전시실에는 적용이 곤란하다.

③ 한 실을 폐쇄하면 다음 공간으로의 이동이 불가능한 단점이 있다.

④ 비교적 동선이 단순하나 다소 지루하고 피곤한 느낌을 줄 수도 있다.

해설 연속순회형

다각형의 전시실을 연속적으로 동선을 형성하는 형식으로 단순함과 공간 절약 등 소규모 전시실에 적합하나 많은 실을 순서대로 순회하여야 하며 중간실을 폐쇄하면 동선이 막힌다.

06

전시실의 순회형식 중 연속순회형식에 관한 설명으로 옳은 것은?

① 연속된 전시실의 한쪽 복도에 의해서 각 실을 배치한 형식이다.

② 각 실에 직접 들어갈 수 있으며 필요시 자유로이 독립적으로 폐쇄할 수 있다.

③ 1실을 폐쇄할 때 전체 동선이 막히게 되므로 비교적 소규모의 전시실에 적합하다.

④ 중심부에 하나의 큰 홀을 두고 그 주위에 각 전시실을 배치하여 자유로이 출입하는 형식이다.

해설 연속순회형

다각형의 전시실을 연속적으로 동선을 형성하는 형식으로, 단순함과 공간 절약 등 소규모 전시실에 적합하나 많은 실을 순서대로 순회하여야 하며 중간실을 폐쇄하면 동선이 막힌다.

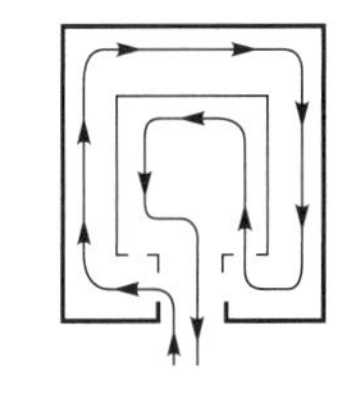

※ ① 갤러리 및 복도형 ② 중앙홀형 ④ 중앙홀형에 대한 설명이다.

07

다음 설명에 알맞은 전시공간의 평면 형태는?

- 관람자는 다양한 전시공간의 선택을 자유롭게 할 수 있다.
- 관람자에게 과중한 심리적 부담을 주지 않는 소규모 전시관에 사용한다.

① 원형 ② 선형

③ 부채꼴형 ④ 직사각형

해설 전시공간의 평면 형태

㉠ 부채꼴형
- 관람객에게 다양한 전시공간을 제공하며 관람객은 빠른 선택을 할 수 있게 한다.
- 많은 양을 전시할 때 관람객에게 너무 많은 것을 요구하여 지나치게 부담을 준다.
- 많은 관람객이 밀집할 때 입구에서는 병목 현상이 발생할 수 있다.
- 관람객에게 과중한 심리적 부담을 주지 않는 소규모 전시관에 사용한다.

㉡ 사각형
- 관람객은 체계적으로 예정된 경로를 따라 안내받을 수 있다.
- 공간 형태가 단순하고 분명한 성격을 지니기 때문에 지각이 쉽고 명쾌하며 변화있는 전시 계획이 시도될 수 있다.
- 관리적 측면에서 통제와 감시가 다른 유형의 평면에 비해 수월한 장점이 있다.

㉢ 원형
- 고정된 축이 없어 안정된 상태에서 지각하기 어렵다.
- 배경이 동적이기 때문에 관람자의 주의를 집중하기 어렵고 위치 파악도 어려워 방향 감각을 자칫 잃어버리기 쉽다.

정답 05. ② 06. ③ 07. ③

• 전시실 중앙에 핵이 되는 전시물을 중심으로 주변에 그와 관련되거나 유사한 성격의 전시물을 전시함으로써 공간이 주는 불확실성을 극복할 수 있다.

㉣ 자유형
  • 형태가 복잡하여 대규모 공간에는 부적합하며 내부를 전체적으로 볼 수 있는 제한된 공간에서 사용하는 것이 바람직하다.
  • 미로와 같은 복잡한 공간을 피하기 위해서는 강제적인 동선이 필수적이다.

㉤ 작은 실의 조합형
  • 관람자가 자유로이 둘러볼 수 있도록 공간의 형태에 의한 동선의 유도가 필요하다.
  • 한 전시실의 규모는 작품을 고려한 시선 계획하에 결정되지 아니하면 자칫 동선이 흐트러지기 쉽다.

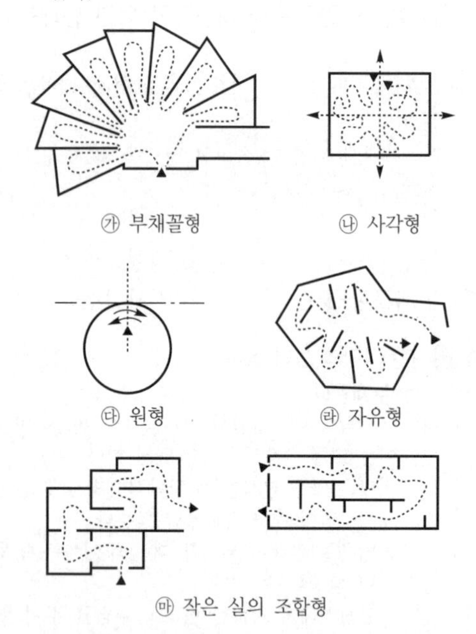

08 |

다음 설명에 알맞은 전시 공간의 특수전시기법은?

> • 연속적인 주제를 시간적인 연속성을 가지고 선형으로 연출하는 전시기법이다.
> • 벽면 전시와 입체물이 병행되는 것이 일반적인 유형으로 넓은 시야의 실경을 보는 듯한 감각을 준다.

① 디오라마 전시　② 파노라마 전시
③ 아일랜드 전시　④ 하모니카 전시

해설 특수전시기법
㉠ 디오라마(diorama) 전시 : 깊이가 깊은 벽장 형식으로 구성하여 어떤 상황을 배경과 실물 또는 모형으로 재현하는 수법으로, 현장감과 공간을 표현하고 배경에 맞는 투시적 효과와 상황을 만든다.
㉡ **파노라마(panorama) 전시 : 연속적인 주제를 선적으로 구성하여 연계성 깊게 연출하는 방법으로 단일화 정황을 파노라마로 연출하는 방법, 시각적 연속성을 위한 플로우 차트로 구성하는 방법, 사건과 인물의 맥락을 전시하기 위해 수평으로 연속된 화면을 구성하는 방법 등이 있다.**
㉢ 아일랜드(island) 전시 : 사방에서 감상해야 할 필요가 있는 조각물이나 모형을 전시하기 위해 벽면에서 띄어놓아 전시하는 방법으로, 관람자의 동선을 자유롭게 변화시킬 수 있어 전시공간을 다양하게 사용할 수 있다.
㉣ 하모니카(harmonica) 전시 : 사각형 평면을 반복시켜 전시공간을 구획하는 가장 기본적인 공간구성 방법으로, 벽면의 진열장 전시에서 전시 항목이 짧고 명확할 때 채택하면 전시 효율을 높일 수 있다.

09 |

다음 그림이 나타내는 특수전시기법은?

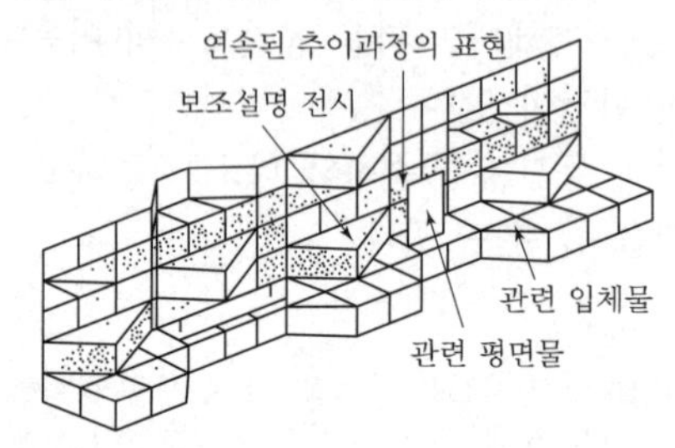

① 디오라마 전시
② 아일랜드 전시
③ 파노라마 전시
④ 하모니카 전시

해설 파노라마(panorama) 전시
연속적인 주제를 선적으로 구성하여 연계성 깊게 연출하는 방법으로 단일화 정황을 파노라마로 연출하는 방법, 시각적 연속성을 위한 플로우 차트로 구성하는 방법, 사건과 인물의 맥락을 전시하기 위해 수평으로 연속된 화면을 구성하는 방법 등이 있다.

정답 08. ② 09. ③

10

디오라마 전시방법에 대한 설명으로 가장 알맞은 것은?

① 연속적인 주제를 시간적인 연속성을 가지고 선형으로 연출하는 전시방법이다.
② 천장과 벽면을 따라 전시하지 않고 주로 전시물의 입체물을 중심으로 독립된 전시공간에 배치하는 방법이다.
③ 전시물을 동일한 크기의 공간에 규칙적으로 반복하여 배치하는 방법이다.
④ 일정한 한정 공간 속에서 배경 스크린과 실물의 종합 전시를 동시에 연출하여 현장감을 살리는 방법이다.

해설 디오라마(diorama) 전시
깊이가 깊은 벽장 형식으로 구성하여 어떤 상황을 배경과 실물 또는 모형으로 재현하는 수법으로, 현장감과 공간을 표현하고 배경에 맞는 투시적 효과와 상황을 만든다.
※ ① 파노라마(panorama) 전시, ② 아일랜드(island) 전시, ③ 하모니카(harmonica) 전시에 대한 설명이다.

11

다음 설명에 알맞은 특수전시기법은?

- 하나의 사실 또는 주제의 시간 상황을 고정시켜 연출하는 것으로 현장에 임한 느낌을 주는 기법이다.
- 어떤 상황을 배경과 실물 또는 모형으로 재현하여 현장감, 공간감을 표현하고 배경에 맞는 투시적 효과와 상황을 만든다.

① 디오라마 전시
② 파노라마 전시
③ 아일랜드 전시
④ 하모니카 전시

해설 디오라마(Diorama) 전시
깊이가 깊은 벽장 형식으로 구성하여 어떤 상황을 배경과 실물 또는 모형으로 재현하는 수법으로, 현장감과 공간을 표현하고 배경에 맞는 투시적 효과와 상황을 만든다.

12

사방에서 감상해야 할 필요가 있는 조각물이나 모형을 전시하기 위해 벽면에서 띄어놓아 전시하는 방법은?

① 아일랜드 전시
② 하모니카 전시
③ 파노라마 전시
④ 디오라마 전시

해설 아일랜드(island) 전시
사방에서 감상해야 할 필요가 있는 조각물이나 모형을 전시하기 위해 벽면에서 띄어놓아 전시하는 방법으로, 관람자의 동선을 자유롭게 변화시킬 수 있어 전시 공간을 다양하게 사용할 수 있다.

13

특수전시방법 중 전시내용을 통일된 형식 속에서 규칙적으로 반복시켜 배치하는 방법으로, 동일 종류의 전시물을 반복하여 전시할 경우 유리한 것은?

① 디오라마 전시
② 파노라마 전시
③ 아일랜드 전시
④ 하모니카 전시

해설 하모니카(harmonica) 전시
사각형 평면을 반복시켜 전시공간을 구획하는 가장 기본적인 공간구성 방법으로, 벽면의 진열장 전시에서 전시 항목이 짧고 명확할 때 채택하면 전시 효율을 높일 수 있다.

14

미술관의 실내 계획 시 고려할 사항과 가장 관계가 적은 것은?

① 전시장 내의 관람자들의 동선 계획
② 전시장의 전시품들을 위한 조명 계획
③ 효과적인 전시를 위한 전시방법 계획
④ 전시품에 집중할 수 있는 음향 계획

해설 음향 계획이 고려되어야 할 공간은 극장, 영화관, 음악당, 음악 교실, 교회 건축 등이 있다.

정답 10. ④ 11. ① 12. ① 13. ④ 14. ④

15 |

다음 중 박물관의 기본적인 기능과 가장 거리가 먼 것은?

① 학술 조사 및 연구 기능
② 자료의 보존 및 전시 기능
③ 지식의 전달 기능
④ 영리적인 판매 촉진 기능

해설 박물관의 기능
㉠ 자료를 수집, 보존, 정리한다.
㉡ 전시자료에 관한 전문적이고 학술적인 조사와 연구 기능이 있다.
㉢ 자료의 보존, 전시 등에 관한 기술적인 조사와 연구 기능이 있다.
㉣ 자료에 관한 강연회, 강습회, 영사회, 연구회 등을 개최하여 지식의 전달기능을 한다.
㉤ 활동에 관한 각종 간행물을 제작 및 배포한다.
㉥ 다른 박물관, 미술관과의 자료, 간행물 및 정보 교환 등의 유기적인 협력 관계를 유지한다.
㉦ 위치한 지역의 상징성과 향토적 전통 보존 기능이 있다.

16 |

전시공간에의 천장의 관리에 관한 설명으로 옳지 않은 것은?

① 천장 마감재는 흡음 성능이 높은 것이 요구된다.
② 시선을 집중시키기 위해 강한 색채를 사용한다.
③ 조명기구, 공조 설비, 화재경보기 등 제반 설비를 설치한다.
④ 이동 스크린이나 전시물을 매달 수 있는 시설을 설치한다.

해설 전시물에 시선을 집중시키기 위해 천장 강한 색채를 피하여 무채색 계통의 유지 관리가 편리한 재료 및 색채를 사용하며, 조명은 광원에 의한 현휘를 방지하고 전시물에 적당한 조도가 균일하게 분포되도록 한다.

17 |

다음 설명에 알맞은 극장의 평면형식은?

- 무대와 관람석의 크기, 모양, 배열 등을 필요에 따라 변경할 수 있다.
- 공연작품의 성격에 따라 적합한 공간을 만들어 낼 수 있다.

① 가변형
② 애리나형
③ 프로세니움형
④ 오픈 스테이지

해설 극장의 평면형식
㉠ 가변 무대(adaptable stage)형
- 무대와 관람석의 크기, 모양, 배열 등의 상호 관계를 필요에 따라 변경할 수 있다.
- 공연 작품의 성격에 따라 가장 적합한 공간을 만들어 낼 수 있다.

㉡ 애리나(arena)형(센트럴 스테이지형)
- 가까운 거리에서 많은 관객을 수용할 수 있으며 연기자가 서로 가리는 경우가 있다.
- 관람석과 무대가 하나의 공간으로 관객에게는 친근감을, 연기자에게는 긴장감을 주는 공간을 형성한다.
- 무대의 배경을 만들지 않으므로 경제적이며, 무대 장치나 소품은 주로 낮은 것으로 구성한다.
- 관객의 시점이 현저하게 다르고 연기자가 전체적인 통일 효과를 얻기 위한 극을 구성하기가 곤란하다.

㉢ 프로세니움(procenium)형[픽처 프레임 스테이지(picture frame stage)]
- 강연, 콘서트, 독주, 연극 등에 가장 많이 사용된다.
- 연기자가 한쪽 방향으로만 관객과 접하게 된다.
- 관람자의 수용 능력에 제한이 있다.

㉣ 오픈 스테이지(open stage)형
- 프로세니움형보다 관객이 연기자에게 가까이 할 수 있다.
- 연기자는 혼란스러운 방향감 때문에 전체적인 통일된 효과를 내는 것이 쉽지 않다.
- 애리나형과 같이 무대 장치를 꾸미는 어려움이 있다.
- 연극의 내용을 한정된 고정 액자에서 보는 것과 같은 느낌을 받는다.
- 전체적으로 통일된 효과를 얻을 수 있다.

정답 15. ④ 16. ② 17. ①

18

실내 계획에 관한 설명 중 옳지 않은 것은?

① 동선은 사람이나 물건이 움직이는 선을 연결한 것이다.
② 서비스 코어 시스템(service core system)은 설비와 밀접한 관계가 있다.
③ 유니트 베스(unit bath)는 조립식 욕실 시스템이다.
④ 오피스 랜드스케이프(office landscape)는 실내에 녹지를 도입한 실내 조경 위주의 계획이다.

해설 오피스 랜드스케이프(office landscape)
사무소 공간의 개방식 배치 형식으로 배치는 의사 전달과 작업 흐름의 실제적 패턴에 기초로 하여 작업장의 집단을 자유롭게 그룹화하여 불규칙한 평면을 유도하는 방식으로 칸막이를 제거함으로써 청각적 문제에 주의를 필요로 하게 되며 독립성도 떨어진다.

19

실내 계획에 대한 다음 설명 중 적당하지 않은 것은?

① 디자인 프로세스에서 설계란 계획의 전개로서 설계자를 중심으로 진행되는 과정이다.
② 사무 목적 공간으로는 사무소, 은행, 오피스텔 등이 있다.
③ 준비과정 중 외부적 작용 요소로는 입지적, 건축적, 설비적 조건 등이 있다.
④ 실시 설계에 포함되어야 하는 도면으로는 아이소에트릭, 구상도, 동선도, 개념계획도 등이 있다.

해설
- 기본 계획 : 단위 공간별 분위기를 설정하여 계획안 전체의 기본이 되는 형태, 기능, 마감 재료 등을 도면이나 스케치, 다이어그램 등으로 표현한다.
- 기본 설계 : 2~3개 이상의 기본 계획안을 분석 · 평가하여 전체 공간과 조화를 이루도록 하며, 고객 요구 조건에 합치되는 가를 평가하여 하나의 안이 결정되도록 하는 과정이다.
- 실시 설계 : 기본 설계의 최종 결정안을 시공 및 제작을 위한 작업 단계로 본설계를 말한다.

20

실내공간의 계획 시 우선하여 고려할 사항으로 중요도가 떨어지는 것은?

① 주거공간 – 주부의 동선
② 상업공간 – 상품의 반입 동선
③ 업무공간 – 모듈러 시스템
④ 전시공간 – 조명 시스템

해설 상업공간 계획에서는 가장 우선되는 순위는 고객의 동선을 원활하게 처리하는 것이다.

정답 18. ④ 19. ④ 20. ②

Ⅱ 실내디자인 색채계획

1 색상 구상

01

2가지 이상의 색을 목적에 알맞게 조화되게 하는 것은?

① 배색 ② 대비 조화
③ 유사조화 ④ 대비

해설 배색(配色)
2가지 이상의 색의 배합, 색은 배색으로 아름답게 살아난다. 배색이 쾌감을 줄 때 조화라 하며 반대로 불쾌감을 줄 때 부조화라고 한다. 이와 같은 쾌·불쾌의 감정에는 객관적 기준이 있는 것은 아니며 본래는 주관적 가치에 근거한다. 그렇지만 잘된 배색이라면 많은 사람에게 쾌감을 주는 것이어야 한다. 이런 의미에서 객관성이 요구된다. 색의 조화에는 정해진 법칙이 있는 것은 아니나, 배색 속에서 통일과 변화의 요소가 적당하게 균형을 이루는 것이 무엇보다도 중요하다.

02

배색 방법의 하나로, 단계적으로 명도, 채도, 색상, 톤의 배열에 따라서 시각적인 자연스러움을 주는 것으로 3색 이상의 다색 배색에서 이와 같은 효과를 낼 수 있는 배색 방법은?

① 반복 배색 ② 강조 배색
③ 연속 배색 ④ 트리 콜로 배색

해설
- 반복 배색 : 두 가지나 세 가지 색에 일정한 질서를 주어 반복적으로 배색하는 방법이다.
- 강조 배색 : 단조로운 배색에 대조색을 소량 덧붙여서 존체를 돋보이게 하는 배색 방법이다.
- 연속 배색 : 명도, 채도, 색상, 톤의 배열에 따라서 시각적인 자연스러움을 주는 배색 방법이다.
- 트리 콜로 배색 : 세 가지 색을 이용하여 긴장감을 주기 위한 배색으로 하나의 면을 3가지로 나눈다.

03

다음 배색에 대한 설명 중 옳은 것은?

① 색상, 명도를 같게 하거나 유사로 하면 활기 있는 배색이 된다.
② 색상을 녹색계로 하면 서늘하고, 청색계로 하면 따뜻하다.
③ 명도가 높은 배색은 경쾌하며, 명도가 낮은 배색은 어둡고 무거운 느낌이다.
④ 채도가 높은 색은 수수하고 평정된 느낌이다.

해설 명도는 중량감과 관련이 있어 일반적으로 명도가 높은 색은 가볍게 느껴진다.

04

조화 배색에 관한 설명 중 틀린 것은?

① 대비 조화는 다이내믹한 느낌을 준다.
② 동일 유사조화는 강렬한 느낌을 준다.
③ 차이가 애매한 색끼리의 배색에서는 그사이에 가는 띠를 넣어서 애매함을 해소할 수 있다.
④ 보색 배색은 대비 조화를 가져온다.

해설 색채조화의 대비 원리에서 보색 관계나 반대색 관계에 있는 색채끼리의 배색에는 얼마든지 아름다운 색채조화를 창출할 수 있다는 것이 원리이나 동색상과 유사 색상조화는 무난하기는 하나 변화가 적으므로 명도차, 채도차를 둠으로써 대비 효과를 가미한다. 무채색은 거의 모든 색과 조화된다. 대비 조화에 있어서 순색끼리의 배색은 너무 강렬하므로 명도를 높이거나 채도를 낮추어서 조화시킨다.

05

배색에 관한 일반적인 설명으로 옳은 것은?

① 가장 넓은 면적의 부분에 주로 적용되는 색채를 보조색이라고 한다.
② 통일감있는 색채계획을 위해 보조색은 전체 색채의 50% 이상을 동일한 색채로 사용하여야 한다.
③ 보조색은 항상 무채색을 적용해야 한다.
④ 강조색은 주로 작은 면적에 사용되면서 시선을 집중시키는 효과를 나타낸다.

해설 배색 방법
㉠ 주조색 : 전체의 70% 이상을 차지하는 색으로 일반적으로 전체의 느낌을 전달할 수 있는 배색으로, 가장 넓은 면을 차지하여 전체 색채효과를 좌우하기 때문에 다양한 조건을 가미하여 결정한다.
㉡ 보조색 : 주조색 다음으로 넓은 공간을 차지하는 색으로 25% 정도의 사용을 권장하며 보조 요소들을

정답 01. ① 02. ④ 03. ③ 04. ② 05. ④

배합색으로 취급한 것으로 통일감 있는 보조색은 변화를 주는 역할을 담당한다.

㉢ 강조색 : 디자인 대상에 액센트를 주어 신선한 느낌을 만드는 포인트같은 역할을 하는 색으로 5% 정도 사용하며 주조색, 보조색과 비교하여 색상을 대비적으로 사용, 명도나 채도에 의해 변화를 주는 방법을 선택한다.

06

분리 배색 효과에 대한 설명이 틀린 것은?

① 색상과 톤이 유사한 배색일 경우 세퍼레이션 컬러를 선택하여 명쾌한 느낌을 줄 수 있다.
② 스테인드 글라스는 세퍼레이션 색채로 무채색을 이용한 금속색을 적용한 대표적인 예이다.
③ 색상과 톤을 차이가 큰 콘트라스트 배색인 빨강과 청록 사이에 검은색을 넣어 온화한 이미지를 연출한다.
④ 슈브뢸의 조화 이론을 기본으로 한 배색 방법이다.

해설 분리 배색의 효과는 배색을 이루는 색과 색 사이에 분리색을 넣어 조화를 이루게 하는 것을 말한다. 즉 두 색 사이에 대비가 너무 강할 때 분리색을 넣어 조화를 이루게 하거나 또는 너무 유사한 경우 분리색을 넣어 리듬감을 주게 하는 것이다.

07

다음 중 유사 색상 배색의 특징은?

① 동적이다.
② 자극적인 효과를 준다.
③ 부드럽고 온화하다.
④ 대비가 강하다.

해설 유사 색상의 배색 (동일 색상의 배색)
서로 인접한 색에 의한 배색 방법으로서 색상에 의해서 따뜻함이나 차가움 또는 부드러움과 딱딱함 등의 일관된 통일감이 형성된다.
㉠ 적색과 주황색, 황색과 적자색 등은 그 대표적인 예이다.
㉡ 동일 색상의 이미지에 따라 통일된 즐거움을 준다.
㉢ 녹색과 청록, 청색, 남색의 배색은 정적인 질서를 느끼게 한다.
㉣ 무채색과 녹색, 청록색, 청색, 남색의 배색 또한 차분한 느낌을 준다.

08

다음 중 유사 색상의 배색은?

① 빨강 – 노랑 ② 연두 – 녹색
③ 흰색 – 흑색 ④ 검정 – 파랑

해설 동일 색상의 배색(유사 색상의 배색)
서로 인접한 색에 의한 배색 방법으로서 색상에 의해서 따뜻함이나 차가움 또는 부드러움과 딱딱함 등의 일관된 통일감이 형성된다.
㉠ 적색과 주황색, 황색과 적자색 등은 그 대표적인 예이다.
㉡ 동일 색상의 이미지에 따라 통일된 즐거움을 준다.
㉢ 녹색과 청록, 청색, 남색의 배색은 정적인 질서를 느끼게 한다.
㉣ 무채색과 녹색, 청록색, 청색, 남색의 배색 또한 차분한 느낌을 준다.

09

다음에 제시된 A, B 두 배색의 공통점은?

A : 분홍, 선명한 빨강, 연한 분홍, 어두운 빨강, 탁한 빨강
B : 명도 5회색, 파랑, 어두운 파랑, 연한 하늘색, 회색 띤 파랑

① 다색 배색으로 색상 차이가 동일한 유사색 배색이다.
② 동일한 색상에 톤의 변화를 준 톤 온 톤 배색이다.
③ 빨간색의 동일 채도 배색이다.
④ 파란색과 무채색을 이용한 강조 배색이다.

해설 ㉠ 톤 온 톤 배색(tone on tone) : 색상은 같게, 명도 차이를 크게 하는 배색(동일 색상으로 톤의 차이)으로, 통일성을 유지하면서 극적인 효과를 얻을 수 있어 일반적으로 많이 사용한다.
㉡ 톤 인 톤 배색(tone in tone) : 유사 색상의 배색과 같이 톤은 같게, 색상을 조금씩 다르게 하는 배색으로 온화하고 부드러운 효과를 얻을 수 있다.
㉢ 토널 배색(tonal color) : 톤 인 톤 배색과 비슷하며, 중명도, 중채도의 다양한 색상을 사용하고 안정되고 편안한 느낌을 얻을 수 있다.
㉣ 까마이외 배색(camaieu) : 거의 동일한 색상에 미세한 명도 차를 주는 배색으로 톤 온 톤과 비슷하나 변화폭이 매우 작다.

정답 06. ③ 07. ③ 08. ② 09. ②

ⓜ 포 까마이외 배색(faux camaieu) : 까마이외 배색과 거의 동일하나 주위의 톤으로 배색하는 차이점이 있으며, 까마이외 배색처럼 변화의 폭이 매우 작다.
ⓗ 리피티션(repetition) 배색 : 반복 효과에 의한 배색으로 두 가지 이상의 색을 사용하여 통일감이나 밸런스가 좋지 않은 배색에 조화를 주기 위한 효과를 얻을 수 있다.
ⓢ 세퍼레이션(separation) 배색 : 세퍼레이션(separation)은 "분리시키다" "갈라놓다" 등의 의미로 두 가지 또는 많은 색의 배색 관계가 애매하거나 너무 대비가 강한 경우 접하게 되는 색과 색 사이에 무채색, 금색, 은색 등을 이용하여 조화를 주기 위한 배색이다.

10 |

다음 중 가장 화려한 느낌을 주기에 적절한 배색 사례는?

① 노랑 – 주황 – 흰색 ② 녹색 – 노랑 – 파랑
③ 빨강 – 파랑 – 회색 ④ 빨강 – 노랑 – 파랑

해설 채도가 높은 색을 주로 배색하면 화려하고 자극적이며, 채도가 낮은 색을 주로 배색하면 수수하고 평정된 느낌을 주므로 순색에 가까운 배색이 화려하다.

11 |

다음 배색 중 가장 차분한 느낌을 주는 것은?

① 빨강–흰색–검정
② 하늘색–흰색–회색
③ 주황–초록–보라
④ 빨강–흰색–분홍

해설 GY(연두), G(녹색), RP(자주)는 중성색으로 안정된 느낌을 준다.
난색계열(빨강, 노랑, 주황)의 고채도는 심리적 흥분을 유도하나 한색계열(청록, 파랑)의 저채도는 심리적으로 진정된다.

12 |

다음 배색 중 가장 큰 대비적 조화는?

① 빨강, 노랑 ② 주황, 연두
③ 녹색, 남색 ④ 노랑, 남색

해설 반대색의 동시대비 효과는 서로 상대 색의 강도를 높여주어 높은 대비의 효과를 볼 수 있다.

13 |

연기 속으로 사라진다는 뜻으로 색을 미묘하게 연속 변화시켜 형태의 윤곽이 엷은 안개에 쌓인 것처럼 차차 사라지게 하는 기법은?

① 그라데이션(gradation)
② 데칼코마니(decalcomanie)
③ 스푸마토(sfumato)
④ 메조틴트(mezzotint)

해설
- 그라데이션(gradation) : 한 색상에서 다른 색상으로 등간격과 같이 점진적이며 매끄럽게 단계적으로 변해가는 것을 말한다(일련의 점진전인 변화를 사용함).
- 데칼코마니(decalcomanie) : 어떤 무늬를 특수한 종이에 찍어 얇은 막을 이루게 만든 뒤 다른 표면에 옮기는 것을 말한다.
- 스푸마토(sfumato) : 안개처럼 색을 미묘하게 변화시켜 윤곽선을 자연스럽게 번지듯 그리는 명암법으로 연기라는 의미의 이탈리아어 '스푸마레(sfumare)'에서 나온 말이다. 색을 미묘하게 연속적으로 변화시켜서 형태의 윤곽선을 번지듯이 하여 차차 없어지게 하는 명암법이다.
- 메조틴트(mezzotint) : 금속판의 표면 전체에 수많은 작은 구멍을 조직적으로 고르게 뚫어서, 판화를 찍으면 이 구멍들 속에 담겨 있던 잉크가 퍼져 넓은 색채면을 이룬다. 금속판에 구멍을 뚫는 작업은 원래 룰렛(뾰족한 바늘로 덮인 작은 바퀴)으로 했지만, 나중에는 크래들 또는 로커라고 부르는 도구를 이용했다.

정답 10. ④ 11. ② 12. ④ 13. ③

2 색채 적용 검토

1. 색채 지각

01 |

눈의 기관 중 시세포가 분포하고 있는 곳은?

① 수정체 ② 망막
③ 맥락막 ④ 홍채

해설 망막(retina)은 카메라의 필름처럼 상이 맺혀지는 곳이다. 이는 안구 내부 표면에 있으며, 시각 전도(시신경)를 통해 뇌와 연결되어 있다. 망막은 대상물에서 오는 빛을 받아들인다. 이 빛은 수정체에서 굴절된 망막 위에 상하가 거꾸로 된 상을 비춘다.

02 |

우리 눈의 시각세포에 대한 설명 중 옳은 것은?

① 간상세포는 밝은 곳에서만 반응한다.
② 추상세포가 비정상이면 색맹 또는 색약이 된다.
③ 간상세포는 색상을 느끼는 기능이 있다.
④ 추상세포는 어두운 곳에서의 시각을 주로 담당한다.

해설 눈의 시각 세포

㉠ 간상체(간상세포)
- 아주 약한 빛에도 반응하며 밝고 어두운 정도를 알아낼 수 있으며 물체를 구분하며 간상체가 주로 작용하고 있는 경우의 시각 상태를 암순응이라 한다.
- 간상세포는 망막의 주변부에 많이 분포한다.
- 간상세포 수는 약 1억 3천만개 정도이며 간상세포 이상 증세는 야맹증이 올 수 있다.
- 흑색, 백색, 회색만을 감지하며 명암 정보를 처리하고 초록색에 가장 예민하다.

㉡ 추상체(추상세포, 원추세포)
- 무수히 많은 색 차이를 알아낼 수 있게 하는 작용을 하고 있으며 색 혼합, 색 교정 등의 작업을 정확하게 하기 위해서 추상체만이 작용할 수 있는 시각 상태를 명순응이라 한다.
- 추상세포는 망막의 중앙부에 많이 분포한다.
- 추상세포는 600~700만개 정도이며 추상세포 이상 증세는 색맹이나 색약으로 올 수 있다.

※ 감각 기관이 자극의 정도에 따라 감수성을 변화시키는 과정과 변화된 상태를 순응이라고 한다.

03 |

사람의 눈의 기관 중 망막에 대한 설명으로 옳은 것은?

① 색을 지각하게 하는 간상체, 명암을 지각하는 추상체가 있다.
② 추상체에는 RED, YELLOW, BLUE를 지각하는 추상체가 있다.
③ 시신경으로 통하는 수정체 부분에는 시세포가 존재한다.
④ 망막의 중심와 부분에는 추상체가 밀집하여 분포되어 있다.

해설
- 망막 : 수정체에서 굴절되어 상하가 거꾸로 된 상을 받는 막으로 시세포가 있는 곳으로 추상체와 간상체에 의해 빛에너지를 흡수하여 색을 구분하며 카메라의 필름 역할을 한다.
- 추상체(추상세포, 원추세포, 원추체 cone cell) : 낮처럼 빛이 많을 때의 시각과 색의 감각을 담당하고 있으며, 망막 중심 부근에 5~7백만 개의 세포로서 가장 조밀하고 주변으로 갈수록 적게 된다.
- 간상체(간상세포) : 망막 주변 표면에 널리 분포되어 있으며, 세포는 1.1~1.25억 개 정도로 추산되고 전색맹으로서 흑색, 백색, 회색만을 감지하며 명암 정보를 처리하고 초록색에 가장 예민하다.

04 |

우리 눈의 시세포 중에서 색의 지각이 아닌 흑색, 회색, 백색의 명암만을 판단하는 시세포는?

① 추상체 ② 간상체
③ 수평세포 ④ 양극세포

해설 간상체(간상세포) : 망막 주변 표면에 널리 분포되어 있으며, 세포는 1.1~1.25억 개 정도로 추산되고 전색맹으로서 흑색, 백색, 회색만을 감지하며 명암 정보를 처리하고 초록색에 가장 예민하다.

05 |

간상체는 전혀 없고 색상을 감지하는 세포인 추상체만이 분포하여 망막과 뇌로 연결된 시신경이 접하는 곳으로 안구로 들어온 빛이 상으로 맺히는 지점은?

① 맹점 ② 중심와
③ 수정체 ④ 각막

정답 01. ② 02. ② 03. ④ 04. ② 05. ②

해설 중심와(中心窩)

㉠ 수정체 오목 또는 황반이라고도 불리며 망막 중의 뒤쪽의 빛이 들어와서 초점을 맺는 부위를 말한다.
㉡ 이 부분은 망막이 얇고 색을 감지하는 세포인 추상체가 많이 모여 있다.
㉢ 황반부의 시세포는 신경섬유와 연결돼 시신경을 통해 뇌로 영상신호가 전달된다.

06 |

눈의 구조에서 원추체의 내용 중 틀린 것은?

① 색을 인식할 수 있다.
② 0.1럭스 이상에서 활동한다.
③ 암순응이 늦은 시세포이다.
④ 안구의 중앙 부위에 분포한다.

해설 원추체(추상세포, 추상체, 원추세포)

㉠ 무수히 많은 색 차이를 알아낼 수 있게 하는 작용을 하고 있으며 색 혼합, 색 교정 등의 작업을 정확하게 하기 위해서 원추체만이 작용할 수 있는 시각 상태를 명순응이라 한다.
㉡ 원추체는 망막의 중앙부에 많이 분포한다.
㉢ 원추체는 600~700만 개 정도이며 추상세포 이상 증세는 색맹이나 색약으로 올 수 있다.

07 |

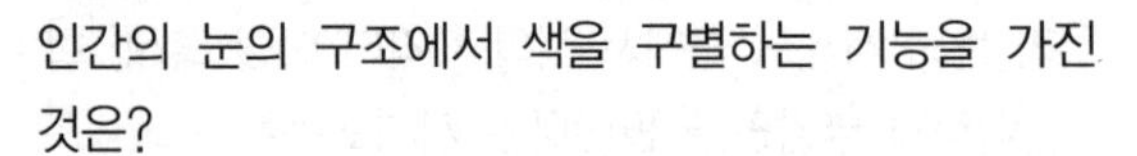

인간의 눈의 구조에서 색을 구별하는 기능을 가진 것은?

① 각막 ② 간상세포
③ 수정체 ④ 원추세포

해설 원추체(추상세포, 추상체, 원추세포)

㉠ 무수히 많은 색 차이를 알아낼 수 있게 하는 작용을 하고 있으며 색 혼합, 색 교정 등의 작업을 정확하게 하기 위해서 원추체만이 작용할 수 있는 시각 상태를 명순응이라 한다.
㉡ 원추체는 망막의 중앙부에 많이 분포한다.
㉢ 원추체는 600~700만 개 정도이며 추상세포 이상 증세는 색맹이나 색약으로 올 수 있다.

간상체(간상세포, 막대세포 : rod cell)

㉠ 아주 약한 빛에도 반응하며 밝고 어두운 정도를 알아낼 수 있으며 물체를 구분하며 간상체가 주로 작용하고 있는 경우의 시각 상태를 암순응이라 한다.
㉡ 간상세포 수는 약 1억 3천만개 정도이며 간상세포 이상 증세는 야맹증이 오며, 어두운 빛에 효과적으로 반응을 한다.
㉢ 민감도가 추상체의 100배 정도이다.
㉣ 간상세포는 망막의 주변부에 많이 분포한다.

08 |

다음 중 적녹 색맹에 관한 설명으로 틀린 것은?

① 녹색맹은 녹색과 적색을 구별하지 못한다.
② 녹색맹은 정상인보다 보이는 파장의 범위가 좁다.
③ 적색맹은 스펙트럼상의 적색쪽 끝이 황색으로 보인다.
④ 적색맹은 적색이나 청록색을 회색과 구별하지 못한다.

해설 녹색맹은 녹색의 원추세포가 없어 녹색을 전혀 느끼지 못하고 적색이나 녹색을 볼 때 적색 원추 세포만이 자극되므로 적색과 녹색을 같은 색으로 보게 된다.

09 |

간상체와 추상체에 대한 설명으로 옳은 것은?

① 망막의 중심부에는 간상체만 있으며, 주변 망막에는 추상체가 훨씬 많이 분포한다.
② 간상체는 약 500nm 빛에 가장 민감하고, 추상체는 약 560nm 빛에 가장 민감하다.
③ 조명 조건에 따라 광수용기의 민감도가 변화하는 것을 적응이라 한다.
④ 간상체와 추상체의 파장별 민감도 곡선이 다른 것은 간상체와 추상체 색소의 발광 스펙트럼의 차이로 설명된다.

해설 간상체(rod) : 499nm(Gray)

- 단파장 추상체(Short wavelengths cone) : 420nm (Blue)
- 중파장 추상체(Middle wavelengths cone) : 530nm (Green)
- 장파장 추상체(Long wavelengths cone) : 565nm (Red)

가시광선의 다양한 파장에 각각 달리 반응하는 3종류의 추상체로 색을 감지한다. 자극을 받은 추상체는 서로 다른 색 신호를 뇌로 전송한다.

정답 06. ③ 07. ④ 08. ② 09. ②

10

인간의 색채 지각 현상에 관한 설명으로 맞는 것은?

① 빨간색에 흰색이 섞이는 비율에 따라 진분홍, 분홍, 연분홍이 되는 것은 명도가 떨어지는 것이다.
② 인간은 약 채도는 200단계, 명도는 500단계, 색상은 200단계 구분할 수 있다.
③ 빨간색에 흰색이 섞이는 비율에 따라 진분홍, 분홍, 연분홍이 되는 것은 채도가 떨어지는 것이다.
④ 인간은 색의 강도 변화에 따라 200단계, 색상 500단계, 채도 100단계를 구분할 수 있다.

해설
- 명도는 물체색, 광원색의 밝기의 정도를 말하며 색상에 흰색을 섞으면 명도가 높아지고 검정색에 섞으면 명도가 낮아진다.
- 채도는 색의 순도 또는 포화도를 나타내며 무채색을 중심으로 바깥쪽으로 멀어지면 순색에 가까워지므로 채도가 높고 중심에 가까울수록 채도가 낮아진다.
- 인간이 색을 구분하는 능력은 일반인 경우 130~200단계가 가능하다.

11

스펙트럼은 빛의 어떠한 현상에 의한 것인가?

① 흡수 ② 굴절
③ 투과 ④ 직진

해설 1666년 뉴턴이 프리즘(prism)을 가지고 태양광선을 통과시켰을 때 굴절로 빨강, 주황, 노랑, 녹색, 파랑, 빛은 남색, 보라 등으로 이루어진 색의 띠가 이루어진다.

12

태양의 분광 스펙트럼 상에 존재하지 않는 색은?

① 노랑 ② 남색
③ 녹색 ④ 회색

해설 우리가 물체를 보고 색을 감지하는 것은 빛과 눈의 구조관계에서 뇌의 작용이 있으므로 색을 지각하는 것이며 빛은 1666년 뉴턴이 프리즘(prism)을 가지고 태양광선을 빨강, 주황, 노랑, 녹색, 파랑, 남색, 보라 등으로 이루어진 색의 띠, 즉 스펙트럼(spectrum)으로 나타내고, 빛을 보았을 때 사람의 감정 표현으로 나타낸 것은 색의 심리 상태를 표현한 것이라 하겠다.

13

한 번 분광된 빛은 다시 프리즘을 통과시켜도 그 이상 분광되지 않는다. 이와 같은 광은?

① 반사광 ② 복합광
③ 투영광 ④ 단색광

해설 스펙트럼에 의해 분광된 빛을 다시 프리즘을 통과시켜도 그 이상 분광되지 않는 것은 단색광이다.

14

빛의 3가지 속성에 의하여, 우리가 색을 인식하는 데 영향을 주는데 이 3가지에 속하지 않는 것은?

① 주파장 ② 채도
③ 색상 ④ 명도

해설 색의 3속성

㉠ 색상(Hue)
H자로 표시하며, 다른 색과 구별되는 그 색만이 갖는 독특한 성질을 말한다. 빨강, 노랑, 파랑 등과 같이 색감이 있는 것을 말하며, 무채색에는 색상이 없다. 색상은 유채색에만 있으며, 표준 20색을 둥글게 배열한 것을 색상환이라 한다.

㉡ 명도(Value)
V자로 표시하며, 색의 밝고 어두운 정도를 말한다(유채색, 무채색 모두 있음). 명도 단계는 11단계로 구분하는데, 검정은 0으로서 명도가 가장 낮고, 흰색은 10으로서 명도가 가장 높다. 밝을수록 명도가 높고 어두울수록 명도가 낮다. 인간의 눈은 색의 3속성 중에서 명도에 대한 감각이 가장 예민하며, 그 다음이 색상, 채도의 순서이다.

㉢ 채도(Chroma)
C자로 표시한다. 색의 맑고 깨끗하며, 순수한 정도를 말하는 것으로, 색상이 있는 유채색에만 있고 무채색에는 채도가 없다. 채도를 '순도' 또는 '포화도'라고도 한다. 채도 단계는 모두 14단계로 구분하는데, 가장 낮은 채도가 1이고, 가장 높은 채도는 14도이다(채도가 14도인 색 – 노랑, 빨강).

15

다음 중 빛을 지각하지 못하는 경우는?

① 입자에 의해 산란할 때
② 물체의 직접 반사로
③ 물체를 투과할 때
④ 물체에 흡수될 때

정답 10. ③ 11. ② 12. ④ 13. ④ 14. ① 15. ④

해설 물체의 색은 물체의 표면에서 반사하는 빛의 분광 분포에 따라 여러 가지 색으로 보이며, 대부분의 파장을 모두 반사하면 그 물체는 흰색으로 보이고 또 대부분의 파장을 흡수하면 그 물체는 검정으로 보인다.

16

( ) 안에 들어갈 내용이 순서대로 바르게 짝지어진 것은?

뉴턴은 프리즘을 이용하여 ( )을 빨강, 주황, 노랑, 녹색, 파랑, 남색, 보라의 연속띠로 나누는 분광 실험에 성공하였다. 이것은 파장이 길면 굴절률이 ( ), 파장이 짧으면 굴절률이 ( ) 때문에 일어나는 현상이다.

① 적외선, 작고, 크기
② 가시광선, 크고, 작기
③ 적외선, 크고, 작기
④ 가시광선, 작고, 크기

해설 1966년에 뉴턴(Newton Isaac ; 1642~1727)은 프리즘(prism)을 가지고 태양광선을 빨강, 주황, 노랑, 녹색, 파랑, 남색, 보라 등으로 나누는 실험을 하였다.
㉠ 가시광선은 380~780nm 파장 범위로 우리 눈에 지각된다.
㉡ 파장이 가장 긴 순서로는 빨강 – 주황 – 노랑 – 녹색 – 파랑 – 남색 – 보라이다.

17

우리의 눈으로 지각할 수 있는 빛을 호칭하는 가장 적당한 말은?

① 가시광선
② 적외선
③ X선
④ 자외선

해설 태양광선의 분류
㉠ 380nm보다 짧은 파장의 것은 자외선, X선이다.
㉡ 780~380nm의 파장 범위는 우리의 눈으로 지각하는 가시광선이다.
㉢ 780nm보다 긴 파장의 것은 적외선, 전파 등이다.

[색의 파장]

색 상	파장(nm)	색 상	파장(nm)
빨 강	780~627	초 록	566~495
주 황	627~589	파 랑	495~436
노 랑	589~566	보 라	436~380

18

파장과 색명의 관계에서 보라 파장의 범위는?

① 380~450nm
② 480~500nm
③ 530~570nm
④ 640~780nm

해설 색의 파장

색 상	파장(nm)	색 상	파장(nm)
빨 강	780~627	초 록	566~495
주 황	627~589	파 랑	495~436
노 랑	589~566	보 라	436~380

19

다음 중 파장이 가장 짧은 색은?

① 빨강
② 보라
③ 초록
④ 노랑

해설 파장이 가장 긴 순서로는 빨강 – 주황 – 노랑 – 녹색 – 파랑 – 남색 – 보라이다.

20

빛이 프리즘을 통과할 때 나타나는 분광 현상 중 굴절 현상이 제일 큰 색은?

① 보라
② 초록
③ 빨강
④ 노랑

해설 뉴턴의 분광 실험에서 파장이 짧은 순서로 다음과 같이 정의하였다.
보라 → 남색 → 파랑 → 녹색 → 노랑 → 주황 → 빨강

21

서로 다른 색을 구분할 수 있는 것은 빛의 무슨 성질 때문인가?

① 파장
② 자외선
③ 적외선
④ 전파

해설 색의 파장

색 상	파장(nm)	색 상	파장(nm)
빨 강	780~627	초 록	566~495
주 황	627~589	파 랑	495~436
노 랑	589~566	보 라	436~380

정답 16. ④ 17. ① 18. ① 19. ② 20. ① 21. ①

22

나뭇잎이 녹색으로 보이는 이유를 색채 지각적 원리로 옳게 설명한 것은?

① 녹색의 빛은 투과하고 그 밖의 빛은 흡수하기 때문이다.
② 녹색의 빛은 산란하고 그 밖의 빛은 반사하기 때문이다.
③ 녹색의 빛은 반사하고 그 밖의 빛은 흡수하기 때문이다.
④ 녹색의 빛은 흡수하고 그 밖의 빛은 반사하기 때문이다.

해설 물체의 색은 물체의 표면에서 반사하는 빛의 분광 분포에 의하여 여러 가지 색으로 보이며, 대부분의 파장을 모두 반사하면 그 물체는 흰색으로 보이고, 대부분의 파장을 흡수하면 그 물체는 검정으로 보이게 된다.

23

빛의 강도와 시각과의 관계에 대한 설명 중 옳은 것은?

① 배경이 어두우면 약한 빛이 비교적 확실히 보인다.
② 배경이 어두우면 약한 빛은 보이지 않는다.
③ 배경이 밝으면 약한 빛이 더욱 확실히 보인다.
④ 배경과 밝기와는 아무 관계도 없다.

해설 주위의 밝기가 표시 부분의 밝기와 비슷하거나 어두우면 표시 부분에서의 빛의 차이에 대한 변별능력이 향상된다. 즉, TV 화면의 밝기보다 주위의 밝기가 비슷하거나 어두우면 화면이 더욱 밝게 보인다.

24

빛의 성질에 대한 설명 중 틀린 것은?

① 빛은 전자파의 일종이다.
② 빛은 파장에 따라 서로 다른 색감을 일으킨다.
③ 장파장은 굴절률이 높으며, 산란하기 쉽다.
④ 빛은 간섭, 회절 현상 등을 보인다.

해설 광의 굴절 정도는 파장이 짧은 쪽이 굴절률이 높고 산란하기 쉽다. 파장이 긴 쪽이 굴절률이 작고 산란하기 어렵다.

25

빛의 특성에 관한 설명 중 올바른 것은?

① 색으로도 느낄 수 있다.
② 파동성이 없다.
③ 프리즘에 의해 둥근띠를 형성한다.
④ 물체에 닿으면 모두 반사된다.

해설 물체를 본다는 것은 색을 보고 있는 것과 동일한 이치이며 물체에 빛이 닿으면 반사나 흡수하게 된다.

26

광원에 관한 설명 중 틀린 것은?

① 광(光)의 굴절 정도는 파장이 짧은 쪽이 작고, 긴 쪽이 크다.
② 스펙트럼은 적색에서 자색에 이르는 색띠를 나타낸다.
③ 색으로 느끼지 못하는 광의 감각을 심리학상의 감각이라 한다.
④ 같은 물체라도 발광체의 종류에 따라 색이 다르다.

해설 광의 굴절 정도는 파장이 짧은 쪽이 길고, 파장이 긴 쪽이 작다.

27

물체의 색이 한 가지가 아닌 여러 가지 색으로 보이는 이유는?

① 물체의 표면에서 반사하는 빛의 분광 분포 때문
② 가시광선뿐만 아니라 적외선이나 자외선이 부분적으로 눈에 지각되기 때문
③ 물체가 고유색을 가지고 있어서 색의 차이가 눈에 지각되기 때문
④ 보는 사람의 느낌에 따라 물체의 색이 다르게 보이기 때문

해설 물체의 색은 물체의 표면에 빛이 반사되는 분광 분포에 의해서 여러 가지 색으로 보인다. 물체의 표면은 빛이 반사되는 파장 범위의 색으로 보이는 것으로 대부분의 파장을 반사하면 흰색으로 보이고, 반대로 파장을 흡수하면 검정으로 보인다.

정답 22. ③ 23. ① 24. ③ 25. ① 26. ① 27. ①

28

표면색(surface color)에 대한 용어의 정의는?

① 광원에서 나오는 빛의 색
② 빛의 투과에 의해 나타나는 색
③ 물체에 빛이 반사하여 나타나는 색
④ 빛의 회절현상에 의해 나타나는 색

해설 표면색(surface color)
물체 표면으로부터 반사하는 빛에 의한 색을 말한다. 대부분의 불투명한 물체의 표면에서 볼 수 있는 색을 표면색(surface color)이라 한다. 이 표면색은 거리를 정확히 느낄 수 있고, 표면의 질감을 알 수 있으며, 방향감이나 위치를 확인할 수 있는 특징이 있다. 그러므로 표면색은 색의 즐거움을 제공하는 것보다는 사물의 상태를 나타내는데 적용된다.

29

표면색을 백색광으로 비쳤을 때 파장별로 빛이 반사되는 정도를 나타내는 용어는?

① 분광분포 ② 분광특성
③ 분광반사율 ④ 분광분포곡선

해설
- 분광투과율 : 물체의 표면색은 물체의 표면에 빛이 비추어졌을 때 어떠한 파장의 빛을 얼마만큼 반사하는가에 따라서 결정되며, 투과색의 파장별 투과율을 말한다.
- 분광반사율 : 표면에서 반사하는 빛의 분광 분포에 의하여 여러 가지 색으로 보이며, 파장별 반사율을 말한다.

30

유리컵에 담겨있는 포도주라든지 얼음덩어리를 보듯이 일정한 공간에 3차원적인 덩어리가 꽉 차 있는 부피감에서 보이는 색은?

① 표면색 ② 투명면색
③ 경영색 ④ 공간색

해설 ㉠ 면색
맑고 푸른 하늘과 같이 순수하게 색만이 있는 느낌으로서 실체감, 구조, 음영이 아니라 깊이가 애매해 끝이 없이 들어갈 수 있게 보이는 색으로, 가장 원초적인 색이 나타난다.

㉡ 표면색(surface color)
물체 표면으로부터 반사하는 빛에 의한 색을 말한다. 거의 대부분의 불투명한 물체의 표면에서 볼 수 있는 색을 표면색(surface color)이라 한다. 이 표면색은 거리를 정확히 느낄 수 있고, 표면의 질감을 알 수 있으며, 방향감이나 위치를 확인할 수 있는 특징이 있다. 그러므로 표면색은 색의 즐거움을 제공하는 데 보다는 사물의 상태를 나타내는데 적용된다.

㉢ 공간색(volume color)
투명한 착색액이 투명 유리에 들어 있는 것을 볼 때처럼 어느 용적을 차지하는 투명체 색의 현상이다. 색의 존재감이 그 내부에서도 느껴진다.

㉣ 경영색(鏡映色, mirrored color)
거울과 같이 불투명한 물질의 광택면에 나타나는 색을 경영색 또는 거울색(mirrored color)이라 한다. 거울처럼 비춰서 보여지는 색으로 좌우가 바뀌어 보인다. 경영색은 거울 면에서의 물체감만 크게 의식하지 않는다면 사물의 고유색과 거의 같게 지각된다.

㉤ 광원색(illuminant color)
형광물질을 이용한 도료의 색도 특정한 파장의 강한 반사를 일으키며, 금속색과 구별해서 형광색이라 부른다. 빛을 발하는 광원에서 나오는 빛이 직접 인식되어 그 광원에 색 기운이 느껴지는 것을 말한다. 백열등, 형광등, 네온사인 등 조명기구에서 볼 수 있다.

31

혼색에 대한 설명 중 옳은 것은?

① 가법 혼색을 하면 채도가 증가한다.
② 여러 장의 색필터를 겹쳐서 내는 투과색은 가법 혼색이다.
③ 병치 혼색을 하면 명도가 증가한다.
④ 가법 혼색의 3원색은 빨강(R), 녹색(G), 파랑(B)이다.

해설 색광 혼합 – 가법 혼색, 가산 혼합, 가색 혼합 (additive color mixture)
㉠ 색광 혼합의 3원색인 빨강(R), 녹색(G), 파랑(B)의 색광을 서로 비슷한 밝기로 혼합하면 다음과 같다.
- 빨강(R) + 녹색(G) = 노랑(Y ; Yellow)
- 녹색(G) + 파랑(B) = 청록(C ; Cyan)
- 파랑(B) + 빨강(R) = 자주(M ; Magenta)
- 빨강(R) + 녹색(G) + 파랑(B) = 흰색(W ; White)

정답 28. ③ 29. ③ 30. ④ 31. ④

ⓛ 노랑, 청록, 자주의 2차 색들은 1차 색보다 모두 명도가 높아지며(채도는 낮아짐), 3색이 모두 합쳐지면 흰색이 된다.

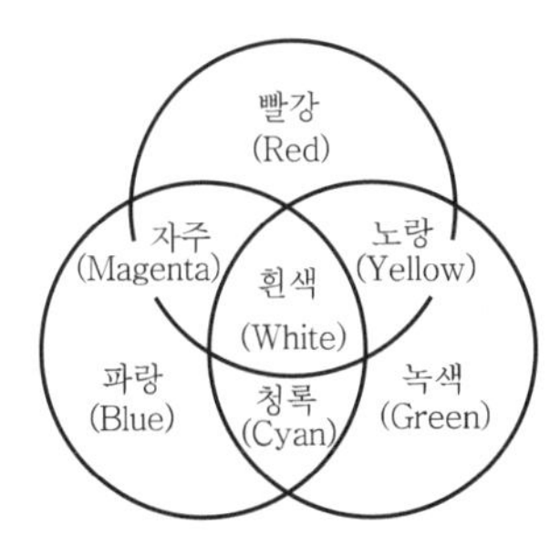

ⓒ 색광은 혼합하면 할수록 명도가 높아진다는 뜻에서 가법 혼색 또는 가색 혼합이라고 한다.
ⓡ 채도는 혼합할수록 낮아진다.
ⓜ 색광 혼합의 2차색들은 곧 색료 혼합의 3원색이 된다.
ⓑ 3원색을 다 합쳐서 3차색인 흰색이 된다는 사실은 흰색을 분광시켜 스펙트럼을 만들고, 반대로 스펙트럼을 집광하면 흰색이 된다는 원리와 통하는 점이 있는데 오늘날 색채학의 근원이 되고 있다.

중간 혼합(평균 혼합 : meen color mixture)
중간 혼합에는 병치 혼합과 회전 혼합이 있다. 병치 혼합은 색을 혼합한다는 것이라기보다 각기 다른 색을 서로 인접하게 배치하여 놓고 본다는 뜻으로 신인상파 화가의 점묘화, 직물, 컬러텔레비전의 영상 화면 등이다. 즉, 여러 가지 물감을 서로 혼합하지 않고 화면에 작은 색점을 많이 늘어놓아 병치 혼합의 효과로써 사물을 묘사하도록 한 것을 말한다. 이것은 채도를 낮추지 않는 어떤 중간색을 만들어 보자는 의도로 가법 혼색이라고도 한다.

32

색광 혼합에 대한 설명으로 가장 적절하지 않은 것은?

① 색광 혼합은 가법 혼색이라고도 한다.
② 색광 혼합의 3원색은 빨강, 녹색, 노랑이다.
③ 색광 혼합의 3원색을 합하면 백색이 된다.
④ 색광 혼합의 2차색은 색료 혼합의 원색이다.

해설 색광 혼합 – 가법 혼색, 가산 혼합, 가색 혼합(additive color mixture)
㉠ 색광 혼합의 3원색인 빨강(R), 녹색(G), 파랑(B)의 색광을 서로 비슷한 밝기로 혼합하면 다음과 같다.
- 빨강(R) + 녹색(G) = 노랑(Y ; Yellow)
- 녹색(G) + 파랑(B) = 청록(C ; Cyan)
- 파랑(B) + 빨강(R) = 자주(M ; Magenta)
- 빨강(R) + 녹색(G) + 파랑(B) = 흰색(W ; White)

ⓛ 색광은 혼합하면 할수록 명도가 높아진다는 뜻에서 가법 혼색 또는 가색 혼합이라고 한다.
ⓒ 채도는 혼합할수록 낮아진다.
ⓡ 색광 혼합의 2차 색들은 곧 색료 혼합의 3원색이 된다.

33

가산 혼합에 대한 설명으로 틀린 것은?

① 가산 혼합의 1차색은 감산 혼합의 2차색이다.
② 보색을 섞으면 어두운 회색이 된다.
③ 색은 섞을수록 맑아진다.
④ 기본색은 빨강, 녹색, 파랑이다.

해설 가산 혼합 – 가법 혼색, 색광 혼합, 가색 혼합(additive color mixture)
㉠ 조명, 색유리 등을 통한 빛의 혼합, 즉 빨강(red), 녹색(green), 청자(blue) 등의 색광을 스크린 위에 동시에 비쳤을 때 일어나는 현상을 말한다.
ⓛ 혼합되는 색의 수가 많으면 많을수록 채도는 낮아지나 명도가 높아진다는 뜻으로 가법 혼합 또는 가산 혼합이라고 한다.
ⓒ 색광의 3원색인 빨강(red), 녹색(green), 청자(blue)를 모두 합하면 백광색이 된다.
ⓡ 색광 혼합의 2차색들은 색료의 3원색이 된다.

34

가법 혼색의 3원색은?

① RED, YELLOW, CYAN
② MAGENTA, YELLOW, BLUE
③ RED, GREEN, BLUE
④ RED, YELLOW, GREEN

해설 색광 혼합을 가법 혼색 또는 가산 혼합, 가색 혼합(additive color mixture)이라고 하며, 색광 혼합의 3원색은 빨강(R), 녹색(G), 파랑(B)이다.

35

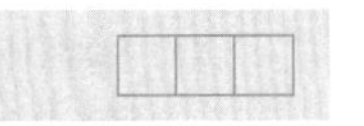

다음 중 색의 혼합에 대한 내용이 바르게 짝지어진 것은?

① 색광의 3원색 – R, G, B – 가법 혼색 – 가산 혼합
② 색광의 3원색 – Y, M, C – 감법 혼색 – 감산 혼합
③ 색료의 3원색 – R, G, B – 감법 혼색 – 감산 혼합
④ 색료의 3원색 – Y, M, C – 가법 혼색 – 가산 혼합

정답 32. ② 33. ② 34. ③ 35. ①

해설 가산 혼합 – 가법 혼색, 색광 혼합, 가색 혼합(additive color mixture)

㉠ 색광 혼합의 3원색인 빨강(R), 녹색(G), 파랑(B)의 색광을 서로 비슷한 밝기로 혼합하면 다음과 같다.
- 빨강(R) + 녹색(G) = 노랑(Y ; Yellow)
- 녹색(G) + 파랑(B) = 청록(C ; Cyan)
- 파랑(B) + 빨강(R) = 자주(M ; Magenta)
- 빨강(R) + 녹색(G) + 파랑(B) = 흰색(W ; White 백광색)

㉡ 노랑, 청록, 자주의 2차 색들은 1차 색보다 모두 명도가 높아진다(채도는 낮아짐).

36

무대에서 연극을 할 때 조명의 효과가 크게 작용한다. 색의 혼합 중 어떤 것을 이용하여 효과를 높이는가?

① 병치 혼합 ② 감산 혼합
③ 중간 혼합 ④ 가산 혼합

해설 색광 혼합(가법 혼색, 가색 혼합, 가산 혼합)은 3원색인 빨강(R), 녹색(G), 파랑(B)의 색광을 서로 비슷한 에너지로 혼합한 결과로 나타내므로 RGB의 색상 모델, 연극 시 조명 효과 등에 이용한다.

37

다음 ( )에 들어갈 용어를 순서대로 짝지은 것은?

> 일반적으로 모니터 상에서 ( )형식으로 색채를 구현하고, ( )에 의해 색채를 혼합한다.

① RGB – 가법 혼색
② CMY – 가법 혼색
③ Lab – 감법 혼색
④ CMY – 감법 혼색

해설 RGB

빛의 삼원색을 이용하여 색을 표현하는 방식이다.

㉠ 색광 혼합(가법 혼색, 가산 혼합, 가색 혼합)이다.
㉡ 색 공간에서 각 색의 값은 0~255이다.
㉢ 색 공간에서 모든 원색을 혼합할수록 명도가 높아져 백색광에 가까워진다.
즉, 빨강(R) + 녹색(G) + 파랑(B) = 흰색(W ; White)
㉣ 컴퓨터 모니터와 스크린 같은 빛의 원리로 컬러를 구현하는 장치에서 사용된다.

38

혼합하면 할수록 명도와 채도가 낮아지는 혼합은?

① 중간 혼합 ② 감산 혼합
③ 가산 혼합 ④ 회전 혼합

해설 색료 혼합–감법 혼색, 감산 혼합, 감색 혼합(subtractive color mixture)

㉠ 색료 혼합의 3원색인 자주(M), 노랑(Y), 청록(C)의 색료를 같은 비율로 혼합하면 다음과 같다.
- 자주(M) + 노랑(Y) = 빨강(R;Red)
- 노랑(Y) + 청록(C) = 녹색(G;Green)
- 자주(M) + 청록(C) = 파랑(B;Blue)
- 자주(M) + 노랑(Y) + 청록(C) = 검정(BL;Black) 3원색을 다 합치면 검정에 가깝게 된다.

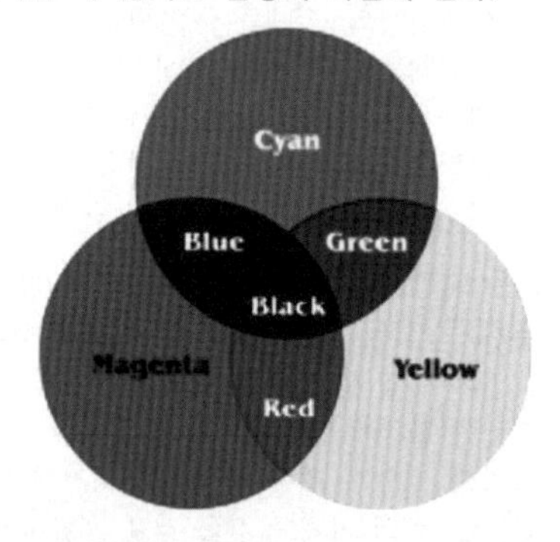

㉡ 빨강, 녹색, 파랑의 2차색들은 1차색보다 명도와 채도가 모두 낮아진다.
㉢ 컬러 인화 사진, 인쇄에 있어서 3원색을 이용하여 여러 가지 색을 재현한다.
㉣ 초록 색상의 밝은 색을 만들고 고채도의 색을 원한다면 초록 물감의 순색에다 흰색만을 혼합하면 밝은 고채도의 색을 얻을 수 있으나 초록의 순색이 없어서 파랑과 노랑을 혼합하면 탁해지면서 채도와 명도가 낮아지는 현상 때문에 고채도의 색을 얻을 수 없다.

39

감법 혼색에 대한 설명 중 잘못된 것은?

① 감법 혼색의 3원색은 황(Yellow), 청(Cyan), 적자(Magenta)이다.
② 감법 혼색이란 주로 색료의 혼합을 의미한다.
③ 3원색을 모두 동등량 혼합하면 백색(백색광)이 된다.
④ 3원색의 비율에 따라 수많은 색을 만들 수 있다.

정답 36. ④ 37. ① 38. ② 39. ③

해설 색료 혼합은 색을 혼합하면 할수록 명도와 채도가 낮아지는 것으로 감법 혼색, 감산 혼합, 감색 혼합이라고도 한다.
색료 혼합의 3원색인 자주(M), 노랑(Y), 청록(C)의 색료를 같은 비율로 혼합하면 검정에 가깝게 된다.

40

감법 혼색의 설명 중 틀린 것은?

① 색을 더할수록 밝기가 감소하는 색혼합으로 어두워지는 혼색을 말한다.
② 감법 혼색의 원리는 컬러 슬라이드 필름에 응용되고 있다.
③ 인쇄 시 색료의 3원색인 C, M, Y로 순수한 검은색을 얻지 못하므로 추가적으로 검은색을 사용하며 K로 표기한다.
④ 2가지 이상의 색자극을 반복시키는 계시 혼합의 원리에 의해 색이 혼합되어 보이는 것이다.

해설 계시(계속) 대비
어떤 색을 보고 난 후 다른 색을 보는 경우 먼저 본 색의 영향으로 나중에 보는 색이 다르게 보이는 현상으로, 빨강 다음에 본 색이 노랑이면 색상은 황록색(연두색)을 띠어 보이는데 이처럼 시간적으로 전후하여 나타나는 시각 현상을 말한다.

41

감법 혼색의 설명으로 틀린 것은?

① 3원색은 Cyan, Magenta, Yellow이다.
② 감법 혼색은 감산 혼합, 색료 혼합이라고도 하며, 혼색할수록 탁하고 어두워진다.
③ Magenta와 Yellow를 혼색하면 빛의 3원색인 Red가 된다.
④ Magenta와 Cyan의 혼합은 Green이다.

해설 • 감산 혼합(감법 혼합, 색료 혼합)의 3원색인 자주(M), 노랑(Y), 청록(C)의 색료를 서로 같은 비율로 혼합하면 다음과 같다.
• 자주(M) + 노랑(Y) = 빨강(R;Red)
• 노랑(Y) + 청록(C) = 녹색(G;Green)
• 자주(M) + 청록(C) = 파랑(B;Blue)
• 자주(M) + 노랑(Y) + 청록(C) = 검정(BL;Black) – 3원색을 다 합치면 검정에 가깝게 된다.

색료 혼합은 색을 혼합하면 할수록 명도와 채도가 낮아지는 것으로 감법 혼색, 감산 혼합, 감색 혼합이라고도 한다.

42

색료 혼합에 대한 설명으로 틀린 것은?

① Magenta와 Yellow를 혼합하면 Red가 된다.
② Red와 Cyan을 혼합하면 Blue가 된다.
③ Cyan과 Yellow를 혼합하면 Green이 된다.
④ 색료 혼합의 2차색은 Red, Green, Blue이다.

해설 색료 혼합–감법 혼색, 감산 혼합, 감색 혼합(subtractive color mixture)의 3원색인 자주(M), 노랑(Y), 청록(C)의 색료를 같은 비율로 혼합하면 다음과 같다.
• 자주(M) + 노랑(Y) = 빨강(R;Red)
• 노랑(Y) + 청록(C) = 녹색(G;Green)
• 자주(M) + 청록(C) = 파랑(B;Blue)
• 자주(M) + 노랑(Y) + 청록(C) = 검정(BL;Black) – 3원색을 다 합치면 검정에 가깝게 된다.
※ 색료 혼합의 2차색은 색광 혼합의 3원색(RGB)이 된다.

43

다음 색 중 감법 혼색의 2차색은?

① 마젠타(Magenta)
② 녹색(Green)
③ 노랑(Yellow)
④ 시안(Cyan)

해설 색료 혼합의 2차색은 색광 혼합의 3원색(RGB)이 된다.

44

색료 혼합에서 다음 A부분에 해당되는 색명은?

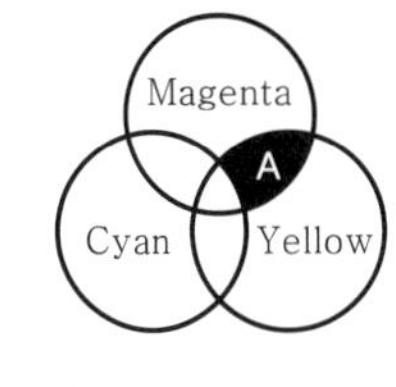

① Red
② Green
③ Black
④ Blue

해설 • 자주(M) + 노랑(Y) = 빨강(R ; Red)
• 노랑(Y) + 청록(C) = 녹색(G ; Green)
• 자주(M) + 청록(C) = 파랑(B ; Blue)

정답 40. ④ 41. ④ 42. ② 43. ② 44. ①

45

다음 중 감산 혼합을 바르게 설명한 것은?

① 2개 이상의 색을 혼합하면 혼합한 색의 명도는 낮아진다.

② 가법 혼색, 색광 혼합이라고도 한다.

③ 2개 이상의 색을 혼합하면 색의 수와 관계없이 명도는 혼합하는 색의 평균 명도가 된다.

④ 2개 이상의 색을 혼합하면 색의 수와 관계없이 무채색이 된다.

해설 감산 혼합(감법 혼합, 색료 혼합, 감색 혼합-subtractive color mixture)

㉠ 3원색인 자주(M), 노랑(Y), 청록(C)의 색료를 혼합하면 혼합할수록 명도나 채도가 낮아진다.

㉡ 색상환에서 근거리의 혼합은 중간색이 나타나고, 원거리의 혼합은 명도나 채도가 낮아지며, 회색에 가깝다. 보색끼리의 혼합은 검정에 가까워진다.

㉢ 컬러 사진, 슬라이드, 영화 필름이 이에 속한다.

46

다음 중 감법 혼색을 사용하지 않는 것은?

① 컬러슬라이드

② 컬러영화필름

③ 컬러인화사진

④ 컬러텔레비전

해설
- 감법 혼색(색료 혼합-감법 혼색, 감색 혼합)은 3원색인 자주(M), 노랑(Y), 청록(C)의 색료를 합하면 검정에 가까운 색이 되며, 컬러슬라이드, 영화필름, 인화사진 등은 감법 혼색에 속한다.
- 중간 혼합인 병치 혼합은 색을 혼합한다는 것이라기보다 각기 다른 색을 서로 인접하게 배치하여 놓고 본다는 뜻으로 신인상파 화가의 점묘화, 직물, 컬러텔레비전의 영상 화면 등이다.

47

컬러 인화의 색보정 방법에 관한 설명 중 옳은 것은?

① 가법 인화법을 주로 사용

② 평균 혼색 인화법을 주로 사용

③ 감색 인화법을 많이 사용

④ 병치 가법 인화법을 많이 사용

해설 색료 혼합(감법 혼색, 감색 혼합)은 색료 혼합의 3원색인 자주(M), 노랑(Y), 청록(C)의 색료를 서로 같은 비율로 혼합한 것으로 컬러 인화 사진, 인쇄에 있어서 3원색을 이용하여 여러 가지 색을 재현하고 있다.

48

다음 중 중간 혼합에 해당하지 않는 것은?

① 회전 혼색　　② 병치 혼색

③ 감법 혼색　　④ 점묘화

해설 중간 혼합(평균 혼합 ; Mean color mixture)

㉠ 병치 혼합은 색을 혼합하기보다는 각기 다른 색을 서로 인접하게 배치해 놓고 본다는 뜻으로, 신인상파 화가의 점묘화, 직물, 컬러 텔레비전의 영상 화면 등이 그 예이다.

㉡ 회전 혼합(맥스웰 원판 : Maxwell disk)은 원판 회전 혼합의 경우를 말하는데, 예를 들면 2개 이상의 색표를 회전 원판에 적당한 비례의 넓이로 붙여 1분 동안에 2,000~3,000회의 속도로 회전하면 원판의 면이 혼색되어 보인다.

49

작은 점들이 무수히 많이 있는 그림을 멀리서 보면 색이 혼색되어 보이는 현상은?

① 가법 혼색　　② 감법 혼색

③ 병치 혼색　　④ 계시 혼색

해설 병치 혼합은 색을 혼합하기보다는 각기 다른 색을 서로 인접하게 배치해 놓고 본다는 뜻으로, 신인상파 화가의 점묘화, 직물, 컬러 텔레비전의 영상 화면 등이 그 예이다.

50

하나의 색만을 변화시키거나 더함으로써 디자인 전체의 배색을 변화시킬 수 있다는 '베졸드(Willhelm Von Bezold)의 효과'는 다음 중 어떤 원리를 이용한 것인가?

① 회전 혼합　　② 감산 혼합

③ 병치 혼합　　④ 가산 혼합

정답 45. ① 46. ④ 47. ③ 48. ③ 49. ③ 50. ③

해설 병치 혼합

여러 가지 색이 조밀하게 분포되어 있을 때 멀리서 보면 각각의 색들이 주위의 색들과 혼합되어 보이는 현상을 베졸드 효과라 하며, 병치 혼합은 모자이크, 직물, TV의 영상, 신인상파의 점묘화, 옵아트 등에서 찾아볼 수 있다.

51 |

고호, 쇠라, 시냑 등 인상파 화가들의 표현기법과 관계 깊은 것은?

① 계시대비 ② 동시대비
③ 회전 혼합 ④ 병치 혼합

해설 중간 혼합(평균 혼합 : Meen color mixture)

중간 혼합에는 병치 혼합과 회전 혼합이 있다. 병치 혼합은 색을 혼합한다는 것이라기보다 각기 다른 색을 서로 인접하게 배치하여 놓고 본다는 뜻으로 신인상파 화가 고호, 쇠라, 시냑 등의 점묘화에서 볼 수 있다. 즉, 여러 가지 물감을 서로 혼합하지 않고 화면에 작은 색점을 많이 늘어놓아 병치 혼합의 효과로써 사물을 묘사하도록 한 것을 말한다. 이것은 채도를 낮추지 않는 어떤 중간색을 만들어 보자는 의도로 가법 혼색이라고도 한다.

52 |

병치 혼합의 예가 아닌 것은?

① 인상파의 점묘법 ② 인쇄에 의한 혼합
③ 색팽이의 혼합 ④ 직물의 혼합

해설 병치 혼합

여러 가지 색이 조밀하게 분포되어 있을 때 멀리서 보면 각각의 색들이 주위의 색들과 혼합되어 보이는 현상을 베졸드 효과라 하며, 병치 혼합은 모자이크, 직물, TV의 영상, 신인상파의 점묘화, 옵아트 등에서 찾아볼 수 있다.

53 |

컬러 TV의 화면이나 인상파 화가의 점묘법, 직물 등에서 발견되는 색의 혼색 방법은?

① 동시 감법 혼색 ② 계시 가법 혼색
③ 병치 가법 혼색 ④ 감법 혼색

해설 병치 가법 혼색

여러 가지 물감을 서로 혼합하지 않고 화면에 작은 색점을 많이 늘어놓아 병치 혼합의 효과로써 사물을 묘사하도록 한 것을 말한다. 이것은 채도를 낮추지 않는 어떤 중간색을 만들어 보자는 의도로 가법 혼색이라고도 한다.

54 |

노란색 종이를 태양빛에서 보나 형광등에서 보나 같은 노란색으로 느끼게 될 때, 이는 눈의 어떤 순응 상태를 말하는가?

① 명순응 ② 암순응
③ 색순응 ④ 무채순응

해설 색순응(色順應 ; chromatric adaption)

물체를 비추는 빛의 종류에 따라 반사되는 빛의 성질은 많이 달라진다. 같은 물건이라도 태양빛에서 볼 때와 전등 밑에서 볼 때 각각 다른 색을 띠지만 시간이 지나면 그 물건의 색은 원상태로 보인다. 이처럼 어떤 조명광이나 물체색을 오랫동안 보면 그 색에 순응되어 색의 지각이 약해지는 현상을 색순응이라 한다.

55 |

같은 물체색이라도 조명에 따라 다르게 보이는 현상은?

① 분광 특성 ② 연색성
③ 색순응 ④ 등색성

해설 연색성(連色性, color rendering)

조명에 의하여 보이는 물체색의 상태 및 물체색의 보이는 상태를 결정하는 광원의 성질을 말한다.

56 |

화장한 여성의 얼굴을 형광등 아래에서 보면 칙칙하고 안색이 나쁘게 보이는 이유는?

① 형광등은 단파장 계열의 빛을 방출하기 때문
② 형광등에서는 장파장이 강하게 나오기 때문
③ 형광등에서는 붉은빛이 강하게 나오기 때문
④ 형광등 아래서는 얼굴에 붉은 색조가 강조되어 보이기 때문

정답 51. ④ 52. ③ 53. ③ 54. ③ 55. ② 56. ①

해설 연색성
광원에 따라 물체의 색감에 영향을 주는 현상. 예를 들면 백열전구의 연색성은 적황색이 많아서 따뜻한 빛 계통의 물건을 비추면 색채가 훨씬 밝아 보이고, 형광등의 빛은 푸른 부분이 많으므로 흰빛이나 차가운 빛 계통의 물건을 뚜렷하게 보이게 한다.

57 |

다음은 색의 어떤 성질에 대한 설명인가?

> 흔히 태양광선 아래에서 본 물체와 형광등 아래에서 본 물체는 색이 다르게 보일 수 있는데 이는 광원에 따라 다른 성질을 보인 것이다.

① 조건등색　　② 색각이상
③ 베졸드 효과　　④ 연색성

해설
- 조건등색 : 두 가지의 물체색이 다르더라도 어떤 조명 아래에서는 같은 색으로 보이는 현상으로 메타메리즘(metamerism)이라고도 한다.
- 색각이상(色覺異常, abnormal of color vision) : 시력의 이상으로 인해 색상을 정상적으로 구분하지 못하는 증상을 말한다. 흔히 색맹(色盲), 또는 색약(色弱)이라고도 부른다.
- 베졸드 효과(동화현상, 전파효과, 혼색효과, 줄눈효과) : 인접한 주위의 색과 가깝게 느껴지거나 비슷해 보이는 현상을 말하며, 색을 직접 섞지 않고 색 점을 섞어 배열함으로써 전체 색조를 변화시키는 효과로 문양이나 선의 색이 배경색에 혼합되어 보이는 것으로 회색 배경 위에 검정의 문양을 그리면 회색 배경은 실제보다 더 검게 보인다.
- 연색성(連色性, color rendering) : 조명에 의하여 보이는 물체색의 상태 및 물체색의 보이는 상태를 결정하는 광원의 성질을 말한다.

58 |

다음 중 (　)의 내용으로 옳은 것은?

> 우리가 백열전구에서 느끼는 색감과 형광등에서 느끼는 색감의 차이가 나는 이유는 색의 (　　) 때문이다.

① 순응성　　② 연색성
③ 항상성　　④ 고유성

해설 연색성
같은 물체색이라도 조명에 따라 색이 달라져 보이는 성질을 광원의 연색성이라고 하며 조명빛과 태양광이 얼마나 흡사한지를 숫자로 나타내는 지표이다.

59 |

푸르킨예 현상에 대한 설명으로 옳은 것은?

① 어떤 조명 아래에서 물체색을 오랫동안 보면 그 색의 감각이 약해지는 현상
② 수면에 뜬 기름이나, 전복껍질에서 나타나는 색의 현상
③ 어두워질 때 단파장의 색이 잘 보이는 현상
④ 노랑, 빨강 초록 등 유채색을 느끼는 세포의 지각 현상

해설 푸르킨예 현상(Purkinje effect)
명순응에서 암순응 상태로 옮겨질 때 물체색의 밝기가 어떻게 변하는가를 살펴보면 빨강계통의 색은 어둡게 보이게 되고, 파랑계통의 색은 반대로 시감도가 높아져서 밝게 보이기 시작하는데 이러한 현상을 푸르킨예 현상이라고 한다.

60 |

다음 중 푸르킨예 현상(Purkinje effect)이 적용되는 것은?

① 명도대비　　② 착시 현상
③ 암순응　　④ 시선의 이동

해설 푸르킨예 현상(Purkinje effect)
명순응에서 암순응 상태로 옮겨질 때 물체색의 밝기가 어떻게 변하는가를 살펴보면 빨강계통의 색은 어둡게 보이게 되고, 파랑계통의 색은 반대로 시감도가 높아져서 밝게 보이기 시작하는데 이러한 현상을 푸르킨예 현상이라고 한다.

61 |

추상체와 간(한)상체가 동시에 함께 활동하여 색의 판단을 신뢰할 수 없는 상태를 무엇이라 하는가?

① 박명시　　② 명소시
③ 항상시　　④ 암소시

정답 57. ④ 58. ② 59. ③ 60. ③ 61. ①

해설 날이 저물어 엷은 어둠이 되면 추상체와 간상체의 양쪽이 작용하는데, 이때는 상이 흐릿하여 보기 어렵게 된다. 이 상태를 박명시라고 한다.

62

밝은 곳에서 어두운 곳으로 이동하면 주위의 물체가 잘 보이지 않다가 어두움 속에서 시간이 지나면 식별할 수 있는 현상과 관련 있는 인체의 반응은?

① 항상성
② 색순응
③ 암순응
④ 고유성

해설 암순응(暗順應, dark adaptation)
밝은 곳에서 어두운 곳으로 이동할 때 동공이 천천히 열리므로 약간의 시간이 지나서 사물을 볼 수 있는 현상으로 간상체가 시야의 어둠에 순응하는 것으로 어둡게 되면 가장 먼저 보이지 않는 색은 빨강이며, 파란 계통의 밝은 색으로 하면 어두운 가운데서는 쉽게 식별할 수 있다. 따라서 암순응을 촉진하기 위해서는 빨강색을 이용하는 것이 효과적이다. 눈이 순응하는 데 걸리는 시간은 약 15분 정도이다. 완전한 암순응에 도달할 때까지에는 30분 정도가 소요된다.

63

밝은 곳에서 어두운 곳으로 이동할 때 눈의 적응 과정을 암순응이라 한다. 암순응을 촉진하기 위하여 사용하는 색으로 가장 적절한 것은?

① 적색
② 백색
③ 초록색
④ 노란색

해설 암순응(暗順應, dark adaptation)
밝은 곳에서 어두운 곳으로 이동할 때 동공이 천천히 열리므로 약간의 시간이 지나서 사물을 볼 수 있는 현상으로 간상체가 시야의 어둠에 순응하는 것으로 어둡게 되면 가장 먼저 보이지 않는 색은 빨강이며, 파란 계통의 밝은색으로 하면 어두운 가운데서는 쉽게 식별할 수 있다. 따라서 암순응을 촉진하기 위해서는 빨강색을 이용하는 것이 효과적이다. 눈이 순응하는 데 걸리는 시간은 약 15분 정도이다. 완전한 암순응에 도달할 때까지에는 30분 정도가 소요된다.

64

다음 중 암순응 현상에 관한 설명으로 틀린 것은?

① 동공이 확대된다.
② 색채의 구별이 제한된다.
③ 원추세포가 주로 작용한다.
④ 완전 암조응에 보통 30~40분이 걸린다.

해설 암순응 현상에서는 간상세포(간상체)가 밤처럼 조도 수준이 낮을 때 기능을 하며, 흑백의 음영만을 구분하므로 작용한다.

65

광원에 따라 물체의 색이 달라져 보이는 것과는 달리 다른 두 가지의 색이 어떤 광원 아래서는 같은 색으로 보이는 현상은?

① 메타메리즘(metamerism)
② 잔상(after image)
③ 분광 반사(spectral reflectance)
④ 연색성(color rendition)

해설 조건등색(metamerism)은 분광 분포가 다른 두 개의 색 자극이 특정한 조건에서 같은 색으로 보이는 현상으로, 메타메리즘이라고도 한다.

66

동일한 회색 바탕의 하양 줄무늬와 검정 줄무늬의 경우, 바탕의 회색이 하양 줄무늬의 영향으로 더 밝아 보이고, 바탕의 회색이 검정 줄무늬의 영향으로 더욱 어둡게 보이는 현상은?

① 애브니 효과
② 베졸드 효과
③ 명도대비 효과
④ 맥컬로 효과

해설 베졸드 효과(동화현상)
인접한 주위의 색과 가깝게 느껴지거나 비슷해 보이는 현상을 말하며, 색을 직접 섞지 않고 색 점을 섞어 배열함으로써 전체 색조를 변화시키는 효과로 문양이나 선의 색이 배경색에 혼합되어 보이는 것으로 회색 배경 위에 검정의 문양을 그리면 회색 배경은 실제보다 더 검게 보인다. 흰줄 무늬의 경우는 더 밝아 보인다.

정답 62. ③ 63. ① 64. ③ 65. ① 66. ②

이것은 명도대비와 반대되는 효과로 "동화현상"이라 고도 하며, 색의 전파효과, 혼색효과라고도 부른다. 또는 줄눈과 같이 가늘게 형성되었을 때 뚜렷이 나타난다고 하여 줄눈효과라고도 부른다.

67 |

베졸드 효과(Bezold effect)의 설명으로 틀린 것은?

① 빛이 눈의 망막 위에서 해석되는 과정에서 혼색효과를 가져다주는 일종의 가법 혼색이다.
② 색점을 섞어 배열한 후 거리를 두고 관찰할 때 생기는 일종의 눈의 착각 현상이다.
③ 여러 색으로 직조된 직물에서 하나의 색만 변화를 시키거나 더할 때 생기는 전체 색조의 변화이다.
④ 밝기와 강도에서는 혼합된 색의 면적 비율에 상관없이 강한 색에 가깝게 지각된다.

해설 베졸드 효과(동화현상)
인접한 주위의 색과 가깝게 느껴지거나 비슷해 보이는 현상을 말하며, 색을 직접 섞지 않고 색 점을 섞어 배열함으로써 전체 색조를 변화시키는 효과로 문양이나 선의 색이 배경색에 혼합되어 보이는 것으로 회색 배경 위에 검정의 문양을 그리면 회색 배경은 실제보다 더 검게 보인다. 흰줄무늬의 경우는 더 밝아 보인다. 이것은 명도대비와 반대되는 효과로 "동화현상" 이라고도 하며, 색의 전파 효과, 혼색 효과라고도 부른다. 또는 줄눈과 같이 가늘게 형성되었을 때 뚜렷이 나타난다고 하여 줄눈 효과라고도 부른다.

68 |

인접한 색들끼리 서로의 영향을 받아 인접한 색에 가깝게 보이는 것은?

① 동화현상
② 동시대비
③ 계시대비
④ 잔상

해설 동화현상(Assinilation ettect)
색채의 동시대비는 주변색의 영향으로 인접색과 서로 반대되는 색으로 보이는 현상이었으나, 동화현상은 주위색의 영향으로 오히려 인접색에 가깝게 느껴지는 현상을 말한다. 이를 전파효과 또는 혼색효과라고도 한다.

69 |

색의 동화 작용에 관한 설명 중 옳은 것은?

① 잔상 효과로서 나중에 본 색이 먼저 본 색과 섞여 보이는 현상
② 난색계열의 색이 더 커 보이는 현상
③ 색들끼리 영향을 주어서 옆의 색과 닮은 색으로 보이는 현상
④ 색점을 섬세하게 나열하여 배치해 두고 어느 정도 떨어진 거리에서 보면 쉽게 혼색되어 보이는 현상

해설 동화현상(assinilation ettect)
색채의 동시대비는 주변색의 영향으로 인접색과 서로 반대되는 색으로 보이는 현상이었으나, 동화현상은 주위색의 영향으로 오히려 인접색에 가깝게 느껴지는 현상을 말한다. 이를 전파효과 또는 혼색효과라고도 한다.

70 |

색의 동화현상(同化現象)에 대한 설명 중 틀린 것은?

① 회색 줄무늬라도 청색 줄무늬에 섞인 것은 청색을 띠어 보이는 현상
② 주위 색의 영향으로 인접색과 서로 반대되는 경향에 있는 현상
③ 동화를 일으키기 위해서는 색의 영역이 하나로 종합될 것이 필요함
④ 대비현상과는 반대의 현상

해설 동화현상(assinilation ettect)
색채의 동시대비는 주변색의 영향으로 인접색과 서로 반대되는 색으로 보이는 현상이었으나, 동화현상은 주위색의 영향으로 오히려 인접색에 가깝게 느껴지는 경우의 현상을 말한다. 이를 전파효과 또는 혼색효과라고도 한다.

71 |

색의 동화현상에 관한 설명으로 맞는 것은?

① 어떤 색이 주위 색에 근접하게 보이는 효과이다.
② 색의 차이가 강조되어 지각되는 현상이다.
③ 회색 바탕에 검은 선을 여러 개 그리면 바탕 회색은 더 밝게 보인다.
④ 빨강 바탕에 놓인 회색은 초록빛 회색으로 보인다.

정답 67. ④ 68. ① 69. ③ 70. ② 71. ①

해설 동화현상(assinilation ettect)

색채의 동시대비는 주변색의 영향으로 인접색과 서로 반대되는 색으로 보이는 현상이었으나, 동화현상은 주위색의 영향으로 오히려 인접색에 가깝게 느껴지는 현상을 말한다. 이를 전파효과 또는 혼색효과라고도 한다.

72

항상성에 관한 설명으로 옳은 것은?

① 시야가 좁거나 관찰 시간이 짧으면 항상성이 약하다.
② 조명이 단색광이고, 가까이 있으면 항상성이 강하다.
③ 밝기의 항상성은 밝은 물건 쪽이 약하고, 어두운 물건 쪽은 강하게 된다.
④ 색의 항상성의 방향은 고유색에 멀어진다는 설과 조명색의 보색에 멀어진다는 설이 있다.

해설 색 또는 밝기의 항상성(constancy)

㉠ 밝은 곳과 어두운 곳에서 흰 종이를 놓고 비교해 보면 빛의 반사량이 다르므로 어두운 곳에 있을 때가 더 어둡게 보인다. 그러나 우리는 흰 종이로 느끼고 지각한다.
㉡ 밝기나 색의 조명의 물리적 변화에 따라서 망막 자극의 변화가 비례하지 않는 것을 말한다.
㉢ 밝기의 항상성은 밝은 물체 쪽이 강하고 어두운 물체 쪽이 약하며 시야가 좁거나 관찰 시간이 짧으면 항상성이 약하다고 알려져 있다.
㉣ 색의 항상성은 밝기의 항상성에 비하여 강하지는 않지만, 색광 시야가 크고 시야의 구조가 복잡하면 항상성이 강하며, 조명이 단색광이고 가까이 있으면 항상성이 약해진다.

73

색의 항상성(color constancy)을 바르게 설명한 것은?

① 배경색에 따라 색채가 변하여 인지된다.
② 조명에 따라 색채가 다르게 인지된다.
③ 빛의 양과 거리에 따라 색채가 다르게 인지된다.
④ 배경색과 조명이 변해도 색채는 그대로 인지된다.

해설 색의 항상성(color constancy)

조명이나 관측 조건이 변화하지만, 우리는 주어진 물체의 색을 같은 것으로 간주하는 것이다.

74

조명이나 색을 보는 객관적 조건이 달라져도 주관적으로는 물체색이 달라져 보이지 않는 특성을 가리키는 것은?

① 동화현상
② 푸르킨예 현상
③ 색채 항상성
④ 연색성

해설 색채 항상성(color constancy)

㉠ 조명이나 관측 조건이 변화하지만, 우리는 주어진 물체의 색을 같은 것으로 간주하는 것이다.
㉡ 밝은 곳과 어두운 곳에서 흰 종이를 놓고 비교해 보면 빛의 반사량이 다르므로 어두운 곳에 있을 때가 더 어둡게 보인다. 그러나 우리들은 흰 종이로 느끼고 지각한다.
㉢ 밝기나 색의 조명의 물리적 변화에 따라서 망막 자극의 변화가 비례하지 않는 것을 말한다.
㉣ 밝기의 항상성은 밝은 물체 쪽이 강하고 어두운 물체 쪽이 약하며 시야가 좁거나 관찰 시간이 짧으면 항상성이 약하다고 알려져 있다.
㉤ 색의 항상성은 밝기의 항상성에 비하여 강하지는 않지만, 색광 시야가 크고 시야의 구조가 복잡하면 항상성이 강하며, 조명이 단색광이고 가까이 있으면 항상성이 약해진다.

75

빨간 사과를 태양광선 아래에서 보았을 때와 백열등 아래에서 보았을 때 빨간색이 같게 지각되는데 이 현상을 무엇이라고 하는가?

① 명순응　② 대비현상
③ 항상성　④ 연색성

해설
- 명순응(明順應, light adaptation) : 어두운 곳으로부터 밝은 곳을 갑자기 나왔을 때 점차로 밝은 빛에 순응하게 되는 것. 광적응(光適應)이라고도 한다.
- 대비현상 : 인접한 색이나 배경색의 영향으로 원래의 색과 다르게 보이는 현상을 말한다.
- 항상성(color constancy) : 조명이나 관측 조건이 변화하지만, 우리는 주어진 물체의 색을 같은 것으로 간주하는 것이다.
- 연색성(color rendering) : 조명에 의한 물체색의 보이는 상태 및 물체색의 보이는 상태를 결정하는 광원의 성질을 말한다.

정답 72. ① 73. ④ 74. ③ 75. ③

76

흰색 도화지는 밝은 곳에서나 어두운 곳에서나 모두 흰색으로 인지하게 되는 현상은?

① 주관성
② 항상성
③ 시인성
④ 잔상

해설 색 또는 밝기의 항상성(constancy)

㉠ 밝은 곳과 어두운 곳에서 흰 종이를 놓고 비교해 보면 빛의 반사량이 다르므로 어두운 곳에 있을 때가 더 어둡게 보인다. 그러나 우리는 흰 종이로 느끼고 지각한다.

㉡ 밝기나 색의 조명의 물리적 변화에 따라서 망막 자극의 변화가 비례하지 않는 것을 말한다.

77

색의 요소 중 시각적인 감각이 가장 예민한 것은?

① 색상
② 명도
③ 채도
④ 순도

해설 명시도와 주목성은 주위 색과의 차이에 의존하고 명도, 색상, 채도의 차가 커질수록 높아지며, 3속성 중 특히 명시도의 요인이 되는 것은 명도차이며, 명시도가 높은 색은 주목성도 높다.

78

다음 중 동일 조건으로 명시도가 가장 높은 배색은?

① 빨강 배경색에 파랑 글씨색
② 검정 배경색에 노랑 글씨색
③ 흰 배경색에 노랑 글씨색
④ 보라 배경색에 파랑 글씨색

해설 배경을 검정으로 하였을 때 순색의 가시도(명시성)가 높은 순위는 노랑, 노랑 기미의 주황, 황록, 주황, 빨강, 녹색, 자주, 청록, 파랑, 청자, 보라의 순이라 할 수 있다.

79

다음 중 명시도가 가장 높은 경우는?

① 백색 배경의 청색(2.5B 4/10)
② 흑색 배경의 자주색(2.5RP 3.5/11)
③ 백색 배경의 주황색(5YR 8/12)
④ 흑색 배경의 녹색(2.5G 3/5)

해설 배경을 검정으로 하였을 때 순색의 명시도 순위는 노랑, 노랑 기미의 주황, 황록, 주황, 빨강, 녹색, 자주, 청록, 파랑, 청자, 보라 순으로 명시성이 높고, 바탕색을 흰색으로 했을 때는 모든 색의 명시성이 전체적으로 낮아지며 보라, 파랑, 청록, 녹색, 자주, 빨강, 주황, 황록, 노랑 기미의 주황, 노랑 순으로 높다.

80

교통 표지판은 주로 색의 어떤 성질을 이용하는가?

① 진출성
② 반사성
③ 대비성
④ 명시성

해설 안전 색채 선택 시 고려할 사항

㉠ 명시성, 주목성 및 시인성이 높은 색이어야 한다.
㉡ 색채는 직감적인 연상을 일으킬 수 있어야 한다.
㉢ 배경색과의 관계를 고려해야 한다.
㉣ 규정된 범위의 색채를 사용하여야 한다.

81

다음 중 명시도를 가장 중요시하는 분야는?

① 안전 사고 방지 표시
② 실내 장식
③ 포장 디자인
④ 마크 디자인

해설 안전 색채 선택 시 고려할 사항

㉠ 명시성, 주목성 및 시인성이 높은 색이어야 한다.
㉡ 색채는 직감적인 연상을 일으킬 수 있어야 한다.
㉢ 배경색과의 관계를 고려해야 한다.
㉣ 규정된 범위의 색채를 사용하여야 한다.

정답 76. ② 77. ② 78. ② 79. ① 80. ④ 81. ①

82

교통 표지판의 색채계획에서 가장 우선적으로 고려해야 하는 것은?

① 색의 조화 ② 색의 대비
③ 시인성 ④ 항상성

해설 교통 표지판은 식별이 잘 되어야 하므로 시인성이 우선이다.

83

색채의 시인성에 가장 영향력을 미치는 것은?

① 배경색과 대상 색의 색상차가 중요하다.
② 배경색과 대상 색의 명도차가 중요하다.
③ 노란색에 흰색을 배합하면 명도차가 커서 시인성이 높아진다.
④ 배경색과 대상 색의 색상 차이는 크게 하고, 명도차는 두지 않아도 된다.

해설 주목성(명시성)이 높은 색은 주위의 색과 명도, 색상, 채도의 차가 크며, 단 형태가 같은 것은 동떨어지는 것이 효과를 낼 수 있다. 검정 바탕에 노랑 글씨가 눈에 잘 띄고 쉽게 확인할 수 있으므로 시인성이 높다고 볼 수 있다.

84

다음 중 시인성이 가장 좋은 배색 사례는?

① 노랑－파랑
② 빨강－파랑
③ 파랑－검정
④ 녹색－회색

해설 바탕색과 글자의 색을 생각할 때 얼마만큼 잘 보이는가를 명시성 또는 가시성(visibility)이라 하며, 노랑－파랑의 경우에 가시도가 높게 나타난다.

85

배경을 검정으로 했을 때 가시도가 가장 높은 색은?

① 청록 ② 빨강
③ 노랑 ④ 자주

해설 배경을 검정으로 하였을 때 순색의 가시도(명시성)가 높은 순위는 노랑, 노랑 기미의 주황, 황록, 주황, 빨강, 녹색, 자주, 청록, 파랑, 청자, 보라의 순이라 할 수 있다.

86

다음 중 주목성이 가장 높은 배색은?

① 자극적이고 대조적인 느낌의 배색
② 온화하고 부드러운 느낌의 배색
③ 초록이나 자주색 계통의 배색
④ 중성색이나 고명도의 배색

해설
- 주목성은 색이 우리의 눈을 끄는 힘을 말하는데, 명시도가 높은 색은 주목성도 높다.
- 명시도가 높은 색은 같은 거리에 같은 크기의 색이 있을 때 확실하게 잘 보이는 색이다.

87

머리와 안구를 고정하여 한 점을 주시했을 때 동시에 보이는 외계의 범위를 시야라 하는데 다음 중 시야가 가장 넓어지는 색은?

① 백색 ② 녹색
③ 적색 ④ 청색

해설 시야
어느 한 점에 눈을 고정하고 동시에 보이는 범위를 시각으로 나타낸 것을 말한다.

시야와 색
녹색 → 적색 → 청색 → 백색 순으로 시야가 넓어진다.

88

다음 색의 기능에 관한 설명 중 옳은 것은?

① 유목성은 글자나 기호 또는 그림 글자(픽토그램) 등을 알아보는 성질을 말한다.
② 시인성은 무의식적으로 있을 때 사람의 시선을 끄는 성질을 말한다.
③ 가독성은 어떤 거리에서 색을 알아보기 쉬운 성질을 말한다.
④ 유목성, 시인성, 가독성을 높이는 데 공통으로 중요한 것은 전경색(도형색)과 배경색의 명도차를 크게 하는 것이다.

정답 82. ③ 83. ② 84. ① 85. ③ 86. ① 87. ① 88. ④

해설 명시도는 주위 색과의 차이에 의존하고 3속성의 차가 커질수록 높아지며, 3속성 중 특히 명시도의 요인이 되는 것은 명도차이다.

89 |

동일한 색상이라도 주변색의 영향으로 실제와 다르게 느껴지는 현상은?

① 보색
② 대비
③ 혼합
④ 잔상

해설 대비 현상은 인접한 색이나 배경색의 영향으로 원래의 색과 다르게 보이는 현상을 말한다.

90 |

색채 동시대비 현상의 명도대비, 채도대비, 보색대비, 색상대비 중 유채색과 무채색을 나란히 배열하였을 때 관련있는 것은?

① 명도대비 뿐이다.
② 명도대비, 채도대비가 있다.
③ 명도대비, 채도대비, 색상대비가 있다.
④ 명도대비, 채도대비, 보색대비, 색상대비가 있다.

해설 명도대비
같은 명도의 회색을 흰색 바탕과 검정 바탕에 각각 놓았을 때 흰색 바탕의 회색은 어둡게, 검정 바탕의 회색은 밝게 보인다. 사람의 눈은 색의 3속성 중에서 명도에 대한 반응이 가장 예민하다.

채도대비
채도가 서로 다른 두 색이 배색되어 있을 때 채도가 높은 색은 더욱 선명하게, 채도가 낮은 색은 더욱 흐려 보이는 현상을 채도대비라 한다. 따라서 채도가 높은 노랑을 채도가 낮은 노랑 바탕과 채도가 낮은 회색 바탕에 각각 놓았을 때, 회색 위의 노랑이 채도가 더 높아 보인다. 즉 채도차가 있는 배색에서 작은 면적의 색이 채도가 변하여 보이는 현상을 말한다.

91 |

인접한 색이나 혹은 배경색의 영향으로 먼저 본 색이 원래의 색과 다르게 보이는 현상은?

① 연상작용
② 동화현상
③ 대비현상
④ 색순응

해설
- 연상작용 : 색을 지각할 때 과거의 경험이나 심리작용에 의한 활동이나 상태와 관련지어 보는 것을 말한다(빨간색 : 피, 정렬, 흥분 등).
- 동화작용 : 인접한 주위의 색과 가깝게 느껴지거나 비슷해 보이는 현상을 말한다.
- 대비현상 : 인접한 색이나 배경색의 영향으로 원래의 색과 다르게 보이는 현상을 말한다.
- 색순응 : 색광에 대하여 눈의 감수성이 순응하는 것을 색순응이라 한다. 선글라스를 끼고 있는 동안 선글라스의 색이 느껴지지 않는 것은 색순응이 일어나기 때문이며, 선글라스를 벗으면 순응하여 떨어진 색이 급히 선명하게 보이게 된다.

92 |

다음 현상을 옳게 설명한 것은?

> 줄무늬의 녹색 셔츠를 구입하기 위해 옷을 살펴보는데, 녹색 바탕의 셔츠 줄무늬가 노란색일 경우와 파란색일 경우 옷 색깔이 다르게 보였다.

① 면적대비 – 노란색 줄무늬는 밝아 보이고 파란색 줄무늬는 검게 보인다.
② 보색대비 – 노란색 줄무늬는 밝게 보이고 파란색 줄무늬는 검게 보인다.
③ 명도동화 – 노란색 줄무늬는 어둡게 보이고 파란색 줄무늬는 밝게 보인다.
④ 색상동화 – 노란색 줄무늬 부근은 황록색으로 파란색 줄무늬 부근은 청록색으로 보인다.

해설 동화현상은 주위색의 영향으로 오히려 인접색에 가깝게 느껴지는 현상을 말한다. 이를 전파효과 또는 혼색효과라고도 한다.

정답 89. ② 90. ② 91. ③ 92. ④

93

다음 채도대비(彩度對比)에 관한 설명 중 옳은 것은?

① 어떤 중간색을 무채색 위에 위치시키면 채도가 낮아 보이고, 같은 색상의 밝은 색 위에 위치시키면 원래보다 채도가 높아 보인다.
② 어떤 중간색을 무채색 위에 위치시키면 원래의 색보다 채도가 높아 보인다.
③ 어떤 중간색을 같은 색상의 밝은 색 위에 위치시키면 원래의 색보다 채도가 높아 보인다.
④ 어떤 중간색을 같은 색상의 밝은 색 위에 위치시키면 채도가 낮아 보이고, 무채색 위에 위치시키면 원래의 채도와 같아 보인다.

해설 채도대비

㉠ 채도가 서로 다른 두 색이 배색되어 있을 때는 채도가 높은 색은 더욱 높게, 채도가 낮은 색은 더욱 낮게 보인다.
㉡ 채도가 높은 노랑을 채도가 낮은 노랑 바탕과 채도가 낮은 회색 바탕에 각각 놓았을 때, 회색 위의 노랑이 채도가 더 높아 보인다.
㉢ 채도 차가 있는 배색에서는 작은 면적의 색이 채도가 변하여 보이는 현상을 채도대비라 한다.
㉣ 어떠한 색에 그 보다 명도가 낮고 채도가 높은 색을 배치하면 그 색은 더욱 높은 명도로 보이고 채도는 낮게 보이며, 반면에 높은 명도에 낮은 채도를 배색하면 먼저 색은 명도가 낮게 보이고 채도는 높게 보인다.
㉤ 채도의 저하는 처음 보았을 때의 색이 점점 흐린 색으로 기울어져 보이는 현상이며, 작은 면적의 색이 채도가 높게 보이는 이유는 주위에 있는 넓은 면적의 색에 대한 보색 잔상의 영향 때문이다.
㉥ 그에 대한 예로, 의복의 단추를 매우 높은 채도라고 생각하여 사용한 것이 실제로 입고 보니 그것의 채도는 의외로 낮아져 보이는 것이 바로 이러한 현상 때문이다.

94

노란색 무늬를 어떤 바탕색 위에 놓으면 가장 채도가 높아 보이는가?

① 황토색　　② 흰색
③ 회색　　④ 검정색

해설 채도대비

채도가 서로 다른 두 색이 배색되어 있을 때 채도가 높은 색은 더욱 선명하게, 채도가 낮은 색은 더욱 흐려 보이는 현상을 채도대비라 한다. 따라서 채도가 높은 노랑을 채도가 낮은 노랑 바탕과 채도가 낮은 회색 바탕에 각각 놓았을 때, 회색 위의 노랑이 채도가 더 높아 보인다. 즉 채도 차가 있는 배색에서 작은 면적의 색이 채도가 변하여 보이는 현상을 말한다.

95

바탕색에 따라서 어떤 색이 맑게 혹은 탁하게 느껴지는 것과 관련이 있는 것은?

① 색상대비　　② 명도대비
③ 채도대비　　④ 보색대비

해설 채도대비

채도가 서로 다른 두 색이 배색되어 있을 때 채도가 높은 색은 더욱 선명하게, 채도가 낮은 색은 더욱 흐려 보이는 현상을 채도대비라 한다.

96

중간 채도의 빨간색을 회색 바탕 위에 놓은 것보다 선명한 빨강 바탕 위에 놓았을 때 채도가 더 낮아 보이는 현상은?

① 채도대비　　② 색상대비
③ 명도대비　　④ 보색대비

해설 채도대비

채도가 서로 다른 두 색이 배색되어 있을 때 채도가 높은 색은 더욱 선명하게, 채도가 낮은 색은 더욱 흐려 보이는 현상을 채도대비라 한다.

97

빨강색 바탕 위의 주황색과 노랑색 바탕 위의 주황색이 서로 다르게 보이는 가장 큰 대비현상은?

① 채도대비　　② 색상대비
③ 보색대비　　④ 면적대비

해설 색상대비는 서로 다른 두 가지 색을 서로 대비했을 때 원래의 색보다 색상의 차이가 더욱 크게 느껴지는 것을 말한다. 예를 들어, 빨간색 위에 노란색을 놓았을 때 빨간색은 연지 기미가 많은 빨강으로, 노란색은 연지 기미가 많은 노랑으로 변해 보인다.

정답 93. ② 94. ④ 95. ③ 96. ① 97. ②

98 |

3색 이상 다른 밝기를 가진 회색을 단계적으로 배열했을 때 명도가 높은 회색과 접하고 있는 부분은 어둡게 보이고, 반대로 명도가 낮은 회색과 접하고 있는 부분은 밝게 보인다. 이들 경계에서 보이는 대비 현상은?

① 보색대비 ② 채도대비
③ 연변대비 ④ 계시대비

해설 연변대비

㉠ 어떤 두 색이 맞붙어 있을 경우, 그 경계가 되는 언저리에 경계로부터 멀리 떨어져 있는 부분보다 색의 3속성별로 색상대비, 명도대비, 채도대비의 현상이 더욱 강하게 일어나는 현상이다.

[연변대비]

㉡ 그림은 명도대비가 일어나는 현상으로, 정사각형 사이의 흰 부분이 교차하는 지점에 희미한 회색점이 보이는 착각을 일으킨다. 이것은 교차 지점이 교차하지 않은 흰 부분보다 명도대비의 현상이 약하게 일어나는 증거이다.

㉢ 무채색을 명도 단계별로 붙여서 배열할 때 또는 같은 명도의 유채색을 채도 단계별로 붙여서 배열할 때 잘 나타난다.

㉣ 같은 크기의 직사각형 빨강과 자주를 나란히 놓았을 때 경계 부근에서 빨강은 더욱 선명하고 깨끗하게 보이며 자주는 더욱 탁해 보인다.

99 |

다음 그림과 같이 검정 사각형 사이의 교차하는 흰 부분에 약간 희미한 검은 점이 보이는 착각이 일어나는 현상과 가장 관계있는 것은?

① 계시대비
② 부의 잔상
③ 연변대비
④ 면적대비

해설 연변대비

어떤 두 색이 맞붙어 있을 경우, 그 경계가 되는 언저리에 경계로부터 멀리 떨어져 있는 부분보다 색의 3속성별로 색상대비, 명도대비, 채도대비의 현상이 더욱 강하게 일어나는 현상이다.

그림은 명도대비가 일어나는 현상으로, 정사각형 사이의 흰 부분이 교차하는 지점에 희미한 회색점이 보이는 착각을 일으킨다. 이것은 교차 지점이 교차하지 않은 흰 부분보다 명도대비의 현상이 약하게 일어나는 증거이다.

100 |

보색에 관한 설명 중 잘못된 것은?

① 색상환에서 서로 반대쪽에 있는 색이다.
② 서로 돋보이게 해주므로 주제를 살리는 데 효과가 있다.
③ 주목성이 강하다.
④ 인접색으로, 서로 보완해 준다.

해설 색상환에서 가장 먼 정반대 쪽의 색은 서로 보색관계이다. 보색은 여색이라고도 하는데, 보색인 두 색을 혼합하면 무채색이 된다.

101 |

보색 상호 간의 혼합 결과는?

① 무채색 ② 유채색
③ 인근색 ④ 유사색

해설 색상환에서 가장 먼 정반대 쪽의 색은 서로 보색 관계이다. 보색은 여색이라고도 하는데, 보색인 두 색을 혼합하면 무채색이 된다.

102 |

서로 다른 두 색상의 색료를 혼합했을 때, 그 혼합색이 중립의 Grey나 Black에 가까운 색이 되었을 경우 두 색의 관계는?

① 보색 ② 단색
③ 순색 ④ 인근색

해설 • 색상환에서 가장 먼 정반대 쪽의 색은 서로 보색 관계이다. 보색은 여색이라고도 하는데, 보색인 두 색을 혼합하면 무채색(회색이나 검정색)이 된다.

정답 98. ③ 99. ③ 100. ④ 101. ① 102. ①

• 감법 혼색의 경우 혼색의 결과가 검정 또는 회색이 되는 것을 보색 관계라 한다.

103

다음 중 보색 관계가 아닌 것은?

① 빨강 – 청록 ② 노랑 – 남색
③ 파랑 – 주황 ④ 보라 – 초록

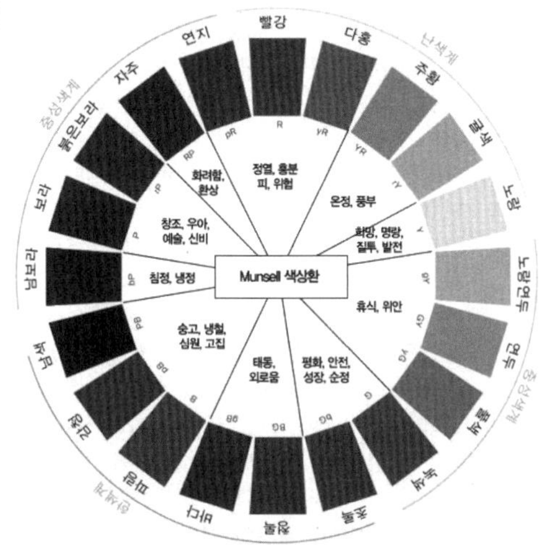

• 색상환에서 가장 먼 정반대 쪽의 색은 서로 보색 관계이다.
• 보라(P)색의 보색은 연두(GY)색이다.

104

다음 ( )의 내용으로 옳은 것은?

> 서로 다른 두 색이 인접했을 때 서로의 영향으로 밝은색은 더욱 밝아 보이고, 어두운색은 더욱 어두워 보이는 현상을 ( )대비라고 한다.

① 색상 ② 채도
③ 명도 ④ 동시

해설
• 색상대비 : 서로 다른 두 가지 색을 서로 대비했을 때 원래의 색보다 색상의 차이가 더욱 크게 느껴지는 것을 말한다.
• 채도(saturation)대비 : 채도가 서로 다른 두 색이 배색되어 있을 때에 채도가 높은 색은 더욱 선명하게, 채도가 낮은 색은 더욱 흐려보이는 현상을 채도대비라 한다.
• 명도대비는 명도가 다른 두 색을 이웃하거나 배색하였을 때, 밝은색은 더욱 밝게, 어두운 색은 더욱 어둡게 보이는 현상으로, 검정 바탕 위에 회색이 흰색 바탕 위의 같은 회색보다 밝게 보이게 된다.
• 동시대비는 어떤 화면을 볼 때 화면 내에 있는 색들이 실제의 색과 다르게 보이는 현상을 말한다. 즉, 실제의 색과 지각된 색채 간의 차이를 의미하며 동시대비에는 색상대비, 명도대비, 채도대비, 보색대비, 한난대비, 면적대비, 연변대비가 있다.

105

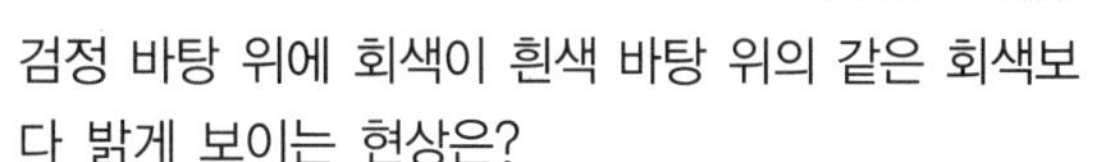

검정 바탕 위에 회색이 흰색 바탕 위의 같은 회색보다 밝게 보이는 현상은?

① 명도대비 ② 채도대비
③ 색상대비 ④ 보색대비

해설 명도대비는 명도가 다른 두 색을 이웃하거나 배색하였을 때, 밝은색은 더욱 밝게, 어두운색은 더욱 어둡게 보이는 현상으로, 검정 바탕 위에 회색이 흰색 바탕 위의 같은 회색보다 밝게 보이게 된다.

106

사람이 짙은 색 옷을 입으면 얼굴이 희게 보이고, 밝은색 옷을 입으면 얼굴이 검게 보이는 현상은?

① 명도대비 ② 채도대비
③ 색상대비 ④ 계시대비

해설 명도대비
㉠ 어두운색을 볼 때 망막의 자극이 적으므로 피로도는 매우 적다.
㉡ 어두운색 다음에 본 색이나 어두운색 속의 작은 면적의 색은 상대적으로 더욱 밝게 보인다.
㉢ 밝은색을 볼 때는 피로도가 커지므로 밝은색 다음에 본 색이나 밝은색 속의 면적의 색은 더욱 어둡게 보인다.
㉣ 같은 명도의 회색을 흰색 바탕과 검정 바탕에 각각 놓았을 때 흰색 바탕의 흰색은 어둡게, 검정 바탕의 회색은 밝게 보인다.
㉤ 사람의 눈은 색의 3속성 중에서 명도에 대한 반응이 가장 예민하며 어떤 두 색 사이에 명도, 색상, 채도 등이 동시에 일어난다고 하면 명도대비의 현상이 가장 강하게 나타난다.

정답 103. ④ 104. ③ 105. ① 106. ①

107 |

계시대비 실험에서 청록색 종이를 보다가 흰색 종이를 보면 어떻게 느껴지는가?

① 보라 기미가 느껴진다.
② 노랑 기미가 느껴진다.
③ 연두 기미가 느껴진다.
④ 빨강 기미가 느껴진다.

해설 계시대비(계속대비, 연속대비)
어떤 색을 보고 난 후에 다른 색을 보는 경우 먼저 본 색의 영향으로 다음에 보는 색이 다르게 보이는 현상으로 빨강 다음에 본 색이 노랑이면 색상은 황록색(연두색)을 띠어 보이는데, 이처럼 시간적으로 전후하여 나타나는 시각 현상을 말한다.

108 |

유채색의 경우 보색 잔상의 영향으로 먼저 본 색의 보색이 나중에 보는 색에 혼합되어 보이는 현상은?

① 계시대비　② 명도대비
③ 색상대비　④ 면적대비

해설 계시대비(계속대비, 연속대비)
먼저 본 색의 보색 잔상과 나중에 본 색이 혼색이 되어 시간적으로 계속해서 생기는 대비이다. 빨강 색지를 보다가 흰 색지를 보면 청록색이 보이며 채도는 낮아진다.

109 |

동일 색상의 경우, 큰 면적의 색은 작은 면적의 색 견본을 보는 것보다 화려하고 박력이 가해진 인상으로 보이는 것을 무엇이라고 하는가?

① 색각이상
② 게슈탈트의 해석
③ 매스 효과
④ 연변대비

해설 면적대비
면적이 커지면 명도, 채도가 증대되어 실제보다 더 밝고 선명하게 보이고, 면적이 작으면 명도와 채도가 감소되어 실제보다 어둡고 희미하게 보이는 현상이다.

110 |

옷감을 고를 때 작은 견본을 보고 고른 후 옷이 완성된 후에는 예상과 달리 색상이 뚜렷한 경우가 있다. 이것은 다음 중 어느 것과 관련이 있는가?

① 보색대비　② 연변대비
③ 색상대비　④ 면적대비

해설
- 보색대비 : 보색관계인 두 색이 서로의 영향으로 각각의 채도가 더 높게 보이는 것으로 색을 뚜렷하게 만들어 주는 대비이다.
- 연변대비 : 어떤 두 색이 맞붙어 있을 때, 그 경계가 되는 언저리에 경계로부터 멀리 떨어져 있는 부분보다 색의 3 속성별로 색상대비, 명도대비, 채도대비의 현상이 더욱 강하게 일어나는 현상이다.
- 색상대비 : 서로 다른 두 가지 색을 서로 대비했을 때 원래의 색보다 색상의 차이가 더욱 크게 느껴지는 것을 말한다. 예를 들어, 빨간색 위에 노란색을 놓았을 때 빨간색은 연지 기미가 많은 빨강으로, 노란색은 연지 기미가 많은 노랑으로 변해 보인다.
- 면적대비 : 면적이 크고 작음에 따라 색이 다르게 보이는 현상이다. 즉, 면적이 커지면 명도 및 채도가 증대되어 그 색은 실제보다 더 밝고 선명하게 높아 보인다. 반대로 면적이 작아지면 명도와 채도가 감소하여 보이는 대비의 현상이다.

2. 색채 분류 및 표시

01 |

혼색계에 대한 설명 중 바른 것은?

① 심리, 물리적인 빛의 혼색 실험에 기초를 둠
② 오스트발트 표색계
③ 먼셀 표색계
④ 물체색을 표시하는 표색계

해설
- 혼색계는 색광을 표시하는 표색계로 심리, 물리적인 병치의 혼색실험에 기초를 두는 체계를 말한다. 영 · 헬름홀츠에 의한 RGB 등의 3원색 이론에서 출발한 CIE(국제조명위원회) 표준 표색계가 대표적인 예이다.
- 현색계는 물체색의 색채를 표시하는 표색계로서, 일정한 번호나 기호를 붙여서 색채를 표시하는 체계로서 먼셀 표색계와 오스트발트 표색계 등이 있다.

정답 107. ④ 108. ① 109. ③ 110. ④ / 01. ①

02 |

다음 색채계 중 혼색계를 나타내는 것은?

① 먼셀 체계 ② NCS 체계
③ CIE 체계 ④ DIN 체계

해설 혼색계는 색광을 표시하는 표색계로 심리적이고 물리적인 빛의 혼색 실험에 의하여 기초를 두는 것이며, 현재 측색학의 근본을 이루고 CIE 표준 표색계(XYZ 표색계)가 대표적이다.

03 |

색채를 표시하는 방법 중 인간의 색 지각을 기초로 지각적 등보성에 근거한 것은?

① 현색계 ② 혼색계
③ 혼합계 ④ 표준계

해설 현색계

㉠ 심리적이고 물리적인 색채표시(물체색)
㉡ 색 표를 미리 정해서 번호/기호 붙이고 측색하려는 물체를 색채와 비교할 수 있도록 표준화
㉢ 물체색/투과색-눈으로 보고 비교 검색 가능
㉣ 색 공간에서 지각적인 색 통합 가능
㉤ 먼셀 표색계, 오스트발트 표색계, KS, NCS, DIN, OSA/UCS 등
㉥ 시각적으로 이해 쉽고, 확인 가능, 사용 쉬움, 측색 필요 없음, 색편 배열/개수 용도에 맞게 조정, 지각적으로 일정하게 배열 등 장점이 있다.
㉦ 색 좌표 변환은 눈으로만 가능, 색 편 간격 넓어 정밀한 색 좌표 구하기 어려움, 빛의 색 표기 어려움, 동일 조건으로 관측해야 정확한 색 좌표, 변색/오염 파악 어려움, 광택/무광택 판 필요 등 단점이 있다.

04 |

다음 중 현색계에 속하지 않는 것은?

① Munsell 색체계 ② CIE 색체계
③ NCS 색체계 ④ DIN 색체계

해설 • 혼색계(Color mixing system) : 색광을 표시하는 표색계로 대표적인 것은 CIE 표준 표색계(XYZ 표색계)이다.
• 현색계(Color appearance system) : 색채(물체색)를 표시하는 표색계이다. 이는 물체 표준으로서 표준 색표의 번호나 기호를 붙이는 방법으로, 일반적으로 색지각의 심리적인 속성에 따라서 행해진다. 먼셀 표색계, 오스트발트 표색계, KS, NCS, DIN, OSA/UCS 등이 해당한다.

05 |

다음 색의 3속성을 설명한 것 중 옳은 것은?

① 색의 강약, 즉 포화도를 명도라고 한다.
② 감각에 따라 식별되는 색의 종류를 채도라 한다.
③ 두 색 중에서 빛의 반사율이 높은 쪽이 밝은색이다.
④ 그레이 스케일(gray scale)은 채도의 기준 척도로 사용된다.

해설 물체의 색채

㉠ 표면색(surface color)은 물체의 표면에서 빛을 반사하거나 흡수하여 나타내는 색을 말한다.
㉡ 물체의 색은 물체의 표면에서 반사하는 빛의 분광 분포에 의하여 여러 가지 색으로 보이며, 대부분의 파장을 모두 반사하면 그 물체는 흰색으로 보이고 또 대부분의 파장을 흡수하면 그 물체는 검정으로 보인다.
㉢ 파장을 완전히 반사하거나 흡수하는 물체는 없다.
㉣ 파장이 긴 빨강의 파장 범위만을 강하게 반사하고 나머지의 파장을 흡수하면 그 물체는 빨강으로 보이며, 짧은 파장인 보라의 파장 범위만을 반사하고 나머지를 흡수한다면 그 물체는 보라로 보이게 되므로 그 범위의 반사율이 높을수록 채도가 높아진다.
㉤ 표면색은 물체의 표면에 빛이 비추어졌을 때 어떠한 파장의 빛을 얼마만큼 반사하는가에 따라서 결정된다.
㉥ 투과색(transparent color)은 색유리와 같이 빛을 투과하여 나타내는 색을 말한다.
㉦ 색유리나 색셀로판지가 빨강이면 빨강의 파장 범위만 투과시키고 다른 파장은 흡수한다.
㉧ 투과색의 파장별 투과율을 분광투과율이라 한다.

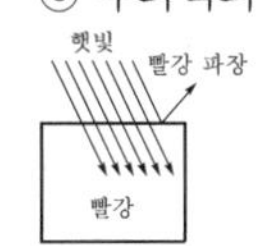

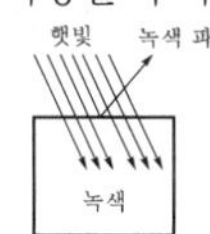

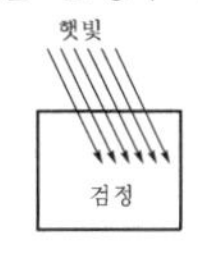

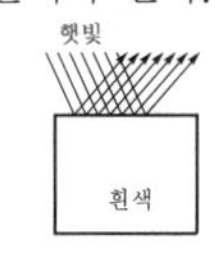

[빛과 물체색과의 관계]

정답 02. ③ 03. ① 04. ② 05. ③

06

색의 3속성에 관한 설명으로 옳은 것은?

① 명도는 빨강, 노랑, 파랑 등과 같은 색감을 말한다.
② 채도는 색의 강도를 나타내는 것으로 순색의 정도를 의미한다.
③ 채도는 빨강, 노랑, 파랑 등과 같은 색상의 밝기를 말한다.
④ 명도는 빨강, 노랑, 파랑 등과 같은 색상의 선명함을 말한다.

해설
- 색상은 색감을 말한다.
- 명도는 색의 밝고 어두움의 정도인 밝기를 말한다.
- 채도는 색의 맑고 탁한 정도인 선명함을 말한다.

07

색의 3속성에 대한 설명으로 가장 관계가 적은 것은?

① 색의 3속성이란 색자극 요소에 의해 일어나는 세 가지 지각성질을 말한다.
② 색의 3속성은 색상, 명도, 채도이다.
③ 색의 밝기에 대한 정도를 느끼는 것을 명도라 부른다.
④ 색의 3속성 중 채도만 있는 것을 유채색이라 한다.

해설 색상(Hue)

빨강, 노랑, 파랑, 보라 등으로 색채를 구별하기 위해 필요한 색채의 명칭으로 검은색, 회색, 흰색은 색상을 띠지 않은 색을 무채색, 색상을 가지고 있는 그 밖의 모든 색을 유채색이라 한다.

08

색의 3속성이란?

① 빨강, 파랑, 노랑 ② 빨강, 초록, 파랑
③ 색상, 명도, 채도 ④ 무채색, 유채색, 순색

해설 색의 3속성

㉠ 색상(Hue) : 색채를 구별하기 위해 필요한 색채의 명칭
㉡ 명도(Lightness) : 색의 밝고 어두운 정도
㉢ 채도(Saturation) : 색을 느끼는 지각적인 면에서 보았을 때 색의 강약

09

색의 3속성을 3차원 공간에다 계통적으로 배열한 것은?

① 색입체 ② 색공간
③ 색환 ④ 무채색 축

해설 색입체

㉠ 색상과 명도에 따라 채도(순색)의 한계가 다르므로 그 모양이 복잡한 것으로 되어 있다.
㉡ 무채색 축을 줄기로 한 나무와 흡사하므로 먼셀은 이것을 '색의 나무(color tree)'라 하였다.
㉢ 색입체에는 수평으로 절단한(명도 5에서) 등명도면의 배열인 수평 단면도와 수직으로 절단한 색상 5PB(남색)와 5Y(노랑)의 등색상면의 배열인 수직 단면도가 있다.

10

다음 중 색의 분류와 관련된 내용으로 틀린 것은?

① 색은 유채색과 무채색으로 나눌 수 있다.
② 무채색인 흰색은 반사율이 약 85% 정도이다.
③ 무채색의 온도감은 중성이지만 흰색은 차갑게 느껴진다.
④ 무채색 중 흰색의 채도는 10 정도이다.

해설 무채색(achromatic color)

㉠ 흰색에서 검정까지의 사이에 들어가는 회색의 단계를 만들어 그 명암의 차이에 의하여 차례대로 배열할 수 있다.
㉡ 무채색의 구별은 밝고 어두운 정도의 차이로 되는 것이며, 여러 가지의 표색계에서는 그 표색계 나름대로 명암의 단계를 빛의 반사율로 정하여 거기에다 적당한 부호나 숫자를 붙여서 표기한다.
㉢ 물리적인 면으로 볼 때 무채색과 빛과의 관계에서 가시광선을 구성하는 스펙트럼 각 색의 반사율은 곡선을 이루지 않고 거의 평행선에 가깝다.
㉣ 반사율이 약 85%인 경우가 흰색이고, 약 30% 정도이면 회색, 약 3% 정도는 검정이다.
㉤ 온도감은 따뜻하지도 차지도 않은 중성이다.
㉥ 의복의 경우에 검은색 옷을 입으면 빛의 반사율이 낮은 대신 흡수율이 높으므로 따뜻하며, 흰색 옷은 반사율이 높고 흡수율이 낮으므로 서늘하다.
㉦ 회색은 완전한 중성색이라고 볼 수 있다.
※ 무채색의 채도는 0이다.

정답 06. ② 07. ④ 08. ③ 09. ① 10. ④

11 |

색을 일반적으로 크게 구분하면 다음 중 어느 것인가?

① 무채색과 톤　　② 유채색과 명도
③ 무채색과 유채색　　④ 색상과 채도

해설 색채는 일반적으로 무채색(achromatic color)과 유채색(chromatic color)으로 나누고 무채색은 흰색, 회색, 검정 등 색기가 없는 것을 말한다.

12 |

색채 표준화의 기본 요건으로 거리가 먼 것은?

① 국제적으로 호환되는 기록 방법
② 체계적이고 일관된 질서
③ 특수 집단을 위한 범용적이고 실용적인 목적
④ 모호성을 배제한 정량적 표기

해설 색채의 표준화
색채에 대한 기준을 표준화하여 색채를 과학적이고 합리적으로 관리할 수 있는 기반을 조성하는 것을 말한다.
㉠ 국제적으로 호환되는 기록 방법
㉡ 색채 간의 지각적 등보성 유지
㉢ 모호성을 배제한 정량적 표기
㉣ 표준화된 색채 언어로 색의 마찰 해소, 클레임 방지, 시간 절약

13 |

빨강, 파랑, 노랑과 같이 색지각 또는 색감각의 성질을 갖는 색의 속성은?

① 색상　　② 명도
③ 채도　　④ 색조

해설 색상(Hue)
색채를 구별하는 데 필요한 색채의 명칭

14 |

무채색과 유채색의 대비에서 일어나는 대비현상이 아닌 것은?

① 명도대비　　② 색상대비
③ 채도대비　　④ 연변대비

해설
- 명도대비 : 명도가 다른 두 색을 이웃하거나 배색하였을 때, 밝은색은 더욱 밝게, 어두운색은 더욱 어둡게 보이는 현상으로, 검정 바탕 위에 회색이 흰색 바탕 위의 같은 회색보다 밝게 보이게 된다.
- 채도(saturation)대비 : 채도가 서로 다른 두 색이 배색되어 있을 때 채도가 높은 색은 더욱 선명하게, 채도가 낮은 색은 더욱 흐려 보이는 현상을 채도대비라 한다.
- 연변대비 : 어떤 두 색이 맞붙어 있을 때, 그 경계가 되는 언저리에 경계로부터 멀리 떨어져 있는 부분보다 색의 3 속성별로 색상대비, 명도대비, 채도대비의 현상이 더욱 강하게 일어나는 현상이다.

15 |

무채색에 대한 설명 중 잘못된 것은?

① 유채색 기미가 없는 계열의 색을 모두 무채색이라 한다.
② 무채색은 색의 3속성 중 명도의 속성만 가진다.
③ 무채색 중 검정색은 흰색보다 따뜻하게 느껴진다.
④ 무채색과 유채색의 대비 시 채도대비는 생기지 않는다.

해설 무채색(無彩色 ; achromatic color)
㉠ 백색에서 회색을 거쳐 흑색에 이르는, 채색이 없는 물체색(物體色)의 총칭이다.
㉡ 유채색에 대응되는 말로 감각상 색상, 채도(彩度)가 없고 명도(明度)만으로 구별된다.
㉢ 빛의 반사율로 정해진 부호나 숫자로 명암의 단계를 표시하며 백색은 반사율이 85%, 회색은 30%, 흑색은 3%이다.

16 |

무채색의 설명 중 올바른 것은?

① 밝고 어두움만을 나타내며 색상과 채도가 없다.
② 무채색의 명도는 1~14단계로 되어 있다.
③ 밝은 쪽을 저명도, 어두운 쪽을 고명도라 한다.
④ 검정색과 같이 흰색도 따뜻한 색에 속한다.

해설 무채색의 구별은 밝고 어두운 정도의 차이로 되는 것이며, 여러 가지의 표색계에서는 그 표색계 나름대로 명암의 단계를 빛의 반사율로 정하여 거기에다 적당한 부호나 숫자를 붙여서 표기한다.

정답 11. ③ 12. ③ 13. ① 14. ② 15. ④ 16. ①

17

다음 색상 중 무채색이 아닌 것은?

① 연두색 ② 흰색
③ 회색 ④ 검정색

해설 색채는 일반적으로 무채색(achromatic color)과 유채색(chromatic color)으로 나누고 무채색은 흰색, 회색, 검정 등 색기가 없는 것을 말한다.

18

명도의 높고 낮음과 가장 관련 있는 느낌은?

① 온도감 ② 중량감
③ 흥분, 침착감 ④ 시간의 장단감

해설 색채에 의한 무게의 느낌(중량감)은 주로 명도에 따라 좌우된다. 높은 명도의 색은 가볍게, 낮은 명도의 색은 무겁게 느껴진다.

19

색이 맑거나 흐린 정도의 차를 의미하는 것은?

① 명도 ② 채도
③ 색상 ④ 색입체

해설 채도(saturation)
색을 느끼는 지각적인 면에서 색의 강약이며 맑기라고 한다. 진한색과 연한색, 흐린색과 맑은색 등은 모두 색의 선명도, 즉 색채의 강하고 약한 정도로 채도의 높고 낮음을 가리키는 말이다.

20

색의 3속성 중 채도의 설명으로 옳은 것은?

① 난색계와 한색계의 정도
② 색의 산뜻함이나 탁한 정도
③ 색의 밝기 정도
④ 색조의 척도

해설 채도(Saturation)
색의 선명도, 즉 색채의 강약 정도를 말하며 색의 혼합량으로 생각해 본다면 어떠한 색상의 순색에 무채색(흰색이나 검정)의 포함량이 많을수록 채도가 낮아지고, 포함량이 적을수록 채도가 높아진다.

21

채도는 색의 강약의 정도를 말하며 3종류로 구분할 수 있다. 다음 중 알맞은 것은?

① 암색, 순색, 청색 ② 순색, 청색, 탁색
③ 순색, 보색, 탁색 ④ 암색, 청색, 보색

해설 채도(Saturation)
색의 맑기로 색의 선명도, 즉 색채의 강하고 약한 정도를 말한다.
㉠ 맑은 색(clear color) : 많은 색 중에서 가장 깨끗한 색가를 지니고 있는 채도가 가장 높은 색이다.
㉡ 탁색(sdull color) : 탁하거나 색 기미가 약하고 선명하지 못한 색, 채도가 낮은 색이다.
㉢ 순색(full color) : 동일 색상의 청색 중에서도 가장 채도가 높은 색이다.

22

다음 중 (   )에 들어갈 말로 옳은 것은?

빨강 물감에 흰색 물감을 섞으면 두 개 물감의 비율에 따라 진분홍, 분홍, 연분홍 등으로 변화한다. 이런 경우에 혼합으로 만든 색채들의 (   )는 혼합할수록 낮아진다.

① 명도 ② 채도
③ 밀도 ④ 명시도

해설 채도(Saturation)
색의 선명도, 즉 색채의 강약 정도를 말하며 색의 혼합량으로 생각해 본다면 어떠한 색상의 순색에 무채색(흰색이나 검정)의 포함량이 많을수록 채도가 낮아지고, 포함량이 적을수록 채도가 높아진다.

23

다음 색 중 채도가 가장 높은 색은?

① 5R 8/4 ② 5R 5/8
③ 5R 7/2 ④ 5R 4/6

해설 먼셀은 색상(Hue), 명도(Value), 채도(Chroma)의 3속성은 기호의 머리 글자를 따서 H, V, C라 하고 이 표기의 순서는 H V/C이다. 따라서 색의 표시를 색상, 명도, 채도의 순으로 표기하여 나타내었다. 채도는 1~14단계로 나누며 숫자가 크면 채도가 높은 색이다.

정답 17. ① 18. ② 19. ② 20. ② 21. ② 22. ② 23. ②

24

KS A 0011 유채색의 수식 형용사에 의한 다음 색 중 가장 채도가 높은 색은?

① 연한 연두
② 진한 연두
③ 밝은 연두
④ 선명한 연두

해설 채도(saturation)
색을 느끼는 지각적인 면에서 본다면 색의 강약이며 맑기라고 한다. 진한색과 연한색, 흐린색과 맑은색 등은 모두 색의 선명도, 즉 색채의 강하고 약한 정도로 채도의 높고 낮음을 가리키는 말이다.

25

오렌지색과 검정색의 색료혼합 결과, 혼합 전의 오렌지색과 비교하였을 때 채도의 변화는?

① 낮아진다.
② 혼합하기 전과 같다.
③ 높아진다.
④ 검정색의 혼합량에 따라 높거나 낮아진다.

해설 색료혼합(감산혼합)의 2차색은 1차색보다 명도, 채도 모두 낮아진다.

26

명도와 채도에 관한 설명으로 틀린 것은?

① 순색에 검정을 혼합하면 명도와 채도가 낮아진다.
② 순색에 흰색을 혼합하면 명도와 채도가 높아진다.
③ 모든 순색의 명도는 같지 않다.
④ 무채색의 명도 단계도(Value Scale)는 명도 판단의 기준이 된다.

해설
- 명도(Value) : 명도 단계는 11단계로 구분하는데, 검정은 0으로서 명도가 가장 낮고, 흰색은 10으로서 명도가 가장 높다.
- 채도 : 어떠한 색상의 순색에 무채색(검정이나 흰색)의 포함량이 많을수록 채도가 낮아지고, 포함량이 적을수록 채도가 높아진다. 채도는 1~14단계로 나누며 숫자가 크면 채도가 높은 색이다.

27

명도와 채도의 복합적인 개념을 무엇이라 하는가?

① 순도 ② 색도
③ 색조 ④ 휘도

해설 색조는 빛깔의 강약, 명암 따위의 정도나 상태, 색상을 나타내는 복합적인 개념이다.

28

1905년에 책상, 명도, 채도의 3속성에 기반을 둔 색 채분류 척도를 고안한 미국의 화가이자 미술 교사였던 사람은?

① 오스트발트 ② 헤링
③ 먼셀 ④ 저드

해설 1905년 미국의 미술 교사이면서 화가였던 먼셀(A. H. Munsell, 1858~1918)에 의해 발표된 색의 3속성에 기초한 표색법(表色法)이다. 1927년에 미국에서 'The Munsell Book of color'라는 이름으로 초판 출판되었다. 그 후, 1943년 미국 광학회의 측색 위원회에서 감각적인 척도의 불규칙성 등의 단점을 수정한 것이 현재 사용하고 있는 먼셀 표색계(Munsell color system)이다.

29

먼셀 색입체에 관한 설명 중 옳지 않은 것은?

① 먼셀의 색입체를 color tree라고도 부른다.
② 물체색의 색감각 3속성으로 색상(H), 명도(V), 채도(C)로 나눈다.
③ 무채색을 중심으로 등색상 삼각형이 배열되어 복원추체 색입체가 구성된다.
④ 세로축에는 명도(V), 주위의 원주상에는 색상(H), 중심의 가로축에서 방사상으로 늘이는 추를 채도(C)로 구성한다.

해설 오스트발트 색상환의 등색상 삼각형 무채색축을 수직변으로 하고 완전 흰색, 완전 검정, 순색을 각각 꼭지점으로 하는 정삼각형의 복원추체 색입체가 구성한 것

정답 24. ④ 25. ① 26. ② 27. ③ 28. ③ 29. ③

30

색을 전달하기 위한 색의 표시 방법과 관련 있는 것은?

① 먼셀 표기법
② 메타메리즘
③ 유도법
④ 베버와 페히너의 법칙

해설
- 같은 물체색이라도 조명에 따라 색이 달라져 보이는 성질을 광원의 연색성이라고 한다. 또한 두 가지의 물체색이 다르더라도 어떤 조명 아래에서는 같은 색으로 보이는 현상을 조건등색 또는 메타메리즘(metamerism)이라고 한다.
- 빛, 음 등의 주어진 자극강도와 그 강도에 의해 일어나는 감각 강도의 관계를 나타내는 생물학상의 법칙을 베버와 페히너의 법칙이라고 한다.

31

H V/C의 먼셀 기호가 올바르게 설명된 것은?

① 색상, 채도/명도
② 명도, 채도/색상
③ 채도, 명도/색상
④ 색상, 명도/채도

해설 먼셀(Munsell, Albert Henry ; 1858~1918)은 색상을 휴(Hue), 명도를 밸류(Value), 채도를 크로마(Chroma)라 부르고, 색상, 명도, 채도의 기호는 머리글자를 따서 H, V, C라 하였으며, 이것을 표기하는 순서는 H V/C로 나타내었다.

32

색채를 표시할 때 H V/C로 표시한다. H가 뜻하는 것은?

① 명도 ② 채도
③ 동화 ④ 색상

해설 먼셀(Munsell, Albert Henry ; 1858~1918)은 색상을 휴(Hue), 명도를 밸류(Value), 채도를 크로마(Chroma)라 부르고, 색상, 명도, 채도의 기호는 머리글자를 따서 H, V, C라 하였으며, 이것을 표기하는 순서는 H V/C로 나타내었다.

33

채도 4.0, 명도 2.0인 주황의 중심색을 먼셀 기호로 표시하면?

① 5RY 2.0/4.0 ② 5YR 2.0/4.0
③ 5YR 4.0/2.0 ④ 5RY 4.0/2.0

해설 먼셀은 색상(Hue), 명도(Value), 채도(Chroma)의 3속성은 기호의 머리 글자를 따서 H, V, C라 하고, 이 표기의 순서는 H V/C이다. 따라서 색의 표시를 색상, 명도, 채도의 순으로 표기하여 나타내었다. **주황의 중심색은 5YR, 명도 2.0, 채도 4.0이면 5YR 2.0/4.0으로 표기한다.**

34

다음 색 중 명도가 가장 낮은 색은?

① 2R 8/4 ② 5Y 6/6
③ 75G 4/2 ④ 10B 2/2

해설
- **먼셀은 색상(Hue), 명도(Value), 채도(Chroma)의 3속성을 기호의 머리글자를 따서 H, V, C라 하고 이 표기의 순서는 H V/C이다.**
- 명도 단계는 11단계(0~10)로 구분하는데, 검정은 0으로서 명도가 가장 낮고, 흰색은 10으로서 명도가 가장 높다.

35

먼셀기호 5B 8/4, N4에 관한 다음 설명 중 맞는 것은?

① 유채색의 명도는 5이다.
② 무채색의 명도는 8이다.
③ 유채색의 채도는 4이다.
④ 무채색의 채도는 N4이다.

해설 먼셀 색의 표시 기호는 색상(H), 명도(V)/채도(C)의 순으로 기재하므로 5B 8/4, N4는 5B 색상, 8은 명도, 4는 채도, **N4은 무채색의 명도이다.**

36

먼셀 색체계의 기본 5색상이 아닌 것은?

① 빨강 ② 보라
③ 녹색 ④ 자주

정답 30. ① 31. ④ 32. ④ 33. ② 34. ④ 35. ④ 36. ④

해설 먼셀의 기본 5색상은 R(빨강), Y(노랑), G(녹색), B(파랑), P(보라)에서 그사이에 BG(청록), PB(남색), RP(자주), YR(주황), GY(연두)의 다섯 가지 색상을 더하여 기본 10색상을 만들었다.

37

먼셀 색체계의 설명으로 옳은 것은?

① 먼셀 색상환의 중심색은 빨강(R), 노랑(Y), 녹색(G), 파랑(B), 자주(P)이다.
② 먼셀의 명도는 1~10까지 모두 10단계로 되어 있다.
③ 먼셀의 채도는 처음의 회색을 1로 하고 점차 높아지도록 하였다.
④ 각각의 색상은 채도 단계가 다르게 만들어지는데 빨강은 14개, 녹색과 청록은 8개이다.

해설
- 먼셀 색상환의 기본 5색상은 빨강(R ; Red), 노랑(Y ; Yellow), 녹색(G ; Green), 파랑(B ; Blue), 보라(P ; Purple)이다.
- 명도 단계는 11단계로 구분하는데, 검정은 0으로서 명도가 가장 낮고, 흰색은 10으로서 명도가 가장 높다.
- 색상이 있는 유채색에만 있고 무채색에는 채도가 없다.
- 채도 단계는 모두 14단계로 구분하는데, 가장 낮은 채도가 1이고, 가장 높은 채도는 14도이다(채도가 14도인 색 – 노랑, 빨강).

38

먼셀 시스템에서 10가지 기본 색상에 해당하지 않는 것은?

① Red–Purple
② Blue
③ Yellow–Blue
④ Green

해설 먼셀의 기본 5 색상은 R(빨강), Y(노랑), G(녹색), B(파랑), P(보라)에서 그사이에 BG(청록), PB(남색), RP(자주), YR(주황), GY(연두)의 다섯 가지 색상을 더하여 기본 10색상을 만들었다.

39

먼셀 표색계의 특징에 관한 설명 중 틀린 것은?

① 명도 5를 중간 명도로 한다.
② 실제 색입체에서 N9.5는 흰색이다.
③ R과 Y의 중간색상은 O로 표시한다.
④ 노랑의 순색은 5Y 8/14이다.

해설 R과 Y의 중간색상은 YR로 표시한다.

40

먼셀(Munsell) 색상환에서 GY는 어느 색인가?

① 자주 ② 연두
③ 노랑 ④ 하늘색

해설 먼셀의 다섯 가지 주요색상인 R(빨강), Y(노랑), G(녹색), B(파랑), P(보라)에서 그 사이에 BG(청록), PB(남색), RP(자주), YR(주황), GY(연두)의 다섯 가지 색상을 더하여 기본 10색상을 만들었다.

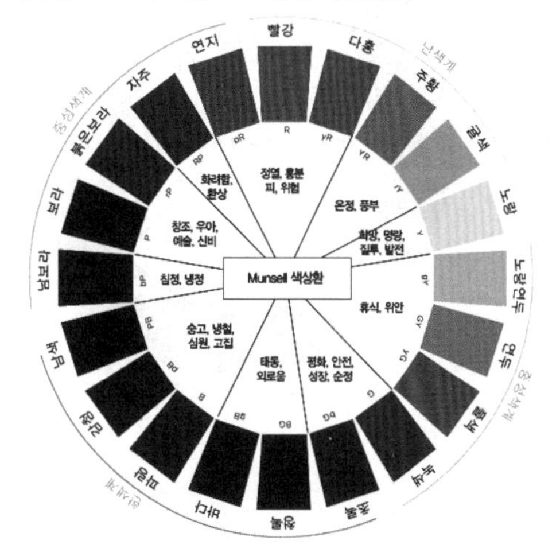

41

먼셀(Munsell) 표색계에서 채도에 대한 설명 중 올바른 것은?

① 채도 단계는 0~10으로 되어있다.
② 청록색의 채도는 14이다.
③ 채도 단계는 무채색을 0으로 하여 순색까지의 단계로 정했다.
④ 채도 1~3까지를 고채도라고 한다.

정답 37. ④ 38. ③ 39. ③ 40. ② 41. ③

해설 • 채도 단계는 모두 14단계로 구분하는데, 가장 낮은 채도가 1이고, 가장 높은 채도는 14도이다(채도가 14도인 색 – 노랑, 빨강).
• 채도란 색의 강약과 맑기로 어떠한 색상의 순색에 무채색(검정이나 흰색)의 포함량이 많을수록 채도가 낮아지고, 포함량이 적을수록 채도가 높아진다(무채색은 채도가 없다).
• 많은 색 중에 가장 깨끗하면서 채도가 높은 색을 맑은색(clear color : 청색)이라 한다.

42 |

먼셀의 20색상환에서 노랑과 거리가 가장 먼 위치의 색상명은?

① 보라　② 남색
③ 파랑　④ 청록

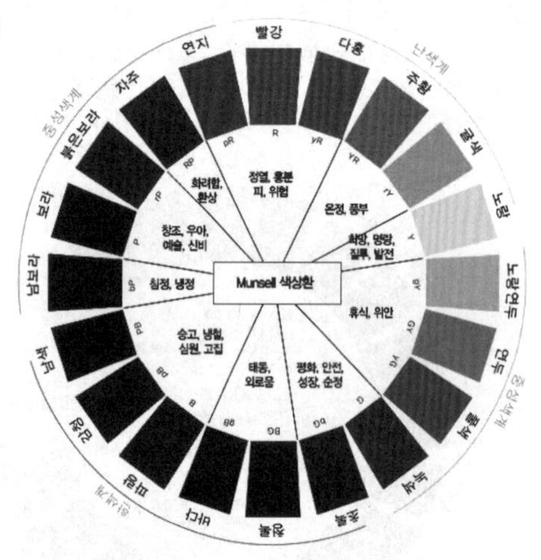

43 |

먼셀의 20색상환에서 보색대비의 연결은?

① 노랑 – 남색
② 파랑 – 초록
③ 보라 – 노랑
④ 빨강 – 초록

해설 먼셀 색상환에서 각 색상의 180° 반대쪽에 위치하는 색상을 그 색상의 보색(補色)이라 하며, 보색대비는 보색관계인 두 색이 서로의 영향으로 각각의 채도가 더 높게 보이는 것으로 색을 뚜렷하게 만들어 주는 대비이다.

44 |

먼셀의 색상환에서 PB는 무슨 색인가?

① 주황　② 청록
③ 자주　④ 남색

해설 PB는 남색이며, 주황은 YR, 청록은 BG, 자주는 RP로 표시한다.

45 |

먼셀의 색입체 수직 단면도에서 중심축 양쪽에 있는 두 색상의 관계는?

① 인접색　② 보색
③ 유사색　④ 약보색

해설 먼셀의 색입체
㉠ 수직단면(종단면, 세로단면, 등색상면)
• 동일한 색상의 면이 보이고, 반대쪽에는 보색의 면이 보인다.
• 위쪽에 있는 색일수록 명도가 높고, 축에서 멀수록 채도가 높아진다.
㉡ 수평단면(횡단면, 가로 단면, 등명도면)
• 축을 직각으로 자르면 같은 명도의 색면이 나타난다.
• 축을 중심으로 회전함에 따라 색상이 달라지고, 그 순서는 색상환과 같다.

46 |

먼셀의 색채조화 원리에 대한 설명으로 틀린 것은?

① 평균 명도가 N5가 되는 색들은 조화된다.
② 중간 정도 채도의 보색은 동일 면적으로 배색할 때 조화를 이룬다.
③ 명도는 같으나 채도가 다른 색들은 조화를 이룬다.
④ 색상이 다른 여러 색을 배색할 때 같은 명도와 채도를 적용하면 조화를 이루지 못한다.

해설 색상의 차이에 있어 대비되는 효과를 얻을 수 있는 색상은 대비 색상의 차이를 강조할 수 있으며, 명도와 채도를 적용하면 조화를 이룰 수 있다.

정답 42. ② 43. ① 44. ④ 45. ② 46. ④

47

먼셀의 색채조화 이론의 핵심인 균형 원리에서 각 색이 가장 조화로운 배색을 이루는 평균 명도는?

① N4　② N3
③ N5　④ N2

해설 먼셀의 색채조화 원리에서 평균 명도가 N5가 되는 색들이 가장 잘 조화된다.

48

색입체에 관한 내용으로 잘못된 것은?

① 색의 3속성을 3차원 공간에 계통적으로 표현한 것이다.
② 명도는 위로 갈수록 높아진다.
③ 채도는 중심에서 멀어질수록 낮아진다.
④ 색상은 스펙트럼 순으로 둥글게 배열하였다.

해설 색입체(Color solid)
㉠ 색의 3속성을 3차원의 공간 속에 계통적으로 배열한 것을 말한다.
㉡ 색상, 명도, 채도를 배열할 때는 색상은 원으로, 명도는 직선으로, 채도는 방사선으로 나타낸다.
㉢ 색은 3 속성에 의하여 3차원의 공간 속에 정리할 수 있는데 이를 배열하면 명도 순서로 된 무채색 축과 일치하게 올라가면 고명도, 아래로 내려가면 저명도가 되도록 하고, 채도는 무채색 축에 들어가면 저채도, 바깥 둘레로 나오면 고채도가 되도록 한 것을 말한다.

49

다음은 먼셀의 표색계이다. (A)에 맞는 요소는?

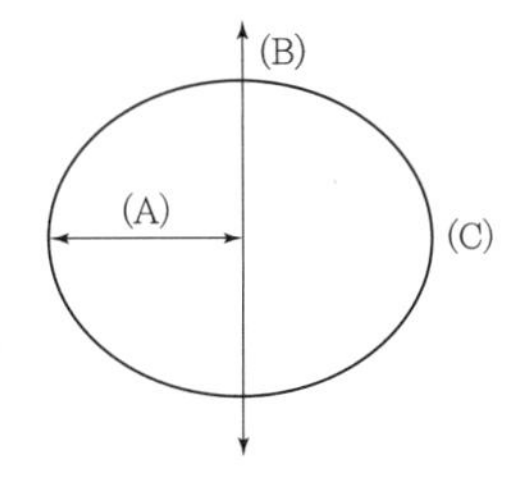

① White　② Hue
③ Chroma　④ Value

해설 먼셀의 표색계

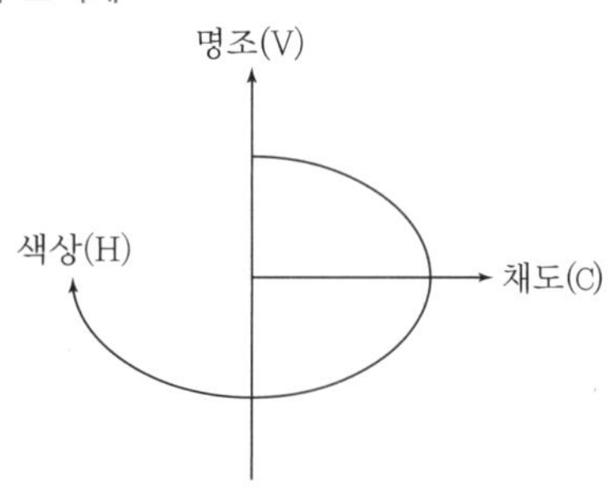

50

우리나라의 한국산업표준(KS)으로 채택된 표색계는?

① 오스트발트　② 먼셀
③ 헬름홀츠　④ 헤링

해설 먼셀(Munsell) 표색계는 현재 우리나라의 한국산업표준(KS A 0062~7)으로 채택되어 있으며, 교육용(교육부 고시 제312호)으로도 채택되었다(1965년 채택).

51

현재 우리나라 KS규격 색표집이며 색채 교육용으로 채택된 표색계는?

① 먼셀 표색계　② 오스트발트 표색계
③ 문 · 스펜서 표색계　④ 저드 표색계

해설 먼셀(Munsell) 표색계는 현재 우리나라의 한국산업표준(KS A 0062~7)으로 채택되어 있으며, 교육용(교육부 고시 제312호)으로도 채택되었다.

52

다음 그림과 같은 색입체는?

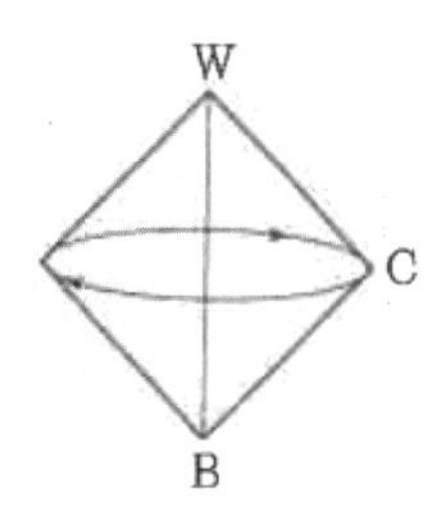

① 오스트발트　② 먼셀
③ $L^*a^*b^*$　④ 괴테

정답 47. ③ 48. ③ 49. ③ 50. ② 51. ① 52. ①

해설 오스트발트의 색상환은 수직으로 흰색-검정 축을 중심으로 헤링의 4원색인 적색(red), 노랑(yellow), 녹색(green), 파랑(ultramarine blue)의 색상을 기본으로 각기 중간색을 포함하여 8가지가 주요 색상이 되며 또 이것을 3분할하면 24색상환이 된다.

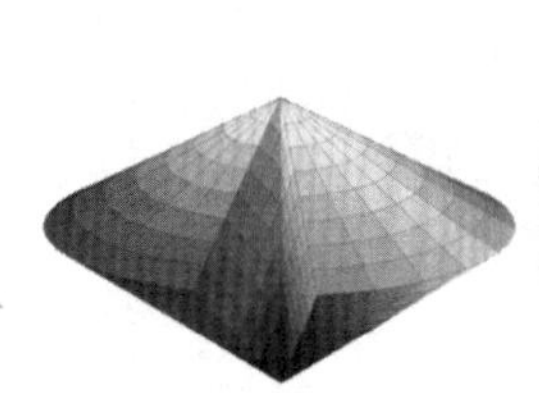
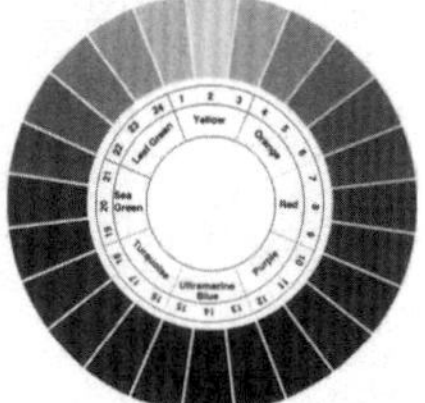

53 |

색채측정 및 색채관리에 가장 널리 활용되고 있는 것은 어느 것인가?

① Lab 형식　② RGB 형식
③ HSB 형식　④ CMY 형식

해설 각종 산업 디자인에 흔히 쓰이고 있는 색감의 배열이나 배치는 색채측정 및 색채관리를 정확히 할 수 있는 Lab 형식으로 표시하여 사용한다.
표색계(colormetric system)
㉠ 표색계는 심리 물리색과 지각색을 표시하는 체계이다.
㉡ 심리 물리색 표색계는 XYZ 표색계 및 RGB 표색계가 있다.
㉢ 지각색 표색계는 Lab 표색계와 Luv 표색계가 있다.

54 |

CIE Lab 모형에서 L이 의미하는 것은?

① 명도　② 채도
③ 색상　④ 순도

해설 CIE Lab 색공간
㉠ L : 인간의 시감과 같은 명도(반사율)를 나타내며, 0~100까지의 단계로 소수점 이하 단위도 표현할 수 있다. +L은 흰색, −L은 검정 방향을 나타낸다.
㉡ a : 색도 다이어그램으로 +a는 빨강, −a는 초록 방향을 나타낸다.
㉢ b : 색도 다이어그램으로 +b는 노랑, −b는 파랑 방향을 나타낸다.

55 |

$L^*a^*b^*$ 색 체계에 대한 설명으로 틀린 것은?

① a^*b^*는 모두 +값과 −값을 가질 수 있다.
② a^*과 −값이면 빨간색 계열이다.
③ b^*가 +값이면 노란색 계열이다.
④ L이 100이면 흰색이다.

해설 $L^*a^*b^*$ 컬러
$L^*a^*b^*$으로 색상모드를 변환하면 L^*, a^*, b^*와 같이 3가지의 채널이 생긴다.
㉠ L^*(Lightness Component) : White에서 Black 성분이며, 값의 범위는 0에서 100까지이다. 즉, "−L"이면 "Black(L=0)"이고, "+L"이면 "White(L=100)"이다.
㉡ a^*(Green−Red Axis) : Green에서 Red 성분이며, 값의 범위는 −128에서 +127이다. 즉, "−a"이면 "Green(−128)"이고, "+a"이면 "Red (+127)"이다.
㉢ b^*(Blue−Yellow Axis) : Blue 에서 Yellow 성분이며, 값의 범위는 −128에서 +127이다. 즉, "−b"이면 "Blue(−128)"이고, "+b"이면 "Yellow(+127)"이다.

56 |

PCCS 표색계에 대한 설명으로 맞는 것은?

① 색상과 톤에 의한 분류이다.
② 명도는 11단계로 한다.
③ 실제 활용하기엔 적합하지 않다.
④ 색상은 20색을 기본으로 한다.

해설 PCCS 표색계
색의 3속성에 의한 먼셀 표색계의 특징과 오스트발트 표색계의 특징을 포함하는 구조로 명도와 채도를 톤(Tone)이라는 개념으로 정리하여 색상과 톤이라는 두 계열로 색을 체계화한 것이다. 페일(Pale : 엷은, 해맑은), 비비드(Vivid : 선명한) 등으로 표현한다.

57 |

다음 PCCS의 톤 분류 기호에서 '해맑은'에 해당하는 것은?

① p　② lt
③ s　④ v

정답 53. ① 54. ① 55. ② 56. ① 57. ①

해설 PCCS 표색계
색의 3속성에 의한 먼셀 표색계의 특징과 오스트발트 표색계의 특징을 포함하는 구조로 명도와 채도를 톤(Tone)이라는 개념으로 정리하여 색상과 톤이라는 두 계열로 색을 체계화한 것이다. 페일(Pale : 엷은, 해맑은), 비비드(Vivid : 선명한) 등으로 표현한다.

58

PCCS 표색계의 톤(tone) 분류법과 관련이 없는 것은?

① 명도, 채도를 포함하는 복합개념이다.
② 각 색상마다 12톤으로 분류하였다.
③ 일본 색채연구소에서 만든 분류법이다.
④ 어두운 톤 : dull로, 기호로는 d로 표기한다.

해설 PCCS 표색계
색의 3속성에 의한 먼셀 표색계의 특징과 오스트발트 표색계의 특징을 포함하는 구조로 명도와 채도를 톤(Tone)이라는 개념으로 정리하여 색상과 톤이라는 두 계열로 색을 체계화한 것이다. 페일(Pale : 엷은, 해맑은), 비비드(Vivid : 선명한) 등으로 표현한다.
※ dull(덜)은 '선명하지 못함'의 표현이다.

59

다음 ( ) 안에 들어갈 내용을 순서대로 맞게 짝지은 것은?

> 컴퓨터 그래픽 소프트웨어를 활용하여 인쇄물을 제작할 경우 모니터 화면에 보이는 색채와 프린터를 통해 만들어진 인쇄물의 색채는 차이가 난다. 이런 색채 차이가 생기는 이유는 모니터는 ( ) 색채 형식을 이용하고 프린터는 ( ) 색채 형식을 이용하기 때문이다.

① HVC－RGB
② RGB－CMYK
③ CMYK－Lab
④ XYZ－Lab

해설 ㉠ RGB는 가산혼합으로 빛의 삼원색을 이용하여 색을 표현하는 방식이다. RED, GREEN, BLUE 세종류의 광원(光源)을 이용하여 색을 합하며 색을 섞을수록 밝아지기 때문에 '가산 혼합'이라고 한다.
㉡ CMYK는 혼색을 구현하는 체계 중 하나로 인쇄와 사진에서의 색 재현에 사용된다. 주로 옵셋 인쇄에 쓰이는 4가지 색을 이용한 잉크 체계를 뜻하며, 각각 시안(Cyan), 마젠타(Magenta), 옐로(Yellow), 블랙(Black)을 나타낸다.

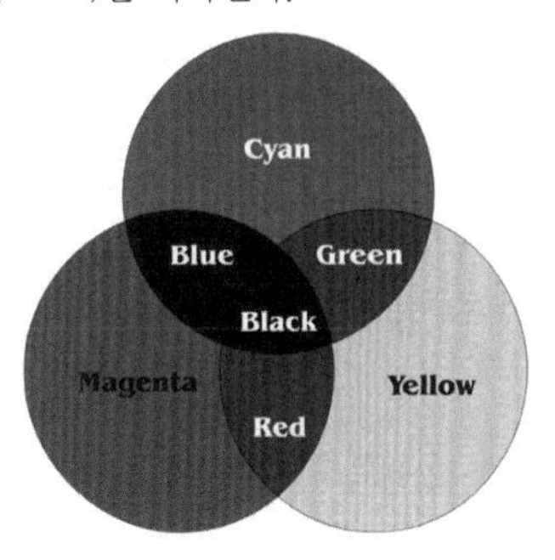

60

24비트 컬러 중에서 정해진 256 컬러표를 사용하는 단일 채널 이미지는?

① 256 vector colors ② grayscale
③ bitmap color ④ indexed color

해설 • 8비트(bit 28=256색)는 256가지의 회색이나 256가지의 컬러 팔레트이다.
• 8비트(bit)는 색채의 속성 중에서 명도만을 표현할 경우에 gray scale이다.
• 24비트(bit 224=16,777,216색)를 8비트(bit)씩 RGB로 표현할 경우 indexed color이다.
• bitmap color는 픽셀(pixel)로 이루어진 디지털 색채영상이다.
• 256 vector colors는 3차원의 색 벡터(color vector)를 값으로서 가진다고 보고 벡터의 차에 의한 에지의 강도 계산이나 벡터 공간에서의 클러스터링에 의한 영역 분할을 하는 방식이 있다.

61

GIF 포맷에서 제한되는 색상의 수는?

① 256 ② 216
③ 236 ④ 255

해설 GIF는 인터넷 초기부터 사용되어 온 이미지 압축 포맷으로 GIF는 256색을 표시할 수 있는 제한성을 가지고 있다.

정답 58. ④ 59. ② 60. ④ 61. ①

62

디지털 색채 시스템에서 CMYK 형식에 대한 설명으로 옳은 것은?

① CMYK 4가지 컬러를 혼합하면 검정이 된다.
② 가법 혼합 방식에 기초한 원리를 사용한다.
③ RGB 형식에서 CMYK 형식으로 변환되었을 경우 컬러가 더욱 선명해 보인다.
④ 표현할 수 있는 컬러의 범위가 RGB 형식보다 넓다.

해설 CMYK는 인쇄와 사진에서의 색 재현에 사용된다. 주로 옵셋 인쇄에 쓰이는 4가지 색을 이용한 잉크 체계를 뜻하며, 각각 시안(Cyan), 마젠타(Magenta), 옐로(Yellow), 블랙(Black)을 나타내며 색을 섞을수록 어두워지므로 감산 혼합이다.
- RGB 형식이 CMYK 형식보다 더 선명해 보인다.
- RGB 형식이 CMYK 형식보다 더 표현할 수 있는 컬러의 범위가 넓다.

63

디지털 색채 시스템에서 RGB 형식으로 검정을 표현하기에 적절한 수치는?

① R=255, G=255, B=255
② R=0, G=0, B=255
③ R=0, G=0, B=0
④ R=255, G=255, B=0

해설 RGB 주요 색상표현 형식
㉠ 검정색 : R=0, G=0, B=0
㉡ 흰색 : R=255, G=255, B=255
㉢ 빨간색 : R=255, G=0, B=0

64

디지털 색채에서 256단계의 음영을 갖는 색채와 동일한 의미는?

① 2bit color ② 4bit color
③ 8bit color ④ 10bit color

해설 8비트(bit 28=256색)는 256가지의 회색이나 256가지의 컬러 팔레트이다.

65

디지털 이미지에서 색채 단위 수가 몇 이상이면 풀컬러(Full Color)를 구현할 수 있는가?

① 4비트 컬러 ② 8비트 컬러
③ 16비트 컬러 ④ 24비트 컬러

해설 컬러 모니터에 표시되는 색상의 규격으로, 하이컬러가 16비트 값을 사용하는데 비하여 24비트 값을 사용한다. 사람이 볼 수 있는 색이라는 뜻에서 트루(true)라는 명칭을 붙였으며 풀컬러(full color)라고도 한다. 빨간색 · 녹색 · 파란색에 각각 8비트씩 할당하므로 한 번에 2의 24제곱인 16,777,216색을 표현할 수가 있다.

66

디지털 색채에 관한 설명으로 틀린 것은?

① HSB 시스템은 Hue, Saturation, Bright 모드로 구성되어 있다.
② 16진수 표기법은 각각 두 자리씩 RGB 값을 나타낸다.
③ $L^*a^*b^*$ 시스템에서 L^*은 밝기, a^*는 노랑과 파랑의 색대, b^*는 빨강과 녹색의 색대를 나타낸다.
④ CMYK 모드 각각의 수치 범위는 0~100%로 나타낸다.

해설 $L^*a^*b^*$ 색상은 광도 즉 밝기 요소(L^*)와 두 색조 a^*와 b^*로 이루어진다. a^*요소는 녹색에서 빨간색의 범위이며 b^*요소는 파란색에서 노란색까지의 범위이다.

67

디지털 컬러모드인 HSB모델의 H에 대한 설명이 옳은 것은?

① 색상을 의미, 0~100%로 표시
② 명도를 의미, 0~255°로 표시
③ 색상을 의미, 0~360°로 표시
④ 명도를 의미, 0~100%로 표시

해설 HSB 모델
㉠ 컴퓨터 그래픽스에서 색을 기술하는 데 사용되는 색 모델(color model)의 하나인 색상/채도/명도 모델이다.
㉡ H는 색원(色圓)상의 색 자체인 색상(hue)을 뜻하는데, 0°에 적색, 60°에 황색, 120°에 녹색, 180°에 시

정답 62. ① 63. ③ 64. ③ 65. ④ 66. ③ 67. ③

안(cyan : 청록색), 240°에 청색, 300°에 마젠타(magenta : 적보라색)가 있다.
㉢ S는 채도(Saturation)를 뜻하는데, 어떤 특정 색상 색의 양으로 보통 0~100%의 백분율로 나타낸다. 채도가 높을수록 색은 강렬해진다.

68

벡터 방식(vector)에 대한 설명으로 옳지 않은 것은?

① 일러스트레이터, 플래시와 같은 프로그램 사용 방식이다.
② 사진 이미지 변형, 합성 등에 적절하다.
③ 비트맵 방식보다 이미지의 용량이 적다.
④ 확대 축소 등에서 이미지 손상이 없다.

해설 벡터 방식(vector)
㉠ 일러스트레이터, 플래시와 같은 프로그램에서 이미지(image) 저장 사용 방식이다.
㉡ 선과 점, 도형으로 그림 이미지(image)를 저장하는 방식이다.
㉢ 이미지(image)를 확대하거나 축소해도 화질에는 손상이 없다.
㉣ 사용할 수 있는 색상에 한계가 있고 사진과 같은 화려한 이미지(image)를 만들 수 없다.
㉤ 비트맵과 벡터를 구분하는 방법으로는 이미지(image)를 확대했을 때 선명도가 떨어지면 비트맵 방식이다.

69

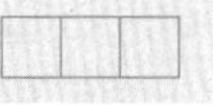

인쇄의 혼색 과정과 동일한 의미의 혼색을 설명하고 있는 것은?

① 컴퓨터 모니터, TV 브라운관에서 보여지는 혼색
② 팽이를 돌렸을 때 보여지는 혼색
③ 투명한 색유리를 겹쳐 놓았을 때 보여지는 혼색
④ 채도 높은 빨강의 물체를 응시한 후 녹색의 잔상이 보이는 혼색

해설 ①은 병치 혼합으로 색을 혼합하기보다는 각기 다른 색을 서로 인접하게 배치해 놓고 본다는 뜻으로, 신인상파 화가의 점묘화, 직물, 컬러텔레비전의 영상화면 등이 그 예이다.
②는 회전 혼합(맥스웰 원판 : Maxwell disk)으로 원판 회전 혼합의 경우를 말하는데, 예를 들면 2개 이상의 색표를 회전 원판에 적당한 비례의 넓이로 붙여 1분 동안에 2,000~3,000회의 속도로 회전하면 원판의 면이 혼색되어 보인다.
③은 감법 혼합(감산 혼합)으로 안료나 염료 같은 착색제를 섞을 때나, 단일 백색 광선에 여러 개의 착색 필터가 부착되어 있을 때 일어난다. 색을 혼합하면 혼합할수록 명도나 채도가 낮아진다. 색상환에서 근거리의 혼합은 중간색이 나타나고, 원거리의 혼합은 명도나 채도가 낮아지며, 회색에 가깝다. 보색끼리의 혼합은 검정에 가까워진다. 컬러사진, 슬라이드, 영화필름이 이에 속한다.
④는 부의 잔상(Negative after image : 음성 잔상)으로 자극이 생긴 후 정반대의 상을 느끼는 것으로 보색(색상환에서 서로 반대의 색) 잔상의 현상이 일어날 수 있다.

70

컴퓨터 화면상의 이미지와 출력된 인쇄물의 색채가 다르게 나타나는 원인으로 거리가 먼 것은?

① 컴퓨터상에서 RGB로 작업했을 경우 CMYK 방식의 잉크로는 표현될 수 없는 색채 범위가 발생한다.
② RGB의 색역이 CMYK의 색역보다 좁기 때문이다.
③ 모니터의 캘리브레이션 상태와 인쇄기, 출력 용지에 따라서도 변수가 발생한다.
④ RGB 데이터를 CMYK 데이터로 변환하면 색상 손상 현상이 나타난다.

해설
- RED, GREEN, BLUE 세종류의 광원(光源)을 이용하여 색을 합하며 색을 섞을수록 밝아지기 때문에 '가산혼합'이라고 한다.
- CMYK는 인쇄와 사진에서의 색 재현에 사용된다. 주로 옵셋인쇄에 쓰이는 4가지 색을 이용한 잉크체계를 뜻하며, 각각 시안(Cyan), 마젠타(Magenta), 옐로(Yellow), 블랙(Black)을 나타낸다(감산 혼합).
- RGB(가산 혼합)가 CMYK(감법 혼합)보다 색역이 넓다.

71

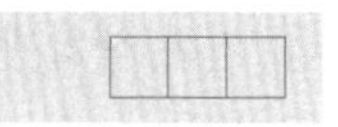

다음 색명법에 관한 설명 중 잘못된 것은?

① 색명이란 색이름에 의하여 색을 표시하는 표준색의 일종이다.
② 색명은 정량적이고 정확하게 색을 나타낼 수 있다.
③ 숫자나 기호보다 색감을 잘 표현하며 부르기 쉽다.
④ 색명은 크게 관용색명과 계통색명으로 나눈다.

정답 68. ② 69. ③ 70. ② 71. ②

해설 색상환의 3속성 기호는 절대적인 것이 아니며, 순색이라도 유광과 무광의 차이에 따라 달라질 수가 있다.

72

다음 관용색과 계통색에 관한 내용으로 틀린 것은?

① 고동색은 관용색 이름이다.
② 풀색은 계통색 이름이다.
③ 관용색 이름은 옛날부터 전해 내려오는 습관상으로 사용하는 이름이다.
④ '어두운 녹갈색'은 계통색 이름의 표시 예이다.

해설 색명
㉠ 일반색명은 계통색명(systematic color name)이라고도 하며 색상, 명도 및 채도를 표시하는 색명이다.
㉡ 관용색명은 옛날부터 전해 내려오면서 습관상으로 사용하는 색 하나하나의 고유색명(traditional color name)을 말하는 것으로 동물, 식물, 광물, 자연 현상, 땅, 사람 등의 이름을 따서 붙인 것이다.
㉢ 유채색의 기본 색명은 먼셀 10 색상에 따라 10개의 색명으로 빨강(적), 노랑(황), 파랑(청), 주황, 연두, 녹, 청록, 남, 보라(자), 자주(적자)색으로 읽는다.

73

기본 색명(basic color name)에 대한 설명 중 틀린 것은?

① 기본적인 색의 구별을 나타내기 위한 전문 용어이다.
② 국가와 문화에 따라 약간씩 차이가 있다.
③ 한국산업표준(KS A 0011)에서는 무채색 기본 색명으로 하양, 회색, 검정의 3개를 규정하고 있다.
④ 기본 색명에는 스칼렛, 보랏빛 빨강, 금색 등이 있다.

해설 기본색명(basic color name)
기본적인 색의 구별을 나타내기 위한 기본 색이름으로 유채색의 기본 색명은 빨강, 주황, 노랑, 연두, 초록, 청록, 파랑, 남색, 보라, 자주, 분홍과 갈색이며, 무채색의 기본 색명은 하양, 회색, 검정이다.
※ 스칼렛, 보랏빛 빨강, 금색 등은 관용색명이다.

74

ISCC-NBS 색명법 색상 수식어에서 채도, 명도의 가장 선명한 톤을 지칭하는 수식어는?

① pale ② brilliant
③ vivid ④ strong

해설 KS A 0011(규정색명)에는 일반 색명에 대하여 자세하게 규정되어 있으며 ISCC-NBS 색명법(미국)에 근거를 두고 있다.

[유채색의 수식 형용사]

수식 형용사	대응 영어	약호
선명한	vivid	vv
흐린	soft	sf
탁한	dull	dl
밝은	light	t
어두운	dark	dk
진(한)	deep	dp
연(한)	pale	pl

[무채색의 수식 형용사]

수식 형용사	대응 영어	약호
밝은	light	lt
어두운	dark	dk

※ 색조 : 색의 선명도, 순수한 정도의 상태로 명도의 경우에는 밝거나 어두운 상태에 따라 '밝은 색조', '어두운 색조'라고 하고 채도의 경우에는 '맑은 색조', '흐린 색조'라고 한다.
※ 비비드(vivid 선명한) : 선명하고 화려한 원색의 톤으로 채도가 가장 높다.

75

유채색의 명도 및 채도에 관한 수식어 중 가장 채도가 높은 것은?

① vivid ② light
③ deep ④ pale

해설 색의 강약감은 채도의 높고, 낮음에 따라 다르다. 강한 느낌의 색을 톤(tone)으로 말하면 브라이트(bright : 밝은), 비비드(vivid : 선명한), 스트롱 디프(strong deep : 아주 강한) 등으로 표현한다.

정답 72. ② 73. ④ 74. ③ 75. ①

76

색채 계획에서 이미지 스케일을 만드는데 형용사 표현이 잘못 짝지어진 것은?

① 따듯함 / 차가움　② 부드러움 / 딱딱함
③ 선명함 / 희미함　④ 뚜렷함 / 명확함

해설 색채의 언어적 이미지
행동주의 심리학자 오스굿(CE Osgood)이 1950년 말의 정서적 의미를 연구하기 위해서 사용한 말뜻에 관한 미분법으로 색의 감정적인 효과를 측정하는 방법으로 언어척도법(SD법 : Sematic Differential Method)을 발표했다. 화행 의미론적 말의 정서적 의미에 대한 언어척도법으로 색채의 언어적 이미지를 의미한다.
예를 들어 부드럽다 – 딱딱하다, 따뜻하다 – 차갑다, 동적이다 – 정적이다, 화려하다 – 수수하다

77

한국산업표준(KS)의 색이름에 대한 수식어 사용 방법을 따르지 않은 색이름은?

① 어두운 보라
② 연두 느낌의 노랑
③ 어두운 적회색
④ 밝은 보랏빛 회색

해설 일반색명은 계통색명(systematic color name)이라고도 하며 색상, 명도 및 채도를 표시하는 색명이다.
㉠ 유채색에 대한 명도와 채도 수식어 : 아주 연한, 연한, 흐린, 어두운, 밝은, 기본색, 짙은, 선명한 등
㉡ 무채색에 대한 명도에 관한 수식어 : 밝은, 어두운
㉢ 색상에 관한 수식어 : 빨간색을 띤, 노란색을 띤, 파란색을 띤, 보라색을 띤 등 5가지로 표현

78

KS(한국산업표준)의 색명에 대한 설명이 틀린 것은?

① KS A 0011에 명시되어 있다.
② 색명은 계통색명만 사용한다.
③ 유채색의 기본색 이름은 빨강, 주황, 노랑, 연두, 초록, 청록, 파랑, 남색, 보라, 자주, 분홍, 갈색이다.
④ 계통색명은 무채색과 유채색 이름으로 구분한다.

해설 색명은 색상, 명도 및 채도를 표시하는 계통색명(systematic color name)과 옛날부터 전해 내려오면서 습관상으로 사용하는 색으로 동물, 식물, 광물, 사람의 이름을 따서 하나하나의 색에 이름을 붙인 관용 색명(고유색명)으로 이루어진다.

79

계통색명에 관한 내용으로 옳은 것은?

① 색상, 명도, 채도에 따라 분류
② 감상적 부정확성
③ 고유색명
④ 기억, 상상이 용이

해설 일반색명은 계통색명(systematic color name)이라고도 하며 색상, 명도 및 채도를 표시하는 색명이다.

80

다음 관용색명 중 파랑계통에 속하는 색은?

① 풀색
② 물색
③ 라벤더색
④ 옥색

해설 물색[Light Blue(Pale blue)] 6.0B 8.0/4.0

81

식물의 이름에서 유래된 관용색명은?

① 피콕블루(peacock blue)
② 세피아(sepia)
③ 에메랄드그린(emerald green)
④ 올리브(olive)

해설 관용색명
옛날부터 전해 내려오면서 습관상으로 사용하는 색으로 동물, 식물, 광물, 사람의 이름을 따서 하나하나의 색에 이름을 붙인 것으로 고유색명이라고도 한다. 피콕블루(peacock blue) – 동물명, 세피아(sepia) – 지명, 에메랄드그린(emerald green) –바다물빛, 올리브(olive) – 식물명

정답 76. ④ 77. ② 78. ② 79. ① 80. ② 81. ④

82 |

지역의 명칭에서 유래한 색이름이 아닌 것은?

① 나일블루
② 코발트블루
③ 하바나
④ 프러시안블루

해설 사람 이름이나 지역 이름 등의 고유명사와 관련 있는 색이름
Vandyke Brown(네덜란드의 초상화가인 반다이크가 처음 쓴 갈색), Magenta(이탈리아 북부의 밭에서 채취한 아미린 염료의 일종인 Fuchsin에 1860년경부터 붙여진 이름), Prussian Blue, Havana Brown(쿠바의 수도 하바나의 담배색), Bordeaux(프랑스의 포도주 산지의 이름으로부터 붉은 포도주빛에서 유래됨), Sax Blue(독일 남부 지방인 Saxony의 지명에서 유래)

83 |

다음 색 중 관용색명과 계통색명의 연결이 틀린 것은? (단, 한국산업표준 KS 기준)

① 커피색-탁한 갈색
② 개나리색-선명한 연두
③ 딸기색-선명한 빨강
④ 밤색-진한 갈색

해설 노랑색의 관용색명으로는 개나리색, 병아리색, 바나나색 등이 있다.

3. 색채조화

01 |

색채조화의 일반적인 원리에 대한 설명 중 잘못된 것은?

① 두 색 이상의 선택이 명료한 배색은 조화된다.
② 질서있는 계획에 따라 선택된 색채들에서 조화가 생긴다.
③ 배색된 색채들이 서로 공통되는 상태와 속성을 가질 때는 그 색채 군은 조화되지 않는다.
④ 가장 가까운 색채끼리의 배색이 친근감을 주는 조화를 느끼게 한다.

해설 색채조화에서 공통되는 원리

㉠ 질서의 원리 : 색채의 조화는 의식할 수 있고 효과적인 반응을 일으키는 질서있는 계획에 따른 색채들에서 생긴다.
㉡ 비모호성의 원리 : 색채조화는 두 가지 색 이상의 배색 선택에 석연하지 않은 점이 없는 명료한 배색에서만 얻어진다.
㉢ 동류의 원리 : 가장 가까운 색채끼리의 배색은 보는 사람에게 가장 친근감을 주며 조화를 느끼게 한다.
㉣ 유사의 원리 : 배색된 색채들이 서로 공통되는 상태와 속성을 가질 때 그 색채군은 조화된다.
㉤ 대비의 원리 : 배색된 색채들이 상태와 속성이 서로 반대되면서도 모호한 점이 없을 때 조화된다.

위의 여러 가지 원리는 각각 색상, 명도, 채도별로 해당하나 이들 속성이 적절하게 결합하여 조화를 이룬다.

02 |

색채조화가 잘 되도록 배색을 하기 위해 고려할 내용이 아닌 것은?

① 색상의 수를 될 수 있는 대로 줄인다.
② 주제와 배경과의 대비를 생각한다.
③ 색의 주목성을 이용한다.
④ 원색을 주로 이용하여 색채 효과를 높인다.

해설 색채조화에서 공통되는 원리

㉠ 질서의 원리 : 색채의 조화는 의식할 수 있고 효과적인 반응을 일으키는 질서있는 계획에 따른 색채들에서 생긴다.
㉡ 비모호성의 원리 : 색채조화는 두 가지 색 이상의 배색 선택에 석연하지 않은 점이 없는 명료한 배색에서만 얻어진다.
㉢ 동류의 원리 : 가장 가까운 색채끼리의 배색은 보는 사람에게 가장 친근감을 주며 조화를 느끼게 한다.
㉣ 유사의 원리 : 배색된 색채들이 서로 공통되는 상태와 속성을 가질 때 그 색채 군은 조화된다.
㉤ 대비의 원리 : 배색된 색채들이 상태와 속성이 서로 반대되면서도 모호한 점이 없을 때 조화된다.

위의 여러 가지 원리는 각각 색상, 명도, 채도별로 해당하나 이들 속성이 적절하게 결합하여 조화를 이룬다.

정답 82. ② 83. ② / 01. ③ 02. ④

03 |

색채조화에 관한 내용으로 타당성이 가장 적은 것은?

① 채도가 높은 색끼리 조화시키기가 어렵다.
② 대비조화는 변화감과 극적인 느낌을 줄 수 있다.
③ 색채조화는 주로 색상에 관계되고, 명도와 채도는 관계없다.
④ 배색된 색들이 일정한 질서를 가질 때 조화된다.

해설 아름다운 배색은 질서와 혼돈의 균형을 이룰 때의 결과로 이는 색상차와 명도차, 채도차 등을 문제로 해서 그들을 어떻게 조화시키는가에 달려있다.
㉠ 질서의 원리
㉡ 비모호성 원리
㉢ 동류의 원리
㉣ 유사의 원리
㉤ 대비의 원리

04 |

무지개색의 순서대로 색을 배치하였을 때, 다음 어떤 사항과 관련이 가장 큰가?

① 채도조화 ② 색상조화
③ 보색대비 ④ 명도대비

해설 색상대비는 색상이 서로 다른 색끼리 배색되었을 때, 각 색상은 색상환 둘레에서 반대 방향으로 기울어져 보이는 현상이므로 무지개색을 순서대로 배치하였을 때의 조화는 색상조화이다.

05 |

색의 조화에 관한 설명 중 옳은 것은?

① 색채의 조화, 부조화는 주관적이기 때문에 인간 공통의 어떠한 법칙을 찾아내는 것은 불가능하다.
② 일반적으로 조화는 질서있는 배색에서 생긴다.
③ 문 · 스펜서 조화론은 오스트발트 표색계를 사용한 것이다.
④ 오스트발트 조화론은 먼셀 표색계를 사용한 것이다.

해설 • 문 · 스펜서 색채조화론은 색채조화론의 기하학적 관계, 색채에 따른 면적관계, 색채조화에 적응되는 심미도, 지각적으로 고른 감동의 오메가 공간, 3속성의 조화 이론을 주장한 것이다[먼셀 등색상면에서의 명도, 채도에 의한 조화와 부조화의 영역을 정성적(감성적)으로 다루어졌던 색채조화론의 미흡한 점을 없애고 더 과학적으로 설명할 수 있는 정량적인 색채조화론으로 설명함].
• 오스트발트 표색계은 헤링의 4원색 이론을 기본으로 하여 색상량의 비율에 의하여 만들어진 표색계이다.

06 |

색채조화 이론에서 보색조화와 유사 색조화 이론과 관계있는 사람은?

① 슈브릘(M.E.Chevreul)
② 베졸드(Bezold)
③ 브뤼케(Brucke)
④ 럼포드(Rumford)

해설 슈브릘의 색채조화원리
색채배열이 가까운 관계에 있거나 비슷한 관계에 있는 색끼리는 쉽게 조화의 느낌을 발견할 수 있으며, 반대로 보색 관계에 있을 때 또는 강한 대비의 상태에 있는 색채끼리도 뚜렷하게 인식되는 색채조화가 생길 수 있다는 사실을 입증하고 있다.
㉠ 인접색의 조화
㉡ 반대색의 조화
㉢ 근접 보색의 조화
㉣ 등간격 3색의 조화
㉤ 주조색의 조화

07 |

슈브릘(M.E.Chevreul)의 색채조화원리가 아닌 것은?

① 분리효과 ② 도미넌트컬러
③ 등간격 2색의 조화 ④ 보색배색의 조화

해설 슈브릘(M.E.Chevreul)의 색채조화원리
색채 배열이 가까운 관계에 있거나 비슷한 관계에 있는 색끼리는 쉽게 조화의 느낌을 발견할 수 있으며, 반대로 보색 관계에 있을 때 또는 강한 대비의 상태에 있는 색채끼리도 뚜렷하게 인식되는 색채조화가 생길 수 있다는 사실을 입증하고 있다.
㉠ 인접색의 조화
㉡ 반대색의 조화
㉢ 근접 보색의 조화
㉣ 등간격 3색의 조화
㉤ 주조색(dominant color)의 조화

정답 03. ③ 04. ② 05. ② 06. ① 07. ③

08 |

색각에 대한 학설 중 3원색설을 주장한 사람은?

① 헤링　　② 영 · 헬름홀츠
③ 맥니콜　　④ 먼셀

해설 • 헤링(Hering)의 색각 과정에서 보듯이 빨강, 녹색, 노랑, 파랑이 헤링의 4원색설이며, 오스트발트의 색상환에 대한 기본 설명이라고 할 수 있다.
• 영 · 헬름홀츠은 망막에는 3가지의 색각세포와 거기에 연결된 시신경 섬유가 있어서 3가지 세포의 흥분이 혼합되어 여러 가지 색지각이 일어난다고 주장하였다. RGB 3원색설은 CIE(국제조명위원회) 표준 표색계로 사용되었다.
• 헬렌 맥니콜(1879년~1915년)은 캐나다의 인상주의 화가로 햇빛의 다양한 효과를 묘사하는데 뛰어난 능력을 갖췄으며 그녀의 작품은 고요가 그대로 전해져 평온하고 따뜻한 느낌을 준다.
• 먼셀의 색채조화론은 균형 이론으로, 회전 혼색법을 사용하여 두 개 이상의 색을 배색했을 때 이 결과가 N5인 것이 가장 안정된 균형을 이루며 무채색의 조화, 단색상의 조화, 보색조화, 다색 조화되는 것을 말한다.

09 |

등색상 삼각형에서의 색채조화이론을 발표한 사람은?

① 먼셀　　② 헤링
③ 오스트발트　　④ 문-스펜서

해설 오스트발트는 독자적인 색채 체계를 수립하였는데 그는 색상환을 24등분하고, 명도 단계를 8등분하여 등색상 삼각형에 이들을 28등분시켜 오스트발트 기호에 의하여 표색하고 있으므로 3색 조화로 표색계를 구성하였다.

10 |

오스트발트 표색계에 대한 설명 중 틀린 것은 어느 것인가?

① 등색상 삼각형에서 무채색축과 평행선상에 있는 색들은 순색 혼량이 같은 색계열이다.
② 무채색에 포함되는 백에서 흑까지의 비율은 백이 증가하는 방법을 등비 급수적으로 선택하고 있다.
③ 헤링의 4원색설을 기본으로 하여 색상분할을 원주의 4등분이 서로 보색이 되도록 하였다.
④ Ostwald의 색입체는 원통형의 모양이 된다.

해설 독일의 화학자 오스트발트(Wilhelm Ostwald, 1853~1932)가 제안한 표색계로 헤링의 4원색 이론을 기본으로 하여 색량의 비율에 따라 만들어진 표색계이다. 1916년 색상환을 창안하였고, 1923년에 정삼각형의 꼭지점에 순색, 백색, 흑색을 배치한 삼각좌표를 만들어 그 좌표속의 색을 이들 3성분의 혼합비에 의해 표시했다.

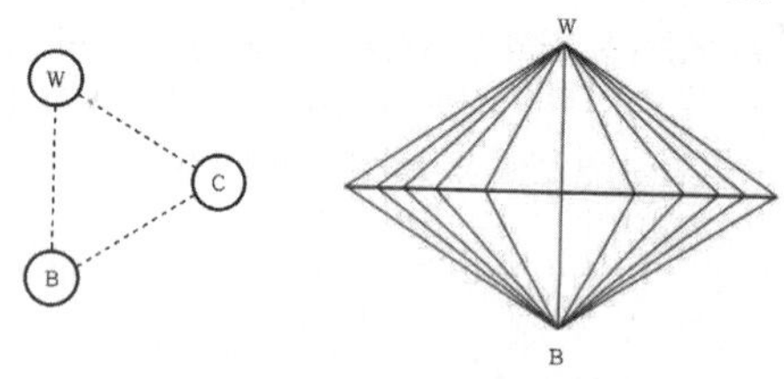

[오스트발트의 삼각형]　[오스트발트의 색입체]

11 |

오스트발트의 색상환을 구성하는 4가지 기본색은 무엇을 근거로 한 것인가?

① 헤링(Hering)의 반대색설
② 뉴턴(Newton)의 광학이론
③ 영 · 헬름홀츠(Young-Helmholtz)의 생각이론
④ 맥스웰(Maxwell)의 회전색 원판 혼합이론

해설 오스트발트 표색계는 독일의 화학자이자 과학 철학자이며 노벨 화학상(1909)을 받은 오스트발트(Ostwald friedrich Wilhelm ; 1853~1932)가 1923년에 창안하여 발표한 표색계로, 1925년경 이후 측색학의 발달과 함께 많이 수정되었다. 헤링의 4원색 이론을 기본으로 하여 색량의 비율에 의하여 만들어진 표색계이다.

12 |

오스트발트(W. Ostwald) 표색계의 원리에 대한 설명 중 틀린 것은?

① 빛을 100% 완전히 반사하는 백색
② 빛을 100% 완전히 흡수하는 흑색
③ 유채색 축을 중심으로 하는 24색상을 가진 등색상 삼각형
④ 특정 영역의 파장만 완전히 반사하고 나머지는 완전히 흡수하는 순색

정답 08. ② 09. ③ 10. ④ 11. ① 12. ③

해설 오스트발트(Ostwald) 표색계

㉠ 독일의 화학자이자 과학 철학자이며 노벨 화학상(1909)을 받은 오스트발트(Ostwald Friedrich Wilhelm ; 1853~1932)가 1923년에 창안하여 발표한 표색계로 1925년경 이후 측색학의 발달과 함께 많이 수정되었다.

㉡ 오스트발트 표색계의 기본이 되는 색채(related color)
- 모든 파장의 빛을 완전히 흡수하는 이상적인 검정 : B
- 모든 파장의 빛을 완전히 반사하는 이상적인 흰색 : W
- 완전한 색(Full color ; 순색) : C

㉢ 색상환은 헤링의 4원색설을 기본으로 하여 색상 분할을 원주의 4등분이 서로 보색 관계가 되도록 하였고 순색량이 있는 유채색은 W+B+C=100%가 된다. 색량의 많고 적음에 의하여 만들어진 것이다.

13

오스트발트 색채계에 관한 설명 중 틀린 것은?

① 색상은 yellow, ultramarine blue, red, sea green을 기본으로 하였다.
② 색상환은 4원색의 중간색 4색을 합한 8색을 각각 3등분하여 24색상으로 한다.
③ 무채색은 백색량+흑색량=100%가 되게 하였다.
④ 색표시는 색상 기호, 흑색량, 백색량의 순으로 한다.

해설 오스트발트 표색계의 표기 방법은 색상 기호-백색량-흑색량 순으로 한다.

14

오스트발트 색체계의 설명이 아닌 것은?

① '조화는 질서와 같다'는 오스트발트의 생각대로 대칭으로 구성되어 있다.
② 색의 3속성을 시각적으로 고른 색채 단계가 되도록 구성하였다.
③ 등색상 삼각형 W, B와 평행선상에 있는 색으로 순색의 혼량이 같은 계열을 등순색 계열이라고 한다.
④ 현실에 존재하지 않는 이상적인 3가지 요소(B, W, C)를 가정하여 물체의 색을 체계화하였다.

해설 ②번은 먼셀이 주장한 색의 3속성의 일반적 원리에 따라 감각적인 혼합으로 모든 색을 끌어낸다.

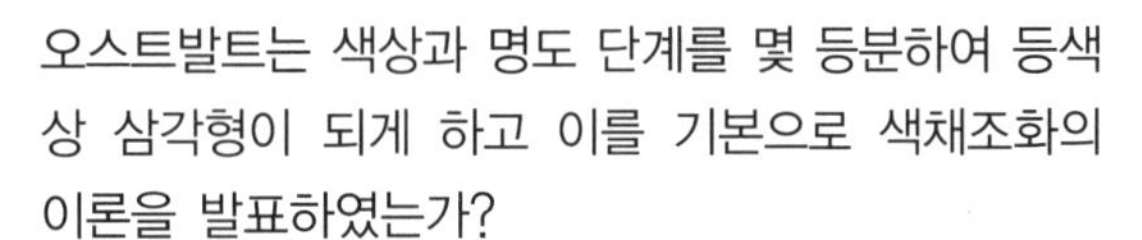

15

오스트발트는 색상과 명도 단계를 몇 등분하여 등색상 삼각형이 되게 하고 이를 기본으로 색채조화의 이론을 발표하였는가?

① 24색상, 명도 10단계 ② 24색상, 명도 8단계
③ 20색상, 명도 7단계 ④ 20색상, 명도 5단계

해설 오스트발트는 독자적인 색채 체계를 수립하였는데 그는 색상환을 24등분하고, 명도 단계를 8등분하여 등색상 삼각형에 이들을 28등분시켜 오스트발트 기호에 의하여 표색하고 있으므로 3색 조화로 표색계를 구성하였다.

16

오스트발트 색채조화론에 의한 조화법칙 중 틀린 것은?

① 색상이 동일하고 색의 기호가 다르면 두 색은 조화하지 않는다.(예 : 5ge-5ne)
② 색상이 달라도 색의 기호가 동일한 두 색은 조화한다.(예 : 5ne-8ne)
③ 색의 기호 중 앞의 문자가 동일한 두 색은 조화한다.(예 : ga-ge)
④ 색의 기호 중 앞의 문자와 뒤의 문자가 같은 색은 조화하지 않는다.(예 : la-pl)

해설 오스트발트의 색채조화론은 두 가지 색 이상의 색 사이에는 합법적인 관계, 즉 서열이 존재할 때 즐거운 감정이 생긴다. 이처럼 쾌감을 일으키는 색의 배색을 조화색이라 하였다.

17

오스트발트 색상환은 무채색 축을 중심으로 몇 색상이 배열되어 있는가?

① 9 ② 10
③ 24 ④ 35

해설 오스트발트 색상환은 24색상 기준으로 만들었다.
모든 표면색은 빨강, 노랑, 녹색, 파랑의 색상을 기초로 사이에 각기 중간색을 끼워 노랑, 주황, 빨강, 자주, 파랑, 청록, 녹색, 황록의 8가지 주요 색상이 되며 또 이것이 3분할하여 24색상환이 된다.

정답 13. ④ 14. ② 15. ② 16. ① 17. ③

18 |

오스트발트 색체계에서 등순계열의 조화에 해당하는 것은?

① ca－ea－ga－ia ② pa－pc－pe－pg
③ ig－le－ne－pa ④ gc－ie－lg－ni

해설 등순색 계열의 조화
특정한 색상의 색 삼각형 내에서 순도(purity)가 같은 색채로 수직선 상에 있는 색채를 일정한 간격으로 선택하면 그 배색은 조화를 이루게 된다. (WB와 평행선 상에 있는 색)

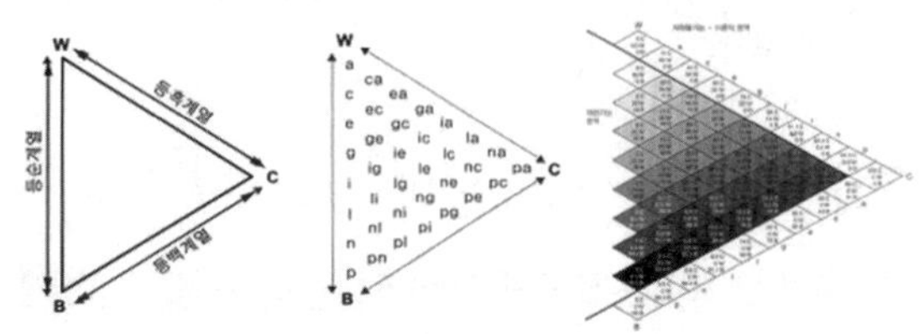

- 등백 계열 : 흰색량이 같은 계열
- 등흑 계열 : 검정량이 같은 계열
- 등순 계열 : 순색량이 같아 보이는 계열

19 |

오스트발트(Ostwald)의 조화론 중 등흑계열 조화에 해당되는 것은?

① pa－pg－pn ② pa－ia－ca
③ ca－ga－ge ④ gc－lg－pl

해설

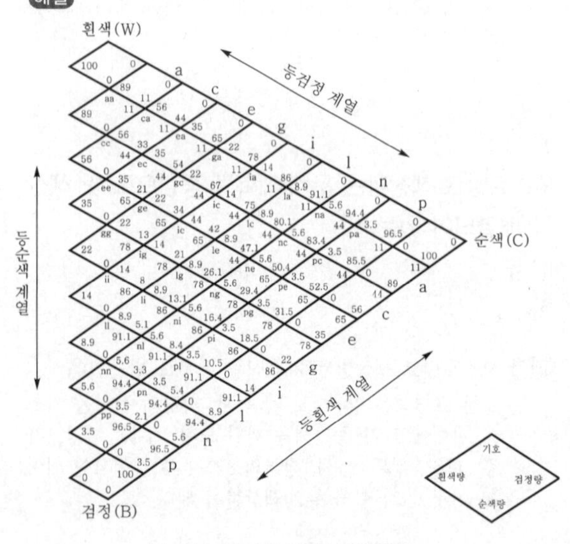

[오스트발트의 등색상 삼각형]

㉠ 등백색 계열 : CB와 평행선상에 있는 색으로서, 흰색량이 모두 같은 색의 계열이다.
㉡ 등순색 계열 : WB와 평행선상에 있는 색으로서, 순색의 혼합량이 모두 같은 계열이다.
㉢ 등흑색 계열 : WC와 평행선상에 있는 색으로서, 흑색량이 모두 같은 색의 계열이다.

20 |

오스트발트(W. Ostwald)의 등색상 삼각형의 흰색(W)에서 순색(C) 방향과 평행한 색상의 계열은?

① 등순 계열
② 등흑 계열
③ 등백 계열
④ 등가색환 계열

해설 ㉠ 등백색 계열의 조화 : 특정한 색상의 색 삼각형 내에서 동일한 백색의 양을 가지는 색채를 일정한 간격으로 선택하면 그 배색은 조화를 이루게 된다(CB와 평행선상에 있는 색).
㉡ 등흑색 계열의 조화 : 특정한 색상의 색 삼각형 내에서 동일한 흑색의 양을 가지는 색채를 일정한 간격으로 선택하면 그 배색은 조화를 이루게 된다(CW와 평행선상에 있는 색).
㉢ 등순색 계열의 조화 : 특정한 색상의 색 삼각형 내에서 순도(purity)가 같은 색채로 수직선 상에 있는 색채를 일정한 간격으로 선택하면 그 배색은 조화를 이루게 된다(WB와 평행선상에 있는 색).
㉣ 등색상의 조화 : 특정한 색상의 삼각형 내에 있는 색들은 조화되기 쉬운 색들로서 등흑, 등백, 등순 계열의 조화법을 조합하여 선택된 색들 사이에는 조화를 이루게 된다. 이 원리는 먼셀의 조화론에서 단일색상의 조화원리와 동일하다.

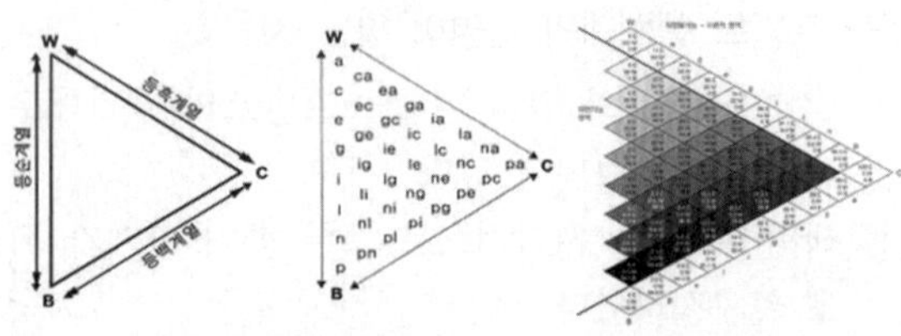

- 등백 계열 : 흰색량이 같은 계열(CB)
- 등흑 계열 : 검정량이 같은 계열(CW)
- 등순 계열 : 순색량이 같아 보이는 계열(WB)

정답 18. ④ 19. ② 20. ②

21

오스트발트 조화론 중 아래의 설명에 해당하는 조화는?

어떤 기호의 색과 그 기호의 앞, 뒤 문자와 같은 회색은 서로 조화된다.

① 등순 계열 조화
② 등순 계열 분리조화
③ 등백 계열과 등흑 계열의 조화
④ 유채색과 무채색의 조화

해설 오스트발트의 색조론
㉠ 무채색의 조화
㉡ 단색상 조화(등백색 계열의 조화, 등흑색 계열의 조화, 등순색 계열의 조화, 등색상의 조화)
㉢ 등가색환에서의 조화
㉣ 다색조화

22

오스트발트의 조화론과 관계가 없는 것은?

① 다색 조화
② 등가색환에서의 조화
③ 무채색의 조화
④ 제1부조화

해설 오스트발트의 색조론
㉠ 무채색의 조화
㉡ 단색상 조화(등백색 계열의 조화, 등흑색 계열의 조화, 등순색 계열의 조화, 등색상의 조화)
㉢ 등가색환에서의 조화
㉣ 다색조화

문 · 스펜서의 조화와 부조화 종류
㉠ 조화 : 동일(identity)의 조화, 유사(similarity)의 조화, 대비(contrast)의 조화
㉡ 부조화 : 제1부조화(first ambiguity), 제2부조화(second ambiguity), 눈부심(glare)

23

오스트발트의 등가색환에서의 조화에 대한 설명 중 올바른 것은? (24색상 기준)

① 색상차가 4 이하일 때 보색조화라 부른다.
② 색상차가 6~8일 때 유사색 조화라 부른다.
③ 색상차가 12일 때 이색 조화라 부른다.
④ 2간격 3색상 조화는 매우 약한 대비의 조화가 된다.

해설 오스트발트의 조화(24색상 기준)
㉠ 보색조화 : 색상의 차이가 12간격대의 조화를 말한다.
㉡ 유사조화 : 색상의 차이가 2, 3, 4 간격대의 조화를 말한다.
㉢ 이색조화 : 색상의 차이가 6, 7, 8 간격대의 조화를 말한다.

24

오스트발트의 색채조화론에서 2색상의 조화 중 이색조화(異色調和)에 해당하는 것은?

① 2ie – 4ie, 22na – 24na
② 3ea – 6ea, 14na – 17na
③ 6ni – 10ni, 1na – 21na
④ 8ea – 14ea, 3na – 21na

해설 오스트발트의 조화(24색상 기준)
㉠ 보색조화 : 색상의 차이가 12간격대의 조화를 말한다.
㉡ 유사조화 : 색상의 차이가 2, 3, 4 간격대의 조화를 말한다.
㉢ 이색조화 : 색상의 차이가 6, 7, 8 간격대의 조화를 말한다.

25

오스트발트 색상환에서 보색 관계가 잘못된 것은?

① Y – UB
② R – SG
③ O – T
④ P – GY

해설 노랑(Yellow)과 남색(Ultramarine Blue), 빨강(Red)과 청록(Sea Green)을 마주 보도록 배치하고, 그 중간에 주황(Orange)과 파랑(Turquoise), 보라(Purple)와 황록(Leaf Green)을 서로 배치하였다.

26

오스트발트 표색계에서 17lc는 다음 중 어느 색에 가까운가?

① 해맑은 노랑
② 회청록색
③ 짙은갈색
④ 연한보라

해설 「17 lc」라 하면 색상 번호가 17이고 백색량은 8.9%, 흑색량은 44%로 순색량 C는 「100-(8.9+44)=47.11%」의 약간 회색 기미의 청록색임을 알게 된다.

정답 21. ④ 22. ④ 23. ④ 24. ④ 25. ④ 26. ②

27 |

오스트발트의 기호 표시법에서 17gc로 표시되었다면 17은 무엇을 의미하는가?

① 명도 ② 채도
③ 색상 ④ 대비

해설 오스트발트 표색계의 색채표시 방법
색상 번호-흰색의 양-검정의 양

28 |

두 색이 부조화되는 색일 때 두 색을 적당히 섞으면 색 차이가 적어지고 잘 조화된다. 이것은 다음 중 어떤 원리를 적용한 것인가?

① 질서의 원리
② 숙지의 원리
③ 동류의 원리
④ 비모호성의 원리

해설 동류성의 원리(유사성의 원리)는 색상, 명도, 채도의 차이가 비교적 적고 이 색채의 속성들이 공통적으로 가깝다고 느껴지면 조화한다는 것이다. 따라서, 두 색이 부조화한 색이라면 서로의 색을 적당하게 섞는다는 원리이다.

29 |

다음 색 중 헤링의 4원색에 속하지 않는 것은?

① 파랑 ② 노랑
③ 녹색 ④ 보라

해설 헤링의 4원색 : 노랑, 빨강, 파랑, 녹색

30 |

헤링(E.Hering)의 색각이론 중 이화(dissimila- tion) 작용과 관계가 있는 색은?

① 백색(white)
② 녹색(green)
③ 청색(blue)
④ 흑색(black)

해설 헤링의 반대색설(4원색설)과 관련하여, 이화(분해)작용에 의해 백색(white), 적색(red), 황색(yellow)의 감각을 느낀다.

31 |

헤링은 반대색설에서 "합성이라는 동화작용이 생기면 세가지 색감각을 일으킨다"고 했다. 이 세가지 색 감각은?

① 백, 적, 황
② 흑, 녹, 청
③ 흑, 적, 황
④ 백, 녹, 청

해설 헤링의 색채조화론

㉠ 독일의 헤링(Hering Karl Ewald Konstantin ; 1834~1918)이 1872년에 발표한 학설로서 영 · 헬름홀츠의 3원색설에 대하여 4원색과 무채색광을 가정하고 있다.

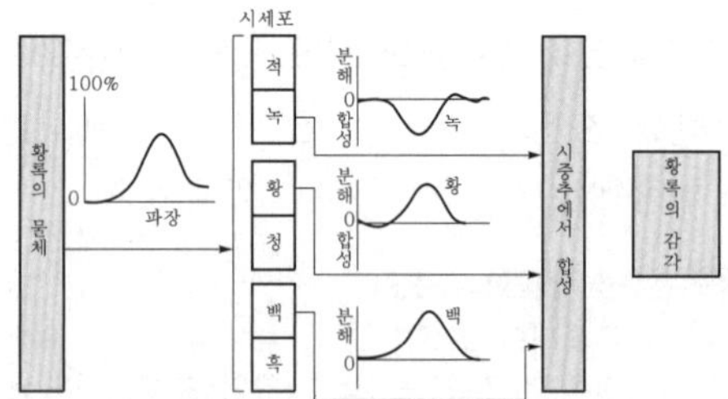

[헤링설에 의한 황록색의 색각 과정]

㉡ 헤링은 망막에는 3가지의 광화학 물질, 즉 각각 쌍으로 된 빨강 – 녹색 물질(Red – Green substance), 노랑 – 파랑(Yellow – Blue substance), 흰색 – 검정(White – Black substance)이 있다고 가정하고 그것들은 빨강, 노랑, 무색의 빛은 분해를, 녹색, 파랑의 빛과 빛이 없는 경우는 합성을 일으키며, 그것에 의하여 색각과 밝음의 감각이 생겨난다는 것이다.

㉢ 보기를 들면, 빨강 – 녹색 물질이 빨강색광을 받아 자극되면 분해되어 빨간 감각이 생기고, 녹색광을 받으면 합성되어 녹색 감각을 일으키는 것이다.

㉣ 빨강과 녹색, 노랑과 파랑은 각각 쌍으로 되어 각 쌍의 두 색은 보색 또는 반대색의 관계에 있다. 이 설을 반대색설이라 한다.

정답 27. ③ 28. ③ 29. ④ 30. ① 31. ②

32 |

문 · 스펜서의 색채조화론에 대한 설명 중 잘못된 것은?

① 색의 3속성에 대하여 지각적으로 고른 색채 단계를 가지는 독자적인 색입체로 오메가 공간을 설정하였다.
② 일반적으로 먼셀 표색계에 의하여 설명된다.
③ 색상과 채도를 일정하게 하고 명도만을 변화시키는 경우는 많은 색상을 사용한 복잡한 디자인보다 미도가 낮다.
④ 배색된 색은 면적비에 따라서 회전판 위에 놓고 회전 혼색할 때 나타나는 색에 의하여 배색의 심리적 효과가 결정된다.

해설 문 · 스펜서는 여러 가지 조화의 분류에 대한 미도를 계산하여 다음과 같은 결론을 발표하였다.
㉠ 균형있게 선택된 무채색의 배색은 유채색의 배색에 못지않은 아름다움을 나타낸다.
㉡ 동일 색상의 조화는 매우 좋은 느낌을 주는 경향이 있다.
㉢ 같은 명도의 조화는 대체로 미도가 낮다.
㉣ 동일 색상, 동일 채도의 단순한 디자인은 많은 색상을 사용한 복잡한 디자인보다 좋은 조화가 된다.

33 |

문 · 스펜서의 조화론에 대한 설명 중 틀린 것은?

① 인간의 주관적인 미적 감각을 최대한 활용하여 개성을 중시하였다.
② 오메가 공간으로써 설명하였다.
③ 동등, 유사, 대비의 원리를 정량적 색표에 의해 총괄적 과학적으로 설명하였다.
④ 먼셀의 색표계에 그 근원을 두었다.

해설 문 · 스펜서의 색채조화론

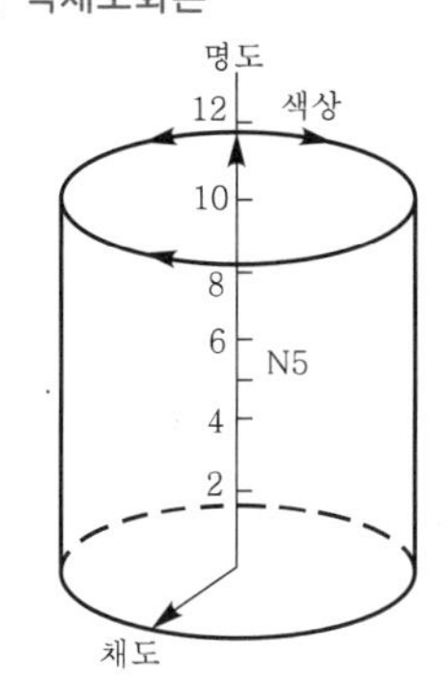

[오메가 공간(색 공간)]

㉠ 1944년 미국 매사추세츠 공과대학의 문(Moon P.) 교수와 그의 조수였던 스펜서(Spencer D.E.) 여사는 공동으로 색채조화에 대한 3편의 논문을 발표하였다.
㉡ 최근까지의 색채조화론 중에서 가장 과학적인 이론으로 주목을 받고 있으며, 이 논문들의 특징은 종래 미술가들의 경험과 주관을 기초로 하여 정성적(감성적)으로 다루어졌던 색채조화론의 미흡한 점을 없애고 보다 과학적으로 설명할 수 있는 정량적인 색채조화론을 만들었다는 데에 의의가 있다고 할 수 있다.
㉢ 무엇보다도 수학적인 공식을 쓰고 있기 때문에 물리, 광학적인 면에서 색채를 연구하는 사람들의 환영을 받았고 과학적으로 색채조화를 구하는 사람에게 소중한 좌표가 되고 있다.
㉣ 색 표시가 지각적으로 고른 감도의 방식이 아니면 불가능한 것이었다. 따라서 이들은 지각적으로 고른 감도의 오메가(ω) 공간을 만들게 되었던 것이다.
㉤ 그들이 설정한 이 오메가 공간은 먼셀의 색입체와 같은 개념이며, 먼셀 표색계의 3속성으로 대응시킬 수 있으므로 이 조화 이론은 보통 먼셀 표색계의 3속성인 색상(H), 명도(V), 채도(C)의 단위로 설명된다.

34 |

문 · 스펜서의 색채조화론에 대한 설명이 아닌 것은?

① 먼색 표색계에 의해 설명된다.
② 색채조화론을 보다 과학적으로 설명하도록 정량적으로 취급한다.
③ 색의 3속성에 대하여 지각적으로 고른 색채단계를 가지는 독자적인 색입체로 오메가 공간을 설정하였다.
④ 상호 간에 어떤 공통된 속성을 가진 배색으로 등가색 조화가 좋은 예이다.

해설 문 · 스펜서의 색채조화론
㉠ 1944년에 메사추세츠 공과대학(MIT) 문(P, Moon)교수와 그의 조수인 스펜스(D. E. Spencer) 교수가 과거의 색채조화론을 연구하여 먼셀 시스템을 바탕으로 한 색채조화론을 미국광학회(Optical Society of America)의 학회지에 공동으로 발표함
㉡ 색채조화론의 기하학적 관계, 색채에 따른 면적 관계, 색채조화에 적응되는 심미도, 지각적으로 고른 감동의 오메가 공간, 3속성의 조화 이론을 주장함

정답 32. ③ 33. ① 34. ④

㉢ 먼셀 등색상면에서의 명도, 채도에 의한 조화와 부조화의 영역을 정성적(감성적)으로 다루어졌던 색채조화론의 미흡한 점을 없애고 더 과학적으로 설명할 수 있는 정량적인 색채조화론으로 설명함
㉣ 수학적인 공식을 쓰고 있어서 물리, 광학적인 면에서 색채를 연구하는 사람들의 환영을 받았고 과학적으로 색채조화를 구하는 사람에게 소중한 좌표가 되고 있음
㉤ 색 표시를 지각적으로 고른 감도의 오메가(ω) 공간을 만들어 먼셀 표색계의 3속성인 색상(H), 명도(V), 채도(C)의 단위로 설명함

35 |

문 · 스펜서의 조화론에 대한 설명이 잘못된 것은?

① 100색상을 기준으로 보색 색상간의 차는 50이다.
② 일반적으로 먼셀 표색계에 의해 설명된다.
③ 감성적인 조화론을 과학적, 정량적으로 취급한 특성이 있다.
④ 제1부조화란 동일한 색끼리의 부조화이다.

해설 배색에서 가장 애매한 것은 명도차의 관계에 의한 것이 부조화의 원인이라 하고, 명도에서 미도의 척도가 가장 낮게 나타나는 것이 제1부조화이다.

36 |

문 · 스펜서(P. Moon & D. E. Spencer)의 색채조화론에 대한 설명 중 틀린 것은?

① 먼셀 색체계로 설명이 가능하다.
② 정량적으로 표현 가능하다.
③ 오메가 공간으로 설정되어 있다.
④ 색채의 면적 관계를 고려하지 않았다.

해설 문 · 스펜서 색채조화론은 색채조화론의 기하학적 관계, 색채에 따른 면적 관계, 색채조화에 적응되는 심미도, 지각적으로 고른 감동의 오메가 공간, 3속성의 조화 이론을 주장한 것이다[먼셀 등색상면에서의 명도, 채도에 의한 조화와 부조화의 영역을 정성적(감성적)으로 다루어졌던 색채조화론의 미흡한 점을 없애고 더욱 과학적으로 설명할 수 있는 정량적인 색채조화론으로 설명함].

37 |

문 · 스펜서(P.Moon and D.E.Spencer)의 색채조화론에 대한 설명으로 옳은 것은?

① 색의 면적 효과에서 작은 면적의 강한 색과 큰 면적의 약한 색과는 잘 조화된다.
② 색상환을 24등분하고 명도 단계를 8등분하여 등색상 삼각형을 만들고 이것을 28등분하였다.
③ 미국의 CCA(Container Corporation of America)에서 컬러하모니 매뉴얼(Color Harmony Manual)을 간행하면서 실제면에 이용되었다.
④ 질서의 원리, 숙지의 원리, 동류의 원리, 비모호성의 원리 등이 있다.

해설 ②번은 오스트발트 표색계에 관한 설명
③번은 먼셀 표색계에 관한 설명
④번은 색채조화의 원리

38 |

문 · 스펜서(P.Moon and D.E. Spencer)의 색채조화론 중 거리가 먼 것은?

① 동일의 조화(identity)
② 유사의 조화(similarity)
③ 대비의 조화(contrast)
④ 통일의 조화(unity)

해설 문 · 스펜서의 조화와 부조화 종류
㉠ 조화 : 동일(identity)의 조화, 유사(similarity)의 조화, 대비(contrast)의 조화
㉡ 부조화 : 제1부조화(first ambiguity), 제2부조화(second ambiguity), 눈부심(glare)

39 |

문 · 스펜서의 색채조화론에서 부조화의 종류가 아닌 것은?

① 제1부조화
② 제2부조화
③ 제3부조화
④ 눈부심

정답 35. ④ 36. ④ 37. ① 38. ④ 39. ③

해설 문 · 스펜서의 조화와 부조화 종류
㉠ 조화 : 동일(identity)의 조화, 유사(similarity)의 조화, 대비(contrast)의 조화
㉡ 부조화 : 제1부조화(first ambiguity), 제2부조화(second ambiguity), 눈부심(glare)

40

문 · 스펜서의 색채조화론에 관한 설명 중 틀린 것은?

① 배색 조화의 법칙에 분명한 체계성을 부여하려 했다.
② 이 이론은 실용적인 가치가 크다.
③ 배색의 쾌적도를 실험적으로 증명하려고 하였다.
④ 컴퓨터 그래픽 분야에서 정량적인 분석에 의한 색채 조명을 가능하게 할 수 있다.

해설 문(Moon P.)과 스펜서(Spencer D.E.)가 발표한 논문 주제
㉠ 고전적 색채조화론의 기하학적 공식화
㉡ 색채조화에 따르는 면적
㉢ 색채조화에 적응되는 심미도

41

문 · 스펜서의 색채조화론에 대한 설명 중 틀린 것은?

① 조화는 동등 조화, 유사조화, 대비 조화가 있다.
② 부조화는 제1부조화, 제2부조화, 눈부심이 있다.
③ 미도가 0.5 이상으로 높아질수록 점점 부조화가 된다.
④ 작은 면적의 강한 색과 큰 면적의 약한 색과는 어울린다.

해설 미도(美度 ; aesthetic measure)M=O(질서성의 요소 ; element of order)/C(복잡성의 요소 ; element of complexity) 이 식에서 C가 최소일 때 M이 최대가 되는 것이다. M이 0.5 이상이 되면 그 배색은 좋다고 한다.

42

Moon · Spencer의 색채조화에 적용되는 미도 계산(M = O/C)에서 미도가 얼마 이상이면 좋은 배색이라 할 수 있는가?

① 0.5 ② 1.0
③ 2.0 ④ 4.0

해설 미도(美度 ; aesthetic measure)M=O(질서성의 요소 ; element of order)/C(복잡성의 요소 ; element of com-plexity) 이 식에서 C가 최소일 때 M이 최대가 되는 것이다. M이 0.5 이상이 되면 그 배색은 좋다고 한다.

43

색을 지각적으로 고른 감도의 오메가 공간을 만들어 조화시킨 색채학자는?

① 오스트발트
② 먼셀
③ 문 · 스펜서
④ 비렌

해설 문 · 스펜서 색채조화론은 색채조화론의 기하학적 관계, 색채에 따른 면적 관계, 색채조화에 적응되는 심미도, 지각적으로 고른 감동의 오메가 공간, 3속성의 조화 이론을 주장한 것이다.

44

"M=O/C"는 문 · 스펜서의 미도를 나타내는 공식이다. "O"는 무엇을 나타내는가?

① 환경의 요소
② 복잡성의 요소
③ 구성의 요소
④ 질서성의 요소

해설 미국의 학자 버크호프(Birkhoff G. D.)는 미의 척도(미도)라는 척도를 제안하였다.
M=O/C에서 M은 미도, O는 질서성의 요소, C는 복잡성의 요소로 복잡성의 요소의 수가 최소일 때 미도 M은 최대가 된다.

45

문 · 스펜서의 조화론에서 색의 중심이 되는 순응점은?

① N5 ② N7
③ N9 ④ N10

해설 문 · 스펜서의 오메가 공간(색 공간)에서 N5 순응점을 중심으로 클 때는 명도의 단계가 높아지므로 따뜻하고 자극적인 심리 효과가 있다.

정답 40. ② 41. ③ 42. ① 43. ③ 44. ④ 45. ①

46 |

문 · 스펜서 색채조화론의 균형점에서 색상 YR, 채도가 5보다 클 때 심리적 효과는?

① 자극적, 서늘함　② 안정감, 온도감
③ 안정감, 중성감　④ 자극적, 따뜻함

해설 문 · 스펜서의 오메가 공간(색 공간)에서 N5보다 클 때는 명도의 단계가 높아지므로 따뜻하고 자극적인 심리 효과가 있다.

47 |

저드(D. B. Judd)의 색채조화의 4원리가 아닌 것은?

① 대비의 원리　② 질서의 원리
③ 친근감의 원리　④ 명료성의 원리

해설 저드의 색채조화 4가지 원리
㉠ 질서의 원리 : 색의 체계에서 규칙적으로 선택된 색들끼리의 조화된다.
㉡ 숙지의 원리(친근성의 원리) : 사람들에게 쉽게 어울릴 수 있는 배색이 조화된다.
㉢ 동류(공통성)의 원리 : 배색된 색들끼리 공통된 양상과 성질(색상, 명도, 채도)이 내포되어 있을 때 조화된다.
㉣ 비모호성(명료성)의 원리 : 색상, 명도, 채도 또는 면적의 차이가 분명한 배색이 조화롭다.

48 |

색채조화의 원리 중 가장 보편적이고 공통적으로 적용할 수 있는 원리인 저드(Judd, D.B)가 주장하는 정성적 조화론에 속하지 않는 것은?

① 질서의 원리　② 친근성의 원리
③ 명료성의 원리　④ 보색의 원리

해설 저드의 색채조화 4가지 원리
㉠ 질서의 원리 : 색의 체계에서 규칙적으로 선택된 색들끼리의 조화된다.
㉡ 숙지의 원리(친근성의 원리) : 사람들에게 쉽게 어울릴 수 있는 배색이 조화된다.
㉢ 동류(공통성)의 원리 : 배색된 색들끼리 공통된 양상과 성질(색상, 명도, 채도)이 내포되어 있을 때 조화된다.
㉣ 비모호성(명료성)의 원리 : 색상, 명도, 채도 또는 면적의 차이가 분명한 배색이 조화롭다.

49 |

색체계에서 '규칙적으로 선택된 색은 조화된다.'라는 원리는?

① 동류성의 원리　② 질서의 원리
③ 친근성의 원리　④ 명료성의 원리

해설 저드의 색채조화 4가지 원리
㉠ 질서의 원리 : 색의 체계에서 규칙적으로 선택된 색들끼리의 조화된다.
㉡ 숙지의 원리(친근성의 원리) : 사람들에게 쉽게 어울릴 수 있는 배색이 조화된다.
㉢ 동류(공통성)의 원리 : 배색된 색들끼리 공통된 양상과 성질(색상, 명도, 채도)이 내포되어 있을 때 조화된다.
㉣ 비모호성(명료성)의 원리 : 색상, 명도, 채도 또는 면적의 차이가 분명한 배색이 조화롭다.

50 |

'가을의 붉은 단풍잎, 붉은 저녁놀, 겨울 풍경색 등과 같이 친숙한 것들을 아름답게 생각하는 것'을 저드의 색채조화이론으로 설명한다면 어느 원리인가?

① 질서의 원리
② 비모호성의 원리
③ 친근감의 원리
④ 동류성의 원리

해설 친근성의 원리
색을 접하는 사람들에게 쉽게 어울릴 수 있는 배색이 조화감을 불러일으킨다는 원리이다. 색채조화의 근본은 자연이다. 이러한 원리는 자연환경에 처해 있는 인간들이 자연과 동화함으로써 안정감을 얻고자 하는 본능적인 심리이며, 따라서 자연풍경과 같이 사람들에게 잘 알려진 색들은 조화를 이룬다.

51 |

색명을 분류하는 방법으로 톤(tone)에 대한 설명 중 옳은 것은?

① 명도만을 포함하는 개념이다.
② 채도만을 포함하는 개념이다.
③ 명도와 채도를 포함하는 복합 개념이다.
④ 명도와 색상을 포함하는 복합 개념이다.

정답 46. ④ 47. ① 48. ④ 49. ② 50. ③ 51. ③

해설 비렌의 색채조화론에서 사용되는 색조군
㉠ Tint : 순색과 흰색이 합쳐진 밝은 색조
㉡ Tone : 순색과 흰색 그리고 검정이 합쳐진 톤
㉢ Shade : 순색과 검정이 합쳐진 어두운 농담
㉣ Gray : 흰색과 검정이 합쳐진 회색조

52

비렌의 색채조화원리에서 가장 단순한 조화이면서 일반적인 깨끗하고 신선해 보이는 조화는?

① COLOR－SHADE－BLACK
② TINT－TONE－SHADE
③ COLOR－TINT－WHITE
④ WHITE－GRAY－BLACK

해설 비렌의 색채조화론
㉠ 백색과 흑색이 합쳐진 회색조(gray)
WHITE－GRAY－BLACK
㉡ 순색과 백색이 합쳐진 밝은 색조(명색조-tint)
COLOR－TINT－WHITE
㉢ 순색과 검정이 합쳐진 어두운 색조(암색조-shade)
COLOR－SHADE－BLACK
㉣ 순색과 배색, 흑색이 합쳐진 톤(tone)
TINT－TONE－SHADE

53

식욕을 감퇴시키는 효과가 가장 큰 색은?

① 빨강색
② 노란색
③ 갈색
④ 파란색

해설 비렌(Birren)은 장파장 계통의 색채(난색계열 : 빨간색계)로 칠해져 있는 실내에서는 시간의 흐름이 길게 느껴지고, 단파장 계통의 색채(한색계열 : 푸른색계)로 칠해져 있는 실내에서는 시간의 경과가 짧게 느껴진다고 하였다. 따라서 식당은 식욕을 돋우고 손님들이 머무는 시간을 짧게 하려면 빨간색, 주황색 기구 등을 사용하는 것이 좋으며, 병원이나 대합실은 지루한 시간을 잊게 하려면 파란색 계통의 색을 사용하는 색채의 기능주의를 주장하였다.

54

다음 중 가장 짠맛을 느끼게 하는 색은?

① 회색 ② 올리브그린
③ 빨간색 ④ 갈색

해설 맛이 연상되는 색채
㉠ 단맛 : 빨간색, 주황색, 적색을 띤 노란색
㉡ 짠맛 : 연한 청색과 회색, 연한 녹색과 흰색
㉢ 신맛 : 녹색을 띤 황색
㉣ 쓴맛 : 짙은 청색, 짙은 갈색, 자색
㉤ 달콤한 맛 : 핑크색

55

식품에 대한 기호를 조사한 결과 단맛과 관계가 깊은 색은?

① 빨강 ② 노랑
③ 파랑 ④ 자주

해설 맛이 연상되는 색채
㉠ 단맛 : 빨간색, 주황색, 빨간색을 띤 노란색
㉡ 짠맛 : 연한 청색과 회색, 연한 녹색과 흰색
㉢ 신맛 : 녹색을 띤 황색
㉣ 쓴맛 : 짙은 청색, 짙은 갈색, 자색
㉤ 달콤한 맛 : 핑크색

56

음(音)과 색에 대한 공감각의 설명 중 틀린 것은?

① 저명도의 색은 낮은음을 느낀다.
② 순색에 가까운 색은 예리한 음을 느끼게 된다.
③ 회색을 띤 둔한 색은 불협화음을 느낀다.
④ 밝고 채도가 낮은 색은 높은음을 느끼게 된다.

해설 색채의 공감각
색을 보면 맛과 냄새, 음과 촉각 등이 공명적으로 느껴지는데, 이처럼 색이 다른 감각 기관의 느낌을 수반하는 것을 색의 수반 감정이라 하며, 이를 공감각이라고도 한다.

음(音)과 색에 대한 공감각(색청 color audition)
㉠ 높은음 : 밝고 강한 고채도의 색
㉡ 낮은음 : 어두운색이나 저명도의 색
㉢ 예리한 음 : 순색에 가까운 밝고 선명한 색
㉣ 탁음(불협화음) : 둔한 색이나 회색 기미의 색

정답 52. ③ 53. ④ 54. ① 55. ① 56. ④

ⓜ 마찰음 : 회색 기미의 색과 거칠게 칠해진 색
ⓑ 표준음계 : 스펙트럼의 등급별 인상을 음계로 분리할 수 있다.
ⓢ 냉랭한 대화 : 푸른색 계통(한색)
ⓞ 다정한 대화 : 밝고 따뜻한 색 계통(난색)
ⓙ 우물쭈물한 소리(말) : 중간 밝기에 저채도의 색

4. 색채 심리

01

색채 심리에 관한 설명 중 틀린 것은?

① 색채의 중량감은 주로 채도에 의해 좌우된다.
② 난색은 흥분색, 한색은 진정색이다.
③ 대체로 난색계는 친근감을, 한색계는 소원(疎遠)감을 준다.
④ 두 가지 색이 인접하여 있을 때, 서로 영향을 주어 그 차이가 강조되어 보이는 것이 색채 대비 효과이다.

해설 색색의 중량감은 색상이나 채도보다는 명도차에 따라 크게 좌우되며 난색계통은 가볍게, 한색계통은 무겁게 느껴진다.

02

다음 이미지 중에서 주로 명도와 가장 상관관계가 높은 것은?

① 온도감 ② 중량감
③ 강약감 ④ 경연감

해설 색의 감정적 효과 중 중량감, 즉 색채에 의한 무게의 느낌은 주로 명도에 따라 좌우되어 높은 명도의 색은 가볍게, 낮은 명도의 색은 무겁게 느껴진다.

03

색의 중량감에 관한 설명 중 잘못된 것은?

① 명도가 낮은 것은 무거움을 느낀다.
② 명도보다는 색상의 차이가 크게 좌우된다.
③ 채도보다는 명도의 차이가 크게 좌우된다.
④ 명도가 높은 것은 가벼움을 느낀다.

해설 색의 감정적 효과 중 중량감, 즉 색채에 의한 무게의 느낌은 주로 명도에 따라 좌우되어 높은 명도의 색은 가볍게, 낮은 명도의 색은 무겁게 느껴진다.

04

색채의 온도감에 대한 설명 중 틀린 것은?

① 색의 세 가지 속성 중에서 주로 채도에 영향을 받는다.
② 무채색에서 고명도보다 저명도의 색이 따뜻하게 느껴진다.
③ 장파장쪽의 색이 따뜻하고, 단파장쪽의 색이 차갑게 느껴진다.
④ 흑색이 흰색보다 따뜻하게 느껴진다.

해설 색채의 온도감
㉠ 명도에 의해서도 느낄 수 있는데 일반적으로 무채색에서는 저명도가 난색에 속하고 고명도인 흰색 등은 차갑게 느껴진다(흰색보다는 검정색이 따뜻하게 느껴진다).
㉡ 유채색에서는 장파장 계통의 빨강, 주황, 노랑 등이 난색에 속하며 진출, 팽창성이 있고 심리적으로 느슨함과 여유를 느낄 수 있다.
㉢ 유채색에서는 단파장 계통의 청록, 파랑, 청자 등이 한색에 속하며 파란색 계통은 물, 바다 등을 연상하게 되므로 차갑게 느껴진다.

05

색의 온도감에 대한 설명 중 틀린 것은?

① 색의 온도감은 대상에 대한 연상작용과 관계가 있다.
② 난색은 일반적으로 포근, 유쾌, 만족감을 느끼게 하는 색채이다.
③ 녹색, 자색, 적자색, 청자색 등은 중성색이다.
④ 한색은 일반적으로 수축, 후퇴의 성질을 가지고 있다.

해설 GY(연두), G(녹색), P(보라), RP(자주)는 중성색으로 안정된 느낌을 주나 청자색은 한색으로 차가운 느낌을 준다.

정답 01. ① 02. ② 03. ② 04. ① 05. ③

06 |

다음 색채의 온도감에 관한 설명 중 틀린 것은?

① 빨강, 노랑, 주황은 난색이다.
② 청록, 파랑, 남색은 한색이다.
③ 연두, 보라는 중성색이다.
④ 무채색에서 저명도색은 차가운 느낌을 준다.

해설 온도감은 색상에 의한 효과가 극히 강하고 명도와 채도에 따라 온도감이 달라지는 경향이 있지만, 일반적으로 무채색에서는 고명도는 차갑게 저명도는 따뜻하게 느껴진다.

07 |

색의 온도감을 좌우하는 가장 큰 요소는?

① 색상
② 명도
③ 채도
④ 면적

해설
- 색채와 감정에서 온도감은 색상에 의한 효과가 강하다.
- 색채의 감정에 있어서 색채에 의한 무게의 느낌은 주로 명도에 따라 좌우된다. 높은 명도의 색은 가볍게, 낮은 명도의 색은 무겁게 느껴진다.

08 |

색의 온도감이 가장 낮은 것은?

① 연두 ② 흰색
③ 녹색 ④ 노랑

해설 색의 온도감
㉠ R(빨강), YR(주황), Y(노랑)은 난색으로 따뜻하며 자극적이고, BG(청록), B(파랑)은 한색으로 차가우며 가라앉은 느낌이다.
㉡ GY(연두), G(녹색), RP(자주)는 중성색으로 안정된 느낌을 준다.
㉢ 일반적으로 무채색에서는 저명도가 난색에 속하고 고명도인 흰색 등은 차갑게 느껴진다.
(흰색보다는 검정색이 따뜻하게 느껴진다.)

09 |

다음 중 가장 큰 팽창색은?

① 고명도, 저채도, 한색계의 색
② 저명도, 고채도, 난색계의 색
③ 고명도, 고채도, 난색계의 색
④ 저명도, 고채도, 한색계의 색

해설 색의 진출과 팽창
㉠ 밝은색이 어두운색보다 크게 보이며, 같은 명도의 색상 사이에 있어서 노랑 및 빨강계통이 파랑 및 청록계통보다 크게 보인다.
㉡ 고명도, 고채도, 난색계의 색은 진출 · 팽창되어 보이고, 저명도, 저채도, 한색계의 색은 후퇴 · 수축되어 보이며, 배경색은 채도가 낮은 것에 비해 높은 색이 진출성이 있다.

10 |

다음 중 뚱뚱한 체격의 사람이 피해야 할 의복의 색은 무엇인가?

① 청색
② 초록색
③ 노란색
④ 바다색

해설 고명도, 고채도, 난색계의 색[R(빨강), YR(주황), Y(노랑)]은 진출 · 팽창되어 보이고, 저명도, 저채도, 한색계의 색[BG(청록), B(파랑)]은 후퇴 · 수축되어 보인다.

11 |

딱딱하고, 찬 느낌의 색은?

① 중성색계열의 중명도 색
② 난색계열의 저채도 색
③ 한색계열의 저채도 색
④ 중성색계열의 고명도 색

해설 채도가 낮고 명도가 높은 색은 부드러워 보이고, 채도가 낮고 명도도 낮은 색은 굳은 느낌(딱딱한 느낌)을 준다.

정답 06. ④ 07. ① 08. ② 09. ③ 10. ③ 11. ③

12 |

다음 중 진출색이 지니는 조건이 아닌 것은?

① 따뜻한 색이 차가운 색보다 더 진출하는 느낌을 준다.
② 어두운색이 밝은색보다 더 진출하는 느낌을 준다.
③ 채도가 높은 색이 낮은 색보다 더 진출하는 느낌을 준다.
④ 유채색이 무채색보다 더 진출하는 느낌을 준다.

해설 색의 진출과 후퇴
같은 위치에 있으면서 더 가깝게 튀어나와 보이는 색을 진출색(advancing color)이라 하고, 멀리 물러나 보이는 색을 후퇴색(receding color)이라 한다. 일반적으로 빨강, 주황, 노랑색 등의 난색계통은 진출해 보이고, 파랑색이나 남색 등의 한색계통은 후퇴해 보인다.
명도 관계에 있어서는 배경이 어두울 때는 밝은색일수록 진출해 보이고, 배경이 밝을 때는 어두운 쪽이 진출하여 보인다. 예를 들어, 검정 바탕 위에 빨강, 노랑, 흰색, 남색, 파랑, 회색 등이 있을 때 빨강, 노랑, 흰색은 진출해 보이고 남색, 파랑, 회색 등은 후퇴해 보인다. 반면에 흰색 바탕일 경우에는 그 반대 현상이 일어난다.
㉠ 진출색 : 고명도, 고채도, 따뜻한 느낌의 색
㉡ 후퇴색 : 저명도, 저채도, 차가운 느낌의 색
㉢ 난색계는 한색계보다 진출성이 있다.
㉣ 배경색의 채도보다 높을 때 색은 진출성이 있다.
㉤ 배경색보다 명도차를 크게 한 밝은색은 진출성이 있다.

13 |

다음 중 진출성이 가장 강한 색은?

① 주황
② 청록
③ 파랑
④ 백색

해설 색의 진출과 후퇴
같은 위치에 있으면서 더 가깝게 튀어나와 보이는 색을 진출색(advancing color)이라 하고, 멀리 물러나 보이는 색을 후퇴색(receding color)이라 한다. 일반적으로 빨강, 주황, 노랑색 등의 난색계통은 진출해 보이고, 파랑색이나 남색 등의 한색계통은 후퇴해 보인다.

14 |

색의 진출, 후퇴 및 확대, 축소의 심리학적 작용을 설명한 것 중 틀린 것은?

① 따뜻한 느낌을 주는 색상은 일반적으로 팽창하여 보인다.
② 청색계통의 색상은 후퇴하여 보인다.
③ 명도가 높은 색은 후퇴하여 보인다.
④ 명도가 낮은 색은 수축되어 보인다.

해설 검정 종이 위에 노랑과 파랑을 놓고 일정한 거리에서 보면 노란색 쪽이 파란색보다도 가깝게 보이는 것처럼 느껴진다. 이 경우에 노란색은 진출성이 있고 파란색은 후퇴성이 있다고 볼 수 있듯이 명도가 높고 채도가 높은 난색계의 색은 진출, 팽창되어 보이고, 명도가 낮고 채도가 낮은 한색계의 색은 후퇴, 수축되어 보이며, 배경색은 채도가 낮은 것에 비하여 높은 색이 진출해 보인다.

15 |

다음 중 색의 진출, 후퇴의 일반적인 성질로 다른 것은?

① 배경색과의 명도차가 큰 밝은색은 진출되어 보인다.
② 무채색보다는 난색계의 유채색이 진출되어 보인다.
③ 난색계는 한색계보다 진출되어 보인다.
④ 배경색의 채도가 높은 것에 대한 낮은 색은 진출되어 보인다.

해설 ㉠ 진출색 : 고명도, 고채도, 따뜻한 느낌의 색
㉡ 후퇴색 : 저명도, 저채도, 차가운 느낌의 색
㉢ 난색계는 한색계보다 진출성이 있다.
㉣ 배경색의 채도보다 높을 때 색은 진출성이 있다.
㉤ 배경색보다 명도차를 크게 한 밝은색은 진출성이 있다.

16 |

다음 중 한색과 난색에 대한 설명이 잘못된 것은?

① 노랑계통은 난색이고 진출색, 팽창색이다.
② 파랑계통은 한색이고 후퇴색, 수축색이다.
③ 보라계통은 한색이고 후퇴색, 수축색이다.
④ 빨강계통은 난색이고 진출색, 팽창색이다.

정답 12. ② 13. ① 14. ③ 15. ④ 16. ③

해설 • 빨강에서 노랑까지는 난색계로 따뜻한 색(warm color)이라 할 수 있으며, 난색계가 한색계보다 진출 · 팽창되어 보인다.
• 중간에 있는 연두, 녹색, 자주 및 보라는 중성색으로 따뜻함, 차가움을 느끼지 않는다.
• 높은 명도의 색은 가볍게, 낮은 명도의 색은 무겁게 느껴지므로 노랑은 고명도의 색으로 중명도보다 가볍게 느껴진다.

17 |

색의 경연감과 흥분 진정에 관한 설명으로 틀린 것은?

① 고명도, 저채도 색이 부드러운 느낌을 준다.
② 난색계, 고채도 색은 흥분색이다.
③ 라이트(light) 색조는 부드러운 느낌을 준다.
④ 한색보다 난색이 딱딱한 느낌을 준다.

해설 난색계통의 색상(빨강, 노랑, 주황)은 채도가 높을 때 흥분을 일으키고, 부드러운 느낌을 주며, 한색계통의 채도가 낮은 색은 침정을 가져오고 차갑고 딱딱한 느낌을 준다. 또한, 색의 중량감은 명도에 의해서 좌우되며 굳어 있는 느낌의 색(채도와 명도가 낮은 색)은 긴장감을 주고 수수한 느낌을 준다.

18 |

색의 지각과 감정효과에 관한 설명으로 틀린 것은?

① 색의 온도감은 빨강, 주황, 노랑, 연두, 녹색, 파랑, 하양 순으로 파장이 긴 쪽이 따뜻하게 지각된다.
② 색의 온도감은 색의 삼속성 중 명도의 영향을 많이 받는다.
③ 난색계열의 고채도는 심리적 흥분을 유도하나 한색계열의 저채도는 심리적으로 진정된다.
④ 연두, 녹색, 보라 등은 때로는 차갑게 때로는 따뜻하게 느껴질 수도 있는 중성색이다.

해설 색의 온도감
㉠ 색의 온도감은 빨강, 주황, 노랑, 연두, 초록, 파랑, 하양 등의 순서로 즉 파장이 긴 쪽이 따뜻하게 느껴지고, 파장이 짧은 쪽이 차갑게 느낀다.
㉡ R(빨강), YR(주황), Y(노랑)은 난색으로 따뜻하며 자극적이고, BG(청록), B(파랑)은 한색으로 차가우며 가라앉은 느낌이다.
㉢ GY(연두), G(녹색), RP(자주)는 중성색으로 안정된 느낌을 준다.
㉣ 난색계열(빨강, 노랑, 주황)의 고채도는 심리적 흥분을 유도하나 한색계열(청록, 파랑)의 저채도는 심리적으로 진정된다.
• 색의 감정적 효과 중 중량감, 즉 색채에 의한 무게의 느낌은 주로 명도에 따라 좌우되어 높은 명도의 색은 가볍게, 낮은 명도의 색은 무겁게 느껴진다.

19 |

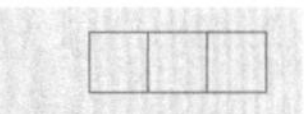

다음 중 색채에 대한 설명이 틀린 것은?

① 난색계의 빨강은 진출, 팽창되어 보인다.
② 노란색은 확대되어 보이는 색이다.
③ 일정한 거리에서 보면 노란색이 파란색보다 가깝게 느껴진다.
④ 같은 크기일 때 파랑, 청록계통이 노랑, 빨강계열보다 크게 보인다.

해설 난색계열(빨강, 노랑, 주황)의 고채도는 심리적 흥분감, 진출, 팽창, 가깝게 느껴지며 한색계열(청록, 파랑)의 저채도는 심리적 진정감, 후퇴, 축소, 멀어짐을 느끼게 된다.

20 |

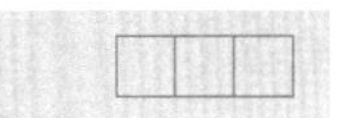

다음 중 색채에 대한 설명이 틀린 것은?

① 저채도의 색은 부드러운 느낌을 준다.
② 고채도의 난색계열은 화려해 보인다.
③ 저명도의 색은 무거워 보인다.
④ 고명도의 색은 후퇴해 보인다.

해설 고명도, 고채도, 난색계의 색은 진출 · 팽창되어 보이고, 저명도, 저채도, 한색계의 색은 후퇴, 수축되어 보이며, 배경색은 채도가 낮은 것에 비하여 높은 색이 진출성이 있다.

21 |

색채의 감각에서 시간은 길게 느껴지고 속도는 반대로 빨리 움직이는 것 같은 색은?

① 황색계열 ② 적색계열
③ 녹색계열 ④ 청색계열

정답 17. ④ 18. ② 19. ④ 20. ④ 21. ②

해설 비렌(Birren)은 장파장 계통의 색채(난색계열 : 빨간색계)로 칠해져 있는 실내에서는 시간의 흐름이 길게 느껴지고, 단파장 계통의 색채(한색계열 : 푸른색계)로 칠해져 있는 실내에서는 시간의 경과가 짧게 느껴진다고 하였다.

22

색채에 대한 연상을 설명한 것 중 잘못된 것은?

① 경험, 기억, 지식에 영향을 받는다.
② 나이, 성별에 따라서 다르게 나타난다.
③ 민족성, 생활환경에 따라서 다르게 나타난다.
④ 개인의 생활환경과는 상관없고, 주관에 따라 다르게 나타난다.

해설 연상
㉠ 어떤 색을 보았을 때 색에 대한 평소의 경험과 인상의 정도에 따라 그 색과 관계하는 여러 가지 사항을 연상하게 된다.
㉡ 색을 보는 사람의 경험과 기억, 지식, 민족성이나 나이, 성별, 개인의 성격, 생활환경, 교양, 직업 등에 따라 다르게 연상하게 된다.

23

색의 연상에 대한 설명으로 틀린 것은?

① 개인의 경험, 기억, 사상, 의견 등이 색의 이미지에 반영된다.
② 유채색은 연상이 강하며, 무채색은 추상적인 연상이 나타난다.
③ 빨강, 파랑, 노랑 등 원색과 같은 해맑은 톤일수록 연상 언어가 많다.
④ 색을 보았을 때 시각적인 표면색을 의미한다.

해설 연상
㉠ 어떤 색을 보았을 때 색에 대한 평소의 경험과 인상의 정도에 따라 그 색과 관계하는 여러 가지 사항을 연상하게 된다.
㉡ 색을 보는 사람의 경험과 기억, 지식, 민족성이나 나이, 성별, 개인의 성격, 생활환경, 교양, 직업 등에 따라 다르게 연상하게 된다.

24

희망, 명랑함, 유쾌함과 같이 색에서 느껴지는 심리적 정서적 반응은?

① 구체적 연상　② 추상적 연상
③ 의미적 연상　④ 감성적 연상

해설 색채의 연상
㉠ 추상적 연상 : 색의 상징적 의미로 청색을 보고 청결, 적색을 보고 정열이나 애정, 밝은색을 보고 희망이나 명랑을 느끼는 심리적 반응이다.
㉡ 구체적 연상 : 일반적 사물이나 구체적 사물과 연관 지어서 떠올리게 되는 연상으로 청색을 보고 바다, 적색을 보고 불을 연상하듯 구체적인 대상을 연상하는 반응이다.

25

다음 중 색의 추상적 연상이 잘못 연결된 것은?

① 노랑 – 광명　② 백색 – 순수
③ 녹색 – 평화　④ 적색 – 젊음

해설 색채의 연상
추상적 연상은 색의 상징적 의미가 많으며, 구체적 연상은 일반적 사물이나 구체적 사물과 연관 지어서 떠올리게 된다.
빨강(Red) : 정열, 애정, 혁명, 유쾌, 위험

26

색이 인간의 감정에 직접적으로 작용하는 특성 중 추상적 연상이라고 할 수 있는 것은?

① 빨강 – 태양
② 초록 – 나뭇잎
③ 빨강 – 정열
④ 노랑 – 은행잎

해설 색채의 연상
㉠ 추상적 연상 : 색의 상징적 의미로 청색을 보고 청결, 적색을 보고 정열이나 애정, 밝은 색을 보고 희망이나 명랑을 느끼는 심리적 반응이다.
㉡ 구체적 연상 : 일반적 사물이나 구체적 사물과 연관 지어서 떠올리게 되는 연상으로 청색을 보고 바다, 적색을 보고 불을 연상하듯 구체적인 대상을 연상하는 반응이다.

정답 22. ④ 23. ④ 24. ② 25. ④ 26. ③

색상	추상적 연상(개념)	구체적 연상(현실)	치료 효과
빨강(R)	정열, 애정, 혁명, 유쾌, 위험, 흥분, 피, 활동, 야만, 더위, 자극적, 열, 일출	저녁노을, 태양, 사과, 불	빈혈, 방화, 정지, 노쇠
파랑(B)	고요, 신비, 진리, 침착, 비애, 양심, 소극, 냉정, 경계. 정숙, 성실, 명상, 영원, 젊음, 차가움, 심원, 냉혹, 추위	물, 바다, 하늘, 깊은 계곡	눈의 피로회복, 염증, 피서
노랑(Y)	화사, 영광, 쾌활, 성실, 교만, 질투, 야심, 광명, 경박, 팽창, 명랑, 환희, 희망, 유쾌	유채꽃, 바나나, 병아리, 금발, 국화, 황금	신경질, 염증, 주의표시, 방부제, 피로회복, 신경제
검정(BK)	엄격, 죄악, 공포, 증오, 고민, 부정, 음산, 온화, 겸양, 중성, 평범, 침울, 허무, 불안, 절망, 정지, 침묵, 암흑, 죽음, 죄	구름, 재, 쥐, 제복, 아스팔트, 안개, 밤	소속이나 경향, 노선 등이 명확하지 않음

27

보기의 설명에 해당하는 감정의 색은?

- 이 색은 신비로움, 환상, 성스러움 등을 상징한다.
- 여성스러운 부드러움을 강조하는 역할을 하기도 하지만 반면 비애감과 고독감을 느끼게 하기도 한다.

① 빨강
② 주황
③ 파랑
④ 보라

해설 ㉠ 빨강(R) : 자극적, 정열, 흥분, 애정, 위험, 혁명, 피, 더위, 열, 일출, 노을
㉡ 주황(YR) : 기쁨, 원기, 즐거움, 만족, 온화, 건강, 활력, 따뜻함, 풍부, 가을
㉢ 파랑(B) : 젊음, 차가움, 명상, 심원, 냉혹, 추위, 바다
㉣ 보라(P) : 창조, 우아, 고독, 공포, 신앙, 위엄

28

건강, 산, 자연, 산뜻함 등을 상징하는 색상은?

① 보라
② 파랑
③ 초록
④ 흰색

해설 색의 상징적 표현(색의 연상성)
㉠ 빨강(R) : 자극적, 정열, 흥분, 애정, 위험, 혁명, 피, 더위, 열, 일출, 노을
㉡ 주황(YR) : 기쁨, 원기, 즐거움, 만족, 온화, 건강, 활력, 따뜻함, 풍부, 가을
㉢ 노랑(Y) : 명랑, 환희, 희망, 광명, 팽창, 유쾌, 황금
㉣ 연두(GY) : 위안, 친애, 청순, 젊음, 신선, 생동, 안정, 순진, 자연, 초여름, 잔디
㉤ 녹색(G) : 평화, 상쾌, 산뜻함, 희망, 휴식, 안전, 안정, 안식, 평정, 소박, 여름, 산
㉥ 청록(BG) : 청결, 냉정, 질투, 이성, 죄, 바다, 찬바람
㉦ 파랑(B) : 젊음, 차가움, 명상, 심원, 냉혹, 추위, 바다
㉧ 시안(Cyan) : 하늘, 우울, 소극, 고독, 투명
㉨ 남색(PB) : 공포, 침울, 냉철, 무한, 신비, 고독, 영원
㉩ 보라(P) : 창조, 우아, 고독, 공포, 신앙, 위엄
㉪ 자주(RP) : 사랑, 애정, 화려, 흥분, 슬픔
㉫ 마젠타(Magenta) : 애정, 창조, 코스모스, 성격, 심리적
㉬ 흰색 : 순수, 순결, 신성, 정직, 소박, 청결, 눈
㉭ 회색 : 평범, 겸손, 수수, 무기력
㉮ 검정 : 허무, 불안, 절망, 정지, 침묵, 암흑, 부정, 죽음, 죄, 밤

29

다음 중 나팔꽃, 신비, 우아함을 연상시키는 색은?

① 청록
② 노랑
③ 보라
④ 회색

해설 보라색
직관력, 통찰력, 상상력, 자존심, 관용과 긍정적으로 연관되어 있고 고귀, 장엄, 불안, 경솔, 예술, 위험, 병약, 신비, 영원, 창조, 우아, 고독, 공포, 신앙, 위엄 등을 상징하며 색으로는 나팔꽃 등이 있다.

정답 27. ④ 28. ③ 29. ③

30

다음 색채 연상에 관한 내용 중 올바른 것은?

① 흰색 : 상쾌, 청결, 젊음, 시원
② 녹색 : 명랑, 온화, 화려, 환희
③ 연두 : 우울, 고상, 세련, 추함
④ 청자 : 불안, 침울, 고독, 냉정

해설 시안 색상은 G(녹)+B(청자)의 혼합으로 연상과 상징은 서늘함, 우울, 소극, 계속, 냉담, 고독, 박정, 투명, 차가움, 불안, 불신용 등이다.

31

다음 중 이성적이며 날카로운 사고나 냉정함을 표현할 수 있는 색은?

① 연두 ② 파랑
③ 자주 ④ 주황

해설 색의 감정효과
㉠ 연두(GY) : 휴식, 안일, 친애, 위안, 신성, 생장, 청순, 젊음, 신선, 생동, 안정, 순진
㉡ 파랑(B) : 고요, 신비, 진리, 침착, 비애, 양심, 소극, 냉정, 경계, 정숙, 성실, 명상, 영원, 젊음, 차가움, 심원, 냉혹, 추위
㉢ 자주(RP) : 열정, 화려, 요염함, 환상, 공포, 감미로움, 사랑, 애정, 흥분, 슬픔
㉣ 주황(YR) : 온정, 의혹, 쾌락, 약동, 만족, 풍부, 건강, 밝음, 기쁨, 원기, 즐거움, 온화, 활력, 따뜻함

32

보기의 (   )에 들어갈 적합한 색으로 옳은 것은?

> 색채와 인간은 서로 영향을 주고받는다. 색채는 마음을 흥분시키기도 하고 진정시키기도 한다. 이러한 색채효과는 심리치료에 응용되는데, 주로 흥분하기 쉬운 환자는 (A) 공간에서, 우울증 환자는 (B) 공간에서 색채치료요법을 쓴다.

① A : 빨간색, B : 파란색
② A : 파란색, B : 빨간색
③ A : 노란색, B : 연두색
④ A : 연두색, B : 노란색

해설 주로 흥분하기 쉬운 환자는 고요, 신비, 진리, 침착, 비애, 양심, 소극 등의 감정을 갖게 하는 파란색(Blue) 공간에서, 우울증 환자는 정열, 애정, 혁명, 유쾌, 위험 등의 감정을 갖게 하는 빨간색(Red)공간에서 색채치료요법을 쓴다.

33

다음 색채가 지닌 연상감정에서 광명, 희망, 활동, 쾌활 등의 색은?

① 빨강(Red)
② 주황(Yellow Red)
③ 노랑(Yellow)
④ 자주(Red Purple)

해설 노랑(Y) : 명랑, 환희, 희망, 광명, 팽창, 유쾌, 황금

34

한국의 전통색의 상징에 대한 설명으로 옳은 것은?

① 적색 – 남쪽
② 백색 – 중앙
③ 황색 – 동쪽
④ 청색 – 북쪽

해설 한국 전통색(오방색)의 색채상징
파랑(青) – 봄 – 동쪽 – 木, 빨강(赤) – 여름 – 남쪽 – 火, 흰색(赤) – 가을 – 서쪽 – 金, 흑색(黑) – 겨울 – 북쪽 – 水, 황색(黃) – 가을 – 중앙 – 土

35

한국의 전통적인 오방색에 해당하는 것은?

① 적, 황, 녹, 청, 자
② 적, 황, 청, 백, 흑
③ 적, 황, 녹, 청, 백
④ 적, 황, 백, 자, 흑

해설 한국 전통색(오방색)의 색채상징
㉠ 파랑(青) – 봄 – 동쪽 – 木
㉡ 빨강(赤) – 여름 – 남쪽 – 火
㉢ 흰색(白) – 가을 – 서쪽 – 金
㉣ 흑색(黑) – 겨울 – 북쪽 – 水
㉤ 황색(黃) – 가을 – 중앙 – 土

정답 30. ④ 31. ② 32. ② 33. ③ 34. ① 35. ②

5. 색채 관리

01

인류생활, 작업상의 분위기, 환경 등을 상쾌하고 능률적으로 꾸미기 위한 것과 관련된 용어는?

① 색의 조화 및 배색(color harmony and combination)
② 색채조절(color conditioning)
③ 색의 대비(color contrast)
④ 컬러 하모니 매뉴얼(color harmony manual)

해설 색채조절(color conditioning)
기능배색(color dynamic)라고도 하며 색을 단순히 개인적인 기호에 의해서 사용하는 것이 아니라 색 자체가 가지고 있는 심리적, 물리적 성질 등의 여러 가지 성질을 이용하여 인간의 생활이나 작업 분위기, 환경을 쾌적하고 능률적인 것으로 만들기 위하여 색이 가지고 있는 기능이 발휘되도록 조절하는 것이다.

02

색채조절을 시행할 때 나타나는 효과와 가장 관계가 먼 것은?

① 눈의 긴장과 피로가 감소한다.
② 더욱 빨리 판단할 수 있다.
③ 색채에 대한 지식이 높아진다.
④ 사고나 재해를 감소시킨다.

해설 색채조절의 효과
㉠ 감정이 안정되고 쾌적하다.
㉡ 눈의 긴장과 피로를 적게 한다.
㉢ 생활과 작업에 즐거움을 준다.
㉣ 쉽게 판단이 잘 된다.
㉤ 안전이 보장되어 사고나 재해를 감소시킨다.
㉥ 능률이 향상되어 생산력이 높아진다.
㉦ 유지 관리가 경제적이며 쉽다.

03

색의 조합에 관한 설명 중 틀린 것은?

① 보색의 조합은 강함, 원초적인 의미가 있다.
② 따뜻한 색끼리의 조합은 동적이며 따뜻하다.
③ 채도가 높은 색과 낮은 색의 조합은 화려함을 준다.
④ 높은 명도끼리의 조합은 강한 느낌을 준다.

해설 한난대비는 색이 차고 따뜻함에 변화가 오는 대비이다. 즉 따뜻한 색은 차가운 색과 함께 있을 때 더욱 따뜻하게 느껴지고 차가운 색은 더욱 차갑게 느껴지는 현상이다. 또한 중성색 옆의 따뜻한 색은 더욱 따뜻하게 차가운 색은 더욱 차갑게 느껴진다. 명도가 높은 색 끼리 조합은 약한 느낌을 준다.

04

색채조절 시 고려할 사항으로 관계가 적은 것은?

① 개인의 기호
② 색의 심리적 성질
③ 사용 공간의 기능
④ 색의 물리적 성질

해설 색채조절(color conditioning)
기능배색(color dynamic)라고도 하며 색을 단순히 개인적인 기호에 의해서 사용하는 것이 아니라 색 자체가 가지고 있는 심리적, 물리적 성질 등의 여러 가지 성질을 이용하여 인간의 생활이나 작업 분위기, 환경을 쾌적하고 능률적인 것으로 만들기 위하여 색이 가지고 있는 기능이 발휘되도록 조절하는 것이다.

05

색채조절(color conditioning)에 관한 설명 중 가장 부적합한 것은?

① 미국의 기업체에서 먼저 개발했고 기능 배색이라고도 한다.
② 환경색이나 안전색 등으로 나누어 활용한다.
③ 색채가 지닌 기능과 효과를 최대로 살리는 것이다.
④ 기업체 이외의 공공건물이나 장소에는 부적당하다.

해설 색채조절(color conditioning)
기능배색(color dynamic)라고도 하며 색을 단순히 개인적인 기호에 의해서 사용하는 것이 아니라 색 자체가 가지고 있는 심리적, 물리적 성질 등의 여러 가지 성질을 이용하여 인간의 생활이나 작업 분위기, 환경을 쾌적하고 능률적인 것으로 만들기 위하여 색이 가지고 있는 기능이 발휘되도록 조절하는 것이다.

정답 01. ② 02. ③ 03. ④ 04. ① 05. ④

06

색채조절의 효과로 가장 관계가 먼 것은?

① 사용자의 기분을 편안하게 하여 작업속도가 느려져 근무시간이 연장된다.
② 눈의 긴장과 피로를 감소시켜 일의 능률이 오른다.
③ 사고나 재해를 감소시켜 안전한 환경을 조성한다.
④ 정리정돈된 분위기를 유지하기가 쉬우므로 경제적이다.

해설 색채조절의 효과
㉠ 감정이 안정되고 쾌적하다.
㉡ 눈의 긴장과 피로를 적게 한다.
㉢ 생활과 작업에 즐거움을 준다.
㉣ 쉽게 판단이 잘 된다.
㉤ 안전이 보장되어 사고나 재해를 감소시킨다.
㉥ 능률이 향상되어 생산력이 높아진다.
㉦ 유지 관리가 경제적이며 쉽다.

07

색채조절을 위해 만족시켜야 할 요인이 아닌 것은?

① 유행성을 높인다. ② 능률성을 높인다.
③ 안전성을 높인다. ④ 감각을 높인다.

해설 색채조절은 건물이나 설비 등의 색채를 통하여 마음의 안정을 찾고, 눈이나 정신의 피로에서 회복시키며, 일의 능률을 향상하게 시키고자 하는 목적이 있다.

08

색채조절의 효과로서 기대되는 것과 가장 거리가 먼 것은?

① 생산의 증진 ② 결근의 감소
③ 피로의 경감 ④ 재해율의 증가

해설 색채조절의 효과
㉠ 감정이 안정되고 쾌적하다.
㉡ 눈의 긴장과 피로를 적게 한다.
㉢ 생활과 작업에 즐거움을 준다.
㉣ 쉽게 판단이 잘 된다.
㉤ 안전이 보장되어 사고나 재해를 감소시킨다.
㉥ 능률이 향상되어 생산력이 높아진다.
㉦ 유지 관리가 경제적이며 쉽다.

09

잔상현상에 관한 내용으로 틀린 것은?

① 잔상이란 자극 제거 후에도 감각 경험을 일으키는 것이다.
② 부(negative)의 잔상과 정(positive)의 잔상이 있다.
③ 잔상현상을 이용하여 영화를 만들게 되었다.
④ 부의 잔상은 매우 짧은 시간 동안 강한 자극이 작용할 때 많이 생긴다.

해설 잔상현상
㉠ 정의 잔상(positive afterimage)은 자극이 생긴 후 이제까지 보고 있던 상을 계속해서 볼 수 있는 경우에 자극이 지속되는 것을 말한다.
㉡ 부의 잔상(negative afterimage)은 자극이 사라졌기 때문에 자극의 정반대 상을 볼 수 있는 경우로 정반대의 상을 느끼는 것이다.

10

다음 중 외부의 자극이 사라진 뒤에도 감각 경험이 지속되어 얼마 동안 상이 남아 있는 현상을 무엇이라 하는가?

① 잔상 ② 환상
③ 상상 ④ 추상

해설 잔상현상
㉠ 정의 잔상(positive afterimage)은 자극이 생긴 후 이제까지 보고 있던 상을 계속해서 볼 수 있는 경우에 자극이 지속되는 것을 말한다.
㉡ 부의 잔상(negative afterimage)은 자극이 사라졌기 때문에 자극의 정반대 상을 볼 수 있는 경우로 정반대의 상을 느끼는 것이다.

11

빨간색을 30초 이상 응시하다 흰색 화면을 보면 나타나는 색은?

① 주황 ② 청록
③ 검정 ④ 파랑

해설 부의 잔상
자극으로 생긴 상의 밝기나 색상 등이 정반대로 느껴지는 현상으로 일반적으로 많이 느껴지는 잔상이며 파

정답 06. ① 07. ① 08. ④ 09. ④ 10. ① 11. ②

란색의 잔상은 빨강 쪽으로, 빨간색의 잔상은 파랑 쪽으로 기울어져 보인다.

12 |

적색의 육류나 과일이 황색 접시 위에 놓여 있을 때 육류와 과일의 적색이 자색으로 보여 신선도가 낮아지고 미각이 떨어진다. 이것은 무엇 때문에 일어나는 현상인가?

① 항상성　　② 잔상
③ 기억색　　④ 연색성

해설
- 항상성(color constancy) : 조명이나 관측 조건이 변화함에도 불구하고, 우리는 주어진 물체의 색을 동일한 것으로 간주하는 것이다.
- 잔상현상 : 어떤 자극을 주어 색각이 생긴 뒤에 자극을 제거하면 제거한 후에도 그 흥분이 남아서 원자극과 같은 성질 또는 반대되는 성질의 감각 경험을 일으키는 것을 말한다.
- 기억색(Memory color) : 사과나 토마토, 딸기 등은 빨간색, 바나나, 귤, 레몬 등은 노란색으로 말하는 것처럼 구체적인 대상과 관련하여 기억하는 색이다.
- 연색성(color rendering) : 조명에 의한 물체색의 보이는 상태 및 물체색의 보이는 상태를 결정하는 광원의 성질을 말한다.

13 |

외과병원 수술실 벽면의 색을 밝은 청록색으로 처리한 것은 어떤 현상을 막기 위한 것인가?

① 푸르킨예 현상　　② 연상작용
③ 동화현상　　④ 잔상현상

해설
- 푸르킨예 현상 : 명소 시에서 암소시 상태로 옮겨질 때 물체색의 밝기가 어떻게 변하는가를 살펴보면 빨강계통의 색은 어둡게 보이게 되고, 파랑계통의 색은 반대로 시감도가 높아져서 밝게 보이기 시작하는 현상을 말한다.
- 연상작용 : 색을 지각할 때 과거의 경험이나 심리작용에 의한 활동이나 상태와 관련지어 보는 것을 말한다.(빨간색 : 피, 정렬, 흥분 등)
- 동화작용 : 인접한 주위의 색과 가깝게 느껴지거나 비슷해 보이는 현상을 말한다.
- 잔상현상 : 어떤 자극을 주어 색각이 생긴 뒤에 자극을 제거하면 제거한 후에도 그 흥분이 남아서 원자극과 같은 성질 또는 반대되는 성질의 감각 경험을 일으키는 것을 말한다. 병원에서 수술시 빨간색 피의 잔상이 나타나므로 빨간색의 보색인 녹색의 보색 잔상을 제거하기 위하여 수술실 내부와 수술용 가운을 엷은 청록색으로 조절한 것이다.

14 |

다음 잔상에 관한 설명 중 부의 잔상(negative afterimage)은?

① 밝기에 있어서 원자극과 흡사한 잔상이다.
② 정의 잔상 및 등색 잔상이다.
③ 원자극과 모양은 닮았지만 밝기는 반대이다.
④ 빨간 성냥불을 어두운 데에서 돌리면 빨간원을 그린다.

해설 부의 잔상
자극으로 생긴 상의 밝기나 색상 등이 정반대로 느껴지는 현상으로 일반적으로 많이 느껴지는 잔상이며 파란색의 잔상은 빨강 쪽으로, 빨간색의 잔상은 파랑 쪽으로 기울어져 보인다.

15 |

수술 도중 의사가 시선을 벽면으로 옮겼을 때 생기는 잔상을 막는 방법으로 선택한 수술실 벽면의 색은?

① 밝은 보라　　② 밝은 청록
③ 밝은 노랑　　④ 밝은 회색

해설 병원에서 수술시 빨간색 피의 잔상이 나타나므로 빨간색의 보색인 녹색의 보색 잔상을 제거하기 위하여 수술실 내부와 수술용 가운을 엷은 청록색으로 조절한 것이다.

16 |

수술실의 의사들이 초록색의 가운을 입는 이유는 색의 어떤 현상 때문인가?

① 색의 명도대비　　② 보색 잔상
③ 색의 면적대비　　④ 색의 동화현상

해설 병원에서 수술시 빨간색 피의 잔상이 나타나므로 빨간색의 보색인 녹색의 보색 잔상을 제거하기 위하여 수술실 내부와 수술용 가운을 엷은 청록색으로 조절한 것이다.

정답 12. ② 13. ④ 14. ③ 15. ② 16. ②

17 |

영화는 우리 눈의 지각 효과 중 어떠한 점을 주로 이용 하는가?

① 잔상 ② 향상성
③ 면적효과 ④ 색순응

해설 잔상이란 어떤 자극을 주어 색각이 생긴 뒤에 자극을 제거하면, 제거한 후에도 그 흥분이 남아서 원자극과 같은 성질 또는 반대되는 성질의 감각 경험을 일으키는 것을 말한다.

18 |

만화 영화는 시간의 차이를 두고 여러 가지 그림이 전개되면서 사람들이 색채를 인식하게 되는데, 이와 같은 원리로 나타나는 혼색은?

① 팽이를 돌렸을 때 나타나는 혼색
② 컬러 슬라이드 필름의 혼색
③ 물감을 섞었을 때 나타나는 혼색
④ 6가지 빛의 원색이 혼합되어 흰빛으로 보이는 혼색

해설 회전 혼합(맥스웰 원판 : Maxwell disk)은 원판 회전 혼합의 경우를 말하는데 예를 들면 2개 이상의 색 표를 회전 원판에 적당한 비례의 넓이로 붙여 1분 동안에 2,000~3,000회의 속도로 회전하면 원판의 면이 혼색되어 보인다.

19 |

원래의 감각과 반대의 밝기 또는 색상을 가지는 잔상은?

① 정의 잔상
② 양성적 잔상
③ 음성적 잔상
④ 명도적 잔상

해설 양성 잔상은 감각과 같은 질의 밝기나 색상을 가질 때 나타나고, 음성 잔상은 감각과 반대의 밝기나 색상을 가질 때 나타난다. 즉 빛이 백광색이면 흑, 유색광이면 그 보색이다.

3 색채계획

1. 부위 및 공간별 색채계획

01 |

색채계획 과정에 대한 설명 중 잘못된 것은?

① 색채환경분석 : 경합 업계의 사용색을 분석
② 색채심리분석 : 색채 구성 능력과 심리 조사
③ 색채전달계획 : 아트 디렉션의 능력이 요구되는 단계
④ 디자인에 적용 : 색채 규격과 컬러 매뉴얼을 작성하는 단계

해설 색채계획의 과정에서 필요한 능력
㉠ 색채환경분석 : 색채변별능력, 색채조색능력, 자료수집능력
㉡ 색채심리분석 : 심리조사능력, 색채구성능력
㉢ 색채전달계획 : 색채 이미지의 계획능력, 색채 조인의 능력, 마케팅의 능력
㉣ 디자인에 적용 : 미적 감각의 능력
따라서, 색채환경분석은 어떠한 색이 있는가를 연구하는 과정으로 볼 때 심리조사능력이 가장 적은 관계로 볼 수 있다.

02 |

색채계획 과정의 올바른 순서는?

① 색채계획 및 설계 → 조사 및 기획 → 색채관리 → 디자인에 적용
② 색채심리분석 → 색채환경분석 → 색채전달계획 → 디자인에 적용
③ 색채환경분석 → 색채심리분석 → 색채전달계획 → 디자인에 적용
④ 색채심리분석 → 색채상황분석 → 색채전달계획 → 디자인에 적용

해설 색채계획과정
㉠ 색채환경분석 – 색채변별능력, 색채조색능력, 자료수집능력
㉡ 색채심리분석 – 심리조사능력, 색채구성능력
㉢ 색채전달계획 – 컬러 이미지의 계획능력, 컬러 컨설턴트의 능력, 마케팅 능력
㉣ 디자인에 적용 – 아트 디렉션(Art Direction)의 능력
※ 색채환경분석 → 색채심리분석 → 색채전달계획 → 디자인에 적용

정답 17. ① 18. ① 19. ③ / 01. ③ 02. ③

03

색채계획에 관한 내용으로 적합한 것은?

① 사용 대상자의 유형은 고려하지 않는다.
② 색채정보분석과정에서는 시장정보, 소비자정보 등을 고려한다.
③ 색채계획에서는 경제적 환경변화는 고려하지 않는다.
④ 재료나 기능보다는 심미성이 중요하다.

해설 색채계획
분석 결과에 따라서 사용 대상자의 유형, 경제적 환경변화, 재료 및 기능과 심미성 등을 고려하여 계획에 반영한다.

04

색채계획에 있어 효과적인 색 지정을 하기 위하여 디자이너가 갖추어야 할 능력으로 거리가 먼 것은?

① 색체변별능력
② 색채조색능력
③ 색채구성능력
④ 심리조사능력

해설 색채계획 디자이너는 색채계획의 과정 중 디자인의 적용에서의 연구 항목은 색채규격과 색채품목번호, 색채품목번호 자료철의 작성이며, 디자인에는 미적 감각의 능력이 있어야 한다. 또한 합리적인 색채계획을 하기 위해서는 색채에 대한 관념을 감각적인 것에서 기능적인 방향으로 바꾸어야 하며, 아울러 객관적이고 과학적인 연구 자세를 가지도록 한다.

05

다음 중 색채환경분석에서 경쟁 업체의 관용색채 분석대상으로 가장 거리가 먼 것은 어느 것인가?

① 기업색 ② 상품색
③ 포장색 ④ 기호색

해설 기업이나 단체에서 사업 성격에 알맞은 특정한 색을 제정하여 기업색으로 사용하고 있는 것은 색이 가지고 있는 시각적 효과를 이용하여 통일된 기업상을 형성하기 위한 수단의 하나이다.
※ 기호색이란 국가별, 민족별, 개인별로 선호하는 색채로 다양하므로 상품 색채계획에 이용된다.

06

선호색에 대한 설명 중 틀린 것은?

① 유아와 아동은 밝은 파스텔 톤의 색상을 선호한다.
② 남성 성인의 경우 보편적으로 파랑계통의 색채를 선호한다.
③ 보편적으로 사회적인 지위가 높을수록 차분한 색을 선호한다.
④ 색에 대한 일반적인 선호 경향과 특정 제품에 대한 선호색은 다른 경우가 많다.

해설 유아와 아동은 밝은 원색의 색상을 선호한다.

07

다음 중 부엌을 칠할 때 요리대 앞면의 벽색으로 가장 적합한 것은?

① 명도 2 정도, 채도 9
② 명도 4 정도, 채도 7
③ 명도 6 정도, 채도 5
④ 명도 8 정도, 채도 2 이하

해설 부엌은 청결이 주가 되므로 밝고 맑은 색 계통으로 명도 8 정도, 채도 2 이하로 한다.

08

다음 중 식당의 실내 배색에 있어서 식욕을 돋우는 색으로 가장 좋은 색은?

① RP 바탕에 Y ② YR 바탕에 R
③ G 바탕에 B ④ P 바탕에 Y

해설 식욕을 자극하는 색상은 다홍, 주황, 노랑 등의 난색계의 색상이다.

09

일반적으로 사무실의 색채 설계에서 가장 높은 명도가 요구되는 것은?

① 바닥 ② 가구
③ 벽 ④ 천장

정답 03. ② 04. ④ 05. ④ 06. ① 07. ④ 08. ② 09. ④

해설 천장은 반사율이 높은 색을 쓰고 밝은색을 쓰며, 천장 > 벽 > 가구 > 징두리벽 > 걸레받이 > 바닥 순으로 반사율을 높게 한다.
천장의 색은 조명의 효율을 생각해서, 또 반사광이 얼굴색에 미치는 영향을 고려하여 특수한 경우가 아니면 아주 높은 명도에 채도를 아주 낮게 해 주는 것이 좋다.

10 |

일반적인 색채조절의 용도별 배색에 관한 내용으로 가장 거리가 먼 것은?

① 천장 : 빛의 발산을 이용하여 반사율이 가장 낮은 색을 이용한다.
② 벽 : 빛의 발산을 이용하는 것이 좋으나 천장보다 명도가 낮은 것이 좋다.
③ 바닥 : 아주 밝게 하면 심리적 불안감이 생길 수 있다.
④ 걸레받이 : 방의 형태와 바닥 면적의 스케일감을 명료하게 하는 것으로 어두운 색채가 선택된다.

해설 천장은 반사율이 높은 색을 쓰고 밝은색을 쓰며, 천장 > 벽 > 가구 > 징두리벽 > 걸레받이 > 바닥 순으로 반사율이 높게 한다.

11 |

미술관이나 박물관 내 전시물 진열대의 색채계획에서 가장 중점적으로 고려할 사항은?

① 진열물의 배경을 변화있게 한다.
② 진열물의 배경이 반사되게 한다.
③ 진열물의 배경이 대비되게 한다.
④ 진열물의 배경이 유사조화를 이루게 한다.

해설 색채계획은 무채색과 유채색을 최대한 면적대비시켜 이 대비, 대조에 의해서 제품의 이미지를 강조하여 고성능적인 느낌의 색채 효과를 올려야 한다.

12 |

병원의 대합실 색채조절에 있어서 명도와 채도는 다음 중 어떻게 하는 것이 가장 바람직한가?

① 명도 4 전후, 채도 10
② 명도 6 전후, 채도 7
③ 명도 8 전후, 채도 3
④ 명도 10 전후, 채도 0

해설 병원의 수술실은 붉은색(피의 색)과 보색 관계가 되는 청록색 계통의 색채로 하되 명도는 6~9, 채도는 2~4 정도의 색상을 사용하는 것이 좋다.

2. 용도와 특성에 맞는 색채계획

01 |

공장 내의 안전색채 사용에서 가장 고려해야 할 점은?

① 순응성
② 항상성
③ 연색성
④ 주목성

해설 안전색채와 안전색광은 색채조절 중에서 여러 사고를 막기 위해 도로, 공장, 학교, 병원 등 각 분야에서 사용되고 있는 것으로 제일 중요한 점은 눈에 잘 띄고 쉽게 확인할 수 있도록 주목성 및 시인성이 높은 색이어야 한다.

02 |

다음 안전색채나 안전색광을 선택하는 데 고려하여야 할 내용 중 가장 잘못된 것은?

① 색채로서 직감적 연상을 일으켜야 한다.
② 박명 효과(푸르킨예 현상)를 고려해야 한다.
③ 색의 쓰이는 의미가 적절해야 한다.
④ 색채를 사용해 왔던 관습은 무시해야 한다.

해설 안전색채와 안전색광의 선택 요점
㉠ 주목성 및 시인성이 높은 색이어야 한다(눈에 잘 띄고 쉽게 확인할 수 있는 색).
㉡ 색채는 직감적인 연상을 일으킬 수 있어야 한다(사람들이 색채를 사용해 왔던 관습이나 의미를 적절하게 고려).
㉢ 배경색과의 관계를 고려해야 한다(주위 색채와의 배색에 따라서 기능성이 달라지는 경우).
㉣ 규정된 범위의 색채를 사용하여야 한다(빨간색이면 아무것이나 사용하는 것이 아니고, 먼셀 기호의 5R 4/14와 같은 빨강의 순색이어야 한다).

정답 10. ① 11. ③ 12. ④ / 01. ④ 02. ④

03

안전색채의 조건이 아닌 것은?

① 기능적 색채효과를 잘 나타낸다.
② 색상 차가 분명해야 한다.
③ 재료의 내광성과 경제성을 고려해야 한다.
④ 국제적 통일성은 중요하지 않다.

해설 안전색채와 안전색광의 선택 요점
㉠ 주목성 및 시인성이 높은 색이어야 한다(눈에 잘 띄고 쉽게 확인할 수 있는 색).
㉡ 색채는 직감적인 연상을 일으킬 수 있어야 한다(사람들이 색채를 사용해 왔던 관습이나 의미를 적절하게 고려).
㉢ 배경색과의 관계를 고려해야 한다(주위 색채와의 배색에 따라서 기능성이 달라지는 경우).
㉣ 규정된 범위의 색채를 사용하여야 한다(빨간색이면 아무것이나 사용하는 것이 아니고, 먼셀 기호의 5R 4/14와 같은 빨강의 순색이어야 한다).
※ 국제적인 통일성을 주어 쉽게 통용될 수 있도록 하여야 한다.

04

안전색채 중 교통 환경에서 사용하는 노란색은 무엇을 의미하는가?

① 정지, 고도 위험
② 주의, 경고
③ 소화, 금지
④ 안전, 진행

해설 노랑
㉠ 표시 사항 : 주의
㉡ 사용 장소 : 주의를 촉구할 필요가 있는 것 또는 장소
㉢ 보기 : 신호등의 주의, 회전 색광, 건널목에서 열차의 진행 방향을 표시하는 노란 표시등

05

교통기관의 색채계획에 관한 일반적인 기준 중 가장 타당성이 낮은 것은?

① 내부는 밝게 처리하여 승객에게 쾌적한 분위기를 만들어 준다.
② 출입이 잦은 부분에는 더러움이 크게 부각되지 않도록 색을 사용한다.
③ 차량이 클수록 쉬운 인지를 위하여 수축색을 사용하여야 한다.
④ 운전실 주위는 반사량이 많은 색의 사용을 피한다.

해설 차량이 클수록 쉬운 인지를 위하여 팽창색을 사용하여야 한다.

06

상품에 있어서 색의 역할과 가장 거리가 먼 것은?

① 사람의 시선을 끌고 손님을 정착시키는 데 큰 역할을 한다.
② 상품에 대한 이미지를 전달한다.
③ 소비자에게 상품을 기호에 따라 쉽게 선택할 수 있게 한다.
④ 분산효과를 주어 부드러운 분위기를 높인다.

해설 상품의 색채관리
㉠ 소비자는 상품의 질보다는 포장이나 색채에 대한 심리적 기능에 따라 구매를 결정하는 경향이 있다.
㉡ 사람은 청각이나 취각 등의 감각에 의한 것보다 눈으로 보고 받아들이는 시각적 정보에 의한 느낌이 가장 중요한 요소로 작용한다.
㉢ 좋은 색의 제품을 생산할 수 있는가, 생산된 좋은 색의 제품을 더욱 발전시킬 수 있는가, 생산된 좋은 색의 제품을 많이 판매할 수 있는가의 3단계 목표를 만족시키는 기업체의 상품은 좋은 색(소비자가 원하는 통제된 색)으로 만들어지므로 잘 팔리는 상품이 될 것이다.

07

상품의 색채기획 단계에서 고려해야 할 사항을 옳은 것은?

① 가공, 재료 특성보다는 시장성과 심미성을 고려해야 한다.
② 재현성에 얽매이지 말고 색상관리를 해야 한다.
③ 유사제품과 연계제품의 색채와의 관계성은 기획 단계에서 고려되지 않는다.
④ 색료를 선택할 때 내광, 내후성을 고려해야 한다.

해설 ㉠ 가공, 재료의 특성을 고려하여 색채를 정하도록 한다.
㉡ 색상이 가지고 있는 특성을 고려하여 정하도록 한다.
㉢ 유사 제품이나 연계 제품의 색채와의 연계성을 고려하여 정하도록 한다.
㉣ 색료는 광을 오래 유지할 수 있도록 내광, 내후성을 고려하여야 한다.

정답 03. ④ 04. ② 05. ③ 06. ④ 07. ④

08

제품색채 설계 시 고려해야 할 사항으로 옳은 것은?

① 내용물의 특성을 고려해서 정확하고 효과적인 제품색채 설계를 해야 한다.
② 전달되는 표면색채의 질감 및 마감처리에 의한 색채 정보는 고려하지 않아도 된다.
③ 상징적 심벌은 동양이나 서양이나 반드시 유사하므로 단일 색채를 설계해도 무방하다.
④ 스포츠 팀의 색채는 지역과 기업을 상징하기에 보다 배타적으로 설계를 고려하여야 한다.

해설 제품의 색에 관한 설명
㉠ 제품의 색은 브랜드 이미지를 형성하는 데 중요한 역할을 한다.
㉡ 제품에 대한 구매자의 선호도에는 색의 후광 효과가 작용한다.
㉢ 포장색이 저명도이면 열을 흡수해서 내부 제품의 부패와 손상을 촉진할 수도 있다.

09

다음 제품의 색에 관한 설명 중 틀린 것은?

① 제품의 색이 난색계이면 실제보다 작게 보일 우려가 있다.
② 제품의 색은 브랜드 이미지를 형성하는 데 중요한 역할을 한다.
③ 제품에 대한 구매자의 선호도에는 색의 후광 효과가 작용한다.
④ 포장색이 저명도이면 열을 흡수해서 내부 제품의 부패와 손상을 촉진시킬 수도 있다.

해설 난색계의 색상은 팽창되어 보이고, 한색계의 색상은 수축되어 보인다.

10

제품의 색채계획에 관한 설명 중 가장 올바른 것은?

① 다른 회사의 제품과 유사성을 찾는다.
② 제품에 의해 평범한 생활 환경이 만들어지도록 한다.
③ 여러 사람에게 요구되는 색채로 계획한다.
④ 제품이 기능적으로 평범성이 명시되어야 한다.

해설 상품의 색채계획은 그 기업체의 상품이 반드시 좋은 색(소비자가 원하는 통제된 색)으로 만들어져야 한다.

11

다음 기업 색채계획의 순서 중 (　　) 안에 알맞은 내용은?

색채환경분석 → (　　　) → 색채전달계획 → 디자인에 적용

① 소비계층선택　② 색채심리분석
③ 생산심리분석　④ 디자인 활동개시

해설 색채계획의 과정
색채환경분석 → 색채심리분석 → 색채전달계획 → 디자인에 적용

12

기업의 브랜드 아이덴티티를 높이기 위해 사용되는 색 중 가장 사용 빈도가 높은 색에 대한 설명으로 맞는 것은?

① 회색으로 고난, 의지, 암흑을 상징한다.
② 보라색으로 여성적인 이미지와 부를 상징한다.
③ 파란색으로 미래지향, 전진, 젊음을 상징한다.
④ 노란색으로 도전과 화합, 국제적인 감각을 상징한다.

해설 ㉠ 브랜드 아이덴티티(Brand Identity ; BI)
기업이 고객들로부터 자사 브랜드에 대해 기대하는 연상(brand associations)들로 정의된다. 따라서 브랜드 아이덴티티(BI)를 수립한다는 것은 고객들에게 자사 브랜드에 대하여 궁극적으로 어떤 이미지를 각인시킬 것인가를 결정하는 것, 즉 브랜드에 대한 장기적인 비전의 수립을 의미한다. 가령 소비자들은 말보로 담배에 대해서는 남성적 이미지를, 3M에 대해서는 혁신적인 기업으로, 그리고 아우디(Audi)에 대해서는 독일인의 장인 정신이 배어있는 승용차라는 이미지를 떠올린다. 유명 브랜드를 가진 기업들은 소비자들이 자사 브랜드에 대해 가능한 한 좋은 이미지를 갖게 하려면 장기적인 관점에서 일관성 있는 브랜드 관리를 하고 있다.

정답 08. ① 09. ① 10. ③ 11. ② 12. ③

ⓛ 기업 아이덴티티 개념
기업이 필요로 하는 이상적인 기업 이미지를 명확히 규정함으로써 경영 활동으로 변화하는 기업의 실체를 소비자들에게 가시화하는 작업이다.

ⓒ 기업 아이덴티티 목표
기업활동을 보다 효과적으로 전개해 나갈 수 있도록 기업의 모든 의미 요소와 표현 요소에 대해 일관성을 부여함으로써 기업 이미지를 경영 전략상의 의도대로 맞춰 나가는 것이다.

ⓔ 기업 아이덴티티 역할
- 이미지에 걸맞은 행동이나 사고를 하도록 촉구함으로써 커뮤니케이션의 통합 및 종업원들의 사기진작 도출
- 기업 내부에서 발생하는 세대간의 가치관 차이 그리고 경영이념과 기업 가치관의 차이를 유화시키는 매체
- 기업활동의 다각화 및 해외시장 진출 등과 같은 기업활동의 변화에 부합하는 새로운 이미지를 확립하는 수단

13 |

기업이 색채를 선택하는 요건으로 가장 적당한 것은?

① 좋은 이미지를 얻고 유리한 마케팅 전개에 적합할 것
② 노사간에 잘 융합될 수 있는 분위기에 적합할 것
③ 기업의 환경 및 배경을 상징하기에 적합할 것
④ 기업의 성장을 한눈에 느낄 수 있을 것

해설 기업은 기업활동의 일관성을 유지함과 동시에 경영이념의 일체성을 이루어야 한다. 이러한 기업의 경영이념, 활동과 기업의 이미지 확립을 일치시키고자 하는 일련의 활동을 경영 전략에 의한 기업 이미지 통합(Cooperaic Identity Programe)이라 한다.

Ⅲ 실내디자인 가구계획

1 가구 자료 조사

01 |

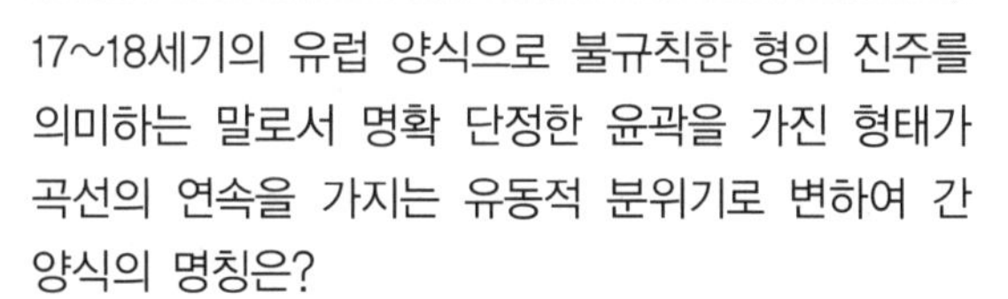
17~18세기의 유럽 양식으로 불규칙한 형의 진주를 의미하는 말로서 명확 단정한 윤곽을 가진 형태가 곡선의 연속을 가지는 유동적 분위기로 변하여 간 양식의 명칭은?

① Rococo
② Baroque
③ Secession
④ Arts and Crafts

해설 로코코 건축
㉠ 18세기에 발전, 프랑스를 중심으로 유럽으로 확산되었다.
㉡ 로카이유(Rocaille)란 것을 실내 장식에 쓰이는 패널로 불규칙하게 만곡하여 부조장식 리본으로 된 장식으로 금색 또는 백색 도장을 하였다.
㉢ 경쾌한 장식 추구, 수평 직선과 직각을 회피하였다.
㉣ 몰딩, 오더의 돌출 모양은 가늘고 장식을 자유롭게 했다.

02 |

1920년대 파리에서 열렸던 전시회들에 그 기원을 두고 있으며, 기본 형태의 반복, 동심원, 지그재그 등 기하학적인 것에 대한 취향이 두드러지게 나타난 양식은?

① 아트 앤 크래프트 ② 아방가르드
③ 아르데코 ④ 아르누보

해설 • 아트 앤 크래프트(Arts & Crafts) : 19세기 중반부터 현대적인 생산 방식에 반대하고 예술과 공예를 새로이 하자는 운동으로 시작하였으며, 이후 예술가와 공예가를 통해서 디자인의 일반적인 수준을 높이자는 목적하에 설립된 길드의 조직이다. 예술적 전통이 강하고, 보존 가치가 높은 예술 작품이나 공예 작품이 풍부했던 영국과 프랑스에서 체계적으로 발달, 독자적인 활동보다는 빈번한 전시회로 많은 접촉과 활동을 하였다. Arts & Crafts는 장식적 디자인과 수공예의 예술이라는 뜻으로 자연에서 모티브를 얻

어 작품에 반영하여 재료의 정직한 사용과 가구 제조업의 정직한 원리에 기반을 둔 전통적 바탕 위에서 단순, 건전한 그리고 직선적인 가구의 형태가 등장하였다.

- 아방가르드(Avant-garde) : 전위 선두, 선구의 뜻을 가진 불어로, 가장 혁신적인 예술가 또는 경향을 말한다. 아방가르드는 인습적인 권위와 전통에 반항하고, 혁신적인 예술 정신의 기치를 내걸고 행동하는 예술 운동이라고 할 수 있다. 특정의 주의나 형식을 가리키는 용어라기보다는 신시대의 급진적인 예술 정신 전반에 걸쳐서 사용되는 용어이지만, 특히 제1차대전 후의 추상주의와 초현실주의를 중심으로 한 조형 활동을 가리키는 경우가 대부분이다. 이들 활동의 배후에는 기계 문명의 발달, 무의식 세계의 규명, 원시 예술의 발굴, 사회 의식의 확대 등 신시대적인 여러 요인이 내포되어 있다. 또한 이 용어는 반자연주의라는 점에서 동시대의 문화, 연극, 영화 등의 분야에서도 실험적, 혁명적인 행위에 대하여 쓰인다.
- 아르데코(Art Deco) : 아르데코는 "1925년 양식"이라고도 한다. 1910년부터 1930년대에 걸쳐 프랑스를 중심으로 서구 여러 나라에서 꽃피웠던 후기 아르누보에서 바우하우스적 디자인이 확립되기까지의 중간적인 장식 양식이다.
유동적인 곡선을 애용하였던 아르누보와는 대조적으로 **기본적인 형태의 반복, 동심원 등의 기하학적인 문양에 대한 선호가 아르데코의 특징이다.** 기계에 대한 감각이 더욱 강하게 반영되고 있지만 대량 생산을 위한 합리적 · 기능적인 경향의 장식이라기보다는 수공예 중심의 일품(一品) 제작의 전통에서 벗어나지 못하였다.
- 아르누보(Art Nouveau) : 19세기 말부터 20세기 초에 걸쳐 유럽 등지에서 유행하였던 장식적인 양식의 일종이다. 우아하고 미려한 곡선과 곡면의 사용이 아르누보의 특징이라고 할 수 있다. 아르누보란 1895년에 벵이 자신의 미술 상점에 붙인 이름에서 유래된 것으로, "새로운 예술"을 의미한다. 아르누보는 특히 건축이나 공예 또는 포스터 디자인을 통해 과거의 양식을 거부하고 식물 형태의 자유롭고 자연스러운 선이나 형에 의해 유연하고 유동적인 곡선이나 곡면을 적극적으로 사용하였다. 아르누보는 영국에서는 모던 스타일(modern style), 이탈리아에서는 스틸 리베르티(stile liberti), 독일에서는 유켄트스틸, 오스트리아에서는 세세션 등의 명칭으로 비슷한 경향의 장식이 파급되었다. 아르누보의 대표적인 작가로는 오르타, 반데벨테, 기마르 등이 있다. 아르누보는 기계에 대한 혐오감이라든지 지나친 장식성에 의해 장식 과잉으로 인한 세기말적 악취미라는 비난을 받기도 하였지만, 최근에는 재평가도 이루어지고 있다.

03 |

데 스틸(De Stiil) 운동의 색채와 면 구성을 적용하여 리트벨트(Rietveld)가 디자인한 의자의 이름은?

① 몬드리안 체어(Mondrian Chair)
② 매킨토시 체어(Mackintosh Chair)
③ 레드 앤 블루 체어(Red and Blue Chair)
④ 블랙 앤 화이트 체어(Black and White Chair)

해설 레드 앤 블루 체어(Red and Blue Chair) : 1917년 네덜란드 출신의 헤리트 토머스 리트벨트가 나무로 제작하였다.

04 |

다음 중 마르셀 브로이어(Marcel Breuer)가 디자인한 의자는?

① 바실리 의자
② 파이미오 의자
③ 레드 블루 의자
④ 바르셀로나 의자

해설 바실리 체어 : 마르셀 브로이어에 의해 디자인된 의자로, 강철 파이프의 틀에 가죽을 접합하여 만들었다.

05 |

미스 반 데어 로에에 의하여 디자인된 의자로, X자로 된 강철 파이프 다리 및 가죽으로 된 등받이와 좌석으로 구성되어 있는 것은?

① 바실리 의자
② 체스카 의자
③ 파이미오 의자
④ 바르셀로나 의자

해설 바르셀로나 체어
미스 반 데어 로에에 의하여 디자인된 의자로, X자로 된 강철 파이프 다리 및 가죽으로 된 등받이와 좌석으로 구성된다.

정답 03. ③ 04. ① 05. ④

06

알바 알토가 디자인한 의자로 자작나무 합판을 성형하여 만들었으며, 목재가 지닌 재료의 단순성을 최대한 살린 것은?

① 바실리 의자
② 파이미오 의자
③ 레드 블루 의자
④ 바르셀로나 의자

해설 파이미오 의자
알바 알토가 자작나무 합판을 압축 변형하여 현대적인 구조로 디자인한 의자이다.

07

다음 설명에 알맞은 전통가구는?

- 책이나 완상품을 진열할 수 있도록 여러 층의 층널이 있다.
- 사랑방에서 쓰인 문방 가구로 선반이 정방형에 가깝다.

① 서안
② 경축장
③ 반닫이
④ 사방탁자

해설
- 서안 : 글을 읽고 쓰기 위하여 사용되는 탁자 가구이다.
- 경축장 : 사랑방에서 사용하는 단층장으로 서책이나 문서 수납용으로 사용되는 가구이다.
- 반닫이 : 나무를 짜서 물건을 넣어두는 장방형의 단층 궤로 앞널의 위쪽 절반을 상하로 여닫는 데서 생긴 명칭이다. 주로 옷가지나 문서 · 서책 · 제기(祭器) 등을 넣어 보관하는 데 쓰였다.
- 사방탁자 : 4방향이 트여 있는 정방형에 가까운 여러 층으로 된 탁자로 책이나 완상품을 진열할 수 있도록 만든 가구로 사랑방에서 문방 가구로 사용된다.

08

전통한옥의 구조에서 중채 또는 바깥채에 있어 주로 남자가 기거하고 손님을 맞이하는 데 쓰이던 곳은?

① 안방 ② 대청
③ 사랑방 ④ 건넌방

해설 사랑방
전통한옥구조에서 중채 또는 바깥채에 있어 주로 주인집 남자 주인이 거주하며 공간으로 외부로부터 온 남성 손님들을 맞이하고 대접하며 대화하는 장소로 쓰이는 방이다.

09

한국전통가구 중 수납계 가구에 속하지 않는 것은?

① 농
② 궤
③ 소반
④ 반닫이

해설 한국전통 주거공간의 가구배치
㉠ 안방 : 가구로는 단층장으로 머릿장 가까운 위치에 두고 버선 등을 보관하는데 사용하였으며, 이층장, 삼층장은 의복을 보관하는데 사용하였다. 반닫이는 장방형의 궤로 전면 상부를 문짝으로 만들어 상하로 여는 가구이며, 의복이나 잡물, 수장구를 보관하는데 사용하였다. 이외에 경대(화장대), 빗접(경대와 유사함), 함, 궤 등이 사용되었다.
㉡ 사랑방 : 가구로는 문갑, 사방탁자, 서안, 장침, 서장, 경축장, 고비, 필통, 함, 방장 등이 사용되었다.
※ 소반 : 음식을 담은 그릇을 올려놓는 작은 상. 한국에서는 상(床)과 반을 뚜렷이 구분하지 않고 소반이라고 통칭한다.

10

한국의 전통가구에 대한 설명 중 옳은 것은?

① 한국의 전통가구로서 유물이 현존하는 것은 조선시대 초기 이후이다.
② 한국의 전통가구는 대부분 수납 가구가 주류를 이루고 있다.
③ 한국의 전통가구는 서양 가구와 같이 종류도 많고 그 크기나 모양, 장식 등이 매우 다양하다.
④ 한국의 전통가구는 현대에 와서 전혀 쓰이고 있지 못하다.

해설
- 양식 가구는 기능과 각 실의 용도에 따라 종류와 형태가 다르고 크기와 너비가 결정된다.
- 한식은 가구와 거의 관계없이 수납공간을 확보하는 것과 각 방의 크기와 설비가 결정된다.

정답 06. ② 07. ④ 08. ③ 09. ③ 10. ②

11 |

한국의 전통가구에 대한 설명 중 옳지 않은 것은?

① 사방탁자는 다과, 책, 가벼운 화병 등을 올려놓는 네모반듯한 탁자이다.
② 서안과 경상은 안방 가구의 하나로 각종 문방용품과 문서 등을 보관하기 위한 가구이다.
③ 함은 뚜껑에 경첩을 달아 여닫도록 만든 상자이다.
④ 머릿장은 머리맡에 두고 손쉽게 사용하는 소품 등을 넣어두는 장이다.

해설 사랑채에서 글을 읽거나 쓸 때 사용하는 책상을 서안이라 하며, 경상은 같은 용도로 사찰에서 불경을 읽을 때 사용한 것이다. 서안은 단순하고 직선적인 디자인인 데 반해 경상은 천판이 두루마리 형이다.

12 |

가구에서 일반적인 목재의 접합에 사용하지 않는 것은?

① 접착제
② 못
③ 리벳
④ 볼트

해설 리벳
㉠ 리벳은 철골 구조물에서 접합용으로 사용되는 철물로, 종류는 머리의 형태에 따라 둥근 머리 리벳, 민리벳, 평리벳, 둥근 접시 리벳이 있으며, 이 중 가장 많이 사용되는 것은 둥근 머리 리벳이다.
㉡ 리벳의 지름은 16, 19, 22, 25mm 등이 있으나 보통 16mm 또는 19mm가 사용된다.

2 가구 적용 검토

01 |

다음 중 인체 지지용 가구가 아닌 것은?

① 소파
② 침대
③ 책상
④ 작업 의자

해설 인체계 가구
의자, 침대, 소파, 벤치 등 가구 자체가 직접 인체를 지지하는 가구로 인체 지지용 가구 또는 에르고믹스(ergomics)계 가구라 한다.

02 |

의자와 소파에 관한 설명으로 옳지 않은 것은 어느 것인가?

① 소파가 침대를 겸용할 수 있는 것을 소파 베드라 한다.
② 세티는 동일한 두 개의 의자를 나란히 합해 2인이 앉을 수 있도록 한 것이다.
③ 라운지 소파는 편히 누울 수 있도록 쿠션이 좋으며 머리와 어깨 부분을 받칠 수 있도록 한쪽 부분이 경사져 있다.
④ 체스터필드는 고대 로마 시대 음식물을 먹거나 잠을 자기 위해 사용했던 긴 의자로 좌판의 한쪽 끝이 올라간 형태이다.

해설
- 체스터필드(Chesterfield) : 소파의 안락성을 위해 솜, 스펀지 등을 두툼하게 채워 넣은 소파이다.
- 카우치(Couch) : 고대 로마시대 음식물을 먹거나 잠을 자기 위해 사용했던 긴 의자로 몸을 기댈 수 있고 소파와 침대를 겸용할 수 있도록 좌판 한쪽을 올린 소파이다.

정답 11. ② 12. ③ / 01. ③ 02. ④

03 |

다음 중 소파에 대한 설명으로 옳지 않은 것은?

① 체스터필드는 소파의 골격에 쿠션성이 좋도록 솜, 스펀지 등의 속을 많이 채워 넣고 천으로 감싼 소파이다.
② 세티는 동일한 두 개의 의자를 나란히 합해 2인이 앉을 수 있도록 한 것이다.
③ 2인용 소파는 암체어라고 하며, 3인용 이상은 미팅 시트라 한다.
④ 카우치는 고대 로마 시대에 음식물을 먹거나 잠을 자기 위해 사용했던 긴 의자이다.

해설 소파(Sofa)
2인 또는 3인이 앉을 수 있는 벤치형의 긴 의자로 1인용 2개, 2인용 또는 3인용 1개 및 보조 의자 등이 하나의 세트로 구성되며, 1인용 소파를 암체어(arm chair), 2인용 소파를 러브 시트(love seat), 3인용 이상은 미팅시트(meeting seat)라 한다.
㉠ 체스터필드(Chester field) : 소파의 안락성을 위해 솜, 스펀지 등을 두툼하게 채워 넣은 소파이다.
㉡ 카우치(Couch) : 몸을 기댈 수 있고 소파와 침대를 겸용할 수 있도록 좌판 한쪽을 올린 소파이다.
㉢ 로손(Lowson) : 등받이보다 팔걸이의 높이가 낮은 소파이다.
㉣ 라운지 소파(Lounge sofa) : 편안히 누울 수 있도록 신체의 상부를 받칠 수 있게 경사가 진 소파이다.
㉤ 턱시도(Tuxedo) : 등받이와 팔걸이의 높이가 똑같은 소파이다.
㉥ 세티(Settee) : 러브 시트와 달리 동일한 2개의 의자를 나란히 놓아 2인이 앉을 수 있도록 한 의자이다.

04 |

소파와 의자에 관한 설명으로 옳지 않은 것은?

① 스툴은 등받이와 팔걸이가 없는 형태의 보조이다.
② 2인용 소파는 암체어라고 하며, 3인용 이상은 미팅소파라 한다.
③ 세티는 동일한 두 개의 의자를 나란히 합해 2인이 앉을 수 있도록 한 것이다.
④ 카우치는 고대 로마시대에 음식물을 먹거나 잠을 자기 위해 사용했던 긴 의자이다.

해설 소파(Sofa)
2인 또는 3인이 앉을 수 있는 벤치형의 긴 의자로 1인용 2개, 2인용 또는 3인용 1개 및 보조 의자 등이 하나의 세트로 구성되며, 1인용 소파를 암 체어(arm chair), 2인용 소파를 러브 시트(love seat), 3인용 이상은 미팅시트(meeting seat)라 한다.

05 |

등받이와 팔걸이 부분은 없지만 기댈 수 있을 정도로 큰 소파의 명칭은?

① 세티
② 다이밴
③ 체스터필드
④ 턱시도 소파

해설 다이밴(divan)
등받이와 팔걸이 부분은 없는데, 기댈 수 있도록 러그를 여러 겹 쌓은 것에서 발전한 크고 낮은 앉는 가구를 나타내는 터키 용어이다.

06 |

다음의 가구에 관한 설명 중 (   ) 안에 알맞은 용어는?

> (㉠)은 등받이와 팔걸이가 없는 형태의 보조 의자로 가벼운 작업이나 잠시 걸터앉아 휴식을 취할 때 사용된다. 더 편안한 휴식을 위해 발을 올려놓는데도 사용되는 (㉠)을 (㉡)이라 한다.

① ㉠ 스툴, ㉡ 오토만
② ㉠ 스툴, ㉡ 카우치
③ ㉠ 오토만, ㉡ 스툴
④ ㉠ 오토만, ㉡ 카우치

해설 스툴은 보조 의자로 등받이와 팔걸이가 없으며 가벼운 작업이나 잠시 걸터앉아 휴식할 때 사용되며 더욱 편안한 휴식을 위해 발을 올려놓는 데 사용되는 스툴을 오토만이라 한다.

정답 03. ③ 04. ② 05. ② 06. ①

07 |

각종 의자에 관한 설명으로 옳지 않은 것은?

① 스툴은 등받이와 팔걸이가 없는 형태의 보조의자이다.
② 풀업 체어는 필요에 따라 이동시켜 사용할 수 있는 간이 의자이다.
③ 이지 체어는 편안한 휴식을 위해 발을 올려놓는데 사용되는 스툴의 종류이다.
④ 라운지 체어는 비교적 큰 크기의 의자로 편하게 휴식을 취할 수 있도록 구성되어 있다.

해설 이지 체어(Easy chair)
가볍게 휴식을 취할 수 있는 단순한 형태의 안락의자로 라운지 체어보다 작다.

08 |

각종 의자에 관한 설명으로 옳지 않은 것은?

① 풀업 체어는 필요에 따라 이동시켜 사용할 수 있는 간이 의자다.
② 오토만은 스툴의 일종으로 편안한 휴식을 위해 발을 올려놓는 데도 사용된다.
③ 세티는 고대 로마시대에 음식물을 먹거나 잠을 자기 위해 사용했던 긴 의자이다.
④ 라운지 체어는 비교적 큰 크기의 의자로 편하게 휴식을 취할 수 있는 안락의자이다.

해설
- 세티(Settie) : 러브 시트와 달리 동일한 2개의 의자를 나란히 놓아 2인이 앉을 수 있도록 한 의자이다.
- 카우치(Couch) : 고대 로마시대에 음식물을 먹거나 잠을 자기 위해 사용했던 긴 의자로 몸을 기댈 수 있고 소파와 침대를 겸용할 수 있도록 좌판 한쪽을 올린 소파이다.

09 |

다음 내용은 어떤 가구에 관한 설명인가?

> "필요에 따라 이동시켜 사용할 수 있는 긴 의자로 크지 않으며, 가벼운 느낌을 주는 형태를 사용하며, 이동하기 쉽도록 잡기 편하고 들기에 가볍다."

① 카우치(couch)
② 오토만(ottoman)
③ 라운지 체어(lounge chair)
④ 풀업 체어(pull-up chair)

해설
- 카우치(Couch) : 몸을 기댈 수 있고, 소파와 침대를 겸용할 수 있도록 좌판 한쪽을 올린 소파이다.
- 오토만(Ottoman) : 발을 올려놓을 수 있는 받이가 설치된 것을 말한다.
- 라운지 체어(Lounge chair) : 가장 편하게 앉을 수 있는 휴식용 안락의자로 팔걸이, 발걸이, 머리 받침대 등이 갖추어진다.

10 |

건축계획 시 함께 계획하여 건축물과 일체화하여 설치되는 가구는?

① 유닛 가구 ② 붙박이 가구
③ 인체계 가구 ④ 시스템 가구

해설
- 유닛 가구(unit furniture) : 조립, 분해가 가능하며 필요에 따라 가구의 형태를 고정, 이동으로 변경이 가능한 가구이다.
- 붙박이식 가구(built in furniture) : 건축물을 지을 때부터 미리 계획하여 함께 설치하는 가구로 고정 가구라고도 하며, 특정한 사용 목적이나 많은 물품을 수납하기 위해 건축화된 가구로 공간의 효율성을 높일 수 있는 가구이다.
- 인체계 가구 : 의자, 침대, 소파, 벤치 등과 같이 가구 자체가 직접 인체를 지지하는 가구로 인체지지용 가구 또는 에르고믹스(ergomics)계 가구라 한다.
- 시스템 가구(system furniture) : 서로 다른 기능을 단일 가구에 결합시킨 가구이다.

11 |

붙박이 가구에 관한 설명으로 옳지 않은 것은?

① 공간의 효율성을 높일 수 있다.
② 건축물과 일체화하여 설치하는 가구이다.
③ 실내 마감재와의 조화 등을 고려해야 한다.
④ 필요에 따라 그 설치 장소를 자유롭게 움직일 수 있다.

해설 붙박이식 가구(Built in furniture)
건축물을 지을 때부터 미리 계획하여 함께 설치하는 가구로, 고정 가구라고도 하며 공간의 효율성을 높일 수 있는 가구이다.

정답 07. ③ 08. ③ 09. ④ 10. ② 11. ④

12

인테리어 디자인의 측면에서 공간을 효율적으로 사용할 수 있는 가장 좋은 가구는?

① 업홀 스터리 가구
② 붙박이 가구
③ 조립식 가구
④ 원목 가구

해설 붙박이 가구(Built in furniture)
건축물을 지을 때부터 미리 계획하여 함께 설치하는 가구로 고정 가구라고도 하며, 공간의 효율성을 높일 수 있는 가구이다.

13

시스템 가구에 관한 설명으로 옳지 않은 것은?

① 건물, 가구, 인간과의 상호관계를 고려하여 치수를 산출한다.
② 건물의 구조부재, 공간구성 요소들과 함께 표준화되어 가변성이 적다.
③ 한 가구는 여러 유니트로 구성되어 모든 치수가 규격화, 모듈화된다.
④ 단일 가구에 서로 다른 기능을 결합시켜 수납기능을 향상시킬 수 있다.

해설
- 시스템 가구(system furniture) : 이동식 가구의 일종으로 인체 치수와 동작을 위한 치수 등을 고려하여 규격화(modular)된 디자인으로 각 유닛이 조합하여 전체 가구를 구성하는 것으로 대량 생산이 가능하여 생산비가 저렴하고, 형태나 성격 또는 기능에 따라 여러 가지와 배치를 할 수 있어 자유롭고, 합리적이며 융통성이 큰 다목적용 공간구성이 가능하다.
- 붙박이식 가구(built in furniture) : 건축물을 지을 때부터 미리 계획하여 함께 설치하는 가구로 고정 가구라고도 하며, 특정한 사용 목적이나 많은 물품을 수납하기 위해 건축화된 가구로 공간의 효율성을 높일 수 있는 가구이다.

14

필요에 따라 가구의 형태를 변화시킬 수 있어 고정적이면서 이동적인 성격을 갖는 가구로, 규격화된 단일 가구를 원하는 형태로 조합하여 사용할 수 있으므로 다목적으로 사용이 가능한 것은?

① 유닛 가구 ② 가동 가구
③ 원목 가구 ④ 붙박이 가구

해설 이동 가구(가동 가구)
움직임이 자유로워 융통성 있는 공간구성이 가능한 가구이다.
㉠ 유닛 가구(unit furniture) : 조립, 분해가 가능하며 필요에 따라 가구의 형태를 고정, 이동으로 변경이 가능한 가구이다.
㉡ 시스템 가구(system furniture) : 서로 다른 기능을 단일 가구에 결합한 가구이다.
㉢ 조립식 가구(DIY ; Do It Yourself) : 손쉽게 누구나 조립, 해체가 가능하도록 부품의 기능성을 개별화시킨 가구이다.
㉣ 붙박이식 가구(built in furniture) : 건축물을 지을 때부터 미리 계획하여 함께 설치하는 가구로 고정 가구라고도 하며, 특정한 사용 목적이나 많은 물품을 수납하기 위해 건축화된 가구로 공간의 효율성을 높일 수 있는 가구이다.

15

유닛 가구(unit furniture)에 관한 설명으로 옳지 않은 것은?

① 고정적이면서 이동적인 성격을 갖는다.
② 필요에 따라 가구의 형태를 변화시킬 수 있다.
③ 규격화된 단일 가구를 원하는 형태로 조합하여 사용할 수 있다.
④ 특정한 사용 목적이나 많은 물품을 수납하기 위해 건축화된 가구이다.

해설
- 유닛 가구(unit furniture) : 조립, 분해가 가능하며 필요에 따라 가구의 형태를 고정, 이동으로 변경이 가능한 가구이다.
- 고정 가구 : 건축화 된 가구로서 붙박이 가구(built in furniture)라 한다.

정답 12. ② 13. ② 14. ① 15. ④

16

2인용 침대인 더블베드(double bed)의 크기로 가장 적당한 것은?

① 1,000×2,000mm
② 1,150×2,000mm
③ 1,350×2,000mm
④ 1,600×2,000mm

해설 침대의 종류 및 크기

종 류	폭(mm)	길이(mm)
싱글(single)	900~1,000	1,950~2,050
트윈(twin)	980~1,100	〃
세미 더블 (semi double)	1,200~1,300	〃
더블(double)	1,350~1,450	〃
퀸(queen)	1,500	〃
킹(king)	1,900~2,000	〃

17

침대 옆에 위치하는 소형 테이블로 베드 사이드 테이블이라고도 하는 것은?

① 티 테이블
② 엔드 테이블
③ 나이트 테이블
④ 다이닝 테이블

해설
- 티 테이블(tea table) : 거실 내에 많이 놓이는 가구로서 소파 내에 놓아 찻잔이나 컵 등을 올려놓는 간단한 테이블이다.
- 엔드 테이블(end table) : 소파나 의자 옆에 위치하며 손이 쉽게 닿는 범위 내에 전화기, 문구 등 필요한 물건을 올려놓거나 찻잔, 컵 등을 올려놓는 차 탁자의 보조용으로 사용되는 테이블이다.
- 나이트 테이블(night table) : 침실 내에서 침대 머리맡에 놓이는 작은 테이블이다.
- 다이닝 테이블(dining table) : 음식을 차려 놓고 둘러앉아 먹게 만든 테이블이다.

18

소파나 의자 옆에 위치하며 손이 쉽게 닿는 범위 내에 전화기, 문구 등 필요한 물품을 올려놓거나 수납하고 찻잔, 컵 등을 올려놓기도 하여 차 탁자의 보조용으로도 사용되는 테이블은?

① 티 테이블(tea table)
② 엔드 테이블(end table)
③ 나이트 테이블(night table)
④ 익스텐션 테이블(extension table)

해설
- 티 테이블(tea table) : 거실 내에 많이 놓이는 가구로서 소파 내에 놓아 찻잔이나 컵 등을 올려놓는 간단한 테이블이다.
- 엔드 테이블(end table) : 소파나 의자 옆에 위치하며 손이 쉽게 닿는 범위 내에 전화기, 문구 등 필요한 물건을 올려놓거나 찻잔, 컵 등을 올려놓는 차 탁자의 보조용으로 사용되는 테이블이다.
- 나이트 테이블(night table) : 침실 내에서 침대 머리맡에 놓이는 작은 테이블이다.
- 익스텐션 테이블(extension table) : 테이블을 필요시에 확장하여 사용할 수 있도록 만든 것이다.

정답 16. ③ 17. ③ 18. ②

3 가구계획

01

가구배치 계획에 관한 설명으로 옳지 않은 것은?

① 평면도에 계획되며 입면계획을 고려하지 않는다.
② 실의 사용 목적과 행위에 적합한 가구배치를 한다.
③ 가구 사용 시 불편하지 않도록 충분한 여유 공간을 두도록 한다.
④ 가구의 크기 및 형상은 전체 공간의 스케일과 시각적, 심리적 균형을 이루도록 한다.

해설 가구배치 시 주의 사항
㉠ 크고 작은 가구를 적당히 조화롭게 배치한다.
㉡ 심리적 안정감을 고려하여 적당한 양만 배치한다.
㉢ 큰 가구는 벽에 붙여 실의 통일감을 갖게 한다.
㉣ 문이나 창이 있는 경우 높이를 고려한다.
㉤ 가구는 그림이나 장식물 등 액세서리와의 조화를 고려한다.
※ 가구배치 시 평면적 계획과 함께 입면적 계획도 함께 고려한다.

02

다음 중 가구배치 시 유의할 사항과 거리가 가장 먼 것은?

① 가구는 실의 중심부에 배치하여 돋보이도록 한다.
② 사용 목적과 행위에 맞는 가구배치를 해야 한다.
③ 전체 공간의 스케일과 시각적, 심리적 균형을 이루도록 한다.
④ 문이나 창문이 있을 때 높이를 고려한다.

해설 가구배치 시 주의 사항
㉠ 사용 목적과 행위에 맞는 가구를 배치하고 사용 목적 이외의 것은 놓지 않는다.
㉡ 사용자의 동선에 알맞게 배치하되 타인의 동작을 방해해서는 안 된다.
㉢ 크고 작은 가구를 적당히 조화롭게 배치한다.
㉣ 심리적 안정감을 고려하여 적당한 양만 배치하고, 충분한 여유 공간을 두어 사용 시 불편함이 없도록 한다.
㉤ 큰 가구는 벽에 붙여 실의 통일감을 느끼게 하며, 가구는 그림이나 장식물 등 액세서리와의 조화를 고려한다.
㉥ 문이나 창이 있는 경우 높이를 고려한다.
㉦ 전체 공간의 스케일과 시각적, 심리적 균형을 고려한다.

03

가구배치에 대한 설명 중 옳지 않은 것은?

① 가구배치 방법은 크게 집중적 배치와 분산적 배치로 분류할 수 있다.
② 가구 사용자의 동선에 적당하게 놓으며 타인의 동작을 차단하는 위치가 되도록 한다.
③ 큰 가구는 가능한 한 벽면과 평행되게 놓아 방의 통일감을 주도록 한다.
④ 가구가 너무 많으면 실내가 답답해 보이고 너무 적으면 허전한 느낌을 주므로 심적 균형을 고려하여 배치한다.

해설 가구배치 시 주의 사항
㉠ 사용 목적과 행위에 맞는 가구를 배치하고 사용 목적 이외의 것은 놓지 않는다.
㉡ 사용자의 동선에 알맞게 배치하되 타인의 동작을 방해해서는 안 된다.
㉢ 크고 작은 가구를 적당히 조화롭게 배치한다.
㉣ 심리적 안정감을 고려하여 적당한 양만 배치하고, 충분한 여유 공간을 두어 사용 시 불편함이 없도록 한다.
㉤ 큰 가구는 벽에 붙여 실의 통일감을 갖게 하며, 가구는 그림이나 장식물 등 액세서리와의 조화를 고려한다.
㉥ 문이나 창이 있는 경우 높이를 고려한다.
㉦ 전체 공간의 스케일과 시각적, 심리적 균형을 고려한다.

04

가구배치의 기본형에 대한 설명 중 옳지 않은 것은?

① 직선형-일렬로 의자를 배치하는 방법으로, 대화에는 부자연스러운 배치이다.
② ㄱ자형-단란한 분위기에 적합한 형태이다.
③ ㅁ자형-대화를 많이 하는 장소에 적당하므로 식탁형이라 하기도 한다.
④ 대면형-여러 형을 복합적으로 편성한 배치로, 가족 중심의 거실용으로 적당하다.

해설 거실 형태
㉠ 거실 전용인 경우와 개방적 거실인 경우로 구분된다.
㉡ 가구 배치 형태에 따라 다음과 같이 구분된다.

정답 01. ① 02. ① 03. ② 04. ④

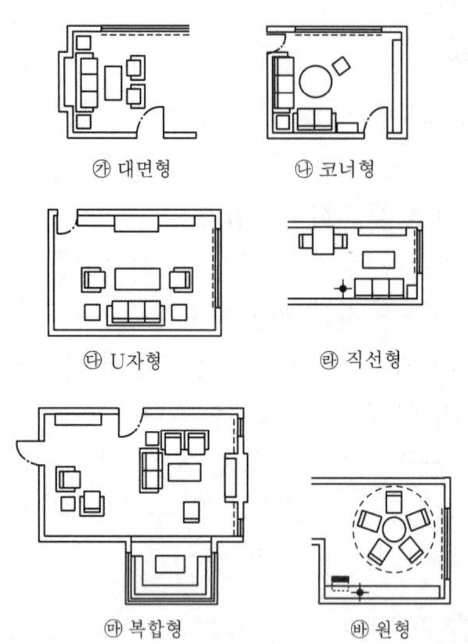

- 대면형 : 중앙의 탁자를 중심으로 마주 보는 형태이다. 시선이 서로 부딪혀 다소 딱딱하고 어색할 수 있다. 가구가 차지하는 면적이 크고 동선이 복잡하다.
- 코너형(ㄱ자형) : 서로 직각이 되도록 배치하는 것으로, 주로 코너 공간을 잘 이용한다. 시선이 부딪히지 않아 심리적 부담감이 적다. 좁은 공간이면서 활동 면적이 커져 공간 활용성이 크다.
- U자형(ㄷ자형) : 중앙의 탁자를 중심으로 좌석을 정원, 벽난로, TV 등을 향하도록 하는 배치법이다. 시선이 부딪히지 않게 초점을 형성할 수 있어 부드러운 분위기를 만들 수 있다.
- 직선형(−자형) : 좌석의 일렬 배치로 시선의 교차가 없어 자연스런 분위기는 연출하나 단란함이 약해진다.
- 복합형 : 넓은 공간에 사용된다. 조합형이다.
- 원형 : 탁자를 중심으로 좌석을 원형으로 배치하는 것으로, 모두가 중심을 향하여 앉는다. 시선의 초점없이 마주 대하는 대화 중심형으로, 중심성이 강하다.

05

다음 설명에 알맞은 거실의 가구 배치 유형은?

> 서로 직각이 되도록 배치하는 것으로, 주로 코너 공간을 잘 이용한다. 시선이 부딪히지 않아 심리적 부담감이 적다. 좁은 공간이면서 활동 면적이 커져 공간 활용성이 크다.

① 대면형　　② 코너형
③ U자형　　④ 복합형

해설 코너형(ㄱ자형)

서로 직각이 되도록 배치하는 것으로, 주로 코너 공간을 잘 이용한다. 시선이 부딪히지 않아 심리적 부담감이 적다. 좁은 공간이면서 활동 면적이 커져 공간 활용성이 크다.

06

다음과 같은 거실의 가구 배치의 유형은?

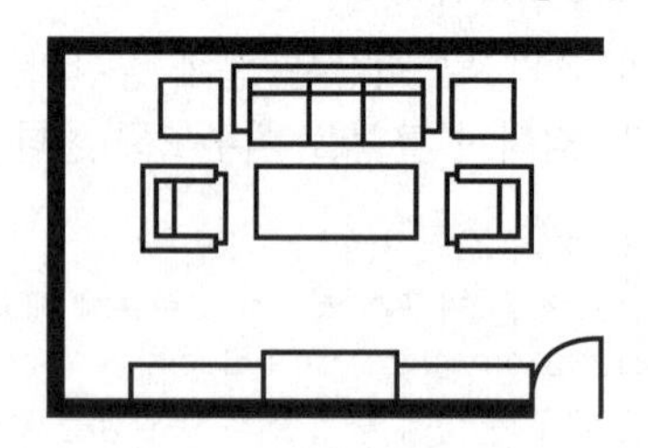

① ㄱ자형　　② ㄷ자형
③ 대면형　　④ 직선형

해설 ㄷ자형(U자형)

중앙의 탁자를 중심으로 좌석을 정원, 벽난로, TV 등을 향하도록 하는 배치법이다. 시선이 부딪히지 않게 초점을 형성할 수 있어 부드러운 분위기를 만들 수 있다.

정답 05. ② 06. ②

MEMO

PART 2

실내디자인 시공 및 재료

INDUSTRIAL ENGINEER INTERIOR ARCHITECTURE

| 적중예상문제 |

실내디자인 시공 및 재료

실내디자인 마감계획

1 목공사

01 |

침엽수에 대한 설명으로 옳은 것은?

① 대표적인 수종은 소나무와 느티나무, 박달나무 등이다.
② 재질에 따라 경재(hard wood)로 분류된다.
③ 일반적으로 활엽수에 비하여 직통 대재가 많고 가공이 용이하다.
④ 수선 세포는 뚜렷하게 아름다운 무늬로 나타난다.

해설 ①항의 침엽수의 대표적인 수종은 소나무, 삼나무, 전나무, 낙엽송, 잣나무 등이 있고, 느티나무와 박달나무는 활엽수에 속한다. ②항의 재질에 따라 분류하면 침엽수는 연재이고, 활엽수는 경재이다. ④항의 침엽수의 수선 세포는 가늘고 잘 보이지 않으나, 활엽수에서는 종단면에서 은색, 암색의 얼룩무늬와 광택이 뚜렷하여 아름다운 무늬를 나타낸다.

02 |

침엽수에 관한 설명으로 옳지 않은 것은?

① 수고가 높으며 통직형이 많다.
② 비교적 경량이며 가공이 용이하다.
③ 건조가 어려우며 결함 발생 확률이 높다.
④ 병충해에 약한 편이다.

해설 침엽수의 특징은 침엽수는 천연 건조로 충분하나, 활엽수는 인공 건조 처리를 하여야 한다.

03 |

다음 국내산 침엽수 중 치장재·창호재·수장재로 쓰이지 않는 것은?

① 전나무
② 가문비나무
③ 소나무
④ 잣나무

해설 목재의 용도를 보면, 전나무는 반자널재, 가구재 등, 가문비나무는 수장재, 가구재, 잣나무는 수장재, 창호재로 사용되고, 소나무는 구조재, 창호재 및 말뚝에 사용된다.

04 |

목재의 용도 중 실내 치장용으로 사용하기에 좋지 않은 것은?

① 느티나무 ② 단풍나무
③ 오동나무 ④ 소나무

해설 느티나무는 구조재, 수장재, 가구재 등, 단풍나무는 창호재, 가구재, 수장재 등, 오동나무는 창호재, 가구재, 수장재 등에 사용되나, 소나무는 구조재, 창호재 및 말뚝에 사용된다.

05 |

목재 중에서 압축강도가 가장 큰 것은?

① 참나무 ② 라왕
③ 소나무 ④ 밤나무

해설 목재의 압축강도를 보면, 참나무는 64.1MPa(641kg/cm^2), 라왕은 37.8~52.5MPa(378~525kg/cm^2), 소나무는 48MPa(480kg/cm^2), 밤나무는 39MPa(390kg/cm^2) 정도이다.

정답 01. ③ 02. ③ 03. ③ 04. ④ 05. ①

06

목재의 외관을 손상시키며 강도와 내구성을 저하시키는 목재의 흠에 해당하지 않는 것은?

① 갈라짐(crack)
② 옹이(knot)
③ 지선(脂線)
④ 수피(樹皮)

해설 목재의 흠(결점)의 종류에는 갈래, 옹이(산, 죽은, 썩은 옹이 등), 상처, 껍질박이(입피), 썩정이 및 지선 등이 있고, 수피는 목재의 조직의 일부분이다.

07

목재의 결점에 해당되지 않는 것은?

① 옹이
② 지선
③ 입피
④ 수선

해설 목재의 결점(흠)의 종류에는 갈래, 옹이(산, 죽은, 썩은 옹이, 옹이구멍 등), 상처, 껍질박이(입피), 썩정이 및 지선 등이 있고, 수선은 수심에서 사방으로 뻗어있고, 물관 세포와 같은 모양과 동일한 작용을 하는 세포로서 수액을 수평으로 이동시키는 역할을 한다.

08

목재의 흠의 종류 중 가지가 줄기의 조직에 말려 들어가 나이테가 밀집되고 수지가 많아 단단하게 된 것은?

① 옹이
② 지선
③ 할렬
④ 잔적

해설 지선은 송진과 같은 수지가 모인 부분의 비정상 발달에 따라 목질부에서 수지가 흘러나오는 구멍이 생겨서 목재를 건조한 후에도 수지가 마르지 않고 사용 중에도 계속 나오는 곳이다. 할렬은 외부적 요인(도끼, 쐐기 등)에 의해 목재가 갈라지거나 쪼개지는 일 또는 목재가 건조되면서 자연적으로 갈라지거나 쪼개지는 일, 잔적은 남은 흔적이다.

09

목재의 구성요소 중 세포 내의 세포내강이나 세포간극과 같은 빈 공간에 목재와 결합되지 않은 상태로 존재하는 수분을 무엇이라 하는가?

① 세포수　② 혼합수
③ 결합수　④ 자유수

해설 세포수는 목재의 세포막 속에 포함되어 있는 수분량으로 유리수(분자 사이에 있는 물)가 증발한 상태의 수분상태이다. 결합수는 세포벽 내에 존재하는 수분으로 쉽게 제거할 수 없으므로 건조가 어려워지고, 결합수의 증감은 목재의 물리적, 기계적 성질에 영향을 미치게 된다.

10

기건 상태에서 목재의 평균 함수율로 옳은 것은?

① 15% 내외
② 20% 내외
③ 25% 내외
④ 30% 내외

해설 목재의 함수율

구 분	전건재	기건재	섬유포화점
함수율	0%	10~15% (12~18%)	30%
비고		습기와 균형	섬유 세포에만 수분 함유, 강도가 커지기 시작하는 함수율

11

다음 (　) 속에 들어갈 내용을 순서대로 옳게 나열한 것은?

> 목재는 사용 전에 건조하여 사용하는데, 구조용재는 함수율 (　) 이하로, 마감 및 가구재는 (　) 이하로 하는 것이 좋다.

① 20%, 15%　② 15%, 15%
③ 15%, 10%　④ 15%, 5%

해설 목재 중 구조용재는 함수율 15% 이하로, 마감 및 가구재는 10% 이하로 하는 것이 좋다.

정답 06. ④ 07. ④ 08. ① 09. ④ 10. ① 11. ③

12 |

목재의 함수율에서 섬유포화점은 얼마 정도의 함수율을 기준으로 하는가?

① 10%　　② 15%
③ 30%　　④ 100%

해설 목재의 함수율

함수 상태	전건재	기건재	섬유포화점
함수율	0%	10~15%	30%

13 |

어떤 목재의 건조 전 질량이 200g, 건조 후 절건 질량이 150g일 때, 이 목재의 함수율은?

① 10%　　② 25%
③ 33.3%　　④ 66.7%

해설 목재의 함수율$=\dfrac{m_1-m_2}{m_2}\times 100(\%)$이다.

여기서, m_1 : 함수율을 구하고자 하는 목재의 중량
m_2 : 건조시켰을 때의 건조 중량

그런데, $m_1=200\text{g}$, $m_2=150\text{g}$이므로,

목재의 함수율$=\dfrac{m_1-m_2}{m_2}\times 100(\%)$

$=\dfrac{200-150}{150}\times 100(\%)=33.33\%$

14 |

9cm×9cm×210cm 목재의 건조 전 질량이 7.83kg이다. 이 목재의 전건 비중이 0.4라면 이 목재의 함수율로 가장 가까운 값은?

① 15%　　② 20%
③ 25%　　④ 30%

해설 목재의 함수율$=\dfrac{m_1-m_2}{m_2}\times 100(\%)$이다.

여기서, m_1 : 함수율을 구하고자 하는 목재의 중량
m_2 : 건조시켰을 때의 건조 중량=체적×전건 비중$=9\times 9\times 210\times 0.4=6{,}804\text{g}$

그런데, $m_1=7{,}830\text{g}$, $m_2=6{,}804\text{g}$이므로,

목재의 함수율$=\dfrac{m_1-m_2}{m_2}\times 100(\%)$

$=\dfrac{7{,}830-6{,}804}{6{,}804}\times 100\%=15.07(\%)$

15 |

목재의 함수율에 관한 설명으로 옳지 않은 것은?

① 함수율이 30% 이상에서는 함수율의 증감에 따라 강도의 변화가 거의 없다.
② 기건 목재의 함수율은 15% 정도이다.
③ 목재의 진비중은 일반적으로 2.54 정도이다.
④ 목재의 함수율 30% 정도를 섬유포화점이라 한다.

해설 목재의 진비중은 일반적으로 1.54 정도이다.

16 |

목재의 강도에 영향을 주는 요소와 가장 거리가 먼 것은?

① 수종　　② 색깔
③ 비중　　④ 함수율

해설 목재의 강도는 수종(비중 등)에 따라 달라지고, 같은 수종이라도 심재, 변재 등의 위치(비중)와 함수율의 변화, 흠의 포함 정도 및 가력 방향에 따라서도 달라진다.

17 |

응력의 방향이 섬유 방향에 평행할 경우 목재의 강도 중 가장 약한 것은?

① 압축강도　　② 휨강도
③ 인장강도　　④ 전단강도

해설 목재의 강도 중 큰 순서대로 열거하면, 인장강도>휨강도>압축강도>전단강도의 순이다.

18 |

다음 중 목재의 강도에 관한 설명으로 옳지 않은 것은?

① 비중이 크면 압축강도도 크다.
② 목재의 휨강도는 전단강도보다 크다.
③ 목재의 함수율이 크면 클수록 압축강도는 증가한다.
④ 가력 방향이 섬유 방향에 평행할 경우가 직각 방향일 경우보다 목재의 인장강도가 더 크다.

정답 12. ③ 13. ③ 14. ① 15. ③ 16. ② 17. ④ 18. ③

해설 목재의 함수율이 크면 클수록 압축강도는 감소하고, 섬유포화점 이상에서는 강도의 변화가 없다.

19

목재의 강도에 관한 설명으로 옳지 않은 것은?

① 함수율이 높을수록 강도가 크다.
② 심재가 변재보다 강도가 크다.
③ 옹이가 많은 것은 강도가 작다.
④ 추재는 일반적으로 춘재보다 강도가 크다.

해설 목재는 함수율이 높을수록 강도가 작다.

20

목재의 역학적 성질에 대한 설명 중 옳지 않은 것은?

① 섬유포화점 이상에서는 강도는 일정하나 섬유포화점 이하에서는 함수율이 감소할수록 강도는 증대한다.
② 비중이 증가할수록 외력에 대한 저항이 증가한다.
③ 목재의 강도나 탄성은 가력 방향과 섬유 방향과의 관계에 따라 현저한 차이가 있다.
④ 압축강도는 옹이가 있으며 감소하나 인장강도는 영향을 받지 않는다.

해설 목재의 압축강도는 옹이의 영향을 받지 아니하나, 인장강도는 영향을 받는다.

21

목재의 역학적 성질 중 옳지 않은 것은?

① 섬유에 평행 방향의 휨강도와 전단강도는 거의 같다.
② 강도와 탄성은 가력 방향과 섬유 방향과의 관계에 따라 현저한 차이가 있다.
③ 섬유에 평행 방향의 인장강도는 압축강도보다 크다.
④ 목재의 강도는 일반적으로 비중에 비례한다.

해설 목재의 강도는 섬유에 평행 방향의 휨강도와 인장강도는 거의 같으나, 강도를 비교하면, 인장강도 > 휨강도 > 압축강도 > 전단강도의 순이다.

22

어떤 목재의 전건 비중을 측정해 보았더니 0.77이었다. 이 목재의 공극률은?

① 25%　　② 37.5%
③ 50%　　④ 75%

해설 목재의 공극률

$$공극률(V) = \left(1 - \frac{w}{1.54}\right) \times 100(\%)$$

여기서, w : 전건 비중
1.54 : 목재를 구성하고 있는 섬유질의 비중
w : 0.77이므로

$$\therefore\ 공극률(V) = \left(1 - \frac{0.77}{1.54}\right) \times 100 = 50\%$$

23

목재의 화재 위험 온도(착화점)는 평균 얼마 정도인가?

① 160℃　　② 240℃
③ 330℃　　④ 450℃

해설 목재의 연소

구 분	100℃	인화점	착화점 (화재 위험 온도)	발화점
온 도	100℃	160~180℃	260~270℃	400~450℃
현 상	수분 증발	가연성 가스 발생	불꽃에 의해 목재에 착화	화기가 없어도 발화한다.

24

목재가 건축재료로서 갖는 장점에 해당되지 않는 것은?

① 비강도가 커 기둥 · 보 등에 적합하다.
② 건습에 의한 신축 변형이 작아 시간 경과에 따른 부작용이 없다.
③ 종류가 많고 각각 다른 미려한 외관을 갖고 있어 선택의 폭이 넓다.
④ 열전도율이 작으므로 보온 · 방한 · 방서성이 뛰어나다.

해설 목재는 건습에 의한 신축 변형이 커서 시간 경과에 따른 부작용 즉, 변형, 뒤틀림 등이 있다.

정답 19. ① 20. ④ 21. ① 22. ③ 23. ② 24. ②

25

목재의 일반적인 성질에 대한 설명 중 옳지 않은 것은?

① 석재나 금속에 비하여 가공하기가 쉽다.
② 건조한 것은 타기 쉽고 건조가 불충분한 것은 썩기 쉽다.
③ 열전도율이 커서 보온 재료로 사용이 곤란하다.
④ 아름다운 색채와 무늬로 장식 효과가 우수하다.

해설 목재는 열전도율이 작아서 보온 재료로 사용이 가능하다.

26

목재의 일반적인 성질에 대한 설명 중 틀린 것은?

① 비중이 작다.
② 가공성이 좋다.
③ 건조한 것은 불에 타기 쉽다.
④ 열전도율이 크다.

해설 목재는 열전도율이 작다.

27

목재에 관한 설명 중 틀린 것은?

① 구조재로서 비강도가 크고 가공성이 좋다는 장점이 있다.
② 목재의 함유 수분은 그 존재 상태에 따라 자유수와 결합수로 대별된다.
③ 섬유포화점 이상의 함수 상태에서는 함수율의 증감에도 불구하고 신축을 일으키지 않는다.
④ 응력의 방향이 섬유에 평행할 경우 목재의 압축강도가 인장강도보다 크다.

해설 목재의 응력 방향이 섬유 방향과 평행할 경우, 목재의 압축강도는 인장강도보다 작다.

28

다음 중 목재에 관한 설명으로 옳지 않은 것은?

① 춘재부는 세포막이 얇고 연하나 추재부는 세포막이 두껍고 치밀하다.
② 심재는 목질부 중 수심 부근에 위치하고 일반적으로 변재보다 강도가 크다.
③ 널결은 곧은결에 비해 일반적으로 외관이 아름답고 수축 변형이 적다.
④ 4계절 중 벌목의 가장 적당한 시기는 겨울이다.

해설 목재의 널결은 곧은결에 비해 일반적으로 외관이 아름다우나, 수축 변형이 크다.

29

목재에 관한 설명 중 옳지 않은 것은?

① 활엽수는 일반적으로 침엽수에 비해 단단한 것이 많아 경재(硬材)라 부른다.
② 인장강도는 응력 방향이 섬유 방향에 수직인 경우에 최대가 된다.
③ 불에 타는 단점이 있으나 열전도도가 매우 낮아 여러 가지 보온 재료로 사용된다.
④ 섬유포화점 이상의 함수 상태에서는 함수율의 증감에도 불구하고 신축을 거의 일으키지 않는다.

해설 목재의 인장강도는 응력 방향이 섬유 방향에 수직인 경우에 최소가 된다.

30

목재에 관한 설명 중 옳은 것은?

① 인장강도와 압축강도는 섬유 방향에 대한 강도가 가장 크다.
② 탄성계수는 축방향, 반지름 방향, 함수율과 관련이 없다.
③ 전단강도는 직각 방향이 평행 방향보다 작다.
④ 휨강도는 옹이의 크기와 위치에 상관없이 동일하다.

해설 탄성계수는 축방향, 반지름 방향, 함수율과 관련이 있고, 전단강도는 직각 방향이 평행 방향보다 크며, 휨강도는 옹이의 크기와 위치에 따라 다르다.

정답 25. ③ 26. ④ 27. ④ 28. ③ 29. ② 30. ①

31

목재의 성질에 관한 설명 중 옳은 것은?

① 목재의 진비중은 수종, 수령에 따라 현저하게 다르다.
② 목재의 강도는 함수율이 증가하면 할수록 증대된다.
③ 일반적으로 인장강도는 응력의 방향이 섬유 방향에 평행한 경우가 수직인 경우보다 크다.
④ 목재의 인화점은 400~490℃ 정도이다.

해설 목재의 진비중은 수종, 수령에 관계없이 일정하고, 목재의 강도는 함수율이 증가하면 할수록 감소되며, 목재의 인화점은 180℃ 정도이다.

32

목재의 각종 성질에 대한 설명으로 옳지 않은 것은?

① 목재는 내부에 치밀한 섬유 조직으로 구성되어 있어 금속이나 콘크리트에 비해 열전도율이 크다.
② 목재의 전기 저항은 함수율에 따라 다르다.
③ 흡음률은 일반적으로 비중이 작은 것이 크다.
④ 일반적으로 단면에서는 곧은결면, 널결면 순서로 광택도가 크다.

해설 목재는 내부에 엉성한 섬유 조직(공간 부분이 많거나, 비중이 가벼움)으로 구성되어 있어 금속이나 콘크리트에 비해 열전도율이 작다.

33

구조용 목재의 종류와 각각의 특성에 대한 설명으로 옳은 것은?

① 낙엽송－활엽수로서 강도가 크고 곧은 목재를 얻기 쉽다.
② 느티나무－활엽수로서 강도가 크고 내부식성이 크므로 기둥, 벽판, 계단판 등의 구조체에 국부적으로 쓰인다.
③ 흑송－재질이 무르고 가공이 용이하며 수축이 적어 주택의 내장재로 주로 사용된다.
④ 떡갈나무－곧은 대재(大材)이며, 미려하여 수장 겸용 구조재로 쓰인다.

해설 낙엽송은 침엽수로서 강도가 약하고 곧은 목재를 얻기 어렵다. 흑송은 재질이 무르고 가공이 용이하며 수축이 커서 주택의 내장재로 부적합하다, 떡갈나무는 곧은 대재(大材)이며, 미려하여 수장재로 쓰인다.

34

목재를 건조시키는 목적과 가장 관계가 먼 것은?

① 접착성의 개선 ② 강도의 증진
③ 도장의 용이 ④ 내화성의 강화

해설 목재의 건조 목적은 강도의 증진, 도료, 균류 발생의 방지, 주입제 및 접착제의 효과 및 침투 증대, 중량 경감의 효과가 있다.

35

목재의 건조 목적이 아닌 것은?

① 목재의 강도 증진
② 도료, 주입제 및 접착제의 효과 증대
③ 균류 발생의 방지
④ 수지낭(resin pocket)과 연륜의 제거

해설 목재의 건조는 수지낭(resin pocket)과 연륜의 제거, 가공성 향상 및 내화성 강화와는 무관하다.

36

목재 건조의 목적 및 효과가 아닌 것은?

① 중량의 경감
② 강도의 증진
③ 도료 및 접착제 효과의 증대
④ 가공성 향상

해설 목재가 건조될수록 강도가 강하여 가공성이 좋지 않다.

37

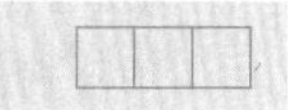

목재의 자연 건조 시 유의할 점으로 옳지 않은 것은?

① 지면에서 20cm 이상 높이의 굄목을 놓고 쌓는다.
② 잔적(Piling) 내 공기 순환 통로를 확보해야 한다.
③ 외기의 온·습도의 영향을 많이 받을 수 있으므로 세심한 주의가 필요하다.
④ 건조 기간의 단축을 위하여 마구리 부분을 일광에 노출시킨다.

정답 31. ③ 32. ① 33. ② 34. ④ 35. ④ 36. ④ 37. ④

해설 목재의 건조에 있어서 유의하여야 할 사항은 나무 마구리에서의 급속 건조를 막기 위하여 이 부분의 일광을 막거나, 경우에 따라서는 마구리에 페인트를 칠한다.

38

목재의 부패에 관한 기술에서 틀린 것은?

① 부패균(腐敗菌)은 섬유질을 분해 감소시킨다.
② 부패균이 번식하기 위한 적당한 온도는 20~35℃ 정도이다.
③ 부패균은 산소가 없어도 번식할 수 있다.
④ 부패균은 습기가 없으면 번식할 수 없다.

해설 부패균의 번식은 적당한 온도(20~40℃), 습도(90% 이상), 공기(산소) 및 양분 중 하나가 없으면 사멸한다.

39

목재의 부패 조건에 관한 설명으로 옳은 것은?

① 목내에 부패균이 번식하기에 가장 최적의 온도 조건은 35~45℃로서 부패균은 70℃까지 대다수 생존한다.
② 부패균류가 발육 가능한 최저 습도는 65% 정도이다.
③ 하등생물인 부패균은 산소가 없으면 생육이 불가능하므로, 지하수면 아래에 박힌 나무 말뚝은 부식되지 않는다.
④ 변재는 심재에 비해 고무, 수지, 휘발성 유지 등의 성분을 포함하고 있어 내식성이 크고, 부패되기 어렵다.

해설 목재 부패의 원인은 공기(산소), 양분, 수분(습도는 90% 이상으로 목재의 함수율이 30~60%일 때 균의 발생이 적당하다.), 온도(25~35℃ 사이에서 가장 활동이 왕성)가 적당하여야 균이 번식하여 나무를 부패시킨다. 변재는 심재보다 내식성이 작고, 부패가 쉽다.

40

목재의 방부제로 유용성 방부제는?

① 유성 페인트 ② PCP
③ 오일스테인 ④ 수성 페인트

해설 목재의 방부제에는 유용성 방부제(크레오소트유, 콜타르, 아스팔트, 페인트, 펜타클로로페놀), 수용성 방부제(황산구리 용액, 염화아연 용액, 염화제2수은 용액, 플루오르화나트륨 용액 등) 등이 있다.

41

목재의 방부제로서 거의 무색 제품이 생산되어 그 위에 페인트칠도 할 수 있으며, 목재에 대한 방부력이 매우 우수하고 침투성이 양호하며 도장이 가능한 유용성 방부제는?

① 크레오소트 오일
② 피.시.피(P.C.P)
③ 불화소다 2% 용액
④ 황산동 1% 용액

해설 크레오소트 오일은 목재의 유성 방부제로서 방부성은 우수하나 악취가 나고 흑갈색으로 외관이 좋지 않아 눈에 보이지 않는 토대, 기둥, 도리 등에 사용되고, 불화소다 2% 용액은 방부성이 우수하고, 철재나 인체에 무해하며, 페인트 도장은 가능하지만, 내구성이 부족하고, 값이 비싼 방부제이며, 황산동 1% 용액은 남색의 결정체로 방부성은 좋으나, 철을 부식시키는 결점이 있다.

42

목재의 유성 방부제로서 방부성은 우수하나 악취가 나고 흑갈색으로 외관이 좋지 않아 눈에 보이지 않는 토대, 기둥, 도리 등에 사용되는 것은?

① 크레오소트유
② PF 방부제
③ CCA 방부제
④ P.C.P 방부제

해설 PF 방부제는 페놀류, 무기플루오르화물계 방부제로서 처리제는 황록색을 띄고, 도장이 가능하나, 독성이 있으며, 토대의 부패 방지에 사용된다. CCA 방부제는 크롬, 구리, 비소화합물로서, 처리제는 녹을 띄고, 도장이 가능하나, 독성이 있으며, 토대의 부패 방지에 사용된다. P.C.P 방부제는 목재의 방부제로서 거의 무색 제품이 생산되어 그 위에 페인트칠도 할 수 있으며, 목재에 대한 방부력이 매우 우수하고 침투성이 양호하며 도장이 가능한 유용성 방부제이다.

정답 38.③ 39.③ 40.② 41.② 42.①

43

목재의 방부제에 요구되는 성질과 가장 관계가 먼 것은?

① 목재에 침투가 잘 될 것
② 금속을 부식시키지 않을 것
③ 방부처리 후 표면에 페인트칠을 할 수 있을 것
④ 목재의 인화성, 흡수성 증가가 있을 것

해설 목재의 방부제는 목재의 인화성, 흡수성 증가가 없어야 한다.

44

목재 방부제에 요구되는 성질에 대한 설명 중 옳지 않은 것은?

① 목재의 인화성, 흡수성 증가가 없을 것
② 방부처리 후 표면에 페인트칠을 할 수 있을 것
③ 목재에 접촉되는 금속이나 인체에 피해가 없을 것
④ 목재에 침투가 되지 않고 전기 전도율을 감소시킬 것

해설 목재의 방부제는 목재에 침투가 잘되고, 전기 전도율을 감소시킬 것.

45

목재의 방부제가 갖추어야 할 성질로서 틀린 것은?

① 균류에 대한 저항성이 클 것
② 화학적으로 안정할 것
③ 휘발성이 있을 것
④ 침투성이 클 것

해설 목재의 방부제는 휘발성이 없어야 한다.

46

목재의 난연성을 높이는 방화제의 종류가 아닌 것은?

① 제2인산암모늄　② 황산암모늄
③ 붕산　④ 황산동 1% 용액

해설 난연 처리는 인산암모늄을 주재료로 한 약제(제2인산암모늄, 황산암모늄, 붕산 등)를 도포 또는 가압 주입하여 가연성 가스의 발생을 적게 하고, 인화를 곤란하게 하는 효과가 있다. 황산동 1% 용액은 목재의 방부제이다.

47

목재는 화재가 발생하면 순간적으로 불이 확산하여 큰 피해를 주는데 이를 억제하는 방법으로 가장 부적절한 것은?

① 목재의 표면에 플라스터로 피복한다.
② 염화비닐수지로 도포한다.
③ 방화 페인트로 도포한다.
④ 인산암모늄 약제로 도포한다.

해설 염화비닐수지로 도포하는 경우 순간적으로 불이 확산되어 피해가 발생된다.

48

원목을 일정한 길이로 절단하여 이것을 회전시키면서 연속적으로 얇게 벗긴 것으로 원목의 낭비를 막을 수 있는 합판 제조법은?

① 슬라이스드 베니어
② 소드 베니어
③ 로터리 베니어
④ 반원 슬라이스드 베니어

해설 슬라이스드 베니어는 상하 또는 수평으로 이동하는 너비가 넓은 대팻날로 얇게 절단한 것으로 합판의 표면에 곧은결 등의 아름다운 결을 장식적으로 사용하나, 원목지름 이상의 넓은 단판이 불가능하다. 소드 베니어는 판재를 만드는 것과 같이 얇게 톱으로 켜내는 베니어로서 아름다운 결을 얻을 수 있다.

49

합판(plywood)의 특성이 아닌 것은?

① 순수 목재에 비하여 수축 팽창률이 크다.
② 비교적 좋은 무늬를 얻을 수 있다.
③ 필요한 소정의 두께를 얻을 수 있다.
④ 목재의 결점을 배제한 양질의 재료를 얻을 수 있다.

해설 합판의 특성은 베니어(단판)는 얇아서 건조가 빠르고, 뒤틀림이 없으므로 팽창, 수축을 방지할 수 있다.

정답 43. ④ 44. ④ 45. ③ 46. ④ 47. ② 48. ③ 49. ①

50

다음 중 합판에 대한 설명으로 옳은 것은?

① 얇은 판을 섬유 방향이 서로 평행되도록 짝수로 적층하면서 접착시킨 판을 말한다.
② 함수율의 변화에 의한 신축 변형이 크며, 방향성이 있다.
③ 곡면 가공을 하면 균열이 쉽게 발생한다.
④ 표면 가공법으로 흡음 효과를 낼 수 있고, 의장적 효과도 높일 수 있다.

해설 합판은 얇은 판을 섬유 방향이 서로 직교되도록 홀수로 적층하면서 접착시킨 판을 말하고, 함수율의 변화에 의한 신축 변형이 작으며, 방향성이 없다. 또한, 곡면 가공을 하면 균열이 쉽게 발생하지 않는다.

51

목재를 소편(小片, chip)으로 만들어 유기질 접착제를 첨가시켜 열압 제판 또는 목재 및 기타 식물의 섬유질 소편에 합성수지 접착제를 도포하여 가열 압착 성형한 판(板) 제품은?

① 파이버 보드(fiber board)
② 파티클 보드(particle board)
③ 플로어링 보드(flooring board)
④ 파키트리 보드(parquetry board)

해설 섬유판(fiber board)은 식물성 재료(조각낸 목재 톱밥, 대팻밥, 볏짚, 보릿짚, 펄프 찌거기, 종이 등)를 원료로 하여 펄프로 만든 다음, 접착제, 방부제 등을 첨가하여 제판한 것이고, 플로어링 보드는 표면 가공, 제혀쪽매 및 기타 필요한 가공을 하고, 마루 귀틀 위에 단독으로 시공하여도 마루널로서 필요한 강도를 가질 수 있는 바닥 판재이며, 파키트리 보드는 길이는 너비의 3~5배 정도로 한 것으로 제혀쪽매로 하고 표면은 상대패로 마감한 견목판재이다.

52

목재 또는 기타 식물질을 절삭 또는 파쇄하여 소편으로 하여 충분히 건조시킨 후 합성수지 접착제와 같은 유기질의 접착제를 첨가하여 열압 제판한 것은?

① 연질 섬유판 ② 단판 적층재
③ 플로어링 보드 ④ 파티클 보드

해설 연질 섬유판은 건축의 내장 및 보온을 목적으로 성형한 밀도 0.4g/cm^3 미만인 판이고, 단판 적층재는 합판과 같이 얇은 판을 여러 겹 겹쳐 만든 판이며, 플로어링 보드는 표면 가공, 제혀쪽매 및 기타 필요한 가공을 하고, 마루 귀틀 위에 단독으로 시공하여도 마루널로서의 필요한 강도를 낼 수 있는 바닥판재이다.

53

파티클 보드에 관한 설명 중 틀린 것은?

① 강도에 방향성이 없다.
② 두께는 비교적 자유로이 선택할 수 있다.
③ 방충, 방부성이 크다.
④ 못이나 나사못의 지지력이 일반 목재에 비해 매우 작다.

해설 파티클 보드(목재 또는 기타 식물질을 자르거나 파쇄하여 작은 조각으로 하여 충분히 건조시킨 후 합성수지 접착제와 같은 유기질의 접착제를 첨가하여 열압하여 만든 판)는 큰 면적의 판을 만들 수 있고, 표면이 평활하며 경도가 크다. 또한, 균질한 판을 만들 수 있고, 가공성이 비교적 양호하며, 못이나 나사못의 지보력이 목재와 거의 같다.

54

파티클 보드(particle board)에 대한 설명 중 옳지 않은 것은?

① 강도는 섬유의 방향에 따라 차이가 크다.
② 경질 파티클 보드는 변형이 적다.
③ 폐재, 부산물 등 저가치재를 이용하여 넓은 면적의 판상 제품을 만들 수 있다.
④ 경량 파티클 보드는 흡음성, 열차단성이 경질 파티클 보드보다 크다.

해설 파티클 보드의 강도는 섬유의 방향에 따라 차이가 거의 없다.

55

마루판으로 사용되지 않는 것은?

① 플로어링 보드(flooring board)
② 파키트리 패널(parquetry panel)
③ 파키트리 블록(parquetry block)
④ 코펜하겐 리브(copenhagen rib)

정답 50. ④ 51. ② 52. ④ 53. ④ 54. ① 55. ④

해설 코펜하겐 리브는 목재 가공 제품 중 집회장, 강당, 영화관, 극장 등의 천장 또는 내벽에 붙여 음향 조절 효과와 장식 효과를 내기 위해 사용하는 목재 제품이다.

56

목재 가공 제품 중 집회장, 강당, 영화관, 극장 등의 천장 또는 내벽에 붙여 음향 조절 효과와 장식 효과를 내기 위해 사용하는 것 또는 긴 판을 가공하여 강당 등의 음향 조절용으로 이용되며, 의장 효과도 겸할 수 있는 목재 제품은?

① 파키트리 보드(parquetry board)
② 플로어링 보드(flooring board)
③ 코펜하겐 리브(copenhagen rib)
④ 파키트리 패널(parquetry panel)

해설 코펜하겐 리브는 표면은 자유 곡선으로 수직 평행선이 되게 리브를 만든 것으로 면적이 넓은 강당, 극장 등의 안벽에 붙여 음향 조절 효과와 장식 효과가 있다.

57

중밀도 섬유판을 의미하는 것으로 목섬유(wood fiber)에 액상의 합성수지 접착제, 방부제 등을 첨가 · 결합시켜 성형 · 열압하여 만든 것은?

① 파티클 보드 ② MDF
③ 플로어링 보드 ④ 집성 목재

해설 파티클 보드는 목재 섬유와 소편을 방향성 없이 열압, 성형, 제판한 것 또는 나무 조각에 합성수지계 접착제를 섞어서 고열 · 고압으로 성형한 것이다. 플로어링 보드는 표면 가공, 제혀쪽매 및 기타 필요한 가공을 하고, 마루 귀틀 위에 단독으로 시공하여도 마루널로서 필요한 강도를 가지는 바닥재이다. 집성 목재는 두께 15~50 mm의 단판을 제재하여 섬유 방향을 거의 평행이 되게 여러 장 겹쳐서 접착한 목재이다.

58

중밀도 섬유판(MDF)의 특징이 아닌 것은?

① 흡음, 단열 성능이 우수하다.
② 천연 원목에 비하여 가격이 저렴하다.
③ 갈라짐 등의 외관상 결점이 없다.
④ 내수성이 뛰어나다.

해설 중밀도 섬유판(MDF)은 내수성이 매우 적고, 팽창이 심하며, 재질도 약하고, 습도에 의한 신축이 큰 결점이 있다.

59

경질 섬유판의 성질에 관한 설명 중 옳지 않은 것은?

① 가로 · 세로의 신축이 거의 같으므로 비틀림이 작다.
② 표면이 평활하고 비중이 0.7 이하이며 경도가 작다.
③ 구멍 뚫기, 본뜨기, 구부림 등의 2차 가공도 용이하다.
④ 펄프를 접착제로 제판하여 양면을 열압 건조시킨 것이다.

해설 경질 섬유판은 목재 펄프만을 압축하여 만든 판으로 비중이 0.8 이상이고, 강도, 경도가 비교적 크다.

60

목재 가공 제품에 관한 설명 중 옳은 것은?

① 베니어판은 함수율 변화에 따라 신축 변형이 크다.
② 집성 목재란 구조 재료보다 주로 장식재로 사용되는 인공 목재이다.
③ 코펜하겐 리브는 내장 및 보온 목적으로 사용한다.
④ 파티클 보드는 음 및 열의 차단성이 우수하고 강도가 크다.

해설 베니어판은 함수율 변화에 따라 신축 변형이 작고, 집성 목재란 장식 재료보다 주로 구조 재료로 사용되는 인공 목재이며, 코펜하겐 리브는 음향 조절 및 장식을 목적으로 사용한다.

61

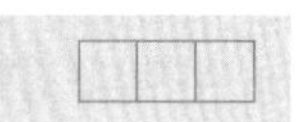

목공사의 시공 순서로 옳은 것은?

① 수평 규준틀 → 기초 → 세우기 → 지붕 → 미장 → 수장
② 기초 → 수평 규준틀 → 세우기 → 지붕 → 수장 → 미장
③ 기초 → 세우기 → 수장 → 지붕 → 미장 → 수평 규준틀
④ 수평 규준틀 → 기초 → 세우기 → 지붕 → 수장 → 미장

정답 56. ③ 57. ② 58. ④ 59. ② 60. ④ 61. ④

해설 목공사의 일반 사항

㉠ 목공사의 순서는 규준틀(수평, 수직, 귀 등) → 기초 → 세우기 → 지붕 → 수장 → 미장의 순이다.
㉡ 이음과 맞춤의 단면은 응력 방향에 직각으로 하고, 위치는 응력이 작은 곳에서 하며, 맞춤면은 정확히 가공하여 상호 밀착하고 빈틈이 없도록 한다. 특히, 왕대공의 이음에 있어서 이음의 위치는 왕대공 가까이에서 한다.
㉢ 못의 길이는 널두께의 2.5~3배 정도로 하고, 목재는 인장재로 사용하는 것이 효율이 좋다.
㉣ 걸레받이는 마루널에 홈을 파고 끼워 넣는다.
㉤ 볼트의 구멍은 직경보다 3mm 이내의 크기로 뚫으며, 볼트는 단단히 조이고, 시간 경과에 따라서 목재가 건조되면 전체를 다시 조인다.
㉥ 치장 부분은 먹물이 남지 않게 대패질을 하고, 압축재의 접착면은 밀착되도록 가공의 정밀도를 높인다.

62

목공사에 관한 설명 중 옳지 않은 것은?

① 이음과 맞춤의 단면은 응력의 방향에 둔다.
② 못의 길이는 널두께의 2.5배~3배 정도로 한다.
③ 이음과 맞춤은 응력이 작은 곳에 만들어야 한다.
④ 맞춤면은 정확히 가공하여 상호 밀착하고 빈틈이 없도록 한다.

해설 이음 및 맞춤의 단면은 응력의 방향에 직각이 되도록 한다.

63

목구조의 접합부에 관한 설명으로 옳은 것은?

① 접합부의 강도는 부재의 강도보다 작아야 한다.
② 부재의 접합은 응력이 작은 곳에 둔다.
③ 이음 및 맞춤의 단면은 응력 방향에 수평되게 한다.
④ 볼트 접합이 못 접합보다는 접합부의 강성이 크다.

해설 ㉠ 이음과 맞춤의 정의 : 이음은 재를 길이 방향으로 접합하는 것을 말하고, 맞춤은 재가 서로 직각으로 접합하는 것을 말한다.
㉡ 이음과 맞춤 시 유의사항
- 재는 가급적 적게 깎아내어 부재가 약하게 되지 않도록 한다.
- 될 수 있는 대로 응력이 적은 곳에서 접합하도록 한다.
- 복잡한 형태를 피하고 되도록 간단한 방법을 쓴다.
- 접합되는 부재의 접촉면 및 따낸 면은 잘 다듬어서 응력이 고르게 작용하도록 한다.
- 이음 및 맞춤의 단면은 응력의 방향에 직각되게 하여야 한다.
- 국부적으로 큰 응력이 작용하지 않도록 적당한 철물을 써서 충분히 보강한다.

64

목재의 접합 방법에 대한 설명이 잘못된 것은?

① 맞댄 이음은 두 재가 덧판에 의하여 부재의 응력을 모두 전달할 수 있다.
② 따낸 이음은 단면의 감소가 발생하므로 부재 응력을 전부 전달할 수 없다.
③ 맞춤은 수평재와 수직재를 각을 지어 맞추는 것이다.
④ 쪽매는 사용재를 길이 방향으로 접합하는 방법이다.

해설 쪽매는 좁은 폭의 널을 옆으로 붙여 그 폭을 넓게 하는 것으로서 마룻널이나 양판문의 양판 제작에 사용한다. 종류로는 널 위에 못을 박는 맞댄쪽매, 반턱쪽매, 틈막이쪽매, 오니쪽매 및 빗쪽매 등이 있고, 널 옆에서 못을 박는 제혀쪽매와 딴혀쪽매 등이 있다.

65

목재의 이음과 맞춤에 대한 설명 중 맞지 않는 것은?

① 맞춤면은 상호 밀착시킨다.
② 공작법이 간단해야 한다.
③ 이음과 맞춤은 응력이 작은 곳에서 한다.
④ 이음 및 맞춤의 면은 응력 방향에 평행되게 한다.

해설 이음과 맞춤의 위치는 응력이 작은 곳을 택하고, 이음 및 맞춤의 단면은 응력의 방향에 직각되게 하여야 한다.

정답 62. ① 63. ② 64. ④ 65. ④

66

목재의 이음 및 맞춤 시의 주의사항으로 옳지 않은 것은?

① 이음 및 맞춤의 위치는 응력이 적은 곳을 피한다.
② 각 부재는 약한 단면이 없게 한다.
③ 응력의 종류 및 크기에 따라 이음 맞춤에 적절한 것을 선정한다.
④ 국부적으로 큰 응력이 작용하지 않도록 하고 철물로 보강한다.

해설 이음과 맞춤은 될 수 있는 대로 응력이 적은 곳에서 접합하도록 한다.

67

목재의 이음 및 맞춤과 관계가 먼 것은?

① 주먹장 ② 연귀
③ 모접기 ④ 장부

해설 모접기는 목재 또는 석재 등의 모서리를 깎아서 좁은 면을 내거나, 둥글게 하는 것으로 목재의 이음, 맞춤과는 무관하다.

68

다음 중 목재의 접합 방법과 가장 거리가 먼 것은?

① 맞춤 ② 이음
③ 압밀 ④ 쪽매

해설 압밀은 흙이 압축력을 받아 흙의 빈틈 속에 있는 물이 외부로 배출됨에 따라 지반이 서서히 압축되는 현상 또는 압축 응력의 증가로 흙의 체적이 서서히 감소하는 현상이다.

69

목재의 이음과 사용 개소의 조합 중 부적당한 것은?

① 은장 이음 – 난간 두겁 등 수장재
② 엇걸이 이음 – 서까래, 장선
③ 엇걸이 촉 이음 – 토대, 기둥
④ 턱걸이 주먹장 이음 – 멍에, 중도리

해설 빗 이음은 서로 빗잘라 이은 것으로, 이음 길이는 재의 춤의 1.5~2.0배 정도로 하고 서까래, 띠장, 장선 등에 쓰인다.

70

목공사 가새에 관한 다음 설명 중 적당하지 않은 것은?

① 가새는 ㅅ자, X자형으로 건물 전체에 대칭으로 배치한다.
② 가새의 각도는 수평에 대하여 60° 정도가 좋다.
③ 인장력을 받는 가새는 철근으로 대치하여 사용하여도 좋다.
④ 압축력을 받는 가새는 기둥 단면의 1/3 이상으로 한다.

해설 목구조의 가새

㉠ 가새의 목적은 목조 벽체를 수평력에 견디게 하고 안정된 구조로 하기 위한 것이다.
㉡ 가새의 종류
- 평벽 가새
  - 인장력을 부담하는 가새 : 접하는 기둥의 1/5 이상을 가진 목재를 사용 또는 9mm 이상의 철근을 사용한다.
  - 압축력을 부담하는 가새 : 접하는 기둥의 1/3 이상을 가진 목재를 사용한다.
  - 가새는 그 단부를 기둥과 보, 기타 가로재와의 맞춤에 접근하여 볼트, 꺾쇠, 못, 기타의 철물로 긴결한다.
  - 가새는 따내거나 결손시켜 내력상 지장을 주어서는 아니된다.
- 심벽 가새 : 칸막이벽에는 가새를 대기는 곤란하고, 외벽에는 기둥의 1/3쪽, 1/5쪽을 사용한다.

㉢ 가새의 배치 : 가새의 경사는 45°에 가까울수록 유리하며 좌우 대칭으로 배치한다.

71

목조 2층 주택에 마루널과 반자널을 까는 경우의 순서로 옳은 것은?

① 1층 마룻바닥 → 1층 반자 → 2층 마룻바닥 → 2층 반자
② 2층 마룻바닥 → 2층 반자 → 1층 마룻바닥 → 1층 반자
③ 2층 반자 → 1층 반자 → 2층 마룻바닥 → 1층 마룻바닥
④ 1층 마룻바닥 → 2층 마룻바닥 → 1층 반자 → 2층 반자

정답 66. ① 67. ③ 68. ③ 69. ② 70. ② 71. ②

해설 마룻널과 반자널을 까는 경우에는 상층부터 공사하므로 2층 마룻바닥 → 2층 반자 → 1층 마룻바닥 → 1층 반자의 순으로 시공한다.

72

두 목재의 접합부에 끼워 볼트와 같이 사용하며 전단에 견디도록 하는 일종의 산지를 무엇이라고 하는가?

① 주걱 볼트
② 듀벨
③ 감잡이쇠
④ 꺾쇠

해설
- **주걱 볼트** : 볼트의 머리 모양이 주걱 모양으로 되고 다른 끝은 넓적한 띠쇠 모양으로 된 볼트로서 기둥과 보의 긴결에 사용된다.
- **듀벨** : 두 부재(목재)의 접합부에 끼워 볼트와 같이 사용하며 전단에 걸리도록 하는 일종의 산지로 듀벨은 주로 전단력에, 볼트는 주로 인장력에 작용시켜 접합 부재 상호 간의 변위를 방지하는 강한 접합에 사용된다. 재료는 강철, 주철 등으로 하고, 산지류는 압입식과 파넣기식으로 대별된다.
- **감잡이쇠** : ㄷ자형으로 구부려 만든 띠쇠의 일종으로, 두 부재를 감아 연결하는 목재의 이음, 맞춤을 보강하는 철물로서 평보를 대공에 달아 맬 때, 평보와 ㅅ자보의 밑에, 기둥과 들보를 걸쳐 대고 못을 박을 때 또는 대문 장부에 감아 박을 때 사용된다.
- **꺾쇠** : 강봉 토막의 양끝을 뾰족하게 하고, ㄷ자형으로 구부려 목재의 2부재를 이어 연결 또는 엇갈리게 고정시킬 때 사용하는 철물로서 큰 내력은 없으나 간단히 사용할 수 있는 장점이 있다. 종류에는 단면의 형태에 따라서 각꺾쇠, 원꺾쇠 그리고 갈고리가 서로 직각 방향으로 한 엇꺾쇠와 한쪽에 주걱이 달린 주걱 꺾쇠 등이 있다.

73

목공사에서 사용하는 먹매김 부호 중 잘못된 것은?

① 듀벨 설치 위치
② 내다지 구멍
③ 반다지 구멍
④ 볼트 구멍

해설 목공사의 먹매김 부호

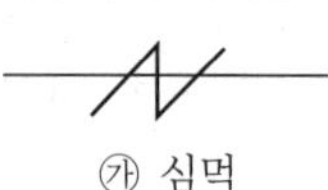
㉮ 심먹

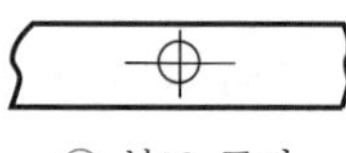
㉯ 볼트 구멍

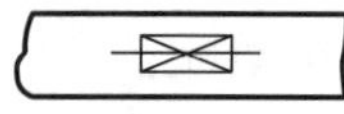
㉰ 내다지 구멍 (끝구멍)

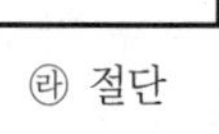

㉱ 절단

㉲ 절단

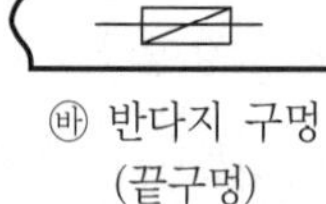
㉳ 반다지 구멍 (끝구멍)

74

다음 쪽매의 명칭과 그림이 틀린 것은?

① 반턱쪽매
② 오늬쪽매
③ 딴혀쪽매
④ 빗쪽매

해설 마루널 쪽매

마루널을 장선에 붙여 대는 쪽매를 말한다.

㉠ 쪽매의 조건
- 널의 너비는 쭈그러짐을 방지하기 위하여 넓은 것보다 좁은 것이 좋으며 보통 10cm 정도로 완전 건조시켜야 한다.
- 두께는 대패질을 하여 1.5~2.4cm 정도로 하고, 두께의 3배 정도의 못으로 장선마다 박는다.

㉡ 쪽매의 종류

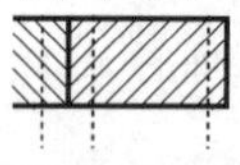
㉮ 맞댄쪽매

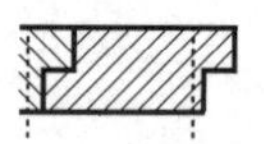
㉯ 반턱쪽매

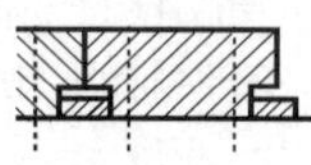
㉰ 틈막이쪽매

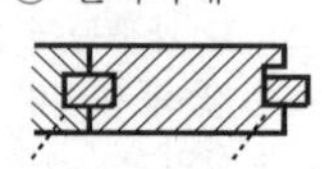
㉱ 딴혀쪽매

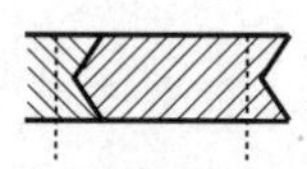
㉲ 오늬쪽매

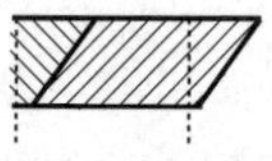
㉳ 빗쪽매

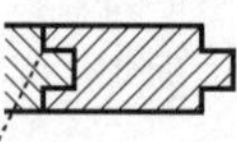
㉴ 제혀쪽매

㉵ 양끝못 맞단 쪽매

정답 72. ② 73. ① 74. ③

75 |

기둥의 크기가 12cm각이고, 기둥 중심 간격이 180cm인 미서기창 2짝을 달 때, 1짝의 크기로 옳은 것은? (단, 창선대의 너비는 5cm로 한다.)

① 84.0cm ② 86.5cm
③ 89.0cm ④ 92.5cm

해설 $180-6\times2=x+(x-5)$ $\therefore$ $x=86.5\text{cm}$

2 석공사

01 |

화성암에 속하지 않는 석재는?

① 화강암 ② 안산암
③ 섬록암 ④ 석회암

해설 화성암의 종류에는 심성암(화강암, 섬록암, 반려암)과 화산암[안산암(휘석, 각섬, 운모, 석영), 현무암, 석영, 조면암]등이 있고, 석회암은 수성암에 속한다.

02 |

강도, 경도, 비중이 크며 내화적이고 석질이 극히 치밀하여 구조용 석재 또는 장식재로 널리 쓰이는 것은?

① 화강암 ② 응회암
③ 캐스트스톤 ④ 안산암

해설 화강암은 질이 단단하고, 내구성 및 강도가 크고, 외관이 수려하며, 내구성이 약하고, 흡수성이 작으며, 압축강도가 매우 큰 석재이고, 응회암은 화산에서 분출된 회분, 암괴 등이 응결된 것으로 가공이 용이하고, 흡수성이 크며, 내수성이 크나, 강도가 낮아 석회 제조에 사용되며, 캐스트스톤은 인조석의 일종이다.

03 |

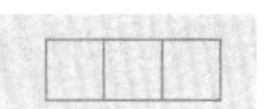

외장용으로 부적합한 석재는?

① 화강암 ② 안산암
③ 대리석 ④ 점판암

해설 석재의 마감(장식)용에는 외장용으로 화강암, 안산암, 점판암 등이 있고, 내장용으로 대리석, 사문암, 응회암 등이 있다.

04 |

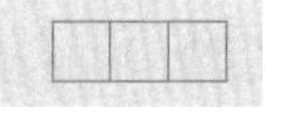

건축용 구조재로 사용하기에 가장 부적당한 것은?

① 경질 사암 ② 응회암
③ 휘석 안산암 ④ 화강암

해설 응회암은 대체로 다공질이고, 강도 · 내구성이 작아 구조재로 적합하지 않으나, 내화성이 있으며, 외관이 좋고 조각하기 쉬우므로 내화재, 장식재로 많이 이용된다.

정답 75. ② / 01. ④ 02. ④ 03. ③ 04. ②

05

석재의 재료적 특징에 대한 설명으로 틀린 것은?

① 외관이 장중하고 석질이 치밀한 것을 갈면 미려한 광택이 난다.
② 압축강도는 인장강도에 비해 매우 작아 장대재(長大材)를 얻기 어렵다.
③ 화열에 닿으면 화강암은 균열이 발생하여 파괴된다.
④ 비중이 크고 가공이 불편하다.

해설 석재의 압축강도는 인장강도에 비해 매우 크고, 불연, 내구, 내마멸, 내수성 등의 특징이 있으며, 아름다운 외관을 갖고 있다. 또한, 무겁고 견고하여 가공이 어려우며, 길고 큰 부재를 얻기 힘들다.

06

다음 중 석재의 장점에 해당되지 않는 것은?

① 내화성이며 압축강도가 크다.
② 비중이 작으며 가공성이 좋다.
③ 종류가 다양하고 색조와 광택이 있어 외관이 장중하고 미려하다.
④ 내구성 · 내수성 · 내화학성이 풍부하다.

해설 석재는 비중이 크고, 가공성이 좋지 않다.

07

석재의 장점으로 옳지 않은 것은?

① 외관이 장중하고, 치밀하다.
② 내수성, 내구성, 내화학성이 풍부하다.
③ 다양한 외관과 색조의 표현이 가능하다.
④ 장대재를 얻기 쉬워 구조용으로 적합하다.

해설 석재는 장대재를 얻기 어려워 치장용(내 · 외벽재)으로 적합하다.

08

석재의 특징에 관한 설명으로 옳지 않은 것은?

① 압축강도가 큰 편이다.
② 불연성이다.
③ 비중이 작은 편이다.
④ 가공성이 불량하다.

해설 석재의 특성 중 장점으로는 압축강도가 크고, 불연 · 내구 · 내마멸 · 내수성이 있으며, 아름다운 외관과 풍부한 양이 생산된다는 것이 있다. 또한, 단점은 비중이 커서 무겁고 견고하여 가공이 어려우며, 길고 큰 부재를 얻기 힘들고, 압축강도에 비하여 인장강도가 매우 작으며 일부 석재는 고열에 약하다는 것이다.

09

석재의 일반적인 특징에 관한 설명으로 옳지 않은 것은?

① 내구성, 내화학성, 내마모성이 우수하다.
② 외관이 장중하고, 석질이 치밀한 것을 갈면 미려한 광택이 난다.
③ 압축강도에 비해 인장강도가 작다.
④ 가공성이 좋으며 장대재를 얻기 용이하다.

해설 석재는 가공성이 좋지 않고, 장대재를 얻기 어려우므로 가구재로 적당하지 않다.

10

각종 석재에 관한 설명 중 옳지 않은 것은?

① 화강암은 내구성 및 강도는 크지만, 내화성이 약하다.
② 대리석은 석회석이 변화되어 결정화한 것으로 내화성이 크고 연질이다.
③ 석회석은 석질은 치밀하고 강도가 크나 화학적으로 산에 약하다.
④ 안산암은 강도, 경도, 비중이 크고 내화성도 우수하다.

해설 대리석(석회암이 오랜 세월동안 땅 속에서 지열, 지압으로 인하여 변질되어 결정화된 것)의 주성분은 탄산칼슘이고, 성질이 치밀, 견고하고, 포함된 성분에 따라 경도, 색채, 무늬 등이 매우 다양하며, 가장 고급 장식재로 사용하나, 열(내화성)이나 산 등에는 매우 약하다.

정답 05. ② 06. ② 07. ④ 08. ③ 09. ④ 10. ②

11 |

각종 석재에 관한 설명으로 옳지 않은 것은?

① 대리석은 강도는 높지만 내화성이 낮고 풍화되기 쉽다.
② 현무암은 내화성은 좋으나 가공이 어려우므로 부순 돌로 많이 사용된다.
③ 트래버틴은 화성암의 일종으로 실내 장식에 쓰인다.
④ 점판암은 얇은 판 채취가 용이하여 지붕 재료로 사용된다.

해설 트래버틴은 대리석의 한 종류로서 다공질이며, 석질이 균일하지 못하고, 암갈(황갈)색의 무늬가 있고, 석판으로 만들어 물갈기를 하면 평활하고 광택이 나는 부분과 구멍, 골이 진 부분이 있어 특수한 실내 장식재로 이용된다.

12 |

석재의 성질에 관한 설명으로 옳지 않은 것은?

① 화강암은 온도상승에 의한 강도저하가 심하다.
② 대리석은 산성비에 약해 광택이 쉽게 없어진다.
③ 부석은 비중이 커서 물에 쉽게 가라앉는다.
④ 사암은 함유광물의 성분에 따라 암석의 질, 내구성, 강도에 현저한 차이가 있다.

해설 부석은 마그마가 급속히 냉각될 때 가스가 방출되면서 다공질의 유리질로 된 석재로서 색깔은 회색 또는 담홍색이고 비중은 0.7~0.8로서 석재 중에서 가장 가벼우므로 물에 가라앉지 않는다. 즉 물에 뜨는 석재이다.

13 |

다음 석재 중 압축강도가 일반적으로 가장 큰 것은?

① 화강암
② 사문암
③ 사암
④ 응회암

해설 석재의 압축강도를 보면, 화강암은 145~200MPa(1,450~2,000kg/cm^2), 사문암은 97MPa(970kg/cm^2), 사암은 36MPa(360kg/cm^2), 응회암은 9~37MPa(90~370kg/cm^2)정도이다.

14 |

어떤 석재의 질량이 다음과 같을 때 이 석재의 표면건조 포화상태의 비중은?

- 건조 질량 : 400g
- 수중에서 완전히 흡수된 상태의 질량 : 300g
- 표면건조 포화상태의 질량 : 450g

① 1.33　　② 1.50
③ 2.67　　④ 4.51

해설 표면건조 포화상태의 비중

$$= \frac{\text{건조 질량}}{\text{표면건조 포화상태의 질량} - \text{수중에서 완전 흡수된 상태의 질량}}$$

$$= \frac{400}{450-300} = 2.67$$

15 |

다음 석재 중 내화도가 가장 큰 것은?

① 사문암　　② 대리석
③ 화강암　　④ 응회암

해설 안산암, 사암 및 응회암의 내화도는 1,000℃ 정도, 대리석과 석회석은 600℃ 정도, 사문암은 700℃ 정도이다.

16 |

암석이 가장 쪼개지기 쉬운 면을 말하며 절리보다 불분명하지만 방향이 대체로 일치되어 있는 것은?

① 석리
② 입상조직
③ 석목
④ 선상조직

해설 석리는 석재 표면의 구성 조직으로 석재의 외관과 성질에 깊은 관계가 있고, 입상조직(현정질 조직)은 육안으로 석재의 파편을 보았을 때, 광물 입자들이 하나하나 구별되어 보이는 조직으로 화강암에서 볼 수 있다. 선상 조직은 용착부에 생기는 특이한 파단면의 조직 또는 아주 미세한 주상 결정이 서릿발 모양으로 나란히 있고, 그 사이에 현미경으로 볼 수 있는 비금속 불순물이나 기공이 있다. 이 조직을 나타내는 파단면을 선상 파단면이라고 한다.

정답 11. ③　12. ③　13. ①　14. ③　15. ④　16. ③

17

흑색 또는 회색 등이 있으며 얇은 판으로 뜰 수도 있어 천연 슬레이트라 하며 치밀한 방수성이 있어 지붕, 벽 재료로 쓰이는 것은?

① 감람석 ② 응회석
③ 점판암 ④ 안산암

해설 감람석은 화성암의 일종으로 화산 분출의 암장이 급냉, 응고된 것으로 내부에서 기체가 방출되어 유공질이 되며, 비중이 0.7 정도의 경석이다. 내화도가 높은 다공질의 석재로서 경량 골재나 내화재로 사용된다. 응회암은 화산에서 분출된 회분, 암괴 등이 응결된 것으로 가공이 용이하고, 흡수성이 크며, 내수성이 크나, 강도가 낮아 석회 제조에 사용되는 석재이며, 안산암은 강도, 경도, 비중이 크고, 내화력도 우수하여 구조용 석재로 널리 쓰이지만, 조직 및 색조가 균일하지 않고 석리가 있어 채석 및 가공이 용이하지만 대재를 얻기 어려운 석재이다.

18

석회암이 변화되어 결정화한 것으로 치밀, 견고하고 색채와 반점이 아름다우며 갈면 광택이 나므로 실내 장식재와 조각재로 사용되는 석재는?

① 응회암 ② 사암
③ 사문암 ④ 대리석

해설 응회암은 화산에서 분출된 회분, 암괴 등이 응결된 것으로 가공이 용이하고, 흡수성이 크며, 내수성이 크나, 강도가 낮아 석회 제조에 사용되는 석재이며, 사암은 암석의 붕괴에 의하여 생긴 모래, 자갈이 수중에 침전, 퇴적되어 점토나 탄소물질 등의 고결재에 의하여 경화 생성된 석재이며, 사문암은 감람석 또는 섬록암이 변질된 것으로, 색조는 암녹색 바탕에 흑백색의 아름다운 무늬가 있고, 경질이나 풍화성이 있어 외벽보다는 실내장식용으로 사용되는 석재로서 대리석 대용으로 사용되는 석재이다.

19

인조석이나 테라초판(terrazzo tile)의 종석으로 주로 활용되는 것은?

① 화강암 ② 대리석
③ 수성암 ④ 안산암

해설 테라초란 인조석의 일종으로 대리석의 쇄석, 백색 시멘트, 안료 등을 혼합하여 물로 반죽해 다진 다음, 색조나 성질이 천연 석재와 비슷하게 만든 것이다.

20

감람석 또는 섬록암이 변질된 것으로, 색조는 암녹색 바탕에 흑백색의 아름다운 무늬가 있고, 경질이나 풍화성이 있어 외벽보다는 실내 장식용으로 사용되는 석재는?

① 사문암 ② 대리석
③ 트래버틴 ④ 점판암

해설 대리석은 석회암이 변화되어 결정화한 것으로 치밀, 견고하고 색채와 반점이 아름다우며 갈면 광택이 나므로 실내 장식재와 조각재로 사용되는 석재 또는 풍화되기 쉬우므로 실외용으로는 적합하지 않으나, 석질이 치밀하고 견고할 뿐만 아니라 연마하면 아름다운 광택을 내므로 실내 장식용으로 적합한 석재이고, 트래버틴은 대리석의 한 종류로서 다공질이며, 석질이 균일하지 못하고, 암갈색의 무늬가 있는 석재로서 특수한 실내 장식재로 사용되며, 점판암은 흑색 또는 회색 등이 있으며 얇은 판으로 뜰 수도 있어 천연 슬레이트라 하며 치밀한 방수성이 있어 지붕, 벽 재료로 쓰이는 석재이다.

21

감람석이 변질된 것으로 암녹색 바탕에 아름다운 무늬를 갖고 있으나 풍화성이 있어 실내 장식용으로서 대리석 대용으로 사용되는 것은?

① 현무암 ② 사문암
③ 안산암 ④ 응회암

해설 현무암은 입자가 잘거나 치밀, 견고하고 비중이 2.9~3.1 정도이며, 토대석, 석축, 암면의 원료로 사용되고, 안산암은 강도, 경도, 비중이 크고, 내화력도 우수하여 구조용 석재로 널리 쓰이지만, 조직 및 색조가 균일하지 않고 석리가 있어 채석 및 가공이 용이하지만 대재를 얻기 어려운 석재이며, 응회암은 화산에서 분출된 회분, 암괴 등이 응결된 것으로 가공이 용이하고, 흡수성이 크며, 내수성이 크나, 강도가 낮아 석회 제조에 사용되는 석재이다.

정답 17. ③ 18. ④ 19. ② 20. ① 21. ②

22

백색 시멘트와 종석, 안료를 혼합하여 천연석과 유사한 외관을 가진 인조석으로 만든 것으로서 의석 또는 캐스트스톤(cast stone)이라고도 하는 것은?

① 모조석(imitation stone)
② 리신바름(lithin coat)
③ 러프코트(rough coat)
④ 인조석바름

해설 리신바름은 돌로마이트에 화강석 부스러기, 색모래, 안료 등을 섞어 정벌바름하고, 충분히 굳지 않은 때에 표면에 거친 솔, 얼레빗 같은 것으로 긁어 거친 면으로 마무리 하는 미장바름이고, 러프코트는 시멘트, 모래, 자갈, 안료 등을 섞어 이긴 것을 바탕바름이 마르기 전에 뿌려 붙이거나 또는 바르는 것으로 인조석바름이며, 인조석바름은 대리석, 화강암 등의 아름다운 쇄석(종석)과 백색 시멘트, 안료 등을 혼합하여 물로 반죽해 다진 다음, 색조나 성질이 천연 석재와 비슷하게 만든 것이다.

23

인조석바름의 반죽에 필요한 재료를 옳게 열거한 것은?

① 백시멘트, 종석, 강모래, 해초풀, 물
② 백시멘트, 종석, 안료, 돌가루, 물
③ 백시멘트, 강자갈, 강모래, 안료, 물
④ 백시멘트, 강자갈, 해초풀, 안료, 물

해설 인조석바름은 대리석, 화강암 등의 아름다운 쇄석(종석)과 백색 시멘트, 안료, 돌가루 등을 혼합하여 물로 반죽해 다진 다음, 색조나 성질이 천연 석재와 비슷하게 만든 것이다.

24

한수석(寒水石, 백회석)의 주 용도는?

① 점토벽돌의 제조용
② 콘크리트 골재용
③ 인조석바름의 종석용
④ 내화 벽돌 제조용

해설 한수석(백회석)은 대리석(석회암이 오랜 세월동안 지열과 지압을 받아 성질이 변한 석재)의 하나로서 백색 또는 청흑색의 광택이 있고, 단단하여 인조석의 종석이나 장식 또는 조각에 사용된다.

25

인조석바름 재료에 관한 설명으로 옳지 않은 것은?

① 주재료는 시멘트, 종석, 돌가루, 안료 등이다.
② 돌가루는 부배합의 시멘트가 건조수축할 때 생기는 균열을 방지하기 위해 혼입한다.
③ 안료는 물에 녹지 않고 내알칼리성이 있는 것을 사용한다.
④ 종석의 알의 크기는 2.5mm체에 100% 통과하는 것으로 한다.

해설 인조석은 쇄석을 종석으로 하여 시멘트에 안료를 섞어 진동기로 다진 후 판상으로 성형한 것으로서 자연석과 유사하게 만든 수장 재료 또는 대리석, 화강암 등의 아름다운 쇄석(종석, 2.5mm체에 50% 통과하는 크기)과 백색 시멘트, 안료 등을 혼합하여 물로 반죽한 다음 색조나 성질이 천연 석재와 비슷하게 만든 것을 인조석이라고 하며, 인조석의 원료는 종석(대리석, 화강암의 쇄석), 백색 시멘트, 강모래, 안료, 물 등이다.

26

인조석바름에 대한 설명 중 옳지 않은 것은?

① 인조석은 모르타르 바탕에 종석과 백시멘트, 안료, 돌가루를 배합 반죽한 것이다.
② 인조석바름으로 한 마감면은 수밀성 및 내구성이 우수하다.
③ 캐스트스톤은 자연석과 유사하게 돌다듬으로 마감한 제품을 일컫는다.
④ 인조석 정벌바름 후 숫돌로 연마해서 매끈하게 마감하는 방법을 인조석 씻어내기라 한다.

해설 인조석 정벌바름 후 숫돌로 연마해서 매끈하게 마감하는 방법을 인조석 갈기라고 하고, 인조석 씻어내기는 인조석이 굳기 전에 모르타르 면을 물로 씻어내어 쇄석의 알이 튀어나오도록 한 것이다.

정답 22. ① 23. ② 24. ③ 25. ④ 26. ④

27

시멘트 콘크리트 제품 중 대리석의 쇄석을 종석으로 하여 대리석과 같이 미려한 광택을 갖도록 마감한 것은?

① 석면 ② 테라초
③ 질석 ④ 고압 벽돌

해설 테라초란 인조석의 일종으로 대리석의 쇄석, 백색 시멘트, 안료 등을 혼합하여 물로 반죽해 다진 다음, 색조나 성질이 천연 석재와 비슷하게 만든 것이다.

28

화산석으로 된 진주석을 900~1,200℃의 고열로 팽창시켜 만들며, 주로 단열, 보온, 흡음 등의 목적으로 사용되는 재료는?

① 트래버틴(travertine)
② 펄라이트(pearlite)
③ 테라초(terrazzo)
④ 석면(asbestos)

해설 트래버틴은 대리석의 한 종류로서 다공질이며, 석질이 균일하지 못하고, 암갈색의 무늬가 있는 석재로서 특수한 실내 장식재로 사용되고, 테라초는 인조석의 일종으로 대리석의 쇄석, 백색 시멘트, 안료 등을 혼합하여 물로 반죽해 다진 다음, 색조나 성질이 천연 석재와 비슷하게 만든 것이며, 석면은 사문암이나 각섬암이 열과 압력을 받아 변질되어 섬유상으로 된 변성암이다.

29

돌로마이트에 화강석 부스러기, 색모래, 안료 등을 섞어 정벌바름하고 충분히 굳지 않은 때에 표면에 거친솔, 얼레빗 등으로 긁어 거친면으로 마무리하는 것으로 일종의 인조석바름은?

① 러프코트 ② 섬유벽
③ 리신바름 ④ 테라초 현장바름

해설 러프코트는 시멘트, 모래, 자갈, 안료 등을 섞어 이긴 것을 바탕바름이 마르기 전에 뿌려 붙이거나 또는 바르는 것으로 인조석바름이며, 섬유벽은 각종 섬유상의 물질 조각(목면, 펄프, 인견, 각종 합성섬유, 톱밥, 코르크분, 왕겨, 수목의 껍질, 암면 등)을 호료(점성을 높이는 물질)로 접합해서 바른 벽이다. 테라초 현장바름은 인조석의 일종으로 대리석의 쇄석, 백색 시멘트, 안료 등을 혼합하여 물로 반죽해 다진 다음, 색조나 성질이 천연 석재와 비슷하게 만든 것이다.

30

돌공사의 첫켜 쌓기에서 내민 쐐기는 며칠 후 제거하는 것이 좋은가?

① 1~2일 후 ② 3~4일 후
③ 4~5일 후 ④ 5~6일 후

해설 돌공사의 첫켜 쌓기
㉠ 돌 설치는 먼저 모서리·구석 또는 중간 요소에 규준이 되는 돌을 설치하고, 그 중간을 쌓아 돌아간다.
㉡ 사춤 채움을 정밀히 할 때에는 먼저 돌 높이의 1/3까지 되게 반죽한 모르타르 또는 콘크리트를 다져 넣고 어느 정도 굳으면 묽은 비빔 모르타르를 부어 넣어 스며들게 한다.
㉢ 모르타르를 부어넣은 후 1~2시간 경과 후 끼운 헝겊은 빼내고 주위 모르타르 눌러두기 및 줄눈 파기를 하고 완전히 청소한다.
㉣ **내민 쐐기·목재 쐐기는 1~2일 후 모두 제거하고,** 모르타르 땜질을 하여 둔다.
㉤ 석재의 돌출부는 널로 보양하는 것이 좋고, 화강암은 조암 광물이 다르므로 화열(火熱)에 약하며, 화강암 표면에 붙은 모르타르를 제거할 때에는 묽은 염산을 사용한다.

31

석재 다듬기에 관한 설명으로 적당하지 않은 것은?

① 정다듬 : 혹두기 등을 하고 2~3회 정도를 정으로 쪼아 다듬어 마무리하는 것
② 잔다듬 : 정다듬한 위에 평평한 날메로 잘 다듬는 것
③ 도드락다듬 : 정다듬한 위에 이가 있는 4각 주형 망치로 다듬는 것
④ 물갈기 : 잔다듬한 것 또는 톱으로 켠 것을 숫돌로 가는 것

해설 석재의 가공 중 잔다듬은 정다듬한 면을 날망치(외날 망치, 양날 망치)를 이용하여 평행 방향으로 치밀하고 곱게 쪼아 표면을 더욱 평탄하게 만든 것이고, ②번은 도드락다듬이다.

정답 27. ② 28. ② 29. ③ 30. ① 31. ②

32

다음은 석재의 모접기(moulding) 마무리의 단면이다. 게눈모란 어느 것인가?

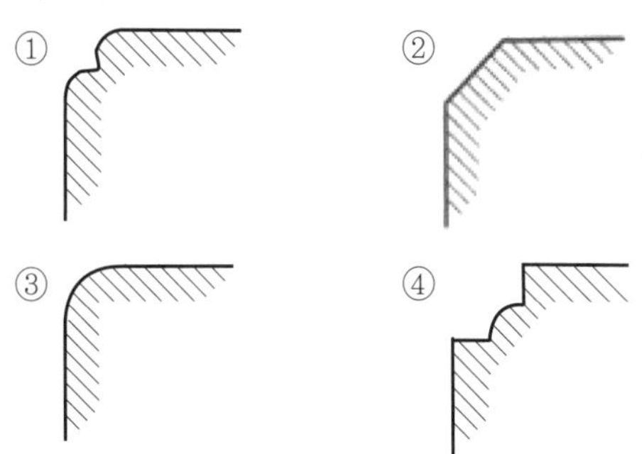

해설 ①항은 쌍사모, ②항은 큰모, ③항은 둥근모, ④항은 게눈모이다.

33

판석재 붙이기 공법에 대한 설명 중 알맞지 않은 것은?

① 바탕면과 틀 뒤의 거리는 25~30mm를 표준으로 한다.
② 줄눈은 도면 또는 시방서에서 정하지 않을 때는 실줄눈으로 한다.
③ 대리석 붙이기용 모르타르는 석고 1 : 모래 1의 석고 모르타르를 사용한다.
④ 붙임용 철물은 대리석인 경우에는 황동선을 사용한다.

해설 판석재 붙이기공사

㉠ 바탕면과 틀 뒤의 거리는 25~30mm를 표준으로 하고, 붙임용 철물은 대리석인 경우에는 황동선을 사용하며, 특별한 경우를 제외하고는 줄눈은 실줄눈으로 한다.
㉡ 대리석 붙이기의 모르타르는 시멘트 : 석고 = 2 : 1로 배합한 석고 모르타르를 사용하며, 대리석은 창문틀 설치가 끝나고 미장공사가 시작되기 전에 붙인다.
㉢ 대리석은 공사 중 석회, 시멘트, 물, 산, 기름 등이 접촉하면 변색되거나 얼룩지므로 석고 모르타르를 사용한다.
㉣ 대리석의 갈기는 철제의 원반이라는 연마기 밑에 놓고, 물과 금강사를 뿌려(초벌갈기, 거친 숫돌 #80)를 한 다음 재벌갈기(숫돌 #180), 정벌갈기(숫돌 #220)를 하여 광내기 가루를 뿌리고 헝겊, 펠트, 버프 등으로 연마한 후 왁스로 문질러 마무리한다.

34

인조석 마감의 종류가 아닌 것은?

① 인조석 갈아내기 마감
② 인조석 잔다듬 마감
③ 인조석 흑두기 마감
④ 인조석 씻어내기 마감

해설 인조석바름의 방식에는 인조석 씻어내기(씻어내기, 자갈박기, 긁어내기), 인조석 잔다듬 및 인조석 갈기 등이 있다.

35

대리석이나 테라초(terrazzo)판 붙이기 공사 후 보양으로 적당하지 않은 것은?

① 호분을 바른 다음 보양판을 얹어둔다.
② 종이를 바르고, 그 위에 나무판자 등으로 보호한다.
③ 거적 등으로 덮어서 파손을 방지한다.
④ 방수지를 붙인 다음 판으로 덮어둔다.

해설 공사 후 보양 방법은 대리석, 테라초, 일반 석재의 경우는 하드롱지 및 방수지 바르기, 판재, 각재 또는 호분으로 주위를 보호한다.

정답 32. ④ 33. ③ 34. ③ 35. ③

3 조적공사

01

다음 중 점토의 성질에 관한 설명으로 옳지 않은 것은?

① 알루미나가 많은 점토는 가소성이 좋다.
② 양질의 점토는 건조 상태에서 현저한 가소성을 나타내며 가소성이 너무 작은 경우에는 모래 등을 첨가하여 조절한다.
③ 점토의 비중은 일반적으로 2.5~2.6의 범위이나 Al_2O_3가 많은 점토는 3.0에 이른다.
④ 강도는 점토의 종류에 따라 광범위하며, 압축강도는 인장강도의 약 5배 정도이다.

해설 점토의 가소성은 점토의 성형에 있어서 중요한 성질로서 양질의 점토일수록 가소성이 좋고, 가소성이 너무 큰 경우에는 제점제(모래 또는 샤모테 등)를 넣어서 조절한다.

02

점토에 대한 설명 중 옳지 않은 것은?

① 양질의 점토일수록 가소성이 좋다.
② 점토를 소성하면 강도가 현저히 증대된다.
③ 가소성이 너무 클 때에는 모래 또는 샤모테 등의 제점제를 섞어서 조절한다.
④ 불순물이 많은 점토일수록 비중이 크다.

해설 점토의 비중은 불순 점토일수록 작고, 알루미나분이 많을수록 크며, 고알루미나질 점토는 비중이 3.0 내외이다.

03

점토의 물리적 성질에 대한 설명으로 옳지 않은 것은?

① 비중은 불순 점토일수록 낮다.
② 인장강도는 0.3~1MPa 정도이다.
③ 압축강도는 인장강도의 약 10배이다.
④ 자기류는 밀도, 비중이 가장 크다.

해설 점토의 압축강도는 인장강도의 5배 정도로 크다. 즉, 압축강도가 크다.

04

건축용 점토 제품의 제조 공정으로 옳은 것은?

① 원료 조합 → 숙성 → 반죽 → 성형 → 건조 → 소성 → 시유
② 원료 조합 → 반죽 → 숙성 → 성형 → 건조 → 소성 → 시유
③ 원료 조합 → 반죽 → 숙성 → 건조 → 성형 → 시유 → 소성
④ 원료 조합 → 반죽 → 성형 → 숙성 → 건조 → 소성 → 시유

해설 점토 제품의 제조 순서는 원토 처리 → 원료 배합 → 반죽 → 숙성 → 성형 → 건조 → (소성 → 시유 → 소성) 또는 (시유 → 소성) → 냉각 → 검사 → 선별의 순으로 제조한다.

05

점토 제품 중에서 흡수성이 가장 큰 것은?

① 토기
② 도기
③ 석기
④ 자기

해설 흡수율이 작은 것부터 큰 것의 순으로 나열하면, 자기 < 석기 < 도기 < 토기이고, 소성 온도가 낮은 것부터 높은 것의 순으로 나열하면, 토기 < 도기 < 석기 < 자기의 순이다.

06

점토 제품의 종류 중 가장 고온으로 소성되고 흡수율이 적으며 위생도기, 모자이크 타일 등으로 이용되는 것은?

① 토기
② 자기
③ 도기
④ 석기

정답 01. ② 02. ④ 03. ③ 04. ② 05. ① 06. ②

해설 점토 제품의 분류

종류	소성 온도(℃)	소지		투명도	건축재료	비 고
		흡수성	빛깔			
토기	790 ~1,000	크다.	유색	불투명	기와, 벽돌, 토관	최저급 원료(전답토)로 취약하다.
도기	1,100 ~1,230	약간 크다.	백색 유색	불투명	타일, 테라코타 타일 위생도기	다공질로서 흡수성이 있고 질이 굳으며, 두들기면 탁음이 난다. 유약을 사용한다.
석기	1,160 ~1,350	작다.	유색	불투명	마루 타일 클링커 타일	시유약은 안 쓰고 식염유를 쓴다.
자기	1,230 ~1,460	아주 작다.	백색	투명	고급 위생도기, 모자이크 타일, 자기질 타일	양질의 도토 또는 장석분을 원료로 하고 두들기면 금속음이 난다.

07

도자기 중 자기에 대한 설명으로 옳은 것은?

① 다공질로서 두드리면 탁음이 난다.
② 흡수율이 5% 이하이다.
③ 1,000℃ 이하에서 소성된다.
④ 위생도기 및 모자이크 타일 등으로 사용된다.

해설 자기는 소성 온도가 1,230℃~1,450℃ 정도이고, 흡수율이 아주 작으며(0%~1%), 다공질로서 두드리면 금속음이 난다. 특히, 자기의 소지는 백색이다.

08

점토 제품의 흡수성과 관계된 현상으로 가장 거리가 먼 것은?

① 녹물 오염
② 백화(白華)
③ 균열
④ 동해(凍害)

해설 점토 제품의 흡수성이 큰 것부터 작은 것의 순으로 나열하면, 자기(0~1%) → 석기(3~10%) → 도기(10%) → 토기(15~20%)정도이고, 흡수성은 백화, 균열, 동해 등과 관계가 깊다.

09

표준형 점토 벽돌의 치수로 옳은 것은?

① 210×100×57mm ② 190×90×60mm
③ 210×100×60mm ④ 190×90×57mm

해설 벽돌의 크기에 있어서 재래형(기존형)의 규격은 210mm×100mm×60mm이고, 장려형(표준형)의 규격은 190mm×90mm×57mm이다.

10

1종 점토 벽돌의 압축강도는 최소 얼마 이상이어야 하는가?

① $10.78N/mm^2$ ② $18.6N/mm^2$
③ $20.59N/mm^2$ ④ $24.5N/mm^2$

해설 벽돌의 구분

구 분	1종	2종	3종
흡수율 (% 이하)	10% 이하	13% 이하	15% 이하
압축강도 (N/min^2)	24.50 이상	20.59 이상	10.78 이상

11

점토 벽돌(KS L 4201)의 시험방법과 관련된 항목이 아닌 것은?

① 겉모양 ② 압축강도
③ 내충격성 ④ 흡수율

해설 점토 벽돌(KS L 4201)의 시험방법과 관련된 항목은 경결함의 항목에는 겉모양, 치수 및 표시 등이 있고, 중결함의 항목에는 압축강도, 흡수율 등이 있다.

12

점토에 톱밥, 겨, 탄가루 등을 30~50% 정도 혼합, 소성한 것으로 비중은 1.2~1.5 정도이며 절단, 못치기 등의 가공성이 우수한 벽돌은?

① 포도 벽돌 ② 과소 벽돌
③ 내화 벽돌 ④ 다공 벽돌

정답 07. ④ 08. ① 09. ④ 10. ④ 11. ③ 12. ④

해설 포도 벽돌은 도로 및 건물 옥상 포장용으로 마열이나 충격에 강하고, 흡수율이 작으며, 내화력이 강한 벽돌이고, 과소 벽돌은 지나치게 높은 온도로 구워낸 벽돌로서 흡수율이 매우 작고, 압축강도는 매우 크나, 모양이 좋지 않아 기초 쌓기와 특수 장식용으로 사용하며, 내화 벽돌은 높은 온도를 요하는 장소(용광로, 시멘트 및 유리 소성 가마, 굴뚝 등)에 사용하는 벽돌이다.

13 |

도로나 바닥에 깔기 위해 만든 두꺼운 벽돌로서 원료로 엔화토, 도토 등을 사용하여 만들며 경질이고 흡습성이 적은 특징이 있는 것은?

① 이형 벽돌　② 포도 벽돌
③ 치장 벽돌　④ 내화 벽돌

해설 이형 벽돌은 특별한 모양을 된 벽돌이고, 치장 벽돌은 외부에 노출되는 마감용 벽돌로써 벽돌면의 색깔, 형태, 표면의 마감 등의 효과를 얻기 위한 벽돌이며, 내화 벽돌은 내화 점토를 원료로 하여 만든 점토 제품으로, 보통 벽돌보다 내화성이 크고, 종류로는 샤모트 벽돌, 규석 벽돌 및 고토 벽돌이 있다.

14 |

점토 재료에서 SK 번호는 무엇을 의미하는가?

① 소성하는 가미의 종류를 표시
② 소성 온도를 표시
③ 제품의 종류를 표시
④ 점토의 성분을 표시

해설 소성 온도의 표시는 SK로 하고, 소성 온도의 측정에는 제게르 추, 복사 고온계, 광고온계, 열전대 고온계, 전위차 고온계, 저항 온도 지시계, 광 스펙트럼 분석 방법 등이 쓰인다. 주로 내화 벽돌의 내화도 표시에 사용된다.

15 |

내화 벽돌은 최소 얼마 이상의 내화도를 가져야 하는가?

① SK10 이상　② SK15 이상
③ SK21 이상　④ SK26 이상

해설 내화 벽돌의 내화도

구분	저급 내화 벽돌	중급 내화 벽돌	고급 내화 벽돌
내화도	SK26~29 (1,580 ~1,650℃)	SK30~33 (1,670 ~1,730℃)	SK34~42 (1,750 ~2,000℃)

16 |

각종 벽돌에 관한 설명 중 옳은 것은?

① 과소 벽돌은 질이 견고하고 흡수율이 낮아 구조용으로 적당하다.
② 건축용 내화 벽돌의 내화도는 500~600℃의 범위이다.
③ 중공 벽돌은 방음벽, 단열벽 등에 사용된다.
④ 포도 벽돌은 주로 건물 외벽의 치장용으로 사용된다.

해설 과소 벽돌은 모양이 바르지 않아 기초 쌓기나 특수 장식용으로 사용하고, 내화 벽돌의 내화도는 SK26(1,580℃)~SK42(2,000℃)이며, 포도 벽돌은 주로 도로 포장용, 건물 옥상 포장용 및 공장의 바닥용 등에 사용된다.

17 |

점토 벽돌에 대한 설명으로 틀린 것은?

① 1종 점토 벽돌의 압축강도는 210kgf/cm^2 이상이어야 한다.
② 표준형 벽돌의 길이의 치수허용차는 ±5.0mm이다.
③ 표준형 벽돌의 치수는 190×90×57mm이다.
④ 휨강도 및 압축강도에 따라 등급이 나뉜다.

해설 벽돌의 등급은 압축강도 및 흡수율에 따라 등급이 나뉜다.

18 |

모르타르 배합수 중의 미응결수나 빗물 등에 의해 시멘트 중의 가용성 성분이 용해되어 그 용액이 조적조 표면에 백색 물질로 석출되는 현상은?

① 백화 현상　② 침하 현상
③ 크리프 변형　④ 체적 변형

정답 13. ② 14. ② 15. ④ 16. ③ 17. ④ 18. ①

해설 백화 현상은 점토 제품(타일, 벽돌 등)에 있어서 물이 모르타르 속의 석회를 용해시켜 수산화석회를 만들고, 공기 중의 이산화탄소와 결합하여 수산화칼슘을 형성하여 제품의 표면을 백색의 꽃처럼 오염시키는 현상이다.

19

조적조의 백화 현상 방지법으로 옳지 않은 것은?

① 우천 시에는 조적을 금지한다.
② 가용성 염류가 포함되어 있는 해사를 사용한다.
③ 줄눈용 모르타르에는 방수제를 섞어서 사용하거나, 흡수율이 적은 벽돌을 선택한다.
④ 내벽과 외벽 사이 조적 하단부와 상단부에 통풍구를 만들어 통풍을 통한 건조 상태를 유지한다.

해설 조적조의 백화 현상은 콘크리트나 벽돌을 시공한 후 흰 가루가 돋아나는 현상으로, 원인은 벽체의 표면에 침투하는 빗물에 의하여 모르타르 중의 석회분이 수산화석회로 되어 표면에 유출될 때 공기 중의 탄산가스 또는 벽체 중의 유황분과 결합하여 생기므로 가용성 염류가 포함된 해사를 사용하면 오히려 백화 현상이 증대된다.

20

벽돌벽 두께 1.5B, 벽 면적 $40m^2$ 쌓기에 소요되는 붉은 벽돌의 소요량은? (단, 벽돌벽은 표준형이며 할증률을 고려한다.)

① 8,850장　　② 8,960장
③ 9,229장　　④ 9,408장

해설 표준형 벽돌로 벽두께 1.5B로 쌓는 경우 $1m^2$당 정미량은 224매이고, 할증률은 3%이므로,
$224매/m^2 \times 40m^2 \times (1+할증률) = 224매/m^2 \times 40m^2 \times (1+0.03) = 9228.8매 ≒ 9,229매$

21

다음 중 점토 제품이 아닌 것은?

① 테라코타　　② 테라초
③ 내화 벽돌　　④ 타일

해설 테라초는 인조석의 일종으로 인조석의 쇄석을 대리석의 쇄석을 사용하여 대리석 계통의 색조가 나도록 표면을 물갈기한 것으로 석재 제품이다.

22

점토 소성 제품에 대한 설명으로 옳은 것은?

① 내부용 타일은 흡수성이 적고 외기에 대한 저항력이 큰 것을 사용한다.
② 오지 벽돌은 도로나 마룻바닥에 까는 두꺼운 벽돌을 지칭한다.
③ 장식용 테라코타는 난간 벽, 주두, 창대 등에 많이 사용된다.
④ 경량 벽돌은 굴뚝, 난로 등의 내부 쌓기용으로 주로 사용된다.

해설 ①항의 외부용 타일은 흡수성이 적고, 외기에 대한 저항력이 큰 것을 사용하고, ②항의 오지 벽돌은 오짓물을 입힌 벽돌이고, 도로나 마룻바닥에 까는 두꺼운 타일은 클링커 타일이며, ④항은 내화 벽돌은 굴뚝, 난로 등의 내부 쌓기용으로 주로 사용된다.

23

점토 제품의 설명으로 틀린 것은?

① 과소 벽돌은 형태와 색채가 고르지 못하고, 균열이 많아 견고하지 못하다.
② 타일의 착색 재료에는 주로 금속 산화물을 이용한다.
③ 테라코타는 건축물의 패러핏, 주두 등의 장식에 사용되는 공동의 대형 점토 제품을 말한다.
④ 내화 벽돌의 내화도는 SK 번호로 나타내며 No.26부터 내화 벽돌로 본다.

해설 과소 벽돌은 빛깔이 짙은 것은 지나치게 높은 온도로 구워낸 벽돌이고, 흡수율이 매우 적고 압축강도는 매우 크나 모양이 바르지 않아서 기초 쌓기나 특수 장식용으로 사용하는 벽돌이다.

24

점토 제품에 대한 설명으로 옳지 않은 것은?

① 점토의 주요 구성 성분은 알루미나, 규산이다.
② 점토 입자가 미세할수록 가소성이 좋으며 가소성이 너무 크면 샤모트 등을 혼합 사용한다.
③ 점토 제품의 소성 온도는 도기질의 경우 1,100~1,230℃ 정도이며, 자기질은 이보다 낮다.
④ 소성 온도는 점토의 성분이나 제품에 따라 다르며, 온도 측정은 제게르 콘(Seger cone)으로 한다.

정답 19.② 20.③ 21.② 22.③ 23.① 24.③

해설 점토 제품의 소성 온도는 도기질의 경우에는 1,100~1,230℃이고, 자기질은 1,230~1,460℃이므로 도기질보다는 자기질의 소성 온도가 높다.

25 |

다음의 점토 제품에 대한 설명 중 옳은 것은?

① 자기질 타일은 흡수율이 매우 작다.
② 테라코타는 주로 구조재로 사용된다.
③ 내화 벽돌은 돌을 분쇄하여 소성한 것으로 점토 제품에 속하지 않는다.
④ 소성 벽돌이 붉은색을 띠는 것은 안료를 넣었기 때문이다.

해설 테라코타는 석재 조각물 대신에 사용되는 장식용 점토 제품이고, 내화 벽돌은 내화성이 높은 내화 점토를 원료로 만든 벽돌로서 내화도가 1,500~2,000℃ 정도인 황백색 벽돌이며, 벽돌의 소성 온도가 높아지고 오랜 시간 소성을 하면 색깔이 붉은색으로 변한다. 특히, 흡수율은 자기질 0~1%, 석기질 3~10%, 도기질 10% 정도이다.

26 |

점토 제품의 특성에 대한 설명으로 옳지 않은 것은?

① 도기는 유약을 사용하지 않는다.
② 석기의 흡수율은 10% 이내이다.
③ 자기는 타일, 위생도기 등에 사용된다.
④ 토기는 불투명하며, 흡수성이 크다.

해설 토기, 석기, 도기는 유약을 사용하는 시유 제품과 유약을 사용하지 않은 무유 제품 등이 있고, 자기는 시유 제품이 있다.

27 |

건축용 점토 제품에 대한 설명으로 옳은 것은?

① 저온 소성 제품이 화학 저항성이 크다.
② 흡수율이 큰 제품이 백화의 가능성이 크다.
③ 제품의 소성 온도는 동해 저항성과 무관하다.
④ 알루미나가 많은 점토는 가소성이 나쁘다.

해설 건축용 점토 제품은 흡수율이 큰 제품은 백화의 가능성이 크고, ①항의 저온 소성 제품은 화학 저항성이 작으며, ③항의 제품의 소성 온도는 동해 저항성이 크다. ④항의 알루미나가 많은 점토는 가소성이 좋다.

28 |

점토 및 점토 제품에 대한 설명 중 옳지 않은 것은?

① 과소 벽돌은 견고하기 때문에 일반 구조용 재료로 적당하다.
② 화학 성분 중 규산의 비율이 높은 경우 산에 대한 저항성이 증가한다.
③ 건축용 점토 제품의 소성색은 철화합물, 망간화합물, 소결 상황, 소성 온도에 따라 달라진다.
④ 3% 이상의 흡수율을 갖는 석기질과 도기질은 동해를 일으키기 쉬우므로 외부에는 사용하지 않는 것이 좋다.

해설 과소 벽돌은 흡수율이 매우 적고, 압축강도는 매우 크나, 모양이 바르지 않아서 기초 쌓기용이나 특수 장식용으로 사용하며, 일반 구조용 재료로는 부적당하다.

29 |

점토 제품인 위생도기의 구비 조건으로 옳지 않은 것은?

① 외관이 아름답고 청결할 것
② 내산성 및 내알칼리성이 클 것
③ 수세나 청소에 적합할 것
④ 탄력성이 있어 파손이 쉽게 되지 않을 것

해설 위생도기의 조건은 필요한 강도를 가지고, 파손이 잘 되지 않아야 한다.

30 |

벽돌벽 쌓기의 주의사항 중 틀린 것은?

① 모르타르 강도는 벽돌 강도보다 적어도 무방하다.
② 특별한 때 이외에는 화란식, 영식 쌓기로 한다.
③ 어느 부분이든 균일한 높이로 쌓아 올려야 한다.
④ 벽돌 쌓기에는 잔토막 또는 부스러기 벽돌을 쓰지 않는다.

정답 25. ① 26. ① 27. ② 28. ① 29. ④ 30. ①

해설 벽돌 쌓기 시 주의사항

㉠ 벽돌은 쌓기 전에 벽돌에 묻어 있는 오물을 깨끗하게 닦아내고 충분히 물축이기를 해야 한다(단, 내화 벽돌은 제외). 시멘트 벽돌일 때에는 쌓기 2~3일 전에 물축이기를 하여 표면을 건조시키거나 쌓은 후 물을 뿌린다.

㉡ 벽돌은 어느 부분을 막론하고 균일한 높이로 쌓아야 하며, 1일 쌓기 높이는 1.2~1.5m(17켜~22켜)로 한다.

㉢ 벽돌 쌓기의 방법은 특별한 경우를 제외하고는 영식 쌓기와 화란식 쌓기를 사용한다.

㉣ 조적용 모르타르 배합비는 시멘트 : 모래=1 : 3으로 하고, 치장 줄눈은 되도록 짧은 시일 내에 하는 것이 좋다.

㉤ 모르타르의 강도는 벽돌 강도와 같은 강도 이상이어야 하며, 잔토막 또는 부스러기 벽돌을 쓰지 않아야 한다.

31

다음 벽돌 쌓기 공사의 설명 중 틀린 것은?

① 불합격한 벽돌을 장외로 반출한다.
② 세로줄눈은 통줄눈으로 해도 무방하다.
③ 모르타르 강도는 벽돌 강도와 비슷하거나 강해야 한다.
④ 내화 벽돌은 물축임을 하지 않는다.

해설 벽돌 쌓기에 있어서 막힌 줄눈은 하중을 균등하게 분포시켜 하부에 전달하므로 구조적으로 강하고, 하부로부터 습기의 상승을 막을 수 있다. 그러므로 벽돌 쌓기에 있어서 **통줄눈보다 막힌 줄눈을 많이** 사용한다.

32

건물 각 부의 위치 및 높이, 기초의 너비 등을 결정하기 위해 만든 가설 공작물은?

① 수평 규준틀　② 세로규준틀
③ 벤치마크(기준점)　④ 줄치기

해설 ㉠ **세로규준틀** : 벽돌, 블록, 돌쌓기 등의 고저 및 수직면의 규준으로 설치하는 규준틀

㉡ **기준점(벤치마크)** : 공사 중 높이의 기준으로 삼고자 설정하는 것이며 대개는 설계 시에 건축할 건축물의 지반선은 현지에 지정하거나 입찰 전 현장 설명서에 지정된다. 기준점은 대개 지정 지반면에서 0.5~1.0m 위에 두고, 그 높이를 기준표 밑에 또한 현장 기록부에 기록하여 둔다.

㉢ **줄치기** : 공사 착수에 있어서 설계도에 따라 대지 안에 건물의 위치를 결정하기 위한 것으로 건물의 모서리, 출입구 등의 위치에 작은 말뚝을 박고 여기에 새끼줄을 쳐보는 것이다.

33

벽돌의 품질을 결정하는 데 가장 중요한 사항은?

① 흡수율 및 인장강도　② 흡수율 및 전단강도
③ 흡수율 및 휨강도　④ 흡수율 및 압축강도

해설 점토 벽돌의 품질

품질	종류	
	1종	2종
흡수율(% 이하)	10	15
압축강도 (MPa 이상)	24.50	14.70

34

벽돌 쌓기에서 방수상 가장 주의를 요하는 부분은?

① 창대 쌓기　② 모서리 쌓기
③ 벽 쌓기　④ 기초 쌓기

해설 모서리 쌓기는 미리 벽돌 나누기를 하여 토막 벽돌이 생기지 않도록 하고, 사춤 모르타르를 충분히 사용하며, 내부에는 통줄눈이 생기지 않도록 한다. 기초 쌓기는 두 켜씩 쌓는 밑부분은 길이 쌓기로 하는 것이 유리하고, 기초를 넓히는 경사는 60° 이상으로 하며, 기초 맨 밑부분의 너비는 벽돌벽 두께의 2배 이상으로 한다.

35

벽돌 쌓기에서 줄눈에 관한 다음 설명 중 옳지 않은 것은?

① 치장 줄눈은 평줄눈을 많이 사용한다.
② 치장 쌓기 줄눈은 통줄눈으로 하기도 한다.
③ 벽돌 쌓기 줄눈은 보통 10mm 정도로 한다.
④ 치장 줄눈용 모르타르의 배합은 1 : 3으로 한다.

정답 31. ② 32. ① 33. ④ 34. ① 35. ④

해설 치장 줄눈의 시멘트와 모래의 배합비는 1:1, 또는 1:2의 비율로 하고, 벽돌 벽면보다 2mm 정도 들어가 일매지고 줄바르게 바르되, 표면은 미끈하고 가장자리는 벽돌에 밀착되어야 한다.

36

벽돌 쌓기에서 통줄눈을 피하는 이유는?

① 방수 ② 방습
③ 방화 ④ 강도

해설 벽돌 쌓기에 있어서 통줄눈을 피하고 막힌 줄눈을 사용하는 이유는 응력의 분포 상태(강도)를 균등하게 하기 위함이다.

37

벽돌(조적)조 벽체의 강도에 영향을 미치는 사항으로 거리가 먼 것은?

① 벽돌의 결함
② 모르타르의 접착 강도
③ 벽돌의 인장강도
④ 시공 정밀도

해설 벽돌 벽체의 강도를 단순히 역학적으로 구하는 것은 거의 불가능한 일로서 벽의 높이와 길이에 의하여 정해진다고 보면, 벽이 높고 길수록 벽의 두께는 두껍게 하여야 한다. 또한, 벽돌의 결함, 모르타르의 접착 강도 및 시공의 정밀도에 의하여 결정된다.

38

벽돌 벽면에 균열이 생기는 이유 중 옳지 않은 것은?

① 기초의 부동 침하
② 이질재와의 접합부
③ 벽돌 및 모르타르의 강도 부족
④ 콘크리트 보 밑 모르타르 다져넣기의 과잉

해설 벽돌의 균열
㉠ 건축 계획 설계상의 미비에는 기초의 부동 침하, 건물의 평면, 입면의 불균형 및 벽의 불합리 배치, 불균형 하중, 큰 집중하중, 횡력 및 충격, 벽돌벽의 길이, 높이, 두께에 대한 벽돌 벽체의 강도 부족, 문골 크기의 불합리 및 불균형 배치 등이다.
㉡ 시공상의 결함에는 벽돌 및 모르타르의 강도 부족, 재료의 신축성, 이질재와의 접합부, 장막벽의 상부, 콘크리트 보 밑 모르타르 다져넣기 부족, 세로 줄눈의 모르타르 채움 부족 등이다.

39

벽돌 벽체에 생기는 백화 현상을 방지하기 위한 조치로 적당하지 않은 것은?

① 줄눈 모르타르에 석회를 혼합하여 우수의 침입을 방지한다.
② 차양 등의 돌출물에 빗물막이를 잘 한다.
③ 잘 소성된 벽돌을 사용한다.
④ 줄눈을 충분히 사춤하고, 줄눈 모르타르에 방수제를 넣는다.

해설 백화 현상
㉠ 원인 : 붉은 벽돌을 쌓은 후 벽돌의 성분과 모르타르의 성분이 결합하여 벽돌의 표면에 흰색의 가루가 생기는 현상을 백화라 한다.
㉡ 대책
- 양질의 벽돌을 사용하고, 줄눈을 빈틈없이 채운다.
- 빗물이 벽으로 스며들지 않도록 차양, 돌림띠를 설치한다.
- 염류의 유출을 막기 위하여 파라핀 도료 등을 바른다.

40

벽돌 쌓기 중 가장 튼튼한 쌓기법으로 한 켜는 마구리 쌓기 다음 켜는 길이 쌓기로 하고 모서리나 벽끝에는 이오토막을 쓰는 쌓기 방법은?

① 영식 쌓기 ② 화란식 쌓기
③ 불식 쌓기 ④ 미식 쌓기

해설 벽돌 쌓기

구 분	영 식	화란식	플레밍식	미국식
A켜	마구리 또는 길이		길이와 마구리	표면 치장벽돌 5켜 뒷면은 영식
B켜	길이 또는 마구리			
사용 벽돌	반절, 이오토막	칠오토막	반토막	
통줄눈	안 생김		생김	생기지 않음
특성	가장 튼튼함	주로 사용함	외관상 아름답다.	내력벽에 사용

정답 36. ④ 37. ③ 38. ④ 39. ① 40. ①

※ 네덜란드(화란)식 쌓기는 모서리에 칠오토막을 사용하고 일하기 쉬우며, 견고하므로 대개 이 방법을 사용한다.

41

현장에서 많이 이용되며 A켜, B켜가 교대로 쌓아지고 모서리나 끝에는 반절이나 이오토막이 사용되는 쌓기 방법은?

① 영국식 쌓기
② 화란식 쌓기
③ 불식 쌓기
④ 미식 쌓기

해설 벽돌 쌓기 중 영국식 쌓기는 A켜와 B켜를 교대로 쌓아 입면으로 보면, A켜는 마구리 쌓기, B켜는 길이 쌓기를 교대로 쌓은 것으로 벽의 모서리나 끝을 쌓을 때에는 반절이나 이오토막을 사용하며, 벽돌 쌓기 중 가장 튼튼하며, 내력벽은 이 방법으로 쌓는다.

42

보강 철근콘크리트블록조의 다음 설명 중 틀린 것은?

① 세로철근으로 이형철근을 사용할 때에는 도중에서 잇지 않는다.
② 보강블록조는 원칙적으로 통줄눈 쌓기로 한다.
③ 콘크리트 또는 모르타르 사춤은 두 켜 이내마다 한다.
④ 사춤 모르타르 · 콘크리트의 이음 위치는 줄눈과 일치되게 한다.

해설 콘크리트와 모르타르의 사춤은 빈 속에 내민 블록 쌓기용 모르타르, 모르타르 덩이, 나무 조각 등을 제거하고, 사춤은 블록 두 켜 쌓기 이내마다 하고, 사춤 모르타르, 콘크리트의 이음 위치는 블록 윗면에서 5cm 정도의 밑에 두고, 수평(가로) 줄눈에 일치되지 않게 한다. 또한, 사춤은 가로, 세로 철근의 삽입부, 벽 끝 · 교차부 · 모서리 · 문꼴의 갓둘레에는 모르타르 또는 콘크리트를 채워 넣는다.

43

보강 콘크리트 블록 구조에 있어서 내력벽의 배치는 균등을 유지하는 것이 가장 중요한 데 이유로서 옳은 것은?

① 수직 하중을 평균적으로 배분하기 위해서
② 기초의 부동 침하를 방지하기 위해서
③ 외관상 균형을 잡기 위해서
④ 테두리보의 시공을 간단하게 하기 위해서

해설 보강 블록 구조에 있어서 내력벽을 균등하게 배치하면 벽체에 작용하는 편심 하중을 줄인다. 즉, 수직 하중을 평균적으로 배분하기 위함이다.

44

블록(Block)의 1일 쌓기 높이로 옳은 것은?

① 1.0m 이하 ② 1.5m 이하
③ 1.7m 이하 ④ 2.0m 이하

해설 블록 쌓기 공사
㉠ 모르타르는 건비빔해 두고, 사용할 때에는 물을 넣고 충분히 반죽하여 사용해야 하며, 굳기 시작한 모르타르는 사용하지 않아야 한다.
㉡ 하루에 쌓는 높이는 1.5m(블록 7켜 정도) 이내를 표준으로 하며, 보통 1.2m(블록 6켜 정도)로 한다.
㉢ 블록은 살 두께가 두꺼운 부분이 위로 가도록 쌓는다.

45

유리 블록 쌓기에 관한 설명 중 틀린 것은?

① 유리 블록은 방수제가 혼합된 시멘트모르타르로 쌓는다.
② 쌓기에 사용되는 보강 철물에는 철근과 얇은 강판이 사용된다.
③ 줄눈 마무리는 줄눈 모르타르가 굳은 후에 줄눈 파기를 해야 안전하다.
④ 유리 블록은 부착력을 위해 염화비닐계 합성수지칠을 1회 한 후 모래를 뿌린다.

해설 유리 블록 쌓기의 줄눈 마무리는 줄눈 모르타르가 굳은 후에 하는 것은 좋지 않고, 줄눈 모르타르가 굳기 전에 마무리를 하는 것이 좋다(줄눈 표면에서 8mm 정도의 줄눈을 사용한다).

정답 41. ① 42. ④ 43. ① 44. ② 45. ③

46 |

조적조 벽에 철근콘크리트 테두리보(wall girder)를 설치하는 가장 큰 이유는?

① 내력벽을 일체화하여 건축물의 강도를 상승시키기 위해서
② 내력벽의 상부 마무리를 깨끗이 하기 위해서
③ 벽에 개구부를 설치하기 위해서
④ 목조 트러스 구조를 쓰기 위해서

해설 테두리보의 설치 이유
㉠ 벽체를 일체식 벽체로 만들기 위해서
㉡ 횡력에 대한 수직 균열을 막기 위해서
㉢ 세로 철근의 끝을 정착시키기 위해서
㉣ 집중하중을 받는 블록을 보강하기 위해서
㉤ 분산된 벽체를 일체로 하여 하중을 균등히 분포시키기 위해서

47 |

KS F 4002에 규정된 콘크리트 블록의 기본 크기가 아닌 것은?

① 390×190×190 ② 390×190×150
③ 390×190×120 ④ 390×190×100

해설 시멘트 블록의 기본 치수

형상	치수(mm)		
	길이	높이	두께
기본 블록	390	190, 210	100, 150, 190
이형 블록	길이, 높이 및 두께의 최소 수치를 90mm 이상으로 한다.		

4 타일공사

01 |

다음 중 모자이크 타일의 소재질로 가장 알맞은 것은?

① 토기질 ② 도기질
③ 석기질 ④ 자기질

해설 타일의 이용

호칭명	소지의 질	비고
내장 타일	자기질, 석기질, 도기질	* 도기질 타일은 흡수율이 커서 동해를 받을 수 있으므로 내장용에만 이용된다. * 클링커 타일은 비교적 두꺼운 바닥 타일로서 시유 또는 무유의 석기질 타일이다.
외장 타일	자기질, 석기질	
바닥 타일		
모자이크 타일	자기질	

02 |

비교적 두꺼운 외부 바닥용 타일로 시유 또는 무유의 석기질 타일의 명칭은?

① 모자이크 타일
② 논슬립 타일
③ 클링커 타일
④ 내장 타일

해설 모자이크 타일은 자기질 타일이고, 논슬립 타일은 계단의 미끄럼 방지용 타일로서 자기질이며, 내장 타일은 자기질, 석기질 및 도기질의 타일이다.

03 |

클링커 타일(Clinker tile)이 주로 사용되는 장소에 해당하는 곳은?

① 침실의 내벽
② 화장실의 내벽
③ 테라스의 바닥
④ 화학실험실의 바닥

해설 클링커 타일은 비교적 두꺼운 바닥 타일(테라스 바닥)로서 시유 또는 무유의 석기질 타일이다.

정답 46. ① 47. ③ / 01. ④ 02. ③ 03. ③

04

타일에 대한 설명 중 옳지 않은 것은?

① 일반적으로 모자이크 타일 및 내장 타일은 건식법, 외장 타일은 습식법에 의해 제조된다.
② 바닥 타일, 외부 타일로는 주로 도기질 타일이 사용된다.
③ 내부 벽용 타일은 흡수성과 마모 저항성이 조금 떨어지더라도 미려하고 위생적인 것을 선택한다.
④ 타일은 경량, 내화, 형상과 색조의 자유로움 등의 우수한 특성이 있다.

해설 내장 타일은 자기질, 석기질, 도기질을 사용하고, 외장 및 바닥 타일은 자기질, 석기질을 사용하며, 모자이크 타일은 자기질이다.

05

타일의 제조 공정에서 건식제법에 대한 설명으로 옳지 않은 것은?

① 내장 타일은 주로 건식제법으로 제조된다.
② 제조 능률이 높다.
③ 치수 정도(精度)가 좋다.
④ 복잡한 형상의 것에 적당하다.

해설 건식과 습식 타일의 특성

명칭	건식 타일	습식 타일
성형 방법	프레스 성형	압출성형
제조 가능한 형태	보통 타일(간단한 형태)	보통 타일(복잡한 형태도 가능)
정밀도	치수 · 정밀도가 높고, 고능률이다.	프레스 성형에 비해 정밀도가 낮다.
용도	내장 타일, 바닥 타일, 모자이크 타일	외장 타일, 바닥 타일

06

타일공사에 관한 다음 설명 중 옳지 않은 것은?

① 바닥 타일 붙임 모르타르를 까는 면적은 1회에 $15m^2$를 표준으로 한다.
② 모르타르는 건비빔한 후 3시간 이내에 사용하며, 물을 부어 반죽한 후 1시간 이내에 사용한다.
③ 치장 줄눈의 너비가 5mm 이상일 때에는 고무 흙손으로 충분히 눌러 빈틈이 생기지 않게 하며, 2회로 나누어 줄눈을 채운다.
④ 타일 붙임 바탕 모르타르를 바른 후 타일을 붙일 때까지는 1주일 이상의 기간을 두는 것을 원칙으로 한다.

해설 타일공사 시 주의사항

㉠ 모르타르는 건비빔한 후 3시간 이내에 사용하며, 물을 부어 반죽한 후 1시간 이내에 사용한다.
㉡ 치장 줄눈의 너비가 5mm 이하일 때에는 고무 흙손으로 충분히 눌러 빈틈이 생기지 않게 하며, 2회로 나누어 줄눈을 채운다. 또한, 치장 줄눈 너비가 6mm 이하일 때에는 평줄눈 헝겊닦기로 하고, 줄눈 너비가 9~15mm 정도일 때에는 지정하는 모양 줄눈 흙손으로 면이 일매지고 줄바르게 바르며, 필요한 경우에는 줄눈에 방수제를 혼입한다.
㉢ 내부용 타일은 약간 흡수성이 있어도 좋으며, 바탕 모르타르 혹은 콘크리트의 표면은 필요에 따라서 물축이기를 하여 사용한다.
㉣ 바닥 타일 붙임 모르타르는 1 : 2 정도가 배합비로 두께 10mm, 1회에 6~$8m^2$를 표준으로 바른다.
㉤ 타일 붙임용 모르타르의 배합은 경질 타일일 때는 1 : 2, 연질 타일일 때는 1 : 3 정도로 하여 흡수성이 큰 반자기질, 도기질의 것은 필요에 따라서 물축이기를 하여 사용한다. 타일 붙임용 모르타르의 바름 두께는 벽면의 수직 정도와 평활 정밀도에 따라서 다르나 보통 1.5~2.5cm 정도로 한다.

07

타일 붙이기에 대한 설명 중 부적당한 것은?

① 경질 타일일 때의 붙임용 모르타르의 배합은 1 : 2로 한다.
② 하루 벽타일 붙임 높이는 1.5m 이하로 한다.
③ 벽의 치장 줄눈은 세로 줄눈을 먼저 작업한다.
④ 바닥 타일의 바탕 모르타르는 가능한 두껍게 바르는 것이 좋다.

해설 타일 붙이기

㉠ 모르타르는 경질 타일일 때 1 : 2, 연질 타일일 때 1 : 3 정도한다.
㉡ 붙임 모르타르 바름 두께는 1.5~2.5cm 정도하며, 바닥 타일의 바탕 모르타르는 두께 1.5cm 이내로 가능한 한 얇게 바르는 것이 유리하다.
㉢ 벽타일의 1일 붙임 높이는 1.2m 정도이며, 1.5m를 넘어서는 안 된다.

정답 04. ② 05. ④ 06. ① 07. ④

㉣ 치장 줄눈은 세로 줄눈을 먼저 하고 가로 줄눈의 순서로 진행하며, 위에서 밑으로 마무리한다.

08

타일 붙이기 공법 중 거푸집면 타일 먼저 붙이기 공법의 종류로서 옳지 않은 것은?

① 타일 시트법
② 줄눈 칸막이법
③ 유닛 타일 붙이기법
④ 졸눈대법

해설 거푸집 먼저 붙임 공법은 현장에서 콘크리트를 타설할 때, 외부 거푸집의 내측면에 타일을 배열 고정시킨 후 내부 거푸집을 조립하고 콘크리트를 부어 넣어 타일과 콘크리트를 일체화시키는 공법으로 타일 시트법, 줄눈 칸막이법 및 줄눈대법 등으로 나누어진다.

09

벽타일공사에서 압착 붙이기 공법의 붙임 모르타르의 바름 두께의 표준으로 옳은 것은?

① 5~7mm 정도　② 10~15mm 정도
③ 18~20mm 정도　④ 20~25mm 정도

해설 외장 타일의 압착 붙이기에서 타일의 크기에 따라 108mm×60mm 이상의 경우는 5~7mm, 108mm×60mm 이하의 경우는 3~5mm이며, 내장 타일의 압착 붙이기에서 108mm×60mm 이상의 경우는 3~5mm, 108mm×60mm 이하의 경우는 3mm이다.

10

아스팔트 타일 시공상의 주의사항 중 옳지 않은 것은?

① 바닥 표면은 평탄하고 미끈하게 하며 충분히 건조시킨다.
② 타일은 20~30℃ 정도 가온하여 누그려 붙인다.
③ 타일 붙이기가 끝나면 2~3일은 통행을 금지하며, 보온 조치한다.
④ 타일면에 묻은 고착제는 휘발유를 사용하여 닦아낸다.

해설 아스팔트 타일 시공상 주의사항

㉠ 바탕에 콘크리트나 모르타르를 사용하는 경우에는 표면은 평탄하고 매끈하게 하여 흠손자국이 없고 충분히 건조되어야 한다(바탕 청소에 있어서 물은 사용하지 않는다).
㉡ 바탕 손질이 완료된 후 아스팔트 타일용 프라이머를 솔이나 주걱 등을 사용하여 얼룩이 지지 않도록 눌러 바른다(이때 통풍이 잘 되게 하고, 실의 한 구석부터 출입구쪽으로 붙여 나온다).
㉢ 실의 중앙부터 바닥의 1/4 또는 1/2씩 아스팔트 타일 교착제를 평탄하게 바른다.
㉣ 아스팔트 타일은 20~30℃ 정도로 가온하여 누그려 붙인다.
㉤ 아스팔트 타일 붙이기가 완료되면 2~3일간은 통행금지, 보온 등으로 보양을 하고, 물걸레나 왁스칠은 시멘트의 접착을 약화시킬 우려가 있기 때문에 아스팔트 타일이 완전히 고화될 때까지 하지 않는다.
㉥ 프라이머 칠에서 아스팔트 타일 붙이기가 완료되고, 고착될 때까지 실내온도, 재료온도는 20~25℃가 좋고, 적당한 온도가 아니면 시공 재료를 가온할 필요가 없다.
㉦ 아스팔트의 표면에 붙은 아스팔트 고착제는 칼, 샌드 페이퍼, 주걱 등으로 가볍게 긁어 제거하며, 휘발유 등의 용제를 사용하는 것은 좋지 않고, 닦아낼 때에도 기름을 사용하면 아스팔트를 손상시킬 우려가 있으므로 주의하여야 한다.

11

테라코타 블록을 시공할 때의 주의사항 중 부적당한 것은?

① 바탕을 바른 경우에 충분한 건조 기간을 둔다.
② 모르타르용 모래는 굵은 것을 사용하는 것이 좋다.
③ 줄눈 채움 모르타르 및 쌓기 모르타르에 적당히 방수제를 사용한다.
④ 동기에는 외기에 직접 접하지 않도록 적당히 보양한다.

해설 테라코타 블록의 시공에 있어서 바탕 및 테라코타는 습윤하게 하고, 고정 철물을 테라코타 한 개에 2개소 이상 촉·연결 철물 등으로 철골 또는 철근에 연결하고 모르타르를 사춤쳐 넣는다. 테라코타의 특성은 다음과 같다.

㉠ 일반 석재보다 가볍고, 압축강도는 화강암의 1/2로, 800~900kg/cm^2(80~90MPa)이다.
㉡ 화강암보다 내화력이 강하고, 대리석보다 풍화에 강하므로 외장에 적당하다.
㉢ 1개의 크기는 제조와 취급상 평물인 경우 0.5m^2, 형물이면 1.1m^3 이하가 적당하다.

정답 08. ③ 09. ① 10. ④ 11. ①

12 |

테라코타의 특성을 설명한 것 중 옳지 않은 것은?

① 원료는 고급 점토에 도토(陶土)를 혼합하여 만든 것이다.
② 일반 석재보다 가볍고 압축강도는 화강암의 1/2 정도이다.
③ 건축에 쓰이는 점토 제품으로는 가장 미술적인 것으로서, 색상도 석재보다 자유롭다.
④ 화강암보다 내화력은 강하나 풍화는 대리석보다 약하므로 주로 내장용으로 쓰인다.

해설 테라코타는 일반 석재보다 가볍고, 압축강도는 화강암의 1/2로 800~900kg/cm^{2}이고, 화강암보다 내화력이 강하며, 대리석보다 풍화에 강하므로 외장에 적당하다.

13 |

테라코타에 대한 설명 중 적당하지 않은 것은?

① 화강암보다 내화력이 크다.
② 대리석보다 풍화에 강하다.
③ 강도는 화강암 정도로 강하다.
④ 일반 석재보다 가볍다.

해설 일반 석재보다 가볍고, 압축강도는 화강암의 1/2로 800~900kg/cm^2(80~90MPa)이다.

14 |

테라초 현장 갈기 공사에 관한 설명 중 부적당한 것은?

① 종석은 일반적으로 9~12mm 정도의 크기를 사용한다.
② 바닥 줄눈은 보통 60~120cm 정도의 거리 간격으로 한다.
③ 갈기는 1일 정도 경화시킨 다음 카보런덤 숫돌로 간다.
④ 반죽의 바름은 바탕 모르타르 위에 9~15mm 정도의 두께로 펴 바른다.

해설 테라초 현장바름공사

㉠ 줄눈대 대기 : 줄눈 나누기에 있어서 줄눈의 간격은 최대 2m, 보통 60~120cm로 하지만 보통은 90cm 정도가 가장 좋고, 면적은 1.2m^{2}정도로 한다.

㉡ 바닥 바르기 : 1 : 3 배합의 바탕 모르타르를 두께 2~3cm 정도로 줄눈대를 규준으로 하여 나무 흙손으로 펴서 바른다. 종석과 배합비는 1 : 2.5 정도로 된 비빔한 테라초 반죽을 두께 9~15mm 정도로 펴 바른다. 바닥 바름 두께의 표준은 접착공법일 때 35mm, 유리(遊離)공법일 때 60mm 정도이다.

㉢ 갈기 : 테라초바름 후에는 습기 유지에 유의하여 급격한 건조를 피하고, 충분히 건조시킨 다음 (여름에는 3일 이상, 겨울에는 7일 이상) 방치하였다가 갈아야 한다.

- 카보런덤 숫돌로 돌알(9~12mm)이 균등하게(최대 면적이 될 때까지) 나타나도록 갈고, 물씻기 청소 후 테라초와 동일한 색의 시멘트풀을 문질러서 잔 구멍과 튄 돌알의 구멍을 메운다.
- 시멘트풀먹임이 경화된 다음 중갈기를 하며, 중갈기와 시멘트풀먹임을 2~3회 거듭하고 정벌 갈기를 한 후 고운 숫돌로 마무리한 후 청소한다.

㉣ 마감은 수산을 써서 시멘트액을 빼고, 광내기 가루를 헝겊, 버프 등에 묻혀 문질러 닦고 광내기 왁스칠을 한다. 왁스칠은 시간을 두고 얇게 여러 번 하는 것이 좋다.

15 |

테라초 현장 갈기 시공에 있어 줄눈대를 넣는 목적으로 옳지 않은 것은?

① 바름의 구획 목적　② 균열 방지 목적
③ 보수 용이 목적　④ 마모 감소 목적

해설 테라초 현장 갈기에서 줄눈대를 두는 이유는 넓은 구역을 바르는 것보다 작은 구역을 바르는 바름의 구획 목적, 수축 및 팽창에 의한 균열의 방지 및 보수를 용이하게 하기 위함이다.

16 |

테라초 현장 갈기에 관한 설명으로 틀린 것은?

① 줄눈의 거리 간격은 보통 60~120cm로 하지만 90cm각 정도가 적당하다.
② 걸레받이, 징두리벽을 현장 갈기할 때에는 바닥 갈기보다 나중에 한다.
③ 테라초바름 후에는 습기에 유의하여 급격한 건조를 피한다.
④ 좁은 간격으로 대는 줄눈대의 고정 모르타르는 교차점에 두지 않는 것이 좋다.

정답 12. ④ 13. ③ 14. ③ 15. ④ 16. ②

해설 테라초 현장바름공사에서 걸레받이, 징두리벽을 현장 갈기 하는 경우 바닥 갈기보다 먼저 한다.

17

테라초 바르기의 줄눈 나누기의 크기는?

① 면적 : $0.9m^2$ 이내, 최대 줄눈 간격 : 1.2m 이하
② 면적 : $1.0m^2$ 이내, 최대 줄눈 간격 : 1.2m 이하
③ 면적 : $1.2m^2$ 이내, 최대 줄눈 간격 : 2.0m 이하
④ 면적 : $1.5m^2$ 이내, 최대 줄눈 간격 : 2.0m 이하

해설 테라초 현장바름공사의 줄눈대 대기에 있어서 줄눈 나누기에 있어서 줄눈의 간격은 최대 2m, 보통 60~120cm로 하지만 보통은 90cm 정도가 가장 좋고, 면적은 $1.2m^2$ 이내로 한다.

5 금속공사

01

다음 중 연강 또는 강재의 응력변형곡선에서 가장 먼저 나타나는 것은?

① 상항복점　② 비례한도
③ 하항복점　④ 파단점

해설 응력 – 변형률 곡선

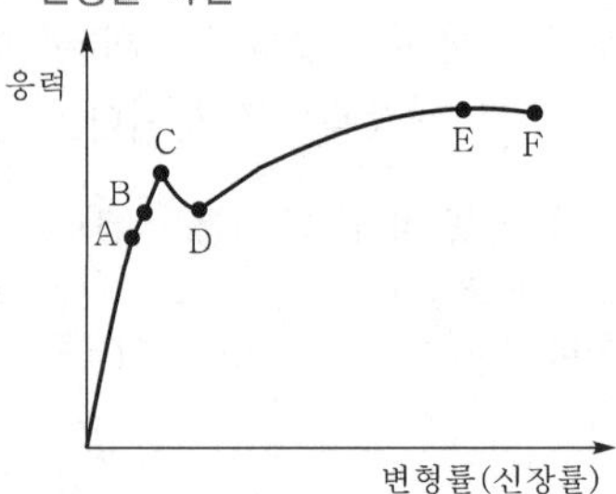

A : 비례한도
B : 탄성한도
C : 상위 항복점
D : 하위 항복점
E : 극한강도, 최대 강도
F : 파괴강도

02

강재의 인장시험에서 탄성에서 소성으로 변하는 경계는?

① 비례한계점　② 변형경화점
③ 항복점　④ 인장강도점

해설 응력 – 변형률 곡선

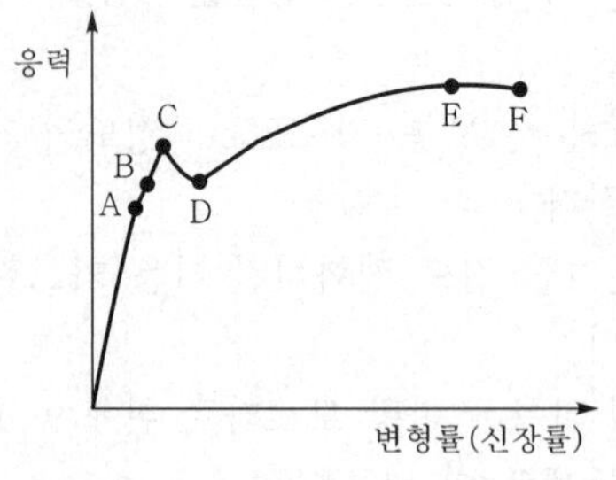

A : 비례한도
B : 탄성한도
C : 상위 항복점
D : 하위 항복점

정답 17. ③ / 01. ② 02. ③

E : 극한강도, 최대 강도
F : 파괴강도

03 |

강의 기계적 성질 중 항복비를 옳게 나타낸 것은?

① $\frac{\text{인장강도}}{\text{항복강도}}$ ② $\frac{\text{항복강도}}{\text{인장강도}}$
③ $\frac{\text{변형률}}{\text{인장강도}}$ ④ $\frac{\text{인장강도}}{\text{변형률}}$

해설 항복비(항복강도를 인장강도로 나누어 백분율로 표현한 것)으로 다음과 같이 산정한다.
즉, 항복비 $= \frac{\text{항복강도}}{\text{인장강도}} \times 100(\%)$이다.

04 |

구조용 강재에 반복하중이 작용하면 항복점 이하의 강도에서 파괴될 수 있다. 이와 같은 현상을 무엇이라 하는가?

① 피로파괴 ② 인성파괴
③ 연성파괴 ④ 취성파괴

해설 인성은 재료가 외력을 받아 변형을 나타내면서도 파괴되지 않고 견딜 수 있는 성질이고, 연성은 재료가 탄성한계 이상의 힘을 받아도 파괴되지 않고 가늘고 길게(넓고 또는 얇게)늘어나는 성질이며, 취성은 재료가 외력을 받아도 변형되지 않거나 극히 미미한 변형을 수반하고 파괴되는 성질이다.

05 |

탄소강이 가장 높은 인장강도 및 경도를 나타낼 때의 탄소량은?

① 약 0.15%
② 약 0.25%
③ 약 0.45%
④ 약 0.85%

해설 강은 탄소의 함유량이 0.04~1.7% 범위의 철을 말하고 탄소의 함유량이 0.85% 정도일 때 가장 굳으며 250℃에서 강도가 최대가 된다. 또한 강의 압축강도는 주철의 압축강도보다 크다.

06 |

탄소강의 성질에 대한 설명으로 옳은 것은?

① 합금강에 비해 강도와 경도가 크다.
② 보통 저탄소강은 철근이나 강판을 만드는데 쓰인다.
③ 열처리를 해도 성질의 변화가 없다.
④ 탄소함유량이 많을수록 강도는 지속적으로 커진다.

해설 탄소강은 합금강에 비해 강도와 경도가 적고, 열처리를 하면 강재의 성질이 변화하며, 탄소의 함유량이 많을수록 강도(인장, 항복)는 증가하나, 약 0.85%에서 최대가 되고, 그 이상(약 0.85%)이 되면 감소한다.

07 |

강의 일반적 성질에 관한 설명으로 옳지 않은 것은?

① 탄소함유량이 증가할수록 강도는 증가한다.
② 탄소함유량이 증가할수록 비열 · 전기 저항이 커진다.
③ 탄소함유량이 증가할수록 비중 · 열전도율이 올라간다.
④ 탄소함유량이 증가할수록 연신율 · 열팽창계수가 떨어진다.

해설 강은 일반적으로 탄소량의 증가에 따라 물리적 성질의 비열, 전기 저항, 항장력과 화학적 성질의 내식성, 항복강도, 인장강도, 경도 및 항복점 등은 증가하고, 물리적 성질의 비중, 열팽창계수, 열전도율과 화학적 성질의 연신률, 충격치, 단면 수축률 등은 감소한다.

08 |

강의 기계적 가공법 중 회전하는 롤러에 가열상태의 강을 끼워 성형해가는 방법은?

① 압출 ② 압연
③ 사출 ④ 단조

해설 압출은 틀이나 좁은 구멍을 통하여 눌러서 밀어내는 것이고, 사출은 재료를 가열, 용융하여 작은 구멍을 통하여 냉각된 금속형 속에서 성형하는 것이며, 단조는 금속을 고온으로 가열하여 연화된 상태에서 힘을 가하여 변형, 가공하는 방법이다.

정답 03. ② 04. ① 05. ④ 06. ② 07. ③ 08. ②

09

불림하거나 담금질한 강을 다시 200~600℃로 가열한 후 공기 중에서 냉각하는 처리로 내부 응력을 제거하며 연성과 인성을 크게 하기 위해 실시하는 것은 무엇인가?

① 뜨임질　② 압출
③ 중합　④ 단조

해설 뜨임(소려)은 불림하거나 담금질한 그대로의 강은 너무 경도가 커서 내부에 변형을 일으키는 경우가 많다. 그러므로 인성과 연성을 부여하기 위하여 이것을 200~600℃ 정도로 다시 가열한 다음 공기 중에서 천천히 식히면 변형이 없어지고 강인한 강이 되는 열처리법의 하나이다.

10

주철관이 오수관(汚水管)으로 사용되는 가장 큰 이유는?

① 인장강도가 크기 때문이다.
② 압축강도가 크기 때문이다.
③ 내식성이 뛰어나기 때문이다.
④ 가공성이 좋기 때문이다.

해설 주철관(급수용, 배수용, 가스용 등으로 사용되는 관으로 내식성, 내구성, 내압성 등이 우수하고, 부식 감량이 적으며, 충격과 인장강도가 약하다.)이 오수관으로 사용되는 이유는 내식성이 매우 뛰어나기 때문이다.

11

동에 관한 설명 중 옳지 않은 것은?

① 전연성이 풍부하다.
② 열과 전기에 대한 전도율이 매우 우수하다.
③ 맑은 물에는 침식되나 해수에는 침식되지 않는다.
④ 암모니아 등의 알칼리성 용액에 침식된다.

해설 동(구리)은 맑은 물에는 침식되지 않으나, 해수에는 빨리 침식되어 염기성 산염화물이 생기고, 묽은 황산이나 염산에는 서서히 용해되고, 진한 황산에는 빨리 용해된다.

12

가공성, 강도, 내마모성 등이 우수하여 계단 논슬립, 난간, 코너비드 등의 부속 철물로 이용되는 금속은 어느 것인가?

① 니켈　② 아연
③ 황동　④ 주석

해설 니켈은 전성과 연성이 좋고, 내식성이 커서 공기와 습기에 대하여 산화가 잘 되지 않으며, 주로 도금을 하여 사용한다. 아연은 비교적 강도가 크고, 연성 및 내식성이 양호하며, 공기 중에서는 거의 산화하지 않으나, 습기나 이산화탄소가 있는 경우에는 표면에 탄산염이 발생하여 내부의 산화 진행을 방지한다. 주석은 전성과 연성이 풍부하고, 내식성이 크며, 산소나 이산화탄소의 작용을 받지 않고, 유기산에 거의 침식되지 않으며, 알칼리에는 천천히 침식된다.

13

황동의 주성분은?

① 구리와 아연　② 구리와 니켈
③ 구리와 알루미늄　④ 구리와 철

해설 구리와 아연의 합금은 황동이고, 구리와 주석의 합금은 청동이다.

14

구리와 주석의 합금으로 내식성이 크며 주조하기 쉽고 표면에 특유의 아름다운 청록색을 가지고 있어 건축 장식 철물 또는 미술 공예 재료에 사용되며, 또한 강도, 경도가 커서 기계 또는 건축용 철물로도 이용되는 것은?

① 황동　② 청동
③ 양은　④ 적동

해설 황동(놋쇠)은 구리에 아연(Zn) 10~35% 정도를 가하여 만든 합금으로, 구리보다 단단하고 주조가 잘 되고 가공하기가 쉬우며 내식성이 크고 외관이 아름다워 창호 철물에 많이 쓰인다. 양은은 구리, 니켈, 아연 등의 합금으로 색깔이 아름답고, 내산, 내알칼리성이 있으며, 마멸에 강하여 문장식, 전기기구 등에 사용된다. 적동은 구리에 소량의 금을 넣어 만든 합금이다.

정답 09. ① 10. ③ 11. ③ 12. ③ 13. ① 14. ②

15

다음 중 구리(Cu)와 주석(Sn)을 주체로 한 합금으로 주조성이 우수하고 내식성이 크며 건축 장식 철물 또는 미술 공예 재료에 사용되는 것은?

① 청동　　② 황동
③ 양백　　④ 두랄루민

해설 황동(놋쇠)은 구리에 아연(Zn) 10~35% 정도를 가하여 만든 합금으로, 구리보다 단단하고 주조가 잘 되고 가공하기가 쉬우며 내식성이 크고 외관이 아름다워 창호 철물에 많이 쓰인다. 양백(양은)은 황동(구리+아연)에다 니켈을 첨가한 소재이다. 그 색깔이 은과 비슷하므로 옛날부터 장식용, 식기, 악기, 기타 은대용으로 사용되어 왔으며 탄성, 내식성이 좋으므로 탄성재료, 화학기계용 재료에 사용한다. 두랄루민(알루미늄+구리+마그네슘+망간)은 알루미늄 합금의 대표적인 것으로 내열성, 내식성, 고강도의 제품으로 비중은 2.8 정도이고, 인장강도는 40~45kg/ mm^2로서 종래에는 비행기, 자동차 등에 주로 사용하였으나, 근래에는 건축용재로 많이 쓰인다.

16

알루미늄(aluminium)의 일반적 성질에 대한 설명으로 틀린 것은?

① 광선 및 열반사율이 높다.
② 해수 및 알칼리에 강하다.
③ 독성이 없고 내구성이 좋다.
④ 압연, 인발 등의 가공성이 좋다.

해설 알루미늄은 전기나 열전도율이 크고, 전성과 연성이 풍부하며 가공하기 쉽다. 공기 중에서 표면에 산화막이 생기면 내부를 보호하는 역할을 하나, 산, 알칼리, 염에 약하므로 이질 금속 또는 콘크리트 등에 접할 경우에는 방식 처리를 해야 한다.

17

알루미늄의 성질이 아닌 것은?

① 알칼리에 강하다.
② 내화성이 부족하다.
③ 내식성이 우수하며 연하기 때문에 가공성이 좋다.
④ 역학적 성질이 우수하며, 열과 전기의 전도성이 크다.

해설 알루미늄은 산, 알칼리 및 염에 약하므로 이질 금속 또는 콘크리트 등에 접할 때에는 방식 처리를 하여야 한다.

18

알루미늄의 성질에 관한 설명 중 옳지 않은 것은?

① 용점이 낮기 때문에 용해 주조도는 좋으나 내화성이 부족하다.
② 열 · 전기 전도성이 크고 반사율이 높다.
③ 알칼리나 해수에는 부식이 쉽게 일어나지 않지만 대기 중에서는 쉽게 침식된다.
④ 비중이 철의 1/3 정도로 경량이다.

해설 알루미늄은 알칼리나 해수에는 쉽게 부식되나, 대기 중에서는 산화물의 보호 피막(알루마이트)을 만들므로 쉽게 부식되지 않는다.

19

알루미늄의 특성에 대한 설명으로 옳지 않은 것은?

① 독특한 흰 광택을 지닌 경금속으로 광선 및 열의 반사율이 크다.
② 타 금속에 비하여 열전도율이 낮은 편이다.
③ 열팽창계수는 강보다 약 2배 크다.
④ 전도성이 좋아서 판, 선, 봉으로 가공하기 쉽다.

해설 알루미늄은 전기나 열전도율이 크고(높고), 전성과 연성이 풍부하며, 가공하기가 쉽다. 가벼운 정도에 비하여 강도가 크고, 공기 중에서 표면에 산화막이 생기면 내부를 보호하는 역할을 하므로 내식성이 크나, 산, 알칼리 및 염에 약한 단점이 있다.

20

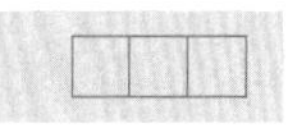

알루미늄에 관한 설명으로 틀린 것은?

① 용해 주조도는 좋으나 내화성이 부족하다.
② 알칼리나 해수에 약하다.
③ 내식도료로 광명단을 사용한다.
④ 열 · 전기 전도성이 크고 반사율이 높다.

해설 알루미늄의 내식성과 내구성 등을 증대시키기 위한 방법으로 양극산화 피막법(수산, 황산, 크롬산, 염기성

정답 15. ① 16. ② 17. ① 18. ③ 19. ② 20. ③

염 등을 전해질로 하고, 알루미늄을 양극으로 하여 전기분해함으로써 알루미늄 표면에 산화피막을 형성하는 방법)과 화학적 산화피막법(알루미늄을 화학약품용액에 담가 전류를 통하지 않고, 산화피막을 만드는 방법) 등이 있고, 내식도료로는 징크로메이트도료(크롬산 아연을 안료로 하고, 알키드수지를 전색제로 한 것)를 사용한다.

21 |

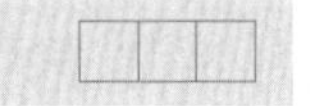

다음 중 방사선 차단성이 가장 큰 금속은?

① 납 ② 알루미늄
③ 동 ④ 주철

해설 알루미늄은 전기나 열전도율이 크고, 전성과 연성이 풍부하며 가공하기 쉽다. 공기 중에서 표면에 산화막이 생기면 내부를 보호하는 역할을 하나, 산, 알칼리, 염에 약하므로 이질 금속 또는 콘크리트 등에 접할 경우에는 방식 처리를 해야 한다. 동(구리)은 휘동광, 황동광의 원광석을 용광로나 전로에서 거친 구리를 만들고, 이것을 전기 분해하여 구리로 정련하여 얻는다. 주철은 탄소 함유량이 1.7~6.67%인 철을 말하고, 보통 사용하는 탄소량이 2.5~4.5% 정도이며, 기계적인 가공(단조, 압연 등)은 할 수 없으나, 녹인 주물을 복잡한 모양으로 쉽게 넣어 만들기를 할 수 있다.

22 |

금속재에 관한 설명으로 옳지 않은 것은?

① 알루미늄은 경량이지만 강도가 커서 구조재료로도 이용된다.
② 두랄루민은 알루미늄 합금의 일종으로 구리, 마그네슘, 망간, 아연 등을 혼합한다.
③ 납은 내식성은 우수하나 방사선 차단효과가 적다.
④ 주석은 단독으로 사용하는 경우는 드물고, 철판에 도금을 할 때 사용된다.

해설 납은 금속 중에서는 비교적 비중(11.4)이 크고 연한 금속으로 주조 가공성과 단조성이 풍부하며, 열전도율은 작으나 온도의 변화에 따른 신축이 크다. 또한, 공기 중에서는 그 표면에 탄산납의 피막이 생겨서 내부가 보호(내식성)되며, 내산성은 크나 알칼리에는 침식된다. 용도로는 송수관, 가스관, X선실의 안벽 붙임(방사선 차단에 효과가 있다.) 등에 사용한다.

23 |

스테인리스강(Stainless Steel)은 탄소강에 어떤 주요 금속을 첨가한 합금강인가?

① 알루미늄(Al) ② 구리(Cu)
③ 망간(Mn) ④ 크롬(Cr)

해설 스테인리스강은 크롬, 니켈 등을 함유하며, 탄소량이 적고 내식성이 우수한 특수강이다.

24 |

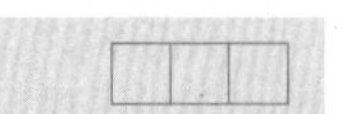

철강제품 중에서 내식성, 내마모성이 우수하고 강도가 높으며, 장식적으로도 광택이 미려한 Cr-Ni 합금의 비자성 강(鋼)은?

① 스테인리스강
② 탄소강
③ 주철
④ 주강

해설 탄소강은 탄소함유량이 많고 적음에 따라 성질이 달라지고 탄소량이 적을수록 연질이며, 강도도 작아지나 신장률이 커진다. 주철은 탄소량이 2.5~4.5%이고 기계적인 가공(단조, 압연 등)은 할 수 없으나 녹인 주물을 복잡한 모양으로 쉽게 부어 넣어 만들기를 할 수 있는 특성이 있으며, 회주철은 연질이고 수축이 적으며 가공하기 쉬운 주물에 사용하고, 백선은 강도를 필요로 하는 주물에 사용한다. 주강은 탄소량이 1% 이하인 용융강을 필요한 모양과 치수에 따라 주조하여 만든 것으로 항복점이나 경도는 강과 같으나, 신장률은 강에 비하여 작다. 주강은 구조용재로서 철골 구조의 주각, 기둥과 보와의 접합부 등에 많이 쓰인다.

25 |

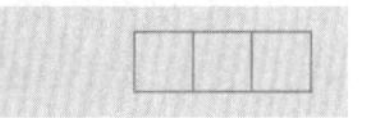

각종 강의 용도로 옳지 않은 것은?

① 경강은 못 등에 쓰인다.
② 반경강은 볼트, 강널말뚝 등에 쓰인다.
③ 반연강은 레일, 차량, 기계용 형강 등에 쓰인다.
④ 연강은 철근, 조선용 형강, 강판 등에 쓰인다.

해설 경강의 용도는 기계, 실린더 및 레일 등에 사용하고, 못은 극연강으로 만든다.

정답 21. ① 22. ③ 23. ④ 24. ① 25. ①

26

스테인리스강에 대한 설명 중 옳지 않은 것은?

① 탄소량이 많을수록 강도는 작아지고 내식성은 커진다.
② 대기 중이나 물속에서 거의 녹슬지 않는다.
③ 벽체의 마감재, 전기기구, 장식철물 등에 사용된다.
④ 탄소강에 크롬, 니켈 등을 포함시킨 합금(특수강)이다.

해설 스테인레스강은 탄소강에 비하여 공기 중이나 수중에서 녹이 잘 슬지 않는 강으로서 일반적으로 크롬의 양이 증가함에 따라 내식성과 내열성이 좋아지고, 니켈의 첨가에 따라 기계적인 성질이 개선된다. 또한, 전기저항성이 크고, 열전도율이 낮다.

27

각종 금속의 성질에 관한 설명으로 옳지 않은 것은?

① 알루미늄은 콘크리트와 접촉하면 침식된다.
② 동은 대기 중에서는 내구성이 있으나 암모니아에는 침식되기 쉽다.
③ 동은 주물로 하기 어려우나 청동이나 황동은 쉽다.
④ 납은 산이나 알칼리에 강하므로 콘크리트에 매설해도 침식되지 않는다.

해설 납은 금속 중에서 비교적 비중(11.3 정도)이 크고 연한 금속으로 주조성과 단조성이 풍부하며 내산성이 크나, 알칼리에는 침식된다. 용도로는 송수관, 가스관, X선실 안벽 등에 사용된다.

28

금속 재료에 대한 설명 중 옳지 않은 것은?

① 청동은 황동과 비교하여 주조성이 우수하다.
② 알루미늄은 상온에서 판, 선으로 압연 가공하면 경도와 인장강도가 증가하고 연신율이 감소한다.
③ 아연 함유량 50% 이상의 황동은 구조용으로 적합하다.
④ 아연은 청색을 띤 백색 금속이며, 비점이 비교적 낮다.

해설 황동(놋쇠)은 주로 동과 아연의 비가 70%, 30%의 합금이나 가공(압연, 인발 등)이 용이하고, 내식성이 크므로 정첩, 창문의 레일, 장식 철물 및 나사, 볼트, 너트 등에 널리 사용하고 있어 구조용으로 부적합하며, 아연을 50% 정도 함유한 것은 황금색을 띠며, 비중이 8.3 정도이다.

29

비철 금속에 관한 설명으로 옳은 것은?

① 이온화 경향이 높을수록 부식되기 어렵다.
② 동의 전기전도율, 열전도율은 높다.
③ 알루미늄은 산에는 침식되지만 내해수성은 우수하다.
④ 아연은 내산, 내알칼리성이 우수하여 도금제로 사용된다.

해설 이온화 경향이 높을수록 부식이 쉽고, 알루미늄은 산, 알칼리 및 염에 매우 약하며, 아연은 묽은 산류에 쉽게 용해되고, 그 용해도는 불순할수록 심해지며, 알칼리에도 침식되고, 해수에는 서서히 침식된다.

30

다음의 비철 금속에 대한 설명 중 옳지 않은 것은?

① 동 – 건조한 공기 중에서는 산화하지 않으나, 습기가 있거나 탄산가스가 있으면 녹이 발생한다.
② 알루미늄 – 탄산염, 크롬산염, 초산염, 황화물 등의 중성 수용액에서는 내식성이 좋으나 염화물 용액 중에서는 나쁘다.
③ 아연 – 산, 알칼리 등은 아연의 부식을 촉진하며, 물의 온도 65~75℃에서 부식이 심하다.
④ 납 – 화학적으로 황산에 의한 부식에 매우 취약하며, 불화수소나 SO_2 가스에 대해 침식되기 쉽다.

해설 납은 공기 중에서는 탄산납이 생겨 내부를 보호하고, 내산(묽은 염산, 황산 등)성이 크나, 알칼리에는 침식된다.

정답 26. ① 27. ④ 28. ③ 29. ② 30. ④

31

건축용 각종 금속 재료 및 제품에 대한 설명 중 옳지 않은 것은?

① 구리는 화장실 주위와 같이 암모니아가 있는 장소나, 시멘트, 콘크리트 등 알칼리에 접하는 경우에는 빨리 부식하기 때문에 주의해야 한다.
② 납은 방사선의 투과도가 낮아 건축에서 방사선 차폐 재료로 사용된다.
③ 알루미늄은 대기 중에서는 부식이 쉽게 일어나지만 알칼리나 해수에는 강하다.
④ 니켈은 전연성이 풍부하고 내식성이 크며 아름다운 청백색 광택이 있어 공기 중 또는 수중에서 색이 거의 변하지 않는다.

해설 알루미늄은 원광석인 보크사이트(bauxite : $Al_2O_3 \cdot 2H_2O$)로부터 알루미나(Al_2O_3)를 만들고, 이것을 다시 전기분해하여 만든 은백색의 금속으로 전기나 열전도율이 크고, 전성과 연성이 풍부하며, 가공하기가 쉽다. 또한, 가벼운 정도에 비하면 강도가 크고, 공기 중에서 표면에 산화막이 생기면 내부를 보호하는 역할을 하므로 내식성이 크며, 산 · 알칼리나 염에 약하므로 이질 금속 또는 콘크리트 등에 접할 때에는 방수 처리를 해야 한다. 특히, 반사율과 열팽창(철의 2배 정도)이 크다.

32

알루미늄 재료와 철재의 접촉면 사이에 수분이 있으면 알루미늄은 부식한다. 이것은 무슨 작용인가?

① 열분해작용
② 전기분해작용
③ 산화작용
④ 기상작용

해설 금속의 부식작용 중 전기작용에 의한 부식은 서로 다른 금속이 접촉하며 그 곳에 수분이 있을 경우에는 전기분해가 일어나 이온화 경향이 큰 쪽이 음극으로 되어 전기적 부식작용을 받는다. 금속의 이온화 경향이 큰 것부터 차례대로 열거해 보면 다음과 같다.
K → Ca → Na → Mg → Al → Cr → Mn → Zn → Fe → Ni → Sn → Pb → (H) → Cu → Hg → Ag → Pt → Au
위치가 (H)보다 왼쪽일수록 금속의 이온화 경향이 큰 금속으로 단독으로도 습기나 물 속에서 부식된다.

33

금속의 부식 방지대책으로 옳지 않은 것은?

① 가능한 한 두 종의 서로 다른 금속은 틈이 생기지 않도록 밀착시켜서 사용한다.
② 균질한 것을 선택하고 사용할 때 큰 변형을 주지 않도록 주의한다.
③ 표면을 평활, 청결하게 하고 가능한 한 건조상태를 유지하며, 부분적인 녹은 빨리 제거한다.
④ 큰 변형을 준 것은 가능한 한 풀림하여 사용한다.

해설 전기작용에 의한 부식은 서로 다른 금속이 접촉하며 그 곳에 수분이 있을 경우에는 전기 분해가 일어나 이온화 경향이 큰 쪽이 음극으로 되어 전기적 부식 작용을 받는다. 즉, 서로 다른 금속은 접촉하지 않도록 하여야 한다.

34

금속 재료의 부식을 방지하는 방법이 아닌 것은?

① 이종 금속을 인접 또는 접촉시켜 사용하지 말 것
② 균질한 것을 선택하고 사용 시 큰 변형을 주지 말 것
③ 큰 변형을 준 것은 풀림(annealing)하지 않고 사용할 것
④ 표면을 평활하고 깨끗이 하며, 가능한 건조 상태로 유지할 것

해설 가공 중에 생긴 변형은 풀림(800~1,000℃정도로 가열한 후 노 속에서 서서히 냉각시키는 열처리법), 뜨임(200~600℃ 정도로 가열한 후 공기 중에서 서서히 냉각시키는 열처리법) 등에 의해 제거한다.

35

철강의 부식 및 방식에 대한 설명 중 틀린 것은?

① 철강의 표면은 대기 중의 습기나 탄산가스와 반응하여 녹을 발생시킨다.
② 철강은 물과 공기에 번갈아 접촉되면 부식되기 쉽다.
③ 방식법에는 철강의 표면을 Zn, Sn, Ni 등과 같은 내식성이 강한 금속으로 도금하는 방법이 있다.
④ 일반적으로 산에는 부식되지 않으나 알칼리에는 부식된다.

정답 31. ③ 32. ② 33. ① 34. ③ 35. ④

해설 철강재와 다른 금속들도 해안지대(염분을 대기 중에 많이 포함)와 공장지대(산화황, 암모늄, 염 등이 포함)에서는 부식이 촉진된다.

36

얇은 강판에 마름모꼴의 구멍을 연속적으로 뚫어 그물처럼 만든 것으로 천장, 벽 등의 미장 바탕에 쓰이는 것은?

① 메탈라스
② 메탈폼
③ 루프드레인
④ 조이너

해설 메탈폼은 강재 또는 금속재의 콘크리트용 거푸집으로서 치장 콘크리트에 많이 사용하고, 루프드레인은 평지붕의 빗물이 빠지는 구멍에 뚜껑식으로 된 거르개이며, 조이너는 텍스, 보드, 금속판, 합성수지판 등의 줄눈에 대어 붙이는 것으로서 아연도금 철판제, 알루미늄제, 황동제 및 플라스틱제가 있다. 메탈라스는 얇은 철판에 절목을 내어 이를 옆으로 늘려서 천정이나 벽 등의 도벽 바탕에 쓰이는 철물이다.

37

보통 철선 또는 아연도금 철선으로 마름모형, 갑옷형으로 만들며 시멘트모르타르 바름 바탕에 사용되는 금속제품은?

① 와이어라스(wire lath)
② 와이어메시(wire mesh)
③ 메탈라스(metal lath)
④ 익스펜디드메탈(expanded metal)

해설 와이어메시는 연강 철선을 전기 용접을 하여 정방형 또는 장방형으로 만든 것으로 벽체의 균열 방지, 교차 및 모서리 부분의 보강에 사용하고, 메탈라스는 두께 0.4~0.8mm의 연강판에 일정한 간격으로 그물눈을 내고 늘여 철강 모양으로 만든 것으로 천장, 벽 등의 모르타르 바탕용으로 사용하며, 익스펜디드메탈은 두께 6~13mm의 연강판을 망상으로 만든 것으로 콘크리트 보강용으로 사용한다.

38

연강 철선을 가로 · 세로로 대어 전기 용접하여 정방형 또는 장방형으로 만들어 콘크리트 도로 바탕용 등에 처짐 및 균열에 대응하도록 만든 철물은?

① 와이어라스 ② 메탈라스
③ 와이어메시 ④ 코너비드

해설 와이어라스는 보통 철선 또는 아연도금 철선으로 여러 형태(마름모, 갑옷, 둥근형 등)로 만든 것으로 시멘트 모르타르 바름의 바탕에 사용되고, 메탈라스는 두께 0.4~0.8mm의 연강판에 일정한 간격으로 그물눈을 내고 늘여 철강 모양으로 만든 것이며, 코너비드는 벽, 기둥 등의 모서리 부분의 미장바름을 보호하기 위하여 묻어 붙인 모서리쇠이다.

39

벽, 기둥 등의 모서리 부분에 미장바름을 보호하기 위하여 묻어 붙인 것으로 모서리쇠라고도 불리우는 것은?

① 레지스터 ② 코너비드
③ 논슬립 ④ 조이너

해설 레지스터는 그릴형 분출구에 셔터가 조립된 것으로 풍량이나 기류를 조절할 수 있다. 논슬립은 계단의 미끄럼을 방지하기 위하여 계단의 코 부분에 사용하며 놋쇠, 황동제 및 스테인리스 강재 등이 있다. 조이너는 텍스, 보드, 금속판, 합성수지판 등의 줄눈에 대어 붙이는 것으로서 아연도금 철판제, 알루미늄제, 황동제 및 플라스틱제가 있다.

40

미장 작업시 코너비드(corner bead)는 주로 어디에 사용되는가?

① 천장
② 거푸집
③ 계단 디딤판
④ 기둥의 모서리

해설 코너비드는 기둥 및 벽체의 모서리면에 미장을 쉽게하고, 모서리를 보호할 목적으로 설치하는 철물이다.

정답 36. ① 37. ① 38. ③ 39. ② 40. ④

41 |

철근콘크리트 바닥판 밑에 반자틀이 계획되어 있음에도 불구하고 실수로 인하여 인서트(insert)를 설치하지 않았다고 할 때 인서트의 효과를 낼 수 있는 철물의 설치 방법으로 옳지 않은 것은?

① 익스펜션 볼트(expansion bolt) 설치
② 스크루 앵커(screw anchor) 설치
③ 드라이브핀(drive pin) 설치
④ 개스킷(gasket) 설치

해설 익스펜션 볼트는 콘크리트 표면 등에 띠장, 문틀 등의 다른 부재를 고정하기 위하여 묻어두는 특수 볼트로서 콘크리트 면에 뚫린 구멍에 볼트를 틀어박으면 그 끝이 벌어지게 되어있어 구멍 안쪽 면에 고정되는 볼트이고, **스크류 앵커**는 삽입된 연질 금속 플러그에 나사못을 끼운 것으로 인발력이 50~115kg 정도이며, **드라이브핀**은 드라이비트를 이용하여 콘크리트에 쳐박는 특수못이다.

42 |

천장에 달대를 고정시키기 위하여 사전에 매설하는 철물에 해당하는 것은?

① 인서트(insert)
② 드라이브핀(drive pin)
③ 익스펜션 볼트(expansion bolt)
④ 스크류 앵커(screw anchor)

해설 **드라이브핀**(drive pin)은 콘크리트나 강재 등에 일종의 못박기 총인 드라이비트를 사용하여 쳐박는 못이고, **익스펜션 볼트**(expansion bolt)는 콘크리트 면에 뚫린 구멍에 볼트를 틀어 박으면 그 끝이 벌어지게 되어 있어 구멍의 안쪽면에 고정되도록 만든 것이며, **스크류 앵커**(screw anchor)는 삽입된 연질 금속의 플러그에 나사못을 끼운 것이다.

43 |

철골 부재간 접합방식 중 마찰접합 또는 인장접합 등을 이용한 것은?

① 메탈 터치　　② 컬럼 쇼트닝
③ 필릿용접 접합　　④ 고력볼트 접합

해설 메탈 터치(mill finished joint)은 강재와 강재를 빈틈없이 밀착시키는 것의 총칭이고, **컬럼 쇼트닝**은 건물의 벽체나 기둥과 같은 수직 부재에서는 작용하중에 의해 탄성적인 축소가 일어나며 철근콘크리트 또는 철골철근콘크리트구조와 같이 콘크리트를 주요한 재료로 사용하는 수직 부재에서는 시간이 지남에 따라 변형이 증가하는 콘크리트의 특성으로 비탄성적인 축소가 추가된다. **필릿용접 접합**은 거의 직각을 이루는 두 면의 구석 부분을 용접하는 것이다.

44 |

금속 가공 제품에 관한 다음 설명 중 옳은 것은?

① 조이너는 얇은 판에 여러 가지 모양으로 도려낸 철물로서 환기구 · 라디에이터 커버 등에 이용된다.
② 펀칭 메탈은 계단의 디딤판 끝에 대어 오르내릴 때 미끄러지지 않게 하는 철물이다.
③ 코너비드는 벽 · 기둥 등의 모서리 부분의 미장 바름을 보호하기 위하여 사용한다.
④ 논슬립은 천장 · 벽 등에 보드류를 붙이고 그 이음새를 감추고 누르는 데 쓰이는 것이다.

해설 메탈라스는 얇은 판에 여러 가지 모양으로 도려낸 철물로서 환기구 · 라디에이터 커버 등에 이용되고, **논슬립**은 계단의 디딤판 끝에 대어 오르내릴 때 미끄러지지 않게 하는 철물이며, **조이너**는 천장 · 벽 등에 보드류를 붙이고 그 이음새를 감추고 누르는 데 쓰이는 것이다.

45 |

경량 형강에 관한 설명 중 옳지 않은 것은?

① 단면적에 비해 단면의 성능계수를 크게 한 것이다.
② 처짐과 국부좌굴에 유리하다.
③ 경미한 구조물, 실내 구조물 및 보조재로 사용한다.
④ 부식에 약하며 외부 사용이 어렵다.

해설 경량 형강(얇은 두께의 형강)은 처짐과 국부좌굴에 매우 불리한 단점이 있다.

정답 41. ④ 42. ① 43. ④ 44. ③ 45. ②

6 창호 및 유리공사

01

창호공사에 쓰이는 철물이 아닌 것은?

① 도어클로저(door closer)
② 플로어힌지(floor hinge)
③ 피벗힌지(pivot hinge)
④ 프리액세스 플로어(free-access floor)

해설 도어클로저(도어체크)는 스프링 경첩의 일종으로 문을 자동적으로 닫게 하는 장치이고, 플로어힌지는 피벗힌지와 비슷하고 스프링이 마루면에 숨어 있는 것으로 보통 스프링의 힘을 액체나 피스톤에 의해 죄어지게 하는 창호 철물이고, 피벗힌지는 창호를 상하에서 축달림으로 받치는 것으로 조정나사에 의해 창호의 정지 속도와 위치를 조절하는 창호철물이다. 또한, 프리액세스 플로어(이중마루, 또는 뜬바닥)는 말 그대로 오피스(사무실) 외에 상업시설, 공장, 학교 등의 컴퓨터나 많은 배선을 필요로 하는 장소에 설치되는 바닥구조이다.

02

다음 중 창호철물이 아닌 것은?

① 경첩
② 플로어힌지
③ 지도리
④ 익스펜션 볼트

해설 경첩(문틀에 여닫이 창호를 달 때 한 쪽은 문틀에, 다른 한 쪽은 문짝에 고정하여 여닫는 지도리가 되는 철물), 플로어힌지(금속제 스프링과 완충유와의 조합 작용으로 열린 문이 자동으로 닫혀지게 하는 철물) 및 지도리(장부가 구멍에 들어 끼워 돌게된 철물)는 창호철물에 속하나, 익스펜션 볼트(expansion bolt)는 콘크리트 면에 뚫린 구멍에 볼트를 틀어 박으면 그 끝이 벌어지게 되어 있어 구멍의 안쪽면에 고정되도록 만든 것이다.

03

여닫이 창호용 철물이 아닌 것은?

① 경첩 ② 도어체크
③ 도어스톱 ④ 레일

해설 여닫이 창호철물에는 도어체크[도어클로저, 문(여닫이문)과 문틀에 장치하여 문을 열면 저절로 닫혀지는 장치가 되어 있는 창호철물], 도어스톱[여닫이 창호(창과 문)를 열어서 고정시켜 놓는 철물], 경첩 및 플로어힌지 등이 사용되고, 레일은 미서기 창호에 사용한다.

04

다음 중 열어진 여닫이문이 저절로 닫아지게 하는 장치는?

① 도어스톱 ② 도어체크
③ 꽂이쇠 ④ 나이트래치

해설 도어스톱(도어홀더)은 여닫이 창호(창과 문)를 열어서 고정시켜 놓는 철물 또는 문받이 철물이고, 도어 캐치는 문이 닫혀있는 상태를 유지하는 철물이고, 꽂이쇠는 미서기, 미닫이 창호의 안팎에 여밈대에 꿰뚫어 꽂아서 밖에서 열 수 없게 된 문걸쇠이며, 나이트래치는 실내에서는 열쇠 없이 열고 외부에서는 열쇠가 있어야만 열 수 있는 자물쇠이다.

05

창호철물로서 도어체크를 달 수 있는 문은?

① 미닫이문 ② 여닫이문
③ 접이문 ④ 미서기문

해설 미닫이문, 접이문 및 미서기문은 여닫는 방향이 문과 평행 방향이므로 도어체크(도어클로저)를 달 수 없고, 여닫이문은 도어체크를 달 수 있다.

06

창호와 창호철물에 대한 연결이다. 관련없는 항목은?

① 돌쩌귀 : 여닫이문
② 플로어 힌지 : 자재 여닫이문
③ 지도리 : 회전창
④ 도어클로저 : 미서기창

해설 도어체크(도어클로저)는 문(여닫이문)과 문틀에 장치하여 문을 열면 저절로 닫혀지는 장치가 되어 있는 창호철물로서, 피스톤의 작용에 의해 개폐속도를 조절한다.

정답 01. ④ 02. ④ 03. ④ 04. ② 05. ② 06. ④

07 |

다음 중 알루미늄 창호에 대한 설명으로 옳은 것은?

① 강성이 작고, 열에 의한 변형이 크다.
② 비중이 철의 약 3배이다.
③ 산, 알칼리 및 해수에 침식되지 않는다.
④ 강제 창호에 비하여 내화성이 크다.

해설 알루미늄 창호는 비중이 철의 약 1/3정도이고, 산, 알칼리 및 해수에 침식되며, 강제 창호에 비하여 내화성이 작다.

08 |

유리의 주성분 중 가장 많이 함유되어 있는 것은?

① 석회　② 소다
③ 규산　④ 붕산

해설 유리의 주성분으로 규산(SiO_2)이 71~73% 정도, 소다(Na_2O)가 14~16% 정도, 석회(CaO)가 8~15% 정도 함유되어 있고, 기타 성분으로는 붕산, 인산, 산화마그네슘, 알루미나, 산화아연 등을 소량 함유하고 있다.

09 |

유리의 일반적인 성질에 관한 설명으로 옳지 않은 것은?

① 철분이 많을수록 자외선 투과율이 높아진다.
② 깨끗한 창유리의 흡수율은 2~6% 정도이다.
③ 투과율은 유리의 맑은 정도, 착색, 표면상태에 따라 달라진다.
④ 열전도율은 대리석, 타일보다 작은 편이다.

해설 유리에 함유되어 있는 성분 중 산화제이철은 자외선을 차단하는 주성분이므로 철분은 많이 함유할수록 자외선의 투과율은 낮아진다.

10 |

보통 유리에 관한 설명으로 옳지 않은 것은?

① 건조 상태에서 전도체이다.
② 급히 가열하거나 냉각시키면 파괴되기 쉽다.
③ 불연재료이지만 방화용으로서는 적당하지 않다.
④ 창유리의 강도는 보통 휨강도를 말한다.

해설 보통 유리는 건조 상태에서 부전도체이나, 수분이 있으면 전도체가 된다.

11 |

일반 건축물의 창유리로 사용되는 유리는?

① 소다석회유리　② 칼리석회유리
③ 칼리연유리　④ 석영유리

해설 건축공사의 일반 창유리에 사용되는 것은 소다석회유리이고, 칼리석회유리에는 칼리유리, 경질유리 및 보헤미아유리 등으로 고급용품, 이화학기구, 기타 장식품, 공예품 및 식기 등에 사용하며, 칼리납유리에는 납유리, 플린트유리 및 크리스탈유리 등으로, 고급 식기, 광학용 렌즈류, 모조 보석 및 진공관용 등에 사용한다. 또한, 석영(고규산)유리는 전구, 살균 등에 사용한다.

12 |

용융하기 쉽고 산에는 강하나 알칼리에 약하며 창유리, 유리 블록 등에 사용하는 유리는?

① 물유리　② 유리섬유
③ 소다석회유리　④ 칼륨납유리

해설 물유리는 점성이 있는 액체 상태의 유리로서, 주로 도료, 방수제, 보색제 등으로 사용한다. 유리섬유는 용융된 유리를 압축공기를 사용하여 가는 구멍을 통과시킨 다음 냉각시킨 것으로 환기장치의 먼지 흡수용, 화학공장의 산 여과용, 접착제 등으로 사용한다. 칼륨납유리는 소다, 칼륨 유리보다 용융하기 쉽고, 산 및 열에 약하며, 가공하기 쉽다. 또한, 비중, 광선 굴절률, 분산률이 크다.

13 |

다음 판유리제품 중 경도(硬度)가 가장 작은 것은?

① 플린트유리　② 보헤미아유리
③ 강화유리　④ 연(鉛)유리

해설 유리의 경도는 모스 경도표에 의하여 6도 정도이고, 일반적으로 알칼리가 많으면 경도는 감소하고, 알칼리 토금속류가 혼합되면 경도는 증대한다. 또한, 연(납)유리는 산과 열에 약하고, 비중과 굴절률이 크며, 부드러워 경도가 낮다.

정답 07. ① 08. ③ 09. ① 10. ① 11. ① 12. ③ 13. ④

14 |

유리의 표면을 초고성능 조각기로 특수 가공 처리하여 만든 유리로서 5mm 이상의 후판 유리에 그림이나 글 등을 새겨 넣은 유리는?

① 에칭유리 ② 강화유리
③ 망입유리 ④ 로이유리

해설 강화유리는 유리를 500~600℃로 가열한 다음 특수 장치를 이용하여 균등하게 급격히 냉각시킨 유리로서 유리 파편에 의한 부상이 적다. 망입유리는 용융 유리 사이에 금속의 그물을 넣어 롤러로 압연하여 만든 유리로서 도난 방지, 화재 방지의 목적으로 사용한다. 로이(방사)유리는 동절기에는 실내로부터 발생되는 적외선을 반사해 실내로 되돌려 보내고, 하절기에는 실외의 태양열로부터 발생하는 복사열이 실내로 들어오는 것을 차단해 창호의 단열 성능이 우수한 유리이다.

15 |

유리를 600℃ 이상의 연화점까지 가열하여 특수한 장치로 균등히 공기를 내뿜어 급랭시킨 것으로, 강하고 또한 파괴되어도 세립상으로 되는 유리는?

① 겹친유리 ② 강화유리
③ 망입유리 ④ 복층유리

해설 접합유리는 투명 판유리 사이에 합성수지막(아세테이트, 부틸셀룰로스 등)을 넣어 합성수지 접착제로 접착시킨 것으로 깨어지더라도 유리 파편이 합성수지막에 붙어 있게 하여 파편으로 인한 위험을 방지하도록 한 것으로 투광성이 약간 떨어지나 차음성와 보온성이 좋은 편이고, 망입유리는 화재 시 개구부에서의 연소(燃燒)를 방지하는 효과가 있는 유리이며, 이중유리(복층, 페어글라스)는 2장 또는 3장의 판유리를 일정한 간격으로 띄워 금속테로 기밀하게 테두리를 한 다음 유리 사이의 내부에는 건조한 일반 공기층으로 하므로 방음, 단열효과가 크고, 결로 방지용으로도 우수하다.

16 |

강화유리에 관한 설명으로 옳지 않은 것은?

① 보통 판유리를 600℃ 정도 가열했다가 급랭시켜 만든 것이다.
② 강도는 보통 판유리의 3~5배 정도이고 파괴 시 두각파편으로 파괴되어 위험이 방지된다.
③ 온도에 대한 저항성이 매우 약하므로 적당한 완충제를 사용하여 튼튼한 상자에 포장한다.
④ 가공 후 절단이 불가하므로 소요치수대로 주문 제작한다.

해설 강화(담금)판유리는 판유리를 500~600℃로 가열한 다음 특수장치를 이용하여 균등하게 급격히 냉각시킨 유리로서, 열처리로 인하여 그 강도가 보통 유리의 3~5배에 이르며, 특히 충격강도는 보통 유리의 7~8배나 된다. 또 파괴되면 열처리에 의한 내응력 때문에 모래처럼 잘게 부서지므로 유리 파편에 의한 부상이 적다. 이 성질을 이용하여 자동차의 창유리, 통유리문 등 깨졌을 때 파편 때문에 위험할 수 있는 곳에 쓰인다. 열처리를 한 후에는 현장에서 절단 등 가공을 할 수 없으므로 사전에 소요 치수대로 절단, 가공하여 열처리를 하여 생산하는 유리이다.

17 |

강화유리에 관한 설명으로 옳지 않은 것은?

① 판유리를 600℃ 이상의 연화점까지 가열한 후 급랭시켜 만든다.
② 파괴 시 파편이 예리하여 위험하다.
③ 강도는 보통 유리의 3~5배 정도이다.
④ 제조 후 현장가공이 불가하다.

해설 강화(담금)판유리는 판유리 종류를 600℃ 이상의 연화점 근처까지 가열한 후 표면에 냉기를 내뿜어 급랭시켜 제조하는 유리로서 이와 같은 열처리로 인하여 그 강도가 보통 유리의 3~5배에 이르며, 특히 충격강도는 보통 유리의 7~8배나 된다. 또 파괴되면 열처리에 의한 내응력 때문에 모래처럼 잘게 부서지므로 유리 파편에 의한 부상이 적다.

18 |

페어글라스라고도 불리우며 단열성, 차음성이 좋고 결로 방지에 효과적인 유리는?

① 복층유리 ② 강화유리
③ 자외선차단유리 ④ 망입유리

해설 강화유리는 유리를 600℃ 이상의 연화점까지 가열하여 특수한 장치로 균등히 공기를 내뿜어 급랭시킨 것으로, 강하고 또한 파괴되어도 세립상으로 되는 유리이고, 자외선 차단(흡수)유리는 자외선 투과유리의 반대로, 약 10%의 산화제이철을 함유하게 하고, 그 밖에

정답 14. ① 15. ② 16. ③ 17. ② 18. ①

금속산화물(크롬, 망간 등)을 포함시킨 유리로서 상점의 진열장 또는 용접공의 보안경 등에 사용하며, 망입유리는 화재 시 개구부에서의 연소(燃燒)를 방지하는 효과가 있는 유리이다.

19

복층유리의 사용 효과로서 옳지 않은 것은?

① 전기전도성 향상
② 결로의 방지
③ 방음 성능 향상
④ 단열효과에 따른 냉·난방 부하 경감

해설 복층(이중)유리의 사용 효과에는 결로 방지, 방음 및 단열효과(냉·난방 부하의 경감) 등이 있다.

20

2장 이상의 판유리 사이에 접착성이 강한 플라스틱 필름을 삽입하고 고열·고압으로 처리한 유리는?

① 강화유리 ② 복층유리
③ 망입유리 ④ 접합유리

해설 강화유리는 유리를 열처리(500~600℃로 가열한 다음 특수장치를 이용하여 균등하게 급격히 냉각시킨 유리)한 것으로, 열처리로 인하여 그 강도가 보통 유리의 3~5배에 이르며 특히 충격강도는 보통 유리의 7~8배나 된다. 복층유리(페어글라스, 이중유리)는 2장 또는 3장의 판유리를 일정한 간격으로 띄워 금속테로 기밀하게 테두리를 한 다음, 유리 사이의 내부를 진공으로 하거나 특수 기체를 넣은 유리로서 방음, 방서, 차음 및 단열의 효과가 크고, 결로 방지용으로도 우수하다. 망입유리는 유리 내부에 금속망을 삽입하고 압착 성형한 판유리 또는 용융 유리 사이에 금속 그물(지름이 0.4mm 이상의 철선, 놋쇠선, 아연선, 구리선, 알루미늄선)을 넣어 롤러로 압연하여 만든 판유리로서 도난 방지, 화재 방지 및 파편에 의한 부상 방지 등의 목적으로 사용한다.

21

화재 시 개구부에서의 연소(燃燒)를 방지하는 효과가 있는 유리는?

① 망입유리 ② 접합유리
③ 열선흡수유리 ④ 열선반사유리

해설 접합유리는 방탄유리로 사용하고, 열선흡수유리는 단열성을 가진 유리로 사용하며, 열선반사유리는 열선에너지의 단열효과에 사용된다.

22

유리 중 현장에서 절단 가공할 수 없는 것은?

① 망입유리 ② 강화유리
③ 소다석회유리 ④ 무늬유리

해설 현장에서 가공과 절단이 가능한 유리는 망입유리, 소다석회유리 및 무늬유리 등이고, 강화유리는 현장에서 가공 및 절단이 불가능하다.

23

유리에 관한 설명으로 옳지 않은 것은?

① 강화유리는 보통 유리보다 3~5배 정도 내충격 강도가 크다.
② 망입유리는 도난 및 화재 방지 등에 사용된다.
③ 복층유리는 방음, 방서, 단열효과가 크고 결로 방지용으로도 우수하다.
④ 판유리 중 두께 6mm 이하의 얇은 판유리를 후판유리라고 한다.

해설 판유리 중 두께 6mm 이상의 두꺼운 판유리를 후판유리라고 하고, 판유리 중 두께 6mm 미만의 얇은 판유리를 박판유리라고 한다.

24

다음의 각종 유리의 성질에 대한 설명 중 틀린 것은?

① 유리블록은 실내의 냉·난방에 효과가 있으며 보통 유리창보다 균일한 확산광을 얻을 수 있다.
② 열선반사유리는 단열유리라고도 불리며 태양광선 중 장파부분을 흡수한다.
③ 자외선차단유리는 자외선의 화학작용을 방지할 목적으로 의류품의 진열창, 식품이나 약품의 창고 등에 쓴다.
④ 내열유리는 규산분이 많은 유리로서 성분은 석영유리에 가깝다.

정답 19. ① 20. ④ 21. ① 22. ② 23. ④ 24. ②

해설 열선흡수유리(단열유리)는 철, 니켈, 크롬 등을 가하여 만든 유리로서 흔히 엷은 청색을 띤다. 태양광선 중 열선을 흡수하므로 주로 서향의 창, 차량의 창 등에 사용한다. 또한, 열선흡수(단열)유리는 태양광선 중 장파(파장이 긴 열선)을 흡수한다.

25

건축용 유리 중 지하실 또는 지붕의 채광용으로 이용되며 데크 유리로도 불리는 것은?

① 유리타일 ② 열반사유리
③ 기포유리 ④ 프리즘유리

해설 프리즘유리는 입사 광선의 방향을 바꾸거나 확산 또는 집중시키는 것을 목적으로 프리즘의 원리를 이용하여 만든 일종의 유리 블록으로서 주로 지하실이나 옥상의 채광용으로 사용한다.

26

각종 색유리의 작은 조각을 도안에 맞추어 절단하여 조합해서 만든 것으로 성당의 창 등에 사용되는 유리 제품은?

① 내열유리 ② 유리타일
③ 샌드블라스트유리 ④ 스테인드글라스

해설 스테인드글라스는 I형의 납테로 여러 가지의 모양을 만든 다음 그 사이에 색유리(유리 성분에 산화 금속류의 착색제를 섞어 넣어 색깔을 띠게 한 유리)를 끼워서 만든 유리이다.

27

각 부분의 시공 방법에 관한 기술 중 옳지 않은 것은?

① 창호의 틀 먼저 세우기 공법은 새시 주위의 누수 우려가 거의 없다.
② 지붕에 금속 골판을 바탕에 고정하는 것은 골의 두둑(높은 곳)에서 하는 것이 원칙이다.
③ 알루미늄 창호의 세우기는 강재 창호에 준하나 먼저 세우기를 하는 것은 강도상 무리이므로 나중 세우기를 한다.
④ 외부에 면한 창호의 유리끼우기는 내부마감공사 후에 하는 것이 좋다.

해설 외부에 면한 창호는 내부공사 시 보온과 작업의 편리를 도모하기 위하여 내부마감공사 전에 끼우는 것이 좋다.

28

창호공사에 관한 기술 중 옳지 않은 것은?

① 널 양면 붙임문의 널을 제혀쪽매로 한 것을 쓸 때 쪽매두께는 15mm 정도로 한다.
② 빈지문의 널은 같은 나비의 것을 2장으로 나누어 대고 맞댄 쪽매로 하는 것이 원칙이다.
③ 비늘살문의 비늘살 길이가 600mm 이상일 때는 세로살을 넣는다.
④ 플러시문 널막이 가로살의 거리 간격은 250~450mm 정도로 한다.

해설 빈지문은 마루널과 같이 반턱 또는 제혀쪽매로 해 대는 것이 보통이며, 두꺼운 널에 띠장을 댄 것을 덧문으로 사용하며, 언제든지 떼어낼 수 있다.

29

다음 창호공사에 관한 설명 중 틀린 것은?

① 창문의 크기에 따라 각 부재의 소요 길이로 자르는 일을 마름질이라 한다.
② 자른 부재의 면을 대패질하고 홈파기 등 가공을 하는 것을 바심질이라 한다.
③ 창문의 문틀에 대는 것을 문선이라고 한다.
④ 문짝이 서로 접하는 부분에 틈막이를 하는 것을 풍소란이라 한다.

해설 ㉠ 창문틀은 원칙적으로 먼저 세우기와 나중 세우기가 있는데, 대개 먼저 세우기를 하고, 나중 세우기의 경우에는 창문틀 주위에 상하 및 중간 60cm 내외의 간격으로 나무 벽돌 또는 고정 철물을 묻어 두거나, 가틀을 짜서 먼저 세워대고 블록 쌓기가 완료되면 창문틀을 끼워 댄다.
㉡ 창문틀 세우기는 그 밑까지 블록을 쌓고 24시간 경과 후에 설치한다.
㉢ 창문틀 주위에 틈이 생기면 모르타르 또는 콘크리트를 빈틈없이 다져 넣어 빗물막이를 잘 해야 한다.
㉣ 목재 창호의 주문에 있어서 설계도 또는 시방서에 지시된 창호의 치수는 일반적으로 창호 제작 마무리 치수이므로, 재료 주문 시에는 제재의 감소, 대패질, 기타 마무리의 감소를 보아 지시 단면치수보다 3mm 내외 더 크게 정치수로 주문한다.

정답 25. ④ 26. ④ 27. ④ 28. ② 29. ③

㉤ 목재 창호에는 삼각못을 유리 한 변에 2개소 이상 누르고, 중간 40cm마다 박아댄 뒤, 퍼티를 바른다. 철재 창호에는 철사 클립을 스틸 새시의 클립 구멍에 끼워 고정한 다음 퍼티를 바른다.
㉥ 문선이란 문틀에 댄 선으로, 문골을 보기좋게 만드는 동시에 주위벽의 마무림을 잘 하기 위하여 문틀에 가는 홈을 파 넣고 숨은 못치기로 한다. 또한, 창문의 문틀에 대는 것을 창선이라고 한다.

30

목재 창호공사에 대한 설명 중 그 설명이 옳지 않은 것은?

① 창호는 실내에 마무리 치장과 외관을 구성하는 것으로서 세밀하고 튼튼하게 한다.
② 창호제의 주문 치수는 도면에 기입된 치수와 같게 해야 한다.
③ 창호에 쓰이는 목재는 홍송, 참나무, 나왕 등이 있다.
④ 창문틀의 이음에서 턱솔 쪽매의 턱은 보통 15mm, 홈은 6~9mm의 크기로 한다.

해설 목재 창호의 주문에 있어서 설계도 또는 시방서에 지시된 창호의 치수는 일반적으로 창호 제작 마무리 치수이므로, 재료 주문 시에는 제재의 감소, 대패질, 기타 마무리의 감소를 보아 지시 단면치수보다 3mm 내외 더 크게 정치수로 주문한다.

31

블록조에서 창문틀 세우기에 관한 설명 중 맞는 것은?

① 창문틀은 원칙적으로 나중 세우기로 한다.
② 창문틀 세우기는 그 밑까지 블록을 쌓고, 48시간 경과 후에 설치한다.
③ 선틀의 상하 끝 및 중간 60cm마다 꺾쇠나 큰 못을 2개씩 고정한다.
④ 창문틀 주위에 틈이 생길 때는 블록을 2개 쌓을 때마다 모르타르로 다진다.

해설 창문틀은 원칙적으로 먼저 세우기와 나중 세우기가 있다. 대개 먼저 세우기를 하고, 창문틀 세우기는 그 밑까지 블록을 쌓고 24시간 경과 후에 설치하며, 창문틀 주위에 틈이 생기면 모르타르 또는 콘크리트를 빈틈없이 다져 넣어 빗물막이를 잘 해야 한다.

32

다음 중 목재 창호에 유리를 고정시킬 때 사용되는 재료는?

① 철사 클립　　② 납땜
③ 퍼티　　④ 나사못

해설 목재 창호에는 삼각못을 유리 한 변에 2개소 이상 누르고, 중간 40cm마다 박아댄 뒤, 퍼티를 바른다. 철재 창호에는 철사 클립을 스틸 새시의 클립 구멍에 끼워 고정한 다음 퍼티를 바른다.

33

열어진 여닫이문이 저절로 닫아지게 한 창호철물은 다음 중 어느 것인가?

① 도어스테인(Door stain)
② 도어스톱(Door stop)
③ 도어체크(Door check)
④ 도어행거(Door hanger)

해설 ㉠ 도어스톱 : 여닫이문이나 장지를 고정하는 철물, 문받이 철물로서 문을 열어 제자리에 머물러 있게 하는 철물 또는 벽 하부에 대어 문짝이 벽에 부딪히지 않게 갈구리로 걸어 제자리에 머무르게 하는 철물이다.
㉡ 도어체크 : 도어클로저라고 하며, 문과 문틀(여닫이)에 장치하여 문을 열면 저절로 닫혀지는 장치가 되어 있는 창호 철물로서 강철, 청동제의 스프링과 피스톤의 장치로 기름을 넣은 통에 피스톤 장치가 있어 개폐 속도를 조절한다.
㉢ 도어행거 : 접문 등 문의 상부에서 달아매는 철물로서 미닫이 창호용 철물로 달문의 이동장치에 사용하는 것으로서 문짝의 크기에 따라 2개 또는 4개의 바퀴가 있는 것을 사용한다. 또한 가이드 롤러, 트랙, 브래킷 등도 같은 이동장치이다.

34

알루미늄 창호 설치 시 주의사항이 아닌 것은?

① 알칼리에 약하므로 모르타르와의 접촉을 피한다.
② 강도는 철보다 약하므로 설치 부품은 철을 사용한다.
③ 녹막이에는 연(鉛)을 함유하지 않은 도료를 사용한다.
④ 표면이 연하여 운반, 설치 작업 시 손상되기 쉽다.

정답 30. ② 31. ③ 32. ③ 33. ③ 34. ②

해설 알루미늄 새시

㉠ 특징
- 비중이 철의 약 1/3 정도이고, 녹이 슬지 않으며 사용 연한이 길다.
- 공작이 자유롭고 빗물막이, 기밀성이 유리하다.

㉡ 사용상의 주의사항 : 알루미늄제 창호와 철제 창호의 차이점은 재질상의 문제이다.
- 강도가 철의 1/3 정도이고, 연하며, 용접부가 철보다 약하다.
- 알칼리성 물질(콘크리트, 모르타르, 회반죽 등)에 대단히 약하므로 이러한 물질 등에 접촉시키지 않아야 한다.
- 강도가 약하므로 내풍적으로 하는 경우에는 단면을 상당히 크게 하거나 보강을 하여야 한다(벽선, 멀리온, 아연 도금 철제를 사용한다).
- 이질 재료와의 접촉을 피한다. 알루미늄은 전기화학 작용으로 부식하므로 이질 금속제(철, 놋, 쇠, 동 등)와의 접촉은 금지되고, 여기에 쓰이는 조임못, 나사못 등도 모두 같은 재질의 것을 사용하여야 한다.
- 녹막이에는 연(鉛)을 함유하지 않은 도료를 사용하고, 표면이 연하여 운반, 설치 작업 시 손상되기 쉽다.

㉢ 여닫이 창문에 있어서 함자물쇠 손잡이의 높이는 보통 바닥에서 90cm를 표준으로 하므로 이 위치에 중간 띠장의 장부가 배치되지 않도록 하여야 한다.

35

함자물쇠 손잡이의 높이는 보통 바닥에서 어느 정도의 높이로 하여야 하는가?

① 70cm　② 90cm
③ 110cm　④ 130cm

해설 여닫이 창문에 있어서 함자물쇠 손잡이의 높이는 보통 바닥에서 90cm를 표준으로 하므로 이 위치에 중간 띠장의 장부가 배치되지 않도록 하여야 한다.

36

합성수지 창호틀재의 치수에 대한 허용치로서 옳은 것은?

① 너비 : ±1.0mm, 두께 : ±1.0mm 이상
② 너비 : ±1.0mm, 두께 : ±1.5mm 이상
③ 너비 : ±0.8mm, 두께 : ±1.0mm 이상
④ 너비 : ±0.8mm, 두께 : ±1.5mm 이상

해설 합성수지 창호틀재의 치수에 대한 허용치는 너비는 ±1.0mm, 두께는 ±1.0mm 이상이다.

7 도장공사

01

도장공사에서 초벌 도료에 대한 다음 설명 중 틀린 것은?

① 피도면과의 부착성을 높이고 재벌, 정벌 칠하기 작업이 좋도록 만드는 것이 초벌 도료이다.
② 철재면 초벌 도료는 방청 도료이다.
③ 콘크리트, 모르타르 벽면에는 유성 페인트로 초벌칠을 한다.
④ 목재면의 초벌 도료는 목재면의 흡수성을 막고, 부착성을 증진시키고, 아울러 수액이나 송진 등의 침출을 방지한다.

해설 유성 페인트는 목재, 석고판류의 도장에 무난하여 널리 사용하나, 알칼리에는 약하므로 콘크리트, 모르타르, 플라스터면에는 별도의 처리 없이 바를 수 없다. 즉, 알칼리성 면에 유성 페인트를 칠하려면 초벌로서 내알칼리성 도료를 발라야 된다.

02

도장공사 시 작업성을 개선하기 위한 보조첨가제(도막형성 부요소)로 볼 수 없는 것은?

① 산화촉진제　② 침전방지제
③ 전색제　④ 가소제

해설 도장재료의 원료 중 전색제(도료가 액체 상태로 있을 때 안료를 분산, 현탁시키고 있는 매질 부분)는 주원료에 해당하고, 보조첨가제에는 산화촉진제, 침전방지제, 가소제 등이 있다.

03

도료의 전색제 중 천연수지로 볼 수 없는 것은?

① 로진(rosin)　② 댐머(dammer)
③ 멜라민(melamine)　④ 셸락(shellac)

해설 도료의 전색제 중 천연수지는 로진, 댐머, 코우펄, 셸락, 앰버 및 에스테르 고무 등이 있고, 합성수지는 알키드수지, 페놀수지, 에폭시수지, 아크릴수지, 폴리우레탄수지 등이 있다.

정답 35. ② 36. ① / 01. ③ 02. ③ 03. ③

04 |

도장재료인 안료에 관한 설명 중 옳지 않은 것은?

① 안료는 유색의 불투명한 도막을 만듦과 동시에 도막의 기계적 성질을 보완한다.
② 무기안료는 내광성 · 내열성이 크다.
③ 유기안료는 레이크(lake)라고도 한다.
④ 무기안료는 유기용제에 잘 녹고 색의 선명도에서 유기안료보다 양호하다.

해설 무기(광물성)안료란 내광성, 내열성이 크고, 유기용제에는 녹지 않으나 착색력이 작고 색의 선명도라는 측면에서 유기안료에 미치지 못한다. 이는 일반적으로 변색하지 아니하고 화학적으로 안정되어 도료에 많이 사용되고 있다.

05 |

유성 페인트에 관한 설명 중 옳지 않는 것은?

① 저온 다습할 경우 특히 건조시간이 길다.
② 붓바름 작업성 및 내후성이 뛰어나다.
③ 보일유와 안료를 혼합한 것을 말한다.
④ 내알칼리성이 우수하다.

해설 유성 페인트는 목재, 석고판류의 도장에 무난하게 사용하나, 알칼리에는 약하므로 콘크리트, 모르타르, 플라스터 면에는 별도의 처리없이 바를 수 없으므로 알칼리성 면에 유성 페인트를 칠하려면 초벌로서 내알칼리성 도료를 칠하여야 한다.

06 |

유성 페인트에 관한 설명으로 옳은 것은?

① 보일유에 안료를 혼합시킨 도료이다.
② 안료를 적은 양의 물로 용해하여 수용성 교착제와 혼합한 분말상태의 도료이다.
③ 천연수지 또는 합성수지 등을 건성유와 같이 가열 · 융합시켜 건조제를 넣고 용제로 녹인 도료이다.
④ 니트로셀룰로오스와 같은 용제에 용해시킨 섬유계 유도체를 주성분으로 하여 여기에 합성수지, 가소제와 안료를 첨가한 도료이다.

해설 ②항은 수성 페인트, ③항은 유성 바니시, ④항은 휘발성 바니시에 대한 설명이다.

07 |

유성 페인트에 대한 설명 중 옳지 않은 것은?

① 건조시간이 길다.
② 내알칼리성이 좋다.
③ 붓바름 작업성이 뛰어나다.
④ 보일유와 안료를 혼합한 것을 말한다.

해설 유성 페인트는 ①, ③ 및 ④ 외에 목재나 석고판류의 도장에는 무난하나, 알칼리에는 약하므로 콘크리트, 모르타르, 플라스터 면에는 초벌로서 알칼리성 도료를 바른 후 도장을 하여야 한다.

08 |

안료를 수용성 고착제와 섞어 만드는 것으로 습기가 없는 곳에 주로 사용하는 것은?

① 에멀션 페인트　　② 수성 페인트
③ 에나멜 페인트　　④ 유성 페인트

해설 에멀션 페인트는 물에 용해되지 않는 건성유, 수지, 니스, 래커 등을 에멀션화제의 작용에 의하여 물속에서 분산시켜 에멀션을 만들고 여기에 안료를 혼합한 도료이고, 에나멜 페인트는 안료에 오일 바니시를 반죽한 액상의 것으로 유성 페인트와 오일 바니시의 중간 제품이며, 유성 페인트는 안료와 건조성 지방유를 주원료로 하고, 건조제와 피막제를 혼합한 것이다.

09 |

다음 건축용 도료 중 내수성, 내산성, 내알칼리성, 내열성이 가장 우수한 것은?

① 유성 페인트(oil paint)
② 에나멜 페인트(enamel paint)
③ 래커(lacquer)
④ 합성수지 페인트

해설 합성수지(수지성) 페인트는 안료와 인공수지류 및 휘발성 용제를 주원료로 한 것으로 건조시간이 빠르고, 도막이 단단하며, 내수성, 내열성, 방화성, 내산성, 내알칼리성 등이 있어 콘크리트이나 플라스터면에 바를 수 있다.

정답 04. ④ 05. ④ 06. ① 07. ② 08. ② 09. ④

10 |

다음 중 콘크리트 표면 도장에 가장 적합한 도료는?

① 염화비닐수지 도료
② 유성 페인트
③ 유성 에나멜 페인트
④ 알루미늄 페인트

해설 유성 페인트는 목재, 석고판류의 도장에는 무난하나 알칼리에는 약하므로 콘크리트, 모르타르, 플라스터면에는 별도의 처리를 한 후 도장하여야 하고, 유성 에나멜 페인트는 유성 바시시(수지+건성유+건조제)에 안료를 혼합하여 만든 불투명의 도료이며, 알루미늄 페인트는 알루미늄 분말과 스파바니시를 따로 용기에 넣어 한 조로 한 제품이다.

11 |

목재의 무늬를 그대로 살릴 수 있는 도료는?

① 유성 페인트
② 생옻칠
③ 바니시
④ 에나멜 페인트

해설 바니시는 수지류 또는 섬유소를 건성유 또는 휘발성 용제로 용해한 것을 총칭한 것으로서 무색 또는 담갈색의 투명 도료로 목재부에 도장하면 나뭇결을 아름답게 보이게 하는 도장 재료이다.

12 |

다음 중 수지를 지방유와 가열융합하고, 건조제를 첨가한 다음 용제를 사용하여 희석하여 만든 도료는 무엇인가?

① 유성 바니시
② 래커
③ 유성 페인트
④ 내열 도료

해설 래커는 건조가 빠르고 도막이 견고하며 광택이 좋고 연마가 용이하며 불점착성, 내마멸성, 내수성, 내유성, 내수성 등이 강한 고급 도료이고, 유성 페인트는 안료와 건조성 지방유를 주원료로 한 것으로 지방유가 건조하여 피막을 형성하며, 내열 도료는 내열 온도가 높은(1,300℃) 무기질의 도료이다.

13 |

다음 도료 중 내마모성, 내수성, 내후성이 우수하나 도막이 얇고 부착력이 약한 도료는?

① 수성 페인트　② 유성 페인트
③ 유성 바니시　④ 래커

해설 수성 페인트는 내수성, 내후성, 햇볕 및 빗물에 강하고, 내알칼리성에 강하여 콘크리트면, 모르타르면 및 플라스터면에 도포할 수 있고, 유성 페인트는 알칼리성에 약하므로 콘크리트면, 모르타르면 및 플라스터면에 별도의 처리 없이 도포할 수 없으며, 유성 바니시는 광택이 있고, 강인하며, 내수, 내구성이 크다. 또한, 내후성이 작아 옥외에는 사용하지 않는다.

14 |

보통 페인트용 안료를 바니시로 용해한 것은?

① 클리어 래커　② 에멀션 페인트
③ 에나멜 페인트　④ 생옻칠

해설 클리어 래커는 주로 목재면의 투명 도장에 사용하고, 오일 바니시에 비하여 도막은 얇으나 견고하고, 담색으로 우아한 광택이 있다. 내수성과 내후성은 떨어지므로 내부용을 사용하고, 에멀션 페인트는 수성 페인트에 합성수지와 유화제를 섞은 것으로 수성 페인트와 유성 페인트의 특성을 겸비한 페인트이며, 생옻칠은 옻나무 껍질에 상처를 입혀 그 분비액을 채취한 그대로의 것이다.

15 |

상온에서 건조되지 않기 때문에 도포 후 도막 형성을 위해 가열 공정을 거치는 도장재료는?

① 소부 도료　② 에나멜 페인트
③ 아연분말도료　④ 락카샌딩실러

해설 에나멜 페인트는 유성페인트와 유성바니시의 중간 제품으로 안료에 오일 바니시를 반죽한 액상의 제품으로 보통 에나멜이라고 하고, 아연분말(징크 리치)도료는 방청안료로서 아연분말과 아연화(산화아연을 주성분으로 하는 백색안료)를 사용하여 만든 것이며, 락카샌딩실러는 니트로셀룰로오스, 수지 및 가소제 등을 용제에 용해시켜 스테아린산 아연 등을 분산시켜 만든 것이다.

정답 10. ① 11. ③ 12. ① 13. ④ 14. ③ 15. ①

16 |

금속면의 보호와 금속의 부식방지를 목적으로 사용되는 도료는?

① 방화도료 ② 발광도료
③ 방청도료 ④ 내화도료

해설 방화도료는 화재 시 불길에서 탈 수 있는 재료의 연소를 방지하기 위해 사용하는 도료로서 발포형 방화 도료와 비발포형 방화 도료 등이 있다. 발광도료는 형광체, 인광체 등의 안료를 적당히 전색제에 넣어 만든 도료이다. 내화도료는 불에 타기 쉬운 목재 따위의 가연물에 발라서 불이 붙지 아니하게 하는 도료로서 열을 받으면 유리와 같은 상태가 되며 거품을 일으켜 단열층을 이루는 도료이다.

17 |

크롬산아연을 안료로 하고, 알키드수지를 전색료로 한 도료로 알루미늄 녹막이 초벌 칠에 적합한 것은?

① 광명단 페인트
② 징크로메이트도료
③ 역청질도료
④ 유성도료

해설 광명단도료는 광명단을 보일드유로 갠 것으로 보일드유 대신 각종 전색료(칠에서 안료를 제외한 액체분)를 사용하는 경우도 있으나, 기름으로 갠 것은 광명단의 비중이 커서 가라앉으므로 저장이 곤란하고, 역청질도료는 역청질을 주원료로 하여 건성유, 수지류를 첨가하여 제조한 도료이다.

18 |

금속면의 표면 처리재용 도장재의 명칭으로 적합한 것은?

① 셀락니스 ② 워시프라이머
③ 크레오소트 ④ 캐슈

해설 셀락니스(바니시)는 조건성, 견경하고 광택이 있으나 내열, 내광성이 없어서 마감용으로 부적당하고, 내장 또는 가구 등에 사용하며, 크레오소트는 목재의 방부제로 사용하며, 캐슈는 최근에 개발된 도료로서 품질, 내용, 사용법 등이 칠과 유사하고, 특히, 유성계 도료와 같고, 실온 또는 가열하여 건조한다.

19 |

다음 중 방청도료에 해당되지 않는 것은?

① 광명단
② 알루미늄 도료
③ 징크로메이트
④ 오일스테인

해설 방청(녹막이)도료의 종류에는 연단(광명단)도료, 함연방청도료, 방청산화철도료, 크롬산아연, 워시프라이머(에칭프라이머), 알루미늄도료 및 징크로메이트도료 등이 있고, 오일스테인은 목질 바탕에 목재 무늬를 드러나 보이게 하기 위해 칠하는 유성 착색제로 침투율이 크고, 퇴색이 적다.

20 |

다음 중 방청도료와 가장 거리가 먼 것은?

① 알루미늄 페인트
② 역청질 페인트
③ 워시프라이머
④ 오일 서페이서

해설 방청도료의 종류에는 광명단도료, 방청산화철도료, 알루미늄도료, 역청질도료, 워시프라이머, 징크로메이트 도료 및 규산염도료 등이 있고, 오일 서페이서는 유성 바탕용 도료로서 퍼티로 메운 부분을 처리하고, 평탄하게 하며 각종 합성수지도료의 바탕용 도료의 피막 형성요소에 응용된다.

21 |

특수도료 중 방청도료의 종류와 가장 거리가 먼 것은?

① 인광도료
② 알루미늄도료
③ 역청질도료
④ 징크로메이트도료

해설 방청도료는 철재의 표면에 녹이 스는 것을 막고 철재와의 부착성을 높이기 위해 사용하는 도료로서 연단도료(광명단), 함연방청도료, 방청산화철도료, 규산염도료, 역청질도료, 알루미늄도료, 크롬산아연(징크로메이트), 워시프라이머 등이 있다.

정답 16. ③ 17. ② 18. ② 19. ④ 20. ④ 21. ①

22

도료의 사용 용도에 관한 설명 중 올바르지 않은 것은?

① 아스팔트 페인트 : 방수, 방청, 전기 절연용으로 사용
② 유성 바니시 : 내후성이 우수하여 외부용으로 사용
③ 징크로메이트 : 알루미늄판이나 아연철판의 초벌용으로 사용
④ 합성수지 페인트 : 콘크리트나 플라스터면에 사용

해설 유성 바니시는 유용성 수지를 가열 용해하여 이것을 휘발성 용제로 희석한 것으로 무색 또는 담갈색의 투명 도료로서 목재부 도장에 사용하며, 유성 페인트보다 내후성이 작아서 옥외에는 별로 사용하지 않는다.

23

바탕과 칠과의 관계 중 연결이 옳지 않은 것은?

① 목재 – 수성 페인트
② 회반죽 – 유성 페인트
③ 라디에이터 – 은색 에나멜 페인트
④ 콘크리트 – 에멀션 페인트

해설 알칼리성인 회반죽 바탕에 유성 페인트는 적합하지 않다. 즉, 유성 페인트는 알칼리성 바탕에는 부적합하다.

24

합성수지도료에 관한 설명으로 옳지 않은 것은?

① 일반적으로 유성 페인트보다 가격이 매우 저렴하여 널리 사용된다.
② 유성 페인트보다 건조시간이 빠르고 도막이 단단하다.
③ 유성 페인트보다 내산, 내알칼리성이 우수하다.
④ 유성 페인트보다 방화성이 우수하다.

해설 합성수지도료는 ②, ③ 및 ④항 이외에 투명한 합성수지를 사용하면 더욱 선명한 색을 낼 수 있고, 일반적으로 유성 페인트보다 가격이 비싼 단점이 있다.

25

도장재료에 대한 설명 중 옳지 않은 것은?

① 합성수지 에나멜 페인트 중 염화비닐 에나멜은 콘크리트 정도의 약알칼리에는 침식되지 않는다.
② 유성 조합 페인트는 붓바름 작업성 및 내후성이 뛰어나다.
③ 유성 페인트는 보일유와 안료를 혼합한 것을 말한다.
④ 수성 페인트는 광택이 있고 마감면의 마모가 거의 없다.

해설 수성 페인트는 소석고, 안료, 접착제를 혼합한 것을 사용할 때 물로 녹여 이용하는 것으로 광택이 없고 마감면의 마멸이 크므로 내장 마감용으로 많이 쓰이며, 속건성이어서 작업의 단축을 가져다주고 내수, 내후성이 좋아서 햇볕이다. 빗물에 강하다. 특히, 내알칼리성이라서 콘크리트면에 밀착이 우수하다.

26

다음 각 도료에 대한 설명으로 옳지 않은 것은?

① 방청도료 : 금속면의 보호와 부식을 방지하기 위해 사용한다.
② 방화도료 : 가열성 물질에 칠하여 연소를 방지하는 기능이 필요한 곳에 사용한다.
③ 방균도료 : 소지 또는 도막에 균류(곰팡이) 발생을 방지하기 위해 사용한다.
④ 발광도료 : 수지를 지방유와 가열 융합해서 건조제를 넣고 용제에 녹인 것으로 주로 옥내 · 외에 사용한다.

해설 발광도료에는 야광도료(라듐과 같은 방사성 물질이 함유된 것으로 외부의 자극이 없어도 발광하는 도료), 축광도료(빛을 비춘 후 빛을 제거해도 일정 시간 발광하는 도료) 및 형광 도료(빛을 비치는 동안 발광하는 도료) 등이 있다. 또한, ④항은 바니시에 대한 설명이다.

27

한번에 두꺼운 도막을 얻을 수 있으며 넓은 면적의 평판 도장에 최적인 도장 방법은?

① 브러시칠 ② 롤러칠
③ 에어 스프레이 ④ 에어리스 스프레이

정답 22. ② 23. ② 24. ① 25. ④ 26. ④ 27. ④

해설 에어리스 스프레이는 도료 자체가 $100kg/cm^2$ 전후의 높은 압력을 가하고, 작은 노즐의 구멍으로부터 분출시키는 구조로 압력이 가해진 도료는 급격하게 상기압 이하로 내려가면 압력의 변화를 발생하고 안개가 되어 피도물에 칠해진다. 압축공기의 힘에 의해 도료를 미립화시키는 것이 아니고 도료 자체가 분출력을 갖고 있기 때문에 종래의 분무기를 사용할 수 없다.

28

수직면으로 도장하였을 경우 도장 직후 또는 접촉 건조 사이에 도막이 흘러내리는 현상을 방지하기 위한 대책과 가장 관계가 먼 것은?

① 희석량을 늘려 점도를 낮게 한다.
② 규정 도막을 유지한다.
③ 사전에 시험도장을 하여 확인 후 도장한다.
④ airless 도장 시 팁 사이즈를 줄여 도료 토출량을 적게 하고 2차압을 높인다.

해설 수직면에 도장을 한 경우로서 흘러 내림을 방지하기 위하여 희석량을 줄여 점도를 높여 주어야 한다.

29

칠공사의 설명 중 틀린 것은?

① 통풍하여 건조시키는 것이 좋다.
② 오일스테인은 착색용으로 사용한다.
③ 철골 1회 녹막이칠을 하여 현장에 반입한다.
④ 도장이라는 것은 미관을 위한 것이며, 방수·방습과도 관계가 있다.

해설 도장공사에 있어서 주의할 사항

㉠ 도막이 너무 두껍지 않도록 바르며, 얇게 몇 회로 나누어서 바르는 것이 이상적이다. 또한, 피막은 각 층마다 충분히 건조 경화한 후 다음 층을 바른다.
㉡ 저온, 다습 조건을 피하며, 매 회(초벌, 재벌, 정벌) 충분한 건조 시간을 두고(80% 이상, 5℃ 이하) 도막의 건조는 충분히 행하며, 칠하지 않은 면은 더럽혀지지 않도록 주의하고, 우려가 있는 부분은 보양하여야 한다.
㉢ 화재에 유의하고 직사일광을 될 수 있는 한 피하며, 도료의 성상에 맞는 도료 용구를 사용한다.
㉣ 도료의 적부를 검토하여 양질의 도료를 선택하고, 통풍이 심한 경우와 바람이 심하게 부는 경우에는 도장 시공을 중지한다. 특히, 외부 도장을 하는 경우에는 먼지가 앉게 되므로 반드시 중지하여야 한다.
㉤ 도장공사를 하는 경우에 있어서 가장 중요한 사항 중의 하나는 초벌, 재벌, 정벌을 제대로 칠했는가 하는 것이 문제이다. 이(초벌, 재벌, 정벌)를 확인하기 위하여 매 회 다른 색깔을 칠하도록 하고, 정벌 시에 원하는 색깔을 낼 수 있도록 한다.
㉥ 함석판은 표면이 약간 풍화된 후에 도장하고, 콘크리트면이나 모르타르면의 도장은 건조한 후에 도장하여야 한다.
㉦ 외부용 도료는 탄력성이 있는 도료를 사용하고, 사포질에 사용하는 사포는 정벌칠인 경우에 더욱 고운 것을 사용하여야 한다.

※ 공사에 있어서 건조시키는 방법 중 강제적인 것 즉, 통풍 건조의 경우에는 도막에 균열이 생겨 바람직하지 못하므로 자연 건조시키는 것이 좋다.

30

페인트칠의 경우 초벌과 재벌 등을 바를 때마다 그 색을 약간씩 다르게 하는 이유는?

① 희망하는 색을 얻기 위하여
② 색이 진하게 되는 것을 방지하기 위해서
③ 착색 안료를 낭비하지 않고 경제적으로 하기 위하여
④ 다음 칠을 하였는지 안하였는지 구별하기 위하여

해설 도장공사를 하는 경우에 있어서 가장 중요한 사항 중의 하나는 초벌, 재벌, 정벌을 제대로 칠했는가 하는 것이 문제이다. 이(초벌, 재벌, 정벌)를 확인하기 위하여 매 회 다른 색깔을 칠하도록 하고, 정벌 시에 원하는 색깔을 낼 수 있도록 한다.

31

도장의 끝 마감칠은 기온이 몇 ℃ 이하일 때 도장 작업을 중지하여야 하는가?

① 2℃　② 5℃
③ 7℃　④ 10℃

해설 도장하는 장소의 기온이 낮거나, 습도가 높고, 환기가 충분하지 못하여 도장 건조가 부적당할 때, 주위의 기온이 5℃ 미만이거나 상대습도가 85% 초과할 때, 눈, 비가 올 때 및 안개가 끼었을 때는 도장 작업을 중지하여야 한다.

정답 28. ① 29. ① 30. ④ 31. ②

32 |

도장 작업에 관한 다음 설명 중 틀린 것은 어느 것인가?

① 뿜칠 거리는 60cm이다.
② 외부용 도료는 탄력성을 필요로 한다.
③ 사포(Sand paper)는 정벌 마감에 가까울수록 고운 것을 사용한다.
④ 도막은 매 회 충분히 건조시켜야 한다.

해설 뿜칠

㉠ 스프레이 건을 사용하여 압축 공기의 힘으로 도료를 분무상으로 하여 뿜어 칠하는 방법이다.
㉡ 칠할 때에는 스프레이 건과 바탕면의 거리는 30cm 정도, 칠 너비의 1/3 정도로 겹치도록 해야 한다.
㉢ 스프레이 건은 뿜어 칠하는 면에 대하여 직각으로 하고, 평행으로 이동하여 얼룩이 없도록 칠해야 한다.
㉣ 뿜칠을 하여야 하는 대표적인 도장 재료는 래커[질화면(nitrocellulose)을 용제(아세톤, 부탄올, 지방산 에스테르 등)에 녹인 다음, 수지 연화제, 시너 등을 가하여 저장 탱크 안에서 충분히 반응시킨 것으로 건조가 빠르고(10~20분) 내후성, 내수성, 내유성이 우수하며 도막이 얇고 부착력이 약하다.]이다.

33 |

수성 페인트칠의 공정에 관한 것이다. 순서가 바르게 된 것은?

① 바탕 고르기 → 바탕 누름 → 연마지 갈기 → 초벌 바르기 → 마무리
② 바탕 누름 → 바탕 고르기 → 연마지 갈기 → 초벌 바르기 → 마무리
③ 바탕 고르기 → 바탕 누름 → 초벌 바르기 → 연마지 갈기 → 마무리
④ 바탕 누름 → 바탕 고르기 → 초벌 바르기 → 연마지 갈기 → 마무리

해설 수성 페인트칠의 공정은 바탕 고르기(바탕 처리) → 바탕 누름(된반죽 퍼티로 땜질) → 초벌 바르기 → 연마지 갈기 → 정벌 바르기(마무리)의 순이다.

8 미장공사

01 |

다음 중 회반죽의 배합 재료로 가장 알맞은 것은?

① 생석회, 해초풀, 여물, 수염
② 소석회, 모래, 해초풀, 여물
③ 소석회, 돌가루, 해초풀, 수염
④ 돌가루, 모래, 해초풀, 여물

해설 회반죽은 소석회, 해초풀, 여물, 모래(초벌, 재벌바름에만 섞고 정벌바름에는 섞지 않음) 등을 혼합하여 바르는 미장 재료로서 풀은 점성을 증가시키기 위해서 사용하고, 회반죽은 내수성이 없기 때문에 주로 실내에 바른다.

02 |

다음 미장 재료 중 수경성인 것은?

① 돌로마이트플라스터
② 회사벽
③ 시멘트모르타르
④ 회반죽

해설 미장 재료의 구분

<table>
<tr><th>구분</th><th colspan="2">분류</th><th>고결재</th></tr>
<tr><td rowspan="2">수경성</td><td>시멘트계</td><td>시멘트모르타르, 인조석, 테라초 현장바름</td><td>포틀랜드 시멘트</td></tr>
<tr><td>석고계 플라스터</td><td>혼합석고, 보드용, 크림용 석고플라스터, 킨스(경석고플라스터) 시멘트</td><td>헤미수화물, 황산칼슘</td></tr>
<tr><td rowspan="2">기경성</td><td>석회계 플라스터</td><td>회반죽, 돌로마이트플라스터, 회사벽</td><td>돌로마이트, 소석회</td></tr>
<tr><td colspan="2">흙반죽, 섬유벽</td><td>점토, 합성수지풀</td></tr>
<tr><td>특수 재료</td><td colspan="2">합성수지플라스터, 마그네시아시멘트</td><td>합성수지, 마그네시아</td></tr>
</table>

정답 32. ① 33. ③ / 01. ② 02. ③

03 |

다음 중 수경성 미장 재료가 아닌 것은?

① 보드용 석고플라스터
② 돌로마이트플라스터
③ 경석고플라스터
④ 시멘트모르타르

해설 돌로마이트플라스터는 기경성의 재료이다.

04 |

수경성 미장 재료가 아닌 것은?

① 시멘트모르타르 ② 마그네시아시멘트
③ 석고플라스터 ④ 돌로마이트플라스터

해설 돌로마이트플라스터는 기경성의 재료이다.

05 |

수경성 미장 재료에 해당되는 것은?

① 회반죽
② 돌로마이트플라스터
③ 석고플라스터
④ 회사벽

해설 수경성(충분한 물만 있으면 공기 중이나 수중에서 경화하는 성질)의 재료에는 시멘트계와 석고계(혼합 · 보드용 · 크림용 석고 등)등이 있고, 기경성(충분한 물이 있더라도 공기 중에서만 경화하고 수중에서는 경화하지 않는 성질)의 재료에는 석회계 미장 재료(돌로마이트플라스터, 회반죽, 회사벽)와 흙반죽, 섬유벽 등이 있다.

06 |

석회석을 900~1,200℃로 소성하면 생성되는 것은?

① 돌로마이트석회 ② 생석회
③ 회반죽 ④ 소석회

해설 석회석을 900~1,200℃로 가열(소성)하면 CO_2가 방출되면서 생석회(CaO)가 되는데, 생석회에 물을 가하면 소석회가 된다.

07 |

다음 중 수경성 미장 재료로 경화 · 건조 시 치수 안정성이 우수한 것은?

① 회사벽 ② 회반죽
③ 돌로마이트플라스터 ④ 석고플라스터

해설 석고플라스터는 미장 재료 중 점성이 크므로 풀을 사용하지 않고, 내수성이 크며, 응결과 경화가 빠르며, 수축, 균열이 거의 없어 경화 · 건조 시 치수 안정성 및 내화성이 우수하다. 또한, 약한 산성을 띠고 있으므로 철류와 접촉하면 부식시킨다.

08 |

미장 재료 중에서 경화 수축에 의한 균열을 방지하기 위하여 섬유재를 사용하지 않는 것은?

① 석고플라스터 ② 돌로마이트플라스터
③ 시멘트페이스트 ④ 회반죽

해설 돌로마이트플라스터는 돌로마이트(마그네시아석회)에 모래, 여물을 섞어 반죽한 재료로서 필요에 따라서 시멘트를 혼합하고, 시멘트페이스트(시멘트풀)는 시멘트와 물을 섞어 혼합한 것이며, 회반죽은 소석회에 모래, 해초풀, 여물 등을 혼합하여 바르는 미장 재료이다. 또한, 석고플라스터는 석고에 돌로마이트플라스터, 점토 등의 혼화재, 풀 등의 접착제, 아교질 등의 응결시간조절제 등으로 혼합하는 미장 재료이다.

09 |

석고플라스터 미장 재료에 대한 설명으로 틀린 것은?

① 응결시간이 길고, 건조 수축이 크다.
② 가열하면 결정수를 방출하므로 온도상승이 억제된다.
③ 물에 용해되므로 물과 접촉하는 부위에서의 사용은 부적합하다.
④ 일반적으로 소석고를 주성분으로 한다.

해설 석고플라스터는 미장 재료 중 점성이 크므로 풀을 사용하지 않고, 내수성이 크며, 응결과 경화가 빠르며, 수축, 균열이 거의 없어 경화 · 건조 시 치수 안정성 및 내화성이 우수하다. 또한, 약한 산성을 띠고 있으므로 철류와 접촉하면 부식시키고, 가장 경질이며 벽바름 재료뿐만 아니라 바닥바름 재료로도 사용되는 미장 재료이다.

정답 03. ② 04. ④ 05. ③ 06. ② 07. ④ 08. ① 09. ①

10 |

다음의 미장 재료 중 균열 발생이 가장 적은 것은?

① 회반죽 ② 시멘트모르타르
③ 경석고플라스터 ④ 돌로마이트플라스터

해설 석고플라스터는 강도, 경도가 가장 크고 흙손질이 용이하나 철을 부식시키는 성질이 있어 미장시 사전 방청 처리를 해야 하는 미장 재료로서 경화, 건조 시 균열이 가장 적은 미장 재료는 경석고플라스터(킨즈시멘트)이다.

11 |

고온소성의 무수석고를 특별한 화학처리를 한 것으로 킨스 시멘트라고도 불리우는 것은?

① 경석고플라스터 ② 혼합석고플라스터
③ 보드용 플라스터 ④ 마그네시아시멘트

해설 경석고플라스터(킨즈시멘트)는 경석고(무수석고)이고, 소석고에 비해 응결과 경화가 매우 느리므로 경화 촉진제(명반, 붕사 등)을 사용하며, 촉진제의 사용은 철을 부식시키고, 경화한 것은 강도, 표면 경도가 크고, 광택이 있다.

12 |

다음 중 건조 시간이 가장 빠른 미장 재료는?

① 시멘트모르타르 ② 돌로마이트플라스터
③ 경석고플라스터 ④ 회반죽

해설 경석고플라스터(킨즈시멘트)는 경석고가 응결과 경화가 매우 늦기 때문에 경화 촉진제(명반, 붕사 등)를 넣어 만든 것으로 경화가 가장 빠르고, 경화한 것은 강도가 극히 크고, 표면 경도도 커서 광택이 있으며, 촉진제가 사용되므로 산성을 나타내어 금속을 부식시킨다.

13 |

석고계 플라스터 중 가장 경질이며 벽바름 재료뿐만 아니라 바닥바름 재료로도 사용되는 것은?

① 킨스 시멘트 ② 혼합석고플라스터
③ 회반죽 ④ 돌로마이트플라스터

해설 경석고플라스터(킨즈시멘트)는 경석고(무수석고)이고, 소석고에 비해 응결과 경화가 매우 느리므로 경화 촉진제(명반, 붕사 등)을 사용하며, 촉진제의 사용은 철을 부식시키고, 경화한 것은 강도, 표면 경도가 크고, 광택이 있다.

14 |

회반죽바름의 주원료가 아닌 것은?

① 소석회 ② 해초풀
③ 모래 ④ 점토

해설 회반죽은 소석회, 해초풀, 여물, 모래(초벌, 재벌바름에만 섞고 정벌바름에는 섞지 않음) 등을 혼합하여 바르는 미장 재료로서 풀은 점성을 증가시키기 위해서 사용하고, 회반죽은 내수성이 없기 때문에 주로 실내에 바른다.

15 |

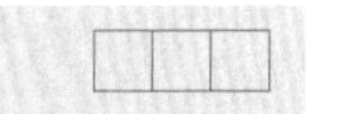

바람벽이 바탕에서 떨어지는 것을 방지하는 역할을 하는 것으로서 충분히 건조되고 질긴 삼, 어저귀, 종려털 또는 마닐라 삼을 사용하는 재료는?

① 러프코트(rough coat)
② 수염
③ 리신바름(lithin coat)
④ 테라초바름

해설 러프코트(거친바름, 거친면 마무리)는 시멘트, 모래, 잔자갈, 안료 등을 섞어 이긴 것을 바탕바름이 마르기 전에 뿌려 붙이거나, 또는 바르는 미장 재료이고, 리신바름은 돌로마이트에 화강석 부스러기, 색모래, 안료 등을 섞어 정벌바름하고, 충분히 굳지 않는 때에 거친 솔, 얼레빗 같은 것으로 긁어 거친 면으로 마무리하는 일종의 인조석바름이며, 테라초바름은 인조석 중 대리석의 쇄석을 사용하여 대리석 계통의 색조가 나도록 표면을 물갈기한 것이다.

16 |

다음 중 회반죽에 여물을 넣는 가장 주된 이유는?

① 균열을 방지하기 위하여
② 강도를 높이기 위하여
③ 경화 속도를 빠르게 하기 위하여
④ 경도를 높이기 위하여

정답 10. ③ 11. ① 12. ③ 13. ① 14. ④ 15. ② 16. ①

해설 회반죽의 여물은 미장 재료에 혼입하여 보강 · 균열 방지의 역할을 하는 섬유질 재료로서, 여물을 고르게 잘 섞으면 재료의 분리가 되지 않고 흙손질이 잘 퍼져나가는 효과도 있다.

17

회반죽(소석회) 바름 시 사용하는 해초풀은 채취 후 1~2년 경과된 것이 좋은 이유는?

① 점도(풀기)가 높기 때문이다.
② 알칼리도가 높기 때문이다.
③ 색상이 우수하기 때문이다.
④ 염분 제거가 쉽기 때문이다.

해설 회반죽은 소석회, 해초풀, 여물, 모래(초벌과 재벌에만 사용하고, 정벌에는 사용하지 않음) 등을 혼합하여 바르는 미장 재료로서 해초풀은 채취 후 1~2년 경과된 것을 사용하는 이유는 점도(풀기)가 높기 때문이다.

18

미장바름에 쓰이는 착색제에 요구되는 성질로 옳지 않은 것은?

① 물에 녹지 않아야 한다.
② 입자가 굵어야 한다.
③ 내알칼리성이어야 한다.
④ 미장 재료에 나쁜 영향을 주지 않는 것이어야 한다.

해설 미장바름에 쓰이는 착색제에 요구되는 조건에는 ①, ③ 및 ④항 이외에 입자가 가늘어야 한다.

19

돌로마이트플라스터는 대기 중의 무엇과 화합하여 경화하는가?

① 이산화탄소(CO_2) ② 물(H_2O)
③ 산소(O_2) ④ 수소(H)

해설 돌로마이트플라스터의 고결재는 소석회와 성분 및 성질이 다를 뿐 경화 방식은 같다. 백운석($CaCO \cdot MgCO_3$)을 약 1,000℃로 소성해 CaO, MgO를 만들고 여기에, 물을 가하면 돌로마이트석회[$Ca(OH)_2$, $Mg(OH)_2$]가 형성된다. 이것을 물과 반죽하여 얇게 바르면, 물은 증발하고 돌로마이트석회는 공기 중의 CO_2와 결합하여 백운석화하여 굳어진다. 즉, 다음과 같이 된다.

$Ca(OH)_2 \cdot Mg(OH)_2 + CO_2 \rightarrow CaCO_3 \cdot MgCO_3 + H_2O$

또한, 돌로마이트석회는 대개 $Ca(OH)_2$가 $Mg(OH)_2$보다 많이 들어 있으며, 미소화된 MgO가 남아 있다.

20

다음 중 공기 중의 탄산가스(이산화탄소)와 화학 반응을 일으켜 경화하는 미장 재료는?

① 경석고플라스터
② 시멘트모르타르
③ 돌로마이트플라스터
④ 혼합석고플라스터

해설 돌로마이트플라스터는 기경성의 재료로서 충분한 물이 있더라도 공기 중에서만 경화하고 수중에서는 굳지 않으므로 공기의 유통이 좋은 장소에 적당하고, 시멘트모르타르, 경석고플라스터, 혼합석고플라스터는 수경성이므로 수화에 필요한 물만 있으면 공기 중이나 수중에서 굳으므로 사용이 가능하다.

21

미장 재료 중 돌로마이트플라스터에 관한 설명으로 틀린 것은?

① 공기 중의 탄산가스와 결합하여 경화한다.
② 미장 후 6~12개월은 알칼리성으로 유성 페인트 마감을 할 수 없다.
③ 원칙적으로 풀 또는 여물을 사용하지 않고 물로 연화하여 사용한다.
④ 분말도가 미세한 것이 시공이 어렵고 균열의 발생도 크다.

해설 돌로마이트플라스터는 ①, ② 및 ③ 외에 소석회보다 점성이 커서 풀이 필요없고 변색, 냄새, 곰팡이가 없는 특징이 있고, 돌로마이트석회, 모래, 여물, 때로는 시멘트를 혼합하여 만든 바름 재료로서, 분말도가 미세한 것은 시공이 쉽고, 마감이 아름다우며 균열 발생도 적다.

정답 17. ① 18. ② 19. ① 20. ③ 21. ④

22

미장 재료 중 돌로마이트플라스터에 대한 설명으로 옳지 않은 것은?

① 돌로마이트에 모래, 여물을 섞어 반죽한 것이다.
② 소석회보다 점성이 크다.
③ 회반죽에 비하여 최종 강도는 작지만 착색이 쉽다.
④ 건조수축이 커서 균열이 생기기 쉽다.

해설 돌로마이트플라스터는 돌로마이트(마그네시아석회)에 모래, 여물을 섞어 반죽한 바름벽의 재료로서 회반죽에 비하여 조기 강도 및 최종 강도가 크고, 착색이 쉬우나, 건조수축이 커서 균열이 생기기 쉽고, 수증기나 물에 약한 단점이 있다.

23

돌로마이트플라스터(dolomite plaster)에 대한 설명으로 옳지 않은 것은?

① 점성이 커서 풀이 필요 없다.
② 수경성 미장 재료에 해당된다.
③ 다른 미장 재료에 비해 비중이 큰 편이다.
④ 냄새, 곰팡이가 없어 변색될 염려가 없다.

해설 돌로마이트플라스터는 돌로마이트석회, 모래, 여물, 때로는 시멘트를 혼합하여 바른 미장 재료로서 기경성(충분한 물이 있더라도 공기 중에서만 경화하는 성질)의 미장 재료이다.

24

돌로마이트플라스터에 대한 설명으로 옳은 것은?

① 소석회에 비해 점성이 낮고, 작업성이 좋지 않다.
② 여물을 혼합하여도 건조수축이 크기 때문에 수축 균열이 발생하는 결점이 있다.
③ 회반죽에 비해 초기 강도 및 최종 강도가 작다.
④ 물과 반응하여 경화하는 수경성 재료이다.

해설 돌로마이트플라스터는 기경성의 미장 재료로서 돌로마이트(마그네시아석회)에 모래, 여물을 섞어 반죽한 바름벽의 재료로서 소석회보다 점성이 커서 풀이 필요 없고, 작업성(시공성)은 좋으며, 회반죽에 비하여 조기 강도 및 최종 강도가 크고, 착색이 쉬우나, 건조 수축이 커서 균열이 생기기 쉽고, 수증기나 물에 약한 단점이 있다.

25

섬유벽바름에 대한 설명으로 틀린 것은?

① 주원료는 섬유상 또는 입상물질과 이들의 혼합재이다.
② 균열 발생은 크나, 내구성이 우수하다.
③ 목질 섬유, 합성수지 섬유, 암면 등이 쓰인다.
④ 시공이 용이하기 때문에 기존벽에 덧칠하기도 한다.

해설 섬유벽바름[각종 섬유상 재료(목면 · 펄프 · 인견 등의 합성섬유, 톱밥, 코르크분, 왕겨, 수목 껍질, 암면 등)를 접착제로 접합해서 벽에 바른 것]은 일반 무기질계 재료 바름보다 균열의 염려가 적고, 방음, 단열성이 크며, 현장 작업이 용이하다.

26

미장 재료 중 수축률이 큰 순으로 옳게 나열한 것은?

① 순수 석고플라스터 > 돌로마이트플라스터 > 소석회
② 소석회 > 순수 석고플라스터 > 돌로마이트플라스터
③ 돌로마이트플라스터 > 소석회 > 순수 석고플라스터
④ 소석회 > 돌로마이트플라스터 > 순수 석고플라스터

해설 미장 재료의 수축률이 큰 것부터 작은 것의 순으로 나열하면, 돌로마이트플라스터 → 소석회 → 순석고플라스터의 순이다.

27

미장 공사에 대한 설명으로 옳지 않은 것은?

① 유색 시멘트 : 천연 모래와 암석을 부순 모래 또는 인공적으로 착색, 제조한 것
② 석고계 셀프레벨링재 : 석고에 모래, 경화지연제, 유동화제 등을 혼합하여 자체 평탄성이 있는 것
③ 수지플라스터 : 합성수지 에멜션, 탄산칼슘 기타 충전재, 골재 및 안료 등을 공장에서 배합한 것
④ 시멘트계 셀프레벨링재 : 포틀랜드 시멘트에 모래, 분산제, 유동화제 등을 혼합하여 자체 평탄성이 있는 것

정답 22. ③ 23. ② 24. ② 25. ② 26. ③ 27. ①

해설 유색 시멘트는 백색시멘트에 안료, 골재, 혼화재료 등을 공장에서 배합한 것으로서 품질이 인정된 시멘트이다.

28

미장 재료에 관한 설명 중 옳지 않은 것은?

① 회반죽에 석고를 약간 혼합하면 수축 균열을 방지할 수 있는 효과가 있다.
② 회반죽은 소석회에 모래, 해초풀, 여물 등을 혼합하여 바르는 미장 재료로서, 목조 바탕이나 콘크리트 블록 및 벽돌 바탕 등에 바른다.
③ 돌로마이트플라스터는 소석회에 비해 점성이 높고 작업성이 좋다.
④ 무수석고는 가수 후 급속 경화하지만, 반수석고는 경화가 늦기 때문에 경화 촉진제가 필요하다.

해설 무수석고(경석고, 킨즈시멘트)는 가수 후 응결과 경화가 소석고에 비하여 늦기 때문에 경화 촉진제(명반, 붕사 등)를 섞어서 만든 것으로 반수석고는 강도가 크고, 경화의 속도가 빠르다. 즉, 무수석고는 물을 첨가하여도 경화력이 약하여 장시간 쉽게 경화하지 않고, 첨가제(백반, 규사, 점토 등)를 소량 첨가한 후 다시 고열로 가열하면 물과 경화하는 성질이 복원된다. 반수(소)석고는 물과 혼합하면, 화학성분이 이수석고(천연석고)의 상태로 변화하면서 급속 · 경화한다.

29

미장 재료의 종류와 특성에 대한 설명 중 틀린 것은?

① 시멘트모르타르는 시멘트를 결합재로 하고 모래를 골재로 하여 이를 물과 혼합하여 사용하는 수경성 미장 재료이다.
② 테라초 현장바름은 주로 바닥에 쓰이고 벽에는 공장 제품 테라초판을 붙인다.
③ 소석회는 돌로마이트플라스터에 비해 점성이 높고, 작업성이 좋기 때문에 풀을 필요로 하지 않는다.
④ 석고플라스터는 경화 · 건조 시 치수 안정성이 우수하며 내화성이 높다.

해설 돌로마이트석회는 소석회보다 점성이 커서 풀이 필요없고 변색, 냄새, 곰팡이가 없으므로 돌로마이트플라스터는 돌로마이트 석회, 모래, 여물, 때로는 시멘트를 혼합하여 만든 바름 재료로서 마감 표면의 경도가 회반죽보다 크나, 건조, 경화 시에 수축률이 가장 커서 균열이 집중적으로 크게 생기므로 여물을 사용하는데, 요즈음에는 무수축성의 석고플라스터를 혼입하여 사용한다.

30

단열 모르타르에 관한 설명으로 옳지 않은 것은?

① 바닥, 벽, 천장 등의 열손실 방지를 목적으로 사용된다.
② 골재는 중량골재를 주재료로 사용한다.
③ 시멘트는 보통 포틀랜드 시멘트, 고로슬래그 시멘트 등이 사용된다.
④ 구성 재료를 공장에서 배합하여 만든 기배합 미장 재료로서 적당량의 물을 더하여 반죽상태로 사용하는 것이 일반적이다.

해설 단열 모르타르는 경량골재인 펄라이트 또는 동등 이상의 단열성능이 있는 주재료와 주재료의 성능을 저하시키지 않으면서 부착강도 이상의 접착력 발현, 미장 요철 방지, 도배지 시공성 향상 등의 물성개선을 위한 첨가재를 혼합한 모르타르이다.

31

특수 모르타르의 일종으로서 주 용도가 광택 및 특수 치장용으로 사용되는 것은?

① 규산질 모르타르
② 질석 모르타르
③ 석면 모르타르
④ 합성수지혼화 모르타르

해설 규산질 모르타르는 재료의 구성은 시멘트, 규산질, 광물분말, 모래로 구성되며 주로 충전용으로 사용되는 모르타르로서 구성 재료를 지정된 비율로 혼합하여 사용하는 모르타르이고, 질석 모르타르는 질석을 약 1,100℃에서 가열, 팽창시켜서 경량한 것을 골재로 하여 사용하는 모르타르로서, 경량, 방화, 단열, 흡음성이 뛰어난 모르타르이다. 석면 모르타르는 일반 모르타르(시멘트와 모래의 혼합물)에 석면을 혼합한 모르타르이다. 합성수지혼화 모르타르는 재료의 구성은 시멘트, 각종 합성수지, 모래로 구성되어 있으며 특수 치장용으로 사용하기 위해 만들어진 모르타르로서 구성 재료를 지정된 비율로 혼합하여 사용하는 모르타르이다.

정답 28. ④ 29. ③ 30. ② 31. ④

32

석고보드에 관한 설명으로 옳지 않은 것은?

① 방수, 방화 등 용도별 성능을 갖도록 제작할 수 있다.

② 벽, 천장, 칸막이 등에 합판대용으로 주로 사용된다.

③ 내수성, 내충격성은 매우 강하나 단열성, 차음성이 부족하다.

④ 주원료인 소석고에 혼화제를 넣고 물로 반죽한 후 2장의 강인한 보드용 원지사이에 채워 넣어 만든다.

해설 석고보드는 소석고를 주원료로 하고, 이에 경량, 탄성을 주기 위해 톱밥, 펄라이트 및 섬유 등을 혼합하여 이 혼합물을 물로 이겨 양면에 두꺼운 종이를 밀착, 판상으로 성형한 것으로 특성으로는 방부성, 방충성 및 방화성이 있고, 팽창 및 수축의 변형이 작으며, 흡수로 인해 강도가 현저하게 저하되고, 단열성이 높다. 특히, 가공이 쉽고, 열전도율이 작으며, 난연성이 있고, 유성 페인트로 마감할 수 있다.

33

석고보드 공사에 대한 설명으로 옳지 않은 것은?

① 석고보드는 두께 9.5mm 이상의 것을 사용한다.

② 목조 바탕의 띠장 간격은 300mm 내외로 한다.

③ 경량 철골 바탕의 칸막이벽 등에서는 기둥, 샛기둥의 간격을 450mm 내외로 한다.

④ 석고보드용 평머리못 및 기타 설치용 철물은 용융아연 도금 또는 유니크롬 도금이 된 것으로 한다.

해설 석고보드 공사에서 목조 바탕의 띠장 간격은 450mm 내외로 하고, 기둥 및 샛기둥에 따넣고 못치기를 하며, 이음은 보드 받은재 위에서 하고, 주위는 100mm 내외로, 기타 받음재마다 간격 150mm 내외로 보드용 평두못을 쳐 고정시킨다.

34

미장 공사 시 주의할 사항으로 맞지 않는 것은?

① 바탕면은 필요에 따라 물축임을 한다.

② 벽체 한 공정의 바름 두께는 6mm 이하로 한다.

③ 초벌바름 후 물기가 없어지면 바로 재벌, 정벌을 한다.

④ 바탕면을 거칠게 하여 모르타르 부착을 좋게 한다.

해설 미장 공사 시 유의사항

㉠ 균열 발생이 적고 떨어지지 않으며, 바름 벽체가 튼튼하여야 한다.

㉡ 바름면이 아름답고 평활하게 끝마무리를 하여야 한다.

㉢ 미장용 모래는 유기 물질, 기타 유해한 흙, 먼지 등이 함유되지 않은 양질의 것을 체로 쳐서 사용하며 초벌, 재벌용은 굵은 모래를 쓰고, 정벌용은 가는 모래를 쓴다.

㉣ 초벌바름 후 충분히 시간(1~2주일)을 두어 균열 발생 후에 재벌바름을 하고, 바름 두께는 균일하게 한다.

㉤ 기온은 5℃ 이상에서 시공을 하고, 강풍이 부는 경우는 공사를 중지한다.

35

바닥 모르타르 바름에서 그 결과가 가장 좋게 되는 것은?

① 콘크리트 바닥이 충분히 굳은 후에 바른다.

② 굳은 콘크리트 바닥에 시멘트페이스트(paste)를 칠하고 바른다.

③ 균열 방지를 위하여 1 : 5의 빈 배합으로 하여 바른다.

④ 콘크리트를 부은 직후에 기준 막대로 고름질을 한 다음 즉시 바른다.

해설 ㉠ 미장 공사의 시공 방법

- 미장 바르기는 위부터 밑의 순으로 실시한다. 즉, 실내는 천장→벽→바닥의 순이고, 외벽은 옥상 난간부터 지하층의 순으로 한다.
- 벽과 수평으로 교차되는 처마밑, 반자, 차양 밑 등을 먼저 바르고, 그 밑벽의 순으로 하는 것이 원칙이고, 천장 돌림, 벽돌림 등의 규준이 되는 부분은 먼저 정확히 바른 다음에 천장, 벽면 등의 넓은 면을 바르는 순으로 한다.
- 미장공의 한 번 바름 흙손질 높이는 90~150cm 이고, 흙받이를 벽에 대고 흙손으로 모르타르를

정답 32. ③ 33. ② 34. ③ 35. ④

눌러 올려 두께를 일정하게 밀착시키며 평활하게 바른다.

- 모르타르면 뿜칠 마무리는 2회 이상, 보통 3회 정도로 하며, 초벌 뿜칠 후 하절기에는 4시간, 동절기에는 24시간 경과한 후 재벌 및 정벌 뿜칠을 한다.

㉡ 시멘트모르타르의 혼합제

- 혼합제의 종류 : 알칼리성 무기질인 안료, 소석회, 색모래, 돌가루, AE제, 포졸란, 방수제 등이 있다.
- 사용 목적
  - 작업성과 보수성을 좋게 한다.
  - 부착력이 강해지고 균열이나 벗겨지는 것을 방지한다.
  - 건조 후의 강도를 높인다.
- 시멘트모르타르의 미장 시 주의사항
  - 정벌바름은 흙손으로 마무리바름하는 것이지만 그 면을 다른 마무리로 처리할 때가 많다.
  - 정벌바름은 재벌바름면의 물걷히기를 살펴 쇠흙손 또는 나무흙손으로 재벌바름과 같은 방법으로 하되 흙손자국 · 면얼룩 없이 정확하고 평활하게 바른다.
  - 나무흙손은 바른 면이 거칠어지지만 흙손 자국이 덜 나고, 큰 평면 바르기에 적당하다. 쇠흙손은 면이 곱고 미끈해지지만, 흙손 자국이 나기 쉽다.
  - 모르타르 정벌바름으로 마무리하면 이어바름면의 빛깔, 얼룩 등을 피할 수 없으므로 따로 마무리를 한다.

㉢ 바닥 바르기

- 바닥 바르기는 콘크리트를 시공한 후 될 수 있는 대로 빨리 실시하는 것이 좋으며, 먼저 바닥에 붙은 모르타르, 시멘트풀 등을 쪼아내고, 와이어 브러시 등으로 긁어 청소하고 물씻기를 하며, 다음과 같이 마무리 한다.
- 모르타르는 된비빔으로 하여 물기가 위로 솟아오를 정도로 문질러서 바르고, 규준대 밀기를 하여 고르기를 한다. 수평실(물매가 있을 때도 있음)에 따라 나무흙손으로 고름질하여 바르고, 쇠흙손으로 얼룩지게 마무리한다.
- 모르타르는 1회에 두껍게 바르는 것보다 얇게 여러 번 바르는 것이 좋다.
- 모르타르는 균열 발생을 줄이기 위하여 가급적 거친 모래를 사용하고 바닥의 경우에 시멘트 : 모래=1 : 1 정도가 좋다.
- 졸대(널) 바탕 위 방수지(아스팔트 펠트) 및 라스 치고 모르타르 바름의 순서로 외벽 모르타르를 바른다. 즉, 졸대 바탕→아스팔트 펠트→ 라스→모르타르 바름→도장의 순이다.

36

외벽 모르타르 바르기에 대한 사항 중 옳지 않은 것은?

① 모르타르는 초벌, 재벌 모두 1 : 3의 배합으로 한다.
② 초벌 바르기 한 후 적어도 2주 이후에 재벌 바르기를 하는 것이 좋다.
③ 1회의 바름 두께는 가능한 두껍게 하는 것이 좋다.
④ 라스는 메탈라스 또는 와이어라스가 좋다.

해설 미장 공사의 시공 방법 중 외장용 모르타르 바르기에 있어서 한 번 바름 두께는 얇게 하는 것이 좋다.

37

미장 공사 중 시멘트모르타르에 혼합제를 사용하는 목적으로 옳지 않은 것은?

① 작업성을 좋게 한다.
② 부착력이 강해지고 균열이나 벗겨지는 것을 적게 한다.
③ 보수성(保水性)을 좋게 한다.
④ 사용하는 물의 양을 증가시킨다.

해설 미장 공사 시 사용하는 물의 양을 증가하면 경화가 늦어지고, 경화 후에 강도가 감소하는 등의 단점이 있다.

38

회반죽 공사에 관한 설명으로 틀린 것은?

① 나무 졸대의 바탕은 물을 축이고 발라야 한다.
② 수염은 초벌에 한 끝을 묻고 또 한 끝은 재벌에 묻는다.
③ 정벌바름층은 재벌바름층이 반 정도 건조할 때에 바른다.
④ 회반죽은 반죽한 후 3일 이내에 사용하는 것이 좋다.

해설 ㉠ 회반죽 : 소석회에 여물, 해초풀, 모래 등을 섞어 넣어 반죽하여 바르므로, 물을 사용하지 않는 점이 특성이다.
㉡ 회반죽의 사용법
부득이 1일 이상 끓여 둘 때에는 부패를 방지하기 위하여 석회를 약간 뿌려 두고 사용 시에는 이것의 표면을 걷어낸다. 이렇게 하더라도 2일 이상 경과되거나, 또는 석회 반죽을 한 것이라고 하더라도 3일 이

정답 36. ③ 37. ④ 38. ④

상 경과한 것은 사용을 금지하여야 한다. 그러므로 회반죽은 반죽 후 1일 이내에 사용하여야 한다.

ⓒ 회반죽의 작업
- 회반죽의 바름 작업은 될 수 있는 대로 통풍을 없게 하는 것이 좋지만, 초벌, 고름질 특히, 정벌바름 후에는 서서히 적당한 통풍이 들게 하여 바름면의 경화(탄산화)를 도모해야 한다.
- 강렬한 일사광선, 심한 통풍은 피한다. 또한, 정벌바름 시에는 먼저 얇게 회반죽 먹임(정벌 밑바름)을 한 다음 정벌 마무리바름을 할 때도 있다.

39

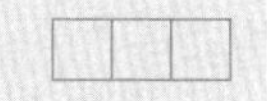

회반죽바름에서 균열을 방지하기 위한 다음 방법 중 적당하지 않은 것은?

① 정벌은 두껍게 바르는 것이 균열 방지에 좋다.
② 초벌, 재벌에는 거친 모래를 넣는다.
③ 초벌, 재벌, 정벌에는 적당량의 여물을 넣는다.
④ 졸대는 두꺼운 것이 좋고 수염은 충분히 넣는다.

해설 회반죽의 정벌바름 시에는 먼저 얇게 회반죽 먹임(정벌 밑바름)을 한 다음 정벌 마무리바름을 할 때도 있다.

40

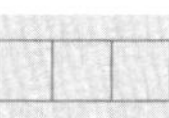

돌로마이트석회 시공상 주의사항으로 틀린 것은?

① 정벌바름은 반죽하여 24시간 이내로 사용한다.
② 바름면은 급격히 건조시키지 않아야 한다.
③ 바탕바름 두께가 균일하지 않으면 균열이 생길 우려가 있다.
④ 바탕의 습기가 균일하지 않으면 균열이 생길 우려가 있다.

해설 미장 재료

㉠ 돌로마이트석회(마그네슘 석회)
- 제법 : 백운석(탄산마그네슘을 상당량 함유하고 있는 석회석)을 원료로 하여 석회와 같은 방법으로 만든다.
- 특성(소석회와 비교)
  - 비중이 크고 굳으면 강도가 크며, 점성이 높아 풀을 넣을 필요가 없다.
  - 냄새, 곰팡이가 없고 변색될 염려도 없으며, 건조수축이 커서 균열이 가기 쉽다.

㉡ 주의사항 : 한랭기에 대한 주의사항은 회반죽과 동일하고, 바름면은 급격히 건조시키지 않도록 하고, 바탕바름의 두께 및 습기가 균일하지 않으면 균열이 생길 염려가 있으며, 정벌바름은 반죽하여 수일 후에 사용한다.

41

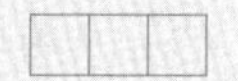

다음 중 미장 공사에 사용되는 것은?

① sliding form　　② bar bender
③ corner bead　　④ non slip

해설 코너비드는 벽, 기둥의 모서리를 보호하기 위하여 미장 바름질을 할 때 붙이는 보호용 철물로서, 벽모서리는 손상되기 쉬우므로 철판 등을 감아 대고 벽을 아물림하고, 슬라이딩폼(활동 거푸집)은 거푸집, 바벤더(bar bender)는 철근을 구부리는 철근 공사용 공구이며, 논슬립(non slip)는 계단 디딤판 코(모서리 끝부분)의 보강 및 미끄럼막이를 목적으로 대는 것이다.

42

셀프 레벨링재 바름 또는 셀프 레벨링(self leveling)재에 대한 설명 중 틀린 것은?

① 재료는 대부분 기 배합 상태로 이용되며, 석고계 재료는 물이 닿지 않는 실내에서만 사용한다.
② 모든 재료의 보관은 밀봉 상태로 건조시켜 보관해야 하며, 직사광선이 닿지 않도록 해야 한다.
③ 경화 후 이어치기 부분의 돌출 및 기포 흔적이 남아 있는 주변의 튀어나온 부위는 연마기로 갈아서 평탄하게 하고, 오목하게 들어간 부분 등은 된비빔 셀프 레벨링재를 이용하여 보수한다.
④ 셀프 레벨링재의 표면에 물결무늬가 생기지 않도록 창문 등을 밀폐하여 통풍과 기류를 차단하고, 시공 중이나 시공 완료 후 기온이 0℃ 이하가 되지 않도록 한다.

해설 셀프 레벨링(self-leveling)재

㉠ 재료 : 평탄하게 미장처리가 되도록 자체 유동성을 갖고 있는 것으로 주로 바닥재에 사용한다.
- 석고계 : 석고, 모래, 경화 지연제 및 유동화제를 첨가한 미장 재료로 고분자 에멀션을 사용하여 내수성을 증대시킬 수 있고, 자체 평탄하게 하는 성질이 있으나, 내구성이 부족한 단점이 있다.
- 시멘트계 : 포틀랜드시멘트, 모래, 분산제 및 유동화제 등을 혼합하여 사용하며, 필요시에는 팽창성 혼화제를 첨가하여 사용하기도 하고, 수축

정답 39. ① 40. ① 41. ③ 42. ④

균열의 우려가 있어 광범위하게 사용하지는 않으며, 강도 발현이 늦다.

㉡ 특성

- 장점 : 균열을 방지할 수 있고, 특히, 석고는 팽창성이므로 건조수축을 방지하며, 공사 기간의 단축, 건조가 빠르고 경화체의 강도가 높다. 또한, 숙련공과 쇠흙손의 마감이 불필요하다.
- 단점 : 유동성의 향상을 위하여 수량과 골재의 종류를 조절하고, 수량에 따라 블리딩, 수평 불량, 강도의 저하가 발생한다. 석고는 내구성이 부족한 단점이 있다.

※ 셀프 레벨링재의 표면에 물결무늬가 생기지 않도록 창문 등을 밀폐하여 통풍과 기류를 차단하고, 셀프 레벨링재 시공 중이나 시공 완료 후 기온이 5℃ 이하가 되지 않도록 한다.

43

테라초 현장 갈기에 대한 설명 중 옳지 않은 것은?

① 종석은 일반적으로 9~12mm 정도의 크기로 한다.
② 정벌의 두께는 9~12mm 정도로 한다.
③ 갈기는 1일 후 카보런덤 숫돌을 사용하여 갈기를 한다.
④ 줄눈의 거리 간격은 보통 60~120cm 정도로 한다.

해설 테라초 현장 갈기는 정벌 바름 후 여름은 3일 이상, 기타는 7일 이상 경과한 후 경화의 정도를 보아 실시한다.

44

테라초의 바닥에 줄눈대를 넣은 주된 이유로 옳은 것은?

① 외관을 좋게 하기 위하여
② 작업 능률을 높이기 위하여
③ 재료의 손실을 방지하기 위하여
④ 균열의 발생을 방지하고, 바닥의 강도를 증대시키기 위하여

해설 테라초에 줄눈대를 넣는 이유는 테라초의 바닥 강도를 증대시키고, 균열의 발생을 방지하기 위함이고, 줄눈대는 놋쇠를 주로 사용하며, 설치 간격은 보통 60~120cm 정도로 한다.

45

테라초 현장 갈기의 바닥 시공에 관한 사항 중 옳지 않은 것은?

① 정벌은 요철이 없도록 평활하게 바른다.
② 정벌시에 넣는 종석은 지름이 12mm 이하인 대리석의 쇄석을 사용한다.
③ 정벌 배합은 부배합으로 하고, 1 : 1~1 : 1.5 정도로 한다.
④ 색안료는 산화철 등의 무기질 안료를 사용하고, 시멘트 량의 10% 이하이어야 한다.

해설 테라초 현장 갈기의 바닥 시공시 정벌 배합은 빈배합으로 하고, 1 : 2~1 : 2.5 정도로 한다.

46

미장 공사 중 시멘트모르타르에 혼합제를 사용하는 목적으로 옳지 않은 것은?

① 뿜칠은 2회 이상 보통 3회로 한다.
② 직사광선과 급격한 건조를 방지하기 위하여 동측면은 오후, 서측면은 오전에 뿜칠을 한다.
③ 뿜칠을 함에 있어서 비맞기 쉬운 처마끝, 차양 등에는 세심한 주의를 하여야 한다.
④ 초벌 뿜칠 후 여름에는 1시간, 겨울에는 3시간 정도 경과후 재벌 및 정벌 뿜칠을 한다.

해설 시멘트 뿜칠은 초벌 후 3~5시간 경과 후 재벌을 한다.

47

공기의 유통이 좋지 않은 지하실과 같이 밀폐된 방에 사용하는 미장 마무리 재료로 가장 부적당한 것은?

① 혼합 석고 플라스터 ② 경석고 플라스터
③ 시멘트 모르타르 ④ 돌로마이트 플라스터

해설 돌로마이트 플라스터는 기경성(충분한 물이 있더라도 공기중에서만 경화하고, 수중에서는 굳어지지 않는 성질의 재료)의 재료, 즉 탄산가스와 화합하여 경화하는 성질을 갖는 미장재료이므로 지하실의 외벽 부분, 습기와 접하고 있는 곳, 환기가 되지 않는 밀폐된 장소에는 부적당하다.

정답 43. ③ 44. ④ 45. ③ 46. ④ 47. ④

9 수장공사

01

종이, 마직, 실크, 메탈 등 모든 질감의 표현이 가능하며, 습기에 강해 주방, 욕실 및 세면장 벽면에도 사용되는 벽지는?

① 종이 벽지
② 비닐 벽지
③ 섬유 벽지
④ 갈포 벽지

해설 ㉠ 종이 벽지 : 종이(갱지나 모조지)에 무늬나 색채를 프린트한 것으로 비교적 가격이 저렴하여 많이 사용한다.
㉡ 비닐 벽지 : 방수성이 있어서 주방 및 욕실의 타일 대용으로 사용하고, 더러워지면 물로 세척할 수 있다.
㉢ 섬유(직물) 벽지 : 비단 또는 인조 견사 등으로 색채, 무늬, 흡음성, 촉감 및 분위기가 좋고, 탈색의 염려가 없으며, 고급 내장재로 사용하나, 가격이 비싸다.
㉣ 갈포 벽지 : 가로에는 면사, 세로에는 천연 갈잎, 파초잎, 갈대 줄기를 사용하여 자연의 분위기를 연출할 수 있는 도배 재료로서 손이 닿지 않는 윗부분에 적합하다.

02

종이 표면에 모양을 프린트하고 그 위에 투명 염화비닐 필름을 압착한 것으로 주로 수입 벽지에서 많이 보이는 것은?

① 비닐 라미네이트 벽지
② 발포 염화비닐 벽지
③ 코르크 벽지
④ 염화비닐 칩 벽지

해설 발포 염화비닐 벽지는 발포 비닐을 사용하여 표면에 부드러움을 준 벽지로 프린트 발포 벽지와 고발포 비닐 벽지 등이 있다. 코르크 벽지는 안대기 종이 위에 얇게 자른 코르크 조각을 접착한 것으로 흡음 효과가 있는 벽지이다. 염화비닐 칩 벽지는 칩모양의 염화비닐수지를 소재의 종이 위에 살포하고, 열가공하여 용융 · 접착한 벽지이다.

03

면의 날실에 천연 칡잎을 씨실로 하여 짠 것으로 우아하지만 충격에 약한 벽지는?

① 실크 벽지
② 비닐 벽지
③ 무기질 벽지
④ 갈포 벽지

해설 실크 벽지는 직물 벽지의 일종으로 색채, 무늬, 흡음성, 촉감 및 분위기가 좋고, 탈색의 염려가 없으며, 고급 내장재로 사용하나, 가격이 비싸다. 비닐 벽지는 타 벽지의 장점을 모두 모방할 수 있고, 양산할 수 있으며, 생산성과 색상, 디자인에서 다양한 표현이 가능하고, 입체감 및 재질감의 표현이 가능한 벽지이며, 무기질 벽지는 비닐 벽지와 거의 같으나, 바탕재가 불연성 소재이기 때문에 방화상 유리한 벽지이다.

04

벽지에 관한 설명 중 옳지 않은 것은?

① 비닐 벽지 – 플라스틱으로 코팅한 벽지와 순수한 비닐로만 이루어진 벽지로 구분되며 불에 강하지만 오염이 되었을 시 제거가 어렵다.
② 종이 벽지 – 가격이 상대적으로 저렴하며 색상, 무늬 등이 다양하고 질감도 부드럽다.
③ 직물 벽지 – 질감이 부드럽고 자연미가 있어 온화하고 고급스러운 분위기를 자아내므로 벽지 중 가장 고급품에 속한다.
④ 무기질 벽지 – 질석 벽지, 금속박 벽지 등이 있다.

해설 비닐 벽지는 종이, 마직, 실크, 메탈 등 모든 질감의 표현이 가능하며, 습기에 강해 주방, 욕실 및 세면장 벽면에도 사용되는 벽지로서, 불에 약하지만 오염되었을 시 제거가 쉽다.

정답 01. ② 02. ① 03. ④ 04. ①

실내디자인 시공관리

1 공정계획관리

01 |

건설시공분야의 향후 발전방향으로 옳지 않은 것은?

① 친환경시공화
② 시공의 기계화
③ 공법의 습식화
④ 재료의 프리패브(Pre-Fab)화

해설 건설시공분야의 향후 발전방향에는 작업의 표준화, 단순화, 전문화, 재료의 건식화, 건식공법화(공법의 습식화 지양), 건축 생산의 공업화, 양산화(PC화), 기계화 시공, 시공 기법의 연구개발, 도급 기술의 근대화, 신기술, 과학적 품질관리 기법의 도입, 생산 기술의 종합화(복합화), 정보화 및 생력화 등이 있다.

02 |

건축시공관리 항목에서 중요한 시공의 5대 관리에 포함되지 않는 것은?

① 품질관리
② 안전관리
③ 노무관리
④ 공정관리

해설 건축시공(생산)의 관리

건축시공의 관리	내용
건축시공의 3대관리	원가관리, 공정관리, 품질관리
건축시공의 4대관리	3대관리+안전관리
건축시공의 5대관리	4대관리+환경관리

03 |

공사감리자에 대한 설명 중 틀린 것은?

① 시공계획의 검토 및 조언을 한다.
② 문서화된 품질관리에 대한 지시를 한다.
③ 품질하자에 대한 수정방법을 제시한다.
④ 건축의 형상, 구조, 규모 등을 결정한다.

해설 공사감리자에 대한 설명은 ①, ②, ③항 이외에 다음과 같다.
㉠ 공사의 진도를 파악한다.
㉡ 공사비지불에 대한 조서를 작성한다.
㉢ 공사현장의 안전관리 지도를 실시한다.
㉣ 공사비내역 명세를 조사한다.

04 |

VE(Value Engineering)에서 원가절감을 실현할 수 있는 대상 선정이 잘못된 것은?

① 수량이 많은 것
② 반복효과가 큰 것
③ 장시간 사용으로 숙달된 것
④ 내용이 간단한 것

해설 가치 공학(V.E, Value Engineering)은 가치 공학이라고도 하며 필요한 기능을 최고의 품질과 최저의 비용으로 공사를 관리하는 원가절감의 기법이다. 건축공사에 있어서 각 공사의 기능을 철저히 분석하여 필요한 기능(공사 기간, 품질, 안전 등)을 최대한 활성화하고, 불필요한 기능을 제거하여 원가를 절감하는 기법 또는, 발주자가 요구하는 성능·품질을 보상하면서 가장 싼값으로 공사를 수행하기 위한 수단을 찾고자 하는 체계적이고 과학적인 공사 방법이다. 대상 선정에는 ①, ②, ③항 이외에 내용이 복잡한 것 등이다.

05 |

VE적용 시 일반적으로 원가절감의 가능성이 가장 큰 단계는?

① 기획설계
② 공사착수
③ 공사 중
④ 유지관리

해설 가치 공학(V.E, Value Engineering)은 가치 공학이라고도 하며 필요한 기능을 최고의 품질과 최저의 비용으로 공사를 관리하는 원가절감의 기법으로 기획설계의 단계에서 가장 원가절감의 효과가 크다.

정답 01. ③ 02. ③ 03. ④ 04. ④ 05. ①

06

건설공사 시공방식 중 직영공사의 장점에 속하지 않는 것은?

① 영리를 도외시한 확실성 있는 공사를 할 수 있다.
② 임기응변의 처리가 가능하다.
③ 공사기일이 단축된다.
④ 발주, 계약 등의 수속이 절감된다.

해설 직영 방식(도급업자에게 위탁하지 않고 건축주 자신이 재료의 구입, 기능인 및 인부의 고용, 그 밖의 실무를 담당하거나 공사부를 조직하여 자기의 책임하에 직접 공사를 지휘, 감독하는 방식)의 장점은 ①, ②, ④항이고, 단점에는 공사비 증대와 공사기일 연장, 재료의 낭비 및 잉여, 예산 차질, 시공 관리 능력의 부족, 근로자의 능률이 저하 등이 있다.

07

전체공사의 진척이 원활하며 공사의 시공 및 책임한계가 명확하여 공사관리가 쉽고 하도급의 선택이 용이한 도급제도는?

① 공정별 분할도급
② 일식도급
③ 단가도급
④ 공구별 분할도급

해설 공정별 분할도급은 건축공사에 있어서 정지, 기초, 구체, 마무리 공사 등의 과정별로 나누어 도급주는 방식으로 설계의 완료분만 발주하거나 예산 배정상 구분될 때에 편리하나, 후속 공사를 다른 업자로 바꾸거나 후속 공사 금액의 결정이 곤란하며, 업자에 대한 불만이 있어도 변경하기가 어려우므로 특수할 때 외에는 채용하지 않는다. 단가도급은 전체 공사의 수량을 예측하기 곤란한 경우와 공사를 빨리 착공하고자 할 때 채용되는 방식으로, 단위 공사 부분에 대한 단가만을 확정하고, 공사가 완료되면 실시 수량에 따라 정산하는 방식이다. 공구별 분할도급은 대규모 공사에서 지역별로 공사를 분리하여 발주하는 방식이고, 각 공구마다 총괄 도급으로 하는 것이 보통이며, 중소업자에게 균등 기회를 주고 업자 상호 간의 경쟁으로 공사 기일의 단축, 시공 기술 향상 및 공사의 높은 성과를 기대할 수 있어 유리하다.

08

공동도급의 장점 중 옳지 않은 것은?

① 공사이행의 확실성을 기대할 수 있다.
② 공사수급의 경쟁완화를 기대할 수 있다.
③ 일식도급보다 경비절감을 기대할 수 있다.
④ 기술, 자본 및 위험 등의 부담을 분산시킬 수 있다.

해설 공동도급의 특징

두 명 이상의 도급업자가 어느 특정한 공사에 한하여 협정을 체결하고 공동 기업체를 만들어 협동으로 공사를 도급하는 방식으로, 공사가 완성되면 해산된다.

㉠ 융자력의 증대 : 중소업자가 결합하여 소자본으로 대규모 공사를 도급할 수 있으므로, 자금의 부담이 경감된다.
㉡ 위험의 분산 : 각 회사가 분담하는 이해 관계의 비율에 의해 출자하고 이익을 분배하며, 만일 손실이 발생할 때에도 그 비율로 분담한다.
㉢ 기술의 확충 : 대규모이고, 특수한 새로운 기술 경험을 필요로 하는 공사일 경우에는 상호 기술을 확충, 강화할 수 있으며, 새로운 경험도 얻을 수 있다.
㉣ 시공의 확실성 : 자금 및 기술적인 면에서 개개의 회사에 비해 그 능력이 증대되고 계약 이행의 책임도 연대 부담하게 되므로 주문자로서 시공의 확실성을 기대할 수 있다.
㉤ 공동도급 구성원 상호 간의 이해 충돌이 많고, 현장 관리가 어렵다. 특히, 일식도급공사보다 공사비가 증가된다. 또한, 일식도급보다 경비가 증대되므로 이윤은 감소한다.

09

공동도급에 관한 설명으로 옳지 않은 것은?

① 각 회사의 소요자금이 경감되므로 소자본으로 대규모 공사를 수급할 수 있다.
② 각 회사가 위험을 분산하여 부담하게 된다.
③ 상호기술의 확충을 통해 기술축적의 기회를 얻을 수 있다.
④ 신기술, 신공법의 적용이 불리하다.

해설 공동도급은 기술의 확충으로 대규모이고, 특수한 새로운 기술 경험을 필요로 하는 공사일 경우에는 상호 기술을 확충, 강화할 수 있으며, 새로운 경험도 얻을 수 있다. 또한, 신기술, 신공법의 적용이 유리하다.

정답 06. ③ 07. ② 08. ③ 09. ④

10 |

정액도급 계약제도에 관한 설명으로 옳지 않은 것은?

① 경쟁입찰 시 공사비가 저렴하다.
② 건축주와의 의견조정이 용이하다.
③ 공사설계변경에 따른 도급액 증감이 곤란하다.
④ 이윤관계로 공사가 조악해질 우려가 있다.

해설 정액도급은 공사 금액을 공사 시작 전에 결정하고, 계약하는 도급계약방식으로 일식도급, 분할도급 등의 도급제도와 병용되고, 정액일식도급제도가 가장 많이 채용되고 있다. 공사비 관계로 건축주와의 의견 조정이 난이하다.

11 |

단가도급 계약제도에 대한 설명으로 옳지 않은 것은?

① 시급한 공사인 경우 계약을 간단히 할 수 있다.
② 설계변경으로 인한 수량 증감의 계산이 어렵고, 일식도급보다 복잡하다.
③ 공사비가 높아질 염려가 있다.
④ 총공사비를 예측하기 힘들다.

해설 단가도급은 전체 공사의 수량을 예측하기 곤란한 경우와 공사를 빨리 착공하고자 할 때 채용되는 방식으로, 단위 공사 부분에 대한 단가만을 확정하고, 공사가 완료되면 실시 수량에 따라 정산하는 방식으로 설계변경으로 인한 수량 증감의 계산이 쉽고, 일식도급보다 간단하다.

12 |

도급제도 중 긴급 공사일 경우에 가장 적합한 것은?

① 단가도급 계약제도
② 분할도급 계약제도
③ 일식도급 계약제도
④ 정액도급 계약제도

해설 분할도급은 전체 공사를 여러 유형으로 분할하여 시공자를 선정, 건축주와 직접 도급계약을 체결하는 방식으로, 전문 공종별, 공정별, 공구별 분할도급 등으로 나눈다. 일식도급은 건축공사 전체를 한 사람의 도급자에게 도급을 주는 제도로서, 일반적으로 일식도급자는 자기 자신이 직접 공사 전체를 완성하는 것이 아니고 그 공사를 적당히 분할하여 각각 전문직의 하도급자에게 시공시키고, 전체 공사를 감독하여 완공시키는 것이 보통이다. 정액도급은 공사 금액을 공사 시작 전에 결정하고, 계약하는 도급 계약 방식으로 일식 도급, 분할 도급 등의 도급 제도와 병용되고, 정액 일식 도급 제도가 가장 많이 채용되고 있다.

13 |

발주자는 시공자에게 시공을 위임하고 실제로 시공에 소요된 비용 즉, 공사실비(cost)와 미리 정해 놓은 보수(fee)를 시공자가 받는 방식으로 발주자, 컨설턴트 또는 엔지니어 및 시공자 3자가 협의하여 공사비를 결정하는 도급계약방식은?

① 실비정산 보수가산 계약방식
② 공동도급 계약방식
③ 파트너링 방식
④ 분할도급 계약방식

해설 공동도급은 두 명 이상의 도급업자가 어느 특정한 공사에 한하여 협정을 체결하고 공동 기업체를 만들어 협동으로 공사를 도급하는 방식으로, 공사가 완성되면 해산된다. 파트너링 방식은 공사수행방식의 일종으로 발주자가 직접 설계, 시공에 참여하고, 프로젝트 관리자들이 상호 신뢰를 바탕으로 팀을 구성해서 프로젝트의 성공과 상호이익확보를 위해 프로젝트를 집행, 관리하는 새로운 방식이다. 분할도급은 전체 공사를 여러 유형으로 분할하여 시공자를 선정, 건축주와 직접 도급 계약을 체결하는 방식으로, 전문 공종별, 공정별, 공구별 분할도급 등으로 나눈다.

14 |

주문받은 건설업자가 대상계획의 기업 금융, 토지조달, 설계, 시공, 기계기구 설치, 시운전 및 조업지도까지 주문자가 필요로 하는 모든 것을 조달하여 주문자에게 인도하는 도급계약 방식은?

① 정액도급
② 분할도급
③ 실비정산 보수가산도급
④ 턴키도급

해설 정액도급은 공사 금액을 공사 시작 전에 결정하고, 계약하는 도급계약방식으로 일식도급, 분할도급 등의 도급제도와 병용되고, 정액일식도급제도가 가장 많이 채용되고 있다. 분할도급은 전체 공사를 여러 유형으로

정답 10. ② 11. ② 12. ① 13. ① 14. ④

분할하여 시공자를 선정, 건축주와 직접 도급 계약을 체결하는 방식으로, 전문 공종별, 공정별, 공구별 분할 도급 등으로 나눈다. 실비정산(청산) 보수가산도급방식은 건축주가 시공자에게 공사를 위임하고, 실제로 공사에 소요되는 실비와 보수, 즉 공사비와 미리 정해 놓은 보수를 시공자에게 지불하는 방식 또는 공사의 실비를 건축주와 도급자가 확인하여 청산하고 시공주는 정한 보수율에 따라 도급자에게 보수액을 지불하는 방식으로 부실 공사, 폭리 등 도급자나 건축주 입장에서 불이익 없이 가장 정확하고 양심적으로 건축공사를 충실히 수행하는, 즉 사회 정의상 이론적으로 가장 이상적인 도급이다.

15 |

설계 · 시공일괄 계약제도에 관한 설명으로 옳지 않은 것은?

① 단계별 시공의 적용으로 전체 공사기간의 단축이 가능하다.
② 설계와 시공의 책임소재가 일원화된다.
③ 건축주의 의도가 충분히 반영될 수 있다.
④ 계약체결 시 총 비용이 결정되지 않으므로 공사비용이 상승할 우려가 있다.

해설 설계 · 시공일괄 계약제도(턴키도급)은 주문 받은 건설업자가 대상 계획의 기업, 금융, 토지 조달, 설계, 시공, 기계 기구의 설치와 시운전까지 주문자가 필요로 하는 것을 조달하여 주문자에게 인도하는 도급 계약의 방식이다. 특징은 다음과 같다.

㉠ 장점
- 설계 및 시공을 동일 업체가 수행하므로 책임 한계가 명확하다.
- 발주 전 업체 선정에 다양한 대안 검토가 가능하고, 발주자의 업무 부담이 경감된다.
- 시공자 참여에 의한 설계로 합리적인 시공이 가능하고, 신공법 적용과 공사의 내실화를 기할 수 있다.

㉡ 단점
- 발주에 따른 점검이 소홀히 할 수 있고, 발주 기간이 지연되며, 건축주의 의도가 반영되기 힘들다.
- 타당성의 분석 기술이 필요하고, 공사 금액 부담이 가중되며, 총 공사비의 사전 산정이 힘들다.
- 위험 부담이 다르고, 입찰 전에 부담이 크며, 대형 업체는 유리하나, 중소업체는 불리하다.
- 최저 낙찰가로 품질 저하를 초래하고, 우수한 설계 의도 반영이 힘들다.

16 |

수입을 수반한 공공 프로젝트에 있어서 자금을 조달하고, 설계 · 엔지니어링, 시공 전부를 도급받아 시설물을 완성하고, 그 시설을 10~30년 동안 운영하는 것으로 운영수입으로부터 투자자금을 회수한 후 발주자에게 그 시설을 인도하는 방식은?

① BOT(Build-Operate-Transfer)방식
② Partnering방식
③ Project Management방식
④ Design Build방식

해설 Partnering방식은 공사 수행 방식의 일종으로 발주자가 직접 설계, 시공에 참여하고, 프로젝트 관리자들이 상호 신뢰를 바탕으로 팀을 구성해서 프로젝트의 성공과 상호이익확보를 위해 프로젝트를 집행, 관리하는 새로운 방식이다. Project Management(PM)방식은 사업의 기획단계에서 결과물 인도까지의 모든 활동의 계획, 통제, 관리에 필요한 사항을 종합적으로 관리하는 기술로서, 발주자의 요구에 맞춘 효과적인 사업관리방안이다. Design Build방식(턴키도급)은 설계시공일괄방식으로 모든 요소를 포괄한 도급계약 방식이고, 건설업자는 대상 계획의 기업, 금융, 토지조달, 설계, 시공, 기계기구설치, 시운전 및 조업지도까지 모든 것을 조달하여 주문자에게 인도하는 방식이다.

17 |

민간자본 유치방식 중 사회간접시설을 설계, 시공한 후 소유권을 발주자에게 이양하고, 투자자는 일정기간 동안 시설물의 운영권을 행사하는 계약방식은?

① BOT(Build Operate Transfer)
② BTO(Build Transfer Operate)
③ BOO(Build Operate Own)
④ BTL(Build Transfer Lease)

해설 ㉠ BOT(Build Operate Transfer)방식은 사회 간접시설의 확충을 위하여 민간이 자금 조달과 공사를 완성하고, 투자한 자본의 회수를 위하여 일정 기간 운영하고 공공에 양도하는 방식
㉡ BOO(Build Operate Own)방식은 사회 간접 시설의 확충을 위하여 민간이 자금 조달과 공사를 완성하여 시설물의 운영과 소유권을 민간이 소유하는 방식

정답 15. ③ 16. ① 17. ②

㉢ BTL(Build Transfer Lease)은 민간이 자금조달을 하여 시설을 준공한 후 소유권을 정부에 이전하되, 정부의 시설임대료를 통해 투자비를 회수하는 민간투자사업 계약방식

18 |

공개경쟁입찰인 경우 입찰조건을 현장에서 설명할 필요가 있는데 이 때의 설명 내용과 거리가 먼 것은?

① 공사기간
② 공사비 지불조건
③ 도급자 결정방법
④ 자재의 수량

해설 공개경쟁입찰인 경우 입찰조건을 현장 설명 내용에는 공사기간, 공사비 지불조건, 도급자 결정방법, 인접대지, 도로, 지상 및 지하 매설물, 대지의 고저, 급수(수도 및 우물 등), 동력 인입, 지질, 잔토 처리, 가설물 위치 및 공사용 부지 등이다. 자재의 수량과는 무관하다.

19 |

건설도급회사의 공사실적 및 기술능력에 적합한 3~7개 정도의 시공회사를 선택한 후 그 시공회사로 하여금 입찰에 참여시키는 방법은?

① 공개경쟁입찰 ② 특명입찰
③ 지명경쟁입찰 ④ 제한경쟁입찰

해설 **공개경쟁입찰**(일반경쟁입찰)은 관보, 신문, 게시 등을 통해 계약과 입찰 조건, 공사의 종류, 입찰자의 자격 및 규정 등을 공고하여 입찰 참가자를 널리 공모함으로써 입찰시키는 방법 또는 건축주가 둘 이상의 시공업자로 하여금 동시에 견적한 금액을 입찰시켜 가장 유리한 시공업자를 선택하는 입찰 방법 및 당해 공사 수행에 필요한 최소한의 자격 요건을 갖춘 불특정 다수 업체를 대상으로 자유 시장 경제 원리에 가장 적합한 입찰 방법이다. **특명입찰**은 건축주가 시공 회사의 신용, 자산, 공사 경력, 보유 기자재 및 기술 등을 고려해 그 공사에 가장 적격한 한 사람을 지명하여 입찰시키는 방법 또는 입찰금이 초과되어 낙찰자가 없을 때 최저 입찰자와 의논하여 계약을 맺는 입찰시키는 방법이다. **제한경쟁입찰**은 입찰참가자에게 업체 자격에 대한 제한을 가하여 양질의 공사를 기대하며, 그 제한에 해당되는 업체라면 누구든 입찰에 참가할 수 있도록 한 방식이다.

20 |

건축주가 시공회사의 신용, 자산, 공사경력, 보유기술 등을 고려하여 그 공사에 가장 적격한 단일 업체에게 입찰시키는 방법은?

① 공개경쟁입찰 ② 특명입찰
③ 사전자격심사 ④ 대안입찰

해설 **공개경쟁입찰**(일반경쟁입찰)은 관보, 신문, 게시 등을 통해 계약과 입찰 조건, 공사의 종류, 입찰자의 자격 및 규정 등을 공고하여 입찰 참가자를 널리 공모함으로써 입찰시키는 방법 또는 건축주가 둘 이상의 시공업자로 하여금 동시에 견적한 금액을 입찰시켜 가장 유리한 시공업자를 선택하는 입찰 방법 및 당해 공사 수행에 필요한 최소한의 자격 요건을 갖춘 불특정 다수 업체를 대상으로 자유 시장 경제 원리에 가장 적합한 입찰 방법이다. **사전자격심사**는 발주자가 각 건설업자의 시공능력을 정확히 파악하여 그 능력에 상응하는 수주 기회를 부여하는 제도이다.
대안입찰은 대규모 또는 신규 공사에 주로 적용하는 방식으로 발주자가 입찰시 의뢰한 기본 설계의 대체가 가능한 범위 안에서 동등 이상의 기능, 효과 및 품질 등을 보장하고, 공사 기간을 초과하지 않는 범위 내에서 공사 비용을 절감할 수 있는 공법을 제안하여 입찰하는 방식이다.

21 |

일반적인 공사입찰의 순서로 옳은 것은?

① 입찰통지 → 현장설명 → 입찰 → 개찰 → 낙찰 → 계약
② 현장설명 → 입찰통지 → 입찰 → 개찰 → 낙찰 → 계약
③ 현장설명 → 입찰통지 → 입찰 → 낙찰 → 개찰 → 계약
④ 입찰통지 → 입찰 → 개찰 → 낙찰 → 현장설명 → 계약

해설 건설공사의 입찰 및 계약의 순서

입찰통지 → {설계 도서 교부, 현장 설명, 질의 응답, 적산} → 입찰 → {개찰, 재입찰, 수의 계약}
→ 낙찰 → 계약

정답 18. ④ 19. ③ 20. ② 21. ①

22

입찰의 절차에 있어 입찰공고에 포함되는 주요항목이 아닌 것은?

① 계약에 관한 분쟁의 해결방법
② 입찰의 일시와 장소
③ 개략적인 공사의 특성, 유형 및 규모
④ 발주자와 설계자의 명칭과 주소

해설 입찰의 절차에 있어 입찰공고에 포함되는 주요 항목은 ②, ③, ④항 이외에 입찰참가신청 마감일시, 계약의 착수일 및 완료일, 낙찰자 결정방법, 입찰참가 자격, 입찰보증금, 구비서류, 계약체결 등이 있고, 계약에 관한 분쟁의 해결방법은 도급 계약서에 명시할 내용이다.

23

최저가 낙찰제와 PQ제도를 종합한 제도로서 최저가 2~3개 업체 중 기술 능력을 포함한 종합적인 판단으로 낙찰자를 선정하는 제도로서 100억 이상의 공사에 적용하는 낙찰 방식은?

① 제한적 최저가 낙찰제
② 최적격 낙찰제
③ 최저가 낙찰제
④ 부찰제

해설 제한적 최저가 낙찰제는 부실 공사를 방지할 목적으로 예정 가격 대비 88%이상의 입찰자 중 가장 낮은 금액으로 입찰한 자를 결정하는 방식이다. 최저가 낙찰제는 예정 가격의 범위 내에서 최저가격으로 입찰한 자를 선정하는 방식으로 덤핑으로 인한 부식 시공이 우려되는 방식이다. 부찰제는 예정 가격과 예정 가격의 85% 이상 금액의 입찰자 사이에서 평균 금액을 산출하여 이 평균 금액의 밑으로 가장 접근된 입찰자를 낙찰자로 선정하는 방식이다.

24

공사계약제도에 관한 설명으로 옳지 않은 것은?

① 일식도급 계약제도는 전체 건축공사를 한 도급자에게 도급을 주는 제도이다.
② 분할도급 계약제도는 보통 부대설비공사와 일반공사로 나누어 도급을 준다.
③ 공사진행 중 설계변경이 빈번한 경우에는 직영공사제도를 채택한다.
④ 직영공사제도는 근로자의 능률이 상승된다.

해설 직영방식(도급업자에게 위탁하지 않고 건축주 자신이 재료의 구입, 기능인 및 인부의 고용, 그 밖의 실무를 담당하거나 공사부를 조직하여 자기의 책임하에 직접 공사를 지휘, 감독하는 방식)의 장점은 ①, ②, ④항이고, 단점은 공사비 증대와 공사기일 연장, 재료의 낭비 및 잉여, 예산 차질, 시공 관리 능력의 부족, 근로자의 능률이 저하 등이 있다.

25

공사계약서 내용에 포함되어야 할 내용과 가장 거리가 먼 것은?

① 공사내용(공사명, 공사장소)
② 재해방지대책
③ 도급금액 및 지불방법
④ 천재지변 및 그 외의 불가항력에 의한 손해부담

해설 도급계약서에 명시하여야 할 사항에는 공사개요(규모, 도급금액 등), 공사 착수의 시기와 공사 완성의 시기, 공사 기간, 계약 금액, 계약 보증금, 공사금액의 지불방법과 시기, 하자 보증에 대한 사항(하자담보책임기간 및 담보방법), 공사 시공으로 인한 제3자가 입은 손해부담에 대한 사항, 설계 변경과 공사지연에 관한 사항, 연동제에 관한 사항, 천재 지변 및 기타 불가항력에 대한 사항, 정산에 관한 사항, 지급자재, 장비에 관한 사항, 계약에 대한 분쟁발생 시 해결방법, 안전에 관한 사항, 작업범위, 분쟁발생 시 해결방법, 인도 및 검사시기 등이 있다.

26

도급계약서에 첨부하지 않아도 되는 서류는?

① 설계도면
② 공사시방서
③ 시공계획서
④ 현장설명서

해설 도급계약 시 필요서류에는 도급계약서, 도급계약 약관, 설계도서(설계도, 공통 및 특기시방서 등이 있고, 도급계약 참고서류에는 공사비 내역서, 현장설명서, 질의응답서, 공정표 등이 있다.

정답 22. ① 23. ② 24. ④ 25. ② 26. ③

27 |

건설공사 완료 후 불량시공부분에 재시공을 보장하기 위하여 공사발주처 등에 예치하는 공사금액의 명칭은?

① 입찰보증금 ② 계약보증금
③ 지체보증금 ④ 하자보증금

해설 **입찰보증금**은 국가를 당사자로 하는 계약에 관한 법률 시행령에 정한 바에 따라 입찰금액의 5% 상당액을 현금 또는 보증서 및 보증보험증권 등으로 납부할 수 있도록 한 것으로 공공기관 등은 입찰보증금 납부를 면제할 수도 있다. **계약보증금**은 건설사가 계약상대자(건축주)에 대하여 계약보증의 의무를 증명하는 보증금으로 통상 보증금액은 계약금액의 10%이다. 즉, 공사진행중에 시공사의 부도, 계약조건 불이행 등이 발생될 때 건축주가 보증금을 사용할 수 있다. **지체보증금**은 계약상대자가 정당한 이유 없이 계약상의 의무를 기한 내에 이행하지 못하고 지체한 때에는 이행지체에 대한 손해배상액의 예정성격으로 징수하는 금액이다.

28 |

시방서에 관한 설명으로 옳지 않은 것은?

① 설계도면과 공사시방서에 상이점이 있을 때는 주로 설계도면이 우선한다.
② 시방서 작성 시에는 공사 전반에 걸쳐 시공 순서에 맞게 빠짐없이 기재한다.
③ 성능시방서란 목적하는 결과, 성능의 판정기준, 이를 판별할 수 있는 방법을 규정한 시방서이다.
④ 시방서에는 사용 재료의 시험검사방법, 시공의 일반사항 및 주의사항, 시공정밀도, 성능의 규정 및 지시 등을 기술한다.

해설 시방서와 설계도서의 우선 순위는 공사시방서 → 설계도면 → 전문시방서 → 표준시방서 → 산출 내역서 → 승인된 상세시공도면 → 관계 법령의 유권 해석 → 감리자의 지시사항의 순이고, 공사시방서와 표준시방서는 공사시방서, **도면과 시방서는 시방서**, 일반 도면보다 상세도면을 우선 적용한다.

29 |

공사에 필요한 표준시방서의 내용에 포함되지 않는 사항은?

① 재료에 관한 사항
② 공법에 관한 사항
③ 공사비에 관한 사항
④ 검사 및 시험에 관한 사항

해설 시방서의 기재 내용
㉠ 공사 전체의 개요, 시방서의 적용 범위, 공통의 주의사항 및 특기 사항 등
㉡ 사용 재료(종류, 품질, 수량, 필요한 시험, 저장 방법, 검사 방법 등)
㉢ 시공 방법(준비사항, 공사의 정도, 사용 기계 · 기구, 주의사항 등) 및 담당원
㉣ 공법의 일반사항, 유의사항, 시공 정밀도 등
또한, 공사비에 관한 사항은 공사계약서에 명시하여야 할 내용이다.

30 |

시방서(specification)는 발주자가 의도하는 건축물을 건설하기 위하여 시공자에게 요구하는 모든 사항을 나타낸 것 중 도면을 제외한 모든 것이라 할 수 있다. 다음 중 시방서 작성 시 서술내용에 해당하지 않는 것은?

① 재료, 장비, 설비의 유형과 품질
② 시험 및 코드요건
③ 조립, 설치, 세우기의 방법
④ 입찰참가자격 평가기준

해설 시방서의 기재 내용
㉠ 공사 전체의 개요, 시방서의 적용 범위, 공통의 주의사항 및 특기 사항 등
㉡ 사용 재료(종류, 품질, 수량, 필요한 시험, 저장 방법, 검사 방법 등)
㉢ 시공 방법(준비사항, 공사의 정도, 사용 기계 · 기구, 주의사항 등) 및 담당원
㉣ 공법의 일반사항, 유의사항, 시공 정밀도 등
또한, 입찰참가자격 평가기준에 관한 사항은 입찰시 명시하여야 할 내용이다.

정답 27. ④ 28. ① 29. ③ 30. ④

31

공사에 필요한 특기시방서에 기재하지 않아도 되는 사항은?

① 인도 시 검사 및 인도시기
② 각 부위별 시공 방법
③ 각 부위별 사용 재료
④ 사용 재료의 품질

해설 특기시방서는 특정한 공사별로 건설공사 시공에 필요한 사항을 규정한 시방서 또는 당해 공사의 특수한 조건에 따라 표준시방서에 대하여 추가, 변경, 삭제를 규정하는 시방서로서 인도 시 검사 및 인도시기는 도급계약서에 명시하여야 할 내용이다.

32

당해 공사의 특수한 조건에 따라 표준시방서에 대하여 추가, 변경, 삭제를 규정하는 시방서는?

① 특기시방서 ② 안내시방서
③ 자료시방서 ④ 성능시방서

해설 시방서
시방서는 설계자가 도면에 표시하기 어려운 사항을 자세히 기술하여 설계자의 의사를 충분히 전달하기 위한 문서로서, 종류는 다음과 같다.
㉠ 일반시방서 : 공사의 기일 등 공사 전반에 걸친 비기술적인 사항을 규정한 시방서이다.
㉡ 표준시방서 : 모든 공사의 공통적인 사항을 국토교통부가 제정한 시방서이다.
㉢ 특기시방서 : 특정한 공사별로 건설공사 시공에 필요한 사항을 규정한 시방서이다.
㉣ 안내시방서 : 공사시방서를 작성하는 데, 안내 및 지침이 되는 시방서이다.
㉤ 공사시방서 : 특정공사를 위하여 작성된 시방서를 말하는 것으로 실시 설계도면과 더불어 공사의 내용을 보여주는 시방서이다.

33

건축 목공사의 시공계획을 수립함에 있어서 필요하지 않은 것은?

① 시공계획도의 작성 ② 공정표 작성
③ 현치도 작성 ④ 가설물 계획

해설 현치도(설계에 있어서 각 요소의 형과 끝맺음을 실제 치수로 기재한 것 또는 시공 도면에 있어서 실제의 치수로 그려진 도면) 작성은 공사를 진행할 때 하는 작업이다.

34

시공계획 시 우선 고려하지 않아도 되는 것은?

① 상세 공정표의 작성
② 노무, 기계, 재료 등의 조달, 사용계획에 따른 수송계획 수립
③ 현장관리 조직과 인사계획 수립
④ 시공도의 작성

해설 시공계획 시 준비 사항은 ①, ②, ③항 이외에 동력·용수끌기 계획, 가설물의 계획, 재해방지의 대책 등이 있고, 시공도(공사를 실시할 경우, 구조물에 대한 설계를 기준으로 실제로 시공할 수 있도록 구조 각 부의 치수 등 상세하고 기본이 되는 정확한 도면) 작성은 공사를 진행할 때 하는 작업이다.

35

건축공사의 일반적인 시공순서로 가장 알맞은 것은?

① 토공사 → 방수공사 → 철근콘크리트공사 → 창호공사 → 마무리공사
② 토공사 → 철근콘크리트공사 → 창호공사 → 마무리공사 → 방수공사
③ 토공사 → 철근콘크리트공사 → 방수공사 → 창호공사 → 마무리공사
④ 토공사 → 방수공사 → 창호공사 → 철근콘크리트공사 → 마무리공사

해설 건축공사의 일반적인 시공순서는 ① 공사 착공준비 → ② 가설공사 → ③ **토공사** → ④ 지정 및 기초공사 → ⑤ **구조체공사(철골·철근콘크리트·벽돌·블록·돌·나무구조 등)** → ⑥ **방수·방습공사** → ⑦ 지붕 및 홈통공사 → ⑧ 외벽 마무리공사 → ⑨ **창호공사** → ⑩ **내부 마무리공사(천정·벽·바닥·기타 등)**의 순이다.

36

공사계획에 있어서 공법선택 시 고려할 사항과 가장 거리가 먼 것은?

① 공구분할의 결정
② 품질확보
③ 공기준수
④ 작업의 안전성 확보와 제3자 재해의 방지

정답 31. ① 32. ① 33. ③ 34. ④ 35. ③ 36. ③

해설 공사 계획에 있어서 공법선택 시 고려하여야 할 사항은 ①, ②, ④항 이외에 최소의 비용 등이 있고, 공기준수와는 무관하다.

37

공사현장에서 공정관리에 의한 공정표를 작성함에 있어서 가장 기본이 되는 사항은?

① 천후
② 실행예산
③ 재료반입 및 노무공급계획
④ 각 공종공사량

해설 공정표 작성 시 기본이 되는 사항은 각 공사별 공사량이고, 공정표의 작성은 시공자 또는 현장 책임자(경험이 풍부한 사람)가 작성한다.

38

공종별 시공계획서에 기재되어야 할 사항으로 거리가 먼 것은?

① 작업일정 ② 투입인원수
③ 품질관리기준 ④ 하자보수계획서

해설 공종별 시공계획서에 기재되어야 할 사항은 ①, ②, ③항 등이 있고, 하자보수계획서와는 무관하다.

39

공정계획 및 관리에 있어 작업의 집약화와 가장 관계가 먼 것은?

① 관리 이외의 작업군
② 투입되는 자원의 종류가 다른 작업군
③ 현시점에서 관리상의 중요도가 작은 작업군
④ 부분공사로서 이미 자료화되어 있는 작업군

해설 투입되는 자원의 종류가 동일한 작업군이 옳다.

40

현장개설 후 자재수급 계획 시 필요조건이 아닌 것은?

① 자재명세서 ② 납입계획서
③ 발주·구입시기 ④ 세금계산서

해설 현장개설 후 자재수급 계획 시 필요조건으로는 자재명세서, 납입계획서, 발주·구입시기가 있다.

41

현장에서 공무적 현장관리가 아닌 것은?

① 자재관리 ② 노무관리
③ 위험 및 재해방지 ④ 공정표작성

해설 공무적 현장(공장)관리에는 공사의 지도와 협조, 공사추진과 능률 통제, 관리 사항(자재관리, 노무관리, 현장 자산관리, 위험 또는 재해방지 기타 안전관리) 등이 있다. 공정표[시공의 계획 및 진척 상황과 시간(일정)의 상관관계를 도표화한 시일 예정표]작성은 공사착수 전에 작성하여야 한다.

42

네트워크 공정표에서 결합점이 가지는 여유시간을 무엇이라 하는가?

① 액티비티(activity)
② 더미(dummy)
③ 패스(path)
④ 슬랙(slack)

해설 액티비티(작업, activity)는 프로젝트를 구성하는 단위이다. 더미(dummy)는 화살표형 네트워크에서 정상표현으로 할 수 없는 작업 상호관계를 표시하는 화살표이다. 패스(path)는 네트워크 중 둘 이상의 작업이 이어지는 것이다.

43

네트워크 공정표에서 얻을 수 있는 정보가 아닌 것은?

① 작업방법과 능률의 파악
② 크리티컬 패스(Critical Path)와 중점작업의 파악
③ 작업순서와 상호관계의 파악
④ 작업변경이 있을 때 전체에 대한 영향의 파악

해설 네트워크 공정표에서 얻을 수 있는 정보는 ②, ③, ④항 이외에 플로트(Float)의 종류와 특징 파악, 계획의 단계에서 만든 데이터의 수집, 네트워크에서의 경험자료의 정리와 장래를 위한 피드백 등이 있다.

정답 37. ④ 38. ④ 39. ② 40. ④ 41. ④ 42. ④ 43. ①

44

건설공사의 공사비 절감요소 중에서 집중분석하여야 할 부분과 거리가 먼 것은?

① 단가가 높은 공종
② 지하공사 등의 어려움이 많은 공종
③ 공사비 금액이 큰 공종
④ 공사실적이 많은 공종

해설 건설공사의 공사비 절감요소 중에서 집중분석하여야 할 부분에는 ①, ②, ③항 이외에 공사실적이 적은 공종이다.

45

계획과 실제의 작업상황을 지속적으로 측정하여 최종 사업비용과 공정을 예측하는 기법은?

① CALS ② EVMS
③ PMIS ④ WBS

해설 CALS(건설분야 통합정보 시스템)는 건설생산활동의 전과정에 걸쳐 건설관련주체가 초고속정보통신망이나 전자상거래 등 정보의 실시간 공유를 통해 공기단축, 원가절감 등을 도모하려는 건설분야 통합정보 시스템이다. PMIS(사업별 경영정보 전산체계)는 사업의 전 과정에서 건설 관련 주체간 발생되는 각종 정보를 체계적, 종합적으로 관리하여 최고 품질의 사업 목적물을 건설하도록 지원하는 전산시스템이다. WBS(작업분류체계, Work Breakdown Structure)는 공사를 효율적으로 계획하고, 관리하고자할 때, 그 공사 내용을 조직적으로 분류하여 목표를 달성하는데, 이용되는 것으로 공사 내용을 작업에 주안점을 두어 공종별로 계속 세분화하면 공사 내역의 항목별 구분까지 나타낼 수 있다.

46

QC의 7대 도구 중 결함부나 기타 시공불량 등 항목을 구분하여 크기 순으로 나열한 것으로 결함항목을 집중적으로 감소시키는데 효과적으로 사용되는 것은?

① 파레토도
② 히스토그램
③ 산포도
④ 관리도

해설 ㉠ **히스토그램** : 계량치의 데이터(길이, 무게, 강도 등)가 어떠한 분포를 하고 있는가를 알아보기 위해 작성하는 그림이다.
㉡ **파레토도** : 발생건수(불량, 결점, 고장 등)를 분류 항목별로 구분하여 크기의 순서대로 나열해 놓은 그림이다.
㉢ **특성요인도(생선뼈 그림)** : 품질특성에 대한 결과와 품질특성에 영향을 주는 원인이 어떤 관계가 있는가를 한 눈에 알아 볼 수 있도록 작성한 그림이다.
㉣ **체크시트** : 주로 계수치의 데이터(불량, 결점 등의 수)가 분류 항목별의 어디에 집중되어 있는가를 알아보기 쉽게 나타낸 그림이나 표를 의미한다.
㉤ **각종 그래프(관리도)** : 한 눈에 파악되도록 한 각종 그래프로서, 꺾은선 그래프에서 데이터의 점에 이상이 없는가 있는가를 판단하기 위하여 중심선을 긋고 아래로 한계선(관리 상한선, 관리 하한선)을 기입한다.
㉥ **산점도(산포도, Scatter Diagram)** : 서로 대응하는 두 개의 짝으로 된 데이터를 그래프 용지 위에 점으로 나타낸 그림으로 산점도로부터 상관관계를 알 수 있다.
㉦ **층별** : 집단으로 구성하고 있는 데이터를 특징에 따라 몇 개의 부분 집단으로 나누는 것으로서, 측정치에는 산포가 있고, 이 산포의 원인이 되는 인자에 관하여 층별하면 산포의 발생원인을 규명할 수 있게 되고, 산포를 줄이거나, 공정의 평균을 양호한 방향으로 개선하는 등의 품질 향상에 도움이 된다.

47

공사 또는 제품의 품질상태가 만족한 상태에 있는가의 여부를 판단하는데 가장 적합한 품질관리 기법은?

① 특성요인도 ② 히스토그램
③ 파레토그램 ④ 체크시트

해설 ㉠ **특성요인도(생선뼈 그림)** : 품질특성에 대한 결과와 품질특성에 영향을 주는 원인이 어떤 관계가 있는가를 한 눈에 알아 볼 수 있도록 작성한 그림이다.
㉡ **파레토도** : 발생건수(불량, 결점, 고장 등)를 분류 항목별로 구분하여 크기의 순서대로 나열해 놓은 그림이다.
㉢ **체크시트** : 주로 계수치의 데이터(불량, 결점 등의 수)가 분류 항목별의 어디에 집중되어 있는가를 알아보기 쉽게 나타낸 그림이나 표를 의미한다.

정답 44. ④ 45. ② 46. ① 47. ②

2 안전관리

01 |

무재해운동 기본원칙 3가지(이념의 3원칙)에 해당되지 않는 것은?

① 무(無)의 원칙 ② 선취의 원칙
③ 참가의 원칙 ④ 경영의 원칙

해설 무재해운동 이념의 3법칙에는 무의 원칙(뿌리에서부터 재해를 없앤다는 원칙), 선취의 원칙(안전제일의 원칙, 재해를 예방·방지하자는 원칙) 및 참여의 원칙(문제해결행동을 실천하자는 원칙) 등이 있다.

02 |

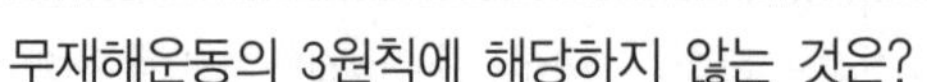

무재해운동의 3원칙에 해당하지 않는 것은?

① 참가의 원칙 ② 무의 원칙
③ 선취해결의 원칙 ④ 수정의 원칙

해설 무재해운동의 3법칙에는 무의 원칙(뿌리에서부터 재해를 없앤다는 원칙), 선취의 원칙(안전제일의 원칙, 재해를 예방·방지하자는 원칙) 및 참여의 원칙(문제해결행동을 실천하자는 원칙) 등이 있다.

03 |

무재해운동의 기본이념을 이루는 3대 원칙이 아닌 것은?

① 무의 원칙 ② 분배의 원칙
③ 선취의 원칙 ④ 참가의 원칙

해설 무재해운동의 기본원칙(3대 원칙, 이념의 3원칙) 3가지는 무(Zero)의 원칙, 선취의 원칙, 참가의 원칙이다.

04 |

하인리히의 재해발생(도미노) 5단계가 옳게 나열된 것은?

① 사회적 환경과 유전적 요인 → 개인적 결함 → 불안전한 행동, 상태 → 사고 → 재해
② 사회적 환경과 유전적 요인 → 불안전한 행동, 상태 → 개인적 결함 → 사고 → 재해
③ 개인적 결함 → 사회적 환경과 유전적 요인 → 불안전한 행동, 상태 → 재해 → 사고
④ 개인적 결함 → 불안전한 행동, 상태 → 사회적 환경과 유전적 요인 → 사고 → 재해

해설 하인리히의 재해발생 요인 : 유전적, 사회적 환경과 유전적 요인(개인의 성격과 특성) → 개인적 결함(전문지식 부족과 신체적, 정신적 결함) → 불안전행동, 상태(안전장치의 미흡과 안전수칙의 미준수) → 사고(인적 및 물적사고) → 재해(사망, 부상, 건강장애, 재산손실)의 순으로 이루어진다.

05 |

사고예방대책수립의 기본원리 5단계에 해당하지 않는 것은?

① 시정방법의 선정 ② 분석
③ 시정책의 적용 ④ 교육훈련

해설 사고예방대책의 기본원리 5단계는 제1단계 안전조직 → 제2단계 사실의 발견 → 제3단계 평가분석 → 제4단계 시정방법의 선정 → 제5단계 시정책의 적용의 순이다.

06 |

사고예방대책의 5단계 중 FAT법, BDA법, FMEA법 등이 이루어지는 단계는?

① 발견단계 ② 분석단계
③ 선정단계 ④ 적용단계

해설 사고예방대책의 기본원리 5단계 중 제2단계(발견단계) 사실의 발견은 FAT, BDA법 및 FMEA법 등이 이루어지는 단계이다.

07 |

사고예방대책 기본원리 5단계가 옳게 나열된 것은?

① 안전조직 → 분석 → 사실의 발견 → 시정방법의 선정 → 시정책의 적용
② 안전조직 → 사실의 발견 → 분석 → 시정책의 적용 → 시정방법의 선정
③ 안전조직 → 사실의 발견 → 분석 → 시정방법의 선정 → 시정책의 적용
④ 안전조직 → 분석 → 시정방법의 선정 → 사실의 발견 → 시정책의 적용

정답 01. ④ 02. ④ 03. ② 04. ① 05. ④ 06. ① 07. ③

해설 사고예방대책의 기본원리 5단계는 제1단계 안전조직→제2단계 사실의 발견→제3단계 평가분석→제4단계 시정방법의 선정→제5단계 시정책의 적용의 순이다.

08 |

다음 [보기]의 사고예방대책 기본원리를 순서대로 나열한 것은?

[보기]

㉮ 조직 ㉯ 분석
㉰ 시정책의 적용 ㉱ 사실의 발견
㉲ 시정책의 선정

① ㉮ - ㉲ - ㉱ - ㉯ - ㉰
② ㉮ - ㉱ - ㉯ - ㉲ - ㉰
③ ㉮ - ㉰ - ㉱ - ㉯ - ㉲
④ ㉮ - ㉯ - ㉰ - ㉲ - ㉱

해설 사고예방대책 기본원리의 5단계는 제1단계(안전 조직) → 제2단계(사실의 발견) → 제3단계(분석 및 평가) → 제4단계(시정방법의 선정) → 제5단계(시정 정책의 적용 및 사후 처리 등)의 단계이다.

09 |

다음의 [보기]는 하인리히(Heinrich H. W.)의 산업재해의 발생 원인들이다. 재해의 발생 요인을 순차적으로 나열한 것은?

[보기]

㉮ 불안전 행동, 상태
㉯ 재해
㉰ 개인적 결함
㉱ 유전적, 사회적 환경
㉲ 사고

① ㉮ → ㉱ → ㉰ → ㉲ → ㉯
② ㉱ → ㉮ → ㉰ → ㉯ → ㉲
③ ㉱ → ㉰ → ㉮ → ㉲ → ㉯
④ ㉱ → ㉰ → ㉮ → ㉯ → ㉲

해설 하인리히의 재해발생 요인은 유전적, 사회적 환경(개인의 성격과 특성) → 개인적 결함(전문지식 부족과 신체적, 정신적 결함) → 불안전행동, 상태(안전장치의 미흡과 안전수칙의 미준수) → 사고(인적 및 물적 사고) → 재해(사망, 부상, 건강장애, 재산손실)의 순으로 이루어진다.

10 |

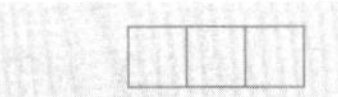

사고예방대책의 기본원리 5단계에 속하지 않는 것은?

① 안전 관리 조직
② 사실의 발견
③ 분석 평가
④ 예비 점검

해설 사고예방대책의 기본원리 5단계에는 안전관리의 조직, 사실의 발견, 원인 규명을 위한 분석 평가, 시정방법의 선정 및 목표 달성을 위한 시정책의 적용 등이 있고, 예비 점검과는 무관하다.

11 |

결함수분석법(FTA : Fault Tree Analysis)의 활용 및 기대효과와 거리가 먼 것은?

① 사고원인 규명의 간편화
② 사고원인 분석의 정량화
③ 사고원인 발생의 책임화
④ 사고원인 분석의 일반화

해설 결함수분석법의 활용 및 기대효과는 ①, ② 및 ④항 이외에 시스템의 결함진단, 노력시간의 절감 및 안전점검표 작성 등이 있다.

12 |

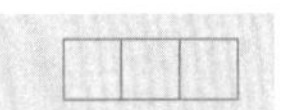

하인리히의 재해발생빈도법칙을 적용한다면 중상해가 3회 발생 시 경상해는 몇 회 발생한다고 할 수 있는가?

① 84회 ② 87회
③ 94회 ④ 116회

해설 하인리히의 재해구성의 비율은 중상사고 : 경상사고 : 무상해사고=1 : 29 : 300의 법칙으로, 중대재해(중상)가 3건이면 경상재해는 29×3=87건이다.

정답 08. ② 09. ③ 10. ④ 11. ③ 12. ②

13 |

다음 중 중대재해에 해당되지 않는 것은?

① 사망자 1명 이상 발생한 재해
② 2개월의 요양을 요하는 질병자가 2명 이상 발생한 재해
③ 부상자가 동시에 10명 이상 발생한 재해
④ 직업성 질병자가 동시에 10명 이상 발생한 재해

해설 중대재해의 종류(산업안전보건법 시행규칙 제3조)에는 ①, ③ 및 ④항 이외에 3개월 이상의 요양이 필요한 부상자가 동시에 2명 이상 발생한 재해이다.

14 |

하인리히(Heinrich, H. W.)의 도미노이론을 이용한 재해발생원리 중 3단계에 속하는 것은?

① 포악한 품성과 격렬한 기질
② 작업장 내의 위험한 시설상태, 어두운 조명, 소음, 진동
③ 가정불화와 열악한 생활환경
④ 사람의 추락 또는 비래물의 타격

해설 하인리히의 재해발생(도미노)의 5단계에 있어서 제1단계는 사회적 환경과 유전적 요소, 제2단계는 개인적 결함, 제3단계는 불안전한 행동과 불안전한 상태(작업장 내의 위험한 시설상태, 어두운 조명, 소음 및 진동), 제4단계는 사고, 제5단계는 상해의 순이다.

15 |

하인리히의 재해구성비율에서 중대재해가 4건이 발생하였다면 경상재해는 몇 건이 발생하였다고 볼 수 있는가?

① 30건
② 116건
③ 120건
④ 147건

해설 하인리히의 재해구성비율은 중상 : 경상 : 무상해사고 =1 : 29 : 300의 법칙으로 중대재해(중상)가 3건이면 경상재해는 29×4=116건이다.

16 |

인간공학의 정의를 가장 잘 설명한 것은?

① 기계설비의 효과적인 성능개발을 하는 학문
② 인간과 기계와의 환경조건의 관계를 연구하는 학문
③ 기계의 자동화 및 고도화를 연구하는 학문
④ 기계설비로 인간의 노동을 대치하기 위해 연구하는 학문

해설 인간공학의 정의는 인간과 기계에 의한 산업이 쾌적, 안전, 능률적으로 되게 기계와 인간을 적합하게 하려는 것 또는 인간과 기계와의 환경조건의 관계를 연구하는 학문이다.

17 |

인간-기계체계에서 기계계의 이점에 해당되는 것은?

① 신속하며 대량의 정보를 기억할 수 있다.
② 복잡 다양한 자극형태를 식별한다.
③ 주관적으로 추리하고 평가한다.
④ 예측하지 못한 사건을 감지한다.

해설 기계계의 이점

㉠ 인간의 정상적인 감지범위 밖에 있는 자극을 감지한다.
㉡ 사전에 명시된 사상 및 드물게 발생하는 사상을 감지한다.
㉢ 암호화된 정보를 신속하게 대량 보관한다.
㉣ 신속하며 대량의 정보를 기억할 수 있다.
※ ②, ③ 및 ④항은 인체계의 이점에 해당되는 사항이다.

18 |

인간에 대한 모니터링방식 중 작업자의 태도를 보고 작업자의 상태를 파악하는 방법은?

① 셀프모니터링방법
② 생리학적 모니터링방법
③ 반응에 의한 모니터링방법
④ 비주얼모니터링방법

정답 13. ② 14. ② 15. ② 16. ② 17. ① 18. ④

해설 인간에 대한 모니터링방법

㉠ 셀프모니터링 : 자신의 상태를 알고 행동하는 감시방법
㉡ 생리학적 모니터링 : 인간 자체의 상태를 생리적으로 감시하는 방법
㉢ 비주얼모니터링 : 작업자의 태도를 보고 상태를 파악하는 방법
㉣ 반응에 대한 모니터링 : 자극에 의한 반응을 감시하는 방법
㉤ 환경에 대한 모니터링 : 환경적인 조건을 개선으로 인체의 상태를 감시하는 방법

19 |

인간에 대한 모니터링(monitoring) 중 동작자의 태도를 보고 동작자의 상태를 파악하는 방법은 무엇인가?

① 환경에 대한 모니터링
② 생리학적 모니터링
③ 비주얼모니터링
④ 반응에 대한 모니터링

해설 인간에 대한 모니터링(monitoring)의 방법에는 셀프모니터링(자신의 상태를 알고 행동하는 감시방법), 생리학적 모니터링(인간 자체의 상태를 생리적으로 감시하는 방법), 비주얼모니터링(작업자의 태도를 보고 상태를 파악하는 방법), 반응에 대한 모니터링(자극에 의한 반응을 감시하는 방법), 환경에 대한 모니터링(환경적인 조건을 개선으로 인체의 상태를 감시하는 방법) 등이 있다.

20 |

기계가 인간을 능가하는 기능에 해당되지 않는 것은?

① 반복작업을 신뢰성 있게 수행
② 장기간에 걸쳐 작업 수행
③ 주위 소란 시에도 효율적인 작업 수행
④ 완전히 새로운 해결책 제시 수행

해설 기계가 인간을 능가하는 기능에는 ①, ② 및 ③항 이외에 여러 가지 다른 기능들을 동시에 수행하며, 인간이 기계를 능가하는 기능에는 융통성이 있고 발생할 결과를 추리하며 정보와 관련된 사실을 적절한 시기에 상기할 수 있다.

21 |

인간과 기계의 기능을 비교할 때 인간이 기계를 능가하는 기능으로 옳지 않은 것은?

① 융통성이 있다.
② 발생할 결과를 추리한다.
③ 여러 가지 다른 기능들을 동시에 수행한다.
④ 정보와 관련된 사실을 적절한 시기에 상기할 수 있다.

해설 인간이 기계를 능가하는 기능은 ①, ②, ④항이고, 기계가 인간을 능가하는 기능은 반복 작업 및 동시에 여러 가지 작업을 수행할 수 있는 기능이다.

22 |

인간과 기계의 상대적인 기능 중 기계의 기능에 해당되는 것은?

① 융통성이 없다.
② 회수의 신뢰도가 낮다.
③ 임기응변을 할 수 있다.
④ 원칙을 적용하여 다양한 문제를 해결한다.

해설 인간과 기계의 상대적인 기능 중 기계의 기능은 융통성이 없고, 회수의 신뢰도가 높으며, 임기응변을 할 수 없다. 특히, 원칙을 적용하나 다양한 문제를 해결하기는 어렵다.

23 |

인간과 기계의 상대적 기능 중 인간이 기계를 능가하는 기능이 아닌 것은?

① 어떤 종류의 매우 낮은 수준의 시각, 청각, 촉각, 후각, 미각 등의 자극을 감지하는 기능
② 예기치 못한 사건들을 감지하는 기능
③ 연역적으로 추리하는 기능
④ 원칙을 적용하여 다양한 문제를 해결하는 기능

해설 기계가 인간의 능력을 능가하는 기능에는 연역적으로 추리하는 기능, 인간과 기계의 모니터 기능 및 장기간 중량 작업을 할 수 있는 기능 등이 있다.

정답 19. ③ 20. ④ 21. ③ 22. ① 23. ③

24

인간 또는 기계에 과오나 동작상의 실수가 있어도 안전사고를 발생시키지 않도록 2중 또는 3중으로 통제를 가하도록 한 체계는?

① 페일세이프 ② 록 시스템
③ 시퀀스제어 ④ 피드백제어방식

해설 제어장치의 종류
㉠ 록 시스템 : 기계에는 interlock system, 사람에게는 intralock system, 사람과 기계에는 translock system을 두어 불완전한 요소에 대하여 통제를 가하는 요소이다.
㉡ 시퀀스제어 : 미리 정해진 순서에 따라 제어의 각 단계를 차례로 진행시키는 제어로서 신호는 한 방향으로만 전달된다.
㉢ 피드백제어 : 폐회로를 형성하여 출력신호를 입력신호로 되돌아오도록 하는 제어로서 피드백에 의한 목표값에 따라 자동적으로 제어한다.

25

미리 정하여진 순서에 따라 제어의 각 단계를 차례로 진행시키는 제어로서 신호는 한 방향으로만 전달되는 제어하는 체게는 무엇인가?

① 시퀀스 제어
② 페일 세이프
③ 록 시스템
④ 피드백 제어

해설 페일 세이프는 인간 또는 기계에 과오나 동작상의 실수가 있어도 안전사고를 발생시키지 않도록 2중 또는 3중으로 통제를 가하도록 한 체계이고, 록 시스템은 기계에는 interlock system, 사람에게는 intralock system, 기계와 사람 사이에 translock system을 두어 불안전한 요소에 대하여 통제를 가하는 제어이며, 피드백 제어(feedback control)는 폐회로를 형성하여 출력신호를 입력신호로 되돌아 오도록 하는 제어로서 입력과 출력을 비교하는 장치가 있다.

26

인간의 동작특성 중 인지과정 착오의 요인이 아닌 것은?

① 생리적, 심리적, 능력의 한계
② 적성, 지식, 기술 등에 관련된 능력 부족
③ 정보량저장능력의 한계
④ 공포, 불안, 불만 등 정서 불안정

해설 인간의 동작특성 중 착오의 요인 내용
㉠ 인지과정의 착오 : 생리적, 심리적 능력의 한계, 정보량저장능력의 한계, 감각차단현상, 정서 불안정(공포, 불안, 불만 등)
㉡ 판단과정의 착오 : 능력 부족(지식, 기술 등), 정보 부족, 합리화, 환경조건의 불비(표준 불량, 규칙 불충분, 작업조건 불량 등)
㉢ 조치과정의 착오 : 작업자의 기능 미숙, 작업경험의 부족 등

27

대뇌의 정보처리 에러에 해당되지 않는 것은?

① 시간 지연 ② 인지 착오
③ 판단 착오 ④ 조작 미스

해설 대뇌의 정보처리 에러에 해당되는 요인은 인지 착오, 판단 착오 및 조작 착오 등이 있다.

28

인간에 대한 셀프모니터링(self monitoring)방법에 대해 옳게 설명한 것은?

① 자극을 가하여 정상 또는 비정상을 판단하는 방법이다.
② 인간 자체의 상태를 생리적으로 모니터링하는 방법이다.
③ 인체의 안락과 기분을 좋게 하여 정상작업을 할 수 있도록 만드는 방법이다.
④ 지각에 의해서 자신의 상태를 알고 행동하는 감시방법이다.

해설 인간에 대한 모니터링방법
㉠ 셀프모니터링 : 자신의 상태를 알고 행동하는 감시방법
㉡ 생리학적 모니터링 : 인간 자체의 상태를 생리적으로 감시하는 방법
㉢ 비주얼모니터링 : 작업자의 태도를 보고 상태를 파악하는 방법
㉣ 반응에 대한 모니터링 : 자극에 의한 반응을 감시하는 방법
㉤ 환경에 대한 모니터링 : 환경적인 조건을 개선으로 인체의 상태를 감시하는 방법

정답 24. ① 25. ① 26. ② 27. ① 28. ④

※ ①항은 반응에 대한 모니터링, ②항은 생리학적 모니터링, ③항은 환경에 대한 모니터링에 대한 설명이다.

29

작업자의 태도를 보고 상태를 파악하는 인간에 대한 모니터링(monitoring) 방법은?

① 반응모니터링
② 셀프(self)모니터링
③ 환경모니터링
④ 비주얼(visual)모니터링

해설 인간에 대한 모니터링(monitoring)의 방법에는 셀프 모니터링(자신의 상태를 알고, 행동하는 감시 방법), 생리학적 모니터링(인간 자체의 상태를 생리적으로 감시하는 방법), 비주얼모니터링(작업자의 태도를 보고 상태를 파악하는 방법), 반응에 대한 모니터링(자극에 의한 반응을 감시하는 방법), 환경에 대한 모니터링(환경적인 조건을 개선으로 인체의 상태를 감시하는 방법) 등이 있다.

30

어느 일정한 기간 안에 발생한 재해발생의 빈도를 나타내는 것은?

① 강도율
② 안전활동률
③ 도수율
④ Safe-T-Score

해설 ① 강도율 : 재해자수나 재해 발생빈도에 관계없이 그 재해내용을 측정하려는 하나의 척도로서 일정한 근무기간(1년 또는 1개월) 동안에 발생한 재해로 인한 근로손실일수를 일정한 근무기간의 연근로시간수로 나누어 이것을 1,000배 한 것이다.

$$강도율 = \frac{근로손실일수}{연근로시간수} \times 1{,}000 이다$$

② $안전활동률 = \frac{안전활동건수}{근로시간수 \times 평균근로자수} \times 10^6$

④ Safe-T-Score : 사업자의 과거와 현재의 안전성적을 비교, 평가하는 방법으로 산정결과 양수(+)이면 나쁜 기록으로, 음수(-)이면 과거에 비해 현재의 안전성적이 좋은 기록으로 평가한다.

31

사고예방기본원리의 5단계인 시정책 적용은 3E를 완성함으로써 이루어진다고 할 수 있다. 다음 중 3E에 해당되지 않는 것은?

① 기술　　② 교육
③ 경비 절감　　④ 독려

해설 사고예방기본원리 5단계 중 시정책 적용은 3E(기술, 교육, 독려)를 완성함으로써 이루어진다고 할 수 있다.

32

연평균근로자수가 200명이고 1년 동안 발생한 재해자수가 10명이라면 연천인율은?

① 20　　② 30
③ 40　　④ 50

해설 연천인율은 1년간 평균근로자 1,000명당 재해발생건수를 나타내는 통계로서, 즉

$$연천인율 = \frac{재해자의\ 수}{연평균근로자의\ 수} \times 1{,}000 이다.$$

문제에서 재해자의 수는 10명, 연평균근로자의 수는 200명이므로 $연천인율 = \frac{10}{200} \times 1{,}000 = 50$이다. 연천인율 50의 의미는 1년간 근로자 1,000명당 50건의 재해가 발생하였다는 의미이다.

33

어느 공장에서 200명의 근로자가 1일 8시간, 연간 평균근로일수를 300일, 이 기간 안에 재해발생건수가 6건일 때 도수율은?

① 12.5　　② 17.5
③ 22.5　　④ 24

해설 도수율은 100만 시간을 기준으로 한 재해발생건수의 비율로 빈도율이라고도 한다. 즉

$$도수(빈도)율 = \frac{재해발생건수}{근로총시간수} \times 1{,}000{,}000 이다.$$

재해발생건수는 6건, 근로총시간수는 200 ×8×300 =480,000시간이다. 그러므로

$$도수(빈도)율 = \frac{재해발생건수}{근로총시간수} \times 1{,}000{,}000$$

$$= \frac{6}{480{,}000} \times 1{,}000{,}000 = 12.5$$

정답 29. ④ 30. ③ 31. ③ 32. ④ 33. ①

즉 도수(빈도)율이 12.5란 100만 시간당 12.5건의 재해가 발생하였다는 의미이다.

34

산업재해지표 중 도수율의 산출식으로 옳은 것은?

① $\dfrac{\text{재해발생건수}}{\text{연근로시간수}} \times 1{,}000{,}000$

② $\dfrac{\text{재해발생건수}}{\text{평균근로자수}} \times 1{,}000{,}000$

③ $\dfrac{\text{연근로시간수}}{\text{재해발생건수}} \times 1{,}000{,}000$

④ $\dfrac{\text{평균근로자수}}{\text{재해발생건수}} \times 1{,}000{,}000$

해설 도수율의 산정식

도수율은 어느 일정한 기간(1,000,000시간) 안에 발생한 재해발생의 빈도를 나타내는 것으로, 도수율 $= \dfrac{\text{재해발생건수}}{\text{연근로시간수}} \times 1{,}000{,}000$이다.

35

100명의 근로자가 공장에서 1일 8시간, 연간 근로일수를 300일이라 하면 강도율은 얼마인가? (단, 연간 3명의 부상자를 냈고, 총휴업 일수가 730일이다.)

① 1.5 ② 2.5
③ 3.5 ④ 4.0

해설 강도율$= \dfrac{\text{근로손실일수}}{\text{근로총시간수}} \times 1{,}000$

근로손실일수=총휴업일수$\times \dfrac{300}{365}$

$= 730 \times \dfrac{300}{365} = 600$일

근로총시간수$= 8 \times 300 \times 100 = 240{,}000$시간

그러므로, 강도율$= \dfrac{\text{근로 손실 일수}}{\text{근로 총시간수}} \times 1{,}000$

$= \dfrac{600}{240{,}000} \times 1{,}000 = 2.5$

36

근로자 200명의 A공장에서 1일 8시간씩 1년간 300일을 작업하는 동안 재해발생건수가 12건이 발생하였다. 도수율은?

① 1.5 ② 2.5
③ 25 ④ 120

해설 도수율은 100만 시간을 기준으로 한 재해발생건수의 비율로, 빈도율이라고도 한다. 즉,

도수(빈도)율 $= \dfrac{\text{재해발생건수}}{\text{근로총시간수}} \times 1{,}000{,}000$

재해발생건수는 12건, 근로총시간수는 $200 \times 8 \times 300 = 480{,}000$시간

도수(빈도)율 $= \dfrac{\text{재해발생건수}}{\text{근로총시간수}} \times 1{,}000{,}000$

$= \dfrac{12}{480{,}000} \times 1{,}000{,}000 = 25$

즉, 도수(빈도)율이 25란 100만 시간당 25건의 재해가 발생하였다는 의미이다.

37

연평균근로자수가 440명인 공장에서 1년간에 사상자수가 4명 발생하였을 경우 연천인율은?

① 4.26
② 5.9
③ 9.1
④ 13.6

해설 연천인율은 1년간 평균 근로자 1,000명당 재해발생건수를 나타내는 통계로서 즉,

연천인율$= \dfrac{\text{사상자의 수}}{\text{연평균 근로자의 수}} \times 1{,}000$이다.

사상자의 수는 4명, 연평균근로자의 수는 440명이므로 연천인율$= \dfrac{4}{440} \times 1{,}000 = 9.09 \fallingdotseq 9.1$이다. 연천인율 9.1의 의미는 1년간 근로자 1,000명당 9.1건의 재해가 발생하였다는 의미이다.

38

다음과 같은 조건을 갖는 경우 연천인율은?

> ㉠ 평균 근로자 수 : 500명
> ㉡ 1년 동안 발생한 재해자 수 : 25명

① 20 ② 30
③ 40 ④ 50

해설 연천인율 $= \dfrac{\text{재해자 수}}{\text{평균 근로자 수}} \times 1{,}000$

$= \dfrac{25}{500} \times 1{,}000$

$=50$

정답 34. ① 35. ② 36. ③ 37. ③ 38. ④

39 |

재해율 중 도수율을 구하는 식으로 옳은 것은?

① $\frac{\text{손실일수}}{\text{연근로시간수}} \times 1,000$

② $\frac{\text{재해발생건수}}{\text{연근로시간수}} \times 1,000$

③ $\frac{\text{재해발생건수}}{\text{연근로시간수}} \times 1,000,000$

④ $\frac{\text{손실일수}}{\text{연근로시간수}} \times 10,000$

해설 도수율 $= \frac{\text{재해발생건수}}{\text{연근로시간수}} \times 1,000,000$이다.

40 |

다음 중 상해의 종류에 속하지 않는 것은?

① 중독 ② 동상
③ 감전 ④ 화상

해설 상해란 사고 발생으로 인하여 사람이 입은 질병이나 부상으로 말하는 것으로 골절, 동상, 부종, 자상, 좌상, 절상, 중독, 질식, 찰과상, 창상, 화상, 청력장애, 시력장애, 그 밖의 상해 등으로 분류한다.
※ 감전은 상해 발생형태의 종류에 속한다.

41 |

재해의 발생형태 중 사람이 건축물, 비계, 사다리, 경사면 등에서 떨어지는 것을 무엇이라 하는가?

① 낙하 ② 추락
③ 전도 ④ 붕괴

해설 ① 낙하 : 떨어지는 물건에 의해 충격을 받는 경우
③ 전도 : 과속, 미끄러짐 등으로 평면에서 넘어진 경우
④ 붕괴 : 적재물, 비계, 건축물이 무너진 경우

42 |

사람이 평면상으로 넘어졌을 때를 의미하는 상해 발생형태는?

① 추락 ② 전도
③ 파열 ④ 협착

해설 ① 추락 : 사람이 건축물, 비계, 기계, 사다리, 계단, 경사면, 나무 등에서 떨어지는 것
③ 파열 : 용기 또는 장치가 물리적인 압력에 의해 파열한 경우
④ 협착 : 물건에 끼워진 상태 또는 말려진 상태

43 |

타박, 충돌, 추락 등으로 피하조직 또는 근육부를 다친 상해를 의미하는 것은?

① 좌상 ② 자상
③ 창상 ④ 절상

해설 자상은 스스로 자기 몸을 해하는 행위로 칼처럼 끝이 뾰족하고 날카로운 기구에 찔린 상처이고, 창상(베임)은 창과 칼에 베인 상태이며, 절상은 신체 부위가 절단된 상태이다.

44 |

각종 상해에 관한 설명으로 옳은 것은?

① 자상 : 신체부위가 절단된 상해
② 절상 : 창, 칼 등에 베인 상해
③ 찰과상 : 문질러서 벗겨진 상해
④ 좌상 : 날카로운 물건에 찔린 상해

해설 ① 자상(찔림) : 칼날 등 날카로운 물건에 찔린 상태
② 절상 : 신체의 일부가 절단된 상태
④ 좌상(타박상) : 타박, 충돌, 추락 등으로 피부표면보다는 피하조직 또는 근육부를 다친 상태

45 |

산업재해 중 협착에 대해 옳게 설명한 것은?

① 사람이 정지물에 부딪힌 상태
② 사람이 물건에 끼인 상태
③ 사람이 평면상으로 넘어진 상태
④ 사람이 물건에 맞은 상태

해설 산업재해 중 협착은 사람이 물건에 끼인 상태를 의미하고, ①항은 충돌, ③항은 전도, ④항은 비래에 대한 설명이다.

정답 39. ③ 40. ③ 41. ② 42. ② 43. ① 44. ③ 45. ②

46

목재 가공용 회전대패, 띠톱기계의 위험점은?

① 끼임점(shear point)
② 물림점(nip point)
③ 절단점(cutting point)
④ 협착점(squeeze point)

해설 끼임점(shear point)은 움직임이 없는 고정 부분과 회전 동작 부분이 만드는 위험점이고, 물림점(nip point)은 회전하는 2개의 회전체의 물려 들어갈 위험점이며, 협착점(squeeze point)는 움직임이 없는 고정 부분과 왕복 운동을 하는 기계 부품 사이에 생기는 위험점이다.

47

안전조직의 3가지 유형에 해당되지 않는 것은?

① 라인식 조직 ② 스태프식 조직
③ 리더식 조직 ④ 라인 스태프식 조직

해설 안전조직의 3가지 유형에는 라인식 조직, 스태프식 조직 및 라인 앤 스탭식 조직 등이 있고, 리더식 조직과는 무관하다.

48

다음 그림은 사고 발생의 모형 중 어느 것에 속하는가?

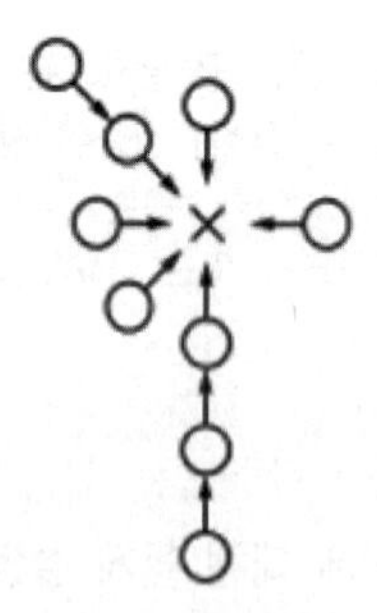

① 단순 연쇄형 ② 복합 연쇄형
③ 집중형 ④ 복합형

해설 재해발생의 모형

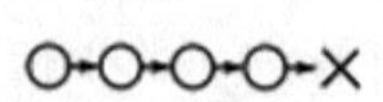

단순 사슬(연쇄)형

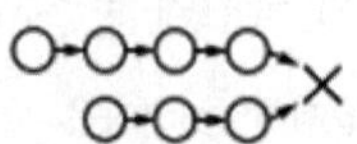

복합 사슬(연쇄)형

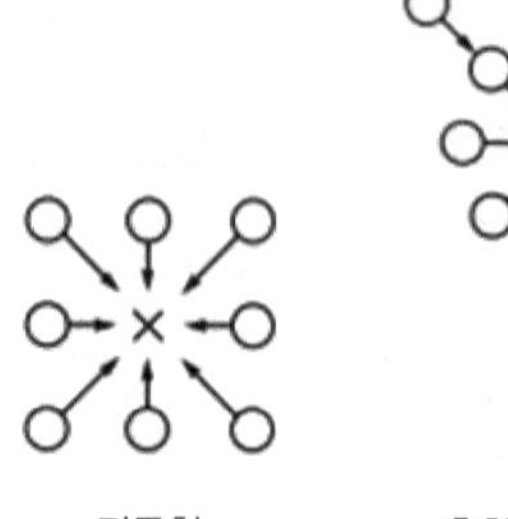

집중형　　혼합(복합)형

49

건축공사현장의 안전관리조직형태 중 소규모 사업장에 가장 적합한 것은?

① 스탭형 ② 라인형
③ 프로젝트 조직형 ④ 라인－스탭 복합형

해설 ① **스탭형** : 안전관리를 담당하는 참모를 두어 안전관리의 계획, 조사, 검토, 권고 및 보고 등을 관리하는 방식으로 명령체계가 생산과 안전으로 이원화되므로 안전관계지시의 전달이 확실하지 못하게 되기 쉽다.
③ **프로젝트 조직형** : 과제별로 조직을 구성하고 특정한 건설과제(플랜트, 도시개발 등)를 처리하며 시간적 유한성을 가진 일시적이고 잠정적인 조직이다.
④ **라인－스탭 복합형** : 직계식 조직과 참모식 조직의 장점을 취하여 절충한 조직으로 대규모 사업장에 적용되며 안전대책은 참모부서에서 계획하고 생산부서에서 실행한다.

50

대규모 기업에서 채택하고 있는 방법으로 사업장의 각 계층별로 각각 안전업무를 겸임하도록 안전부서에서 수립한 사업을 추진하는 조직방법은?

① 직계식 조직 ② 참모식 조직
③ 직계 · 참모식 조직 ④ 라인조직

해설 기업의 조직형태
㉠ **직계식(직선식, 라인) 조직** : 안전보건관리에 관한 계획에서부터 실시에 이르기까지 모든 안전보건업무를 생산라인을 통하여 이루어지도록 편성된 조직이다. 소규모(100인 미만) 사업장에 적합한 조직이다.
㉡ **참모식 조직** : 안전보건업무를 담당하는 참모를 두고 안전관리에 관한 계획, 조사, 검토, 보고 등을 할 수 있도록 편성된 조직이다. 중규모(100~1,000인 미만) 사업장에 적합한 조직이다.

정답 46. ③ 47. ③ 48. ④ 49. ② 50. ③

㉢ 직계 · 참모식 조직 : 안전보건업무를 담당하는 참모를 두고 생산라인의 각 계층에서도 안전보건업무를 수행할 수 있도록 편성된 조직이다. 대규모(1,000인 이상) 사업장에 적합한 조직이다.

51

다음 중 브레인스토밍(brain storming)의 4원칙과 가장 거리가 먼 것은?

① 자유 분방 ② 대량 발언
③ 수정 발언 ④ 예지 훈련

해설 브레인스토밍의 4원칙에는 자유분방(마음대로 자유로이 발표), 대량 발언(무엇이든 좋으며, 많이 발언), 수정 발언(타인의 생각에 동참하거나, 보충 발언) 및 비판 금지(남의 의견을 비판하지 않는 발언) 등이 있고, 예지 훈련과는 무관하다.

52

안전위원회의 업무내용이라 볼 수 없는 것은?

① 안전관리에 관한 모든 예산집행
② 안전사고의 조사
③ 안전계몽 및 실천
④ 안전점검의 실시

해설 안전위원회의 업무내용에는 안전관리에 관한 모든 예산집행과는 무관하다.

53

불안전한 행동을 하게 하는 인간의 외적인 요인이 아닌 것은?

① 근로시간 ② 휴식시간
③ 온열조건 ④ 수면 부족

해설 불안전한 행동(안전지식이나 기능 또는 안전태도가 좋지 않아 실수나 잘못 등과 같이 안전하지 못한 행위를 하는 것)에는 외적인 요인(인간관계, 설비적 요인, 직접적 요인, 관리적 요인 등)으로 근로 및 휴식시간, 온열조건 등이 있고, 내적인 요인에는 심리적 요인(망각, 주변 동작, 무의식행동, 생략행위, 억측판단, 의식의 우회, 습관적 동작, 정서 불안정 등)과 생리적 요인(피로, 수면 부족, 신체기능의 부적응, 음주 및 질병 등)이 있다.

54

안전사고 발생의 심리적 요인에 해당되는 것은?

① 피로감 ② 중추신경의 이상
③ 육체적 과로 ④ 불쾌한 감정

해설 안전사고 발생의 원인 중 신체적 요인에는 ①, ② 및 ③항 등이 있고, ④항의 불쾌한 감정은 심리적 요인에 해당된다.

55

다음 피로의 원인 중 환경 조건에 속하지 않는 것은?

① 온도 및 습도
② 조도 및 소음
③ 공기 오염 및 유독 가스
④ 식사 및 자유 시간

해설 피로의 원인 중 환경 조건에는 온도 및 습도, 조도 및 소음, 공기 오염 및 유독 가스 등이 있고, 식사 및 자유 시간과는 무관하다.

56

건구온도가 30℃, 습구온도가 45℃인 경우 불쾌지수는 얼마인가?

① 30.4 ② 75.6
③ 82.4 ④ 94.6

해설 불쾌지수(DI, Discomfortable Index)=(건구온도+습구온도)×0.72+40.6=(30+45)×0.72+40.6=94.6

57

안전 · 보건표지의 기본모형 중 하나인 다음 그림이 의미하는 것은?

① 금지표지 ② 지시표지
③ 경고표지 ④ 안내표지

정답 51. ④ 52. ① 53. ④ 54. ④ 55. ④ 56. ④ 57. ③

해설 금지표지는 원형에 금지사항 표기, 지시표지는 원형에 지시사항 표기, 안내표지는 원형 및 사각 내에 안내사항 표기 등으로 표시한다.

58

다음 안전 · 보건표지가 의미하는 내용으로 옳은 것은?

① 레이저광선경고
② 위험장소경고
③ 고온경고
④ 낙하물경고

해설 안전 · 보건표지

레이저광선경고	고온경고	낙하물경고

59

안전 · 보건표지에 사용하는 색채의 종류와 용도의 연결이 옳지 않은 것은?

① 흰색 – 지시
② 빨간색 – 금지
③ 노란색 – 경고
④ 녹색 – 안내

해설 안전 · 보건표지

구분	색채		
	바탕	기본모형	부호 및 그림
금지표지	흰색	빨강	검정
경고표지	노랑	검정	
지시표지	파랑	흰색	
안내표지	흰색	녹색	
	녹색	흰색	

60

안전 · 보건표지의 색채 중 정지신호, 소화설비 및 그 장소, 유해행위의 금지 등을 의미하는 것은?

① 빨간색 ② 녹색
③ 흰색 ④ 노란색

해설 안전 · 보건표지의 색채, 색도 기준 및 용도

색채	색도	용도	사용 예
빨간색	7.5R 4/14	금지	정지신호, 소화설비 및 그 장소, 유해행위의 금지
		경고	화학물질 취급 장소에서의 유해 · 위험 경고
노란색	5Y 8.5/12	경고	화학물질 취급 장소에서의 유해 · 위험 경고, 이외의 위험 경고, 주의표지 또는 기계방호물
파란색	2.5PB 4/10	지시	특정 행위의 지시 및 사실의 고지
녹색	2.5G 4/10	안내	비상구 및 피난소, 사람 또는 차량의 통행표지
흰색	N9.5		파란색 또는 녹색에 대한 보조색
검은색	N0.5		문자 및 빨간색 또는 노란색에 대한 보조색

61

안전보호구의 선택 시 유의사항 중 옳지 않은 것은?

① 사용목적에 적합하여야 한다.
② 품질이 좋아야 한다.
③ 손질하기가 쉬워야 한다.
④ 크기가 근로자 체형에 관계없이 일정해야 한다.

해설 안전보호구는 사용자의 체형에 맞아 착용이 용이하고 보호성능이 보장되며 작업 시 방해가 되지 않아야 한다.

62

안전보호구에 관한 설명으로 옳지 않은 것은?

① 한번 충격 받은 안전대는 정비를 철저히 한다.
② 겉모양과 표면이 섬세하고 외관이 좋아야 한다.
③ 사용하는 데 불편이 없도록 관리를 철저히 한다.
④ 벨트, 로프, 버클 등을 함부로 바꾸어서는 안 된다.

해설 안전보호구 중 안전대는 한번 충격을 받은 경우 추후에 어떠한 사고를 일으킬지 모르므로 사용을 금지한다.

정답 58. ② 59. ① 60. ① 61. ④ 62. ①

63

보호구의 보관방법으로 옳지 않은 것은?

① 직사광선이 바로 들어오며 가급적 통풍이 잘 되는 곳에 보관할 것
② 유해성 · 인화성 액체, 기름, 산 등과 함께 보관하지 말 것
③ 발열성 물질을 보관하는 곳에 가까이 두지 말 것
④ 땀으로 오염된 경우에 세척하고 건조하여 변형되지 않도록 할 것

해설 안전보호구(안전모, 안전대, 안전화, 안전장갑 및 보안면)와 위생보호구(방진마스크, 방독마스크, 송기마스크, 보안경, 귀마개 및 귀덮개)의 보관방법은 직사광선은 피하고 가급적 통풍이 잘 되는 곳에 보관할 것

64

안전모를 구성하는 재료의 성질과 조건으로 옳지 않은 것은?

① 모체의 표면은 명도가 낮아야 한다.
② 쉽게 부식하지 않아야 한다.
③ 피부에 해로운 영향을 주지 않아야 한다.
④ 내열성, 내한성 및 내수성을 가져야 한다.

해설 안전모를 구성하는 재료의 성질과 조건 중 모체의 표면은 안전하도록 명도가 높아야 한다.

65

안전모의 일반구조 조건에 대한 설명 중 옳지 않은 것은?

① 안전모의 착용 높이는 85mm 이상이고, 외부수직거리는 80mm 미만일 것.
② 안전모의 내부 수직거리는 25mm 이상 50mm 미만일 것.
③ 안전모의 수평간격은 5mm 이상일 것
④ 안전모의 모체, 착장체를 포함한 질량은 550g을 초과하지 않을 것.

해설 안전모의 일반구조 조건은 ①, ②, ③항 이외에 머리 받침끈이 섬유인 경우에는 각각 폭 15mm 이상으로 하여야 하고, 교차되는 끝의 폭의 합계는 72mm 이상이며, 턱 끈의 폭은 10mm 이상일 것. 특히, 안전모의 모체, 착장체를 포함한 질량은 440g을 초과하지 않을 것.

66

착용자의 머리 부위를 덮는 주된 물체로서 단단하고 매끄럽게 마감된 재료를 무엇이라 하는가?

① 충격흡수재 ② 챙
③ 모체 ④ 착장체

해설 충격흡수재는 외부로부터의 충격을 완화하는 재료이고, 챙은 모자의 테두리 부분을 뜻하는 표현이다. 착장체는 머리 받침끈, 머리 고정대 및 머리 받침고리 등으로 구성되어 추락 및 위험방지용 안전모의 머리 부위에 고정시켜 주며, 안전모에 충격이 가해졌을 때 착용자의 머리 부위에 전해지는 충격을 완화시켜 주는 기능을 갖는 부품이다.

67

보안경이 갖추어야 할 일반적인 조건으로 옳지 않은 것은?

① 견고하게 고정되어 쉽게 움직이지 않아야 한다.
② 내구성이 있어야 한다.
③ 소독이 되어 있고 세척이 쉬워야 한다.
④ 보안경에 적용하는 렌즈에는 도수가 없어야 한다.

해설 보안경(차광 보호, 유리 보호, 플라스틱 보호 및 도수 렌즈 보호용)은 근시, 원시 또는 난시인 근로자가 빛이나 비산물 및 기타 유해물로부터 눈을 보호함과 동시에 시력 교정을 위한 것으로 렌즈에 도수가 있어야 한다.

68

방진마스크의 선정기준으로 옳은 것은?

① 흡기저항이 높은 것일수록 좋다.
② 흡기저항 상승률이 낮은 것일수록 좋다.
③ 배기저항이 높은 것일수록 좋다.
④ 분진포집효율이 낮은 것일수록 좋다.

해설 방진마스크의 구비조건은 흡기 및 배기저항이 낮은 것일수록 좋고 분진포집효율이 높은 것일수록 좋다.

정답 63. ① 64. ① 65. ④ 66. ④ 67. ④ 68. ②

69

방진마스크를 사용하여서는 안 되는 작업은?

① 산소결핍장소 내 작업
② 암석의 파쇄작업
③ 철분이 비산하는 작업
④ 갱내 채광

해설 방진마스크 사용 장소
㉠ 특급 : 독성이 강한 물질을 함유한 분진 등의 발생장소와 석면취급 장소
㉡ 1급 : 특급을 제외한 분진, 열적으로 생기는 분진, 기계적으로 생기는 분진 등 발생장소
㉢ 2급 : 특급 및 1급 마스크 착용장소를 제외한 분진 등 발생장소

70

방독마스크를 사용할 수 없는 경우는?

① 소화작업 시
② 공기 중의 산소가 부족할 때
③ 유해가스가 있을 때
④ 페인트 제조 작업 시

해설 방독마스크 사용 시 주의사항은 방독마스크를 과신하지 말고, 수명이 지난 것과 가스의 종류에 따른 용도 이외의 것의 사용은 절대 금한다. 특히, 산소 농도가 18% 미만인 장소에서는 절대로 사용하지 않아야 한다.

71

다음 중 방독마스크의 정화통과 색의 조합이 옳지 않은 것은?

① 할로겐용 방독마스크의 정화통 : 회색
② 황화수소용 방독마스크의 정화통 : 회색
③ 암모니아용 방독마스크의 정화통 : 녹색
④ 유기화합물용 방독마스크의 정화통 : 백색

해설 방독마스크의 정화통과 색의 조합에서 **유기화합물용 마스크의 정화통**은 갈색이고, 복합의 정화통은 해당 가스를 모두 표시하며, 겸용의 정화통은 백색과 해당 가스를 모두 표시한다.

72

다음 중 보호구 안전인증제품에 표시하여야 할 사항으로 옳지 않은 것은?

① 규격 또는 등급
② 형식 또는 모델명
③ 시험 방법 및 성능 기준
④ 제조 번호 및 제조 연월

해설 보호구 안전인증제품에 표시하여야 할 사항은 ①, ②, ④항 이외에 제조자명, 안전인증번호 등이 있다.

73

구명줄이나 안전벨트의 용도로 옳은 것은?

① 작업능률 가속용 ② 추락 방지용
③ 작업대 승강용 ④ 전도 방지용

해설 구명줄이나 안전벨트의 용도는 추락 방지용으로 사용된다.

74

건축목공사에서 고소작업 중 추락사고 예방을 위한 직접적인 대책이 아닌 것은?

① 안전모 착용 ② 안전난간대 설치
③ 안전작업발판 설치 ④ 안전대 착용

해설 고소작업의 추락을 방지하기 위한 설비로는 작업내용, 작업환경 등에 따라 여러 가지 형태가 있으나 비계, 달비계, 작업발판, 수평통로, 안전난간대, 추락 방지용 방지망, 난간, 울타리, 안전대, 구명줄, 안전대 부착설비 등이 있다.

75

건축목공사현장에서 근로자가 착용하는 안전보호구의 구비조건이 아닌 것은?

① 착용 시 작업이 용이해야 한다.
② 대상물(유해물)에 대하여 방호가 완전해야 한다.
③ 보호구별 성능기준을 따른 것이어야 한다.
④ 무겁고 튼튼해서 오래 착용할 수 있어야 한다.

정답 69. ① 70. ② 71. ④ 72. ③ 73. ② 74. ① 75. ④

해설 안전보호구의 구비조건
㉠ 외관상 보기 좋고 착용이 편리할 것
㉡ 작업에 방해를 주지 않고 재료의 품질이 우수할 것
㉢ 구조 및 표면가공이 우수하고 유해위험요소에 대한 방호가 확실할 것

76 |

건설공사 시 설치하는 낙하물 방지망의 수평면과의 각도로 옳은 것은?

① 0도 이상 10도 이하
② 10도 이상 20도 이하
③ 20도 이상 30도 이하
④ 30도 이상 40도 이하

해설 낙하물 방지망의 설치에 있어서 설치 높이는 10m 이내, 3개 층마다 설치하고, 내민 길이는 비계 외측 2m 이상, 겹친 길이 15cm 이상, 각도는 수평면에 대하여 20°~30° 정도이며, 버팀대는 가로 1m 이내마다, 세로 1.8m 이내 간격으로 설치한다.

77 |

공기 중에 분진이 존재하는 작업장에 대한 대책으로 옳지 않은 것은?

① 보호구를 착용한다.
② 재료나 조작방법을 변경한다.
③ 장치를 밀폐하고 환기집진장치를 설치한다.
④ 작업장을 건조하게 하여 공기 중으로 분진의 부유를 방지한다.

해설 공기 중에 분진의 부유를 방지하기 위하여 작업장을 습하게(습도의 상승)하여야 한다.

78 |

분진입자가 포함된 가스로부터 정전기장을 이용하여 분진을 분리, 제거하는 방법으로 미세한 분진의 집진에 가장 널리 사용되는 방식은?

① 응집집진법 ② 침전집진법
③ 전기집진법 ④ 여과집진법

해설 ① 응집집진법 : 분진입자를 집합시켜 큰 입자를 만드는 방식의 집진법이다.
② 침전집진법 : 분진입자가 중력에 의해 침강하는 방식의 집진법이다.
④ 여과집진법 : 분진입자를 다공질의 여과재를 거쳐 여과재의 표면에 부착시키는 방식의 집진법이다.

79 |

분진이 많은 장소에서 일하는 사람이 걸리기 쉬운 병은?

① 폐렴
② 폐암
③ 폐수종
④ 진폐증

해설 부유 분진에 의한 병증에는 진폐증, 중독, 피부 및 점막의 장해, 알레르기성 질환, 암, 전염성 질환 등이 있으나, 진폐증의 위험에 가장 많이 노출되어 있다.

80 |

다음은 소음작업에 대한 정의이다. ( ) 안에 적합한 것은?

> "소음작업"이란 1일 8시간 작업을 기준으로 ( )데시벨 이상의 소음이 발생하는 작업을 말한다.

① 85 ② 95
③ 105 ④ 120

해설 "소음작업"이란 1일 8시간의 작업을 기준으로 85데시벨(dB) 이상의 소음이 발생하는 작업을 말한다.

81 |

소음의 측정단위로 옳은 것은?

① dB
② ppm
③ lux
④ mg/m^3

해설 ② ppm은 백만분율, ③ lux는 조도의 단위, ④ mg/m^3는 함유량을 의미한다.

정답 76. ③ 77. ④ 78. ③ 79. ④ 80. ① 81. ①

82

다음 중 조명설계에 필요한 조건이 아닌 것은?

① 작업대의 밝기보다 주위의 밝기를 더 밝게 할 것
② 광원이 흔들리지 않을 것
③ 보통 상태에서 눈부심이 없을 것
④ 작업대와 그 바닥에 그림자가 없을 것

해설 조명설계에 있어서 광원이 흔들리지 않고, 눈부심이 없으며, 작업대와 그 바닥에 그림자가 없어야 한다. 특히, 작업대의 밝기를 주위의 밝기보다 더 밝게 할 것

83

다음 반사광의 처리 방법 중 옳지 않은 것은?

① 광택의 도료, 윤기가 있는 종이를 사용한다.
② 발광체의 휘도를 줄이고, 일반 조명 수준을 높인다.
③ 반사광이 눈에 비치지 않도록 광원의 위치를 조정한다.
④ 산란광, 간접광, 차양 등을 이용하여 처리한다.

해설 무광택의 도료, 윤기가 없는 종이 및 빛의 산란시키는 표면색의 사무용 기기를 사용한다.

84

다음 중 장갑을 끼고 할 수 있는 작업은?

① 용접작업 ② 드릴작업
③ 연삭작업 ④ 선반작업

해설 드릴작업, 연삭작업 및 선반작업은 회전기계를 사용하므로 장갑의 사용을 금지하나, 용접작업은 장갑을 사용하여야 한다.

85

다음 중 장갑을 끼지않고 작업할 수 없는 작업은?

① 용접작업 ② 드릴작업
③ 연삭작업 ④ 선반작업

해설 용접작업은 장갑을 끼고 작업할 수 있으나, 회전작업(드릴작업, 연삭작업 및 선반작업 등)은 장갑을 끼고 작업할 수 없다.

86

높은 곳에서 작업할 때 유의사항이 아닌 것은?

① 조립, 해체, 수선 등의 순서나 준비는 숙련공이 한다.
② 사다리에 의하여 높은 곳을 올라갈 때는 손에 물건을 쥐고 올라가지 않는다.
③ 재료, 기구 등을 올릴 때나, 내릴 때 가까운 위치에서는 작업 효율을 높이기 위해 던진다.
④ 작업상 불가피할 때를 제외하고는 양손을 자유롭게 쓸 수 있도록 한다.

해설 높은 곳에서 작업할 경우, 재료, 기구 등을 올릴 때나, 내릴 때 가까운 위치라고 하더라도 던져서는 아니 된다.

87

건축재료 취급 시 안전대책으로 거리가 먼 것은?

① 통로나 물건 적치 금지장소에는 적치하지 않는다.
② 재료를 바닥판 끝단에 둘 때에는 끝단과 직각이 되도록 한다.
③ 재료는 한 곳에 집중적으로 쌓아 안전 공간을 되도록 넓게 확보한다.
④ 길이가 다르거나 이형인 것을 혼합하여 적치하지 않는다.

해설 재료는 한 곳에 집중적으로 쌓지 말고 여러 곳에 분산시켜야 한다.

88

목재 및 나무제품 제조업(가구 제외)에서 안전관리자를 최소 2명 이상 두어야 하는 상시근로자 수의 기준은?

① 50명 이상 ② 100명 이상
③ 300명 이상 ④ 500명 이상

해설 목재 및 나무제품 제조업(가구 제외)은 상시근로자의 수에 따라 안전관리자를 두어야 한다(산업안전보건법 시행령 제16조, 별표 3).
㉠ 50명 이상 500명 미만인 경우 : 1명 이상
㉡ 500명 이상인 경우 : 2명 이상

정답 82. ① 83. ① 84. ① 85. ① 86. ③ 87. ③ 88. ④

89 |

사다리식 통로 등을 설치하는 경우 사다리의 상단은 걸쳐놓은 지점으로부터 얼마 이상 올라가도록 하여야 하는가?

① 30cm ② 40cm
③ 50cm ④ 60cm

해설 사다리식 통로의 구조
㉠ 발판의 간격은 동일하게 하고, 발판과 벽과의 사이는 15cm 이상의 간격을 유지하며, 폭은 30cm 이상으로 할 것
㉡ 사다리의 상단은 걸쳐놓은 지점으로부터 60cm 이상 올라가도록 할 것
㉢ 사다리식 통로의 길이가 10m 이상인 경우에는 5m 이내마다 계단참을 설치할 것
㉣ 이동식 사다리식 통로의 기울기는 75° 이하로 할 것 (다만, 고정식 사다리식 통로의 기울기는 90° 이하로 하고, 높이 7m 이상인 경우에는 바닥으로부터 2.5m 되는 지점으로부터 등받이울을 설치할 것

90 |

강관비계조립 시 안전과 관련하여 비계기둥을 강관 2개로 묶어 세워야 하는 경우는 비계기둥의 최고부로부터 아랫방향으로의 길이가 최소 몇 m를 넘는 경우인가?

① 21m ② 31m
③ 41m ④ 51m

해설 비계기둥의 최고부로부터 31m 되는 지점 밑부분의 비계기둥은 2본의 강관으로 묶어 세울 것

91 |

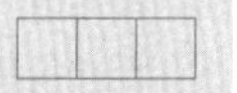

다음은 강관틀비계를 조립하여 사용하는 경우 준수해야 할 기준이다. ( )안에 알맞은 것은?

> 길이가 띠장 방향으로 (A)m 이하이고, 높이가 (B)m를 초과하는 경우 (C)m 이내마다 띠장 방향으로 버팀 기둥을 설치할 것.

① A-5, B-10, C-10.
② A-4, B-10, C-8.
③ A-5, B-10, C-8.
④ A-4, B-10, C-10.

해설 강관틀의 안전 기준에는 수직 방향으로 6m, 수평 방향으로 8m이내 마다 벽이음을 하고, 길이가 띠장 방향으로 4m 이하이고, 높이가 10m를 초과하는 경우 10m 이내마다 띠장 방향으로 버팀 기둥을 설치할 것.

92 |

건설공사장에서 이루어지는 각종 공사의 안전에 관한 설명으로 옳지 않은 것은?

① 조적공사를 할 때는 다른 공정을 중지시켜야 한다.
② 기초말뚝시공 시 소음, 진동을 방지하는 시공법을 계획한다.
③ 지하를 굴착할 경우 지층상태, 배수상태, 붕괴 위험도 등을 수시로 점검한다.
④ 철근을 용접할 때는 거푸집의 화재 발생에 주의한다.

해설 조적공사를 할 때에는 다른 공정과 병행한다.

93 |

건설 재해의 특징이 아닌 것은?

① 재해의 발생 형태가 다양하다.
② 재해 발생 시 중상을 입거나 사망하게 된다.
③ 복합적인 재해가 동시에 자주 발생한다.
④ 위험의 감지가 어렵다.

해설 건설 재해의 특징은 발생의 형태가 다양하고, 중상을 입거나, 사망의 위험이 있으며, 복합적으로 동시에 발생한다. 특히, 위험의 감지가 쉽다. 즉, 대책에 만전을 기하면 안전하다.

94 |

재해 조사의 가장 중요한 목적은?

① 책임을 추궁하기 위해
② 원인을 정확하게 알기 위해
③ 통계를 위한 자료 수집을 위해
④ 피해 보상을 위해

해설 재해 조사의 목적은 원인을 정확하게 알기 위함이다.

정답 89. ④ 90. ② 91. ④ 92. ① 93. ④ 94. ②

95

재해를 조사하는 궁극적인 목적으로 가장 적합한 것은?

① 관련자를 처벌하기 위하여
② 동일 재해 재발방지를 위하여
③ 사고 발생 빈도를 조사하기 위하여
④ 목격자 및 관련 자료의 수집을 위하여

해설 재해조사는 그 조사 자체에 목적이 있는 것이 아니라 조사를 통하여 그 원인을 정확하게 파악하여 사고 예방(동일 재해재발 방지)을 위한 자료를 얻을 수 있도록 하는 데 목적이 있고, 사건 개요의 내용에는 발생일시, 발생장소, 발생과정, 사고형태, 사고원인 등이 있으며, 피해상황 및 사후대책 등을 조사하여야 한다.

96

산업재해조사방법에 관한 설명으로 옳지 않은 것은?

① 객관적인 입장에서 공정하게 조사하며 조사는 2인 이상이 한다.
② 목격자 등이 증언하는 사실 이외의 추측의 말은 참고만 한다.
③ 책임을 추궁하는 방향으로 조사를 실시하여야 한다.
④ 사람, 기계설비 양면의 재해요인을 모두 도출한다.

해설 산업재해의 조사방법 중 책임을 추궁하는 방향보다는 과거의 사고 발생경향, 재해사례, 조사기록 등을 참고하여 재발 방지를 우선하여 조사한다.

97

재해 조사의 방법으로 틀린 것은?

① 객관적 입장에서 조사한다.
② 책임을 추궁하여 같은 사고가 되풀이 되지 않도록 한다.
③ 재해발생 즉시 조사한다.
④ 현장 상황은 기록으로 보존한다.

해설 재해 조사의 방법
책임 추궁보다 재발 방지를 우선으로 하는 기본적인 태도를 갖고, 조사는 2인 이상으로 한다.

98

산업재해조사표를 작성 시 주요 기록 내용이 아닌 것은?

① 재해발생의 일시와 장소
② 재해유발자 및 재해자 주변인의 신상명세서
③ 재해자의 상해 부위 및 정도
④ 재해발생과정 및 원인

해설 산업재해조사표를 작성하는데 주요 기록내용에는 사업체, 재해발생 개요(일시와 장소), 재해발생 피해(인적, 물적 피해), 재해발생 과정 및 원인, 재발방지 계획서 등이 있다.

99

재해조사 시 보존 자료의 사고 개요에 해당하지 않는 것은?

① 사고형태 ② 발생일시
③ 후속조치방안 ④ 발생장소

해설 재해조사는 그 조사 자체에 목적이 있는 것이 아니라 조사를 통하여 그 원인을 정확하게 파악하여 사고 예방을 위한 자료를 얻을 수 있도록 하는 데 목적이 있고, 사건 개요의 내용에는 발생일시, 발생장소, 발생과정, 사고형태, 사고원인 등이 있으며, 피해상황 및 사후대책 등을 조사하여야 한다.

100

사고가 발생하였다고 할 때 응급조치를 잘못 취한 것은?

① 상해자가 있으면 관계 조사관이 현장을 확인한 후 전문의의 치료를 받게 한다.
② 기계의 작동이나 전원을 단절시켜 사고의 진행을 막는다
③ 사고현장은 사고조사가 끝날 때까지 그대로 보존하여야 한다.
④ 현장에 관중이 모이거나 흥분이 고조되지 않도록 하여야 한다.

해설 사고가 발생한 경우 상해자가 있으면 즉시 전문의의 치료를 받게 한 후 관계 조사관이 현장을 확인하도록 하여야 한다. 즉 상해자의 치료가 가장 우선되어야 한다.

정답 95. ② 96. ③ 97. ② 98. ② 99. ③ 100. ①

101

사고를 발생시키는 원인 중 설비적 요인에 해당되는 것은?

① 기계 장치의 설계상 결함, 표준화 미흡, 방호 장치 불량 등
② 교육 훈련 부족과 부하에 대한 감독 결여, 적성 배치 불충분, 작업 환경의 부적합 등
③ 작업 정보와 작업 방법의 부적절, 작업 자세와 작업 동작의 결함, 작업 환경의 부적합 등
④ 직장의 인간관계, 리더십의 부족, 팀워크의 결여, 대화 부족 등

해설 ②항은 관리적 요인, ③항은 작업적 요인, ④항은 인적 요인에 해당된다.

102

장기간 동안 단순 반복 작업 시 안전수칙으로 옳은 것은?

① 작업 속도와 작업 강도를 늘린다.
② 물체를 잡을 때는 손가락의 일부분만 이용한다.
③ 팔을 구부리고 작업할 때에는 가능한 한 몸에 가깝게 한다.
④ 손목은 항상 힘을 주어 경직도를 유지한다.

해설 장기간 동안 단순 작업 시 안전 수칙은 작업속도와 강도를 줄이고, 물체를 잡을 때에는 손가락의 전부를 사용하며, 손목은 힘을 빼어 유연성을 유지한다.

103

산업재해 예방대책 중 불안전한 상태를 줄이기 위한 방법으로 옳은 것은?

① 쾌적한 작업환경을 유지하여 근로자의 심리적 불안감을 해소한다.
② 기계설비 등의 구조적인 결함 및 작업방법의 결함을 제거한다.
③ 안전수칙을 잘 준수하도록 한다.
④ 근로자 상호 간에 불안전한 행동을 지적하여 이해시킨다.

해설 산업재해의 예방대책 중 불완전한 상태를 줄이기 위한 방법으로는 기계설비 등의 구조적인 결함 및 작업 방법의 결함을 제거한다.

104

안전교육의 종류 중 지식교육에 포함되지 않는 사항은?

① 취급 기계와 설비의 구조, 기능, 설비의 개념을 이해시킨다.
② 재해발생의 원리를 이해시킨다.
③ 작업에 필요한 법규 및 규정을 습득시킨다.
④ 작업방법 및 기계장치의 조작방법을 습득시킨다.

해설 안전교육의 종류 중 지식교육은 강의, 시청각교육을 통한 지식의 전달과 이해 단계로서 교육의 내용을 보면, 안전의식의 고취, 안전 책임감의 부여, 기능, 태도 등의 다음 단계의 교육에 필요한 기초지식의 주입 및 안전규정의 숙지 등이 있다. 작업방법 및 기계장치의 조작방법을 습득시키는 것은 안전교육 2단계의 기능 교육의 내용이다.

105

알고는 있으나 그대로 실천하지 않는 사람을 위해 실시하는 교육은?

① 안전지식교육
② 안전기능교육
③ 안전태도교육
④ 안전관리교육

해설 안전교육의 3단계
㉠ 안전지식교육(제1단계) : 강의, 시청각교육을 통한 지식의 전달과 이해의 교육
㉡ 안전기능교육(제2단계) : 시범, 실습, 현장실습교육 및 견학을 통한 이해와 경험의 교육
㉢ 안전태도교육(제3단계) : 생활지도, 작업동작지도 등을 통한 안전의 습관화 교육

정답 101. ① 102. ③ 103. ② 104. ④ 105. ③

106

안전교육방법 중 Off-J.T(Off the job training)교육의 특징이 아닌 것은?

① 훈련에만 전념하게 된다.
② 전문가를 강사로 활용할 수 있다.
③ 개개인에게 적절한 지도훈련이 가능하다.
④ 다수의 근로자에게 조직적 훈련이 가능하다.

해설 안전교육방법 중 Off-J.T(Off the job training)교육(교육 목적이 동일한 근로자를 일정한 장소에서 외부 강사를 활용하여 실시하는 교육)의 특징은 ①, ②, ④항 이외에 특별설치기구를 이용하는 것이 가능하고, 근로자끼리 많은 지식과 경험을 교류할 수 있으나, 교육 훈련 목표에 대해서 집단적 노력이 부족할 수 있다. 또한, ③항은 OJT(On the job training)교육의 특징이다.

107

안전교육의 추진방법 중 안전에 관한 동기부여에 대한 내용으로 옳지 않은 것은?

① 자기보존본능을 자극한다.
② 물질적 이해관계에 관심을 두게 한다.
③ 동정심을 배제하게 한다.
④ 통솔력을 발휘하게 한다.

해설 안전교육의 동기부여는 자기보존본능을 자극하고, 물질적인 이해관계에 관심을 두게 하며, 통솔력을 발휘하게 한다. 특히, 동정심을 유발하게 하여야 한다.

108

작업 전, 작업 중, 작업 종료 후에 실시하는 안전점검은?

① 정기점검　　② 일상점검
③ 수시점검　　④ 임시점검

해설 안전점검의 종류

㉠ 정기(계획)점검 : 매주 또는 매월 1회 주기로 해당 분야의 작업책임자가 기계설비의 안전상 주요 부분의 마모, 피로, 부식, 손상 등 장치의 변화 유무 등에 대해 실시하는 점검이다.
㉡ 임시점검 : 기계설비의 갑작스러운 이상발견 시 임시로 실시하는 점검이다.

109

산업재해의 여러 가지 원인 분류 방법 중 관리적인 원인에 해당되지 않는 것은?

① 기술활동 미비　　② 교육활동 미비
③ 작업관리상 부족　　④ 불안전한 행동

해설 산업재해의 원인 분류 방법 중 관리적인 원인(재해의 간접 원인)에는 기술적인 원인(건물 · 기계장치의 설계 불량, 구조 · 재료의 부적합, 생산공정의 부적당, 점검 및 보존 불량), 교육적 원인(안전의식의 부족, 안전수칙의 오해, 경험훈련의 미숙, 작업방법 및 유해위험작업의 교육 불충분), 작업관리상의 원인(안전관리조직의 결함, 안전수칙의 미제정, 작업준비의 불충분, 인원배치 및 작업지시의 부적당) 등이 있다. 특히, 불안전한 상태(물적 원인)와 불안전한 행동(인적 원인)은 재해의 직접적인 원인이다.

110

기업경영자나 근로자가 산업안전에 대한 충분한 관심을 기울여서 얻게 되는 특징과 거리가 먼 것은?

① 인간의 생명과 기업의 재산을 보호한다.
② 근로자와 기업에 대하여 계속적인 발전을 도모한다.
③ 기업의 경비를 절감시킬 수 있다.
④ 지속적인 감시로 근로자의 사기와 생산의욕을 저하시킨다.

해설 기업경영자나 근로자가 산업안전에 대한 충분한 관심을 기울여서 얻게 되는 특징은 지속적인 관심으로 근로자의 사기와 생산의욕을 증대시키는 것이다.

111

재해 다발 요인 중 관리감독자 측의 책임에 속하지 않는 것은?

① 작업 조건
② 소질, 성격
③ 환경에 미적응
④ 기능 미숙, 무지

해설 재해 다발 요인 중 관리감독자 측의 책임에는 작업 조건, 환경의 미적응, 기능 미숙과 무지 등이 있다.

정답 106. ③ 107. ③ 108. ② 109. ④ 110. ④ 111. ②

112

대팻날의 귀를 접는 이유로 옳은 것은?

① 거스러미가 생기지 않게하기 위하여
② 대팻밥이 끼지 않도록 하기 위하여
③ 대팻날을 쉽게 빼기 위하여
④ 두껍게 깎이는 것을 방지하기 위하여

해설 대팻날의 귀 부분에 대팻밥이 끼지 않도록 하기 위하여 귀(모서리)부분을 약간 모치기(모접기)를 한다.

113

목공용 망치를 사용할 때 주의사항으로 옳은 것은?

① 필요에 따라 망치의 측면으로 내리친다.
② 맞는 표면에 평행하도록 수직으로 내리친다.
③ 맞는 표면과 같은 직경의 망치를 사용한다.
④ 못을 박을 때는 못 아래쪽을 잡고 최대한 빨리 내리친다.

해설 못을 박는 경우 등에 있어서 목공용 망치를 사용 시 정확하고 충분한 힘이 전달될 수 있도록 망치의 표면과 맞는 부분의 표면이 평행이 되도록 수직으로 내리친다.

114

목공용 끌질을 할 때 지켜야 할 유의사항으로 옳지 않은 것은?

① 한 번에 무리하게 깊이 파려고 하지 않는다.
② 처음에는 끌구멍의 먹금선 1~2mm 안쪽에 맞춘 다음 경사지게 망치질하여 때려낸다.
③ 절삭날은 날카롭게 한다.
④ 끌의 진행 방향에 손이 있어서는 안 된다.

해설 목공용 끌은 앞날이 앞쪽으로 향하도록 끌의 자루를 왼손으로 잡고 끌구멍의 먹금섬 1~2mm 안쪽에 맞춘 다음 수직으로 망치질을 하여 때려낸다.

115

다음 중 대패질의 자세와 요령으로 옳지 않은 것은?

① 부재의 왼쪽에 서서 내디딘 왼쪽 발에 체중을 싣는다.
② 몸 전체를 뒤로 당기면서 대패질한다.
③ 손가락이 대패 밑바닥보다 더 내려가게 하여 대패질한다.
④ 대패를 사용하지 않을 때는 옆으로 세워 놓는다.

해설 대패질의 자세와 요령에서 손가락이 대패 밑바닥보다 더 내려가지 않게 대패질을 한다.

116

드라이버의 사용 시 유의사항에 관한 설명으로 옳지 않은 것은?

① 드라이버손잡이는 청결을 유지한다.
② 처음부터 끝까지 힘을 한 번에 주어 조인다.
③ 전기작업 시 절연손잡이로 된 드라이버를 사용한다.
④ 작업물을 확실히 고정시킨 후 작업한다.

해설 드라이버 사용 시 처음에는 작은 힘을 가하여 조이고 점진적으로 큰 힘을 가하여 조인다.

117

띠톱기계의 크기는 무엇으로 나타내는가?

① 전동기의 마력
② 회전속도
③ 톱날과 암 사이의 최대 수평거리
④ 톱니 바퀴의 지름

해설 띠톱기계의 크기는 톱니 바퀴의 지름으로 나타낸다.

정답 112. ② 113. ② 114. ② 115. ③ 116. ② 117. ④

118

목재가공용 기계인 둥근톱기계의 안전수칙으로 옳지 않은 것은?

① 거의 다 켜갈 무렵에 더욱 주의하여 가볍게 서서히 켠다.
② 톱 위에서 15cm 이내의 개소에 손을 내밀지 않는다.
③ 가공재를 송급할 때 톱니의 정면에서 실시한다.
④ 톱이 먹히지 않을 때는 일단 후퇴시켰다가 켠다.

해설 둥근톱기계의 안전수칙
①, ② 및 ④항 이외에 다음 사항에 유의하여야 한다.
㉠ 둥근톱은 흔들림이 발생하지 않도록 확실히 장치해야 한다.
㉡ 반발예방장치와 톱과의 간격을 12mm 이내로 설치한다.
㉢ 가공재를 송급할 때 톱니의 정면은 피하고 측면에서 실시한다.
㉣ 작은 재료를 켤 때는 적당한 치공구를 사용해야 한다.
㉤ 알맞은 작업복과 안전화, 방진마스크, 보호안경을 착용해야 한다.

119

목공사 중 화재 발생 시 불이 확산되는 것을 방지하기 위한 목재의 방화법이 아닌 것은?

① 불연성 막이나 층에 의한 피복
② 방화 페인트류의 도포
③ 절연처리
④ 대단면화

해설 목공사 중 화재 발생 시 불이 확산되는 것을 방지하기 위한 목재의 방화법에는 물리적인 작용(불연성 막이나 층에 의한 피복, 방화 페인트류의 도포, 대단면화 등)과 화학적인 작용이 있다.

120

연소의 3요소에 해당되지 않는 것은?

① 가연물 ② 소화
③ 산소공급원 ④ 착화원

해설 연소의 3요소에는 산소공급원, 가연물, 발화(점화, 착화)점이 있고, 연소의 4요소에는 연소의 3요소 외에 연쇄반응이 있다.

121

화재가 일어나기 위한 연소의 3요소에 해당하지 않는 것은?

① 연료 ② 온도
③ 공기 ④ 점화원

해설 화재 연소의 3요소에는 연료(가연물), 공기(산소) 및 점화원 등이 있고, 3요소에 연쇄반응을 합하여 연소의 4요소라고 한다.

122

다음 중 소화 시 물을 사용하는 이유로 가장 적합한 것은?

① 취급이 간단하다.
② 산소를 흡수한다.
③ 기화열에 의해 열을 탈취한다.
④ 공기를 차단한다.

해설 소화 시에 물을 사용하는 이유는 물이 기화열에 의해 열을 탈취하기 때문이다.

123

화재의 종류 중 금속화재를 의미하며 건조된 모래를 사용하여 소화시켜야 하는 것은?

① A급 화재 ② B급 화재
③ C급 화재 ④ D급 화재

해설 화재의 분류

분류	색깔
A급 화재 일반화재	백색
B급 화재 유류화재	황색
C급 화재 전기화재	청색
D급 화재 금속화재	무색
E급 화재 가스화재	황색
F급 화재 식용유화재	

정답 118. ③ 119. ③ 120. ② 121. ② 122. ③ 123. ④

124

종이, 목재 등의 고체 연료성 화재의 종류는?

① A급 화재 ② B급 화재
③ C급 화재 ④ D급 화재

해설 화재의 분류

구분	A급	B급	C급	D급	E급	F급
종류	일반	유류	전기	금속	가스	식용유

125

다음 중 B급 화재에 속하는 것은?

① 유류에 의한 화재
② 일반가연물에 의한 화재
③ 전기장치에 의한 화재
④ 금속에 의한 화재

해설 화재의 분류

구분	A급 (일반)	B급 (유류)	C급 (전기)	D급 (금속)	E급 (가스)	F급 (식용유)
색깔	백색	황색	청색	무색	황색	

126

화재의 종류 중 B급 화재에 해당하는 것은?

① 금속화재 ② 유류화재
③ 전기화재 ④ 일반화재

해설 화재의 분류

구분	A급 (일반)	B급 (유류)	C급 (전기)	D급 (금속)	E급 (가스)	F급 (식용유)
색깔	백색	황색	청색	무색	황색	

127

화재의 분류 중 가연성 금속 등에서 일어나는 화재와 관계 있는 것은?

① A급 화재 ② B급 화재
③ C급 화재 ④ D급 화재

해설 화재의 분류

분류	색깔	분류	색깔
A급 화재 (일반화재)	백색	C급 화재 (전기화재)	청색
B급 화재 (유류화재)	황색	D급 화재 (금속화재)	무색

128

A급, B급, C급 화재에 모두 적용 가능한 분말소화기는?

① 제1종 분말소화기 ② 제2종 분말소화기
③ 제3종 분말소화기 ④ 제4종 분말소화기

해설 제1종 분말소화기는 주성분이 탄산수소나트륨으로 B급 화재(유류화재), C급 화재(전기화재)에 적용하고, 제2종 분말소화기는 주성분이 탄산수소칼륨으로 B급 화재(유류화재), C급 화재(전기화재)에 적용하며, 제3종 분말소화기는 주성분이 제1인산암모늄으로 A급 화재(일반화재), B급 화재(유류화재), C급 화재(전기화재)에 적용한다. 또한 제4종 분말소화기는 주성분이 탄산수소칼륨과 요소로 B급 화재(유류화재), C급 화재(전기화재)에 적용한다.

129

다음 중 화재의 분류로 옳지 않은 것은?

① 일반화재 – A급 ② 유류화재 – B급
③ 전기화재 – C급 ④ 목재화재 – D급

해설 화재의 분류

화재의 분류	A급 화재	B급 화재	C급 화재	D급 화재	E급 화재	F급 화재
	일반 화재	유류 화재	전기 화재	금속 화재	가스 화재	식용유 화재
색깔	백색	황색	청색	무색	황색	

130

다음 중 소화설비에 속하지 않는 것은?

① 자동화재탐지설비 ② 옥내소화전설비
③ 스프링클러설비 ④ 소화기구

해설 소화설비(물 또는 그 밖의 소화약제를 사용하여 소화하는 기계 · 기구 또는 설비)의 종류에는 소화기구, 자

정답 124. ① 125. ① 126. ② 127. ④ 128. ③ 129. ④ 130. ①

동소화장치, 옥내소화전설비, 스프링클러설비, 물분무 등 소화설비 및 옥외소화전설비 등이 있고, 자동화재탐지설비는 경보설비에 속한다.

131

다음 소방시설 중 경보설비에 속하지 않는 것은?

① 자동화재탐지설비 ② 누전경보기
③ 스프링클러설비 ④ 자동화재속보설비

해설 소방시설 중 **경보설비**(화재 발생사실을 통보하는 기계·기구 또는 설비)의 종류에는 단독형 감지기, 비상경보설비(비상벨설비, 자동식 사이렌설비 등), 시각경보기, 자동화재탐지설비, 비상방송설비, 자동화재속보설비, 통합감시시설, 누전경보기, 가스누설경보기 등이 있고, 스프링클러설비는 소화설비에 속한다.

132

다음의 소방시설 중 경보설비에 속하지 않는 것은?

① 비상콘센트설비 ② 통합감시시설
③ 자동화재탐지설비 ④ 자동화재속보설비

해설 소방시설 중 경보설비(화재발생 사실을 통보하는 기계·기구 또는 설비)의 종류에는 단독경보형감지기, 비상경보설비(비상벨설비, 자동식사이렌설비 등), 시각경보기, 자동화재탐지설비, 비상방송설비, 자동화재속보설비, 통합감시시설, 누전경보기 및 가스누설경보기 등이 있고, **비상콘센트 설비는 소화활동설비**에 속한다.

133

다음은 어떤 소화기에 대한 설명인가?

> 탄산수소나트륨의 수용액이 들어있는 바깥 관 안에 진한 황산이 들어있는 용기가 있으며, 이 용기를 파괴하여 두 액을 혼합하여 탄산가스를 발생시켜 그 압력으로 탄산가스수용액을 분출시키는 소화기이다.

① 포말 소화기 ② 분말 소화기
③ 할론가스 소화기 ④ 산·알칼리 소화기

해설 ① **포말 소화기** : 탄산수소나트륨과 황산알루미늄을 혼합하여 반응하면 거품을 발생하여 방사하는 거품은 이산화탄소를 내포하고 있으므로 냉각과 질식작용에 의해 소화하는 소화기이다.
② **분말 소화기** : 탄산수소나트륨을 주제로 한 소화분말을 본 용기에 넣고, 따로 탄산가스를 넣은 소형 용기를 부속시켜 이 가압에 의하여 소화분말을 방사해서 질식과 냉각작용에 의해 소화하는 소화기이다.
③ **할론가스 소화기** : 연료와 산소의 화학적 반응을 차단하는 힘이 강하여 소화능력이 이산화탄소 소화기의 2.5배 정도이며 컴퓨터, 고가의 전기기계, 기구의 소화에 많이 이용되는 소화기이다.

134

이산화탄소는 상온, 상압에서 무색, 무취의 기체로서 공기보다 약 얼마나 더 무거운가?

① 1.13 ② 1.28
③ 1.52 ④ 1.86

해설 이산화탄소는 상온, 상압에서 무색, 무취의 기체로서 공기보다 약 1.52배 무거운 가스이다.

135

중조를 주제로 한 소화분말을 본 용기에 넣고, 따로 탄산가스를 넣은 소형 용기를 부속시켜 이 가압에 의하여 소화분말을 방사해서 질식과 냉각작용에 의해 소화하는 소화기는?

① 분말 소화기 ② 이산화탄소 소화기
③ 강화액 소화기 ④ 포말 소화기

해설 ② **이산화탄소 소화기** : 가연성 액체의 화재에 사용되며, 전기기계·기구 등의 화재에 효과적이고, 소화한 뒤에도 피해가 적은 소화기이다.
③ **강화액 소화기** : 물에 탄산칼륨을 녹여 빙점을 -17~30℃까지 낮추어 한랭지역이나 겨울철의 소화, 일반화재, 전기화재에 이용된다.
④ **포말 소화기** : 소화효과는 질식 및 냉각효과로서, 포말소화약제의 종류에는 기계포(에어졸)와 화학포 등이 있다.

136

연료와 산소의 화학적 반응을 차단하는 힘이 강하여 소화능력이 이산화탄소소화기의 2.5배 정도이며 컴퓨터, 고가의 전기기계, 기구의 소화에 많이 이용되는 소화기는?

① 분말 소화기 ② 포말 소화기
③ 강화액 소화기 ④ 할론가스 소화기

정답 131. ③ 132. ① 133. ④ 134. ③ 135. ① 136. ④

해설 ① 분말 소화기 : 소화효과는 질식 및 냉각효과로서, 분말소화약제에는 제1종 분말소화약제(중탄산나트륨), 제2종 분말소화약제(중탄산칼륨) 및 제3종 분말소화약제(인산암모늄) 등이 있다.
② 포말 소화기 : 소화효과는 질식 및 냉각효과로서, 포말소화약제의 종류에는 기계포(에어졸)와 화학포 등이 있다.
③ 강화액 소화기 : 물에 탄산칼륨을 녹여 빙점을 -17~30℃까지 낮추어 한랭지역이나 겨울철의 소화, 일반화재, 전기화재에 이용된다.

137

다음은 어떤 소화기에 대한 설명인가?

> 탄산수소나트륨과 황산알루미늄을 혼합하여 반응하면 거품을 발생하여 방사하는 거품은 이산화탄소를 내포하고 있으므로 냉각과 질식 작용에 의해 소화하는 소화기이다.

① 산 · 알칼리 소화기 ② 강화액 소화기
③ 분말 소화기 ④ 포말 소화기

해설 산 · 알칼리 소화기는 중조 수용액이 들은 바깥 관 안에 농유산이 들은 용기가 있으며, 이 용기를 파괴하여 2액을 혼합하여 탄산가스를 발생시켜 그 압력으로 탄산가스 수용액을 분출시키는 소화기이고, **강화액 소화기**는 물의 소화력을 높이기 위하여 화재 억제 효과가 있는 염류를 첨가(염류로 알칼리금속염의 중탄산나트륨, 탄산칼륨, 초산칼륨, 인산암모늄, 기타 조성물)하여 만든 소화약제를 사용한 소화기이며, **분말 소화기**는 중조를 주제로 한 소화분말을 본 용기에 넣고, 따로 탄산가스를 넣은 소형 용기를 부속시켜 이 가압에 의하여 소화분말을 방사해서 질식과 냉각 작용에 의해 소화하는 소화기이다.

138

가연성 액체의 화재에 사용되며, 전기기계 · 기구 등의 화재에 효과적이고, 소화한 뒤에도 피해가 적은 것은?

① 산 · 알칼리 소화기
② 강화액 소화기
③ 이산화탄소 소화기
④ 포말 소화기

해설 산 · 알칼리 소화기는 탄산수소나트륨의 수용액과 용기 내의 황산을 봉입한 앰플을 유지하고 있으며, 누름 금구에 충격을 가함으로써 황산 앰플이 파괴되어 중화 반응으로 인한 이산화탄소에 의해 소화하는 소화기이고, **강화액 소화기**는 강화액(탄산칼륨 등의 수용액을 주성분으로 하며 강한 알칼리성(pH 12 이상)으로 비중은 1.35/15℃ 이상의 것)을 사용하는 소화기로 축압식, 가스가압식 및 반응식 등이 있으며, **포말 소화기**는 탄산수소나트륨과 황산알루미늄을 혼합하여 반응하면 거품을 발생하여 방사하는 거품은 이산화탄소를 내포하고 있으므로 냉각과 질식 작용에 의해 소화하는 소화기이다.

139

탄산칼륨 등의 수용액을 주성분으로 하며 강한 알칼리성(pH 12 이상)으로 비중은 1.35/15℃ 이상의 것을 사용하는 소화기로 축압식, 가스가압식 및 반응식 등이 있는 소화기는?

① 포말 소화기 ② 분말 소화기
③ 산 · 알칼리 소화기 ④ 강화액 소화기

해설 포말 소화기는 탄산수소나트륨과 황산알루미늄을 혼합하여 반응하면 거품을 발생하여 방사하는 거품은 이산화탄소를 내포하고 있으므로 냉각과 질식 작용에 의해 소화하는 소화기이고, **분말 소화기**는 미세한 분말을 이용한 소화기로서 냉각 작용(열분해), 질식 작용(불연성 가스와 수증기) 및 억제 작용(연쇄 반응 정지)에 의해 소화하는 소화기이며, **산 · 알칼리 소화기**는 탄산수소나트륨의 수용액과 용기 내의 황산을 봉입한 앰플을 유지하고 있으며, 누름 금구에 충격을 가함으로써 황산 앰플이 파괴되어 중화 반응으로 인한 이산화탄소에 의해 소화하는 소화기이다.

140

C급 화재(전기화재)가 발생되었다. 사용하기에 부적당한 소화기는?

① 포말 소화기
② 이산화탄소 소화기
③ 할론(halon)가스 소화기
④ 분말 소화기

해설 C급 화재(전기화재)에 사용하는 소화기에는 이산화탄소 소화기, 할론가스 소화기 및 분말 소화기 등을 사용하고, 포말 소화기는 일반화재에 사용한다.

정답 137. ④ 138. ③ 139. ④ 140. ①

3 실내디자인 협력공사

1. 가설공사

01 |

가설공사에서 건물의 각 부 위치, 기초의 너비 또는 길이 등을 정확히 결정하기 위한 것은?

① 벤치마크　② 수평 규준틀
③ 세로 규준틀　④ 현상측량

해설 벤치마크(기준점)는 고저 측량을 할 때 표고의 기준이 되는 점으로 이동될 염려가 없는 인근 건축물의 벽이나 담장을 이용한다. 수평 규준틀은 기초파기와 기초공사를 할 때, 말뚝과 꿸대를 사용하여 공사의 수직과 수평의 기준이 되는 규준틀이며, 세로 규준틀은 조적공사(벽돌, 블록, 돌공사)에서 고저 및 수직면의 기준으로 사용하는 규준틀이다.

02 |

공사 현장의 가설건축물에 대한 설명으로 옳지 않은 것은?

① 하도급자 사무실은 후속 공정에 지장이 없는 현장사무실과 가까운 곳에 둔다.
② 시멘트 창고는 통풍이 되지 않도록 출입구 외에는 개구부 설치를 금하고, 벽, 천장, 바닥에는 방수, 방습처리한다.
③ 변전소는 안전상 현장사무실에서 가능한 멀리 위치시킨다.
④ 인화성 재료 저장소는 벽, 지붕, 천장의 재료를 방화 구조 또는 불연구조로 하고 소화설비를 갖춘다.

해설 변전소는 안전상 현장사무실에서 가능한 가까이 위치시킨다.

03 |

건축공사 시 가설건축물에 대한 설명으로 옳지 않은 것은?

① 시멘트 창고는 통풍이 되지 않도록 출입구 외에는 개구부 설치를 금한다.
② 화기 위험물인 유류·도료 등의 인화성 재료 저장소는 벽, 지붕, 천장의 재료를 방화구조 또는 불연구조로 하고 소화설비를 갖춘다.
③ 변전소의 위치는 안전을 고려하여 현장사무소에서 최대한 멀리 떨어진 곳이 좋다.
④ 현장사무소의 경우 필요면적은 $3.3m^2$/인 정도로 계획한다.

해설 변전소의 위치는 안전을 고려하여 현장사무소에서 최대한 가까운 곳이 좋다.

04 |

가설공사에 관한 기술 중 틀린 것은?

① 비계 및 발판은 직접 가설공사에 속한다.
② 비계 다리참의 높이는 7m마다 설치한다.
③ 파이프 비계에서 비계 기둥 간 적재하중은 7kN 이하로 한다.
④ 낙하물 방지망은 수평에 대하여 45° 정도로 하고, 높이는 지상 2층 바닥 부분부터 시작한다.

해설 파이프 비계에서 비계 기둥 간 적재하중은 4kN 이하로 한다.

05 |

공사 현장에 135명이 근무할 가설사무소를 건축할 때 기준면적으로 옳은 것은?

① $445.5m^2$　② $405m^2$
③ $420m^2$　④ $400m^2$

해설 사무소의 기준면적 $= 3.3m^2 \times$ 인원수 $= 3.3 \times 135 = 445.5m^2$

06 |

기준점(bench mark)에 대한 설명으로 틀린 것은?

① 바라보기 좋고 공사에 지장이 없는 곳에 설치한다.
② 공사 착수 전에 설정되어야 한다.
③ 이동의 우려가 없는 곳에 설치한다.
④ 반드시 기준점은 1개만 설치한다.

정답 01. ② 02. ③ 03. ③ 04. ③ 05. ① 06. ④

해설 기준점(bench mark)은 공사 중에 높이를 잴 때의 기준으로 하기 위하여 설정하는 것으로 기준점은 ①, ②, ③ 외에 건축물의 각 부에서 헤아리기 좋도록 2개소 이상 보조 기준점을 표시해 두어야 한다. 수직 규준틀에 설치하고, 공사 착수 전에 설정해야 하며, 공사 완료 시까지 존치되어야 한다.

07 |

다음 중 기준점(bench mark)에 관한 설명으로 옳지 않은 것은?

① 신축할 건축물의 높이의 기준을 삼고자 설정하는 것으로 대개 발주자, 설계자 입회 하에 결정된다.
② 바라보기 좋고 공사에 지장이 없는 1개소에 설치한다.
③ 부동의 인접 도로 경계석이나 인근 건물의 벽 또는 담장을 이용한다.
④ 공사가 완료된 뒤라도 건축물의 침하, 경사 등을 확인하기 위해 사용되는 경우가 있다.

해설 기준점(bench mark)은 건축물의 각 부에서 헤아리기 좋도록 2개소 이상 보조 기준점을 표시해 두어야 한다.

08 |

고층 건물공사 시 많은 자재를 올려 놓고 작업해야 할 외장공사용 비계로서 적합한 것은?

① 겹비계
② 외줄비계
③ 쌍줄비계
④ 달비계

해설 겹비계는 하나의 기둥에 띠장만을 붙인 비계로 띠장이 기둥의 양쪽에 2겹으로 된 것이다. 외줄비계는 비계기둥이 1줄이고, 띠장을 한쪽에만 단 비계로서 경작업 또는 10m 이하의 비계에 이용된다. 달비계는 건축물에 고정된 돌출보 등에서 밧줄로 매단 비계로서 권양기가 붙어 있어 위·아래로 이동시키는 비계이다. 외부 마무리, 외벽 청소, 고층 건축물의 유리창 청소 등에 쓰인다.

09 |

강관비계 설치에 대한 설명 중 옳지 않은 것은?

① 비계기둥의 간격은 도리 방향 1.5~1.8m, 간사이 방향 0.9~1.5m로 한다.
② 띠장의 간격은 1.8m 이내로 한다.
③ 지상 제 1띠장은 지상에서 2m 이하의 위치에 설치한다.
④ 비계 장선의 간격은 1.5m 이내로 한다.

해설 띠장의 간격은 1.5m 내외로 한다.

10 |

가설공사에서 강관비계 시공에 대한 내용으로 옳지 않은 것은?

① 가새는 수평면에 대하여 40~60°로 설치한다.
② 강관비계의 기둥 간격은 띠장 방향 1.5~1.8m를 기준으로 한다.
③ 띠장의 수직 간격은 2.5m 이내로 한다.
④ 수직 및 수평 방향 5m 이내의 간격으로 구조체에 연결한다.

해설 강관비계 설치에 있어서 띠장의 간격은 1.5m 내외로 하고 지표에서 첫 번째 띠장은 지상에서 2m 이하의 부분에 설치한다.

2. 콘크리트 공사

01 |

철근콘크리트 구조용으로 쓰이는 것으로 보기 어려운 것은?

① 피아노 선(piano wire)
② 원형철근(round bar)
③ 이형철근(deformed bar)
④ 메탈라스(metal lath)

해설 철근콘크리트 구조용으로 사용되는 것은 ①, ②, ③항이고, 메탈라스는 연강판에 일정한 간격으로 금을 내고 늘려서 그물코 모양으로 만든 것이다. 모르타르 바탕에 쓰이는 금속 제품으로 천장 및 벽의 미장 바탕에 사용한다.

정답 07. ② 08. ③ 09. ② 10. ③ / 01. ④

02

KCS에 따른 철근가공 및 이음기준에 관한 내용으로 옳지 않은 것은?

① 철근은 상온에서 가공하는 것을 원칙으로 한다.
② 철근상세도에 철근의 구부리는 내면 반지름이 표시되어 있지 않은 때에는 콘크리트 구조설계기준에 규정된 구부림의 최소 내면 반지름 이상으로 철근을 구부려야 한다.
③ D32 이하의 철근은 겹침이음을 할 수 없다.
④ 장래의 이음에 대비하여 구조물로부터 노출시켜 놓은 철근은 손상이나 부식이 생기지 않도록 보호하여야 한다.

해설 D35를 초과하는 철근은 겹침이음을 할 수 없다. 다만, 서로 다른 크기의 철근을 압축부에서 겹침이음을 하는 경우 D35 이하의 철근과 D35를 초과하는 철근은 겹침이음을 할 수 있다.

03

철근가공에 관한 설명으로 옳지 않은 것은?

① D35 이상의 철근은 산소절단기를 사용하여 절단한다.
② 유해한 휨이나 단면결손, 균열 등의 손상이 있는 철근은 사용하면 안 된다.
③ 한 번 구부린 철근은 다시 펴서 사용해서는 안 된다.
④ 표준갈고리를 가공할 때에는 정해진 크기 이상의 곡률 반지름을 가져야 한다.

해설 철근은 상온에서 가공하는 것을 원칙으로 하고, 철근의 절단은 인력으로 하는 경우와 동력으로 하는 경우가 있는데, 보통 인력(철제 모탕에 철근을 올려 놓고 절단할 곳에 절단 정을 댄 뒤 쇠메로 쳐서 절단)으로 하거나, 절단기로 절단한다.

04

철근의 가공에 있어 철근의 단부에 갈고리를 만들지 않아도 되는 것은?

① 스터럽 및 띠철근
② 굴뚝의 철근
③ 지중보 돌출부분의 철근
④ 원형철근

해설 철근의 갈고리(Hook)가공에 있어서 원형철근은 갈고리를 설치하는 것이 원칙이고, 이형철근은 갈고리를 생략할 수 있으나, 반드시 갈고리를 설치하여야 하는 곳은 스터럽 및 띠철근, 기둥 및 보(지중보 제외)의 돌출부분의 주근, 굴뚝의 주근 등이다.

05

건축물의 철근조립 순서로서 옳은 것은?

① 기초 – 기둥 – 보 – Slab – 벽 – 계단
② 기초 – 기둥 – 벽 – Slab – 보 – 계단
③ 기초 – 기둥 – 벽 – 보 – Slab – 계단
④ 기초 – 기둥 – Slab – 보 – 벽 – 계단

해설 건축물의 철근 조립 순서는 기초 철근 → 기둥 철근 → 벽 철근 → 보 철근 → 바닥 철근 → 계단 철근의 순이다.

06

철근의 이음방식이 아닌 것은?

① 용접이음 ② 겹침이음
③ 갈고리이음 ④ 기계적 이음

해설 철근의 이음방법에는 겹침이음(결속선을 철근이음 1개소마다 2군데 이상 두겹으로 겹쳐 결속하는 일반적인 이음), 가스압접이음(철근의 접합면을 직각으로 절단하여 맞대어 압력을 가하면서 옥시 아세틸렌 가스의 중성염으로 약 1,000~1,300℃ 정도로 가열하여 접합부가 부풀어올라 접합하는 방식으로 구조적으로 유리하고, 가공 공사비가 감소한다.), 기계적 이음(철근의 이음 부분에 슬리브를 끼우고 양쪽 마구리의 틈새는 석면 등으로 막은 후 슬리브의 내부에 녹인 금속재를 충진하여 잇는 방법), 용접이음(용접봉과 철근 사이에 전류를 통하여 용접하는 방식) 등이 있다.

07

철근이음공법 중 지름이 큰 철근을 이음할 경우 철근의 재료를 절감하기 위하여 활용하는 공법이 아닌 것은?

① 가스압접이음 ② 맞댄용접이음
③ 나사식 커플링이음 ④ 겹침이음

정답 02. ③ 03. ① 04. ③ 05. ③ 06. ③ 07. ④

해설 지름이 큰 철근을 이음할 경우 철근의 재료를 절감하기 위하여 활용하는 공법에는 용접(가스압접이음, 맞댄용접이음, 나사식 커플링이음 등)의 방법이 가장 많이 사용된다.

08

철근콘크리트공사에서의 철근이음에 관한 설명으로 옳지 않은 것은?

① 철근의 이음위치는 되도록 응력이 큰 곳을 피한다.
② 일반적으로 이음을 할 때는 한 곳에서 철근 수의 반 이상을 이어야 한다.
③ 철근이음에는 겹침이음, 용접이음, 기계적 이음 등이 있다.
④ 철근이음은 힘의 전달이 연속적이고, 응력집중 등 부작용이 생기지 않아야 한다.

해설 철근의 이음 시 주의사항은 응력이 큰 곳을 피하고, 갈고리(Hook)는 이음 길이에 포함하지 않으며, 철근의 규격이 상이한 경우에는 가는 철근 지름을 기준으로 한다. 또한, 철근의 이음은 엇갈리게 하고, 이음의 1/2 이상(철근 수의 반수 이상)을 한 곳에 집중시키지 않는다.

09

철근콘크리트구조에서 철근이음 시 유의사항으로 옳지 않은 것은?

① 동일한 곳에 철근 수의 반 이상을 이어야 한다.
② 이음의 위치는 응력이 큰 곳을 피하고 엇갈리게 잇는다.
③ 주근의 이음은 인장력이 가장 작은 곳에 두어야 한다.
④ 큰 보의 경우 하부주근의 이음 위치는 보 경간의 양단부이다.

해설 철근의 이음 시 주의사항은 응력이 큰 곳을 피하고, 갈고리(Hook)는 이음 길이에 포함하지 않으며, 철근의 규격이 상이한 경우에는 가는 철근 지름을 기준으로 한다. 또한, 철근의 이음은 엇갈리게 하고, 이음의 1/2 이상(철근 수의 반수 이상)을 한 곳에 집중시키지 않는다.

10

철근단면을 맞대고 산소–아세틸렌염으로 가열하여 적열상태에서 부풀려 가압, 접합하는 철근이음방식은?

① 나사방식이음
② 겹침이음
③ 가스압접이음
④ 충전식이음

해설 나사방식이음은 철근에 숫나사를 만들고, 커플러 양단을 너트로 조여 이음하는 방식이다. 겹침이음은 결속선을 철근이음 1개소에 대하여 두 군데 이상 두겹으로 결속하는 방법이다. 충전식이음은 슬리브 구멍을 통하여 에폭시나 모르타르를 철근과 슬리브 사이에 충진하여 이음하는 방법이다.

11

철근의 가스압접이음에 대한 설명으로 옳지 않은 것은?

① 이음공법 중 접합강도가 아주 큰 편이며 성분원소의 조직변화가 적다.
② 접합 전에 압접면을 그라인더로 평탄하게 가공해야 한다.
③ 철근의 항복점 또는 재질이 다른 경우에도 적용 가능하다.
④ 이음위치는 인장력이 가장 적은 곳에서 하고 한 곳에 집중해서는 안된다.

해설 철근의 이음 방법 중 가스압접(철근의 접합면을 직각으로 절단하여 맞대고 압력을 가하면서 옥시 아세틸렌 가스의 중성염으로 가열하여 접합부가 부풀어 올라 접합하는 방식)을 금지하는 경우는 철근의 지름 차이가 6mm 이상인 경우, 철근의 재질이 서로 다른 경우, 항복점 또는 강도가 서로 다른 경우 등이다.

12

철근의 이음을 검사할 때 가스압접이음의 검사항목이 아닌 것은?

① 이음위치
② 이음길이
③ 외관검사
④ 인장시험

정답 08. ② 09. ① 10. ③ 11. ③ 12. ②

해설 철근의 이음 방법과 검사항목

종류	검사 항목
겹침이음	위치, 이음길이
가스압접이음	위치, 외관검사, 초음파 탐사검사, 인장시험
기계적이음	위치, 외관검사, 인장시험
용접이음	외관검사, 용접부의 내부결함, 인장시험

13

철근이음의 종류에 따른 검사시기와 횟수의 기준으로 옳지 않은 것은?

① 가스압접 이음 시 외관검사는 전체 개소에 대해 시행한다.
② 가스압점 이음 시 초음파 탐사검사는 1검사 로트마다 20개소 발취한다.
③ 기계적 이음의 외관검사는 전체 개소에 대해 시행한다.
④ 용접이음의 인장시험은 700개소마다 시행한다.

해설 용접이음의 검사항목에는 외관검사(모든 이음 부위), 용접부 내부결함(500개소 마다), 인장시험(500개소 마다) 등을 시행한다.

14

철근콘크리트 공사 시 철근의 정착위치로 옳지 않은 것은?

① 벽철근은 기둥, 보 또는 바닥판에 정착한다.
② 바닥철근은 기둥에 정착한다.
③ 큰보의 주근은 기둥에, 작은보의 주근은 큰보에 정착한다.
④ 기둥의 주근은 기초에 정착한다.

해설 철근의 정착 위치

구 분	기둥	보	작은 보	지중보	벽 철근	바닥 철근
정착 위치	기초	기둥	큰 보, 직교하는 단부 보 밑	기초, 기둥	기둥, 보, 바닥판	보, 벽체

※ 직교하는 단부 보에 있어서 기둥이 없는 경우의 철근의 정착 위치는 보와 보 상호 간에 정착시킨다.

15

다음 철근배근의 오류 중에서 구조적으로 가장 위험한 것은?

① 보늑근의 겹침
② 기둥주근의 겹침
③ 보하부 주근의 처짐
④ 기둥대근의 겹침

해설 보늑근의 겹침, 기둥주근의 겹침, 기둥대근의 겹침 등은 구조적으로 큰 위험이 따르지 않으나, 보의 하부 주근은 인장력에 대항하여야 하므로 보하부 주근의 처짐은 구조적으로 매우 위험한 상황이다.

16

철근콘크리트공사에서 철근의 최소 피복두께를 확보하는 이유로 볼 수 없는 것은?

① 콘크리트 산화막에 의한 철근의 부식방지
② 콘크리트의 초기강도 증진
③ 철근과 콘크리트의 부착응력 확보
④ 화재, 염해, 중성화 등으로부터의 보호

해설 철근콘크리트 구조물을 내화, 내구적(철근의 부식방지, 철근과 콘크리트의 부착응력 확보, 염해, 중성화 등으로부터의 보호)으로 유지하려면 적당한 피복 두께[철근의 표면(기둥은 대근, 보는 늑근)에서부터 콘크리트 표면까지의 거리]를 확보하여야 한다.

17

철근공사와 관련된 설명 중 옳지 않은 것은?

① 철근은 지름별 및 길이별로 구분하여 정리한다.
② 철근은 조립 전에 부착력 확보를 위해 노력한다.
③ 원형철근의 공칭직경은 D로 표시한다.
④ 공작도(Shop Draming)는 현장가공을 용이하게 한다.

해설 원형철근의 직경은 ϕ로 표시하고, 이형철근의 공칭직경은 D로 표시한다.

정답 13. ④ 14. ② 15. ③ 16. ② 17. ③

18 |

철근공사의 철근트러스 입체화 공법의 특징이 아닌 것은?

① 현장조립의 거푸집공사를 공장제 기성품으로 대체
② 구조적 안정성 확보
③ 가설작업장의 면적 증가
④ Support 감소, 지보공 수량 감소로 작업의 안전성 확보

해설 철근의 조립식 공법화의 특징은 ①, ②, ④항 이외에 현장 작업의 감소로 인하여 가설작업장의 면적의 감소하고 공기가 단축되며, 작업의 단순화와 시공 정도의 향상, 구조체 공사의 시스템화 등이 있다.

19 |

철근보관 및 취급에 관한 설명으로 옳지 않은 것은?

① 철근고임대 및 간격재는 습기 방지를 위하여 직사일광을 받는 곳에 저장한다.
② 철근저장은 물이 고이지 않고 배수가 잘되는 곳에 이루어져야 한다.
③ 철근저장 시 철근의 종별, 규격별, 길이별로 적재한다.
④ 저장장소가 바닷가 해안 근처일 경우에는 창고 속에 보관하도록 한다.

해설 철근고임대 및 간격재는 습기가 방지되고 직사일광을 피할 수 있는 곳에 저장한다.

20 |

현장에서 철근공사와 관련된 사항으로 옳지 않은 것은?

① 품질이 규격값 이하인 철근의 사용 배제
② 도면오류를 파악한 후 정정을 요구하거나 철근상세도를 구조평면도에 표시하여 승인 후 시공
③ 철근공사 착공 전 구조도면과 구조계산서를 대조하는 확인작업 수행
④ 구부러진 철근을 다시 펴는 가공작업을 거친 후 재사용

해설 구부러진 철근은 다시 펴는 가공작업을 거친 후 재사용을 금지하여야 한다.

21 |

콘크리트 공사에서 비교적 간단한 구조의 합판거푸집을 적용할 때 사용되며 측압력을 부담하지 않고 단지 거푸집의 간격만 유지시켜 주는 역할을 하는 것은?

① 컬럼밴드　　② 턴버클
③ 폼타이　　④ 세퍼레이터

해설 컬럼밴드는 기둥거푸집의 고정 및 측압버팀용으로 사용되는 부속재료이다. 턴버클은 줄(인장재)를 팽팽히 당겨 조이는 나사가 있는 탕개쇠로서 거푸집 연결 시 철선의 조임에 사용한다. 폼타이는 거푸집 조이기용 철물이다.

22 |

기둥거푸집의 고정 및 측압버팀용으로 사용되는 부속재료는?

① 세퍼레이터　　② 컬럼밴드
③ 스페이서　　④ 잭 서포트

해설 세퍼레이터(saparator, 격리재)는 거푸집 상호 간의 간격을 유지시키는 것으로서 철판제, 철근제, 파이프제 및 모르타르제 등이 있다. 스페이서(spacer, 간격재)는 거푸집과 철근, 철근과 철근 사이의 간격을 유지하기 위한 간격재이다. 잭 서포트는 건물 상부의 하중을 분산시키기 위해 설치하는 임시 기둥으로 거푸집 패널을 받치는 받침기둥이다.

23 |

거푸집 측압에 영향을 주는 요인과 거리가 먼 것은?

① 기온　　② 콘크리트의 강도
③ 콘크리트의 슬럼프　　④ 콘크리트 타설높이

해설 거푸집의 측압

㉠ 거푸집의 측압이 큰 경우는 콘크리트의 시공 연도(슬럼프값)가 클수록, 부배합일수록, 콘크리트의 붓기 속도가 빠를수록, 온도가 낮을수록, 부재의 수평 단면이 클수록, 콘크리트 다지기(진동기를 사용하여 다지기를 하는 경우 30~50% 정도의 측압이 커진다)가 충분할수록, 벽 두께가 두꺼울수록, 거푸집의 강성이 클수록, 거푸집의 투수성이 작을수록, 콘크리트의 비중이 클수록, 물 · 시멘트비가 클수록, 묽은 콘크리트일수록(슬럼프), 철근량이 적을수록, 거푸

정답 18. ③ 19. ① 20. ④ 21. ④ 22. ② 23. ②

집의 강성이 클수록, 중량골재를 사용할수록 측압은 증가한다.

㉡ 측압은 수압과 같이 생 콘크리트의 높이가 클수록 커지나, 어느 일정한 높이(기둥에서 약 1m, 벽에서 약 50cm)에서 측압의 커짐은 없다.

㉢ 콘크리트의 측압 : 콘크리트의 헤드는 벽에서는 0.5m, 기둥에서는 1m에서 측압이 최대가 된다.

장 소	콘크리트의 헤드(m)	측압의 최댓값(t/m^2)	측압의 표준값(t/m^2)	
			진동 다짐	진동 다짐이 아닌 경우
벽	약 0.5	약 1.0	3	2
기둥	약 1.0	약 2.5	4	3

24

콘크리트 공사 시 거푸집 측압의 증가 요인에 관한 설명으로 옳지 않은 것은?

① 콘크리트의 타설 속도가 빠를수록 증가한다.
② 콘크리트의 슬럼프가 클수록 증가한다.
③ 콘크리트에 대한 다짐이 적을수록 증가한다.
④ 콘크리트의 경화속도가 늦을수록 증가한다.

해설 콘크리트 다지기(진동기를 사용하여 다지기를 하는 경우 30~50% 정도의 측압이 커진다)가 충분할수록 측압은 증대된다.

25

콘크리트의 측압에 관한 설명으로 옳지 않은 것은?

① 콘크리트 타설 속도가 빠를수록 측압이 크다.
② 콘크리트의 비중이 클수록 측압이 크다.
③ 콘크리트의 온도가 높을수록 측압이 작다.
④ 진동기를 사용하여 다질수록 측압이 작다.

해설 콘크리트 다지기(진동기를 사용하여 다지기를 하는 경우 30~50% 정도의 측압이 커진다)가 충분할수록 측압은 증대된다.

26

다음 중 굳지 않은 콘크리트의 측압에 대한 영향이 가장 작은 것은?

① 기온 및 대기의 습도
② 콘크리트 부어넣기 속도
③ 굳지 않은 콘크리트의 다지기 방법
④ 콘크리트 발열

해설 굳지 않은 콘크리트의 측압에 대한 영향을 끼치는 요인에는 콘크리트의 타설 속도, 컨시스턴시, 콘크리트의 비중, 시멘트의 종류와 양, 콘크리트의 온도와 습도, 거푸집 표면의 평활도, 거푸집의 강성, 투수성 및 누수성, 거푸집의 수평 단면, 진동기의 사용, 타설 방법, 철골과 철근량 등이 있다.

27

굳지 않은 콘크리트가 거푸집에 미치는 측압에 관한 설명으로 옳지 않은 것은?

① 묽은 비빔콘크리트가 측압은 크다.
② 온도가 높을수록 측압은 크다.
③ 콘크리트의 타설 속도가 빠를수록 측압은 크다.
④ 측압은 굳지 않은 콘크리트의 높이가 높을수록 커지는 것이나 어느 일정한 높이에 이르면 측압의 증대는 없다.

해설 거푸집의 측압이 큰 경우는 콘크리트의 시공 연도(슬럼프값)가 클수록, 부배합일수록, 콘크리트의 붓기 속도가 빠를수록, 온도가 낮을수록, 부재의 수평 단면이 클수록, 콘크리트 다지기(진동기를 사용하여 다지기를 하는 경우 30~50% 정도의 측압이 커진다)가 충분할수록, 벽 두께가 두꺼울수록, 거푸집의 강성이 클수록, 거푸집의 투수성이 작을수록, 콘크리트의 비중이 클수록, 물·시멘트비가 클수록, 묽은 콘크리트일수록(슬럼프), 철근량이 적을수록, 거푸집의 강성이 클수록, 중량골재를 사용할수록 측압은 증가한다.

28

바닥판, 보 밑 거푸집 설계에서 고려하는 하중에 속하지 않는 것은?

① 굳지 않은 콘크리트 중량
② 작업하중
③ 충격하중
④ 측압

해설 거푸집의 고려하여야 할 하중

부위	고려하여야 할 하중
보, 슬래브 밑면	생콘크리트의 중량, 작업 하중, 충격 하중
벽, 기둥, 보 옆면	생콘크리트의 중량, 생콘크리트의 측압

정답 24. ③ 25. ④ 26. ④ 27. ② 28. ④

29

거푸집 제거작업 시 주의사항 중 옳지 않은 것은?

① 진동, 충격을 주지 않고 콘크리트가 손상되지 않도록 순서에 맞게 제거한다.
② 지주를 바꾸어 세울 동안에는 상부의 작업을 제한하여 집중하중을 받는 부분의 지주는 그대로 둔다.
③ 제거한 거푸집은 재사용을 할 수 있도록 적당한 장소에 정리하여 둔다.
④ 구조물의 손상을 고려하여 제거 시 찢어져 남은 거푸집 쪽널은 그대로 두고 미장공사를 한다.

해설 거푸집을 해체한 콘크리트 면이 거칠게 마무리 된 경우에는 구멍 및 기타 결함이 있는 부위는 땜질하고 6mm 이상의 돌기물을 제거한다. 즉, 구조물의 손상을 고려하여 제거 시 찢어져 남은 거푸집 쪽널은 제거하고 미장 공사를 한다.

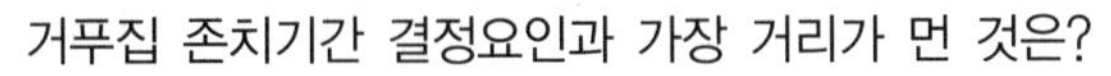

30

거푸집 존치기간 결정요인과 가장 거리가 먼 것은?

① 시멘트의 종류
② 골재의 입도
③ 구조물 부위
④ 기온

해설 거푸집 존치기간 결정요인으로는 콘크리트의 부재(기초, 보, 기둥, 벽 등의 측면, 슬래브 및 보의 밑면, 아치 내면, 단층 또는 다층 구조 등), 콘크리트의 압축강도, 시멘트의 종류, 평균기온 등이 있다.

31

다음 중 거푸집 존치기간이 가장 긴 것은?

① 기둥
② 보 옆면
③ 벽
④ 보 밑면

해설 콘크리트의 압축강도를 시험할 경우 거푸집널의 해체 시기

부재		콘크리트 압축강도
기초, 보, 기둥, 벽 등의 측면		5MPa 이상
슬래브 및 보의 밑면, 아치 내면	단층구조인 경우	설계기준 압축강도의 2/3배 이상
	다층구조인 경우	설계기준 압축강도 이상(필러 동바리 구조를 이용할 경우는 구조계산에 의해 기간을 단축할 수 있다. 단, 이 경우라도 최소 강도는 14MPa 이상으로 함).

콘크리트의 압축강도를 시험하지 않을 경우 거푸집널의 해체 시기(기초, 보, 기둥, 벽의 측면)

시멘트의 종류 / 평균 기온	조강 포틀랜드 시멘트	보통 포틀랜드 시멘트 고로 슬래그 시멘트(1종) 플라이애시 시멘트(1종) 포틀랜드 포졸란 시멘트(A종)	고로 슬래그 시멘트(2종) 플라이애시 시멘트(2종) 포틀랜드 포졸란 시멘트(B종)
20℃ 이상	2일	3일	4일
20℃ 미만 10℃ 이상	3일	4일	6일

32

조강포틀랜드시멘트를 사용한 기둥에서 거푸집널 존치기간 중의 평균기온이 20℃ 이상인 경우 콘크리트의 재령이 최소 며칠 이상 경과하면 압축강도시험을 하지 않고 거푸집을 떼어낼 수 있는가?

① 2일
② 3일
③ 4일
④ 6일

해설 조강포틀랜드시멘트를 사용한 기둥에서 거푸집널 존치기간 중의 평균기온이 20℃ 이상인 경우 콘크리트의 재령이 최소 2일 이상 경과하면 압축강도시험을 하지 않고 거푸집을 떼어낼 수 있다.

정답 29. ④ 30. ② 31. ④ 32. ①

33 |

다음과 같은 조건에서 콘크리트의 압축강도를 시험하지 않을 경우 거푸집널의 해체시기로 옳은 것은? (단, 기초, 보, 기둥 및 벽의 측면)

- 플라이애시 시멘트(2종) 사용
- 평균기온 10℃ 이상 20℃ 미만

① 2일 ② 3일
③ 4일 ④ 6일

해설 콘크리트의 압축강도를 시험하지 않을 경우 거푸집널의 해체 시기(기초, 보, 기둥, 벽의 측면)

시멘트의 종류 / 평균 기온	조강 포틀랜드 시멘트	보통 포틀랜드 시멘트 고로 슬래그 시멘트(1종) 플라이애시 시멘트(1종) 포틀랜드 포졸란 시멘트(A종)	고로 슬래그 시멘트(2종) 플라이애시 시멘트(2종) 포틀랜드 포졸란 시멘트(B종)
20℃ 이상	2일	3일	4일
20℃ 미만 10℃ 이상	3일	4일	6일

34 |

벽체로 둘러싸인 구조물에 적합하고 일정한 속도로 거푸집을 상승시키면서 연속하여 콘크리트를 타설하며 마감작업이 동시에 진행되는 거푸집공법은?

① 플라잉폼 ② 터널폼
③ 슬라이딩폼 ④ 유로폼

해설 플라잉폼은 바닥전용 거푸집으로서 테이블폼이라고도 부르며 거푸집판, 장선, 멍에, 서포트 등을 일체로 제작하여 수평, 수직방향으로 이동하는 시스템거푸집이다. 터널폼은 수평적 또는 수직적으로 반복된 구조물을 시공 이음이 없이 균일한 형상으로 시공하기 위하여 거푸집을 연속적으로 이동시키면서 콘크리트를 타설하여 구조물을 시공하는 거푸집으로 한 구획 전체의 벽판과 바닥면을 ㄱ자형, ㄷ자형으로 견고하게 짠 이동식 거푸집이다. 유로폼은 경량형강과 합판으로 구성되며 표준형태의 거푸집을 변형시키지 않고 조립함으로써 현장제작에 소요되는 인력을 줄여 생산성을 향상시키고 자재의 전용횟수를 증대시키는 목적으로 사용되는 거푸집이다.

35 |

슬라이딩폼에 관한 설명으로 옳지 않은 것은?

① 내 · 외부 비계발판을 따로 준비해야 하므로 공기가 지연될 수 있다.
② 활동(滑動) 거푸집이라고도 하며 사일로 설치에 사용할 수 있다.
③ 요오크로 서서히 끌어 올리며 콘크리트를 부어 넣는다.
④ 구조물의 일체성확보에 유효하다.

해설 슬라이딩폼은 아래 부분이 약간 벌어진 거푸집을 1~1.2m 정도의 높이로 설치하고 콘크리트가 경화하기 전에 요크로 천천히 끌어 올려 연속 작업을 할 수 있는 거푸집 또는 벽체용 거푸집으로 거푸집과 벽체 마감공사를 위한 비계틀을 일체로 조립하여 한꺼번에 인양시켜 설치하는 거푸집으로 특성은 다음과 같다.

㉠ 장점
- 공사 기간이 단축(1/5 정도)된다.
- 거푸집의 재료와 조립, 제거에 소요되는 노력이 절감된다.
- 안팎의 비계 가설이 필요 없다.
- 사일로 교각, 건축물의 코어 및 굴뚝 공사에 사용한다.

㉡ 단점 : 돌출물이 있는 벽체, 기둥의 시공에는 이용할 수 없다.

36 |

타워크레인 등의 시공장비에 의해 한 번에 설치하고 탈형만 하므로 사용할 때마다 부재의 조립 및 분해를 반복하지 않아 평면상 상하부 동일단면의 벽식 구조인 아파트 건축물에 적용효과가 큰 대형 벽체거푸집은?

① 갱폼(gang form)
② 유로폼(euro form)
③ 트래블링폼(traveling form)
④ 슬라이딩폼(sliding form)

해설 유로폼(euro form)은 경량형강과 합판으로 구성되며 표준형태의 거푸집을 변형시키지 않고 조립함으로써 현장제작에 소요되는 인력을 줄여 생산성을 향상시키고 자재의 전용횟수를 증대시키는 목적으로 사용되는 거푸집이다. 트래블링폼(traveling form)은 거푸집 전체를 그대로 떼어 내어 사용 장소로 이동시켜 사용할

정답 33. ④ 34. ③ 35. ① 36. ①

수 있도록 한 대형 거푸집 또는 바닥에 콘크리트를 타설하기 위한 거푸집으로서 장선, 멍에, 서포트 등을 일체로 제작하여 부재화한 거푸집이다. 슬라이딩폼(sliding form)은 아래 부분이 약간 벌어진 거푸집을 1~1.2m 정도의 높이로 설치하고 콘크리트가 경화하기 전에 요크로 천천히 끌어 올려 연속 작업을 할 수 있는 거푸집 또는 벽체용 거푸집으로 거푸집과 벽체 마감공사를 위한 비계틀을 일체로 조립하여 한꺼번에 인양시켜 설치하는 거푸집이다.

37

무량판구조에 사용되는 특수상자모양의 기성재 거푸집은?

① 터널폼 ② 유로폼
③ 슬라이딩폼 ④ 워플폼

해설 터널폼은 수평적 또는 수직적으로 반복된 구조물을 시공 이음이 없이 균일한 형상으로 시공하기 위하여 거푸집을 연속적으로 이동시키면서 콘크리트를 타설하여 구조물을 시공하는 거푸집으로 한 구획 전체의 벽판과 바닥면을 ㄱ자형, ㄷ자형으로 견고하게 짠 이동식 거푸집이다. 유로폼은 경량형강과 합판으로 구성되며 표준형태의 거푸집을 변형시키지 않고 조립함으로써 현장제작에 소요되는 인력을 줄여 생산성을 향상시키고 자재의 전용횟수를 증대시키는 목적으로 사용되는 거푸집이다. 슬라이딩폼(sliding form)은 아래 부분이 약간 벌어진 거푸집을 1~1.2m 정도의 높이로 설치하고 콘크리트가 경화하기 전에 요크로 천천히 끌어 올려 연속 작업을 할 수 있는 거푸집 또는 벽체용 거푸집으로 거푸집과 벽체 마감공사를 위한 비계틀을 일체로 조립하여 한꺼번에 인양시켜 설치하는 거푸집이다.

38

벽식 철근콘크리트구조를 시공할 때 벽과 바닥에 콘크리트를 한번에 타설하기 위해 벽체용 거푸집과 슬래브 거푸집을 일체로 제작하여 한번에 설치하고 해체할 수 있도록 한 대형 거푸집으로 트윈 셸과 모노 셸로 구분되는 대형 거푸집은?

① 플라잉폼(flying form)
② 터널폼(tunnel form)
③ 슬라이딩폼(sliding form)
④ 갱폼(gang form)

해설 플라잉폼(flying form)은 바닥전용 거푸집으로서 테이블폼이라고도 부르며 거푸집판, 장선, 멍에, 서포트 등을 일체로 제작하여 수평, 수직방향으로 이동하는 시스템거푸집이다. 슬라이딩폼(sliding form)은 아래 부분이 약간 벌어진 거푸집을 1~1.2m 정도의 높이로 설치하고 콘크리트가 경화하기 전에 요크로 천천히 끌어 올려 연속 작업을 할 수 있는 거푸집 또는 벽체용 거푸집으로 거푸집과 벽체 마감공사를 위한 비계틀을 일체로 조립하여 한꺼번에 인양시켜 설치하는 거푸집이다. 갱폼(gang form)은 타워크레인 등의 시공장비에 의해 한 번에 설치하고 탈형만 하므로 사용할 때마다 부재의 조립 및 분해를 반복하지 않아 평면상 상하부 동일단면의 벽식 구조인 아파트 건축물에 적용효과가 큰 대형 벽체거푸집이다.

39

거푸집공사에서 거푸집 검사 시 받침기둥(지주의 안전하중) 검사와 가장 거리가 먼 것은?

① 서포트의 수직 여부 및 간격
② 폼타이 등 조임철물의 재질
③ 서포트의 편심, 처짐 및 나사의 느슨함 정도
④ 수평연결대 설치 여부

해설 폼타이(form tie : 긴장재)는 거푸집 조이기용 철물로서, 받침기둥(지주의 안전하중) 검사와는 무관하다.

40

거푸집공사의 발전방향으로 옳지 않은 것은?

① 소형패널 위주의 거푸집 제작
② 설치의 단순화를 위한 유닛(unit)화
③ 높은 전용 횟수
④ 부재의 경량화

해설 거푸집공사의 발전방향은 ②, ③, ④항 이외에 부재단면의 효율화, 능률의 극대화를 위한 기계화, 조립, 해체가 용이한 유닛화, 정보화 및 컴퓨터를 이용한 전산화, 재해예방 및 시공의 성력화를 위한 로봇의 개발 등이 있다.

정답 37. ④ 38. ② 39. ② 40. ①

41 |

콘크리트 공사에서 골재 중의 수량을 측정할 때 표면수는 없지만 내부는 포화상태로 함수되어 있는 골재의 상태를 무엇이라 하는가?

① 절건상태　② 표건상태
③ 기건상태　④ 습윤상태

해설 골재의 함수 상태

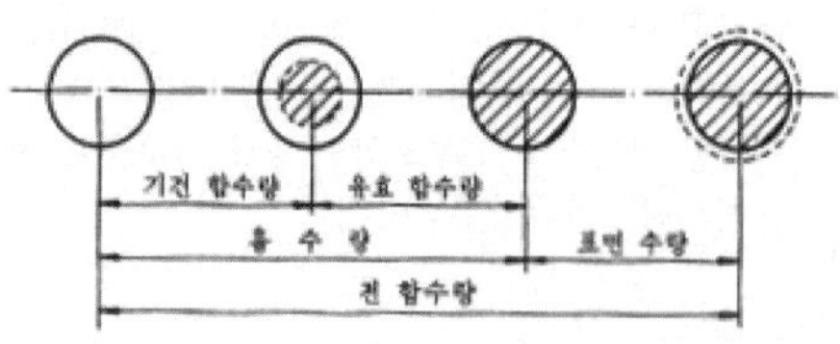

㉮ 절대건조상태 ㉯ 기건상태 ㉰ 표면건조 포화상태 ㉱ 습윤상태

㉠ 절대건조상태 : 골재 내부에 수분이 거의 없는 골재의 상태이다.
㉡ 기건상태 : 골재 내부에 약간의 수분(물)이 있는 것으로 골재의 공기 중 건조상태이다.
㉢ 표건상태(표면건조 내부포수상태) : 표면수는 없지만 내부는 포화상태로 함수되어 있는 골재의 상태이다.
㉣ 습윤상태 : 골재 내부에 물이 차 있고, 외부에도 표면수가 있는 상태이다.

42 |

혼화제인 AE제가 콘크리트의 물성에 미치는 영향에 대한 설명 중 옳지 않은 것은?

① 동결융해에 대한 저항성이 크게 된다.
② 철근과의 부착강도가 커지는 경향이 있다.
③ 시공성이 좋아진다.
④ 단위수량이 적게 된다.

해설 AE제

AE제는 콘크리트 내부에 미세한 독립된 기포(직경 0.025~0.05 mm)를 콘크리트 속에 균일하게 분포를 발생시켜 콘크리트의 작업성 및 동결 융해 저항(내구) 성능을 향상시키기 위해 사용되는 화학혼화제이다.

㉠ 사용 수량을 줄일 수 있어서 블리딩과 침하가 감소하고, 시공한 면이 평활해지며, 제물치장 콘크리트의 시공에 적합하다. 특히, 화학 작용에 대한 저항성이 증대된다.
㉡ 탄성을 가진 기포는 동결융해, 수화 발열량의 감소 및 건습 등에 의한 용적 변화가 적고, 강도(압축강도, 인장강도, 전단강도, 부착강도 및 휨강도 등)가 감소한다. 철근의 부착강도가 떨어지며, 감소 비율은 압축강도보다 크다.
㉢ 시공연도가 좋아지고, 수밀성과 내구성이 증대하며, 수화 발열량이 낮아지고 재료 분리가 적어진다.

43 |

보통콘크리트공사에서 굳지 않은 콘크리트에 포함된 염화물량은 염소이온량으로서 얼마 이하를 원칙으로 하는가?

① $0.2kg/m^3$
② $0.3kg/m^3$
③ $0.4kg/m^3$
④ $0.7kg/m^3$

해설 보통콘크리트에 포함되는 염분함유량 기준은 염화물 이온량으로 NaCl은 0.04% 이하이고, 염화물 이온 총량으로 콘크리트 $1m^3$당 0.3kg 이하(초과 시 방청조치하며, 이 경우에도 $0.6kg/m^3$를 초과할 수 없음)이다.

44 |

혼화제인 AE제를 콘크리트 비빔할 때 투입했을 경우 콘크리트의 공기량에 대한 설명 중 옳지 않은 것은?

① AE제에 의한 공기량은 기계비빔이 손비빔보다 증가한다.
② AE제에 의한 공기량은 진동을 주면 감소한다.
③ AE제에 의한 공기량은 온도가 높아질수록 증가한다.
④ AE제에 의한 공기량은 자갈의 입도에는 거의 영향이 없고, 잔골재의 입도에는 영향이 크다.

해설 AE 콘크리트의 공기량에 대한 성질은 다음과 같다.

㉠ AE제를 많이 넣을수록, 온도가 낮을수록, 공기량은 증가하고 진동을 주면 감소한다.
㉡ AE제에 의한 콘크리트량은 기계비빔이 손비빔보다 증가하고, 비빔시간은 3~5분까지 증가하고, 그 이상은 감소한다.
㉢ AE 공기량은 자갈의 입도에는 거의 변화가 없고, 잔골재의 입도에는 영향이 크며, 0.5~1.0mm 정도의 모래일 때 공기량이 가장 증가하고, 굵은 골재 또는 모래를 사용할수록 공기량은 감소한다.

정답 41. ② 42. ② 43. ② 44. ③

45

콘크리트용 혼화재 중 포졸란을 사용한 콘크리트의 효과로 옳지 않은 것은?

① 워커빌리티가 좋아지고 블리딩 및 재료 분리가 감소된다.
② 수밀성이 크다.
③ 조기강도는 매우 크나 장기강도의 증진은 낮다.
④ 해수 등에 화학적 저항이 크다.

해설 포졸란(pozzolan)의 효과
㉠ 수밀성이 커지고 용수량은 많아지며, 해수 등에 화학적 저항이 크다.
㉡ 수화작용이 늦어지고 발열량이 적으므로 조기강도는 작으나, 장기강도는 증대되며, 대형 단면부재에 쓸 수 있다.
㉢ 워커빌리티(workability)가 좋아지고 블리딩(bleeding) 및 재료 분리가 감소되고, 경화작용이 늦어지므로 장기 강도가 높아진다.

46

발포제의 한 종류로 시멘트와 화학반응에 의해 특수한 가스를 발생시켜 기포를 도입하는 혼화제는?

① 알루미늄 분말 ② 포졸란
③ 플라이애시 ④ 실리카 흄

해설 기포제는 콘크리트의 경량, 단열, 내화성 등을 목적으로 사용되는 것으로 AE제와 동일하게 계면활성작용에 의하여 미리 만들어진 기포를 20~25%, 최고 85%까지 시멘트풀 또는 모르타르 등에 혼합하여 경량 기포콘크리트(ALC)를 만드는 데 사용된다. 알루미늄 분말과 아연 분말을 사용한다.

47

콘크리트 배합설계 시 강도에 가장 큰 영향을 미치는 요소는?

① 모래와 자갈의 비율
② 물과 시멘트의 비율
③ 시멘트와 모래의 비율
④ 시멘트와 자갈의 비율

해설 콘크리트 강도에 영향을 주는 요인에는 물 · 시멘트비, 재료의 품질(시멘트, 골재, 물의 품질), 보양 및 재령, 시공 방법(비비기 방법과 부어 넣기 방법), 시험 방법 등이고, 콘크리트의 배합에 있어서 물 · 시멘트비는 콘크리트의 강도(특히, 압축강도), 내구성 및 수밀성을 결정하므로 가능한 한 물 · 시멘트비를 작게하여야 한다.

48

굳지 않은 콘크리트의 물성 중 반죽질기의 측정방법으로 볼 수 없는 것은?

① 슬럼프시험 ② 다짐계수시험
③ 전기전도도시험 ④ 비비시험

해설 시공연도(반죽질기) 시험방법에는 슬럼프시험, 플로시험, 리몰딩시험, 낙하시험, 구 관입시험, 다짐계수시험, 비비(VeeVee)시험 등이 있다.

49

콘크리트의 슬럼프를 측정할 때 다짐봉으로 모두 몇 번을 다져야 하는가?

① 30회 ② 45회
③ 60회 ④ 75회

해설 슬럼프 시험 : 콘크리트 시공연도 시험법으로 주로 사용하는 방법이다.
㉠ 몰드는 젖은 걸레로 닦은 후 평평하고 습한 비흡습성의 단단한 평판 위에 놓고 콘크리트를 채워 넣을 동안 두 개의 발판을 디디고서 움직이지 않게 그 자리에 단단히 고정시킨다.
㉡ 재료를 몰드 용적의 1/3(바닥에서 약 7 cm)만 넣어서 다짐대로 단면 전체에 골고루 25회 다진다. 이 때는 다짐대를 약간 기울여서 다짐 횟수의 약 절반을 둘레를 따라 다지고, 그 다음에 다짐대를 수직으로 하여 중심을 향해서 나선상으로 다져 나간다.
㉢ 몰드 용적의 약 2/3(바닥에서 약 16 cm)까지만 시료를 넣어 다짐대로 이 층의 깊이와 아래층에 약간 관입되도록 25회 골고루 다진다.
㉣ 최상층을 채워서 다질 때에는 슬럼프 몰드 위에 높이 쌓고서 25회 다진다.
㉤ 최상층을 다 다졌으면 흙칼로 평면을 고르고, 콘크리트에서 몰드를 조심성 있게 수직 상향으로 벗긴다.
㉥ ㉤의 작업이 끝나고 공시체가 충분히 주저앉은 다음 몰드의 높이와 공시체 밑면의 원 중심으로부터 높이차를(정밀도 0.5단위) 구하여 슬럼프 값으로 하고, 묽은 콘크리트일수록 슬럼프 값은 크다. 즉, 슬럼프 테스트 콘에서 내려 앉는 길이가 크다.
※ ㉣까지의 과정을 보면, 3회로 나누어 25회 다지므로 25×3=75회이다.

정답 45. ③ 46. ① 47. ② 48. ③ 49. ④

50

콘크리트 비파괴검사 중에서 강도를 추정하는 측정방법과 거리가 먼 것은?

① 인발법
② 슈미트해머법
③ 초음파속도법
④ 자기분말탐상법

해설 콘크리트의 비파괴검사 방법 중 강도추정방법에는 슈미트해머(타격법, 반발경도법), 초음파법(음속법), 진동법, 방사선법, 인발법, 철근탐사법, 방사선투과법 등이 있고, 자기분말탐상법은 철골구조의 용접부 결함 검사방법으로 용접부위 표면이나 표면 주변 결함, 표면 직하 결함 등을 검출하는 방법으로 결함부의 자장에 의해 자분이 자화되어 흡착되면서 결함을 발견하는 방법이다.

51

콘크리트의 압축강도를 측정하기 위한 비파괴시험방법으로서 가장 일반적으로 사용되고 있는 방법은?

① 슈미트해머시험
② 비비시험
③ 코어시험
④ 초음파탐상시험

해설 비비시험은 콘크리트의 시공연도 측정방법으로 진동대 위에 원통 용기를 고정시켜 놓고, 그 속에서 슬럼프 시험을 한 후 투명한 플라스틱 원판을 콘크리트 면위에 놓고 진동을 주어 플라스틱 원판의 전면이 콘크리트 면 위에 완전히 접할할 때까지의 시간을 초로 측정하는 방법이다. 코어시험은 시험하고자 하는 콘크리트의 부분을 코어 드릴로 채취하여 강도시험 등 제 시험을 하는 방법이다. 초음파탐상시험은 용접검사 방법으로 용접 부위에 초음파 투입과 동시에 브라운관 화면에 용접 상태가 형상으로 나타나며 결함의 종류, 위치, 범위 등을 검출한다.

52

철근콘크리트공사에서 컨시스턴시(consistency)의 정의로 옳은 것은?

① 반죽질기 여하에 따르는 작업의 난이도 정도 및 재료분리에 저항하는 정도를 나타내는 굳지 않은 콘크리트의 성질
② 주로 수량의 다소에 따르는 반죽의 되고 진 정도를 나타내는 굳지 않은 콘크리트의 성질
③ 거푸집에 쉽게 다져 넣을 수 있고, 거푸집을 제거하면 천천히 변하는 굳지 않은 콘크리트의 성질
④ 굵은 골재의 최대치수 등에 따르는 마무리 하기 쉬운 정도를 나타내는 굳지 않은 콘크리트의 성질

해설 ①항은 워커빌리티(workability), ②항은 반죽질기(consistency), ③ 플라스티시티(plasticity), ④항은 피니셔빌리티(finishability)에 대한 설명이다.

53

콘크리트 배합을 결정하는데 있어서 직접적으로 관계가 없는 것은?

① 단위시멘트량　　② 골재의 강도
③ 슬럼프값　　④ 물 · 시멘트비

해설 콘크리트 배합설계의 흐름도

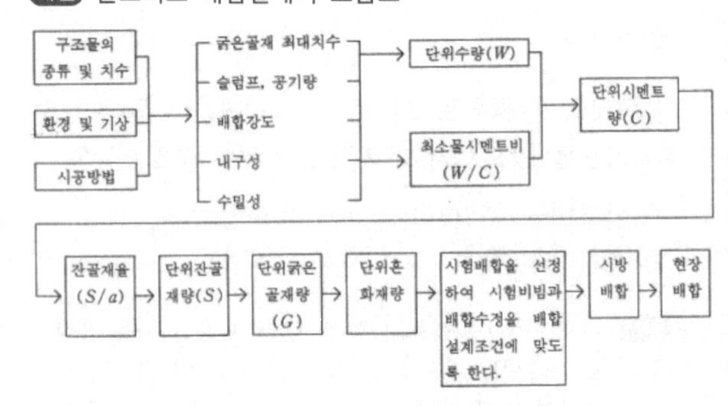

54

초고층건물의 콘크리트 타설 시 가장 많이 이용되고 있는 방식은?

① 자유낙하에 의한 방식
② 피스톤으로 압송하는 방식
③ 튜브 속의 콘크리트를 짜내는 방식
④ 물의 압력에 의한 방식

해설 콘크리트 펌프 수송방식

㉠ 압축공기의 압력에 의한 것 : 기밀탱크 속에 일정량의 콘크리트를 넣고, 컴퓨레서에서 압력조정탱크를 통하여 기밀탱크에 압축공기를 보내어 그 압력으로 콘크리트를 밀어 보내는 방식이다.

정답 50. ④ 51. ① 52. ② 53. ② 54. ②

㉡ 피스톤으로 압송하는 것 : 피스톤의 왕복운동에 의하여 실린더 중의 콘크리트를 밀어내는 방식으로 콘크리트 타설 시 가장 많이 사용하는 방식이다. 엔진의 출력을 기계적으로 피스톤에 전달하는 것과 유압 또는 수압으로 피스톤을 작동시키는 것이 있다.

㉢ 튜브 속 콘크리트를 짜내는 식의 것 : 고무 롤러가 달린 회전자가 펌핑 튜브를 압박하면서 회전함에 따라 흡퍼에서 받은 콘크리트가 펌핑 튜브 속에 빨아드림과 동시에 압송호스로 짜내지는 기구로 되어 있는 방식이다.

55

콘크리트를 타설하는 펌프차에서 사용하는 압송장치의 구조방식과 가장 거리가 먼 것은?

① 압축공기의 압력에 의한 방식
② 피스톤으로 압송하는 방식
③ 튜브 속의 콘크리트를 짜내는 방식
④ 물의 압력으로 압송하는 방식

해설 콘크리트 펌프 수송방식에는 압축공기의 압력에 의한 것, 피스톤으로 압송하는 것(콘크리트 타설 시 가장 많이 사용하는 방식), 튜브 속 콘크리트를 짜내는 식의 것 등이 있다.

56

다음 콘크리트 타설작업의 기본원칙 중 옳은 것은?

① 타설구획 내의 가까운 곳부터 타설한다.
② 타설구획 내의 콘크리트는 휴식시간을 가지면서 타설한다.
③ 낙하높이는 가능한 크게 한다.
④ 타설위치에 가까운 곳까지 펌프, 버킷 등으로 운반하여 타설한다.

해설 콘크리트 타설 시 주의사항

㉠ 콘크리트를 부어 넣는 경우에는 먼저 부어 넣을 곳에 모르타르(1 : 2)를 부어 넣고, 부어 넣는 속도는 여름에는 1.5m/hr 정도로 한다.

㉡ 수직부인 기둥, 벽에 먼저 부어 넣는데, 이 때에 손수레에 직접 붓지 않고, 일단 판위에 붓고 삽으로 다시 개면서 수평이 되도록 부어넣는다.

㉢ 각 부분에 부어 넣을 때에는 호퍼로부터 먼 곳에서 가까운 곳으로 부어 나오지만, 한쪽에만 치우쳐서 전체의 변형을 가져오게 해서는 안 된다.

㉣ 부어 넣을 때에는 적당한 기구로 충분히 다지고 철근, 파이프, 나무 벽돌, 기타 매설물의 둘레나 거푸집의 구석까지 차도록 하며, 벽, 기둥, 기타 다지기가 곤란한 곳에는 거푸집의 바깥을 가볍게 두드리거나 진동기로 잘 다진다.

㉤ 기둥에 부어 넣을 때에는 한꺼번에 부어 넣지 말고, 여러 번에 나누어 충분히 다지면서 부어 넣도록 하며(콘크리트 최초 층이 안정된 후에 계속적으로 타설한다.), 재료 분리 현상을 막고 균일한 콘크리트가 되게 한다. 춤이 큰 벽이나 기둥의 경우에는 보에 비하여 가능한 한 묽은 비빔콘크리트로 하고, 시간을 두고 나누어 친다.

㉥ 벽체는 수평으로 주 입구를 많이 설치해 충분히 다지면서 천천히 부어 넣도록 하고, 낙하구는 분산시켜 설치한다.

㉦ 보에 부어 넣을 때에는 바닥과 동시에 부어 넣으며 양끝에서 중앙으로, 바닥판은 먼 곳에서 가까운 곳으로 수평지게 부어 넣는다.

㉧ 수직부와 수평부의 교차 부분 즉, 내어 이은 창대, 차양, 계단 등은 그 한 부분이 안정된 다음에 다른 부분을 부어나간다.

㉨ 수직부에 콘크리트를 부어 넣을 때에는 철근의 배근 상태 및 거푸집의 견고성과 관계되지만 보통 2m 이하로 하는 것이 좋다.

㉩ 타설구획 내의 콘크리트는 휴식시간 없이 타설하고, 낙하높이는 가능한 작게 한다.

57

콘크리트를 수직부재인 기둥과 벽, 수평부재인 보, 슬래브를 구획하여 타설하는 공법을 무엇이라 하는가?

① V.H 분리타설공법
② N.H 분리타설공법
③ H.S 분리타설공법
④ H.N 분리타설공법

해설 V.H 분리타설공법은 기둥, 벽 및 보의 대부분의 콘크리트를 먼저 타설하고, 그 후에 보 상단과 슬래브의 거푸집, 배근을 하여 후에 타설하는 공법으로 타설 방법은 다음과 같다.

㉠ 보의 중간에서 이어 붓는 경우 상단근에서 10cm정도 밑에서 이어붓기 하여 보의 늑근에 시어커넥터를 겸하게 하는 방법과 앵커 볼트 또는 철근을 매설해 두는 방법 등이 있다.

㉡ 도리 방향으로 루프한 철근을 앵커해 두는 경우는 바닥판의 상단근은 그 밑을 통과시킴이 바람직하다.

정답 55. ④ 56. ④ 57. ①

58

콘크리트 타설 작업에 있어 진동 다짐을 하는 목적으로 옳은 것은?

① 콘크리트 점도를 증진시켜 준다.
② 시멘트를 절약시킨다.
③ 콘크리트의 동결을 방지하고 경화를 촉진시킨다.
④ 콘크리트의 거푸집 구석구석까지 충전시킨다.

해설 콘크리트 타설 작업에 있어 진동 다짐은 콘크리트의 거푸집 구석구석까지 충전시키기 위하여 사용하며, 주의사항은 다음과 같다.
㉠ 가능한 한 수직으로 세워서 사용하고, 슬럼프 10cm 이하의 콘크리트(된비빔콘크리트) 다지기에 사용하는 것이 원칙이다.
㉡ 철근과 철근의 끝에 닿지 않도록 하여 철근의 위치가 변동되지 않도록 한다(철근의 진동으로 부착력이 감소한다).
㉢ 진동 시간은 콘크리트의 표면에 시멘트풀이 얇게 떠오를 정도(약 30~40초)를 표준으로 하고, 최대 1분으로 하며, 진동 다짐을 하는 경우에는 측압이 증가하므로 일반 거푸집보다 20~30% 정도 견고하게 한다.
㉣ 진동 콘크리트의 두께는 진동기의 꽂이를 넘지 않게 30~60cm로 하고, 진동기 꽂이의 간격은 보통 60cm 이하로 한다.
㉤ 응결(시멘트에 적당한 양의 물을 부어 뒤섞은 시멘트풀은 천천히 점성이 늘어남에 따라 유동성이 점차 없어져 굳어지는 상태)이 시작된 콘크리트는 진동을 삼가야 하고, 콘크리트에 구멍이 나지 않도록 서서히 뽑아 올린다.
㉥ 콘크리트의 진동 다짐은 유동성이 적은 콘크리트에 진동을 주면 플라스틱한 성질을 나타내기 때문에 좋은 배합의 콘크리트보다 빈배합의 저슬럼프 콘크리트에 유효하다. 진동기는 가능한 한 꽂이식 진동기를 사용해야 한다.

59

콘크리트 타설 및 다짐에 관한 설명으로 옳은 것은?

① 타설한 콘크리트는 거푸집 안에서 횡방향으로 이동시켜도 좋다.
② 콘크리트 타설은 타설기계로부터 가까운 곳부터 타설한다.
③ 이어치기 기준 시간이 경과되면 콜드조인트의 발생 가능성이 높다.
④ 노출콘크리트에는 다짐봉으로 다지는 것이 두드림으로 다지는 것보다 품질관리상 유리하다.

해설 ①항의 타설한 콘크리트는 거푸집 안에서 **종방향으로** 이동시켜야 한다. ②항의 콘크리트 타설은 타설기계로부터 **먼 곳에서 부터 가까운 곳으로 타설한다.** ④항의 노출콘크리트에서는 두드림으로 다지는 것이 다짐봉으로 다지는 것보다 **품질관리상 유리하다.**

60

콘크리트 타설 시 물과 다른 재료와의 비중 차이로 콘크리트 표면에 물과 함께 유리석회, 유기불순물 등이 떠오르는 현상을 무엇이라 하는가?

① 블리딩
② 워커빌리티
③ 레이턴스
④ 컨시스턴시

해설 **워커빌리티**는 반죽질기에 의한 작업의 난이의 정도 및 재료 분리에 저항하는 정도를 나타내는 굳지 않은 콘크리트의 성질을 말한다. **레이턴스**는 블리딩 현상에 의하여 즉 콘크리트를 다지면 수분 상승으로 인하여 콘크리트나 모르타르의 표면에 떠올라서 가라앉은 미세한 물질로서 콘크리트 이어붓기를 하기 위해 제거해야 한다. **컨시스턴시(반죽질기)**는 주로 수량의 다소에 따른 유동성의 정도를 나타내는 굳지 않은 콘크리트의 성질을 말한다.

61

구조물의 시공과정에서 발생하는 구조물의 팽창 또는 수축과 관련된 하중으로, 신축량이 큰 장경간, 연도, 원자력발전소 등을 설계할 때나 또는 일교차가 큰 지역의 구조물에 고려해야 하는 하중은?

① 시공하중
② 충격 및 진동하중
③ 온도하중
④ 이동하중

해설 **시공하중**은 시공 중에 기계 등으로 인한 하중이고, **충격 및 진동하중**은 외부의 영향으로 충격 및 진동으로 인하여 발생하는 하중이며, **이동하중**은 물체의 위를 이동하며 작용하는 하중으로 교량 위의 차량 및 열차 등의 하중이 있다.

정답 58. ④ 59. ③ 60. ① 61. ③

62

시공과정상 불가피하게 콘크리트를 이어치기할 때 서로 일체화되지 않아 발생하는 시공불량 이음부를 무엇이라고 하는가?

① 컨스트럭션 조인트(construction joint)
② 콜드 조인트(cold joint)
③ 컨트롤 조인트(control joint)
④ 익스팬션 조인트(expansion joint)

해설 콘크리트 줄눈의 종류
㉠ 조절 줄눈(control joint) : 균열 등을 방지하기 위해 설치하는 줄눈으로 수축 줄눈이라고도 한다.
㉡ 시공 줄눈(construction joint) : 콘크리트 부어넣기 작업을 일시 중지해야 할 경우에 만드는 줄눈이다.
㉢ 콜드 조인트(cold joint) : 1개의 PC 부재 제작 시 편의상 분할하여 부어 넣을 때의 이어붓기 이음새 또는 먼저 부어 넣은 콘크리트가 완전히 굳고 다음 부분을 부어 넣는 이음새를 말하고, **계획되지 않은 줄눈**이다.
㉣ 신축 줄눈(Expansion joint) : 온도 변화에 의한 부재(모르타르, 콘크리트 등)의 신축에 의해 균열·파괴를 방지하기 위해 일정한 간격으로 줄눈 이음을 하는 것이다. 구조물의 안전성과 시공의 편의성을 고려하여 신축 이음의 위치를 정하며, 일반적으로 콘크리트 구조물의 중간 부분을 콘크리트 절단기를 이용해 줄눈을 시공한다.

63

콘크리트 보양방법 중 초기강도가 크게 발휘되어 거푸집을 가장 빨리 제거할 수 있는 방법은?

① 살수보양　② 수중보양
③ 피막보양　④ 증기보양

해설 습윤보양은 콘크리트 강도가 충분히 나도록 보양하고, 수축 균열을 적게 하기 위해서 습윤보양을 사용하며, 보통 수중보양과 살수보양으로 한다. **전기보양**은 콘크리트 중에 저압 교류를 통해 콘크리트의 전기 저항에 의해서 생기는 열을 이용하여 콘크리트를 덥게 하는 방법으로 전열선을 쓰는 것을 전열보양이라고 말한다. **피막보양**은 콘크리트 표면에 방수막이 생기는 피막보양제를 뿌려 콘크리트 중의 수분 증발을 방지하는 보양 방법으로 보양제는 거푸집을 제거한 직후 또는 콘크리트 표면에 떠오른 물이 흡수되고 표면 마무리가 곤란한 정도로 굳었을 때 뿜칠기로 가로·세로 한 번씩 뿌리는 방법이다.

64

콘크리트 양생법 중 170~215℃ 사이의 온도에 8.0kg/cm^2 정도의 증기압을 가하여 조기에 재령 1년의 강도와 거의 같게 할 수 있는 것은?

① 봉함양생　② 습윤양생
③ 전기양생　④ 오토클레이브양생

해설 **봉함양생**은 콘크리트로부터 수분의 발산이 없는 상태에서 행하는 양생으로 방수지, 플라스틱 시트, 피막양생제 등이 가장 많이 사용되고 있다. **습윤양생**은 콘크리트 강도가 충분히 나도록 보양하고, 수축균열을 적게 하기 위해서 습윤보양을 하며, 보통 수중보양과 살수보양으로 한다. **전기양생**은 콘크리트 중에 저압 교류를 통해 콘크리트의 전기 저항에 의해서 생기는 열을 이용하여 콘크리트를 덥게 하는 방법으로 전열선을 쓰는 것을 전열보양이라고 한다.

65

콘크리트 재료적 성질에 기인하는 콘크리트 균열의 원인이 아닌 것은?

① 시멘트의 수화열
② 콘크리트의 중성화
③ 알칼리 골재반응
④ 혼화재료의 불균일한 분산

해설 콘크리트 재료적 성질에 기인하는 콘크리트 균열의 원인에는 시멘트의 이상 응결과 팽창, 시멘트의 수화열에 의한 초기 균열, 블리딩에 의한 콘크리트의 침하, 강재 부식에 의한 팽창, 건조수축, 알칼리 골재 반응, 콘크리트의 중성화 등이 있다. **혼화재료의 불균일한 분산은 균열과는 무관하다.**

66

콘크리트의 건조수축을 크게 하는 요인에 해당되지 않는 것은?

① 분말도가 큰 시멘트 사용
② 흡수량이 많은 골재를 사용할 때
③ 부재의 단면치수가 클 때
④ 온도가 높을 경우, 습도가 낮을 경우

정답 62. ② 63. ④ 64. ④ 65. ④ 66. ③

해설 콘크리트의 건조수축은 습기를 흡수하면 팽창하고, 건조하면 수축한다. 이것은 시멘트페이스트가 팽창, 수축하기 때문이다. 그러므로, 단위수량, 단위 시멘트량이 많으면 건조수축은 크게 일어난다. ①, ②, ④항은 습기와 관계가 있으나, **부재의 단면치수와 건조수축은 무관하다.**

67

콘크리트의 탄산화에 관한 설명으로 옳지 않은 것은?

① 일반적으로 경량콘크리트는 탄산화의 속도가 매우 느리다.
② 경화한 콘크리트의 수산화석회가 공기 중의 탄산가스의 영향을 받아 탄산석회로 변화하는 현상을 말한다.
③ 콘크리트의 탄산화에 의해 강재표면의 보호피막이 파괴되어 철근의 녹이 발생하고, 궁극적으로 피복 콘크리트를 파괴한다.
④ 조강포틀랜드시멘트를 사용하면 탄산화를 늦출 수 있다.

해설 콘크리트의 중성화(콘크리트가 시일이 경과함에 따라 공기 중의 탄산가스의 작용을 받아 수산화칼슘이 서서히 탄산칼슘으로 되면서 알칼리성을 잃어가는 현상)은 일반적으로 **경량콘크리트**(경량골재는 골재 자체의 공극이 크고, 투수성이 크다)는 보통 콘크리트에 비해 **중성화(탄산화)의 속도가 매우 빠르다.**

68

철근콘크리트 구조물의 내구성 저하 요인과 거리가 먼 것은?

① 백화 ② 염해
③ 중성화 ④ 동해

해설 **철근콘크리트 구조물의 내구성 저하 요인**
㉠ 물리 · 화학적 작용 : 염해, 중성화(탄산화), 알칼리 골재 반응 등
㉡ 기상 작용 : 동결융해, 온도변화, 건조수축 등
㉢ 기계적 작용 : 진동 · 충격, 마모 · 파손, 설계상 원인, 시공상 원인 등
또한, **백화 현상**은 콘크리트나 벽돌을 시공한 후 흰가루가 돋아나는 현상으로 원인은 벽체의 표면에 침투하는 빗물에 의해 모르타르의 석회분이 유출되어 모르타르 중의 석회분이 수산화석회로 되어 표면에 유출될 때 공기 중의 탄산가스 또는 벽체 중의 유황분과 결합하여 생긴다. 특히, 줄눈 모르타르에 석회를 사용하면 백화 현상이 발생하는 원인이 된다.

69

한중 콘크리트의 시공에 관한 설명으로 옳지 않은 것은?

① 하루의 평균기온이 4℃ 이하가 예상되는 조건일 때는 콘크리트가 동결할 염려가 있으므로 한중콘크리트로 시공하여야 한다.
② 기상조건이 가혹한 경우나 부재 두께가 얇을 경우에는 타설할 때의 콘크리트의 최저온도는 10℃ 정도를 확보하여야 한다.
③ 콘크리트를 타설할 마무리된 지반이 이미 동결되어 있는 경우에는 녹이지 않고 즉시 콘크리트를 타설하여야 한다.
④ 타설이 끝난 콘크리트는 양생을 시작할 때까지 콘크리트 표면의 온도가 급랭할 가능성이 있으므로, 콘크리트를 타설한 후 즉시 시트나 적당한 재료로 표면을 덮는다.

해설 한중 콘크리트(콘크리트 타설 후의 양생기간에 콘크리트가 동결할 우려가 있는 시기에 시공되는 콘크리트)**는 동결한 지반 위에 콘크리트를 부어 넣거나, 거푸집의 동바리를 세워서는 안 된다.** 건축공사표준시방서의 규정에 따라 콘크리트를 타설할 마무리된 지반이 이미 동결되어 있는 경우에는 녹이지 않고 즉시 콘크리트를 타설하여서는 아니된다.

70

한중 콘크리트공사에서 콘크리트의 물 - 결합재비는 원칙적으로 얼마 이하이어야 하는가?

① 50% ② 55%
③ 60% ④ 65%

해설 **한중 콘크리트의 물 · 결합재비는 60% 이하로 하고,** 단위 수량은 콘크리트의 소요 성능이 얻어지는 범위 내에서 될 수 있는 한 적게한다. AE제, AE감수제, 고성능 AE감수제 중 어느 한 종류는 반드시 사용하여야 한다.

정답 67. ① 68. ① 69. ③ 70. ③

71 |

서중 콘크리트의 특징에 관한 설명으로 옳지 않은 것은?

① 콘크리트의 단위수량이 증가한다.
② 콘크리트의 응결이 촉진된다.
③ 균열이 발생하기 쉽다.
④ 슬럼프 로스가 발생하지 않는다.

해설 서중 콘크리트(높은 외부 기온으로 콘크리트의 슬럼프 저하 및 수분의 급격한 증발 등의 우려가 있는 경우에 시공되는 콘크리트)는 콘크리트를 부어 넣을 때의 온도가 너무 높아 콘크리트의 응결과 경화 작용이 급속히 진행되므로 초기강도는 증가하나 장기강도가 저하하는 현상이 발생하므로, 콘크리트를 칠 때 콘크리트의 온도는 30℃ 이하가 되도록 해야 한다. 또한, 슬럼프의 저하가 크고, 동일 슬럼프를 얻기 위한 단위 수량이 많으며, 콜드 조인트가 발생하기 쉽다.

72 |

AE콘크리트에 관한 설명 중 옳은 것은?

① 공기량이 많을수록 slump는 증가한다.
② 공기량이 1% 증가함에 따라 콘크리트의 압축강도는 다소 증가한다.
③ 동일 slump를 얻기 위해서 AE콘크리트는 사용수량이 증가한다.
④ 적당량의 AE제를 사용하면 동결융해 저항성이 다소 감소한다.

해설 AE콘크리트는 일반 콘크리트에 혼화제인 AE제(콘크리트 내부에 미세한 독립된 기포[직경 0.025~0.05mm)를 콘크리트 속에 균일하게 분포를 발생시켜 콘크리트의 작업성 및 동결 융해 저항(내구)성능을 향상시키기 위해 사용되는 화학혼화제]를 혼합한 콘크리트로서, ②항의 공기량이 1% 증가함에 따라 콘크리트의 압축강도는 다소 감소(약 4~6% 정도)한다. ③항의 동일 slump를 얻기 위해서 AE콘크리트는 사용수량이 감소한다. ④항의 적당량의 AE제를 사용하면 동결융해 저항성이 다소 증가한다.

73 |

경량골재콘크리트 공사에 관한 사항으로 옳지 않은 것은?

① 슬럼프 값은 180mm 이하로 한다.
② 경량골재는 배합 전 완전히 건조시켜야 한다.
③ 경량골재 콘크리트는 공기연행 콘크리트로 하는 것을 원칙으로 한다.
④ 물-결합재비의 최대값은 60%로 한다.

해설 경량골재콘크리트 공사에 있어서 경량골재는 때때로 물을 뿌리고, 표면을 덮어 가능한 한 같은 습윤상태(골재 내부에 물이 차 있고, 외부에도 표면수가 있는 상태)를 유지하여야 한다.

74 |

경량콘크리트(lightweight concrete)에 관한 설명으로 옳지 않은 것은?

① 기건비중은 2.0 이하, 단위중량은 1,400~2,000 kg/m^3 정도이다.
② 열전도율이 보통콘크리트와 유사하여 동일한 단열성능을 갖는다.
③ 물과 접하는 지하실 등의 공사에는 부적합하다.
④ 경량이어서 인력에 의한 취급이 용이하고, 가공도 쉽다.

해설 경량콘크리트(lightweight concrete)에 사용되는 경량골재(콘크리트의 질량 경감 및 단열 등의 목적으로 사용하는 보통 골재보다 밀도가 작은 골재)를 사용하므로 열전도율이 일반 콘크리트보다 작으므로 단열 성능이 우수하다. 즉 경량콘크리트는 보통콘크리트에 비하여 단열성능이 우수하다.

75 |

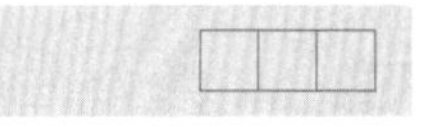

수밀콘크리트 제작방법에 관한 사항 중 옳지 않은 것은?

① 틈새가 없는 질이 우수한 거푸집을 사용한다.
② 가급적 물 - 시멘트비를 크게 한다.
③ 이음치기를 하지 않는 것이 좋다.
④ 양생을 충분히 하는 것이 좋다.

정답 71. ④ 72. ① 73. ② 74. ② 75. ②

해설 수밀 콘크리트

콘크리트 자체의 밀도가 높고, 내구적, 방수적이어서 물의 침투를 방지하는데 쓰인다. 수밀 콘크리트는 일반적으로 산, 알칼리, 동결 융해에 대한 저항력이 크고, 풍화를 방지하고, 전류의 피해를 받을 염려가 적으며, 특성은 다음과 같다.

㉠ 물·시멘트비는 50% 이하로, 가급적 작게하며, 슬럼프의 값은 15cm 이하로 하고, 콘크리트의 비빔 시간은 2~3분으로 한다.

㉡ 마감 모르타르 등을 하지 않는 경우에는 쇠 흙손질을 2회 정도하여 표면을 매끈하게 한다.

㉢ 수밀 콘크리트 위에 피복 모르타르를 하지 않는 경우에는 철근의 피복 두께를 3~4cm로 하여 콘크리트의 중성화를 방지하고, 균열의 방지책으로 #8~#14의 철망을 펴고 다져 넣는다.

㉣ 이어붓기는 누수의 원인이 되므로 피하는 것을 원칙으로 하고, 표면 활성제를 사용하는 것이 좋으며, 시공 후 2주일 이상 습윤상태를 유지하여 건조 균열을 방지하고, 거푸집은 완전히 경화될 때까지 제거하지 않는다.

76 |

수밀 콘크리트 공사에 관한 설명으로 옳지 않은 것은?

① 배합은 콘크리트의 소요의 품질이 얻어지는 범위 내에서 단위수량 및 물-결합재비는 되도록 작게 하고, 단위 굵은 골재량은 되도록 크게 한다.

② 소요 슬럼프는 되도록 크게 하되, 210mm를 넘지 않도록 한다.

③ 연속 타설 시간간격은 외기온도가 25℃ 이하일 경우에는 2시간을 넘어서는 안 된다.

④ 타설과 관련하여 연직 시공 이음에는 지수판 등 물의 통과 흐름을 차단할 수 있는 방수처리재 등의 재료 및 도구를 사용하는 것을 원칙으로 한다.

해설 수밀 콘크리트 공사에 있어서 콘크리트의 소요 슬럼프는 가급적 작게하고, 180mm를 넘지않도록 하며, 타설이 용이할 때에는 120mm 이하로 한다.

77 |

모르타르 혹은 콘크리트를 호스를 사용하여 압축공기로 시공면에 뿜는 공법은?

① 프리팩트공법

② 진공탈수공법

③ 숏크리트공법

④ 슬립폼공법

해설 프리팩트공법은 굵은 골재를 거푸집에 넣고 그 사이에 특수 모르타르를 적당한 압력으로 주입하는 콘크리트로서 주로 탱크(Tank)의 기초, 지수벽 등의 콘크리트, 차폐 콘크리트, 수중 콘크리트, 콘크리트 구조물의 보수 등에 사용한다. 진공탈수공법은 콘크리트가 경화하기 전에 진공매트, 진공펌프로 콘크리트로부터 시멘트의 수화작용에 필요한 수분 이외의 수분과 공기를 흡수하고 대기의 압력으로 콘크리트를 다지는 공법이다. 슬립폼공법은 슬라이딩폼의 일종으로 단면의 변화가 없는 구조물의 연속 콘크리트 타설하는 공법이다.

78 |

공업화 공법(PC공법)에 의한 콘크리트 공사의 특징과 관련이 없는 것은?

① 프리패브공법이기 때문에 현장에서의 공정이 단축된다.

② 기상의 영향을 덜 받는다.

③ 각 부품의 접합부가 일체화되기가 어렵다.

④ 품질의 균질성을 기대하기 어렵다.

해설 공업화 공법(PC공법)이란 부재를 공장에서 제작하여 현장에서 기계화에 의해 조립 시공하는 시스템으로 특성은 다음과 같다.

구분	내용
장점	공기 단축, 노무비 절감, 품질 향상(품질의 균일성), 원가 절감, 안전 관리의 용이, 전천후 생산, 숙련공 불필요, 현장관리 용이, 경량화, 신뢰도 향상, 작업장 면적의 축소, 현장 작업의 간소화 등
단점	초기 투자의 과다, 수요·공급의 불안정, 공장생산 준비 소요기간의 장기화, 대형 양중장비의 필요, 부재의 파손, 다양화 부족, 안전 사고, 접합부의 취약, 기술투자의 부족, 운반 거리의 제약 등

정답 76. ② 77. ③ 78. ④

79 |

벽식프리캐스트 철근콘크리트조를 시공하는 공법으로 중층의 공동주택에 폭넓게 채용되는 PC공법은?

① WPC공법 ② HPC공법
③ RPC공법 ④ Half PC공법

해설 HPC공법은 H형강 기둥에 보, 벽, 슬래브의 프리캐스트 콘크리트 부재를 접합하고, 기둥의 H형강 주변에 철근을 배근하여 기둥의 콘크리트를 타설하는 공법이다. RPC공법은 철근콘크리트조 라멘 구조의 PC공법을 말한다. Half PC공법은 바닥판의 하부 절반은 PC화된 부재를 사용하고 상부 절반은 현장타설 콘크리트로 슬래브를 완성하는 공법이다.

80 |

콘크리트에 관한 설명으로 옳지 않은 것은?

① 진동 다짐한 콘크리트의 경우가 그렇지 않은 경우의 콘크리트보다 강도가 커진다.
② 공기연행제는 콘크리트의 시공연도를 좋게 한다.
③ 물·시멘트비가 커지면 콘크리트의 강도가 커진다.
④ 양생온도가 높을수록 콘크리트의 강도발현이 촉진되고 초기강도는 커진다.

해설 아브라함은 콘크리트의 강도와 수량의 관계에 대해서 실험을 한 결과 콘크리트의 강도는 물·시멘트비로 결정되는 물·시멘트비설을 발표하였으며, 물·시멘트비의 역수인 시멘트 물비설과 강도의 관계는 실용 범위 내에서는 직선으로 변화한다. 즉, 물·시멘트비와 콘크리트의 강도는 역비례하므로 물·시멘트비가 커지면 콘크리트의 강도는 작아지고, 물·시멘트비가 작아지면 콘크리트의 강도는 커진다.

3. 방수 및 방습 공사

01 |

아스팔트를 천연 아스팔트와 석유 아스팔트로 구분할 때 천연 아스팔트에 해당되지 않는 것은?

① 아스팔타이트(asphaltite)
② 록 아스팔트(rock asphalt)
③ 레이크 아스팔트(lake asphalt)
④ 블론 아스팔트(blown asphalt)

해설 천연 아스팔트의 종류에는 레이크 아스팔트(지구 표면의 낮은 곳에 괴어 반액체 또는 고체로 된 아스팔트), 록 아스팔트(사암이나 석회암 또는 모래 등의 틈에 침투되어 있는 아스팔트로 역청분의 함유율이 5~40% 정도이다) 및 아스팔타이트(많은 역청분을 포함한 검고 견고한 아스팔트) 등이 있다. 블론 아스팔트는 석유계 아스팔트이다.

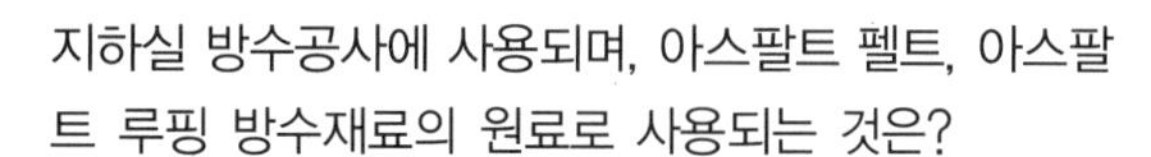

02 |

지하실 방수공사에 사용되며, 아스팔트 펠트, 아스팔트 루핑 방수재료의 원료로 사용되는 것은?

① 스트레이트 아스팔트
② 블론 아스팔트
③ 아스팔트 컴파운드
④ 아스팔트 프라이머

해설 ②항의 블론 아스팔트는 증류탑에 뜨거운 공기를 불어넣어 만든 것으로 지붕 방수나 아스팔트 콘크리트의 재료로 사용되고, ③항의 아스팔트 컴파운드는 방수재료, 아스팔트 방수공사에 사용하며, ④항의 아스팔트 프라이머는 콘크리트, 시멘트모르타르, 석재 바탕에 아스팔트 방수층 또는 아스팔트 타일 시공 시 초벌용 접착제로 사용한다.

03 |

블론 아스팔트의 성능을 개량하기 위해 동식물성 유지와 광물질 분말을 혼입하여 제작한 것은?

① 아스팔트 프라이머
② 아스팔트 컴파운드
③ 아스팔트 코팅
④ 아스팔트 에멀션

해설 아스팔트 프라이머는 블론 아스팔트를 휘발성 용제에 희석한 흑갈색의 액체로서, 콘크리트나 모르타르 바탕에 아스팔트 방수층 또는 아스팔트 타일 붙이기 시공을 할 때의 초벌용 도료이다. 아스팔트 코팅은 블론 아스팔트(침입도 20~30), 휘발성 용제, 석면, 광물질 분말 안정제를 혼합하여 만든 것으로 지붕, 벽면의 방수칠, 벽면의 균열 부분 메우기 등에 쓰이는 비교적 점도가 높고, 도막이 두꺼운 방수, 방습 접착용 재료이다. 아스팔트 에멀션은 아스팔트를 유화제에 의해 물에 미립자를 분산시킨 것이다.

정답 79. ① 80. ③ / 01. ④ 02. ① 03. ②

04 |

다음 중 지하방수나 아스팔트 펠트 삼투용(滲透用)으로 쓰이는 것은?

① 스레이트 아스팔트
② 블론 아스팔트
③ 아스팔트 컴파운드
④ 콜타르

해설 블론 아스팔트는 증류탑에 뜨거운 공기를 불어 넣어 만든 것으로 점성이나 침투성은 작으나, 온도에 의한 변화가 적어서 열에 대한 안정성이 크며, 내수성도 크다. 아스팔트 루핑의 표층을 비롯해 지붕 방수, 아스팔트 콘크리트의 재료로 사용된다. 아스팔트 컴파운드는 동·식물성 유지와 광물질 미분 등을 블론 아스팔트에 혼입하여 만든 것이다. 내열성, 점성, 내구성 등을 블론 아스팔트보다 좋게 한 것으로 용도로는 방수재료, 아스팔트 방수공사에 쓰인다. 콜타르는 석탄의 건유에 의해서 얻어지는 가스 또는 코크스(석탄을 공기에 접촉되지 않게 1,000 ~1,100℃ 건류하여 다공질로 된 것)를 제조할 때 생기는 부산물이다.

05 |

방수공사에 사용되는 아스팔트의 양부(良否)판정과 가장 거리가 먼 항목은?

① 침입도 ② 연화점
③ 마모도 ④ 감온비

해설 아스팔트 품질의 결정 요소에는 침입도, 연화점, 이황화탄소 가용분, 감온비, 신도, 비중, 가열 감량, 인화점 및 고정 탄소 등이다.

06 |

KS F 4052에 따라 방수 공사용 아스팔트는 사용 용도에 따라 4종류로 분류된다. 이 중 감온성이 낮은 것으로서 주로 일반 지역의 노출 지붕 또는 기온이 비교적 높은 지역의 지붕에 사용하는 것은?

① 1종(침입도 지수 3 이상)
② 2종(침입도 지수 4 이상)
③ 3종(침입도 지수 5 이상)
④ 4종(침입도 지수 6 이상)

해설 방수공사용 아스팔트의 종류

㉠ 1종 : 보통 감온성을 갖고 있으며, 비교적 연질로서 실내 및 지하 구조부분에 사용하며, 공사기간 중이나 그 후에도 알맞은 온도를 가져야 한다.
㉡ 2종 : 비교적 적은 감온성을 갖고 있으며, 일반 지역의 경사가 느린 옥내 구조부에 사용하는 것
㉢ 4종 : 감온성이 아주 적으며, 비교적 연질의 것으로 일반지역 외에 주로 한랭지역의 지붕, 기타 부분에 사용하는 것

※ 감온성이라 함은 아스팔트의 경도 또는 점도 등이 온도의 변화에 따라 변화하는 성질을 의미한다.

07 |

블론 아스팔트(blown asphalt)를 휘발성 용제로 녹인 저점도의 액체로서 아스팔트 방수의 바탕처리제는?

① 아스팔트 컴파운드
② 아스팔트 프라이머
③ 아스팔트 유제
④ 스트레이트 아스팔트

해설 아스팔트 컴파운드는 동·식물성 유지와 광물질 미분말 등을 블론 아스팔트에 혼입하여 제조하고, 아스팔트 방수공사에 사용하며, 아스팔트 유제는 스트레이트 아스팔트를 가열하여 액상으로 만들고 물에 유화제를 용해시켜 양자를 혼합하고 저어서 제조하며, 특수시멘트 혼합용, 방수도료, 접착용 재료 및 바닥용 포장재료로 사용하고, 스트레이트 아스팔트는 아스팔트의 성분을 될 수 있는대로 분해, 변화하지 않도록 한 것으로 아스팔트 펠트, 아스팔트 루핑의 침투 및 지하실 방수 등에 사용한다.

08 |

스트레이트 아스팔트(A)와 블론 아스팔트(B)의 성질을 비교한 것으로 옳지 않은 것은?

① 신도는 A가 B보다 크다.
② 연화점은 B가 A보다 크다.
③ 감온성은 A가 B보다 크다.
④ 접착성은 B가 A보다 크다.

해설 스트레이트 아스팔트는 블론 아스팔트와 비교하여 신도는 크고, 연화점(35~60℃)은 낮으며, 감온성은 크다. 또한, 접착성은 매우 크다.

정답 04. ① 05. ③ 06. ③ 07. ② 08. ④

09

아스팔트 에멀션(asphalt emulsion)이란 어떤 방법으로 만들어진 아스팔트 제품인가?

① 아스팔트를 휘발성 용제에 녹인 것
② 아스팔트를 적당한 온도로 가열하여 용융시킨 것
③ 아스팔트를 유화제에 의해 물에 미립자로 분산시킨 것
④ 아스팔트에 소량의 모래를 섞고 가열한 것

해설 아스팔트 에멀션은 아스팔트를 유화제에 의해 물에 미립자를 분산시킨 것이다.

10

아스팔트 방수공사에서 솔, 롤러 등으로 용이하게 도포할 수 있도록 아스팔트를 휘발성 용제에 용해한 비교적 저점도의 액체로서 방수시공의 첫 번째 공정에 사용되는 바탕처리재는?

① 아스팔트 컴파운드 ② 아스팔트 루핑
③ 아스팔트 펠트 ④ 아스팔트 프라이머

해설 아스팔트 컴파운드는 동 · 식물성 유지와 광물질 미분 등을 블론 아스팔트에 혼입하여 만든 것으로 내열성, 점성, 내구성 등을 블론 아스팔트보다 좋게 한 것이고 용도로는 방수 재료, 아스팔트 방수 공사에 쓰인다. 아스팔트 루핑은 아스팔트 펠트의 양면에 아스팔트 컴파운드를 피복한 다음 그 위에 활석 또는 운석 분말을 부착시킨 것이다. 아스팔트 펠트는 유기질의 섬유(목면, 마사, 폐지, 양털, 무명, 삼, 펠트 등)로 원지포를 만들어, 원지포에 스트레이트 아스팔트를 침투시켜 롤러로 압착하여 만든 것이다.

11

도막방수재를 사용한 방수공사에 있어서, 방수시공의 제1공정에 사용되는 것은?

① 접착제 ② 프라이머
③ 희석제 ④ 마감 도료

해설 프라이머는 바탕에 부착을 좋게 하거나, 조정하기 위하여 바탕에 먼저 칠하는 도료이고, 도막방수재를 사용한 방수공사에서 제1공정에 사용된다.

12

다음 중 도막방수재를 사용한 방수공사 시공순서에 있어 가장 먼저 해야 할 공정은?

① 바탕 정리
② 프라이머 도포
③ 담수 시험
④ 보호재 시공

해설 도막방수는 합성고무나 합성수지의 용액을 도포해서 소요두께의 방수층을 형성하는 공법으로 시공순서는 바탕 처리 → 프라이머 도포 → 방수층 시공 → 보양의 순으로 시공한다.

13

두꺼운 아스팔트 루핑을 4각형 또는 6각형 등으로 절단하여 경사 지붕재로 사용하는 역청 제품의 명칭은?

① 아스팔트 싱글
② 망상 루핑
③ 아스팔트 시트
④ 석면 아스팔트 펠트

해설 망상 루핑은 망상으로 짠 원단에 아스팔트를 침투시켜 롤로 만든 것이고, 아스팔트 시트는 아스팔트를 이용한 시트이며, 석면 아스팔트 펠트는 석면 섬유의 펠트에 아스팔트를 침투시켜 롤러로 여분을 제거하여 압축한 것이다.

14

아스팔트 방수공사에서 콘크리트의 수분 증발로 인한 방수층의 부풀림 현상을 방지하기 위한 것은?

① 구멍 뚫린 아스팔트 루핑
② 스트레치 아스팔트 루핑
③ 망상 아스팔트 루핑
④ 아스팔트 펠트

해설 아스팔트 방수공사에서 콘크리트의 수분 증발로 인하여 방수층의 부풀림 현상을 방지하기 위한 것은 구멍 뚫린 아스팔트 루핑이다.

정답 09. ③ 10. ④ 11. ② 12. ① 13. ① 14. ①

15

양모, 마사, 폐지 등을 원료로 하여 만든 원지에 연질의 스트레이트 아스팔트를 가열 · 용융시켜 충분히 흡수시킨 후 회전로에서 건조와 함께 두께를 조정하여 롤형으로 만든 것은?

① 아스팔트 루핑
② 알루미늄 루핑
③ 아스팔트 펠트
④ 개량 아스팔트 루핑

해설 아스팔트 루핑은 아스팔트 펠트의 양면에 아스팔트 컴파운드를 피복한 다음 그 위에 활석 또는 석회석, 규조토, 운모 분말을 부착시킨 것이다. 유연하므로 온도의 상승에 따라 유연성이 증대되고, 방수·방습성이 펠트보다 우수하며, 표층의 아스팔트 컴파운드 때문에 내후성이 크다. **알루미늄 루핑**은 알루미늄 판이나 박에다 아스팔트를 도포하거나 루핑과 알루미늄 판을 붙여서 롤형으로 만든 것으로 알루미늄은 알칼리에 침식되므로 콘크리트나 시멘트 바탕에는 피하는 것이 좋고, 재붕재, 내외벽, 천장, 마루 등의 방습재료로 이용된다. **개량 아스팔트 루핑**은 비결정질의 폴리프로필렌 또는 SBS를 개량재로 사용한 아스팔트를 이용하여 만든 것으로 루핑의 심재는 폴리에틸렌 부직포를 이용한다. 공법은 토치의 가열에 의해 이루어지므로 냄새, 화상 등의 문제가 해결되고, 작업 인력의 감소효과가 있다.

16

아스팔트 제품에 대한 설명 중 옳지 않은 것은?

① 아스팔트 유제는 블론 아스팔트를 용제에 녹인 것으로 아스팔트 방수의 바탕 처리재로 이용된다.
② 아스팔트 블록은 아스팔트 모르타르를 벽돌형으로 만든 것으로 화학 공장의 내약품 바닥 마감재로 이용된다.
③ 아스팔트 싱글은 모래붙임 루핑에 유사한 제품을 석면 플레이트판과 같이 지붕 재료로 사용하기 좋은 형으로 만든 것이다.
④ 아스팔트 펠트는 유기천연섬유 또는 석면섬유를 결합한 원지에 연질의 스트레이트 아스팔트를 침수시킨 것이다.

해설 아스팔트 유제는 스트레이트 아스팔트를 가열하여 액상으로 만들고, 별도로 유화제[지방산 비누, 교질 점토, 로트유, 가성 석회와 안정제(젤라틴, 규산소다)]를 용해시킨 다음 양자를 혼합하고 잘 저어서 만든다. 이때, 아스팔트는 아주 작은 입자가 되어 유화제에 부착하고 현탁 또는 유탁상으로 되어 수액 중에 부유한다. 비중이 1.0~1.04의 다흑색 액체로 0℃ 이상에서 보관하고 시공 시에 가열하여 스프레이건으로 뿌려서 도포한다.

17

아스팔트와 피치(pitch)에 관한 설명으로 옳지 않은 것은?

① 아스팔트와 피치의 단면은 광택이 있고 흑색이다.
② 피치는 아스팔트보다 냄새가 강하다.
③ 아스팔트는 피치보다 내구성이 있다.
④ 아스팔트는 상온에서 유동성이 없지만 가열하면 피치보다 빨리 부드러워진다.

해설 아스팔트는 상온에서는 유동성이 없으나, 가열하면 유동성이 많은 액체가 되고, 피치(나프탈렌을 함유하고, 파라핀은 함유하고 있지 않으며, 아스팔트에 비해서 내구력이 부족하고 감온비가 높아서 지상에는 부적합한 역청재료)보다는 늦게 부드러워진다.

18

시멘트 액체 방수제의 방수 성분이 아닌 것은?

① 금속비누
② 규산질 미분
③ 수산화칼슘
④ 염화칼슘

해설 시멘트 액체 방수제의 성분에는 염화칼슘, 지방산비누(금속비누) 및 규산나트륨(규산질 미분) 등이 있다.

19

시멘트 액체 방수제의 품질기준을 정하고 있는 KS F 4925에서 확인하지 않는 성능 항목은?

① 응결시간　② 투수비
③ 부착강도　④ 신장률

정답 15. ③ 16. ① 17. ④ 18. ③ 19. ④

해설 시멘트 액체 방수제의 품질기준

항목	성능 기준
응결시간	초결이 1시간 이상, 종결은 10시간 이내에 일어날 것.
안정성	팽창도 균열 또는 비틀림이 없을 것.
압축강도	25.0N/mm^2 이상일 것.
물흡수 계수비	방수제를 혼합하지 않은 경우의 0.70 이하일 것.
투수비	
부착강도	0.80N/mm^2 이상일 것.

여기서, 물흡수계수비

$$= \frac{\text{방수제를 혼합한 시험체의 물흡수계수}}{\text{방수제를 혼합하지않은 시험체의 물흡수계수}}$$ 이고,

$$\text{투수비} = \frac{\text{방수제를 혼합한 시험체의 투수량}}{\text{방수제를 혼합하지않은 시험체의 투수량}}$$

이다.

20

지하 외벽에 방수하는 벤토나이트 방수재의 외관 형상이 아닌 것은?

① 벤토나이트 패널
② 벤토나이트 필름
③ 벤토나이트 시트
④ 벤토나이트 매트

해설 지하 외벽에 방수하는 벤토나이트 방수재의 외관 형상에는 벤토나이트 패널, 벤토나이트 시트 및 벤토나이트 매트 등이 있다.

21

콘크리트 표면에 도포하면 방수재료성분이 침투하여 콘크리트 내부공극의 물이나 습기 등과 화학 작용이 일어나 공극 내에 규산칼슘 수화물 등과 같은 불용성의 결정체를 만들어 조직을 치밀하게 하는 방수재는?

① 규산질계 도포 방수재
② 시멘트 액체 방수재
③ 실리콘계 유기질 용액 방수재
④ 비실리콘계 고분자 용액 방수재

해설 시멘트 액체 방수재는 방수제(염화칼슘계, 규산나트륨계(물유리), 지방산 및 지방산염계, 금속비누계 등)와 규산질미분말, 시멘트, 잔골재의 기조합형태의 분말재료를 이용한 방수재이다. 실리콘계 유기질 용액 방수재는 실리콘계[실리콘네이트계, 실란계(시란모노머), 실리콘계 등]와 유기질계(지방산염, 파라핀에멀션, 수지에멀션, 고무라텍스, 수용성수지 등)를 이용한 방수재이다. 비실리콘계 고분자용액 방수재는 비실리콘계(아크릴수지계, 우레탄화합물계, 기타 유기중합체계)의 합성수지를 이용한 방수재이다.

22

도막방수재료의 특징으로 옳지 않은 것은?

① 복잡한 부위의 시공성이 좋다.
② 누수 시 결함 발견이 어렵고, 국부적으로 보수가 어렵다.
③ 신속한 작업 및 접착성이 좋다.
④ 바탕면의 미세한 균열에 대한 저항성이 있다.

해설 도막방수는 액체로 된 방수도료(합성고무나 합성수지의 용액)를 한 번 또는 여러 번 칠하여 상당한 두께의 방수막을 형성하는 방수법으로 시공이 간단하고, 누수 시 결함의 발견이 쉬우며, 국부적으로 보수가 용이하다.

23

다음 중 내약품성, 내마모성이 우수하여 화학공장의 방수층을 겸한 바닥 마무리재로 가장 적합한 것은?

① 합성고분자방수
② 무기질 침투방수
③ 아스팔트방수
④ 에폭시 도막방수

해설 합성고분자방수는 도막방수공법의 일종으로 합성수지의 용액을 도포하여 소요 두께의 방수층을 형성하는 방수법이고, 무기질 침투방수는 노출된 부위나 실내의 콘크리트, 조적조, 석재 및 미장 표면에 무기질 침투성 방수제를 침투시키는 방수법이며, 아스팔트방수는 누수의 우려가 있는 벽, 슬래브 면에 아스팔트를 침투시킨 펠트, 루핑 등의 방수지포를 녹여 아스팔트로 붙여 대는 방수법이다.

24

용제 또는 유제 상태의 방수재를 바탕면에 여러 번 칠하여 방수막을 형성하는 방수법은?

① 아스팔트루핑방수 ② 도막방수
③ 시멘트방수 ④ 시트방수

정답 20. ② 21. ① 22. ② 23. ④ 24. ②

해설 아스팔트루핑방수는 아스팔트 프라이머와 아스팔트 루핑을 사용하여 시공하는 방수법이고, 시멘트방수는 시멘트모르타르에 방수제를 혼합하여 시공하는 방수법이며, 시트방수는 시트 방수제를 사용하여 바탕과 접착시키는 방수공법이다.

25

도막방수공사에서 부직포를 방수층 중간에 삽입하는 목적이 아닌 것은?

① 도막방수재의 강도보강
② 도막방수재의 신장률 증가
③ 도막방수재의 균일한 두께 확보
④ 수직면이나 경사면 도막방수재 흘러내림 방지

해설 도막방수공사에서 부직포를 방수층의 중간에 삽입하는 목적은 도막방수재의 강도보강, 균일한 두께의 확보 및 수직면이나 경사면의 도막 방수재 흘러내림 방지 등의 목적이 있다.

26

다음 방수공법 중 멤브레인 방수공법이 아닌 것은?

① 아스팔트방수
② 시트방수
③ 도막방수
④ 무기질계 침투방수

해설 멤브레인방수(얇은 피막상의 방수층으로 전면을 덮는 방수)공법의 종류에는 아스팔트방수, 시트방수 및 도막방수 등이 있고, 무기질계 침투방수는 침투성 방수에 속한다.

27

방수공사에 관한 설명 중 옳지 않은 것은?

① 방수모르타르는 보통모르타르에 비해 접착력이 부족한 편이다.
② 시멘트 액체 방수는 면적이 넓은 경우 익스팬션 조인트를 반드시 설치해야 한다.
③ 아스팔트방수층은 바닥, 벽 모든 부분의 방수층 보호누름을 해야 한다.
④ 스트레이트 아스팔트의 경우 신축이 좋고, 내구력이 좋아 옥외 방수에도 사용 가능하다.

해설 방수공사의 일반적인 사항
㉠ 스트레이트 아스팔트는 신축이 좋고 교착력도 우수하나, 연화점이 낮고 내구력이 떨어지므로 건축 공사에는 잘 쓰이지 않는다.
㉡ 블론 아스팔트는 증류탑에 뜨거운 공기를 불어 넣어 제조하고, 점성이나 침투성이 작으며, 열에 대한 안정성과 내후성이 크다. 용도로는 아스팔트 루핑의 표층, 지붕방수공사에 사용한다.
㉢ 루핑 펠트는 얇은 것을 여러 번 겹치는 것이 두꺼운 것을 적게 겹치는 것보다 좋고, 구석, 모서리, 치켜올림 부분은 방수층의 부착이 잘 되게 하기 위하여 둥글게 3~10cm 정도로 면을 접어둔다.
㉣ 아스팔트 방수가 시멘트 방수보다 결점 발견이나 보수가 불리하다.

28

아스팔트방수에 관한 설명 중 부적당한 것은?

① 시공바탕의 결함부분은 보수하고 청소한 뒤 두께 1.5cm 이상 모르타르로 고른다.
② 구석, 모서리, 치켜올림 부분은 방수층의 부착이 잘 되게 하기 위하여 둥글게 3~10cm 면을 접어 둔다.
③ 펠트 겹침은 상하, 좌우 모두 9cm 이상으로 한다.
④ 패러핏 방수층 치켜올림 높이는 20cm 이하로 한다.

해설 아스팔트방수의 일반적인 사항
㉠ 아스팔트 방수층은 구석이나 가장자리에서 30cm 정도 치켜올려 방수층을 설치하고, 온도의 변화에 대한 신축성을 고려하여야 한다. 또한, 기온이 0℃ 이하 또는 강우 시에는 작업을 중지한다.
㉡ 구석, 모서리, 치켜올림 부분은 방수층의 부착이 잘 되게 하기 위하여 둥글게 3~10cm면을 접어둔다.
㉢ 아스팔트의 용융온도는 아스팔트의 연화점에 140℃를 가한 것을 최고한도로 하고, 아스팔트는 200℃ 정도로 가열하여 사용하는 것이 좋으며, 인화점 210℃ 이상 가열하지 않는다.

정답 25. ② 26. ④ 27. ④ 28. ④

29

아스팔트 방수층 시공에 관한 다음 설명 중 옳지 않은 것은?

① 기온이 0℃ 이하일 때는 작업을 중지한다.
② 밑바탕을 충분히 건조시킨 후 아스팔트 프라이머를 침투시킨다.
③ 아스팔트 루핑의 이음은 엇갈리게 하고, 겹침 길이는 9cm 이상으로 한다.
④ 방수층 누름의 신축 줄눈은 parapet 근처에서 하여야 누수가 되지 않는다.

해설 신축 줄눈을 설치할 때에는 가로·세로 모두 3~5m마다 설치하고, 줄눈은 너비 15mm, 깊이는 방수층에 이르게 자르며, 줄눈에는 아스팔트 컴파운드(asphalt compound), 또는 침입도 20~30의 블론 아스팔트를 주입한다.

30

아스팔트(asphalt) 방수공사에 대한 설명 중 옳은 것은?

① 지붕을 사용하지 않는 지붕에는 방수층에 보호 누름을 반드시 해야 한다.
② 방수층의 보호 누름 모르타르의 신축 줄눈은 모르타르 바름의 방수 효과를 높인다.
③ 방수 공사용 아스팔트의 침입도는 한랭지에서 큰 것이 좋다.
④ 지하실 안 방수에 대한 시공은 밀착이 잘 되면 지하 수압에 견디게 된다.

해설 지붕을 사용하지 않는 지붕에는 방수층에 보호 누름을 하지 않아도 무방하고, 방수층의 보호 누름 모르타르의 신축 줄눈은 모르타르 바름의 방수 효과와는 무관하며, 지하실 밖 방수에 대한 시공은 밀착이 잘 되면 지하 수압에 견디게 된다.

31

시멘트 액체 방수층의 시공 순서로 옳은 것은?

① 시멘트페이스트 도포 – 방수액 침투 – 시멘트페이스트 도포 – 시멘트모르타르
② 방수액 침투 – 시멘트페이스트 도포 – 방수액 침투 – 시멘트모르타르
③ 시멘트모르타르 – 방수액 침투 – 시멘트페이스트 도포 – 방수액 침투
④ 방수액 침투 – 시멘트모르타르 – 방수액 침투 – 시멘트페이스트 도포

해설 시멘트 액체 방수층 시공법

㉠ 바탕면의 처리가 완전히 경화, 건조한 다음 필요한 때에는 적당히 습기를 주고 방수액(물에 5~10배)을 1~3회 바른 다음, 방수액을 혼합한 시멘트풀을 균일한 두께로 바른다. 이와 같은 공정을 2~3회 반복한 다음 보호모르타르를 바르는데, 표면을 매끈하게 하고 적당한 간격으로 줄눈을 설치하여 마무리 한다.
㉡ 시공 순서는 방수액의 침투 – 시멘트페이스트 도포 – 방수액의 침투 – 시멘트모르타르의 공정을 적당히 반복한다.

32

다음 방수공법 중 비교적 저렴하고 시공이 용이하며 지하실의 내방수나 소규모인 지붕방수 등과 같은 비교적 경미한 방수공법으로 채용되는 것은?

① 시멘트 액체 방수공법
② 아스팔트방수공법
③ 실링방수공법
④ 시트방수공법

해설 아스팔트방수는 방수, 내수, 내구성이 있는 곳에 사용하고, 시트방수는 고층화, 경량화, 돔, 셸 등의 특수 구조체에 사용하며, 실재(실링)방수는 건축물의 각 부분의 접합부 특히, 스틸 새시 주위, 균열부 보수 등에 사용한다.

33

시멘트액체방수와 비교한 아스팔트 방수의 특징에 관한 설명 중 옳지 않은 것은?

① 시공 시일이 오래 걸린다.
② 결함부 발견이 용이하다.
③ 외기에 대한 영향이 적다.
④ 공사비가 비싸다.

정답 29. ④ 30. ③ 31. ② 32. ① 33. ②

해설 아스팔트방수와 시멘트 액체 방수의 비교(Ⅰ)

내 용	아스팔트방수	시멘트액체방수
㉠ 바탕 처리	• 완전 건조 · 보수 처리 보통 • 바탕 모르타르 바름을 한다.	보통 건조 · 보수 처리를 엄밀히 한다.
㉡ 외기에 대한 영향	적다.	바탕바름은 필요 없다.
㉢ 방수층의 신축성	크다.	직감적이다.
㉣ 균열의 발생 정도	비교적 안 생긴다.	거의 없다.
㉤ 방수층의 중량	자체는 적으나 보호누름이 있으므로 총체적으로는 크다.	잘 생긴다.
㉥ 시공 용이도	번잡하다.	간단하다.
㉦ 시공 시일	길다.	짧다.
㉧ 보호 누름	절대 필요하다.	안 해도 무방하다.
㉨ 경제성(공사비)	비싸다.	다소 싸다.
㉩ 방수 성능 신용도	보통이다.	비교적 의심이 간다.
㉪ 재료 취급 · 성능 판단	복잡하지만 명확하다.	간단하지만 신빙성이 적다.
㉫ 결함부 발견	용이하지 않다.	용이하다.
㉬ 보수 범위	광범위하고 보호누름도 재시공한다.	국부적으로 보수할 수 있다.
㉭ 보수비	비싸다.	싸다.
㉮ 방수층 끝마무리	불확실하고 난점이 있다.	확실히 할 수 있고 단단하다.

34

지하실 안 방수와 바깥 방수의 장점을 열거한 것이다. 이 중 바깥 방수에 해당하는 것은?

① 공사 시기를 자유로이 선택할 수 있다.
② 수압이 큰 경우에 사용된다.
③ 실내유효면적이 감소된다.
④ 보수공사가 자유롭다.

해설 안 방수와 바깥 방수의 비교

내 용	안 방수	바깥 방수
㉠ 사용 환경	비교적 수압이 적은 지하실에 적당하다.	수압에 상관없이 할 수 있다.
㉡ 바탕 만들기	따로 만들 필요가 없다.	따로 만들어야 한다.
㉢ 공사 시기	자유로이 선택할 수 있다.	본 공사에 선행해야 한다.
㉣ 공사 용이성	간단하다.	상당한 난점이 있다.
㉤ 본 공사 추진	방수공사에 관계없이 본 공사를 추진할 수 있다.	방수공사 완료 전에는 본 공사 추진이 잘 안 된다.
㉥ 경제성(공사비)	비교적 싸다.	비교적 고가이다.
㉦ 내수압 처리	수압에 견디기 곤란하다.	내수압적으로 된다.
㉧ 공사 순서	간단하다.	상당한 절차가 필요하다.
㉨ 보호 누름	필요하다.	없어도 무방하다.
㉩ 실내 유효 면적	감소한다.	증가한다.
㉪ 보수 공사	자유롭다.	자유롭지 못하다.

35

바깥 방수공법에 대한 설명 중 부적당한 것은?

① 바닥방수는 밑창 콘크리트를 한 후 방수공사를 한다.
② 벽체방수는 밑바탕의 벽체를 축조하고, 외부에 방수공사를 한다.
③ 벽체방수 시 보호누름이 필요하다.
④ 안 방수공법에 비해 공기 및 시공면에서 불리하다.

해설 바깥 방수는 보호누름이 없어도 무방하고, 안 방수는 보호누름이 필요하다.

36

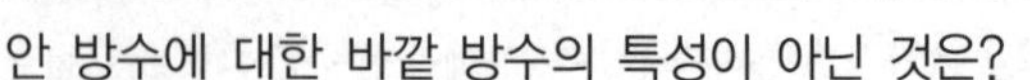

안 방수에 대한 바깥 방수의 특성이 아닌 것은?

① 수압이 크고 깊은 지하실에 유리하다.
② 공사 기일에 제약을 받는다.
③ 아스팔트 방수층일 경우는 바닥 방수층의 치켜올림을 고려하여 밑창 콘크리트를 20cm 이상 넓게 한다.
④ 공사비가 증대된다.

해설 방수층은 끝을 벽 또는 파라펫의 틈에 아스팔트로 눌러 바르고 방수층 누름을 하며, 파라펫 부분의 방수층 치켜올림은 30cm 이상으로 한다.

정답 34. ② 35. ③ 36. ③

37 |

지하(地下) 방수나 아스팔트 펠트 침투용으로 주로 사용되는 재료는?

① 스트레이트 아스팔트
② 아스팔트 컴파운드
③ 아스팔트 프라이머
④ 블론 아스팔트

해설 역청 재료

㉠ 스트레이트 아스팔트
- 제법 : 아스팔트 성분을 될 수 있는 대로 분해 변화되지 않도록 제조한다.
- 특성은 점성, 신성, 침투성 등이 크고 증발 성분이 많다. 온도에 의한 강도, 신성, 유연성의 변화가 크다.
- 용도 : 아스팔트 펠트, 아스팔트 루핑의 바탕재에 침투 또는 지하실방수

㉡ 아스팔트 컴파운드 : 내열성, 탄성, 접착성, 내구성 등을 개량한 것으로 방수재, 내산재, 전기 절연재 등에 사용된다.

㉢ 블론 아스팔트
- 제법 : 증류탑에 뜨거운 공기를 불어 넣어 제조한다.
- 특성은 점성이나 침투성이 작고, 열에 대한 안정성이 크며, 내후성이 크다.
- 용도 : 아스팔트 루핑의 표층, 지붕방수

㉣ 아스팔트 프라이머 : 아스팔트를 휘발성 용제에 용해한 흑갈색 액상을 말하며, 콘크리트, 시멘트, 시멘트 모르타르, 석재 바탕에 아스팔트 방수층 또는 아스팔트 타일을 시공할 때 초벌 접착제로 사용된다.

38 |

평지붕 방수공사에 잘 사용되지 않는 것은?

① 스트레이트 아스팔트(straight asphalt)
② 블론 아스팔트(blown asphalt)
③ 아스팔트 콤파운드(asphalt compound)
④ 아스팔트 펠트(asphalt felt)

해설 스트레이트 아스팔트는 신축성이 좋고 교착력이 우수하며, 연화점이 낮고 내구력이 다소 떨어지므로 건축공사에서는 많이 사용되지 않는다. 용도로는 아스팔트 펠트, 아스팔트 루핑의 바탕재에 침투 또는 지하실 방수에 사용한다.

39 |

지붕의 방수공사에 주로 사용되는 아스팔트는 다음 중 어느 것인가?

① 스트레이트 아스팔트
② 피치(Pitch)
③ 블론 아스팔트
④ 천연 아스팔트

해설 블론 아스팔트는 증류탑에 뜨거운 공기를 불어 넣어 제조하고, 점성이나 침투성이 작으며, 열에 대한 안정성과 내후성이 크다. 용도로는 아스팔트 루핑의 표층, 지붕방수공사에 사용한다.

40 |

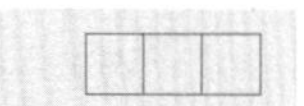

시트 접착 시공법이 아닌 것은?

① 온통접착 ② 줄접착
③ 점접착 ④ 선접착

해설 시트방수의 정의 및 공법 : 시트방수는 합성 고무계와 플라스틱계, 열가소성 수지로 방수 성능이 우수한 시트 1층에 의한 방수효과를 기대하는 공법이다. 시트방수 재료를 붙이는 방법에는 온통붙임, 줄붙임, 점붙임 및 갓붙임이 있고, 시트 상호 간의 접착에는 물, 알칼리 등의 영향을 받지 않는 접착제를 사용하고 시트 상호 간의 이음은 겹친 이음 또는 맞댄 이음으로 한다. 겹친 이음인 경우에는 5cm 이상, 맞댄 이음인 경우에는 10cm 이상이 충분히 겹쳐지도록 밀착시킨다.

41 |

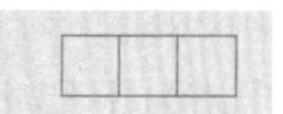

합성 고분자 루핑을 사용한 지붕방수공사에 관한 설명 중 알맞지 않는 것은?

① 루핑을 접착제로 붙일 때에는 주름이 생기지 않도록 한다.
② 루핑을 붙인 후 롤러 등으로 압착한다.
③ 루핑의 두께는 보통 지붕방수의 경우 10mm 이상을 사용한다.
④ 루핑의 바탕 붙이기는 줄접착을 원칙으로 한다.

해설 시트 방수재 붙이기에 있어서 합성 고분자 루핑의 바탕 붙이기는 전면 접착하는 것을 원칙으로 한다.

정답 37. ① 38. ① 39. ③ 40. ④ 41. ④

42 |

에폭시(epoxy)계 도막방수공사에 관한 설명 중 틀린 것은?

① 다소 수분이 있더라도 모르타르를 바른 2일 후에 칠한다.
② 바름 두께는 0.1~0.2mm의 얇은 막으로 한다.
③ 내약품성이나 마모성이 다른 재료에 비하여 약하다.
④ 접착성이 있어 바탕 콘크리트의 균열 보수나 시트 방수의 접착제로 사용한다.

해설 에폭시계 도막방수공사

㉠ 에폭시 수지를 발라서 도막을 형성하는 것이며, 용제형 고무계 도막방수와 거의 같다. 에폭시 수지는 고가이므로 2~3회 발라 두께 0.1~0.2mm의 얇은 막으로 한다.

㉡ 수지 자체는 단단하고 잘 늘어지지 아니하므로 바탕 균열 방지는 기대하기 어렵다. 그러나 내약품성·마모성이 우수하기 때문에 화학 공장의 방수층을 겸한 바닥 마무리재로서 적합하다.

㉢ 에폭시 수지에 유연성을 주기 위하여 다른 수지를 배합하여 탈에폭시, 지오콜 에폭시, 폴리아미드 에폭시 등의 변성 에폭기를 사용하는 예도 있고, 수 mm의 두께로 형성된 것은 균열에 대해서도 효과가 있을 것이다.

4. 단열 및 음향 공사

01 |

무기질 단열재료 중 규산질 분말과 석회분말을 오토클레이브 중에서 반응시켜 얻은 겔에 보강섬유를 첨가하여 프레스 성형하여 만드는 것은?

① 유리면
② 세라믹 섬유
③ 펄라이트판
④ 규산 칼슘판

해설 유리면(유리솜, 또는 글라스울)은 유리를 용융하여 섬유화한 것으로 보온, 방음, 흡음, 방화, 전기 절연재 등으로 사용하고, 경질판으로 만들어 장식재, 간격, 스크린으로 사용한다. 세라믹 섬유는 실리카-알루미나계 섬유를 말하며 1,000℃ 이상의 고온에서도 사용할 수 있다. 단열성, 유연성, 전기 절연성, 화학 안정성이 뛰어난 섬유이다. 펄라이트판은 천연 암석을 원료로 한 천연 유리질의 펄라이트 입자를 무기 바인더로 하여 프레스 성형하여 만들어진 판으로 내열성은 650℃ 정도로 높으므로 주로 배관용 단열재로 사용된다.

02 |

단열재가 갖추어야 할 조건으로 옳지 않은 것은?

① 열전도율이 낮을 것
② 비중이 클 것
③ 흡수율이 낮을 것
④ 내화성이 좋을 것

해설 단열재의 구비 조건

㉠ 비중이 작고, 열전도율 및 흡수율이 낮으며, 투기성이 작을 것
㉡ 시공성(가공, 접착 등), 내화성 및 내부식성이 좋을 것
㉢ 어느 정도의 기계적인 강도가 있을 것
㉣ 유독성 가스가 발생하지 않고, 사용 연한에 따른 변질이 없으며, 균질한 품질일 것

03 |

단열재에 대한 설명 중 맞지 않은 것은?

① 유리면 – 유리 섬유를 이용하여 만든 제품으로서 유리 솜 또는 글라스 울이라고 한다.
② 암면 – 상온에서 열전도율이 낮은 장점을 가지고 있으며 철골 내화피복재로서 많이 이용되고 있다.
③ 석면 – 불연성, 보온성이 우수하고 습기에도 강하여 선진국에서 적극적으로 사용을 권장하고 있다.
④ 펄라이트 보온재 – 경량이며 수분침투에 대한 저항성이 있어 배관용의 단열재로 사용된다.

해설 석면(12~14%정도의 수분을 포함하는 섬유 모양의 사문석)은 내화성, 보온성, 절연성이 우수하고, 인장강도가 크나, 습기를 흡수하기 쉬운 단점이 있으며, 특히, 요사이는 1급 발암 물질로 사용이 금지되고 있다.

정답 42. ③ / 01. ④ 02. ② 03. ③

04

다음의 단열재에 대한 설명 중 옳지 않은 것은?

① 암면의 암석으로부터 인공적으로 만들어진 내열성이 높은 광물섬유를 이용하여 만드는 제품으로 단열성, 흡음성이 뛰어나다.
② 세라믹 파이버의 원료는 실리카와 알루미나이며, 알루미나의 함유량을 늘리면 내열성이 상승한다.
③ 경질 우레탄폼은 방수성, 내투습성이 뛰어나기 때문에 방습층을 겸한 단열재로 사용된다.
④ 펄라이트판은 천연의 목질섬유를 원료로 하며, 단열성이 우수하여 주로 건축물의 외벽 바름에 사용된다.

해설 펄라이트판은 진주암, 흑요석, 송지석 또는 이에 준하는 석질(유리질의 화산암)을 포함한 암석을 포함하여 소성, 팽창시켜 제조한 백색 다공질의 경석으로 성질은 경량, 단열, 흡음, 보온, 방화, 내화성이 우수하므로 바름벽 재료, 뿜칠 재료 및 바닥 단열재료로 사용된다.

05

단열재에 관한 설명 중 옳지 않은 것은?

① 열전도율이 낮은 것일수록 단열효과가 좋다.
② 열관류율이 높은 재료는 단열성이 낮다.
③ 같은 두께인 경우 경량재료인 편이 단열효과가 나쁘다.
④ 열전달 계수가 낮은 재료가 단열성이 크다.

해설 단열재

㉠ 열을 차단하는 성능을 가진 재료로서 열전도율의 값이 0.02~0.05kcal/m · h · ℃ 내외의 값을 갖는 재료를 말한다.
㉡ 밀도가 낮고 열전도율, 열전달계수 및 열관류율이 낮아야 단열효과가 높다.
㉢ 같은 두께인 경우, 경량재료(밀도가 낮은)인 편이 단열효과가 좋다. 또한, 단열재는 다공질 재료가 많다.

06

단열재의 일반적인 성질에 대한 설명으로 옳지 않은 것은?

① 흡습과 흡수를 하면 단열 성능이 떨어진다.
② 열전도율은 재료가 표건상태일 때 가장 작다.
③ 일반적으로 재료 밀도가 크면 열전도가 커진다.
④ 재료의 관류열량은 재료 표면에 생기는 대류 현상에 영향을 받는다.

해설 단열재로서 단열효과를 극대화하는 것은 열전도율이 가장 작은 물질, 즉 공기층으로 마감하는 것이나, 물로 채워있으면 열전도율의 값이 커지므로 단열효과가 낮아지며, 열전도율은 재료가 절대건조(전건)상태인 경우가 가장 작다.

07

단열재의 단열효과에 대한 설명으로 옳지 않은 것은?

① 공기층의 두께와는 무관하며, 단열재의 두께에 비례한다.
② 단열재의 열전도율, 열전달률이 작을수록 단열효과가 크다.
③ 열전도율이 같으면 밀도 및 흡수성이 작은 재료가 단열효과가 더 작다.
④ 열관류율(K) 값이 클수록 열저항력이 작아지므로 단열성능은 떨어진다.

해설 단열재

㉠ 열을 차단하는 성능을 가진 재료로서 열전도율의 값이 0.02~0.05kcal/m · h · ℃ 내외의 값을 갖는 재료를 말한다.
㉡ 밀도가 낮고 열전도율, 열전달 계수 및 열관류율이 낮아야 단열효과가 높다.
㉢ 같은 두께인 경우, 경량재료(밀도가 낮은)인 편이 단열효과가 좋다.

08

재료나 구조 부위의 단열성에 영향을 미치는 요인이 아닌 것은?

① 재료의 두께 ② 재료의 밀도
③ 재료의 강도 ④ 재료의 표면 상태

정답 04. ④ 05. ③ 06. ② 07. ③ 08. ③

해설 단열성에 영향을 끼치는 요소에는 재료의 두께, 재료의 밀도 및 재료의 표면상태(표면의 반사 등) 등이고, 재료의 강도와는 무관하다.

09 |

단열재의 특성에서 전열의 3요소가 아닌 것은?

① 전도 ② 대류
③ 복사 ④ 결로

해설 단열재의 특성에서 전열의 3요소에는 열의 전도, 열의 대류 및 열의 복사 등이 있다.

10 |

다음 건축재료 중 열전도율이 가장 작은 것은?

① 시멘트모르타르 ② 알루미늄
③ ALC ④ 유리 섬유

해설 건축재료의 열전도율은 시멘트모르타르는 1.4W/mk, 알루미늄은 200W/mk, ALC는 0.13~0.19W/mk, 유리 섬유는 0.035~0.038W/mk이다.

11 |

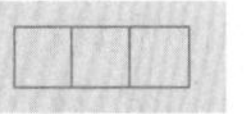

목재의 열전도율을 다른 재료와 비교 설명한 것으로 옳지 않은 것은?

① 목재의 열전도율은 콘크리트의 열전도율보다 작다.
② 동일 함수율에서 소나무는 오동나무보다 열전도율이 작다.
③ 목재의 열전도율은 철의 열전도율보다 작다.
④ 목재의 열전도율은 화강암의 열전도율보다 작다.

해설 목재의 열전도율에 있어서, 동일 함수율 상태에서 소나무는 오동나무보다 열전도율(소나무가 오동나무보다 밀도가 높다)이 크다.

12 |

열전도율이 큰 순서에서 작은 순서로 옳게 나열한 것은?

A : 구리	B : 철
C : 보통 콘크리트	D : 유리

① A-B-D-C ② A-B-C-D
③ B-A-D-C ④ A-C-B-C

해설 열전도율을 보면, A의 구리는 386W/mK, B의 철은 48W/mK, C의 보통 콘크리트는 1.15W/mK, D의 유리는 0.56W/mK 정도이다. 즉, 구리 → 철 → 콘크리트 → 유리의 순이다.

13 |

다음의 단열재료 중에서 가장 높은 온도에서 사용할 수 있는 것은?

① 세라믹 파이버 ② 암면
③ 석면 ④ 글래스울

해설 세라믹 파이버는 1,260℃, 암면은 600℃, 석면은 550℃, 글래스울은 350℃ 정도이다.

14 |

다음 재료 중 단열재료에 해당하는 것은?

① 우레아 폼
② 아코스틱 텍스
③ 유공 석고보드
④ 테라초 판

해설 단열재료는 열을 차단할 수 있는 성능을 가진 재료로서 열전도율의 값이 0.05kcal/mh℃ 내외의 값을 갖는 재료를 말하며, 대표적인 제품은 우레아 폼 등이 있다.

15 |

재료의 열팽창계수에 대한 설명으로 옳지 않은 것은?

① 온도의 변화에 따라 물체가 팽창 · 수축하는 비율을 말한다.
② 길이에 관한 비율인 선팽창계수와 용적에 관한 체적팽창계수가 있다.
③ 일반적으로 체적팽창계수는 선팽창계수의 3배이다.
④ 체적팽창계수의 단위는 W/m · K이다.

해설 재료의 열팽창계수의 단위는 /℃이고, W/m · K는 열전도율의 단위이다.

정답 09. ④ 10. ④ 11. ② 12. ② 13. ① 14. ① 15. ④

16 |

다음 흡음재료 중 고음역 흡음재료로 가장 적당한 것은?

① 파티클 보드
② 구멍 뚫린 석고보드
③ 구멍 뚫린 알루미늄판
④ 목모 시멘트판

해설 다공질 재료 또는 섬유질 재료(목모 시멘트판)와 같이 통기성이 있는 재료에 음파가 입사하면 재료 내부의 공기 진동에 의하여 점성 마찰이 생기고, 음에너지가 열에너지로 변환되어져 흡음된다. 이 흡음은 고음역, 즉 주파수가 큰 영역에서의 효과가 크다.

17 |

흡음재료의 특성에 대한 설명으로 옳은 것은?

① 유공판 재료는 연질 섬유판, 흡음텍스가 있다.
② 판상 재료는 뒷면의 공기층에 강제진동으로 흡음 효과를 발휘한다.
③ 유공판 재료는 재료 내부의 공기 진동으로 고음역의 흡음 효과를 발휘한다.
④ 다공질 재료는 적당한 크기나 모양의 관통 구멍을 일정 간격으로 설치하여 흡음 효과를 발휘한다.

해설 다공질 재료에는 연질섬유판, 흡음텍스, 암면, 유리면 등이 있고, 재료 내부의 공기 진동으로 고음역의 흡음 효과를 발휘하며, 유공판 재료는 적당한 크기와 모양의 관통 구멍을 일정한 간격으로 설치하여 흡음 효과를 발휘한다.

18 |

차음재료의 요구성능에 관한 설명으로 옳은 것은?

① 비중이 작을 것
② 음의 투과손실이 클 것
③ 밀도가 작을 것
④ 다공질 또는 섬유질이어야 할 것

해설 차음재료(음의 전파를 막는 재료)의 요구 성능에는 비중과 밀도가 크고, 음의 투과손실(어느 재료에 침투한 소리의 에너지와 반대쪽으로 투과해 나간 소리의 에너지의 비의 역수의 상용대수를 10배로 한 값으로 단위는 dB. 요컨대 어느 재료로 소리를 차단했을 때에, 어느 정도 소리가 저하하는가 하는 기준)이 크며, 치밀하고 균일한 재료이여야 한다.

19 |

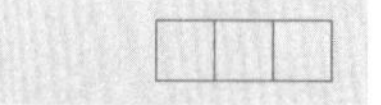

건물의 바닥 충격음을 저감시키는 방법에 관한 설명으로 옳지 않은 것은?

① 완충재를 바닥 공간 사이에 넣는다.
② 부드러운 표면 마감재를 사용하여 충격력을 작게 한다.
③ 바닥을 띄우는 이중 바닥으로 한다.
④ 바닥 슬래브의 중량을 작게 한다.

해설 바닥 충격음을 저감하는 방법 중 차음 대책은 차음재료의 밀도(비중)가 높고, 단단하며, 투과 손실이 큰 재료, 중량의 재료와 두꺼운 재료를 사용하여야 한다.

20 |

다음 중 건축재료와 사용 용도의 결합이 옳지 않은 것은?

① 황동 – 창호 철물
② 래버턴 – 실내 장식재
③ 알루미늄 – 방화 셔터
④ 염화비닐 – 도료

해설 알루미늄은 100℃가 넘으면 연화(융점은 658℃)되기 시작하여 내화성이 약하므로 방화 셔터로 사용하기에는 부적당하다.

21 |

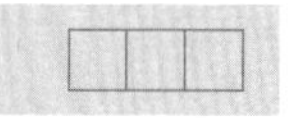

재료와 그 용도가 잘못 짝지어진 것은?

① 인슐레이션 보드–방화
② 크레오소트–방부
③ 유공 보드–흡음
④ 블론 아스팔트–방수

해설 인슐레이션 보드는 연질섬유판은 식물섬유(볏짚, 톱밥, 페펄프, 파지 등)를 주원료로 하여 잘 다져 혼합한 것을 탈수 성형하여 건조시킨 판으로 내장, 흡음, 단열을 목적으로 사용하며, 텍스라고도 한다.

정답 16. ④ 17. ② 18. ② 19. ④ 20. ③ 21. ①

PART 3

실내디자인 환경

INDUSTRIAL ENGINEER INTERIOR ARCHITECTURE

03 | 적중예상문제 | 실내디자인 환경

I 실내디자인 자료조사 분석

1 주변 환경 조사

1. 열 및 습기환경

01 |

기온의 연교차에 대한 설명으로 맞는 것은 어느 것인가?

① 1년 중 가장 더운 시각과 가장 추운 시각의 차이
② 1년 중 가장 더운 날과 가장 추운 날의 평균기온 차이
③ 1년 중 가장 더운 날 10일과 가장 추운날 10일의 평균기온 차이
④ 1년 중 가장 더운 달과 가장 추운 달의 월평균 기온 차이

해설 일교차와 연교차
㉠ 일교차 : 하루 중 최고 기온과 최저 기온의 차이를 말하며 오후 2시경이 최고, 해 뜰 무렵에 최저가 된다. 해안보다는 내륙으로 갈수록 일교차가 심하며 고위도 지방으로 갈수록 커진다.
㉡ 연교차 : 일년 중 가장 더운 달과 가장 추운 달의 평균 기온의 차이를 말하며, 우리나라에서는 보통 7월 달에 가장 고온을 보이고, 1월 달에 가장 춥다. 연교차는 북쪽으로 갈수록 커지며 내륙지방으로 갈수록 심해진다.

02 |

일사, 일조 조정을 위해 수평 루버보다 수직 루버의 설치가 더 효과적인 방위로만 연결된 것은?

① 동면과 서면 ② 남면과 북면
③ 동면과 북면 ④ 서면과 남면

해설 루버의 종류와 용도
㉠ 루버의 종류 : 수평 루버, 수직 루버, 격자 루버, 가동 루버 등이 있다.
㉡ 방향에 따른 루버의 용도
- 남면과 북면 : 태양의 고도 변화가 크지 않으므로 수평 루버를 사용한다.
- 동면과 서면 : 태양의 방위각을 위한 일조 조절을 위해 수직 루버를 사용한다.

㉢ 격자 루버는 수직 수평이 혼합된 것이고, 가동 루버는 태양의 위치에 따라 조절되는 것을 말한다.

03 |

다음과 같은 조건에서 두께 20cm인 콘크리트벽체를 통과한 손실열량은?

- 실내공기온도 : 20℃
- 외기온도 : 2℃
- 내표면 열전달률 : $11W/m^2 \cdot K$
- 외표면 열전달률 : $22W/m^2 \cdot K$
- 콘크리트의 열전도율 : $1.56W/m \cdot K$

① 약 $45W/m^2$ ② 약 $58W/m^2$
③ 약 $68W/m^2$ ④ 약 $75W/m^2$

해설 Q(손실열량)$=K$(열관류율)A(벽면적)Δt(온도의 변화량), 즉 $Q=KA\Delta t$

$$\frac{1}{K}=\frac{1}{\alpha_i(\text{내표면 열전달률})}+\sum\frac{d(\text{재료의 두께})}{\lambda(\text{재료의 열전도율})}+\frac{1}{\alpha_o(\text{외표면 열전달률})}$$

$$\therefore Q=KA\Delta t=\frac{1}{\frac{1}{\alpha_i}+\frac{d}{\lambda}+\frac{1}{\alpha_o}}\times A\times\Delta t$$

$$=\frac{1}{\frac{1}{11}+\frac{0.2}{1.56}+\frac{1}{22}}\times1\times(20-2)$$

$$=68.272W/m^2K$$

정답 01. ④ 02. ① 03. ③

04

구조체를 통한 열손실량을 줄이기 위한 방안으로 옳지 않은 것은?

① 외표면적을 줄인다.
② 단열재의 두께를 증가시킨다.
③ 구조체의 열관류율을 적게 한다.
④ 중공층 양측 표면에 복사율이 큰 재료를 사용한다.

해설 구조체를 통한 열손실량을 줄이기 위한 방안으로 중공층 양측 표면에 복사율(물체의 표면으로부터 방출되는 복사량과 동일 온도의 흑체로부터 방출되는 양에 대한 비율)이 작은 재료를 사용하거나, 열전도율이 큰 재료를 사용하면 열손실량이 늘어나므로 열전도율이 작은 재료를 사용하여야 한다.

05

유효온도(effective temperature)에 대한 기술로 옳은 것은?

① 환경측 요소 중에서 기온, 습도, 기류 등의 감각과 동일한 감각을 주는 포화공기의 온도이다.
② 환경의 불쾌감을 표시하는 척도로서 등온감각이라고 한다.
③ 겨울철 한국인의 보통 착의 시에 있어서 쾌적범위는 20~24℃이다.
④ Gagge와 Winslow에 의해 고안되었다.

해설 유효온도(ET ; Effective Temperature)는 기온, 습도, 기류(풍속)의 3요소가 체감에 미치는 종합 효과를 나타내는 단일지표이다. 그러나 ET는 저온역에서는 습도의 영향이 과대하고, 고온역에서는 과소하며 열복사의 영향이 고려되지 않는다는 것을 고려하여 글로브온도를 건구온도 대신에 사용하고, 상당습구온도를 습구온도 대신에 사용하여 ET를 구하는 수정유효온도(CET ; Corrected Effective Temperature)를 구한다.

06

외단열과 내단열 공법에 관한 설명으로 옳지 않은 것은?

① 내단열은 외단열에 비해 실온 변동이 작다.
② 내단열로 하면 내부 결로의 발생 위험이 크다.
③ 외단열로 하면 건물의 열교 현상을 방지할 수 있다.
④ 단시간 간헐 난방을 하는 공간은 외단열보다는 내단열이 유리하다.

해설 단열 공법

외단열과 내단열

㉠ 외단열(단열재를 실외에 가깝게 설치하는 경우)
- 실온 변동이 작고 표면 결로가 생기지 않는다.
- 열교 부분을 처리하기 쉽다.
- 단열재와 외장재의 경계면이 결로하기 때문에 방습층을 설치해야 한다.

㉡ 내단열(단열재를 실내에 가깝게 설치하는 경우)
- 실온 변동이 크고 내부 결로 발생의 우려가 있다.
- 방의 사용 시간이 짧은 경우 난방에 유리하다.
- 야간에 차가운 공기를 도입하지 않을 경우 축열부하가 외단열보다 작아질 우려가 있다.

07

일조의 직접적 효과에 속하지 않는 것은?

① 광 효과 ② 열 효과
③ 환기 효과 ④ 보건 · 위생적 효과

해설 광선의 종류와 효과

㉠ 자외선 : 화학선이라고도 하며 살균 작용 및 생물의 생육, 화학작용에 영향을 준다. 파장은 130~4,000Å 정도이다.
㉡ 가시광선 : 빛의 시각적 효과를 주는 광선으로 채광에 관계된다. 파장은 4,000~7,700Å이다.
㉢ 적외선 : 열선이라고도 하며, 광선의 열적 효과를 주고 일사량 및 기온에 영향을 준다. 파장은 7,700~4×10^6Å 정도로 가장 길다.
㉣ 도르노선 : 인체의 건강에 가장 큰 영향을 주는 자외선의 일종으로, 파장의 범위는 2,900~3,200Å이다.

08

다음 중 자외선의 주된 작용에 속하지 않는 것은?

① 살균작용
② 화학적 작용
③ 생물의 생육작용
④ 일사에 의한 난방작용

해설 광선 중 자외선은 화학선이라고도 하며 살균작용 및 생물의 생육, 화학작용에 영향을 준다. 파장은 130~4,000Å 정도이다. 일사에 의한 난방작용은 열선인 적외선의 역할이다.

정답 04. ④ 05. ① 06. ① 07. ③ 08. ④

09 |

자외선 중 도르노선은 어느 범위를 말하는가?

① 120~200nm
② 200~290nm
③ 290~320nm
④ 320~400nm

해설 태양광선 중에서 도르노선은 290~310나노미터(nm)정도, 파장의 범위는 2,900~3,200Å의 자외선으로 인체의 건강에 가장 큰 영향을 주고, 가장 치료력이 큰 자외선으로 소독 작용과 비타민 D 생성 작용을 하지만, 피부에 홍반을 남겨 나중에 색소가 침착된다.

10 |

인동간격의 결정 시 고려해야 할 사항과 가장 거리가 먼 것은?

① 태양의 고도
② 대지 경사도
③ 전면 건물의 연면적
④ 건물의 방위각

해설 인동간격은 이웃하는 두 건물 사이의 거리를 말하며 동지 때 최소한 4시간의 일조를 확보하기 위하여 최소한의 인동간격을 두며 건물의 높이, **태양의 고도**, 건물의 **방위각**, 태양의 방위각, **대지의 경사도**, 그 지방의 위도 등을 고려하여야 한다.

11 |

일조의 확보와 관련하여 공동주택의 인동간격 결정과 가장 관계가 깊은 것은?

① 춘분 ② 하지
③ 추분 ④ 동지

해설 공동주택의 일조를 확보하기 위한 인동간격 결정 시 **동지를 기준으로 하여 최소 4시간 이상의 일조량을 확보**하여야 한다.

12 |

차양 장치에 대한 설명 중 틀린 것은?

① 수평 차양 장치는 남향창에 설치하는 것이 유리하다.
② 외부 차양 장치보다 내부 차양 장치가 직사광선 차단에 더 효과적이다.
③ 수직 차양은 남향보다 동, 서향의 창에서 유리하다.
④ 차양 장치를 적절히 이용하면 자연채광을 유효하게 활용할 수 있다.

해설 차양 장치(태양 일사의 실내 유입을 차단하기 위하여 설치한 장치)는 **내부 차양 장치보다 외부 차양 장치가 직사광선 차단에 더 효과적이다.**

13 |

겨울철이 여름철에 비해 남향의 창에 대한 일사량이 많은 이유로 가장 옳은 것은?

① 일출, 일몰이 남에 가까우므로
② 대기층에 수분이 적기 때문에
③ 태양의 고도가 낮기 때문에
④ 오존층의 두께가 얇기 때문에

해설 방위와 일사량
㉠ 여름철 : 태양의 고도가 높으므로 수평면의 일사량이 매우 크고 남쪽 수직면에 대한 일사량은 적으며, 오전의 동쪽 수직면, 오후의 서쪽 수직면에 일사량이 많다.
㉡ **겨울철 : 태양의 고도가 낮으므로 수평면보다 남쪽의 수직면에 일사량이 많다.**

14 |

균시차에 관한 설명으로 옳은 것은?

① 균시차는 항상 일정하다.
② 진태양시와 평균태양시의 차를 말한다.
③ 중앙표준시와 평균태양시의 차를 말한다.
④ 진태양시의 10년간 평균값에서 중앙표준시를 뺀 값이다.

해설 균시차는 진태양시(어느 지방에서의 태양의 남중시에서 다음날 남중시까지의 시간)와 평균태양시(진태양시를 1년간에 걸쳐 평균한 값에서 1일을 24시간으로 한 것)의 차이다.

정답 09. ③ 10. ③ 11. ④ 12. ② 13. ③ 14. ②

15

다음 일사계획에 관한 설명 중 옳지 않은 것은?

① 일사량을 줄이려면 동서축이 길고 급경사 박공 지붕을 가진 건물 형태가 유리하다.
② 겨울철의 난방부하를 줄이기 위해 직달일사를 최대한 도입해야 한다.
③ 난방 기간 중에 최대의 일사를 받기 위하여 남향이 유리하다.
④ 건물 주변에 활엽수보다는 침엽수를 심는 것이 유리하다.

해설 일사조절의 방법에는 방위, 형태 계획(외피 면적과 체적의 비, 바닥면적 또는 체적에 대한 외피 면적의 비, 평면 밀집비, 체적비, 최적 형태 등), 노출된 건축물 표면의 처리 또한 중요하다. 차양 장치나 수목(건물의 주변에 침엽수보다 활엽수를 심는 것이 유리), 블라인드, 커튼 등이 있거나 불투명의 벽체, 열선흡수유리 등 일사조절 방식에 의해서 일사량 조절 효과를 높일 수 있다.

16

다음 중 차폐계수가 가장 큰 유리의 종류는? [단, ( ) 안의 수치는 유리의 두께임]

① 보통유리(3mm) ② 흡열유리(3mm)
③ 흡열유리(6mm) ④ 흡열유리(12mm)

해설 유리의 차폐계수를 보면, 보통유리는 1.0 정도이고, 흡열유리 중 3mm는 0.84, 6mm는 0.69, 12mm는 0.53 정도이다.

17

다음 중 미기후(micro-climate)에 영향을 미치는 요소가 아닌 것은?

① 지형의 방위 및 형상 ② 인간과 환경심리학
③ 지표면의 상태 ④ 인공적 구조물의 배치

해설 미기후(微氣候 : Microclimate)는 도시, 교외 또는 한 건물이 위치한 곳의 기후 특성으로 지형(Topography, 경사도, 방위, 풍우의 정도, 해발, 언덕, 계곡 등), 지표면[Ground surface, 자연 상태 또는 인공적(삼림, 관목 지역, 초원, 포장, 수면)인 정도의 여부에 따라 지표면 반사율, 침투율, 토양 온도, 토질까지 영향을 받으며, 이것은 식물에 영향을 미치고 식물은 다시 기후에 영향을 미친다] 및 3차원적 물체(나무, 울타리, 벽, 건물 등은 기류에 영향) 등이 있다.

18

열의 이동(전열)에 관한 설명 중 옳지 않은 것은?

① 열은 온도가 높은 곳에서 낮은 곳으로 이동한다.
② 유체와 고체 사이의 열의 이동을 열전도라고 한다.
③ 일반적으로 액체는 고체보다 열전도율이 작다.
④ 열전도율은 물체의 고유성질로서 전도에 의한 열의 이동정도를 표시한다.

해설 열전도는 열이 고체 속에서 고온부로부터 저온부로 이동해가는 현상으로, 고체와 고체 사이의 열의 이동이고, 열전달은 열이 고체의 표면으로부터 기체로, 또는 기체로부터 고체의 표면으로 열이 이동해가는 현상이다.

19

인체의 열 방출과정 중 일반적으로 가장 높은 비율을 차지하는 것은? (단, 전도에 의한 손실이 없는 경우)

① 관류 ② 복사
③ 대류 ④ 증발

해설 인체의 열손실 요인에는 인체 표면의 열복사가 45%, 인체 주위의 공기의 대류는 30%, 인체 표면의 수분 증발은 25%, 호흡 작용은 약간이며, 가장 높은 비율을 차지하는 것은 복사이다.

20

열복사에 관한 설명으로 옳지 않은 것은?

① 완전 흑체의 복사율은 1이다.
② Stefan-Boltzmann 법칙과 관계있다.
③ 복사 에너지는 표면 절대 온도의 4승에 비례한다.
④ 같은 재료는 표면 마감 정도가 달라도 복사율은 동일하다.

해설 열복사는 어떤 물체에서 발생하는 열에너지가 전달 매개체가 없이 직접 다른 물체에 도달하는 것으로 표면이 거친 재질의 것은 매끈한 재질의 것보다 넓은 면적을 가지므로 많은 열을 흡수 또는 방사한다. 예로서, 난방기의 방열기를 볼 수 있다. 즉, 복사율과 복사열량이 달라진다.

정답 15. ④ 16. ① 17. ② 18. ② 19. ② 20. ④

21

다음 중 열복사의 성질과 관계없는 것은?

① Stefan–Boltzmann 법칙
② Kirchhoff 법칙
③ 표면의 흡수율
④ Newton의 냉각 법칙

해설 스테판–볼츠만의 법칙은 흑체가 내놓는 열복사 에너지의 총량은 그 절대온도를 T라 할 때 T^4에 비례한다는 법칙으로 표면의 흡수율은 재질과 색상에 따라 달라진다. 뉴턴의 냉각 법칙은 물체가 복사에 의하여 잃어버리는 열량은 그 물체와 주위의 온도차에 비례한다는 법칙(온도차가 적은 경우에만 해당)이다. 또한, 키르히호프의 법칙은 회로 내의 어느 점을 취해도 그 곳에 흘러 들어오거나 흘러나가는 전류를 음양의 부호를 붙여 구별하면, 들어오고 나가는 전류의 총계는 0이 된다는 전기 법칙이다.

22

복사에 의한 열전달에 관한 설명으로 부적당한 것은?

① 복사의 열전달은 진공 상태에서도 일어난다.
② 복사 열량은 표면 재질 상태와는 무관하다.
③ 복사 열량은 물체의 내부 상태와 무관하다.
④ 고온 물체 표면에서 저온 물체 표면으로 열이 직접 복사되는 것이다.

해설 열복사는 어떤 물체에서 발생하는 열에너지가 전달 매개체가 없이 직접 다른 물체에 도달하는 것으로 표면이 거친 재질의 것은 매끈한 재질의 것보다 넓은 면적을 가지므로 많은 열을 흡수 또는 방사한다. 예로서, 난방기의 방열기를 볼 수 있다. 즉, 복사율과 복사열량이 달라진다.

23

복사에 의한 전열에 관한 설명으로 옳은 것은?

① 고체 표면과 유체 사이의 열전달 현상이다.
② 일반적으로 흡수율이 작은 표면은 복사율이 크다.
③ 물체에서 복사되는 열량은 그 표면의 절대온도의 2승에 비례한다.
④ 알루미늄막과 같은 금속의 연마면은 복사율이 0.02 정도로 매우 작다.

해설 복사는 고온의 물체에서 저온의 물체로 직접 전달되는 현상이고, 흡수율이 작은 표면은 복사열이 작으며, 물체에서 복사되는 열량은 그 표면의 절대온도의 4승에 비례한다.

24

스테판–볼츠만의 법칙에 관한 설명으로 옳은 것은?

① 물체에서 복사되는 열량은 그 표면의 절대온도에 반비례한다.
② 물체에서 복사되는 열량은 그 표면의 절대온도의 2승에 비례한다.
③ 물체에서 복사되는 열량은 그 표면의 절대온도의 3승에 비례한다.
④ 물체에서 복사되는 열량은 그 표면의 절대온도의 4승에 비례한다.

해설 스테판–볼츠만의 법칙은 흑체(黑體)가 내놓는 열복사 에너지의 총량은 그 표면의 절대온도를 T라 할 때 T^4에 비례한다는 법칙으로 열복사의 성질과 관계가 깊다.

25

다음 중 불쾌지수의 결정 요소로만 구성된 것은?

① 기온, 습도 ② 기온, 기류
③ 습도, 기류 ④ 기온, 복사열

해설 불쾌지수=(건구온도+습구온도)×0.72+40.6의 식으로 산정하며, 현상은 다음과 같다.
㉠ 75DI 이상 : 약간의 더위를 느끼고, 주민의 10% 정도가 불쾌감을 느낀다.
㉡ 80DI 이상 : 땀이 나고, 거의 모든 사람이 불쾌감을 느낀다.
㉢ 85DI 이상 : 견딜 수 없을 만큼 더위를 느끼게 된다.

26

열에 의하여 쾌적감이나 불쾌감을 느끼는 물리적 온열 4요소가 옳게 나열된 것은?

① 기온, 기류, 습도, 복사열
② 기온, 기류, 복사열, 착의량
③ 기온, 복사열, 습도, 활동량
④ 기온, 기류, 습도, 활동량

정답 21. ② 22. ② 23. ④ 24. ④ 25. ① 26. ①

해설 물리적 온열 4요소

㉠ 기온 : 인체의 쾌적 환경에 가장 큰 영향을 미치는 요소이며, 건구온도의 쾌적 범위는 16~28℃이다.
㉡ 습도 : 상대습도가 가장 큰 영향을 미치며, 보통 상대습도(RH)가 20~60%에서 쾌적감을 느낀다. 추울 때 공기가 건조하면 더 춥게 느껴지며, 더울 때 상대습도가 60% 이상이면 증발이 잘 되지 않기 때문에 더욱 덥게 느껴진다.
㉢ 기류(풍속) : 기온이 일정한 경우 기류에 의해 열적 효과가 발생한다. 보통 0.5m/sec에서 쾌적감을 느끼고 1.5m/sec 이상이면 불쾌감이 느껴진다.
㉣ 복사열 : 기온 다음으로 중요한 요소이며, 주어진 환경에서 평균 복사 온도는 기온보다 두 배 정도 영향을 미친다. 가장 쾌적한 상태는 복사 온도가 기온보다 2℃ 정도 높을 때이다.

27

다음의 열 환경 지표 중 복사열의 영향을 고려하지 않은 것은?

① 유효온도　② 작용온도
③ 등가온도　④ 수정유효온도

해설 열 환경 지표

구분	기온	습도	기류	복사열
유효온도	○	○	○	×
수정 · 신 · 표준 유효온도, 등가감각온도	○	○	○	○
작용(효과) · 등가 · 합성 온도	○	×	○	○

28

다음의 온열 환경 지표들 중에서 기온, 습도, 기류, 평균 복사온도의 영향을 동시에 고려하여 표현한 것은?

① 유효온도　② 흑구온도
③ 수정유효온도　④ 불쾌지수

해설 유효온도(감각, 효과, 체감온도)는 상대습도 100%, 풍속 0m/s인 임의의 온도를 기준으로 정의한 것으로 온도, 습도, 기류의 3가지 요소의 조합에 의한 체감을 표시하는 척도이다.
흑구온도는 기온, 기류, 평균복사온도를 종합한 지표이다.
불쾌지수는 기상 상태로 인하여 불쾌감을 느끼는 정도를 말하고, 건구온도, 습구온도, 기류의 상태를 통해 나타낸다.

29

온열 환경 지표 중 유효온도에 관한 설명으로 옳은 것은?

① 실내습도는 유효온도에 영향을 미치지 않는다.
② 실내 거주자의 착의량 및 대사량에 의해 영향을 받는 지표이다.
③ 실내 주위 벽면과의 복사열 교환에 의한 영향을 고려한 지표이다.
④ 다수의 피험자의 실제 체감에서 구한 것이며 계측기에 의한 것이 아니다.

해설 ① 실내습도는 유효온도에 영향을 미치고, ② 신유효온도, ③ 수정유효온도(무감지표)에 대한 설명이다.

30

다음 중 주관적 온열 환경 요소가 아닌 것은?

① 착의상태　② 활동
③ 복사열　④ 환경에 대한 적응도

해설 주관적 온열 요소

㉠ 착의상태 : 의복의 단열값을 clo로 나타낸다.
㉡ 활동상태 : 활동량이 많을수록 낮은 기온에 의해 쾌적도가 증가한다.
㉢ 기타 : 복사열, 성별, 연령, 신체조건, 피하지방량, 재실시간, 사용자 밀도 등에 따라 달라진다.

31

주관적 온열 요소 중 인체의 활동상태의 단위로 사용되는 것은?

① W　② RH
③ met　④ clo

해설 W는 J/s 즉 1초 동안에 한 일의 량을 의미하고, RH는 상대습도 현재 기온의 포화 수증기량에 대한 현재 공기 중의 실제 수증기량의 비를 의미한다. clo는 의류의 열 절연성(단열성)을 나타내는 단위이고, 온도 21℃, 상대습도 50%에 있어서 기류속도가 5cm/s 이하인 실내에서 인체 표면에서의 방열량이 1met(50kcal/m^{2}h)의 대사와 평행되는 착의 상태를 기준으로 한다.

정답 27. ① 28. ③ 29. ④ 30. ④ 31. ③

32

타임래그(time-lag)에 관한 설명으로 옳지 않은 것은?

① 건물 외피의 열용량이 클수록 타임래그는 길어진다.
② 실내 기온의 변화가 외기온의 변화보다 늦어지는 현상이다.
③ 일반적으로 건물 외피를 구성하는 재료의 밀도가 클수록 타임래그는 길어진다.
④ 실내외 온도차에 직접적인 영향을 받으며, 온도차가 클수록 타임래그는 길어진다.

해설 타임래그(time lag, 시간지연)는 실내 기온의 변화가 외부 기온의 변화보다 늦어지는 현상으로 실내·외의 온도차에 직접적인 영향을 받으나, 온도차가 클수록 타임래그는 짧아지고, 건물 외피의 **열용량**과 외피를 구성하는 **재료의 밀도가 클수록 타임래그는 길어진다.**

33

중량 건축물일수록 시간지체(time-lag) 현상이 커지는데, 이를 평가하기 위한 척도는?

① 열용량
② 열전도율
③ 등가온도
④ 표면 복사율

해설 타임래그(time lag, 시간지연)은 실내 기온의 변화가 외부 기온의 변화보다 늦어지는 현상으로 실내·외의 온도차에 직접적인 영향을 받으나, 온도차가 클수록 타임래그는 짧아지고, 건물 외피의 열용량과 외피를 구성하는 재료의 밀도가 클수록 타임래그는 길어진다. **즉, 타임래그를 결정하는 요소는 열용량(물체에 열을 저장할 수 있는 용량)이다.**

34

착의량의 총 열저항값은 각 의복의 열저항값을 합산한 후, 다음 어느 계수를 곱하여 구하는가?

① 1.21 ② 1.02
③ 0.82 ④ 0.61

해설 착의량의 총 clo=0.82Σ(각 의복의 clo)

35

clo는 다음 중 어느 것을 나타내는 단위인가?

① 착의량 ② 대사량
③ 복사열량 ④ 수증기량

해설 clo는 의류의 **열절연성(단열성)**을 나타내는 단위로서 온도 21℃, 상대습도 50%에 있어서 기류속도가 5cm/s 이하인 실내에서 인체 표면에서의 방열량이 1met (50kcal/m^2h)의 대사와 평행되는 착의상태를 기준으로 한다.

36

열쾌적에 대한 기술 중 옳지 않은 것은?

① 건구온도의 최적 범위는 약 16~28℃이다.
② 추울 때 습도가 높으면 더욱 춥게 느껴진다.
③ 실내에 공기의 흐름이 전혀 없는 경우 천장 부분과 바닥 부분에 공기층의 분리 현상이 생긴다.
④ 더운 상태에서는 대개 풍속 1m/s 정도에서 쾌적함을 느낀다.

해설 습도의 영향으로 상대습도(RH) 30~60%에서 쾌적함을 느낀다. **추울 때 건조하면 더 춥게 느껴지며,** 더울 때 습도가 높으면 더 덥게 느껴진다. 습도가 높으면 유효온도는 높아지고, 풍속이 빨라지면 유효온도는 낮아진다.

37

실내에 있어서 인체 표면과 벽·천장·바닥면 등 주벽면과의 열복사가 재실자의 쾌적감에 미치는 영향을 측정하기 위하여 Vernon에 의해 고안된 온도계는?

① 자기 온도계 ② 카타 온도계
③ 글로브 온도계 ④ 아스만 온도계

해설 **자기 온도계**는 스프링 장치로 천천히 회전하는 드럼 표면에 종이를 붙이고, 링크시스템으로 온도의 변화를 펜 끝의 변위로 바꾸어 자동적으로 종이 위에 온도의 변화를 나타내는 온도계이고, **카타 온도계**는 알코올 온도계의 일종으로 구부가 크며, 건구의 것과 거즈를 감은 습구의 것이 있는 온도계이며, **아스만 온도계**는 구부에 일정 속도의 바람을 받게 하고 측정시간을 단축하면서 정확한 온도를 측정하는 온도계이다.

정답 32.④ 33.① 34.③ 35.① 36.② 37.③

38 |

다음 중 습공기선도의 구성에 속하지 않는 것은?

① 비열　　② 절대습도
③ 습구온도　　④ 상대습도

해설 습공기선도에서 알 수 있는 사항은 습도(절대습도, 비습도, 상대습도 등), 온도(건구온도, 습구온도, 노점온도 등), 엔탈피, 수증기 분압, 비체적, 열수분비 및 현열비 등이 있고, 비열, 열용량, 습공기의 기류 및 열관류율은 알 수 없는 사항이다.

39 |

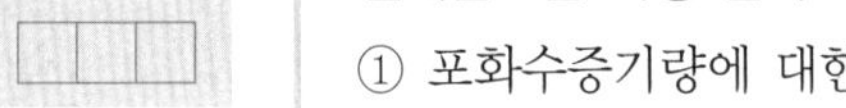

습공기를 가습하였을 때의 상태 변화로 옳은 것은? (단, 건구온도는 일정하다)

① 엔탈피가 커진다.
② 노점온도가 낮아진다.
③ 습구온도가 낮아진다.
④ 절대습도가 작아진다.

해설 건구온도가 일정한 경우, 습공기를 가습하였을 때의 상태 변화는 엔탈피, 비체적, 노점온도 및 습구온도는 커지고, 절대습도는 변함이 없다.

40 |

상대습도를 높였을 때 나타나는 습공기의 상태 변화로 옳은 것은? (단, 건구온도는 일정하다.)

① 노점온도가 높아진다.
② 습구온도가 낮아진다.
③ 절대습도가 작아진다.
④ 엔탈피가 낮아진다.

해설 습공기의 상대습도를 높이면 노점온도, 습구온도 및 엔탈피는 높아지고, 절대습도는 변함이 없다.

41 |

습공기에 관한 설명으로 옳은 것은?

① 영의 상태의 습공기를 가열하면 습공기의 상대습도는 높아진다.
② 영의 상태의 습공기를 가열하면 습공기의 절대습도는 낮아진다.
③ 영의 상태의 습공기를 가습하면 습공기의 엔탈피는 높아진다.
④ 영의 상태의 습공기를 가습하면 습공기의 비체적은 낮아진다.

해설 ① 습공기를 가열하면 습공기의 상대습도는 낮아진다.
② 습공기를 가열하면 습공기의 절대습도는 변함이 없다.
④ 습공기를 가습하면 습공기의 비체적은 높아진다.

42 |

절대습도를 가장 올바르게 표현한 것은?

① 포화수증기량에 대한 백분율
② 습공기 1kg당 포함된 수증기의 질량
③ 일정한 온도에서 더 이상 포함할 수 없는 수증기량
④ 습공기를 구성하고 있는 건공기 1kg당 포함된 수증기의 질량

해설 절대습도는 건공기 1kg당 수증기량으로 표시한다.
① 상대습도에 대한 설명이다.
③ 포화 공기에 대한 설명이다.

43 |

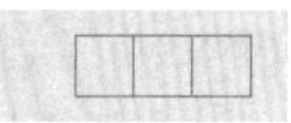

20℃, 상대습도 80%인 수증기압의 공기를 30℃로 했을 때의 상대습도(%)는? (단, 20℃, 30℃의 포화수증기압은 각각 17.53mmHg, 31.83mmHg이다.)

① 69　　② 55
③ 44　　④ 36

해설 상대습도

$$=\frac{\text{공기의 수증기 분압}}{\text{같은 온도에서의 포화공기의 수증기분압}}\times 100(\%)$$

이다.

20℃의 포화수증기압은 17.53mmHg이고, 상대습도는 80%이므로,

공기의 수증기 분압

$$=\frac{\text{상대습도}\times\text{같은 온도에서의 포화공기의 수증기 분압}}{100}$$

$$=\frac{80\times 17.53}{100}=14.02\text{mmHg}$$

$$\therefore \ 30℃\text{의 상대습도}=\frac{14.02}{31.83}\times 100=44.05\%$$

정답 38. ① 39. ① 40. ① 41. ③ 42. ④ 43. ③

44 |

포화 공기(saturated air)에 관한 설명으로 옳은 것은?

① 대기가 수증기를 포함하지 않은 공기
② 주어진 온도에서 최소한의 수증기를 함유한 공기
③ 주어진 온도에서 최대한의 수증기를 함유한 공기
④ 대기 중에 포함된 수증기의 양을 공기 선도에 표기한 공기

해설 포화 공기(습공기)는 어떤 온도에서 최대한도의 수증기를 가진 습공기를 말하고, 그 온도는 수증기 분압에 대한 포화증기의 온도와 동일하다.
① 건조(건)공기에 대한 설명이다.

45 |

벽체의 전열에 관한 설명으로 옳은 것은?

① 열전도율은 기체가 가장 크며 고체가 가장 작다.
② 공기층의 단열효과는 그 기밀성과는 관계가 없다.
③ 단열재는 물에 젖어도 단열 성능은 변하지 않는다.
④ 일반적으로 벽체에서의 열관류현상은 열전달-열전도-열전달의 과정을 거친다.

해설 열전도율은 고체 또는 정지된 유체 안에서 온도차에 의해 열이 전달되어가는 경우 열이 얼마나 잘 전달되는 가를 나타내는 물성치이고, 공기층의 단열효과는 그 기밀성과 관계가 밀접(매우 깊다)하고, 단열재는 물에 젖으면 열전도율이 커지므로 단열 성능이 저하된다.

46 |

전열의 유형에 해당하지 않는 것은?

① 전도 ② 대류
③ 복사 ④ 현열

해설 열의 이동에서 **전도**는 열이 물질을 따라 고온부에서 저온부로 전달되는 현상으로 원인은 구성 원자의 운동에너지의 전달이다. **대류**는 액체나 기체가 열을 받으면 열팽창에 의하여 밀도가 낮아져서 순환 운동을 통해 열에너지가 이동하는 현상이다. **복사**는 고온의 물체로부터 열에너지가 전자기파의 형태로 방사되어 직접 열에너지가 전달되는 현상 또는 어떤 물체에 발생하는 열에너지가 전달 매개체 없이 직접 다른 물체에 도달하는 현상이다. 또한, **현열**은 물질을 가열이나 냉각했을 때 상변화 없이 온도변화에만 사용되는 열량이다.

47 |

사막과 같은 고온건조 기후 조건에 적용된 건축계획의 요점에 해당되지 않는 것은?

① 지붕 및 외벽의 색채는 가능한 밝은 것이 좋다.
② 건물의 배치는 밀집시키는 것이 좋다.
③ 외벽의 벽체는 축열벽 구조로 하는 것이 좋다.
④ 외벽의 개구부는 가능한 넓게 하는 것이 좋다.

해설 건축물과 기후 조건
㉠ **고온건조 기후** : 사막에서 주로 일어나는 현상으로 일교차가 심하고 모래, 먼지, 바람이 많이 분다. 건축물은 중정식이 좋고 단열 성능이 높으며 **개구부가 작고** 밝은색이 적당하다.
㉡ **고온다습 기후** : 비가 많이 오고 기온 및 습도가 높으므로 통풍 및 환기가 잘 되는 높은 곳이나 남북향으로 개구부가 많아야 하고 천장은 반사성이 큰 재료가 적당하다.
㉢ **한랭 기후** : 기온이 낮고 바람이 많으며 눈이 많이 오므로 외표면의 면적을 작게 하고, 개구부는 가능한 한 2중 구조로 하는 것이 좋다.

48 |

다음 중 단열의 메커니즘에 속하지 않는 것은?

① 용량형 단열 ② 반사형 단열
③ 저항형 단열 ④ 투과형 단열

해설 단열(대류, 전도, 복사 등의 열전달 요소를 이용하여 열류를 차단하는 것)의 메커니즘에는 **저항형 단열**(기포형), **반사형 단열**(순간적인 효과) 및 **용량형 단열**(시간의 함수로써 작용) 등이 있다.

49 |

단열재가 갖추어야 할 요건으로 옳지 않은 것은?

① 경제적이고 시공이 용이할 것
② 가벼우며 기계적 강도가 우수할 것
③ 열전도율, 흡수율, 수증기 투과율이 높을 것
④ 내구성, 내열성, 내식성이 우수하고 냄새가 없을 것

해설 단열재의 조건은 ①, ②, ④ 이외에 **열전도율, 흡수율, 수증기 투과율이 낮고**, 품질의 편차가 적어야 한다.

정답 44. ③ 45. ④ 46. ④ 47. ④ 48. ④ 49. ③

50

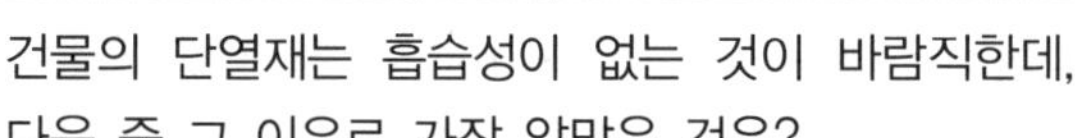

건물의 단열재는 흡습성이 없는 것이 바람직한데, 다음 중 그 이유로 가장 알맞은 것은?

① 단열재에 수분이 침투하면 시공이 불편하기 때문에
② 단열재에 수분이 침투하면 단열재가 팽창하기 때문에
③ 단열재에 수분이 침투하면 열전도율이 크게 증가하기 때문에
④ 단열재에 수분이 침투하면 열교현상이 발생하지 않기 때문에

해설 건물의 단열재에 수분이 침투하면 열전도율이 증대(단열성이 감소)되므로 이를 방지하기 위하여 단열재는 흡습, 흡수성이 없는 것을 사용해야 한다.

51

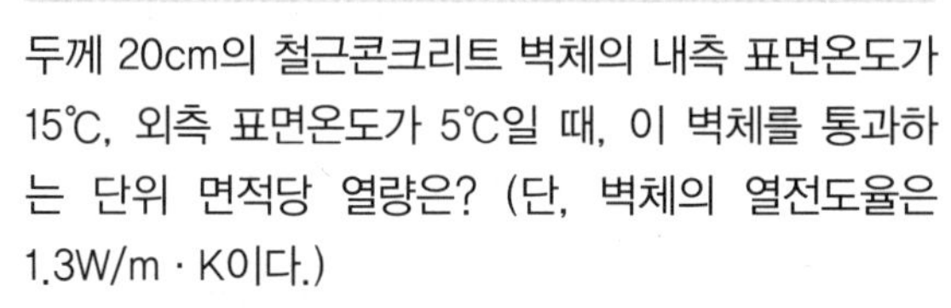

두께 20cm의 철근콘크리트 벽체의 내측 표면온도가 15℃, 외측 표면온도가 5℃일 때, 이 벽체를 통과하는 단위 면적당 열량은? (단, 벽체의 열전도율은 1.3W/m · K이다.)

① 6.5W　　② 13W
③ 65W　　④ 130W

해설 Q(전도열량)

$$= \lambda(\text{열전도율}) \cdot \frac{\Delta t(\text{온도 차})}{d(\text{벽체의 두께})} \cdot A(\text{벽체의 면적}) \cdot T(\text{시간})$$

$$Q = \lambda \frac{\Delta t}{d} AT = 1.3 \times \frac{(15-5)}{0.2} \times 1 \times 1 = 65\text{W/m}^2$$

52

다음과 같은 조건에서 두께 15cm인 콘크리트벽체를 통과한 손실 열량은?

- 실내 공기 온도 : 18℃
- 외기온도 : 2℃
- 내표면 열전달률 : $11\text{W/m}^2 \cdot \text{K}$
- 외표면 열전달률 : $22\text{W/m}^2 \cdot \text{K}$
- 콘크리트의 열전도율 : $1.56\text{W/m} \cdot \text{K}$

① 약 45W/m^2　　② 약 58W/m^2
③ 약 69W/m^2　　④ 약 75W/m^2

해설 Q(손실열량)$=K$(열관류율)A(벽면적)Δt(온도의 변화량)이다. 즉 $Q=KA\Delta t$이고,

$$\frac{1}{K} = \frac{1}{\alpha_i(\text{내표면 열전달률})} + \sum \frac{d(\text{재료의 두께})}{\lambda(\text{재료의 열전도율})} + \frac{1}{\alpha_o(\text{외표면 열전달률})}$$ 이다.

그러므로, $$Q = KA\Delta t = \frac{1}{\frac{1}{\alpha_i} + \frac{d}{\lambda} + \frac{1}{\alpha_o}} \times A \times \Delta t$$

$$= \frac{1}{\frac{1}{11} + \frac{0.2}{1.56} + \frac{1}{22}} \times 1 \times (20-2)$$

$$= 68.035\text{W/m}^2\text{K}$$

그러므로, $$\frac{1}{K} = \sum \frac{d}{\lambda} = \frac{1}{11} + \frac{0.15}{1.56} + \frac{1}{22}$$

$$= 0.2325\text{m}^2\text{K/W} = 4.3\text{W/m}^2\text{K}$$ 이고,

$A = 1\text{m}^2$, $\Delta t = 18 - 2 = 16$℃이다.

그러므로, $Q = KA\Delta t = 4.3 \times 1 \times 16 = 68.8\text{W/m}^2 \fallingdotseq 69\text{W/m}^2$

53

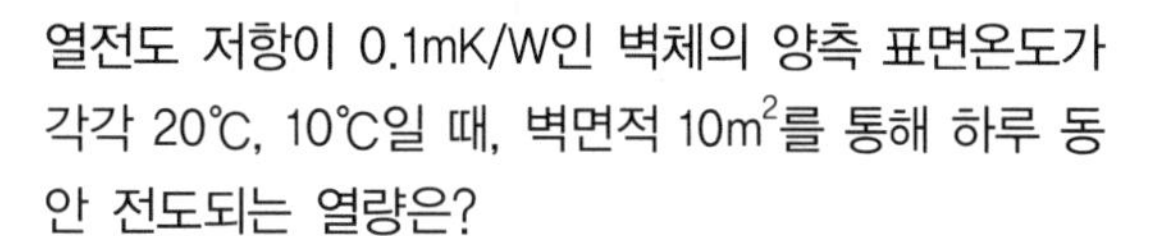

열전도 저항이 0.1mK/W인 벽체의 양측 표면온도가 각각 20℃, 10℃일 때, 벽면적 10m^2를 통해 하루 동안 전도되는 열량은?

① 66,400kJ　　② 76,640kJ
③ 86,400kJ　　④ 96,400kJ

해설 Q(전도열량)

$$= \lambda(\text{열전도율}) \cdot \frac{\Delta t(\text{온도 차})}{d(\text{벽체의 두께})} \cdot A(\text{벽체의 면적}) \cdot T(\text{시간})$$

여기서, 열전도 저항$=\dfrac{\text{벽체의 두께}}{\text{열전도율}}$이다.

즉 열전도 저항은 열전도율에 반비례하고, 벽두께에 비례하므로 열전도 저항은 $\dfrac{d}{\lambda}$이다.

그러므로, $$Q = \lambda \frac{\Delta t}{d} AT = \frac{\lambda}{d} \Delta t AT = \frac{1}{\frac{d}{\lambda}} \Delta t AT$$

$$= \frac{1}{0.1} \times (20-10) \times 10 \times (24 \times 60 \times 60)$$

$$= 86,400,000\text{J} = 86,400\text{kJ}$$

정답 50. ③　51. ③　52. ③　53. ③

54

열전도율에 관한 설명으로 옳은 것은?

① 열전도율의 단위는 $W/m^2 \cdot K$이다.
② 열전도율의 역수를 열전도 저항이라고 한다.
③ 액체는 고체보다 열전도율이 크고, 기체는 더욱 더 크다.
④ 열전도율이란 두께 1cm판의 양면에 1℃의 온도 차가 있을 때 $1cm^2$의 표면적으로 통해 흐르는 열량을 나타낸 것이다.

해설 열전도율은 두께 1m, 표면적 $1m^2$인 재료를 사이에 두고 온도차가 1℃일 때 재료를 통과하는 열의 흐름을 측정한 것으로 단위는 W/m · K이고, 액체는 고체보다 열전도율이 작고, 기체는 더욱 더 작다.

55

다음 그림과 같은 벽체의 열관류율은?

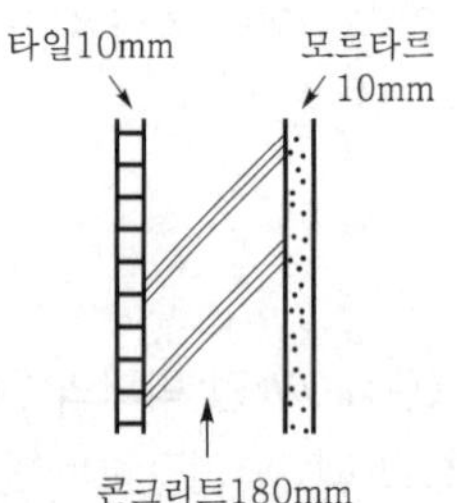

- 열전도율(W/m · K)
  - 콘크리트 : 0.95
  - 모르타르 : 1.12
  - 타일 : 1.1
- 열전달률(W/m · K)
  - 외기측 : 20
  - 실내측 : 8

① 2.61W/m · K ② $2.61W/m^2 \cdot K$
③ 0.004W/m · K ④ $0.004W/m^2 \cdot K$

해설 K(열관류율)을 구하기 위하여

$$\frac{1}{K}=\frac{1}{\alpha_i}+\sum\frac{d}{\lambda}+\frac{1}{\alpha_o}$$
$$=\frac{1}{20}+\left(\frac{0.01}{1.1}+\frac{0.18}{0.95}+\frac{0.01}{1.12}\right)+\frac{1}{8}=0.3825\text{이므로,}$$
$$K=\frac{1}{0.3825}=2.6144W/m^2 \cdot K$$

56

다음과 같이 구성된 구조체에서 $1m^2$당 열관류량은? (단, 실내온도 25℃, 외기온도 10℃, 내표면 열전달률 $8W/m^2 \cdot K$, 외표면 열전달률 $20W/m^2 \cdot K$이다.)

재료	열전도율(W/m · K)	두께(mm)
석고	0.1	10
콘크리트	1.3	150
모르타르	1.1	15

① 15.66W
② 21.36W
③ 25.36W
④ 37.13W

해설 Q(열관류량)
$=K$(열관류율)A(표면적)Δt(온도의 변화량)
이므로, 열관류율을 산정하여야 한다.

$$\frac{1}{K}=\frac{1}{\alpha_i}+\sum\frac{d}{\lambda}+\frac{1}{\alpha_o}=\frac{1}{8}+\left(\frac{0.01}{0.1}+\frac{0.15}{1.3}+\frac{0.015}{1.1}\right)+\frac{1}{20}=0.404m^2K/W\text{이므로}$$

$K=2.475W/m^2K$이고,
$A=1m^2$, $\Delta t=(25-10)=15$℃이다.
그러므로, $Q=KA\Delta t=2.475\times1\times15=37.125W$

57

크기가 2m×0.8m, 두께 40mm, 열전도율이 0.14 W/m · K인 목재문의 내측 표면온도가 15℃, 외측 표면온도가 5℃일 때, 이 문을 통하여 1초 동안에 흐르는 전도열량은?

① 0.056W
② 0.56W
③ 5.6W
④ 56W

해설 Q(열전도량)$=\lambda$(열전도율)$\times\dfrac{\Delta t\text{(온도의 변화량)}}{d\text{(벽체의 두께)}}$
$\times A$(벽체의 면적)$\times H$(시간)이다. 즉,

$$Q=\lambda\frac{\Delta t}{d}AH=0.14\times\frac{(15-5)}{0.04}\times(2\times0.8)\times1=56W$$

정답 54. ② 55. ② 56. ④ 57. ④

58

그림과 같은 구조를 갖는 벽체의 열관류 저항은?

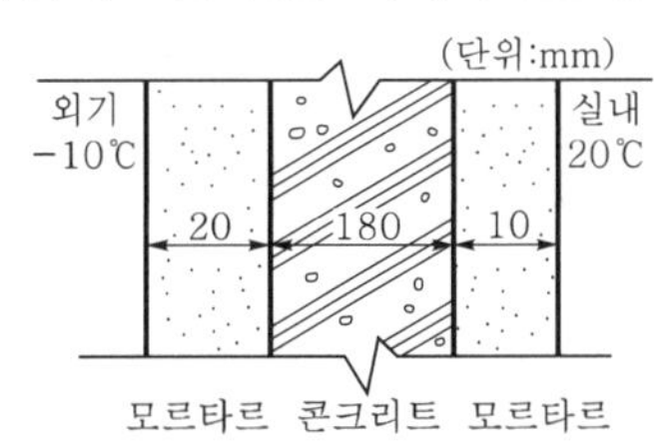

- 실내측 표면 열전달률 : 9.3W/m^2 · K
- 실외측 표면 열전달률 : 23.2W/m^2 · K
- 콘크리트 열전도율 : 1.6W/m · K
- 모르타르 열전도율 : 1.5W/m · K

① 0.14m^2 · K/W ② 0.28m^2 · K/W
③ 0.42m^2 · K/W ④ 0.56m^2 · K/W

해설 $\frac{1}{K}$(열관류 저항) $= \frac{1}{\alpha_i} + \sum \frac{d}{\lambda} + \frac{1}{\alpha_o}$

$= \frac{1}{9.3} + \left(\frac{0.02}{1.6} + \frac{0.18}{1.5} + \frac{0.01}{1.6}\right) + \frac{1}{23.2}$

$= 0.28\text{m}^2 \cdot \text{K/W}$

59

두께 10cm의 경량 콘크리트 벽체의 열관류율은? (단, 경량 콘크리트 벽체의 열전도율 0.17W/m · K, 실내측 표면 열전달률 9.28W/m^2 · K, 실외측 표면 열전달률 23.2W/m^2 · K이다.)

① 0.85W/m^2 · K ② 1.35W/m^2 · K
③ 1.85W/m^2 · K ④ 2.15W/m^2 · K

해설 $\frac{1}{K(\text{열관류율})} =$

$\frac{1}{\alpha_i} + \frac{d}{\lambda} + \frac{1}{\alpha_o} = \frac{1}{9.28} + \frac{0.1}{0.17} + \frac{1}{23.2} = 0.739$

그러므로, $K = \frac{1}{0.739} \fallingdotseq 1.353\text{W/m}^2\text{K}$이다.

60

건물 외벽의 열관류 저항값을 높이는 방법으로 옳지 않은 것은?

① 벽체 내에 공기층을 둔다.
② 벽체에 단열재를 사용한다.
③ 열전도율이 낮은 재료를 사용한다.
④ 외벽의 표면 열전달률을 크게 유지한다.

해설 벽체의 열관류 저항$\left(\frac{1}{K}\right) = \frac{1}{\alpha_i} + \Sigma \frac{d}{\lambda} + \frac{1}{\alpha_o}$

여기서, α_o : 실외측 표면 열전달률
α_i : 실내측 표면 열전달률
d : 벽체 구성 재료의 두께
λ : 벽체 구성 재료의 열전도율

즉, 열관류 저항값은 d(벽체 구성 재료의 두께)에 비례하고, α_o(실외측 표면 열전달률), α_i(실내측 표면 열전달률) 및 λ(벽체 구성 재료의 열전도율)에 반비례함을 알 수 있다.

61

다음 용어의 단위가 옳지 않은 것은?

① 열관류 저항 : (m^2 · K)/W
② 열전달률 : W/(m^2 · K)
③ 열전도율 : W/(m^2 · K)
④ 열관류율 : W/(m^2 · K)

해설 열전도율은 열이 어떤 물체에 전달되면 물체 자체의 물질이 이동하는 것이 아니라 고온의 부분에서 저온의 부분으로 열이 이동하는 현상으로 단위는 Kcal/mh℃ 또는 W/m · K이다.

62

다음과 같은 조건에 있는 벽체의 실내측 표면온도는?

[조건]

- 외기온도 : -10℃
- 실내공기온도 : 20℃
- 벽체의 열관류율 : 1.5W/m^2 · K
- 벽체의 내표면 열전달률 : 9W/m^2 · K

① 10℃ ② 15℃
③ 20℃ ④ 25℃

해설 벽체의 실내 표면온도를 구하기 위하여 우선, 외벽을 통한 열관류량 또는 열취득량($Q_1 = KA\Delta t$)과 표면 열전달량($Q_2 = HA\Delta t$)은 동일하므로 단위 면적당을 기준으로 구한다.
그러므로 $Q_1 = KA\Delta t = 1.5 \times 1 \times [20 - (-10)]$이고, 여기서, 실내의 표면온도를 t℃라고 하면,
$Q_2 = KA\Delta t = 9 \times 1 \times [20 - t]$이다.

정답 58. ② 59. ② 60. ④ 61. ③ 62. ②

그런데, $Q_1 = Q_2$에 의해서 $1.5 \times 1 \times [20-(-10)]$
$= 9 \times 1 \times [20-t]$

$$\therefore\ t = 20 - \frac{1.5 \times 1 \times [20-(-10)]}{9 \times 1} = 15℃$$

63 |

일반적인 기건 상태에 있어 건축재료의 열전도율에 관한 수치로 틀린 것은?

① 판유리 – 0.8W/m · K
② 합판 – 0.16W/m · K
③ 모르타르 – 1.4W/m · K
④ 알루미늄 – 43W/m · K

해설 알루미늄의 열전도율은 186W/m · K 정도이다.

64 |

다음의 건축재료 중 열전도율이 가장 작은 것은?

① 타일　② 합판
③ 강재　④ 점토벽돌

해설 건축재료의 열전도율을 보면, 타일은 1.3W/m · K, 합판은 0.15W/m · K, 강재는 53W/m · K, 점토벽돌은 0.96W/m · K이다.

65 |

겨울철 벽체를 통해 실내에서 실외로 빠져나가는 관류열 부하를 계산할 때 필요하지 않은 요소는?

① 실내온도　② 실내습도
③ 벽체두께　④ 내표면 열전달률

해설 열관류율 산정 시 필요한 요소에는 실내 · 외 열전달률, 공기층의 열저항, 재료의 두께 및 재료의 열전도율 등이고, 열관류 부하 산정 시에는 **열관류율(표면열전달율, 열전도율, 부재의 두께 등)**, 실내 · 외온도, 단면적 등이 있다.

66 |

다음 중 건물의 에너지절약 방법과 가장 거리가 먼 것은?

① 열전도율이 높은 재료를 사용한다.
② 창호는 기밀하게 한다.
③ 열효율이 좋은 기기를 사용한다.
④ 태양 에너지를 이용하는 설계를 한다.

해설 **열전도율**(고체 또는 정지된 유체 안에서 온도차에 의해 열이 전달되어가는 경우 열이 얼마나 잘 전달되는가를 나타내는 물성치)이 높은 재료를 사용하면 열을 잘 전하므로 실내의 냉난방에 매우 불리하다.

67 |

건축물의 에너지절약을 위한 계획 내용으로 옳지 않은 것은?

① 건축물은 남향 또는 남동향으로 배치한다.
② 공동주택은 인동간격을 넓게 하여 저층부의 일사 수열량을 증대시킨다.
③ 건축물의 체적에 대한 외피 면적의 비 또는 연면적에 대한 외피 면적의 비는 가능한 한 크게 한다.
④ 거실의 층고 및 반자 높이는 실의 용도와 기능에 지장을 주지 않는 범위 내에서 가능한 낮게 한다.

해설 건축물의 에너지 절약을 위해 **건축물의 체적에 대한 외피**(거실 또는 거실 외 공간을 둘러싸고 있는 벽 · 지붕 · 바닥 · 창 및 문 등으로서 외기에 직접 면하는 부위)**면적의 비 또는 연면적에 대한 외피면적의 비는 가능한 작게 한다**(건축물의 에너지절약설계기준 제7조).

68 |

건축물의 단열계획에 관한 설명으로 옳지 않은 것은?

① 외피의 모서리 부분은 열교가 발생하지 않도록 단열재를 연속적으로 설치한다.
② 외벽 부위는 내단열로 시공하는 것이 외단열로 시공하는 것보다 단열에 효과적이다.
③ 건물의 창 및 문은 가능한 작게 설계하고, 특히 열손실이 많은 북측 거실의 창 및 문의 면적은 최소화한다.
④ 발코니 확장을 하는 공동주택이나 창 및 문의 면적이 큰 건물에는 단열성이 우수한 로이(Low-E) 복층창이나 삼중창 이상의 단열 성능을 갖는 창을 설치한다.

해설 건축물의 단열에 있어서 외벽 부위는 **외단열로 시공하는 것이 내단열로 시공하는 것보다 단열에 효과적이다**. 즉, 외단열이 단열 성능이 좋다.

정답 63. ④ 64. ② 65. ② 66. ① 67. ③ 68. ②

69 |

건축물의 에너지절약을 위한 단열계획으로 옳지 않은 것은?

① 외벽 부위는 외단열로 시공한다.
② 외피의 모서리 부분은 열교가 발생하지 않도록 단열재를 연속적으로 설치한다.
③ 건물의 창호는 가능한 작게 설계하되, 열손실이 적은 북측의 창면적은 가능한 크게 한다.
④ 창호면적이 큰 건물에는 단열성이 우수한 로이(Low-E) 복층창이나 삼중창 이상의 단열 성능을 갖는 창호를 설치한다.

해설 관련 법규 : 에너지절약기준 제7조, 해설 법규 : 에너지절약기준 제7조 3호 라목
건물의 창 및 문은 가능한 작게 설계하고, 특히 열손실이 많은 북측 거실의 창 및 문의 면적은 최소화한다.

70 |

벽체의 단열에 관한 기술 중 옳지 않은 것은?

① 외벽 모서리 부분의 열관류율은 다른 부분의 열관류율보다 큰 것이 보통이다.
② 밀폐된 공기층이 있는 경우 벽체의 단열효과는 공기층의 두께에 비례하여 커진다.
③ 벽체 표면의 열전달률은 조건에 따라 달라진다.
④ 동일 벽체라 하더라도 계절에 따라 열관류율은 달라진다.

해설 단열효과는 밀도가 클수록 작아지고, 재료가 두꺼울수록, 열전도율이 작을수록, 흡수성이 작을수록 효과가 크다. 특히, 공기층이 너무 두꺼우면 대류 현상으로 단열효과가 떨어진다.

71 |

어느 중공벽의 열관류율 값이 $1.0W/m^2 \cdot K$이다. 이 벽체에 단열재를 덧붙여서 열관류율 값을 $0.5W/m^2 \cdot K$로 낮추려 할 때 요구되는 단열재의 두께는? (단, 단열재의 열전도율은 $0.032W/m \cdot K$이다.)

① 약 22mm
② 약 27mm
③ 약 32mm
④ 약 37mm

해설 열관류저항(R)은 열관류율(K)의 역수이고, 물체의 두께(d)를 열전도율로 나눈 값이므로, 단열재 두께의 산정을 위해서는 열관류저항의 차이를 구하여야 한다.
㉠ 열관류저항의 차이를 구한다.
• 열관류율이 $1.0W/m^2K$인 경우 : 열관류저항(R) $= \frac{1}{열관류율} = \frac{1}{1} = 1.0m^2K/W$이다.
• 열관류율이 $0.5W/m^2K$인 경우 : 열관류저항(R) $= \frac{1}{열관류율} = \frac{1}{0.5} = 2.0m^2K/W$이다.
㉡ 열관류저항의 차이는 $2.0-1.0=1.0m^2K/W$이고, 열전도율은 $0.032W/m^2K$이다.
그러므로 d(물체의 두께)$=\lambda$(열전도율)$\times \Delta R$(열관류저항의 차이)$=0.032\times1.0=0.032m=32mm$

72 |

외단열 공법에 관한 설명으로 옳은 것은?

① 실온 변동이 크다.
② 표면 결로가 발생되기 쉽다.
③ 건물의 열교현상을 방지하기 쉽다.
④ 단시간 난방이 필요한 건물에 유리하다.

해설 외단열(단열재를 실외에 가깝게 설치하는 경우)은 실온의 변동이 적고, 열교, 표면 결로, 내부 결로 등을 방지할 수 있으며, 단시간에 난방이 필요한 건물에 불리하다.

73 |

벽체의 열관류율을 작게 하여 단열효과를 얻고자 할 때, 그 방법으로 옳지 않은 것은?

① 흡수성이 큰 재료를 사용한다.
② 벽체 내부에 공기층을 구성한다.
③ 열전도율이 작은 재료를 선택한다.
④ 벽체 구성 재료의 두께를 두껍게 한다.

해설 흡수성이 큰 재료는 벽체의 열관류율과 열전도율을 크게 하여 단열효과가 좋지 않다.

정답 69. ③ 70. ② 71. ③ 72. ③ 73. ①

74 |

벽체의 단열효과를 높이기 위한 방법으로 가장 알맞은 것은?

① 열교현상을 발생시킨다.
② 벽체 내부에 공기층을 설치한다.
③ 벽 구성 재료의 두께를 얇게 한다.
④ 열전도율이 높은 재료를 사용한다.

해설 벽체의 단열효과를 높이기 위해서는 열교현상을 방지하고, 벽 구성 재료의 두께를 두껍게 하며, 열전도율이 낮은 재료를 사용한다. 특히, **벽체 내부에 공기층**을 두어 열전도율을 낮춘다.

75 |

결로에 관한 설명으로 옳지 않은 것은?

① 외측단열공법으로 시공하는 경우 내부 결로 방지에 효과가 있다.
② 겨울철 결로는 일반적으로 단열성 부족이 원인이 되어 발생한다.
③ 내부 결로가 발생할 경우 벽체 내의 함수율은 낮아지며 열전도율은 커진다.
④ 실내에서 발생하는 수증기를 억제할 경우 표면 결로 방지에 효과가 있다.

해설 결로 현상은 습도가 높은 공기를 냉각하면 공기 중의 수분이 그 이상은 수증기로 존재할 수 없는 한계를 노점온도라 하며, 이 공기가 노점온도 이하의 차가운 벽면 등에 닿으면 그 벽면에 물방울이 생기는 현상으로 내부 결로가 발생할 경우, **벽체 내의 함수율은 높아지고**, 열전도율은 커진다.

76 |

벽체의 내부 결로에 관한 설명으로 옳지 않은 것은?

① 단열적 벽체일수록 발생하기 쉽다.
② 벽체 내부로 수증기의 침입을 억제하면 내부 결로 방지에 효과가 있다.
③ 벽체 내부온도가 노점온도 이상이 되도록 단열을 강화할 경우 내부 결로 방지에 효과적이다.
④ 내측단열공법으로 하는 경우가 외측단열공법으로 하는 경우보다 내부 결로 방지에 효과적이다.

해설 내부 결로(벽체의 실내 측 표면이 실내 공기의 이슬점 이하로 되지 않았을 때에는 벽체의 표면은 결로하지 않으나, 수증기가 벽체 내부에서 결로하는 현상)의 방지는 **외측단열공법이 내부단열공법보다 효과적**이다. 즉, 고온(실내)측에는 방습층, 저온(실외)측에는 단열재를 설치한다.

77 |

다음 중 결로 발생의 직접적인 원인과 가장 거리가 먼 것은?

① 건물 외벽의 단열상태불량
② 환기의 부족
③ 실내습기의 과다발생
④ 실내측 표면온도 상승

해설 결로 현상은 습도가 높은 공기를 냉각하면 공기 중의 수분이 그 이상은 수증기로 존재할 수 없는 한계를 **노점온도**라 하며, 이 공기가 **노점온도 이하**의 차가운 벽면 등에 닿으면 그 벽면에 물방울이 생기는 현상으로 **결로 방지 대책**에는 **환기**[습한 공기를 제거하고 실내의 결로를 방지한다. 습기가 발생하는 곳(부엌, 욕실 등)에서 발생하는 습기를 다른 실로 전달되지 않도록 환기창을 자동문으로 한다], **난방**(건축물 내부의 표면온도를 올리고 실내기온을 노점온도 이상으로 유지하며, 난방에 있어서 단시간 내에 높은 온도로 난방을 하는 것보다 낮은 온도로 오랫동안 난방을 하는 것이 유리) 및 **단열**(중량 구조의 내부에 설치한 단열재는 난방 시 실내의 표면온도를 신속히 올릴 수 있으며, 중공벽 내부의 실내측에 단열재를 시공한 벽은 외측 부분의 온도가 낮기 때문에 이곳에 생기는 내부 결로 방지를 위하여 단열재의 고온측에 방습층을 설치하는 것이 바람직하다) 등이 있다.

78 |

겨울철 벽체에 표면 결로가 발생하는 원인으로 볼 수 없는 것은?

① 실내습기 발생
② 실내 환기량 부족
③ 벽체의 단열성 부족
④ 실내 벽체 표면온도 상승

해설 표면 결로는 습공기의 노점온도와 같거나, 그 보다 낮은 온도의 표면 또는 재료의 내부에서 발생하므로 **실내 벽체의 표면온도 상승은 표면 결로 방지법의 일종**이다.

정답 74. ② 75. ③ 76. ④ 77. ④ 78. ④

79

겨울철 실내 유리창 표면에 발생하기 쉬운 결로를 방지할 수 있는 방법이 아닌 것은?

① 실내에서 발생하는 가습량을 억제한다.
② 이중유리로 하여 유리창의 단열 성능을 높인다.
③ 실내공기의 움직임을 억제한다.
④ 난방기기를 이용하여 유리창 표면온도를 높인다.

해설 결로의 원인에는 ①, ② 및 ④항 등이 있고, 결로의 방지 대책으로는 환기(실내공기의 움직임을 촉진한다.), 난방(실내측의 표면 온도의 상승) 및 단열 등이 있다.

80

표면 결로의 발생방지방법에 관한 설명으로 옳지 않은 것은?

① 단열 강화에 의해 실내측 표면온도를 상승시킨다.
② 직접가열이나 기류촉진에 의해 표면온도를 상승시킨다.
③ 수증기 발생이 많은 부엌이나 화장실에 배기구나 배기팬을 설치한다.
④ 높은 온도로 난방시간을 짧게 하는 것이 낮은 온도로 난방시간을 길게 하는 것보다 결로 발생 방지에 효과적이다.

해설 결로 방지 대책에는 환기, 난방(건축물 내부의 표면온도를 올리고 실내기온을 노점온도 이상으로 유지하며, 난방에 있어서 단시간 내에 높은 온도로 난방을 하는 것보다 낮은 온도로 오랫동안 난방을 하는 것이 유리) 및 단열 등이 있다.

81

건축물의 내부 결로 방지대책으로 옳지 않은 것은?

① 벽체의 열관류 저항을 낮춘다.
② 단열 공법은 외단열 공법으로 시공한다.
③ 벽체 내부로 수증기의 침입을 억제한다.
④ 벽체 내부온도가 노점온도 이상이 되도록 한다.

해설 결로의 방지대책으로는 환기, 난방 및 단열(벽체의 열관류 저항을 높여야 단열효과가 증대) 등이 있다.

82

건축물 외벽의 결로 방지방법으로 옳지 않은 것은?

① 냉교 현상을 없앤다.
② 실내에서 발생하는 수증기를 억제한다.
③ 벽의 방습층은 가능한 실내측에 가깝게 설치한다.
④ 실내벽 표면온도는 실내 공기의 노점온도보다 낮게 한다.

해설 건축물의 외벽의 결로 방지방법은 냉교 현상을 없애고, 실내의 수증기 양을 줄이며, 방습층은 가능한 실내측(고온측)에 설치한다. 특히, **실내벽 표면온도는 실내공기의 노점온도보다 높게 한다.** 즉 결로 방지를 위해서 난방을 하여 실내 벽면의 노점온도를 높게 한다.

83

표면 결로의 방지대책으로 옳지 않은 것은?

① 실내측 표면온도를 낮게 유지한다.
② 실내에서 발생하는 수증기를 억제한다.
③ 환기에 의해 실내절대습도를 저하한다.
④ 벽 근처 공기층의 기류가 정체되지 않도록 유지한다.

해설 표면 결로의 방지대책으로는 실내측에 발생하는 수증기를 억제하고, 환기에 의해 실내절대습도를 저하시키며, 벽 근처의 공기층의 기류가 정체하지 않도록 하여야 한다. 특히, **실내측 표면온도를 높게 유지한다.** 즉 결로 방지를 위해서 난방을 하여 실내 벽면의 노점온도를 높게 한다.

84

공동주택에서의 결로 방지방법으로 옳지 않은 것은?

① 주방 벽 근처의 공기를 순환시킨다.
② 실내 세탁을 할 경우, 수증기 발생을 고려하여 적절히 환기한다.
③ 발코니 측벽의 경우, 열손실이 많으므로 물건 등을 쌓아서 막아 둔다.
④ 실내공기의 포화수증기량은 온도가 높을수록 많으므로 난방을 하여 상대습도를 낮춘다.

해설 결로의 발생 원인에는 실내·외의 온도차, 실내 수증기의 과다 발생, 생활 습관에 의한 환기 부족, 구조체

정답 79. ③ 80. ④ 81. ① 82. ④ 83. ① 84. ③

의 열적 특성 및 시공 불량 등이 있고, 결로의 방지대책으로는 난방, 단열 및 환기 등이 있다. 그러므로, 발코니 측벽에 물건을 쌓아두는 행위는 환기를 저해하므로 결로가 발생하는 원인이 된다.

85

벽체의 표면 결로 방지대책으로 옳지 않은 것은?

① 실내에서 발생하는 수증기를 억제한다.
② 기밀에 의해 실내절대습도를 상승시킨다.
③ 단열 강화에 의해 실내측 표면온도를 상승시킨다.
④ 직접 가열이나 기류 촉진에 의해 표면온도를 상승시킨다.

해설 표면 결로 방지대책은 난방, 단열, 환기 등이고, ①, ③, ④ 이외에 환기에 의한 실내절대습도를 하강시켜야 한다.

86

겨울철 내부 결로의 위험이 있는 구조체에 방습재 및 단열재의 사용이 가장 올바른 것은?

① 단열재는 고온측, 방습재는 저온측
② 단열재는 저온측, 방습재는 고온측
③ 단열재, 방습재 모두 고온측
④ 단열재, 방습재 모두 저온측

해설 벽체의 단열 성능을 증대시키기 위하여 외단열 방식(단열재를 외부쪽에 설치하는 방식)을 사용하므로 단열재는 외부(저온)측에, 방습재는 실내(고온)측에 설치한다.

2. 공기환경

01

실내공기질 관리법령에 따른 신축 공동주택의 실내공기질 측정항목에 속하지 않는 것은?

① 벤젠　② 라돈
③ 자일렌　④ 에틸렌

해설 신축 공동주택의 실내공기질 권고기준은 폼 알데하이드(210$\mu g/m^3$ 이하), 벤젠(30$\mu g/m^3$ 이하), 톨루엔(1,000$\mu g/m^3$ 이하), 에틸벤젠(360$\mu g/m^3$ 이하), 자일렌(700$\mu g/m^3$ 이하), 스티렌(300$\mu g/m^3$ 이하) 및 라돈(148Bq/m^3 이하) 등이 있다. (실내공기질 관리법 시행규칙 7조의 2, 별표 4의2)

02

다중이용시설 중 대규모 점포의 실내공기질 유지기준에 따른 이산화탄소의 기준 농도는?

① 1,000ppm 이하
② 1,500ppm 이하
③ 2,000ppm 이하
④ 3,000ppm 이하

해설 대규모 점토의 실내공기질 유지기준은 미세먼지 : (PM10 : 100$\mu g/m^3$ 이하, PM25 : 50$\mu g/m^3$ 이하), 이산화탄소 : 1,000ppm 이하, 폼알데히드 : 100$\mu g/m^3$ 이하, 일산화탄소 : 10ppm 이하이다(실내공기질 관리법 시행규칙 제3조, 별표2).

03

다음 중에서 설명이 부적합한 것은?

① 부유 분진은 실내 환경 기준에 규정되어 있다.
② 영화관은 실에서의 환기를 중요시 하여야 한다.
③ 모니터 루프는 풍향에 좌우된다.
④ 라돈은 실내에서 검출되는 오염물질이 아니다.

해설 라돈은 건축물의 구조체인 콘크리트에서 검출되는 오염물질로서 실내에서 검출되는 오염물질이다.

04

환기의 목적에 관한 기술 중 옳지 않은 것은?

① 실내에서 발생된 오염물질을 제거하기 위한 것
② 실내에서 발생된 열, 수분 등을 제거하기 위한 것
③ 적당한 기류 속도를 확보하여 인체의 쾌적성을 부여하기 위한 것
④ 실내의 온·습도 조건을 일정하게 유지하기 위한 것

해설 환기의 목적에는 신선한 공기의 공급, 실내 공기의 정화, 실내에서 발생된 열, 수증기(수분), 오염물질, 취기 등을 제거함에 목적이 있다.
③ 공기조화의 목적이라고 할 수 있다.

정답 85. ② 86. ② / 01. ④ 02. ① 03. ④ 04. ③

05

환기에 관한 설명으로 옳지 않은 것은?

① 치환환기는 공기의 온도차에 따른 환기력을 이용한 자연환기와 함께 기계환기를 조합한 환기 방식이다.
② 건물의 상부와 하부에 개구부가 있을 경우, 실내외 온도차에 의한 환기량은 두 개구부 수직 거리의 제곱근에 비례한다.
③ 전반환기는 실 전체의 기류분포를 고려하면서, 실내에서 발생하는 오염 공기의 희석, 확산, 배출이 이루어지도록 하는 환기방식이다.
④ 건물의 실내온도가 외기온도보다 높고, 실외에 바람이 없을 경우, 외기는 건물 상부의 개구부로 들어오고, 건물 하부의 개구부로 나가면서 환기가 이루어진다.

해설 환기에 있어서 건물의 실내온도가 외기온도보다 높고 실외의 바람이 없는 경우, 외기는 건물 하부의 개구부로 들어오고 건물 상부의 개구부로 나가면서 환기가 이루어진다.

06

굴뚝 효과(stack effect)의 가장 주된 발생원은?

① 온도차 ② 유속차
③ 습도차 ④ 풍향차

해설 굴뚝 효과(폭에 비해 높이가 높은 실내 공간에서 실내 공기의 온도가 외기 기온보다 높은 경우 위쪽에서 공기가 유출하고 아래쪽에서 유입하는 현상)는 실내 · 외의 온도차에 비례하므로 여름철보다 겨울철에 더 활발하게 발생한다.

07

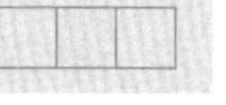

실내외의 공기 유출의 방지 효과와 아울러 출입 인원을 조절할 목적으로 설치하는 문은?

① 회전문 ② 미서기문
③ 미닫이문 ④ 여닫이문

해설 미서기문은 윗틀과 밑틀에 두 줄로 홈을 파서 문 한짝을 다른 한 짝 옆에 밀어붙이게 한 문이고, 미닫이문은 문짝을 두꺼비집이나 벽 쪽으로 밀어 넣어 여닫게 하는 문이며, 여닫이문은 여닫이(돌쩌귀나 정첩 등으로 창이나 문을 달아 열어젖히는 것)로 된 문이다.

08

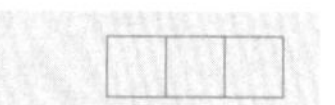

여름철 일사를 받는 대공간인 아트리움에서 주로 발생하는 자연환기의 종류는?

① 풍속차에 의한 환기
② 개구부 틈새에 의한 환기
③ 사람의 호흡에 의한 환기
④ 공기의 밀도차에 의한 환기

해설 여름철 일사를 받는 대공간이 아트리움에서 주로 발생하는 자연환기법은 중력환기법으로 실내 · 외의 온도차에 의한 공기의 밀도차에 의하여 발생하는 환기법이다.

09

건물 실내의 환기에 관한 설명으로 옳지 않은 것은?

① 풍력환기량은 풍속에 비례한다.
② 자연환기량은 실내외의 온도차가 클수록 많아진다.
③ 유출구에 비해 유입구의 크기를 증가시킬수록 환기량이 크게 증가된다.
④ 동일 면적의 개구부일지라도 1개 있을 때보다 2개로 하면 환기량이 증가된다.

해설 건물의 실내 환기에 있어서 유입구에 비해 유출구의 크기가 증가할수록 유속과 환기량이 약간 증가하나, 유출구에 비해 유입구의 크기를 증가시킬수록 공기의 정체 현상이 발생할 수 있다.

10

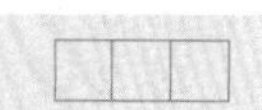

자연환기에 관한 설명으로 옳은 것은?

① 중력환기량은 개구부 면적이 크면 클수록 감소한다.
② 풍력환기량은 벽면으로 불어오는 바람의 속도에 반비례한다.
③ 중력환기는 실내외의 온도차에 의한 공기의 밀도차가 원동력이 된다.
④ 많은 환기량을 요하는 실에는 기계환기를 사용하지 않고 자연환기를 사용하여야 한다.

해설 ① 중력환기량은 개구부의 면적이 크면 클수록 증가한다.

정답 05. ④ 06. ① 07. ① 08. ④ 09. ③ 10. ③

② 풍력환기량은 벽면으로 불어오는 바람의 속도에 비례한다.
④ 많은 환기량을 요하는 실에는 자연환기를 사용하지 않고, 기계환기를 사용하여야 한다.

11

자연환기에 관한 설명으로 옳지 않은 것은?

① 풍력환기는 건물의 외벽면에 가해지는 풍압이 원동력이 된다.
② 일반적으로 공기 유입구와 유출구 높이의 차가 클수록 중력환기량은 많아진다.
③ 자연환기량은 개구부의 위치와 관련이 있으며, 개구부의 면적에는 영향을 받지 않는다.
④ 바람이 있을 때에는 중력환기와 풍력환기가 경합하므로 양자가 서로 다른 것을 상쇄하지 않도록 개구부의 위치에 주의한다.

해설 자연환기 중 중력환기(실내 공기와 건물 주변 외기와의 온도차에 의한 공기의 비중량 차에 의해서 환기)와 풍력환기(건물에 풍압이 작용할 때, 창의 틈새나 환기구 등의 개구부가 있으면 풍압이 높은 쪽에서 낮은 쪽으로 공기가 흘러 환기)는 2개의 창을 한 쪽 벽면에 설치하는 것이 양쪽 벽에 대면하여 설치하는 것보다 비효과적이다. 즉, 양쪽 벽에 대면하여 설치하는 것이 가장 효과적이다. 일반적으로 공기 유입구와 유출구 높이의 차가 클수록 중력환기량은 적어진다.

12

자연 환기에 대한 설명으로 옳은 것은?

① 풍력 환기는 실개구부의 배치에 따라 차이가 거의 없다.
② 무풍시에는 중력 환기 작용이 자연 환기의 주요한 원동력이 된다.
③ 실내·외의 온도차에 의한 환기는 실내·외의 공기 밀도의 차이에 따른 풍력차가 생기기 때문이다.
④ 저온의 실내 공기는 실외로 나가고, 동량의 실외 공기가 실내로 들어오게 된다.

해설 ① 풍력 환기는 실개구부의 배치에 따라 차이가 심하다.
③ 실내·외의 온도차에 의한 환기는 실내·외의 공기 밀도의 차이에 따른 압력차가 생기기 때문이다.
④ 고온의 실내 공기는 실외로 나가고, 동량의 실외 공기가 실내로 들어오게 된다.

13

풍력에 의한 환기량을 계산하려고 한다. 건물이 받고 있는 풍속만을 2배로 증가시켰을 경우 환기량의 변화는? (단, 기타 조건은 동일함)

① 1배 증가 ② 2배 증가
③ 4배 증가 ④ 8배 증가

해설 V_s(풍력에 의한 환기량)

$=\alpha A\sqrt{\frac{2g}{\gamma}(P_A-P_N)}=\alpha A\sqrt{C_1-C_2}\,v(\mathrm{m^3/h})$이다.

여기서, P_A, P_N : 풍상측, 풍하측의 풍압(kg/cm^3)
$\alpha_1 A_1$, $\alpha_2 A_2$: 풍상측, 풍하측의 실효 면적(m^2)
C_1, C_2 : 풍상측, 풍하측의 풍압계수
v : 외부 풍의 기준 풍속(m/s)

즉, 풍력에 의한 환기량은 풍속에 비례하므로 풍속이 2배로 증가하면, 환기량은 2배로 증가한다.

14

실내외의 온도차에 의한 공기 밀도의 차이가 원동력이 되는 환기방식은?

① 중력환기 ② 풍력환기
③ 기계환기 ④ 국소환기

해설 환기의 방식에는 자연환기와 기계환기 등이 있고, 자연환기는 중력환기와 풍력환기로 나누며, 중력환기는 실내·외의 온도차에 의해 공기의 밀도 차이가 원동력이 되어 환기하는 방식이다.

15

중력환기에 관한 설명으로 옳지 않은 것은?

① 환기량은 개구부 면적에 비례하여 증가한다.
② 실내외의 온도차에 의한 공기의 밀도차가 원동력이 된다.
③ 개구부의 전후에 압력차가 있으면 고압측에서 저압측으로 공기가 흐른다.
④ 어떤 경우에서도 중성대의 하부가 공기의 유입측, 상부가 공기의 유출측이 된다.

정답 11.② 12.② 13.② 14.① 15.④

해설 중력환기(실내 공기와 건물 주변 외기와의 온도차에 의한 공기의 비중량 차에 의해서 환기하는 방식)는 실내의 온도가 높으면 공기는 상부로 유출되고 하부로부터 유입하는 경우가 되고, 그 반대의 경우는 상부로부터 유입되고 하부로 유출된다. 즉 온도의 변화에 따라서 유입측과 유출측이 변화한다.

16

건물에 풍압이 작용할 때, 창의 틈새나 환기구 등의 개구부가 있으면 풍압이 높은 쪽에서 낮은 쪽으로 공기가 흘러 환기방식은?

① 풍력환기
② 중력환기
③ 기계환기
④ 국소환기

해설 환기의 방식에는 자연환기와 기계환기 등이 있고, 자연환기는 중력환기(실내 공기와 건물 주변 외기와의 온도차에 의한 공기의 비중량 차에 의해서 환기)와 풍력환기(건물에 풍압이 작용할 때, 창의 틈새나 환기구 등의 개구부가 있으면 풍압이 높은 쪽에서 낮은 쪽으로 공기가 흘러 환기)로 나누며, 기계환기는 제1종 환기(급기팬과 배기팬의 조합), 제2종 환기(급기팬과 자연배기의 조합) 및 제3종 환기(자연급기와 배기팬의 조합)로 구분한다.

17

열이나 유해물질이 실내에 널리 산재되어 있거나 이동되는 경우에 급기로 실내의 공기를 희석하여 배출시키는 환기방법은?

① 상향환기
② 전체환기
③ 국소환기
④ 집중환기

해설 상향환기는 흡기구를 하부, 배기구는 상부에 만들어 기류가 상향되게 만든 환기방식이다. 국소환기는 부분적으로 오염물질을 발생하는 장소(열, 유해가스, 분진 등)에 있어서 전체적으로 확산하는 것을 방지하기 위하여 발생하는 장소에 대해서 배기하는 것이며, 전체(희석)환기는 오염물질이 실내에서 전체적으로 발생되거나, 분포되는 경우에 사용하는 환기방식이다.

18

다음 설명에 알맞은 환기방식은?

- 배기용 송풍기를 설치하여 실내 공기를 강제적으로 배출시키는 방법으로 실내는 부압이 된다.
- 화장실, 욕실 등의 환기에 적합하다.

① 제1종 환기 ② 제2종 환기
③ 제3종 환기 ④ 제4종 환기

해설 환기방식의 종류
㉠ 제1종 환기(병용식) : 급기는 송풍기, 배기는 배풍기로서 환기량은 일정하고, 실내·외의 압력차는 임의로서 병원의 수술실 등 모든 경우에 사용한다.
㉡ 제2종 환기(압입식) : 급기는 송풍기, 배기는 배기구로서 환기량은 일정하고, 실내·외의 압력차는 정압으로서 반도체 공장과 무균실 등에 사용한다.
㉢ 제3종 환기(흡출식) : 급기는 급기구, 배기는 배풍기로서 환기량은 일정하고, 실내·외의 압력차는 부압으로서 기계실, 주차장, 유독 가스 및 냄새가 발생하는 곳(주방, 화장실 등)에 사용한다.

19

다음 설명에 알맞은 환기법은?

- 실내의 압력이 외부보다 높아지고 공기가 실외에서 유입되는 경우가 적다.
- 병원의 수술실과 같이 외부의 오염공기 침입을 피하는 실에 이용된다.

① 급기팬과 배기팬의 조합
② 급기팬과 자연배기의 조합
③ 자연급기와 배기팬의 조합
④ 자연급기와 자연배기의 조합

해설 환기방식

구분	제1종 기계환기	제2종 기계환기	제3종 기계환기
급기	급기팬	급기팬	자연급기
배기	배기팬	자연배기	배기팬
환기량	일정		
실내·외 압력차	임의	정압	부압

정답 16. ① 17. ② 18. ③ 19. ②

20 |

화장실, 주방, 욕실 등에 주로 사용되며 취기나 증기가 다른 실로 새어나감을 방지할 수 있는 환기방식은?

① 자연환기
② 급기팬과 배기팬의 조합
③ 자연급기와 배기팬의 조합
④ 급기팬과 자연배기의 조합

해설 제1종 환기방식(압입, 흡출병용방식)은 송풍기와 배풍기를 사용하여 환기량이 일정하며, 실내 · 외의 압력차는 임의로 환기 효과가 가장 크고, 병원의 수술실에 사용되고, 제2종 환기방식(압입식)은 송풍기와 배기구를 사용하여 환기량이 일정하며, 실내 · 외의 압력차는 정압(+)으로 반도체 공장, 보일러실, 무균실에 사용된다. 문제의 환기 방법은 제3종 환기법(자연급기와 배기팬으로 구성)을 사용한다.

21 |

종합병원에서 공기압을 고려한 환기계획으로 옳지 않은 것은?

① 주방은 음압을 유지한다.
② 제약실은 양압을 유지한다.
③ 수술실은 음압을 유지한다.
④ 중환자실은 양압을 유지한다.

해설 정(양)압을 유지하여야 하는 공간은 공장의 무균실, 반도체 공장 제약실, 수술실, 중환자실 및 클린룸 등이 있고, 부(음)압을 유지하여야 하는 공간은 화장실, 욕실 및 주방 등이 있다.

22 |

다음 중 실내압력을 정압(+)으로 유지하여야 바람직한 공간은?

① 주방 ② 화장실
③ 수술실 ④ 회의실

해설 제2종 환기방식(압입식)은 급기는 송풍기, 배기는 급기구를 이용하여 실내를 정압(+)으로 유지하여야 하는 수술실과 같은 경우에 사용하는 공기의 오염을 방지하기 위한 환기방식이고, 화장실, 주방, 기계실, 주차장 및 취기나 유독가스가 발생하는 실은 제3종 환기(흡출식)방식을 사용한다.

23 |

다음 중 병원의 수술실, 클린룸에 가장 바람직한 환기방식은?

① 동일한 풍량의 송풍기와 배풍기를 동시에 강제적으로 가동하는 방식
② 송풍기 및 배풍기를 설치하지 않고 자연적으로 환기를 실시하는 방식
③ 송풍기로 실내에 급기를 실시하고 배기구를 통하여 자연적으로 유출시키는 방식
④ 배풍기로 실내로부터 배기를 실시하고 급기구를 통하여 자연적으로 유입하는 방식

해설 정압(+)을 유지하여야 하는 공간은 공장의 무균실, 반도체 공장 및 수술실, 클린룸 등이 있고, 환기방식은 압입식(제2종 환기법으로 급기는 급기팬, 배기는 자연배기방식)이다. 부압(-)을 유지하여야 하는 공간은 화장실, 욕실 및 주방 등이 있고, 환기방식은 흡출식(제3종 환기법으로 급기는 자연 급기, 배기는 배기팬을 사용하는 방식)이다.

24 |

다음 중 건물 증후군(Sick Building Syndrome)과 가장 밀접한 관계가 있는 것은?

① VOCs ② 기온
③ 습도 ④ 일사량

해설 건물 증후군의 요인으로는 환기, 냉 · 난방 시스템의 결함, 건축자재의 함유 성분, 휘발성유기화합물(VOCs, Volatile Organic Compounds) 및 곰팡이의 오염물질 등이 있다.

25 |

환기설비에 관한 설명으로 옳지 않은 것은?

① 화장실은 독립된 환기계통으로 한다.
② 파이프 샤프트는 환기 덕트로 이용하지 않는다.
③ 욕실환기는 기계환기를 원칙으로 하며 자연환기로 하지 않는다.
④ 전열교환기를 사용하는 경우 악취나 오염물질을 수반하는 배기는 사용하지 않는다.

정답 20. ③ 21. ③ 22. ③ 23. ③ 24. ① 25. ③

해설 욕실환기는 기계환기방식 중 제3종 환기방식(흡출식)으로 급기는 급기구를 이용하고, 배기는 배풍기를 이용한다. 즉 욕실환기는 기계환기를 원칙으로 하나, 자연환기와 병행한다.

26

6m×9m×3m의 공간에 재실자가 30명, 개방형 가스스토브에 의한 CO_2 발생량이 0.5m³/h이었다. 이때 실내 평균 CO_2 농도가 5,000ppm이면 이 방의 환기 횟수는? (단, 재실자 1인당 CO_2 발생량은 18L/h인, 외기 CO_2 농도는 400ppm으로 한다.)

① 1.4회/h ② 2.8회/h
③ 3.6회/h ④ 4.2회/h

해설 $n(\text{환기횟수}) = \dfrac{Q(\text{환기량})}{V(\text{실의 체적})}$

$$Q(\text{환기량}) = \frac{\text{오염량}}{\text{허용농도}} = \frac{0.018\times30+0.5}{\dfrac{5,000}{1,000,000}-\dfrac{400}{1,000,000}} = 226.087\text{m}^3/\text{h},$$

$V=6\times9\times3=163\text{m}^3$

$$\therefore\ n=\frac{Q}{V}=\frac{226.087}{163}=1.387 \fallingdotseq 1.4\text{회/h}$$

27

수증기의 제거를 목적으로 환기를 하려고 한다. 수증기 발생량이 12kg/h이고 환기의 절대습도가 0.008kg/kg'일 때 실내절대습도를 0.01kg/kg'으로 유지하기 위한 환기량은? (단, 공기의 밀도는 1.2kg/m³이다.)

① 4,800m³/h ② 5,000m³/h
③ 5,200m³/h ④ 5,400m³/h

해설 Q(환기량)

$$= \frac{\text{수증기의 발생량}}{\text{공기의 비중량}\times(\text{허용 실내절대습도}-\text{신선 공기 절대습도})}$$

$$=\frac{12}{1.2\times(0.01-0.008)}=5,000\text{m}^3/\text{h}$$

28

실내에 발생열량이 70W인 기기가 있을 때, 실내 공기를 20℃로 유지하기 위해 필요한 환기량은? (단, 외기온도 10℃, 공기의 밀도 1.2kg/m³, 공기의 정압비열 1.01kJ/kg · K)

① 10.8m³/h
② 20.8m³/h
③ 30.8m³/h
④ 40.8m³/h

해설 외기부하의 산정

Q(현열부하)$=c$(비열)m(중량)Δt(온도의 변화량)
$=c$(비열)ρ(밀도)V(체적)Δt(온도의 변화량)이다.

$$\text{그러므로, } V=\frac{Q}{c\rho\Delta t}=\frac{\dfrac{70}{1,000}}{1.01\times1.2\times(20-10)} = 0.005775\text{m}^3/\text{s}=20.792\text{m}^3/\text{h}$$

여기서, 1,000은 J을 kJ로 변환하기 위한 계수이다.

29

1,000명을 수용하는 강당에서 실온을 20℃로 유지하기 위한 필요 환기량은? (단, 외기온도 10℃, 1인당 발열량 30W, 공기의 비열 1.21kJ/m³ · K이다)

① 2,479.3m³/h ② 5,427.6m³/h
③ 8,925.6m³/h ④ 9,842.5m³/h

해설 Q(소요 환기량)

$$=\frac{H_i(\text{손실 열량, }W)}{\rho(\text{공기의 밀도})C_p(\text{정압 비열})\Delta t(\text{온도의 변화량})}$$

이다.

$$\text{즉, } Q=\frac{H_i}{\rho C_p\Delta t}=\frac{\dfrac{1,000\times30}{1,000}\times3,600}{1.21\times1.01\times(20-10)} = 8,837.247\text{m}^3/\text{h}=8,837.247\text{m}^3/\text{h}$$

또한, 이 문제에서의 보기의 값과 계산한 값의 차이가 발생하는 이유는 정압비열은 1.01KJ/kgK이나, 1.0KJ/kgK로 보고 산정한 것에서 발생하는 차이이다.

$$\text{즉, } Q=\frac{H_i}{\rho C_p\Delta t}=\frac{\dfrac{1,000\times30}{1,000}\times3,600}{1.21\times1.0\times(20-10)} = 8,925.619\text{m}^3/\text{h}=8,925.619\text{m}^3/\text{h}$$

정답 26. ① 27. ② 28. ② 29. ③

30

자연환기를 위한 개구부 위치 설명 중 옳은 것은?

① 환기가 잘 이루어지려면 위치에 관계없이 개구부가 2개소가 있으면 된다.
② 자연환기는 온도차에 의한 환기와 바람에 의한 환기 두 가지 방법 중에서 한 방법으로만 이루어진다.
③ 바람에 의한 환기는 바람의 후면(Leeward)에서는 개구부 위치에 영향을 적게 받는다.
④ 개구부의 병렬합성과 직렬합성은 개구부 실효면적의 합으로 통풍량을 구한다.

해설 ① 환기가 잘 이루어지려면 위치에 관계있고, 개구부가 한 쪽에 2개소가 있는 것보다 대면 방향으로 2개소가 있는 것이 좋다.
② 자연환기는 중력환기(온도차에 의한 환기)와 풍력환기(바람에 의한 환기)가 동시에 이루어진다.
④ 개구부의 병렬합성은 동일 벽면 상에 2개 이상의 개구부가 있으면 그 벽면을 통과하는 풍량은 각각의 개구부를 통과하는 풍량의 합으로 산정하고, 직렬합성은 몇 개의 개구부를 바람이 순차적으로 통과하는 경우로서 각 실을 통과하는 풍량은 동일하므로 각 실의 압력차에 의한다.

31

다음 중 자연환기를 용이하게 하기 위한 건물구조가 아닌 것은?

① Windscoop ② Pantheon
③ 한옥의 대청 ④ Igloo

해설 Igloo는 에스키모의 주거의 일종으로 빙설을 이용한 집, 목재나 석재, 잔디를 이용한 집, 짐승의 가죽으로 만든 집 등을 통틀어서 의미한다.

3. 빛환경

01

빛환경의 설명으로 옳지 않은 것은?

① 실내 조명설계에서는 소요조도의 설정을 우선적으로 고려한다.
② 현휘감(glare)을 방지하기 위하여 광원의 휘도를 높게 하여야 한다.
③ 조명설계에서 광속은 조명률에 반비례한다.
④ 에너지절약을 위하여 고효율 조명기구를 채택한다.

해설 현휘(눈부심)현상의 방지법
㉠ 진열창의 내부를 밝게 한다. 즉, 외부보다 진열창의 배경을 밝게 하거나, 천장으로부터 천공광을 받아들이거나 인공조명을 한다(손님이 서 있는 쪽의 조도를 낮추거나, 진열창 속의 밝기는 밖의 조명보다 밝아야 한다).
㉡ 쇼윈도의 외부 부분에 차양을 뽑아서 외부를 어둡게 그늘 지운다. 즉, 진열창이 만입형인 경우 효과적이다.
㉢ 유리면을 경사시켜 비치는 부분을 위쪽으로 가게 한다.
㉣ 특수한 곡면유리를 사용하고, 눈에 입사하는 광속(광원의 휘도를 낮게)을 작게 하며, 진열창 속의 광원의 위치는 감추어지도록 한다.

02

다음 설명 중 옳은 것을 고르면?,

① 명순응일 때 555nm 파장의 빛이 가장 시감도가 높다.
② 전자파 또는 입자에 의해서 에너지를 방출시키는 현상을 방사라 한다.
③ 야간에 자연 빛을 이용한 경우를 주광조명 또는 채광이라 한다.
④ 사람이 밝음을 느끼는 전자파의 파장은 780nm 이상이다.

해설 명순응과 암순응
㉠ **명순응** : 어두운 곳에서 밝은 곳으로 가면 처음에 잘 보이지 않다가 차츰 정상으로 돌아가는 현상으로 추상체의 작용이며, 555nm 파장에 가장 민감하다.
㉡ **암순응** : 밝은 곳에서 어두운 곳으로 가면 차츰 보이게 되는 현상으로 간상체의 작용이며, 512nm의 파장에서 가장 민감하다.

정답 30. ③ 31. ④ / 01. ② 02. ①

03 |

태양광선에 관한 설명 중 옳지 않은 것은?

① 자외선은 일명 화학선이라고 하며, 특히 420~450 nm의 자외선을 건강선이라고 한다.
② 조명학적 의미를 갖는 광선을 가시광선이라고 한다.
③ 파장이 가장 긴(770~4,000 nm) 광선을 적외선이라고 한다.
④ 열적 효과를 갖는 태양광선은 적외선이다.

해설 도르노선은 인체의 건강에 가장 큰 영향을 주는 자외선의 일종으로, 파장의 범위는 290~310nm(2,900~3,200 Å)이다.

04 |

지구에 도달하는 자외선 가운데 인간의 건강과 깊은 관계가 있으며 건강선이라고도 불리는 것은?

① X선 ② 가시광선
③ 감마선 ④ 도르노선

해설 도르노선은 인체의 건강에 가장 큰 영향을 주는 자외선의 일종으로, 파장의 범위는 290~310nm(2,900~3,200 Å)이다.

05 |

건물의 열평형 유지와 가장 관계가 없는 것은?

① 내부 열취득
② 환기에 의한 열취득
③ 실내외 온도차에 의한 열교환
④ 결로에 의한 열손실

해설 건물의 열평형(온도가 서로 다른 두 물체 사이에서 열이 이동하여 두 물체의 온도가 같아지는 상태) 유지와 결로(실내의 습한 공기가 차가운 벽이나 천장 등과 접촉할 때 이슬이 맺히는 현상)에 의한 손실과는 무관하다.

06 |

측광량(測光量)을 표시하는 단위의 연결로 옳지 않은 것은?

① 휘도 – candela/m^2 ② 광도 – candela
③ 조도 – lux ④ 광속 – watt

해설 광속(Luminous flux, Lumen ; lm, ϕ)은 광원에서 발생되는 총 발광량으로, 기본 단위는 lm(루멘)으로 표시된다. 1Watt(기호 W)는 1초 동안의 1줄(N · m)에 해당하는 일률의 SI 단위계 단위이다.

07 |

조명 용어와 사용 단위의 연결이 옳은 것은?

① 광속 : 루멘(lm)
② 조도 : 칸델라(cd)
③ 휘도 : 럭스(lx)
④ 광도 : 데시벨(dB)

해설 조도는 럭스(lx), 휘도는 cd/m^2, 광도는 칸델라(cd)이고, 데시벨(dB)은 음의 세기 레벨의 단위이다.

08 |

휘도의 단위로 옳은 것은?

① cd ② cd/m^2
③ lm ④ lm/m^2

해설 ① 광도(광원에서 한 방향을 향해 단위 입체각당 발산되는 광속)의 단위
③ 광속(방사속을 눈의 표준 시감도에 의해 측정한 량)의 단위
④ 광속발산도(발광면의 단위면적당 발산하는 광속)의 단위
휘도(단위면적당의 광도)의 단위는 cd/m^2

09 |

수조면의 단위면적에 입사하는 광속으로 정의되는 용어는?

① 조도 ② 광도
③ 휘도 ④ 광속발산도

해설 광도는 어떤 광원에서 발산하는 빛의 세기이고, 휘도는 빛을 발산하는 면의 단위면적당의 광도이며, 광속발산도는 면으로부터 빛이 발산되는 정도를 나타내는 측광량이다.

정답 03. ① 04. ④ 05. ④ 06. ④ 07. ① 08. ② 09. ①

10

다음 중 명시적 조명의 적용이 가장 곤란한 곳은?

① 교실
② 서재
③ 집무실
④ 레스토랑

해설 명시 조명(과학적으로 보기 쉽고, 쾌적하며 피로하지 않은 광환경을 조절하기 위한 조명)을 적용해야 하는 곳은 학교의 교실, 사무실, 작업실, 서재, 공장 등이고, 분위기(장식, 분위기 조성을 위한 조명) 조명을 적용해야 하는 곳은 레스토랑 등이 있다.

11

조도에 관한 설명 중 옳지 않은 것은?

① 조도는 피도면 경사각의 sine값에 비례한다.
② 조도는 광도에 비례한다.
③ 조도는 광원으로부터 떨어진 거리의 제곱에 반비례한다.
④ 입사 광속의 면적당 밀도가 높을수록 조도는 커진다.

해설 입사가 여현의 법칙에 의해 광속을 받는 면이 수직이 아니고 각도 θ만큼 기울어져 있는 경우, 그 면의 조도는 피도면 경사각의 $\cos\theta$(입사각)값에 비례한다.

12

할로겐램프에 관한 설명으로 옳지 않은 것은?

① 휘도가 낮다.
② 형광램프에 비해 수명이 짧다.
③ 흑화가 거의 일어나지 않는다.
④ 광속이나 색온도의 저하가 적다.

해설 할로겐전구는 연색성이 우수하고, 수명이 길며, 효율이 높을 뿐만 아니라 매우 작고, 컴팩트하게 디자인되어 있으므로 백화점, 전시장, 화랑, 박물관, 극장, 거실 등에서의 스포트 조명과 인테리어 조명의 광원으로 주로 사용되고 있다. 특히, 휘도가 높다.

13

조명기구 중 광원의 효율이 가장 좋은 것은?

① 형광등 ② 수은등
③ 나트륨등 ④ 백열등

해설 램프의 효율을 보면, 백열전구 : 7~22 lm/W, 형광등 : 48~80 lm/W, 나트륨등 : 80~150 lm/W, 할로겐 램프 : 20~22 lm/W, 수은등 : 30~55 lm/W이다.

14

광원의 연색성에 관한 설명으로 옳지 않은 것은?

① 연색성을 수치로 나타낸 것을 연색평가수라고 한다.
② 고압 수은 램프의 평균연색평가수(Ra)는 100이다.
③ 평균연색평가수(Ra)가 100에 가까울수록 연색성이 좋다.
④ 물체가 광원에 의하여 조명될 때, 그 물체의 색의 보임을 정하는 광원의 성질을 말한다.

해설 광원의 연색성[광원을 평가하는 경우에 사용하는 용어로서 광원의 질을 나타내고, 광원이 백색(한결같은 분광 분포)에서 벗어남에 따라 연색성이 나빠진다.]평가수를 보면, 태양과 백열전구는 100, 주광색 형광 램프는 77, 백색 형광 램프는 63, 고압 수은등은 25~45, 메탈할라이드 램프는 70, 고압 나트륨등은 22 정도이다. 또한, 연색성이 좋은 것부터 나쁜 것 순으로 나열하면, 백열전구 → 주광색 형광 램프 → 메탈할라이드 램프 → 백색 형광 램프 → 수은등 → 나트륨 램프의 순이다.

15

다음 중 평균연색평가수가 가장 낮은 광원은?

① 할로겐 램프 ② 주광색 형광등
③ 고압 나트륨 램프 ④ 메탈할라이드 램프

해설 광원의 연색성[광원을 평가하는 경우에 사용하는 용어로서 광원의 질을 나타내고, 광원이 백색(한결같은 분광 분포)에서 벗어남에 따라 연색성이 나빠진다]이 좋은 것부터 나쁜 것 순으로 나열하면, 백열전구 → 주광색 형광 램프 → 메탈할라이드 램프 → 백색 형광 램프 → 수은등 → 나트륨 램프의 순이다.

정답 10. ④ 11. ① 12. ① 13. ③ 14. ② 15. ③

16

다음의 광원 중 일반적으로 연색성이 가장 우수한 것은?

① LED 램프 ② 할로겐전구
③ 고압 수은 램프 ④ 고압 나트륨 램프

해설 할로겐전구는 연색성이 우수하고, 수명이 길며, 효율이 높을 뿐만 아니라 매우 작고, 컴팩트하게 디자인되어 있으므로 백화점, 전시장, 화랑, 박물관, 극장, 거실 등에서의 스포트 조명과 인테리어 조명의 광원으로 주로 사용되고 있다. 특히, 휘도가 높다.

17

다음의 광원 중 평균연색평가수(Ra)가 가장 낮은 것은?

① 할로겐 램프
② 주광색 형광등
③ 고압 나트륨 램프
④ 메탈할라이드 램프

해설 광원의 연색성[광원을 평가하는 경우에 사용하는 용어로서 광원의 질을 나타내고, 광원이 백색(한결같은 분광 분포)에서 벗어남에 따라 연색성이 나빠진다.]이 좋은 것부터 나쁜 것 순으로 나열하면, 백열전구 → 주광색 형광 램프 → 메탈할라이드 램프 → 백색 형광 램프 → 수은등 → 나트륨 램프의 순이다.

18

광원의 광색 및 색온도에 관한 설명으로 옳지 않은 것은?

① 색온도가 낮은 광색은 따뜻하게 느껴진다.
② 일반적으로 광색을 나타내는데 색온도를 사용한다.
③ 주광색 형광 램프에 비해 할로겐전구의 색온도가 높다.
④ 일반적으로 조도가 낮은 곳에서는 색온도가 낮은 광색이 좋다.

해설 주광색 형광 램프의 색온도(6,500K), 할로겐전구의 색온도(2,900~3,000K)이므로 주광색 형광 램프의 색온도가 할로겐전구의 색온도보다 높다.

19

각종 광원에 관한 설명으로 옳지 않은 것은?

① 형광 램프는 점등 장치를 필요로 한다.
② 고압 수은 램프는 광속이 큰 것과 수명이 긴 것이 특징이다.
③ 할로겐전구는 소형화가 가능하나 연색성이 나쁘다는 단점이 있다.
④ LED 램프는 긴 수명, 낮은 소비 전력, 높은 신뢰성 등의 장점이 있다.

해설 할로겐전구는 연색성이 우수하고, 수명이 길며, 효율이 높을 뿐만 아니라 매우 작고, 컴팩트하게 디자인되어 있으므로 백화점, 전시장, 화랑, 박물관, 극장, 거실 등에서의 스포트 조명과 인테리어 조명의 광원으로 주로 사용되고 있다. 특히, 휘도가 높다.

20

조명설비의 광원에 관한 설명으로 옳지 않은 것은?

① 형광 램프는 점등장치를 필요로 한다.
② 고압 나트륨 램프는 할로겐전구에 비해 연색성이 좋다.
③ 고압 수은 램프는 광속이 큰 것과 수명이 긴 것이 특징이다.
④ LED 램프는 수명이 길고 소비 전력이 작다는 장점이 있다.

해설 고압 나트륨 램프는 할로겐전구에 비해 연색성(빛의 분광 특성이 색의 보임에 미치는 효과)이 좋지 않아, 색의 구별이 난이하다. 연색성이 가장 우수한 등은 주광색 형광 램프이다.

21

균일한 1cd의 점광원으로부터 방사되는 전 광속은?

① 1πlm
② 2πlm
③ 3πlm
④ 4πlm

해설 1cd의 광도를 가진 광원에서 방사되는 전 광속은 4π(12.57)루멘(Lumen)이다.

정답 16. ② 17. ③ 18. ③ 19. ③ 20. ② 21. ④

22 |

점광원으로부터 일정거리 떨어진 수평면의 조도에 관한 설명으로 옳지 않은 것은?

① 광원의 광도에 비례한다.
② 거리의 제곱에 반비례한다.
③ $\cos\theta$(입사각)에 비례한다.
④ 측정점의 반사율에 반비례한다.

해설 조도는 광원의 광도에 비례하고, 거리의 역자승 법칙에 의해 거리의 제곱에 반비례하며, 입사각 여현의 법칙에 의해 $\cos\theta$(입사각)에 비례한다.

23 |

지름이 4m인 원형 탁자 중심 바로 위 1.5m의 위치에 1,000cd의 백열등이 설치되어 있을 때, 이 탁자 끝부분의 조도는? (단, 백열등을 점광원으로 가정하여 반사광은 무시한다.)

① 400lx ② 160lx
③ 128lx ④ 96lx

해설 수직면의 조도(Lux)$=\dfrac{C(\text{광도})}{l^2(\text{광원과 조사면과의 거리})}$이고, 경사면의 조도=수직면의 조도$\times\cos\theta$이다. 즉, 수직면의 조도$=\dfrac{C}{l^2}$에서 $C=1{,}000\text{cd}$, $l=\sqrt{2^2+1.5^2}=2.5\text{m}$이므로, 수직면의 조도$=\dfrac{C}{l^2}=\dfrac{1{,}000}{2.5^2}=160\text{lux}$이고, $\cos\theta=\dfrac{1.5}{2.5}=\dfrac{3}{5}$이므로, 경사면의 조도$=160\times\dfrac{3}{5}=96\text{lux}$이다.

24 |

총광속이 2,000lm인 구형 점광원으로부터 수직방향으로 2m 떨어진 지점의 조도는?

① 40lx ② 50lx
③ 60lx ④ 70lx

해설 1cd의 광도를 가진 광원에서 방사되는 전 광속은 4π루멘이므로 2,000루멘을 cd로 환산하면, $\dfrac{2{,}000}{4\pi}\fallingdotseq 160\text{cd}$이므로, $E(\text{조도})=\dfrac{I(\text{광원의 광도})}{d^2(\text{광원으로부터의 거리}^2)}=\dfrac{160}{2^2}=40$룩스이다.

25 |

1,000cd의 전등이 2m 직하에 있는 책상 표면을 비추고 있을 때, 이 책상 표면의 조도는?

① 200lx ② 250lx
③ 500lx ④ 1,000lx

해설 $E(\text{조도})=\dfrac{I(\text{광도})}{d^2(\text{거리}^2)}=\dfrac{1{,}000}{2^2}=250\text{lx}$

26 |

광도가 1,500cd인 전등에서 5m 거리에 있는 표면에서의 조도는?

① 15lx ② 30lx
③ 60lx ④ 120lx

해설 $E(\text{조도})=\dfrac{F(\text{광도})}{d^2(\text{거리}^2)}=\dfrac{1{,}500}{5^2}=60\text{lx}$

27 |

점광원으로부터 수조면의 거리가 4배로 증가할 경우 조도는 어떻게 변화하는가?

① 2배로 증가한다. ② 4배로 증가한다.
③ 1/4로 감소한다. ④ 1/16로 감소한다.

해설 거리의 역자승 법칙에 의하여 조도$=\dfrac{\text{광도(칸델라)}}{\text{거리}^2(\text{m}^2)}$이다. 즉, 조도는 광도에 비례하고, 거리의 제곱에 반비례함을 알 수 있다.
광도는 일정하고, 거리는 4배로 증가하였으므로 조도$=\dfrac{\text{일정}}{4^2}=\dfrac{\text{일정}}{16}$이다. 그러므로 조도는 $\dfrac{1}{16}$이 됨을 알 수 있다.

28 |

조명설비 관련 용어 중 다음 식과 같이 표현되는 것은?

$$\frac{\text{수평면상의 최소 조도}}{\text{수평면상의 평균 조도}}$$

① 균제도 ② 시감도
③ 조명률 ④ 색온도

정답 22. ④ 23. ④ 24. ① 25. ② 26. ③ 27. ④ 28. ①

해설 균제도란 조명도 분포의 균제 정도로서 실내의 최고 조도에 대한 실내의 최저 조도의 비이다. 즉,

균제도 $= \frac{\text{실내의 최저 조도}}{\text{실내의 최고 조도}}$ 이다.

29

어느 실내에서 수평면 조도를 측정하여 다음 값을 얻었다. 이 실의 균제도는?

> 최고 조도 : 2,000lx, 최저 조도 : 200lx

① 0.1　　② 2
③ 4　　④ 10

해설 균제도(조명도 분포의 균제 정도로서 실내의 최고 조도에 대한 실내의 최저 조도의 비)이다. 즉,

균제도 $= \frac{\text{실내의 최저 조도}}{\text{실내의 최고 조도}} = \frac{200}{2,000} = 0.1$

30

조명시설에서 보수율의 정의로 가장 알맞은 것은?

① 점광원에서의 조도율
② 광속 총량에 대한 작업면의 빛의 양의 비율
③ 실의 가로, 세로, 광원의 높이 관계를 나타낸 지수
④ 조명시설을 어느 기간 사용한 후의 작업면 상의 평균 조도와 초기 조도와의 비

해설 조명설비에 있어서 보수율이란 조명시설의 투명도의 저하를 의미하는 것으로, 어느 기간 사용한 후의 작업면 상의 평균 조도와 초기 조도와의 비, 즉

보수율 $= \frac{\text{사용 후의 평균 조도}}{\text{초기 조도}}$ 이다.

③ 실지수에 대한 설명이다.

31

조명설계를 위해 실지수를 계산하고자 한다. 실의 폭 10m, 안길이 5m, 작업면에서 광원까지의 높이가 2m라면 실지수는 얼마인가?

① 1.10　　② 1.43
③ 1.67　　④ 2.33

해설 실(방)지수는 조명설계에 있어서 방의 크기, 광원의 위치와 관련한 지수로서

실(방)지수 $= \frac{XY}{H(X+Y)}$ 이다.

여기서, X : 실의 가로 길이
Y : 실의 세로 길이
H : 작업면에서 광원까지의 높이

그러므로, 실(방)지수 $= \frac{XY}{H(X+Y)}$

$= \frac{10 \times 5}{2 \times (10+5)} = 1.666 \fallingdotseq 1.67$

32

다음 중 실내의 조명설계 순서에서 가장 먼저 고려하여야 할 사항은?

① 조명기구 배치　　② 소요조도 결정
③ 조명방식 결정　　④ 소요전등수 결정

해설 조명설계의 순서는 ① 소요조도의 결정 → ② 전등 종류의 결정 → ③ 조명방식 및 조명기구 → ④ 광원의 크기와 그 배치 → ⑤ 광속 계산의 순이다.

33

거실 용도에 따른 조도기준에 따라 높은 조도에서 낮은 조도기준의 순서대로 바르게 배열된 것은?

> A : 독서　　B : 설계 · 제도
> C : 공연 · 관람　　D : 일반사무

① A-B-C-D　　② B-A-D-C
③ B-D-A-C　　④ A-B-D-C

해설 거실의 용도에 따른 조도기준

구분	700lux	300lux	150lux	70lux	30lux
거주			독서, 식사, 조리	기타	
집무	설계, 제도, 계산	일반사무	기타		
작업	검사, 시험, 정밀검사, 수술	일반작업, 제조, 판매	포장, 세척	기타	
집회		회의	집회	공연, 관람	
오락			오락일반		기타

정답 29. ① 30. ④ 31. ③ 32. ② 33. ③

34 |

조명기구의 배치에 있어 직접조명의 경우 벽과 조명기구 중심까지의 거리 S로서 가장 적절한 것은? (단, 벽면을 이용하지 않을 경우로, H는 작업면에서 조명 기구까지의 높이)

① $S \leq \frac{H}{2}$　　② $S \leq H$
③ $S \leq 1.5H$　　④ $S \leq 2H$

해설 광원의 간격

㉠ S(광원 상호 간의 간격)$=1.5H$(작업면으로부터 광원까지의 거리)
㉡ S_0(벽면을 사용하지 않는 경우로서 벽과 광원 사이의 거리)$=\frac{H}{2}$
㉢ S_0(벽면을 사용하는 경우로서 벽과 광원 사이의 거리)$=\frac{H}{3}$

35 |

가로 9m, 세로 9m, 높이가 3.3m인 교실이 있다. 여기에 광속이 3,200lm인 형광등을 설치하여 평균조도 500lx를 얻고자 할 때 필요한 램프의 개수는? (단, 보수율은 0.8, 조명률은 0.6이다.)

① 20개　　② 27개
③ 35개　　④ 42개

해설 광속의 산정

$F_0=\frac{EA}{UM}$(lm), $NF=\frac{AED}{U}=\frac{EA}{UM}$(lm)

여기서, F_0 : 총광속
E : 평균조도(lx)
A : 실내면적(m)
U : 조명률
M : 보수율(유지율)
D : 감광보상률$=\frac{1}{M}$
N : 소요등 수(개)
F : 1등당 광속(lm)

위의 식에서 알 수 있듯이

$N=\frac{EA}{FUM}=\frac{500\times9\times9}{3,200\times0.6\times0.8}=26.367$
≒27개이다.

36 |

가로 9m, 세로 12m, 높이 2.7m인 강의실에 32W 형광램프(광속 2,560lm) 30대가 설치되어 있다. 이 강의실 평균조도를 500lx로 하려고 할 때 추가해야 할 32W 형광램프 대수는? (단, 보수율 0.67, 조명률 0.6)

① 5대　　② 11대
③ 17대　　④ 23대

해설 필요한 조명기구의 개수와 조명률을 개선할 경우 광원의 개수 감소 수 산정

$F_0=\frac{EA}{UM}$(lm), $NF=\frac{AED}{U}=\frac{EA}{UM}$(lm)

여기서, F_0 : 총광속, E : 평균조도(lx)
A : 실내면적(m), U : 조명률
D : 감광보상률, M : 보수율(유지율)
N : 소요등 수(개), F : 1등당 광속(lm)

$E=\frac{NFUM}{A}=\frac{30\times2,560\times0.6\times0.67}{9\times12}=285.86$lx

500lx를 만들기 위하여 현재 설치된 등에 의한 조도를 구하면, 필요 조도$=500-285.86=214.14$lx이다.
이를 확보(214.14lx)하기 위한 소요등의 수

$=\frac{EA}{FUM}=\frac{214.14\times9\times12}{2,560\times0.6\times0.67}=22.47≒23$개

37 |

다음 중 빛환경에 있어 현휘의 발생원인과 가장 거리가 먼 것은?

① 광속 발산속도가 일정할 때
② 시야내의 휘도 차이가 큰 경우
③ 반사면으로부터 광원이 눈에 들어올 때
④ 작업대와 작업대 면의 휘도대비가 큰 경우

해설 피막 현휘(불쾌 글레어) 현상

진열창의 내부가 어둡고 외부가 밝을 때에는 유리면은 거울과 같이 비추어서 내부에 진열된 상품이 보이지 않게 된다. 이것을 피막 현휘 현상이라 한다. 쇼윈도의 계획은 이를 방지하기 위하여 방법을 강구해야 한다. 현휘 현상의 발생 원인은 다음과 같다.

㉠ 밝은 천공
㉡ 맞서 있는 밝은 건축물의 벽면
㉢ 밝은 보도면의 휘도가 진열품의 유리면에서의 휘도에 비하여 큰 경우
㉣ 보통 외부 조도가 내부 조도의 10~30배에 달하는 경우

정답 34. ① 35. ② 36. ④ 37. ①

38

불쾌 글레어의 원인과 가장 거리가 먼 것은?

① 휘도가 높은 광원
② 시선 부근에 노출된 광원
③ 눈에 입사하는 광속의 과다
④ 물체와 그 주위 사이의 저휘도 대비

해설 불쾌 글레어(discomfort glare, 눈부심, 현휘)의 원인은 물체와 그 주위 사이의 고휘도 대비, 광원의 크기와 휘도가 클수록, 광원이 시선에 가까울수록, 배경이 어둡고 눈이 암순응될수록 강한 경우 등이고, 저휘도 광원은 눈부심을 방지하는 효과가 있다.

39

조명에서 눈부심(glare)에 관한 설명으로 옳지 않은 것은?

① 휘도가 낮을수록 눈부시다.
② 빛남이 시선에 가까울수록 눈부시다.
③ 빛나는 면의 크기가 클수록 눈부시다.
④ 보이는 물체의 주위가 어둡고 시력이 낮아질수록 눈부시다.

해설 조명에서 눈부심(현휘 현상)은 휘도가 높을수록 심해진다. 즉 휘도가 높을수록 눈부시다.

40

눈부심(Glare)에 관한 설명으로 옳지 않은 것은?

① 광원의 휘도가 높을수록 눈부시다.
② 광원이 시선에 가까울수록 눈부시다.
③ 빛나는 면의 크기가 작을수록 눈부시다.
④ 눈에 입사하는 광속이 과다할수록 눈부시다.

해설 눈부심(현휘, glare) 현상은 빛나는 면의 크기가 클수록 커진다.

41

조명에서 발생하는 눈부심에 관한 설명으로 옳지 않은 것은?

① 광원의 크기가 클수록 눈부심이 강하다.
② 광원의 휘도가 작을수록 눈부심이 강하다.
③ 광원이 시선에 가까울수록 눈부심이 강하다.
④ 배경이 어둡고 눈이 암순응될수록 눈부심이 강하다.

해설 조명설비에서 광원의 휘도가 높을수록 눈부심이 강하다.

42

실내에서 눈부심(glare)을 방지하기 위한 방법으로 옳지 않은 것은?

① 휘도가 낮은 광원을 사용한다.
② 고휘도의 물체가 시야 속에 들어오지 않게 한다.
③ 플라스틱 커버가 되어 있는 조명기구를 선정한다.
④ 시선을 중심으로 30° 범위 내의 글레어 존에 광원을 설치한다.

해설 눈부심(glare)을 방지하기 위한 방법으로 글레어존(시선을 중심으로 30° 범위)에 광원을 설치하지 않아야 한다.

43

주광률을 가장 올바르게 설명한 것은?

① 복사로서 전파하는 에너지의 시간적 비율
② 시야 내에 휘도의 고르지 못한 정도를 나타내는 값
③ 실내의 조도가 옥외의 조도 몇 %에 해당하는가를 나타내는 값
④ 빛을 발산하는 면을 어느 방향에서 보았을 때 그 밝기를 나타내는 정도

해설 주광률은 채광에 의한 실내의 조도는 창의 재료나 구조, 수조점과 기하학적인 관계, 천공의 휘도와 분포 등에 의해 결정된다. 따라서, 조도를 대신하는 채광계획의 지표로서 주광률이 사용된다.

$$\text{주광률} = \frac{\text{옥내의 조도}}{\text{실외의 조도}} \times 100(\%)$$

44

실내 조도가 옥외 조도의 몇 %에 해당하는가를 나타내는 값은?

① 주광률 ② 보수율
③ 반사율 ④ 조명률

정답 38. ④ 39. ① 40. ③ 41. ② 42. ④ 43. ③ 44. ①

해설 보수율은 조명시설을 일정기간 동안 사용한 후의 작업면 평균 조도와 초기 평균 조도와의 비율이고, 반사율은 빛이 두 개의 매질의 경계에서(색 성분의 진동수를 바꾸지 않고) 원래의 매질로 되돌아가는 비율이며, 조명률은 광원의 광속에 대한 작업면에 도달하는 광속의 비율이다.

45

실내 어느 한 점의 수평면 조도가 200lx이고, 이때 옥외 전천공 수평면 조도가 20,000lx인 경우, 이 점의 주광률은?

① 0.01%　　② 0.1%
③ 1%　　④ 10%

해설 주광률은 채광에서 실내의 조도가 옥외의 조도 몇 %에 해당하는가를 나타내는 값으로

$= \frac{\text{실내의 조도}}{\text{옥외의 조도}} \times 100(\%)$ 이다.

그러므로, 주광률 $= \frac{\text{실내의 조도}}{\text{옥외의 조도}} \times 100(\%)$

$= \frac{200}{20,000} \times 100 = 1\%$

46

건축물의 주광(晝光) 이용계획에 관한 설명으로 가장 거리가 먼 것은?

① 양측 채광을 한다.
② 천창은 현휘를 감소하기 위해 밝은 색이나 흰색으로 마감한다.
③ 높은 곳에서 주광을 사입시키며, 창문의 높이는 최소한 실 깊이의 1/3 이상에 오도록 설치한다.
④ 주광을 확산 · 분산시킨다.

해설 주광설계 시 주의사항은 양측창 채광이나 천창, 고창 등을 이용하여 주광을 확산, 분산시키고, 천창은 밝은 색으로 마감하고 빛을 확산하는 장치를 두며, 눈부심을 방지하기 위해 예각 모서리의 개구부는 피한다. 또한, 주광을 실내 깊이 삽입시키기 위해 곡면 또는 평면경을 사용하고, 주요 작업면에는 직사광선을 피하고, 작업 위치는 창과 평행하게 하고 창 가까이 둔다. **또한, 창문의 높이는 최소한 실 깊이의 1/2 이상에 오도록 설치한다.**

47

다음의 시각 환경에 관련된 설명 중에서 틀린 것은?

① 명순응은 암순응에 비해 보다 급격히 일어난다.
② 추상체는 밝은 곳에서 간상체는 어두운 곳에서 기능을 잘 발휘한다.
③ 가시도는 물체 크기, 휘도 레벨, 보는 시간, 조도레벨이 증가할수록 향상된다.
④ 시각 휘도가 낮아질 때 스펙트럼의 청색부에 대한 비시감도가 적색부에 비해 감소한다.

해설 시각 휘도가 낮아질 때 스펙트럼의 청색부에 대한 비시감도가 적색부에 비해 증가한다.

48

에너지절약을 위한 조명설계에 관한 설명 중 틀린 것은?

① 각 작업의 필요에 따라 국부적으로 선택조명을 한다.
② 가능한 한 동일 조도를 요하는 시작업으로 조닝(zoning)한다.
③ 선 인공조명, 후 주광시스템으로 설계한다.
④ 각 실별 조도는 조도기준에 따라 설계한다.

해설 에너지절약을 위한 조명설계에 있어서 **먼저 주광 시스템, 나중에 인공조명으로 설계하는 것이** 바람직하다.

49

건축화 조명시스템에 관한 내용으로 옳지 않은 것은?

① 건축과 조명의 일체화가 이루어진다.
② 실내 분위기 연출에 유리하다.
③ 조명효율이 대단히 높아진다.
④ 설치비용이 비교적 높게 든다.

해설 건축화 조명은 천장, 벽, 기둥과 같은 건축물의 내부에 광원을 넣어서 건물의 내부와 일체식으로 만든 조명 방식이다. 장점에는 쾌적한 빛환경이 가능하고, 현대적 이미지에 알맞으며, 빛이 확산되어 음영이 부드럽다. 단점에는 시설비 및 유지비가 많이 들고, 직접조명보다 **조명효율이 낮다.**

정답 45. ③ 46. ③ 47. ④ 48. ③ 49. ③

50

건축화 조명에 관한 설명으로 옳지 않은 것은?

① 조명기구의 배치방식에 의하면 대부분 전반조명 방식에 해당된다.
② 건축물의 천장이나 벽을 조명기구 겸용으로 마무리하는 것이다.
③ 천장면 이용방식으로는 코너조명, 코니스조명, 밸런스조명 등이 있다.
④ 조명기구 독립설치방식에 비해 빛의 공간배분 및 미관상 뛰어난 조명효과가 있다.

해설 건축화 조명방식 중 천정면을 광원으로 이용하는 방식에는 광천장조명, 루버조명, 코브조명 등이 있고, 벽면을 광원으로 이용하는 방식에 코니스조명, 밸런스조명, 광벽(광창)조명 등이 있다. 코너조명은 코너 부분(천장과 벽면, 벽면과 벽면)에 부착하여 천장면과 벽면의 반사로 조명하는 방식이다.

51

다음 설명에 알맞은 건축화 조명방식은?

- 벽면 전체 또는 일부분을 광원화하는 방식이다.
- 광원을 넓은 벽면에 매입함으로서 비스타(vista)적인 효과를 낼 수 있으며 시선의 배경으로 작용할 수 있다.

① 코브조명 ② 광창조명
③ 코퍼조명 ④ 광천장조명

해설 **코브조명**은 천장의 구석에 광원을 배치하여 천장면에서 빛이 반사되도록 하는 방식이고, **코퍼조명**은 천장면을 여러 형태의 사각, 동그라미 등으로 오려내고 다양한 형태의 매입기구를 취부하여 실내의 단조로움을 피하는 방식이며, **광천장조명**은 천장을 확산투과 혹은 지향성 투과패널로 덮고, 천장 내부에 광원을 일정한 간격으로 배치하는 방식이다.

52

다음 설명에 알맞은 건축화 조명의 종류는?

벽에 형광등기구를 설치해 목재, 금속판 및 투과율이 낮은 재료로 광원을 숨기며 직접광은 아래쪽 벽이나 커튼을, 위쪽은 천장을 비추는 분위기 조명

① 코브조명 ② 광창조명
③ 광천장조명 ④ 밸런스조명

해설 코브조명은 천장 구석에 광원을 배치하여 천장면에서 빛이 반사되도록 하는 조명방식이다. **광창(광벽)조명**은 건축화 조명방식 중 광원을 넓은 면적의 벽면에 매입하여 조명하는 방식이다. **광천장조명**은 천장을 확산투과 혹은 지향성 투과패널로 덮고, 천장 내부에 광원을 일정한 간격으로 배치한 것이다.

53

다음 설명에 알맞은 조명방식은?

작업구역에는 전용의 국부조명방식으로 조명하고, 기타 주변 환경에 대하여는 간접조명과 같은 낮은 조도 레벨로 조명하는 방식을 말한다.

① TAL 조명방식
② 건축화 조명방식
③ 플로어형 조명방식
④ LED 램프 조명방식

해설 **국부전반병용 조명방식**(Task and Ambient Lighting : TAL)은 작업구역에는 전용의 국부조명방식으로 조명하고, 기타 주변 환경에 대하여는 간접조명과 같은 낮은 조도 레벨로 조명하는 방식이다. **LED(light-emitting diode)조명**은 LED(전류를 흐르게 할 때 적외선이나 가시광선을 방출하는 반도체 장치)를 이용한 조명방식이고, 전반 조명방식은 상향 광속을 40~60%, 하향 광속을 60~40% 정도로 배광하는 방식이며, **건축화 조명방식**은 조명기구로서의 형태를 취하지 않고, 건물(천장, 벽, 기둥 등) 중에 일체로 하여 조합시키는 방식이다.

54

직접조명방식에 관한 설명으로 옳지 않은 것은?

① 조명률이 높다.
② 실내 반사율의 영향이 크다.
③ 국부적으로 고조도를 얻기 편리하다.
④ 그림자가 강하게 생기는 단점이 있다.

해설 직접조명[대부분의 발산광속을 아래 방향(90~100%)으로 확산시키는 방식]의 특징
㉠ 장점
- 조명률이 좋고, 먼지에 의한 감광이 적다.

정답 50. ③ 51. ② 52. ④ 53. ① 54. ②

• 자외선 조명을 할 수 있고, 설비비가 일반적으로 싸다.
• 집중적으로 밝게 할 때 유리하다.

㉡ 단점
• 글로브를 사용하지 않을 경우 눈부심이 크고, 음영이 강하게 된다.
• 실내 전체적으로 볼 때, 밝고 어둠의 차이가 크다.

55

간접조명에 관한 설명으로 옳지 않은 것은?

① 조명률이 낮다.
② 실내 반사율의 영향이 크다.
③ 높은 조도가 요구되는 전반조명에는 적합하지 않다.
④ 그림자가 거의 형성되지 않으며 국부조명에 적합하다.

해설 간접조명[대부분의 발산광속을 위 방향(90~100%)으로 확산시키는 방식]의 특징

㉠ 장점
• 균일한 조명도를 얻을 수 있다.
• 빛이 부드러우므로 눈에 대한 피로가 적다.

㉡ 단점
• 조명효율이 나쁘고, 침울한 분위기가 될 염려가 있다.
• 먼지가 기구에 쌓여 감광이 되기 쉽고, 벽이나 천장면의 영향을 받는다. 즉, 천정과 윗벽이 광원의 역할을 한다.

56

직접조명과 간접조명에 관한 설명으로 옳지 않은 것은?

① 간접조명보다 직접조명의 조명효율이 더 높다.
② 동일 조도를 얻기 위한 시설비는 직접조명이 더 많이 든다.
③ 간접조명은 그림자가 거의 형성되지 않고, 부드러운 빛으로 안정된 조명을 할 수 있다.
④ 직접조명은 국부적으로 고조도를 얻기 편리하다.

해설 직접조명[대부분의 발산광속을 아래 방향(90~100%)으로 확산시키는 방식]은 간접조명[대부분의 발산광속을 위 방향(90~100%)으로 확산시키는 방식]보다 동일 조도를 얻기 위한 시설비가 적게 든다.

57

다음의 조명에 관한 설명 중 ( ) 안에 들어갈 용어가 옳게 연결된 것은?

실내 전체를 거의 똑같이 조명하는 경우를 (㉠)이라 하고, 어느 부분만을 강하게 조명하는 방법을 (㉡)이라 한다.

① ㉠ 직접조명, ㉡ 간접조명
② ㉠ 직접조명, ㉡ 국부조명
③ ㉠ 전반조명, ㉡ 직접조명
④ ㉠ 전반조명, ㉡ 국부조명

해설 조명의 종류 중 실내 전체를 거의 똑같이 조명하는 경우를 **전반조명**이라 하고, 어느 부분만을 강하게 조명하는 방법을 **국부조명**이라고 한다.

58

채광설계에 관한 기술 중 옳지 못한 것은?

① 시간의 변화에 따른 조도 변화가 적을 것
② 직사일광의 실내 유입을 방지할 것
③ 벽면의 반사율을 천장면보다 높일 것
④ 실의 작업내용에 따라 적정조도를 유지할 것

해설 채광설계에 있어서, 자연광선을 이용하여 빛이 필요한 공간의 실내 환경을 적절하게 유지하는 것을 말하는 것으로 다음과 같은 내용을 고려해야 한다.
㉠ 시간에 따라 조도의 변화가 심하지 않고, 눈부심이 적도록 할 것
㉡ 가능한 한 직사광선이 입사되지 않도록 하고, 천장의 반사율이 벽보다 커야 할 것
㉢ 적당한 조도를 유지하고, 반사율은 천장, 벽, 바닥의 순서로 클 것

59

채광방식에 관한 기술로 옳은 것은?

① 측창채광(side lighting)은 구조와 시공이 불리하다.
② 천창채광(top lighting)은 비처리에 유리하다.
③ 측창채광(side lighting)은 조도분포가 균일하다.
④ 천창채광(top lighting)은 조도분포의 불균형을 해소한다.

정답 55. ④ 56. ② 57. ④ 58. ③ 59. ④

해설 천창채광은 지붕면에 있는 수평 또는 수평에 가까운 천창에 의한 채광방식으로 장점에는 채광량이 많으므로, 방구석의 저조도 해소, 조도분포의 불균형 해소, 즉 조도가 균등하다. 방구석의 주광선 방향의 저각도 해소된다. 단점으로는 시선 방향의 시야가 차단되므로 폐쇄된 분위기가 되기 쉽고, 천창은 평면계획상 어렵고 구조, 시공, 특히 비의 처리가 어려우며, 일반화된 채광법이 아니다.

60

건축적 채광의 방법 중 측광(lateral lighting)에 관한 설명으로 옳은 것은?

① 통풍 · 차열에 불리하다.
② 편측채광의 경우 조도분포가 불균일하다.
③ 구조 · 시공이 어려우며 비막이에 불리하다.
④ 근린의 상황에 따라 채광을 방해받는 경우가 없다.

해설 측창채광의 특성은 통풍과 차열에 유리하고 구조와 시공이 쉬우며, 비막이에 유리하다. 근린 상황에 따라 채광에 방해를 받는 경우가 있고, 편측채광의 경우에는 조도분포가 불균일하다.

61

건축적 채광방식 중 천창채광에 관한 설명으로 옳지 않은 것은?

① 비막이에 불리하다.
② 통풍 및 차열에 유리하다.
③ 조도분포의 균일화에 유리하다.
④ 근린의 상황에 따라 채광을 방해받는 경우가 적다.

해설 천창채광은 ①, ③, ④ 이외에 통풍 및 차열에 불리하다.

62

측창채광에 관한 설명으로 옳은 것은?

① 천창채광에 비해 채광량이 많다.
② 천창채광에 비해 비막이에 불리하다.
③ 편측채광의 경우 실내 조도 분포가 균일하다.
④ 근린의 상황에 의해 채광을 방해받을 수 있다.

해설 천창(천장 부분에 채광창을 설치한 방식)채광은 측창채광에 비해 채광량이 3배 정도로 많고, 측창채광은 천창채광에 비해 비막이에 유리하며, 편측채광은 실내 조도분포가 매우 불균일하다.

63

측창채광과 비교한 천창채광의 특징에 관한 설명으로 옳지 않은 것은?

① 비막이에 불리하다.
② 채광량 확보에 불리하다.
③ 조도분포의 균일화에 유리하다.
④ 근린의 상황에 따라 채광을 방해받는 경우가 적다.

해설 측창채광과 비교한 천창채광은 채광량의 확보가 유리하고, 항상 일정한 조도를 유지할 수 있다.

64

자연채광방식에 관한 설명으로 옳지 않은 것은?

① 편측채광은 조도분포가 불균일하며 실 안쪽의 조도가 부족한 경향이 많다.
② 측창채광은 통풍에 유리하나 근린의 상황에 의해 채광 방해가 발생할 수 있다.
③ 천창채광은 비막이에 유리하며 좁은 실에서 개방된 분위기의 조성이 용이하다.
④ 정측창채광은 실내 벽면에 높은 조도가 바람직한 미술관이나 넓은 작업면에 주광률 분포의 균일성이 요구되는 공장 등에 사용된다.

해설 천창채광은 지붕면에 있는 수평 또는 수평에 가까운 천창에 의한 채광방식으로 장점에는 채광량이 많으므로, 방구석의 저조도 해소, 조도분포의 불균형 해소, 즉 조도가 균등하다. 방구석의 주광선 방향의 저각도 해소된다. 단점으로는 시선 방향의 시야가 차단되므로 폐쇄된 분위기가 되기 쉽고, 천창은 평면계획상 어렵고 구조, 시공, 특히 비의 처리가 어려우며, 일반화된 채광법이 아니다.

65

밝은 창문을 배경으로 한 경우 물체 등이 잘 보이지 않는 현상을 의미하는 것은?

① 실루엣 현상　② 마스킹 현상
③ 스컬러 현상　④ 글레어 인덱스 현상

정답 60. ② 61. ② 62. ④ 63. ② 64. ③ 65. ①

해설 마스킹(Masking) 현상은 두 가지 이상의 음이 동시에 발생할 때 어느 한 쪽 때문에 다른 쪽 음이 들리지 않게 되는 현상으로 '음의 은폐 작용'이라고도 한다. 글레어 인덱스 현상은 글레어(눈부심 또는 현휘)에 의해 불쾌감을 표시하는 현상이다.

4. 음환경

01

다음 중 음의 3요소에 속하지 않는 것은?

① 음색 ② 음의 폭
③ 음의 고저 ④ 음의 크기

해설 음의 3요소에는 음의 높이, 음의 세기(크기) 및 음색 등의 3가지가 있다.

02

다음 중 음의 고저 감각에 가장 주된 영향을 주는 요소는?

① 음색 ② 음의 크기
③ 음의 주파수 ④ 음의 전파속도

해설 음색은 음의 높낮이가 같아도 사람이나 악기에 따라 달리 나타나는 소리의 특질이나 맵시이다. 음의 크기는 음의 대소를 표현하는 양을 말하고, 통상 정상적인 귀가 이것과 동등한 크기로 감지하는 기준음(1,000Hz)의 평면 진행 정현파의 강도의 레벨의 값(데시벨 값)을 그의 음의 크기의 레벨값으로 정한다. 음의 전파속도는 진동수, 세기, 기압의 변화에는 큰 관계가 없으나, 온도(1℃ 상승함에 따라 약 0.6m/s씩 빨라진다)에는 크게 영향을 받는다.

03

음에 관한 다음 기술 중 틀린 것은?

① 음세기레벨을 40dB 내리는 데에는 음의 세기를 1/1,000로 해야 한다.
② 인간의 감각은 80phon과 70phon의 소음차는 60phon과 50phon의 소음차와 같게 들린다.
③ 1대에 70dB의 소음을 내는 기계를 4대 넣으면 실내의 소음 레벨은 약 76dB이 된다.
④ 95dB의 소음과 80dB의 소음이 동시에 존재해도 합계 레벨은 약 95dB이다.

해설 음의 세기 $= 10\log\frac{I(\text{음의 세기})}{I_s(\text{기준음의 세기})} = 10\log\frac{x}{10^{-12}}$
$= 40$dB에 의해서. $x = 10^{-8}$이다.
그러므로, 음세기레벨을 40dB 내리는 데에는 음의 세기를 10,000배로 해야 한다.

04

음에 관한 설명으로 옳지 않은 것은?

① 음의 공기 중 전파 속도는 기온이 높을수록 빨라진다.
② 음의 고저는 음파의 기본음이 가지는 기본 주파수에 의해서 결정된다.
③ 음파는 횡파이며, 음의 크기는 음파를 구성하는 고조파의 크기에 의해 결정된다.
④ 회절은 낮은 주파수의 음일수록 현저하게 나타나지만 주파수가 높아질수록 회절을 일으키기 어렵게 된다.

해설 음파는 종파이고, 음의 크기는 청각의 감각량으로 음파의 진동, 진폭의 대소에 따라서 결정된다.

05

음의 성질에 관한 설명으로 옳지 않은 것은?

① 음의 파장은 음속과 주파수를 곱한 값이다.
② 인간의 가청 주파수의 범위는 20~20,000Hz이다.
③ 마스킹 효과(masking effect)는 음파의 간섭에 의해 일어난다.
④ 음파가 한 매질에서 타 매질로 통과할 때 구부러지는 현상을 음의 굴절이라 한다.

해설 $\lambda(\text{음의 파장}) = \frac{v(\text{음속})}{f(\text{주파수})}$ 이다. 즉 음의 파장은 음속을 주파수로 나눈 값이다.

06

음의 크기 레벨 산정에 기준이 되는 순음의 주파수는?

① 10Hz ② 100Hz
③ 500Hz ④ 1,000Hz

정답 01. ② 02. ③ 03. ① 04. ③ 05. ① 06. ④

해설 무한이 많은 음 중에서 보통 대표적인 음은 주파수(Cycle, 진동수)가 각각 64, 128, 256, 512, 1,024, 2,048, 4,096이며, 피아노 건반의 도에 해당하는 순음이라고 할 수 있다. 이 중에서 128, 12, 2,048의 3개를 가지고 각각 저음, 중음, 고음을 대표하는 것으로 사용되고, 512의 음은 실내 또는 재료 등의 표준음으로 사용된다. 음의 크기 레벨의 기준이 되는 순음의 주파수는 1,000Hz이다.

07

실내 또는 재료 등의 음향적 성질을 표시할 때 표준음으로 사용되는 주파수는?

① 128cycle
② 256cycle
③ 512cycle
④ 1,000cycle

해설 무한이 많은 음 중에서 보통 대표적인 음은 주파수(Cycle, 진동수)가 각각 64, 128, 256, 512, 1,024, 2,048, 4,096이며, 실내 또는 재료 등의 음향적 성질을 표시할 때 표준음은 512cycle, 청각을 고려할 경우에는 1,000cycle의 음을 표준음으로 한다.

08

다음 설명에 알맞은 음과 관련된 현상은?

- 서로 다른 음원에서의 음이 중첩되면 합성되어 음은 쌍방의 상황에 따라 강해진다든지, 약해진다든지 한다.
- 2개의 스피커에서 같은 음을 발생하면 음이 크게 들리는 곳과 작게 들리는 곳이 생긴다.

① 음의 간섭
② 음의 굴절
③ 음의 반사
④ 음의 회절

해설 음의 굴절은 음파가 대기 중에서 매질을 통과할 때 온도 변화로 인하여 굴절하는 현상이고, 음의 반사는 음파가 어느 표면에 부딪쳐서 반사할 때는 입사한 음의 일부는 흡음, 투과되고 나머지는 반사하게 되는 현상이며, 음의 회절은 파동은 진행 중에 장애물이 있으면 직진하지 않고, 그 뒤쪽으로 돌아가는 현상이다.

09

다음의 설명에 알맞은 음의 성질은?

음파는 파동의 하나이기 때문에 물체가 진행방향을 가로막고 있다고 해도 그 물체의 후면에도 전달된다.

① 반사 ② 흡음
③ 간섭 ④ 회절

해설 음의 반사는 음파가 어느 표면에 부딪쳐서 반사할 때 입사한 음에너지의 일부는 흡음되거나 투과되고 나머지는 반사되는 현상이고, 흡음은 음의 입사 에너지가 열에너지로 변화하는 현상이다. 음의 간섭은 서로 다른 음원에서의 음이 중첩되며 합성되어 음이 쌍방의 상황에 따라 강해지거나 약해지는 현상이다.

10

다음 중 음향 장애현상에 속하지 않는 것은?

① 음의 반향 ② 음의 공명
③ 음의 음영 ④ 음의 잔향

해설 잔향이란 음이 벽에 몇 번씩이나 반사하여 연주가 끝난 후에도 실내에 음이 남아 있는 현상을 말하고, 그 정도를 나타내기 위하여 잔향시간을 사용하고 있다.

11

다음 중 음향 장애현상의 하나인 공명을 피하기 위한 대책으로 가장 알맞은 것은?

① 흡음재를 분산 배치시킨다.
② 실의 마감을 반사재 중심으로 구성한다.
③ 실의 표면을 매끄러운 재료로 구성한다.
④ 실의 평면 크기 비율(가로 : 세로)을 1 : 3 이상으로 한다.

해설 음의 공명 현상과 방지법
공명 현상은 음을 발생하는 하나의 음원으로부터 나오는 음에너지를 다른 물체가 흡수하여 소리를 냄으로써 특정 주파수의 음량이 증가되는 현상으로 공명의 방지법은 다음과 같다.
㉠ 실의 형태를 계획(실의 높이 : 폭 : 길이 = 1 : 1.5 : 2.5)하고, 흡음재를 분산 배치한다.
㉡ 음향학적으로 실의 각부의 치수가 바람직한 비례를 갖도록 한다.

정답 07. ③ 08. ① 09. ④ 10. ④ 11. ①

㉢ 표면의 불규칙성을 이용하고, 실의 주벽면을 불규칙한 형태로 설계한다.

12 |

음파는 파동의 하나이기 때문에 물체가 진행방향을 가로막고 있다고 해도 그 물체의 후면에도 전달된다. 이러한 현상을 무엇이라 하는가?

① 잔향　② 굴절
③ 회절　④ 간섭

해설 잔향이란 음이 벽에 몇 번씩이나 반사하여 연주가 끝난 후에도 실내에 음이 남아 있는 현상을 말하고, 그 정도를 나타내기 위하여 잔향시간을 사용하고 있다. 굴절은 음파가 대기 중에서 매질을 통과할 때 온도 변화로 인하여 굴절하는 현상이다. 간섭은 서로 다른 음원에서의 음이 중첩되며 합성되어 음이 쌍방의 상황에 따라 강해지거나 약해지는 현상이다.

13 |

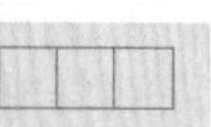

음파는 매질이 다른 곳을 통과할 때 전파 속도가 달라져서 그 진행방향이 변화되는데, 이러한 현상을 무엇이라 하는가?

① 흡음　② 간섭
③ 회절　④ 굴절

해설 흡음은 음파가 재료에 부딪히면 입사음의 에너지 일부가 여러 가지 흡음 재료 및 기구에 의해 다른 에너지로 변화되고 흡수되는 현상이고, 간섭은 양쪽에서 나온 음이 강하게 또는 약하게 하는 현상이며, 회절은 파동을 진행 중에 장애물이 있으면 직진하지 않고, 그 뒤쪽으로 돌아가는 현상이다.

14 |

음파가 재료에 부딪히면 입사음의 에너지 일부가 여러 가지 재료 및 기구에 의해 다른 에너지로 변화되고 흡수되는 현상을 무엇이라고 하는가?

① 음의 반사
② 음의 굴절
③ 흡음
④ 음의 회절

해설 음의 반사는 음파가 어느 표면에 부딪쳐서 반사할 때 입사한 음에너지의 일부는 흡음되거나 투과되고 나머지는 반사되는 현상이고, 음의 굴절은 음파가 대기 중에서 매질을 통과할 때 온도 변화로 인하여 굴절하는 현상이고, 음의 회절은 파동은 진행 중에 장애물이 있으면 직진하지 않고, 그 뒤쪽으로 돌아가는 현상이다.

15 |

사람이 말을 할 때 어느 정도 정확하게 청취할 수 있는가를 표시하는 기준을 나타내는 것은?

① 주파수　② 실지수
③ 지향성　④ 명료도

해설 주파수는 교류의 전파나 전자파 또는 진동 등이 주기적으로 매초 동안에 반복되는 횟수로서 단위는 Hz를 사용한다. 실지수는 실(방)지수는 조명설계에 있어서 방의 크기, 광원의 위치와 관련한 지수로서

$$실(방)지수 = \frac{X(방의\ 가로길이)Y(방의\ 세로길이)}{H(방의\ 높이)(X+Y)}$$

이다. 지향성은 음이 항상 일정한 대상을 지향(일정한 목표)하고 있은 성질로서, 즉 파장이 짧고 음에너지가 작은 고주파 수의 경우는 파장이 길고 음에너지가 큰 저주파 수에 비해 배후 방향으로의 음압 레벨이 저하하는 특성을 말한다.

16 |

음의 세기 단위는 어느 것인가?

① dB　② phon
③ W/m^2　④ N/m^2

해설 음의 기초량과 단위

구분	음의 세기	음의 세기 레벨	음압	음압 레벨	음의 크기	음의 크기 레벨
단위	W/m^2	dB	N/m^2 (Pa)	dB	sone	phon

17 |

음의 대소를 나타내는 감각량을 음의 크기라고 한다. 음의 크기의 단위는?

① dB　② lm
③ sone　④ phon

정답 12. ③ 13. ④ 14. ③ 15. ④ 16. ③ 17. ③

해설 음의 기초량과 단위

구분	음의 세기	음의 세기 레벨	음압	음압 레벨	음의 크기	음의 크기 레벨
단위	W/m^2	dB	N/m^2 (Pa)	dB	sone	phon

18

다음 중 단위로 데시벨(dB)을 사용하지 않는 것은?

① 소음 레벨　② 음압 레벨
③ 음의 세기 레벨　④ 음의 크기 레벨

해설 음의 기초량과 단위

구분	음의 세기	음의 세기 레벨	음압	음압 레벨	음의 크기	음의 크기 레벨
단위	W/m^2	dB	N/m^2 (Pa)	dB	sone	phon

19

주파수가 150Hz이고, 전파 속도가 60m/s인 파동의 파장은 얼마인가?

① 0.25m　② 0.40m
③ 0.55m　④ 2.50m

해설 $\lambda(\text{음의 파장}) = \dfrac{v(\text{음속})}{f(\text{주파수})} = \dfrac{60}{150} = 0.4\text{m}$

20

공기 중의 음속이 344m/s, 주파수가 450Hz일 때 음의 파장(m)은?

① 0.33　② 0.76
③ 1.31　④ 6.25

해설 $\lambda(\text{음의 파장}) = \dfrac{v(\text{음속})}{f(\text{주파수})} = \dfrac{344}{450} = 0.7644\text{m}$

21

투과 손실에 관한 설명으로 옳지 않은 것은?

① 간벽의 차음 성능을 나타낸다.
② 공진이 발생되면 투과 손실이 저하된다.
③ 일치 효과가 발생할수록 투과 손실은 증가한다.
④ 단일 벽체의 질량이 클수록 투과 손실은 증가한다.

해설 투과 손실이란 간벽의 차음 성능을 나타내고, 공진(공명)과 일치 효과(소리가 일치하는 현상)가 발생할수록 투과 손실은 저하하며, 단열 벽체의 질량이 클수록 투과 손실은 증가한다.

22

임의 주파수에서 벽체를 통해 입사 음에너지의 1%가 투과하였을 때 이 주파수에서 벽체의 음 투과손실은?

① 10dB
② 20dB
③ 30dB
④ 40dB

해설 $TL(\text{투과손실}) = 10\log\left(\dfrac{1}{\tau(\text{투과율})}\right)$

투과율이 $1\% = \dfrac{1}{100}$

$TL = 10\log\left(\dfrac{1}{\tau}\right) = 10\log\dfrac{1}{\frac{1}{100}} = 10\log 100 = 10\log 10^2$

$= 20\text{dB}$

23

음의 세기가 $10^{-10}W/m^2$인 음의 세기 레벨은? (단, 기준음의 세기는 $10^{-12}W/m^2$이다.)

① 10dB　② 20dB
③ 30dB　④ 40dB

해설 음의 세기

$= 10\log\dfrac{I(\text{음의 세기})}{I_s(\text{기준음의 세기})} = 10\log\dfrac{10^{-10}}{10^{-12}} = 20\text{dB}$

24

강당의 환기용 천장 디퓨저에서의 음압 레벨이 500Hz에서 35dB이다. 이 디퓨저가 모두 10개 있을 때 환기구 전체에서 발생하는 음압 레벨은 얼마인가?

① 40dB　② 45dB
③ 50dB　④ 55dB

정답 18. ④ 19. ② 20. ② 21. ③ 22. ② 23. ② 24. ②

해설 $SPL = SPL_1 + 10\log n = 35 + 10\log 10 = 45dB$
여기서, SPL : 전체 음압 레벨
SPL_1 : 1개 음원의 음압 레벨
n : 음원의 수

25

소음 평가방법 중 Beranek에 의해 제안되었으며 옥타브 분석법에 의한 소음허용치로 실내소음허용치로 사용되는 것은?

① NRN ② dB(A)
③ TNI ④ NC

해설 NRN(소음평가지수)은 소음의 청력장애, 회화장애, 시끄러움의 3개 관점에서 평가하여 ISO가 1961년에 제안한 것이다. dB은 음의 세기 레벨과 음압 레벨의 단위이다. TNI(Traffic Noise Index)는 도로교통소음에 대한 교통소음지수이다.

26

배경 소음에 관한 설명으로 옳은 것은?

① 저주파수 영역에서의 소음
② 고주파수 영역에서의 소음
③ 측정 대상음 이외의 주위 소음
④ 어느 장소에서나 일정한 소음

해설 배경 소음(한 장소에 있어서 특정의 음을 대상으로 생각할 경우, 대상 소음이 없을 때 그 장소의 소음을 대상 소음에 대한 배경 소음이라고 한다.)은 측정 대상음(시험 대상 기기) 이외의 주위 소음을 의미한다.

27

소음의 분류 중 음압 레벨의 변동 폭이 좁고, 측정자가 귀로 들었을 때 음의 크기가 변동하고 있다고 생각되지 않는 종류의 음은?

① 변동 소음 ② 간헐 소음
③ 충격 소음 ④ 정상 소음

해설 변동 소음은 시간에 따라 소음의 변화 폭이 큰 소음이고, 간헐 소음은 간헐적으로 발행하는 소음이며, 충격 소음은 짧은 시간 동안에 발생(폭발음, 타격음 등)하는 높은 세기의 소음 또는 층 사이의 칸막이나 벽체를 두드려서 생기는 소음으로 방 안에서 사람이 걸어갈 때나 물체가 방바닥에 떨어질 때 그 아래층에서 들리는 소리 따위를 말한다.

28

측정 소음도에 배경 소음을 보정한 후 얻어진 소음도를 의미하는 것은?

① 배경 소음도 ② 대상 소음도
③ 평가 소음도 ④ 등가 소음도

해설 배경 소음도는 측정 소음도의 측정 위치에서 대상 소음이 없을 때 이 시험방법에서 정한 측정방법으로 측정한 소음도 및 등가 소음도 등을 말한다. 평가 소음도는 대상 소음도에 충격음, 관련시간대에 대한 측정 소음 발생시간의 백분율, 시간별, 지역별 등의 보정치를 보정한 후 얻어진 소음도이다. 등가 소음도는 임의의 측정시간 동안 발생한 변동 소음의 총에너지를 같은 시간 내의 정상 소음의 에너지로 등가하여 얻어진 소음도이다.

29

다음 중 건축물의 소음 대책과 가장 거리가 먼 것은? (단, 소음원이 외부에 있는 경우)

① 창문의 밀폐도를 높인다.
② 실내의 흡음률을 줄인다.
③ 벽체의 중량을 크게 한다.
④ 소음원의 음원 세기를 줄인다.

해설 건축물의 소음 대책으로 소음원이 외부에 있는 경우 실내의 흡음률을 증대시킨다.

30

같은 주파수 음의 간섭에 의해서 입사음파가 반사음파와 중첩되어 음압의 변동이 고정되는 현상은?

① 마스킹 현상 ② 정재파 현상
③ 피드백 현상 ④ 플러터 에코 현상

해설 마스킹 현상은 2가지의 음이 동시에 귀에 들어와서 한쪽의 음 때문에 음이 작게 들리는 현상이고, 피드백 현상은 음의 증폭 과정에서 마이크로폰을 통한 증폭기를 거쳐서 확성기에서 나온 소리가 다시 마이크로폰에 잡혀 와서 큰 소리로 울리게 되어 소음이 되는 현상이

정답 25. ④ 26. ③ 27. ④ 28. ② 29. ② 30. ②

며, 플러터 에코 현상은 박수 소리나 발자국 소리가 천장과 바닥면 및 옆 벽과 옆 벽 사이에서 왕복 반사하여 독특한 음색을 울리는 현상이다.

31

어느 음을 듣고자 할 때, 다른 음에 의하여 듣고자 하는 음이 작게 들리거나 아예 들리지 않는 현상은?

① 마스킹(Masking) 현상
② 피드백(Feed back) 현상
③ 플러터 에코(Flutter Echo) 현상
④ 얼룩무늬(Pattern Staining) 현상

해설 피드백(Feed back) 현상은 반사된 음이 되돌아와 원음과 합류되어 또 다시 반사되는 현상이고, 플러터 에코(Flutter Echo) 현상은 마주보는 평행한 면이나 오목한 면에 의한 반복 반사 현상이며. 얼룩무늬 현상(Pattern Staining)은 도막면에 다른 큰 부분과 틀리는 색이 작은 부분 발생하는 현상이다.

32

마스킹(masking) 효과에 관한 설명으로 옳은 것은?

① 옆벽 사이를 왕복 반사하여 독특한 음색이 울리는 현상
② 입사음의 진동수가 벽의 진동수와 일치되어 같은 소리를 내는 현상
③ 일정한 크기의 음을 갑자기 멈출 때 그 음이 수초간 남아있는 현상
④ 크고 작은 두 소리를 동시에 들을 때 큰 소리만 듣고 작은 소리는 듣지 못하는 현상

해설 ① 플러터 에코 현상, ② 공명 현상, ③ 잔향 현상, ④ 마스킹 효과에 대한 설명이다.

33

마스킹(masking) 효과에 관한 설명으로 옳은 것은?

① 초기 반사음보다 늦게 도래하는 반사음의 효과
② 입사음의 진동수가 벽의 진동수와 일치되어 같은 소리를 내는 현상
③ 어떤 음의 방해로 인하여 다른 음에 대한 가청 임계값이 증가하는 현상
④ 음파가 어떤 매질을 진행할 때 다른 매질의 경계면에 도달하여 진행 방향이 변하는 현상

해설 ① 잔향음, ② 공명, ③ 마스킹(masking) 효과, ④ 음의 굴절에 대한 설명이다.

34

다공질재 흡음재료에 관한 설명으로 옳지 않은 것은?

① 주파수가 낮을수록 흡음률이 높아진다.
② 표면마감처리방법에 의해 흡음 특성이 변한다.
③ 두께를 늘리면 저주파수의 흡음률이 높아진다.
④ 강성벽 앞면의 공기층 두께를 증가시키면 저주파수의 흡음률이 높아진다.

해설 다공질 흡음재료는 재료에 음파가 입사하면 재료 내부의 공기진동으로 인하여 점성마찰이 생기고, 음에너지가 열에너지로 변환되어 흡음되는 재료이다. 다공질 흡음재료(광물면인 글라스울, 암면, 식물성 섬유류, 발포 플라스틱과 같이 표면에 미세한 구멍이 있는 재료)는 중 · 고주파수에서의 흡음률은 크지만, 저주파수에서는 급격히 저하한다. 즉, 주파수가 낮을수록 흡음률이 낮아진다.

35

흡음재료 중 연속기포 다공질재료에 관한 설명으로 옳지 않은 것은?

① 유리면, 암면 등이 사용된다.
② 중 · 고음역에서 높은 흡음률을 나타낸다.
③ 일반적으로 두께를 늘리면 흡음률이 커진다.
④ 재료 표면의 공극을 막는 표면 처리를 할 경우 흡음률이 커진다.

해설 흡음재료 중 연속기포 다공질재의 흡음성능은 다공질 정도와 재료의 두께에 영향을 받을 뿐만 아니라 그 재질이 갖고 있는 공기유동저항성에 크게 좌우된다. 따라서 흡음재의 재료 표면의 공극을 막는 표면 처리를 할 경우 흡음률이 감소한다.

36

연속기포 다공질 흡음재료에 속하지 않는 것은?

① 암면 ② 유리면
③ 석고보드 ④ 목모시멘트판

정답 31. ① 32. ④ 33. ③ 34. ① 35. ④ 36. ③

해설 연속기포 다공질 단열재의 종류에는 펄라이트판, 규산칼슘판(규조토), 탄화코르크, 암면, 유리면, 목모시멘트판 등이 있고, 석고보드는 소석고를 주원료로 하고, 이에 경량, 탄성을 주기 위해 톱밥, 펄라이트 및 섬유 등을 혼합하여 이 혼합물을 물로 이겨 양면에 두꺼운 종이를 밀착, 판상으로 성형한 것으로 보드류(바탕재나 구조재에 부착시켜 사용)에 속한다.

37

흡음재료 중 연속기포 다공질재에 관한 설명으로 옳지 않은 것은?

① 표면마감처리방법에 의해 흡음 특성이 변한다.
② 일반적으로 두께를 늘리면 흡음률은 작아진다.
③ 배후공기층은 중저음역의 흡음성능에 유효하다.
④ 재료로는 유리면, 암면, 펠트, 연질 섬유판 등이 있다.

해설 흡음재료 중 연속기포 다공질재의 흡음성능은 다공질 정도와 재료의 두께에 영향을 받을 뿐만 아니라 그 재질이 갖고 있는 공기유동저항성에 크게 좌우된다. 따라서, 흡음재의 두께가 두꺼울수록 흡음률이 증가한다.

38

흡음재료 중 연속기포 다공질재료에 관한 설명으로 옳지 않은 것은?

① 유리면, 암면, 연질 섬유판 등이 있다.
② 표면을 도장하면 흡음 효과가 높아진다.
③ 중 · 고음역에서 높은 흡음률을 나타낸다.
④ 일반적으로 두께를 늘리면 흡음률은 커진다.

해설 다공질재료의 표면이 다른 재료에 의하여 피복되어 통기성이 저해되면 중 · 고주파수에서의 흡음률이 저하된다.

39

판진동 흡음재에 관한 설명으로 옳지 않은 것은?

① 낮은 주파수 대역에 유효하다.
② 막 진동하기 쉬운 얇은 것일수록 흡음률이 작다.
③ 재료의 부착방법과 배후조건에 의해 특성이 달라진다.
④ 판이 두껍거나 배후공기층이 클수록 공명 주파수의 범위가 저음역으로 이동한다.

해설 판진동 흡음재는 얇은 판에 음파가 입사하면 판진동이 일어나서 음의 에너지 일부가 그 내부 마찰에 의해서 소비됨으로써 흡음되는 원리를 갖고 있는 흡음재이므로, 막 진동하기 쉬운 얇은 것일수록 흡음률이 크다.

40

흡음재료의 특성에 관한 설명으로 옳지 않은 것은?

① 다공성 흡음재는 중고음역에서의 흡음률이 크다.
② 판진동 흡음재는 일반적으로 얇을수록 흡음률이 크다.
③ 판진동 흡음재의 경우, 흡음판을 기밀하게 접착하는 것이 못으로 고정하는 것보다 흡음률이 크다.
④ 다공성 흡음재는 재료의 두께나 공기층 두께를 증가시킴으로써 저주파수의 흡음률을 증가시킬 수 있다.

해설 판(막)진동 흡음재는 얇고 기밀한 판에 음이 입사되면 판진동과 막진동이 일어나 음에너지의 일부가 판의 내부 마찰로 인해 감쇄된다. 그러므로, 흡음판을 기밀하게 접착하는 것이 못으로 고정하는 것보다 흡음률이 작다.

41

각종 흡음재에 관한 설명으로 옳은 것은?

① 판진동 흡음재는 고음역의 흡음재로 유용하다.
② 다공성 흡음재는 재료의 두께를 감소시킴으로써 고주파수에서의 흡음률을 증가시킬 수 있다.
③ 판진동 흡음재는 강성벽의 표면에 밀실하게 부착하여 사용하는 것이 흡음률 향상에 효과적이다.
④ 다공성 흡음재의 표면을 다른 재료로 피복하여 통기성을 낮출 경우 중 · 고주파수에서의 흡음률이 저하된다.

해설 ①항의 판진동 흡음재는 저음역 흡음재로 유용하고, ②항의 다공성 흡음재는 재료의 두께를 증가시키므로 저주파수의 흡음률을 증가시킬 수 있으며, ③항의 판진동 흡음재는 강성벽의 표면에 밀실하게 부착하는 것보다 못 등으로 고정하는 것이 판진동하기 쉬우므로 흡음률이 향상된다.

정답 37. ② 38. ② 39. ② 40. ③ 41. ④

42

흡음 재료에 관한 설명 중 옳지 않은 것은?

① 다공성 흡음재는 특히 중 · 고음역에서 흡음성이 좋다.
② 판상 흡음재는 막 진동하기 쉬운 얇은 것일수록 흡음률이 크다.
③ 판상 흡음재는 재료의 부착 방법과 배후 조건에 의해 특성이 달라진다.
④ 판상 흡음재는 판이 두껍거나 배후 공기층이 클수록 공명 주파수의 범위가 고음역으로 이동한다.

해설 판(막)진동 흡음재는 얇고 기밀한 판에 음이 입사되면 판진동과 막진동이 일어나 음에너지의 일부가 판의 내부 마찰로 인해 감쇄된다. 판(막)상 흡음재는 판이 두껍거나 배후 공기층이 클수록 공명 주파수의 범위가 저음역으로 이동한다.

43

다음 중 차음 재료에 요구되는 성질과 가장 거리가 먼 것은?

① 공기의 유통이 없이 비교적 밀실의 재질을 지니고 있다.
② 공기 중을 전파하는 음파의 차단에 관하여 특질을 갖추고 있다.
③ 연속기포 다공질재료로서 공기 중을 전파하여 입사한 음파의 투과가 용이하다.
④ 실용적으로 사용하기 편리한 재료이고, 차음의 목적에 따라 천장, 벽, 바닥 등의 구성 재료가 될 수 있다.

해설 차음 재료는 소리를 차단하는 재료로서 일반적으로 밀실하고, 비중이 크며, 단단한 재료이다. 연속기포 다공질재료는 음을 흡수하는 흡음재에 대한 성질로서, 공기 중을 전파하여 입사한 음파의 투과가 난해하다.

44

차음 대책으로 옳지 않은 것은?

① 배수관에 차음 시트를 설치한다.
② 면밀도가 높은 재료를 사용한다.
③ 무겁고 두꺼운 재료를 사용한다.
④ 투과손실이 작은 재료를 사용한다.

해설 음향 투과손실(투과율= $\frac{I_t(\text{투과음의 세기})}{I_i(\text{입사음의 세기})}$ 의 역수로 대수표시한 것으로 재료의 차음 성능을 나타낸다)값이 큰 재료일수록 차음 성능이 우수함을 나타내므로 투과손실이 큰 재료를 사용하는 것이 차음 대책의 하나이다.

45

벽체의 차음성을 높이기 위한 방법으로 옳지 않은 것은?

① 벽체의 기밀성을 높인다.
② 벽체의 투과손실을 작게 한다.
③ 벽체는 되도록 무거운 재료를 사용한다.
④ 공명효과 및 일치효과가 발생되지 않도록 벽체를 설계한다.

해설 벽체의 차음성을 높이기 위한 방법으로는 ①, ③, ④ 이외에 벽체의 투과손실(입사음의 강도 레벨과 투과음의 강도 레벨과의 차이)을 크게 하여야 한다. 즉, 투과손실값이 큰 재료일수록 차음성능이 우수함을 나타낸다.

46

바닥 충격음에 대한 차음 대책으로 옳지 않은 것은?

① 뜬바닥 구조를 활용한다.
② 투과손실이 작은 재료를 사용한다.
③ 쿠션성이 있는 바닥 마감재를 사용한다.
④ 천장 반자 시공에 의한 이중 천장을 설치한다.

해설 바닥 충격음에 대한 차음 대책에는 ①, ③, ④ 이외에 소음을 구조체와 분리하고, 슬래브의 중량을 증가시키며, 투과손실이 큰 재료를 사용하여 차음 성능을 향상시킨다.

47

잔향시간의 정의로서 맞게 서술된 것은?

① 음에너지가 1/100만으로 감소될 때까지의 시간
② 음에너지가 1/200만으로 감소될 때까지의 시간
③ 음에너지가 30dB 감소될 때까지의 시간
④ 음에너지가 100dB 감소될 때까지의 시간

해설 잔향(음원에서 소리가 그치더라도 일정시간 동안은 음이 남아있는 현상)시간은 음의 발생을 중지시킨 후

정답 42. ④ 43. ③ 44. ④ 45. ② 46. ② 47. ①

실내 평균에너지 밀도가 최초 값보다 60dB 감소하는데 걸리는 시간을 말하고, 이는 음에너지가 1/1,000,000$\left(\frac{1}{10^6}=10^{-6}\right)$ 이하로 감소되는 데 걸리는 시간을 말한다.

48 |

다음의 잔향시간에 관한 설명 중 (　　)에 알맞은 것은?

> 실내에 있는 음원에서 정상음을 발생하여 실내의 음향 에너지 밀도가 정상 상태가 된 후 음원을 정지하면 수음정에서의 음향 에너지 밀도는 지수적으로 감쇠한다. 이때 음향 에너지 밀도가 정상 상태일 때의 (　　)이 되는데 요하는 시간이 잔향시간이다.

① $\frac{1}{10^2}$　　② $\frac{1}{10^4}$

③ $\frac{1}{10^6}$　　④ $\frac{1}{10^8}$

해설 잔향(음원에서 소리가 그치더라도 일정시간 동안은 음이 남아있는 현상)시간은 음의 발생을 중지시킨 후 실내 평균에너지 밀도가 최초 값보다 60dB 감소하는데 걸리는 시간을 말하고, 이는 음에너지가 1/1,000,000 $\left(\frac{1}{10^6}=10^{-6}\right)$ 이하로 감소되는 데 걸리는 시간을 말한다.

49 |

잔향시간에 관한 설명으로 옳지 않은 것은?

① 잔향시간은 실용적에 영향을 받는다.
② 잔향시간은 실의 흡음력에 반비례한다.
③ 잔향시간이 길수록 명료도는 좋아진다.
④ 적정잔향시간은 실의 용도에 따라 결정된다.

해설 잔향시간(음원에서 소리가 끝난 후 실내에서 음의 에너지가 그 백만분의 일이 될 때까지의 시간 또는 음에너지의 밀도가 60dB 감소하는 데 소요되는 시간)은 실의 체적, 벽면의 흡음도에 따라 결정되며, 실의 형태와는 관계가 없다. 즉, 실용적에 비례하고, 실의 흡음력에 반비례한다. 적정 잔향시간이 실의 용도에 따라 달라지는 이유는 명료도(사람이 말을 할 때, 어느 정도 정확하게 청취하였는가를 표시하는 기준)를 좋게 하기 위함으로 잔향시간이 길면 명료도가 저하(나빠지게)된다.

50 |

음의 잔향시간에 관한 설명으로 옳지 않은 것은?

① 실용적이 클수록 잔향시간은 커진다.
② 실의 사용 목적과 상관없이 최적잔향시간은 동일하다.
③ 실내 벽면의 흡음률이 높을수록 잔향시간은 짧아진다.
④ 잔향시간이란 음이 발생하여 60dB 낮아지는데 소요되는 시간을 말한다.

해설 최적 잔향시간은 그 방의 사용 목적에 따라 적당한 길이를 필요로 하고, 같은 용도의 방이라도 용적이 클수록 긴 것이 좋다. 예 오디토리움에서 강연할 때의 최적 잔향시간은 1초 정도이다.

51 |

잔향시간에 관한 설명으로 옳은 것은?

① 잔향시간은 일반적으로 실의 용적에 비례한다.
② 잔향시간이 짧을수록 음의 명료도가 저하된다.
③ 음악을 위한 공간일수록 잔향시간이 짧아야 한다.
④ 평균 음에너지 밀도가 6dB 감소하는 데 걸리는 시간을 의미한다.

해설 잔향시간[음원에서 소리가 끝난 후, 실내에 음의 에너지가 그 백만분의 1이 될 때까지의 시간 또는 실내에 남은 음의 에너지가 60dB(최초값-60dB)감소하기까지 소요된 시간]은 실용적에 비례하고 흡음력에 반비례한다.
② 잔향시간이 길수록 음의 명료도는 저하된다.
③ 음악을 위한 공간일수록 잔향시간이 길어야한다.
④ 최초 음에너지 밀도가 60dB 감소하는데 걸리는 시간이다.

52 |

흡음 및 차음에 관한 설명으로 옳지 않은 것은?

① 벽의 차음성능은 투과손실이 클수록 높다.
② 차음성능이 높은 재료는 대부분 흡음성능도 높다.
③ 실내 벽면의 흡음률이 높아지면 잔향시간은 짧아진다.
④ 철근콘크리트벽은 동일한 두께의 경량 콘크리트벽보다 차음성능이 높다.

정답 48. ③ 49. ③ 50. ② 51. ① 52. ③

해설 차음성능이 높은 재료는 흡음성능이 낮다. 즉, 소리를 반사한다.

53

실내음향에 관한 설명으로 옳지 않은 것은?

① 잔향시간은 실내 용적이 클수록 길어진다.
② 잔향시간은 실내의 흡음력이 작을수록 길어진다.
③ 강당과 음악당의 최적 잔향시간을 비교하면 강당의 잔향시간이 더 길어야 한다.
④ 잔향시간이란 실내의 음압레벨이 초기값보다 60dB 감쇠할 때까지의 시간을 말한다.

해설 강당과 음악당의 최적 잔향시간을 비교하면, 강당의 잔향시간이 짧아야(음의 명료도를 증대시키기 하기 위함) 한다.

54

실내음향계획에서 고려할 사항 중 가장 거리가 먼 것은?

① 실용적의 크기
② 실내 기온
③ 단면의 형태와 벽체의 구조
④ 실내의 마감 재료

해설 실내음향계획 시에는 실의 용적, 실의 형태 및 단면 형태, 실내의 마감 재료, 실의 용도 등을 고려해야 한다.

55

실내의 음향계획에 관한 설명으로 옳지 않은 것은?

① 불필요한 반향이 있어서는 안 된다.
② 음은 실내에 동일하게 가도록 한다.
③ 잔향시간은 청중의 다소와는 무관하다.
④ 반사음이 일부분으로 집중되는 것은 좋지 않다.

해설 잔향시간은 실의 용적에 비례하고 흡음력에 반비례하며, 청중의 의복과 몸은 흡음력을 가지므로 잔향시간에 영향을 준다. 그러므로 잔향시간과 청중의 다소는 관계가 깊다.

56

음향계획이 요구되는 실의 형태계획에 관한 설명 중 틀린 것은?

① 평면계획에서 객석은 실의 중심축으로부터 각각 70° 이내에 위치시킨다.
② 부정형, 비대칭형 평면은 음 확산을 위하여 대체로 효과가 좋다.
③ 일반적으로 음원에 가까운 부분에는 확산성을, 후면에는 반사성을 갖도록 한다.
④ 천장이 평행한 경우에는 플러터 에코(fultter echo)의 발생이 용이하므로 천장을 경사지게 한다.

해설 일반적으로 음원에 가까운 부분에는 반사재(확산성)를를, 후면에는 흡음재(흡음성)를 갖도록 한다.

57

다음 중 잔향시간과 가장 관계가 먼 것은?

① 실 체적
② 실내의 흡음력
③ 공기의 흡음력
④ 슈테판-볼츠만 상수

해설 잔향시간[음원에서 소리가 끝난 후, 실내에 음의 에너지가 그 백만분의 1이 될 때까지의 시간 또는 실내에 남은 음의 에너지가 60dB(최초값-60dB)감소하기까지 소요된 시간]은 실용적에 비례하고 흡음력에 반비례한다. 슈테판-볼츠만 법칙은 흑체(黑體)가 내놓는 열복사 에너지의 총량은 그 절대온도를 T라 할 때 T^4에 비례한다는 법칙이다.

58

임의의 실내공간이 사빈(Sabine)의 잔향 이론에 따른다고 가정할 때, 실용적이 2배로 증가하면 잔향시간은?

① 1/2로 감소
② 1/4로 감소
③ 2배 증가
④ 4배 증가

해설 $T(\text{잔향시간}) = 0.162 \times \dfrac{V(\text{실의 체적})}{A(\text{실의 흡음력})}$이다.
그러므로, 잔향시간은 실의 체적에 비례하고, 실의 흡음력에 반비례하므로, 실용적이 2배 증가하면, 잔향시간도 2배로 증가한다.

59 |

실의 용적이 5,000m^3이고 실내의 총흡음력이 500m^2일 경우, Sabine의 잔향식에 의한 잔향시간은?

① 0.4초　　② 1.0초
③ 1.6초　　④ 2.2초

해설 Sabine의 잔향식

$$잔향시간 = 0.164 \times \frac{실용적}{실내의\ 총흡음력} = 0.164 \times \frac{5,000}{500} = 1.64초$$

60 |

용적 3,000m^3, 잔향시간 1.6초인 실이 있다. 잔향시간을 0.6초로 조정하려고 할 때, 이 실에 추가로 필요한 흡음력은? (단, sabine의 식을 이용)

① 약 500m^2　　② 약 600m^2
③ 약 700m^2　　④ 약 800m^2

해설 여분의 흡음력은 잔향시간의 흡음력을 산정하여 계산한다.

㉠ 잔향시간이 1.6초인 경우의 흡음력 산정

$잔향시간(T) = 0.164 \times \frac{실용적(m^3)}{흡음력(m^2)}$에서,

T=1.6이므로 $1.6 = 0.164 \times \frac{3,000}{A}$

$\therefore A = \frac{0.164 \times 3,000}{1.6} = 307.5m^2$

㉡ 잔향시간이 0.6초인 경우의 흡음력 산정

$잔향시간(T) = 0.164 \times \frac{실용적(m^3)}{흡음력(m^2)}$에서,

T=0.6이므로 $0.6 = 0.164 \times \frac{3,000}{A}$

$\therefore A = \frac{0.164 \times 3,000}{0.6} = 820m^2$

그러므로, 여분의 흡음력=820−307.5=512.5m^2 증대시켜야 한다.

61 |

용적이 5,000m^3인 극장의 잔향시간을 1.6초에서 0.8초로 줄이기 위해 추가로 필요한 흡음력은? (단, sabine의 잔향시간 계산식 사용)

① 약 200m^2　　② 약 500m^2
③ 약 1,000m^2　　④ 약 1,500m^2

해설 $잔향시간 = 0.164 \times \frac{실의\ 용적(m^3)}{흡음력(m^2)}$

$= 0.164 \times \frac{실의\ 용적(m^3)}{실의\ 표면적 \times 흡음률}$이다.

그런데, 잔향시간이 1.6초에서 0.8초로 줄이기 위한 흡음력을 산정하기 위하여 다음과 같이 구한다.

㉠ 잔향시간이 1.6초인 경우의 흡음력 산정

$1.6 = 0.164 \times \frac{5,000}{흡음력}$

$\therefore 흡음력 = \frac{0.164 \times 5,000}{1.6} = 512.5m^2$

㉡ 잔향시간이 0.8초인 경우의 흡음력 산정

$0.8 = 0.164 \times \frac{5,000}{흡음력}$

$\therefore 흡음력 = \frac{0.164 \times 5,000}{0.8} = 1,025m^2$

그러므로, 추가 흡음력$= 1,025 - 512.5 = 512.5m^2$이다.

62 |

다음 중 일반적으로 요구되는 최적 잔향시간이 가장 짧은 곳은?

① 콘서트홀　　② 가톨릭교회
③ TV스튜디오　　④ 오페라하우스

해설 최적 잔향시간은 음성을 잘 듣기 위해서는 잔향시간이 짧아야 하고, 음향을 잘 듣기 위해서는 잔향시간이 길어야 하므로, 잔향시간이 짧은 것부터 긴 것의 순으로 나열하면, TV스튜디오 → 가톨릭교회 → 콘서트홀 → 오페라하우스의 순이다.

63 |

콘서트홀의 실내음향설계에 관한 설명으로 옳지 않은 것은?

① 모든 관객석에서 직접음 · 초기반사음을 차단하여야 한다.
② 일반적으로 콘서트홀은 회의실에 비해 긴 잔향시간이 요구된다.
③ 반향 등의 음향장애가 발생하지 않도록 실내 각 부재의 크기 · 형상 · 마감을 검토한다.
④ 기본설계 단계에서 실의 크기나 치수비 등의 결정 시 음향적으로 충분한 검토가 필요하다.

해설 콘서트홀의 실내음향설계에 있어서 직접음이 도달한 직후 관객석에 도달하는 초기반사음은 직접음의 청취를 보강하는 역할을 한다. 직접음을 보강하는 데 초기반사음의 에너지가 전체 도달음의 에너지에서 차지하는 비율을 초기음 에너지 비율이라고 하며, 음의 명확성을 위해서는 초기음 에너지 비율이 높아야 한다.

정답 59. ③ 60. ① 61. ② 62. ③ 63. ①

2 건축법령 및 건축관계법령 분석

01 |

건축법의 용어 정의상 건축에 해당되지 않는 것은?

① 신축　　② 이전
③ 대수선　　④ 증축

해설 관련 법규 : 법 제2조, 해설 법규 : 법 제2조 8호
건축이라 함은 건축물을 신축, 증축, 재축, 개축 및 이전을 말한다.

02 |

건축법상의 '주요 구조부'에 해당하지 않는 것은?

① 내력벽　　② 기둥
③ 지붕틀　　④ 최하층 바닥

해설 관련 법규 : 건축법 제2조, 해설 법규 : 법 제2조 7호
건축물의 주요 구조부는 내력벽, 기둥, 바닥, 보, 지붕틀 및 주계단을 말한다. 다만, 사이 기둥, 최하층 바닥, 작은 보, 차양, 옥외 계단, 그 밖에 이와 유사한 것으로 건축물의 구조상 중요하지 않은 부분은 제외한다.

03 |

건축법상 대수선에 해당하지 않는 것은?

① 내력벽 면적을 $35m^2$ 수선
② 주계단, 피난계단을 수선
③ 미관 지구 안의 담장 변경
④ 기둥 2개 이상 혹은 보 2개 이상을 수선

해설 대수선의 범위

구 분	내 용
수선 또는 변경하는 경우	내력벽의 벽 면적 $30m^2$ 이상, 기둥, 보, 지붕틀 3개 이상, 방화벽 또는 방화구획을 위한 바닥 또는 벽, 주 계단, 피난계단, 특별피난계단, 다가구주택의 가구 간 경계벽 또는 다세대주택의 세대 간 경계벽, 외벽의 면적 $30m^2$ 이상
증설·해체하는 경우	내력벽, 기둥, 보, 지붕틀(한옥의 경우에는 지붕틀의 범위에서 서까래는 제외), 방화벽 또는 방화구획을 위한 바닥 또는 벽, 주 계단, 피난계단, 특별피난계단, 다가구주택의 가구 간 경계벽 또는 다세대주택의 세대 간 경계벽, 건축물의 외벽에 사용하는 마감재료(법에 따른 마감재료)

04 |

그림과 같은 거실 단면의 반자 높이는 얼마로 보는가?

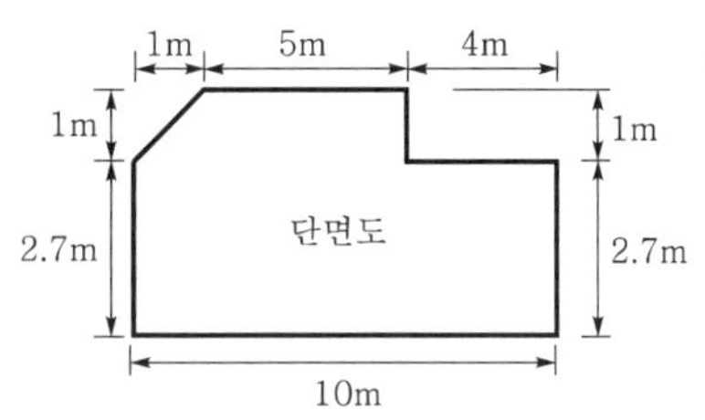

① 2.7m　　② 3.25m
③ 3.54m　　④ 3.7m

해설 관련 법규 : 법 제73조, 영 제119조, 해설 법규 : 영 제119조 ①항 7호
반자 높이란 방의 바닥면으로부터 반자까지의 높이로 한다. 다만 동일한 방에서 반자 높이가 다른 부분이 있는 경우에는 그 각 부분의 반자의 면적에 따라 가중평균한 높이로 한다.

$$\therefore \text{반자 높이} = \frac{\text{방의 단면적}}{\text{방의 길이}}$$

$$= \frac{2.7\times(1+5+4)+[5+(5+1)\times1]/2}{1+5+4}$$

$$=3.25\text{m}$$

05 |

그림과 같은 건축물의 건축 면적은?

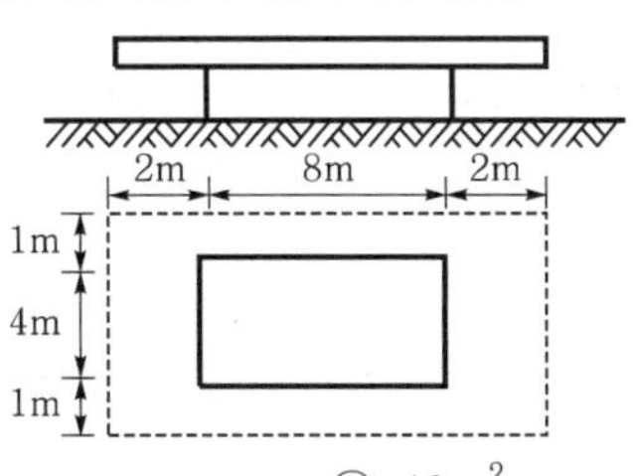

① $32m^2$　　② $40m^2$
③ $54m^2$　　④ $72m^2$

해설 관련 법규 : 법 제73조, 영 제119조, 해설 법규 : 영 제119조 ①항 3호 가목
벽, 기둥의 구획이 없는 건축물에 있어서의 건축 면적은 그 지붕 끝 부분으로부터 수평거리 1m를 후퇴한 선으로 둘러싸인 수평 투영면적으로 한다.

$\therefore$ 바닥면적$=\{(1+4+1)-2\}\times\{(2+8+2)-2\}=40m^2$

정답 01. ③ 02. ④ 03. ④ 04. ② 05. ②

06

건축물의 건축주가 해당 건축물의 설계자로부터 구조 안전의 확인 서류를 받아 착공 신고를 하는 때에 그 확인 서류를 허가권자에게 제출하여야 하는 대상의 기준으로 옳지 않은 것은?

① 층수가 2층(주요 구조부인 기둥과 보를 설치하는 건축물로서 그 기둥과 보가 목재인 목구조 건축물의 경우에는 3층) 이상인 건축물
② 높이가 13m 이상인 건축물
③ 처마 높이가 9m 이상인 건축물
④ 기둥과 기둥 사이의 거리가 9m 이상인 건축물

해설 관련 법규 : 건축법 제48조, 영 제32조, 해설 법규 : 영 제32조 ②항 2호
구조 안전을 확인한 건축물 중 건축물의 건축주가 착공신고를 하는 때에 건축물의 설계자로부터 구조안전의 확인 서류를 받아 허가권자에게 제출하여야 하는 경우는 다음과 같고, 표준설계도서에 따라 건축하는 건축물은 제외한다.
㉠ 층수가 2층[주요 구조부인 기둥과 보를 설치하는 건축물로서 그 기둥과 보가 목재인 목구조 건축물("목구조 건축물")의 경우에는 3층] 이상인 건축물
㉡ 연면적이 $200m^2$(목구조 건축물의 경우에는 $500m^2$) 이상인 건축물. 다만, 창고, 축사, 작물 재배사는 제외한다.
㉢ 높이가 13m 이상, 처마높이가 9m 이상, 기둥과 기둥 사이의 거리가 10m 이상인 건축물
㉣ 국가적 문화유산으로 보존할 가치가 있는 건축물로서 국토교통부령으로 정하는 것
㉤ 단독주택 및 공동주택

07

건축주는 해당 건축물의 설계자로부터 구조 안전의 확인 서류를 받아 착공신고를 하는 때에 그 확인 서류를 허가권자에게 제출하여야 하는 건축물은?

① 높이가 12m인 건축물
② 연면적이 $150m^2$인 건축물
③ 처마 높이가 9m인 건축물
④ 기둥과 기둥 사이의 거리가 7m인 건축물

해설 관련 법규 : 법 제48조, 영 제32조, 해설 법규 : 영 제32조 ②항
구조의 안전을 확인하여야 하는 대상 건축물은 층수가 2층[주요 구조부인 기둥과 보를 설치하는 건축물로서 그 기둥과 보가 목재인 목구조 건축물("목구조 건축물")의 경우에는 3층] 이상인 건축물, 연면적이 $200m^2$(목구조 건축물의 경우에는 $500m^2$) 이상인 건축물. 다만, 창고, 축사, 작물 재배사는 제외한다. 높이가 13m 이상, 처마높이가 9m 이상, 기둥과 기둥 사이의 거리가 10m이상인 건축물이다.

08

거실 각 부분으로부터 지상으로 통하는 직통계단까지의 보행거리에 관한 기술 중 틀린 것은?

① 2층 목조 공장 : 35m 이하
② 주요 구조부가 내화구조인 5층 사무소 : 50m 이하
③ 주요 구조부가 내화구조인 10층 아파트 : 50m 이하
④ 주요 구조부가 내화구조인 16층 아파트의 16층 이상 : 40m 이하

해설 관련 법규 : 법 제39조, 영 제34조, 해설 법규 : 영 제34조 ①항
건축물의 피난층(직접 지상으로 통하는 출입구가 있는 층 및 피난안전구역) 외의 층에서는 피난층 또는 지상으로 통하는 직통계단(경사로를 포함)을 거실의 각 부분으로부터 계단(거실로부터 가장 가까운 거리에 있는 1개소의 계단)에 이르는 보행거리는 다음과 같다.
㉮ 원칙 : 30m 이하가 되도록 설치
㉯ 예외 규정
㉠ 건축물(지하층에 설치하는 것으로서 바닥면적의 합계가 $300m^2$ 이상인 공연장 · 집회장 · 관람장 및 전시장은 제외)의 주요 구조부가 내화구조 또는 불연재료로 된 건축물은 그 보행거리가 50m (층수가 16층 이상인 공동주택의 경우 16층 이상인 층에 대해서는 40m) 이하가 되도록 설치
㉡ 자동화 생산시설에 스프링클러 등 자동식 소화설비를 설치한 공장으로서 국토교통부령으로 정하는 공장인 경우에는 그 보행거리가 75m(무인화 공장인 경우에는 100m) 이하가 되도록 설치

정답 06. ④ 07. ③ 08. ①

09 |

건물의 피난층 외의 층에서는 거실의 각 부분으로부터 피난층 또는 지상으로 통하는 직통계단까지 보행거리를 얼마 이하로 해야 하는가?

① 10m ② 20m
③ 30m ④ 40m

해설 관련 법규 : 법 제39조, 영 제34조, 해설 법규 : 영 제34조 ①항
건축물의 피난층(직접 지상으로 통하는 출입구가 있는 층 및 피난안전구역) 외의 층에서는 피난층 또는 지상으로 통하는 직통계단(경사로를 포함)을 거실의 각 부분으로부터 계단(거실로부터 가장 가까운 거리에 있는 1개소의 계단)에 이르는 보행거리가 30m 이하가 되도록 설치해야 한다.

10 |

건축물의 피난층 외의 층에서 피난층 또는 지상으로 통하는 직통계단을 설치할 때 거실의 각 부분으로부터 계단에 이르는 보행거리는 최대 몇 m 이하가 되도록 해야 하는가? (단, 주요 구조부가 내화구조와 불연재료로 되어 있으며, 건축물은 16층 이상인 공동 주택의 16층 이상인 층이다)

① 30m ② 40m
③ 50m ④ 60m

해설 관련 법규 : 법 제39조, 영 제34조, 해설 법규 : 영 제34조 ①항
건축물(지하층에 설치하는 것으로서 바닥면적의 합계가 300m^2 이상인 공연장 · 집회장 · 관람장 및 전시장은 제외)의 주요 구조부가 내화구조 또는 불연재료로 된 건축물은 그 보행거리가 50m(층수가 16층 이상인 공동주택의 경우 16층 이상인 층에 대해서는 40m) 이하가 되도록 설치할 수 있으며, 자동화 생산시설에 스프링클러 등 자동식 소화설비를 설치한 공장으로서 국토교통부령으로 정하는 공장인 경우에는 그 보행거리가 75m(무인화 공장인 경우에는 100m) 이하가 되도록 설치할 수 있다.

11 |

건축물의 피난층 외의 층에서 피난층 또는 지상으로 통하는 직통계단을 설치할 때 거실의 각 부분으로부터 직통계단에 이르는 최대 보행거리 기준은?(단, 주요 구조부가 내화구조 또는 불연재료로 구성, 16층 이상의 공동주택은 제외)

① 30m 이하
② 40m 이하
③ 50m 이하
④ 60m 이하

해설 관련 법규 : 법 제39조, 영 제34조, 해설 법규 : 영 제34조 ①항
건축물(지하층에 설치하는 것으로서 바닥면적의 합계가 300m^2 이상인 공연장 · 집회장 · 관람장 및 전시장은 제외)의 주요 구조부가 내화구조 또는 불연재료로 된 건축물은 그 보행거리가 50m(층수가 16층 이상인 공동주택의 경우 16층 이상인 층에 대해서는 40m) 이하가 되도록 설치할 수 있다.

12 |

피난층 또는 지상으로 통하는 직통계단을 2개소 이상 설치해야 하는 용도가 아닌 것은? (단, 피난층 외의 층으로써 해당 용도로 쓰는 바닥면적의 합계가 500m^{2}일 경우)

① 장례시설
② 문화 및 집회시설 중 전시장
③ 제2종 근린생활시설 중 공연장
④ 위락시설 중 주점영업

해설 관련 법규 : 건축법 제49조, 영 제34조, 해설 법규 : 영 제34조 ②항
피난층 외의 층이 다음의 어느 하나에 해당하는 용도 및 규모의 건축물에는 국토교통부령으로 정하는 기준에 따라 피난층 또는 지상으로 통하는 직통계단을 2개소 이상 설치하여야 한다.
㉠ 제2종 근린생활시설 중 공연장 · 종교집회장, 문화 및 집회시설(전시장 및 동 · 식물원은 제외), 종교시설, 위락시설 중 주점영업 또는 장례시설의 용도로 쓰는 층으로서 그 층에서 해당 용도로 쓰는 바닥면적의 합계가 200m^2(제2종 근린생활시설 중 공연장 · 종교집회장은 각각 300m^2) 이상인 것

정답 09. ③ 10. ② 11. ③ 12. ②

㉡ 단독주택 중 다중주택 · 다가구주택, 제1종 근린생활시설 중 정신과의원(입원실이 있는 경우로 한정), 제2종 근린생활시설 중 인터넷컴퓨터게임시설제공업소(해당 용도로 쓰는 바닥면적의 합계가 $300m^2$ 이상인 경우만 해당) · 학원 · 독서실, 판매시설, 운수시설(여객용 시설만 해당), 의료시설(입원실이 없는 치과병원은 제외), 교육연구시설 중 학원, 노유자시설 중 아동 관련 시설 · 노인복지시설 · 장애인 거주시설(「장애인복지법」에 따른 장애인 거주시설 중 국토교통부령으로 정하는 시설) 및 「장애인복지법」에 따른 장애인 의료재활시설("장애인 의료재활시설"), 수련시설 중 유스호스텔 또는 숙박시설의 용도로 쓰는 3층 이상의 층으로서 그 층의 해당 용도로 쓰는 거실의 바닥면적의 합계가 $200m^2$ 이상인 것

㉢ 공동주택(층당 4세대 이하인 것은 제외) 또는 업무시설 중 오피스텔의 용도로 쓰는 층으로서 그 층의 해당 용도로 쓰는 거실의 바닥면적의 합계가 $300m^2$ 이상인 것

㉣ 제㉠부터 제㉢까지의 용도로 쓰지 아니하는 3층 이상의 층으로서 그 층 거실의 바닥면적의 합계가 $400m^2$ 이상인 것

㉤ 지하층으로서 그 층 거실의 바닥면적의 합계가 $200m^2$ 이상인 것

13 |

2개소 이상 직통계단을 설치해야 하는 건축물은?

① 문화 및 집회시설 중 공연장의 용도에 쓰이는 층으로서 그 층의 관람석 또는 집회설의 바닥면적의 합계가 $150m^2$인 것

② 숙박시설의 용도에 쓰이는 3층 이상의 층으로서 그 층의 당해 용도에 쓰이는 거실의 바닥면적의 합계가 $100m^2$인 것

③ 업무시설 중 오피스텔의 용도에 쓰이는 층으로서 그 층의 당해 용도에 쓰이는 거실의 바닥면적의 합계가 $200m^2$인 것

④ 지하층으로서 그 층의 거실 바닥면적의 합계가 $300m^2$인 것

해설 관련 법규 : 법 제39조, 영 제34조, 해설 법규 : 영 제34조 ②항

①항은 $200m^2$ 이상, ②항은 $200m^2$ 이상, ③항은 $300m^2$ 이상 및 ④항은 $200m^2$ 이상인 것은 2개소 이상의 직통계단을 설치하여야 한다.

14 |

다음 중 피난층 또는 지상으로 통하는 직통계단을 2개소 이상 설치하여야 하는 곳이 아닌 것은?

① 전시장 용도의 3층 이상의 층으로 그 층의 관람석 또는 집회실의 바닥면적의 합계가 $200m^2$ 이상인 것

② 유스호스텔 용도의 3층 이상의 층으로 그 층의 당해 용도에 쓰이는 거실의 바닥면적의 합계가 $200m^2$ 이상인 것

③ 업무시설 중 오피스텔 용도에 쓰이는 층으로서 그 층의 당해 용도에 쓰이는 거실의 바닥면적의 합계가 $300m^2$ 이상인 것

④ 지하층으로서 그 층의 거실의 바닥면적의 합계가 $200m^2$ 이상인 것

해설 관련 법규 : 법 제39조, 영 제34조, 해설 법규 : 영 제34조 ②항

전시장의 경우에는 3층 이상의 층으로서 그 층의 거실면적의 합계가 $400m^2$ 이상인 건축물은 지상으로 통하는 직통계단을 2개 이상 설치하여야 한다.

15 |

직통계단을 피난계단으로 설치하여야 하는 건축물의 해당 층 기준은?

① 3층 이상 또는 지하 1층 이하인 층

② 5층 이상 또는 지하 2층 이하인 층

③ 11층 이상 또는 지하 3층 이하인 층

④ 16층 이상 또는 지하 3층 이하인 층

해설 5층 이상 또는 지하 2층 이하인 층에 설치하는 직통계단은 국토교통부령으로 정하는 기준에 따라 피난계단 또는 특별피난계단으로 설치하여야 한다. 다만, 건축물의 주요구조부가 내화구조 또는 불연재료로 되어 있는 경우로서 다음의 어느 하나에 해당하는 경우에는 그러하지 아니하다.

㉮ 5층 이상인 층의 바닥면적의 합계가 $200m^2$ 이하인 경우

㉯ 5층 이상인 층의 바닥면적 $200m^2$ 이내마다 방화구획이 되어 있는 경우

정답 13. ④ 14. ① 15. ②

16

5층 이상 또는 지하 2층 이하인 층에 설치하는 직통계단은 국토교통부령으로 정하는 기준에 따라 피난계단 또는 특별피난계단으로 설치하여야 하는데, 이에 해당하는 경우가 아닌 것은? (단, 건축물의 주요구조부가 내화구조 또는 불연재료로 되어 있는 경우)

① 5층 이상인 층의 바닥면적의 합계가 $250m^2$인 경우
② 5층 이상인 층의 바닥면적의 합계가 $300m^2$인 경우
③ 5층 이상인 층의 바닥면적 $150m^2$마다 방화구획이 되어 있는 경우
④ 5층 이상인 층의 바닥면적 $300m^2$마다 방화구획이 되어 있는 경우

해설 관련 법규 : 건축법 제49조, 영 제35조, 해설 법규 : 영 제35조 ①항
5층 이상 또는 지하 2층 이하인 층에 설치하는 직통계단은 국토교통부령으로 정하는 기준에 따라 피난계단 또는 특별피난계단으로 설치하여야 한다. 다만, 건축물의 주요 구조부가 내화구조 또는 불연재료로 되어 있는 경우로서 다음에 해당하는 경우에는 그러하지 아니하다.
㉠ 5층 이상인 층의 바닥면적의 합계가 $200m^2$ 이하인 경우
㉡ 5층 이상인 층의 바닥면적 $200m^2$ 이내마다 방화구획이 되어 있는 경우

17

다음은 피난층 또는 지상으로 통하는 직통계단을 특별피난계단으로 설치하여야 하는 층에 관한 법령 사항이다. ( ) 안에 들어갈 내용으로 옳은 것은?

> 건축물(갓복도식 공동주택은 제외한다)의 (A) [공동주택의 경우에는 (B)] 이상인 층(바닥면적이 $400m^2$ 미만인 층은 제외한다) 또는 지하 3층 이하인 층(바닥면적이 $400m^2$ 미만인 층은 제외한다)으로부터 피난층 또는 지상으로 통하는 직통계단은 제1항에도 불구하고 특별피난계단으로 설치하여야 한다.

① A : 8층, B : 11층
② A : 8층, B : 16층
③ A : 11층, B : 12층
④ A : 11층, B : 16층

해설 관련 법규 : 건축법 제49조, 영 제35조, 해설 법규 : 영 제35조 ②항
건축물(갓복도식 공동주택은 제외)의 11층(공동주택의 경우에는 16층) 이상인 층(바닥면적이 $400m^2$ 미만인 층은 제외) 또는 지하 3층 이하인 층(바닥면적이 $400m^2$ 미만인 층은 제외)으로부터 피난층 또는 지상으로 통하는 직통계단은 특별피난계단으로 설치하여야 한다.

18

건축물의 3층 이상인 층(피난층은 제외한다)으로서 직통계단 외에 그 층으로부터 지상으로 통하는 옥외피난계단을 따로 설치하여야 하는 것은?

① 문화 및 집회시설 중 공연장의 용도로 쓰는 층으로서 그 층 거실의 바닥면적의 합계가 $400m^2$인 것
② 위락시설 중 주점 영업의 용도로 쓰는 층으로서 그 층 거실의 바닥면적의 합계가 $200m^2$인 것
③ 문화 및 집회시설 중 집회장의 용도로 쓰는 층으로서 그 층 거실의 바닥면적의 합계가 $500m^2$인 것
④ 문화 및 집회시설 중 집회장의 용도로 쓰는 층으로서 그 층 거실의 바닥면적의 합계가 $800m^2$인 것

해설 관련 법규 : 법 제39조, 영 제36조, 해설 법규 : 영 제36조 ①항
건축물의 3층 이상인 층(피난층은 제외)으로서 다음의 어느 하나에 해당하는 용도로 쓰는 층에는 직통계단 외에 그 층으로부터 지상으로 통하는 옥외피난계단을 따로 설치하여야 한다.
㉠ 제2종 근린생활시설 중 공연장(해당 용도로 쓰는 바닥면적의 합계가 $300m^2$ 이상인 경우만 해당), 문화 및 집회시설 중 공연장이나 위락시설 중 주점영업의 용도로 쓰는 층으로서 그 층 거실의 바닥면적의 합계가 $300m^2$ 이상인 것
㉡ 문화 및 집회시설 중 집회장의 용도로 쓰는 층으로서 그 층 거실의 바닥면적의 합계가 $1,000m^2$ 이상인 것

정답 16. ③ 17. ④ 18. ①

19 |

다음은 건축물의 3층 이상인 층으로서 직통계단 외에 그 층으로부터 지상으로 통하는 옥외피난계단을 설치하여야 하는 대상에 관한 내용이다. 빈칸에 알맞은 것은?

> 문화 및 집회시설 중 집회장의 용도로 쓰는 층으로서 그 층 거실의 바닥면적의 합계가 (   ) 이상인 것

① 500m^2　　② 1,000m^2
③ 1,500m^2　　④ 2,000m^2

해설 관련 법규 : 법 제39조, 영 제36조, 해설 법규 : 영 제36조 ①항
건축물의 3층 이상인 층(피난층은 제외)으로서 다음의 어느 하나에 해당하는 용도로 쓰는 층에는 직통계단 외에 그 층으로부터 지상으로 통하는 옥외피난계단을 따로 설치하여야 한다.
㉠ 제2종 근린생활시설 중 공연장(해당 용도로 쓰는 바닥면적의 합계가 300m^2 이상인 경우만 해당), 문화 및 집회시설 중 공연장이나 위락시설 중 주점영업의 용도로 쓰는 층으로서 그 층 거실의 바닥면적의 합계가 300m^2 이상인 것
㉡ 문화 및 집회시설 중 집회장의 용도로 쓰는 층으로서 그 층 거실의 바닥면적의 합계가 1,000m^2 이상인 것

20 |

건축물의 내부에 설치하는 피난계단의 구조에 대한 기준으로 옳지 않은 것은?

① 계단실은 창문 · 출입구, 기타 개구부를 제외한 당해 건축물의 다른 부분과 내화구조의 벽으로 구획할 것
② 계단실에는 예비 전원에 의한 조명설비를 할 것
③ 계단실의 바깥쪽과 접하는 창문 등으로부터 2m 이상의 거리를 두고 설치할 것
④ 계단실의 실내에 접하는 부분의 마감은 난연재료로 할 것

해설 관련 법규 : 법 제49조, 영 제36조, 해설 법규 : 피난 · 방화규칙 제9조 ②항 1호
건축물의 내부에 설치하는 피난계단의 구조
㉠ 계단실은 창문 · 출입구 기타 개구부("창문 등")를 제외한 당해 건축물의 다른 부분과 내화구조의 벽으로 구획할 것
㉡ 계단실의 실내에 접하는 부분(바닥 및 반자 등 실내에 면한 모든 부분)의 마감(마감을 위한 바탕을 포함)은 불연재료로 할 것
㉢ 계단실에는 예비전원에 의한 조명설비를 할 것
㉣ 계단실의 바깥쪽과 접하는 창문 등(망이 들어 있는 유리의 붙박이창으로서 그 면적이 각각 1m^2 이하인 것을 제외)은 당해 건축물의 다른 부분에 설치하는 창문 등으로부터 2m 이상의 거리를 두고 설치할 것
㉤ 건축물의 내부와 접하는 계단실의 창문 등(출입구를 제외)은 망이 들어 있는 유리의 붙박이창으로서 그 면적을 각각 1m^2 이하로 할 것
㉥ 건축물의 내부에서 계단실로 통하는 출입구의 유효너비는 0.9m 이상으로 하고, 그 출입구에는 피난의 방향으로 열 수 있는 것으로서 언제나 닫힌 상태를 유지하거나 화재로 인한 연기 또는 불꽃을 감지하여 자동적으로 닫히는 구조로 된 60+방화문 또는 60분방화문을 설치할 것. 다만, 연기 또는 불꽃을 감지하여 자동적으로 닫히는 구조로 할 수 없는 경우에는 온도를 감지하여 자동적으로 닫히는 구조로 할 수 있다.
㉦ 계단은 내화구조로 하고 피난층 또는 지상까지 직접 연결되도록 할 것

21 |

건축물의 내부에 설치하는 피난계단의 구조에 대한 설명 중 틀린 것은?

① 건축물의 내부에서 계단실로 통하는 출입구의 유효너비는 1.0m 이상으로 한다.
② 계단실의 실내에 접하는 부분의 마감은 불연재료로 한다.
③ 계단은 내화구조로 하고 피난층 또는 지상층까지 직접 연결되도록 한다.
④ 건축물의 내부와 접하는 계단실의 창문 등의 면적은 각각 1m^2 이하로 한다.

해설 관련 법규 : 법 제49조, 영 제36조, 피난 · 방화규칙 제9조, 해설 법규 : 피난 · 방화규칙 제9조 ②항 1호 바목
건축물의 내부에서 계단실로 통하는 출입구의 유효너비는 0.9m 이상으로 하고, 그 출입구에는 피난의 방향으로 열 수 있는 것으로서 언제나 닫힌 상태를 유지하거나 화재로 인한 연기 또는 불꽃을 감지하여 자동적으로 닫히는 구조로 된 60+ 방화문 또는 60분 방화문을 설치할 것. 다만, 연기 또는 불꽃을 감지하여 자동적으로 닫히는 구조로 할 수 없는 경우에는 온도를 감지하여 자동적으로 닫히는 구조로 할 수 있다.

정답 19. ② 20. ④ 21. ①

22

건축물의 바깥쪽에 설치하는 피난계단의 구조에 관한 기준으로 틀린 것은?

① 계단은 그 계단으로 통하는 출입구 외의 창문 등으로부터 2m 이상의 거리를 두고 설치하여야 한다.
② 계단의 유효너비는 0.6m 이상으로 하여야 한다.
③ 건축물의 내부에서 계단으로 통하는 출입구에는 60+ 방화문 또는 60분 방화문을 설치하여야 한다.
④ 계단은 내화구조로 하고 지상까지 직접 연결되도록 한다.

해설 관련 법규 : 법 제49조, 영 제36조, 피난 · 방화규칙 제9조, 해설 법규 : 피난 · 방화규칙 제9조 ②항 2호
건축물의 바깥쪽에 설치하는 피난계단의 구조
㉠ 계단은 그 계단으로 통하는 출입구 외의 창문 등(망이 들어 있는 유리의 붙박이창으로서 그 면적이 각각 $1m^2$ 이하인 것을 제외)으로부터 2m 이상의 거리를 두고 설치할 것
㉡ 건축물의 내부에서 계단으로 통하는 출입구에는 60+ 방화문 또는 60분 방화문을 설치할 것
㉢ 계단의 유효너비는 0.9m 이상으로 할 것
㉣ 계단은 내화구조로 하고 지상까지 직접 연결되도록 할 것

23

특별피난계단의 구조에 대한 설명 중 틀린 것은?

① 계단실에는 노대 또는 부속실에 접하는 부분 외에는 건축물의 내부와 접하는 창문 등을 설치하지 않는다.
② 건축물의 내부에서 노대 또는 부속실로 통하는 출입구에는 60+ 방화문, 60분 방화문 또는 30분 방화문을 설치할 수 있다.
③ 계단은 내화구조로 하되, 피난층 또는 지상까지 직접 연결되도록 할 것
④ 출입구의 유효너비는 0.9m 이상으로 하고 피난의 방향으로 열 수 있을 것

해설 관련 법규 : 법 제49조, 영 제36조, 피난 · 방화규칙 제9조, 해설 법규 : 피난 · 방화규칙 제9조 ②항 3호
특별피난계단의 구조
㉠ 건축물의 내부와 계단실은 노대를 통하여 연결하거나 외부를 향하여 열 수 있는 면적 $1m^2$ 이상인 창문(바닥으로부터 1m 이상의 높이에 설치한 것) 또는 「건축물의 설비기준 등에 관한 규칙」에 적합한 구조의 배연설비가 있는 면적 $3m^2$ 이상인 부속실을 통하여 연결할 것
㉡ 계단실 · 노대 및 부속실(「건축물의 설비기준 등에 관한 규칙」 규정에 의하여 비상용 승강기의 승강장을 겸용하는 부속실을 포함)은 창문 등을 제외하고는 내화구조의 벽으로 각각 구획할 것
㉢ 계단실 및 부속실의 실내에 접하는 부분(바닥 및 반자 등 실내에 면한 모든 부분)의 마감(마감을 위한 바탕을 포함)은 불연재료로 할 것
㉣ 계단실에는 예비전원에 의한 조명설비를 할 것
㉤ 계단실 · 노대 또는 부속실에 설치하는 건축물의 바깥쪽에 접하는 창문 등(망이 들어 있는 유리의 붙박이창으로서 그 면적이 각각 $1m^2$ 이하인 것을 제외)은 계단실 · 노대 또는 부속실 외의 당해 건축물의 다른 부분에 설치하는 창문 등으로부터 2m 이상의 거리를 두고 설치할 것
㉥ 계단실에는 노대 또는 부속실에 접하는 부분 외에는 건축물의 내부와 접하는 창문 등을 설치하지 아니할 것
㉦ 계단실의 노대 또는 부속실에 접하는 창문 등(출입구를 제외)은 망이 들어 있는 유리의 붙박이창으로서 그 면적을 각각 $1m^2$ 이하로 할 것
㉧ 노대 및 부속실에는 계단실 외의 건축물의 내부와 접하는 창문 등(출입구를 제외)을 설치하지 아니할 것
㉨ 건축물의 내부에서 노대 또는 부속실로 통하는 출입구에는 60+ 방화문 또는 60분 방화문을 설치하고, 노대 또는 부속실로부터 계단실로 통하는 출입구에는 60+ 방화문, 60분 방화문 또는 30분 방화문을 설치할 것. 이 경우 방화문은 언제나 닫힌 상태를 유지하거나 화재로 인한 연기 또는 불꽃을 감지하여 자동적으로 닫히는 구조로 해야 하고, 연기 또는 불꽃으로 감지하여 자동적으로 닫히는 구조로 할 수 없는 경우에는 온도를 감지하여 자동적으로 닫히는 구조로 할 수 있다.
㉩ 계단은 내화구조로 하되, 피난층 또는 지상까지 직접 연결되도록 할 것
㉪ 출입구의 유효너비는 0.9m 이상으로 하고 피난의 방향으로 열 수 있을 것

정답 22. ② 23. ②

24

각층 관람실 바닥면적이 900m²인 공연장의 출구에 관한 사항 중 맞는 것은?

① 관람실로부터 바깥쪽으로의 출구로 쓰이는 문은 안여닫이로 한다.
② 각 출구의 유효너비는 1.2m 이상으로 한다.
③ 각 층별 출구의 유효너비 합계는 5.4m 이상이다.
④ 건축물의 바깥쪽으로의 주된 출구 외에 보조출구 또는 비상구를 2개소 이상 설치하여서는 안 된다.

해설 관련 법규 : 법 제39조, 영 제38조, 피난 · 방화규칙 제10조, 해설 법규 : 피난 · 방화규칙 10조 ②항 2호

㉠ 문화 및 집회시설 중 공연장의 개별 관람실(바닥면적이 300m² 이상인 것만 해당한다)의 출구는 관람실로부터 바깥쪽으로의 출구로 쓰이는 문은 안여닫이로 하여서는 아니되고, 각 출구의 유효너비는 1.5m 이상으로 하며, 건축물의 바깥쪽으로의 주된 출구 외에 보조출구 또는 비상구를 2개소 이상 설치하여야 한다.

㉡ 개별 관람실 출구의 유효너비 합계 $=\frac{\text{개별 관람실의 면적}(m^2)}{100m^2}\times 0.6m$이다. 그런데, 개별 관람실의 면적은 900m²이므로, 유효너비의 합계 $=\frac{900m^2}{100m^2}\times 0.6m=5.4m$ 이상이다.

25

개별 관람실 바닥면적이 900m²인 공연장의 계획 기준으로 옳은 것은?

① 관람실 바깥쪽으로의 출구로 쓰이는 문을 안여닫이로 하였다.
② 뒤쪽 출구의 유효너비는 3m로, 양쪽 출구의 유효 너비는 각각 1.2m로 설치하였다.
③ 관람실의 바깥쪽에는 그 양쪽 및 뒤쪽에 각각 복도를 설치하였다.
④ 관람실과 접하는 복도의 유효너비를 1.2m로 하였다.

해설 관련 법규 : 법 제49조, 영 제38조, 피난 · 방화규칙 제10조, 해설 법규 : 피난 · 방화규칙 제15조 ②, ③항
관람실 바깥쪽으로의 출구로 쓰이는 문을 안여닫이로 하여서는 아니되고, 각 출구의 유효너비는 1.5m 이상이며, 관람석과 접하는 복도의 유효너비를 1.8m 이상일 것.

26

개별 관람실의 바닥면적이 600m²인 공연장의 관람실 출구의 유효너비 합계는 최소 얼마 이상인가?

① 3m　　② 3.6m
③ 4m　　④ 4.6m

해설 관련 법규 : 법 제49조, 영 제38조, 피난 · 방화규칙 제10조, 해설 법규 : 피난 · 방화규칙 제10조 ②항 3호
개별 관람실 출구의 유효너비의 합계
$=\frac{\text{그 층의 개별 관람실의 면적}}{100}\times 0.6(m)$이다.
그런데, 그 층의 개별 관람실의 면적이 600m²이므로,
개별 관람실 출구의 유효너비의 합계$=\frac{600}{100}\times 0.6(m)$
$=3.6m$ 이상이다.

27

문화 및 집회시설 중 공연장의 개별관람석 바닥면적이 550m²인 경우 관람석의 최소 출구개수는? (단, 출구의 유효너비는 1.5m로 한다.)

① 2개소　　② 3개소
③ 4개소　　④ 5개소

해설 관련 법규 : 법 제39조, 영 제38조, 피난 · 방화규칙 제10조, 해설 법규 : 피난 · 방화규칙 제10조 ②항 3호
개별 관람석 출구의 유효너비의 합계
$=\frac{\text{개별 관람석의 면적}}{100m^2}\times 0.6m$이다.
그런데, 개별 관람석의 면적이 550m²이므로,
개별 관람석 출구의 유효너비의 합계$=\frac{550}{100}\times 0.6m$
$=3.3m$ 이상
또한, 출입구의 유효너비가 1.5m이므로 출입구의 개소$=\frac{3.3}{1.5}=2.2$개 → 3개이다.

28

건축물의 바깥쪽으로 나가는 출구에 쓰이는 문을 안여닫이로 설치할 수 있는 건축물은?

① 문화 및 집회시설(전시장 및 동 · 식물원 제외)
② 장례시설
③ 판매시설
④ 위락시설

정답 24. ③ 25. ③ 26. ② 27. ② 28. ③

해설 관련 법규 : 법 제49조, 영 제38조, 해설 법규 : 영 제38조 , 피난 · 방화규칙 제10조 ①항
제2종 근린생활시설 중 공연장 · 종교집회장(해당 용도로 쓰는 바닥면적의 합계가 각각 $300m^2$ 이상인 경우만 해당), 문화 및 집회시설(전시장 및 동 · 식물원은 제외), 종교시설, 위락시설, 장례시설의 관람실 또는 집회실로부터 바깥쪽으로의 출구로 쓰이는 문은 안여닫이로 해서는 안 된다.

29

건축물의 피난시설과 관련하여 건축물 바깥쪽으로 나가는 출구를 설치하는 경우 관람석의 바닥면적의 합계가 $300m^2$ 이상인 집회장 또는 공연장에 있어서는 주된 출구 외에 보조출구 또는 비상구를 몇 개소 이상 설치하여야 하는가?

① 1개소 이상　② 2개소 이상
③ 3개소 이상　④ 4개소 이상

해설 관련 법규 : 건축법 제49조, 영 제39조, 피난 · 방화규칙 제11조, 해설 법규 : 피난 · 방화규칙 제11조 ③항
건축물의 바깥쪽으로 나가는 출구를 설치하는 경우 관람석의 바닥면적의 합계가 $300m^2$ 이상인 집회장 또는 공연장에 있어서는 주된 출구 외에 보조출구 또는 비상구를 2개소 이상 설치하여야 한다.

30

건축물의 바깥쪽으로 나가는 주된 출구 외에 보조출구 또는 비상구를 2개소 이상 설치하여야 하는 것은?

① 관람실의 바닥면적의 합계가 $200m^2$ 이상인 문화 및 집회시설 중 집회장
② 관람실의 바닥면적의 합계가 $300m^2$ 이상인 문화 및 집회시설 중 공연장
③ 거실의 바닥면적의 합계가 $400m^2$ 이상인 장례식장
④ 거실의 바닥면적의 합계가 $500m^2$ 이상인 위락시설

해설 관련 법규 : 건축법 제49조, 영 제39조, 피난 · 방화규칙 제11조, 해설 법규 : 피난 · 방화규칙 제11조 ③항
건축물의 바깥쪽으로 나가는 출구를 설치하는 경우 관람실의 바닥면적의 합계가 $300m^2$ 이상인 집회장 또는 공연장은 주된 출구 외에 보조출구 또는 비상구를 2개소 이상 설치해야 한다.

31

건축물의 피난시설과 관련하여 국토교통부령으로 정하는 기준에 따라 건축물로부터 바깥쪽으로 나가는 출구를 설치하여야 하는 대상 건축물에 속하지 않는 것은?

① 전시장 및 동 · 식물원
② 종교시설
③ 장례시설
④ 국가 또는 지방자치단체의 청사

해설 관련 법규 : 법 제49조, 영 제39조, 해설 법규 : 영 제39조
제2종 근린생활시설 중 공연장 · 종교집회장 · 인터넷컴퓨터게임시설제공업소(해당 용도로 쓰는 바닥면적의 합계가 각각 $300m^2$ 이상인 경우만 해당), 문화 및 집회시설(전시장 및 동 · 식물원은 제외), 종교시설, 판매시설, 업무시설 중 국가 또는 지방자치단체의 청사, 위락시설, 연면적이 $5,000m^2$ 이상인 창고시설, 교육연구시설 중 학교, 장례시설, 승강기를 설치하여야 하는 건축물로부터 바깥쪽으로 나가는 출구를 설치하여야 한다.

32

다음 중 당해 건축물로부터 바깥쪽으로 나가는 출구를 설치하여야 하는 건축물이 아닌 것은?

① 판매시설
② 위락시설
③ 창고(연면적 $4,000m^2$ 이상)
④ 승강기를 설치하여야 하는 건축물

해설 관련 법규 : 법 제49조, 영 제39조, 해설 법규 : 영 제39조
제2종 근린생활시설 중 공연장 · 종교집회장 · 인터넷컴퓨터게임시설제공업소(해당 용도로 쓰는 바닥면적의 합계가 각각 $300m^2$ 이상인 경우만 해당한다), 문화 및 집회시설(전시장 및 동 · 식물원은 제외), 종교시설, 판매시설, 업무시설 중 국가 또는 지방자치단체의 청사, 위락시설, 연면적이 $5,000m^2$ 이상인 창고시설, 교육연구시설 중 학교, 장례시설, 승강기를 설치하여야 하는 건축물로부터 바깥쪽으로 나가는 출구를 설치하여야 한다.

정답 29. ② 30. ② 31. ① 32. ③

33

판매시설의 용도에 쓰이는 피난층에 설치하는 건축물의 바깥쪽으로의 출구의 유효너비의 합계는 최소 얼마 이상으로 하여야 하는가? (단, 해당 용도에 쓰이는 바닥면적이 최대인 층에 있어서의 바닥면적이 $600m^2$인 경우)

① 3.0m　　② 3.6m
③ 4.2m　　④ 5.0m

해설 관련 법규 : 법 제49조, 영 제39조, 피난 · 방화규칙 제11조, 해설 법규 : 피난 · 방화규칙 제11조 ④항
판매시설의 용도에 쓰이는 피난층에 설치하는 건축물의 바깥쪽으로의 출구의 유효너비의 합계는 해당 용도에 쓰이는 바닥면적이 최대인 층에 있어서의 해당 용도의 바닥면적 $100m^2$마다 0.6m의 비율로 산정한 너비 이상으로 하여야 한다.
그러므로, 출구의 유효너비의 합계$=\frac{600}{100}\times0.6=3.6m$ 이상이다.

34

문화 및 집회시설(전시장 및 동 · 식물원은 제외), 종교시설, 판매시설 등 건축물의 바깥쪽으로 나가는 출입문이 유리일 경우, 다음 중 어떤 유리를 사용하여야 하는가?

① 복층유리　　② 투명유리
③ 안전유리　　④ 반사유리

해설 관련 법규 : 법 제49조, 영 제39조, 피난 · 방화규칙 제11조, 해설 법규 : 피난 · 방화규칙 제11조 ⑥항
문화 및 집회시설(전시장 및 동 · 식물원은 제외), 종교시설, 판매시설 등 건축물의 바깥쪽으로 나가는 출입문에 유리를 사용하는 경우에는 안전유리를 사용하여야 한다.

35

다음 중 피난층 또는 피난층의 승강장으로부터 건축물의 바깥쪽에 이르는 통로에 경사로를 설치하여야 하는 건축물이 아닌 것은?

① 교육연구시설 중 학교
② 연면적이 $1,000m^2$인 판매시설
③ 제1종 근린생활시설 중 양수장
④ 제1종 근린생활시설 중 대피소

해설 관련 법규 : 법 제49조, 영 제39조, 해설 법규 : 피난 · 방화규칙 제11조 ⑤항
다음의 어느 하나에 해당하는 건축물의 피난층 또는 피난층의 승강장으로부터 건축물의 바깥쪽에 이르는 통로에는 경사로를 설치하여야 한다.
㉠ 제1종 근린생활시설 중 지역자치센터 · 파출소 · 지구대 · 소방서 · 우체국 · 방송국 · 보건소 · 공공도서관 · 지역건강보험조합 기타 이와 유사한 것으로서 동일한 건축물 안에서 당해 용도에 쓰이는 바닥면적의 합계가 $1,000m^2$ 미만인 것
㉡ 제1종 근린생활시설 중 마을회관 · 마을공동작업소 · 마을공동구판장 · 변전소 · 양수장 · 정수장 · 대피소 · 공중화장실 기타 이와 유사한 것
㉢ 연면적이 $5,000m^2$ 이상인 판매시설, 운수시설,
㉣ 교육연구시설 중 학교
㉤ 업무시설 중 국가 또는 지방자치단체의 청사와 외국공관의 건축물로서 제1종 근린생활시설에 해당하지 아니하는 것
㉥ 승강기를 설치하여야 하는 건축물

36

건축물의 피난층 또는 피난층의 승강장으로부터 건축물의 바깥쪽에 이르는 통로에 경사로를 설치하지 않아도 되는 것은?

① 교육연구시설 중 학교
② 승강기를 설치하여야 하는 건축물
③ 연면적이 $4,000m^2$인 판매시설
④ 제1종 근린생활시설 중 마을 회관

해설 관련 법규 : 법 제49조, 영 제39조, 피난 · 방화규칙 제11조, 해설 법규 : 피난 · 방화규칙 제11조 ⑤항
연면적이 $5,000m^2$ 이상인 판매시설, 운수시설에 해당하는 건축물의 피난층 또는 피난층의 승강장으로부터 건축물의 바깥쪽에 이르는 통로에는 경사로를 설치하여야 한다.

37

학교의 바깥쪽에 이르는 출입구에 계단을 대체하여 경사로를 설치하고자 한다. 필요한 경사로의 최소 수평 길이는? (단, 경사로는 직선으로 되어 있으며 1층의 바닥 높이는 지반보다 50cm 높다.)

① 2m　　② 3m
③ 4m　　④ 5m

정답 33. ② 34. ③ 35. ② 36. ③ 37. ③

해설 관련 법규 : 법 제49조, 영 제39조, 피난 · 방화규칙 제11조, 해설 법규 : 피난 · 방화규칙 제15조 ⑤항
계단에 대체되는 경사로의 경사도는 1 : 8(높이 : 수평길이)을 넘지 않아야 하므로 경사로의 수평 길이는 높이의 8배 이상이어야 한다. 그런데 높이가 50cm이므로 수평길이=높이×8이다. 그러므로 수평길이=50×8=400cm=4m 이상이다.

38

건축물의 출입구에 설치하는 회전문은 계단이나 에스컬레이터로부터 최소 얼마 이상의 거리를 두어야 하는가?

① 2m ② 3m
③ 6m ④ 8m

해설 관련 법규 : 법 제49조, 영 제39조, 피난 · 방화규칙 제12조, 해설 법규 : 피난 · 방화규칙 제12조 1호
건축물의 출입구에 설치하는 회전문은 다음의 기준에 적합하여야 한다.
㉠ 계단이나 에스컬레이터로부터 2m 이상의 거리를 둘 것
㉡ 회전문과 문틀 사이는 5cm이상, 회전문과 바닥 사이는 3cm 이하의 간격을 확보하고 틈 사이를 고무와 고무펠트의 조합체 등을 사용하여 신체나 물건 등에 손상이 없도록 할 것
㉢ 출입에 지장이 없도록 일정한 방향으로 회전하는 구조로 할 것
㉣ 회전문의 중심축에서 회전문과 문틀 사이의 간격을 포함한 회전문 날개 끝부분까지의 길이는 140cm 이상이 되도록 할 것
㉤ 회전문의 회전속도는 분당회전수가 8회를 넘지 아니하도록 할 것
㉥ 자동회전문은 충격이 가하여지거나 사용자가 위험한 위치에 있는 경우에는 전자감지장치 등을 사용하여 정지하는 구조로 할 것

39

옥상 광장 또는 2층 이상의 층에 있는 노대의 주위에 설치하여야 하는 난간의 높이 기준은?

① 1.0m 이상
② 1.1m 이상
③ 1.2m 이상
④ 1.5m 이상

해설 관련 법규 : 법 제49조, 영 제40조, 해설 법규 : 영 제40조 ①항
옥상광장 또는 2층 이상인 층에 있는 노대 등(노대나 그 밖에 이와 비슷한 것)의 주위에는 높이 1.2m 이상의 난간을 설치하여야 한다. 다만, 그 노대 등에 출입할 수 없는 구조인 경우에는 그러하지 아니하다.

40

건축물에서의 계단의 설치기준으로 옳지 않은 것은?

① 초등학교 계단인 경우 계단 및 계단참의 너비는 150cm 이상으로 한다.
② 중 · 고등학교 계단인 경우 단높이는 18cm 이하로 한다.
③ 계단을 설치하려는 층이 지하층인 경우로서 지하층 거실 바닥면적의 합계가 $100m^2$ 이상인 경우 계단의 너비는 120cm 이상으로 한다.
④ 문화 및 집회시설 중 공연장인 경우 계단 및 계단참의 너비는 100cm 이상으로 한다.

해설 관련 법규 : 법 제49조, 영 제48조, 피난 · 방화규칙 제15조, 해설 법규 : 피난 · 방화규칙 제15조 ②항 3호
계단을 설치하는 경우 계단 및 계단참의 너비(옥내계단에 한함), 계단의 단높이 및 단너비의 칫수는 다음의 기준에 적합하여야 한다. 이 경우 돌음계단의 단너비는 그 좁은 너비의 끝부분으로부터 30cm의 위치에서 측정한다.
㉮ 초등학교의 계단인 경우에는 계단 및 계단참의 유효너비는 150cm 이상, 단높이는 16cm이하, 단너비는 26cm 이상으로 할 것
㉯ 중 · 고등학교의 계단인 경우에는 계단 및 계단참의 유효너비는 150cm 이상, 단높이는 18cm 이하, 단너비는 26cm 이상으로 할 것
㉰ 문화 및 집회시설(공연장 · 집회장 및 관람장에 한함) · 판매시설 기타 이와 유사한 용도에 쓰이는 건축물의 계단인 경우에는 계단 및 계단참의 유효너비를 120cm 이상으로 할 것
㉱ ㉠부터 ㉢까지의 건축물 외의 건축물의 계단으로서 다음의 어느 하나에 해당하는 층의 계단인 경우에는 계단 및 계단참은 유효너비를 120cm 이상으로 할 것
  ㉠ 계단을 설치하려는 층이 지상층인 경우 : 해당 층의 바로 위층부터 최상층(상부층 중 피난층이 있는 경우에는 그 아래층)까지의 거실 바닥면적의 합계가 $200m^2$ 이상인 경우
  ㉡ 계단을 설치하려는 층이 지하층인 경우 : 지하층 거실 바닥면적의 합계가 $100m^2$ 이상인 경우
㉲ 기타의 계단인 경우에는 계단 및 계단참의 유효너비를 60cm 이상으로 할 것

정답 38. ① 39. ③ 40. ④

41 |

건축물에 설치하는 계단의 기준으로 옳은 것은?

① 높이가 3m를 넘는 계단에는 높이 3m 이내마다 너비 1.2m 이상의 계단참을 설치할 것.
② 초등학교의 계단인 경우에는 계단 및 계단참의 너비는 1.5m 이상, 단높이는 18cm 이하 단너비는 25cm 이상으로 할 것.
③ 문화 및 집회시설 등의 특별피난계단에 설치하는 난간의 손잡이는 벽 등으로부터 3cm 이상 떨어지도록 할 것.
④ 계단을 대체하여 설치하는 경사로의 경사도는 1:6을 넘지 아니할 것

해설 관련 법규 : 법 제49조, 영 제48조, 피난 · 방화규칙 제15조, 해설 법규 : 피난 · 방화규칙 제15조 ②, ④, ⑤항
②의 초등학교의 계단은 계단참의 너비는 150cm 이상, 단높이 16cm 이하, 단너비 26cm 이상이고, ③의 난간 손잡이는 벽 등으로부터 5cm 이상 떨어지도록 하며, ④의 경사도는 1:8을 넘지 않아야 한다.

42 |

상점(판매 및 영업시설)의 계단 설치기준에 관한 설명으로 옳지 않은 것은?

① 높이가 3m가 넘는 계단은 단 높이가 낮더라도 계단참을 설치하여야 한다.
② 계단과 계단참의 너비는 1.2m 이상으로 한다.
③ 난간을 설치하는 경우 난간의 손잡이는 벽 등으로부터 최소 10cm 이상 떨어지도록 하고, 계단으로부터 높이는 95cm가 되도록 한다
④ 난간 · 벽 등의 손잡이는 원형 또는 타원형의 단면으로 한다.

해설 관련 법규 : 법 제49조, 영 제48조, 피난 · 방화규칙 제15조, 해설 법규 : 피난 · 방화규칙 제15조 ④항
난간 및 벽 등의 손잡이와 바닥마감의 규정
㉠ 손잡이의 최대 지름은 3.2cm 이상, 3.8cm 이하인 원형 또는 타원형의 단면으로 할 것
㉡ 손잡이는 벽 등으로부터 5cm 이상 떨어지도록 하고, 계단으로부터 85cm가 되도록 할 것.
㉢ 계단이 끝나는 수평 부분에서의 손잡이는 30cm 이상 나오도록 설치할 것

43 |

건축물에 설치하는 계단 및 계단참의 유효너비 최소 기준을 120cm 이상으로 적용하여야 하는 용도의 건축물이 아닌 것은?

① 문화 및 집회시설 중 공연장
② 고등학교
③ 판매시설
④ 문화 및 집회시설 중 집회장

해설 관련 법규 : 건축법 제49조, 영 제48조, 피난 · 방화규칙 제15조, 해설 법규 : 피난 · 방화규칙 제15조 ②항 3호
㉠ 중 · 고등학교의 계단인 경우에는 계단 및 계단참의 유효너비는 150cm 이상, 단높이는 18cm 이하, 단너비는 26cm 이상으로 할 것
㉡ 문화 및 집회시설(공연장 · 집회장 및 관람장에 한한다) · 판매시설 기타 이와 유사한 용도에 쓰이는 건축물의 계단인 경우에는 계단 및 계단참의 유효너비를 120cm 이상으로 할 것

44 |

건축물의 종류에 따른 복도의 유효너비 기준으로 옳지 않은 것은? (단, 양옆에 거실이 있는 복도)

① 공동주택 : 1.5m 이상
② 유치원 : 2.4m 이상
③ 초등학교 : 2.4m 이상
④ 오피스텔 : 1.8m 이상

해설 관련 법규 : 법 제49조, 영 제48조, 피난 · 방화규칙 제15조의 2, 해설 법규 : 피난 · 방화규칙 제15조의 2 ①항
건축물에 설치하는 복도의 유효너비

(단위 : m 이상)

구 분	양 옆에 거실이 있는 복도	기타의 복도
유치원, 초등학교, 중학교, 고등학교	2.4	1.8
공동주택, 오피스텔	1.8	1.2
당해 층 거실의 바닥면적 합계가 $200m^2$ 이상	1.5(의료 시설의 복도 1.8)	1.2

정답 41. ① 42. ③ 43. ② 44. ①

45 |

다음의 계단의 설치기준에 관한 내용 중 (   ) 안에 알맞은 것은?

> 높이가 (   )를 넘는 계단 및 계단참의 양옆에는 난간(벽 또는 이에 대치되는 것을 포함한다)을 설치할 것

① 1m
② 1.2m
③ 1.5m
④ 2m

해설 관련 법규 : 법 제49조, 영 제48조, 피난 · 방화규칙 제15조, 해설 법규 : 피난 · 방화규칙 제15조 ①항 2호
높이가 1m를 넘는 계단 및 계단참의 양옆에는 난간(벽 또는 이에 대치되는 것을 포함)을 설치할 것

46 |

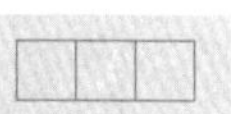

건축법에 따라 계단에 대체하여 설치되는 경사로의 경사도는 최대 얼마를 넘지 않아야 하는가?

① 1:6 ② 1:8
③ 1:10 ④ 1:12

해설 관련 법규 : 법 제49조, 영 제48조, 피난 · 방화규칙 제15조, 해설 법규 : 피난 · 방화규칙 제15조 ⑤항 1호
계단을 대체하여 설치하는 경사로의 경사도는 1 : 8을 넘지 아니하고, 표면을 거친 면으로 하거나 미끄러지지 아니하는 재료로 마감할 것

47 |

집회실 바닥면적이 165m^{2}인 교회의 최소 반자 높이는?

① 2.1m ② 2.7m
③ 3.0m ④ 4.0m

해설 관련 법규 : 법 제49조, 영 제50조, 피난 · 방화규칙 제16조, 해설 법규 : 피난 · 방화규칙 제16조 ①, ②항
문화 및 집회시설(전시장 및 동 · 식물원은 제외), 종교시설, 장례식장 또는 위락시설 중 유흥주점의 용도에 쓰이는 건축물의 관람실 또는 집회실로서 그 바닥면적이 200m^2 이상인 것의 반자의 높이는 거실의 반자 높이는 2.1m 이상의 규정에도 불구하고, 4m(노대의 아랫부분의 높이는 2.7m) 이상이어야 한다. 다만, 기계환기장치를 설치하는 경우에는 그렇지 않다. 집회실의 면적이 165m^{2}이므로 반자 높이는 2.1m이다.

48 |

장례식장 용도에 쓰이는 건축물의 관람석 또는 집회실로서 바닥면적이 200m^2 이상인 경우 반자 높이는 최소 얼마 이상으로 하여야 하는가? (단, 기계환기장치를 설치하지 않는 경우)

① 3m
② 4m
③ 5m
④ 6m

해설 관련 법규 : 법 제49조, 영 제50조, 피난 · 방화규칙 제16조, 해설 법규 : 피난 · 방화규칙 제16조 ②항
문화 및 집회시설(전시장 및 동 · 식물원은 제외), 종교시설, 장례식장 또는 위락시설 중 유흥주점의 용도에 쓰이는 건축물의 관람석 또는 집회실로서 그 바닥면적이 200m^2 이상인 것의 반자의 높이는 4m(노대의 아랫부분의 높이는 2.7m) 이상이어야 한다. 다만, 기계환기장치를 설치하는 경우에는 그러하지 아니하다.

49 |

거실의 채광기준 적용대상이 아닌 것은?

① 공동주택의 거실
② 업무시설의 사무실
③ 숙박시설의 객실
④ 학교의 교실

해설 관련 법규 : 법 제49조, 영 제51조, 해설 법규 : 영 제51조 ①항
단독주택 및 공동주택의 거실, 교육연구시설 중 학교의 교실, 의료시설의 병실 및 숙박시설의 객실에는 국토교통부령으로 정하는 기준에 따라 채광 및 환기를 위한 창문 등이나 설비를 설치하여야 한다.

50 |

환기 및 채광을 위하여 거실에 설치하는 창문 등의 면적은 그 거실의 바닥면적의 얼마 이상이어야 하는가?

① 환기 : 1/10, 채광 : 1/10
② 환기 : 1/10, 채광 : 1/20
③ 환기 : 1/20, 채광 : 1/10
④ 환기 : 1/20, 채광 : 1/20

정답 45. ① 46. ② 47. ① 48. ② 49. ② 50. ③

해설 관련 법규 : 법 제49조, 영 제51조, 피난 · 방화규칙 제17조, 해설 법규 : 피난 · 방화규칙 제17조 ①, ②항

㉠ 채광을 위하여 거실에 설치하는 창문 등의 면적은 그 거실의 바닥면적의 1/10 이상이어야 한다. 다만, 거실의 용도에 따라 조도 이상의 조명장치를 설치하는 경우에는 그러하지 아니하다.

㉡ 환기를 위하여 거실에 설치하는 창문 등의 면적은 그 거실의 바닥면적의 1/20 이상이어야 한다. 다만, 기계환기장치 및 중앙관리방식의 공기조화설비를 설치하는 경우에는 그러하지 아니하다.

51

건축 관계 법규에 따라 단독주택 및 공동주택의 거실 등에 적용하는 채광 및 환기에 관한 기준으로 옳지 않은 것은?

① 환기를 위하여 거실에 설치하는 창문 등의 최소 면적 기준은 기계환기 장치 및 중앙 관리 방식의 공기 조화 설비를 설치하는 경우에는 적용받지 않는다.
② 채광을 위한 창문 등의 면적은 그 거실 바닥면적의 1/10 이상이어야 한다.
③ 환기를 위하여 거실에 설치하는 창문 등의 면적은 그 거실 바닥면적의 1/10 이상이어야 한다.
④ 채광 및 환기 관련 기준을 적용함에 있어 수시로 개방할 수 있는 미닫이로 구획된 2개의 거실은 1개의 거실로 본다.

해설 관련 법규 : 건축법 제49조, 영 제51조, 피난 · 방화규칙 제17조, 해설 법규 : 피난 · 방화규칙 제17조 ②항

㉠ 채광을 위하여 거실에 설치하는 창문 등의 면적은 그 거실의 바닥면적의 1/10 이상이어야 한다. 다만, 거실의 용도에 따라 조도 이상의 조명장치를 설치하는 경우에는 그러하지 아니하다.

㉡ 환기를 위하여 거실에 설치하는 창문 등의 면적은 그 거실의 바닥면적의 1/20 이상이어야 한다. 다만, 기계환기장치 및 중앙관리방식의 공기조화설비를 설치하는 경우에는 그러하지 아니하다.

㉢ 수시로 개방할 수 있는 미닫이로 구획된 2개의 거실은 이를 1개의 거실로 본다.

52

채광을 위하여 거실에 설치하는 창문 등의 면적 확보와 관련하여 이를 대체할 수 있는 조명장치를 설치하고자 할 때 거실의 용도가 집회용도의 회의기능일 경우 조도기준으로 옳은 것은? (단, 조도는 바닥에서 85cm의 높이에 있는 수평면의 조도임)

① 100lux 이상
② 200lux 이상
③ 300lux 이상
④ 400lux 이상

해설 관련 법규 : 건축법 제49조, 영 제51조, 피난 · 방화규칙 제17조, (별표 1의3), 해설 법규 : (별표 1의3)

구분	700lux	300lux	150lux	70lux	30lux
거주			독서, 식사, 조리	기타	
집무	설계, 제도, 계산	일반사무	기타		
작업	검사시험, 정밀검사, 수술	일반작업, 제조, 판매	포장, 세척	기타	
집회		회의	집회	공연, 관람	
오락			오락 일반		기타

53

거실 용도에 따른 조도 기준은 바닥에서 몇 cm의 수평면 조도를 말하는가?

① 50cm
② 65cm
③ 75cm
④ 85cm

해설 관련 법규 : 법 제49조, 영 제51조, 피난 · 방화규칙 제17조(별표 1의3), 해설 법규 : 피난 · 방화규칙 제17조, (별표 1의3)

거실의 용도에 따른 거실의 조도기준은 바닥에서 85cm의 높이에 있는 수평면의 조도를 의미한다.

정답 51. ③ 52. ③ 53. ④

54 |

다음은 건축물의 최하층에 있는 거실(바닥이 목조인 경우)의 방습 조치에 관한 규정이다. (　　)안에 들어갈 내용으로 옳은 것은?

> 건축물의 최하층에 있는 거실바닥의 높이는 지표면으로부터 (　　　) 이상으로 하여야 한다. 다만, 지표면을 콘크리트바닥으로 설치하는 등 방습을 위한 조치를 하는 경우에는 그러하지 아니하다.

① 30cm　　② 45cm
③ 60cm　　④ 75cm

해설 관련 법규 : 건축법 제49조, 영 제52조, 피난 · 방화규칙 제18조, 해설 법규 : 피난 · 방화규칙 제18조 ①항
건축물의 최하층에 있는 거실바닥의 높이는 지표면으로부터 45cm 이상으로 하여야 한다. 다만, 지표면을 콘크리트바닥으로 설치하는 등 방습을 위한 조치를 하는 경우에는 그러하지 아니하다.

55 |

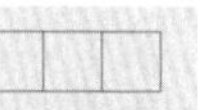

제1종 근린생활시설 중 휴게음식점의 조리장 안벽의 마감을 내수재료로 해야 하는 최소 높이는 바닥면으로부터 얼마인가?

① 1.0m　　② 1.2m
③ 1.5m　　④ 2.0m

해설 관련 법규 : 법 제49조, 영 제51조, 피난 · 방화규칙 제18조, 해설 법규 : 피난 · 방화규칙 제18조 ②항
제1종 근린생활시설 중 목욕장의 욕실과 휴게음식점의 조리장과 제2종 근린생활시설 중 일반음식점 및 휴게음식점의 조리장과 숙박시설의 욕실의 바닥과 그 바닥으로부터 높이 1m까지의 안벽의 마감은 이를 내수재료로 하여야 한다.

56 |

건축물에 설치하는 경계벽 및 칸막이 벽이 소리를 차단하는데 장애가 되는 부분이 없도록 하기 위해 갖춰야 할 구조기준에 미달된 것은?

① 철근콘크리트조로서 두께가 15cm인 것
② 철골철근콘크리트조로서 두께가 15cm인 것
③ 콘크리트블록조로서 두께가 15cm인 것
④ 무근콘크리트조로서 두께가 15cm인 것

해설 관련 법규 : 법 제49조, 영 제51조, 피난 · 방화규칙 제19조, 해설 법규 : 피난 · 방화규칙 제19조 ②항 3호
경계벽은 소리를 차단하는데 장애가 되는 부분이 없도록 다음의 어느 하나에 해당하는 구조로 하여야 한다. 다만, 다가구주택 및 공동주택의 세대 간의 경계벽인 경우에는 「주택건설기준 등에 관한 규정」에 따른다.
㉠ 철근콘크리트조 · 철골철근콘크리트조로서 두께가 10cm 이상인 것
㉡ 무근콘크리트조 또는 석조로서 두께가 10cm(시멘트모르타르 · 회반죽 또는 석고플라스터의 바름두께를 포함) 이상인 것
㉢ 콘크리트블록조 또는 벽돌조로서 두께가 19cm 이상인 것

57 |

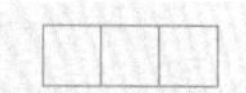

내화구조로 하지 않아도 되는 것은?

① 숙박시설의 객실 간 칸막이 벽
② 기숙사의 침실 간 칸막이 벽
③ 업무시설의 사무실 간 칸막이 벽
④ 의료시설의 병실 간 칸막이 벽

해설 관련 법규 : 법 제49조, 영 제53조, 해설 법규 : 영 제53조 ①항
다음의 어느 하나에 해당하는 건축물의 경계벽은 내화구조로 하고, 지붕밑 또는 바로 윗층의 바닥판까지 닿게 하여야 한다.
㉠ 단독주택 중 다가구주택의 각 가구 간 또는 공동주택(기숙사는 제외)의 각 세대 간 경계벽(거실 · 침실 등의 용도로 쓰지 아니하는 발코니 부분은 제외)
㉡ 공동주택 중 기숙사의 침실, 의료시설의 병실, 교육연구시설 중 학교의 교실 또는 숙박시설의 객실 간 경계벽
㉢ 제1종 근린생활시설 중 산후조리원의 임산부실 간 경계벽, 신생아실 간 경계벽, 임산부실과 신생아실 간 경계벽
㉣ 제2종 근린생활시설 중 다중생활시설의 호실 간 경계벽
㉤ 노유자시설 중 노인복지주택의 각 세대 간 경계벽
㉥ 노유자시설 중 노인요양시설의 호실 간 경계벽

정답 54. ② 55. ① 56. ③ 57. ③

58

철골조 기둥(작은 지름 25cm 이상)이 내화구조 기준에 부합하기 위해서 두께 최고 7cm 이상을 보강해야 하는 재료에 해당되지 않는 것은?

① 콘크리트블록 ② 철망모르타르
③ 벽돌 ④ 석재

해설 관련 법규 : 법 제49조, 영 제2조, 피난 · 방화규칙 제3조, 해설 법규 : 피난 · 방화규칙 제3조 3호
기둥의 경우에는 그 작은 지름이 25cm 이상인 것으로서 다음의 어느 하나에 해당하는 것. 다만, 고강도 콘크리트(설계기준강도가 50MPa 이상인 콘크리트)를 사용하는 경우에는 국토교통부장관이 정하여 고시하는 고강도 콘크리트 내화성능 관리기준에 적합해야 한다.
㉠ 철근콘크리트조 또는 철골철근콘크리트조
㉡ 철골을 두께 6cm(경량골재를 사용하는 경우에는 5cm) 이상의 철망모르타르 또는 두께 7cm 이상의 콘크리트블록 · 벽돌 또는 석재로 덮은 것
㉢ 철골을 두께 5cm 이상의 콘크리트로 덮은 것

59

철골조 기둥을 내화구조로 하기 위한 콘크리트의 최소 피복 두께로 옳은 것은?

① 2cm 이상 ② 3cm 이상
③ 4cm 이상 ④ 5cm 이상

해설 관련 법규 : 법 제49조, 영 제2조, 피난 · 방화규칙 제3조, 해설 법규 : 피난 · 방화규칙 제3조 3호
철골조 기둥(작은 지름 25cm 이상)의 내화구조는 철골을 두께 5cm 이상의 콘크리트로 덮은 것이다.

60

철근콘크리트 구조로서 내화구조가 아닌 것은?

① 두께가 8cm인 바닥 ② 두께가 10cm인 벽
③ 보 ④ 지붕

해설 관련 법규 : 건축법 제50조, 영 제2조, 피난 · 방화규칙 제3조, 해설 법규 : 피난 · 방화규칙 제3조 4호
바닥의 경우에는 다음의 하나에 해당하는 것은 내화구조이다.
㉠ 철근콘크리트조 또는 철골철근콘크리트조로서 두께가 10cm 이상인 것
㉡ 철재로 보강된 콘크리트블록조 · 벽돌조 또는 석조로서 철재에 덮은 콘크리트블록 등의 두께가 5cm 이상인 것
㉢ 철재의 양면을 두께 5cm 이상의 철망모르타르 또는 콘크리트로 덮은 것

61

건축물의 피난 · 방화구조 기준에 관한 규칙에서 규정하는 방화구조가 되기 위한 철망모르타르의 최소 바름 두께는?

① 1.0cm ② 2.0cm
③ 2.7cm ④ 3.0cm

해설 관련 법규 : 법 제49조, 영 제2조, 피난 · 방화규칙 제4조, 해설 법규 : 피난 · 방화규칙 제4조 1호
방화구조는 철망모르타르로서 그 바름두께가 2cm 이상인 것, 석고판 위에 시멘트모르타르 또는 회반죽을 바른 것으로서 그 두께의 합계가 2.5cm 이상인 것, 시멘트모르타르 위에 타일을 붙인 것으로서 그 두께의 합계가 2.5cm 이상인 것 및 심벽에 흙으로 맞벽치기 한 것 등이 있다.

62

다음 중 두께에 관계없이 방화구조에 해당하는 것은?

① 시멘트모르타르 위에 타일 붙임
② 심벽에 흙으로 맞벽치기한 것
③ 철망 모르타르
④ 석고판 위에 회반죽을 바른 것

해설 관련 법규 : 법 제49조, 영 제2조, 피난 · 방화규칙 제4조, 해설 법규 : 피난 · 방화규칙 제4조 6호
①항은 2.5cm 이상, ③항은 2.0cm 이상, ④항은 2.5cm 이상인 것은 방화구조이다.

63

다음 중 방화구조를 볼 수 없는 것은?

① 철망모르타르로서 그 바름 두께가 1.5cm인 것
② 시멘트모르타르 위에 타일을 붙인 것으로써 그 두께의 합계가 2.5cm인 것
③ 석고판위에 시멘트모르타르 또는 회반죽을 바른 것으로서 그 두께의 합계가 2.5cm 이상인 것
④ 심벽에 흙으로 맞벽치기한 것

정답 58. ② 59. ④ 60. ① 61. ② 62. ② 63. ①

해설 관련 법규 : 법 제49조, 영 제2조, 피난 · 방화규칙 제4조, 해설 법규 : 피난 · 방화규칙 제4조 1호
방화구조는 철망모르타르로서 그 바름두께가 2cm 이상인 것이다.

64

내화 및 방화구조의 기준에 관한 설명 중 틀린 것은?

① 철근콘크리트조로서 두께가 10cm 이상인 벽의 경우는 내화구조이다.
② 철망모르타르로서 그 바름두께가 2cm 이상이면 방화구조이다.
③ 벽돌조로서 벽두께가 19cm 이상이면 내화구조이다.
④ 석고판 위에 시멘트모르타르를 바른 것으로서 그 두께의 합계가 2.0cm인 것은 방화구조이다.

해설 관련 법규 : 법 제49조, 영 제2조, 피난 · 방화규칙 제4조, 해설 법규 : 피난 · 방화규칙 제4조 2호
석고판 위에 시멘트모르타르 또는 회반죽을 바른 것으로서 그 두께의 합계가 2.5cm인 것은 방화구조이다.

65

건축물에 설치하는 굴뚝에 관한 기준으로 옳지 않은 것은?

① 굴뚝의 옥상 돌출부는 지붕면으로부터의 수직거리를 1m 이상으로 할 것
② 굴뚝의 상단으로부터 수평거리 1m 이내에 다른 건축물이 있는 경우에는 그 건축물의 처마보다 1.5m 이상 높게 할 것
③ 금속제 굴뚝으로서 건축물의 지붕 속 · 반자 위 및 가장 아랫바닥 밑에 있는 굴뚝의 부분은 금속 외의 불연재료로 덮을 것
④ 금속제 굴뚝은 목재 기타 가연재료로부터 15cm 이상 떨어져서 설치할 것

해설 관련 법규 : 건축법 제49조, 영 제54조, 피난 · 방화규칙 제20조, 해설 법규 : 피난 · 방화규칙 제20조 2호
㉠ 굴뚝의 옥상 돌출부는 지붕면으로부터의 수직거리를 1m 이상으로 할 것. 다만, 용마루 · 계단탑 · 옥탑 등이 있는 건축물에 있어서 굴뚝의 주위에 연기의 배출을 방해하는 장애물이 있는 경우에는 그 굴뚝의 상단을 용마루 · 계단탑 · 옥탑 등보다 높게 하여야 한다.
㉡ 굴뚝의 상단으로부터 수평거리 1m 이내에 다른 건축물이 있는 경우에는 그 건축물의 처마보다 1m 이상 높게 할 것
㉢ 금속제 굴뚝으로서 건축물의 지붕 속 · 반자 위 및 가장 아랫바닥 밑에 있는 굴뚝의 부분은 금속 외의 불연재료로 덮을 것
㉣ 금속제 굴뚝은 목재 기타 가연재료로부터 15cm 이상 떨어져서 설치할 것. 다만, 두께 10cm 이상인 금속 외의 불연재료로 덮은 경우에는 그러하지 아니하다.

66

다음은 건축법령에 따른 차면시설 설치에 관한 조항이다. (   ) 안에 들어갈 내용으로 옳은 것은?

> 인접 대지경계선으로부터 직선거리 (   ) 이내에 이웃 주택의 내부가 보이는 창문 등을 설치하는 경우에는 차면시설(遮面施設)을 설치하여야 한다.

① 1.5m ② 2m
③ 3m ④ 4m

해설 관련 법규 : 건축법령 제55조, 해설 법규 : 영 제55조
인접 대지경계선으로부터 직선거리 2m 이내에 이웃 주택의 내부가 보이는 창문 등을 설치하는 경우에는 차면시설을 설치하여야 한다.

67

건축물의 방화구획 설치기준으로 옳지 않은 것은?

① 5층 이상의 층은 층마다 구획할 것
② 10층 이하의 층은 바닥면적 1,000m^2 이내마다 구획할 것
③ 지하층은 층마다 구획할 것
④ 11층 이상의 층은 바닥면적 200m^2 이내마다 구획할 것

해설 관련 법규 : 법 제49조, 영 제46조, 피난 · 방화규칙 제14조, 해설 법규 : 피난 · 방화규칙 제14조 ①항
방화구획 설치기준
건축물에 설치하는 방화구획은 다음의 기준에 적합해야 한다.
㉠ 10층 이하의 층은 바닥면적 1,000m^2(스프링클러 기타 이와 유사한 자동식 소화설비를 설치한 경우에는 바닥면적 3,000m^2) 이내마다 구획할 것
㉡ 매 층마다 구획할 것. 다만, 지하 1층에서 지상으로 직접 연결하는 경사로 부위는 제외한다.

정답 64. ④ 65. ② 66. ② 67. ①

㉢ 11층 이상의 층은 바닥면적 200m²(스프링클러 기타 이와 유사한 자동식 소화설비를 설치한 경우에는 600m²) 이내마다 구획할 것. 다만, 벽 및 반자의 실내에 접하는 부분의 마감을 불연재료로 한 경우에는 바닥면적 500m²(스프링클러 기타 이와 유사한 자동식 소화설비를 설치한 경우에는 1,500m²) 이내마다 구획하여야 한다.

㉣ 필로티나 그 밖에 이와 비슷한 구조(벽면적의 1/2 이상이 그 층의 바닥면에서 위층 바닥 아래면까지 공간으로 된 것만 해당)의 부분을 주차장으로 사용하는 경우 그 부분은 건축물의 다른 부분과 구획할 것

68 |

건축물의 방화구획 설치기준으로 옳지 않은 것은?

① 10층 이하의 층은 바닥면적 1,000m² 이내마다 구획한다.
② 매층마다 구획한다.
③ 11층 이상의 층은 바닥면적 200m² 이내마다 구획한다.
④ 10층 이하의 층에서 스프링클러 설비를 설치하는 경우에는 바닥면적 5,000m² 이내마다 구획한다.

해설 관련 법규 : 법 제49조, 영 제46조, 피난 · 방화규칙 제14조, 해설 법규 : 피난 · 방화규칙 제14조 ①항
10층 이하의 층은 바닥면적 1,000m²(스프링클러 기타 이와 유사한 자동식 소화설비를 설치한 경우에는 바닥면적 3,000m²) 이내마다 구획할 것

69 |

방화구획의 설치기준으로 옳지 않은 것은?

① 10층 이하의 층은 바닥면적 1,000m² 이내마다 구획할 것
② 10층 이하의 층은 스프링클러 기타 이와 유사한 자동식 소화설비를 설치한 경우에는 바닥면적 3,000m² 이내마다 구획할 것
③ 지하층은 바닥면적 200m² 이내마다 구획할 것
④ 11층 이상의 층은 바닥면적 200m² 이내마다 구획할 것

해설 관련 법규 : 건축법 제49조, 영 제46조, 피난 · 방화규칙 제14조, 해설 법규 : 피난 · 방화규칙 제14조 ①항 2호
매 층마다 구획할 것. 다만, 지하 1층에서 지상으로 직접 연결하는 경사로 부위는 제외한다.

70 |

건축물의 주요 구조부가 내화구조 또는 불연재료로 된 건축물로서 국토해양부령으로 정하는 기준에 따라 내화구조로 된 바닥 · 벽 및 60+ 방화문, 60분 방화문 또는 자동방화셔터로 방화구획을 하기 위한 최소 연면적 기준은?

① 500m² 이상
② 1,000m² 이상
③ 1,500m² 이상
④ 2,000m² 이상

해설 관련 법규 : 법 제49조, 영 제46조, 해설 법규 : 영 제46조 ①항
주요 구조부가 내화구조 또는 불연재료로 된 건축물로서 연면적이 1,000m²를 넘는 것은 국토교통부령으로 정하는 기준에 따라 내화구조로 된 바닥 · 벽 및 60+ 방화문, 60분 방화문 또는 자동방화셔터(국토교통부령으로 정하는 기준에 적합한 것)로 구획하여야 한다. 다만, 「원자력안전법」에 따른 원자로 및 관계시설은 「원자력안전법」에서 정하는 바에 따른다.

71 |

12층의 바닥면적이 1,500m²인 건축물로서 자동식 소화설비를 설치한 경우 방화구획으로 나뉘어지는 바닥은 몇 개소인가? (단, 디자인과 평면계획은 고려하지 않음.)

① 1개소 이상
② 2개소 이상
③ 3개소 이상
④ 4개소 이상

해설 관련 법규 : 법 제49조, 영 제46조, 피난 · 방화규칙 제14조, 해설 법규 : 피난 · 방화규칙 제14조 ①항 3호
11층 이상의 층은 바닥면적 200m²(스프링클러 기타 이와 유사한 자동식 소화설비를 설치한 경우에는 600m²) 이내마다 구획할 것. 다만, 벽 및 반자의 실내에 접하는 부분의 마감을 불연재료로 한 경우에는 바닥면적 500m²(스프링클러 기타 이와 유사한 자동식 소화설비를 설치한 경우에는 1,500m²) 이내마다 구획하여야 한다.
그러므로, 방화구획의 수=$\frac{1,500}{500}$=3개 이상이다.

정답 68. ④ 69. ③ 70. ② 71. ③

72 |

방화에 장애가 되어 건축물 안에 함께 설치할 수 없는 용도로 묶인 것은?

① 아동 관련 시설 – 의료시설
② 아동 관련 시설 – 노인복지시설
③ 기숙사 – 공장
④ 노인복지시설 – 소매시장

해설 관련 법규 : 건축법 제49조, 영 제47조, 해설 법규 : 영 제47조 ②항
다음의 어느 하나에 해당하는 용도의 시설은 같은 건축물에 함께 설치할 수 없다.
㉠ 노유자시설 중 아동 관련 시설 또는 노인복지시설과 판매시설 중 도매시장과 소매시장
㉡ 단독주택(다중주택과 다가구주택만 한정), 공동주택, 제1종 근린생활시설 중 조산원 또는 산후조리원과 제2종 근린생활시설 중 다중생활시설

73 |

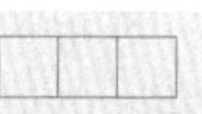

복합건축물의 피난시설에 대한 기준에 대한 설명으로 옳지 않은 것은?

① 공동주택 등과 위락시설 등은 서로 이웃하지 아니하도록 배치할 것
② 거실의 벽 및 반자가 실내에 면하는 부분의 마감은 불연재료로만 설치할 것
③ 공동주택 등과 위락시설 등은 내화구조로 된 바닥 및 벽으로 구획하여 서로 차단할 것
④ 공동주택 등의 출입구와 위락시설 등의 출입구는 서로 그 보행거리가 30m 이상이 되도록 설치할 것

해설 관련 법규 : 건축법 제49조, 영 제47조, 피난 · 방화규칙 제14조의2, 해설 법규 : 피난 · 방화규칙 제14조의2 5호
복합건축물의 피난시설은 건축물의 주요 구조부를 내화구조로 하고, 거실의 벽 및 반자가 실내에 면하는 부분(반자돌림대 · 창대 그 밖에 이와 유사한 것을 제외)의 마감은 불연재료 · 준불연재료 또는 난연재료로 하고, 그 거실로부터 지상으로 통하는 주된 복도 · 계단 그 밖에 통로의 벽 및 반자가 실내에 면하는 부분의 마감은 불연재료 또는 준불연재료로 할 것

74 |

건축물 2층의 바닥면적 합계가 $450m^2$인 경우 주요 구조부와 지붕을 내화구조로 하여야 하는 건축물이 아닌 것은?

① 의료시설
② 노인복지시설
③ 오피스텔
④ 창고시설

해설 관련 법규 : 법 제50조, 영 제56조, 해설 법규 : 영 제56조
주요 구조부를 내화구조로 하여야 하는 건축물
다음의 어느 하나에 해당하는 건축물(㉤에 해당하는 건축물로서 2층 이하인 건축물은 지하층 부분만 해당)의 주요 구조부와 지붕은 내화구조로 하여야 한다. 다만, 연면적이 $50m^2$ 이하인 단층의 부속건축물로서 외벽 및 처마 밑면을 방화구조로 한 것과 무대의 바닥은 그렇지 않다.
㉠ 제2종 근린생활시설 중 공연장 · 종교집회장(해당 용도로 쓰는 바닥면적의 합계가 각각 $300m^2$ 이상인 경우만 해당), 문화 및 집회시설(전시장 및 동 · 식물원은 제외), 종교시설, 위락시설 중 주점영업 및 장례시설의 용도로 쓰는 건축물로서 관람실 또는 집회실의 바닥면적의 합계가 $200m^2$(옥외관람석의 경우에는 $1,000m^2$) 이상인 건축물
㉡ 문화 및 집회시설 중 전시장 또는 동 · 식물원, 판매시설, 운수시설, 교육연구시설에 설치하는 체육관 · 강당, 수련시설, 운동시설 중 체육관 · 운동장, 위락시설(주점영업의 용도로 쓰는 것은 제외), 창고시설, 위험물저장 및 처리시설, 자동차 관련 시설, 방송통신시설 중 방송국 · 전신전화국 · 촬영소, 묘지 관련 시설 중 화장시설 또는 관광휴게시설의 용도로 쓰는 건축물로서 그 용도로 쓰는 바닥면적의 합계가 $500m^2$ 이상인 건축물
㉢ 공장의 용도로 쓰는 건축물로서 그 용도로 쓰는 바닥면적의 합계가 $2,000m^2$ 이상인 건축물. 다만, 화재의 위험이 적은 공장으로서 국토교통부령으로 정하는 공장은 제외한다.
㉣ 건축물의 2층이 단독주택 중 다중주택 및 다가구주택, 공동주택, 제1종 근린생활시설(의료의 용도로 쓰는 시설), 제2종 근린생활시설 중 다중생활시설, 의료시설, 노유자시설 중 아동 관련 시설 및 노인복지시설, 수련시설 중 유스호스텔, 업무시설 중 오피스텔, 숙박시설 또는 장례시설의 용도로 쓰는 건축물로서 그 용도로 쓰는 바닥면적의 합계가 $400m^2$ 이상인 건축물
㉤ 3층 이상인 건축물 및 지하층이 있는 건축물. 다

정답 72. ④ 73. ② 74. ④

만, 단독주택(다중주택 및 다가구주택은 제외), 동물 및 식물 관련 시설, 발전시설(발전소의 부속용도로 쓰는 시설은 제외), 교도소 · 소년원 또는 묘지 관련 시설(화장시설 · 동물화장시설은 제외)의 용도로 쓰는 건축물과 철강 관련 업종의 공장 중 제어실로 사용하기 위하여 연면적 $50m^2$ 이하로 증축하는 부분은 제외한다.

75

어느 건축물에서 해당 용도의 바닥면적의 합계가 $500m^2$라고 할 때 주요 구조부와 지붕을 내화구조로 할 필요가 없는 것은?

① 문화 및 집회시설 중 전시장
② 운수시설
③ 운동시설 중 체육관
④ 공장의 용도로 쓰이는 건축물

해설 관련 법규 : 법 제50조, 영 제56조, 해설 법규 : 영 제56조 ①항 2호
문화 및 집회시설 중 전시장 또는 동 · 식물원, 판매시설, 운수시설, 교육연구시설에 설치하는 체육관 · 강당, 수련시설, 운동시설 중 체육관 · 운동장, 위락시설(주점영업의 용도로 쓰는 것은 제외), 창고시설, 위험물저장 및 처리시설, 자동차 관련 시설, 방송통신시설 중 방송국 · 전신전화국 · 촬영소, 묘지 관련 시설 중 화장시설 · 동물화장시설 또는 관광휴게시설의 용도로 쓰는 건축물로서 그 용도로 쓰는 바닥면적의 합계가 $500m^2$ 이상인 건축물은 주요 구조부와 지붕을 내화구조로 하여야 한다. ④항의 공장은 바닥면적의 합계가 $2,000m^2$ 이상인 건축물이다.

76

주요 구조부와 지붕을 내화구조로 처리하지 않아도 되는 시설은?

① 공장으로서 해당용도 바닥면적의 합계가 $500m^2$인 건축물
② 문화 및 집회시설 중 전시장으로서 해당용도 바닥면적의 합계가 $500m^2$인 건축물
③ 운동시설 중 체육관으로서 해당용도 바닥면적의 합계가 $600m^2$인 건축물
④ 수련시설 중 유스호스텔로서 해당용도 바닥면적의 합계가 $500m^2$인 건축물

해설 관련 법규 : 건축법 제50조, 영 제56조, 해설 법규 : 영 제56조 ①항 3호
공장의 용도로 쓰는 건축물로서 그 용도로 쓰는 바닥면적의 합계가 $2,000m^2$ 이상인 건축물의 주요 구조부와 지붕을 내화구조로 하여야 한다.

77

건축물에 설치하는 방화벽의 구조에 관한 기준 중 부적합한 것은?

① 내화구조로서 홀로 설 수 있는 구조이어야 한다.
② 방화벽의 양쪽 끝과 윗쪽 끝을 건축물의 외벽면 및 지붕면으로부터 0.5m 이상 튀어나오게 하여야 한다.
③ 방화벽에 설치하는 출입문의 너비 및 높이는 각각 2.5m 이하로 하여야 한다.
④ 방화벽에 설치하는 출입문에는 30분 방화문을 설치하여야 한다.

해설 관련 법규 : 법 제50조, 영 제57조, 피난 · 방화규칙 제21조, 해설 법규 : 피난 · 방화규칙 제21조 ①항 3호
방화벽의 구조
㉠ 내화구조로서 홀로 설 수 있는 구조일 것
㉡ 방화벽의 양쪽 끝과 윗쪽 끝을 건축물의 외벽면 및 지붕면으로부터 0.5m 이상 튀어 나오게 할 것
㉢ 방화벽에 설치하는 출입문의 너비 및 높이는 각각 2.5m 이하로 하고, 해당 출입문에는 60+ 방화문 또는 60분 방화문을 설치할 것

78

방화벽에 설치하는 출입문의 최대 한도 크기는? (단, 너비×높이로 표시)

① 1.0m×1.0m
② 2.0m×2.0m
③ 2.0m×2.5m
④ 2.5m×2.5m

해설 관련 법규 : 법 제50조, 영 제57조, 피난 · 방화규칙 제21조, 해설 법규 : 피난 · 방화규칙 제21조 ①항 3호
방화벽에 설치하는 출입문의 너비 및 높이는 각각 2.5m 이하로 하고, 해당 출입문에는 갑종방화문을 설치할 것

정답 75. ④ 76. ① 77. ④ 78. ④

79

목조 건축물의 경우에 그 구조를 방화구조로 하거나 불연재료로 하여야 하는 연면적 기준은?

① 연면적 $200m^2$ 이상
② 연면적 $500m^2$ 이상
③ 연면적 $1,000m^2$ 이상
④ 연면적 $1,500m^2$ 이상

해설 관련 법규 : 법 제50조, 영 제57조, 피난 · 방화규칙 제22조, 해설 법규 : 피난 · 방화규칙 제22조 ①항
연면적 $1,000m^2$ 이상인 목조 건축물은 그 외벽 및 처마밑의 연소할 우려가 있는 부분을 방화구조로 하되, 그 지붕은 불연재료로 하여야 한다.

80

거실의 벽 및 반자의 실내에 접하는 부분의 마감을 난연재료로 할 수 없는 것은?

① 단독주택 중 공관 용도에 쓰이는 건축물
② 공동주택의 용도에 쓰이는 건축물
③ 교육연구시설 중 학원의 용도에 쓰이는 건축물
④ 자동차 관련 시설로 사용되는 건축물

해설 관련 법규 : 법 제52조, 영 제61조, 피난 · 방화규칙 제24조, 해설 법규 : 피난 · 방화규칙 제24조 ①항
단독주택 중 다중주택 · 다가구주택, 공동주택, 제2종 근린생활시설 중 공연장 · 종교집회장 · 인터넷컴퓨터게임시설제공업소 · 학원 · 독서실 · 당구장 · 다중생활시설, 발전시설, 방송통신시설(방송국 · 촬영소의 용도로 쓰는 건축물로 한정), 공장, 창고시설, 위험물 저장 및 처리 시설(자가난방과 자가발전 등의 용도로 쓰는 시설을 포함), 자동차 관련 시설, 5층 이상인 층 거실의 바닥면적의 합계가 $500m^2$ 이상인 건축물, 문화 및 집회시설, 종교시설, 판매시설, 운수시설, 의료시설, 교육연구시설 중 학교 · 학원, 노유자시설, 수련시설, 업무시설 중 오피스텔, 숙박시설, 위락시설, 장례시설, 다중이용업의 용도로 쓰는 건축물에 대하여는 그 거실의 벽 및 반자의 실내에 접하는 부분(반자돌림대 · 창대 기타 이와 유사한 것을 제외)의 마감재료[공장, 창고시설, 위험물 저장 및 처리 시설(자가난방과 자가발전 등의 용도로 쓰는 시설을 포함), 자동차 관련 시설의 용도로 쓰는 건축물의 경우에는 단열재를 포함]는 불연재료 · 준불연재료 또는 난연재료를 사용해야 한다.

81

규모와 관계 없이 거실에서 지상으로 통하는 주된 복도 · 계단, 그 밖의 벽 및 반자의 실내에 접하는 부분을 불연재료 또는 준불연재료로 하여야 하는 것은?

① 독서실
② 공동주택
③ 방송통신시설 중 전신전화국
④ 의료시설

해설 관련 법규 : 법 제52조, 영 제61조, 피난 · 방화규칙 제24조, 해설 법규 : 피난 · 방화규칙 제24조 ①항
단독주택 중 다중주택 · 다가구주택, 공동주택, 제2종 근린생활시설 중 공연장 · 종교집회장 · 인터넷컴퓨터게임시설제공업소 · 학원 · 독서실 · 당구장 · 다중생활시설, 발전시설, 방송통신시설(방송국 · 촬영소의 용도로 쓰는 건축물로 한정), 공장, 창고시설, 위험물 저장 및 처리 시설(자가난방과 자가발전 등의 용도로 쓰는 시설을 포함), 자동차 관련 시설, 5층 이상인 층 거실의 바닥면적의 합계가 $500m^2$ 이상인 건축물, 문화 및 집회시설, 종교시설, 판매시설, 운수시설, 의료시설, 교육연구시설 중 학교 · 학원, 노유자시설, 수련시설, 업무시설 중 오피스텔, 숙박시설, 위락시설, 장례시설, 다중이용업의 용도로 쓰는 건축물의 거실에서 지상으로 통하는 주된 복도 · 계단, 그 밖의 벽 및 반자의 실내에 접하는 부분과 강판과 심재(心材)로 이루어진 복합자재를 마감재료로 사용하는 부분의 마감은 불연재료 또는 준불연재료로 하여야 한다.

82

건축물에 설치하는 지하층의 구조 및 설비에서 직통계단 외에 피난층 또는 지상층으로 통하는 비상 탈출구 및 환기통을 설치하여야 하는 경우의 거실 최소 바닥면적 기준은? (단, 직통계단이 2개소 이상 설치되어 있지 않은 경우)

① $50m^2$
② $80m^2$
③ $100m^2$
④ $120m^2$

해설 관련 법규 : 법 제53조, 피난 · 방화규칙 제25조, 해설 법규 : 피난 · 방화규칙 제25조 ①항 1호
지하층의 구조
㉠ 거실의 바닥면적이 $50m^2$ 이상인 층에는 직통계단 외에 피난층 또는 지상으로 통하는 비상탈출구 및 환기통을 설치할 것. 다만, 직통계단이 2개소 이상 설치되어 있는 경우에는 그러하지 아니하다.

정답 79. ③ 80. ① 81. ③ 82. ①

㉡ 제2종 근린생활시설 중 공연장 · 단란주점 · 당구장 · 노래연습장, 문화 및 집회시설 중 예식장 · 공연장, 수련시설 중 생활권수련시설 · 자연권수련시설, 숙박시설 중 여관 · 여인숙, 위락시설 중 단란주점 · 유흥주점 또는 「다중이용업소의 안전관리에 관한 특별법 시행령」에 따른 다중이용업의 용도에 쓰이는 층으로서 그 층의 거실의 바닥면적의 합계가 $50m^2$ 이상인 건축물에는 직통계단을 2개소 이상 설치할 것
㉢ 바닥면적이 $1,000m^2$ 이상인 층에는 피난층 또는 지상으로 통하는 직통계단을 방화구획으로 구획되는 각 부분마다 1개소 이상 설치하되, 이를 피난계단 또는 특별피난계단의 구조로 할 것
㉣ 거실의 바닥면적의 합계가 $1,000m^2$ 이상인 층에는 환기설비를 설치할 것
㉤ 지하층의 바닥면적이 $300m^2$ 이상인 층에는 식수공급을 위한 급수전을 1개소 이상 설치할 것

83

지하층의 구조에서 환기설비의 설치는 무엇을 기준으로 하는가?

① 거실의 바닥면적의 합계
② 지하층의 층고
③ 지하층의 바닥으로부터 비상탈출구까지의 거리
④ 비상탈출구의 유효너비

해설 관련 법규 : 법 제53조, 피난 · 방화규칙 제25조, 해설 법규 : 피난 · 방화규칙 제25조 ①항 3호
지하층의 구조에서 거실의 바닥면적의 합계가 $1,000m^2$ 이상인 층에는 환기설비를 설치할 것

84

건축물에 설치하는 지하층의 비상탈출구에 관한 기준 중 적합한 것은?

① 비상탈출구의 유효너비는 0.5m 이상으로 할 것
② 출입구로부터 3m 이상 떨어진 곳에 설치할 것
③ 비상탈출구의 문은 피난방향의 반대방향으로 열리도록 할 것
④ 지하층의 바닥으로부터 비상탈출구의 아랫부분까지의 높이가 1.2m 이상이 되는 경우에는 벽체에 발판의 너비가 18cm 이상인 사다리를 설치할 것

해설 관련 법규 : 법 제53조, 피난 · 방화규칙 제25조, 해설 법규 : 피난 · 방화규칙 제25조 ②항 1, 2, 4호
지하층 비상탈출구에 관한 기준은 다음과 같다. 다만, 주택의 경우에는 그러하지 아니하다.
㉠ 비상탈출구의 유효너비는 0.75m 이상으로 하고, 유효높이는 1.5m 이상으로 할 것
㉡ 비상탈출구의 문은 피난방향으로 열리도록 하고, 실내에서 항상 열 수 있는 구조로 하여야 하며, 내부 및 외부에는 비상탈출구의 표시를 할 것
㉢ 비상탈출구는 출입구로부터 3m 이상 떨어진 곳에 설치할 것
㉣ 지하층의 바닥으로부터 비상탈출구의 아랫부분까지의 높이가 1.2m 이상이 되는 경우에는 벽체에 발판의 너비가 20cm 이상인 사다리를 설치할 것
㉤ 비상탈출구는 피난층 또는 지상으로 통하는 복도나 직통계단에 직접 접하거나 통로 등으로 연결될 수 있도록 설치하여야 하며, 피난층 또는 지상으로 통하는 복도나 직통계단까지 이르는 피난통로의 유효너비는 0.75m 이상으로 하고, 피난통로의 실내에 접하는 부분의 마감과 그 바탕은 불연재료로 할 것
㉥ 비상탈출구의 진입부분 및 피난통로에는 통행에 지장이 있는 물건을 방치하거나 시설물을 설치하지 아니할 것
㉦ 비상탈출구의 유도등과 피난통로의 비상조명등의 설치는 소방법령이 정하는 바에 의할 것

85

지하층에 설치하는 비상 탈출구의 유효너비 및 유효높이는 각각 최소 얼마 이상으로 하여야 하는가?

① 0.5m, 0.5m　② 0.5m, 0.75m
③ 0.75m, 0.75m　④ 0.75m, 1.5m

해설 관련 법규 : 법 제53조, 피난 · 방화규칙 제25조, 해설 법규 : 피난 · 방화규칙 제25조 ②항 1호
비상탈출구의 유효너비는 0.75m 이상으로 하고, 유효높이는 1.5m 이상으로 할 것

86

신축 또는 리모델링하는 30세대 이상의 공동주택(기숙사 제외)은 자연환기설비 또는 기계환기설비를 설치하여 최소 시간당 몇 회 이상의 환기가 이루어지도록 해야 하는가?

① 0.5회　② 0.8회
③ 0.9회　④ 1.0회

정답 83. ① 84. ② 85. ④ 86. ①

해설 관련 법규 : 법 제62조, 영 제87조, 설비기준규칙 제11조, 해설 법규 : 설비기준규칙 제11조 ①항
30세대 이상의 공동주택과 주택을 주택 외의 시설과 동일건축물로 건축하는 경우로서 주택이 30세대 이상인 건축물은 신축 또는 리모델링하는 경우에는 시간당 0.5회 이상의 환기가 이루어질 수 있도록 자연환기설비 또는 기계환기설비를 설치하여야 한다.

87

공동주택과 오피스텔의 난방설비를 개별난방방식으로 할 경우의 설치기준으로 옳지 않은 것은?

① 보일러실과 거실 사이의 출입구는 그 출입구가 닫힌 경우에는 보일러 가스가 거실에 들어갈 수 없는 구조로 한다.
② 보일러실의 윗부분에는 $0.5m^2$ 이상의 환기창을 설치한다.(단, 전기 보일러실의 경우는 예외)
③ 보일러는 거실 이외의 곳에 설치하며 보일러를 설치하는 곳과 거실 사이의 경계벽 및 출입구는 내화구조로 구획한다.
④ 기름 보일러를 설치하는 경우에는 기름 저장소를 보일러실 외의 다른 곳에 설치한다.

해설 관련 법규 : 법 제62조, 영 제87조, 설비기준규칙 제13조, 해설 법규 : 설비기준규칙 제13조 ①항 1호
공동주택과 오피스텔의 난방설비를 개별난방방식의 기준
㉠ 보일러는 거실 외의 곳에 설치하되, 보일러를 설치하는 곳과 거실사이의 경계벽은 출입구를 제외하고는 내화구조의 벽으로 구획할 것
㉡ 보일러실의 윗부분에는 그 면적이 $0.5m^2$ 이상인 환기창을 설치하고, 보일러실의 윗부분과 아랫부분에는 각각 지름 10cm 이상의 공기흡입구 및 배기구를 항상 열려있는 상태로 바깥공기에 접하도록 설치할 것. 다만, 전기보일러의 경우에는 그러하지 아니하다.
㉢ 보일러실과 거실사이의 출입구는 그 출입구가 닫힌 경우에는 보일러가스가 거실에 들어갈 수 없는 구조로 할 것
㉣ 기름보일러를 설치하는 경우에는 기름저장소를 보일러실 외의 다른 곳에 설치할 것
㉤ 오피스텔의 경우에는 난방구획을 방화구획으로 구획할 것
㉥ 보일러의 연도는 내화구조로서 공동연도로 설치할 것

88

다음 중 오피스텔과 공동주택에 설치하는 개별 난방설비에 관한 설명으로 옳지 않은 것은?

① 보일러는 거실 외의 곳에 설치하고 보일러를 설치하는 곳과 거실 사이의 경계벽은 출입구를 포함하여 불연재료로 마감한다.
② 보일러실의 윗부분에는 $0.5m^2$ 이상의 환기창을 설치한다.
③ 가스보일러에 의한 중앙집중공급방식으로 공급하는 오피스텔의 경우 난방 구획마다 내화구조로 된 벽·바닥과 갑종방화문으로 구획한다.
④ 기름 보일러를 설치하는 경우에는 기름 저장소를 보일러실 외의 다른 곳에 설치한다.

해설 관련 법규 : 법 제62조, 영 제87조, 설비기준규칙 제13조, 해설 법규 : 설비기준규칙 제13조 ①항 1호
보일러는 거실 외의 곳에 설치하되, 보일러를 설치하는 곳과 거실사이의 경계벽은 출입구를 제외하고는 내화구조의 벽으로 구획할 것

89

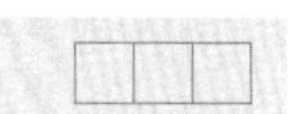

문화 및 집회시설에 쓰이는 건축물의 거실에 배연설비를 설치하여야 할 경우는 건축물의 층수가 최소 몇 층 이상일 경우인가?

① 6층　　② 10층
③ 16층　　④ 20층

해설 관련 법규 : 건축법 제62조, 영 제51조, 설비기준규칙 제14조, 해설 법규 : 영 제51조 ②항
다음의 건축물의 거실(피난층의 거실은 제외)에는 배연설비를 해야 한다.
① 6층 이상인 건축물로서 제2종 근린생활시설 중 공연장, 종교집회장, 인터넷컴퓨터게임시설제공업소 및 다중생활시설(공연장, 종교집회장 및 인터넷컴퓨터게임시설제공업소는 해당 용도로 쓰는 바닥면적의 합계가 각각 $300m^2$ 이상인 경우만 해당), 문화 및 집회시설, 종교시설, 판매시설, 운수시설, 의료시설(요양병원 및 정신병원은 제외), 교육연구시설 중 연구소, 노유자시설 중 아동 관련 시설, 노인복지시설(노인요양시설은 제외), 수련시설 중 유스호스텔, 운동시설, 업무시설, 숙박시설, 위락시설, 관광휴게시설, 장례시설에 해당하는 용도로 쓰는 건축물

정답 87. ③　88. ①　89. ①

② 다음에 해당하는 용도로 쓰는 건축물
㉮ 의료시설 중 요양병원 및 정신병원
㉯ 노유자시설 중 노인요양시설 · 장애인 거주시설 및 장애인 의료재활시설
㉰ 제1종 근린생활시설 중 산후조리원

90 |

배연설비의 설치기준으로 옳지 않은 것은? (단, 기계식 배연설비를 설치하지 않은 경우)

① 건축물이 방화구획으로 구획된 경우에는 그 구획마다 1개소 이상의 배연창을 설치하되, 배연창의 상변과 천장 또는 반자로부터 수직거리가 1.2m 이내일 것
② 배연구는 예비전원에 의하여 열 수 있도록 할 것
③ 배연창 설비에 있어 반자 높이가 바닥으로부터 3m 이상인 경우에는 배연창의 하변이 바닥으로부터 2.1m 이상의 위치에 놓이도록 설치할 것
④ 배연구는 연기감지기 또는 열감지기에 의하여 자동으로 열 수 있는 구조로 하되, 손으로도 열고 닫을 수 있도록 할 것

해설 관련 법규 : 건축법 제49조, 영 제51조, 설비 기준 제14조, 해설 법규 : 설비기준규칙 제14조 ①항 1호
배연설비를 설치하여야 하는 건축물에는 다음의 기준에 적합하게 배연설비를 설치해야 한다. 다만, 피난층인 경우에는 그렇지 않다.
㉠ 건축물이 방화구획으로 구획된 경우에는 그 구획마다 1개소 이상의 배연창을 설치하되, **배연창의 상변과 천장 또는 반자로부터 수직거리가 0.9m 이내일 것.** 다만, 반자 높이가 바닥으로부터 3m 이상인 경우에는 배연창의 하변이 바닥으로부터 2.1m 이상의 위치에 놓이도록 설치하여야 한다.
㉡ 배연창의 유효면적은 산정기준에 의하여 산정된 면적이 $1m^2$ 이상으로서 그 면적의 합계가 당해 건축물의 바닥면적(방화구획이 설치된 경우에는 그 구획된 부분의 바닥면적)의 1/100이상일 것. 이 경우 바닥면적의 산정에 있어서 거실바닥면적의 1/20이상으로 환기창을 설치한 거실의 면적은 이에 산입하지 아니한다.
㉢ 배연구는 연기감지기 또는 열감지기에 의하여 자동으로 열 수 있는 구조로 하되, 손으로도 열고 닫을 수 있도록 할 것
㉣ 배연구는 예비전원에 의하여 열 수 있도록 할 것
㉤ 기계식 배연설비를 하는 경우에는 소방관계법령의 규정에 적합하도록 할 것

91 |

배연설비에서의 배연창의 최소 유효면적과 그 유효면적의 합계 기준으로 옳게 짝지어진 것은? (단, 기계식 배연설비를 설치하지 않은 경우)

① $1m^2$ 이상, 당해 건축물 바닥면적의 1/50 이상
② $1m^2$ 이상, 당해 건축물 바닥면적의 1/100 이상
③ $2m^2$ 이상, 당해 건축물 바닥면적의 1/50 이상
④ $2m^2$ 이상, 당해 건축물 바닥면적의 1/100 이상

해설 관련 법규 : 법 제49조, 영 제51조, 설비기준규칙 제14조, 해설 법규 : 설비기준규칙 제14조 ①항 2호
배연창의 유효면적은 산정기준에 의하여 산정된 면적이 $1m^2$ 이상으로서 그 면적의 합계가 당해 건축물의 바닥면적(방화구획이 설치된 경우에는 그 구획된 부분의 바닥면적)의 1/100 이상일 것. 이 경우 바닥면적의 산정에 있어서 거실바닥면적의 1/20 이상으로 환기창을 설치한 거실의 면적은 이에 산입하지 아니한다.

92 |

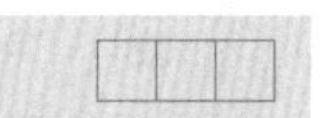

특별피난계단 및 비상용 승강기의 승강장에 설치하는 배연설비의 구조에 관한 기준으로 옳지 않은 것은?

① 배연구 및 배연풍도는 불연재료로 하고, 화재가 발생한 경우 원활하게 배연시킬 수 있는 규모로서 외기 또는 평상시에 사용하지 아니하는 굴뚝에 연결할 것
② 배연구에 설치하는 수동개방장치 또는 자동개방장치(열감지기 또는 연기감지기에 의한 것을 말한다)는 손으로도 열고 닫을 수 없도록 할 것
③ 배연구는 평상시에는 닫힌 상태를 유지하고, 연 경우에는 배연에 의한 기류로 인하여 닫히지 아니하도록 할 것
④ 배연구가 외기에 접하지 아니하는 경우에는 배연기를 설치할 것

해설 관련 법규 : 건축법 제49조, 영 제51조, 설비기준규칙 제14조, 해설 법규 : 설비기준규칙 제14조 ②항 2호
특별피난계단 및 비상용 승강기의 승강장에 설치하는 배연설비의 구조는 다음의 기준에 적합하여야 한다.
㉠ 배연구 및 배연풍도는 불연재료로 하고, 화재가 발생한 경우 원활하게 배연시킬 수 있는 규모로서 외기 또는 평상시에 사용하지 아니하는 굴뚝에 연결할 것

정답 90. ① 91. ② 92. ②

㉡ 배연구에 설치하는 수동개방장치 또는 자동개방장치(열감지기 또는 연기감지기에 의한 것)는 손으로도 열고 닫을 수 있도록 할 것
㉢ 배연구는 평상시에는 닫힌 상태를 유지하고, 연 경우에는 배연에 의한 기류로 인하여 닫히지 아니하도록 할 것
㉣ 배연구가 외기에 접하지 아니하는 경우에는 배연기를 설치할 것
㉤ 배연기는 배연구의 열림에 따라 자동적으로 작동하고, 충분한 공기배출 또는 가압능력이 있을 것
㉥ 배연기에는 예비전원을 설치할 것
㉦ 공기유입방식을 급기가압방식 또는 급·배기방식으로 하는 경우에는 소방관계법령의 규정에 적합하게 할 것

93 |

건축물에 설치하는 급수·배수 등의 용도로 쓰이는 배관설비의 설치 및 구조에 관한 기준으로 옳지 않은 것은?

① 배관설비의 오수에 접하는 부분은 방수재료를 사용할 것
② 지하실 등 공공 하수도로 자연배수를 할 수 없는 곳에는 배수용량에 맞는 강제배수시설을 설치할 것
③ 우수관과 오수관은 분리하여 배관할 것
④ 콘크리트 구조체에 배관을 매설하거나 배관이 콘크리트 구조체를 관통할 경우에는 구조체에 덧관을 미리 매설하는 등 배관의 부식을 방지하고 그 수선 및 교체가 용이하도록 할 것

해설 관련 법규 : 법 제62조, 영 제87조, 설비기준규칙 제17조, 해설 법규 : 설비기준규칙 제17조 ②항 3호
배관설비로서 배수용으로 쓰이는 배관설비는 급수·배수 등의 용도로 쓰는 배관설비의 설치 및 구조의 기준과 ②, ③, ④항 이외에 다음의 기준에 적합하여야 한다.
㉠ 배출시키는 빗물 또는 오수의 양 및 수질에 따라 그에 적당한 용량 및 경사를 지게 하거나 그에 적합한 재질을 사용할 것
㉡ 배관설비에는 배수트랩·통기관을 설치하는 등 위생에 지장이 없도록 할 것
㉢ 배관설비의 오수에 접하는 부분은 내수재료를 사용할 것

94 |

건축물에 설치하는 급수·배수 등의 용도로 쓰는 배관설비의 설치 및 구조에 관한 기준으로 옳지 않은 것은?

① 배관설비를 콘크리트에 묻는 경우 부식의 우려가 있는 재료는 부식방지조치를 할 것
② 건축물의 주요부분을 관통하여 배관하는 경우에는 건축물의 구조내력에 지장이 없도록 할 것
③ 승강기의 승강로 안에는 승강기의 운행에 필요한 배관설비 외에도 건축물 유지에 필요한 배관설비를 모두 집약하여 설치하도록 할 것
④ 압력탱크 및 급탕설비에는 폭발 등의 위험을 막을 수 있는 시설을 설치할 것

해설 관련 법규 : 건축법 제62조, 영 제87조, 설비기준규칙 제17조, 해설 법규 : 설비기준규칙 제17조 ①항 3호
건축물에 설치하는 급수·배수 등의 용도로 쓰는 배관설비의 설치 및 구조는 ①, ② 및 ④항 이외에 승강기의 승강로 안에는 승강기의 운행에 필요한 배관설비 외의 배관설비를 설치하지 아니할 것

95 |

주거용 건축물의 급수관과 관련된 기준 내용으로 옳지 않은 것은?

① 층수가 증가할수록 기준 지름이 작아진다.
② 급수관의 최소 지름은 15mm이다.
③ 가압 설비를 하는 경우는 지름의 크기를 완화받을 수 있다.
④ 가구 또는 세대 수가 불분명한 경우는 바닥면적을 기준으로 가구수를 산정한다.

해설 관련 법규 : 법 제62조, 영 제87조, 설비기준규칙 제18조, 해설 법규 : 설비기준규칙 제 18조 3호
가구수, 세대수 및 주거에 쓰이는 바닥면적의 합계가 커질수록 관경은 커진다.

정답 93. ① 94. ③ 95. ①

96

다음의 피뢰설비에 대한 설명 중 옳지 않은 것은?

① 돌침은 건축물의 맨 윗부분으로부터 25cm 이상 돌출시켜 설치하되, 「건축물의 구조기준 등에 관한 규칙」에 따른 설계하중에 견딜 수 있는 구조일 것

② 낙뢰의 우려가 있는 건축물, 높이 20m 이상의 건축물 또는 공작물로서 높이 20m 이상의 공작물(공작물을 설치하여 그 전체 높이가 20m 이상인 것을 포함)에는 피뢰설비를 설치하여야 한다.

③ 측면 낙뢰를 방지하기 위하여 높이가 60m를 초과하는 건축물 등에는 지면에서 건축물 높이의 4/5가 되는 지점부터 최상단부분까지의 측면에 수뢰부를 설치하여야 한다.

④ 피뢰설비의 재료는 최소 단면적이 피복이 없는 동선을 기준으로 수뢰부, 인하도선 및 접지극은 $30mm^2$ 이상이거나 이와 동등 이상의 성능을 갖출 것

해설 관련 법규 : 법 제62조, 영 제87조, 설비기준규칙 제20조, 해설 법규 : 설비기준규칙 제20조 3호
피뢰설비는 ①, ②, ③항 이외에 다음 기준에 적합하여야 한다.

㉠ 피뢰설비는 한국산업표준이 정하는 피뢰레벨 등급에 적합한 피뢰설비일 것. 다만, 위험물저장 및 처리시설에 설치하는 피뢰설비는 한국산업표준이 정하는 피뢰시스템레벨 Ⅱ 이상이어야 한다.

㉡ 피뢰설비의 재료는 최소 단면적이 피복이 없는 동선을 기준으로 수뢰부, 인하도선 및 접지극은 $50mm^2$ 이상이거나 이와 동등 이상의 성능을 갖출 것

㉢ 피뢰설비의 인하도선을 대신하여 철골조의 철골구조물과 철근콘크리트조의 철근구조체 등을 사용하는 경우에는 전기적 연속성이 보장될 것. 이 경우 전기적 연속성이 있다고 판단되기 위하여는 건축물 금속 구조체의 최상단부와 지표레벨 사이의 전기저항이 0.2Ω 이하이어야 한다.

㉣ 측면 낙뢰를 방지하기 위하여 높이가 60m를 초과하는 건축물 등에는 지면에서 건축물 높이의 4/5가 되는 지점부터 최상단부분까지의 측면에 수뢰부를 설치하여야 하며, 지표레벨에서 최상단부의 높이가 150m를 초과하는 건축물은 120m 지점부터 최상단부분까지의 측면에 수뢰부를 설치할 것. 다만, 건축물의 외벽이 금속부재로 마감되고, 금속부재 상호간에 전기적 연속성이 보장되며 피뢰시스템레벨 등급에 적합하게 설치하여 인하도선에 연결한 경우에는 측면 수뢰부가 설치된 것으로 본다.

97

다음 중 승강기 설치 대상 건축물의 층수 및 연면적 기준으로 옳은 것은?

① 5층 이상으로서 연면적 $2,000m^2$ 이상
② 6층 이상으로서 연면적 $2,000m^2$ 이상
③ 5층 이상으로서 연면적 $3,000m^2$ 이상
④ 6층 이상으로서 연면적 $3,000m^2$ 이상

해설 관련 법규 : 법 제64조, 영 제89조, 해설 법규 : 법 제64조
건축주는 6층 이상으로서 연면적이 $2,000m^2$ 이상인 건축물(대통령령으로 정하는 건축물은 제외)을 건축하려면 승강기를 설치하여야 한다.

98

건축물에 설치하는 승용 승강기 설치 대수 산정에 직접적으로 관련 있는 것끼리 묶여진 것은?

① 용도 – 층수 – 각 층의 거실면적
② 용도 – 층수 – 높이
③ 용도 – 높이 – 각 층의 거실면적
④ 층수 – 높이 – 각 층의 거실면적

해설 관련 법규 : 법 제64조, 영 제89조, 설비기준규칙 제5조, (별표 1의 2), 해설 법규 : 법 제64조, (별표 1의 2)
건축주는 6층 이상으로서 연면적이 $2,000m^2$ 이상인 건축물(대통령령으로 정하는 건축물은 제외한다)을 건축하려면 승강기를 설치하여야 한다. 이 경우 승강기의 규모 및 구조는 국토교통부령(건축물의 용도, 6층 이상의 거실면적의 합계)으로 정한다.

99

20층의 아파트를 건축하는 경우 6층 이상 거실 바닥면적의 합계가 $12,000m^2$일 경우에 승용 승강기 최소 설치 대수는? (단, 15인승 이하 승용 승강기임)

① 2대
② 3대
③ 4대
④ 5대

정답 96. ④ 97. ② 98. ① 99. ③

해설 관련 법규 : 법 제64조, 설비기준규칙 제5조, (별표 1의 2), 해설 법규 : 법 제64조, (별표 1의 2)
공동주택의 승용 승강기 설치기준은 6층 이상의 거실 면적의 합계가 $3,000m^2$를 초과하는 경우에는 1대에 $3,000m^2$ 이내마다 1대의 비율로 가산한 대수 이상
즉, 승용 승강기의 대수

$$=\frac{6층\ 이상의\ 거실바닥면적의\ 합계-3,000}{3,000}(대)\ 이상$$

이다.
그런데, 6층 이상의 거실 바닥면적의 합계가 $12,000m^2$이고, 15인승 이하이므로 승강기 설치 대수는

$$1+\frac{12,000-3,000}{3,000}=4대\ 이상이다.$$

100

각 층의 바닥면적이 $1,000m^2$로 동일한 업무시설인 14층 오피스텔을 건축하는 경우 승용 승강기는 몇 대를 설치하여야 하는가? (단, 8인승 이상 15인승 이하의 승강기로 설치)

① 2대 ② 3대
③ 4대 ④ 5대

해설 관련 법규 : 법 제64조, 설비기준규칙 제5조, (별표 1의 2), 해설 법규 : 법 제64조, (별표 1의 2)
승용 승강기의 대수

$$=1+\frac{6층\ 이상의\ 거실바닥면적의\ 합계-3,000}{2,000}$$

$$=1+\frac{(14-5)\times1,000-3,000}{2,000}=4대\ 이상$$

101

41층의 업무시설을 건축하는 경우에 6층 이상의 거실면적 합계가 $30,000m^2$이다. 15인승 승용 승강기를 설치하는 경우에 최소 몇 대가 필요한가?

① 11대 ② 12대
③ 14대 ④ 15대

해설 관련 법규 : 건축법 제64조, 영 제89조, 설비기준규칙 제5조, (별표 1의2), 해설 법규 : (별표 1의 2)
업무시설의 승용 승강기 설치 대수는 기본 1대에 $3,000m^2$를 초과하는 $2,000m^2$마다 1대씩 추가하여야 한다.
승용 승강기의 설치 대수

$$=1+\frac{6층\ 이상의\ 거실면적의\ 합계-3,000}{2,000}$$

$$=1+\frac{30,000-3,000}{2,000}=14.5\rightarrow15대\ 이상$$

102

각 층의 거실면적이 $1,000m^2$인 12층 공연장 건축물에 설치하여야 하는 승용 승강기의 최소 설치대수는? (단, 16인승 승강기)

① 2대 ② 3대
③ 4대 ④ 5대

해설 관련 법규 : 법 제64조, 설비기준규칙 제5조, (별표 1의 2), 해설 법규 : 법 제64조, (별표 1의 2)
문화 및 집회시설(공연장 · 집회장 및 관람장만 해당), 판매시설, 의료시설의 승용 승강기 설치에 있어서 $3,000\,m^2$ 이하까지는 2대이고, $3,000\,m^2$를 초과하는 경우에는 그 초과하는 매 $2,000\,m^2$ 이내마다 1대의 비율로 가산한 대수로 설치한다.
∴ 승용 승강기 설치대수

$$=2+\frac{6층\ 이상의\ 거실면적의\ 합-3,000}{2,000}$$

$$=2+\frac{7.000-3,000}{2,000}=4(대)\ 이상이다.$$

그런데, 16인승 이상의 승강기를 사용하므로 계산 대수의 2대로 보므로 $\frac{4}{2}=2$대 이상이다.

103

높이 31m를 넘는 층의 최대 바닥면적이 $6,000m^2$인 건축물에 설치해야 하는 비상용 승강기의 최소 설치 대수는?

① 2대 ② 3대
③ 4대 ④ 5대

해설 관련 법규 : 법 제64조, 영 제90조, 설비기준규칙 제9조, 해설 법규 : 영 제90조 ①항
비상용 승강기의 설치 대수

$$=1+\frac{31m를\ 넘는\ 각\ 층의\ 최대\ 바닥면적-1,500}{3,000}대$$

그런데 31m를 넘는 각 층의 최대 바닥면적이 $6,000m^2$이므로(소수점 이하는 올림)
∴ 비상용 승강기의 설치 대수

$$=1+\frac{6,000-1,500}{3,000}\fallingdotseq3대\ 이상$$

정답 100. ③ 101. ④ 102. ① 103. ②

104

높이 31m를 넘는 각 층의 바닥면적 중 최대 바닥면적이 7,500m^2인 건축물의 경우 비상용 승강기는 최소 몇 대 이상을 설치하여야 하는가?

① 2대 ② 3대

③ 4대 ④ 5대

해설 관련 법규 : 법 제64조, 영 제90조, 설비기준규칙 제9조, 해설 법규 : 영 제90조 ①항

비상용 승강기의 설치 대수

$= 1 + \frac{31\text{m를 넘는 각 층의 최대 바닥면적} - 1,500}{3,000}$ 대 이상

그런데 31m를 넘는 각 층의 최대 바닥면적이 7,500m^2이므로(소수점 이하는 올림)

∴ 비상용 승강기의 설치 대수

$= 1 + \frac{7,500 - 1,500}{3,000} = 3$대 이상

105

다음 중 비상용 승강기를 설치하지 아니할 수 있는 건축물의 기준으로 옳지 않은 것은?

① 높이 31m를 넘는 각 층을 거실 외의 용도로 쓰는 건축물

② 높이 31m를 넘는 각 층의 바닥면적의 합계가 500m^2 이하인 건축물

③ 높이 31m를 넘는 층수가 4개 층 이하로서 당해 각 층의 바닥면적의 합계 300m^2 이내마다 방화구획으로 구획한 건축물

④ 높이 31m를 넘는 층수가 4개 층 이하로서 당해 각 층의 바닥면적의 합계 500m^2(벽 및 반자가 실내에 접하는 부분의 마감을 불연재료로 한 경우) 이내마다 방화구획으로 구획한 건축물

해설 관련 법규 : 건축법 제64조, 설비기준규칙 제9조, 해설 법규 : 설비기준규칙 제9조 3호

비상용 승강기를 설치하지 아니할 수 있는 건축물의 기준은 ①, ②, ④항 이외에 높이 31m를 넘는 층수가 4개 층 이하로서 해당 각 층의 바닥면적의 합계가 200m^2(벽 및 반자가 실내에 접하는 부분의 마감을 불연재료로 한 경우에는 500m^2) 이내마다 방화구획으로 구획한 건축물은 비상용 승강기를 설치하지 아니할 수 있다.

106

비상용 승강기 승강장의 구조에 관한 설명 중 옳은 것은?

① 벽 및 반자가 실내에 접하는 부분의 마감재료는 불연재료로 한다.

② 옥내에 승강장을 설치하는 경우 바닥면적은 비상용 승강기 1대에 대하여 5m^2 이상으로 할 것.

③ 승강장은 각 층의 내부와 연결될 수 있도록 하되, 그 출입구에는 을종방화문을 설치하여야 한다.

④ 피난층 승강장의 출입구로부터 도로 또는 공지에 이르는 거리는 40m 이하가 되도록 한다.

해설 관련 법규 : 법 제64조, 설비기준규칙 제10조, 해설 법규 : 설비기준규칙 제10조 2호

비상용 승강기 승강장의 구조

㉠ 승강장의 창문 · 출입구 기타 개구부를 제외한 부분은 당해 건축물의 다른 부분과 내화구조의 바닥 및 벽으로 구획할 것. 다만, 공동주택의 경우에는 승강장과 특별피난계단(「건축물의 피난 · 방화구조 등의 기준에 관한 규칙」에 의한 특별피난계단)의 부속실과의 겸용부분을 특별피난계단의 계단실과 별도로 구획하는 때에는 승강장을 특별피난계단의 부속실과 겸용할 수 있다.

㉡ 승강장은 각 층의 내부와 연결될 수 있도록 하되, 그 출입구(승강로의 출입구를 제외)에는 갑종방화문을 설치할 것. 다만, 피난층에는 갑종방화문을 설치하지 아니할 수 있다.

㉢ 노대 또는 외부를 향하여 열 수 있는 창문이나 규정에 의한 배연설비를 설치할 것

㉣ 벽 및 반자가 실내에 접하는 부분의 마감재료(마감을 위한 바탕을 포함)는 불연재료로 할 것

㉤ 채광이 되는 창문이 있거나 예비전원에 의한 조명설비를 할 것

㉥ 승강장의 바닥면적은 비상용 승강기 1대에 대하여 6m^2 이상으로 할 것. 다만, 옥외에 승강장을 설치하는 경우에는 그러하지 아니하다.

㉦ 피난층이 있는 승강장의 출입구(승강장이 없는 경우에는 승강로의 출입구)로부터 도로 또는 공지(공원 · 광장 기타 이와 유사한 것으로서 피난 및 소화를 위한 당해 대지에의 출입에 지장이 없는 것)에 이르는 거리가 30m 이하일 것

㉧ 승강장 출입구 부근의 잘 보이는 곳에 당해 승강기가 비상용 승강기임을 알 수 있는 표지를 할 것

정답 104. ② 105. ③ 106. ①

107

건축법에 의해 설치하는 비상용 승강기의 승강장 구조에 대한 기준 내용으로 옳지 않은 것은?

① 벽 및 반자가 실내에 접하는 부분의 마감 재료는 불연재료로 할 것
② 채광이 되는 창문이 있거나 예비 전원에 의한 조명설비를 할 것
③ 승강장의 바닥면적은 비상용 승강기 1대에 대하여 최소 $10m^2$ 이상으로 할 것
④ 피난층이 있는 승강장의 출입구로부터 도로 또는 공지에 이르는 거리가 30m 이하일 것

해설 관련 법규 : 법 제64조, 설비기준규칙 제10조, 해설 법규 : 설비기준규칙 제10조 2호 바목
비상용 승강기의 승강장 바닥면적은 비상용 승강기 1대에 대하여 $6m^2$ 이상으로 할 것. 다만, 옥외에 승강장을 설치하는 경우에는 제외한다.

108

도로에 접한 대지의 건축물에 설치하는 냉방시설 및 환기시설의 배기구의 설치기준이 아닌 것은?

① 상업지역 및 주거지역에서 적용된다.
② 도로면으로부터 2m 이상의 높이에 설치한다.
③ 도로경계선에서 2m 이상 후퇴하여 설치한다.
④ 배기구 또는 배기장치를 지탱할 수 있는 구조이고, 부식을 방지할 수 있는 자재를 사용하거나 도장할 것

해설 관련 법규 : 법 제64조, 영 제87조, 설비기준규칙 제23조, 해설 법규 : 설비기준규칙 제23조 ③항 3호
상업지역 및 주거지역에서 건축물에 설치하는 냉방시설 및 환기시설의 배기구와 배기장치의 설치는 다음의 기준에 모두 적합하여야 한다.
㉠ 배기구는 도로면으로부터 2m 이상의 높이에 설치할 것
㉡ 배기장치에서 나오는 열기가 인근 건축물의 거주자나 보행자에게 직접 닿지 아니하도록 할 것
㉢ 건축물의 외벽에 배기구 또는 배기장치를 설치할 때에는 외벽 또는 기준(배기구 또는 배기장치를 지탱할 수 있는 구조이고, 부식을 방지할 수 있는 자재를 사용하거나 도장할 것)에 적합한 지지대 등 보호장치와 분리되지 아니하도록 견고하게 연결하여 배기구 또는 배기장치가 떨어지는 것을 방지할 수 있도록 할 것

109

건축주는 건축물의 설계자는 해당 건축물에 대한 구조의 안전을 확인하는 경우에는 건축구조기술사의 협력을 받아야 하는 건축물이 아닌 것은?

① 층수가 10층인 건축물
② 다중이용 건축물
③ 한 쪽 끝은 고정되고 다른 쪽 끝은 지지되지 아니한 구조로 된 차양 등이 외벽의 중심선으로부터 2m 돌출된 건축물
④ 스팬이 40m인 건축물

해설 관련 법규 : 법 제67조, 영 제32조, 영 제91조의 3, 해설 법규 : 영 제91조의 3 ①항
다음의 어느 하나에 해당하는 건축물의 설계자는 해당 건축물에 대한 구조의 안전을 확인하는 경우에는 건축구조기술사의 협력을 받아야 한다.
㉮ 6층 이상인 건축물
㉯ 특수구조 건축물
㉠ 한쪽 끝은 고정되고 다른 끝은 지지되지 아니한 구조로 된 보·차양 등이 외벽(외벽이 없는 경우에는 외곽 기둥)의 중심선으로부터 3m 이상 돌출된 건축물
㉡ 기둥과 기둥 사이의 거리(기둥의 중심선 사이의 거리를 말하며, 기둥이 없는 경우에는 내력벽과 내력벽의 중심선 사이의 거리)가 20m 이상인 건축물
㉢ 특수한 설계·시공·공법 등이 필요한 건축물로서 국토교통부장관이 정하여 고시하는 구조로 된 건축물
㉰ 다중이용 건축물
㉠ 다음의 어느 하나에 해당하는 용도로 쓰는 바닥면적의 합계가 $5,000m^2$ 이상인 건축물로서 문화 및 집회시설(동물원 및 식물원은 제외), 종교시설, 판매시설, 운수시설 중 여객용 시설, 의료시설 중 종합병원, 숙박시설 중 관광숙박시설
㉡ 16층 이상인 건축물
㉱ 준다중이용 건축물
문화 및 집회시설(동물원 및 식물원은 제외), 종교시설, 판매시설, 운수시설 중 여객용 시설, 의료시설 중 종합병원, 교육연구시설, 노유자시설, 운동시설, 숙박시설 중 관광숙박시설, 위락시설, 관광휴게시설, 장례시설에 해당하는 용도로 쓰는 바닥면적의 합계가 $1,000m^2$ 이상인 건축물이다.
㉲ 3층 이상의 필로티형식 건축물

정답 107. ③ 108. ③ 109. ③

110 |

건축물의 설계자가 해당 건축물에 대한 구조의 안전을 확인하기 위하여 건축 구조 기술사의 협력을 받아야 하는 건축물에 해당되는 것은?

① 층수가 5층인 건축물
② 한쪽 끝은 고정되고 다른 끝은 지지되지 아니한 구조로 된 차양 등이 외벽의 중심선으로부터 2m 돌출된 건축물
③ 기둥과 기둥 사이의 거리가 15m인 건축물
④ 다중이용 건축물

해설 관련 법규 : 법 제68조, 영 제91조의 3, 해설 법규 : 영 제91조의 3 ①항
구조 안전을 확인하기 위하여 건축구조기술사의 협력을 받아야 할 건축물은 층수가 6층 이상인 건축물, 기둥과 기둥 사이의 거리가 20m이상인 건축물, 다중이용 건축물 및 한쪽 끝은 고정되고 다른 끝은 지지되지 아니한 구조로 된 차양 등이 외벽의 중심선으로부터 3m 이상 돌출된 건축물 등이다.

111 |

당해 용도에 사용되는 바닥면적의 합계가 $500m^2$인 건축물일 경우 건축기계설비기술사 또는 공조냉동기계기술사의 협력을 받아야 하는 건축물의 용도에 해당하지 않는 것은?

① 냉동냉장시설
② 항온항습시설
③ 자동소화설비시설
④ 특수청정시설

해설 관련 법규 : 법 제68조, 영 제91조의 3, 설비기준규칙 제2조, 해설 법규 : 설비기준규칙 제2조 1호
연면적 $10,000m^2$ 이상인 건축물(창고시설은 제외) 또는 에너지를 대량으로 소비하는 건축물로서 냉동냉장시설 · 항온항습시설(온도와 습도를 일정하게 유지시키는 특수설비가 설치되어 있는 시설) 또는 특수청정시설(세균 또는 먼지 등을 제거하는 특수설비가 설치되어 있는 시설)로서 당해 용도에 사용되는 바닥면적의 합계가 $500m^2$ 이상인 건축물은 건축기계설비기술사 또는 공조냉동기계기술사의 협력을 받아야 한다.

3 화재예방, 소방시설 설치 · 유지 및 안전관리에 관한 법령 분석

01 |

소방관계법령에서 정의한 무창층에 해당하는 기준으로 옳은 것은?

- A : 무창층과 관련된 일정 요건을 갖춘 개구부 면적의 합계
- B : 당해층 바닥면적

① A/B≦1/10
② A/B≦1/20
③ A/B≦1/30
④ A/B≦1/40

해설 관련 법규 : 소방시설법 제2조, 영 제2조, 해설 법규 : 영 제2조 1호
"무창층"이란 지상층 중 다음의 요건을 모두 갖춘 개구부(건축물에서 채광 · 환기 · 통풍 또는 출입 등을 위하여 만든 창 · 출입구, 그 밖에 이와 비슷한 것)의 면적의 합계가 해당 층의 바닥면적(「건축법 시행령」에 따라 산정된 면적)의 1/30 이하가 되는 층을 말한다.
㉠ 크기는 지름 50cm 이상의 원이 내접할 수 있는 크기일 것
㉡ 해당 층의 바닥면으로부터 개구부 밑부분까지의 높이가 1.2m 이내일 것
㉢ 도로 또는 차량이 진입할 수 있는 빈터를 향할 것
㉣ 화재 시 건축물로부터 쉽게 피난할 수 있도록 창살이나 그 밖의 장애물이 설치되지 아니할 것
㉤ 내부 또는 외부에서 쉽게 부수거나 열 수 있을 것

02 |

소방법령에 의한 피난층의 정의로 옳은 것은?

① 피난기구가 설치된 층을 말한다.
② 곧바로 지상으로 갈 수 있는 출입구가 있는 층을 말한다.
③ 비상구가 연결된 층을 말한다.
④ 무창층 외의 층을 말한다.

해설 관련 법규 : 영 제2조, 해설 법규 : 영 제2조 2호
"피난층"이란 곧바로 지상으로 갈 수 있는 출입구가 있는 층이다.

정답 110. ④ 111. ③ / 01. ③ 02. ②

03

소방시설 설치 · 유지 및 안전관리에 관한 법령상 곧바로 지상으로 갈 수 있는 출입구가 있는 층으로 정의되는 것은?

① 무창층 ② 피난층
③ 지상층 ④ 피난안전구역

해설 관련 법규 : 영 제2조, 해설 법규 : 영 제2조 2호
피난층은 곧바로 지상으로 갈 수 있는 출입구가 있는 층이고, 무창층은 지상층 중 일정한 요건을 모두 갖춘 개구부의 면적의 합계가 당해 층의 바닥면적의 1/30이하가 되는 층이며, 피난안전구역은 건축물의 피난 · 안전을 위하여 건축물의 중간층에 설치하는 대피공간이다.

04

건축물의 피난에 관한 규정 중 틀린 사항은?

① 피난층이란 직접 지상에 통하는 출입구가 있는 층을 말한다.
② 피난계단은 직통계단이라야 한다.
③ 보행거리란 거실의 각 부분으로부터 피난층에 통하는 직통계단까지의 거리를 말한다.
④ 피난층은 한 건물에 1개 뿐이다.

해설 관련 법규 : 영 제2조, 해설 법규 : 영 제2조 2호
피난층이란 직접 지상으로 통하는 출입구가 있는 층이므로, 피난층은 한 건물에 1개 뿐이 아니다. 즉, 여러 개가 있을 수 있다.

05

소방시설의 구분에 속하지 않는 것은?

① 소화설비 ② 급수설비
③ 경보설비 ④ 피난구조설비

해설 관련 법규 : 법 제2조, 영 제3조, (별표 1), 해설 법규 : 영 제3조, (별표 1)
소방시설의 종류에는 소화설비, 경보설비, 피난구조설비, 소화용수설비, 소화활동설비 등이 있다. 급수설비는 소방시설과는 무관하다.

06

다음 소방시설 중 소화설비가 아닌 것은?

① 누전경보기
② 옥내소화전설비
③ 간이스프링클러설비
④ 옥외소화전설비

해설 관련 법규 : 소방시설법 제2조, 영 제3조, (별표 1), 해설 법규 : (별표 1) 1호
소화설비(물 또는 그 밖의 소화약제를 사용하여 소화하는 기계 · 기구 또는 설비)의 종류에는 소화기구, 자동소화장치, 옥내소화전설비, 스프링클러설비, 간이스프링클러설비, 물분무등소화설비, 옥외소화전설비 등이 있고, 누전경보기는 경보설비(화재발생 사실을 통보하는 기계 · 기구 또는 설비)에 속한다.

07

소방시설 중 소화설비에 해당되지 않는 것은?

① 옥내소화전설비 ② 스프링클러설비
③ 옥외소화전설비 ④ 연결송수관설비

해설 관련 법규 : 법 제2조, 영 제3조, (별표 1), 해설 법규 : 영 제3조, (별표 1) 1호
소화설비의 종류에는 소화기구, 자동소화장치, 옥내소화전설비, 스프링클러설비, 간이스프링클러설비, 물분무등소화설비, 옥외소화전설비 등이 있고, 연결송수관설비는 소화활동설비(화재를 진압하거나 인명구조활동을 위하여 사용하는 설비)에 속한다.

08

다음 소방시설 중 소화설비가 아닌 것은?

① 자동화재탐지설비
② 스프링클러설비
③ 옥외소화전설비
④ 소화기구

해설 관련 법규 : 법 제2조, 영 제3조, (별표 1), 해설 법규 : 영 제3조, (별표 1) 1호
소화설비의 종류에는 소화기구, 자동소화장치, 옥내소화전설비, 스프링클러설비, 간이스프링클러설비, 물분무등소화설비, 옥외소화전설비 등이 있고, 자동화재탐지설비는 경보설비(화재발생 사실을 통보하는 기계 · 기구 또는 설비)에 속한다.

정답 03. ② 04. ④ 05. ② 06. ① 07. ④ 08. ①

09 |

다음 소방시설 중 소화설비에 속하지 않는 것은?

① 소화기구 ② 옥외소화전설비
③ 물분무소화설비 ④ 제연설비

해설 관련 법규 : 법 제2조, 영 제3조, (별표 1), 해설 법규 : 영 제3조, (별표 1) 1호
소화설비의 종류에는 소화기구, 자동소화장치, 옥내소화전설비, 스프링클러설비, 물분무등소화설비, 옥외소화전설비 등이 있고, 제연설비는 소화활동설비에 속한다.

10 |

소방시설 중 경보설비에 해당하지 않는 것은?

① 자동화재탐지설비
② 자동화재속보설비
③ 무선통신보조설비
④ 누전경보기

해설 관련 법규 : 법 제2조, 영 제3조, (별표 1), 해설 법규 : 영 제3조, (별표 1) 2호
경보설비(화재발생 사실을 통보하는 기계 · 기구 또는 설비)에는 단독경보형 감지기, 비상경보설비(비상벨설비, 자동식사이렌설비), 시각경보기, 자동화재탐지설비, 비상방송설비, 자동화재속보설비, 통합감시시설, 누전경보기, 가스누설경보기 등이 있고, 무선통신보조설비는 소화활동설비에 속한다.

11 |

다음 중 경보설비에 포함되지 않는 것은?

① 자동화재속보설비
② 비상조명등 및 휴대용 비상조명등
③ 비상방송설비
④ 누전경보기

해설 관련 법규 : 법 제2조, 영 제3조, (별표 1), 해설 법규 : 영 제3조, (별표 1) 2호
경보설비(화재발생 사실을 통보하는 기계 · 기구 또는 설비)에는 단독경보형 감지기, 비상경보설비(비상벨설비, 자동식사이렌설비), 시각경보기, 자동화재탐지설비, 비상방송설비, 자동화재속보설비, 통합감시시설, 누전경보기, 가스누설경보기 등이 있고, 비상조명등 및 휴대용 비상조명등은 피난구조설비에 속한다.

12 |

다음 소방시설 중 피난구조설비에 해당되지 않는 것은?

① 유도등 ② 비상방송설비
③ 비상조명등 ④ 완강기

해설 관련 법규 : 법 제2조, 영 제3조, (별표 1), 해설 법규 : 영 제3조, (별표 1) 3호
피난구조설비(화재가 발생한 경우, 피난하기 위하여 사용하는 기구 또는 설비)는 피난기구(피난사다리, 구조대, 완강기 등), 인명구조기구[방열복, 방화복(안전모, 보호장갑, 안전화를 포함), 공기호흡기, 인공소생기], 유도등(피난유도선, 피난구유도등, 통로유도등, 객석유도등, 유도표지 등), 비상조명등 및 휴대용 비상조명등 등이 있고, 비상방송설비는 경보설비에 속한다.

13 |

소방시설 중 소화활동설비에 해당되는 것은?

① 비상콘센트설비 ② 피난사다리
③ 비상조명등 ④ 유도등

해설 관련 법규 : 법 제2조, 영 제3조, (별표 1), 해설 법규 : 영 제3조, (별표 1) 5호
소화활동설비(화재를 진압하거나 인명구조활동을 위하여 사용하는 설비)의 종류에는 제연설비, 연결송수관설비, 연결살수설비, 비상콘센트설비, 무선통신보조설비, 연소방지설비 등이 있고, 피난사다리, 비상조명등, 유도등(피난유도선, 피난구유도등, 통로유도등, 객석유도등, 유도표지)은 피난구조설비에 속한다.

14 |

소화활동설비에 해당되는 것은?

① 스프링클러설비 ② 자동화재탐지설비
③ 상수도소화용수설비 ④ 연결송수관설비

해설 관련 법규 : 법 제2조, 영 제3조, (별표 1), 해설 법규 : 영 제3조, (별표 1) 5호
소화활동설비(화재를 진압하거나 인명구조활동을 위하여 사용하는 설비)의 종류에는 제연설비, 연결송수관설비, 연결살수설비, 비상콘센트설비, 무선통신보조설비, 연소방지설비 등이 있고, 스프링클러설비는 소화설비, 자동화재탐지설비는 경보설비, 상수도 소화용수설비는 소화용수설비에 속한다.

정답 09. ④ 10. ③ 11. ② 12. ② 13. ① 14. ④

15

다음의 각종 소방시설에 대한 설명 중 틀린 것은?

① 소화설비-물 그 밖의 소화약제 등을 사용하여 소화하는 기계 · 기구 또는 설비
② 경보설비-화재발생 사실을 통보하는 기계 · 기구 또는 설비
③ 피난구조설비-화재를 진압하거나 인명구조 활동을 위하여 사용하는 설비
④ 소화용수설비-화재를 진압하는데 필요한 물을 공급하거나 저장하는 설비

해설 관련 법규 : 법 제2조, 영 제3조, (별표 1), 해설 법규 : 영 제3조, (별표 1) 3호
피난구조설비는 화재가 발생한 경우 피난하기 위하여 사용하는 기구 또는 설비이고, 소화활동설비는 화재를 진압하거나 인명구조 활동을 위하여 사용하는 설비이다.

16

소방특별조사를 실시하는 경우에 해당되지 않는 것은?

① 관계인이 소방시설법 또는 다른 법령에 따라 실시하는 소방시설 등, 방화시설, 피난시설 등에 대한 자체점검 등이 불성실하거나 불완전하다고 인정되는 경우
② 국가적 행사 등 주요 행사가 개최되는 장소 및 그 주변의 관계 지역에 대하여 소방안전관리 실태를 점검할 필요가 있는 경우
③ 화재가 발생되지 않아 일상적인 점검을 요하는 경우
④ 재난예측정보, 기상예보 등을 분석한 결과 소방대상물에 화재, 재난 · 재해의 발생위험이 높다고 판단되는 경우

해설 관련 법규 : 법 제4조, 해설 법규 : 법 제4조 ②항 1, 3, 5호
소방특별조사는 ①, ②, ④항 이외에 「소방기본법」에 따른 화재경계지구에 대한 소방특별조사 등 다른 법률에서 소방특별조사를 실시하도록 한 경우, 화재가 자주 발생하였거나 발생할 우려가 뚜렷한 곳에 대한 점검이 필요한 경우, 화재, 재난 · 재해, 그 밖의 긴급한 상황이 발생할 경우 인명 또는 재산 피해의 우려가 현저하다고 판단되는 경우 등이 있다.

17

관계 공무원에 의한 소방안전관리에 관한 특별조사의 항목에 해당하지 않는 것은?

① 특정 소방대상물의 소방안전관리 업무수행에 관한 사항
② 특정 소방대상물의 소방계획서 이행에 관한 사항
③ 특정 소방대상물의 자체점검 및 정기점검 등에 관한 사항
④ 특정 소방대상물의 소방안전관리자의 선임에 관한 사항

해설 관련 법규 : 법 제4조, 영 제7조, 해설 법규 : 영 제7조
관계 공무원에 의한 소방안전관리에 관한 특별조사의 항목에는 ①, ② 및 ③항 외에 화재의 예방조치 등에 관한 사항, 불을 사용하는 설비 등의 관리와 특수가연물의 저장 · 취급에 관한 사항, 다중이용업소의 안전관리에 관한 사항, 위험물의 안전관리에 관한 사항 등이 있다. 다만, 소방특별조사의 목적을 달성하기 위하여 필요한 경우에는 소방시설, 피난시설 · 방화구획 · 방화시설 및 임시소방시설의 설치 · 유지 및 관리에 관한 사항을 조사할 수 있다.

18

건축물 증축 시 건축 허가 권한이 있는 행정기관이 건축허가 등을 할 때 미리 동의를 받아야 하는 대상으로 옳은 것은?

① 국무총리
② 소방안전관리자
③ 소방청장
④ 소방본부장이나 소방서장

해설 관련 법규 : 법 제7조, 해설 법규 : 법 제7조 ①항
건축물 등의 신축 · 증축 · 개축 · 재축 · 이전 · 용도변경 또는 대수선의 허가 · 협의 및 사용승인(「주택법」에 따른 승인 및 법에 따른 사용검사, 「학교시설사업 촉진법」에 따른 승인 및 법에 따른 사용승인을 포함)의 권한이 있는 행정기관은 건축허가 등을 할 때 미리 그 건축물 등의 시공지 또는 소재지를 관할하는 소방본부장이나 소방서장의 동의를 받아야 한다.

정답 15. ③ 16. ③ 17. ④ 18. ④

19

건축허가 시 미리 소방본부장 또는 소방서장의 동의를 받아야 하는 일반적인 대상 건축물의 연면적은 최소 얼마 이상인가?

① $400m^2$　② $500m^2$
③ $600m^2$　④ $1000m^2$

해설 관련 법규 : 소방시설법 제7조, 영 제12조, 해설 법규 : 영 제12조 ①항 4호
건축허가 등을 할 때 미리 소방본부장 또는 소방서장의 동의를 받아야 하는 건축물 등의 범위는 다음과 같다.
㉮ 연면적(「건축법 시행령」에 따라 산정된 면적)이 $400m^2$ 이상인 건축물. 다만, 다음의 어느 하나에 해당하는 시설은 정한 기준 이상인 건축물로 한다.
㉠ 「학교시설사업 촉진법」에 따라 건축 등을 하려는 학교시설 : $100m^2$
㉡ 노유자시설 및 수련시설 : $200m^2$
㉢ 「정신건강증진 및 정신질환자 복지서비스 지원에 관한 법률」에 따른 정신의료기관(입원실이 없는 정신건강의학과 의원은 제외) : $300m^2$
㉣ 「장애인복지법」에 따른 장애인 의료재활시설 : $300m^2$
㉤ 층수(「건축법 시행령」에 따라 산정된 층수)가 6층 이상인 건축물
㉯ 차고 · 주차장 또는 주차용도로 사용되는 시설로서 다음의 어느 하나에 해당하는 것
㉠ 차고 · 주차장으로 사용되는 바닥면적이 $200m^2$ 이상인 층이 있는 건축물이나 주차시설
㉡ 승강기 등 기계장치에 의한 주차시설로서 자동차 20대 이상을 주차할 수 있는 시설
㉰ 항공기격납고, 관망탑, 항공관제탑, 방송용 송수신탑
㉱ 지하층 또는 무창층이 있는 건축물로서 바닥면적이 $150m^2$(공연장의 경우에는 $100m^2$) 이상인 층이 있는 것
㉲ 특정소방대상물 중 조산원, 산후조리원, 위험물 저장 및 처리시설, 발전시설 중 전기저장시설, 지하구

20

건축허가 등을 함에 있어서 미리 소방본부장 또는 소방서장의 동의를 받아야 하는 다음 대상 건축물의 최소 연면적 기준은?

> 대상건축물 : 노유자시설 및 수련시설

① $200m^2$ 이상　② $300m^2$ 이상
③ $400m^2$ 이상　④ $500m^2$ 이상

해설 관련 법규 : 법 제7조, 영 제12조, 해설 법규 : 영 제12조 ①항 1호 나목
건축허가 등을 할 때 미리 소방본부장 또는 소방서장의 동의를 받아야 하는 건축물 등의 범위는 다음과 같다.
연면적(「건축법 시행령」에 따라 산정된 면적)이 $400m^2$ 이상인 건축물. 다만, 다음의 어느 하나에 해당하는 시설은 정한 기준 이상인 건축물로 한다.
㉠ 「학교시설사업 촉진법」에 따라 건축 등을 하려는 학교시설 : $100m^2$
㉡ 노유자시설 및 수련시설 : $200m^2$
㉢ 「정신건강증진 및 정신질환자 복지서비스 지원에 관한 법률에 따른 정신의료기관(입원실이 없는 정신건강의학과 의원은 제외) : $300m^2$
㉣ 「장애인복지법」에 따른 장애인 의료재활시설 : $300m^2$
㉤ 층수(「건축법 시행령」에 따라 산정된 층수)가 6층 이상인 건축물

21

다음은 건축허가 등을 할 때 미리 소방본부장 또는 소방서장의 동의를 받아야 하는 건축물 등의 범위에 관한 내용이다. 빈칸에 들어갈 내용을 순서대로 옳게 나열한 것은? (단, 차고 · 주차장 또는 주차용도로 사용되는 시설)

> 가. 차고 · 주차장으로 사용되는 바닥면적이 (　　) 이상인 층이 있는 건축물이나 주차시설
> 나. 승강기 등 기계장치에 의한 주차시설로서 자동차 (　　) 이상을 주차할 수 있는 시설

① $100m^2$, 20대
② $200m^2$, 20대
③ $100m^2$, 30대
④ $200m^2$, 30대

해설 관련 법규 : 법 제7조, 영 제12조, 해설 법규 : 영 제12조 ①항 1호
차고 · 주차장 또는 주차용도로 사용되는 시설로서 다음의 어느 하나에 해당하는 것은 건축허가 등을 할 때 미리 소방본부장 또는 소방서장의 동의를 받아야 한다.
㉠ 차고 · 주차장으로 사용되는 바닥면적이 $200m^2$ 이상인 층이 있는 건축물이나 주차시설
㉡ 승강기 등 기계장치에 의한 주차시설로서 자동차 20대 이상을 주차할 수 있는 시설

정답 19. ① 20. ① 21. ②

22

소방본부장 또는 소방서장은 건축허가의 동의 요구를 받을 때 동의 기간은 얼마 이내인가?

① 3일 ② 5일
③ 7일 ④ 8일

해설 관련 법규 : 법 제7조, 영 제12조, 규칙 제4조, 해설 법규 : 규칙 제4조 ③항
건축물의 건축허가 등에 대한 행정기관의 동의요구를 받은 소방본부장 또는 소방서장은 건축허가등의 동의요구서류를 접수한 날부터 5일[허가를 신청한 건축물 등이 50층 이상(지하층을 제외)이거나 지상으로부터 높이가 200m 이상인 아파트와 30층 이상(지하층을 포함)이거나 지상으로부터 높이가 120m 이상이 아닌 특정소방대상물(아파트 제외)로서 연면적이 $200,000m^2$ 이상인 특정소방대상물(아파트 제외)의 어느 하나에 해당하는 경우에는 10일] 이내에 건축허가 등의 동의여부를 회신하여야 한다.

23

행정기관이 미리 소방본부장 등에게 건축허가에 대한 동의를 요구할 때 제출하는 서류가 아닌 것은?

① 건축허가신청서
② 창호도
③ 소방시설 설치계획표
④ 영업 허가서

해설 관련 법규 : 법 제7조, 영 제12조, 규칙 제4조, 해설 법규 : 규칙 제4조 ②항
건축허가 등의 동의를 요구하는 때에는 동의요구서(전자문서로 된 요구서를 포함)에 다음의 서류(전자문서를 포함)를 첨부하여야 한다.
㉠ 건축허가신청서 및 건축허가서 또는 건축 · 대수선 · 용도변경신고서 등 건축허가 등을 확인할 수 있는 서류의 사본.
㉡ 다음의 설계도서. 다만, ⓐ 및 ⓒ의 설계도서는 소방시설공사 착공신고대상에 해당되는 경우에 한한다.
ⓐ 건축물의 단면도 및 주단면 상세도(내장재료를 명시한 것에 한한다)
ⓑ 소방시설(기계 · 전기분야의 시설)의 층별 평면도 및 층별 계통도(시설별 계산서를 포함)
ⓒ 창호도
㉢ 소방시설 설치계획표
㉣ 임시소방시설 설치계획서(설치 시기 · 위치 · 종류 · 방법 등 임시소방시설의 설치와 관련한 세부사항을 포함)
㉤ 소방시설설계업 등록증과 소방시설을 설계한 기술인력자의 기술자격증 사본
㉥ 「소방시설공사업법」에 따라 체결한 소방시설설계 계약서 사본 1부

24

건축물의 사용승인 시 소방본부장 또는 소방서장이 사용승인에 동의하는 방식은?

① 건축물의 사용승인신청서에 날인
② 건축물의 사용승인확인서에 날인
③ 소방시설공사의 사용승인신청서 교부
④ 소방시설공사의 완공검사증명서 교부

해설 관련 법규 : 법 제7조, 해설 법규 : 법 제7조 ⑤항
사용승인에 대한 동의를 할 때에는 소방시설공사의 완공검사증명서를 교부하는 것으로 동의를 갈음할 수 있다. 이 경우 건축허가 등의 권한이 있는 행정기관은 소방시설공사의 완공검사증명서를 확인하여야 한다.

25

소화기구 중 소화기구를 설치하여야 하는 특정소방대상물의 최소 연면적 기준은?

① $20m^2$ 이상 ② $33m^2$ 이상
③ $42m^2$ 이상 ④ $50m^2$ 이상

해설 관련 법규 : 법 제9조, 영 제15조, (별표 5), 해설 법규 : 영 제15조, (별표 5) 1호 가목
소화기구는 연면적이 $33m^2$ 이상인 것. 다만, 노유자시설의 경우에는 투척용 소화용구 등을 화재안전기준에 따라 산정된 소화기 수량의 1/2 이상으로 설치할 수 있다.

26

소화기구를 설치하여야 하는 특정소방대상물이 아닌 것은?

① 지정문화재
② 가스시설
③ 연면적 $30m^2$의 건축물
④ 터널

정답 22. ② 23. ④ 24. ④ 25. ② 26. ③

해설 관련 법규 : 법 제9조, 영 제15조, (별표 5), 해설 법규 : 영 제15조, (별표 5) 1호 가목
소화기구를 설치하여야 하는 특정소방대상물은 다음 중 어느 하나이다.
㉠ 연면적이 $33m^2$ 이상인 것. 다만, 노유자시설의 경우에는 투척용 소화용구 등을 화재안전기준에 따라 산정된 소화기 수량의 1/2이상으로 설치할 수 있다.
㉡ ㉠에 해당하지 않는 시설로서 가스시설, 발전시설 중 전기저장시설 및 지정문화재
㉢ 터널, 지하구

27 |

옥내소화전설비를 설치하여야 하는 소방대상물의 연면적 기준은?

① $1,000m^2$ 이상 ② $2,000m^2$ 이상
③ $3,000m^2$ 이상 ④ $5,000m^2$ 이상

해설 관련 법규 : 소방시설법 제9조, 영 제15조, (별표 5), 해설 법규 : (별표 5) 1호 다목
옥내소화전설비를 설치하여야 하는 특정소방대상물(위험물 저장 및 처리시설 중 가스시설, 지하구 및 방재실 등에서 스프링클러설비 또는 물분무등소화설비를 원격으로 조정할 수 있는 업무시설 중 무인변전소는 제외)은 다음의 어느 하나와 같다.
㉠ 연면적 $3,000m^2$ 이상(지하가 중 터널은 제외)이거나 지하층 · 무창층(축사는 제외) 또는 층수가 4층 이상인 것 중 바닥면적이 $600m^2$ 이상인 층이 있는 것은 모든 층
㉡ 지하가 중 터널로서 다음에 해당하는 터널
- 길이가 1,000m 이상인 터널
- 예상교통량, 경사도 등 터널의 특성을 고려하여 총리령으로 정하는 터널
㉢ ㉠에 해당하지 않는 근린생활시설, 판매시설, 운수시설, 의료시설, 노유자시설, 업무시설, 숙박시설, 위락시설, 공장, 창고시설, 항공기 및 자동차 관련 시설, 교정 및 군사시설 중 국방 · 군사시설, 방송통신시설, 발전시설, 장례시설 또는 복합건축물로서 연면적 $1,500m^2$ 이상이거나 지하층 · 무창층 또는 층수가 4층 이상인 층 중 바닥면적이 $300m^2$ 이상인 층이 있는 것은 모든 층
㉣ 건축물의 옥상에 설치된 차고 또는 주차장으로서 차고 또는 주차의 용도로 사용되는 부분의 면적이 $200m^2$ 이상인 것
㉤ ㉠ 및 ㉢에 해당하지 않는 공장 또는 창고시설로서 「소방기본법 시행령」에서 정하는 수량의 750배 이상의 특수가연물을 저장 · 취급하는 것

28 |

문화 및 집회시설(동 · 식물원은 제외)로서 지하층 무대 부분의 바닥면적이 최소 몇 m^2 이상일 때 스프링클러설비를 설치해야 하는가?

① $100m^2$ ② $200m^2$
③ $300m^2$ ④ $500m^2$

해설 관련 법규 : 소방시설법 제9조, 영 제15조, (별표 5), 해설 법규 : (별표 5) 1호 라목
스프링클러설비를 설치하여야 하는 특정소방대상물(위험물 저장 및 처리 시설 중 가스시설 또는 지하구는 제외)은 다음의 어느 하나와 같다.
㉠ 문화 및 집회시설(동 · 식물원은 제외), 종교시설(주요 구조부가 목조인 것은 제외), 운동시설(물놀이형 시설은 제외)로서 다음의 어느 하나에 해당하는 경우에는 모든 층
ⓐ 수용인원이 100명 이상인 것
ⓑ 영화상영관의 용도로 쓰이는 층의 바닥면적이 지하층 또는 무창층인 경우에는 $500m^2$ 이상, 그 밖의 층의 경우에는 $1,000m^2$ 이상인 것
ⓒ 무대부가 지하층 · 무창층 또는 4층 이상의 층에 있는 경우에는 무대부의 면적이 $300m^2$ 이상인 것
ⓓ 무대부가 ⓒ외의 층에 있는 경우에는 무대부의 면적이 $500m^2$ 이상인 것
㉡ 판매시설, 운수시설 및 창고시설(물류터미널에 한정)로서 바닥면적의 합계가 $5,000m^2$ 이상이거나 수용인원이 500명 이상인 경우에는 모든 층
㉢ 층수가 6층 이상인 특정소방대상물의 경우에는 모든 층. 다만, 다음의 어느 하나에 해당하는 경우에는 제외한다.
ⓐ 주택 관련 법령에 따라 기존의 아파트 등을 리모델링하는 경우로서 건축물의 연면적 및 층높이가 변경되지 않는 경우. 이 경우 해당 아파트 등의 사용검사 당시의 소방시설의 설치에 관한 대통령령 또는 화재안전기준을 적용한다.
ⓑ 스프링클러설비가 없는 기존의 특정소방대상물을 용도변경하는 경우. 다만, ㉠ · ㉡ · ㉣ · ㉤ 및 ㉦부터 ㉫까지의 규정에 해당하는 특정소방대상물로 용도변경하는 경우에는 해당 규정에 따라 스프링클러설비를 설치한다.
㉣ 근린생활시설 중 조산원 및 산후조리원, 의료시설 중 정신의료기관, 의료시설 중 종합병원, 병원, 치과병원, 한방병원 및 요양병원(정신병원은 제외), 노유자시설, 숙박이 가능한 수련시설의 바닥면적의 합계가 $600m^2$ 이상인 것은 모든 층
㉤ 창고시설(물류터미널은 제외)로서 바닥면적 합계가 $5,000m^2$ 이상인 경우에는 모든 층

정답 27. ③ 28. ③

ⓗ 천장 또는 반자(반자가 없는 경우에는 지붕의 옥내에 면하는 부분)의 높이가 10m를 넘는 랙식 창고(rack warehouse)(물건을 수납할 수 있는 선반이나 이와 비슷한 것을 갖춘 것)로서 바닥면적의 합계가 1,500m^2 이상인 것

ⓢ ㉠부터 ⓗ까지의 특정소방대상물에 해당하지 않는 특정소방대상물의 지하층 · 무창층(축사는 제외) 또는 층수가 4층 이상인 층으로서 바닥면적이 1,000m^2 이상인 층

ⓞ ⓗ에 해당하지 않는 공장 또는 창고시설로서 다음의 어느 하나에 해당하는 시설

- ⓐ 「소방기본법 시행령」에서 정하는 수량의 1,000배 이상의 특수가연물을 저장 · 취급하는 시설
- ⓑ 「원자력안전법 시행령」에 따른 중 · 저준위방사성폐기물("중 · 저준위방사성폐기물")의 저장시설 중 소화수를 수집 · 처리하는 설비가 있는 저장시설

ⓙ 지붕 또는 외벽이 불연재료가 아니거나 내화구조가 아닌 공장 또는 창고시설로서 다음의 어느 하나에 해당하는 것

- ⓐ 창고시설(물류터미널에 한정) 중 ㉡에 해당하지 않는 것으로서 바닥면적의 합계가 2,500m^2 이상이거나 수용인원이 250명 이상인 것
- ⓑ 창고시설(물류터미널은 제외) 중 ㉤에 해당하지 않는 것으로서 바닥면적의 합계가 2,500m^2 이상인 것
- ⓒ 랙식 창고시설 중 ⓗ에 해당하지 않는 것으로서 바닥면적의 합계가 750m^2 이상인 것
- ⓓ 공장 또는 창고시설 중 ⓢ에 해당하지 않는 것으로서 지하층 · 무창층 또는 층수가 4층 이상인 것 중 바닥면적이 500m^2 이상인 것
- ⓔ 공장 또는 창고시설 중 ⓞ의 ⓐ에 해당하지 않는 것으로서 「소방기본법 시행령」에서 정하는 수량의 500배 이상의 특수가연물을 저장 · 취급하는 시설

ⓒ 지하가(터널은 제외)로서 연면적 1,000m^2 이상인 것

ⓚ 기숙사(교육연구시설 · 수련시설 내에 있는 학생 수용을 위한 것) 또는 복합건축물로서 연면적 5,000m^2 이상인 경우에는 모든 층

ⓣ 교정 및 군사시설 중 다음의 어느 하나에 해당하는 경우에는 해당 장소

- ⓐ 보호감호소, 교도소, 구치소 및 그 지소, 보호관찰소, 갱생보호시설, 치료감호시설, 소년원 및 소년분류심사원의 수용거실
- ⓑ 「출입국관리법」에 따른 보호시설(외국인보호소의 경우에는 보호대상자의 생활공간으로 한정)로 사용하는 부분. 다만, 보호시설이 임차건물에 있는 경우는 제외한다.
- ⓒ 「경찰관 직무집행법」에 따른 유치장

ⓟ 발전시설 중 전기저장시설, 모든 스프링클러설치 특정소방대상물에 부속된 보일러실 또는 연결통로 등이다.

29

문화 및 집회시설로서 스프링클러설비를 모든 층에 설치하여야 할 경우에 대한 기준으로 옳지 않은 것은?

① 수용 인원이 100인 이상인 것
② 무대부가 4층 이상의 층에 있는 경우에는 무대부의 면적이 200m^2 이상인 것
③ 무대부가 지하층 · 무창층에 있는 경우 무대부의 면적이 300m^2 이상인 것
④ 영화 상영관의 용도로 쓰이는 층의 바닥면적이 지하층 또는 무창층인 경우 500m^2 이상인 것

해설 관련 법규 : 법 제9조, 영 제15조, (별표 5), 해설 법규 : 영 제15조, (별표 5) 1호 라목
문화 및 집회시설로서 스프링클러설비를 모든 층에 설치하여야 할 경우는 무대부가 지하층 · 무창층 또는 4층 이상의 층에 있는 경우에는 무대부의 면적이 300m^2 이상인 것이다.

30

스프링클러설비를 설치하여야 하는 특정소방대상물에 대한 기준으로 옳은 것은?

① 창고시설(물류터미널은 제외한다)로서 바닥면적 합계가 3,000m^2 이상인 경우에는 모든 층
② 판매시설, 운수시설 및 창고시설(물류터미널에 한정한다)로서 바닥면적의 합계가 3,000m^2 이상이거나 수용인원이 300명 이상인 경우에는 모든 층
③ 숙박이 가능한 수련시설로서 해당 용도로 사용되는 바닥면적의 합계가 600m^2 이상인 경우 모든 층
④ 종교시설(주요 구조부가 목조인 것은 제외)의 경우 수용인원이 50명 이상인 경우 모든 층

해설 관련 법규 : 소방시설법 제9조, 영 제15조, (별표 5), 해설 법규 : 영 제15조, (별표 5) 1호 라목
스프링클러설비를 설치하여야 하는 특정소방대상물(위험물 저장 및 처리시설 중 가스시설 또는 지하구는 제외)은 의료시설 중 정신의료기관, 의료시설 중 요양병원(정신병원은 제외), 노유자시설 및 숙박이 가능한 수련시설의 용도로 사용되는 시설의 바닥면적의 합계가 600m^2 이상인 것은 모든 층이다. ①항은 5,000m^2 이상, ②항은 5,000m^2 이상, 500명 이상, ④항은 100명 이상이다.

정답 29. ② 30. ③

31

문화 및 집회시설(동 · 식물원은 제외), 종교시설(주요구조부가 목조인 것은 제외), 운동시설(물놀이형 시설은 제외) 등에 스프링클러설비를 설치하여야 할 소방대상물이 아닌 것은?

① 수용인원이 200명 이상인 것
② 영화상영관의 용도로 쓰이는 층의 바닥면적이 지하층 또는 무창층인 경우에는 $500m^2$ 이상, 그 밖의 층의 경우에는 $1,000m^2$ 이상인 것
③ 무대부가 지하층 · 무창층 또는 4층 이상의 층에 있는 경우에는 무대부의 면적이 $300m^2$ 이상인 것
④ 무대부가 지하층 · 무창층 또는 4층 이상의 층 외의 층에 있는 경우에는 무대부의 면적이 $500m^2$ 이상인 것

해설 관련 법규 : 법 제9조, 영 제15조, (별표 5), 해설 법규 : (별표 5) 1호 라목
스프링클러설비를 설치하여야 하는 특정소방대상물(위험물 저장 및 처리 시설 중 가스시설 또는 지하구는 제외한다)은 다음의 어느 하나와 같다.
문화 및 집회시설(동 · 식물원은 제외), 종교시설(주요구조부가 목조인 것은 제외), 운동시설(물놀이형 시설은 제외)로서 다음의 어느 하나에 해당하는 경우에는 모든 층
㉠ 수용인원이 100명 이상인 것
㉡ 영화상영관의 용도로 쓰이는 층의 바닥면적이 지하층 또는 무창층인 경우에는 $500m^2$ 이상, 그 밖의 층의 경우에는 $1,000m^2$ 이상인 것
㉢ 무대부가 지하층 · 무창층 또는 4층 이상의 층에 있는 경우에는 무대부의 면적이 $300m^2$ 이상인 것
㉣ 무대부가 ㉢외의 층에 있는 경우에는 무대부의 면적이 $500m^2$ 이상인 것

32

간이스프링클러설비를 설치하여야 하는 특정소방대상물이 다음과 같을 때 최소 연면적 기준으로 옳은 것은?

교육연구시설 내 합숙소

① $100m^2$ 이상　　② $150m^2$ 이상
③ $200m^2$ 이상　　④ $300m^2$ 이상

해설 관련 법규 : 소방시설법 제9조, 영 제15조, (별표 5), 해설 법규 : (별표 5) 1호 마목
간이스프링클러설비를 설치하여야 하는 특정소방대상물은 다음의 어느 하나와 같다.
㉮ 근린생활시설 중 다음의 어느 하나에 해당하는 것
㉠ 근린생활시설로 사용하는 부분의 바닥면적 합계가 1천m^2 이상인 것은 모든 층
㉡ 의원, 치과의원 및 한의원으로서 입원실이 있는 시설
㉢ 조산원, 산후조리원으로서 연면적이 $600m^2$ 미만인 시설
㉯ 교육연구시설 내에 합숙소로서 연면적 $100m^2$ 이상인 것
㉰ 의료시설 중 다음의 어느 하나에 해당하는 시설
㉠ 종합병원, 병원, 치과병원, 한방병원 및 요양병원(정신병원과 의료재활시설은 제외)으로 사용되는 바닥면적의 합계가 $600m^2$ 미만인 시설
㉡ 정신의료기관 또는 의료재활시설로 사용되는 바닥면적의 합계가 $300m^2$ 이상 $600m^2$ 미만인 시설
㉢ 정신의료기관 또는 의료재활시설로 사용되는 바닥면적의 합계가 $300m^2$ 미만이고, 창살(철재 · 플라스틱 또는 목재 등으로 사람의 탈출 등을 막기 위하여 설치한 것을 말하며, 화재 시 자동으로 열리는 구조로 되어 있는 창살은 제외)이 설치된 시설
㉱ 노유자시설로서 다음의 어느 하나에 해당하는 시설
㉠ 제12조 제1항 제6호 각 목에 따른 시설(제12조 제1항 제6호 가목2) 및 같은 호 나목부터 바목까지의 시설 중 단독주택 또는 공동주택에 설치되는 시설은 제외하며, 노유자시설 이라 한다)
㉡ 위에 해당하지 않는 노유자시설로 해당 시설로 사용하는 바닥면적의 합계가 $300m^2$ 이상 $600m^2$ 미만인 시설
㉢ 위에 해당하지 않는 노유자시설로 해당 시설로 사용하는 바닥면적의 합계가 $300m^2$ 미만이고, 창살(철재 · 플라스틱 또는 목재 등으로 사람의 탈출 등을 막기 위하여 설치한 것을 말하며, 화재 시 자동으로 열리는 구조로 되어 있는 창살은 제외)이 설치된 시설
㉲ 건물을 임차하여 「출입국관리법」에 따른 보호시설로 사용하는 부분
㉳ 숙박시설 중 생활형 숙박시설로서 해당 용도로 사용되는 바닥면적의 합계가 $600m^2$ 이상인 것
㉴ 복합건축물(별표의 복합건축물만 해당)로서 연면적 $1,000m^2$ 이상인 것은 모든 층

정답 31. ① 32. ①

33

자동화재탐지설비를 설치하여야 하는 특정소방대상물 중 근린생활시설(목욕장은 제외)의 연면적 기준으로 옳은 것은?

① $600m^2$ 이상인 것
② $800m^2$ 이상인 것
③ $1,000m^2$ 이상인 것
④ $1,200m^2$ 이상인 것

해설 관련 법규 : 소방시설법 제9조, 영 제15조, (별표 5), 해설 법규 : 영 제15조, (별표 5) 2호 라목
자동화재탐지설비를 설치하여야 하는 특정소방대상물은 다음의 어느 하나와 같다.

㉠ 근린생활시설(목욕장은 제외), 의료시설(정신의료기관 또는 요양병원은 제외), 숙박시설, 위락시설, 장례시설 및 복합건축물로서 연면적 $600m^2$ 이상인 것
㉡ 공동주택, 근린생활시설 중 목욕장, 문화 및 집회시설, 종교시설, 판매시설, 운수시설, 운동시설, 업무시설, 공장, 창고시설, 위험물 저장 및 처리시설, 항공기 및 자동차 관련 시설, 교정 및 군사시설 중 국방·군사시설, 방송통신시설, 발전시설, 관광 휴게시설, 지하가(터널은 제외)로서 연면적 $1,000m^2$ 이상인 것
㉢ 교육연구시설(교육시설 내에 있는 기숙사 및 합숙소를 포함), 수련시설(수련시설 내에 있는 기숙사 및 합숙소를 포함하며, 숙박시설이 있는 수련시설은 제외), 동물 및 식물 관련 시설(기둥과 지붕만으로 구성되어 외부와 기류가 통하는 장소는 제외), 분뇨 및 쓰레기 처리시설, 교정 및 군사시설(국방·군사시설은 제외) 또는 묘지 관련 시설로서 연면적 $2,000m^2$ 이상인 것
㉣ 지하구
㉤ 지하가 중 터널로서 길이가 1,000m 이상인 것
㉥ 노유자시설
㉦ ㉥에 해당하지 않는 노유자시설로서 연면적 $400m^2$ 이상인 노유자시설 및 숙박시설이 있는 수련시설로서 수용인원 100명 이상인 것
㉧ ㉡에 해당하지 않는 공장 및 창고시설로서 「소방기본법 시행령」에서 정하는 수량의 500배 이상의 특수가연물을 저장·취급하는 것
㉨ 의료시설 중 정신의료기관 또는 요양병원으로서 다음의 어느 하나에 해당하는 시설
- 요양병원(정신병원과 의료재활시설은 제외)
- 정신의료기관 또는 의료재활시설로 사용되는 바닥면적의 합계가 $300m^2$ 이상인 시설
- 정신의료기관 또는 의료재활시설로 사용되는 바닥면적의 합계가 $300m^2$ 미만이고, 창살(철재·플라스틱 또는 목재 등으로 사람의 탈출 등을 막기 위하여 설치한 것을 말하며, 화재 시 자동으로 열리는 구조로 되어 있는 창살은 제외)이 설치된 시설

㉩ 판매시설 중 전통시장
㉪ ㉠에 해당하지 않는 근린생활시설 중 조산원 및 산후조리원
㉫ ㉠에 해당하지 않는 발전시설 중 전기저장시설

34

문화 및 집회시설, 운동시설, 관광휴게시설로서 자동화재탐지설비를 설치하여야 할 특정소방대상물은 연면적 얼마 이상부터인가?

① $1,000m^2$ ② $1,500m^2$
③ $2,000m^2$ ④ $2,300m^2$

해설 관련 법규 : 법 제9조, 영 제15조, (별표 5), 해설 법규 : 영 제15조, (별표 5) 2호 라목
자동화재탐지설비를 설치하여야 하는 특정소방대상물은 공동주택, 근린생활시설 중 목욕장, 문화 및 집회시설, 종교시설, 판매시설, 운수시설, 운동시설, 업무시설, 공장, 창고시설, 위험물저장 및 처리시설, 항공기 및 자동차 관련 시설, 교정 및 군사시설 중 국방·군사시설, 방송통신시설, 발전시설, 관광 휴게시설, 지하가(터널은 제외)로서 연면적 $1,000m^2$ 이상인 것이다.

35

다음 중 비상방송설비를 설치하여야 하는 특정소방대상물이 아닌 것은? (단, 위험물저장 및 처리시설 중 가스시설, 사람이 거주하지 않는 동물 및 식물 관련 시설, 지하가 중 터널, 축사 및 지하구는 제외)

① 상시 50인 이상의 근로자가 작업하는 옥내 작업장
② 연면적 $3,500m^2$ 이상인 것
③ 지하층의 층수가 3층 이상인 것
④ 지하층을 제외한 층수가 11층 이상인 것

해설 관련 법규 : 법 제9조, 영 제15조, (별표 5), 해설 법규 : 영 제15조, (별표 5) 2호 나목
비상방송설비를 설치하여야 하는 특정소방대상물(위험물저장 및 처리시설 중 가스시설, 사람이 거주하지 않는 동물 및 식물 관련 시설, 지하가 중 터널, 축사 및 지하구는 제외한다)은 연면적 $3,500m^2$ 이상인 것, 지하층을 제외한 층수가 11층 이상인 것, 지하층의 층수가 3층이상인 것이다. 50인 이상의 근로자가 작업하는 옥내작업장에는 비상경보설비를 설치하여야 한다.

정답 33. ① 34. ① 35. ①

36

비상경보설비를 설치하여야 하는 특정소방대상물의 기준으로 옳지 않은 것은?

① 연면적 400m^2(지하가 중 터널 또는 사람이 거주하지 않거나 벽이 없는 축사 등 동·식물 관련 시설을 제외한다) 이상인 것
② 지하가 중 터널로서 길이가 500m 이상인 것
③ 50명 이상의 근로자가 작업하는 옥내작업장
④ 지하층 또는 무창층의 바닥면적이 400m^2(공연장의 경우 200m^2) 이상인 것

해설 관련 법규 : 소방시설법 제9조, 영 제15조, (별표 5), 해설 법규 : 영 제15조, (별표 5) 2호 가목
비상경보설비를 설치하여야 할 특정소방대상물(지하구, 모래·석재 등 불연재료 창고 및 위험물 저장·처리 시설 중 가스시설은 제외)은 다음의 어느 하나와 같다.
㉠ 연면적 400m^2(지하가 중 터널 또는 사람이 거주하지 않거나 벽이 없는 축사 등 동·식물 관련시설은 제외) 이상이거나 지하층 또는 무창층의 바닥면적이 150m^2(공연장의 경우 100m^2) 이상인 것
㉡ 지하가 중 터널로서 길이가 500m 이상인 것
㉢ 50명 이상의 근로자가 작업하는 옥내 작업장

37

비상경보설비를 설치하여야 하는 특정소방대상물 기준으로 옳지 않은 것은?

① 연면적 400m^2 이상
② 지하층 바닥면적이 150m^2 이상
③ 지하가 중 터널로서 길이가 500m 이상
④ 30명 이상의 근로자가 작업하는 옥내 작업장

해설 관련 법규 : 법 제9조, 영 제15조, (별표 5), 해설 법규 : 영 제15조, (별표 5) 2호 가목
비상경보설비를 설치하여야 할 특정소방대상물(지하구, 모래·석재 등 불연재료 창고 및 위험물저장·처리시설 중 가스시설은 제외한다)은 50명 이상의 근로자가 작업하는 옥내 작업장이다.

38

단독경보형 감지기를 설치하여야 하는 특정소방대상물에 해당하지 않는 것은?

① 연면적 800m^{2}인 아파트
② 연면적 2,500m^{2}인 기숙사
③ 연면적 1,500m^{2}인 교육연구시설
④ 연면적 500m^{2}인 숙박시설

해설 관련 법규 : 법 제9조, 영 제15조, (별표 5), 해설 법규 : 영 제15조, (별표 5) 2호 가목
단독경보형 감지기를 설치하여야 하는 특정소방대상물은 다음의 어느 하나와 같다.
㉠ 연면적 1,000m^2 미만의 아파트 등
㉡ 연면적 1,000m^2 미만의 기숙사
㉢ 교육연구시설 또는 수련시설 내에 있는 합숙소 또는 기숙사로서 연면적 2,000m^2 미만인 것
㉣ 연면적 600m^2 미만의 숙박시설
㉤ 노유자 생활시설에 속하지 않는 노유자시설로서 연면적 400m^2 이상인 노유자시설 및 숙박시설이 있는 수련시설로서 수용인원 100명 이상인 것에 해당하지 않는 수련시설(숙박시설이 있는 것만 해당)
㉥ 연면적 400m^2 미만의 유치원

39

피난설비 중 객석유도등을 설치하여야 할 특정소방대상물은?

① 숙박시설
② 종교시설
③ 창고시설
④ 방송통신시설

해설 관련법규 : 소방시설법 제9조, 영 제15조, (별표 5), 해설법규 : (별표 5) 3호 다목
객석유도등을 설치하여야 할 특정대상물은 다음의 어느 하나와 같다.
㉠ 유흥주점영업시설(「식품위생법 시행령」의 유흥주점영업 중 손님이 춤을 출 수 있는 무대가 설치된 카바레, 나이트클럽 또는 그 밖에 이와 비슷한 영업시설만 해당)
㉡ 문화 및 집회시설, 종교시설, 운동시설

정답 36. ④ 37. ④ 38. ② 39. ②

40

연결송수관설비를 설치하여야 할 특정소방대상물의 기준 내용으로 옳지 않은 것은? (단, 가스시설 또는 지하구는 제외한다)

① 층수가 5층 이상으로서 연면적 6,000m^2 이상인 것
② 지하층을 포함하는 층수가 7층 이상인 것
③ 지하층의 층수가 3층 이상이고 지하층의 바닥면적의 합계가 1,000m^2 이상인 것
④ 지하가 중 터널로서 길이가 900m 이상인 것

해설 관련 법규 : 법 제9조, 영 제15조, (별표 5), 해설 법규 : 영 제15조, (별표 5) 5호 나목
연결송수관설비를 설치하여야 하는 특정소방대상물(위험물저장 및 처리시설 중 가스시설 또는 지하구는 제외)은 다음의 어느 하나와 같다.
㉠ 층수가 5층 이상으로서 연면적 6,000m^2 이상인 것
㉡ ㉠에 해당하지 않는 특정소방대상물로서 지하층을 포함하는 층수가 7층 이상인 것
㉢ ㉠ 및 ㉡에 해당하지 않는 특정소방대상물로서 지하층의 층수가 3층 이상이고 지하층의 바닥면적의 합계가 1,000m^2 이상인 것
㉣ 지하가 중 터널로서 길이가 1,000m 이상인 것

41

제연설비를 설치해야 할 특정소방대상물이 아닌 것은?

① 특정소방대상물(갓복도형 아파트를 제외한다)에 부설된 특별피난계단, 비상용 승강기의 승강장 또는 피난용 승강기의 승강장
② 지하가(터널을 제외한다)로서 연면적이 500m^2 인 것
③ 휴게시설로서 지하층 또는 무창층의 바닥면적이 1,000m^2인 것
④ 문화 및 집회시설로서 무대부의 바닥면적이 200m^2 인 것.

해설 관련 법규 : 법 제9조, 영 제15조, (별표 5), 해설 법규 : 영 제15조, (별표 5) 5호 가목
제연설비를 설치하여야 하는 특정소방대상물은 다음의 어느 하나와 같다.
㉠ 문화 및 집회시설, 종교시설, 운동시설로서 무대부의 바닥면적이 200m^2 이상 또는 문화 및 집회시설 중 영화상영관으로서 수용인원 100명 이상인 것
㉡ 지하층이나 무창층에 설치된 근린생활시설, 판매시설, 운수시설, 숙박시설, 위락시설, 의료시설, 노유자시설 또는 창고시설(물류터미널만 해당)로서 해당 용도로 사용되는 바닥면적의 합계가 1,000m^2 이상인 층
㉢ 운수시설 중 시외버스정류장, 철도 및 도시철도 시설, 공항시설 및 항만시설의 대기실 또는 휴게시설로서 지하층 또는 무창층의 바닥면적이 1,000m^2 이상인 것
㉣ 지하가(터널은 제외)로서 연면적 1,000m^2 이상인 것
㉤ 지하가 중 예상 교통량, 경사도 등 터널의 특성을 고려하여 행정안전부령으로 정하는 터널
㉥ 특정소방대상물(갓복도형 아파트등는 제외)에 부설된 특별피난계단, 비상용 승강기의 승강장 또는 피난용 승강기의 승강장

42

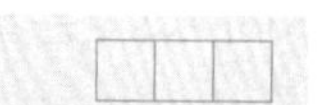

제연설비를 설치해야 할 특정소방대상물이 아닌 것은?

① 특정소방대상물(갓복도형 아파트 등은 제외)에 부설된 특별피난계단, 비상용 승강기의 승강장 또는 피난용 승강기의 승강장
② 지하가(터널은 제외)로서 연면적이 500m^2인 것
③ 문화 및 집회시설로서 무대부의 바닥면적이 300m^2 인 것
④ 지하가 중 예상 교통량, 경사도 틈 터널의 특성을 고려하여 행정안전부령으로 정하는 터널

해설 관련 법규 : 법 제9조, 영 제15조, (별표 5), 해설 법규 : 영 제15조, (별표 5) 5호 가목
제연설비를 설치해야 할 특정소방대상물은 문화 및 집회시설, 종교시설, 운동시설로서 무대부의 바닥면적이 200m^2 이상 또는 문화 및 집회시설 중 영화강연관으로서 수용인원이 100명 이상인 것이다. 또한, 지하가(터널은 제외)로서 연면적 1,000m^2 이상인 것 등이 있다.

43

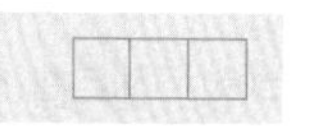

비상조명등을 설치해야 할 특정소방 대상물의 규모 기준으로 맞는 것은?

① 층수 4층 이상으로서 연면적 3,300m^2 이상
② 층수 4층 이상으로서 연면적 3,000m^2 이상
③ 층수 5층 이상으로서 연면적 3,300m^2 이상
④ 층수 5층 이상으로서 연면적 3,000m^2 이상

정답 40. ④ 41. ② 42. ② 43. ④

해설 관련 법규 : 법 제9조, 영 제15조, (별표 5) 해설 법규 : 영 제15조, (별표 5) 3호 라목
비상조명등을 설치하여야 하는 특정소방대상물(창고시설 중 창고 및 하역장, 위험물저장 및 처리시설 중 가스시설은 제외)은 다음의 어느 하나와 같다.
㉠ 지하층을 포함하는 층수가 5층 이상인 건축물로서 연면적 3,000m^2 이상인 것
㉡ ㉠에 해당하지 않는 특정소방대상물로서 그 지하층 또는 무창층의 바닥면적이 450m^2 이상인 경우에는 그 지하층 또는 무창층
㉢ 지하가 중 터널로서 그 길이가 500m 이상인 것

44 |

소방시설법령에서 규정하고 있는 비상콘센트설비를 설치하여야 하는 특정소방대상물의 기준으로 옳은 것은?

① 층수가 7층 이상인 특정소방대상물의 경우에는 7층 이상의 층
② 층수가 8층 이상인 특정소방대상물의 경우에는 8층 이상의 층
③ 층수가 10층 이상인 특정소방대상물의 경우에는 10층 이상의 층
④ 층수가 11층 이상인 특정소방대상물의 경우에는 11층 이상의 층

해설 관련 법규 : 소방시설법 제9조, 영 제15조, (별표 5), 해설 법규 : (별표 5) 5호 라목
비상콘센트설비를 설치하여야 하는 특정소방대상물(위험물 저장 및 처리시설 중 가스시설 또는 지하구는 제외)은 다음의 어느 하나와 같다.
㉠ 층수가 11층 이상인 특정소방대상물의 경우에는 11층 이상의 층
㉡ 지하층의 층수가 3층 이상이고 지하층의 바닥면적의 합계가 1,000m^2 이상인 것은 지하층의 모든 층
㉢ 지하가 중 터널로서 길이가 500m 이상인 것

45 |

비상콘센트를 설치하여야 할 소방대상물이 아닌 것은?

① 가스시설 중 지상에 노출된 탱크의 용량이 30톤 이상인 탱크시설
② 층수가 11층 이상인 특정소방대상물의 경우에는 11층 이상의 층
③ 지하층의 층수가 3층 이상이고 지하층의 바닥면적의 합계가 1천m^2 이상인 것은 지하층의 모든 층
④ 지하가 중 터널로서 길이가 500m 이상인 것

해설 관련 법규 : 소방시설법 제9조, 영 제15조, (별표 5), 해설 법규 : (별표 5) 5호 라목
비상콘센트설비를 설치하여야 할 특정소방대상물은 ②, ③ 및 ④항이나 위험물저장 및 처리시설 중 가스시설 또는 지하구는 제외한다.

46 |

특정소방대상물의 11층 이상의 층에 설치하지 않아도 되는 소방시설은?

① 피난기구 ② 스프링클러설비
③ 비상콘센트설비 ④ 비상방송설비

해설 관련 법규 : 법 제9조, 영 제15조, (별표 5), 해설 법규 : 영 제15조, (별표 5) 3호 가목
피난기구는 특정소방대상물의 모든 층에 화재안전기준에 적합한 것으로 설치하여야 한다. 다만, 피난층, 지상 1층, 지상 2층(노유자시설 중 피난층이 아닌 지상 1층과 피난층이 아닌 지상 2층은 제외) 및 층수가 11층 이상인 층과 위험물저장 및 처리시설 중 가스시설, 지하가 중 터널 또는 지하구의 경우에는 그러하지 아니하다.

47 |

다음의 각종 경보설비와 해당 경보설비를 설치하여야 하는 특정소방대상물의 적용기준의 연결이 옳지 않은 것은?

① 비상경보설비 – 무창층의 바닥면적이 50m^2 이상인 것
② 비상방송설비 – 지하층을 제외한 층수가 11층 이상인 것
③ 자동화재탐지설비 – 숙박시설로서 연면적 600m^2 이상인 것
④ 자동화재속보설비 – 노유자시설로서 바닥면적이 500m^2 이상인 층이 있는 것

해설 관련 법규 : 법 제9조, 영 제15조, (별표 5), 해설 법규 : 영 제15조, (별표 5) 2호 가목
비상경보설비를 설치하여야 하는 특정소방대상물은 연면적 400m^2(지하가 중 터널 또는 사람이 거주하지 않거나 벽이 없는 축사 등 동·식물관련시설은 제외)이상이거나, 지하층 또는 무창층의 바닥면적이 150m^2(공연장의 경우에는 100m^2) 이상인 것이다.

정답 44. ④ 45. ① 46. ① 47. ①

48

다음 (   ) 안에 적합한 것은?

> 「지진 · 화산재해대책법」 제14조 제1항 각 호의 시설 중 대통령령으로 정하는 특정소방대상물에 대통령령으로 정하는 소방시설을 설치하려는 자는 지진이 발생할 경우 소방시설이 정상적으로 작동될 수 있도록 (   )이 정하는 내진설계기준에 맞게 소방시설을 설치하여야 한다.

① 국토교통부장관
② 소방서장
③ 소방청장
④ 행정안전부장관

해설 관련 법규 : 소방시설법 제9조의 2, 영 제15조의 2, 해설 법규 : 영 제15조의 2 ②항
「지진 · 화산재해대책법」의 시설 중 대통령령으로 정하는 특정소방대상물에 옥내소화전설비, 스프링클러설비, 물분무등소화설비를 설치하려는 자는 지진이 발생할 경우 소방시설이 정상적으로 작동될 수 있도록 소방청장이 정하는 내진설계기준에 맞게 소방시설을 설치하여야 한다.

49

다음은 화재예방, 소방시설설치 유지 및 안전관리에 관한 법류 시행령에서 규정하고 있는 소방시설을 설치하지 아니할 수 있는 특정소방대상물 및 소방시설의 범위이다. 빈칸에 들어갈 소방시설로 옳은 것은?

구분	특정소방대상물	소방시설
화재 위험도가 낮은 특정소방대상물	석재, 불연성금속, 불연성 건축재료 등의 가공공장 · 기계조립공장 · 주물공장 또는 불연성 물품을 저장하는 창고	

① 스프링클러설비
② 옥외소화전 및 연결살수설비
③ 비상방송설비
④ 자동화재탐지설비

해설 관련법규 : 소방시설법 제11조, 영 제18조, (별표 7), 해설법규 : (별표 7) 1호

구분	특정소방대상물	소방시설
화재 위험도가 낮은 특정소방대상물	석재, 불연성금속, 불연성 건축재료 등의 가공공장 · 기계조립공장 · 주물공장 또는 불연성 물품을 저장하는 창고	옥외소화전 및 연결살수설비

50

방염성능기준 이상의 실내장식물 등을 설치하여야 하는 특정소방대상물에 해당되지 않는 것은?

① 건축물의 옥내에 있는 운동시설 중 수영장
② 근린생활시설 중 체력단련장
③ 방송통신시설 중 방송국
④ 교육연구시설 중 합숙소

해설 관련 법규 : 소방시설법 제12조, 영 제19조, 해설 법규 : 영 제19조 2호
방염성능기준 이상의 실내장식물 등을 설치하여야 하는 소방대상물은 다음과 같다.
㉠ 근린생활시설 중 의원, 조산원, 산후조리원, 체력단련장, 공연장 및 종교집회장
㉡ 건축물의 옥내에 있는 시설로서 문화 및 집회시설, 종교시설, 운동시설(수영장은 제외)
㉢ 의료시설, 교육연구시설 중 합숙소, 노유자시설, 숙박이 가능한 수련시설, 숙박시설, 방송통신시설 중 방송국 및 촬영소, 다중이용업소
㉣ ㉠부터 ㉢까지의 시설에 해당하지 않는 것으로서 층수가 11층 이상인 것(아파트는 제외)

51

방염대상물품을 방염성능이 있는 것으로 하여야 하는 특수장소에 해당하지 않는 것은?

① 층수가 11층 이상인 아파트
② 교육연구시설 중 합숙소
③ 숙박이 가능한 수련시설
④ 방송통신시설 중 방송국

해설 관련 법규 : 법 제12조, 영 제19조, 해설 법규 : 영 제19조 10호
방염성능기준 이상의 실내장식물 등을 설치하여야 하는 소방대상물은 다음과 같다.
㉠ 근린생활시설 중 의원, 조산원, 산후조리원, 체력단련장, 공연장 및 종교집회장

정답 48. ③ 49. ② 50. ① 51. ①

㉡ 건축물의 옥내에 있는 시설로서 문화 및 집회시설, 종교시설, 운동시설(수영장은 제외)
㉢ 의료시설, 교육연구시설 중 합숙소, 노유자시설, 숙박이 가능한 수련시설, 숙박시설, 방송통신시설 중 방송국 및 촬영소, 다중이용업소
㉣ ㉠부터 ㉢까지의 시설에 해당하지 않는 것으로서 층수가 11층 이상인 것(아파트는 제외)

52

방염성능기준 이상의 실내장식물 등을 설치하여야 하는 특정소방대상물에 해당되지 않는 것은?

① 근린생활시설 중 체력단련장
② 방송통신시설 중 방송국
③ 의료시설 중 종합병원
④ 층수가 11층인 아파트

해설 관련 법규 : 소방시설법 제12조, 영 제19조, 해설 법규 : 영 제19조 10호
방염성능기준 이상의 실내장식물 등을 설치하여야 하는 특정소방대상물 중 층수(「건축법 시행령」에 따라 산정한 층수)가 11층 이상인 것(아파트는 제외)이다.

53

다음 중 방염성능기준 이상의 실내 장식물 등을 설치하여야 하는 특정소방대상물에 해당되지 않는 것은?

① 체력 단련장 ② 방송국
③ 종합병원 ④ 층수가 11층인 아파트

해설 관련 법규 : 법 제12조, 영 제19조, 해설 법규 : 영 제19조 10호
실내장식 등의 목적으로 설치 또는 부착하는 물품은 방염성능기준 이상의 것으로 설치하여야 하는 특정소방대상물은 층수(건축법에 따라 산정한 층수)가 11층 이상인 것(아파트는 제외)이다.

54

특정소방대상물에 사용하는 실내 장식물 중 방염대상물품에 속하지 않는 것은?

① 창문에 설치하는 커튼류
② 두께가 2mm 미만인 종이 벽지
③ 전시용 섬유판
④ 전시용 합판

해설 관련 법규 : 법 제12조, 영 제20조, 해설 법규 : 영 제20조 ①항 1호
방염대상물품은 다음과 같다.
㉠ 제조 또는 가공 공정에서 방염처리를 한 물품(합판·목재류의 경우에는 설치 현장에서 방염처리를 한 것을 포함)으로서 다음의 어느 하나에 해당하는 것
- 창문에 설치하는 커튼류(블라인드를 포함)
- 카펫, 두께가 2mm 미만인 벽지류(종이 벽지는 제외)
- 전시용 합판 또는 섬유판, 무대용 합판 또는 섬유판
- 암막·무대막(「영화 및 비디오물의 진흥에 관한 법률」에 따른 영화상영관에 설치하는 스크린과 「다중이용업소의 안전관리에 관한 특별법 시행령」에 따른 가상체험 체육시설업에 설치하는 스크린을 포함)
- 섬유류 또는 합성수지류 등을 원료로 하여 제작된 소파·의자(「다중이용업소의 안전관리에 관한 특별법 시행령」에 따른 단란주점영업, 유흥주점영업 및 노래연습장업의 영업장에 설치하는 것만 해당)

㉡ 건축물 내부의 천장이나 벽에 부착하거나 설치하는 것으로서 다음의 어느 하나에 해당하는 것. 다만, 가구류(옷장, 찬장, 식탁, 식탁용 의자, 사무용 책상, 사무용 의자, 계산대 및 그 밖에 이와 비슷한 것.)와 너비 10cm 이하인 반자돌림대 등과 「건축법」에 따른 내부마감재료는 제외한다.
- 종이류(두께 2mm 이상인 것)·합성수지류 또는 섬유류를 주원료로 한 물품
- 합판이나 목재
- 공간을 구획하기 위하여 설치하는 간이 칸막이(접이식 등 이동 가능한 벽체나 천장 또는 반자가 실내에 접하는 부분까지 구획하지 아니하는 벽체)
- 흡음이나 방음을 위하여 설치하는 흡음재(흡음용 커튼을 포함) 또는 방음재(방음용 커튼을 포함)

55

호텔 각 실의 재료 중 방염성능기준 이상의 물품으로 시공하지 않아도 되는 것은?

① 지하 1층 연회장의 무대용 합판
② 최상층 식당의 창문에 설치하는 커튼류
③ 지상 1층 라운지의 전시용 합판
④ 지상 3층 객실의 화장대

해설 관련 법규 : 소방시설법 제12조, 영 제20조, 해설 법규 : 제20조 ①항 1호
제조 또는 가공 공정에서 방염처리를 한 물품(합판·

정답 52. ④ 53. ④ 54. ② 55. ④

목재류의 경우에는 설치 현장에서 방염처리를 한 것을 포함)으로서 다음의 어느 하나에 해당하는 것
㉠ 창문에 설치하는 커튼류(블라인드를 포함)
㉡ 카펫, 두께가 2mm 미만인 벽지류(종이 벽지는 제외)
㉢ 전시용 합판 또는 섬유판, 무대용 합판 또는 섬유판
㉣ 암막 · 무대막(「영화 및 비디오물의 진흥에 관한 법률」에 따른 영화상영관에 설치하는 스크린과 「다중이용업소의 안전관리에 관한 특별법 시행령」에 따른 가상체험 체육시설업에 설치하는 스크린을 포함)
㉤ 섬유류 또는 합성수지류 등을 원료로 하여 제작된 소파 · 의자(「다중이용업소의 안전관리에 관한 특별법 시행령」에 따른 단란주점영업, 유흥주점영업 및 노래연습장업의 영업장에 설치하는 것만 해당)

56

특정소방대상물에서 사용하는 방염대상물품에 해당되지 않는 것은?

① 창문에 설치하는 커튼류
② 전시용 합판
③ 종이 벽지
④ 섬유류 또는 합성수지류 등을 원료로 하여 제작된 소파

해설 관련 법규 : 법 제12조, 영 제20조, 해설 법규 : 영 제20조 ①항 1호
제조 또는 가공 공정에서 방염처리를 한 물품(합판 · 목재류의 경우에는 설치 현장에서 방염처리를 한 것을 포함)은 창문에 설치하는 커튼류(블라인드를 포함), 카펫, 두께가 2mm 미만인 벽지류(종이 벽지는 제외), 전시용 합판 또는 섬유판, 무대용 합판 또는 섬유판, 암막 · 무대막(영화상영관에 설치하는 스크린과 골프연습장업에 설치하는 스크린을 포함), 섬유류 또는 합성수지류 등을 원료로 하여 제작된 소파 · 의자(단란주점영업, 유흥주점영업 및 노래연습장업의 영업장에 설치하는 것만 해당) 등이 있다.

57

방염대상물품의 방염성능기준에서 버너의 불꽃을 제거한 때부터 불꽃을 올리며 연소하는 상태가 그칠 때까지 시간은 몇 초 이내인가?

① 5초 이내 ② 10초 이내
③ 20초 이내 ④ 30초 이내

해설 관련 법규 : 법 제12조, 영 제20조, 해설 법규 : 영 제20조 ②항 1호
방염성능기준은 다음의 기준에 따르되, 방염대상물품의 종류에 따른 구체적인 방염성능기준은 다음의 기준의 범위에서 소방청장이 정하여 고시하는 바에 따른다.
㉠ 버너의 불꽃을 제거한 때부터 불꽃을 올리며 연소하는 상태가 그칠 때까지 시간은 20초 이내일 것
㉡ 버너의 불꽃을 제거한 때부터 불꽃을 올리지 아니하고 연소하는 상태가 그칠 때까지 시간은 30초 이내일 것
㉢ 탄화한 면적은 $50cm^2$ 이내, 탄화한 길이는 20cm 이내일 것
㉣ 불꽃에 의하여 완전히 녹을 때까지 불꽃의 접촉 횟수는 3회 이상일 것
㉤ 소방청장이 정하여 고시한 방법으로 발연량을 측정하는 경우 최대연기밀도는 400 이하일 것

58

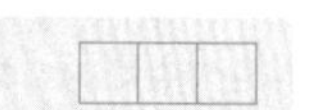

방염대상물품의 방염 성능 기준으로 옳지 않은 것은?

① 불꽃에 의하여 완전히 녹을 때까지 불꽃의 접촉 횟수는 5회 이상일 것
② 탄화(炭化)의 면적은 $50cm^2$ 이내, 탄화한 길이는 20cm 이내일 것
③ 버너의 불꽃을 제거한 때부터 불꽃을 올리지 아니하고 연소하는 상태가 그칠 때까지 시간은 30초 이내일 것
④ 국민안전처장관이 정하여 고시한 방법으로 발연량을 측정하는 경우 최대 연기 밀도는 400 이하일 것

해설 관련 법규 : 소방시설법 제12조, 영 제20조, 해설 법규 : 영 제20조 ②항 4호
방염성능기준은 ②, ③ 및 ④항 이외에 버너의 불꽃을 제거한 때부터 불꽃을 올리며 연소하는 상태가 그칠 때까지 시간은 20초 이내일 것, 불꽃에 의하여 완전히 녹을 때까지 불꽃의 접촉 회수는 3회 이상일 것 등이다.

59

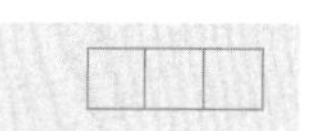

방염대상물품의 방염성능기준에서 버너의 불꽃을 제거한 때부터 불꽃을 올리지 아니하고 연소하는 상태가 그칠 때까지의 시간은 몇 초 이내인가?

① 5초 이내 ② 10초 이내
③ 20초 이내 ④ 30초 이내

정답 56. ③ 57. ③ 58. ① 59. ④

해설 관련 법규 : 법 제12조, 영 제20조, 해설 법규 : 영 제20조 ②항 2호
방염성능기준은 버너의 불꽃을 제거한 때부터 불꽃을 올리지 아니하고 연소하는 상태가 그칠 때까지 시간은 30초 이내일 것

60

특정소방대상물에서 사용하는 방염대상물품의 방염성능검사를 실시하는 자는?

① 소방청장　② 소방서장
③ 소방방재청장　④ 소방본부장

해설 관련 법규 : 법 제13조, 해설 법규 : 법 제13조 ①항
특정소방대상물에서 사용하는 방염대상물품은 소방청장(대통령령으로 정하는 방염대상물품의 경우에는 시 · 도지사다)이 실시하는 방염성능검사를 받은 것이어야 한다.

61

특정소방대상물의 소방안전관리자는 선임 사유 발생일로부터 며칠 이내에 선임되어야 하는가?

① 7일　② 15일
③ 30일　④ 45일

해설 관련 법규 : 법 제20조, 규칙 제14조, 해설 법규 : 규칙 제14조 ①항
특정소방대상물의 관계인은 소방안전관리자를 선임 사유가 발생일로부터 30일 이내에 선임하여야 한다.

62

다음 중 특수 장소의 소방안전관리자의 업무에 관한 내용 중 틀린 것은?

① 자위소방대의 운영
② 화기취급의 감독
③ 피난계획에 관한 사항
④ 건축허가의 동의

해설 관련 법규 : 법 제20조, 해설 법규 : 법 제20조 ⑥항
특정소방대상물(소방안전관리대상물은 제외)의 관계인과 소방안전관리대상물의 소방안전관리자의 업무는 다음과 같다. 다만, ㉠ · ㉡ 및 ㉣의 업무는 소방안전관리대상물의 경우에만 해당한다.
㉠ 피난계획에 관한 사항과 대통령령으로 정하는 사항이 포함된 소방계획서의 작성 및 시행
㉡ 자위소방대 및 초기대응체계의 구성 · 운영 · 교육
㉢ 피난시설, 방화구획 및 방화시설의 유지 · 관리
㉣ 소방훈련 및 교육
㉤ 소방시설이나 그 밖의 소방 관련 시설의 유지 · 관리
㉥ 화기취급의 감독
㉦ 그 밖에 소방안전관리에 필요한 업무

63

소방안전관리 대상물의 소방계획서에 포함되어야 하는 사항이 아닌 것은?

① 화재예방을 위한 자체점검계획 및 진압대책
② 증축 · 개축 · 재축 · 이전 · 대수선 중인 단독주택의 공사장 소방안전관리에 대한 사항
③ 소방시설 · 피난시설 및 방화시설의 점검 · 정비계획
④ 피난층 및 피난시설의 위치와 피난경로의 설정, 장애인 및 노약자와 피난계획 등을 포함한 피난계획

해설 관련 법규 : 소방시설법 제20조, 영 제24조, 해설 법규 : 영 제24조 ①항 9호
소방계획서에는 다음의 사항이 포함되어야 한다.
㉠ 소방안전관리대상물의 위치 · 구조 · 연면적 · 용도 및 수용인원 등 일반 현황
㉡ 소방안전관리대상물에 설치한 소방시설 · 방화시설, 전기시설 · 가스시설 및 위험물시설의 현황
㉢ 화재 예방을 위한 자체점검계획 및 진압대책
㉣ 소방시설 · 피난시설 및 방화시설의 점검 · 정비계획
㉤ 피난층 및 피난시설의 위치와 피난경로의 설정, 장애인 및 노약자의 피난계획 등을 포함한 피난계획
㉥ 방화구획, 제연구획, 건축물의 내부 마감재료(불연재료 · 준불연재료 또는 난연재료로 사용된 것) 및 방염물품의 사용현황과 그 밖의 방화구조 및 설비의 유지 · 관리계획
㉦ 소방훈련 및 교육에 관한 계획
㉧ 특정소방대상물의 근무자 및 거주자에 대한 소방훈련을 적용받는 특정소방대상물의 근무자 및 거주자의 자위소방대 조직과 대원의 임무(장애인 및 노약자의 피난 보조 임무를 포함)에 관한 사항
㉨ 화기취급 작업에 대한 사전 안전조치 및 감독 등 공사 중 소방안전관리에 관한 사항
㉩ 공동 및 분임 소방안전관리에 관한 사항
㉪ 소화와 연소방지에 관한 사항
㉫ 위험물의 저장 · 취급에 관한 사항(「위험물안전관리법」에 따라 예방규정을 정하는 제조소 등은 제외)

정답 60. ① 61. ③ 62. ④ 63. ②

㉣ 그 밖에 소방안전관리를 위하여 소방본부장 또는 소방서장이 소방안전관리대상물의 위치 · 구조 · 설비 또는 관리 상황 등을 고려하여 소방안전관리에 필요하여 요청하는 사항

64 |

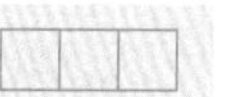

공동 소방안전관리자가 필요한 소방대상물 중에서 고층 건축물은 지하층을 제외한 층수가 몇 층 이상인 경우인가?

① 6층 ② 11층
③ 16층 ④ 18층

해설 관련 법규 : 법 제21조, 영 제25조, 해설 법규 : 법 제21조 1호
다음의 어느 하나에 해당하는 특정소방대상물로서 그 관리의 권원이 분리되어 있는 것 가운데 소방본부장이나 소방서장이 지정하는 특정소방대상물의 관계인은 공동 소방안전관리자로 선임하여야 한다.
㉠ 고층 건축물(지하층을 제외한 층수가 11층 이상인 건축물만 해당)
㉡ 지하가(지하의 인공구조물 안에 설치된 상점 및 사무실, 그 밖에 이와 비슷한 시설이 연속하여 지하도에 접하여 설치된 것과 그 지하도를 합한 것)
㉢ 복합건축물로서 연면적이 5,000m^2 이상인 것 또는 층수가 5층 이상인 것
㉣ 판매시설 중 도매시장, 소매시장 및 전통시장
㉤ 특정소방대상물 중 소방본부장 또는 소방서장이 지정하는 것

65 |

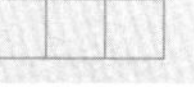

공동 소방안전관리자 선임 대상 특정소방대상물이 되기 위한 연면적 기준은? (단, 복합 건축물의 경우)

① 1,000m^2 이상 ② 1,500m^2 이상
③ 3,000m^2 이상 ④ 5,000m^2 이상

해설 관련 법규 : 법 제21조, 영 제25조, 해설 법규 : 영 제25조 1호
복합건축물로서 연면적이 5,000m^2 이상인 것 또는 층수가 5층 이상인 특정소방대상물로서 그 관리의 권원이 분리되어 있는 것 가운데 소방본부장이나 소방서장이 지정하는 특정소방대상물의 관계인은 공동 소방안전관리자를 선임하여야 한다.

66 |

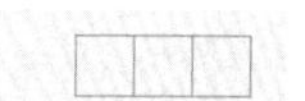

공동 소방안전관리자 선임 대상 특정소방대상물의 층수 기준은? (단, 복합 건축물의 경우)

① 3층 이상
② 5층 이상
③ 8층 이상
④ 10층 이상

해설 관련 법규 : 법 제21조, 영 제25조, 해설 법규 : 영 제25조 1호
복합건축물로서 연면적이 5,000m^2 이상인 것 또는 층수가 5층 이상인 특정소방대상물로서 그 관리의 권원이 분리되어 있는 것 가운데 소방본부장이나 소방서장이 지정하는 특정소방대상물의 관계인은 공동 소방안전관리자를 선임하여야 한다.

67 |

소방안전관리보조자를 두어야 하는 특정소방대상물에 포함되는 아파트는 최소 몇 세대 이상의 조건을 갖추어야 하는가?

① 200세대 이상
② 300세대 이상
③ 400세대 이상
④ 500세대 이상

해설 관련 법규 : 소방시설법 제20조, 영 제22조의2, 해설 법규 : 영 제22조의2 ①항 1호
소방안전관리보조자 선임 대상 특정소방대상물은 다음과 같다.
㉠ 아파트(300세대 이상인 아파트만 해당)
㉡ 아파트를 제외한 연면적이 15,000m^2 이상인 특정소방대상물
㉢ ㉠ 및 ㉡에 따른 특정소방대상물을 제외한 특정소방대상물 중 공동주택 중 기숙사, 의료시설, 노유자시설, 수련시설 및 숙박시설(숙박시설로 사용되는 바닥면적의 합계가 1,500m^2 미만이고 관계인이 24시간 상시 근무하고 있는 숙박시설은 제외)이다. 다만, ㉢에 해당하는 특정소방대상물로서 해당 특정소방대상물이 소재하는 지역을 관할하는 소방서장이 야간이나 휴일에 해당 특정소방대상물이 이용되지 아니한다는 것을 확인한 경우에는 소방안전관리보조자를 선임하지 아니할 수 있다.

정답 64. ② 65. ④ 66. ② 67. ②

68 |

특정소방대상물의 관계인은 그 대상물에 설치되어 있는 소방시설 등에 대하여 정기적으로 자체 점검을 하거나 관리업자 또는 행정안전부령으로 정하는 기술자격자로 하여금 정기적으로 점검하게 하여야 하는데 이 기술자격자에 해당되는 자는?

① 소방안전관리자로 선임된 건축설비기사
② 소방안전관리자로 선임된 소방기술사
③ 소방안전관리자로 선임된 소방설비기사(기계 분야)
④ 소방안전관리자로 선임된 소방설비기사(전기 분야)

해설 관련 법규 : 소방법 제25조, 규칙 제17조, 해설 법규 : 규칙 제17조
특정소방대상물의 관계인은 그 대상물에 설치되어 있는 소방시설 등에 대하여 정기적으로 자체점검을 하거나 관리업자 또는 소방안전관리자로 선임된 소방시설관리사 및 소방기술사로 하여금 정기적으로 점검하게 하여야 한다.

69 |

소방시설 등의 자체점검 중 종합정밀점검대상에 해당하지 않는 것은?

① 스프링클러설비가 설치된 특정소방대상물
② 물분무등소화설비가 설치된 연면적 3,000m²인 특정소방대상물
③ 제연설비가 설치된 터널
④ 물분무등소화설비[호스릴(Hose Reel) 방식의 물분무등소화설비만을 설치한 경우는 제외]가 설치된 연면적 5,000m² 이상인 특정소방대상물(위험물제조소등은 제외)

해설 관련 법규 : 소방시설법 제25조, 규칙 제18조, (별표 1), 해설 법규 : (별표 1) 3호
종합정밀점검은 다음의 어느 하나에 해당하는 특정소방대상물을 대상으로 한다.
㉠ 스프링클러설비가 설치된 특정소방대상물
㉡ 물분무등소화설비[호스릴(Hose Reel) 방식의 물분무등소화설비만을 설치한 경우는 제외]가 설치된 연면적 5,000m² 이상인 특정소방대상물(위험물 제조소등은 제외)
㉢ 「다중이용업소의 안전관리에 관한 특별법 시행령」 다중이용업의 영업장이 설치된 특정소방대상물로서 연면적이 2,000m² 이상인 것
㉣ 제연설비가 설치된 터널
㉤ 「공공기관의 소방안전관리에 관한 규정」에 따른 공공기관 중 연면적(터널 · 지하구의 경우 그 길이와 평균폭을 곱하여 계산된 값)이 1,000m² 이상인 것으로서 옥내소화전설비 또는 자동화재탐지설비가 설치된 것. 다만, 「소방기본법」에 따른 소방대가 근무하는 공공기관은 제외한다.

정답 68. ② 69. ②

Ⅱ 실내디자인 조명계획

01

작업 대상물의 수평면상 조도 균일 정도를 표시하는 척도로서, 다음과 같은 식으로 표현되는 것은?

$$\frac{\text{수평면상의 최소 조도(lx)}}{\text{수평면상의 평균 조도(lx)}}$$

① 색온도　② 균제도
③ 분광분포　④ 전등효율

해설 색온도는 램프 등 빛의 색을 나타내는 하나의 지표로 켈빈온도(K)로 나타내고, 분광분포는 빛의 계측용어 중 하나로서 단위파장에 대한 방사량의 상대값과 파장과의 관계이며, 전등효율은 전등의 전 소비전력에 대한 전 발산광속의 비율을 의미한다.

02

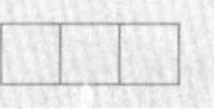

조명설비에서 불쾌 글레어(discomfort glare)의 원인과 가장 거리가 먼 것은?

① 휘도가 낮은 광원
② 시선 부근에 노출된 광원
③ 눈에 입사하는 광속의 과다
④ 물체와 그 주위 사이의 고휘도 대비

해설 조명설비의 눈부심(현휘) 현상의 발생 원인은 순응의 결핍, 눈에 입사하는 광속의 과다 노출 및 시선 부근에 노출된 광원 등이고, 저휘도 광원은 눈부심을 방지하는 효과가 있다.

03

조명설비에서 눈부심에 관한 설명으로 옳지 않은 것은?

① 광원의 크기가 클수록 눈부심이 강하다.
② 광원의 휘도가 작을수록 눈부심이 강하다.
③ 광원이 시선에 가까울수록 눈부심이 강하다.
④ 배경이 어둡고 눈이 암순응 될수록 눈부심이 강하다.

해설 조명설비의 눈부심(glare, 현휘)은 광원의 크기와 휘도가 클수록, 광원이 시선에 가까울수록, 배경이 어둡고 눈이 암순응 될수록 눈부심이 강하다.

04

기구 배치에 의한 조명방식 중 작업면상의 필요한 장소, 즉 어떤 특별한 면을 부분 조명하는 방식은?

① 전반조명　② 국부조명
③ 직접조명　④ 간접조명

해설 전반조명은 사무실과 공장 등과 같이 작업면의 전체에 균일한 조도를 얻고자 하는 경우에 사용하는 조명방식이다. 직접조명은 조명방식 중 가장 간단하고 적은 전력으로 높은 조도를 얻을 수 있으나, 방 전체의 균일한 조도를 얻기 어렵고, 물체에 강한 음영이 생기므로 눈이 쉽게 피로해지는 방식이다. 간접조명은 조명의 능률은 조금 떨어지나 음영이 부드럽고, 균일한 조도를 얻을 수 있어 안정된 분위기를 유지할 수 있으며 천장과 윗벽이 광원의 역할을 하는 조명방식이다.

05

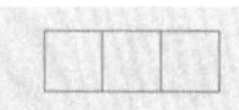

정밀작업이 요구되는 공장에 적당한 조명방식은?

① 국부조명　② 전반조명
③ 간접조명　④ 전반 · 국부병용조명

해설 국부조명은 조명방식 중 가장 간단하고 적은 전력으로 높은 조도를 얻을 수 있으나 방 전체의 균일한 조도를 얻기 어렵고, 물체의 강한 음영이 생기므로 눈이 쉽게 피로해지는 방식으로 작업면상의 필요한 장소, 즉 어떤 특별한 면을 부분 조명하는 방식이다. 전반 · 국부병용조명은 전반조명과 국부조명을 병용한 매우 경제적인 조명방식으로 정밀작업이 요구되는 공장에 적합한 형식이다.

06

조명기구 중 천장과 윗벽 부분이 광원의 역할을 하며, 조도가 균일하고 음영이 유연하나 조명률이 낮은 특성을 갖는 것은?

① 직접조명기구　② 반직접조명기구
③ 간접조명기구　④ 전확산조명기구

정답 01. ② 02. ① 03. ② 04. ② 05. ④ 06. ③

해설 직접조명이란 조명방식 중 거의 모든 광속을 위 방향으로 향하게 발산하여 천장 및 윗벽 부분에서 반사되어 방의 아래 각 부분으로 확산시키는 방식이다. 간접조명은 조명기구 중 천장과 윗벽 부분이 광원의 역할을 하며, 조도가 균일하고 음영이 유연하나 조명률이 낮은 특성을 갖는 조명방식이다.

07

조명방식 중 거의 모든 광속을 위 방향으로 향하게 발산하여 천장 및 윗벽 부분에서 반사되어 방의 아래 각 부분으로 확산시키는 방식은?

① 직접조명 ② 반직접조명
③ 간접조명 ④ 국부조명

해설 조명기구의 배광 분류

구분	직접조명	반직접조명	국부조명	간접조명
위 방향	0~10%	10~40%	0%	90~100%
아래 방향	100~90%	90~60%	100%	10~0%

08

광원에서의 발산광속 중 60~90%는 위 방향으로 향하여 천장이나 윗벽 부분에서 반사되고, 나머지 빛이 아래 방향으로 향하는 방식의 조명기구는?

① 직접조명기구 ② 반직접조명기구
③ 전반확산조명기구 ④ 반간접조명기구

해설 조명기구의 배광 분류

구분	직접 조명	반직접 조명	전반 확산 조명	직간접 조명	반간접 조명	간접 조명
위 방향	0 ~10%	10 ~40%	40 ~60%	40 ~60%	60 ~90%	90 ~100%
아래 방향	100 ~90%	90 ~60%	60 ~40%	60 ~40%	40 ~10%	10 ~0%

09

조명기구를 건축 내장재의 일부 마무리로서 건축 의장과 조명기구를 일체화하는 조명방식을 의미하는 것은?

① 전반조명 ② 간접조명
③ 건축화조명 ④ 확산조명

해설 건축화조명은 조명기구를 건축 내장(벽, 천장 및 기둥 등)재의 일부 마무리로서 건축 의장과 조명기구를 일체화하는 조명방식이다. 확산조명은 유백색의 플라스틱 패널 등으로 등을 덮어 빛을 확산시키는 조명방식이다.

10

조명기구의 배광에 따른 분류 중 직접조명형에 대한 설명으로 옳은 것은?

① 상향 광속과 하향 광속이 거의 동일하다.
② 천장을 주광원으로 이용하므로 천장의 색에 대한 고려가 필요하다.
③ 매우 넓은 면적이 광원으로서 역할을 하기 때문에 직사 눈부심이 없다.
④ 작업면에 고조도를 얻을 수 있으나 심한 휘도차 및 짙은 그림자가 생긴다.

해설 직접조명은 하향 광속이 90%, 상향 광속이 10%이고, ②, ③ 건축화조명에 대한 설명이다.

11

직접조명방식에 관한 설명으로 옳은 것은?

① 조명률이 크다.
② 실내면 반사율의 영향이 크다.
③ 분위기를 중요시하는 조명에 적합하다.
④ 발산광속 중 상향 광속이 90~100%, 하향 광속이 0~10% 정도이다.

해설 실내면 반사율의 영향이 적고, 분위기를 중요시하는 조명에 부적합하며, 발산광속 중 하향 광속이 90~100%, 상향 광속이 0~10% 정도이다.

12

간접조명방식에 관한 설명 중 옳지 않은 것은?

① 직사 눈부심이 없다.
② 작업면에 고조도를 얻을 수 있으나 휘도 차가 크다.
③ 거의 대부분의 발산광속을 위 방향으로 확산시키는 방식이다.
④ 천장, 벽면 등이 밝은 색이 되어야 하고, 빛이 잘 확산되도록 하여야 한다.

정답 07. ③ 08. ④ 09. ③ 10. ④ 11. ① 12. ②

해설 직접조명방식은 작업면에 고조도를 얻을 수 있으나 휘도 차가 크고, 간접조명방식은 작업면에 고조도를 얻을 수 없으나 휘도 차가 작다.

13 |

간접조명기구에 대한 설명 중 옳지 않은 것은?

① 직사 눈부심이 없다.
② 매우 넓은 면적이 광원으로서의 역할을 한다.
③ 일반적으로 발산광속 중 상향 광속이 90~100% 정도이다.
④ 천장, 벽면 등은 어두운 색으로 빛이 잘 흡수되도록 해야 한다.

해설 천장, 벽면 등은 밝은 색으로 빛이 잘 반사되도록 해야 한다.

14 |

간접조명방식에 관한 설명으로 옳지 않은 것은?

① 조명률이 높다.
② 실내면 반사율의 영향이 크다.
③ 분위기를 중요시하는 조명에 적합하다.
④ 그림자가 적고 글레어가 적은 조명이 가능하다.

해설 조명률이 낮다.

15 |

조명설비의 설명으로 맞는 것은?

① 직접조명은 하향 광속이 10% 이하이다.
② 간접조명은 하향 광속이 90% 이상이다.
③ 전반확산조명은 교실이나 사무실에는 적당하지 않다.
④ 반간접조명은 세밀한 일을 오랫동안 해야 되는 작업실에 적당하다.

해설 직접조명은 하향 광속이 90% 이상이고, 간접조명은 하향 광속이 10% 이하이며, 전반확산조명은 교실이나 사무실에는 적당하다.

16 |

조명방식에 대한 설명 중 틀린 것은?

① 전반조명은 전체적으로 균일한 조도를 얻을 수 있다.
② 직접조명방식은 강한 음영이 생기지만 경제적이다.
③ 간접조명방식은 조명 능률이 떨어진다.
④ 국부조명은 부분적으로 높은 조도를 얻을 수 있으므로 눈의 피로가 적다.

해설 국부조명은 부분적으로 높은 조도를 얻을 수 있으므로 눈의 피로가 심하다.

17 |

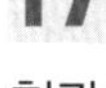

형광등 점등방식의 종류에 해당되지 않는 것은?

① 횡기식　　② 예열 기동형
③ 즉시 기동형　　④ 순시 기동형

해설 형광등의 점등방식에는 누름 버튼식, 글로 스타트식(예열 기동형), 래피드 스타트식(즉시 기동형), 전자 스타트식(순시 점등 방식) 등이 있다.

18 |

다음의 광원 중 연색성이 가장 좋은 것은?

① 메탈할라이드 램프　　② 나트륨 램프
③ 주광색 형광 램프　　④ 고압 수은등

해설 연색성은 광원을 평가하는 경우에 사용하는 용어로서 광원의 질을 나타내고, 광원이 백색(한결같은 분광 분포)에서 벗어남에 따라 연색성이 나빠진다. 또한, 연색성이 좋은 것부터 나쁜 것 순으로 나열하면 백열전구 → 주광색 형광 램프 → 메탈할라이드 램프 → 백색 형광등 → 수은등 → 나트륨 램프의 순이다.

19 |

다음 중 상점의 내부 조명으로 사용이 가장 부적합한 것은?

① 백열전구　　② 형광 램프
③ 할로겐 램프　　④ 고압 나트륨등

정답 13. ④ 14. ① 15. ④ 16. ④ 17. ① 18. ③ 19. ④

해설 고압 나트륨등은 천장이 높은 옥내·옥외 조명, 도로 조명에 사용한다.

20 |

할로겐 램프에 관한 설명으로 옳지 않은 것은?

① 백열전구에 비해 수명이 길다.
② 연색성이 좋고 설치가 용이하다.
③ 흑화가 거의 일어나지 않고 광속이나 색 온도의 저하가 적다.
④ 휘도가 낮아 시야에 광원이 직접 들어오도록 계획해도 무방하다.

해설 할로겐 램프는 휘도가 높아 시야에 광원이 직접 들어오지 않도록 계획해야 한다.

21 |

천장이 높은 옥내, 연색성이 요구되는 옥외, 미술관 등에 가장 적합한 광원은?

① 백열전구 ② 형광등
③ 나트륨등 ④ 메탈할라이드등

해설 백열전구는 조명 전반, 각종 특수 용도용, 형광등은 조명 전반, 각종 특수용, 나트륨등은 천장이 높은 옥내·옥외 조명, 도로 조명 등, 메탈할라이드등은 천장이 높은 옥내, 연색성이 요구되는 옥외 조명, 미술관, 호텔, 상점, 공장 및 체육관 등에 사용한다.

22 |

다음 광원 중 한 등당의 광속이 많고 수명이 긴 점과 연색성이 양호한 점으로 인해서 연색성을 중요하게 고려하는 높은 천장, 옥외 조명 등에 적합한 것은?

① 메탈할라이드 램프 ② 형광등
③ 고압 수은등 ④ 나트륨등

해설 메탈할라이드 램프는 광원 중 한 등당의 광속이 많고 수명이 긴 점과 연색성이 양호한 점으로 인해서 연색성을 중요하게 고려하는 옥외 조명, 천장이 높은 옥내, 미술관, 호텔, 상점, 공장 및 체육관 등에 사용하고, 고압 수은등은 도로 조명, 높은 천장의 공장 조명 등에 사용한다.

23 |

건축화조명 중 천장 전면에 광원 또는 조명기구를 배치하고, 발광면을 확산 투과성 플라스틱판이나 루버 등으로 전면을 가리는 조명방법은?

① 다운라이트조명 ② 코니스조명
③ 밸런스조명 ④ 광천장조명

해설 다운라이트조명은 천장면에 작은 구멍을 많이 뚫어 그 속에 여러 형태의 등기구를 매입한 것이다. 코니스조명은 연속열 조명기구를 벽에 평행이 되도록 천장의 구석에 눈가림판을 설치하여 아래 방향으로 빛을 보내 벽 또는 창을 조명하는 방식이다. 밸런스조명은 연속열 조명기구를 창틀 위에 벽과 평행으로 눈가림판과 같이 설치하여 창의 커튼이나 창 위의 벽체와 천장을 조명하는 방식이다.

24 |

조명설비에 대한 설명 중 옳지 않은 것은?

① 나트륨등은 도로 조명, 터널 조명에 적합하다.
② 전반확산조명기구는 광원에서 발산 광속이 모든 방향으로 골고루 확산되도록 하는 데 사용하는 조명기구이다.
③ 일반적으로 형광등은 백열등에 비하여 열을 많이 발산하며 전원 전압의 변동에 대하여 광속 변동이 많다.
④ 조명기구를 건축 내장재의 일부 마무리로서 건축 의장과 조명기구를 일체화하는 조명방식을 건축화조명이라고 한다.

해설 일반적으로 형광등은 백열등에 비하여 열방사가 적고, 전원 전압의 변동에 대한 광속의 변동이 적다.

25 |

조명기구에 대한 설명 중 옳지 않은 것은?

① 광원을 고정하거나 보호할 수 있다.
② 광원의 배광을 조절할 수 없다.
③ 직접조명기구는 작업면에서 높은 조도를 얻을 수 있다.
④ 일반적으로 반직접조명기구는 밑바닥이 개방되어 있으며, 갓은 우유빛 유리나 반투명 플라스틱으로 되어 있다.

정답 20. ④ 21. ④ 22. ① 23. ④ 24. ③ 25. ②

해설 광원의 배광(광원으로부터 나오는 광도)을 조절할 수 있다.

26

인공 광원의 효율에 대한 설명으로 적합한 것은?

① 광속을 광원의 용량(전력)으로 나눈 값이다.
② 백열등의 광속을 100으로 본 각 광원의 광속비를 말한다.
③ 전 광속에 대한 하향 광속의 비를 말한다.
④ 인공 광원의 유효 수명을 말한다.

해설 인공 광원의 효율이란 광속을 광원의 용량(전력)으로 나눈 값을 말한다.

27

천장면에 작은 구멍을 많이 뚫어 그 속에 여러 형태의 하면 개방형, 하면 루버형, 하면 확산형, 반사형 전구 등의 등기구를 매입하는 건축화 조명방식은?

① 다운라이트조명 ② 루버천장조명
③ 밸런스조명 ④ 코브조명

해설 루버천장조명은 천장에 전등을 설치하고 등의 하단에 루버를 설치하는 조명방식이다. 밸런스조명은 연속열 조명기구를 창틀 위에 벽과 평행으로 눈가림판과 같이 설치하여 창의 커튼이나 창 위의 벽체와 천장을 조명하는 방식이다. 코브조명은 확산 차폐형으로 간접조명이나 간접조명기구를 사용하지 않고 천장 또는 벽의 구조로 만든 조명방식이다.

28

다음의 건축화조명 중 천장면 이용 방식에 속하지 않는 것은?

① 광창조명 ② 코브조명
③ 코퍼조명 ④ 광천장조명

해설 건축화 조명방식 중 천장면 이용 방식에는 천장면을 광원으로 하는 코브조명, 루버천장조명 및 광천장조명 등이 있다. 천장에 매입하는 광원조명으로 코퍼조명, 다운라이트조명 등이 있다. 광창조명은 광원(넓은 사각형)을 벽면(창문 부분)에 설치하는 건축화 조명방식이다.

29

다음은 거실통로유도등의 설치 기준에 대한 내용이다. ( ) 안에 알맞은 것은?

> 바닥으로부터 높이 (㉮)m 이상의 위치에 설치할 것. 다만, 거실통로에 기둥이 설치된 경우에는 기둥부분의 바닥으로부터 높이 (㉯)m 이하의 위치에 설치할 수 있다.

① ㉮ 1.5m, ㉯ 1.5m ② ㉮ 1.5m, ㉯ 2.0m
③ ㉮ 2.0m, ㉯ 1.5m ④ ㉮ 2.0m, ㉯ 2.0m

해설 거실통로유도등의 설치 기준에서 바닥으로부터 높이 1.5m 이상의 위치에 설치할 것. 다만, 거실통로에 기둥이 설치된 경우에는 기둥부분의 바닥으로부터 높이 1.5m 이하의 위치에 설치할 수 있다.

30

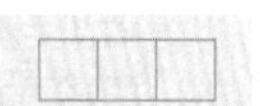

광원에 의해 비춰진 면의 밝기 정도를 나타내는 것은?

① 휘도 ② 광도
③ 조도 ④ 광속 발산도

해설 휘도는 빛을 방사할 때의 표면의 밝기 정도이고, 광도는 광원에서의 빛의 세기이며, 광속 발산도는 어떤 물체의 표면으로부터 방사되는 광속 밀도를 의미한다.

31

인공 조명설계에서 가장 먼저 결정해야 할 요소는?

① 조명방식 ② 소요 조도
③ 광원 ④ 조명기구의 배치

해설 인공 조명설치 순서는 소요 조도의 결정 → 전등 종류의 결정 → 조명방식 및 조명기구의 선정 → 광원의 크기와 그 배치 → 광속의 계산 순이다.

32

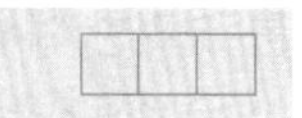

옥내 조명의 설계 순서로 옳은 것은?

> A : 소요 조도 계산
> B : 조명방식, 광원의 선정
> C : 조명기구의 선정
> D : 조명기구의 배치 결정

① A－B－C－D ② A－D－C－B
③ B－C－A－D ④ A－C－D－B

정답 26. ① 27. ① 28. ① 29. ① 30. ③ 31. ② 32. ①

해설 조명 설계의 순서는 소요 조도의 결정 → 전등 종류의 결정 → 조명방식 및 조명기구 → 광원의 크기와 그 배치 → 광속 계산의 순이다.

33

백열전구에 게터(getter)를 사용하는 가장 주된 이유는?

① 효율을 개선하기 위하여
② 광속을 증대시키기 위하여
③ 전력을 감소시키기 위하여
④ 수명을 증대시키기 위하여

해설 게터(getter)는 유리구 내부에 넣어 진공도 또는 봉입 가스의 순도를 높이고 흑화를 감소시키기 위한 화학물질로서 백열전구의 필라멘트의 산화작용을 방지하여 전구의 수명을 증대시키는 역할을 한다.

34

다음 중 조명률에 영향을 끼치는 요소로 볼 수 없는 것은?

① 실의 크기　② 마감재의 반사율
③ 조명기구의 배광　④ 글레어(glare)의 크기

해설 조명률(%) = $\frac{\text{작업면의 광속}}{\text{광원의 광속}} \times 100(\%)$ 즉, 조명률에 영향을 끼치는 요인에는 실의 크기, 마감재의 반사율, 조명기구의 배광 등이 있다. 글레어의 크기와 광원 사이의 간격과는 무관하다.

35

인공조명을 설계할 때 시간이 지남에 따라 광원에 먼지가 묻고 벽면의 반사율 저하로 어두워지는데 이를 고려한 계수는?

① 감광보상률　② 조명률
③ 실지수　④ 광도

해설 감광보상률은 조명기구 사용 중에 광원의 능률 저하 또는 기구의 오손 등으로 조도가 점차 저하하므로 광원의 교환 또는 기구의 소제를 할 때까지 필요로 하는 조도를 유지할 수 있도록 미리 여유를 두기 위한 비율로서 유지(보수)율의 역수이고, 실지수는 조명설계 시 실의 크기에 관한 지수이며, 실계수는 광속 발산도를 검토하는 경우에 사용하는 계수이다.

36

어느 실에 필요한 조명기구의 개수를 구하고자 한다. 그 실의 바닥면적을 A, 평균조도를 E, 조명률을 U, 보수율을 M, 기구 1개의 광속(光束)을 F라고 할 때 조명기구 개수의 적절한 산정식은?

① $\frac{EAM}{FU}$　② $\frac{EAF}{UM}$
③ $\frac{EA}{FUM}$　④ $\frac{E}{AFUM}$

해설 광속의 산정

$F_0 = \frac{EA}{UM}(\text{lm})$, $NF = \frac{AED}{U} = \frac{EA}{UM}(\text{lm})$

여기서, F_0 : 총광속, E : 평균조도(lx)
A : 실내면적(m), U : 조명률
M : 보수율(유지율), N : 소요등 수(개)
F : 1등당 광속(lm)

위의 식에서 알 수 있듯이 $N = \frac{EA}{FUM}$이다.

37

면적이 $100m^2$인 어느 강당의 야간 평균 소요 조도가 300lx이다. 광속이 2,000lm인 형광등을 사용할 경우, 필요한 개수는? (단, 조명률은 60%이고, 감광보상률은 1.5이다.)

① 30　② 34
③ 38　④ 42

해설 $N = \frac{AED}{UF}$이므로

$N = \frac{AED}{UF} = \frac{100 \times 300 \times 1.5}{0.6 \times 2{,}000} = 37.5 ≒ 38$개

38

사무실의 평균조도를 300lx로 설계하고자 한다. 다음과 같은 조건에서의 조명률을 0.6에서 0.7로 개선할 경우 광원의 개수는 얼마만큼 줄일 수 있는가?

[조건]
- 광원의 광속 : 3,000lm
- 개실의 면적 : $600m^2$
- 보수율(유지율) : 0.5

① 15개　② 18개
③ 25개　④ 28개

정답 33. ④ 34. ④ 35. ① 36. ③ 37. ③ 38. ④

해설 광원의 개수 산정

㉮ 조명률을 0.6으로 하는 경우

$$N=\frac{AED}{UF}=\frac{300\times600}{0.6\times0.5\times3{,}000}=200\text{개}$$

㉯ 조명률을 0.7로 하는 경우

$$N=\frac{AED}{UF}=\frac{300\times600}{0.7\times0.5\times3{,}000}=172\text{개}$$

㉮와 ㉯에서 200－172=28개이다.

39

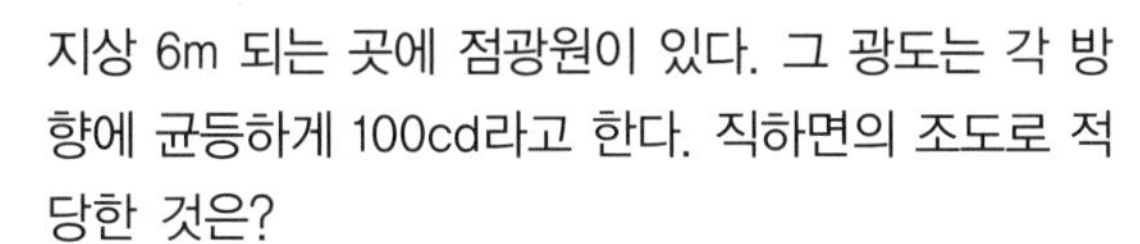

지상 6m 되는 곳에 점광원이 있다. 그 광도는 각 방향에 균등하게 100cd라고 한다. 직하면의 조도로 적당한 것은?

① 2.8lux ② 4.7lux
③ 6.8lux ④ 8.7lux

해설 $\text{조도}=\frac{\text{광도(칸델라)}}{\text{거리}^2(\text{m}^2)}$이다.

광도는 100cd이고, 거리는 6m이므로

$$\therefore \text{조도}=\frac{100}{6^2}=2.77\fallingdotseq2.8\text{lux}$$

40

폭 7m, 길이 10m, 천장 높이 3.5m인 어느 교실의 야간 평균조도가 100lx가 되려면 필요한 형광등의 개수는? (단, 사용되는 형광등 1개당의 광속은 2,000lm, 조명률은 50%, 감광 보상률은 1.5이다.)

① 5개 ② 11개
③ 16개 ④ 23개

해설 N(조명등 개수)

$$=\frac{E(\text{조도})A(\text{실의 면적})}{F(\text{조명등 1개의 광속})U(\text{조명률})M(\text{유지율})}\text{이다.}$$

즉, $N=\frac{EA}{FUM}=\frac{EAD}{FU}$에서,

$E=100$, $A=7\times10=70\text{m}^2$,

$D=\frac{1}{M}=1.5$, $F=2{,}000$, $U=50\%=0.5$이다.

$$\therefore N=\frac{EAD}{FU}=\frac{100\times70\times1.5}{2{,}000\times0.5}=10.5(\text{개})\fallingdotseq11\text{개}$$

41

광속 3,000lm인 백열전구로부터 2m 떨어진 책상에서 조도를 측정하였더니 200lx가 되었다. 이 책상을 백열전구로부터 4m 떨어진 곳에 놓으면 그 책상에서의 조도는?

① 100lx ② 75lx
③ 50lx ④ 25lx

해설 조도는 거리의 제곱에 반비례하므로, 거리가 2m에서 4m, 즉 2배이므로 조도는 $\frac{1}{4}$배가 된다. 즉, $200\times\frac{1}{4}=50\text{lx}$

42

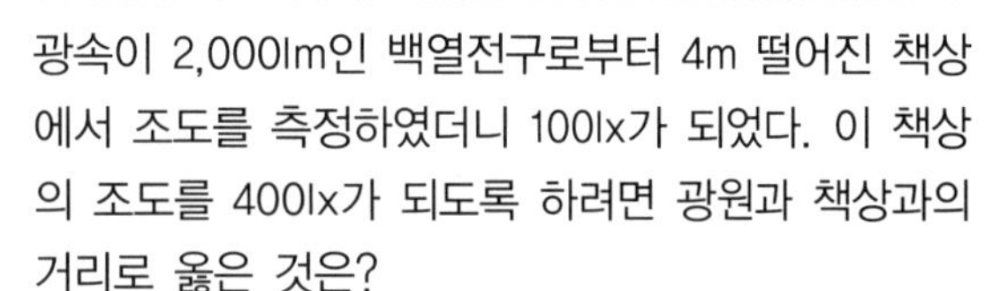

광속이 2,000lm인 백열전구로부터 4m 떨어진 책상에서 조도를 측정하였더니 100lx가 되었다. 이 책상의 조도를 400lx가 되도록 하려면 광원과 책상과의 거리로 옳은 것은?

① 2m ② 3m
③ 0.5m ④ 1m

해설 $\text{조도}=\frac{\text{광도}}{\text{거리}^2}$이다. 그런데, 광속이 일정하면, 조도는 거리의 제곱에 반비례하므로 조도가 4배가 되려면 거리가 $\frac{1}{\left(\frac{1}{2}\right)^2}=4$이다. 즉 거리가 $\frac{1}{2}$이므로 $4\times\frac{1}{2}=2\text{m}$이다.

정답 39. ① 40. ② 41. ③ 42. ①

실내디자인 설비계획

01 |

물의 경도는 물속에 녹아 있는 칼슘, 마그네슘 등의 염류의 양을 무엇의 농도로 환산하여 나타낸 것인가?

① 탄산칼륨　　② 탄산칼슘
③ 탄산나트륨　　④ 탄산마그네슘

해설 경도란 물속에 남아있는 Mg^{++}의 양을 이것에 대응하는 탄산칼슘($CaCO_3$)의 백만분율(ppm)로 환산한 것으로 $1ppm = \frac{1}{1,000,000} = \frac{1mg}{1l} = \frac{1mg}{1,000,000mg}$이다. 또한, 1(L)의 물속에 탄산칼슘이 10(mg) 포함되어 있는 상태를 1도(10ppm)라고 한다.

02 |

급수방식 중 수도직결방식에 관한 설명으로 옳지 않은 것은?

① 고층으로의 급수가 어렵다.
② 급수압력이 항상 일정하다.
③ 정전으로 인한 단수의 염려가 없다.
④ 위생성 측면에서 바람직한 방식이다.

해설 수도직결방식(수도본관으로부터 수도관을 인입하여 수도본관의 수압에 의해서 건물 내의 필요한 곳에 직접 급수하는 방식)은 급수압력이 일정하지 못하다.

03 |

다음 설명에 알맞은 급수방식은?

- 위생성 및 유지·관리 측면에서 가장 바람직한 방식이다.
- 정전으로 인한 단수의 염려가 없다.
- 고층으로의 급수가 어렵다.

① 고가탱크방식　　② 압력탱크방식
③ 수도직결방식　　④ 펌프직송방식

해설 고가탱크방식은 대규모의 급수 수요에 쉽게 대응할 수 있고, 급수 압력이 일정하며, 단수 시에도 일정량의 급수를 계속할 수 있다. 압력탱크방식은 탱크를 높은 곳에 설치하지 않아도 되며, 시설비 및 유지관리비가 많이 들고 정전 시에 급수가 불가능하며, 최고·최저 압력에 따라 급수압이 일정치 않다. 펌프직송방식은 부하 설계와 기기의 선정이 적절하지 못하면 에너지 낭비가 크고, 상향 공급방식이 일반적이며, 자동제어에 필요한 설비비가 많이 들고, 유지관리가 복잡하다.

04 |

다음의 옥내급수방식 중 위생성 및 유지·관리 측면에서 가장 바람직한 방식은?

① 수도직결방식　　② 압력탱크방식
③ 고가탱크방식　　④ 펌프직송방식

해설 압력탱크방식은 탱크를 높은 곳에 설치하지 않아도 되며, 시설비 및 유지관리비가 많이 들고 정전 시에 급수가 불가능하며, 최고·최저 압력에 따라 급수압이 일정치 않다. 고가탱크방식은 대규모의 급수 수요에 쉽게 대응할 수 있고, 급수 압력이 일정하며, 단수 시에도 일정량의 급수를 계속할 수 있다. 펌프직송방식은 부하 설계와 기기의 선정이 적절하지 못하면 에너지 낭비가 크고, 상향 공급방식이 일반적이며, 자동제어에 필요한 설비비가 많이 들고, 유지관리가 복잡하다.

05 |

다음의 급수방식 중 수질오염의 가능성이 가장 큰 것은?

① 수도직결방식
② 고가탱크방식
③ 압력탱크방식
④ 탱크가 없는 부스터 방식

해설 수도직결방식은 위생성 및 유지·관리 측면에서 가장 바람직한 방식으로 정전으로 인한 단수의 염려가 없고, 고층으로의 급수가 어렵다. 압력탱크방식은 탱크를 높은 곳에 설치하지 않아도 되며, 시설비 및 유지관리비가 많이 들고 정전 시에 급수가 불가능하며, 최고·최저 압력에 따라 급수압이 일정치 않다. 탱크가 없는 부스터 방식은 부하 설계와 기기의 선정이 적절하지 못하면 에너지 낭비가 크고, 상향 공급방식이 일반적이며, 자동제어에 필요한 설비비가 많이 들고, 유지관리가 복잡하다.

정답 01. ② 02. ② 03. ③ 04. ① 05. ②

06

급수방식 중 고가수조방식에 관한 설명으로 옳지 않은 것은?

① 급수압력이 일정하다.
② 단수 시에도 일정량의 급수가 가능하다.
③ 대규모의 급수 수요에 쉽게 대응할 수 있다.
④ 위생성 및 유지 · 관리 측면에서 가장 바람직한 방식이다.

해설 ④ 위생성 및 유지 · 관리 측면에서 가장 바람직한 급수방식은 수도직결방식이고, 고가수조방식은 물의 오염도가 가장 높은 단점이 있다.

07

급수방식 중 압력탱크방식에 관한 설명으로 옳지 않은 것은?

① 급수공급압력이 일정하다.
② 단수 시에 일정량의 급수가 가능하다.
③ 일반적으로 상향급수배관방식을 사용한다.
④ 고가탱크방식을 적용하기 어려운 경우에 사용된다.

해설 급수방식 중 압력탱크방식은 탱크에 압력을 주어 급수하므로 급수공급압력이 일정하지 못하다.

08

급수방식에 관한 설명으로 옳지 않은 것은?

① 고가수조방식은 단수 시에도 일정량의 급수가 가능하다.
② 압력수조방식은 급수공급압력이 일정하다는 장점이 있다.
③ 수도직결방식은 위생 및 유지 · 관리 측면에서 가장 바람직한 방식이다.
④ 펌프직송방식은 펌프의 운전방식에 따라 정속방식과 변속방식으로 구분할 수 있다.

해설 급수방식 중 고가수조방식은 급수공급압력이 일정하고, 취급이 간단한 장점이 있으나, 압력수조방식은 급수공급압력의 변화가 심하고, 취급이 까다로운 단점이 있다.

09

다음 급수방식의 조합 중 가장 에너지 절약적인 방식은?

① 저층부 수도직결방식과 고층부 고가탱크방식
② 저층부 수도직결방식과 고층부 압력탱크방식
③ 저층부 압력탱크방식과 고층부 펌프직송방식
④ 저층부 펌프직송방식과 고층부 고가탱크방식

해설 에너지 절약이 유리한 것부터 불리한 것의 순으로 나열하면 수도직결방식 → 고가탱크방식 → 압력탱크방식 → 탱크가 없는 부스터방식의 순이다.

10

일반적으로 하향급수 배관방식으로 사용하는 급수방식은?

① 고가수조방식 ② 수도직결방식
③ 압력수조방식 ④ 펌프직송방식

해설 고가수조의 급수방식은 상수원(수돗물, 우물물) → 저수탱크 → 양수펌프 → 고가탱크 → 위생기구의 순으로 급수하므로 하향급수 배관방식을 사용하는 방식이다.

11

급수, 급탕, 배수설비 등 건축설비에서 주로 사용되는 펌프는?

① 사류펌프 ② 축류펌프
③ 원심식 펌프 ④ 왕복식 펌프

해설 터보형 펌프(임펠러 즉 회전차에 의해 회전하므로 에너지의 교환이 이루어지는 펌프)의 종류에는 원심식 펌프(벌류트, 터빈, 라인펌프, 수중펌프 등으로 급수, 급탕, 배수설비 등에 사용), 사류식 펌프(상 · 하수도용, 냉각수 순환용, 공업 용수용 등에 사용) 및 축류식 펌프(양정이 10m 이하로 낮고, 송출량이 많은 경우에 사용) 등이 있다. 특히, 특수형의 펌프에는 와류, 관성류, 기포, 수격, 제트, 전자, 점성 및 마찰펌프 등이 있다.

12

터보형 펌프에 속하지 않는 것은?

① 터빈펌프 ② 사류펌프
③ 볼류트펌프 ④ 피스톤펌프

정답 06. ④ 07. ① 08. ② 09. ① 10. ① 11. ③ 12. ④

해설 터보형 펌프(임펠러 즉 회전차에 의해 회전하므로 에너지의 교환이 이루어지는 펌프)의 종류에는 원심식 펌프(벌류트, 터빈, 라인펌프, 수중펌프 등으로 급수, 급탕, 배수설비 등에 사용), 사류식 펌프(상·하수도용, 냉각수 순환용, 공업 용수용 등에 사용) 및 축류식 펌프(양정이 10m 이하로 낮고, 송출량이 많은 경우에 사용) 등이 있고, 피스톤펌프는 왕복동식 펌프(실린더 속에 피스톤, 플런저 또는 버킷 등을 왕복시켜 물을 퍼 올리고 보내는 펌프)에 속한다.

13 |

원심식 펌프의 일종으로 회전차 주위에 디퓨저인 안내 날개를 갖고 있는 펌프로 옳은 것은?

① 기어 펌프
② 피스톤 펌프
③ 벌류트 펌프
④ 터빈 펌프

해설 기어 펌프는 2개의 기어를 맞물려 기어 공간에 고인 유체를 기어 회전에 의한 케이싱 내면에 따라 송출하는 펌프이다. 피스톤 펌프는 피스톤의 왕복 운동에 의하여 흡수 및 토출을 하는 펌프이다. 벌류트 펌프는 원심식 펌프의 일종으로 와권 케이싱과 회전차로 구성되는 펌프이다.

14 |

급수배관의 설계 및 시공상의 주의점에 관한 설명으로 옳지 않은 것은?

① 수평배관에는 공기나 오물이 정체하지 않도록 한다.
② 수평주관은 기울기를 주지 않고, 가능한 한 수평이 되도록 배관한다.
③ 주배관에는 적당한 위치에 플랜지 이음을 하여 보수점검을 용이하게 한다.
④ 음료용 급수관과 다른 용도의 배관이 크로스 커넥션(Cross Connection) 되지 않도록 한다.

해설 급수설비의 급수배관은 고장 수리, 관내 공기빼기, 겨울철의 동파 방지 등을 위하여 관 속의 물을 완전히 제거할 수 있도록 1/150~1/250 정도의 구배로 시공하여야 한다.

15 |

급탕설비에 관한 설명으로 옳은 것은?

① 중앙식 급탕방식은 소규모 건물에 유리하다.
② 개별식 급탕방식은 가열기의 설치공간이 필요 없다.
③ 중앙식 급탕방식의 간접가열식은 소규모 건물에 주로 사용된다.
④ 중앙식 급탕방식의 직접가열식은 보일러 안에 스케일 부착의 우려가 있다.

해설 ① 중앙식 급탕방식은 대규모 건물에 유리하다.
② 개별식 급탕방식은 가열기의 설치 공간이 필요하다.
③ 중앙식 급탕방식의 간접가열식은 대규모 건물에 주로 사용된다.

16 |

개별급탕방식에 관한 설명으로 옳지 않은 것은?

① 배관의 열손실이 적다.
② 시설비가 비교적 싸다.
③ 규모가 큰 건축물에 유리하다.
④ 높은 온도의 물을 수시로 얻을 수 있다.

해설 개별급탕방식은 가열기, 배관 등 설비 규모가 작고, 배관 및 기기로부터의 열손실이 거의 없으며, 건물 완공 후 급탕 개소의 증설이 용이한 방식이다. 특히, 규모가 작은 건축물에 사용하는 방식이다.

17 |

중앙식 급탕방식에 관한 설명으로 옳지 않은 것은?

① 배관 및 기기로부터의 열손실이 많다.
② 급탕 개소마다 가열기의 설치 스페이스가 필요하다.
③ 시공 후 기구 증설에 따른 배관변경 공사를 하기 어렵다.
④ 기구의 동시이용률을 고려하여 가열 장치의 총용량을 적게 할 수 있다.

해설 중앙식 급탕방식은 일정한 장소에 급탕설비를 갖추고 급탕 배관에 의해 각 사용 개소에 급탕하는 방식이므로 급탕 개소마다 가열기의 설치 스페이스가 필요하지 않다.

정답 13. ④ 14. ② 15. ④ 16. ③ 17. ②

18

간접가열식 급탕방법에 관한 설명으로 옳지 않은 것은?

① 열효율은 직접가열식에 비해 낮다.
② 가열 보일러로 저압 보일러의 사용이 가능하다.
③ 가열 보일러는 난방용 보일러와 겸용할 수 없다.
④ 저탕조는 가열코일을 내장하는 등 구조가 약간 복잡하다.

해설 간접가열식 급탕방식(열매를 저탕조 속의 가열코일에 공급하여 그 열로 저탕조 속의 급수된 물을 간접적으로 가열하여 급탕하는 방식)은 난방용 보일러로 급탕까지 가능하므로 보일러 설치비용이 절감(급탕용 보일러와 난방용 보일러를 동시에 사용)된다.

19

국소식 급탕방식에 관한 설명으로 옳지 않은 것은?

① 급탕 개소마다 가열기의 설치 스페이스가 필요하다.
② 급탕 개소가 적은 비교적 소규모의 건물에 채용된다.
③ 급탕 배관의 길이가 길어 배관으로부터의 열손실이 크다.
④ 용도에 따라 필요한 개소에서 필요한 온도의 탕을 비교적 간단하게 얻을 수 있다.

해설 국소식(개별식) 급탕방식은 급탕 배관의 길이가 짧아 배관으로부터의 열손실이 작다.

20

급탕 배관의 설계 및 시공상의 주의점으로 옳지 않은 것은?

① 중앙식 급탕설비는 원칙적으로 강제 순환 방식으로 한다.
② 수시로 원하는 온도의 탕을 얻을 수 있도록 단관식으로 한다.
③ 관의 신축을 고려하여 건물의 벽 관통 부분의 배관에는 슬리브를 설치한다.
④ 순환식 배관에서 탕의 순환을 방해하는 공기가 정체하지 않도록 수평관에는 일정한 구배를 둔다.

해설 단관식(급탕관과 반탕관이 하나의 관으로 이루어진 방식)은 보통 우리 가정에서 사용하는 방식으로 급탕전을 개방하면 즉시 따뜻한 물이 나오지 않고, 어느 정도의 시간이 지나면 따뜻한 물이 나오는 형식이고, 복관식(급탕관과 반탕관이 하나의 관으로 이루어진 방식)은 보통 우리 목욕탕에서 사용하는 방식으로 급탕전을 개방하면 즉시 뜨거운 물이 나오는 방식이다.

21

0.5L의 물을 5℃에서 60℃로 올리는데 필요한 열량은? (단, 물의 비열은 4.2kJ/kg · K, 물의 밀도는 1kg/L이다.)

① 63.0kJ
② 115.5kJ
③ 127.5kJ
④ 180.0kJ

해설 Q(소요 열량)$=c$(비열)m(질량)Δt(온도의 변화량)이다.
즉, $Q=cm\Delta t=4.2\times0.5\times(60-5)=115.5\text{kJ}$

22

급탕량의 산정방식에 속하지 않는 것은?

① 급탕 단위에 의한 방법
② 사용 기구수로부터 산정하는 방법
③ 사용 인원수로부터 산정하는 방법
④ 저탕조의 용량으로부터 산정하는 방법

해설 급탕량의 산정방식에는 사용 기구수, 사용 인원수, 급탕 단위에 의한 방법 등이 있고, 저탕조의 용량과는 무관하다.

23

배수트랩에 관한 설명으로 옳지 않은 것은?

① 트랩은 배수능력을 촉진시킨다.
② 관 트랩에는 P트랩, S트랩, U트랩 등이 있다.
③ 트랩은 기구에 가능한 한 근접하여 설치하는 것이 좋다.
④ 트랩의 유효봉수 깊이가 너무 낮으면 봉수가 손실되기 쉽다.

해설 트랩은 배수관에 설치하므로 배수능력을 저하시키나, 하수가스, 악취 및 벌레 등이 실내로 침입하는 것을 막기 위하여 설치하는 배수관의 부품이다.

정답 18.③ 19.③ 20.② 21.② 22.④ 23.①

24

다음에서 주방 배수용 트랩으로 적합한 것은?

① U트랩　② 그리스트랩
③ 가솔린트랩　④ 모발 포집기

해설 트랩은 배수관 속의 악취, 유독가스 및 벌레 등이 실내로 침투하는 것을 방지하기 위하여 배수 계통의 일부에 봉수가 고이게 하는 기구로서 종류는 S트랩(세면기, 대변기 등), P트랩(위생기구), U트랩(가로 배관), 드럼트랩(drum trap, 가옥트랩으로 옥내 배수 수평주관의 말단 등 가옥 내 배수 기구에 부착하여 공공하수관으로부터 해로운 가스가 집 안으로 침입하는 것을 방지하는 데 사용하는 트랩으로 부엌용 개수기류), 벨트랩(bell trap, 욕실 바닥의 물을 배수) 및 **그리스 포집기(배수설비에 사용되는 포집기 중 레스토랑의 주방 등에서 배출되는 배수 중의 유지분을 포집하는데 사용)**등이 있다.)

25

호텔의 주방이나 레스토랑의 주방에서 배출되는 배수 중의 유지분을 포집하기 위하여 사용되는 포집기는?

① 플라스터 포집기　② 헤어 포집기
③ 오일 포집기　④ 그리스 포집기

해설 플라스터 포집기는 병원의 치과 또는 외과의 깁스실에 설치하는 저집기로서 금속재의 부스러기나 플라스터를 걸러내는 포집기이다. 헤어 포집기는 미용실, 이용실, 풀장, 공중 목욕탕의 배수에 함유된 머리카락이나 미용약제 등을 저지 회수하는 포집기이다. 오일 포집기는 휘발성의 기름을 취급하는 차고 등지에서 사용하는 것으로 가솔린을 트랩의 수면에 띄워 배기관을 통하여 휘발 방산하는 포집기이다.

26

다음 중 배수트랩 내의 봉수 파괴 원인과 가장 관계가 먼 것은?

① 증발 현상　② 모세관 현상
③ 서징 현상　④ 자기 사이펀 작용

해설 트랩의 봉수 파괴 원인에는 자기 사이펀 작용, 역압에 의한 흡출(유인 사이펀) 작용, 모세관 현상, 증발작용 및 분출작용 등이다. 서징 현상은 원심 압축기나 펌프 등에서 유체의 토출압력이나 토출량의 변동으로 인해 진동이나 소음이 발생하는 현상으로 봉수 파괴 원인과는 무관하다.

27

다음 중 배수트랩의 봉수 파괴 원인과 가장 거리가 먼 것은?

① 수격 작용　② 분출 작용
③ 모세관 현상　④ 유인 사이펀 작용

해설 트랩의 봉수 파괴 원인에는 자기 사이펀 작용, 역압에 의한 흡출(유인 사이펀) 작용, 모세관 현상, 증발작용 및 분출작용 등이다. 수격작용은 일정한 압력과 유속으로 배관계통을 흐르는 비압축성 유체가 급격히 차단될 때 발생하고, 수격작용(워터 해머)에 의한 압력파는 그 힘이 소멸될 때까지 소음과 진동을 유발시킨다.

28

다음 중 배수설비에서 봉수가 자기 사이펀 작용에 의해 파괴되는 것을 방지하기 위한 방법으로 가장 적절한 것은?

① S트랩을 사용한다.
② 각개 통기관을 설치한다.
③ 트랩 출구의 모발 등을 제거한다.
④ 봉수의 깊이를 15cm 이상으로 깊게 유지한다.

해설 트랩의 봉수 파괴 원인 중 자기 사이펀 작용(기구의 배수관이나 이것을 연결하는 배수 수직관 속이 모두 만수 상태로 흐르면 위생기구의 밑에 있는 트랩 내의 배수는 강한 사이펀 작용으로 흡입되어 봉수가 파괴되는 현상)을 방지하기 위해서는 **통기관을 설치**하여야 한다.

29

배수관에 설치되는 트랩 내의 봉수 깊이로서 가장 적절한 것은?

① 50mm 이하　② 50~100mm
③ 150~200mm　④ 200mm 이상

해설 봉수 깊이는 50mm 이상 100mm 이하로 하고, 기구 내장 트랩의 내벽 및 배수로의 단면 형상에 급격한 변화가 없어야 한다.

정답 24. ② 25. ④ 26. ③ 27. ① 28. ② 29. ②

30

다음 중 통기관의 설치 목적과 가장 거리가 먼 것은?

① 배수계통 내의 배수 및 공기의 흐름을 원활히 한다.
② 증발 현상에 의해 트랩 봉수가 파괴되는 것을 방지한다.
③ 사이펀 작용에 의해 트랩 봉수가 파괴되는 것을 방지한다.
④ 배수관 계통의 환기를 도모하여 관 내를 청결하게 유지한다.

해설 통기관의 역할은 봉수를 유지함으로써 트랩의 기능을 다하기 위하여 트랩 가까이에 통기관을 세워 트랩의 봉수 파괴를 방지하고, 배수의 흐름을 원활히 하며, 배수관 내의 환기를 도모한다. 통기관으로부터 봉수를 보호할 수 없는 경우는 증발 현상과 모세관 현상에 의한 봉수 파괴이다.

31

다음 중 배수관에 통기관을 설치하는 목적과 가장 거리가 먼 것은?

① 트랩의 봉수를 보호한다.
② 배수관의 신축을 흡수한다.
③ 배수관 내 기압을 일정하게 유지한다.
④ 배수관 내의 배수흐름을 원활히 한다.

해설 통기관의 역할은 봉수를 유지함으로써 트랩의 기능을 다하기 위하여 트랩 가까이에 통기관을 세워 트랩의 봉수 파괴를 방지하고, 배수의 흐름을 원활히 하며, 배수관 내의 환기를 도모한다. 또한, 신축이음의 역할은 배관의 신축 팽창량을 흡수하기 위하여 사용하고 배관에서 길이 방향의 팽창량을 흡수하는 역할을 하는 이음이며 배관과 배관을 이어주는 역할도하고 신축이음이 없으면 배관이 틀어지거나 터져버릴 수 있게 때문에 사용한다. 대표적으로 루프(곡관)형, 슬리브(미끄럼)형, 벨로즈형, 스위블형 신축이음 4가지로 나눌 수 있다.

32

통기관의 설치 목적으로 옳지 않은 것은?

① 배수관 내의 물의 흐름을 원활히 한다.
② 은폐된 배수관의 수리를 용이하게 한다.
③ 사이펀 작용 및 배압으로부터 트랩의 봉수를 보호한다.
④ 배수관 내에 신선한 공기를 유통시켜 관 내의 청결을 유지한다.

해설 통기관의 역할은 봉수를 유지함으로써 트랩의 기능을 다하기 위하여 트랩 가까이에 통기관을 세워 트랩의 봉수 파괴를 방지하고, 배수의 흐름을 원활히 하며, 배수관 내의 환기를 도모한다. 배수관의 수리를 위해서는 유니언(관을 회전시킬 수 없을 때 너트를 회전시키는 것만으로 접속 또는 분리가 가능하므로 관 고정 개소나 분해 수리 등을 필요로 하는 곳에 사용)을 사용한다.

33

통기관의 설치 목적으로 적합하지 않은 것은?

① 배수관 내에 배수의 흐름을 원활하게 한다.
② 스케일 부착에 의한 배수관 폐쇄의 보수, 점검을 용이하게 한다.
③ 배수관 내에 신선한 공기를 유통시켜 배수관 내를 청결하게 한다.
④ 트랩 봉수가 파괴되는 것을 방지한다.

해설 스케일 부착에 의한 배수관 폐쇄의 보수, 점검을 용이하게 하는 것과 통기관의 설치와는 무관하다.

34

배수설비의 통기관에 관한 설명으로 옳지 않은 것은?

① 배수계통 내의 배수 및 공기의 흐름을 원활히 한다.
② 배수관 계통의 환기를 도모하여 관내를 청결하게 유지한다.
③ 배수관을 막히게 하는 물질을 물리적으로 분리하여 수거한다.
④ 사이펀 작용 및 배압에 의해 트랩 봉수가 파괴되는 것을 방지한다.

해설 통기관의 역할은 트랩의 봉수 파괴를 방지(증발과 모세관 현상에 의한 봉수 파괴는 방지가 불가능)하고, 배수 및 공기의 흐름을 원활히 하며, 배수관 내의 환기를 도모하여 관내를 청결하게 한다.

정답 30. ② 31. ② 32. ② 33. ② 34. ③

35

건축물 배수시스템의 통기관에 관한 설명으로 옳지 않은 것은?

① 결합통기관은 배수수직관과 통기수직관을 연결한 통기관이다.
② 회로(루프)통기관은 배수횡지관 최하류와 배수수직관을 연결한 것이다.
③ 신정통기관은 배수수직관을 상부로 연장하여 옥상 등에 개구한 것이다.
④ 특수통기방식(섹스티아 방식, 소벤트 방식)은 통기수직관을 설치할 필요가 없다.

해설 루프(회로 또는 환상) 통기관은 2개 이상의 트랩을 보호하기 위해서 최상류에 있는 기구 배수관을 배수 수평 지관에 연결한 다음에 하류측에서 통기관을 세워 통기수직관과 연결한 통기관으로 통기수직관과 최상류 기구까지의 루프 통기관의 연장은 7.5m 이내가 되어야 한다.

36

통기관의 관경 산정에 관한 설명으로 옳지 않은 것은?

① 신정 통기관의 관경은 배수 수직관의 관경보다 작게 해서는 안 된다.
② 각개 통기관의 관경은 그것이 접속되는 배수관 관경보다 작게 해서는 안 된다.
③ 결합 통기관의 관경은 통기 수직관과 배수 수직관 중 작은 쪽 관경 이상으로 한다.
④ 루프 통기관의 관경은 배수 수평 지관과 통기 수직관 중 작은 쪽 관경의 1/2 이상으로 한다.

해설 각개 통기관의 관경은 그것이 접속되는 배수관 관경의 1/2 이상 또는 32mm 이상으로 하여야 한다.

37

배수수직관 내의 압력변화를 방지 또는 완화하기 위해, 배수수직관으로부터 분기 · 입상하여 통기수직관에 접속하는 통기관은?

① 각개통기관 ② 루프통기관
③ 결합통기관 ④ 신정통기관

해설 각개통기관은 기구 하나하나마다 설치하는 통기관이다. 루프(회로 또는 환상)통기관(Loop vent system)은 2개 이상인 기구 트랩의 봉수를 보호하기 위하여 설치하는 통기관이다. 신정 통기관은 배수수직관의 상부를 그대로 연장하여 대기에 개방되게 한 것으로 배수수직관이 통기관의 역할까지 하도록 한 통기관이다.

38

플러시 밸브식 대변기에 관한 설명으로 옳지 않은 것은?

① 대변기의 연속 사용이 가능하다.
② 일반 가정용으로 주로 사용된다.
③ 화장실을 넓게 사용할 수 있다는 장점이 있다.
④ 세정음은 유수음도 포함되기 때문에 소음이 크다.

해설 플러시 밸브(급수관으로부터 직접 나오는 물을 사용하여 변기 등 설비품을 씻는 데 사용하는 밸브로서, 한 번 핸들을 누루면 급수의 압력으로 일정량의 물이 나온 후 자동적으로 잠기도록 된 밸브이)식의 대변기는 수압 제한이 가장 많고, 급수관의 관경이 25mm 이상이므로 일반 가정에서는 사용이 불가능하다.

39

다음 설명에 알맞은 대변기의 세정 방식은?

> 바닥으로부터 1.6m 이상 높은 위치에 탱크를 설치하고 볼 탭을 통하여 공급된 일정량의 물을 저장하고 있다가 핸들 또는 레버의 조작에 의해 낙차에 의한 수압으로 대변기를 세척하는 방식

① 세출식 ② 세락식
③ 로탱크식 ④ 하이탱크식

해설 세출식은 오물을 일단 변기의 얕은 수면에 받아 변기 가장자리에서 나오는 세정수로 오물을 씻어 내리는 방식으로 다량의 물을 사용하고 냄새가 발산되는 방식이고, 세락식은 물의 낙차에 의하여 오물을 배출하는 형식으로 취기의 발산이 비교적 적고 유수면이 좁아 더러워지기 쉽지만 일반 양식 변기에 가장 많은 형식이며, 로탱크식은 소음이 적어 주택, 호텔 등에 사용되고, 변기의 설치 면적이 다수 크며, 탱크의 높이가 낮아 세정관은 50mm 이상의 굵기로 한다.

정답 35. ② 36. ② 37. ③ 38. ② 39. ④

40

다음 중 간접배수를 하지 않아도 되는 것은?

① 소변기 ② 수음기
③ 세탁기 ④ 탈수기

해설 간접배수(각 기구에서의 배수를 일반 배수 계통에 직결하지 않고, 물받이 사이에 공간을 두고 배수하는 것으로 기구의 사용 상태나 관 막힘 등에 따라 하수 가스나 오수가 역류해서 음식물을 오염시키는 위험이나 배수관 내의 압력을 가할 염려를 막기 위한 것)는 식품 관계(수음기), 냉·난방, 소화, 소독(세탁기, 탈수기), 취사기기 등의 배수 배관에 이용된다.

41

배관재료 중 내압성, 내마모성이 우수하고 가스 공급관, 지하 매설관, 오수 배수관 등에 사용되는 것은?

① 동관 ② 배관용 탄소강관
③ 연관 ④ 주철관

해설 동관은 건축물의 급수관, 급탕관, 난방배관, 급유관, 압력계관, 냉매관, 열교환기용관 등에 사용하고, 배관용 탄소강관은 사용 압력이 비교적 낮은 물, 기름, 가스, 공기, 증기 등의 배관용에 사용하며, 연관은 화공배관, 가스배관, 수도관, 기구 배수관용으로 사용된다.

42

다음 중 습공기 선도에 표현되어 있지 않은 것은?

① 엔탈피 ② 습구온도
③ 노점온도 ④ 산소함유량

해설 습공기 선도에 나타나는 것은 온도(건구, 습구, 노점온도), 습도(절대, 상대), 수증기 분압, 엔탈피, 비체적, 현열비 및 열수분비 등이 있다. 산소함유량과는 무관하다.

43

대기압 조건에서 현열과 잠열에 관한 설명으로 옳지 않은 것은?

① 0℃ 얼음을 100℃ 물로 만들기 위해서는 현열만 필요하다.
② −10℃ 얼음을 0℃ 얼음으로 만들기 위해서는 현열만 필요하다.
③ 100℃ 물을 100℃ 수증기로 만들기 위해서는 잠열만 필요하다.
④ 0℃ 얼음을 100℃ 수증기로 만들기 위해서는 현열과 잠열이 필요하다.

해설

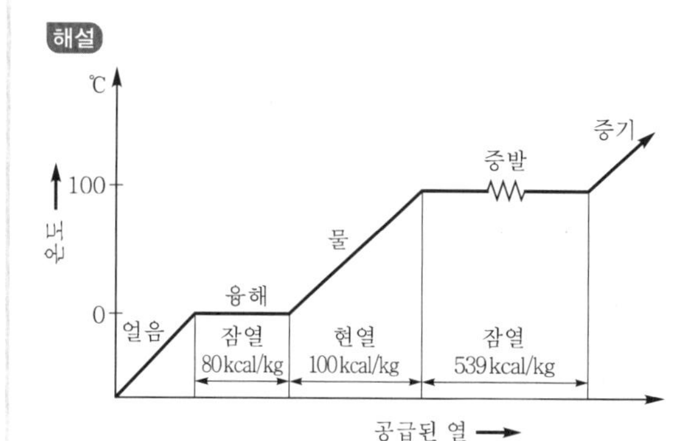

0℃의 얼음이 융해되기 위해서는 잠열이 필요하고, 0℃의 물을 100℃의 물로 되기 위해서는 현열이 필요하므로 0℃ 얼음을 100℃ 물로 만들기 위해서는 현열과 잠열이 모두 필요하다.

44

온수난방방식에 관한 설명으로 옳지 않은 것은?

① 증기난방에 비해 예열시간이 짧다.
② 온수의 현열을 이용하여 난방하는 방식이다.
③ 한랭지에서는 운전정지 중에 동결의 위험이 있다.
④ 보일러 정지 후에는 여열이 남아 있어 실내 난방이 어느 정도 지속된다.

해설 온수난방
현열(sensible heat)을 이용한 난방으로, 보일러에서 가열된 온수를 복관식 또는 단관식의 배관을 통하여 방열기에 공급하여 난방하는 방식으로 온수난방의 장점과 단점은 다음과 같다.
㉠ 장점
- 난방 부하의 변동에 따라 온수온도와 온수의 순환 수량을 쉽게 조절할 수 있다.
- 현열을 이용한 난방이므로 증기난방에 비해 쾌감도가 높다.
- 방열기 표면온도가 낮으므로 표면에 부착된 먼지가 타서 냄새나는 일이 적고, 화상을 입을 염려가 없다.
- 난방을 정지하여도 난방효과가 잠시 지속되고, 보일러 취급이 안전하고 용이하다.

정답 40. ① 41. ④ 42. ④ 43. ① 44. ①

㉡ 단점
- 증기난방에 비해 방열면적과 배관이 크고 설비비가 많이 든다.
- 열용량이 크기 때문에 온수 순환 시간과 예열 시간이 길다.
- 한랭 시 난방을 정지하였을 경우 동결이 우려된다.

45 |

온수난방 배관에서 리버스 리턴(Reverse Return) 방식을 사용하는 가장 주된 이유는?

① 배관 길이를 짧게 하기 위해
② 배관의 부식을 방지하기 위해
③ 배관의 신축을 흡수하기 위해
④ 온수의 유량 분배를 균일하게 하기 위해

해설 역환수 방식(리버스 리턴 방식)은 온수난방에서 복관식 배관법의 하나로, 열원에서 방열기까지 보내는 관과 되돌리는 관의 길이를 거의 같게 하는 방식이다. 마찰저항을 균등하게 하여 방열기 위치에 상관이 없고, 냉·온수가 평균적(온수의 유량 분배를 균일)으로 흘러 순환이 국부적으로 일어나지 않도록 하는 방식이다.

46 |

증기난방방식에 관한 설명으로 옳지 않은 것은?

① 한랭지에서 동결의 우려가 적다.
② 온수난방에 비하여 예열시간이 짧다.
③ 부하변동에 따른 실내방열량의 제어가 용이하다.
④ 열매온도가 높으므로 온수난방에 비하여 방열기의 방열면적이 작아진다.

해설 증기난방
증기난방은 보일러에서 물을 가열하여 발생한 증기를 배관에 의하여 각 실에 설치된 방열기로 보내어 이 수증기의 증발잠열로 난방하는 방식으로 방열기 내에서 수증기는 증발잠열을 빼앗기므로 응축되며, 이 응축수는 트랩에서 증기와 분리되어 환수관을 통하여 보일러에 환수되며, 응축수 환수 방식에는 중력 환수식, 기계 환수식 및 진공 환수식 등이 있다. 장·단점과 종류는 다음과 같다.
㉠ 장점
- 증발잠열을 이용하기 때문에 열의 운반능력이 크다.
- 예열시간이 온수난방에 비해 짧고, 증기의 순환이 빠르다.
- 방열면적을 온수난방보다 작게 할 수 있고, 설비비와 유지비가 싸다.

㉡ 단점
- 난방의 쾌감도가 낮고, 난방부하의 변동에 따라 방열량의 조절이 곤란하다.
- 소음이 많이 나고, 보일러의 취급 기술이 필요하다.

47 |

다음 중 천장고가 높은 건물에 가장 적합한 난방방식은?

① 증기난방　　② 온수난방
③ 온풍난방　　④ 복사난방

해설 복사난방
복사난방(panel heating)은 건축 구조체(천장, 바닥, 벽 등)에 동판, 강판, 폴리에틸렌관 등으로 코일(coil)을 배관하여 가열면을 형성하고, 여기에 온수 또는 증기를 통하여 가열면의 온도를 높여서 복사열에 의한 난방을 하는 것으로, 쾌감온도가 높은 난방방식으로 장·단점은 다음과 같다.
㉠ 장점
- 대류식 난방방식은 바닥면에 가까울수록 온도가 낮고 천장면에 가까울수록 온도가 높아지는 데 비해, 복사난방방식은 실내의 온도 분포가 균등하고 쾌감도가 높다.
- 방열기가 필요치 않으며, 바닥면의 이용도가 높다.
- 방이 개방 상태에서도 난방효과가 있으며, 평균온도가 낮기 때문에 동일 발열량에 대해서 손실열량이 비교적 적다.
- 대류가 적으므로 바닥면의 먼지가 상승하지 않는다.

㉡ 단점
- 가열 코일에 매설하는 관계상 시공, 수리와 방의 모양을 바꿀 때 불편하며, 건축 벽체의 특수 시공이 필요하므로 설비비가 많이 든다.
- 회벽 표면에 균열이 생기기 쉽고, 매설 배관이 고장났을 때 발견하기가 곤란하다.
- 열손실을 막기 위한 단열층이 필요하다.
- 열용량이 크기 때문에 외기온도의 급변에 대해서 곧 발열량을 조절할 수 없다.

48 |

복사난방에 관한 설명으로 옳은 것은?

① 천장이 높은 방의 난방은 불가능하다.
② 실내의 쾌감도가 다른 방식에 비하여 가장 낮다.
③ 외기 침입이 있는 곳에서는 난방감을 얻을 수 없다.
④ 열용량이 크기 때문에 방열량 조절에 시간이 걸린다.

정답 45. ④ 46. ③ 47. ④ 48. ④

해설 복사난방(바닥, 천장, 벽 등에 온수나 증기를 통하는 관을 매설하여 방열면으로 사용하며, 복사열에 의해 실내를 난방하는 방식)은 천장이 높은 방의 난방에 적합하고, 실을 개방(외기의 침입)하여도 난방효과가 높으며, 실내의 온도 분포가 균등하여 쾌감도가 높다.

49

대류난방과 바닥복사난방의 비교 설명으로 옳지 않은 것은?

① 예열시간은 대류난방이 짧다.
② 실내 상하온도차는 바닥복사난방이 작다.
③ 거주자의 쾌적성은 대류난방이 우수하다.
④ 바닥복사난방은 난방코일의 고장 시 수리가 어렵다.

해설 복사난방은 방열기를 설치하지 않아 실내 바닥면의 이용도가 높으며 실내의 온도 분포가 균등하고 대류 난방에 비해 쾌감도(거주자의 쾌적성)가 높은 난방방식이다.

50

다음 설명에 알맞은 보일러의 종류는?

- 수직으로 세운 드럼 내에 연관 또는 수관이 있는 소규모의 패키지형으로 되어 있다.
- 설치 면적이 작고 취급이 용이하나 사용 압력이 낮다.

① 입형 보일러
② 수관 보일러
③ 관류 보일러
④ 주철제 보일러

해설 수관 보일러는 효율이 80~90% 정도이다. 대규모 병원·호텔의 고압 증기를 필요로 하는 곳에 적용하고 급탕 및 지역난방용으로 사용한다. 관류 보일러는 보유 수량이 적어 예열시간이 짧으며, 주철제 보일러는 사용 내압이 낮아 저압용으로 주로 사용한다. 주철제 보일러는 증기와 온수를 사용해 중·소 건물의 급탕 및 난방용으로 주로 저압에 사용한다.

51

다음 설명에 알맞은 보일러의 출력은?

연속해서 운전할 수 있는 보일러의 능력으로서 난방부하, 급탕부하, 배관부하, 예열부하의 합이며, 일반적으로 보일러 선정 시에 기준이 된다.

① 상용출력 ② 정격출력
③ 정미출력 ④ 과부하출력

해설 보일러의 출력
㉠ 보일러의 전 부하 또는 정격출력 = 난방부하 + 급탕·급기부하 + 배관부하 + 예열부하
㉡ 보일러의 상용출력 = 보일러의 전 부하(정격출력) − 예열부하 = 난방부하 + 급탕·급기부하 + 배관부하
㉢ 보일러의 정미출력 = 난방부하 + 급탕·급기부하

52

흡수식 냉동기의 특징으로 옳지 않은 것은?

① 흡수제와 흡수작용에 의해서 냉동을 행한다.
② 소음 및 진동이 작다.
③ 온수공급도 행할 수 있다.
④ 동일 용량의 압축식과 비교시 냉각탑의 냉동능력이 작아도 된다.

해설 흡수식 냉동기는 열원을 증기나 고온수로 사용하므로 기계적 에너지가 아닌 열에너지에 의해 냉동효과를 얻고, 구조는 증발기, 흡수기, 재생기(발생기), 응축기 등으로 구성되어 있으며, 비열량이 압축식 냉동기에 비해 2배 이상이고, 냉각탑의 냉각능력도 커야 된다.

53

기계적 에너지가 아닌 열에너지의 의해 냉동효과를 얻는 냉동기는?

① 터보식 냉동기 ② 흡수식 냉동기
③ 스크류식 냉동기 ④ 왕복동식 냉동기

해설 흡수식 냉동기는 열원을 증기나 고온수로 사용하므로, 기계적 에너지가 아닌 열에너지(증기, 고온수)를 이용하여 냉동효과를 얻는다. 왕복동(레시프로)식, 원심력(터보)식, 회전(스크류)식 등은 압축식 냉동기이다.

정답 49. ③ 50. ① 51. ② 52. ④ 53. ②

54 |

임펠러의 원심력에 의해 냉매가스를 압축하는 것으로, 중 · 대형 규모의 중앙식 공조에서 냉방용으로 사용되는 냉동기는?

① 터보식 냉동기　② 흡수식 냉동기
③ 스크류식 냉동기　④ 왕복동식 냉동기

해설 흡수식 냉동기는 사용시간이 짧은 경우에 사용된다. 스크류식 냉동기는 공기 열원히트 펌프용으로 사용된다. 왕복동식 냉동기는 중소 규모의 건축 또는 객실용으로 사용된다.

55 |

A실의 냉방 부하를 계산한 결과 현열 부하가 8,000W이다. 취출 공기 온도를 18℃로 할 경우 송풍량은? (단, 실온은 26℃, 공기의 밀도는 1.2kg/m³, 공기의 비열은 1.01kJ/kg · K이다.)

① 약 $825m^3/h$　② 약 $1,560m^3/h$
③ 약 $2,970m^3/h$　④ 약 $4,340m^3/h$

해설 계산 문제를 풀이하는 경우, 단위 통일에 유의하여야 한다.

Q_s(현열 부하) $= c$(비열)m(질량)Δt(온도의 변화량)
$= c$(비열)ρ(밀도) V(체적)Δt(온도의 변화량)이다.

즉, $Q_s = cm\Delta t = c\rho V\Delta t$이다. 그러므로,

$$V(\text{송풍량}) = \frac{Q_s}{c\rho\Delta t} = \frac{8,000\times3,600}{1.01\times1.2\times(26-18)\times1,000} = 2,970.2m^3/h$$

여기서, 1,000은 kJ을 J로, 3,600은 초를 시간으로 바꾸는 숫자이다.

56 |

A실의 냉방부하를 계산한 결과 현열부하가 5,000W이다. 취출공기온도를 16℃로 할 경우 송풍량은? (단, 실온은 26℃, 공기의 밀도는 1.2kg/m³, 공기의 비열은 1.01kJ/kg · K이다.)

① 약 $825m^3/h$　② 약 $1,240m^3/h$
③ 약 $1,485m^3/h$　④ 약 $2,340m^3/h$

해설 Q(열량) $= c$(비열)m(질량)Δt(온도의 변화량)
$= c$(비열)ρ(밀도) V(체적)Δt(온도의 변화량)이다.

그러므로, $V = \frac{Q}{c\rho\Delta t}$에서,

$Q = 5,000W = 5,000J/s = 5kJ/s$, $c = 1.01kJ/m^3K$, $\rho = 1.2kg/m^3$, $\Delta t = 26-16 = 10℃$이다.

그러므로, $V = \frac{Q}{c\rho\Delta t} = \frac{5}{1.01\times1.2\times10} = 0.413m^3/s = 1,486.8m^3/h$

57 |

다음 중 신축공동주택의 실내공기질 측정항목에 속하지 않는 것은? (단, 100세대 이상인 경우)

① 벤젠　② 클로로포름
③ 톨루엔　④ 에틸벤젠

해설 신축 공동주택의 실내공기질 권고기준은 폼 알데하이드($210\mu g/m^3$ 이하), 벤젠($30\mu g/m^3$ 이하), 톨루엔($1,000\mu g/m^3$ 이하), 에틸벤젠($360\mu g/m^3$ 이하), 자일렌($700\mu g/m^3$ 이하), 스티렌($300\mu g/m^3$ 이하) 및 라돈($148Bq/m^3$ 이하) 등이 있다. (실내공기질 관리법 시행규칙 7조의 2, 별표 4의2)

58 |

다음 중 실내공기의 흡입구용으로만 사용되는 것은?

① 팬형　② 머시룸형
③ 브리즈 라인형　④ 아네모스탯형

해설 취출구의 종류에는 날개격자형(유니버설형), 다공판형, 슬롯형(선형취출구), 노즐평, 팬형 및 아네모형 등이 있고, 흡입구의 종류에는 머시룸형, 펀칭형 등이 있다.

59 |

다음 설명에 알맞은 공기조화설비의 취출구는?

- 확산형 취출구의 일종으로 몇 개의 콘(cone)이 있어서 1차 공기에 의한 2차 공기의 유인 성능이 좋다.
- 확산 반경이 크고 도달거리가 짧기 때문에 천장 취출구로 많이 사용된다.

① 팬형　② 노즐형
③ 아네모스탯형　④ 브리즈 라인형

정답 54. ① 55. ③ 56. ③ 57. ② 58. ② 59. ③

해설 팬형은 구조가 간단하여 유도비가 작고 풍량의 조절도 불가능하므로 오래 전부터 사용하였으나 최근에는 사용되지 않고, 노즐형은 도달거리가 길기 때문에 실내 공간이 넓은 경우에 벽면에 부착하여 횡방향으로 취출하는 경우가 많고, 소음이 적기 때문에 취출풍속을 5m/s 이상으로 사용하며, 소음규제가 심한 방송국의 스튜디오나 음악 감상실 등에 저속 취출을 하여 사용되는 취출구이다. 브리즈 라인형은 외부 존의 천장 또는 창틀에 설치하여 출입구의 에어 커튼 역할을 하는 취출구이다.

60

공기조화방식 중 전공기 방식(all air system)에 해당되지 않는 것은?

① 단일 덕트 방식
② 2중 덕트 방식
③ 멀티 존 유닛 방식
④ 팬 코일 유닛 방식

해설 전공기 방식에는 단일덕트 정풍량 방식, 단일덕트 변풍량 방식, 이중덕트 방식, 멀티존 유닛 방식, 유인 유닛 전공기 방식 등이 있고, 수·공기방식에는 팬코일 유닛·덕트 병용식, 각층 유닛 방식, 유인 유닛 방식, 복사패널 덕트·병용식 등이 있으며, 전수 방식에는 팬코일 유닛 방식, 냉매 방식에는 패키지(소형 유닛형, 덕트 병용)방식이 있다.

61

공기조화방식 중 전공기 방식에 대한 설명으로 옳지 않은 것은?

① 중간기에 외기 냉방이 가능하다.
② 실내에 배관으로 인한 누수의 염려가 없다.
③ 덕트 스페이스가 필요없다.
④ 실내 유효 스페이스를 넓힐 수 있다.

해설 전공기식(공기 조화기로 냉·온풍을 만들어 송풍하는 방식으로 전공기 방식에는 단일덕트, 이중덕트, 각 층 유닛방식 및 멀티존 유닛 방식 등)의 특징은 ①, ②, ④항 이외에 열 반송을 위한 공간(덕트 스페이스)이 증가하고, 반송 동력이 증가하며 실내환경이 좋으나 개별 제어가 어렵다.

62

공기조화방식 중 단일 덕트 재열방식에 관한 설명으로 옳지 않은 것은?

① 전수방식의 특성이 있다.
② 재열기의 설치 공간이 필요하다.
③ 잠열부하가 많은 경우나 장마철 등의 공조에 적합하다.
④ 부하특성이 다른 여러 개의 실이나 존이 있는 건물에 적합하다.

해설 단일덕트 재열방식은 냉방 시에는 중앙공조기로부터 냉풍을 급기하여 현열 부하가 적게 된 존을 재열해서 실온의 과냉을 방지할 수 있고, 난방 시에는 중앙공조기의 가열코일에서 1차로 가열하고, 필요에 따라 덕트 속의 재열기에서 2차 가열하는 방식으로 전공기 방식이다.

63

공기조화방식 중 이중 덕트 방식에 대한 설명으로 옳지 않은 것은?

① 전공기 방식의 특징이 있다.
② 혼합 상자에서 소음과 진동이 생긴다.
③ 부하 특성이 다른 다수의 실이나 존에는 적용할 수 없다.
④ 냉·온풍의 혼합으로 인한 혼합 손실이 있어서 에너지 소비량이 많다.

해설 이중덕트 방식(냉풍과 온풍을 각각의 덕트로 보낸 후 말단의 혼합상자에서 냉·온풍을 열부하에 맞게 혼합하여 각 실에 송풍하는 방식)의 특징은 ①, ②, ④항 이외에 각 실별로 또는 존별로 온습도의 개별제어가 가능하고, 냉·난방을 동시에 할 수 있으며, 융통성의 계획이 가능하다. 반면에 단점으로는 운전비가 많이 들고, 설비비가 증가하며, 덕트의 면적이 증대된다. 또한, 혼합 손실이 크다.

정답 60. ④ 61. ③ 62. ① 63. ③

64

다음 설명에 알맞은 공기조화방식은?

- 전공기 방식이다.
- 부하 특성이 다른 다수의 실이나 존에도 적용할 수 있다.
- 냉·온풍의 혼합으로 인한 혼합 손실이 있어서 에너지 소비량이 많다.

① 단일 덕트 방식 ② 이중 덕트 방식
③ 유인 유닛 방식 ④ 팬 코일 유닛 방식

해설 단일덕트 방식은 1개의 공조기에 1개의 급기 덕트만 연결되어 여름에는 냉풍, 겨울에는 온풍을 송풍하여 공기조화하는 방식이다. 유인 유닛 방식은 중앙에 설치된 1차 공기조화기에서 냉각감습 또는 가열가습한 1차 공기를 고속·고압으로 실내 유인 유닛에 보내어 유닛의 노즐에서 불어내고 그 압력으로 실내의 2차 공기를 유인하여 혼합분출한다. 유인된 2차 공기는 유닛 내의 코일에 의해 냉각·가열하는 방식이다. 팬 코일 유닛 방식은 전동기 직결의 소형 송풍기, 냉·온수 코일 및 필터(filter) 등을 갖춘 실내형 소형 공조기(fan-coil unit)를 각 실에 설치하여 중앙 기계실로부터 냉수 또는 온수를 받아서 공기 조화를 하는 전수 방식이다.

65

공기조화방식 중 2중 덕트 변풍량 방식에 대한 설명으로 옳지 않은 것은?

① 정풍량 2중 덕트 방식 보다는 에너지 절감 효과가 있다.
② 최소 풍량이 취출되어도 실내 온도는 설정 온도 범위를 유지한다.
③ 변풍량 유닛의 설치 공간이 필요하다.
④ 외기 풍량을 많이 필요로 하는 실에는 적용할 수 없다.

해설 2중 덕트 변풍량 방식은 중간기에 외기를 사용하므로 외기 풍량을 많이 필요로 해도 사용이 가능하며, 고속 송풍에도 가능한 방식이다. 특히, 다수의 실, 다수의 존에 적합하다.

66

공기조화방식 중 이중 덕트 방식에 관한 설명으로 옳지 않은 것은?

① 전공기 방식이다.
② 부하 특성이 다른 다수의 실이나 존에도 적용할 수 있다.
③ 덕트 샤프트나 덕트 스페이스가 필요 없거나 작아도 된다.
④ 냉·온풍의 혼합으로 인한 혼합손실이 있어서 에너지 소비량이 많다.

해설 이중 덕트 방식(전공기 방식에 속하며, 냉풍과 온풍을 각각 별개의 덕트를 통해 각 실이나 존으로 송풍하고 냉·난방 부하에 따라 냉풍과 온풍을 혼합상자에서 혼합하여 취출시키는 공기조화방식)은 ①, ②, ④ 이외에 각 실별로 또는 존별로 온습도의 개별제어가 가능하고, 냉·난방을 동시에 할 수 있으며, 융통성의 계획이 가능하다. 반면에 단점으로는 운전비가 많이 들고, 설비비가 증가하며, 덕트(덕트 샤프트나 덕트 스페이스)의 면적이 증대된다. 또한, 혼합 손실이 크다.

67

공기조화방식 중 이중 덕트 방식에 관한 설명으로 옳지 않은 것은?

① 전수방식의 특성이 있다.
② 냉·온풍의 혼합으로 인한 혼합손실이 있다.
③ 부하 특성이 다른 다수의 실이나 존에 적용할 수 있다.
④ 단일 덕트 방식에 비해 덕트 샤프트 및 덕트 스페이스를 크게 차지한다.

해설 이중 덕트 방식은 냉풍과 온풍의 2개의 풍도를 설비하여 말단에 설치한 혼합 유닛(냉풍과 온풍을 실내의 챔버에서 자동으로 혼합)으로 냉풍과 온풍을 합해 송풍함으로써 공기조화를 하는 방식으로 전공기 방식이다.

정답 64. ② 65. ④ 66. ③ 67. ①

68

공기조화방식에 관한 설명으로 옳지 않은 것은?

① 멀티 존 유닛방식은 전공기 방식에 속한다.
② 단일 덕트 방식은 각 실이나 존의 부하변동에 대응이 용이하다.
③ 팬 코일 유닛 방식은 각 실에 수배관으로 인한 누수의 우려가 있다.
④ 이중 덕트 방식은 냉온풍의 혼합으로 인한 혼합 손실이 있어서 에너지 소비량이 많다.

해설 단일 덕트 방식은 부하 특성이 다른 여러 개의 실이나 존이 있는 건물에 적용하기가 곤란하고, 실내 부하가 감소될 경우에 송풍량을 줄이면 실내공기의 오염이 심하며, 각 실이나 존의 부하 변동에 즉시 대응할 수 없다.

69

다음 중 축동력이 가장 적게 소요되는 송풍기 풍량 제어 방법은?

① 회전수 제어
② 토출 댐퍼 제어
③ 흡입 댐퍼 제어
④ 흡입 베인 제어

해설 에너지 소비가 적은 것부터 많은 것의 순으로 나열하면, 회전수(가변속) 제어 → 흡입 베인 제어 → 흡입 댐퍼 제어 → 토출 댐퍼 제어의 순으로 회전수(가변속) 제어가 에너지 소요가 가장 적고, 토출 댐퍼 제어가 가장 크다.

70

다음 설명에 알맞은 공기조화용 송풍기의 종류는?

- 저속덕트용으로 사용된다.
- 동일 용량에 대하여 송풍기 용량이 적다.
- 날개의 끝부분이 회전방향으로 굽은 전곡형이다.

① 익형　② 다익형
③ 관류형　④ 방사형

해설 송풍기의 종류 중 익형은 공기가 원활하게 흐를 수 있도록 날개의 단면을 유선형태로 만든 것으로 소음과 크기가 작다. 관류형은 날개는 후곡형으로 원심력에 의한 송풍기의 기류가 축방향으로 안내되어 정압이 낮고, 송풍량이 적다. 방사형은 두꺼운 평판으로 큰 직선 날개를 방사형으로 축에 부착한 것으로 교환이 가능하나, 소음이 심하다.

71

전기사업법령에 따른 저압의 범위로 옳은 것은?

① 직류 1,000V 이하, 교류 1,000V 이하
② 직류 1,000V 이하, 교류 500V 이하
③ 직류 1,000V 이하, 교류 1,500V 이하
④ 직류 1,500V 이하, 교류 1,000V 이하

해설 전압의 구분

구분	저압	고압	특고압
직류	1,500V 이하	1,500~7,000V	7,000V 초과
교류	1,000V 이하	1,000~7,000V	

72

최대 수요 전력을 구하기 위한 것으로, 최대 수요 전력의 총부하 용량에 대한 비율을 백분율로 나타낸 것은?

① 부하율　② 부등률
③ 수용률　④ 감광 보상률

해설 부하율 $= \frac{\text{평균 수용 전력}}{\text{최대 수용 전력}} \times 100(\%)$로서 0.25~0.6 정도이고, 부등률 $= \frac{\text{최대 수용 전력의 합}}{\text{합성 최대 수용 전력}} \times 100\%$로서 1.1~1.5 정도이며, 감광보상률은 조명기구가 사용 중에 광원의 능률 저하 또는 기구의 오손 등으로 조도가 점차 저하되므로 광원을 교환하거나 기구를 소제할 때까지 필요로 하는 조도를 유지할 수 있도록 미리 여유를 두는 비율이다.

73

건물 내 발전기실에 대한 설명으로 적절하지 않은 것은?

① 부하중심에 가까울 것
② 습기, 먼지가 적은 장소일 것
③ 천장 높이는 보 아래 3.0m 이상일 것
④ 안전을 고려하여 축전실과 떨어져 있을 것

정답 68. ② 69. ① 70. ② 71. ④ 72. ③ 73. ④

해설 발전실의 위치

㉠ 통풍과 채광이 양호하고, 침수 또는 습기의 우려가 없으며, 먼지가 적은 장소이어야 한다. 또한, 천장의 높이는 3.5m 이상으로 하고, 고압인 경우에는 보 아래 3m 이상, 특고압의 경우에는 보 아래 4.5m 이상이어야 한다.

㉡ 위치는 부하의 중심이어야 하고, 장래의 증설에 적합하며, 능률과 안전도가 높은 장소이어야 한다. 특히, 안전을 고려하여 축전실과 근접시켜야 한다.

74

변전실의 위치 결정 시 고려할 사항으로 옳지 않은 것은?

① 부하의 중심 위치에서 멀 것
② 외부로부터 전원의 인입이 편리할 것
③ 발전기실, 축전지실과 인접한 장소일 것
④ 기기를 반입, 반출하는데 지장이 없을 것

해설 변전실의 위치 결정 시 고려할 사항은 발전기실, 축전지실과 인접한 장소일 것. 습기나 먼지, 염해, 유독가스의 발생이 적은 장소일 것. 외부로부터 전원의 인입이 편리하고 기기를 반입, 반출하는 데 지장이 없을 것. 부하의 중심 위치에 있을 것 등이다.

75

전기설비용 시설 공간(실)에 관한 설명으로 옳지 않은 것은?

① 변전실은 부하의 중심에 설치한다.
② 발전기실은 변전실에서 멀리 떨어진 곳에 설치한다.
③ 중앙감시실은 일반적으로 방재센터와 겸하도록 한다.
④ 전기샤프트는 각 층에서 가능한 한 공급대상의 중심에 위치하도록 한다.

해설 발전기실은 변전실과 근접한 곳에 설치하여 점검이 편리하도록 하는 것이 가장 바람직하다.

정답 74. ① 75. ②

부록

과년도 출제문제

INDUSTRIAL ENGINEER INTERIOR ARCHITECTURE

| 2022. 7. 3. 제3회 시행 |

CBT 기출복원문제

실내디자인 계획

01

주택의 각 실 계획에 관한 다음 설명 중 가장 부적절한 것은?

① 부엌은 작업 공간이므로 밝게 처리하였다.
② 현관은 좁은 공간이므로 신발장에 거울을 붙였다.
③ 침실은 충분한 수면을 취해야 하므로 창을 내지 않았다.
④ 거실은 가족 단란을 위한 공간이므로 온화한 베이지색을 사용하였다.

해설 침실의 기본적인 기능은 휴식과 수면의 장소이며, 이 외에도 독서, 탈의, 음악 감상 등의 기능을 포함하므로 쾌적하고 좋은 환경을 만들기 위하여 **일조가 좋고 통풍이 잘되며 아름다운 풍경을 조망하기 위한 창이 설치되어야** 한다.

02

사무소 건축의 거대화는 상대적으로 공적 공간의 확대를 도모하게 되고 이로 인해 특별한 공간적 표현이 가능하게 되었다. 이러한 거대한 공간적 인상에 자연을 도입하여 여러 환경적 이점을 갖게 하는 공간구성은?

① 포티코(portico) ② 콜로네이드(colonnade)
③ 아케이드(arcade) ④ 아트리움(atrium)

해설 아트리움(atrium)
고대 로마 건축의 실내에 설치된 넓은 마당 또는 주위에 건물이 둘러있는 안마당을 뜻하며, **현대 건축에서는 실내에 자연광을 유입시켜 옥외 공간의 분위기를 조성하기 위하여 설치한 자그마한 정원이나 연못이 딸린 정원**을 뜻한다.

㉠ 실내 조경을 통한 자연 요소의 도입이 근무자의 정서를 돕는다.
㉡ 풍부한 빛 환경의 조건에 있어 전력 에너지의 절약이 이루어진다.
㉢ 아트리움은 방위와 관련되지만, 어느 정도 공기 조화의 자연화가 가능하다.
㉣ 각종 이벤트가 가능할 만한 공간적 성능이 마련된다.
㉤ 내부 공간의 긴장감을 이완(弛緩)시키는 지각적 카타르시스가 가능하다.

03

실내 마감 재료의 질감은 시각적으로 변화를 주는 중요한 요소이다. 다음 중 재료의 질감을 바르게 활용하지 못한 것은?

① 창이 작은 실내는 거친 질감을 사용하여 안정감을 준다.
② 좁은 실내는 곱고 매끄러운 재료를 사용한다.
③ 차고 딱딱한 대리석 위에 부드러운 카펫을 사용하여 질감 대비를 주는 것이 좋다.
④ 넓은 실내는 거친 재료를 사용하여 무겁고 안정감을 느끼도록 한다.

해설 질감(texture)
어떤 물체가 가진 표면상의 특징으로서 만져보거나 눈으로만 보아도 알 수 있는 촉각적, 시각적으로 지각되는 재질감을 말한다.
㉠ 따뜻함과 차가움, 거침과 부드러움, 가벼움과 무거움 등의 느낌을 말한다.
㉡ 색채와 조명을 동시에 고려했을 때 효과적이다.
㉢ **매끄러운 재질을 사용하면 빛을 많이 반사하므로 가볍고 환한 느낌을 주며** 거칠면 거칠수록 많은 빛을 흡수하여 무겁고 안정된 느낌을 준다.
㉣ 나무, 돌, 흙 등의 자연 재료는 따뜻함과 친근감을 준다.
㉤ 단일색상의 실내에서는 질감 대비를 통하여 풍부한 변화와 극적인 분위기를 연출할 수 있다.

정답 01. ③ 02. ④ 03. ①

04 |

디자인의 원리 중 강조에 관한 설명으로 가장 알맞은 것은?

① 서로 다른 요소들 사이에서 평형을 이루는 상태이다.
② 규칙적인 요소들의 반복으로 디자인에 시각적인 질서를 부여한다.
③ 이질의 각 구성 요소들이 전체로서 동일한 이미지를 갖게 하는 것이다.
④ 최소한의 표현으로 최대의 가치를 표현하고 미의 상승효과를 가져오게 한다.

해설 강조(emphasis)

시각적인 힘의 강약에 단계를 주어 디자인의 일부분에 주어지는 초점이나 흥미를 중심으로 변화를 의도적으로 조성하는 것으로 규칙성이 갖는 단조로움을 극복하기 위해 사용한다.

㉠ 실내에서의 강조란 흥미나 관심으로 눈이 상대적으로 오래 머무는 곳이다.
㉡ 강조나 초점은 한 공간에서의 통일감과 질서를 느끼게 한다.
㉢ 거실의 벽난로, 응접세트, 미술품, 예술품 등은 눈길을 끄는 요소가 된다.
㉣ 벽, 천장, 바닥 중의 한 곳이 될 수 있다.

05 |

장식물의 선정과 배치상의 주의사항으로 옳지 않은 것은?

① 좋고 귀한 것은 돋보일 수 있도록 많이 진열한다.
② 여러 장식품들이 서로 조화를 이루도록 배치한다.
③ 계절에 따른 변화를 시도할 수 있는 여지를 남긴다.
④ 형태, 스타일, 색상 등이 실내공간과 어울리도록 한다.

해설 장식물 선정 배치상 주의점

㉠ 좋은 장식물이라도 많이 전시하지 말 것
㉡ 형태, 스타일, 색상이 실내공간과 잘 어울릴 것
㉢ 주인의 개성이 반영되도록 할 것
㉣ 각 요소가 서로 균형 있게 유지될 것
㉤ 계절에 따른 변화를 시도할 수 있는 여지는 남길 것

06 |

단위 공간 사용자의 특성, 사용목적, 사용시간, 사용빈도 등을 고려하여 전체 공간을 몇 개의 생활권으로 구분하는 실내디자인의 과정은?

① 치수계획　　② 조닝계획
③ 규모계획　　④ 재료계획

해설 조닝(zoning)

단위 공간을 사용자의 특성, 사용목적, 사용시간, 사용빈도, 행위의 연결 등을 고려하여 공간의 기능이나 성격이 유사한 것끼리 묶어 배치하여 전체 공간을 몇 개의 기능적인 공간으로 구분하는 것이다.

07 |

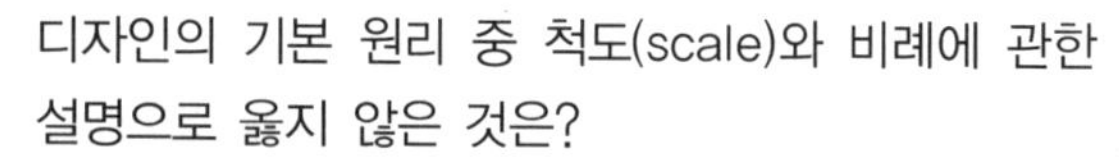

디자인의 기본 원리 중 척도(scale)와 비례에 관한 설명으로 옳지 않은 것은?

① 비례는 인간과 물체와의 관계이며, 척도는 물체와 물체 상호 간의 관계를 갖는다.
② 비례는 물리적 크기를 선으로 측정하는 기하학적인 개념이다.
③ 공간 내의 비례 관계는 평면, 입면, 단면에 있어서 입체적으로 평가되어야 한다.
④ 비례는 대소의 분량, 장단의 차이, 부분과 부분 또는 부분과 전체와의 수량적 관계를 비율로써 표현 가능한 것이다.

해설 비례(proportion)

㉠ 디자인의 각 부분 간의 개념적인 의미이며, 부분과 전체 또는 부분 사이의 관계를 말한다.
㉡ 실내공간에는 항상 비례가 존재하며 스케일과 밀접한 관계가 있다.
㉢ 색채, 명도, 질감, 문양, 조형 등의 공간 속의 여러 요소에 의해 영향을 받는다.
㉣ 비율, 분할, 사물의 균형을 의미하기도 하며 즉, 대소의 분량, 장단의 차이, 부분과 부분 또는 부분과 전체의 수량적 관계가 미적으로 분할할 때 좋은 비례가 생긴다.

※ 스케일(scale)은 가구, 실내, 건축물 등 물체와 인체와의 관계 및 물체 상호 간의 관계를 말한다. 이때 물체 상호 간에는 서로 같은 비율로 규정되어야 한다.

정답 04. ④ 05. ① 06. ② 07. ①

08 |

점과 선에 관한 설명으로 옳지 않은 것은?

① 선은 면의 한계, 면들의 교차에서 나타난다.
② 크기가 같은 두 개의 점에는 주의력이 균등하게 작용한다.
③ 곡선은 약동감, 생동감 넘치는 에너지와 속도감을 준다.
④ 배경의 중심에 있는 하나의 점은 시선을 집중시키는 효과가 있다.

해설 • 곡선은 우아함과 부드러움, 미묘, 불명료, 간접, 섬세하고 여성적인 감을 준다.(자유 곡선은 경쾌한 느낌을 주는 반면에 나약함을 느끼게 한다.)
• 사선은 약동감, 불안감, 생동감 넘치는 에너지와 운동감, 속도감을 준다.

09 |

상점 건축의 파사드(facade)와 숍 프론트(shop front) 디자인에 요구되는 조건으로 옳지 않은 것은?

① 대중성을 배제할 것
② 개성적이고 인상적일 것
③ 상품 이미지가 반영될 것
④ 상점 내로 유도하는 효과를 고려할 것

해설 상점 디자인의 고려사항
㉠ 취급 상품 분위기 연출 및 시각적 요소의 적정 배치
㉡ 상점 내부로 고객 유도 효과
㉢ 손님 쪽에서 상품이 효과적으로 보일 것
㉣ 감시하기 쉬우나 손님에게 감시한다는 인상을 주지 않을 것
㉤ 개성 있고 인상적인 표현 효과
㉥ 경제성을 고려한 시각적 효과

10 |

색채조절(color conditioning)에 관한 설명 중 가장 부적합한 것은?

① 미국의 기업체에서 먼저 개발했고 기능 배색이라고도 한다.
② 환경색이나 안전색 등으로 나누어 활용한다.
③ 색채가 지닌 기능과 효과를 최대로 살리는 것이다.
④ 기업체 이외의 공공건물이나 장소에는 부적당하다.

해설 색채조절(color conditioning)
기능배색(color dynamic)라고도 하며 색을 단순히 개인적인 기호에 의해서 사용하는 것이 아니라 색 자체가 가지고 있는 심리적, 물리적 성질 등의 여러 가지 성질을 이용하여 인간의 생활이나 작업 분위기, 환경을 쾌적하고 능률적인 것으로 만들기 위하여 색이 가지고 있는 기능이 발휘되도록 조절하는 것이다.

11 |

다음에 제시된 A, B 두 배색의 공통점은?

A : 분홍, 선명한 빨강, 연한 분홍, 어두운 빨강, 탁한 빨강
B : 명도 5회색, 파랑, 어두운 파랑, 연한 하늘색, 회색 띤 파랑

① 다색 배색으로 색상 차이가 동일한 유사색 배색이다.
② 동일한 색상에 톤의 변화를 준 톤 온 톤 배색이다.
③ 빨간색의 동일 채도 배색이다.
④ 파란색과 무채색을 이용한 강조 배색이다.

해설 ㉠ 톤 온 톤 배색(tone on tone) : 색상은 같게, 명도 차이를 크게 하는 배색(동일 색상으로 톤의 차이)으로, 통일성을 유지하면서 극적인 효과를 얻을 수 있어 일반적으로 많이 사용한다.
㉡ 톤 인 톤 배색(tone in tone) : 유사 색상의 배색과 같이 톤은 같게, 색상을 조금씩 다르게 하는 배색으로 온화하고 부드러운 효과를 얻을 수 있다.
㉢ 토널 배색(tonal color) : 톤 인 톤 배색과 비슷하며, 중명도, 중채도의 다양한 색상을 사용하고 안정되고 편안한 느낌을 얻을 수 있다.
㉣ 카마이외 배색(camaieu) : 거의 동일한 색상에 미세한 명도 차를 주는 배색으로 톤 온 톤과 비슷하나 변화폭이 매우 작다.

12 |

다음 중 가구배치 시 유의할 사항과 거리가 가장 먼 것은?

① 가구는 실의 중심부에 배치하여 돋보이도록 한다.
② 사용 목적과 행위에 맞는 가구배치를 해야 한다.
③ 전체 공간의 스케일과 시각적, 심리적 균형을 이루도록 한다.
④ 문이나 창문이 있을 때 높이를 고려한다.

정답 08. ③ 09. ① 10. ④ 11. ② 12. ①

해설 가구배치 시 주의사항

㉠ 사용 목적과 행위에 맞는 가구를 배치하고 사용 목적 이외의 것은 놓지 않는다.
㉡ 사용자의 동선에 알맞게 배치하되 타인의 동작을 방해해서는 안 된다.
㉢ 크고 작은 가구를 적당히 조화롭게 배치한다.
㉣ 심리적 안정감을 고려하여 적당한 양만 배치하고, 충분한 여유 공간을 두어 사용 시 불편함이 없도록 한다.
㉤ 큰 가구는 벽에 붙여 실의 통일감을 갖게 하며, 가구는 그림이나 장식물 등 액세서리와의 조화를 고려한다.
㉥ 문이나 창이 있는 경우 높이를 고려한다.
㉦ 전체 공간의 스케일과 시각적, 심리적 균형을 고려한다.

13

색의 동화 작용에 관한 설명 중 옳은 것은?

① 잔상 효과로서 나중에 본 색이 먼저 본 색과 섞여 보이는 현상
② 난색계열의 색이 더 커 보이는 현상
③ 색들끼리 영향을 주어서 옆의 색과 닮은 색으로 보이는 현상
④ 색점을 섬세하게 나열하여 배치해 두고 어느 정도 떨어진 거리에서 보면 쉽게 혼색되어 보이는 현상

해설 동화현상(assinilation ettect)
색채의 동시대비는 주변색의 영향으로 인접색과 서로 반대되는 색으로 보이는 현상이었으나, 동화현상은 주위색의 영향으로 오히려 인접색에 가깝게 느껴지는 현상을 말한다. 이를 전파효과 또는 혼색효과라고도 한다.

14

유닛 가구(unit furniture)에 관한 설명으로 옳지 않은 것은?

① 고정적이면서 이동적인 성격을 갖는다.
② 필요에 따라 가구의 형태를 변화시킬 수 있다.
③ 규격화된 단일 가구를 원하는 형태로 조합하여 사용할 수 있다.
④ 특정한 사용 목적이나 많은 물품을 수납하기 위해 건축화된 가구이다.

해설 • 유닛 가구(unit furniture) : 조립, 분해가 가능하며 필요에 따라 가구의 형태를 고정, 이동으로 변경이 가능한 가구이다.
• 고정 가구 : 건축화 된 가구로서 붙박이 가구(built infurniture)라 한다.

15

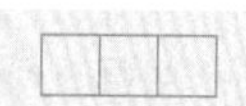

감법 혼색의 설명 중 틀린 것은?

① 색을 더할수록 밝기가 감소하는 색혼합으로 어두워지는 혼색을 말한다.
② 감법 혼색의 원리는 컬러 슬라이드 필름에 응용되고 있다.
③ 인쇄 시 색료의 3원색인 C, M, Y로 순수한 검은색을 얻지 못하므로 추가적으로 검은색을 사용하며 K로 표기한다.
④ 2가지 이상의 색자극을 반복시키는 계시 혼합의 원리에 의해 색이 혼합되어 보이는 것이다.

해설 계시(계속)대비
어떤 색을 보고 난 후 다른 색을 보는 경우 먼저 본 색의 영향으로 나중에 보는 색이 다르게 보이는 현상으로, 빨강 다음에 본 색이 노랑이면 색상은 황록색(연두색)을 띠어 보이는데 이처럼 시간적으로 전후하여 나타나는 시각 현상을 말한다.

16

나뭇잎이 녹색으로 보이는 이유를 색채 지각적 원리로 옳게 설명한 것은?

① 녹색의 빛은 투과하고 그 밖의 빛은 흡수하기 때문이다.
② 녹색의 빛은 산란하고 그 밖의 빛은 반사하기 때문이다.
③ 녹색의 빛은 반사하고 그 밖의 빛은 흡수하기 때문이다.
④ 녹색의 빛은 흡수하고 그 밖의 빛은 반사하기 때문이다.

해설 물체의 색은 물체의 표면에서 반사하는 빛의 분광 분포에 의하여 여러 가지 색으로 보이며, 대부분의 파장을 모두 반사하면 그 물체는 흰색으로 보이고, 대부분의 파장을 흡수하면 그 물체는 검정으로 보이게 된다.

정답 13. ③ 14. ④ 15. ④ 16. ③

17 |

상품의 색채기획 단계에서 고려해야 할 사항을 옳은 것은?

① 가공, 재료 특성보다는 시장성과 심미성을 고려해야 한다.
② 재현성에 얽매이지 말고 색상관리를 해야 한다.
③ 유사제품과 연계제품의 색채와의 관계성은 기획단계에서 고려되지 않는다.
④ 색료를 선택할 때 내광, 내후성을 고려해야 한다.

해설 ① 가공, 재료의 특성을 고려하여 색채를 정하도록 한다.
② 색상이 가지고 있는 특성을 고려하여 정하도록 한다.
③ 유사제품이나 연계제품의 색채와의 연계성을 고려하여 정하도록 한다.
④ 색료는 광을 오래 유지할 수 있도록 내광, 내후성을 고려하여야 한다.

18 |

알바 알토가 디자인한 의자로 자작나무 합판을 성형하여 만들었으며, 목재가 지닌 재료의 단순성을 최대한 살린 것은?

① 바실리 의자　② 파이미오 의자
③ 레드 블루 의자　④ 바르셀로나 의자

해설 파이미오 의자
알바 알토가 자작나무 합판을 압축 변형하여 현대적인 구조로 디자인한 의자이다.

19 |

슈브럴(M. E. Chevreul)의 색채조화원리가 아닌 것은?

① 분리효과
② 도미넌트컬러
③ 등간격 2색의 조화
④ 보색배색의 조화

해설 슈브럴(M. E. Chevreul)의 색채조화원리
색채 배열이 가까운 관계에 있거나 비슷한 관계에 있는 색끼리는 쉽게 조화의 느낌을 발견할 수 있으며, 반대로 보색 관계에 있을 때 또는 강한 대비의 상태에 있는 색채끼리도 뚜렷하게 인식되는 색채조화가 생길 수 있다는 사실을 입증하고 있다.

㉠ 인접색의 조화
㉡ 반대색의 조화
㉢ 근접 보색의 조화
㉣ 등간격 3색의 조화
㉤ 주조색(dominant color)의 조화

20 |

선에 용도에 대한 설명 중 틀린 것은?

① 파단선은 긴 기둥을 도중에서 자를 때 사용하며, 굵은 선으로 그린다.
② 단면선은 단면의 윤곽을 나타내는 선으로써, 굵은 선으로 그린다.
③ 가상선은 움직이는 물체의 위치를 나타내며, 일점쇄선으로 그린다.
④ 입면선은 물체의 외관을 나타내며, 가는 선으로 그린다.

해설 가상선은 물체가 있는 것으로 가상되는 부분을 표시하거나 일점쇄선과 구분할 때 사용하는 것으로 이점쇄선을 사용한다.

2과목 실내디자인 시공 및 재료

21 |

타일의 제조 공정에서 건식제법에 대한 설명으로 옳지 않은 것은?

① 내장 타일은 주로 건식제법으로 제조된다.
② 제조 능률이 높다.
③ 치수 정도(精度)가 좋다.
④ 복잡한 형상의 것에 적당하다.

해설 건식과 습식 타일의 특성

명칭	건식 타일	습식 타일
성형 방법	프레스 성형	압출 성형
제조 가능한 형태	보통 타일 (간단한 형태)	보통 타일 (복잡한 형태도 가능)
정밀도	치수 정밀도가 높고, 고능률이다.	프레스 성형에 비해 정밀도가 낮다.
용도	내장 타일, 바닥 타일, 모자이크 타일	외장 타일, 바닥 타일

정답 17. ④ 18. ② 19. ③ 20. ③ 21. ④

22 |

목재의 이음 및 맞춤 시의 주의사항으로 옳지 않은 것은?

① 이음 및 맞춤의 위치는 응력이 적은 곳을 피한다.
② 각 부재는 약한 단면이 없게 한다.
③ 응력의 종류 및 크기에 따라 이음 맞춤에 적절한 것을 선정한다.
④ 국부적으로 큰 응력이 작용하지 않도록 하고 철물로 보강한다.

해설 이음과 맞춤은 될 수 있는 대로 응력이 적은 곳에서 접합하도록 한다.

23 |

벽타일 붙이기 공법 중 개량압착 붙이기에 대한 사항 중 옳지 않은 것은?

① 붙임 모르타르를 바탕면에 4mm~6mm로 바르고 자막대로 눌러 평탄하게 고른다.
② 바탕면 붙임 모르타르의 1회 바름 면적은 1.5 m^2 이하로 하고, 붙임 시간은 모르타르 배합 후 30분 이내로 한다.
③ 타일 뒷면에 붙임 모르타르를 4mm~6mm로 평탄하게 바르고, 즉시 타일을 붙이며 나무망치 등으로 충분히 두들겨 타일의 줄눈 부위에 모르타르가 타일 두께의 1/3 이상이 올라오도록 한다.
④ 벽면의 위에서 아래로 향해 붙여나가며 줄눈에서 넘쳐 나온 모르타르는 경화되기 전에 제거한다.

해설 타일 뒷면에 붙임 모르타르를 3mm~4mm로 평탄하게 바르고, 즉시 타일을 붙이며 나무망치 등으로 충분히 두들겨 타일의 줄눈 부위에 모르타르가 타일 두께의 1/2 이상이 올라오도록 한다.

24 |

목재 또는 기타 식물질을 절삭 또는 파쇄하여 소편으로 하여 충분히 건조시킨 후 합성수지 접착제와 같은 유기질의 접착제를 첨가하여 열압 제판한 것은?

① 연질 섬유판　　② 단판 적층재
③ 플로어링 보드　　④ 파티클 보드

해설 연질 섬유판은 건축의 내장 및 보온을 목적으로 성형한 밀도 0.4g/cm^3 미만인 판이고, 단판 적층재는 합판과 같이 얇은 판을 여러 겹 겹쳐 만든 판이며, 플로어링 보드는 표면 가공, 제혀쪽매 및 기타 필요한 가공을 하고, 마루 귀틀 위에 단독으로 시공하여도 마루널로서의 필요한 강도를 낼 수 있는 바닥판재이다.

25 |

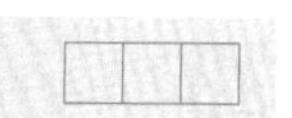

다음 중 방청도료와 가장 거리가 먼 것은?

① 알루미늄 페인트　　② 역청질 페인트
③ 워시프라이머　　④ 오일 서페이서

해설 방청도료의 종류에는 광명단도료, 방청산화철도료, 알루미늄도료, 역청질도료, 워시프라이머, 징크로메이트도료 및 규산염도료 등이 있고, 오일 서페이서는 유성 바탕용 도료로서 퍼티로 메운 부분을 처리하고, 평탄하게 하며 각종 합성수지도료의 바탕용 도료의 피막형성요소에 응용된다.

26 |

다음 중 콘크리트의 시공연도 시험법으로 주로 쓰이는 것은?

① 슬럼프시험　　② 낙하시험
③ 체가름시험　　④ 구의 관입시험

해설 비빔 콘크리트의 질기 정도(시공연도)를 측정하는 방법에는 슬럼프시험, 비비시험기, 진동식 반죽질기 측정기, 다짐도에 의한 방법, KS규격에 규정되지 않은 시험법(슬럼프 플로시험, 플로시험, 구 관입시험 등) 등이 있다. 체가름 시험방법은 골재의 조세립이 적당하게 되도록 하며, 골재(모래, 자갈 등)를 구분하고, 입도시험에 사용된다.

27 |

댐 축조, 매스 콘크리트, 대형 구조물에 사용이 불가능한 시멘트로 옳은 것은?

① 조강 포틀랜드 시멘트
② 중용열 포트랜트 시멘트
③ 고로 슬래그 시멘트
④ 포촐란 시멘트

정답 22. ① 23. ③ 24. ④ 25. ④ 26. ① 27. ①

해설 댐 축조, 매스 콘크리트, 대형 구조물에 사용 가능한 시멘트는 중용열 포틀랜드 시멘트(원료 중의 석회, 알루미나, 마그네시아의 양을 적게 하고, 실리카와 산화철을 다량으로 넣어서 수화 작용을 할 때 수화열(발열량)을 적게 한 시멘트)와 혼합 시멘트(고로 시멘트, 포졸란 시멘트, 플라이애시 시멘트 등) 등이 있다.

28

보강 콘크리트 블록조에서 내력벽의 벽량은 최소 얼마 이상으로 하여야 하는가?

① $10cm/m^2$
② $15cm/m^2$
③ $18cm/m^2$
④ $21cm/m^2$

해설 보강 콘크리트 블록조의 내력벽의 벽량(각 방향의 내력벽 길이의 총 합계를 그 층의 내력벽으로 둘러싸인 바닥면적으로 나눈 값)은 $15cm/m^2$ 이상이다.

29

충분한 물이 있더라도 공기 중에서 이산화탄소와 작용하여 경화하는 미장재료에 속하는 것은?

① 경석고 플라스터
② 시멘트 모르타르
③ 혼합 석고 플라스터
④ 돌로마이트 플라스터

해설 미장재료의 구분

구분		분류	고결재
수경성	시멘트계	시멘트 모르타르, 인조석, 테라초 현장 바름	포틀랜드 시멘트
	석고계 플라스터	혼합 석고, 보드용, 크림용 석고 플라스터, 킨즈시멘트 (경석고 플라스틱)	헤미수화물, 황산칼슘
기경성	석회계 플라스터	회반죽, 돌로마이트 플라스터, 회사벽	돌로마이트, 소석회
	흙반죽, 섬유벽		점토, 합성수지풀
특수재료	합성수지 플라스터, 마그네시아 시멘트		합성수지, 마그네시아

30

공동주택의 베란다 바닥 타일의 들뜸의 원인으로 옳지 않은 것은?

① 타일의 오픈 타임을 올바르게 지키지 않은 경우
② 붙임 모르타르의 시멘트 가루를 뿌리지 않은 경우
③ 붙임 모르타르의 두께를 올바르게 하지 않은 경우
④ 타일의 뒷발, 흡수율에 적합한 시공을 하지 않은 경우

해설 타일의 들뜸, 탈락의 원인
㉠ 타일의 시공상 문제 : 오픈 타임의 문제, 붙임 모르타르의 부족, 타일의 압착 부족, 기타(신축줄눈을 잘못 만든 경우, 쌓아 올릴 때 시멘트 가루를 뿌리는 것, 붙임 모르타르의 배합비의 적정성 등) 등이 있다.
㉡ 타일의 성상에 관한 문제 : 타일의 뒷발, 흡수율 및 팽창성 등
㉢ 기타의 원인 : 건물의 변형, 온도의 변화 등

31

천장 지붕재의 프리캡의 설치 순서로 옳은 것은?

① 특수형 프리 와셔를 체결 → 기초 클램프를 체결 → 프리캡을 프리 와셔와 체결
② 기초 클램프를 체결 → 특수형 프리 와셔를 체결 → 프리캡을 프리 와셔와 체결
③ 기초 클램프를 체결 → 프리캡을 프리 와셔와 체결 → 특수형 프리 와셔를 체결
④ 특수형 프리 와셔를 체결 → 프리캡을 프리 와셔와 체결 → 기초 클램프를 체결

해설 프리캡의 설치 순서는 다음과 같다.
㉠ 기초 클램프를 성형판에 발로 밟아 체결한다.
㉡ 특수형 프리 와셔를 직결 피스를 이용하여 성형판에 체결한다.
㉢ 볼트 프리캡을 프리 와셔와 체결하여 방수마감을 한다.

32

설계도서 · 법령해석 · 감리자의 지시 등이 서로 일치하지 아니하는 경우 중 가장 우선순위가 되는 것은?

① 공사시방서　② 설계도면
③ 전문시방서　④ 표준시방서

정답 28. ② 29. ④ 30. ② 31. ② 32. ①

해설 설계도서 해석의 우선순위(건축물의 설계도서 작성기준)
설계도서·법령해석·감리자의 지시 등이 서로 일치하지 아니하는 경우에 있어 계약으로 그 적용의 우선순위를 정하지 아니한 때에는 공사시방서 → 설계도면 → 전문시방서 → 표준시방서 → 산출내역서 → 승인된 상세시공도면 → 관계법령의 유권해석 → 감리자의 지시사항의 순서를 원칙으로 한다.

33

다음 중 미장재료의 결합재에 속하지 않은 것은?

① 모래
② 여물
③ 해초풀
④ 수염

해설 결합재는 시멘트, 플라스터, 소석회, 벽토, 합성수지 등으로서, 잔골재, 종석, 흙, 섬유 등 다른 미장재료를 결합하여 경화시키는 재료이다.

34

내열성·내한성이 우수하고, −80~250℃까지의 광범위한 온도에서 안정하며, 전기 절연성, 내화학성, 내후성 및 내수성이 좋다. 용도에 따라 유, 고무 및 수지 등이 있고, 특히, 극도의 혐수(발수)성으로 물을 튀기는 성질이 있어 방수 재료에 사용되는 합성수지는?

① 페놀수지
② 실리콘수지
③ 멜라민수지
④ 염화비닐수지

해설 페놀수지는 수지 자체가 취약하므로 성형품, 적층품의 경우에는 충전제를 첨가하고, 내열성이 양호한 편이나 200℃ 이상에서 그대로 두면 탄화, 분해되어 사용할 수 없게 된다. 멜라민수지는 무색 투명하여 착색이 자유로우며, 빨리 굳고, 내수, 내약품성, 내용제성이 뛰어난 것 외에도 내열성도 우수하다. 기계적 강도, 전기적 성질 및 내노화성도 우수하다. 염화비닐수지는 전기 절연성, 내약품성이 양호하고, 경질성이나 가소체의 혼합에 따라 유연한 고무 제품을 제조한다. 용도는 성형품(필름, 시트, 플레이트, 파이프 등), 지붕재, 벽재, 블라인드, 도료, 접착제 등으로 사용된다.

35

조적식 구조인 경계벽의 두께로 옳은 것은? (단, 내력벽이 아닌 그 밖의 벽을 포함)

① 90mm ② 100mm
③ 190mm ④ 200mm

해설 조적식 구조의 경계벽 등의 두께(구조기준규칙 제33조)
㉠ 조적식 구조인 경계벽(내력벽이 아닌 그 밖의 벽을 포함)의 두께는 90mm 이상으로 하여야 한다.
㉡ 조적식 구조인 경계벽의 바로 위층에 조적식 구조인 경계벽이나 주요 구조물을 설치하는 경우에는 해당 경계벽의 두께는 190mm 이상으로 하여야 한다. 다만, 테두리보를 설치하는 경우에는 그러하지 아니하다.

36

다음은 횡선식 막대 공정표의 특성이다. 옳지 않은 것은?

① 공종별 공사와 전체 공정 시기 등이 일목요연하고, 횡선의 길이에 따라 진척도를 개괄적으로 판단할 수 있다.
② 각 공종별 상호 관계, 순서 등이 시간과 관련성이 없다.
③ 각 공종별 착수 및 종료일이 명시되어 있어 공사 진척의 판단이 용이하다.
④ 재료 및 인부의 수배에 가장 적합한 공정표이다.

해설 횡선식 막대 공정표는 ①, ② 및 ③ 이외에 공사의 진척상황(기성고)을 기입하여 예정과 실시를 비교하면서 공정관리를 진행한다. 재료 및 인부의 수배에 가장 적합한 공정표는 열기식 공정표이다.

37

석재의 가공 중 정다듬한 면을 양날 망치로 평행 방향으로 정밀하게 곱게 쪼아 표면을 더욱 평탄하게 만드는 것을 무엇이라고 하는가?

① 혹두기 ② 정다듬
③ 도드락다듬 ④ 잔다듬

정답 33. ① 34. ② 35. ① 36. ④ 37. ④

해설 석재의 가공 순서는 혹두기(쇠메 망치, 돌의 면을 대강 다듬는 것) → 정다듬(정, 혹두기의 면을 정으로 곱게 쪼아 표면에 미세하고 조밀한 흔적을 내어 평탄하고 거친 면으로 만드는 것) → 도드락다듬(도드락 망치, 거친 정다듬한 면을 도드락 망치로 더욱 평탄하게 다듬는 것) → 잔다듬(양날 망치, 정다듬한 면을 양날 망치로 평행 방향으로 정밀하게 곱게 쪼아 표면을 더욱 평탄하게 만드는 것) → 물갈기(와이어 톱, 다이아몬드 톱, 글라인더 톱, 원반 톱, 플레이너, 글라인더로 잔다듬한 면에 금강사를 뿌려 철판, 숫돌 등으로 물을 뿌려 간 다음, 산화 주석을 헝겊에 묻혀서 잘 문지르며 광택을 냄)

38

응력변형 곡선에서 a, d점이 의미하는 것으로 옳은 것은?

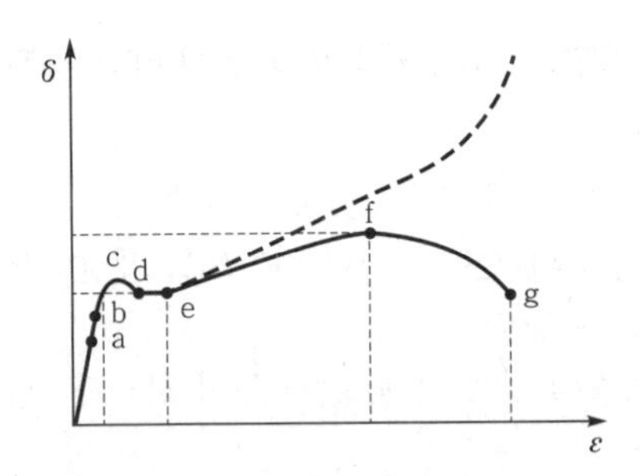

① a : 탄성한도점, d : 하위항복점
② a : 비례한도점, d : 상위항복점
③ a : 비례한도점, d : 하위항복점
④ a : 탄성한도점, d : 상위항복점

해설 응력변형률 곡선

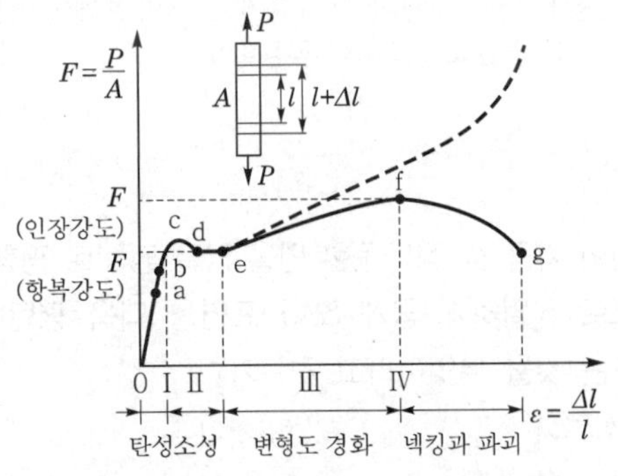

a : 비례한도점 　 b : 탄성한도점
c : 상위항복점 　 d : 하위항복점
e : 변형경화시점 　 f : 인장강도
g : 파괴점(최대강도점)

39

금속의 부식 방지대책으로 옳지 않은 것은?

① 가능한 한 두 종의 서로 다른 금속은 틈이 생기지 않도록 밀착시켜서 사용한다.
② 균질한 것을 선택하고 사용할 때 큰 변형을 주지 않도록 주의한다.
③ 표면을 평활, 청결하게 하고 가능한 한 건조 상태를 유지하며, 부분적인 녹은 빨리 제거한다.
④ 큰 변형을 준 것은 가능한 한 풀림하여 사용한다.

해설 전기 작용에 의한 부식은 서로 다른 금속이 접촉하며 그곳에 수분이 있을 경우에는 전기 분해가 일어나 이온화 경향이 큰 쪽이 음극으로 되어 전기적 부식 작용을 받는다. 즉, 서로 다른 금속은 접촉하지 않도록 하여야 한다.

40

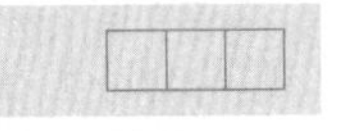

열 적외선(infrared)을 반사하는 은소재 도막으로 코팅하여 방사율과 열관류율을 낮추고 가시광선 투과율을 높인 유리로서 일반적으로 복층유리로 제조하여 사용하는 유리는?

① 복층유리
② 저방사유리
③ 강화판유리
④ 배강도유리

해설 로이유리(low-emissivity glass) : 열 적외선(infrared)을 반사하는 은소재 도막으로 코팅하여 방사율과 열관류율을 낮추고 가시광선 투과율을 높인 유리로서 일반적으로 복층유리로 제조하여 사용하며 저방사유리라고도 한다.

정답 38. ③ 39. ① 40. ②

실내디자인 환경

41

통기관의 설치 목적으로 적합하지 않은 것은?

① 배수관 내에 배수의 흐름을 원활하게 한다.
② 스케일 부착에 의한 배수관 폐쇄의 보수, 점검을 용이하게 한다.
③ 배수관 내에 신선한 공기를 유통시켜 배수관 내를 청결하게 한다.
④ 트랩 봉수가 파괴되는 것을 방지한다.

해설 스케일 부착에 의한 배수관 폐쇄의 보수, 점검을 용이하게 하는 것과 통기관의 설치와는 무관한다.

42

벽체의 전열에 관한 설명으로 옳은 것은

① 열전도율은 기체가 가장 크며 고체가 가장 작다.
② 공기층의 단열효과는 그 기밀성과는 관계가 없다.
③ 단열재는 물에 젖어도 단열 성능은 변하지 않는다.
④ 일반적으로 벽체에서의 열관류현상은 열전달 - 열전도 - 열전달의 과정을 거친다.

해설 열전도율은 고체 또는 정지된 유체 안에서 온도차에 의해 열이 전달되어가는 경우 열이 얼마나 잘 전달되는 가를 나타내는 물성치로서, 고체가 가장 크고 기체가 가장 작다. 공기층의 단열효과는 그 기밀성과 관계가 밀접(매우 깊다)하고, 단열재는 물에 젖으면 열전도율이 커지므로 단열 성능이 저하된다.

43

다음 포집기의 사용 용도로 옳지 않은 것은?

① 가솔린 포집기 : 주유소, 주차장 바닥
② 그리스 포집기 : 식당의 조리실 바닥
③ 플라스터 포집기 : 치과 병원
④ 런더리 포집기 : 주방

해설 런더리(세탁장)포집기는 영업용 세탁장으로부터의 배수중에는 섬유 부스러기, 단추 등을 포집하기 위한 13mm 메쉬 이하의 금속제 바구니 등의 포집장치를 설치한 포집기이다.

44

잔향시간에 관한 설명으로 옳지 않은 것은?

① 잔향시간은 실용적에 영향을 받는다.
② 잔향시간은 실의 흡음력에 반비례한다.
③ 잔향시간이 길수록 명료도는 좋아진다.
④ 적정잔향시간은 실의 용도에 따라 결정된다.

해설 잔향시간(음원에서 소리가 끝난 후 실내에서 음의 에너지가 그 백만분의 일이 될 때까지의 시간 또는 음에너지의 밀도가 60dB 감소하는 데 소요되는 시간)은 실의 체적, 벽면의 흡음도에 따라 결정되며, 실의 형태와는 관계가 없다. 즉, 실용적에 비례하고, 실의 흡음력에 반비례한다. 적정 잔향시간이 실의 용도에 따라 달라지는 이유는 명료도(사람이 말을 할 때, 어느 정도 정확하게 청취하였는가를 표기하는 기준)를 좋게 하기 위함으로 잔향시간이 길면 명료도가 저하(나빠지게)된다.

45

간접가열식 급탕방법에 관한 설명으로 옳지 않은 것은?

① 열효율은 직접가열식에 비해 낮다.
② 가열 보일러로 저압 보일러의 사용이 가능하다.
③ 가열 보일러는 난방용 보일러와 겸용할 수 없다.
④ 저탕조는 가열코일을 내장하는 등 구조가 약간 복잡하다.

해설 간접가열식 급탕방식(열매를 저탕조 속의 가열코일에 공급하여 그 열로 저탕조 속의 급수된 물을 간접적으로 가열하여 급탕하는 방식)은 난방용 보일러로 급탕까지 가능하므로 보일러 설치비용이 절감(급탕용 보일러와 난방용 보일러를 겸용)된다.

46

광원의 광색 및 색온도에 관한 설명으로 옳지 않은 것은?

① 색온도가 낮은 광색은 따뜻하게 느껴진다.
② 일반적으로 광색을 나타내는데 색온도를 사용한다.
③ 주광색 형광 램프에 비해 할로겐전구의 색온도가 높다.
④ 일반적으로 조도가 낮은 곳에서는 색온도가 낮은 광색이 좋다.

정답 41. ② 42. ④ 43. ④ 44. ③ 45. ③ 46. ③

해설 주광색 형광 램프의 색온도(6,500K), 할로겐전구의 색온도(2,900~3,000K)이므로 주광색 형광 램프의 색온도가 할로겐전구의 색온도보다 높다.

47

전류가 흐르지 않은 상태에서 즉 무전압, 무전류 상태에서 회로를 개폐할 수 있는 장치로 기기의 점검 수리를 위해서 이를 전원으로부터 분리할 경우라든지 회로의 접속을 변경할 때 사용하는 기구로 옳은 것은?

① 단로기 ② 차단기
③ 전력 퓨즈 ④ 기중 차단기

해설 차단기는 통전 중의 정상적인 부하 전류 개폐는 물론이고, 고장 발생으로 인한 전류도 개폐할 수 있는 개폐기이다. 전력 퓨즈는 보호 차단기의 대용으로 사용하며, 변압기, 전동기 및 배전 선로 등에 사용한다.

48

다음 중 국소환기 방식이 적합한 곳은?

① 거실 ② 화장실
③ 작업장 전체 ④ 병원의 입원실

해설 국소환기는 유해물질의 발생원 곁에 국소적인 흡인기류를 만들어 유해물질의 확산을 방지하여 작업자가 유해물질에 피폭되지 않도록 하는 것으로서, 주방, 화장실, 유해가스가 발생되는 곳에 사용하는 환기방식이다.

49

상품의 전시 조명에 대한 설명 중 옳지 않은 것은?

① 광의 정격전압보다 높게 되면 쾌적을 느끼는 조도도 높게 되는 경향이 있다.
② 점광원의 바로 아래의 직사 조도는 점광원으로부터의 거리의 제곱에 반비례한다.
③ 백열등은 정격전압보다 높은 전압으로 사용하면 수명이 길게 된다.
④ 천정에 직접 부착하는 갓이 없는 형광등을 사용하여 일반 사무실의 전반 조명의 조도를 균일하게 할 경우는 조명기구의 간격을 피조면에서 광원까지의 높이의 1.5배 이하로 하면 좋다.

해설 백열등은 정격전압보다 높은 전압으로 사용하면 수명이 단축된다.

50

전류가 도체에서 절연물을 통하여 다른 충전부나 기기의 케이스 등에서 새는 경로의 저항 또는 절연물에 직류전압을 가하면 극히 작은 전류가 흐르며 이 경우의 전압과 전류의 비를 말하는 저항은?

① 접촉저항 ② 접지저항
③ 절연저항 ④ 고유저항

해설 절연저항은 전류가 도체에서 절연물을 통하여 다른 충전부나 기기의 케이스 등에서 새는 경로의 저항 또는 절연물에 직류전압을 가하면 극히 작은 전류가 흐르며 이 경우의 전압과 전류의 비를 말한다. 접지저항은 땅에 매설한 접지 전극과 땅 사이의 전기저항을 말한다. 접촉저항은 도체의 기계적 접촉부에 존재하는 저항을 말한다. 고유저항은 어떤 물질이 가지고 있는 기본적인 저항을 말한다.

51

특별피난계단의 구조에 대한 설명 중 틀린 것은?

① 계단실에는 노대 또는 부속실에 접하는 부분 외에는 건축물의 내부와 접하는 창문 등을 설치하지 않는다.
② 건축물의 내부에서 노대 또는 부속실로 통하는 출입구에는 60+방화문, 60분방화문 또는 30분방화문을 설치할 수 있다.
③ 계단은 내화구조로 하되, 피난층 또는 지상까지 직접 연결되도록 할 것
④ 출입구의 유효너비는 0.9m 이상으로 하고 피난의 방향으로 열 수 있을 것

해설 관련 법규 : 건축법 제49조, 영 제36조, 피난 · 방화규칙 제9조, 해설 법규 : 피난 · 방화규칙 제9조 ②항 3호
특별피난계단의 구조
㉠ 건축물의 내부와 계단실은 노대를 통하여 연결하거나 외부를 향하여 열 수 있는 면적 $1m^2$ 이상인 창문(바닥으로부터 1m 이상의 높이에 설치한 것) 또는 「건축물의 설비기준 등에 관한 규칙」에 적합한 구조의 배연설비가 있는 면적 $3m^2$ 이상인 부속실을 통하여 연결할 것

정답 47. ① 48. ② 49. ③ 50. ③ 51. ②

㉡ 계단실 · 노대 및 부속실(「건축물의 설비기준 등에 관한 규칙」의 규정에 의하여 비상용 승강기의 승강장을 겸용하는 부속실을 포함)은 창문 등을 제외하고는 내화구조의 벽으로 각각 구획할 것
㉢ 계단실 및 부속실의 실내에 접하는 부분(바닥 및 반자 등 실내에 면한 모든 부분)의 마감(마감을 위한 바탕으로 포함)은 불연재료로 할 것
㉣ 계단실에는 예비전원에 의한 조명설비를 할 것
㉤ 계단실 · 노대 또는 부속실에 설치하는 건축물의 바깥쪽에 접하는 창문 등(망이 들어 있는 유리의 붙박이창으로서 그 면적이 각각 $1m^2$ 이하인 것을 제외)은 계단실 · 노대 또는 부속실 외의 당해 건축물의 다른 부분에 설치하는 창문 등으로부터 2m 이상의 거리를 두고 설치할 것
㉥ 계단실에는 노대 또는 부속실에 접하는 부분 외에는 건축물의 내부와 접하는 창문 등을 설치하지 아니할 것
㉦ 계단실의 노대 또는 부속실에 접하는 창문 등(출입구를 제외)은 망이 들어 있는 유리의 붙박이창으로서 그 면적을 각각 $1m^2$ 이하로 할 것
㉧ 노대 및 부속실에는 계단실 외의 건축물의 내부와 접하는 창문 등(출입구를 제외)을 설치하지 아니할 것
㉨ 건축물의 내부에서 노대 또는 부속실로 통하는 출입구에는 60+방화문 또는 60분방화문을 설치하고, 노대 또는 부속실로부터 계단실로 통하는 출입구에는 60+방화문, 60분방화문 또는 30분방화문을 설치할 것. 이 경우 방화문은 언제나 닫힌 상태를 유지하거나 화재로 인한 연기 또는 불꽃을 감지하여 자동적으로 닫히는 구조로 해야 하고, 연기 또는 불꽃으로 감지하여 자동적으로 닫히는 구조로 할 수 없는 경우에는 온도를 감지하여 자동적으로 닫히는 구조로 할 수 있다.
㉩ 계단은 내화구조로 하되, 피난층 또는 지상까지 직접 연결되도록 할 것
㉪ 출입구의 유효너비는 0.9m 이상으로 하고 피난의 방향으로 열 수 있을 것

52 |

다음 중 옥상광장을 설치하지 않아도 되는 것은?

① 5층 이상의 층이 업무시설로 사용되는 건축물
② 5층 이상의 층이 종교시설로 사용되는 건축물
③ 5층 이상의 층이 판매시설로 사용되는 건축물
④ 5층 이상의 층이 장례시설로 사용되는 건축물

해설 관련 법규 : 건축법 제49조, 영 제40조, 해설 법규 : 영 제40조 ②항
5층 이상의 층이 제2종 근린생활시설 중 공연장 · 종교집회장 · 인터넷컴퓨터게임시설제공업소($300m^2$ 이상인 것), 문화 및 집회시설(전시장 및 동 · 식물원은 제외), 종교시설, 판매시설, 위락시설 중 주점영업 또는 장례시설의 용도에 쓰는 경우에는 피난의 용도에 쓸 수 있는 광장을 옥상에 설치하여야 한다.

53 |

다음 중 아파트의 정의로 옳은 것은?

① 주택으로 사용하는 층수가 8층 이상인 것
② 주택으로 사용하는 층수가 7층 이상인 것
③ 주택으로 사용하는 층수가 6층 이상인 것
④ 주택으로 사용하는 층수가 5층 이상인 것

해설 관련 법규 : 건축법 제2조, 영 제3조의5, 해설 법규 : 영 제3조의5, (별표 1)
㉠ 아파트 : 주택으로 쓰는 층수가 5개 층 이상인 주택
㉡ 연립주택 : 주택으로 쓰는 1개 동의 바닥면적(2개 이상의 동을 지하주차장으로 연결하는 경우에는 각각의 동으로 본다) 합계가 $660m^2$를 초과하고, 층수가 4개 층 이하인 주택
㉢ 다세대주택 : 주택으로 쓰는 1개 동의 바닥면적 합계가 $660m^2$ 이하이고, 층수가 4개 층 이하인 주택(2개 이상의 동을 지하주차장으로 연결하는 경우에는 각각의 동으로 본다)
㉣ 기숙사 : 학교 또는 공장 등의 학생 또는 종업원 등을 위하여 쓰는 것으로서 1개 동의 공동취사시설 이용 세대 수가 전체의 50% 이상인 것(「교육기본법」에 따른 학생복지주택 및 「공공주택 특별법」에 따른 공공매입임대주택 중 독립된 주거의 형태를 갖추지 않은 것을 포함)

54 |

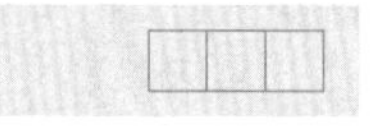

업무시설로서 6층 이상의 거실면적의 합계가 $8,000m^2$인 경우, 설치하여야 하는 승용 승강기의 최소 대수는? (단, 8인승 승용 승강기를 사용하는 경우)

① 3대
② 4대
③ 5대
④ 6대

정답 52. ① 53. ④ 54. ②

해설 관련 법규 : 건축법 제64조, 영 제89조, 설비기준규칙 제5조, (별표 1의2), 해설 법규 : 설비기준규칙 제5조, (별표 1의2)

업무시설의 승용 승강기의 설치 대수

$=1+\frac{6층\ 이상의\ 거실면적의\ 합계-3,000}{2,000}$ 이다.

6층 이상의 거실면적의 합계가 $8,000m^2$이므로,

$\therefore$ 승강기 설치 대수$=1+\frac{8,000-3,000}{2,000}=3.5$대 → 4대

55

옥외소화전설비의 수원은 그 저수량이 옥외소화전 설치개수(옥외소화전이 2개 이상 설치된 경우에는 2개)에 ( )를 곱한 양 이상이 되도록 하여야 한다. ( ) 안에 알맞은 것은?

① $1.6m^3$ ② $2.6m^3$
③ $7m^3$ ④ $14m^3$

해설 옥외소화전설비의 화재안전기준(NFSC 109)

옥외소화전설비의 수원은 그 저수량이 옥외소화전 설치개수(옥외소화전이 2개 이상 설치된 경우에는 2개)에 $7m^3$를 곱한 양 이상이 되도록 하여야 한다.

56

방염성능기준 이상의 실내장식물 등을 설치하여야 하는 특정소방대상물에 해당되지 않는 것은?

① 건축물의 옥내에 있는 운동시설 중 수영장
② 근린생활시설 중 체력단련장
③ 방송통신시설 중 방송국
④ 교육연구시설 중 합숙소

해설 관련 법규 : 소방시설법 제12조, 영 제19조, 해설 법규 : 영 제19조

방염성능기준 이상의 실내장식물 등을 설치하여야 하는 특정소방대상물은 다음과 같다.

㉠ 근린생활시설 중 의원, 체력단련장, 공연장 및 종교집회장
㉡ 건축물의 옥내에 있는 시설로서 문화 및 집회시설, 종교시설, 운동시설(수영장은 제외)
㉢ 의료시설, 교육연구시설 중 합숙소, 노유자시설, 숙박이 가능한 수련시설, 숙박시설, 방송통신시설 중 방송국 및 촬영소, 다중이용업소
㉣ ㉠부터 ㉢까지의 시설에 해당되지 않는 것으로서 층수가 11층 이상인 것(아파트는 제외)

57

건축물의 종류에 따른 복도의 유효너비 기준으로 옳지 않은 것은? (단, 양 옆에 거실이 있는 복도)

① 공동주택 : 1.5m 이상
② 유치원 : 2.4m 이상
③ 초등학교 : 2.4m 이상
④ 오피스텔 : 1.8m 이상

해설 관련 법규 : 건축법 제49조, 영 제48조, 피난 · 방화규칙 제15조의2, 해설 법규 : 피난 · 방화규칙 제15조의2 ①항

건축물에 설치하는 복도의 유효너비

(단위 : m 이상)

구분	양 옆에 거실이 있는 복도	기타의 복도
유치원, 초등학교, 중학교, 고등학교	2.4	1.8
공동주택, 오피스텔	1.8	1.2
당해 층 거실의 바닥면적 합계가 $200m^2$ 이상	1.5(의료시설의 복도 1.8)	1.2

58

소화기구 중 소화기구를 설치하여야 하는 특정소방대상물의 최소 연면적 기준은?

① $20m^2$ 이상 ② $33m^2$ 이상
③ $42m^2$ 이상 ④ $50m^2$ 이상

해설 관련 법규 : 소방시설법 제19조, 영 제15조, (별표 5), 해설 법규 : 영 제15조, (별표 5)

소화기구는 연면적이 $33m^2$ 이상인 것. 다만, 노유자시설의 경우에는 투척용 소화용구 등을 화재안전기준에 따라 산정된 소화기 수량의 1/2 이상으로 설치할 수 있다.

59

지표면으로부터 건축물의 지붕틀 또는 이와 비슷한 수평재를 지지하는 벽 · 깔도리 또는 기둥의 상단까지의 높이를 무엇이라고 하는가?

① 처마 높이
② 반자 높이
③ 건축물의 높이
④ 층고

정답 55. ③ 56. ① 57. ① 58. ② 59. ①

해설 건축물의 높이는 지표면으로부터 그 건축물의 상단까지의 높이[건축물의 1층 전체에 필로티(건축물을 사용하기 위한 경비실, 계단실, 승강기실, 그 밖에 이와 비슷한 것을 포함)가 설치되어 있는 경우에는 필로티의 층고를 제외한 높이]로 한다. 반자높이는 방의 바닥면으로부터 반자까지의 높이로 한다. 다만, 한 방에서 반자높이가 다른 부분이 있는 경우에는 그 각 부분의 반자면적에 따라 가중평균한 높이로 한다. 층고는 방의 바닥구조체 윗면으로부터 위층 바닥구조체의 윗면까지의 높이로 한다. 다만, 한 방에서 층의 높이가 다른 부분이 있는 경우에는 그 각 부분 높이에 따른 면적에 따라 가중평균한 높이로 한다.

60

건축물에 가스, 급수, 배수, 환기설비를 설치하는 경우 해당 용도로 사용되는 바닥면적의 합계가 2,000m^2 이상이면 건축기계설비기술사 또는 공조냉동기계기술사의 협력을 받아야 하는 대상 건축물에 속하지 않는 것은?

① 기숙사　　② 판매시설
③ 의료시설　　④ 숙박시설

해설 관련 법규 : 건축법 제68조, 영 제91조의 3, 설비기준규칙 제2조, 해설 법규 : 설비기준규칙 제2조 4, 5호
관계전문기술자(건축기계설비기술사 또는 공조냉동기계기술사)의 협력을 받아야 하는 건축물은 기숙사, 의료시설, 유스호스텔 및 숙박시설은 해당 용도로 사용되는 바닥면적의 합계가 2,000m^2 이상이고, 판매시설, 연구소, 업무시설은 바닥면적의 합계가 3,000m^2 이상인 건축물이다.

정답 60. ②

MEMO

MEMO

한 번에 합격하기

실내건축산업기사 필기 적중예상문제

2022. 2. 22. 초 판 1쇄 발행
2023. 2. 22. 1차 개정증보 1판 2쇄 발행

지은이 | 차경석, 정하정

펴낸이 | 이종춘
펴낸곳 | BM (주)도서출판 성안당
주소 | 04032 서울시 마포구 양화로 127 첨단빌딩 3층(출판기획 R&D 센터)
10881 경기도 파주시 문발로 112 파주 출판 문화도시(제작 및 물류)
전화 | 02) 3142-0036
031) 950-6300
팩스 | 031) 955-0510
등록 | 1973. 2. 1. 제406-2005-000046호
출판사 홈페이지 | **www.cyber.co.kr**
ISBN | 978-89-315-6490-7 (13540)
정가 | 26,000원

이 책을 만든 사람들
기획 | 최옥현
진행 | 김원갑
교정·교열 | 김원갑
전산편집 | 이다혜, 오정은
표지 디자인 | 박원석
홍보 | 김계향, 유미나, 이준영, 정단비
국제부 | 이선민, 조혜란
마케팅 | 구본철, 차정욱, 오영일, 나진호, 강호묵
마케팅 지원 | 장상범
제작 | 김유석

※ 잘못된 책은 바꾸어 드립니다.